PROF. DR. RER. NAT.
ARMIN PETZOLD
UND DR.-ING.
HELMUT PÖSCHMANN

Email und Emailliertechnik

Mit 252 Bildern und
82 Tabellen

SPRINGER-VERLAG
BERLIN HEIDELBERG NEWYORK
LONDON PARIS TOKYO

Lizenzausgabe für den
Springer-Verlag Berlin Heidelberg New York London Paris Tokyo

Vertriebsrechte für die nichtsozialistischen Länder:
Springer-Verlag Berlin Heidelberg New York London Paris Tokyo

Vertriebsrechte für die sozialistischen Länder:
VEB Deutscher Verlag für Grundstoffindustrie, Leipzig

ISBN-13: 978-3-642-83082-2 e-ISBN-13: 978-3-642-83081-5
DOI: 10.1007/978-3-642-83081-5

CIP-Kurztitelaufnahme der Deutschen Bibliothek
Petzold, Armin:
Email und Emailliertechnik / Armin Petzold; Helmut Pöschmann. – Berlin; Heidelberg; New York; London; Paris; Tokyo: Springer, 1987.

NE: Pöschmann, Helmut:; HST

Softcover reprint of the hardcover 1st edition 1987

Satz und Druck: Fachbuchdruck Naumburg (Saale)
Buchbinderei: Lüderitz & Bauer, Berlin
2160/3020-543210

Vorwort

Die Emailindustrie hat in den letzten zwei Jahrzehnten eine außerordentlich interessante und technisch wichtige Entwicklung genommen, die neben einer Verbesserung der Erzeugnisqualität zu einer höheren Effektivität der Fertigung geführt hat. Dazu kam eine ständig zunehmende wissenschaftliche Durchdringung des Emails und des Emaillierens mit Hilfe moderner Untersuchungsmethoden. Auch die Anwendungsgebiete des Emails haben sich erweitert.

Das vor etwa 30 Jahren vom erstgenannten Autor verfaßte und in der DDR herausgegebene Buch über „Email" bedurfte daher einer völligen Neufassung.

Zwischenzeitlich sind an deutschsprachiger Emailliteratur das an den Praktiker gerichtete „Handbuch für Bayer Email" von *H. Kyri* (1974) und das auf die Berufsausbildung zugeschnittene Buch „Emailtechnik" von *W. Kühn, D. Geu* (1980) erschienen.

Ferner wurden mit der „Emaillierung" von *A. Dietzel* (1981) neben einer verdichteten Technologie besonders die wissenschaftlichen Grundlagen aktualisiert; damit liegt ein modernes Werk über das Gesamtgebiet des Emails vor.

Es schien aber dennoch sinnvoll und gerechtfertigt, den seitdem erzielten Fortschritt bzw. den aktuellen Stand – auf der Basis des Wissensstandes bis Ende 1984 und unter Berücksichtigung umfangreicher sowjetischer Literatur – darzustellen. Dabei war es Ziel der Autoren, den Gesamtgegenstand der Technologie des Emails, des Emaillierens und des Systems Metall/Email geschlossen darzustellen. Neben den Grundlagen werden auch die technologischen Aspekte und die für die Qualitätssicherung wesentlichen Faktoren eingehend behandelt.

Das Buch soll für den Emailfachmann ein Nachschlagewerk und zugleich als Bindeglied dem Metallurgen oder Konstrukteur eine Hilfe beim Hineindenken in die z. T. recht komplizierte Materie des Emaillierens sein. Der Aufbau des Buches gestattet auch dem Studierenden, schnell die wesentlichen Zusammenhänge der Gesamtproblematik zu erfassen. Da der Umfang des inzwischen angewachsenen Stoffes eine ausführliche textliche Beschreibung nicht erlaubt, wurde zahlreiche Literatur zitiert, die dem interessierten Leser eine ergänzende und detaillierte Information ermöglichen soll.

Armin Petzold
Helmut Pöschmann

Inhaltsverzeichnis

Email und seine Herstellung

Herstellung der Rohware

Prozeßaspekte des Emaillierens

Systemaspekte der Emailliertechnik

System Metall/Email

1 Einführung

Das Prinzip des Emaillierens ist sehr alt. Die industrielle Emaillierung, wie wir sie heute für technische Zwecke verstehen, ist dagegen und auch im Vergleich zur Metallurgie, Glas- und Keramiktechnologie noch relativ jung. Der technische Inhalt des Emaillierens – die Verbindung von Email mit Metall – ist bis heute im wesentlichen der gleiche geblieben, auch wenn sich die Palette der Metalle und Emails erheblich erweitert hat.

Der Gegenstand dieses Buches bezieht sich ausschließlich auf das Emaillieren von Metallen und beschränkt sich ferner nur auf technische, d. h. für industrielle und praktische Einsatzzwecke erzeugte Metall/Email-Systeme. Die künstlerische Emaillierung bleibt unberücksichtigt; sie wird in entsprechenden Monographien ausführlich dargestellt (*Hasenohr* 1969; *Brepohl* 1983).

1.1. Entwicklung des Emails und Emaillierens

Das Emaillieren von Edelmetallen war lange vor der Zeitrechnung im ägäischen Raum (Griechenland, Zypern), möglicherweise auch in Süd- und Ostasien, bekannt. Erste künstlerische Emailarbeiten stammen aus Mykene (etwa 1600 bis 1200 v. u. Z.) und Zypern (um 1200 v. u. Z.), aus einer Zeit also, in der das Glasieren von Ziegeln in Babylon, die Entwicklung eines Steinzeugs in China und die Herstellung von Glaserzeugnissen in Ägypten begann. Später wurde wieder ab etwa 800 v. u. Z. Emailschmuck in Zypern und Ägypten, ab 700 in Aserbeidshan und im 5. und 4. Jahrhundert v. u. Z. in Etrurien (Toskana) und Südrußland gefertigt.

Nach der Zeitenwende erreichte die Emaillierkunst im 1. bis 3. Jahrhundert bei den Griechen, Briten und Kelten einen ersten Höhepunkt (am Rhein um 100), ihre Blütezeit aber im 5. bis 10. Jahrhundert in Persien und Byzanz. Von da aus gelangte die Emailliertechnik wieder nach Westeuropa, wo vom 8. bis 17. Jahrhundert in Ungarn, Frankreich, Mailand, Prag, Dresden sowie an Rhein, Maas und Mosel hervorragende Zeugnisse auserlesenen Goldschmiedeemails geschaffen wurden. Im 16. und 17. Jahrhundert entwickelte sich von Limoges aus die Emailmalerei. 1750 wurden (nach Angaben bei *Hasenohr* 1951) in Battersea die ersten Schmuckemails fabrikmäßig hergestellt; näheres über die Geschichte des künstlerischen Emaillierens bei *Hasenohr* (1951, 1969) und *Brepohl* (1983).

Die Entwicklung des technischen Emaillierens dürfte mit dem Versuch begonnen haben, Metallzähne (zunächst Gold) und Brücken mit einem silicatischen Überzug zu versehen (*Fauchard* 1728). Die Emaillierung von Haushaltgeschirr geht auf einen Vorschlag von *Justi* zurück; daraufhin wurden in Königsbronn ab 1764 gußeiserne Gefäße mit einer Glasur überzogen. 1782 beschrieb *Rinman* die Emaillierung von Blech mit einem Versatz, der bereits Cobaltkalk enthielt. In Lauchhammer wurden ab 1785 gußeiserne Gegenstände, seit Anfang des 19. Jahrhunderts in Zellerfeld, Quedlinburg, Gleiwitz, Neuwied und Elberfeld gegossene und geschlagene Geschirre, in Thale ab 1835 Blechgeschirre emailliert. Dem Engländer *Hickling* wurde 1799 ein Patent zur Emaillierung von Eisen und anderen Metallen erteilt; in einem Patent von *T.* und *C. Clark* wurde 1839 erstmals zwischen Grund- und Deckemail unterschieden. Um die gleiche Zeit begann die Emaillierung gußeiserner Geschirre in England und Böhmen.

Mit der Einführung des *Bessemer*-Verfahrens (1856) und des *Siemens-Martin*-Verfahrens (1863) wurden emaillierfähige Stahlbleche bereitgestellt, die die weitere technische Entwicklung der Blechemaillierung und der Emailindustrie förderten. So wurde z. B. ab 1861 in Fraulautern auf diese Weise hergestelltes Stahlblech emailliert, 1873 wurde das Emaillierwerk Lauter gegründet, weitere folgten in Westfalen, im Rheinland, in der Rheinpfalz, in der Oberpfalz, in Hessen und im Erzgebirge. Emaillierte Schilder wurden zuerst in England um 1890 hergestellt. Das älteste, 150 Jahre alte Verkehrszeichen (Bremsschuh) soll sich allerdings in Lauf a. d. Pegnitz befinden (*Adam* 1981). Eine ausführlichere historische Darstellung neueren Datums findet sich bei *Märker* (1953, a).

Nach 1945 wurden neben Gußeisen und Stahlblech in zunehmendem Maße Aluminium, hochlegierte Stähle und Titanium emailliert.

Die wissenschaftliche Entwicklung begann wohl mit systematischen Arbeiten über bleifreie Versätze (*Erbe, Pleischl* 1836). Die Haftoxide CoO und NiO wurden ab etwa 1870 großtechnisch angewendet; ihr Wirkungsmechanismus in Verbindung mit den Einbrennvorgängen wurde aber erst 1934 von *Dietzel* aufgeklärt. Die Einführung der hochdeckenden TiO_2-getrübten Weißemails und ZrO_2-Puderemails erfolgte etwa ab 1950. Aluminiumemails wurden seit 1950 entwickelt und seit 1960 angewendet. Die langjährigen Arbeiten zur Direktweißemaillierung von Stahlblech wurden ab etwa 1965 produktionswirksam. Nach 1970 dominierten vorzugsweise die Rationalisierung der Auftrags- und Brenntechnologie und die Ausarbeitung kostengünstiger Emaillierverfahren.

Die Entwicklung des technischen Emaillierens hat sich in verschiedenen klassischen Büchern niedergeschlagen, von denen zu nennen sind:

H. J. G. Justi, Gesammelte chemische Schriften (1760/61)
C. Erbe, Gründliche Anweisung zum Emaillieren und Verzinnen der gegossenen und geschlagenen eisernen Kochgeschirre (1837)
M. Vogelsang, Eisen-Emaillierkunst (1851)
P. Bull, Die Emailfabrikation (1895).

Die moderne Emailliteratur begann mit der 1. Auflage von *Stuckerts* „Emailfabrikation« (1929) und *Andrews'* »Enamels« (1935). Es folgten insbesondere nach 1940 Bücher und Standardwerke unterschiedlichen Inhalts und Umfangs (*Stuckert* 1941; *Petzold* 1955 a; *Aldinger* 1956; *Märker* 1956 a; *Vielhaber* 1958 a; *Andrews* 1961; *Vargin* u. a. 1965; 1972 a; *Kyri* 1974; *Kühn, Geu* 1980; *Dietzel* 1981; *Nützenadel* 1983).

1.2. Technische Bedeutung

Die stabile Verbindung von Metall mit Email hat durch die seit rund 200 Jahren betriebene ständige Weiterentwicklung zu technisch hervorragenden, modernen Werkstoffkombinationen geführt. Sie verdanken ihre Bedeutung einer Reihe vorzüglicher Gebrauchseigenschaften, auf die in den Kapiteln 22 und 24 im einzelnen einzugehen sein wird. Als wesentlicher Faktor ist die Überlegenheit gegenüber den meisten Metallen hinsichtlich Korrosionsbeständigkeit bzw. hygienischen Forderungen und gegenüber organischen Schutzschichten bezüglich Verschleiß-, chemischer und Hitzebeständigkeit anzusehen

(allgemeine Betrachtungen dazu bei *Moehring* 1973; *Kyri* 1974).
Mit der Entwicklung des Emaillierens zur Massenproduktion fanden emaillierte Gegenstände rasch und in steigendem Maße Eingang in viele Bereiche des täglichen Lebens, in die Industrie, in Nahrungsgüter-, Land- und Forstwirtschaft, Bau- und Verkehrswesen und in andere Wirtschaftszweige. Als Industriezweig nimmt die Emailindustrie daher eine nicht unbedeutende Stellung in der gesamten Wirtschaft ein (z. B. *Noth* 1981; *Dunning* 1982). Jährlich sollen schätzungsweise 200 bis 500 kt Email geschmolzen werden (davon 50% in Europa; *Adam* 1981). Der Frittenverbrauch wird in der BRD mit 10 bis 12 kt, in China mit 140 kt angegeben (Anon. 1981, a). Die emaillierte Fläche beläuft sich auf ungefähr 500 Mill. m^2 jährlich; davon kommen allein auf die USA 100 bis 140 Mill. m^2 (90% Stahl, 6% Gußeisen, 4% Aluminium; *Oliver* 1983), auf die BRD 27 Mill. m^2, auf die DDR 10 Mill. m^2. Die Anzahl der Emaillierwerke soll insgesamt etwa 1000 betragen (USA 120, BRD 100, DDR 30). Zur Entwicklung der Emailliertechnik in der DDR siehe *Krannich* (1986).

1.3. Zum Begriff des Emails und Emaillierens

Unter Emaillieren sei prinzipiell die Verbindung eines meist glasig-silicatischen oder glaskristallinen Materials (des Emails) mit einem Metall verstanden. Das ist in Übereinstimmung mit dem bekannten, traditionellen Prozeß, wie er seit 3000 Jahren überliefert ist, und mit den US-amerikanischen, französischen und z. T. DDR-Standards (TGL 18700/03). Die BRD-Normen sprechen dagegen in allgemeiner Form von der Emaillierung von Oberflächen (DIN 50902) oder bezeichnen das Aufschmelzen von Email auf Glas ebenfalls offiziell als Emaillieren (RAL 529 A2; 1960). Trotz dieser Ausdehnung des Begriffs Emaillieren auf die Beschichtung von Glas mit emailartigen Komponenten sei am herkömmlichen Inhalt des Emaillierens als Erzeugung von Metall/Email-Systemen (Metall-Email-Verbunde oder -Komposite) festgehalten.

Der konventionelle technische Emaillierprozeß besteht bei Eisenwerkstoffen im Auftragen einer dispersen, feinkörnigen Emailmasse (Fritte) auf die vorbehandelte Rohware, im Trocknen und Einbrennen. Auf ein zunächst aufgeschmolzenes Grundemail (als Puffer- und Zwischenschicht für die Deckemaillierung) werden ein oder mehrere Deckemailschichten aufgebracht. Bei speziellen Metallen und modernen Verfahren der Stahlblechemaillierung wird nur mit einer Emailschicht direkt auf Metall gearbeitet.
Technische Metall/Email-Systeme sind aus zwei grundverschiedenen Komponenten aufgebaut: dem duktilen, plastisch verformbaren Metall (außer Gußeisen) und dem vorzugsweise glasigen, spröden, plastisch nicht verformbaren Email. Während Begriff und Charakter der Metallkomponente im allgemeinen geläufig und so bekannt sind, daß es an dieser Stelle keiner Definition bedarf, ist es jedoch notwendig, die Emailkomponente begrifflich zu bestimmen.
Zunächst zur Herkunft des Wortes. Email stammt aus dem Französischen *(émail)* und bedeutet Schmelze, schmelzen. Es soll aus der germanischen Sprachwurzel *smelzan* und dem lateinischen *smaltum* kommen. Gelegentlich findet man die Schreibweise *Emaille*, doch sollte *Email* bevorzugt werden. Die englische Bezeichnung ist *vitreous enamel*, die amerikanische *porcelain enamel* (enamel allein ist der Oberbegriff für nichtmetallische Schichten), die französische *email vitrifie*, die russische *emal'*.
Technisch-wissenschaftlich ist Email in Anlehnung an eine auf *Dietzel* (1940) zurückgehende und durch den Ausschuß für Lieferbedingungen und Gütersicherung der BRD (RAL 529 A2; 1960) getroffene Festlegung in geringfügig modifizierter Form zu definieren als eine »durch Schmelzen oder Fritten entstandene, vorzugsweise glasig erstarrte Masse mit anorganischer, in der Hauptsache oxidisch-silicatischer Zusammensetzung, die in einer oder mehreren Schichten teils mit Zuschlägen auf Werkstücke aus Metall ... aufgeschmolzen werden soll oder aufgeschmolzen worden ist«. In besonderen Fällen kann das Email nach gesteuerter Entglasung in weitgehend kristalliner oder teil-

kristalliner Form vorliegen[1]) (eine etwas angewandelte Fassung s. bei *Märker* 1959).

Die in RAL 529 A2 enthaltene Erweiterung, wonach Email außer mit Metall auch mit Glas kombiniert werden kann, blieb hier unberücksichtigt. Emailschichten auf Glas sind ihrem Endzustand nach eine Art Überfang auf gleichartigem Material. Emails für bzw. auf Glas sollten vielleicht besser als Glasemail ausgewiesen werden, analog Stahlblechemail usw. (nicht zu verwechseln mit glasigen Emails im Unterschied zu glaskristallinen)[2]).

Der angeführte Begriff des Emails und Emaillierens findet sich sinngemäß in verschiedenen Normen (TGL 18700: Emaillieren = Herstellung einer Emailschicht auf Metallen durch Aufschmelzen von Fritte; ASTM: Email als glasige Schicht, die bei >425 °C auf Metall eingebrannt wird; DIN 50902: Emaillieren – Erzeugung einer glasigen Schicht durch Aufschmelzen). In Frankreich ist der Emailbegriff (anorganische Substanz, die zur Bildung einer glasigen Schicht auf Metallen bei >500 °C bestimmt ist) seit 1982 durch staatlichen Erlaß offiziell geschützt.

Glasuren als glasige Überzüge auf keramischen Scherben sowie Lack- und Plastbeschichtungen zählen nicht zu den Emails, auch wenn die Oberfläche emailähnlich aussieht[3]). Auch die Anwendung der Bezeichnung Email auf selbstverfestigende, ungebrannte Schichten, z. B. aus $Al(OH)_3$ und Phosphatbinder, stellt einen Mißbrauch des Begriffs Email dar.

Email ist kein funktionell selbständig verwendbarer Werkstoff; es wird erst durch die Kombination mit Metall zu einer spezifischen Werkstoffkomponente. Die Bezeichnung Email für das Gesamtsystem ist daher, obwohl mitunter in dieser Form (z. B. »Architekturemail« nach DEZ 1974, 1984) gebraucht, nicht korrekt. Wenngleich Emaillierung sprachlich eigentlich eher für den Emaillierprozeß steht, wird dieser Begriff vielfach auch auf die Emailschicht als solche angewendet[1]).

Email auf Metall wird seiner Erzeugung und Erscheinungsform nach oft nur als Beschichtung zum Zwecke des Korrosionsschutzes angesehen. Der Korrosionsschutz ist aber *eine* Aufgabe des Emaillierens, nicht die einzige. Das Email dient vielmehr insgesamt der Oberflächenveredlung und der Herausbildung neuer werkstofflicher, technischer und funktioneller Eigenschaften im Gesamtsystem.

Die neue Werkstoffqualität eines emaillierten Metalls, bei dem das Email nicht nur eine Schutzfunktion, sondern noch verschiedene mechanische, optische, chemische und hygienische Funktionen zu erfüllen hat, kommt in der in den USA schon lange üblichen Anwendung des Begriffs Kompositwerkstoff (metal-enamel composite) zum Ausdruck[1]). Im deutschen Sprachgebrauch ist für synthetische Materialkombinationen der Begriff Verbundwerkstoff geläufig; er setzt sich auch für emaillierte Metalle immer mehr durch (z. B. *Moehring* 1971; *Wirtz* 1973, 1981; DEZ 1974; *Heidenbluth* u. a. 1978; *Noth* 1981; *Dietzel* 1981); ausführliche Betrachtungen zum Problem Komposit- und Verbundwerkstoff s. bei *Petzold* (1982 b; 1983).

1.4. Erläuterung und notwendige Klärung von Begriffen

Wie überall in der Technik, so haben sich auch in der Emailliertechnik im Laufe der Zeit Begriffe eingebürgert, die nicht korrekt, in ihrer Bedeutung nicht ganz klar und für den Nichtfachmann manchmal zweideutig sind. Im folgenden handelt es sich um derartige Bezeichnungen, deren technische Aussage präzisiert und klargestellt bzw. deren Anwendung vereinbart werden soll.

[1]) Nähere Erläuterungen dazu in Abschnitt 1.4.

[2]) Hier gibt es bereits terminologische Schwierigkeiten, weil in der Chemieapparateindustrie im Unterschied zum glaskristallinen Email das konventionelle Email als Glasemail bezeichnet wird.

[3]) Selbst unlängst tauchte der Begriff organisches Email wieder in der Emailfachliteratur auf (*Basso, Hoens* 1976)!

[1]) Nähere Erläuterungen dazu in Abschnitt 1.4.

Präzisierte Nomenklatur chemischer Elemente
Abweichend von der bisher üblichen Schreibweise gilt nach den Festlegungen der IUPAC u. a. für folgende Elemente eine präzisierte Nomenklatur: Titanium, Chromium, Zirconium, Cerium. Diese Schreibweise wird im folgenden angewendet, wenn es sich um die Bezeichnung der entsprechenden Metalle oder ihrer Verbindungen handelt. Bei Wortbildungen im Zusammenhang mit Emails (wie Titanemail) werden besondere Vereinbarungen getroffen, die unter dem Begriff Titanemail zu finden sind.

Fritten
Das Wort Fritten, das in der Emaildefinition enthalten ist, wird unterschiedlich gebraucht. Es stammt aus dem Französischen und bedeutet ursprünglich braten, backen; es ist sicher mit dem Begriff émail ins Deutsche überkommen. Es beschreibt die Herstellung des Ausgangsemails, die wahrscheinlich damals infolge ungenügender Schmelzbedingungen in einem Zusammenbacken (d. h. nassem Reaktionssintern) der Rohstoffe bestand und später auch auf das unvollständige, inhomogene Schmelzen übertragen wurde – als Gegensatz zum vollständigen, homogenen Schmelzen mit anschließendem Läutern beim Glas. Die Emailherstellung erfolgt heute durch fast vollständiges Aufschmelzen des Gemenges mit geringen Restanteilen an nicht aufgeschlossenen Rohstoffen, jedoch wegen fehlender Läuterung mit vielen Blasen. Der Prozeß wird durch den Terminus Schmelzen ausreichend beschrieben; des Begriffs Fritten bedarf es nicht.
Entsprechend seiner Herkunft und ursprünglichen Bedeutung wird Fritten synonym für Sintern verwendet, wie es in Frittegrund (= gefritteter Grund) und Glasfritte (Sinterglas für Filter) zum Ausdruck kommt. In Praxis und Literatur setzt sich Sintern immer mehr durch, so daß sich der Begriff Fritten auch hier erübrigt.
Eine dritte Version des Frittens besteht in der Anwendung auf den Prozeß des Abschreckens und Granulierens der Schmelze, die nach dem Abschrecken nicht als kompakter glasiger Körper, sondern als mehr oder weniger poröse Masse vorliegt. Fritten hieße danach hier so viel wie: in eine krümelig-poröse Form (wie beim schwachen Sintern) bringen. Mit dem ursprünglichen Sinn des Frittens hat es allerdings kaum etwas zu tun.

Fritte
Der Begriff Fritte (eigentlich als Ergebnis des Frittens) hat sich weltweit eingeführt. Vereinbarungsgemäß wird darunter das durch – i. d. R. nicht völlig homogenisierende – Schmelzen oder Sintern eines Rohstoffgemenges entstandene abgekühlte (abgeschreckte), meist glasig erstarrte und inhomogene Email verstanden (vgl. auch die analoge Definition für Glasfritte; *Illig* u. a. 1983). Die Emailfritte fällt je nach Technologie in Form von Granalien, Flocken oder Schuppen an.

Titanemail
Im Deutschen ist seit 40 Jahren für TiO_2-getrübtes Email der Begriff Titanemail eingebürgert. Er ist inhaltlich unkorrekt, weil Titanemail nicht der Beschichtung auf Titan dient, analog z. B. Stahlblechemail auf Stahlblech oder Aluminiumemail auf Aluminium. Ferner müßte es nach Nomenklatur fachsprachlich richtig Titaniumemail bzw. korrekt titaniumdioxid-getrübtes Email heißen. Bei Berücksichtigung langjährig gebräuchlicher termini technici in der Emaillierpraxis soll in diesem Buch aber auch die Bezeichnung Titanemail als umgangssprachlicher Spezialausdruck zugelassen sein. Die Wortbildung Titaniumemail ist nur berechtigt bei Emails für oder auf Titanium. Analog werden die seit langem geläufigen Begriffe Zircon- und Antimonemail verwendet.

Glaskristalline Emails
Durch einen thermischen Prozeß gesteuert kristallisierte Emails werden vielfach als glaskristallin bezeichnet. Ihrer Verwandtschaft mit den Glaskeramiken (Vitrokeramiken) nach sollten sie besser als glaskeramisch oder vitrokeramisch angesprochen werden; in der Sowjetunion werden sie auch sitallisierte Emails (Sitalloemails) genannt. Der Begriff glaskristallin soll aber in diesem Buch beibehalten werden.

Auftragen, Auftrag

Obwohl mit dem Begriff Auftrag häufig der Vorgang des Auftragens von Email auf Metall verbunden wird, erscheint im Sinne einer vernünftigen Abgrenzung die Bezeichnung Auftragen sinnvoller. Der Auftrag ist dann das auf das Metall aufgetragene Material, d. h. die Schlicker-, Pulver oder Biskuitschicht.

Emaillieren, Emaillierung

Der Begriff Emaillierung wird mehrdeutig angewendet: auf den Emaillierprozeß, auf die aufgeschmolzene Emailschicht und auch auf das Fertigerzeugnis. In Übereinstimmung mit anderen Autoren sollte Emaillierung der aufgeschmolzenen Schicht auf Metall vorbehalten bleiben, während der Herstellungsprozeß als Emaillieren bezeichnet wird.

Grund, Decke

In der Emailindustrie gebräuchliche Kurzformen für Grundemail bzw. Deckemail.

Komposit- oder Verbundwerkstoff

Kompositwerkstoffe (Komposite; im Deutschen gebräuchlich: Verbundwerkstoffe) sind aus Werkstoffkomponenten unterschiedlicher Natur gezielt programmierte und synthetisierte, kompakte oder schichtartige Materialkombinationen mit gegenüber den Ausgangsstoffen verbesserten oder neuen Eigenschaften. Emaillierte Metalle sind demnach als flächenhafte Metall-Email-Komposit(Verbund)werkstoffe anzusehen (s. auch S. 18).Ein allgemeinerer Begriff ist Metall/Email-Systeme.

Kompositemail

Sind in einer glasigen oder glaskristallinen Emailmatrix andere, praktisch unlösliche Werkstoffkomponenten eingelagert (z. B. durch Vermahlen von Email mit Metall, Hartstoffen, Korund usw.), die der Emaillierung spezifische Eigenschaften verleihen, so liegt ein Kompositemail vor (im Falle der Kombination von Glas mit Metallpulver spricht man in der Sowjetunion von glasmetallischen Emails). Im weitesten Sinne wären auch dispersions- und ausscheidungsgetrübte sowie dispersionsgefärbte Emails zu den Kompositemals zu rechnen.

Allgemeine theoretische Grundlagen

2
Atomistische und thermodynamische Grundlagen des Emails

Das Email zeigt Wesensmerkmale, die prinzipiell seiner oxidisch-silicatischen und vorwiegend glasigen Natur entsprechen und die daher – unabhängig von Zusammensetzung und Emailtyp – weitgehend Allgemeingültigkeit besitzen. Die Grundcharakteristika dienen zum Verständnis der allgemeinen mikro- und makrostrukturellen Zusammenhänge und Verhaltensweisen und gleichzeitig als Basis für gezielte Emailentwicklungen.

2.1. Kristalliner und glasiger Zustand

Die stoffliche Grundmatrix der konventionellen Emails ist glasig. Aber bereits in getrübten oder dispersionsgefärbten Flüssen sind merkliche Anteile an kristalliner Substanz enthalten. Stärker noch tritt die kristalline Natur neben restlichem Glas in den glaskristallinen Emails hervor. Die Behandlung der Grundlagen muß daher sowohl den glasigen, als auch den kristallinen Zustand umfassen.

2.1.1. Allgemeine Atomistik der Kristalle und Gläser

Der thermodynamisch stabile Zustand der festen Materie ist der kristalline Zustand; amorphe und glasige Stoffe sind demgegenüber metastabil.

Der kristalline Festkörper ist charakterisiert durch ein räumliches Translationsgitter, dessen Gitterpunkte mit den Bausteinen (Atome, Ionen, Moleküle) des Stoffes besetzt sind. Für ein solches Raumgitter sind verschiedene, durch die Lage der Gitterpunkte bestimmte Netzebenen charakteristisch, die in verschiedener Art durch das Gitter gelegt werden können. Der Abstand paralleler Netzebenen ist ein für jeden kristallinen Stoff typischer Kennwert.

Zwischen den Bausteinen wirken Bindekräfte unterschiedlicher Art (metallische Bindung, kovalente oder Atombindung, polare oder Ionenbindung und *Van-der-Waals*-Bindung). In anorganisch-nichtmetallischen Festkörpern liegen Ionenbindungen und gemischte kovalent-polare Bindungen vor (Ionenbindung bei Ti-O 65 %, Al-O 60 %, B—O 45 %, Si—O 40 %). Die Gitter werden aber meist vereinfacht als Ionengitter mit starren Kugeln als Bausteine aufgefaßt.

Das kugelförmige Ionenmodell entspricht allerdings nicht ganz der Wirklichkeit. Vielmehr werden die Elektronenhüllen, vor allem der großen Anionen, unter dem Einfluß innerer und äußerer Kräfte deformiert. Diese Verzerrung führt zu einer Erhöhung des

kovalenten Bindungsanteils. Die Ionendeformation spielt beim Verhalten von Gläsern und Emails eine große Rolle.
Die in den Strukturelementen zwischen Kation K und Anion A (hier: Sauerstoff) wirkende Anziehung läßt sich nach *Dietzel* durch die Kationenfeldstärke im Abstand a, die die Bedeutung einer elektrostatischen Anziehungskraft (*Coulomb*kraft) hat, abschätzen:

$$K = \frac{z_K z_A e^2}{a^2}, \tag{2.1}$$

z Ladung (Wertigkeit) des Kations bzw. Sauerstoffions
a Abstand Mitte Kation – Mitte Sauerstoff ($r_K + r_{O^{2-}}$).

Für praktische Belange genügt die Benutzung des meist ohne Dimension verwendeten Ausdrucks $z_K\, a^{-2}$ (e und $z_{O^{2-}}$ stets konstant) als relatives Maß der Bindung eines Kations an Sauerstoff. Die Feldstärken der wichtigsten Kationen in oxidischer Bindung sind im hinteren Vorsatz zusammengestellt. Sie gelten für kristalline und glasige Substanzen. Mit ihrer Hilfe lassen sich viele Zusammenhänge in Emails deuten oder voraussagen.
Das Arrangement der Ionen in einem oxidischen Kristallgitter hängt in der Hauptsache vom Verhältnis $r_K : r_{O^{2-}}$ ab. Da das Sauerstoffion in der Regel größer ist als die meisten Kationen, sind die natürlichen Ionenkristalle als eine Sauerstoff-Kugelpackung mit eingelagerten Kationen und unterschiedlicher Packungsdichte aufzufassen. Auf diese Weise werden Koordinationspolyeder gebildet, bei denen sich die Kationen mit einer entsprechenden Anzahl von Sauerstoffionen umgeben. Diese als Koordinationszahl bekannte Größe beträgt, abhängig vom Verhältnis $r_K : r_A$, je nach Kationgröße 3, 4, 6, 8 oder 12. Sie hat in kristallinen wie in glasigen Körpern für die Entwicklung bestimmter Eigenschaften Bedeutung (Beispiel: Farbe).
Die Koordinationszahlen wesentlicher Ionen sind in Tabelle 2.1 enthalten. Für Silicate, Gläser und Emails ist wichtig, daß Silicium stets vierfach, Bor drei- oder vierfach und Aluminium vier- oder sechsfach koordiniert ist; die basischen Ionen weisen immer höhere Koordinationszahlen (6 bis 12) auf. Das Koordinationsverhalten der wichtigsten Ionen R^{n+} gegenüber Sauerstoff ist in Tabelle 2.1 zusammengefaßt.
Den idealen Kristall gibt es nicht. Alle technischen Kristalle sind Realkristalle, d. h. mit Fehlern behaftet. Man unterscheidet

- strukturelle Fehlordnungen (nulldimensional: Punktdefekte mit den Fehlordnungstypen nach *Frenkel* und *Schottky/Wagner* (Bild 2.1a); eindimensional: Versetzungen (Bild 2.1b); zweidimensional: Stapelfehler, Korngrenzen, Oberflächen (Bild 2.1c));
- chemische Fehlordnung (Verunreinigungen, Diadochie, Nichtstöchiometrie);
- makroskopische Baufehler (Risse, Spalten, Einschlüsse).

Die Besetzung der Gitterplätze kann nicht nur durch angestammte Bausteine, sondern auch durch Fremdatome erfolgen, sofern die Radien der Bausteine nicht mehr als 15% voneinander abweichen. Dieser Ersatz – ohne Änderung der Struktur – wird als *Diadochie* bezeichnet. Solche diadochen Vertretungen sind in Oxiden und Silicaten sehr verbreitet und können auch auf das Netzwerk der Gläser angewendet werden. Entsprechend können sich ersetzen:

Tabelle 2.1. Koordinationsverhalten der wichtigsten Kationen R^{n+} gegenüber Sauerstoff

Radienverhältnis $r_{R^{n+}} : r_{O^{2-}}$	Koordination	Koordinationspolyeder	Beispiele
0,15...0,22	$[RO_3]$	Dreieck	$[BO_3]$
0,22...0,41	$[RO_4]$	Tetraeder	$[SiO_4]$, $[PO_4]$, $[BO_4]$, $[AlO_4]$
0,41...0,73	$[RO_6]$	Oktaeder	$[AlO_6]$, $[TiO_6]$, $[MgO_6]$, $[FeO_6]$
0,73...1,0	$[RO_8]$	Würfel	$[NaO_8]$, $[CaO_8]$, $[ZrO_8]$
$>1,0$	$[RO_{12}]$	Kukooktaeder	$[KO_{12}]$, $[BaO_{12}]$

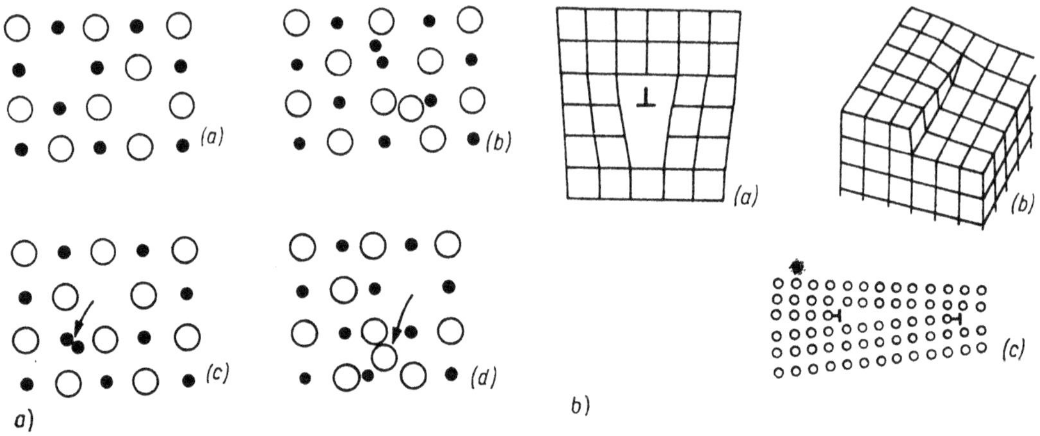

Bild 2.1. Gitterfehlordnungen
a) Fehlordnungsgrenztypen: (a) *Schottky/Wagner*-Typ, (b) Anti-*Schottky*-Typ, (c) *Frenkel*-Typ, (d) Anti-*Frenkel*-Typ *b*) Versetzungsmodelle: (a) Stufenversetzung, (b) Schraubenversetzung, (c) Kleinwinkelkorngrenzen

$Si^{4+} - Al^{3+} - B^{3+}$ $Mg^{2+} - Fe^{2+} - Mn^{2+} - Ni^{2+} - Zn^{2+} - Li^{+}$
$Al^{3+} - Fe^{3+} - Cr^{3+}$ $Na^{+} - Ca^{2+}$
$O^{2-} - OH^{-} - F^{-}$

Besonders wichtig ist die Vertretbarkeit von Si durch Al in kristallinen Silicaten und von Si durch Al oder B im Glasnetzwerk, was nicht ohne Einfluß auf die Eigenschaften bleibt. Diadochie spielt offensichtlich auch eine Rolle bei der Verunreinigung von Tonen und von TiO_2 (Rutil) durch Fremdsubstanzen und die dadurch hervorgerufene Verfärbung bei Titanemails.

2.1.2. Strukturen natürlicher Ionengitter

Die realen Strukturen natürlicher oxidischer Ionengitter werden durch die Packungsdichte, Art und Verteilung der Polyederlücken, Art der Schichtenfolge und Stapelung der Sauerstoffe bestimmt. Die wichtigsten Gittertypen im Hinblick auf kristalline Emailbestandteile sind das

- Korundgitter (Al_2O_3, Fe_2O_3, Cr_2O_3, Cr-Al-Fe-Grün- bzw. Schwarz-Hämatitfarbkörper),
- Zinkblendegitter (Leuchtstoff ZnS),
- Fluoritgitter (Trübungsmittel CaF_2, CeO_2, ZrO_2),
- Rutilgitter (Trübungsmittel TiO_2, Rutil-Farbkörper),
- Spinellgitter (Spinell-Farbkörper $MeO \times Me'_2O_3$; Me = Ni, Co, Zn; Me' = Al, Fe, Cr, Mn),
- Phenakitgitter (Eukryptit in glaskristallinen Emails).

Die genannten Gitterstrukturen sind in Bild 2.2 dargetellt. Im Vergleich zu den Metallgittern haben nichtmetallische Ionengitter meist eine kompliziertere Struktur.

2.1.3. Struktur der Silicate

In kristallinen Silicaten und Silicatgläsern ist das $[SiO_4]$-Tetraeder das grundlegende Bauelement, unabhängig davon, ob in diskreter Form oder mit anderen Tetraedern über anteilige Sauerstoffe zu Ketten, Bändern, Schichten oder Gerüsten vernetzt. Diese Polyederkonfiguration ergibt sich aus dem Radienverhältnis $r_{Si^{4+}} : r_{O^{2-}}$ von etwa 0,3 und ist auch aus dem sp^3-Elektronenzustand des Siliciums ableitbar.
Das Silicium ist bestrebt, sich mit einer optimalen Anzahl von Sauerstoffen zu umgeben und dadurch sein positives Kraftfeld maximal abzuschirmen (»screening«). Dies wird nur durch die Ausbildung eines $[SiO_4]$-Anionenkomplexes erreicht. Stehen dem Silicium durch basische Oxide genügend Sauerstoffionen zur Verfügung, dann kann sich

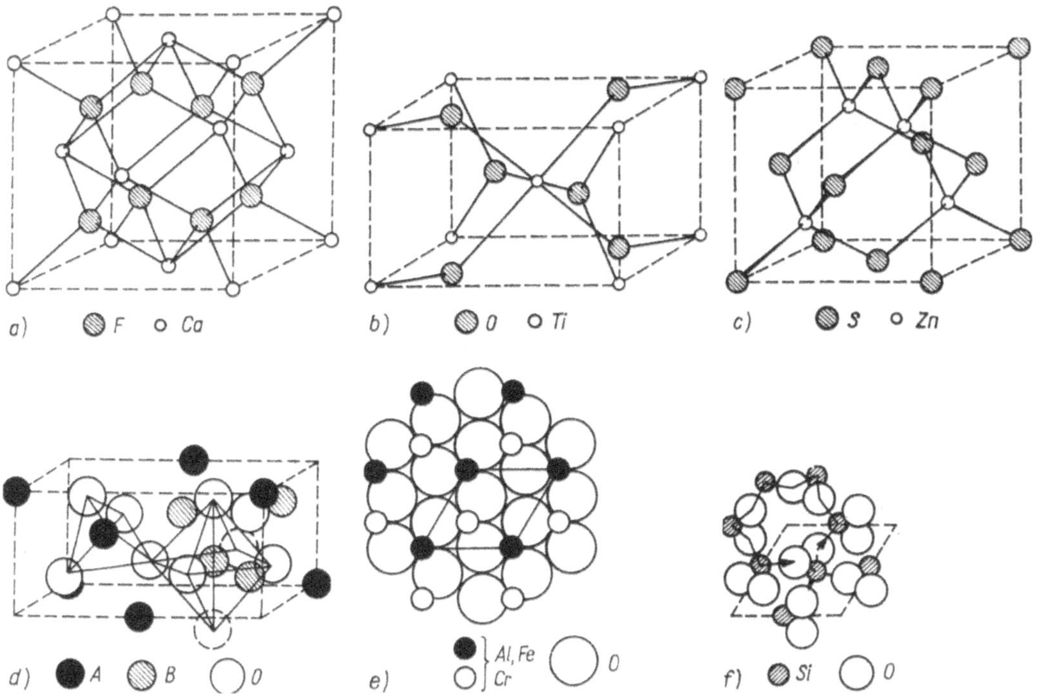

Bild 2.2. Strukturen von Ionengittern
a) Fluorit CaF_2
b) Rutil TiO_2
c) Zinkblende ZnS
d) Spinell AB_2O_4
e) Korund α-Al_2O_3, Hämatit α-Fe_2O_3/Cr_2O_3, Projektion auf (0001)
f) Tiefquarz SiO_2

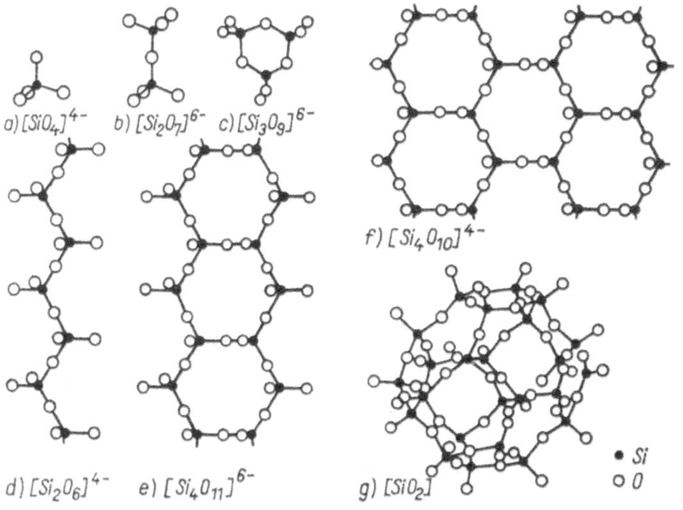

Bild 2.3. Silicatstrukturen
a) Tetraeder
b) Doppeltetraeder
c) Ringstruktur
d) Ketten (Kettensilicate)
e) Doppelketten(Bändersilicate)
f) Schichten (Schichtsilicate)
g) Gerüst (Gerüstsilicate)

jedes Si^{4+} mit vier, nur ihm zugehörigen O^{2-} umgeben (→ isolierte $[SiO_4]$-Tetraeder). Ist dies nicht der Fall, dann müssen sich mehrere Tetraeder jeweils einen Sauerstoff »teilen« (Brückensauerstoff); diese Verknüpfung über Tetraederecken führt zu den bekannten höher und hochmolekularen Silicaten und Glasnetzwerken. Die sich aus diesen Polymerisationen ergebenden Strukturen ausgewählter kristalliner Silicate sind in Bild 2.3 schematisch und vereinfacht dargestellt; näheres siehe bei *Petzold, Hinz* (1978); *Salmang, Scholze* (1982/83).

2.1.4. Glaszustand und Glasstruktur

Vom kristallinen Zustand unterscheidet sich der glasige Zustand durch den ungeordneten Aufbau und die regellose räumliche Anordnung der Bausteine, durch das Fehlen von Gittern und von Symmetrie und Periodizität, durch Isotropie, thermodynamische Metastabilität, mittlere innere Energie und das Bestreben, in den kristallinen Zustand überzugehen. Zahlreiche Elemente und Verbindungen können glasig erhalten werden. Der Glaszustand ist an keine stöchiometrische Zusammensetzung gebunden; Gläser und Emails haben daher keine chemische Formel, es sind vielfältige glasbildende Varianten möglich.

Alle konventionellen Gläser und Emails entstehen über eine zähe, zur Glasbildung befähigte Schmelze. Die Glasbildung ist ein weitgehend kinetisch kontrollierter Prozeß. Nach Bild 2.4 geht eine kristallisierende Schmelze bei der Schmelztemperatur T_S unter sprunghafter Änderung der Enthalpie in den kristallinen Zustand über. Bei Ausbleiben oder Unterbindung der Kristallisation verbleibt die Schmelze jedoch zunächst im unterkühlten Zustand und geht dann unterhalb der Glasbildungs- oder – unexakt – Transformationstemperatur (T_g) in den glasigen Zustand über.

Glas als eingefrorene unterkühlte Schmelze zeigt eine Intensitätsverteilung der Röntgenbeugung wie bei Flüssigkeiten. Unterhalb des Transformationsbereiches, der bei üblichen Gläsern und Emails zwischen 400 und 550 °C liegt, ist das Glas ein starrer, spröder

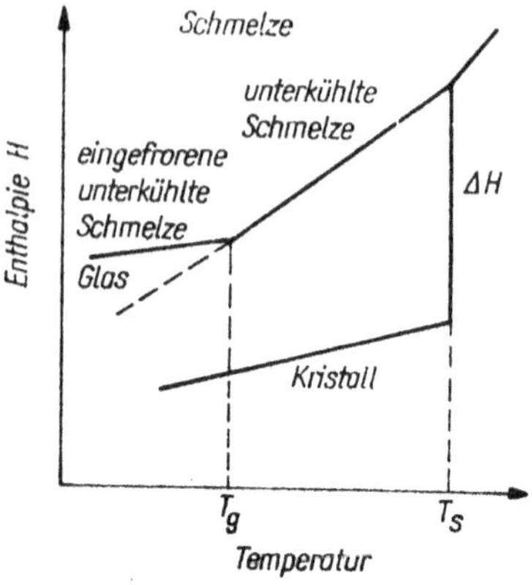

Bild 2.4. Kinetik der Glasbildung; Temperaturabhängigkeit der Enthalpie im flüssigen, glasigen und kristallinen Zustand (nach *Oel, Schaeffer* 1981)

Körper, oberhalb T_g wird der eingefrorene Zustand aufgehoben, und das Glas wird ab Erweichungs- bzw. Erstarrungstemperatur (einige 10 bis 120 K über T_g) plastisch-viskos. Gläser besitzen also weder einen Schmelzpunkt, noch unterliegen sie thermodynamischen Phasengleichgewichten.

Emails als Gläser mit vorwiegend silicatischer Grundzusammensetzung sind bei SiO_2-Gehalten $> 50\,\%$ in ihrer Struktur den üblichen technischen Gläsern gleichzusetzen. Diese Struktur besteht aus einem ungeordneten Raumnetz aus $[SiO_4]$-Tetraedern, wie das nach *Zachariasen, Warren* in Bild 2.5c für ein Natriumsilicatglas im Vergleich zum kristallinen SiO_2 (*a*) und zum Kieselglas (*b*) schematisch dargestellt ist. Im allgemeinen nimmt man an, daß es sich bei Gläsern um ein räumliches, zufallsbedingtes, unsymmetrisches Netzwerk aus Polyedern eines sauren Glasbildners (Netzwerkbildners) handelt, wobei das Netzwerk durch basische Oxide (Netzwerkwandler) modifiziert wird. An der Netzwerkbildung können auch andere Tetraedergruppierungen (z. B. $[AlO_4]$, $[BO_4]$) teilnehmen. Eingeführte basische Oxide bewirken Trennstellen und Sprengungen des Glasgerüsts in bestimmtem Umfange. Die Kationen sind in die Netzwerklücken eingelagert, allerdings wahrscheinlich nicht völlig gleichmäßig, sondern eher schwarmartig verteilt (Bild 2.5d). Es muß noch ver-

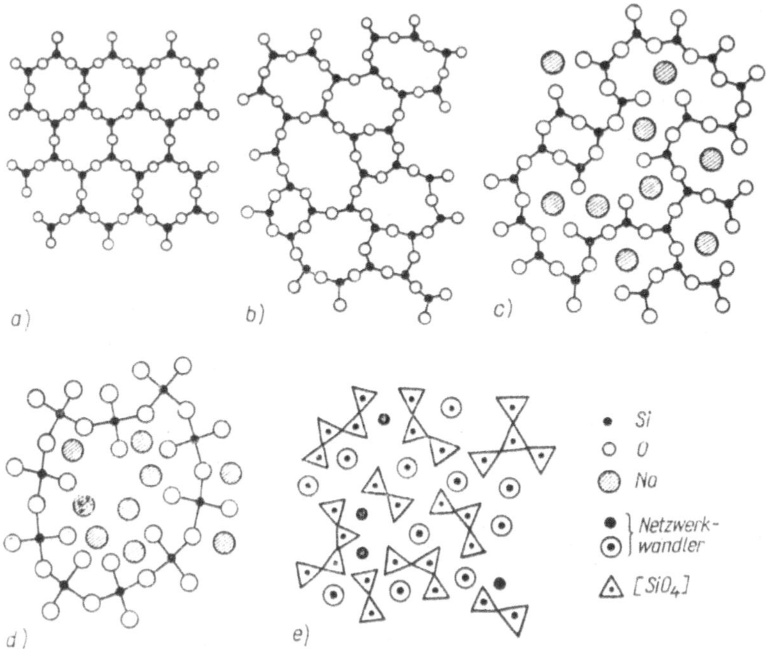

Bild 2.5. Kristalline und Glasstruktur (schematisch)
a) kristallines SiO_2 *b*) Kieselglas *c*) Alkalisilicatglas (*Zachariasen, Warren*)
d) Alkalisilicatglas (Schwarmstruktur; *Dietzel*) *e*) Invertglas (*Trap, Stevels*)

merkt werden, daß einige als amphoter bekannte Oxide im Glas je nach den Säure-Base-Beziehungen als Netzwerkbildner oder -wandler fungieren können (»Zwischenoxide«; Beispiel: Al_2O_3).
Wenn jedoch bei SiO_2-Gehalten $\leq 50\,\%$ am $[SiO_4]$-Tetraeder zwei oder mehr Trennstellen vorhanden sind, ist die Vernetzung gering und wird lediglich durch kettenförmige Bruchstücke aufrechterhalten. Am Zusammenhalt in der Struktur beteiligen sich hier nunmehr auch die eingebauten Kationen (Netzwerkwandler; Bild 2.5e). Gläser dieser Art werden nach *Trap, Stevels* (1959) als Invertgläser bezeichnet, zu denen nach *Dietzel* (1981) auch die leichtschmelzenden Emails zu rechnen sind. Allerdings darf man wohl in diesem Fall nicht allein nach dem SiO_2-Gehalt gehen, sondern muß auch das als Netzwerkbildner fungierende, teilweise in größeren Anteilen enthaltene B_2O_3 und Al_2O_3 mit berücksichtigen[1]).
In Phosphatgläsern, die emailtechnisch allerdings eine untergeordnete Rolle spielen, wirkt Phosphor in der Koordination $[PO_4]$ als Netzwerkbildner. Die Bindung muß wegen der Wertigkeit fünf in der Form

$$\begin{array}{c} \mathrm{O} \\ \| \\ -\mathrm{O}-\mathrm{P}-\mathrm{O}- \\ | \\ \mathrm{O} \\ | \end{array}$$

geschrieben werden, d. h., das Tetraeder ist nur in drei Richtungen vernetzbar. Dieser Umstand sowie die Tatsache, daß die P—O-Bindung sehr stark ist (vgl. $z \cdot a^{-2}$ des P^{5+}), hohe Anteile an Kovalenz besitzt und damit die Tendenz zur Molekülbildung ausgeprägt ist, macht die niedrige Schmelzbarkeit solcher Gläser verständlich.
Die stoffliche Einteilung der Glasbausteine und die grundsätzlichen Merkmale der Bausteingruppen sind noch einmal in Tabelle 2.2 zusammengefaßt.

1) Nach chemischen Berechnungen von *P. Nützenadel* (pers. Inf.) ist selbst bei Aluminiumemails der Invertglascharakter nur schwach ausgeprägt.

Tabelle 2.2. Allgemeine Merkmale von Glasbausteinen

Eigenschaft	Netzwerkbildner	Netzwerkwandler	Zwischenoxide
	Kationen: P^{5+}, Si^{4+}, B^{3+}, Sb^{5+}	Li^{+}, Na^{+}, K^{+}, Mg^{2+}, Ca^{2+}, Ba^{2+}, Pb^{2+}	Al^{3+}, Fe^{3+}, Zn^{2+}, Ni^{2+}, Co^{2+}
	Oxide: P_2O_5, SiO_2, B_2O_3, Sb_2O_5	Li_2O, Na_2O, K_2O, MgO, CaO, BaO, PbO	Al_2O_3, Fe_2O_3, ZnO NiO, CoO
KZ	niedrig (3, 4)	hoch ($\geqq 6$)	4, 6
$z\,a^{-2}$	hoch (1,3...2,1)	niedrig (0,1...0,3)	mittel (0,5...1,0)
Elektronegativität	hoch (1,8...2,1)	gering (0,8...1,0)	mittel (1,2...1,5)
Bindestärke, kJ mol^{-1}	hoch (400...500)	niedrig (40...125)	mittel (≈ 250)
chemischer Charakter	sauer	basisch (Flußmittel)	amphoter

Bei manchen Glastypen, zu denen auch die Emails als Borosilicatgläser zählen, tritt unter bestimmten Bedingungen eine Flüssig-flüssig-Entmischung oder Mikrophasentrennung in mehrere glasige Phasen auf (Bild 2.6), die hauptsächlich auf einen Koordinationswechsel des Bors (aber auch auf andere Ursachen) zurückführen ist. Zu den gleichen Effekten kann auch die Anwesenheit von Fluorionen im Glas führen. Die Phasentrennung hat Auswirkungen auf die Eigenschaften von Glas (ausführlich behandelt bei *Vogel* 1971, 1983) und von Email (*Hellmold, Zopf* 1983). Eine Phasentrennung geht

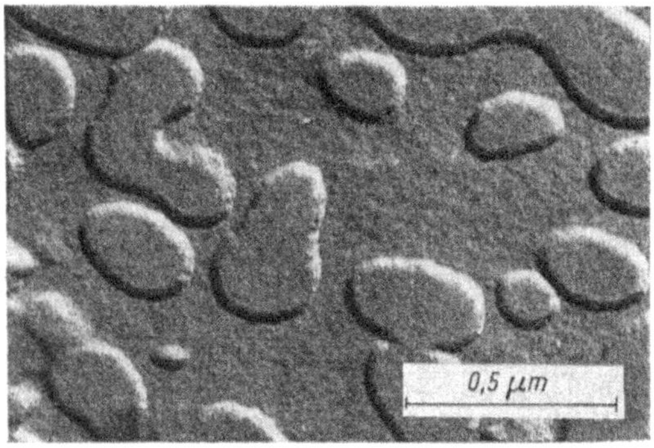

Bild 2.6. Mikrophasentrennung in einem Natriumsilicatglas (ZIAC Berlin)

im allgemeinen der Kristallisation voraus; sie ist auch bei der Ausscheidungstrübung durch TiO_2, ZrO_2 und als Vorstufe der Fluoridtrübung zu beobachten (Übersicht bei *Appen* u. a. 1978; *Kirilenko* u. a. 1981; *Ušakov* u. a. 1982; *Penkov, Gutzov* 1984).

2.1.5. Physikalisch-chemische Glasbildungsbedingungen

Technische Gläser und Emails werden praktisch durch Unterkühlung und Einfrieren einer Schmelze erhalten. Für die Glasbildung oxidisch-silicatischer Stoffe ist außer den kinetischen Faktoren (z. B. Abkühlungsgeschwindigkeit) noch Bedingung, daß die betreffenden Oxide eine *KZ* von 3 oder 4 haben und zur Bildung eines dreidimensionalen Netzwerks fähig sein müssen (*Goldschmidt, Zachariasen*), daß unterschiedliche Baugruppen mit vielfältigen Bausteinen und sperrigen, verzweigten Anordnungen in der Schmelze vorhanden sind *(Hägg)* und gemischte Bindungen mit unpolaren und polaren, metallischen oder *Van-der Waals*schen Bindungsanteilen vorliegen *(Smekal)*.

Die Glasigkeit *G* (Glasbildungsvermögen oder Widerstand gegen Kristallisation) ist nach *Dietzel* die reziproke Kristallwachstumsgeschwindigkeit (*KG*).

$$G = 1/KG_{max} \quad (KG \text{ z. B. in } \mu m\,min^{-1}) \qquad (2.2)$$

Die Glasigkeit nimmt ab

- mit steigendem Alkaligehalt, d. h. erhöhtem Anteil an Sauerstoffionen und vermehrter Si—O—Si-Brückensprengung,
- mit steigender Feldstärke der Kationen,
- bei Zusammensetzungen in der Nähe stöchiometrischer Verbindungen.

Die Glasigkeit nimmt zu

- mit Erniedrigung des Alkaligehalts,
- mit der Einführung trennstellenschließender Ionen und

- bei Zusammensetzungen, die zwischen stöchiometrischen Verbindungen liegen (z. B. eutektischen Mischungen entsprechen).

Bei kieselsäurearmen Emails werden zu diesem Zweck viele verschieden große und unterschiedlich geladene Kationen eingeführt. Das führt zu hypothetischen Vielkomponenteneutektika und bewirkt, daß die Konzentration für eine Verbindungsbildung und Kristallisation zu niedrig bleibt.

2.1.6. Temperatur-Eigenschafts-Beziehungen der Gläser

Charakteristisch ist die Temperaturabhängig keit der Glaseigenschaften. Betrachtet man zunächst die Änderung der Eigenschaften von Kristallen, so ergeben sich bei Modifikationswechsel und beim Schmelzen deutliche Diskontinuitäten in den Temperatur-Eigenschafts-Kurven, wie das in Bild 2.7 oben schematisch wiedergegeben ist. Beim Glas dagegen kann man über den gesamten Temperaturbereich mit einer kontinuierlichen, allerdings nicht durchgängig linearen Eigenschaftsänderung rechnen.
Bei einer Analyse der Temperatur-Eigenschafts-Kurve des Glases zeigen sich unterhalb T_1 und oberhalb T_2 offensichtlich nahezu lineare Beziehungen; zwischen T_1 und T_2 (Transformationsbereich; einige wenige K) findet man dagegen einen nichtlinearen

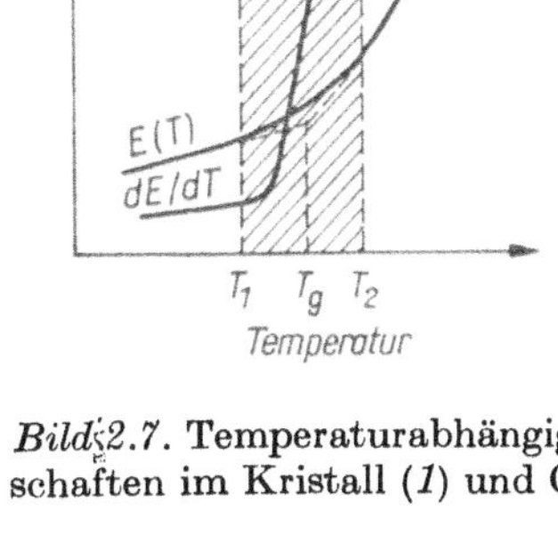

Bild 2.7. Temperaturabhängigkeit von Eigenschaften im Kristall (*1*) und Glas (*2*, *3*)

Verlauf. Unterhalb T_1 ist das Glas fest und spröde, oberhalb T_2 wird es plastisch-viskos. Der Kurvenverlauf ist für alle Gläser und glasigen Emails, unabhängig von ihrer Zusammensetzung, typisch.
Die Transformation ist eine für Gläser charakteristische thermische und mikrostrukturelle Erscheinung und der Transformationsbereich ein typisches Temperaturintervall. Meist wird T_g aus den Kurventangenten als mittlere Temperatur ermittelt. Der Transformationsbereich, seine Breite und Temperaturlage sind abhängig von der Glas- und Emailzusammensetzung und auch von den Abkühlungsbedingungen. Aber unabhängig vom Glastyp kommt ihm stets die gleiche Viskositätsspanne zu; sie liegt zwischen 10^{11} und 10^{13} Pa s, im Mittel bei 10^{12} Pa s.
Die Transformation selbst, die Höhe von T_g und die etwa 10 bis 120 K höhere Erstarrungstemperatur T_{Erst} ist für die Spannungsverhältnisse in Gläsern und Emails von Bedeutung. Oberhalb T_{Erst} geht auf Grund des plastisch-viskosen Zustandes eine Gleichgewichtseinstellung entsprechend den Temperaturbedingungen relativ schnell vor sich; die Relaxationszeiten sind sehr kurz, Spannungen entstehen nicht. Im Transformationsbereich sind die Relaxationszeiten bereits merklich, so daß bei Abkühlung von höherer Temperatur ein Zustand eingefroren werden kann, der einer höheren Temperatur entspricht. Eine Gleichgewichtseinstellung und damit ein Spannungsausgleich sind nicht mehr möglich. Die Relaxationszeiten nehmen außerordentlich hohe Werte an; bei Raumtemperatur sind sie praktisch unendlich groß.

2.2. Der spröde Körper

Bei mechanischer Krafteinwirkung verhalten sich die Komponenten des Systems Metall/Email völlig verschieden: das Metall ist plastisch verformbar, das Email spröde. Dies läßt sich durch das Spannungs-Dehnungs-Diagramm charakterisieren (Bild 2.8). Gemeinsam ist die anfänglich elastische Deformation und der lineare Verlauf der Spannungs-Dehnungs-Kurve entsprechend dem *Hooke*schen Gesetz $\sigma = \varepsilon E$ (das jedoch bei

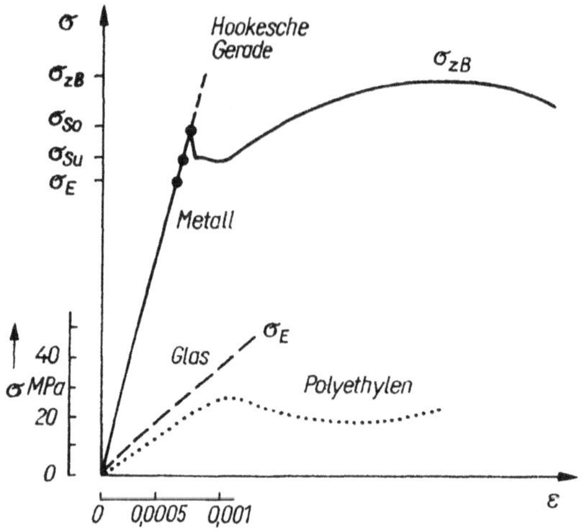

Bild 2.8. Spannungs-Dehnungs-Diagramm (z. T. schematisch)

σ_{Su} untere Streckgrenze

σ_{So} obere Streckgrenze

σ_E Elastizitätsgrenze

σ_{zB} Zugfestigkeit

Spannungs-Dehnungs-Skala für Glas und Email nach *Cowan* u. a. (1956); Abszisse: l/l_0

Langzeitbeanspruchung von Glas nicht mehr voll erfüllt wird). Das Verhalten beim Erreichen der Elastizitätsgrenze σ_E kennzeichnet den deutlichen Unterschied zwischen Glas und Metall.

Während bei Metallen oberhalb σ_{So} irreversibles plastisches Fließen einsetzt, das durch Wanderung von Versetzungen hervorgerufen wird, tritt bei oxidischen Ionenkristallen und Gläsern unter Normalbedingungen in der Regel Bruch auf, ohne daß eine erkennbare bleibende Verformung vorausging. Dieses Verhalten, das auf das Fehlen von ausreichenden Gleitebenen und Gleitrichtungen (Gleitsystemen) und auf die dadurch bedingte Unmöglichkeit der Einleitung von Versetzungsbewegungen zurückzuführen ist, ist typisch für spröde Körper.

Sprödigkeit ist keine definierte Materialkonstante, sondern eine in starkem Maße von den mechanischen Beanspruchungsbedingungen abhängige Eigenschaft. Sprödigkeit zeigt sich insbesondere dann, wenn die Wirkung mechanischer Kräfte sehr kurz ist im Vergleich zur Relaxationszeit der Verteilung der erzeugten Spannungen. Die auf diese Weise lokal konzentrierte Energie führt zu Spannungsspitzen. Wegen mangelnder Versetzungsmöglichkeiten, ausbleibender plastischer Umlagerungen und fehlender wirksamer Rißbarrieren in blasenfreiem Glas unterbleibt der Spannungsabbau; Sprödbruch ist die Folge (s. Abschnitt 22.3.3.).

Zum spröden Verhalten tragen die Bindungsverhältnisse in den Stoffen mit bei. Sprödigkeit ist in der Regel an Atombindungen mit definierten Bindungswinkeln und an starke, starre gemischte Bindungen geknüpft. Bei Gläsern kommt noch die ungeordnete Struktur hinzu, die ohnehin keine Gleitsysteme aufweist.

Beim Email sind also plastische Deformationen nicht relevant. Das oberhalb T_g einsetzende Erweichen ist ein thermisch aktivierter, viskoser Fließvorgang und hat mit plastischer Verformung nichts zu tun.

2.3. Email im geschmolzenen Zustand

Der Schmelzzustand des Emails spielt für die Qualität des Systems Metall/Email eine ebenso große Rolle wie der Zustand der eingefrorenen, unterkühlten Schmelze. Sind doch für eine optimale Metall-Email-Komposition zunächst einmal optimale Erweichungs- und Schmelzeigenschaften der Emailfritte erforderlich.

Der flüssige Zustand (hier: die Schmelze) zeigt Merkmale, die zwischen denen des gasförmigen und des idealen festen Zustandes liegen. Aus den radialen Verteilungsfunktionen der Bestandteile ergibt sich eine deutliche Periodizität und Fernordnung im Kristall und lediglich eine Nahordnung in der Schmelze, wie auch die Röntgen-Intensitätsverteilungen ausweisen.

Man unterscheidet hinsichtlich ihrer inneren Struktur verschiedene Typen von Schmelzen, von denen diejenigen, die große Aggregationen mit eingeschränkter Beweglichkeit, hoher Viskosität und Glasbildungsfähigkeit aufweisen, für geschmolzene Silicate, Gläser und Emails typisch sind.

Zum Verständnis des Grades der Vernetzung und Aggregation in einer solchen glasigen

Silicatschmelze muß das O/Si-Verhältnis herangezogen werden, das die Größe der polymeren Baugruppen aus $[SiO_4]$-Tetraedern und damit die Konstitution der Schmelze bestimmt. Mit steigender Temperatur werden die Vernetzungen abgebaut und die Bindung zwischen den $[SiO_4]$-Tetraedern schrittweise gelöst, so daß mit steigender Energiezufuhr immer mehr schwächer aggregierte Strukturkomplexe entstehen. Dem stufenweisen Aufreißen der Si—O-Bindungen entspricht umgekehrt beim Abkühlen der Schmelze das starke Polymerisationsbestreben der $[Si_xO_y]^{z-}$ Teilkomplexe zur Vervollständigung der $[SiO_4]$-Polyeder durch entsprechende Vernetzung. Daraus resultiert die im allgemeinen relativ hohe Viskosität von Silicatschmelzen und ihr großer Temperaturgradient.

Auf die Neigung mancher Silicatschmelzen (speziell Borosilicatgläser) zur Entmischung wurde bereits in Abschnitt 2.1.4. hingewiesen. Phasentrennungen in der Schmelze können bei Raumtemperatur eingefroren werden.

Die Struktur einer Silicatschmelze wird auch von der Gegenwart oberflächenaktiver Oxide beeinflußt. Diese reichern sich in der Oberfläche der Schmelze an und setzen die Oberflächenenergie herab. Ein solcher Konzentrationsgradient verändert die Eigenschaften der Schmelzoberfläche im Vergleich zum Innern und kann zu unerwünschten Erscheinungen führen (bei Glas z. B .zur Oberflächenkristallisation). B_2O_3 im Glas kann in Form von plan gebauten $[BO_3]$-Polyedern parallel zur Oberfläche ausgerichtet sein; so wirkt es kaum auf die Oberflächenspannung.

Während das feste Email ein elektrischer Isolator ist, nimmt im schmelzenden und geschmolzenen Email die Leitfähigkeit mit der Temperatur stark zu (s. dazu auch Bild 8.6, S. 133). Die Emailschmelze ist ein Ionenleiter, bei dem vor allem die Alkaliionen, mit steigender Temperatur auch andere Kationen sowie Anionen den Stromtransport übernehmen. Bei Gläsern kann man mit $\varkappa \approx 0{,}1\ \Omega^{-1}\ \mathrm{cm}^{-1}$ (1400 °C), bei Schlacken mit 0,1 bis 0,3 $\Omega^{-1}\ \mathrm{cm}^{-1}$ rechnen. Grundemails haben bei Aufbrenntemperatur eine Leitfähigkeit von $\approx 0{,}2\,\Omega^{-1}\ \mathrm{cm}^{-1}$ (*Moore* u. a. 1954a).

Oberflächenspannung und Benetzung werden in den Kapiteln 5 und 22 behandelt.

2.4. Grundlagen der Phasengleichgewichte

Die Theorie der Phasengleichgewichte ist eine wichtige Grundlage für die Kenntnis der Bedingungen, unter denen feste, flüssige und Gasphasen in Einstoff- und heterogenen Mehrstoffsystemen thermodynamisch im Gleichgewicht stehen. Die Arbeit mit solchen Gleichgewichtssystemen ist unerläßlich in der Werkstoffkunde kristalliner Festkörper; sie ist dagegen von weit untergeordneterer Bedeutung bei allen rein oder weitgehend glasigen Werkstoffen. Glasphasen als unterkühlte Schmelzen sind im Hinblick auf Phasengleichgewichte thermodynamisch nicht klar zu charakterisieren (kein Schmelzpunkt, metastabiler Zustand). Nur in einigen Fällen des Emails sind Phasenbeziehungen interessant und wichtig (z. B. Schmelzvorgänge, glaskristalline Emails, Weißemails).

Bezüglich einer ausführlichen Behandlung der Theorie der heterogenen Gleichgewichte sei auf die einschlägige Literatur verwiesen (z. B. *Hinz* 1971; *Petzold, Hinz* 1978).

2.4.1. Phasengleichgewichte im festen Zustand

Phasenbeziehungen in Festkörpern betreffen temperaturabhängige polymorphe Umwandlungen, d. h. Modifikationsänderungen. Für ein Einstoffsystem, wie z. B. SiO_2, werden die Gleichgewichte in einem p, T-Diagramm dargestellt (Bild 2.9), in dem die – relativen – Dampfdruckkurven die Existenzbereiche der stabilen Modifikation (ausgezogene Linie) und der eingefrorenen, metastabilen Modifikation (gestrichelte Linie) mit den entsprechenden Umwandlungstemperaturen anzeigen. Bei Emails interessiert nur das Temperaturgebiet bis etwa 1000 °C mit der Umwandlung von Quarz und Tief-Cristobalit, und zwar in Bezug auf den zur Mühle zugesetzten Quarz oder Cristobalit und den Sintergrund. Die Verhältnisse im System

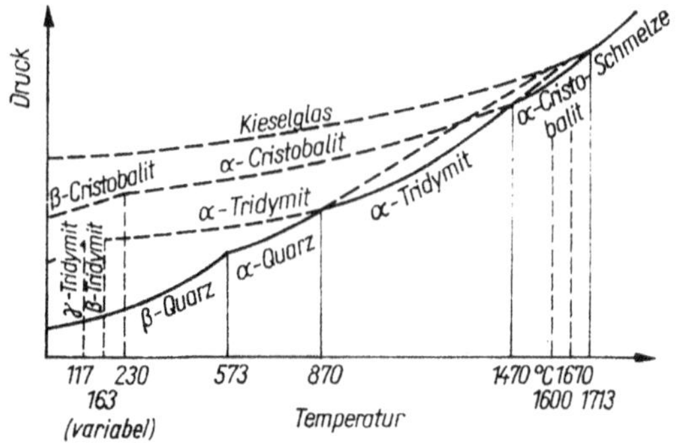

Bild 2.9. System SiO_2 nach *Fenner*

SiO_2 sind allerdings praktisch etwas komplizierter, aber hier nicht von Interesse. Weitere wichtige polymorphe Verbindungen sind Eukryptit und Spodumen, die in glaskristallinen Emails vorkommen (s. Bild 2.13).

In manchen Systemen gibt es zwar verschiedene Modifikationen, aber nur eine von ihnen ist thermodynamisch stabil; alle anderen sind metastabil und gehen unter bestimmten Bedingungen in die stabile Form über. Dazu gehören z. B. Al_2O_3 (γ — $\xrightarrow{>1200\,°C}$ α — Al_2O_3) oder TiO_2 (Anatas $\xrightarrow{>800\,°C}$ Rutil). Hier gibt es kein Gleichgewicht zwischen metastabiler und stabiler Modifikation; daher sind die Beziehungen auch nicht durch ein Zustandsdiagramm zu beschreiben.

Auch in Mehrstoffsystemen sind Phasenumwandlungen im festen Zustand zu beobachten. Das betrifft sowohl reine Komponenten, als auch Mischkristalle. Ein solches Beispiel ist das System Fe—C auf der Fe-reichen Seite (s. Bild 10.1, S. 154).

2.4.2. Heterogene Schmelzgleichgewichte

Schmelzgleichgewichte bei Zwei- und Mehrstoffsystemen geben Auskunft über Beginn und Ende des Aufschmelzens bzw. Kristallisierens sowie über die im Gleichgewicht befindlichen Phasen bei bestimmten Temperaturen. Für das Erschmelzen der Emailfritte kann die Kenntnis der Schmelzgleichgewichte entsprechender Systeme nützlich sein, wenngleich berücksichtigt werden muß, daß dies nur eine grobe Vereinfachung darstellt, weil das Gemenge ein Vielkomponentengemisch ist, das thermodynamisch nicht mehr zu beherrschen ist.

Einfache Zweistoffsysteme sind eutektischer Natur. Die eutektische Temperatur ist die niedrigste Temperatur, wo bei einer bestimmten Zusammensetzung erste Schmelze auftritt bzw. beim Kristallisieren letzte Schmelze verschwindet. Unterhalb eutektischer Linien liegt nur feste Substanz, zwischen einer eutektischen Linie und der Liquiduslinie feste Substanz neben Schmelze und oberhalb nur Schmelze vor. Tritt bei Zweistoffsystemen zwischen Komponente *A* und *B* eine Verbindung auf, so zeigt sich dies in einem relativem Maximum der Liquidustemperatur bei nunmehr zwei eutektischer Punkten.

Binäre Systeme, die bei der Emailschmelze sicher eine Rolle spielen, haben z. T. sehr niedrige eutektische und Liquidustemperaturen, wie die Systeme Na_2O—SiO_2 und K_2O—SiO_2; im System Li_2O—SiO_2 liegen diese Temperaturen schon deutlich höher (Bild 2.10).

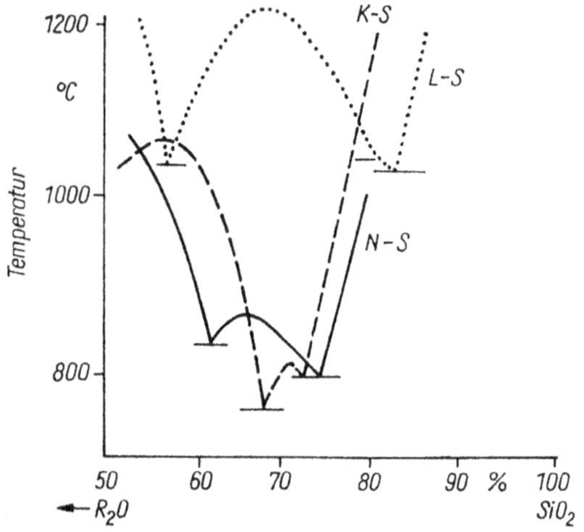

Bild 2.10. Systeme Li_2O—SiO_2, Na_2O—SiO_2 und K_2O—SiO_2 im Liquidusbereich (SiO_2-reiche Seite)

Schmelzgleichgewichte im Dreistoffsystem lassen sich schematisch in einem räumlichen Modell darstellen mit den Konzentrationsangaben auf der Grundfläche und den Zweistoffsystemen *A*—*B*, *A*—*C* und *B*—*C* an den Seiten. In der Praxis projiziert man aber

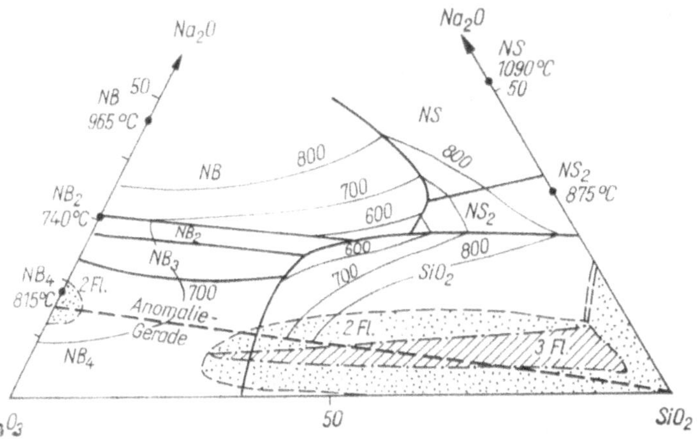

Bild 2.11. System Na_2O—B_2O_3—SiO_2 mit Bereichen der Entmischung in zwei bzw. drei Flüssigkeiten

ein solches Modell auf die Grundfläche und erhält dann auf dieser ein Diagramm mit abfallenden eutektischen Linien (Grenzlinien), die zum ternären Eutektikum verlaufen, und den Primärausscheidungsfeldern kristalliner Phasen. In diesen Feldern steht Schmelze mit einer Phase, entlang von Grenzlinien mit zwei, im ternären Eutektikum mit drei festen Phasen im Gleichgewicht. Die Temperatur im System wird durch Isothermen angegeben. Auftretende Verbindungen sind wie reine Phasen zu behandeln.

Eine bestimmte technische Bedeutung beim Fritteschmelzen haben zweifellos die Systeme Na_2O—B_2O_3—SiO_2 und Na_2O—PbO—SiO_2. Wie aus dem Zustandsdiagramm (Bild 2.11 als Beispiel) hervorgeht, liegen Liquidus- und eutektische Temperaturen ziemlich tief, so daß bei entsprechenden Versätzen ein zeitiger Schmelzbeginn zu erwarten ist.

Bei Emails mit Ausscheidungstrübung läßt sich der Bereich der kristallinen trübenden Phase abschätzen, wie das einfache System Na_2O—TiO_2—SiO_2 zeigt (Bild 2.12). Die Verhältnisse werden jedoch um so unsicherer, je mehr Bestandteile im Email enthalten sind und je stärker die Glasbildungstendenz ausgeprägt ist.

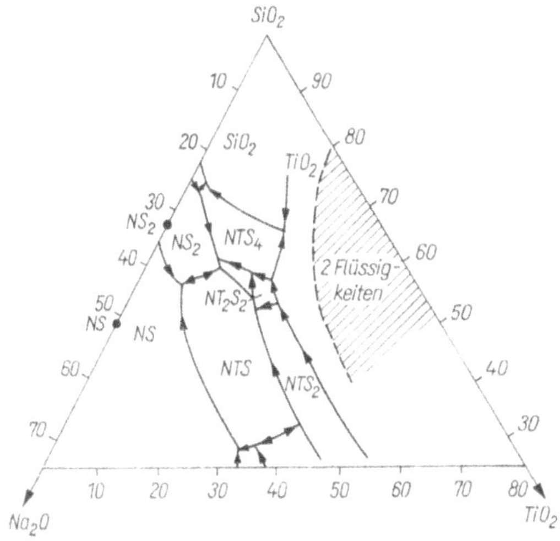

Bild 2.12. System Na_2O—TiO_2—SiO_2 (Ausschnitt)

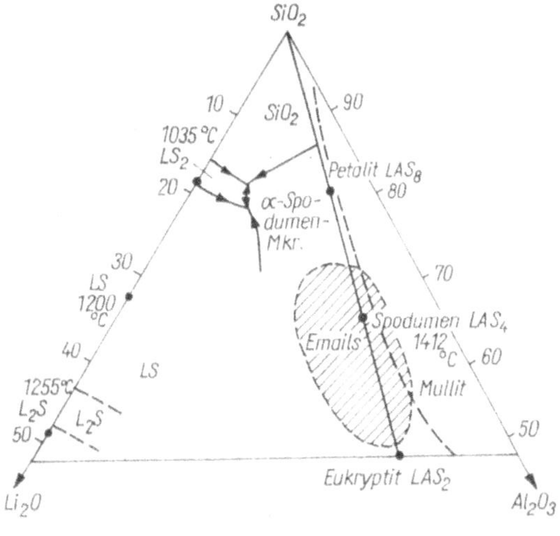

Bild 2.13. System Li_2O—Al_2O_3—SiO_2 (Ausschnitt)

Gleichgewichtsdiagramme können zur Charakterisierung des Kristallisats herangezogen werden, und zwar mit Hilfe von Gleichgewichtsdreiecken, die durch sog. Konjugationslinien gebildet werden, die zwischen zwei koexistierenden festen Phasen gezogen werden (s. z. B. Bild 2.13). Eine in einem bestimmten Gleichgewichtsdreieck liegende Zusammensetzung weist dann Kristallisationsprodukte auf, die durch die Komponenten an den Ecken repräsentiert werden. Bei kristallisierenden Emails läßt sich der Mineralbestand auf diese Weise abschätzen. Es muß allerdings beachtet werden, daß wegen der meist unvollständigen Kristallisation (z. T. erhebliche Mengen an Restglasphase!) und der stets vorhandenen zahlreichen Versatzkomponenten die Gleichgewichtsbedingungen nicht mehr exakt gelten. Das den glaskristallinen Standard-Emails zugrunde liegende System $Li_2O-Al_2O_3-SiO_2$ ist in Bild 2.13 dargestellt und zeigt im wesentlichen Kristallisation von Eukryptit und Spodumen.

2.5. Kristallisation von Gläsern und Emails

Glas- und Emailschmelzen können unter bestimmten Temperatur-Zeit-Bedingungen kristallisieren. Eine Kristallisation beginnt stets an Grenz- und Oberflächen. Sie ist meist unerwünscht, weil dadurch stark inhomogene Strukturen erzeugt und die Eigenschaften verändert werden. Nur bei Glaskeramiken und glaskristallinen Emails führt durch gewisse Maßnahmen eine gesteuerte Kristallisation zu einer gezielten Eigenschaftsverbesserung.
Voraussetzung für die Kristallisation ist das Vorhandensein bzw. die Bildung von Keimen und deren Wachstumsfähigkeit, realisierbar durch die Diffusion der Bausteine und ihre Zusammenlagerung zu Kristallen in der glasigen Matrix. Dies wird bei Emails möglich zwischen Einbrenn- und Erstarrungstemperatur, etwa zwischen 800 und 500 °C und bei Viskositäten von 10^3 bis 10^9 Pa s. Bei tieferen Temperaturen sind Keimbildung, Diffusion und Wachstum zu gering, bei höheren werden die sich bildenden Kristallkeime durch die Schmelze wieder aufgezehrt.
Keime können zu Kristallen wachsen, wenn sie einen kritischen Radius r_{kr} besitzen; unterkritische Keime sind instabil. Die Keimbildungsgeschwindigkeit KB ist gemäß

$$KB = A\,n\,\exp\left(\frac{-\Delta G - \Delta Q_{Diff}}{kT}\right) \qquad (2.3)$$

A Konstante
G freie Enthalpie der Bildung eines stabilen Keims mit r_{kr}
n Atome je Volumeneinheit

temperaturabhängig und durchläuft wegen der entgegengesetzten Wirkungen von Temperatur, Bildungsenthalpie und Diffusion ein Maximum im Unterkühlungsbereich unterhalb der Liquidustemperatur (Schmelz- bzw. obere Entglasungstemperatur), wie das schematisch in Bild 2.14a wiedergegeben ist. Die Keimbildung (Keimzahl) ist proportional der Zeit.
Gl. (2.3) gilt für die homogene (thermische) Keimildung. Heterogene Keimbildung setzt

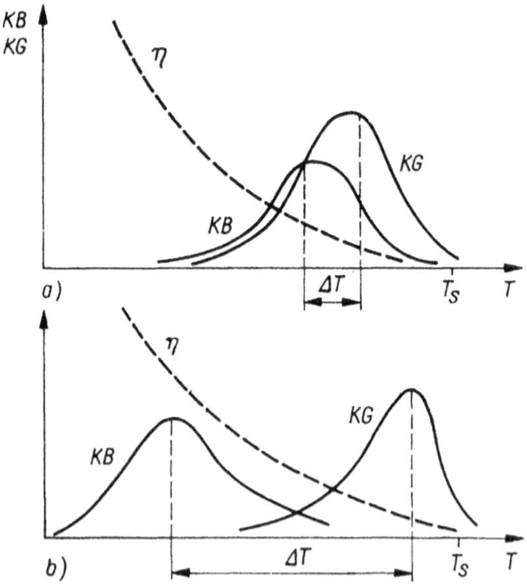

Bild 2.14. Keimbildung (KB) und Kristallisationsgeschwindigkeit (KG) bei kristallisierenden (a) und glasig erstarrenden Silicatschmelzen (b); schematisch

an Oberflächen, Gaseinschlüssen, Fremdsubstanzen (Verunreinigungen, zugesetzten Keimbildnern, also an Phasengrenzen) ein und herrscht im allgemeinen vor. Sie ist gegenüber der homogenen Keimbildung energetisch begünstigt; Gl. (2.3) muß daher um einen Faktor erweitert werden, der die Erniedrigung der Grenzflächenenergie berücksichtigt.

Die lineare Kristallwachstumsgeschwindigkeit *KG* ist in erster Näherung nach

$$KG = \mathrm{A}\,\Delta T/\eta \tag{2.4}$$

proportional der Unterkühlung ΔT und umgekehrt proportional der Viskosität. Daraus ergibt sich wiederum ein Maximum in der Temperaturabhängigkeit (Bild 2.14a), das oberhalb der Keimbildung liegt. *KG* wie auch *KB* sind proportional dem Diffusionskoeffizienten der Kristallbestandteile in der Schmelze.

Beide Maxima fallen bei technischen Gläsern und Emails in der Regel nicht zusammen (Bild 2.14b). Bei hoher Keimbildung entstehen nur kleine Kristalle, bei niedriger Keimzahl dagegen große. Liegen beide Maxima nahe beieinander, so tritt leicht spontane Kristallisation auf; eine Glasbildung wäre gar nicht erst zu erwarten.

Von der Erleichterung der Keimbildung und Kristallisation in einer glasigen Phase durch zugesetzte Keimförderer (z. B. TiO_2, ZrO_2, Cr_2O_3, P_2O_5) wird bei glaskristallinen Emails Gebrauch gemacht.

3
Grundlagen wesentlicher Struktur-Eigenschafts-Beziehungen in glasigen Materialien

Kenntnis und Verständnis der atomistischen Eigenschaftsabhängigkeiten und ihrer Zusammenhänge sind nicht nur für die Interpretation des Verhaltens, sondern auch für die Weiterentwicklung der Werkstoffkomponente Email von Bedeutung. Einige allgemeingültige Grundsätze werden im folgenden dargelegt. Bezüglich breiterer Grundlagen sei auf die das Glas betreffenden Bücher von *Scholze* (1977a); *Salmang, Scholze* (1982); *Vogel* (1983) und *Feltz* (1983) verwiesen.

3.1. Allgemeine Beziehungen

Grundlegende Eigenschaften der silicatischen Gläser und Emails lassen sich auf der Basis des vereinfachten Strukturmodells von *Zachariasen, Warren* im Komplex beschreiben und in ihrer Abhängigkeit von der chemischen Zusammensetzung und der daraus folgenden Struktur darstellen. Dabei sind solche Begriffe, wie Netzwerkbildner, Netzwerkwandler, Zwischenoxide, Kationenfeldstärke, Koordinationsverhalten und Abschirmbestreben (screening), Netzwerkaufspaltung, Netzwerkverfestigung und Trennstellenschließung von großem Wert für die Betrachtung der Zusammenhänge unter relativ einheitlichen Gesichtspunkten.

Die Basis der Interpretation von Struktur-Eigenschafts-Beziehungen bildet der netzwerkbildende oder -verändernde Charakter der Emailbestandteile, die Stärke der Amphoterie und die Acidität bzw. Basizität der Oxide, insgesamt also der Vernetzungsgrad des Glasgerüsts und die Festigkeit des inneren Zusammenhalts der Glasstruktur. Die Grundvorstellungen über die Netzwerkaufspaltung durch stark basische Oxide (z. B. Na_2O), den Einbau von Oxiden mit stärkeren Kationen (z. B. CaO) und die Trennstellenschließung z. B. durch Al_2O_3 in einem basischen Glas sind in Bild 3.1 schematisch wiedergegeben.

Variiert man in einer einfachen Glaszusammensetzung die Art der Oxide, insbesondere der Netzwerkwandler, so ergibt sich meist eine stetige Eigenschaftsänderung auf Grund der unterschiedlichen Bindefestigkeiten und Ionengrößen. Änderung der Konzentration führt infolge Änderung der Trennstellenzahl vielfach ebenfalls zu kontinuierlichen Eigenschaftsänderungen. In Borosilicatgläsern beobachtet man häufig Extrema; in Abhängigkeit von der Zusammensetzung treten Anomalien auf, die auf spezifische Struktur-

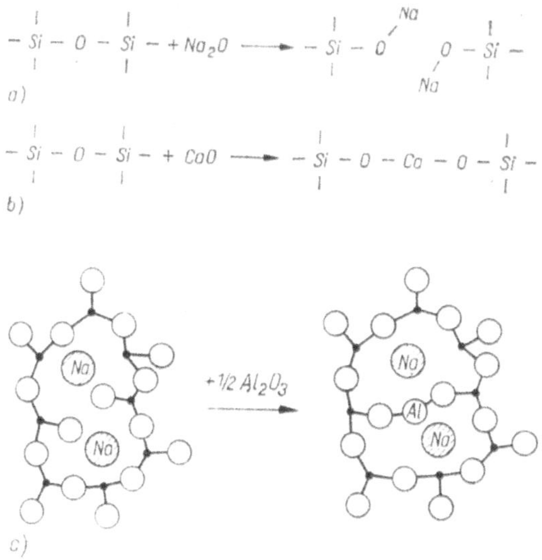

Bild 3.1. Arten von Netzwerkveränderungen
a) Trennstellenbildung
b) Netzwerkerweiterung durch CaO
c) Trennstellenschließung durch Al_2O_3

änderungen zurückzuführen sind. Das bekannteste Beispiel ist die Borsäureanomalie, die auf dem Koordinationswechsel $[BO_3] \rightleftarrows [BO_4]$ und der weiteren Aufsprengung von B—O—B-Bindungen bei bestimmten R_2O-Konzentrationen beruht. Anomalien werden außer bei Borsäure unter gewissen Bedingungen auch bei Aluminiumoxid im Glas beobachtet.

Die lineare oder fast lineare Abhängigkeit der Eigenschaften von der Zusammensetzung erlaubt die mathematische Erfassung dieser Zusammenhänge und Vorausberechnung der Eigenschaften bzw. Eigenschaftsänderungen (s. Abschnitt 22.1.).

Auf Schmelzen und glasige Materialien werden vielfach die Begriffe sauer (saure Oxide: SiO_2, B_2O_3, P_2O_5) und basisch (basische Oxide: Na_2O, K_2O, CaO, BaO usw.) angewendet. Sie dienen der Bewertung von Acidität und Basizität der Oxide und Gläser und lassen sich am besten auf der Grundlage der Säure-Basen-Theorie von *Lewis* interpretieren (Näheres dazu bei *Petzold*, *Hinz* 1978). Vom Standpunkt der Abschirmtheorie handelt es sich bei Säuren um Verbindungen mit gering abgeschirmten Kationen (daher meist polymerisiert), bei Basen um Verbindungen mit gut abgeschirmten Kationen. Acidität und Basizität sind damit relativ, da sie vom Grad der Abschirmung und der Polarisation, also wesentlich vom umgebenden Milieu bestimmt werden.

Wie sauer oder basisch ein Glas ist, hängt nicht nur von der Menge an sauren oder basischen Oxiden, sondern auch vom Polarisationsgrad der Sauerstoffe im Gerüst ab. Dieser wird vom Basizitätsgrad der Oxide beeinflußt; beispielsweise nimmt die Basizität in der Reihe $Li_2O < Na_2O < K_2O$ bzw. $MgO < CaO < BaO$ zu. Acidität und Basizität des Glases bestimmen die Stellung der amphoteren Oxide in der Glasstruktur: in einem sauren Glas wirken sie als Basen und Netzwerkwandler mit $[RO_6]$-Koordinationspolyedern, in einem basischen Glas als Säuren mit $[RO_4]$-Tetraedern und nehmen als Netzwerkbildner am Gerüst teil. Bei im Glas gelösten Farboxiden macht sich die unterschiedliche Koordination in der Farbe anschaulich bemerkbar (s. Abschnitt 3.5.2.). In gleicher Weise werden Redox-Gleichgewichte der Ionen mit mehreren Wertigkeitsstufen beeinfluß (z. B. Eisen im Email). Niedrige Wertigkeitsstufen werden im sauren, höhere im basischen Milieu stabilisiert.

3.2. Struktureinflüsse auf physikalisch-mechanische Eigenschaften

3.2.1. Dichte

Die Dichte glasiger Substanzen ist stets geringer als die der entsprechenden kristallinen Stoffe. Kieselglas hat wegen seiner »offenen« Struktur (vgl. Bild 2.5b) die geringste Dichte von 2,2 g cm^{-3}. Zuführung von basischen Oxiden und Einbau in die Hohlräume erhöht die Dichte. »Schwere« Ionen, wie Pb^{2+} und Ba^{2+} wirken sich besonders stark aus.

In vielen Glassystemen beobachtet man eine weitgehend lineare Konzentrations-Dichte-Abhängigkeit. Abgeschreckte Gläser haben infolge der einer höheren Einfriertemperatur zukommenden lockereren Struktur eine nie-

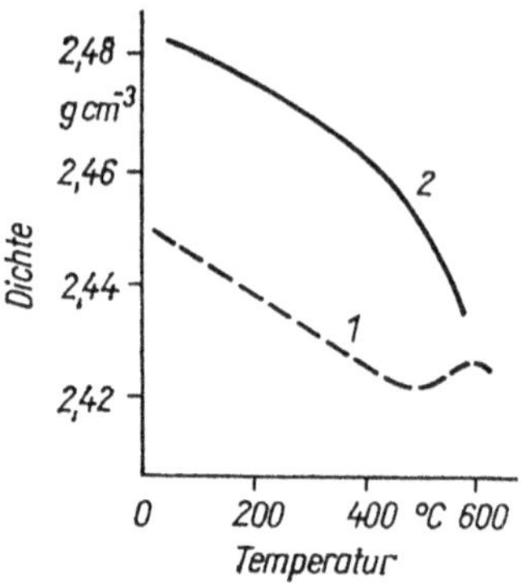

Bild 3.2. Temperaturabhängigkeit der Dichte von abgeschrecktem (*1*) und gut gekühltem Borosilicatglas (*2*); aus *Petzold* (1986)

drigere Dichte als gut gekühlte. Bild 3.2 zeigt den Unterschied und gleichzeitig die Dichteänderung mit der Temperatur.

3.2.2. Elastisches Verhalten

Glasige Materialien sind linear-elastische Körper. Im *E*-Modul (Dehnungsmodul als reziprokes Maß für die Dehnbarkeit) spiegeln sich die Bindefestigkeiten der Glasbausteine wider; er hängt von der Kationenfeldstärke und der Anzahl der Trennstellen ab. So wird der *E*-Modul des Kieselglases von $72 \cdot 10^3$ MPa durch Netzwerkwandler auf etwa $60 \cdot 10^3$ MPa herabgesetzt. In Alkalisilicatglas erfolgt eine Zunahme bei Einbau von RO (außer PbO), Al_2O_3 oder B_2O_3 (beide bis zum Maximum bei $\approx 15\,\%$) infolge Trennstellenschließung.

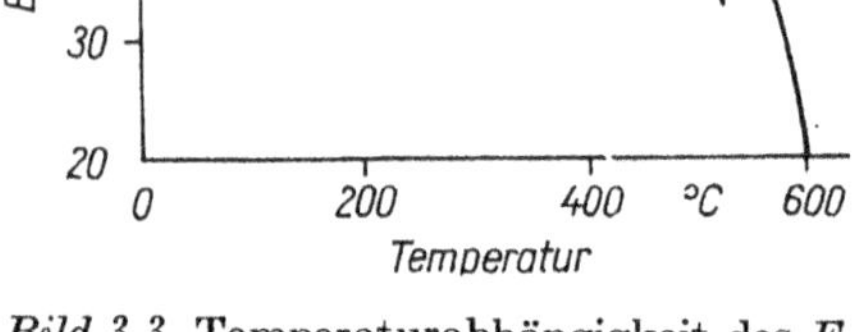

Bild 3.3. Temperaturabhängigkeit des *E*-Moduls von Alkali-Kalk-Silicatglas (*McGraw* 1952) und Grundemail (*Cowan* u. a. 1956)

Weitere interessante Beziehungen zwischen dem *E*-Modul und der Zusammensetzung vorwiegend invertglasähnlicher Materialien beschreibt *Loewenstein* (1961).
Steigende Temperatur verursacht eine Abnahme der Bindekräfte im Glas. Daraus resultiert auch eine Abnahme des *E*-Moduls, die ab T_g besonders stark ist (Bild 3.3).

3.2.3. Konstitution und Härte

Der Widerstand eines Festkörpers gegenüber dem Eindringen eines härteren Materials wird durch die Mikrohärte am anschaulichsten charakterisiert, da sie zusammensetzungs- und strukturbedingte Härteunterschiede gut zum Ausdruck bringt.
Die Härte und Druckverformbarkeit spröder Körper läßt sich durch die *Weyl*sche Screening-Theorie interpretieren. Werden in einem Ionenkristall, in dem alle Kationen durch die Anionen genügend abgeschirmt sind, durch den Mikroeindruck Verschiebungen gegeneinander eingeleitet, so treten Zustände auf, in denen Kationen an Kationen und Anionen an Anionen vorbeigleiten müssen. Dabei bleibt ein Teil der Kationen zeitweilig unabgeschirmt, und es werden Abstoßungskräfte wirksam, die eine zu überwindende Energieschwelle darstellen, bevor eine neue Gleichgewichtslage erreicht wird. Diese Kräfte sind also ein relatives Maß für den Widerstand gegen Verformung, Verschiebung und Eindringen. Ein solches Aneinander-Vorbeigleiten kann umso besser erfolgen, je niedriger die Kationen geladen und je stärker sie deformierbar sind. Diese Vorstellungen sind auch auf glasige Materialien anwendbar, obwohl hier keine Gleitebenen vorliegen.
Die Mikrohärte ist erwartungsgemäß abhängig von der Festigkeit des Netzwerks sowie der Art und Bindung der Kationen im Glasgerüst und ihrer Feldstärke (Bild 3.4). Auch Molrefraktion (Raumerfüllung) und Polarisierbarkeit führen zu deutlichen Abhängigkeiten: je größer beide Werte sind, um so besser läßt sich das Glas beim Mikroeindruck verformen (*Petzold*, *Wihsmann* u. a. 1961). Aus dem Gesagten erklärt sich auch, daß die Mikrohärte mit steigender Temperatur abnimmt.

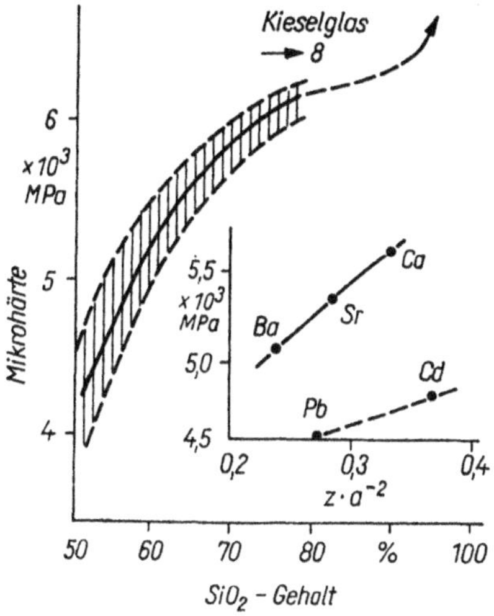

Bild 3.4. Mikrohärte von Standardgläsern in Abhängigkeit vom SiO_2-Gehalt; *Zusatzdiagramm:* Abhängigkeit von der Feldstärke $z\,a^{-2}$ der R^{2+}-Ionen (*Petzold, Wihsmann* u. a. 1961); a in Å, 1 Å = 0,1 nm

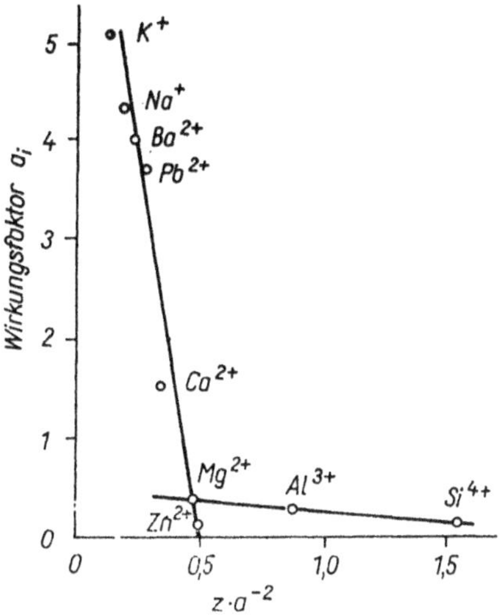

Bild 3.5. Beziehungen zwischen der Kationenfeldstärke $z\,a^{-2}$ von Glasbestandteilen und deren Wirkungsfaktoren a_i zur Berechnung der Wärmedehnung (aus *Petzold* 1986); a in Å, 1 Å = 0,1 nm

3.3. Beziehungen zwischen Struktur und thermomechanischen Eigenschaften

3.3.1. Strukturabhängigkeit der Wärmeausdehnung

Die reversible Wärmeausdehnung der Körper beruht auf der anharmonischen thermischen Oszillation der Bausteine. Sie ist abhängig von atomistischen Bedingungen, bei kristallinen Körpern auch von kristallographischen Faktoren. Glasige Materialien haben, da sie isotrop sind, einen in allen Richtungen gleichen Ausdehnungskoeffizienten. In der Schmelze ist die Wärmedehnung etwa dreimal größer als im festen Glas.

Die Wärmedehnung des Emails wird beeinflußt von den Komponenten, deren Bindefestigkeit und Funktion im Glas. Sie wird heraufgesetzt durch basische, herabgesetzt durch saure Oxide (insbesondere SiO_2, B_2O_3 und TiO_2, in Invertglassystemen auch durch CaO). B_2O_3 und Al_2O_3 können zu Anomalien führen. Je nach der Stärke der Bindung in der Struktur erleichtern oder erschweren die Kationen die Expansion. Der deutliche Zusammenhang zwischen der Kationenfeldstärke und dem Beitrag der Oxide zum Ausdehnungsverhalten (Wirkungsfaktor a_i; s. Abschnitt 22.1.) geht aus Bild 3.5 hervor.

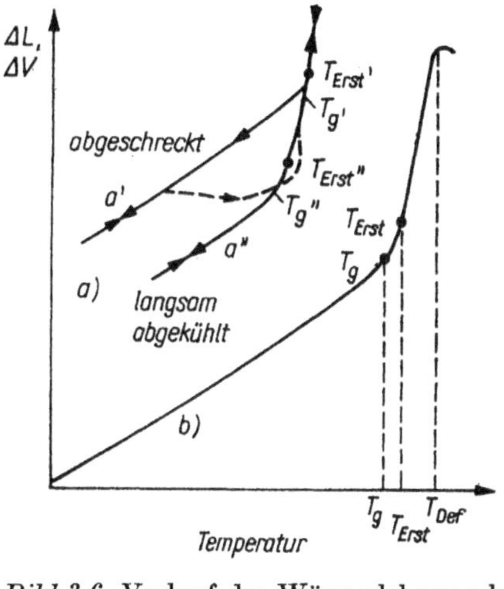

Bild 3.6. Verlauf der Wärmedehnung bei Glas und Email in Abhängigkeit von der thermischen Vorgeschichte (a) und dilatometrische Ausdehnungskurve glasiger Materialien, schematisch (b)

Die dilatometrische Ausdehnungskurve

(Bild 3.6) ist für glasige Materialien typisch. Beim Aufheizen werden im Transformationsbereich zunächst die Bindungen der schwachen, dann die der starken Kationen aufgebrochen. Die Erhöhung der Ausdehnung ab T_g soll durch Leerstellen hervorgerufen werden, die die schwachen Kationen beim Lösen der Bindungen hinterlassen. Die oberhalb T_g liegende Erstarrungstemperatur (Beginn des Einfrierens beim Abkühlen) hat sich für die Spannungsentwicklung als wichtig erwiesen.
Das Wärmedehnungsverhalten eines glasigen Materials ist von der thermischen Vorgeschichte abhängig. Bei rascher Abkühlung der Schmelze erfolgt der Übergang in den Glaszustand eher (T_g höher, frühzeitige Unbeweglichkeit der Struktureinheiten, offenere Struktur eingefroren), bei langsamer später (T_g tiefer, höhere Vernetzung und Dichte; Bild 3.6a). Beim Aufheizen eines langsamgekühlten Glases entspricht der Ausdehnungsverlauf der schematischen Kurve *a''*; bei sehr schnellem Erhitzen kann sich dabei eine Überhitzung ergeben (gestrichelt in Bild 3.6a). Ein abgeschrecktes Glas verhält sich dagegen entsprechend Kurve *a'*. Die Kontraktion unterhalb T_g beruht auf der Einstellung des strukturellen oder Packungsgleichgewichts. Bei Emails liegen z. T. solche Verhältnisse vor (Auftreten von Rissen bei thermisch beanspruchten Gegenständen durch ebensolche Schrumpfungserscheinungen).

3.3.2. Zusammensetzungs- und Temperaturabhängigkeit der Viskosität

Silicatschmelzen gelten im wesentlichen als *Newton*sche Flüssigkeiten (s. Abschnitt 9.1.3. und Bild 9.3a) mit stark zusammensetzungs- und temperaturabhängiger Viskosität. Das Fließvermögen wird entscheidend vom inneren Zusammenhalt der Schmelze (Einfluß der Bindekräfte) und der thermisch bedingten Netzwerkaufspaltung (Einfluß der Temperatur) bestimmt.
Bei niedrigen Zähigkeiten wirken fest gebundene, netzwerkverfestigende Bestandteile erhöhend, Netzwerkwandler mit schwacher Bindung weiter erniedrigend, wie in Bild 3.7

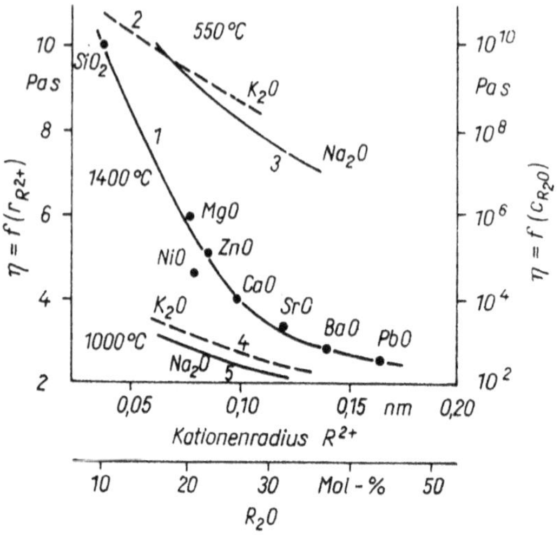

Bild 3.7. Einfluß der Substitution von 8 % SiO_2 durch RO in einem N—C—S-Glas auf die Viskosität in Abhängigkeit vom Ionenradius (*1*; *Dingwall, Moore* 1953) und Einfluß der Konzentration an R_2O auf die Viskosität von Alkalisilicatglas bei 550 °C (*2*, *3*) und 1000 °C (*4*, *5*; aus *Scholze* 1977)

am Einfluß ein- und zweiwertiger Oxide auf Modellschmelzen dargestellt ist. Die Verhältnisse sind auf technische Emails übertragbar (z. B. *Beljaev* 1960 b). Erniedrigt werden kann die Viskosität allerdings auch durch hochgeladene, stark polarisierend wirkende Kationen (z. B. T^{4+}) sowie durch die Anionen F^- und OH^-. Die Wirkung der letztgenannten beruht darauf, daß sie, da einwertig, zum völligen Abbruch der Si—O—Si-Vernetzung führen. Die Abhängigkeit der Viskosität von den Bestandteilen ist nicht immer linear; man findet mitunter Maxima (bei B_2O_3) oder Minima (bei Alkalien; *Evstropev* u. a. 1968).
Das viskose Fließen ist ein thermisch aktivierter Prozeß und versteht sich aus der Struktur der Schmelze. Er folgt, abgeleitet von dem allgemeinen *Boltzmann*schen Ansatz, der präzisierten *Vogel-Fulcher-Tammann*-Gleichung

$$\lg \eta = A + B / T - T_0 \qquad (3.1)$$

Die Konstanten A, B und T_0 lassen sich aus den Werten $\eta(T)$ der sog. Viskositätsfix-

punkte ermitteln; das sind T_g, $\eta = 10^{12}$ Pa s, *Littleton*-Temperatur, $\eta = 10^{6,6}$ Pa s und Einsinkpunkt, $\eta = 10^3$ Pa s.
Die vollständige Viskositätskurve eines Glases ist in Bild 3.8 schematisch wiedergegeben. Bei hohen Temperaturen ($> T_g$) zeigt der experimentelle Verlauf die dynamische thermische Netzwerkauflockerung bzw. Netzwerkverfestigung an. Das Einfrieren der Glasstruktur bei Abkühlung wird durch den Wendepunkt der Kurve bei T_g dokumentiert.

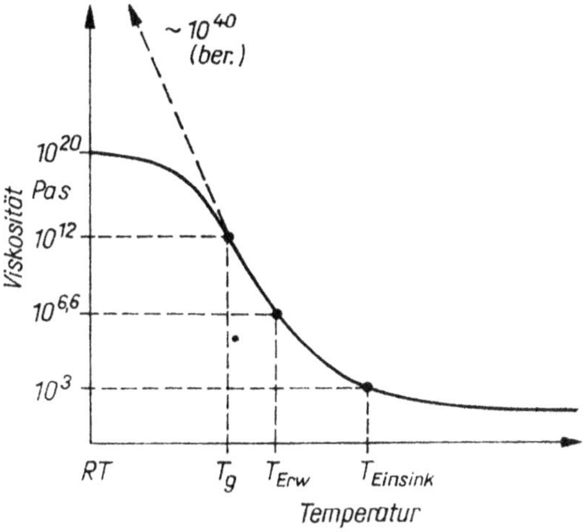

Bild 3.8. Temperaturabhängigkeit der Viskosität von Glas (schematisch); berechnet: nach *Nemilov, Sazingjuljan* (1972)

3.3.3. Einfluß der Zusammensetzung auf die Oberflächenspannung

Die Oberflächenspannung γ als freie Grenzflächenenergie einer Flüssigkeitsoberfläche ist diejenige Energie, die benötigt wird, um die Oberfläche durch Transport von Teilchen aus dem Inneren gegen die stark einseitig nach innen gerichteten Anziehungskräfte der Oberflächenbestandteile um die Flächeneinheit zu vergrößern. Sie ist sehr stark von der chemischen Zusammensetzung des Glases und den atomistischen Bedingungen abhängig.
Je schwächer die Bindung, je höher die Polarisierbarkeit der Kationen und je größer das Bestreben der Bausteine, durch bestimmte Gruppierungen in der Oberfläche den Energiezustand herabzusetzen, um so niedriger ist die Oberflächenspannung. Allgemein ergibt sich nach *Appen* u. a. (1953) bezüglich der Wirkung auf die Oberflächenspannung folgende Tendenz ($\rightarrow$ Erniedrigung von γ):

$Li^+ > Na^+ > K^+$ und $Mg^{2+} > Ca^{2+} > Ba^{2+}$

sowie $Fe^{2+} > Co^{2+} > Ni^{2+}$.

Nach *Appen* (1954) kann man die Emailkomponenten hinsichtlich ihrer Oberflächenaktivität (= Senkung von γ) einteilen in

- nichtaktive Oxide: SiO_2, Al_2O_3, MgO, CaO, Li_2O, Na_2O;
- Oxide mit Zwischencharakter: P_2O_5, PbO;
- oberflächenaktive Oxide: K_2O, B_2O_3, V_2O_5, Cr_2O_3, SO_3, MoO_3.

Die aktiven Oxide, die entweder nur schwach nach dem Innern gebunden sind oder Anionenkomplexe bilden, reichern sich z. B. als $[BO_3]^-$, $[VO_3]^-$, $[CrO_4]^-$, $[MoO_4]^-$ oder $[SO_4]^-$-Gruppen in der Oberfläche an. Auch Fluor- und OH-Ionen setzen die Oberflächenspannung herab.
Die Oberflächenspannung nimmt mit der Temperatur nur geringfügig ab; man rechnet mit etwa 1 % je 100 K.

3.4. Strukturabhängigkeit von Transportvorgängen in Glas und Email

3.4.1. Strukturabhängigkeit des Wärmetransports

In Gläsern und Emails erfolgt der Wärmetransport, wie in allen anderen anorganisch-nichtmetallischen Werkstoffen, je nach Temperatur durch Leitung und/oder Strahlung. Die Wärmeleitung vollzieht sich über anharmonische Gitteroszillationen durch gequantelte Gitterwellen (Phononen). In glasigen Materialien ergeben sich – im Gegensatz zu kristallinen Körpern – auf Grund der ausschließlichen Nahordnung in der ungeordneten Glasstruktur kaum temperaturabhängige freie Weglängen der Phononen in der Größenordnung atomarer Grundabstände. Das bedeutet niedrige Wärmeleitfähigkeit und schwach positiven Temperaturkoeffizienten.

Aus chemischer Sicht ist zu erwarten, daß die Wärmeleitung um so besser ist, je höher die Bindefestigkeiten sind. Einbau von Alkali erniedrigt daher die Wärmeleitfähigkeit (K_2O stärker als Na_2O), ebenso Ersatz von CaO durch BaO. Mit zunehmender Gesamtatommasse geht die Wärmeleitfähigkeit zurück.

3.4.2. Strukturbeziehungen zur Diffusion

Diffusion als Bewegung und Transport von Bausteinen in festen und geschmolzenen Körpern wird durch die beiden *Fick*schen Gesetze beschrieben und ist ein thermisch aktivierter Prozeß, der der allgemeinen *Arrhenius*-Gleichung gehorcht. Der die Diffusion kontrollierende Diffusionskoeffizient D wird durch verschiedene atomistische und strukturelle Parameter sowie durch die Temperatur bestimmt.
In Emails tritt die Wanderung sowohl von Eigenbestandteilen (Selbstdiffusion) als auch von Fremdbestandteilen (Fremddiffusion) auf. Der erste Fall liegt z. B. bei der Cobaltabscheidung, beim Kristallwachstum, bei der elektrischen Leitung, bei der chemischen Auslaugung und bei der Verdampfung vor, der zweite z. B. bei der An- und Auflösung von Quarz und Ton und der Eisenoxidaufnahme durch die Grundemailschmelze. Die Diffusion erfolgt über Gitter- und andere Strukturfehlstellen, über Strukturhohlräume und »Löcher« atomarer Größenordnungen.
Die Diffusion verläuft in glasigen Phasen auf Grund der lockeren, offeneren, weiträumigeren Struktur viel leichter als in dichtgepackten kristallinen Körpern. Im und über dem Transformationsbereich wird die Diffusion weiter erhöht durch die beginnende Beweglichkeit des Glasgerüsts; in der Schmelze schließlich ist die Diffusion um ein Erhebliches größer als im festen Glas. Zwischen dem Diffusionskoeffizienten und der Viskosität besteht nach *Stokes, Einstein* die Beziehung

$$D = \mathrm{k}\,T/6\,\pi\,\eta\,r \qquad (3.2)$$

r Radius des diffundierenden Teilchens.

Die Höhe des Diffusionskoeffizienten wird bestimmt durch die Bindestärke der Ionen, ihre Größe, den verfügbaren Hohlraum und die Größe der Diffusions»kanäle«. In Bild 3.9 ist die Temperaturabhängigkeit des Diffusionskoeffizienten von Na^+ und Ca^{2+} in Alkali-Kalk-Silicatglas dargestellt. Deutlich zeigt sich der Einfluß der Bindung durch die unterschiedliche Ladung ($D_{Ca} < D_{Na}$) und der offensichtlichen Behinderung der Diffusion des Na^+ durch Ca^{2+}. Bei gleicher Ladung diffundieren große Ionen langsamer als kleine (z. B. $D_K < D_{Na}$; s. auch Gl. (3.2)).

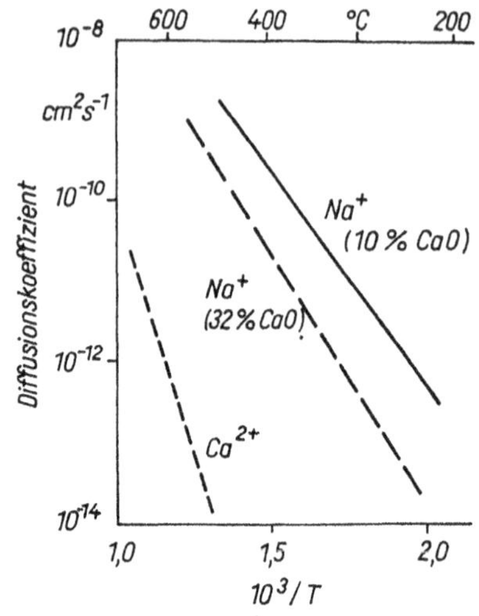

Bild 3.9. Temperaturabhängigkeit der Selbstdiffusion von Na^+ und Ca^{2+} in N—C—S-Glas (nach *Frischat* 1971); T in K

3.4.3. Zusammenhang zwischen Struktur und Stromtransport

Die elektrische Leitfähigkeit eines Werkstoffs beruht auf der Wanderung von Ladungsträgern (Elektronen oder Ionen bzw. Defektstellen), unter bestimmten Bedingungen nehmen beide Ladungsträger am Stromtransport teil. Gläser und Emails sind bei Raumtemperatur typische Isolatoren; nach dem Energiebändermodell (s. z. B. *Petzold* 1986) sind die Valenzbänder voll aufgefüllt, die Leitungsbänder leer; dazwischen liegt eine »verbotene« Zone mit einer Breite von mindestens 2,5 eV. Wenn bei Temperaturerhöhung die Glasbausteine beweglich und diffusibel werden, treten im elektrischen Feld Leitungsvorgänge auf, die auf Ladungstransport durch Ionen beruhen (Ionenleitung). Dieser Stromtransport verläuft um so besser, je höher der Selbstdiffusionskoeffizient der Ladungsträger ist. Dies kommt in der Beziehung von *Nernst, Einstein* zum Ausdruck:

$$\varkappa = D z^2 \mathrm{e}^2 N/\mathrm{k}\, T \qquad (3.3)$$

z Ladung
N Anzahl der diffundierenden Teilchen

(Nach *Dietzel* 1981 muß die Formel jedoch noch mit einem Faktor von etwa 0,5 versehen werden).
Für die Temperaturabhängigkeit der elektrischen Ionenleitung gilt nach *Rasch, Hinrichsen* allgemein

$$\varkappa = A \exp\,(-B/\mathrm{k}\, T). \qquad (3.4)$$

Danach nimmt die Leitfähigkeit mit der Temperatur exponentiell zu, der Widerstand entsprechend ab; bei T_g tritt ein Knick in der lg$\varkappa$ (bzw. lg ϱ)-$1/T$-Kurve auf als Folge der beginnenden Strukturbeweglichkeit im Transformationsbereich (Bild 3.10).
Der Ladungstransport ist abhängig von der Bindefestigkeit, der Größe und Menge der

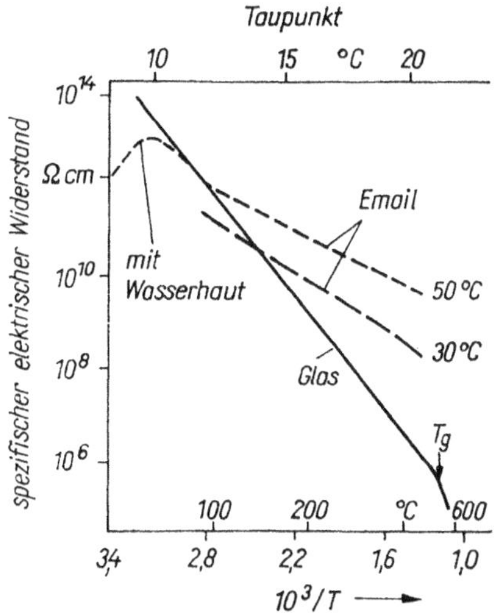

Bild 3.10. Temperaturabhängigkeit des spezifischen elektrischen Widerstands von Glas (aus *Oel, Schaeffer* 1981) und Einfluß des Taupunkts auf den Widerstand von Email in feuchter Atmosphäre (*Nealon* 1976); T in K

migrationsfähigen Kationen (Anionen kommen wegen zu niedriger Diffusionskoeffizienten nicht in Betracht). Die günstigsten Bedingungen bieten die Natriumionen (geringe Bindefestigkeit, mittlere Ionengröße); sie sind daher im wesentlichen für die Leitfähigkeit in üblichen Gläsern und Emails verantwortlich. Die Leitfähigkeit durch Li^+ und K^+ ist geringer, weil Li^+ zu fest gebunden und K^+ zu groß ist. Andere große Kationen, wie Pb^{2+} oder Ba^{2+} wandern nicht nur selbst kaum, sondern blockieren die Diffusionswege des Natriums. Der Einfluß verschiedener Oxide auf den spezifischen elektrischen Widerstand eines Natriumsilicat-Grundglases geht aus Bild 3.11 hervor.

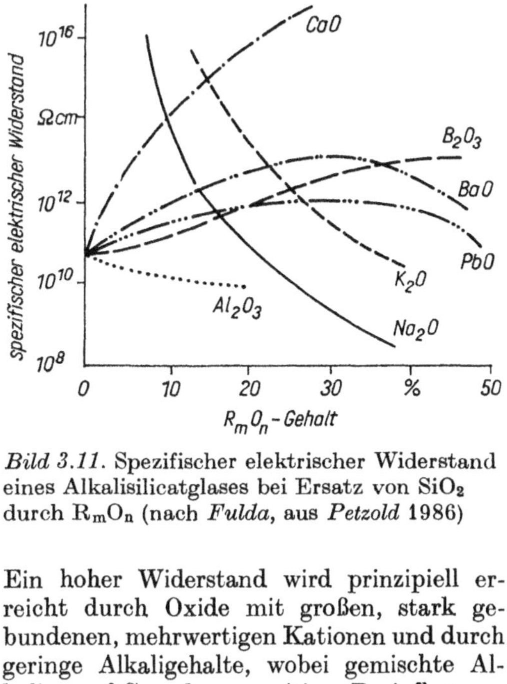

Bild 3.11. Spezifischer elektrischer Widerstand eines Alkalisilicatglases bei Ersatz von SiO_2 durch R_mO_n (nach *Fulda*, aus *Petzold* 1986)

Ein hoher Widerstand wird prinzipiell erreicht durch Oxide mit großen, stark gebundenen, mehrwertigen Kationen und durch geringe Alkaligehalte, wobei gemischte Alkalien auf Grund gegenseitiger Beeinflussung und Migrationsstörung günstig wirken (Mischalkalieffekt).
Aus dem Charakter der Ionenleitung folgt, daß abgeschreckte glasige Materialien auf Grund des aufgeweiteten Netzwerks eine höhere Leitfähigkeit (bis Faktor 3) aufweisen als sorgfältig gekühlte.
Die hier behandelte Leitfähigkeit bezieht sich auf Ladungstransporte im völlig trok-

kenen Glaskörper (Volumenleitfähigkeit). Daneben tritt bei feuchten Oberflächen die sog. Oberflächenleitfähigkeit auf, die bis 100 mal höher sein kann und die durch ausgelaugte, in der Oberflächenschicht angereicherte Alkalien hervorgerufen wird; deren Menge hängt von der Glaszusammensetzung und Leuftfeuchtigkeit ab. Erwartungsgemäß besteht eine Parallele zwischen der von Zusammensetzung und Struktur bestimmten chemischen Beständigkeit und dem Oberflächenwiderstand.

3.5. Zusammenhang zwischen Konstitution und emailtypischen optischen Eigenschaften

3.5.1. Atomistische und Gefügeabhängigkeit von Trübung und Glanz

Trübung tritt immer dann auf, wenn das auf einen Körper eingestrahlte Tageslicht nicht reflektiert, sondern diffus an Streuzentren gestreut (remittiert) wird. Die Trübungsintensität wird von der Brechzahldifferenz zwischen Matrix und eingelagerter disperser Phase bestimmt. Von der Brechzahl des Glases hängt auch die für das Glanzvermögen verantwortliche spiegelnde Reflexion I_{Rf} ab.

$$I_{Rf} = I_0 \, (n-1)^2/(n+1)^2 \qquad (3.5)$$

Die Brechzahl ist eine Funktion der optischen Dichte. Die Wechselwirkung der Strahlung mit dem Glas kommt vor allem durch leicht polarisierbare Ionen (z. B. Trennstellensauerstoffe, Blei- und Bariumionen) zustande. Mit dem Gehalt an Netzwerkwandlern, z. T. auch B_2O_3 und Al_2O_3, steigt die Brechzahl im allgemeinen an.

Die disperse Phase in einem getrübten Glas kann aus Kristallen oder einer durch Entmischung entstandenen glasigen Phase bestehen. Bei Dispergieren durch Zumahlen (Mühlentrübung) muß der Trübkörper praktisch unangreifbar durch die Emailschmelze sein, bei Ausscheidungstrübung muß Löslichkeit bei hohen und weitgehende Unlöslichkeit bei tiefen Temperaturen gewährleistet sein; bei Entmischungstrübung muß eine hohe Entmischungstendenz bei Einbrenntemperatur vorliegen.

Kristalline Stoffe erfüllen nach *Dietzel* die Bedingungen als Trübungsmittel, wenn sie starke Kationen mit einer dem Si^{4+} ähnlichen Feldstärke enthalten, die aber nicht als Netzwerkbildner fungieren, also keine Viererkoordination haben dürfen; dem entsprechen TiO_2, ZrO_2, SnO_2, CeO_2 und Sb_2O_5. Geringe Löslichkeit und hohe Kristallisationsfähigkeit treten in Emails mit niedriger Basizität auf, die zugleich auch die Mikrophasentrennung fördert. Wenig löslich sind auch Alkali- und Erdalkalifluoride, da das Fluorion nur gering deformierbar ist. Weitere Details zur Trübung siehe Abschnitt 22.6.2.

3.5.2. Struktur und Farbe

Farbe entsteht im Ergebnis der Wechselwirkung des Lichts mit leicht anregbaren Elektronen durch Absorption eines bestimmten sichtbaren Spektralbereichs. Färbung von Glas und Email wird erzielt durch Einbau von Ionen der Nebengruppenelemente in die Struktur (Ionenfärbung), durch Einlagerung zugemahlener Farbkörper (Dispersionsfärbung) oder durch Ausscheidung feinverteilter Kolloide (Kolloid- oder Anlauffärbung). Eine typische Zusammensetzungs- und Strukturabhängigkeit liegt nur bei der Ionenfärbung vor.

Einem Kation kommt nicht schlechthin eine spezifische Farbwirkung im Glas zu; diese ist vielmehr auch von der Wertigkeit und der Koordination abhängig:

$[Co^{2+}O_4]$	tiefblau	$[Cr^{3+}O_6]$	grün
$[Co^{2+}O_6]$	rosa	$[Cr^{3+}O_4]$	gelb
$[Ni^{2+}O_4]$	violett		
$[Ni^{2+}O_6]$	gelblich		
$[Fe^{2+}O_6]$	blau		
$[Fe^{3+}O_4]$	gelbgrün		
$[Fe^{3+}O_6]$	gelbbraun		
$[Mn^{3+}O_4]$	violett		

In basischen Gläsern bildet sich die Viererkoordination, in sauren dagegen die oktaedrische Koordination. In normalen Gläsern und Emails liegt daher z. B. $[CoO_4]$ vor, in stark saurem Glas $[CoO_6]$. Häufig treten beide Koordinationen nebeneinander auf, aus denen

eine Mischfarbe resultiert, wie z. B. bei $[NiO_4]$ (violett) und $[NiO_6]$ (gelb) → grau, oder bei $[Fe^{3+}O_4]$ (gelbgrün) und $[Fe^{2+}O_6]$ (blau) → grün.
Die Intensität der spektralen Absorption ist von der Konzentration c des Farbkörpers und der Schichtdicke d abhängig. Hierfür gilt das *Lambert-Beer*sche Gesetz

$$\lg (I_0/I_{Abs}) = \varepsilon\, c\, d = E \quad (3.6)$$

ε Extinktionskoeffizient (für bestimmte Wellenlängen = const).

Die Extinktion E ist für Farbgläser mit verschiedenen Farbkörpern additiv.
Die Beziehungen zwischen Konstitution und Farbe im Glas lassen sich durch die Ligandenfeldtheorie beschreiben (*Hartmann, Schäfer* 1954; *Bamford* 1962). Das Problem der Ionenfärbung im Glas wird umfassend von *Weyl* (1967) behandelt.

3.6. Strukturabhängigkeit des chemischen Angriffs

Glas und Email sind gegenüber wässrigen Lösungen thermodynamisch nicht stabil; eine Beständigkeit wird manchmal durch z. T. außerordentlich geringe Reaktionsgeschwindigkeiten vorgetäuscht. Der Angriff von Säuren, Laugen und Wasser verläuft nach unterschiedlichen Chemismen. Die Kinetik dieser Prozesse ist in Bild 3.12 stark schematisiert dargestellt.
Ein genereller Unterschied in der chemischen Resistenz besteht zwischen schnell und langsam abgekühlten Gläsern und Emails. Wegen der niedrigeren Dichte, der geringeren Vernetzung und der lockereren Struktur wird abgeschrecktes Glas (Emailfritte!) stärker angegriffen als gut „gekühltes«. Dies gilt nicht für ausscheidungstrübende Emails. Die Kristallisation der Trübphase (z. B. TiO_2) hinterläßt eine weniger resistente Matrix, weil Ti^{4+} in Lösung die Beständigkeit verbessert, ausgeschiedenes TiO_2 aber nicht (s. auch *Svetlov* u. a. 1980).
Die chemische Resistenz wird von Phasentrennungen im Glas ebenfalls ungünstig beeinflußt. Hierzu liegen Untersuchungen an

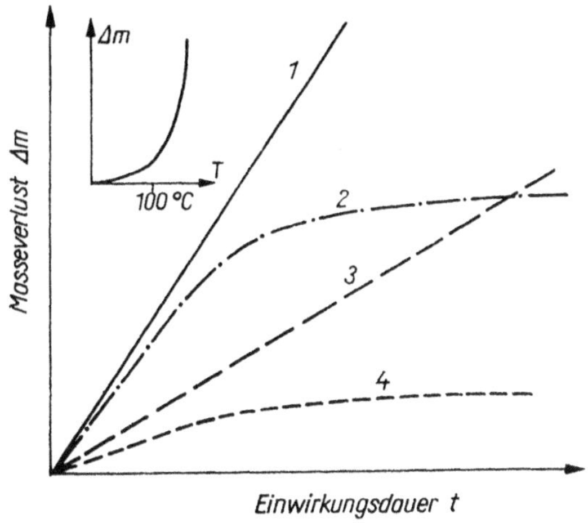

Bild 3.12. Kinetik des chemischen Angriffs auf Email unter verschiedenen Bedingungen (schematisch)
1 Lauge, H_3PO_4, H_2F_2
2 Säure, flüssige Phase
3 Säure, Wasser, Dampfphase bzw. fließendes Wasser, ständig erneuert
4 Wasser, flüssige Phase
Zusatzdiagramm: Temperaturabhängigkeit des Wasserangriffs (schematisch)

emailähnlichen Gläsern von *Cooke, Paul* (1978) und an Emails von *Hellmold, Zopf* (1983) vor.

3.6.1. Säureangriff

Sieht man von der auflösenden Wirkung heißer Phosphorsäure (Bildung von Silicylphosphaten) und Flußsäure (vereinfacht: $SiO_2 + 3\,H_2F_2 \rightarrow H_2SiF_6 + 2\,H_2O$) ab, dann stellt sich der Angriff von Säuren im allgemeinen als Austausch vorwiegend der Alkalien des Emails gegen die H-Ionen der Säure dar:

$$-\overset{|}{\underset{|}{Si}}-O-Na + H_3O^+ \rightleftarrows Na^+ + -\overset{|}{\underset{|}{Si}}-O-H + H_2O$$

Der Austausch ist möglich durch die Diffusionsfähigkeit der Kationen. Diese und die Diffusion der Protonen (*Scholze* 1977 b) bzw. der H_3O-Ionen (*Ernsberger* 1980; *Tsong*

u. a. 1981) bestimmen den Auslaugeprozeß, der damit unter Normalbedingungen nach einer $\sqrt{t}$-Beziehung verläuft. Erdalkalien nehmen am Austausch kaum teil, da ihre Diffusionsgeschwindigkeit nur etwa 1/10 von der der Alkalien beträgt.

Nach demselben Gesetz erfolgt gleichzeitig die Eindiffusion von H_2O-Molekülen (*Scholze* u. a. 1975). In flüssiger Phase entsteht auf der Glasoberfläche eine alkaliarme, wasserhaltige Kieselgelschicht, die in Verbindung mit der Inhibitorwirkung der an SiO_2 gesättigten Lösung (*Herschelmann* 1965; *Pöschmann* 1969 a; *Lorentz* 1982 a) den weiteren Angriff hemmt. Dieser Chemismus gilt nur für übliche Temperatur-Druck-Bedingungen; zum Verhalten unter anderen Bedingungen siehe Abschnitt 22.8. (vgl. auch Bild 3.12).

Der Säureangriff ist nach dem Gesagten eindeutig von der Emailzusammensetzung abhängig und wird bestimmt von der Bindefestigkeit der Ionen und von der Festigkeit oder Auflockerung der Glasstruktur. Hochalkalihaltige Emails werden demnach stark angegriffen; die Korrosion wird zurückgedrängt durch Einbau von SiO_2, TiO_2, CaO, Al_2O_3 und z. T. B_2O_3. Die unerwartete Wirkung des CaO beruht nach *Dietzel* (1981) darauf, daß das Ca^{2+} in den Hohlräumen relativ fest gebunden ist und die Diffusion von Na^+ und H^+ behindert. Den hier gemachten Aussagen entspricht auch die differenzierte

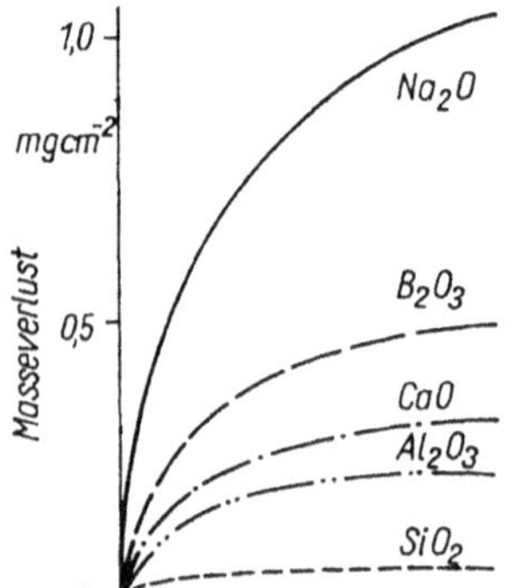

Bild 3.13. Säureauslaugung einzelner Emailbestandteile in Abhängigkeit von der Zeit (*Schmidt* 1940)

Auslaugung der einzelnen Emailbestandteile (Bild 3.13). Weitere systematische Abhängigkeiten siehe bei *Gesche* (1958).

3.6.2. Laugeangriff

Der starke Angriff von Laugen beruht auf der chemischen Reaktion der OH-Ionen mit dem $[SiO_4]$-Gerüst gemäß dem Schema

$$-\overset{|}{\underset{|}{Si}}-O-\overset{|}{\underset{|}{Si}}- + OH^- \rightarrow -\overset{|}{\underset{|}{Si}}-O^- + HO-\overset{|}{\underset{|}{Si}}-$$

Das Ergebnis ist eine Netzwerkaufspaltung, die Bildung löslicher Silicate und die Auflösung des Glases. Der Prozeß ist ein echter reaktiver Abbau, der etwa linear mit der Zeit verläuft.

Auch beim Laugenangriff spielen Glasstruktur und Zusammensetzung eine Rolle; hier gelten zunächst analoge strukturelle Gesichtspunkte wie beim Säureangriff. Ähnlich wie dort wird die Laugebeständigkeit durch CaO, MgO, ZnO, SiO_2, ZrO_2, B_2O_3 und Al_2O_3 verbessert (ohne daß man jedoch von Laugenfestigkeit sprechen könnte). Bei kieselsäurearmen, invertglasähnlichen Emails können sich bei schwachem Laugeangriff durchaus Oberflächenschichten aus Hydroxiden, z. B. der Erdalkalien, des Aluminiums und Zirconiums bilden.

3.6.3. Wasserangriff

Der Wasserangriff verläuft unterhalb der Siedetemperatur normalerweise sehr langsam, aber doch merklich. Er erfolgt nach einem kombinierten Mechanismus: Anfänglich findet, wie beim Säureangriff, ein Kationenaustausch statt, in dessen Gefolge die H^+-Konzentration im Wasser ab- und die OH^--Konzentration zunimmt. Nun setzt eine alkalische Korrosion ein, bis die OH^--Konzentration wieder abnimmt. Die Kinetik läßt sich angenähert durch eine gekoppelte Gleichung mit einer $\sqrt{t}$- und einer linearen Zeitbeziehung beschreiben (*Das, Douglas*

1967). Welcher Mechanismus vorherrscht, hängt vom Emailtyp und den Bedingungen ab. Bei resistenten Emails findet man vorwiegend eine dem Säureangriff entsprechende Korrosion, bei weniger resistenten dagegen eine dem Laugeangriff ähnliche. Bei tiefen Temperaturen und kurzer Einwirkung erfolgt hauptsächlich diffusionskontrollierter Ionenaustausch, bei hohen Temperaturen und langer Beanspruchung zunehmend direkter Angriff auf das Glasgerüst (*Žagar*, *Schillmöller* 1960). Im Endergebnis werden unter Normalbedingungen Auslaugkurven beobachtet, die denen des Säureangriffs entsprechen, aber wesentlich niedriger liegen. Hohe Temperaturen, Drücke und Dampfphase ändern Art und Ausmaß der Auslaugung (s. Abschnitt 22.8.). Neuere umfangreiche Arbeiten zum Wasserangriff auf Glas liegen von *Franek* u. a. (1983) vor.
Analog dem Verhalten gegen Säure wird auch der Wasserangriff von der Zusammensetzung des Glases und Emails beeinflußt. Zuführung von Erdalkalioxiden, ZnO, SiO_2, Al_2O_3 und B_2O_3 setzt die Beständigkeit gegen Wasser herauf, hohe Alkaligehalte setzen sie stark herab.

4
Grundlagen der metallischen Werkstoffe

Die auf relativ wenig Metalle beschränkten metallischen Komponenten für die technischen Metall/Email-Systeme (im wesentlichen Eisen, Aluminium, Kupfer, Titanium, hochlegierte Stähle) haben viele Grundeigenschaften gemeinsam, die unabhängig von stofflichen Details für das Emaillieren wichtig sind. Diese Merkmale sollen der Besprechung der einzelnen Metalle (Kapitel 10) vorausgeschickt werden, wobei dem Eisen als wichtigstem metallischem Grundwerkstoff besondere Aufmerksamkeit geschenkt wird.

4.1. Metallphysikalische Grundlagen

4.1.1. Atomistik und Gefüge

Die Emailliermetalle sind kristalline Werkstoffe. Sie haben allgemein Gitter mit hoher Symmetrie und hoher Packungsdichte; sie weisen relativ einfache Strukturen auf. Bei den häufigsten Metallen herrschen das kubische Gitter und die hexagonale Packung vor (Bild 4.1); so kristallisieren:

α-Eisen: kubisch-raumzentriert (krz)
γ-Eisen, Aluminium und Kupfer: kubisch-flächenzentriert (kfz)
Titanium: hexagonal.

Die in diesen Gittern vorhandenen tetraedrischen und oktaedrischen Lücken lassen den Einbau von Fremdelementen (bei Eisen vornehmlich Kohlenstoff, Stickstoff, Wasserstoff) zu; diese behindern Versetzungsbewegungen und führen zur Verfestigung und Versprödung. Geeignete metallische Elemente können unter Mischkristallbildung in das Gitter aufgenommen werden und das Matrix-

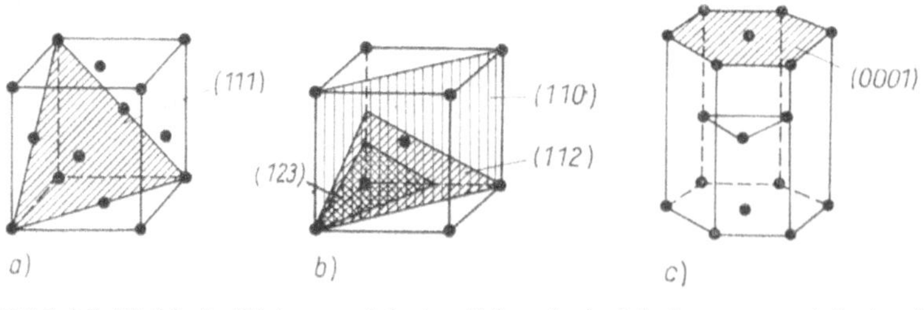

Bild 4.1. Kubisch-flächenzentriertes (kfz; *a*), kubisch-raumzentriertes (krz; *b*) und hexagonales (*c*) Gitter mit wichtigsten Gleitebenen

metall diadoch ersetzen. Diese Legierungsbildung wirkt sich tiefgreifend auf die Eigenschaften der Metalle, ihr mechanisches Verhalten und die Emaillierfähigkeit aus.
Die technisch emaillierbaren Metalle sind grundsätzlich polykristalline, mono- und polymetallische Materialien, deren Gefüge aus mehr oder weniger großen Kristalliten mit zwischengelagerter Korngrenzensubstanz besteht. Die Ausbildung der Mikrostruktur hängt von vorausgegangenen Verformungen und Wärmebehandlungen ab. Das Gefüge und vor allem thermisch bedingte Gefügeänderungen bleiben u. U. nicht ohne Einfluß auf das Emailliererergebnis.
Durch plastische Verformung (Walzen, Tiefziehen, Fließdrücken, Abstrecken) werden die Kristallite in der Verformungsrichtung gestreckt (Verformungsgefüge) bzw. Vorzugsorientierungen in den einzelnen Kristalliten erzeugt (Verformungstextur[1]). Das Gitter besitzt eine höhere innere Energie, die zusammen mit den Gitterfehlern bei thermischer Aktivierung (Wärmebehandlung) abgebaut wird. Dabei laufen im Gefüge im wesentlichen drei temperaturabhängige Prozesse ab: Kristallerholung, Rekristallisation und Kornwachstum. An der Änderung der Festigkeit sind diese Stufen in Bild 4.2 schematisch dargestellt.
Bei der Kristallerholung heilen nulldimensionale Gitterfehler aus und werden Versetzungen umgruppiert (Spannungsfreiglühen). Bei Eisen erfolgt dies bereits unterhalb 500 °C.
Ein entscheidender Abbau von Versetzungen geht bei der Rekristallisation im Ergebnis der Entstehung und Bewegung von Großwinkelkorngrenzen vor sich (»primäre« Rekristallisation). Die Mindest-Rekristallisationstemperaturen nach starker Verformung liegen z. B. für Eisen bei 500 °C, für Kupfer bei 250 °C und für Aluminium bei 150 °C. Sie verringern sich mit steigender Kaltverformung. Auf Rekristallisationsprozeß und -gefüge wirken neben den Verformungsgrad

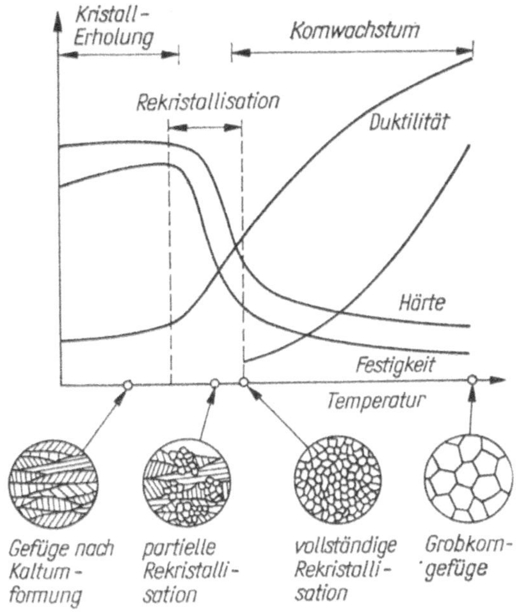

Bild 4.2. Einfluß der Wärmebehandlung auf Eigenschaften und Gefüge eines kaltverformten Metalls (nach *Oppen* 1982)

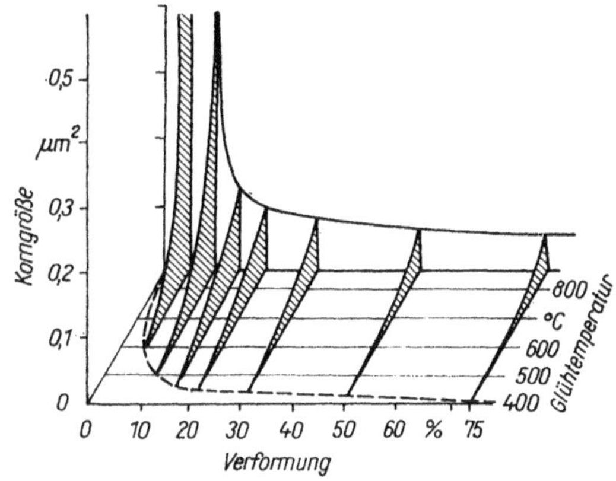

Bild 4.3. Rekristallisationsschaubild für Eisen (aus *Schatt* 1981)

noch die Glühtemperatur und die Glühdauer. Die Zusammenhänge sind in Bild 4.3 schematisch dargestellt.
Durch die Primärrekristallisation wird die Kaltverfestigung beseitigt und die stark verringerte Duktilität wiederhergestellt. Gleichzeitig kann ein feinkörniges Gefüge entstehen,

[1]) Die Anwendung des Begriffs Textur in den einzelnen Wissenschaftszweigen ist nicht einheitlich. Wir folgen hier der in der Metallkunde und Silicattechnik üblichen Form.

das wegen höherer Festigkeit erwünscht ist; es läßt sich durch die Rekristallisationsbedingungen steuern.
Im Anschluß an die Primärrekristallisation kann sich das Gefüge weiter vergröbern, d. h., größere Körner wachsen auf Kosten der kleinen. Das Kornwachstum kann kontinuierlich und normal, aber auch diskontinuierlich oder anormal (nur bei wenigen Körnern auftretend) erfolgen; in diesem Falle spricht man von Sekundärrekristallisation oder Sammelkristallisation. Sie ist meist unerwünscht, da ein grobkörniges Gefüge verminderte mechanische Beanspruchbarkeit zeigt, bei weiteren Verformungen reißt und sich (bei Stahlblech) u. U. schwer emaillieren läßt. Grobkornbildung findet man vor allem bei reinem Eisen; sie tritt oberhalb 0,2 % C nicht mehr auf und ist auf geringe Verformung beschränkt (5 bis 20 %).
Während der Rekristallisationsvorgänge bilden sich Rekristallisationstexturen aus, die mit den Verformungstexturen übereinstimmen und zu Eigenschaftsanisotropien führen können.
Mit den hier beschriebenen Erscheinungen ist bei den Emailliermetallen (außer Grauguß) unter mehr oder weniger spezifischen Bedingungen zu rechnen. Allerdings sind Glühprozesse nach der Formgebung oder während des Einbrennens des Emails bei den technisch angewendeten Temperaturen (700 bis 800 °C) in der Regel ohne nennenswerten Einfluß auf das Gefüge und das Emaillierergebnis.
Zeit-Temperatur-Umwandlungsvorgänge beschränken sich nicht nur auf die hier genannten grundsätzlichen Gefügeänderungen, sondern beinhalten auch chemisch und phasentheoretisch kontrollierte Umwandlungen. Sie sind jedoch für jeden metallischen Werkstoff spezifisch und werden daher an den entsprechenden Stellen näher beleuchtet.
Nach Lagern von kohlenstoffarmem Stahl ist oft eine Versprödung zu beobachten (Altern), die durch Agglomeration von interstitiellen C- und N-Atomen und Versetzungsbehinderung zustande kommt. Die Alterung wird durch Kaltverformung oder Tempern bei 250 °C gefördert; dabei bilden sich Tertiärzementit und Eisennitride.

4.1.2. Plastisches Verhalten

Wird ein duktiles Metall auf Zug beansprucht, dann ergeben sich Spannungs-Dehnungs-Verhätnisse, wie bereits im Bild 2.8 (S. 30) dargestellt. Bei geringen Kräften tritt rein elastische Dehnung bis zur Elastizitätsgrenze ($\varepsilon \approx 0{,}01$ %) auf. Darauf setzt nach Erreichen der Streckgrenze σ_S ($\varepsilon = 0{,}2$ %) plastische Verformung und diskontinuierliches Fließen mit bleibender Formänderung ein, was sich in einem Sprung der Streckgrenze (σ_{So} und σ_{Su}) zeigt (ausgeprägte Streckgrenze). Die folgende Kaltverformung führt zur Verfestigung des Materials (Spannungsanstieg). Nach Durchlaufen eines Maximums (σ_{zB}) fällt die Spannung ab.
Die plastische Deformierbarkeit ist bekanntlich die Grundlage der bildsamen Formgebung der Metalle, sie ist aber auch wichtig im Hinblick darauf, daß bei Schlag oder Stoß kein Bruch, sondern bestenfalls eine Verbeulung auftritt (abgesehen von Gußeisen).
Die plastische Deformation wird durch Wanderung von Versetzungen, die unter dem Einfluß äußerer Kräfte entstehen, hervorgerufen und ist an das Abgleiten von Atomschichten längs bestimmter kristallographischer Ebenen gebunden (Gleitebenen). Das Gleiten ist nur möglich, wenn genügend Gleitsysteme (Gleitebenen + Gleitrichtungen) vorhanden sind, wie das beim kubischen und hexagonalen Gitter der Metalle der Fall ist (Bild 4.1, S. 48, gestrichelt dargestellt). Dabei tritt in einem polykristallinen Material wegen der unterschiedlichen Kristallorientierung ein Gleiten zunächst an wenigen Kristallen auf (Mikroplastizität), greift aber dann auf das gesamte Material über, sofern mindestens 5 Gleitsysteme wirksam werden. Um bei Metallen Versetzungsbewegungen einzuleiten, sind technisch übliche Kräfte ausreichend (in Ionenkristallen gelingt dies ggf. nur unter extremen Bedingungen).
Bei der plastischen Verformung entstehen starke inhomogene Versetzungsanreicherungen, die Eigenspannungen im Gefüge zur Folge haben (das trifft im übrigen auch zu, wenn Phasenumwandlungen und Temperaturgradienten auftreten). Sie beeinflussen das

mechanische Verhalten des Metalls, indem sie Versprödung (z. B. in Schweißverbindungen) oder Verziehen hervorrufen.
Übersteigt bei der plastischen Deformation die angelegte Spannung den Gleitwiderstand, dann kommt es zum Bruch (Verformungs- oder Zähbruch), der stets durch starke Spannungskonzentrationen, wie sie an Kerben und Rissen auftreten, initiiert wird.

4.2. Grundzüge der Kaltverformung

Die plastische Verformbarkeit (Kaltverformbarkeit) ist eine wichtige Eigenschaft der meisten Metalle. Gleiten und Verformung finden erst nach Überschreiten einer kritischen Schubspannung τ statt, die sich zu

$$\tau = \sigma_{zB} \sin \varphi \cos \psi \qquad (4.1)$$

$\sin \varphi \cos \psi$ Orientierungsfaktor

ergibt.
Bei der Verformung kommt es zur Bildung einer großen Anzahl neuer Versetzungen und zu einer Erhöhung der Gitterfehlerdichte. Die Versetzungsdichte beträgt bei Metallen normalerweise 10^6 bis $10^8\,\text{cm}^{-2}$, im kaltverformten Zustand dagegen 10^{10} bis $10^{12}\,\text{cm}^{-2}$. Die während des Verformungsprozesses auftretende Kaltverfestigung und damit die Erhöhung der für die weitere Verformung notwendigen Schubspannung ist auf die gegenseitige Behinderung der Versetzungen zurückzuführen. Im Bereich der Kaltverfestigung gilt für viele Metalle angenähert die Beziehung

$$\sigma \approx \varepsilon^n \qquad (4.2)$$

σ Zugspannung
n Kaltverfestigungsexponent (mit zunehmender Korngröße meist steigend).

Neben der Festigkeit wird auch die Härte gesteigert und gleichzeitig die Streckgrenze erhöht.
Erhöhte Schubspannungen sind auch aufzuwenden, wenn sich Fremdatome um die Versetzungen herum anreichern. Ähnliches zeigt sich bei Stapelfehlern.
Nach der Formänderungstheorie ist eine der Formänderungsfestigkeit k_f entsprechende Differenz $\sigma_1 - \sigma_3$ der Hauptspannungen (erzeugte Spannungen in den senkrecht dazu liegenden Flächen) erforderlich, um den plastischen Werkstofffluß und die Formänderung aufrecht zu erhalten (Plastizitätsbedingung) sowie den Formänderungswiderstand k_w des Metalls zu überwinden. Das Volumen bleibt dabei unverändert (Gesetz der Volumenkonstanz). Die Formänderungen φ_1; φ_2; φ_3 sind in jedem Punkt den entsprechenden Spannungsdifferenzen $\sigma_1 - \sigma_m$, $\sigma_2 - \sigma_m$ und $\sigma_3 - \sigma_m$ (σ_m = mittlere Hauptspannung) proportional (Fließgesetz).
Für alle Umformungen sind niedrige Streckgrenze und Zugfestigkeit sowie hohe Dehnung der Metalle günstig. Aus dem Zusammenhang zwischen der wahren Spannung σ_w (Berücksichtigung der auftretenden Querschnittsänderung) und der plastischen Dehnung erhält man die Fließkurven als Charakteristik der Formänderungsfestigkeit k_f (Bild 4.4) und eine Beziehung der Form

$$\sigma_w = a\,\varphi^n \quad \text{bzw.} \quad k_f = f(\varphi) \qquad (4.3)$$

a material- und temperaturabhängiger Koeffizient
φ logarithmische Formänderung = natürlicher Logarithmus des Verhältnisses von Ausgangs- zu Endabmessung.

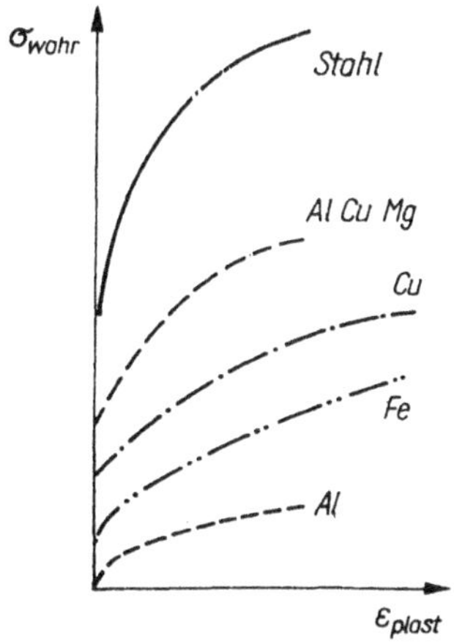

Bild 4.4. Fließdiagramm für verschiedene Metalle (nach *Zimmermann, Günther* I 1977)

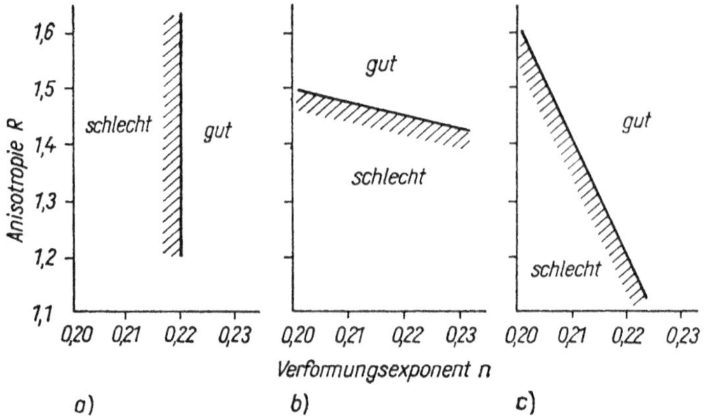

Bild 4.5. Verhalten von Tiefziehblech mit unterschiedlichen R- und n-Werten (aus *Eckstein* II 1972)
a) vorwiegend Streckumformung
b) Tiefziehumformung
c) gemischte Umformung

Die Formänderungsfestigkeit ist also nicht konstant, sondern steigt mit zunehmender Formänderung durch Verfestigung an. Bei $\varphi = 0$ entspricht sie etwa der Streckgrenze im Ausgangszustand, bei $\varphi > 20\,\%$ etwa der Zugfestigkeit im betreffenden Verformungszustand.

Für das Tiefziehen ist die sog. senkrechte Anisotropie R als Verhältnis der Breiten- zur Dickenänderung beim Recken eines Bleches eine kritische Kenngröße; sie wird durch die kristallographische Orientierung der Körner (Textur) bestimmt. Beim Tiefziehen ist ein möglichst hoher R-Wert erwünscht ($>1{,}5$), der zugleich die Formänderungsfestigkeit herabsetzt (*Müschenborn, Blümel* 1978; *Warnecke, Meyer* 1980). Den Zusammenhang zwischen R- und n-Werten und Verformbarkeit von Tiefziehblech gibt Bild 4.5 wieder.

Bei der Streckverformung spielt der Verfestigungsexponent n eine Rolle. Er kann aus Fließkurven, für die Gl. (4.3) gilt, ermittelt werden. n soll ebenfalls möglichst hoch ($>0{,}22$) sein, weil dadurch mit einer stärkeren Verfestigung eine gleichmäßigere Formänderungsverteilung eintritt, Spannungspitzen abgebaut und Einschnürungen vermieden werden. Unter praktischen Umformbedingungen treten weder reine Tiefzieh-, noch reine Streckvorgänge, sondern stets gemischte Vorgänge auf.

Bei Biegungsverformungen unter Zugspannung sind das Streckgrenzverhältnis sowie die R- und n-Werte von Bedeutung; beide sollen hohe Werte aufweisen.

4.3. Grundlagen zu Gasen in Metallen

Aufnahme, Diffusion und Desorption von Gasen in Metallen spielen in mehrfacher Hinsicht eine Rolle. Dabei sei in erster Linie an die elementaren Gase Sauerstoff, Stickstoff und Wasserstoff gedacht, die beim Emaillieren gegenwärtig sind. Im folgenden werden die allgemeinen Grundzüge des Verhaltens der Metalle gegenüber Gasen dargestellt, wobei dem Wasserstoff zweifellos die größte Bedeutung zukommt (→ wasserstoffbedingte Fehler). Die oxydative Reaktion des Sauerstoffs mit Metallen unter Zunderbildung wird in Abschnitt 4.4. behandelt.

Während Sauerstoff und Stickstoff Bestandteile der Atmosphäre sind, wird Wasserstoff erst im Ergebnis chemischer Reaktionen erzeugt, wie bei der Säurebeize oder durch Reduktion von aus der Kaolinitzersetzung, der Dehydroxylierung der stets mit OH-Gruppen belegten Fritteoberflächen oder aus der Ofenatmosphäre stammendem Wasser durch metallisches Eisen.

Die Wechselwirkung von Metallen mit Gasen ist sehr kompliziert und umfaßt solche Teilprozesse wie Adsorption, Absorption, Diffusion, Lösung, Okklusion und Desorption (Effusion). Die in der Praxis vor allem zur Beurteilung des Wasserstoffverhaltens herangezogene Wasserstoffdurchlässigkeit oder -durchtrittszeit ist somit das Ergebnis eines ganzen Komplexes von Erscheinungen.

Das Verhalten von Gasen vom Eintritt bis zum Austritt ist außer von der Art des Gases und Metalls von Oberflächenbeschaffenheit, Gefüge, Inhomogenitäten, Mikro- und Makrodefekten, Gasdruck, Temperatur usw. abhängig. Die Aufnahme eines Gases kann je nach den Bedingungen zur Verbindungsbildung, zur Diffusion, zur echten Lösung im Gitter und zur Okklusion führen. Sie ist entweder endotherm (z. B. bei H-Absorption in Eisen, Nickel, Kupfer und Aluminium) oder exotherm (bei H-Aufnahme in Titanium). Die Temperaturabhängigkeit der Gaslöslichkeit L beim endothermen Vorgang folgt der Beziehung

$$L = \mathrm{K}_0 \exp\left(-Q/\mathrm{R}\,T\right) \qquad (4.4)$$

Q Lösungswärme
K_0 Löslichkeitskonstante.

Daraus resultiert eine Zunahme der Löslichkeit mit der Temperatur, wie Bild 4.6 am Beispiel der Löslichkeit von H_2, N_2, und O_2 in verschiedenen Metallen zeigt. Das Diagramm läßt deutlich den Einfluß der Eisenmodifikationen auf die Löslichkeit erkennen.
Die exotherm absorbierenden Metalle zeigen fast stöchiometrische Löslichkeit, wie z. B. Titanium ($TiH_{1,8}$) oder Zirconium ($ZrH_{1,9}$), die mit der Temperatur abnimmt.
Die Druckabhängigkeit der Löslichkeit gehorcht allgemein dem Gesetz von *Sieverts:*

$$L = K\sqrt{p}. \qquad (4.5)$$

Für die einzelnen Metalle und Gase ergeben sich die folgenden Lösungsgleichgewichte (Masse-%):

Wasserstoff	in Al	(500 °C)	10^{-7}
	in Cr	(600 °C)	$3 \cdot 10^{-5}$
	in Cu	(600 °C)	$8 \cdot 10^{-6}$
	in Fe	(600 °C)	10^{-4}
	in Ni	(600 °C)	$5 \cdot 10^{-4}$
	in α-Ti	(500 °C)	0,2
Sauerstoff	in Cu	(600 °C)	0,01
	in Fe	(800 °C)	0,03 bis 0,06
	in Al	praktisch unlöslich	
Stickstoff	in Fe	(600 °C)	0,1
	in Al	praktisch unlöslich.	

Das Gesamtaufnahmevermögen eines Metalls für Gase wird als Speichervermögen oder *Okklusion* bezeichnet. Es umfaßt neben der physikalischen Löslichkeit im Gitter auch den Einschluß von Gasen an Korngrenzen, Versetzungen, Inhomogenitäten, Ritzen (rifts) und Hohlräumen (»Fallen«, traps; *Chu* 1961). Für den gesamten Prozeß der Gasaufnahme ist der Transport des angebotenen Gases in die Tiefe des Metalls maßgeblich verantwortlich. Diese Diffusion gehorcht den *Fick*schen Diffusionsgesetzen. Bei Wasserstoff wandert nicht das Molekül, sondern das Atom (*Chu* 1961; *Vibrans* 1961) bzw. das Proton (*Schumann, Erdmann-Jesnitzer* 1953; *Piper* u. a. 1953).
Auch die Diffusion hängt von Druck ab. Über $\sqrt{p}$ aufgetragen ergibt sich für jede Temperatur eine Gerade, wie am Beispiel des Wasserstoffs in Eisen und Nickel in Bild 4.7

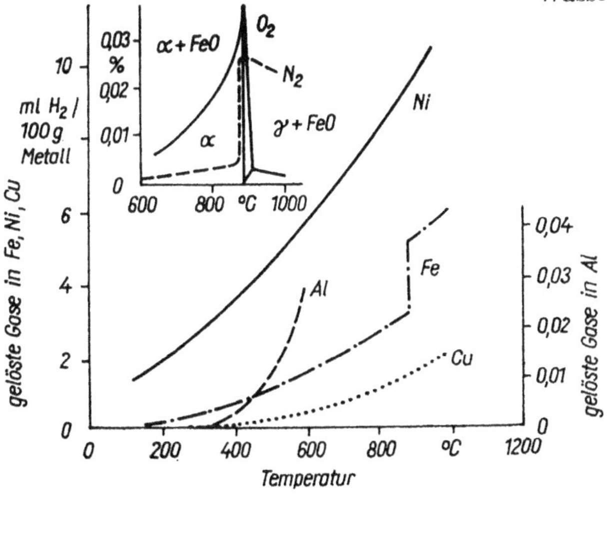

Bild 4.6. Temperaturabhängigkeit der Lösung von Wasserstoff in verschiedenen Metallen
Zusatzdiagramm: desgl. von Sauerstoff und Stickstoff in Eisen (nach verschiedenen Literaturangaben)

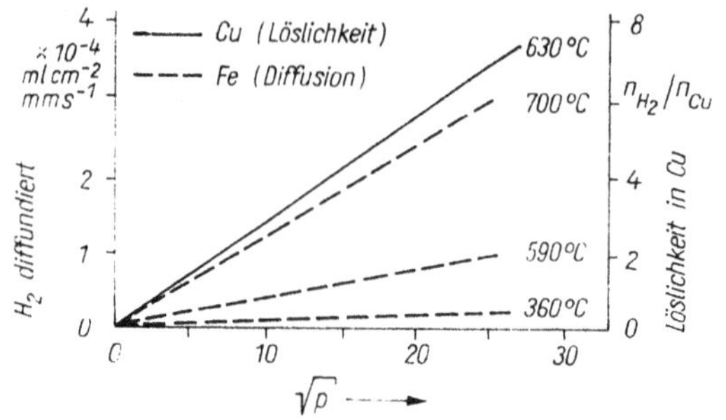

Bild 4.7. Druck- und Temperaturabhängigkeit der Wasserstoffdiffusion in Eisen und der Sauerstofflöslichkeit in Kupfer (nach verschiedenen Literaturangaben); p in Torr; 1 Torr = 133 Pa

gezeigt wird. Gleichzeitig ist die Druckabhängigkeit der Löslichkeit von H_2 in Kupfer mit eingetragen (*Eichenauer, Pebler* 1957). Die Temperaturabhängigkeit der Diffusion folgt der allgemeinen Beziehung (nach *Smithells*)

$$D = D_0 \exp(-Q_D/RT) \quad \text{bzw.}$$

$$D = D_0 \, l/d \, \sqrt{p} \, \exp(-Q_D/2RT). \tag{4.6}$$

Für die Diffusion des Wasserstoffs in verschiedenen Metallen im Vergleich zu anderen Zwischengitteratomen (N, C) und substituierten Atomen in Eisen ergibt sich die in Bild 4.8 dargestellte Temperaturabhängigkeit.

Die Diffusion erfolgt vornehmlich innerhalb des Kristallgitters und wird von Phasengrenzen, Versetzungen und Mikrohohlräumen gebremst, weniger allerdings von Korngrenzen. Die Diffusionsbehinderung von Wasserstoff durch Hohlräume im Stahl zeigt Bild 4.9.

In den Hohlräumen sammelt sich Gas an, das für die weitere Diffusion zunächst ausscheidet. Die Diffusion wird auch verlangsamt, wenn sich das Gas sehr stark im Metall löst oder unter Verbindungsbildung reagiert. Die Diffusion und Durchlässigkeit von Gasen wird durch Legierungselemente oder spezielle Oberflächenbehandlungen in der Regel vermindert.

Eine ausführliche Behandlung des Systems Gas-Metall findet sich in den Monographien von *Smith* (1948), *Smialowski* (1962) und *Fromm, Gebhardt* (1976).

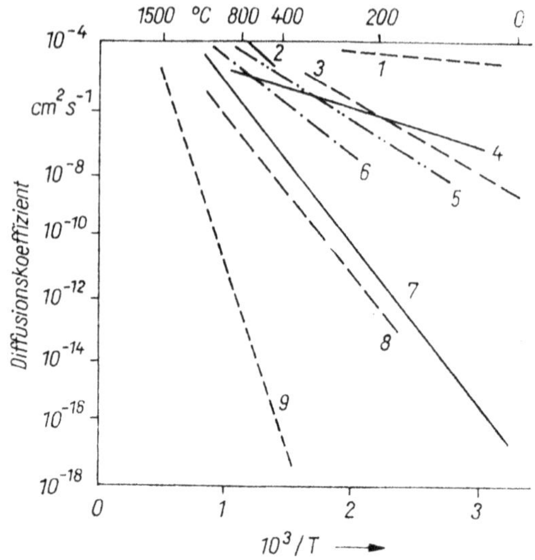

Bild 4.8. Temperaturabhängigkeit des Diffusionskoeffizienten von Wasserstoff und anderen Zwischengitteratomen in verschiedenen Metallen; zum Vergleich substituierte Atome (Selbstdiffusion; nach verschiedenen Literaturangaben); T in K

1 H in α-Fe
2 H in Al
3 H in Ni
4 H in Ti
5 H in Cu
6 H in γ-Fe
7 N, C in α-Fe
8 N, C in γ-Fe
9 substituierte Atome in Fe

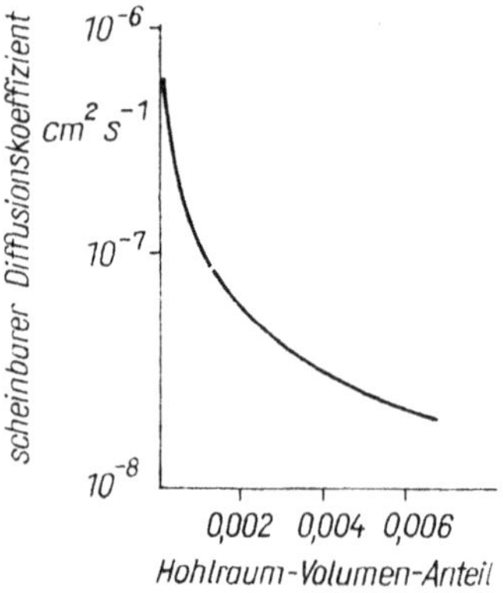

Bild 4.9. Scheinbarer Diffusionskoeffizient von Wasserstoff in Stahl in Abhängigkeit vom Hohlraum-Volumenanteil (*Davis* u. a. 1975)

4.4. Grundlagen der Zundervorgänge bei Metallen

Werden die emaillierfähigen Metalle bei hohen Temperaturen der Einwirkung von Luftsauerstoff und/oder Feuchtigkeit ausgesetzt, wie z. B. bei einer Glühvorbehandlung oder beim Einbrennen des Emails noch vor dessen Glattfließen, dann bilden sich je nach den Bedingungen mehr oder weniger ausgeprägte oxidische Deckschichten. Die Reaktionsprodukte pflegt man im allgemeinen als Zunder, den Vorgang als Verzunderung zu bezeichnen. Die theoretischen Grundlagen der Oxydation von Metallen werden ausführlich in den Standardwerken von *Hauffe* (1956) und *Rahmel, Schwenk* (1977) behandelt.

4.4.1. Oxydationskinetik

Die Verzunderung ist nur im ersten Stadium (Bildung von Anlaufschichten) ein rein chemischer Vorgang; mit zunehmendem Fortgang treten zusätzlich elektrochemische Prozesse hinzu. Das Wachsen der Deckschicht ist nur möglich, wenn der metallische Reaktionspartner in Form von Ionen und entsprechenden Elektronen über Leerstellen oder Zwischengitterplätze dem Gasraum entgegenwandert. Nach der Zundertheorie von *Wagner* kann die aufwachsende Deckschicht als stromliefernde Zelle aufgefaßt werden, bei der die Metalloberfläche als Anode und die Grenzfläche Deckschicht-Gasphase als Katode wirken (Bild 4.10). An der Ionenwanderung nehmen in der Regel nur die Metallionen, dagegen kaum die Sauerstoffionen teil; auf diese Weise wächst die Oxidschicht an der Grenzfläche Zunder-Luft. Nur in höheren Eisenoxiden wird merkliche Sauerstoffdiffusion beobachtet. Für die Geschwindigkeit der Oxydation ist der elektrische Widerstand maßgebend, der seinerseits vom Fehlordnungsgrad der oxidischen Gitter abhängt. Deshalb wird nach *Hauffe* (1956) verständlich, warum die freie Bildungsenthalpie der Oxide meist eine untergeordnete Rolle spielt. So hat z. B. Aluminium ($\Delta G_{Al_2O_3} = -930$ kJ $mol^{-1}O_2$) eine wesentlich geringere Oxydationskonstante als Kupfer ($\Delta G_{Cu_2O} = -230$ kJ $mol^{-1}O_2$). Die hohe Verzunderungsfreudigkeit des Eisens erklärt sich aus der hohen Fehlstellenkonzentration des FeO (7 bis 11 Atom-% bei 1000 °C). Im Zunderprozeß zeigen Cu_2O, FeO und Cr_2O_3 Elektronendefektleitung, TiO_2 und Al_2O_3 Elektronenüberschußleitung.

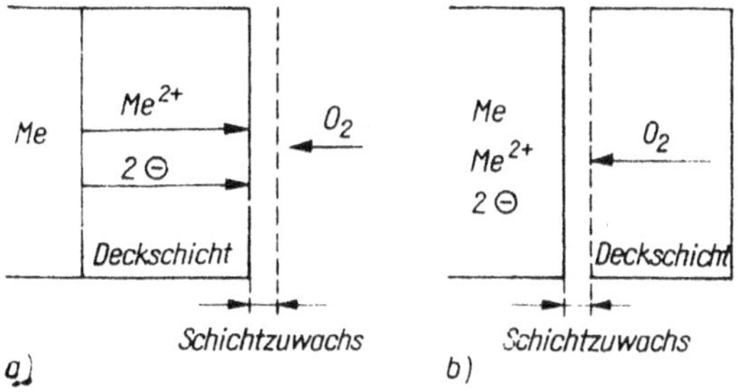

Bild 4.10. Zündermechanismen (nach *Gräfen* u. a. 1978)
a) bei normaler Verzunderung
b) bei bevorzugter Sauerstoff-Diffusion

Die Kinetik der Oxydation läßt sich nicht durch eine einheitliche Gleichung beschreiben. Vielmehr gelten für verschiedene Bedingungen unterschiedliche Gesetzmäßigkeiten:

$$y = K_1 t + A_1 \quad \text{lineare Beziehung} \tag{4.7}$$

$$y^2 = K_2 t + A_2 \quad \text{parabolische Beziehung} \tag{4.8}$$

$$y = K_3 \lg (A_3 + C) \quad \text{logarithmische Beziehung} \tag{4.9}$$

$$y^3 = K_4 t \quad \text{kubische Beziehung} \tag{4.10}$$

y Schichtdicke
$K_1 \ldots K_4$, $A_1 \ldots A_3$, C Konstanten.

Die Bildung von dünnen Anlaufschichten bei 200 bis 400 °C gehorcht dem logarithmischen Zeitgesetz, bei höheren Temperaturen und dickeren Schichten gilt in der Regel die parabolische Gleichung. In Bild 4.11a sind die Oxydationsverläufe der Emailliermetalle in Luft zusammengefaßt und etwas vereinfacht dargestellt. Die Kinetik zeigt, daß die Verzunderungsgeschwindigkeit langsam abnimmt; über $\sqrt{t}$ aufgetragen ergeben sich Geraden. Das ist immer dann der Fall, wenn das spezifische Volumen des Reaktionsprodukts kleiner als das des Metalls ist (bei Aluminium, Kupfer, Eisen, Chrom, und Nik-

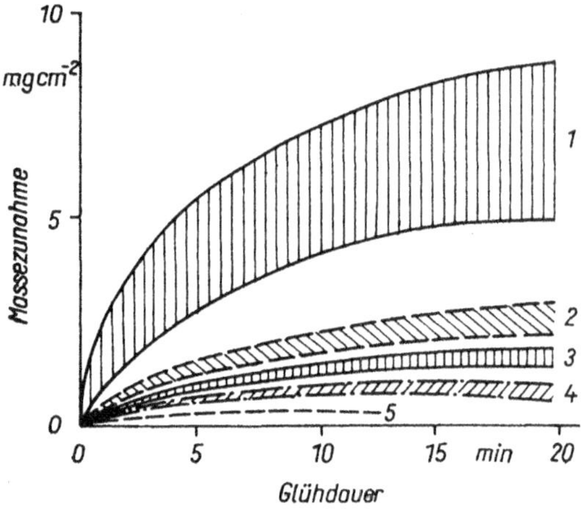

Bild 4.11. Verzunderung von Emailliermetallen an Luft
1 Stahlblech 900 °C (*Petzold, Heinitz* 1958, 1960)
2 Kupfer 800 °C (*Rausch* 1958)
3 Gußeisen 800 bis 900 °C (*Gerstmann, Petzold* 1964 a; nach *Kamran* 1958 liegen die Zunderwerte bei 800 °C und 20 min unter 0,5 mg cm^{-2})
4 Titanium 850 °C (*Litvinova* 1975)
5 Aluminium 500 °C (*Hauffe* 1956)

kel). Wenn in der Deckschicht Risse oder Poren auftreten, erfolgt auf Grund des leichten Zutritts von Luft die Verzunderung nach dem linearen Zeitgesetz Gl. (4.7), das z. B. auch der Verzunderung von Eisen in CO_2 und CO/CO_2-Gemischen (*Königsmann, Oeters* 1980) sowie >1000 °C bei O_2-Partialdrücken, die kleiner sind als der Zersetzungsdruck des FeO, zugrunde liegt. Bei $p_{O2} >$ 0,1 MPa gilt das diffusionsabhängige parabolische Zeitgesetz (*Rahmel, Engell* 1959).

Der Verzunderungsverlauf des Eisens zeigt beim Wüstitpunkt, am *Curie*punkt, bei 616 °C und bei der α-γ-Umwandlung Diskontinuitäten (*Schmahl* u. a. 1958). Legierungselemente, die eine dichte, zusammenhängende, diffusionshemmende Oxidschicht zu bilden vermögen, vermindern die Verzunderung (Bild 4.12b), Temperaturerhöhung fördert sie, ebenso wie wasserdampfhaltige Atmosphäre (Bild 4.12a). Natürlich wirken auch aggressive Gasmischungen, wie z. B. $SO_2 + O_2$, oxydierend.

In Gegenwart von Kohlenstoff (Kohlenstoffstähle, Gußeisen) erfolgt oberhalb 700 °C die gleichzeitige Oxydation von Eisen und Kohlenstoff, die in der Regel zu einer Entkohlung des Metalls führt. Diese verläuft in der Luft etwa linear mit der Zeit (*Sauer* 1968), in CO_2/CO etwa proportional $\sqrt{t}$ (*Königsmann, Oeters* 1980). Durch die Gegenwart des Kohlenstoffs wird die Oxydation des Eisens zurückgedrängt (*Bohnenkamp, Engell* 1962;

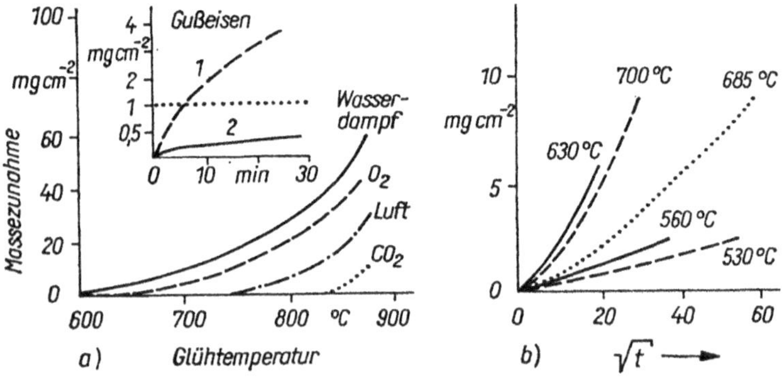

Bild 4.12. Verzunderung von Eisenwerkstoffen unter verschiedenen Bedingungen
a) Einfluß der Atmosphäre auf die Verzunderung von Stahlblech (nach *Fackert* 1952; nach *Sauer* 1968 ist die Oxydation in Sauerstoff geringer als in Luft); *Zusatzdiagramm:* desgl. für Gußeisen 800 °C (*Kamran* 1958); *1* Wasserdampf, *2* trockene Luft
b) Zeit- und Temperaturabhängigkeit der Verzunderung von Eisen mit Zusätzen an Nickel und Chrom (*Brauns* u. a. 1959); *t* in min
——— Eisen — — — +15,7 % Cr ····· +12,3 % Ni

Langer, Trenkler 1965; *Dlaska, Trenkler* 1969; *Gerlach* u. a. 1969). Bis 0,1 % C wird die Verzunderung kaum beeinflußt, sie wird erst ab 0,5 % C merklich verlangsamt (*Kühn, Oeters* 1974). Das zeigt sich deutlich in der Lage der Zunderkurven des Gußeisens (Bild 4.11).

4.4.2. Aufbau der Zunderschichten

Charakteristisch für Metalle, die in mehreren Wertigkeitsstufen auftreten können, sind Zunderschichten, die aus Teilschichten unterschiedlicher Oxide aufgebaut sind. Dabei sind bei reinen Metallen die niedrigwertigen Oxide innen, die höherwertigen außen zu finden. Das gilt insbesondere für Zunder auf Eisen, aber z. B. auch für Deckschichten auf Kupfer (Cu_2O/CuO) oder auf Titanium oberhalb 800 °C ($TiO/Ti_2O_3/TiO_2$).

Von besonderem Interesse sind Zunderschichten auf Eisen. Oberhalb 600 °C besteht die Deckschicht aus etwa 60 bis 90 % FeO (Wüstit), Rest Fe_3O_4 (Magnetit) und α-Fe_2O_3 (Hämatit); in Wasserdampfatmosphäre sollen sich sogar bis zu 98 % FeO bilden. Die äußere Fe_2O_3-Schicht ist außerordentlich dünn.

Über die thermodynamische Stabilität der Eisenoxide gibt das System Fe—O Auskunft (Bild 4.13). Daraus geht hervor, daß die als FeO angesprochene Hauptphase in den technisch wichtigen Temperaturbereichen ein nichtstöchiometrisches Oxid der Formel $Fe_{1-x}O$ mit x zwischen 0,05 und 0,14 ist (Wüstitphase). Die Abweichung von der Stöchiometrie kommt durch Leerstellen im Fe-Teilgitter zustande. Das Verhältnis O : Fe im Wüstit ist offensichtlich temperaturabhängig: bei 570 °C beträgt es 1,06, bis 1300 °C liegt es zwischen 1,05 und 1,17 (*Giddings, Gordon* 1973). Es nimmt auch mit der Entfernung von der Eisenoberfläche zu (*Fackert* 1955). Unterhalb 570 °C ist Wüstit instabil und zerfällt – je nach den Bedingungen nach verschiedenen Mechanismen (*Hoffmann* 1959; *Fischer, Hoffmann* 1959) – in $Fe_3O_4 + \alpha$-Fe. Wegen der damit verbundenen Dichteänderung wird die Deckschicht rissig. In der Praxis wird jedoch infolge schneller Abkühlung der Zerfall meist zurückgedrängt.

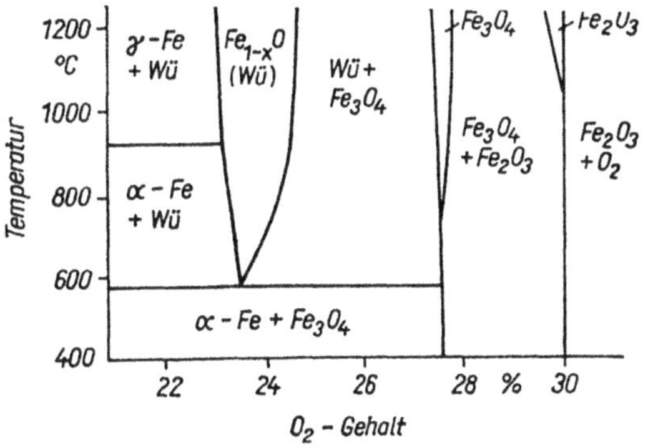

Bild 4.13. System Eisen-Sauerstoff (aus *Engell* 1957)
Wü Wüstit

Die Haftfestigkeit solcher Oxidschichten am Metall hängt einmal von der Dicke der Schicht ab (Schichtdicke <0,1 mm: 10 MPa, 0,3 mm: 2 MPa; *Peters, Engell* 1959), zum anderen von der gegenseitigen Orientierung der Atome im Metall und in der Deckschicht. So wurde beim System Fe—FeO nachgewiesen, daß Netzebenen mit gleicher Packungsdichte der Metallatome epitaktisch aufwachsen können.

Im System Cu—O existieren die Oxide Cu_2O und CuO. Oberhalb 370 °C ist in Kontakt mit metallischem Kupfer nur Cu_2O stabil, unterhalb dieser Temperatur zerfällt es in Cu + CuO. Sauerstoff diffundiert leicht in Kupfer und wird auch im Gitter aufgenommen.

Bei der Oxydation des Aluminiums entsteht bei höheren Temperaturen und unter technischen Bedingungen praktisch nur Al_2O_3 als einzige stabiles Oxid. Es bildet eine dünne Schicht und übt eine starke Schutzwirkung auf das Grundmetall aus.

5

Grundlagen der Kontaktmechanismen und -wirkungen im System Metall/Email

Beim Emaillieren wird das gegenseitige Verhalten von Metall und Email von verschiedenen physikalischen, mechanischen und chemischen Einflußfaktoren in komplexer Form bestimmt. Für die Stabilität des Systems sind – qualitätsgerechte Komponenten vorausgesetzt – aber vor allem drei von entscheidender Bedeutung: Benetzung, Haftung und Spannungen. Sie haben allgemeingültigen Charakter, der zusammen mit weiteren Wechselwirkungen im System dargestellt werden soll.

5.1. Benetzung und Adhäsion im System Metall/Emailschmelze

Eine einwandfreie Emaillierung verlangt eine vollständige Bedeckung des Metalls durch die Emailschmelze. Deren Benetzungsfähigkeit und die Benetzbarkeit der Metalloberfläche sind wichtige Voraussetzungen für die aktive Benetzung als entscheidender Vorgang beim Brennen und für eine gute Haftung.

Die Problematik der Benetzung ist ausführlich bei *Appen* (1972/73, 1976) und übersichtsmäßig bei *Appen*, *Petzold* (1984) behandelt. Wir folgen im wesentlichen diesen Gedankengängen.

5.1.1. Theorie der Benetzung

Die Benetzung ist eine besondere Form der Wechselwirkung zwischen Schmelze und Festkörper. Sie äußert sich in der Praxis sowohl im Ausfließen (Benetzen, Spreiten[1]) von Tropfen auf einer festen Oberfläche, als auch im Zusammenziehen (Kontraktion, Entnetzen) eines Flüssigkeitsfilms zu Tröpfchen. Auseinanderfließen und Zusammenziehen laufen unter Energiegewinn freiwillig ab.

Am Energieumsatz des Systems sind folgende Grenzflächenenergien beteiligt (der Einfachheit halber wird der Index Gas (g) weggelassen):

γ_f	freie Energie der Grenzfläche Festkörper/Gas
$\gamma_{f,fl}$	freie Energie der Grenzfläche Festkörper/Flüssigkeit
γ_{fl} oder σ_0	freie Energie der Grenzfläche Flüssigkeit/Gas (Oberflächenspannung).

[1] Zwischen Benetzen und Spreiten wird meist nur ein gradueller Unterschied gemacht: beim Spreiten ist der Randwinkel gleich 0°, beim Benetzen zeigt er Werte zwischen 90 und 0°. Beide Begriffe werden mitunter synonym angewendet.

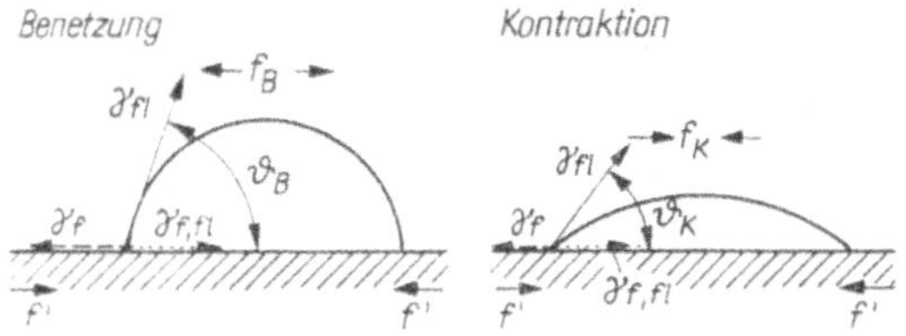

Bild 5.1. Benetzungsverhalten eines Tropfens auf einer festen Oberfläche (schematisch)

Bei der Benetzung der festen Oberfläche durch einen Tropfen stellt sich stets ein gewisser Benetzungsrandwinkel ϑ ein (Bild 5.1). Im thermodynamischen Gleichgewicht ($\Delta\gamma = 0$) gilt

$$\gamma_f = \gamma_{f,fl} + \gamma_{fl} \cos \vartheta \text{ (Gleichung von } Young\text{)}. \quad (5.1)$$

Der Randwinkel im Gleichgewichtszustand ist ein Maß für die Benetzungsfähigkeit einer Flüssigkeit oder Schmelze; je kleiner dieser (d. h. je größer $\cos \vartheta$) ist, um so besser ist die Benetzung. Für die Adhäsionsarbeit W_{Ad} gilt die Gleichung von *Young, Dupré:*

$$W_{Ad} = \gamma_f + \gamma_{fl} - \gamma_{f,fl} = \gamma_{fl}(1 + \cos \vartheta)$$
$$= \sigma_0 (1 + \cos \vartheta). \quad (5.2)$$

Wie ersichtlich, ist eine Aussage zur Benetzung allein mit Hilfe der Oberflächenspannung der Schmelze, wie oft angegeben, nicht möglich (vgl. dazu auch *Weiss* 1956; *Rickmann* 1958; *Wagner* 1977).

Bei Benetzungsvorgängen, die durch hohe Viskosität der Schmelzen erschwert werden, bilden sich praktisch zwei Randwinkel aus: einer beim Breitfließen eines Tropfens (ϑ_B; Bild 5.1) und einer bei der Kontraktion der ausgeflossenen Schmelze (ϑ_K; vordringender und zurückweichender Winkel). Thermodynamische Beziehungen sagen aber nichts darüber aus, ob die Benetzung kinetisch auch wirklich ablaufen kann, weil noch eine mechanische Kraft f' dem Vorgang entgegenwirkt. Damit stellt sich ein scheinbares, kinetisch gehemmtes Benetzungsgleichgewicht ein; die *Young*'sche Gleichung erhält dabei noch ein Zusatzglied $\pm f'$.

Die der Benetzung und Kontraktion entgegenwirkenden Kräfte f' haben verschiedene Ursachen: hohe Zähigkeit der Schmelze, Strukturviskosität, Quasikristallinität, Grenzflächenreibung, chemische Wechselwirkungen usw.

Bei der Beurteilung der Benetzung einer viskosen Schmelze müssen Benetzungs- und Kontraktionswinkel gleichberechtigt berücksichtigt werden. In der Praxis wird stets das von vielen Einflüssen abhängige Ausfließen (ϑ_B) oder das Zusammenziehen (ϑ_K) bzw. ein Mittelwert $(\vartheta_B + \vartheta_K)/2$ ermittelt. Kleine Werte von ϑ_B und ϑ_K bedeuten immer gute Benetzung. Das gilt jedoch im wesentlichen nur bei Viskositäten <20 Pa s, d. h., wenn der Unterschied zwischen ϑ_B und ϑ_K vernachlässigbar ist. Heterogene Schmelzen haben i. d. R. große Randwinkel ϑ_B und kleine Randwinkel ϑ_K.

5.1.2. Allgemeine emailtechnische Aspekte der Benetzung

Auf den Benetzungsvorgang wirken zahlreiche Einflüsse ein, die zu Abweichungen von theoretischen Werten führen. Die bekannten Gleichgewichtsbeziehungen gelten z. B. nur dann, wenn zwischen Schmelze und Metall keine irreversible oder chemische Bindung im Moment der Benetzung eintritt (*Brockmann* 1972). Beim Emaillieren finden aber bereits im Stadium der Benetzung durch die Emailschmelze mehr oder weniger deutliche Wechselwirkungen statt. *Pask, Fulrath* (1962) haben dem durch eine modifizierte *Young-Dupré*-Gleichung Rechnung getragen:

$$W_{Ad} = K(\gamma_f + \gamma_{fl} - \gamma_{f,fl} - \gamma_{str}) \quad (5.3)$$

K Kontakt-Koeffizient
γ_{str} Spannungs-Dehnungs-Faktor.

Damit wird der Einfluß z. B. von rauhen Oberflächen, Hohlräumen, Gasen und Reaktionsprodukten erfaßt.

Unter praktischen Bedingungen kann Benetzung nur erfolgen, wenn Festkörper und Schmelze chemisch verwandt sind (z. B. Silicatschmelze auf Oxid). Im System reines Metall/(Oxid, Silicat) ist jedoch die Benetzung gering oder fehlt ganz; sie wird bekanntlich nur erzielt, wenn auf der Metalloberfläche eine Oxidschicht vorhanden ist. Die Benetzung ist umso besser, je mehr Oxid vorliegt (*King, Cook* 1957) und je stärker z. B. ein

Stahlblechemail an Eisenoxid angereichert ist (*Bhat, Manning* 1973; *Brennan, Pask* 1973). Untersuchungen an Natriumsilicatschmelzen ergaben bei 900 °C auf blankem Blech einen Randwinkel von 90°, auf FeO von 52°, auf Fe_3O_4 von 19° und auf Fe_2O_3 von 15° (*Smirnov* 1972). Im Vakuum (1000 °C) wurden auf Eisen 55°, auf Fe_3O_4 2° gemessen; auf oxydierter Oberfläche ergab die Schmelze zunächst 24°, nach Lösung der Eisenoxide 55° (*Cline* u. a. 1961). Im Widerspruch dazu stehen Angaben von *Presnov, Azarov* (zit. bei *Vargin* u. a. 1958), wonach Oxide um so besser benetzt werden, je geringer ihr Sauerstoffgehalt ist ($MoO_2 > MoO_3$; $Cu_2O >$ CuO; $FeO > Fe_2O_3$). Nach *Brennan, Pask* (1973) steigt die Benetzung mit dem O/Si-Verhältnis der Schmelze an (Vakuum). Nach Angaben bei *Vargin* u. a. (1958) nimmt die Benetzung alkalihaltiger Emails in der Reihe $K < Na < Li$ zu, bei erdalkalihaltigen in der Reihe $Ba > Ca > Mg$ dagegen ab.

Von Bedeutung ist der chemische Charakter des Emails bei der Benetzung von Aluminium. Die schlechte Benetzung beruht nach *Dietzel* (1981) auf dem geringen Feldstärkeunterschied zwischen Al^{3+} und Si^{4+}. Eine gute Benetzung wird erst durch stark alkalihaltiges oder saures, insbesondere Phosphatemail, das Oxide mit kleinem Ionenradius enthält (CuO, NiO usw.), erreicht; günstig wirken oberflächenaktive Oxide (V_2O_5) (*Azarov, Grečanova* u. a. 1959, 1962).

Es besteht ein Zusammenhang zwischen dem Randwinkel und der kleinsten stabilen Schichtdicke eines Emails, wie *Rickmann* (1958) auf der Grundlage einer Formel von *Quincke* dargelegt hat. Danach ergeben sich folgende Minimum-Schichtdicken eines Emails ($\sigma_0 =$ 250 mN m^{-1}) für unterschiedliche Randwinkel (in mm):

$\vartheta = 45°$:2,48; $\vartheta = 10°$:0,56; $\vartheta = 2°$:0,11; $\vartheta = 1°$:0,06.

Kleine Randwinkel erlauben also dünne Emaillierungen, und sehr dünne Schichten sind technisch nur dann stabil, wenn auch der Randwinkel sehr gering ist. Ist das nicht der Fall, dann reißen die Filme bei zu geringer Dicke auf. Wirken bereits beim Schmelzen der Frittekörper deutliche Kontraktionskräfte, kann es zu Emaillierfehlern (Durchschüssen, schwarzen Punkten usw.) kommen.

Die Benetzung läßt sich nach Gl. (5.1) durch Erniedrigung der Oberflächenspannung der Schmelze verbessern. Allerdings benetzen auch Grundemails trotz relativ hoher Oberflächenspannung immer noch gut, weil $\gamma_{f,fl}$ niedrige Werte aufweist (*Wagner* 1977). Auch durch Temperaturerhöhung wird ϑ_B erniedrigt. Die Neigung von Schmelzen zur Kontraktion kann durch Herabsetzen von σ_0 und $\gamma_{f,fl}$ sowie durch Erhöhung der Viskosität vermindert werden.

Auf einer rauhen Fläche, deren wahre Oberfläche *r*-mal größer ist als die einer glatten, wird der *zahlenmäßige* Wert von cos ϑ um das *r*-fache vergrößert. Ist der Ausgangswinkel größer als 90°, dann wird er bei aufgerauhter Oberfläche noch weiter erhöht, ist er kleiner als 90°, dann wird er verkleinert (*Oel* 1961). Die Wirkung der Rauhigkeit ist also vom Ausgangsrandwinkel abhängig. Stärkere Benetzung fand *Vytasil* (1957b) bei glatten Eisen- und *Oel* (1961) bei glatten Platinoberflächen; bessere Benetzung mit zunehmender Rauhigkeit beschreiben dagegen *Parker, Smoluchowski* (1945).

Auf das Problem der Dynaktivität in Email/Email-Systemen wird in den Kapiteln 14 und 22 eingegangen.

5.2. Grundlagen des Blasenverhaltens im Kontaktsystem Metall/Email

Im Unterschied zur Glas- und Emailschmelze, wo Blasen im wesentlichen in einer großen, relativ einheitlichen Schmelzmasse auftreten, sind Bildung und Verhalten von Blasen bei Aufbrennprozessen auf Metall auch von systembedingten Größen und der metallischen Unterlage selbst abhängig. Hier spielen außer Dichte und Zähigkeit auch Oberflächenspannung und Randwinkel eine Rolle.

Für die Blasenbildung ist die Existenz wachstumsfähiger Blasenkeime Voraussetzung. Der für ein Blasenwachstum erforderliche kritische Radius beträgt $r_{krit} = \sqrt{2\gamma/\varrho g}$. Die endgültige Blasengröße hängt nach *Gorbatenko* u. a. (1980) vom Benetzungswinkel im Moment des Einfrierens der Blase ab; die Viskosität spielt dabei eine untergeordnete Rolle. Die Anzahl der großen Blasen ist in Emails mit höherer Oberflächenspannung größer als in solchen mit niedrigerer. Die Blasenvolumina lassen sich durch Erniedrigung der Grenzflächenspannung und des Benetzungswinkels herabsetzen (s. auch *Joseph* 1984).

Die Kraft, die zum Abreißen einer am Metall festsitzenden Blase von der – waagerechten – Oberfläche erforderlich ist, ist umso größer, je höher die Oberflächenspannung der Schmelze und je größer der Benetzungswinkel ist.

Beim Aufschmelzen von Emails reißen allerdings die Blasen meist nicht von der Grundfläche ab, sondern platzen bei Erreichen einer bestimmten Größe (etwa 1- bis 1,5fache Emaildicke) und der Zerreißfestigkeit der Schmelze (*Dietzel*). Das Schließen der Krater erfolgt durch Benetzungskräfte und geht vor allem bei Schmelzen mit niedrigem σ_0 und $\gamma_{f,fl}$ sowie geringer Viskosität schnell vor sich. Bei dickeren Schichten wandern die Blasen durch die Schmelze. Die Auftriebsgeschwindigkeit einer Gasblase ist, unabhängig von σ_0,

$$v = r^2 g\,(\varrho_{fl} - \varrho_g)/3\,\eta\,. \qquad (5.4)$$

Nach *Demčenko, Ivachin* (1973) lag v in Emails mit $\eta = 10^2$ Pa s bei etwa 10^{-4} mm s^{-1}. Die Wirkung des Auftriebs auf das Blasenverhalten ist nach *Tenzler, Wetzel* (1985) allerdings gering. Das Gesamtproblem des Verhaltens von Blasen wird von *Walker, Campbell* (1967) erörtert.

5.3. Allgemeine Grundlagen chemischer Wechselwirkungen im Kontaktsystem Metall/Emailschmelze

Beim Einbrennen von Emails treten zwischen dem Metall und der Schmelze neben den Benetzungsvorgängen Wechselwirkungen von grundlegendem Charakter auf, die sowohl für die Kinetik des Brennprozesses, als auch für die Eigenschaften des Gesamtsystems von Bedeutung sind.

5.3.1. Chemische, von den Eigenschaften der Schmelze abhängige Reaktionen

Die Reaktion von Schmelzen kann unter dem Gesichtspunkt ihrer chemischen Zusammensetzung und physikalisch-chemischen Eigenschaften betrachtet werden. Dabei sind *reine* Schmelzen gas- und wasserfrei, *reale* Schmelzen enthalten dagegen gelöste Gase und/oder Wasser, und Wechselwirkungen finden i. d. R. unter Mitwirkung von Luftsauerstoff statt.

Die Wechselwirkung mit Eisen steigt mit dem Eisenoxidgehalt der Schmelze an (*Hoge* u. a. 1973; *Brennan, Pask* 1973), wobei der Angriff besonders entlang den Korngrenzen erfolgt (*Adams, Pask* 1961). Eine Rolle spielen Acidität und Basizität der Schmelze. Nach *Beljaev* (1957, 1960 a) wird Stahl in Alkalisilicatschmelzen und durch borfreie Emails sowie in BaO-haltigen im Vergleich zu MgO- und CaO-haltigen Schmelzen stärker korrodiert als in Boratschmelzen und durch borhaltigen Grund. Mit zunehmendem O/Si-Verhältnis steigt die Korrosion an (s. auch *Hoge* u. a. 1973; *Brennan, Pask* 1973). Ähnliche Aussagen zur Wirkung borfreier Emails finden sich bei *Azarov* (1954). Nach Angaben bei *Litvinova* (1975) ist die Korrosion des Stahls um so größer, je höher die EMK (Elektromotorische Kraft) des Systems in Abhängigkeit von der Basizität von Borosilicatschmelzen ist; die EMK wiederum steigt mit dem C-Gehalt des Stahls an (*Smirnov* 1972). Aus diesem Grunde wirkt sich die geringere Reaktivität entkohlter Bleche negativ auf die Haftung aus (*Faure* 1971). CoO-haltige Emails greifen stärker an als NiO-haltige oder CoO-freie (*Eubanks, Moore* 1955; *Varka* 1959); die stärkste Korrosion ruft CuO hervor (*Svirskij, Salganik* 1964).

Experimentelle Ergebnisse zeigen ferner, daß Eisen bei 1000 °C mit Natriumsilicat unter Bildung von FeO und Na reagieren kann (*Hagan, Ravitz* 1961; *Borom, Pask* 1967). Nach *Alejnikov* u. a. (1976, 1977) erfolgt beim Brennen eine Umsetzung nach
$Fe + 2Na^+ \rightarrow Fe^+ + Na_2^+$ und
$Co^{2+} + 2Na_2^+ \rightarrow Co + 4Na^+$. Zu den Wechsel-

wirkungen der Emailschmelze im System Eisen/Email gehören auch Redox-Reaktionen der Haftoxide gemäß CoO(NiO) + Fe → Co(Ni) + FeO (bzw. über den vorgenannten Chemismus). Diese Umsetzungen laufen beim Einbrennen freiwillig ab, wie *Dietzel* (1934, 1935) feststellte. Die Kette Ni/NiO-Email/FeO-Email/Fe besitzt eine EMK von — 0,33 V, was einer freien Enthalpie von etwa 65 kJ entspricht. Diese irreversible Reaktion gehorcht der 2. Ordnung (*Spriggs* 1956; *Spriggs, Friedberg* 1960).

Die Vorgänge werden bei den Haftreaktionen weiter erläutert.

Eine direkte Reaktion mit Schmelzbestandteilen wird bei der Beschichtung von Titanium beobachtet (*Sitnikova* u. a. 1971, 1974). Dabei werden an der Kontaktfläche Oxide reduziert und Silicide (z. B. Ti_5Si_3, Cr_3Si), je nach Emailzusammensetzung auch Elemente (Fe, Si, Ni usw.), gebildet. Freigesetzter Sauerstoff diffundiert in das Titanium und erzeugt eine feste Lösung und gasgesättigte Übergangszone.

Im Kontakt eines Metalls mit dem Elektrolyt Email bildet sich ein System, bei dem das Metall eine negative, die Schmelze eine positive Ladung annimmt und bei dem eine elektrische Doppelschicht entsteht. Für die Kapazität der Doppelschicht wurden bis zu 40 mF cm^{-2}, Potentiale bis zu 1 V und Ladungsdichten bis zu $5 \cdot 10^{-5}$ Coul cm^{-2} gemessen (*Žuravlev, Matusov* 1972).

Die Geschwindigkeit des Ionenübergangs im System Metall/Emailschmelze zwischen 900 und 1040 °C wurde von *Nikitin, Smirnov* (1961) zu etwa (2 bis 10) · 10^{-7} g Atom cm^{-2} s^{-1} bestimmt. NiO und CoO erhöhen die Geschwindigkeit. Für einzelne Metalle ergeben sich folgende Austauschgeschwindigkeiten: Fe (1040): 8,5; Cu (960): 5; Ni (960): 10,5; Ni (900) : 3,5. Diese Prozesse kommen allerdings zum Stillstand, wenn sich auf der Metalloberfläche Phasenneubildungen ablagern, die das Metall passivieren und die zu einer Umladung führen.

5.3.2. Reaktionsvermögen realer Schmelzen

In den meisten Fällen liegt eine Wechselwirkung zwischen Grundmetall und realen Schmelzen vor, weil im technischen Prozeß die gelösten Gase (Sauerstoff, Wasserdampf, Wasserstoff) aus der Schmelze nicht entfernt und Luftzutritt sowie Reaktionsprodukte nicht ausgeschaltet werden.

Angebotener Wasserdampf und gelöster sowie zudiffundierender Sauerstoff erhöhen die Oxydation des Metalls und dessen Oxidkonzentration im Email. Nach *Ivanova* u. a. (1982) und *Buler* u. a. (1983, 1984) sind überhaupt in der Schmelze gebundene OH-Gruppen der korrosionskontrollierende Faktor. Die Sauerstoffdiffusion durch eine Emailschicht ist allerdings relativ gering (*Dietzel* 1979). *Gottardi, Locardi* (1964) konnten dennoch zeigen, daß sich Eisen in einer Schmelze in Sauerstoffatmosphäre wesentlich schneller auflöst als in Argon. Die Oxydation in einer Emailschmelze bei 800 °C hängt deutlich vom Sauerstoffpartialdruck der Atmosphäre ab (*Gottardi, Chioatto* 1957).

Tritt im Gefolge von Wechselwirkungen Wasserstoff auf, wird dieser teils vom Grundmetall aufgenommen, teils geht er in die Schmelze über, wo er reduzierend wirkt. In Blechgrundemails haben *Healy, Andrews* (1951) und *Berg, Humenik* (1952) eine Reduktion des Cobaltions nachgewiesen. In eisenoxidhaltigem Glas wurde der Übergang $Fe^{3+} \rightarrow Fe^{2+}$ durch Wasserstoff festgestellt (*Johnston, Chelko* 1970). Das entstehende H-Ion wird in das Glasgerüst als OH-Gruppe eingebaut.

Bei der Wechselwirkung von Schmelze und Metall müssen auch die Reaktionsprodukte (Oxide, Metalle, Verbindungen, Ionen) in Betracht gezogen werden. Die Auflösung von Oxiden in Silicatschmelzen geht leicht vonstatten, wenn dadurch die innere Energie erniedrigt und die Abschirmung des Si^{4+} verbessert wird. Das bekannteste Beispiel ist die Zunderlösung bei der Eisenemaillierung. Für den Übergang des FeO in das Email gibt *Tashiro* (1949) einen Diffusionskoeffizienten (885 °C) von $6 \cdot 10^{-8}$ cm^2 s^{-1} an; nach *Nikitin, Smirnov* (1961) beträgt er bei 1040 °C je nach Emailzusammensetzung (10 bis 100) · 10^{-8}, nach anderen Autoren (1 bis 3) · 10^{-8} cm^2 s^{-1} (800 bis 850 °C). Die Diffusion verläuft jedoch nicht kontinuierlich; es zeigen sich deutliche Diffusionszonen (Bild 5.2a). Eisenoxide

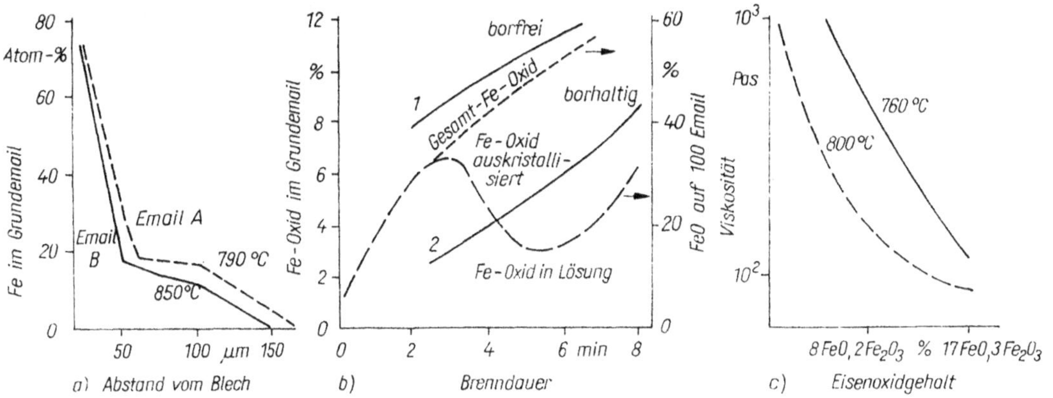

Bild 5.2. Auflösung von Zunder im Grundemail

a) Diffusionszonen nach *Koleva, Schulz* (1973);

b) Eisenoxid in Email in Abhängigkeit von Emailart und Brenndauer *1, 2* nach *Beljaev* (1960) *gestrichelt:* nach *Dietzel, Meures* (1933)

c) Einfluß von Eisenoxiden auf die Viskosität (*Petzold* 1953c)

werden von borhaltigen und borfreien Emails unterschiedlich aufgenommen (Bild 5.2b); sie erniedrigen bei hohen Temperaturen die Viskosität (Bild 5.2c).

Mit steigender Eisenoxidaufnahme kann es zur Übersättigung und Ausscheidung von Eisenoxiden kommen, wie schon die klassischen Untersuchungen von *Dietzel, Meures* (1933) gezeigt haben (Bild 5.2b). Diese Oxide sind die Grundlage der Haftschicht, wie sie bei allen Grundemaillierungen zu finden ist. Dazu treten noch weitere Phasen, wie Silicate (insbesondere Fayalit), Co-Dendriten, Nickel- und Eisenpartikel und eine eisenoxidgesättigte Glasphase.

5.4. Haftphänomene zwischen Metall und Email

Für den mechanischen Zusammenhalt in Metall/Email-Systemen sind Haftkräfte verantwortlich, die sich im Ergebnis verschiedener Wechselwirkungsmechanismen äußern. Das Haftphänomen des Emails an Metallen wirft eine Reihe von Problemen auf, da sich – vor allem bei der Stahlblechemaillierung – mehrere Prozesse überlagern, die den Haftvorgang komplex gestalten.

5.4.1. Allgemeine Gesichtspunkte der Festkörper- und Emailhaftung

Bei der Interpretation der Haftung von Oberflächenschichten auf Grundwerkstoffen muß man unterscheiden zwischen der atomistischen oder energetischen Natur der Bindung (Haftmechanismus) und der Stärke der mechanischen Haftung (Haftfestigkeit). Haftung als phänomenologische Größe und Haftfestigkeit als meßtechnische Größe werden vielfach fälschlicherweise synonym gebraucht. Für die Beschreibung der Haftung greift man häufig auf die Adhäsionsarbeit gemäß Gl. (5.2) und ähnliche Formeln zurück. Das sind aber quantitative Beziehungen, die nichts aussagen über die Qualität und Spezifik der Bindekräfte und damit die Natur der Bindung. Für die atomistisch-physikalischen Wechselbeziehungen der Partner und die Haftvorgänge kommen phänomenologisch folgende Mechanismen in Betracht:

- mechanische Verzahnung,
- elektrostatische Anziehung durch Kontaktpotentiale,
- Bindung über haftvermittelnde Oxidschichten,
- chemische Bindung über eine oxidgesättigte Glasgrenzschicht und

• Bindung und Verklammerung durch sekundäre Zwischenschichten.

5.4.1.1. Mechanische Verzahnung

Durch Eindringen des Emails in Oberflächenvertiefungen, Unterhöhlungen (Ankerpunkte) und durch Einklemmen infolge von Druckkräften kann es, wie oft beobachtet, zu einer Verzahnung und Haftung kommen. Ob auch weitere atomistisch-physikalische Mechanismen mit eine Rolle spielen, bleibt dabei zunächst unberücksichtigt. Jedenfalls wird die mechanische Verklammerung z. T. als wesentlicher Haftfaktor vor allem bei Stahl und Gußeisen angsehen. *Weirauch* (1978) hat aus der Anzahl der Ankerpunkte und anderen Parametern eine Formel für die mechanische Bindungsenergie abgeleitet.

5.4.1.2. Elektrostatische Bindekräfte

Sie entstehen an Phasengrenzflächen durch Ausbildung von Kontaktpotentialen. Dabei sollen Haftfestigkeiten von mehr als 10 MPa wirksam werden und einen Beitrag zur Emailhaftung leisten können, der etwa 10 % der Adhäsionsarbeit von Oxid an Metall entspricht (*Žuravlev, Matusov* 1972). Haftkräfte entstehen auch durch unterschiedliche Elektronenaustrittsarbeiten und durch sich ausbildende elektromagnetische Felder in Festkörpern.

5.4.1.3. Haftvermittlung durch dünne Oxidschichten

Oxidschichten, die sowohl am Metall (mit etwa 10 MPa), als auch in der Glasstruktur verankert sind, können durchaus als Haftvermittler dienen und werden bei Stahlemails insbesondere von *Kautz* (1936, 1938), bei Gußeisen und legierten Stählen von *Dietzel* (1951, 1963a), bei Aluminium von *Gugeler* (1969) und bei Dentalemails von *Groll* u. a. (1983) angenommen. Diese Vorstellung kann im Zusammenhang mit der chemischen Bindung modifiziert und dieser Theorie angepaßt werden.

5.4.1.4. Chemische und zwischenmolekulare Bindungen

Bindungen zwischen Metall und Glas können auf echten Valenzen oder auf Dispersionskräften (*Van-der-Waals*-Bindungen) beruhen. Im Falle des Emails dürfte ein Auseinanderhalten schwierig sein.
Die Hauptursache von Haftungen wird im allgemeinen in Dispersionskräften gesehen, sofern keine Reaktionen mitspielen. Diese Kräfte bestehen in Wechselwirkungen zwischen den Bausteinen (Atomen, Ionen, Molekülen) als Folge statistischer Ladungsbewegungen und temporärer Dipole. Die Wechselwirkung ist proportional der Ionisierungsenergie und Polarisierbarkeit (α^2) der Bausteine und umgekehrt proportional dem Abstand (r^6). Dispersionskräfte sind weitreichender als kovalente Kräfte. Im Gegensatz zu Valenzkräften sind sie additiv; sie überlagern sich ohne Absättigung und üben stets Anziehungskräfte aus, die jedoch geringer sind als andere Bindekräfte. Dennoch sollen sich damit auch hohe Haftfestigkeiten erklären lassen. *O'Brien, Ryge* (1964) nehmen sie auch bei Emails an.
Im Unterschied dazu vertreten hauptsächlich amerikanische Fachleute, wie *King* u. a. (1959); *Pask* und seine Schule (1962, 1966, 1971, 1973) sowie *Bhat, Manning* (1973) eine Haftung durch echte chemische Bindungen, die zustande kommen, wenn das Glas an einem durch das Grundmetall nicht reduzierbaren Oxid des Metalls gesättigt, dadurch die innere Energie herabgesetzt, die freie Oberflächenenergie vermindert und ein chemisch-thermodynamisches Gleichgewicht der Bindungsenergie an der Grenzfläche erreicht ist. Sind diese Bedingungen nicht erfüllt und besteht kein Gleichgewicht des chemischen Potentials, dann laufen irreversible Reaktionen ab, wobei nur schwache *Van-der-Waals*-Bindungen entstehen. Die Verhältnisse sind nach *Borom, Pask* (1966) in Bild 5.3 schematisch dargestellt. Ein einheitlicher Bindungstyp soll nicht vorliegen. An der Grenzfläche werden polare und kovalente Bindungen zur Metalloberfläche über Sauerstoff angenommen.
Unter Berücksichtigung des Benetzungs-

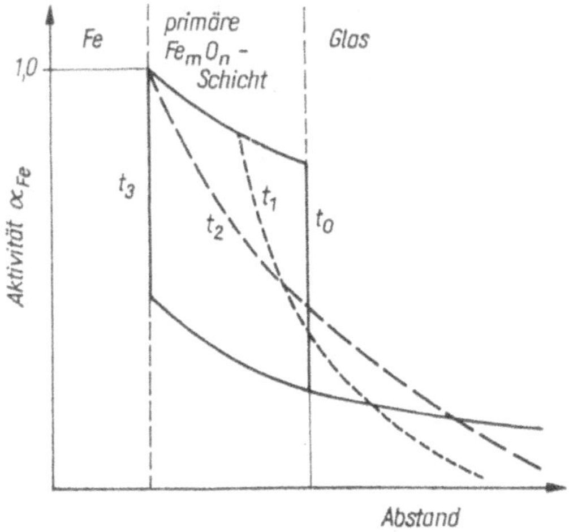

Bild 5.3. Schematischer Verlauf der Fe-Aktivität in den Phasen des Schichtsystems Fe-Fe_mO_n-Glas nach verschiedenen Zeiten
t_0 unmittelbar nach Kontakt von Glas mit Eisenoxid
t_1 Glas in der Grenzschicht an Eisenoxid gesättigt
t_2 letzte Oxidschicht gelöst; Gleichgewicht der Aktivitäten
t_3 alles Eisenoxid gelöst; kein Gleichgewicht wegen Rückgang der Fe-Konzentration
(t_2 ist der kritische Fall; *Borom, Pask* 1966)

winkels ϑ werden für Glas auf Eisen von *Pask, Fulrath* (1962) folgende Kontakt- und Bindemechanismen diskutiert:

a) Glas auf Eisenoxid ($\vartheta = 2°$)
—Fe—Fe—O—Fe—O—Fe—O—Si—O—
b) FeO-gesättigtes Glas auf Eisen ($\vartheta = 15°$)
—Fe—Fe—O—Si—O—
c) Glas, ungesättigt an FeO, auf Eisen ($\vartheta = 55°$; geringe Haftung)
—Fe—Fe/O—Si—O—

Nach *Dietzel* (1981) sollen die Verhältnisse in folgender Weise präzisiert werden:

zu *a)* —Fe—Fe—O—Fe—O—Si—O—
zu *b)* | O—Si—O—
|
—Fe—Fe : Fe
|
: O—Si—O—
zu *c)* | O—Na
|
—Fe—Fe | Si
|
| O—Si—

Die Schemata lassen das Wirken von echten Valenz- und *Van-der-Waals*-Bindungen erkennen. Darüber hinaus werden auch anteilige metallische Bindungen über orientierte Metallionen in der gesättigten Grenzschicht dem Haftmechanismus zugeordnet (*King* u. a. 1959; *Pask, Fulrath* 1962).
Der hier dargelegte Haftmechanismus soll nicht nur für Emails auf Eisen, sondern auch für Glas auf zahlreichen anderen Metallen gelten (*King* u. a. 1959; *Pask, Fulrath* 1962, *Sperner* 1976; *Holmquist, Pask* 1976; *Tso, Pask* 1979). Es gibt allerdings bei einigen Metallen noch unerklärbares Ausnahmeverhalten (*King* u. a. 1959; *Heimsoeth* 1961).

5.4.1.5. Bindung durch sekundäre Zwischenschichten

Diese betrifft besonders beim Brennen auskristallisierte, mit dem Metall verwachsende Oxidzonen, wie von *Dietzel, Meures* (1933) erstmalig bei Eisen nachgewiesen wurde, oder beim Aufbrennen entstandene Dendriten, die sich in der Haftschicht vorfinden bzw. auf der Eisenoberfläche aufwachsen und die Haftung bewirken sollen (*King* u. a., z. B. 1943; *Healy, Andrews* 1951). Als alleiniger Haftfaktor konnten Dendriten jedoch nie bestätigt werden; ein gewisser Beitrag zur Haftung wird ihnen allerdings zuerkannt (*Pask, Fulrath* 1962; *Borom, Pask* 1966; *Brennan, Pask* 1973). Zwischenschichten aus Reaktionsprodukten werden z. B. bei der Emaillierung von Titanium für die Haftung verantwortlich gemacht (*Litvinova* 1975).

5.4.2. Haftung von Email auf Stahlblech

Die Haftung von Blechgrundemails ist auf Grund vielfältiger Erscheinungen im Ergebnis des Haftprozesses besonders kompliziert. Die Haftvorgänge waren daher in den letzten 80 Jahren immer wieder Gegenstand zahlreicher Untersuchungen, insbesondere nachdem mit der großtechnischen Anwendung der Haftoxide die Frage nach deren Wirkunsmechanismus in den Blickpunkt gerückt war. Dabei galt das Interesse auch dem Wesen der Haftung. Trotz einer Vielzahl von interessanten Beiträgen, Deutungen und Theorien konnte völlige Klarheit über das Haftphänomen noch nicht erzielt werden – auch heute noch nicht, wo die Hafttheorie immerhin einen gewissen abschließenden Stand erreicht zu haben scheint.

Die wichtigsten Theorien wurden schon in Abschnitt 5.4.1. angesprochen. Obwohl sie nicht immer mit allen Erscheinungen der Praxis in Einklang gebracht werden können, enthalten aber die meisten von ihnen dennoch durchaus gewisse richtige Ansatzpunkte und brauchbare Aspekte, die die modernen theoretischen Anschauungen stützen oder ergänzen können (s. auch *Varka* 1959; *Andrews* 1961; *Heimsoeth* 1961; *van der Vliet* 1980a).

Eine aussagefähige Hafttheorie muß von folgenden grundlegenden praktischen Erfahrungen, gesicherten Faktoren und technischen Fakten des Emaillierens ausgehen:

- ausreichende Benetzung nur bei oxydierter Stahloberfläche,
- Haftung nur bei Brennen in oxydierender Atmosphäre,
- Zunderlösung im Email, Sättigung und ggf. Wiederausscheidung,
- bei haftoxidfreiem Grund Haftung nur bei langem Brand (technisch nicht beherrschbar), sonst nur in Anwesenheit von Haftmitteln im Email bzw. auf der Blechoberfläche (Ni),
- Auftreten metallischer Partikeln im Email (Fe, Co, Ni, Fe—Co—Ni),
- Aufrauhung der Oberfläche bei haftoxidhaltigem Email oder bei Vorvernickelung,
- Haftung bei Vorliegen einer komplex zusammengesetzten Haftschicht.

Für die Deutung dieser Erscheinungen im Zusammenhang mit den Haftvorgängen bieten die Konzepte der chemischen Bindung und der galvanischen Korrosion die besten Voraussetzungen.

5.4.2.1. Chemisches Konzept der Haftung von Blechgrundemails

Zur historischen Einordnung der Theorie der Haftung durch chemische Bindung erscheint es nützlich, auf die grundlegenden Untersuchungen von *Dietzel, Meures* (1933) über das Haften von haftoxidfreien Grundemails an Eisen zu verweisen: Nach Auflösung der primären Zunderschicht im schmelzenden Email (Brennstufe *A*) liegt noch keine Haftung vor; dies ist erst nach längerem Brennen der Fall, wenn das Email mit Eisenoxiden gesättigt ist und sich Fe_3O_4 auszuscheiden beginnt (Brennstufe *B*; dünne Haftschicht). Bei Überbrennen (Auftreten von dicken Oxidschichten, Verschlackung und Bildung von Fe_2O_3 geht die Haftung zurück.

Mit diesen experimentellen Ergebnissen hatten *Dietzel, Meures* den Erkenntnisstand von heute bereits in den Händen, ohne ihn jedoch explizit und thermodynamisch formuliert zu haben. Dies erfolgte erst 25 bis 30 Jahre später durch *King* u. a. (1959); *Cline* u. a. (1961); *Adams, Pask* (1961); *Pask, Fulrath* (1962); *Borom, Pask* (1966); *Pask* (1971); *Hoge* u. a. (1973) und *Bath, Manning* (1973). Die Haftung nimmt am Sättigungspunkt sprunghaft zu, wenn die grenzflächennahen Bereiche mit FeO gesättigt sind, was im Hinblick auf eine Abdiffusion jedoch nur erreicht wird, wenn ein sehr starker Nachschub an Eisenoxid von der Blechoberfläche her erfolgt. Die sich bildende übersättigte Grenzzone hat möglicherweise den Charakter einer Oxid-Zwischenschicht bzw. kann als solche aufgefaßt werden (z. B. *Heimsoeth, Lang* 1962). Auch bei Direktweißemails muß eine gesättigte Grenzschicht vorliegen (*Rickmann* 1967). Die Sättigungskonzentration hängt von der Aufnahmefähigkeit des Emails ab. Nach *King* u. a. (1959) wird die Löslichkeit des FeO herabgesetzt durch Alkali- und Erdalkalioxide, Al_2O_3 und TiO_2, heraufgesetzt durch B_2O_3, SiO_2 und P_2O_5. Nach *Smirnov* (1972) wird der Ionenaustausch zwischen Metall und Schmelze durch Eisenoxide, CoO, NiO und CaF_2 gefördert, durch TiO_2 verzögert.

Die zur Haftung führende Wechselwirkung beruht auf chemischen oder *Van-der-Waals*-Bindungen, deren Existenz schon *Howe* (1938) vermutet hatte. FeO sprengt das Netzwerk des Glases; die Valenzen der Trennstellensauerstoffe können an die Eisenoberfläche oder durch Fe^{2+}, das im Email oder in der Oxidschicht enthalten ist, gebunden sein (vgl. Schema *a)*, zu *a)*, S. 65).

Darüber hinaus werden aus nicht polarisierbaren Brückensauerstoffen leicht polarisierbare nichtbrückenbildende Sauerstoffe, die zur Verstärkung von Dispersionskräften beitragen.
Außer den genannten Bindungen sollen noch Wechselwirkungen zwischen den gelösten Eisenionen und dem im metallischen Bindungszustnd befindlichen Eisen bestehen, wobei die Fe^{2+}-Ionen zur Blechoberfläche orientiert sind und am Elektronengas des Metalls partizipieren (Bild 5.4). Bei hohen Temperaturen wird ein ständiger Austausch von Eisen und Eisenionen, bei tiefen ein Elektronenaustausch angenommen. Die Mitwirkung chemischer Bindungen und des Elektronenübergangs an der Haftung wird auch von *Dietzel* (1964) für denkbar gehalten. Der Bindungszustand der Partner soll zwischen der rein metallischen und der gemischten (polar-kovalenten) Bindung liegen (ähnlich auch nach *Varka* 1959). Nach *Warnecke* u. a. (1981) führt der kontinuierliche Übergang von der metallischen Bindung (bzw. Elektronenleitung) im Eisen zur Ionenbindung im Email (Isolator) zu einem Halbleiter, der beide Leitungsarten verbindet. Darin werden wichtige Aspekte für das Haften gesehen.

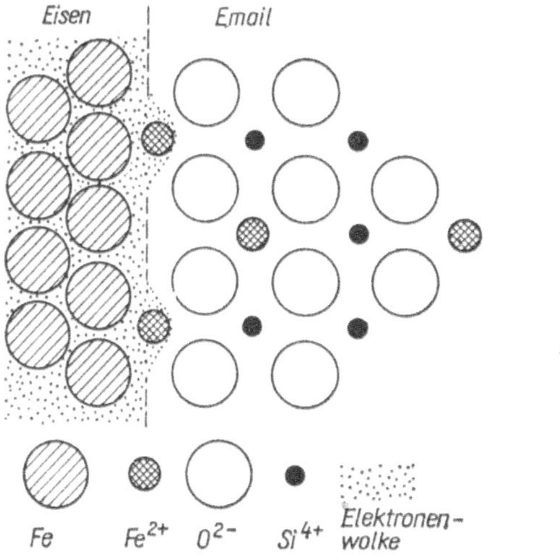

Bild 5.4. Grenzflächennahe Bereiche einer Emaillierung nach der Hafttheorie von *King* u. a. (1959); schematisch

Der beschriebene Bindemechanismus schließt nicht aus, daß sich Oxide, Silicate oder Dendriten in der Grenzschicht ausscheiden.
Die Begründung für die Haftung durch chemische Bindung ergibt sich aus chemisch-thermodynamischen Gleichgewichtsbetrachtungen bei Sättigung des Emails mit Eisenoxid. Wird Gleichgewicht nicht erreicht oder die Sättigung durch Abdiffusion der Fe^{2+} wieder aufgehoben, dann entwickelt sich die Haftung nicht oder geht wieder zurück, wie experimentell nachgewiesen wurde. Für echte Bindungen im Vergleich zu Dispersionskräften und rein mechanischen Verklammerungen spricht auch die Höhe der Haftfestigkeit.

5.4.2.2. Rolle der Haftmittel

Obwohl eine Haftung von haftoxidfreien Grundemails auf Stahlblech erzeugt werden kann, ist doch unbestritten, daß in der Praxis eine technisch beherrschbare, zuverlässige Haftung und hohe, stabile Haftfestigkeit nur durch Haftmittel (CoO, NiO im Grund, Vernickelung des Blechs) zu erzielen ist[1]). Eine allgemeine Hafttheorie muß also die überragende Rolle der Haftmittel in ihr Konzept einordnen, obwohl diese im beschriebenen Haftprozeß nirgends erscheinen.
Es steht wohl außer Zweifel, daß, wie durch Mikroaufnahmen zahlreicher Autoren in den letzten 50 Jahren und neuerdings durch REM-Aufnahmen der freigelegten Grenzfläche belegt (*Wagner* 1976; *Dietzel* 1981; *Kolman* u. a. 1982), in Gegenwart von Haftoxiden eine intensive Aufrauhung der Blechoberfläche erfolgt (Bild 5.5). Allerdings hat es nicht an Versuchen gefehlt, diese Tatsache zu widerlegen und Gegenbeispiele beizubringen.
Die Wirkung der Haftoxide und der Mechanismus der Aufrauhung wurde von *Dietzel* (1934, 1935, 1945) aufgeklärt und zur Grund-

[1]) Auf Grund ihrer Stellung in der Spannungsreihe kommen im wesentlichen nur diese beiden Elemente in Betracht; andere Haftmittel erreichen deren Wirkung nicht (*Dietzel* 1934, 1935; *Tomsia, Wieczorek* 1975; *Petrov* u. a. 1982).

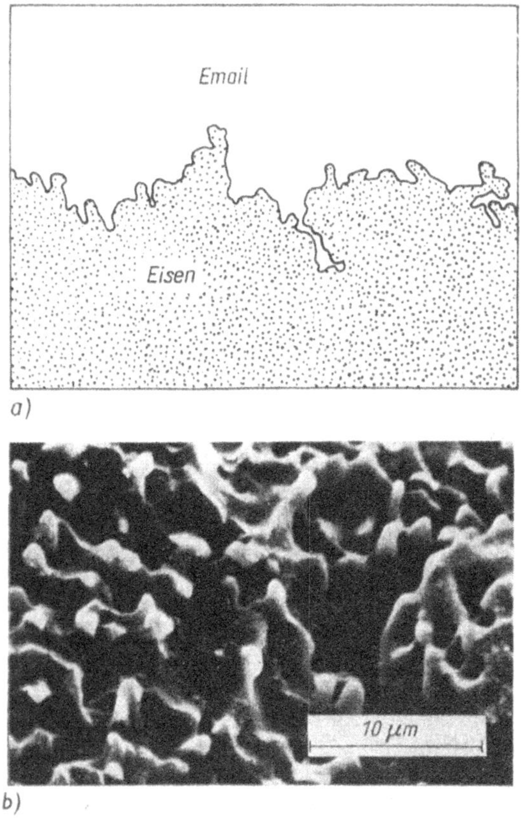

Bild 5.5:
a) Grenzfläche Metall-Email (schematisch)
b) REM-Aufnahme der Unterseite eines vom Blech abgelösten Grundemails (*Kolman* u. a. 1982; vgl. auch *Volenik* u. a. 1986)

lage der elektrochemisch-mechanischen Hafttheorie gemacht. Danach werden Cobalt- und Nickeloxid durch das im Email gelöste FeO zunächst teilweise gemäß $2\,FeO + CoO(NiO) \rightarrow Fe_2O_3 + Co(Ni)$ reduziert (NiO schneller als CoO). Zusätzlich können Partikeln reinen Eisens auftreten (*King* 1943; *Tashiro* 1950), die nach $4\,FeO \rightarrow Fe_3O_4 + Fe$ entstanden sind und die sich mit Cobalt und Nickel legieren können. Die Metallausscheidungen, die die Haftung fördern, sind vorzugsweise an der Grenze Eisen/Email zu finden (*Harrison* u. a. 1955; *Berk, de Jong* 1958; *Varka* 1959; *Hoffmann* 1967; *Nedeljkovic* 1976; *Ghodsi* u. a. 1978). Auf den katodischen Bereichen der oxidfreien Metalloberfläche scheiden sich die im Email verbliebenen Co- und Ni-Ionen metallisch ab. Der Film von etwa 0,01 µm Dicke konnte durch Isotope (*Harrison* u. a. 1952), röntgenographisch (*Patrick* u. a. 1953) sowie mit der Mikrosonde (*Hoffmann* 1967) nachgewiesen werden. Der Co(Ni)-Niederschlag führt zur Bildung eines kurzgeschlossenen Lokalelements[1]) und damit zu einer selektiven Korrosion und Anfressung des Eisens

[1]) Nach *Heimes* (1934) und *Svirskij* u. a. (1956, 1964) beruht die Korrosion in erster Linie auf dem Wirken des Lokalelements Ferrit/Korngrenze bzw. Ferrit/Perlit und der Verstärkung des galvanischen Stroms durch die abgeschiedenen Haftmetalle.

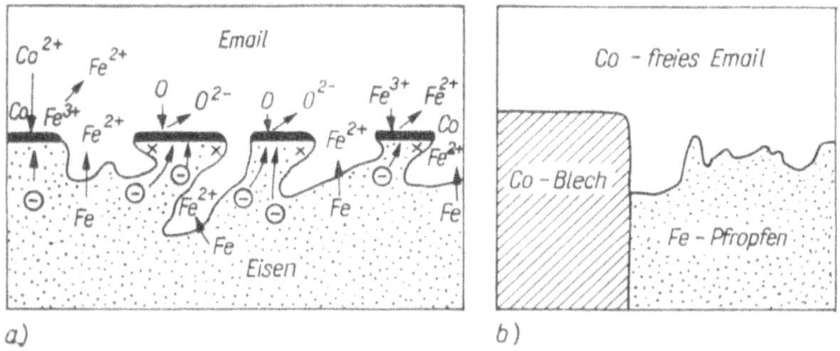

Bild 5.6. Galvanische Korrosion im System Metall/Email
a) schematische Darstellung der galvanischen Vorgänge bei der Eisenemaillierung nach *Dietzel* (1934) x Ankerpunkte
b) bevorzugte Korrosion an der Grenzfläche des Lokalelements Fe/Co (in ein Cobaltblech eingeschlagener Eisenpfropfen; *Moore* u. a. 1954a)

unter Bildung charakteristischer Aus- und Unterhöhlungen (Ankerstellen als Verzahnungspunkte), indem das Eisen an das Haftmetall zwei Elektronen abgibt und als Fe^{2+} in Lösung geht. Die Elektronen werden vom Haftmetall an Elektronenakzeptoren (Sauerstoff, Fe^{3+}) abgegeben. Schematisch läßt sich der Vorgang in der in Bild 5.6a wiedergegebenen Form darstellen. Die bevorzugte Korrosion an der Grenzfläche des Lokalelements Fe/Co in Gegenwart von Schmelze wurde später von *Moore* u. a. (1954a) experimentell nachgewiesen (Bild 5.6b).

Die galvanische Zelle arbeitet aber nicht nur im Moment der Entstehung, sondern, da die Schmelze als Elektrolyt mit einer elektrischen Leitfähigkeit von etwa $0{,}2\ \Omega^{-1}\ cm^{-1}$ wirkt, so lange, wie Elektronenakzeptoren (Depolarisatoren) vorhanden sind (hauptsächlich oxydierende, jedoch auch O_2-freie, aber H_2O-haltige Atmosphäre; *Merker* 1961). Die elektrochemischen Vorgänge verlaufen im übrigen genauso auf Blechen, die vorvernickelt wurden; sie führen zur gleichen Oberflächenmorphologie wie bei eingeschmolzenem NiO (*Kim* 1981). Für die Haftung von Direktweißemails ist es dabei nach *Dietzel* (1967, 1968) von Bedeutung, inwieweit das bei der Beize freigelegte Kupfer die optimale Nickelabscheidung beim Ni-Dip beeinflußt.

Die Bereitstellung des Sauerstoffs erfolgt entgegen früheren Annahmen wohl kaum durch Diffusion durch die Schmelze bis zur Metalloberfläche (durch eine 0,1 mm dicke Emailschicht diffundierenen bei 900 °C in 5 min nur $2 \cdot 10^{-3}$ ml cm^{-2}; *Dietzel* 1979). Die Umsetzung $Fe_3O_4 \rightarrow 3\,FeO + 1/2\,O$ liefert aber bei einer 5 µm dicken Zunderschicht $120 \cdot 10^{-3}$ ml cm^{-2}. Für den Sauerstofftransport soll auch die beim Platzen von Blasen einsetzende Konvektion eine Rolle spielen, denn beim Grundbrand entstehen 10^3 bis 10^6 Blasen je m^2 (*Rickmann* 1958).

Bei unter intensiver Aufrauhung vor sich gehenden Korrosionsprozessen kann es zur völligen Unterhöhlung der Ni- und Co-belegten Stellen und zum Losreißen vom Metallverband kommen (*Richmond* u. a. 1953), wodurch eine Schwächung der Verankerung eintritt. Dasselbe kann bei vernickelten Blechen erfolgen, wenn das Ni zu stark in das Eisen eindiffundiert (*Moore* u. a. 1954b).

Zwischen Co-Gehalt, Aufrauhung und Haftung des Emails bestehen quantitative Zusammenhänge. Dabei kommt es vor allem auf die Ankerpunkte an, die das Maß der Verankerung bestimmen. Ihre Anzahl wird mit 1000 bis 1600 cm^{-1} angegeben. Die Korrelation zwischen CoO-Gehalt bzw. Brenndauer und Korrosionstiefe geht aus Bild 5.7 hervor. Mit steigendem Haftoxidgehalt steigen in bestimmten Grenzen auch die Anzahl der Ankerpunkte und die Haftzahl (Bild 5.8). Für die Abschätzung der Wechselwirkungsgeschwindigkeit haben *Sotnikov, Petrov* (1983) Gleichungen abgeleitet.

Der beschriebene haftungsfördernde galvanische Wirkmechanismus der Haftoxide wurde mehrfach angezweifelt. Zum einen wird der Aufrauhungseffekt geleugnet (*King* 1947; *Ghodsi* u. a. 1978), zum andern wird gezeigt, daß beim Tempern von deckemailliertem Grund in Argon trotz bleibender Rauhigkeit die Haftfestigkeit absinkt und daß eine durch Elektroplattierung auf eine glatte Oberfläche eines FeO-gesättigten Emails aufgebrachte Eisenschicht ebenso gut haftet wie bestes CoO-Email an Blech

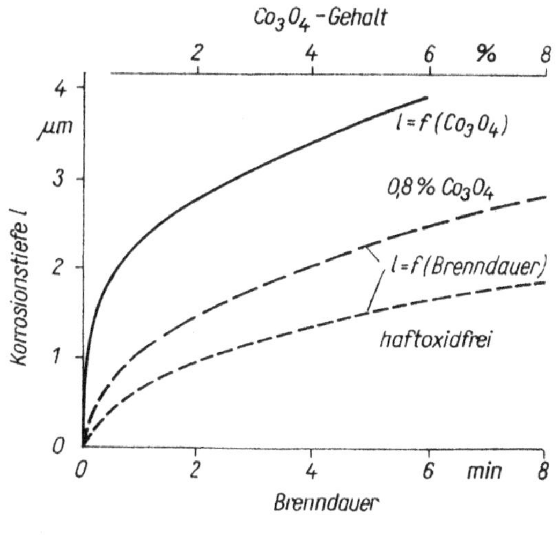

Bild 5.7. Abhängigkeit der Korrosionstiefe vom Co_3O_4-Gehalt bzw. der Brenndauer; $T = 860\,°C$ (*Moore* u. a. 1954a)

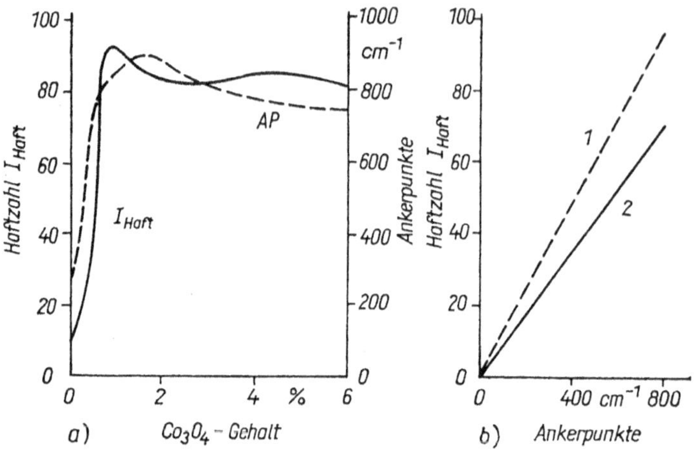

Bild 5.8. *a*) Ankerpunkte und Haftzahl in Abhängigkeit vom Co_3O_4-Gehalt des Emails; $T = 860\,°C$
b) Haftzahl in Abhängigkeit von der Anzahl der Ankerpunkte (*Richmond* u. a. 1953)
1 Email mit verschiedenen Haftzusätzen
2 Email mit Co_3O_4

(*King* u. a. 1959)[1]). Die Korrelation zwischen Rauhigkeit und Haftung wurde gelegentlich auch dann bestritten, wenn technische Emails gute Haftung bei wenig Ankerpunkten und schlechte Haftung bei vielen Ankerpunkten zeigten. Das war z. B. immer der Fall bei Emails auf sandgestrahlten Blechen und auf Legierungen (*Richmond* u. a. 1953, 1957; *Moore* u. a. 1954a; *Eubanks, Moore* 1955; *Moore, Eubanks* 1956).
Zweifellos liegen bei Legierungen Verhältnisse vor, die vom normalen Blech abweichen. Beim gestrahlten Blech schützt feinster, in den Vertiefungen abgelagerter Quarz-, Al_2O_3- oder SiC-Staub das Eisen vor ausreichender Oxydation beim Brennen (*Petzold* u. a. 1955b; *Eubanks* u. a. 1962) und stört den galvanischen Korrosionsprozeß. Trotz Rauhigkeit resultiert eine geringe Haftung.
Im Lichte der chemischen Hafttheorie wird die Wirkung der Haftoxide hauptsächlich darin gesehen, daß durch galvanische Prozesse eine vergrößerte Oberfläche geschaffen wird, die durch die vermehrte Anzahl von Bindungen zu einer erhöhten Haftung führt. Dieser Korrosionsmechanismus schafft günstige Bedingungen zur schnellen Sättigung des Emails mit FeO, zur Bildung einer übersättigten Grenzzone (von *Greenberg, Cook* 1967 übrigens auch bei Redox-Reaktionen in bleihaltigen Emails angenommen) und zur Aufrechterhaltung des Gleichgewichts an der Grenzfläche (s. auch *Crepaz* u. a. 1968) bzw. zur Bildung einer Eisenoxid-Zwischenschicht als Haftvermittler, die auch von *Dietzel* (1979, 1981) vertreten wird. *Borom, Pask* (1966) nennen daneben ferner:

- Teilnahme an einer Legierungsbildung auf der Blechoberfläche, deren Zusammensetzung das Gleichgewicht gewährleistet,
- Elektronentransport als Voraussetzung für die Oxydation des Eisens sowie
- Bildung von Dendriten und Aufrauhung der Oberfläche.

King u. a. (1959) wollen die Rolle der Haftoxide in der Übertragung von Sauerstoff (oder Elektronen) von der Grenzfläche Email/Luft zur Blechgrenzfläche über einen Wertigkeitswechsel (z. B. $Co^{2+} \rightarrow Co^{3+} \rightarrow Co^{2+}$) sehen. *Dietzel, Coenen* (1961) haben jedoch nachweisen können, daß ein solcher Mechanismus physikalisch-chemisch nicht möglich ist. Im übrigen wird für die ablaufenden galvanischen Prozesse von *Borom, Longwell* u. a. (1967) ein komplizierter Mechanismus angenommen, der ohne Luftsauerstoff auskommt; er soll hier nicht näher betrachtet werden.
Im Ergebnis der Haftreaktionen bildet sich an der Grenzfläche Eisen/Email eine Zwischenphase mit ausgeschiedenen Eisenoxiden und

[1]) Im Widerspruch dazu fand aber bereits *Dietzel* (1951), daß ein Cobaltgrund, der in N_2/H_2-Atmosphäre reduzierend getempert worden war, nach wie vor haftet, und zwar auf Grund der mechanischen Verzahnung.

Metallpartikeln, die bei hohen Temperaturen Mischkristalle bilden können. Legierungsbildung wurde hier von *Dietzel* (1945); *Douglas, Zander* (1951, 1952); *Patrick* u. a. (1953); *King* (1959); *Borom, Pask* (1966); *Bühler* u. a. (1966, 1967); *Cook* (1974); *Faust* u. a. (1981); *Kolman* u. a. (1982), bei vernickeltem Blech von *Nedeljkovic* (1976, 1977) nachgewiesen. Diffusion von Cobalt und Nickel in Eisen wird von *Ghodsi* u. a. (1978) jedoch ausgeschlossen. Bei Direktweißemails ist die Schicht auch mit TiO_2 und $FeTiO_3$ (*Friedberg* 1954; *Lynch, Friedberg* 1955; *Rickmann* 1967; *Richard, Demard* 1974, 1975; *Faust* u. a. 1981) durchsetzt. Die kaum mehr als glasig anzusprechende Phase, die als Haftschicht bekannt ist, ist bei allen gut haftenden Grundemails zu finden. Bei Al-haltigen Kompositemails, wie sie für selbstreinigende Emaillierungen verwendet werden, wird die Haftung durch Bildung von Aluminid-Zähnen und deren Verzahnung mit dem Blech unterstützt (*Snow, Faust* 1973)

5.4.2.3. Gesamter Haftkomplex

Bei einer Abwägung der Beiträge der verschiedenen Hypothesen zur Erklärung des Haftmechanismus von Email an Stahlblech kommt man zu dem Schluß, daß der Gesamterscheinung der Haftung zwei Komponenten zugrunde liegen: die chemische Bindung als qualitatives und die galvanische Korrosion als quantitatives Element. Beide wirken zusammen und bedingen sich gegenseitig (s. dazu auch *Varka* 1959; *Heimsoeth, Lang* 1962; *van der Vliet* 1980 a). Die Theorie der chemischen Bindung liefert die thermodynamisch begründete Basis der Haftung; durch die elektrochemische Korrosion als kinetischem Vorgang wird die optimale Bereitstellung des gelösten Eisens und die Vergrößerung der reaktionsbereiten Bindefläche gewährleistet und die Voraussetzung für eine zusätzliche Verzahnung geschaffen (s. auch *Kurokawa* u. a. 1985). In den Ablauf der Haftvorgänge muß auch die Bildung der Haftschicht einbezogen werden, die sowohl nach dem chemischen, als auch nach dem elektrochemischen Konzept zu verstehen ist. Diese mehr oder weniger ausgeprägte Zwischenschicht ist eine kontinuierliche elektronische Übergangszone (*Hoge* u. a. 1973) mit zwischen Metall und Email liegendem Ausdehnungskoeffizienten (*Prosnitz* u. a. 1976), die den Austausch von Elektrovalenzen des Metalls durch Ionenvalenzen der oxidischen Verbindungen ermöglicht (*Varka* 1959) und somit haftvermittelnden Charakter trägt. Damit wird auch deutlich, daß die Haftung von Email nicht so sehr durch Adhäsion und Bindung an einer zweidimensionalen Grenzfläche, sondern durch die Natur einer räumlichen Übergangszone bestimmt wird (*Appen* 1976). Die Haftung entwickelt sich im Ergebnis von Sekundärprozessen, die an der Grenzfläche beginnen und sich in die Tiefe von Metall und Email fortsetzen. Die Haftkräfte äußern sich als Resultat und Summe verschiedener Wechselwirkungsmechanismen, von denen die chemischen Bindekräfte und der galvanische Korrosionsprozeß wohl die wichtigsten sind.

5.4.3. Haftung von Email auf legiertem Stahl

Die Haftung von Emails auf Edelstählen wird im allgemeinen auf die vermittelnde Wirkung einer Oxidzwischenschicht (z. B. Cr_2O_3) zurückgeführt (*Dietzel* 1951; *Shimohira* 1959; *Ghodsi* 1982); *Mackert* u.a. 1984. *Romanenko* u. a. (1969) schreiben ihr einen reinen Adhäsionscharakter zu, der durch die Emailkomponenten zu steuern sein soll. Nach *Sullivan, Nelson* (1971) ist ein »Eisenoxid niederer Wertigkeit« an der Grenzfläche ein Hauptfaktor für die Haftung.

Bei diesen Emails erhöht CuO die Haftung, ohne jedoch eine selektive Aufrauhung zu bewirken (*Moore, Eubanks* 1956). Nicht das abgeschiedene Kupfer, sondern das nach der Redoxreaktion gebildete Metalloxid soll für die Haftung verantwortlich sein, indem es sich im grenzflächennahen Email anreichert (Sättigung nach dem chemischen Konzept); die Reaktionszone, die auch Ni-, Co- oder Cu-Partikel enthält, ist etwa 12 µm dick (*Ghodsi* u. a. 1981). Das Email selbst muß ein relativ geringes Lösungsvermögen für Oxide besitzen, weil sonst bei völliger Auflösung der geringen Zundermenge die Haftung gering ist. Die Theorie der chemischen Bindung wird auch von *Weirauch* (1978) akzeptiert, aber gleichzeitig auch die mechanische Verzahnung als wirksam angenommen.

5.4.4. Haftung von Email auf Gußeisen

Die Vorstellungen von *Dietzel, Meures* (1933) über die Haftung von haftoxidfreien Blechgrundemails lassen sich auch auf die Gußgrundemaillierung übertragen (z. B. *Dietzel* 1963a), obwohl die Haftung vielfach auch in einer einfachen Verankerung der Schmelze in den verhältnismäßig starken Zerklüftungen der Gußoberfläche gesehen wird. Die Haftschicht, die aus einer dünnen Schicht von Fe_3O_4 besteht (*Moehring* 1964), vermittelt die Bindung zum Email über Sauerstoffionen, zum Metall über Eisenionen gemäß dem Schema:

```
    0   Si  0
        0              Email
    0   Fe  0
---------------------
0   Fe  0   Fe  0
Fe  0   Fe  0   Fe     Oxid
0   Fe  0   Fe  0
---------------------
Fe  Fe  Fe  Fe  Fe     Eisen
Fe  Fe  Fe  Fe  Fe
```

Eine Zunderschicht wird auch von *Kamran* (1958) bei Sinter- und dünnem Schmelzgrund (falls schnell an Eisenoxid sättigbar) als Haftvermittler angesehen. Bei dick aufgetragenem Schmelzgrund ergeben sich Verhältnisse wie bei Blechgrundemails.

5.4.5. Haftung von Email auf Kupfer und anderen Edelmetallen

Der Mechanismus der Emailhaftung auf Kupfer unterscheidet sich z. T. prinzipiell, z. T. aber auch nur graduell von der Haftung auf Eisen. Nach *Dietzel* (1951) und *Dietzel, Coenen* (1959) wird die Bindung durch Sauerstoffbrücken vermittelt, die dadurch zustande kommen, daß die Benetzung durch die Diffusion von Sauerstoffatomen durch das Metallgitter bestimmt wird und die in der Oberflächenschicht gebildeten und gelösten O-Ionen die Brücke zur oxidischen Struktur des Emails bilden, etwa nach folgendem Schema:

```
0       0       0
   Si      Si          Email
0       0       0
-------------------
Cu  0   Cu  0   Cu
Cu  Cu  0   Cu  Cu     Kupfer
Cu  Cu  Cu  Cu  Cu
```

Da die ununterbrochene chemische Bindung Si—O—Cu durch Hauptvalenzen erfolgt, ist die Haftung auch auf blankem Metall gegeben. Eine Haftung über eine Oxid-Zwischenschicht ist prinzipiell möglich.
Dieser Mechanismus soll auch für eine Reihe weiterer Edelmetalle, wie Ag, Au und Pt (möglicherweise auch für Mo und W) gelten. Demgegenüber wird von *Pask, Fulrath* (1962); *Homquist, Pask* (1976) und *Tso, Pask* (1979) beim Aufschmelzen von Glas auf Gold und Platin die Oxidsättigung der Emailgrenzschicht mit dem Bindungsschema —Pt—Pt—O—Si—O— und —Au—Au—O—Si—O—für die Haftung verantwortlich gemacht. Anderserseits wird auch eine haftungsvermittelnde Oxidschicht angenommen (*O'Brien, Ryge* 1964).

5.4.6. Haftung von Email auf Aluminium

Grundlegende Untersuchungen über den Haftmechanismus von Email auf Aluminium gibt es nur wenige. Man nimmt einerseits an, daß eine festhaftende Oxidschicht das Haften bewirkt (z. B. *Schulze, Hennicke* 1974). Diese Schicht wird als Al_2O_3 oder nichtstöchiometrisches Oxid (*Gugeler* 1969), nach Chromatierung als Al-Chromat oder Al_2O_3—Cr_2O_3-Mischkristall (*Kyri* 1957) angesprochen; sie löst sich in der Emailschmelze nur sehr langsam auf. Erst nach vorübergehender Lösung soll sich die Haftung entwickeln (*Gugeler* 1969). Nach *Hüttig* (1961) besteht die Schicht allerdings aus Aluminiumhydroxid (oder Böhmit), das die Haftung begünstigt. Andererseits soll Haftung nur dann auftreten, wenn zwischen Aluminium und Email Wechselwirkungen stattfinden (*Baker* 1970). Eine solche Reaktion beruht z. B. nach *Subbarao* (1959) auf einer Auflösung des Al_2O_3 in der Schmelze, der Diffusion von Si^{4+} an die Al-Oberfläche und Reduktion zu Si, was zu einer mechanischen Verzahnung führt. Eine Aufrauhung durch das Alkali des Emails an der Grenzfläche wirkt haftungsfördernd (*Heidenbluth* u. a. 1978).

Bei Al-Mg-Legierungen bildet sich eine an MgO angereicherte Grenzschicht, die Phasentrennung aufweisen kann. Hier können sich Haftkomplikationen ergeben, auf die in Abschnitt 22.3.6. näher eingegangen wird.

5.4.7. Haftung von Email auf Titanium

Bei emailliertem Titanium wird eine gasgesättigte, harte Randzone an der Metalloberfläche und eine aus verschiedenen kristallinen Phasen bestehende Zwischenschicht zum Email beobachtet (*Sitnikova* u. a. 1971b, 1974). Durch Grenzflächenreaktionen entstehen aus Ti und SiO_2 (bzw. Cr_2O_3) die Silicide Ti_5Si_3 und Cr_3Si neben TiO und TiO_2. Der primär freigesetzte Sauerstoff wird z. T. zur Oxydation des Ti verbraucht, z. T. diffundiert er in das Metall (diese Version wird jedoch von *Gubanova* u. a. – zit. bei *Litvinova* 1975 – bestritten; der Sauerstoff in der Randschicht soll aus der Atmosphäre stammen). Die Titaniumoxide gehen teilweise in Lösung, ungelöst bilden sie zusammen mit den Siliciden und Glasphase die Haftschicht. Im übrigen verbessern NiO und CoO die Haftung.

Die Haftung des Emails auf Titanium wird von den sowjetischen Autoren der weitgehend kristallinen, stark verankerten Zwischenschicht zugeschrieben. Bei langer thermischer Behandlung > 900 °C wird diese Schicht verändert, wodurch die Haftung zurückgeht. Es dürfte nicht ausgeschlossen sein, daß auch ein ähnlicher Haftmechanismus wie beim Kupfer vorliegt und der Verlust von Haftung auf die Änderung der sauerstoffreichen Randzone zurückzuführen ist.

5.5. Grundlagen der Entwicklung permanenter Spannung im System Metall/Email

Im System Metall/Email treten temporäre und permanente Spannungen auf; die erstgenannten bei Temperatur- und Temperaturwechselbeanspruchung, die zweiten nach dem Einbrennen und Abkühlen, wenn, was in der Regel zutrifft, zwischen Metall und Email ein Ausdehnungsunterschied besteht. Im Hinblick auf das in diesem Kapitel behandelte Kontaktverhalten und seine Auswirkungen soll im folgenden nur die Entwicklung permanenter Spannungen betrachtet werden.

5.5.1. Allgemeiner Verlauf der Spannungsentwicklung

Mit Rücksicht darauf, daß die Zugfestigkeit des Emails sehr gering, die Druckfestigkeit aber etwa zehnmal höher ist, muß zur Ge-

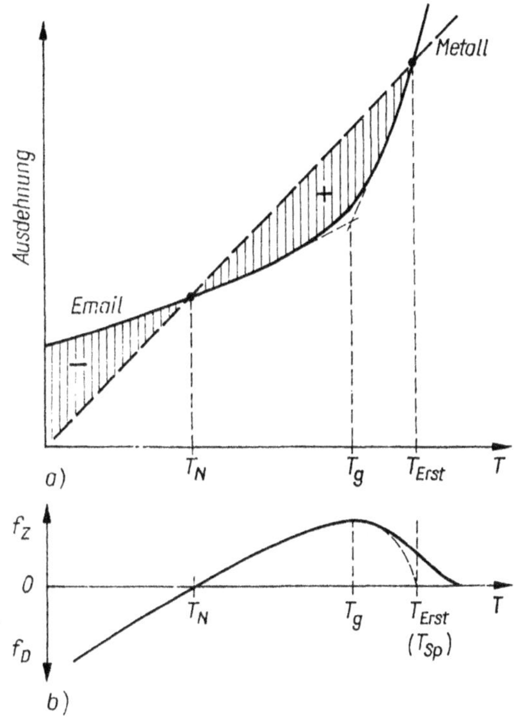

Bild 5.9. Spannungsentwicklung im System Metall/Email bei der Abkühlung (schematisch)

a) Ausdehnungsverhalten und Spannungsbereiche

\+ Zugspannungsbereich

— Druckspannungsbereich

b) Biegekurve nach dem *Steger*prinzip mit Fixpunkten nach *Dekker* (1973b), *Pöschmann* (1977); *Pöschmann* u. a. (1986)

T_{Sp} Spannungstemperatur

währleistung einer einwandfreien Emaillierung mit hohem Gebrauchswert die Emailschicht immer unter bestimmten Druckspannungen stehen. Dies wird erreicht durch einen Ausdehnungskoeffizienten, der niedriger ist als der des Metalls (im umgekehrten Fall würden Risse entstehen). Die Ausdehnungskurven der beiden Komponenten zeigen stets unterschiedlichen Verlauf.

Um die Spannungsentwicklung beim Abkühlen eines emaillierten Metalls zu verfolgen, werden, da Spannungen nur im erstarrten, nicht aber im plastisch-viskosen Email entstehen können, die Ausdehnungskurven von Metall und Email im Erstarrungspunkt T_{Erst} des Emails (s. Bild 3.6b, S. 39) zusammengelegt. Nach der schematischen Darstellung im Bild 5.9a kommt das Email beim Abkühlen infolge der Ausdehnungsänderung im T_{g}-Bereich zunächst unter Zugspannung (+), im Neutralpunkt liegen keine Spannungen vor. Erst unterhalb T_{N} entwickeln sich Druckspannungen (—), deren Höhe sich am Abstand der beiden Ausdehnungskurven bei RT vergleichsweise abschätzen läßt. Der Spannungswechsel konnte von *Deichelmann* (1968) auch polarisationsoptisch verfolgt werden. Im Metall ist das Vorzeichen der Spannungen umgekehrt.

Der gesamte Vorgang kann nach dem Prinzip von *Steger* an einer einseitig emaillierten Probe, die an einem Ende fest eingespannt ist und in einem Ofen aufgeheizt oder abgekühlt werden kann, nach Bild 5.9b an der Auslenkung des anderen Stabendes in Richtung Zugspannung (f_{Z}) oder Druckspannung (f_{D}) verfolgt werden (Anwendung des Prinzips auf Emaillierungen z. B. durch *Kreuter, Hoens* 1964; *Deichelmann* 1968; *Dekker* 1973b; *Pöschmann* 1977). Die dargestellten Kurven gelten nicht unbedingt für weiche Grundmetalle; hier treten u. U. keine Zugspannungsbereiche auf (*Walton* 1955). Unter bestimmten Bedingungen entsteht auch bei Gußeisenemails teilweise keine Druckspannung und damit auch kein Neutralpunkt (*Dekker* 1959; *Chmela* 1966).

Im Grundmetall auftretende Zugspannungen führen bei der Eisenemaillierung nur zu elastischen Verformungen, da die Spannungen weit unter der Fließgrenze liegen (*Martin, Lauck* 1944; *Jones, Andrews* 1948). Duktile Metalle mit niedriger Fließgrenze (Cu, Al) werden dagegen plastisch verformt. In solchen Emaillierungen sind die Spannungen demzufolge entsprechend geringer.

5.5.2. Berechnung von Spannungen

Spannungen in Emaillierungen lassen sich unter Benutzung verschiedener Größen berechnen. Dazu gibt es zahlreiche Arbeiten und Vorschläge (in *Stuckert* 1941; *Walton, Sweo* 1953; *Walton* 1954; *Lauchner* u. a. 1955, 1956, 1957; *Matz, Gayer* 1959; *Dietzel* 1962; *Weiss* 1962; *Oel, Dietzel* 1965; *Oel* 1966; *Deichelmann* 1968). Dabei sind stark vereinfachte Annahmen zu machen, und leider gibt es auch unsichere oder schwer erfaßbare Größen, die die Genauigkeit der Berechnung einschränken.

Man muß in unserem Falle unterscheiden zwischen einer einfach oder mehrfach beschichteten, ebenen, starren, zwangsweise plan gehaltenen und einer frei beweglichen Platte. Dabei wird vorausgesetzt, daß beide Materialien isotrop sind und dem *Hooke*schen Gesetz folgen, daß die Spannungen über den Querschnitt konstant sind, daß im System kein Temperaturgradient vorliegt und daß keine, den Charakter der Schicht entscheidend verändernden Reaktionen ablaufen. Diese Voraussetzungen treffen aber, worauf *Dietzel* (1962) eindringlich aufmerksam gemacht hat, nur bedingt zu, wodurch der praktische Nutzen der Berechnung geschmälert wird.

Zwangsweise plangehaltene Platte

Die tangential zur Oberfläche der Emailschicht entstehenden Spannungen σ_{E} werden, zurückgehend auf frühere Autoren, nach *Dietzel* (1962) wie folgt berechnet:

$$\sigma_{\text{E}} = \frac{(\alpha_{\text{M}} - \alpha_{\text{E}})\,\Delta T}{\dfrac{1-\mu_{\text{E}}}{E_{\text{E}}} + \dfrac{1-\mu_{\text{M}}}{E_{\text{M}}}\,\dfrac{d_{\text{E}}}{d_{\text{M}}}} \tag{5.5}$$

ΔT Differenz zwischen Erstarrungs- und Raumtemperatur

Indizes: M Metall; E Email.

Nach *Deichelmann* (1968) kann man auch

folgende Gleichung für die Spannungsberechnung bei der Temperatur T anwenden:

$$\sigma_{E,T} = \frac{\Delta\varepsilon_T E_E}{1-\mu_E}\left(1 - \frac{E_E}{E_M}\frac{d_E}{d_M}\frac{1-\mu_M}{1-\mu_E}\right). \quad (5.6)$$

Für die Spannungen im Metall gilt dieselbe Beziehung, nur müssen die Indizes vertauscht werden. Zwischen Spannung im Metall und im Email besteht die Korrelation

$$+\sigma_M = -\sigma_E(d_E/d_M)\,. \quad (5.7)$$

Aus vielen Berechnungen ergeben sich für übliche Emaillierungen (Emaildicke 0,05 bis 1,2 mm, Blechdicke 1 mm) mit den bekannten Kennwerten für Emails und Stahl Dehnungen im Metall von 0,02 bis 0,11 mm m^{-1} und Stauchungen im Email von 0,12 bis 2,9 mm m^{-1}. Daraus resultieren Druckspannungen im Email in Höhe von 100 bis 230 MPa. Diese Werte stimmen mit gemessenen gut überein (s. Abschnitt 22.3.8.).

Die Formeln lassen sich, wenn d_E durch $2d_E$ ersetzt wird, auf beidseitig emaillierte Proben anwenden (*Jones, Andrews* 1948). Im Falle einer plangehaltenen Vielschicht-Platte (z. B. Metall/Grund/Decke) berechnen sich die Spannungen in den beiden Emailschichten (σ_G, σ_D) nach folgenden Gleichungen (*Oel, Dietzel* 1965; *Oel* 1966):

$$\sigma_G = \frac{E^*_G}{d_G}\,\frac{E^*_D\,a_{G,D} - E^*_M\,a_{M,G}}{\sum E^*_{M,G,D}} \quad (5.8)$$

$$\sigma_D = \frac{E^*_D}{d_D}\,\frac{E^*_M\,a_{M,G} + E^*_G\,a_{G,D} + E^*_M\,a_{G,D}}{\sum E^*_{M,G,D}} \quad (5.9)$$

$$E^* = E\,d/(1-\mu)$$

$$a_{M,G} = (\alpha_M - \alpha_G)\,\Delta T_G$$

$$a_{G,D} = \alpha_G\,\Delta T_G - \frac{(E^*_M\,\alpha_M + E^*_G\,\alpha_G)\,(\Delta T_G - \Delta T_D)}{E^*_M + E^*_G}$$

ΔT_G, ΔT_D Differenz zwischen T_{Erst} und RT für Grund- bzw. Deckemail.

Unter üblichen Emaillierbedingungen mit 0,1 mm Grund und 0,4 mm Decke würden sich nach den Autoren Spannungen σ_G von etwa 107 MPa und σ_D von etwa 103 MPa, mit 0,06 mm Grund und 0,2 mm Decke von etwa 83 MPa (σ_G) und 200 MPa (σ_D) ergeben.

Der Einfluß der Dicke von Email und Metall äußert sich nach Gl. (5.5) dahingehend, daß die Spannungen im Email umso geringer und im Metall umso größer werden, je dicker die Schicht und je dünner die Unterlage ist (z. B. Abfall von 230 MPa bei 0,1 mm auf 140 MPa bei 0,5 mm Emaildicke). Die Spannungen sind nicht konstant und ändern sich über den Querschnitt nicht linear. Bild 5.10a zeigt dies am Beispiel einer Glasur auf Glas. Der Spannungsgradient ist in der dicken Schicht größer als in der dünnen. Präzisere Messungen der Spannungsverteilung bei emailliertem Stahl mit der Methode der finiten Elemente zeigen (Bild 5.10b), daß von der Grenzfläche aus im Metall zunächst vorliegende Druckspannungen in Zugspannungen übergehen und im Email die Druckspannungen ansteigen (100 → 160 MPa) und dann fast konstant bleiben.

Freibewegliche Platte

Dieses Problem ist komplizierter. Es wurde von *Dietzel* (1962) und *Oel, Dietzel* (1965) an einer runden, einseitig emaillierten Scheibe bearbeitet. Auf Grund der nicht konstanten Spannungsverteilung über den Querschnitt treten in den Schichten neutrale Fasern auf (beim Email im allgemeinen außerhalb der Schicht liegend; Bild 5.10c). Von den angegebenen Formeln für die Berechnung des Abstands der neutralen Faser von der Grenzschicht Metall/Email im Metall und Email sowie des Krümmungsradius sei hier nur die Formel für den Krümmungsradius R angeführt:

$$R = \frac{(E^{*2}_M\,d^2_M + E^{*2}_E\,d^2_E + 4E^*_M E^*_E\,d^2_M + 4E^*_M E^*_E\,d^2_E + 6E^*_M E^*_E\,d_M\,d_E)}{6\,a_{M,E}\,E^*_M E^*_E\,(d_M + d_E)} \quad (5.10)$$

Unter Zugrundelegung bekannter Größen für Metall und Email erhält man hieraus einen Krümmungsradius von 1 900 mm, Spannungswerte in der Grenzschicht von 103 MPa, im Abstand von 0,12 mm von 91 MPa.

Die Lage der neutralen Fasern und die schematische Spannungsverteilung geht aus Bild 5.10c hervor. Für die Berechnung der Spannungen an der Außenfaser von Email und Metall und an der Grenzzone im Email

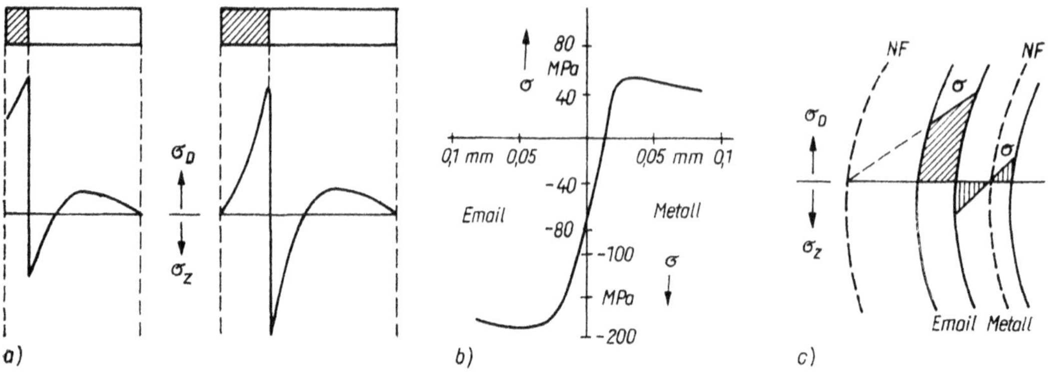

Bild 5.10. Spannungsverlauf in beschichteten Materialien
a) ebene Platte (Glasur auf Glas); Abhängigkeit vom Dickenverhältnis (*Bijl* 1952, schematisch)
b) Metall/Email-System (*Reehal, White* 1983; gemessen)
c) frei bewegliche Platte (*Dietzel* 1962) NF neutrale Faser

und Metall sind bei *Dietzel* (1962) komplizierte Formeln angegeben, auf deren Wiedergabe hier verzichtet wird. Ebenso sei auf eine Beziehung von *Lauchner* u.a. (1956), die den Zusammenhang zwischen σ_E und $1/R$ beschreibt, lediglich verwiesen.

Nach *Appen* (1976) ist zur Beschreibung der Spannungen die halbempirische Formel von *Kričevskij* (1973) gut geeignet:

$$\sigma = \frac{1}{R} \cdot \frac{E_E d_E^3 + E_M d_M^3}{6\, d_K d_E} \left[1 - \frac{d_E}{d_{opt}} \ln\left(1 - K \frac{z}{d_E}\right)\right] \qquad (5.11)$$

$d_K = d_M + d_E$
d_{opt} optimale Schichtdicke
K Konstante
z Koordinate eines ausgewählten Punktes.

Zwischen der ebenen und der frei beweglichen Platte bestehen nach *Oel* (1966) erhebliche Spannungsunterschiede, so daß es nicht gerechtfertigt ist, für letztere, wie oft praktiziert, das Berechnungsmodell der ebenen Platte anzuwenden.

Gekrümmte Fläche

Die Verhältnisse bei einer innen emaillierten Hohlkugel entsprechen vereinfacht dem zweiachsigen Belastungszustand und damit einer zwangsweise plangehaltenen Platte. Dafür gilt nach *Weiss* (1962) auch Gl. (5.5). Die berechenbaren Spannungswerte sind $\sigma_E \approx 94$ MPa, $\sigma_M \approx 45$ MPa. Für Außenemaillierungen wird folgende Formel angegeben:

$$\sigma_E = \frac{(\alpha_M - \alpha_E)\,\Delta T}{\frac{1 - \mu_M}{E_M} \frac{(2r + d_E)\, d_E}{(2r + d_M)\, d_M} + \frac{1 - \mu_E}{E_E}} \quad \text{und} \qquad (5.12)$$

$$\sigma_E = -\frac{(2r - d_M)\, d_M}{(2r + d_E)\, d_E} \cdot \sigma_M . \qquad (5.13)$$

Daraus berechnen sich folgende Spannungen: $\sigma_E \approx 96$ MPa, $\sigma_M \approx 48$ MPa ($d_E = 0{,}5$, $d_M = 1$ mm).

Weitere, sehr komplizierte Formeln für die in Schichten auf Rohroberflächen beim Abkühlen entstehenden radialen (normalen) Spannungen, tangentialen (Kreis- oder Ring-) Spannungen und axialen (Längs-)Spannungen sind von *Sidorov* u. a. (1966) abgeleitet worden.

Email und seine Herstellung

6
Aufbau und Charakteristik technischer Emails

Die Herstellung emaillierter Erzeugnisse erfordert je nach Grundmetall, Emaillierverfahren, Funktion und Anwendung unterschiedliche Emails mit entsprechend angepaßten Eigenschaften. Die dafür technisch genutzten Emailkompositionen sind unübersehbar. Sie sind fast ausschließlich silicatischer Natur, wenngleich auch über nichtsilicatische Emails berichtet wird (*Kautz* 1945; *Blair*, *Beals* 1951; *Niklewski*, *Ashby* 1953; *Asarow* u. a. 1962).
In diesem Kapitel werden Aufbau und Charakteristik der Emails, wie sie hauptsächlich in der Fritte vorliegen, dargestellt. In bestimmten Fällen werden jedoch auch Kompositemails als Mischungen von Fritte und speziellen Zuschlägen berücksichtigt, wenn damit spezifische Eigenschaften von Emaillierungen erzielt werden. Die für das Emaillieren, die Funktion der Emaillierung und das Anwendungsverhalten wichtigen Eigenschaften und Prüfungen werden in den Kapiteln 22, 23 und 24 behandelt.

6.1. Zur Systematik der Emails

Die offensichtliche Vielfalt der bekannten Emails wirft die Frage nach der Möglichkeit einer wie auch immer gearteten Abgrenzung, Systematisierung und Einteilung auf. Dabei ist es zweifellos weniger kompliziert, die Emails nach der Art der Grundwerkstoffe oder im Hinblick auf ihre grundsätzliche Funktion (Grund-, Deck- und Direktemails) und Anwendungseigenschaften (Weiß-, Farb-, chemisch resistente, thermisch beständige u. a. Emails) einzuteilen, als nach chemisch-zusammensetzungsmäßigen Gesichtspunkten, die die *Natur* des Emails erfassen.
Einen qualitativen Schritt in dieser Richtung hat *Kyri* (1974) mit einem übersichtlichen System der wichtigsten Emailtypen getan, das vereinfacht und etwas abgewandelt in Bild 6.1 dargestellt ist. Von einer alkalialumoborosilicatischen Grundzusammensetzung leiten sich durch Addition oder Subtraktion von Komponenten die einzelnen Kategorien von Emails mit charakteristischen Eigenschaften ab.
Vorschläge für eine quantitative Abgrenzung von Grund- und Deckemails nach chemischen Gesichtspunkten (*Seger*-Formeln, Dreistoff-Schaubilder) sind schon sehr alt. Die dafür herangezogenen Daten und Komponentengruppen waren dabei jedoch nicht immer einheitlich. Eine Übertragung auf den heutigen Entwicklungsstand ist kaum möglich. Legt man unter Berücksichtigung neuer Erkennt-

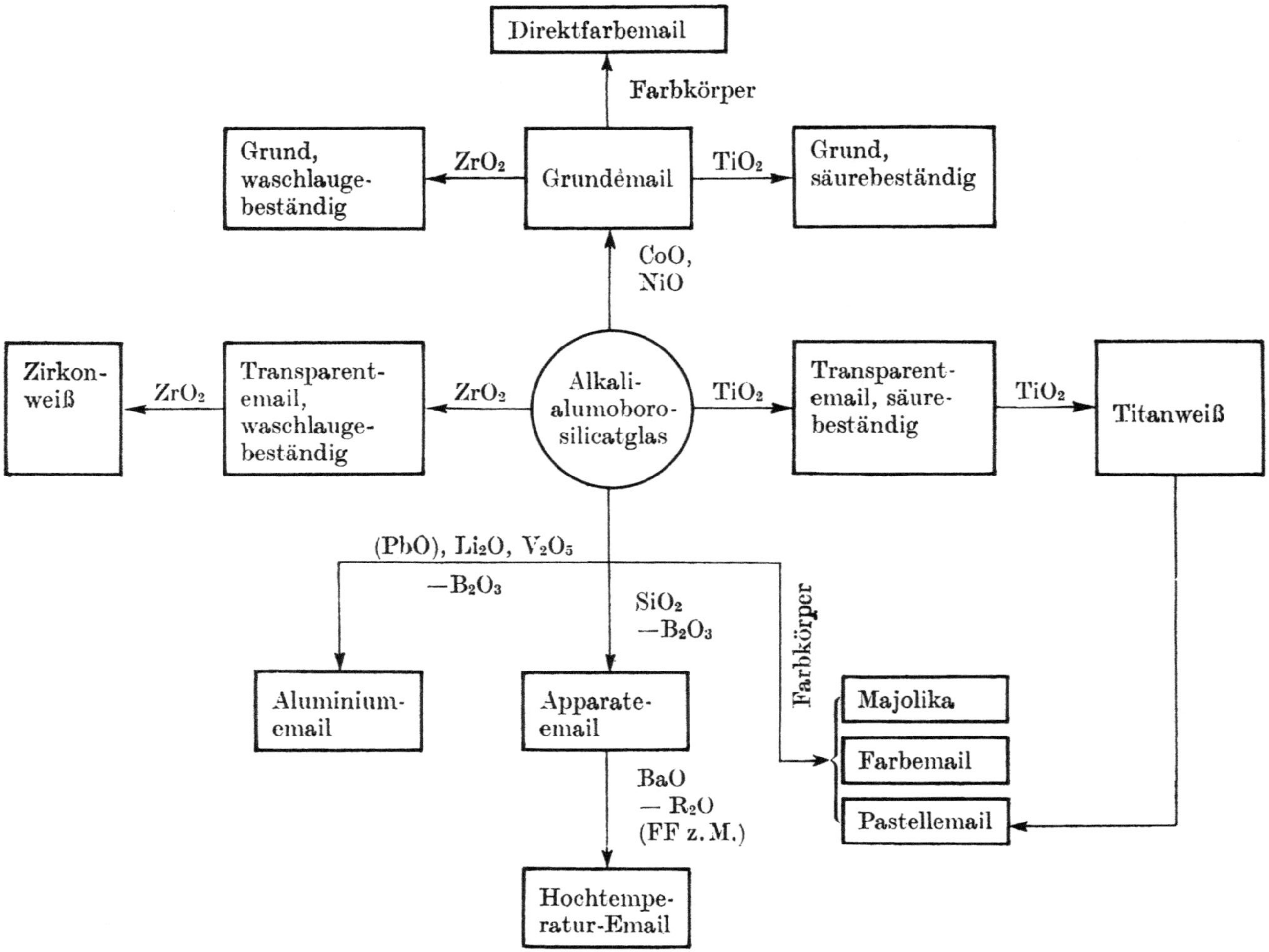

Bild 6.1. Stammbaum der Emails (in Anlehnung an *Kyri* 1974)

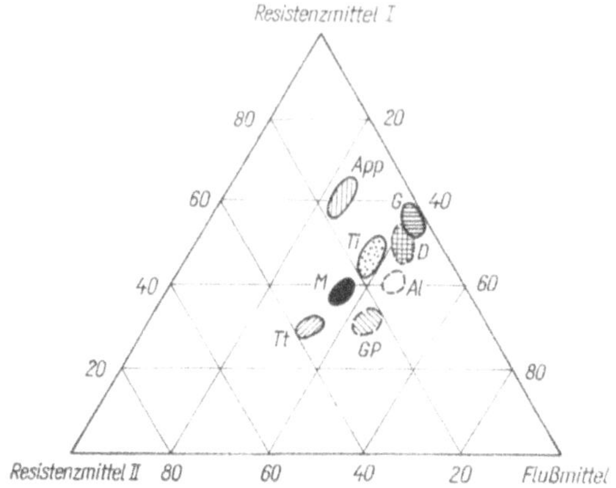

Bild 6.2. Einordnung der Emails (mittlere Zusammensetzung aus zahlreichen Literaturangaben) in das System Resistenzmittel I – Resistenzmittel II – Flußmittel

App	Apparateemail
G	Grundemail
D	Deckemail
Ti	Titanemail
Al	Aluminiumemail
M	Majolikaemail
Tt	Tieftemperaturemail
GP	Gußpuder

nisse für eine Abgrenzung der einzelnen Emailtypen *Dietzels* Einteilung in Resistenzmittel *I* und *II* und Flußmittel (s. Abschnitt 7.1.) zugrunde, dann läßt sich eine Aufteilung nach Bild 6.2 herbeiführen, die eine recht gute Differenzierung erlaubt.

Für die Haupttypen der Emails sei folgende begriffliche Vereinbarung getroffen:

Grundemail: auf metallische Werkstoffe aufgeschmolzene oder aufgesinterte, haftoxidhaltige Silicatschicht; *a*) als Zwischenschicht zum Deckmail (vorwiegend auf Stahlblech und Gußeisen, gelegentlich auch auf Aluminium), *b*) in bestimmten Fällen auch als einzige Schicht auf Eisenwerkstoffen (→ nur grundierte Teile)

Deckemail: auf grundierte Werktoffe aufgeschmolzene silicatische Schicht (konventionelles und glaskristallines Deckemail)

Direktemail: direkt auf Metalle aufgeschmolzene Einzelschicht als Finish (veredelter Grund; Deckemail; Kompositemail)

Glaskristallines und Kompositemail: s. Abschnitt 1.4. (S. 19)

Was die Ausarbeitung und Komposition von Emails mit bestimmten Eigenschaften anbetrifft, so gelingt es, abweichend von vielfach empirischer Arbeitsweise, mit Hilfe der mathematischen Vesuchsplanung optimierte Zusammensetzungen zu entwickeln (*Popoff, Jontschev* 1981; *Krjukova, Stefanjuk* 1983; *Krjukova, Rževuskaja* 1985).

6.2. Grundemails

6.2.1. Allgemeine Charakteristik

Als Zwischenschicht zwischen Metall und Deckemail haben Grundemails die Aufgabe, den Erfolg der Deckemaillierung qualitativ abzusichern. Das Grundemail vermittelt die Haftung zum Grundwerkstoff und dient gewissermaßen als Pufferschicht bei den während des Brennens ablaufenden Reaktionen. Als Puffer wirkt das Grundemail auch durch seine gewollte Blasenstruktur, die den aus dem Stahl entweichenden Wasserstoff aufnehmen kann.

Die Ansicht, das Grundemail schaffe durch die Eisenoxidaufnahme einen Ausdehnungsausgleich zwischen Eisen und Deckemail, ist inzwischen korrigiert worden (s. Abschnitt 22.4.1.). Die Meinung, daß die zusammensetzungsmäßig regulierbaren guten elastischen Eigenschaften des Grundes zum Spannungsausgleich zwischen Metall und Decke beitragen, ist nur bedingt zu akzeptieren, weil das elastische Verhalten in erster Linie von dem durch Blasen herabgesetzten *E*-Modul beeinflußt wird.

Ein Grundemail hat im allgemeinen folgende Forderungen zu erfüllen: Neben der Anpassung der Wärmedehnung an die des Grundmetalls, wobei stets $\alpha_E < \alpha_M$ sein soll (Vermeidung von Zugspannungen!), muß das geschmolzene Email die Metalloberfläche gut benetzen und zur Vermeidung dynaktiver Prozesse eine größere Oberflächenspannung aufweisen als das Deckemail. Bei der zulässigen Brenntemperatur wird eine technisch optimale Viskosität verlangt; sie kann für Grundemails mit etwa 10^2 bis 10^3 Pa s angegeben werden. Schließlich sollte ein Grundemail von sich aus ein breites Brennintervall (ähnlich einem »langen« Glas) und hohe Brennbeständigkeit besitzen, um hinsichtlich der Auswahl der Deckemails nicht eng begrenzt und auch bei mehreren Deckbränden stabil zu sein.

6.2.2. Grundemails für Stahlblech

Die konventionelle (klassische) Blechgrundemailfritte ist eine glasartige, nicht völlig homogene Masse. Sie unterscheidet sich damit von neueren (nicht konventionellen) Materialien mit Grundierungscharakter, wie Haftsuspensionen o. ä.

Die Palette der Grundemails ist zwar sehr groß, sie umfaßt aber nur einen begrenzten Kreis von Komponenten (im wesentlichen SiO_2, B_2O_3, Al_2O_3, Na_2O/K_2O, CaO und Fluoride, dazu Haftoxide). Die Schwankungsbreite der Zusammensetzung und die Analysen bzw. Versätze nach Literaturangaben gehen aus Tabelle 6.1 hervor. In der Sowjetunion geht der Trend nach höheren Gehalten an CaO (12 bis 15 %), das sich sehr günstig auf Schmelzbarkeit, Stahlkorrosion und Blähverhalten auswirken soll (*Beljaev, Smakota* 1964).

Ein breites Brennintervall und die Brennstabilität werden z. T. schon in der Fritte durch hohe SiO_2- und Al_2O_3-Gehalte sowie durch das nicht völlige Klarschmelzen erreicht. Meist werden Mischgrundemails angewendet, die aus weichen und harten Fritten zusammengesetzt sind (z. B. Netz- und Füllgrund nach *Hadwiger* 1953; 1956a). Sie unterscheiden sich durch die Benetzung, das Zunderlösevermögen und das Schmelzverhalten (Brenntemperaturen 800 bis 820 bzw. 820 bis 850 °C). Ein harter Grund kann allein nicht aufgebrannt werden. Das Mischungsverhältnis Netzgrund zu Füllgrund beträgt nach *Hadwiger* 80:20 bis 60:40; es werden aber oftmals auch Dreikomponenten-Grundemails eingesetzt.

Das mit einem breiten Brennintervall erreichte »Offenhalten« des Grundes wird als erforderlich angesehen, um den beim Einbrennen entstehenden Gasen (CO, CO_2, H_2) Gelegenheit zum Entweichen zu geben. Dem gleichen Zweck dient u. a. auch die Zugabe von Flußspat, der sich mit Wasser zu flüchtigem Fluorwasserstoff umsetzt. Die Notwendigkeit des Offenhaltens ist durch *Rickmann* (1958) allerdings etwas zweifelhaft geworden, weil beim Grundbrand unzählige Blasen durch die Emailschicht treten, die die Gase mit herausspülen.

Das Schmelzverhalten von Grundemails wird zunächst durch die Anteile an Flußmitteln bestimmt. Beim Brand ändert sich jedoch das

Tabelle 6.1. Grundemails für Stahlblech (*1* allgemeine technische Werte; *2 Kyri* 1975; *3 Hadwiger* 1956; *4 Barinov* u. a. 1979; *5 Stuckert* 1941; *6 Aldinger* 1956; *7 Vielhaber* 1958)

	Chemische Zusammensetzung in %						Versätze in Teilen			
	1	*2* hart	*2* weich	*3* hart	*3* weich	*4*[1])	Rohstoff	*5*	*6*	*7*
SiO_2	47...53	45...55	35...45	53	47	45...56	Quarz	28	10	26
Al_2O_3	4... 6	3... 5	bis 5	6,5	7	1... 6	Feldspat	32,5	37	16,5
B_2O_3	17...19	8...14	14...20	15	15	13...30	Soda	10	12	10
Na_2O	16...18	15...18	16...22	13	17	12...14	Pottasche		3	
K_2O	bis 2			6,5	4	1... 2	Kalkspat	4,5	10	
CaO		5...10	5...10	1,5	2,5	1... 4	Borax	48	25	38
		(aus CaF_2)					Flußspat	4,5		5
BaO			1,5				Salpeter	2	2	2,5
P_2O_5		bis 2	bis 2			TiO_2 bis 5				
CaF_2	5... 7	F 1...2	1... 2	6	6,5	2... 6				
dazu MnO_2 und Haftoxide (je 1 bis 2)										

[1]) Grundemail für chemische Apparate

Fließverhalten: Quarz und Ton steigern die Zähigkeit, Eisenoxide (insbesondere FeO) setzen sie herab.
Optimale Benetzung wird durch den Gehalt an B_2O_3, die Haftung durch Haftmittel (CoO, NiO, Sb- und Mo-Verbindungen) gewährleistet; neuerdings geht die Tendenz allerdings nach cobaltarmen oder sogar cobaltfreien Emails (Oxide des Nickels, Mangans u. a. als Haftmittel; *Howorth, Barr* 1981; *Yearick* u. a. 1981; *Farr* 1981; *Bouše* u. a. 1982; *Ivanov* u. a. (1985a).
Wichtig bei Grundemails ist die Zunderlöslichkeit, die von der Zusammensetzung abhängt. *Andrews, Swift* (1944) fanden zwar Unterschiede zwischen einzelnen Grundemails, aber keine deutliche Abhängigkeit. Nach *Azarov* (1954) wird FeO am stärksten, Fe_2O_3 weniger stark gelöst, und zwar von borhaltigen Emails besser als von borfreien. Nach *Dietzel, Arnold* (1942); *Kerstan* (1944) und *Beljaev* u. a. (1968) vermögen jedoch borfreie Grundemails durchaus mehr Eisenoxide zu lösen als borhaltige. Für neuere Verfahren (z. B. »no pickle – no nickel«) werden sehr reaktive, Li_2O oder BaO, ggf. noch Sb_2O_3 enthaltende Grund- und Direktemails verlangt, die eine hohe Löslichkeit für Eisenoxide aufweisen müssen (*Joseph* 1981; *Dietzel* 1983).
Neben den üblichen sind auch niedrigbrennende Mischgrundemails (780 bis zu 700 °C) in der Diskussion (*Vetten* 1959; *Hadwiger* 1960; *Vuyk, Kreuter* 1965). Die Emails enthalten viel Flußmittel (CaF_2, BaO, B_2O_3, R_2O), dazu Fe_2O_3, das zur Eisenoxidsättigung und damit zur Haftung beitragen soll.
Obwohl Borsäure in Emails kaum voll ersetzbar zu sein scheint, hat doch die Entwicklung gezeigt, daß trotz schwieriger Verarbeitung brauchbare Ergebnisse mit borfreien Emails zu erzielen sind. Arbeiten dazu sind auch in den letzten 30 Jahren v. a. in der Sowjetunion mit Erfolg weitergeführt worden. Der Ersatz des Bors erfolgt durch erhöhte Anteile an Alkalioxid und Fluoriden oder durch zusätzliche Einführung von Phosphaten, Glasmehl, Wasserglas oder BaO. Borfreie Emails beginnen später zu erweichen als borhaltige (Bild 6.3). Die Erhöhung der

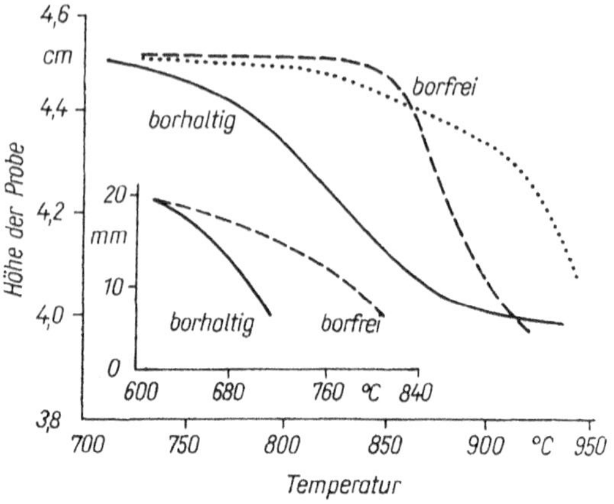

Bild 6.3. Erweichungsverhalten borhaltiger und borfreier Emails (*Dietzel, Arnold* 1942) *Zusatzdiagramm: Azarov* (1954)

Oberflächenspannung (z. B. bis 340 mN m^{-1}) läßt sich einigermaßen mit Fluß- und Netzmitteln kompensieren. Günstige Wirkung wird dem CaF_2 (6 bis 8 % F) zugeschrieben (*Beljaev* 1959).
Komposit-Grundemail aus Fritte + Nickelpulver (*Kajalova, Bajkova* 1972) und Fritte + Tonerde (*Paukš* u. a. 1985c) wird für säurefeste und Apparateemails vogeschlagen. Eine thermisch gespritzte Mischung von Legierungspulver und Fritte (70/30) soll eine effektive Ecken- und Kantenbedeckung garantieren (*Nelson, Bacher* 1968).
Bei der Zwei-Schicht-Ein-Brand-Emaillierung werden Haftsuspensionen als Grundschicht verwendet, deren Basis feingemahlene, haftoxidreiche, z. T. erdalkalihaltige Frittemischungen darstellen (*Schumacher* 1971; *Krist, Schuster* 1983).

6.2.3. Grundemails für Gußeisen

Aufgaben und Forderungen bei Gußgrundemails sind praktisch dieselben wie bei Blechgrundemails. Man unterscheidet den Sintergrund (bei Naßdeckemaillierung) und den Schmelzgrund (bei Puderemaillierung).
Sintergrund mit einfacher Zusammensetzung wurde früher aus Quarz oder Flint und Borax, ggf. mit etwas Feldspat gesintert und enthielt 65 bis 80 % SiO_2. Heute wird zur Erzielung der Glasphase fast ausschließlich

Tabelle 6.2. Schmelzgrundemails für Gußeisen
(*1*, *2* *Vargin* 1965, 1972; *3* *Märker* 1956 a; *4* *Aldinger* 1956)

Chemische Zusammensetzung in %			Versätze in Teilen		
Oxid	*1*	*2*	Rohstoff	*3*	*4*
SiO_2	57...68	71,5	Quarz	32	10
Al_2O_3	4... 6	5,7	Feldspat	23	40
B_2O_3	12...19	12,5	Borax		40
R_2O	12...15	9	Soda	16,5	5
CaO	2... 3	0,6	Salpeter	2,5	
Fe_2O_3	0,3		Flußspat	2,5	5
			Kalkspat	4	
			Kryolith	2,5	
			Tisil	5,5	
dazu MnO_2 und Haftoxide (je bis 0,5)					

eine haftoxidfreie Netzgrundfritte (25 %) mit 75 % Quarzmehl vermahlen. Der Sintergrund wird je nach Zusammensetzung bei 800 bis 950 °C eingebrannt und besitzt ein großes Brennintervall. Das kristalline SiO_2 kann aber zu Ausdehnungsdiskontinuitäten führen, wobei ein Effekt bisher allerdings nur in geringem Maße beim Quarzsprung (573 °C) nachgewiesen wurde. Sintergrund wird nur noch in Spezialfällen angewendet.

Der *Schmelzgrund* ähnelt im Prinzip dem Blechgrundemail, er ist nur härter eingestellt und enthält keine oder wenig Haftoxide. Einige Versätze sind in Tabelle 6.2 aufgeführt. Zweckmäßig ist auch hier ein Mischgrund. Zwischen Schmelz- und Sintergrund gibt es Übergänge.

Ein hoher B_2O_3-Gehalt ist für gute Benetzung und Haftung notwendig (*Gesche* 1955). Al_2O_3 wirkt auf Elastizität und Gasdurchlässigkeit nicht nachteilig (*Vielhaber* 1958). Eine ausreichende Haftung wird auch durch die Brennbedingungen gewährleistet; dennoch wird zur Sicherheit vielfach noch CoO in geringer Masse zugegeben.

6.3. Deckemails

6.3.1. Allgemeine Charakteristika

Deckemails haben eine Finish-Funktion, und zwar in zweierlei Hinsicht; sie müssen einmal bestimmte, durch den Einsatzzweck vorgegebene Gebrauchseigenschaften aufweisen, zum anderen gewissen dekorativen Ansprüchen genügen.

Die Wärmedehnung der Deckemails ist durch das grundemaillierte Metall festgelegt. Der *AK* soll um etwa (3 bis 4) $\cdot 10^{-7}$ K^{-1} tiefer liegen als der des Grundemails (*Petersen*, *Andrews* 1946); auch die Oberflächenspannung soll niedriger sein. Die Abstimmung der Erweichungsbereiche von Grund- und Deckemail ist für das System nicht von der Bedeutung, die man ihm früher zugeschrieben hat (*Petzold*, *Haase* 1954). Es sollte allerdings gewährleistet sein, daß das Grundemail die höhere Viskosität besitzt (*Pöschmann* 1979); die Erweichungstemperatur des Deckemails sollte etwa 20 K niedriger liegen. Für die Schichtbildungs-Viskosität von Apparateemails werden von *Ivanov* (1985) $10^{3,7}$ bis $10^{1,6}$ Pa s angegeben. Seit langem werden leichtschmelzende Emails angestrebt, die <720 °C eingebrannt werden können. Die Problematik wird ausführlich bei *Thürmer* (1952); *Petzold* (1955); *Weimer* (1959a); *Märker* (1960a) und *Hadwiger* (1960) behandelt.

Deckemails sind dadurch gekennzeichnet, daß sie ihre endgültige Kondition nicht nur aus der Schmelze mitbringen, sondern in vielen Fällen erst durch Zumahlstoffe erhalten (z. T. Trübung und Färbung). Die aufgebrannten Emailschichten sind eigentlich Kompositsysteme (Glas/Trübkörper, Glas/Farbkörper, Glas/Trübkörper/Farbkör-

per). Deckemails treten nicht nur in glasiger Form auf, sondern können auch durch nachträgliche gesteuerte Kristallisation weitgehend kristallin erhalten werden (glaskristalline Emails).
Für eine Untergliederung gibt es verschiedene Möglichkeiten. Wir bevorzugen hier eine im wesentlichen eigenschaftsorientierte Auf-gliederung getrennt nach Stahl und Gußeisen.

6.3.2. Deckemails für die konventionelle Stahlblechemaillierung

Konventionelle (glasige) Deckemails dienen – außer dem ohnehin gegebenen Korrosionsschutz – der dekorativen Gestaltung der Emaillierung. Es handelt sich hier in erster Linie um weißgetrübte und farbige Emails. Transparentemails werden gelegentlich als zusätzlicher hochresistenter Überzug auf Deckemails oder glaskristalline Emails (z. B. Nucerite; *Bruck* 1976) zur weiteren Verbesserung der Korrosionsbeständigkeit und zur Erhöhung des Glanzes aufgebracht (z. B. Schilder). Solche Versätze enthalten keine trübenden Stoffe. Ein Versatz ist in Tabelle 6.3 angegeben.

6.3.2.1. Weißtrübende Emails

Bei diesen Emaillierungen kommt es in erster Linie auf einen bestimmten Weißgehalt und gutes Aussehen an. Die Trübung wird erzielt entweder durch Trübungsmittelzugabe zur Mühle oder durch eingeschmolzene und beim Brand wieder auskristallisierende Trübkörper; die Ausgangsfritten sind in beiden Fällen nicht getrübt. Je nach Weißgehalt kann man zwischen semiopaken (fluorgetrübten), opaken (SnO_2- oder $NaSbO_3$-getrübten) und hochdeckenden (ZrO_2- oder TiO_2-getrübten) Emails unterscheiden.

Fritten für semiopake Emails
Durch Einschmelzen von Fluoriden und Ausscheidung von vorzugsweise NaF (ggf. etwas CaF_2) getrübte Emails werden als selbständige Deckemails kaum noch verwendet; in der UdSSR scheinen sie allerdings noch verbreitet zu sein (*Vargin* u. a. 1972; s. Tabelle 6.3).
Sie werden als Basis für helle farbige Emails, geprenkelte oder opake Weißemails benutzt

Tabelle 6.3. Weiß- und Transparentemails für Stahlblech (*1* fluorgetrübt, *Vargin* u. a. 1972; *2 Titanemail, Kyri* 1975; *3* Titanemail, *Kühn, Geu* 1978; *4* TiO_2-armes Email, *Vargin, Smirnova* 1962; *5* Titanemail, fluorfrei, *Ušakov* u. a. 1982; *6* Sb-getrübt, *Vargin* u. a. 1965; *7* Zirkonemail, *Kyri* 1975; *8* Transparentemail, säurebeständig, *Kyri* 1975)

	Zusammensetzung in %							
	1	*2*	*3*	*4*	*5*	*6*	*7*	*8*
SiO_2	56	35...45	40,5	45	38...40	48	25...35	45...55
Al_2O_3	7	bis 5	1,5	7	10...12	7	8...15	1
B_2O_3	7	14...20	10	20	10...12	8	15...25	5...10
R_2O	22,5	15...18	15	16,5	14...20	19	15...20	15...18
CaO	7					5	5...10	bis 3
TiO_2		16...22	15	7	7,5...12			5...10
ZrO_2							12...15	
P_2O_5		1...4	3,5	4	8...12			
BaO							5...10	bis 3
MgO			1	1	1...3			
F	9	1...4	10	10		8	3...6	1...2
Na_2SiF_6			4					
Na_3AlF_6			9					
ZnO						5		
Sb_2O_5						8		

(»Vortrübung«). Ihr Weißgehalt erreicht kaum 70 %.
Die Kristallisation von NaF setzt nur bei Fluorgehalten über 3 % und Temperaturen unter 800 °C ein. Höhere Fluoridgehalte wirken sich negativ auf die chemische Beständigkeit aus und können zum Mattwerden führen.

Fritten für opake Emails
Als Standard gilt das SnO_2-getrübte Email ($\approx$8 % SnO_2); es wird heute nur noch selten als Deckemail genutzt, ebenso wie CeO_2- und ZrO_2-dispersionsgetrübte Emails. Antimongetrübte Deckemails werden durch Einschmelzen von Sb_2O_3 oder $NaSbO_3$ bzw. Zugabe zur Mühle hergestellt; die Trübung beruht nach *King, Andrews* (1940) und *Flörke* (1958) vorwiegend auf ausgeschiedenem Sb_2O_5 (z. T. auch Antimonate des Natriums, Calciums oder Bariums). Die Emails sind in Gegenwart von 3 bis 12 % CaO, 6 % Fluor und 2 bis 4 % TiO_2 stabil und intensiv getrübt mit Weißgehalten von 75 bis 78 %.
Zirkonweißemails werden zur Blechemaillierung ebenfalls selten, sondern hauptsächlich als Gußpuder eingesetzt (s. Abschnitt 6.3.6.). Ein Zirkonweißemail für Stahl enthält Tabelle 6.3. Da ZrO_2 die Viskosität stark erhöht (*Wermbter, Scholze* 1970), müssen Zirkonemails relativ flüssig eingestellt werden. Die ZrO_2-Ausscheidung wird vor allem durch B_2O_3 und Fluoride gefördert.
CeO_2-getrübte Emails erreichen Weißgehalte bis 80 %. Der CeO_2-Gehalt soll 15 % betragen (eingeschmolzen; zur Mühle weniger effektiv). Die Emails zeigen hohe Farbstabilität und gute Säurebeständigkeit (*Johnson, Friedberg* 1959). Ihr *AK* steigt mit der Menge an auskristallisiertem CeO_2 an (*Nedeljkovic, Cook* 1975).
Opake Emails werden z. T. in Verbindung mit der Aufhellung bestimmter Emailfarben oder als Unterlage für Majolika verwendet. Antimonemails werden gelegentlich noch als Weißdeckemails genutzt.

Superopake Weißemails
Prototyp der superopaken Emails ist das TiO_2-getrübte Weißemail (Ausscheidungstrübung) mit Weißgehalten über 85 %. Titanemails wurden zuerst Anfang der vierziger Jahre technisch erprobt und enthielten viel ZnO (*Tinsley, Heimsoeth*). Sie wurden etwa 10 Jahre später durch die Bortitanweißemails weitgehend verdrängt. Die heutigen Emails entsprechen etwa diesem Typ und sind praktisch zinkfrei. Einige ausgewählte Zusammensetzungen sind in Tabelle 6.3 aufgeführt.
Die Löslichkeit des TiO_2 in der Emailschmelze beträgt etwa 18 bis 30 %, in der erstarrten Schmelze im allgemeinen weniger als 8 %. Die Herabsetzung der Löslichkeit erfolgt vor allem durch SiO_2, Al_2O_3, B_2O_3, P_2O_5, ZnO, MgO und Fluoride, wie nach koordinationschemischen Überlegungen leicht zu verstehen ist (entsprechende Ausführungen dazu bei *Kyri* 1971 a), aber auch durch geringe Mengen an Nb_2O_5 und WO_3 (*Eppler* 1973). Die Wirkung von Al_2O_3 und B_2O_3 auf den Beginn der TiO_2-Kristallisation geht aus Bild 6.4 hervor. Empirisch wurden einige Versatzregeln für verschiedene Oxidanteile gefunden, die u. a. besagen, daß $Na_2O:K_2O$ bei 2:1 (*Cook, Essenpreis* 1949; *Herschelmann* 1961) bis 3:1 (*Beals* u. a. 1951), $Na_2O:B_2O_3$ bei 1:2 (*Friedberg* u. a. 1947) und Fluor um 5 % (*Friedberg, Peterson* 1950; *Imoto* u. a. 1953) liegen sollen. Diese Angaben wurden in letzter Zeit korrigiert. Nach *Tomsia* u. a. (1976, 1978) soll $K_2O > Na_2O$ sein, Fluor ist nicht erforderlich. Fluorfreie Versätze werden auch von

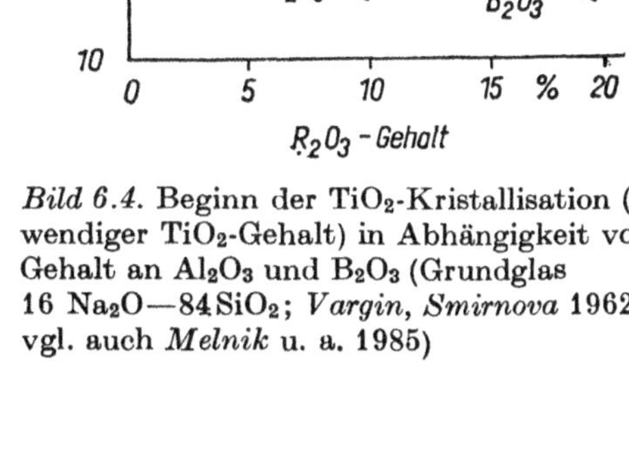

Bild 6.4. Beginn der TiO_2-Kristallisation (notwendiger TiO_2-Gehalt) in Abhängigkeit vom Gehalt an Al_2O_3 und B_2O_3 (Grundglas 16 Na_2O—84 SiO_2; *Vargin, Smirnova* 1962; vgl. auch *Melnik* u. a. 1985)

Ušakov u. a. (1982, 1983), borarme von *Pyzik* (1982) beschrieben.

Von den TiO_2-Modifikationen ist Rutil stabil, Anatas metastabil; er geht $> 800\,°C$ in Rutil über. Angestrebt wird die Ausscheidung von Anatas mit bläulichem statt Rutil mit cremefarbenem Weiß. Die Kristallisation beginnt ab etwa 650 °C und kann differentialthermoanalytisch nachgewiesen werden (*Olympia* 1953; *Imoto, Hirao* 1955; *Tkalcec* 1976). Ihr geht eine Phasentrennung voraus (*Eppler* 1971a; *Mustafa* 1975; *Tkalcec* 1976; *Appen* u. a. 1978; *Kirilenko* u. a. 1981). Sie wird begünstigt durch P_2O_5 und Fluoride im Email. Keimbildung und Kristallisation in Titanemails wurden von *Yee, Adrews* (1956) im Detail untersucht. Nach *Eppler, McLeran* (1967) und *Eppler* (1969a, 1971a) ergibt sich folgendes Schema für die TiO_2-Ausscheidung:

TiO_2 in Lösung → Anatas
↓
→ Rutil

Es kristallisiert also Anatas neben Rutil aus (übrigens nehmen *Tkalcec* u. a. 1978 sowie *Albert, Rendetzky* 1978 an, daß in die Polymorphie auch Brookit, der bei 680 °C erscheinen und bei 720 °C wieder verschwinden soll, mit einbezogen werden müßte). Das Verhältnis der Primärphasen kann durch Emailzusammensetzung und niedrige Brenntemperatur gesteuert werden. So erscheint vor allem in Gegenwart von P_2O_5 (Bild 6.5) und bei einem $Al_2O_3:P_2O_5$-Verhältnis von etwa 1:1 vorzugsweise Anatas; dieser wird durch S^{6+}, As^{5+}, P^{5+}, N^{5+} und Se^{4+} stabilisiert (*Cowan* 1956; *Knoll, Kühnhold* 1957; *Shannon* 1959; *Svetlov* u. a. 1971). Bei Anwesenheit von nur Na_2O und Fehlen von P_2O_5 sowie in Gegenwart von ZnO kristallisiert im wesentlichen Rutil (*Tomsia* u. a. 1978; *Vogels* u. a. 1979), nach *Tkalcec* u. a. (1978) auch bei zu hohen Schmelztemperaturen der Fritte; das gleiche gilt für zu hohe Fluoridkonzentrationen (*Rudakova, Ejduk* 1979).

Ausgeschiedener Anatas wird durch Alkali ($K^+ > Na^+ > Li^+$) (*Houston* 1957; *Flörke* 1958), nach *Shannon, Pask* (1965) auf Grund der Defektstruktur des Sauerstoff-Teilgitters beschleunigt in Rutil umgewandelt.

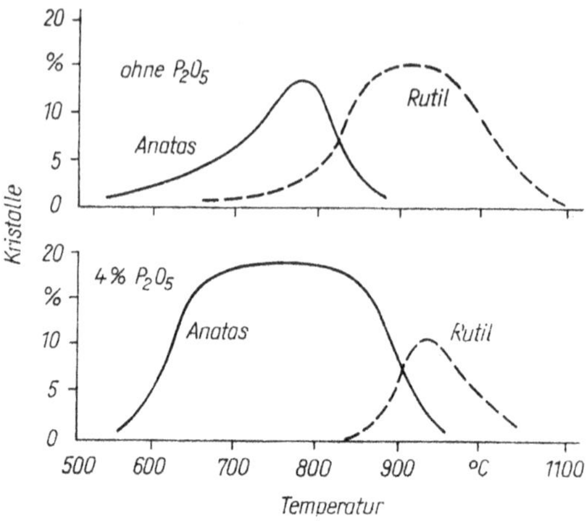

Bild 6.5. Kinetik der TiO_2-Kristallisation bei P_2O_5-freiem und P_2O_5-haltigem Email (*Shannon, Friedberg* 1960)

Der Übergang zeigt sich im Derivatogramm. Aus der Lage des Peaks oder seinem Fehlen leitet *Albert* (1969, 1971) Aussagen über die Stabilität des Systems ab.

Der Übergang von Anatas in Rutil ist nach *Eppler* (1971a) keine polymorphe Umwandlung, sondern das Ergebnis eines *Ostwald*-Reifeprozesses: Anatas geht in Lösung und scheidet sich als Rutil an bereits vorhandenen Rutilkristallen ab, die damit wachsen. *Pach* u. a. (1974) lassen daneben auch die direkte Umwandlung von Anatas zu. Nach *Moravčik, Bouše* (1980) hängt der Umwandlungsmechanismus stark von der Glasmatrix ab. Im übrigen soll unter besonderen Bedingungen primär ausgeschiedener Brookit nach Umwandlung in Rutil die Trübung fördern, sofern die Rutilkristalle nicht größer als 1 µm sind (steuerbar durch Schmelz- und Brennvorgänge; *Albert, Rendetzky* 1978, 1979).

Zur Gewährleistung einer Anatastrübung sind Titanemails möglichst niedrig zu brennen. Dem kommt entgegen, daß die Viskosität durch gelöstes TiO_2 erniedrigt wird und daß damit die Kristallisationstemperaturen von Anatas und Rutil weit auseinander liegen, was zu höheren Weißgehalten führt (*Tkalcec* 1972). Niedrigbrennende Titanemails werden bei *Eppler* (1969b, 1971a), *Shannon, Friedberg* (1960); *Mustafa* u. a. (1975) und

Melnik u. a. (1985) mit Brenntemperaturen von 700 bis 750 °C erwähnt.
Bestrebungen gehen auch dahin, den TiO_2-Gehalt (etwa 16 bis 20 %) zu senken. *Mustafa, Petzold* (1975) beschreiben Emails mit 12 % (Weißgehalt 80 %), *Vargin, Smirnova* (1962) solche mit 7 % und *Cmel* (1967) solche mit 4 bis 8 % TiO_2 (hier handelt es sich allerdings um hoch-CaO-haltige Emails, die durch Ausscheidung von Sphen $CaO \cdot TiO_2 \cdot SiO_2$ getrübt werden).

6.3.2.2. Farbemails

Die Anzahl der in Abschnitt 7.4. besprochenen Farbkörper ist an sich schon groß; durch Variation und Kombination mit Weißemails wird die Palette der möglichen und praktisch realisierbaren Farbgebungen von Stahlblechemails noch wesentlich breiter. Detaillierte Übersichten geben *Eberlein* (1959), *Ankerst* (1966) und *Kyri* (1974).

Transparente Farbemails
Die Anfärbung in der Schmelze wird nur bei dunklen, kräftigen Tönen (blau, schwarz) angewendet. Bei transparenter farbiger Deckschicht auf hellem Untergrund spricht man von *Blechmajolika* (z. B. *Heller* 1961 a). Die Grundzusammensetzung der Emails entspricht üblichen transparenten Deckemailfritten, allerdings sollte auf größere Mengen an Fluoriden und Al_2O_3 sowie auf CaO und ZnO verzichtet und Ton durch synthetische Schwebemittel (z. B. kolloide Kieselsäure) ersetzt werden; Zusammensetzung eines Schilderemails siehe Tabelle 6.4.

Fritten für dispersionsgefärbte Emails
Auch die Ausgangsfritten für die durch Mühlenzusätze satt gefärbten Emails entsprechen in etwa den normalen, ungetrübten und ungefärbten Deckemails. In manchen Fällen sind jedoch besondere Fritten erforderlich. Einige Zusammensetzungen sind in Tabelle 6.4 aufgeführt.
Obwohl die Farbkörper meist sehr stabil sind, kann u. U. doch eine gewisse Auflösung im Email eintreten, die zur Farbschwächung und Farbinstabilität führt, wie z. B. bei Fe_2O_3. Hier muß bereits die Fritte mit Eisenoxid angereichert werden. Dem gleichen Zweck dienen Fluoride und Weglassen von Al_2O_3 in Rotemails (*Tung, Cook* 1954). Zusammensetzungen von thermisch beständigen Eisenoxid-Rotbraunemails werden von *Fiebig* (1955) angegeben. Cadmiumfarbkörper erfordern spezielle, kieselsäurereiche (transparente) Fritten; sie sollen wegen der chemischen Beständigkeit gewisse Gehalte an TiO_2 und ZrO_2 aufweisen (*Das* u. a. 1978). Die Oxydation des Farbkörpers wird in fluorhaltigen (leichtschmelzenden) Emails zurückgedrängt (*Zupnik* u. a. 1986); Übersicht hierzu bei *Vytasil* u. a. (1962).

Fritten für pastellfarbene Emails
Pastell-Emails werden durch Einfärben eines weißgetrübten Emails in der Schmelze oder durch Vermahlen von Farbkörpern mit einer fluor- oder titantrübenden Fritte erzeugt. Einige Angaben für Pastell-Emails enthält Tabelle 6.6.
In der Schmelze können Titanemails durch Chromate (elfenbein, beige), CuO (grün), NiO (gelb), CoO (blau) oder Mn_2O_3 (rosa) eingefärbt werden. Als Mühlenfarbkörper dienen Zirkon- und Rutilfarbkörper, in Antimonemails auch Chromgrün, Spinelle und Neapelgelb; fluorfreie Titanemails – *Antonova* u. a. (1985).
Gewisse Farbkörper sind in Titanemails nicht brennbeständig und ergeben Mißfärbungen (Chromgrün, Cobaltblau, Neublau, Spinellbraun, Selenrot, Cadmiumsulfid, Eisenoxid). Auch in Antimonemails treten bei Fe_2O_3 und CdS Schwierigkeiten auf (*Kerstan* 1957). Mit den stabilen Rutilfarbkörpern, die auf Bortitanemails zugeschnitten sind, können viele Probleme der Pastellfarbtönung gelöst werden.

Ausscheidungsfarbemails
Die Ausscheidungs- oder Anlauffärbung durch kolloides Gold oder Kupfer wird bei Emails nur in Einzelfällen angewendet. Sie beruht auf der Ausscheidung der Metalle beim Einbrennen nach Reduktion eingeschmolzener Au- oder Cu-Verbindungen (Färbung: rubinrot). Goldrubin soll zur Anfärbung von Titanemails gut geeignet sein (*Kyri* 1974). Ausscheidungsvorgänge dürften auch bei Sulfidschwarzemails (FeS) eine Rolle spielen.

Tabelle 6.4. Fritten für farbige Deck- und Ränderemails (*1 Fiebig* 1955; *2* bis *5 Vargin* u. a. 1965; *6 Azarov* u. a. 1967; *7, 8 Vielhaber* 1958 a; *9 Dietzel* 1981; *10 Stuckert* 1941; *11 Märker* 1956 a)

	Frittezusammensetzung in %					
					Ränderemails	
	1 Rotbraun	*2* Gelb	*3* Schwarz	*4* Pastellgrün	*5* Blau	*6* Blau
SiO_2	61,5	50	47	49	51	47...49
Al_2O_3	8	6	6	9	9	3,5...7
B_2O_3	8	bis 15	14,5	9	6	10...12
ZnO		8	3	TiO_2 13		TiO_2 4
CaO	BaO 2		4	MgO 2	6	2
R_2O	17,5	bis 20	19,5	18	26	24...29
F	3...4	4	1,5	5	1,5	1,5
Na_2SiF_6	3					4...7
Na_3AlF_6						7...14
$Fe_2O_3 + Cr_2O_3$			1,8			
CoO			1,2		2	5
MnO			3,5			
entsprechende Farbkörper zur Mühle (in %)	7...10	2...4	2...3	0,5		

Rohstoff	Versätze in Masseteilen				
	7 Blau, transp.	*8* Feuerrot, Neublau, Chromgrün	*9* Rotbraun	*10* Cadmiumrot	*11* Schwarz
Quarz	22,5	16,5	36,5	35	24
Feldspat	23,5	33	38,5	27	22,5
Borax	26,5	36,5	32,5	44	37
Soda	10	13	6,5	10,5	5,5
Salpeter	3	0,5	4,5	4	4,5
Flußspat	6,5	0,7		7	6
Kalkspat	3		4		MnO_2 3
Kryolith	4,5		Fe_2O_3 6		CuO 0,5
Cobaltoxid	1,5				0,7

Das gilt auch für einen gelben Rekristallisationsfarbkörper im System TiO_2-Sb_2O_3-NiO, der sich nach *Kyri* aus angefärbten Titanemails ausscheidet.

6.3.2.3. Chemisch resistente Emails

Die Mehrzahl der silicatischen Emails ist relativ resistent gegenüber mild-aggressiven Medien. Eine erhöhte Widerstandsfähigkeit wird nur durch spezielle saure-, lauge- und heißwasserbeständige Emails erreicht (das gilt allerdings nicht für Flußsäure, heiße Phosphärsäure und konzentrierte Lauge).

Säurebeständige Emails

Gegen verdünnte Säuren beständige Emails sind hauptsächlich von toxischen Bestandteilen freie Emails für Kochgeschirre, Tanks und Behälter.

Die erforderliche chemische Resistenz wird erzielt durch erhöhten SiO_2-Gehalt (50 bis

Tabelle 6.5. Chemisch resistente Emails (*1* Kochgeschirremail, konventionell; *2* säurefest; *3* hochsäurefest; *4* laugebeständig; *5* säure- und laugebeständig, *Vargin* u. a. 1962, 1972; *6* HF-beständig, *Merker* 1962a; *7* Küchenemail, *Vielhaber* 1958a; *8* Boileremail, *Hadwiger* 1970)

	Chemische Zusammensetzung in %						Rohstoff	Versätze in Masseteilen	
	1	*2*	*3*	*4*	*5*	*6*		*7*	*8*
SiO_2	56	59	64...69	55...57	55...60		Quarz	22	45
Al_2O_3	5	3	4...5			10	Feldspat	29	10
B_2O_3	7	7,5	3...4		1...2	5	Borax	22	10
R_2O	11	20	20	20...30	12...14		Soda	2	10
CaO		4,5	bis 5		2...4		Salpeter	1	2
CaF_2	4				Li_2O 5		Kryolith	21	
Na_3AlF_6	15						Kalkspat	3	3
TiO_2		6	5...6		bis 2		Titaniumdioxid		2,5
F			3...4	3	2...3		Zinkoxid		5
ZrO_2				5...10	13...18		Silicofluorid		2,5
PbO						17	Glasmehl		10
P_2O_5						68			

Richtwerte für chemisch beständige Emails nach *Böhmer*, *Hennicke* (1975) in der *Seger*formel: 1 R_2O + RO, 0 bis 0,2 Al_2O_3, 0 bis 0,2 B_2O_3, 2,3 bis 3,6 SiO_2, 0 bis 0,23 ZrO_2, 0 bis 0,2 TiO_2

55 %), wenig B_2O_3 (6 bis 7 %) und Einführung von 3 bis 10 % TiO_2; als günstig erweisen sich ferner Al_2O_3, CaO und MgO. Einige Emails sind in Tabelle 6.5 zusammengestellt.

Hochsäurefeste Emails

Den harten Bedingungen, denen emaillierte Apparate bei Einwirkung von heißen konzentrierten Säuren, z. T. unter Druck, ausgesetzt sind, genügen nur hochsäurefeste, hochwertigen technischen Gläsern entsprechende Emails mit erhöhtem Gehalt an SiO_2 (>60 %) sowie mit TiO_2 oder ZrO_2 (Bild 6.6). Sehr gute Ergebnisse liefert auch steigende CaO-Menge (Zusatzdiagramm). Li_2O (etwa 3 %) setzt die Säurebeständigkeit stark herauf; allerdings können sich andere Eigenschaftsanomalien ergeben (*Ivanov* u. a. 1985a). Der B_2O_3-Gehalt muß niedrig gehalten werden. Bei *fluorfreien* Apparateemails wurde ein optimaler B_2O_3-Gehalt bei 10 bis 15 % festgestellt (*Ivanov* u. a. 1985b). Interessante Effekte bei der Verbesserung der chemischen Beständigkeit haben *Dietzel* u. a. (1962) und *Dietzel*, *Oel* (1968) durch Zusatz von nicht-edelgasähnlichen Kationen (Kombination von NiO, CoO, CdO) erzielt (vgl. auch *Hellmold*, *Zopf* 1983). Mullithaltige Kompositemails für Apparate beschreiben *Barinov* u. a. (1985).

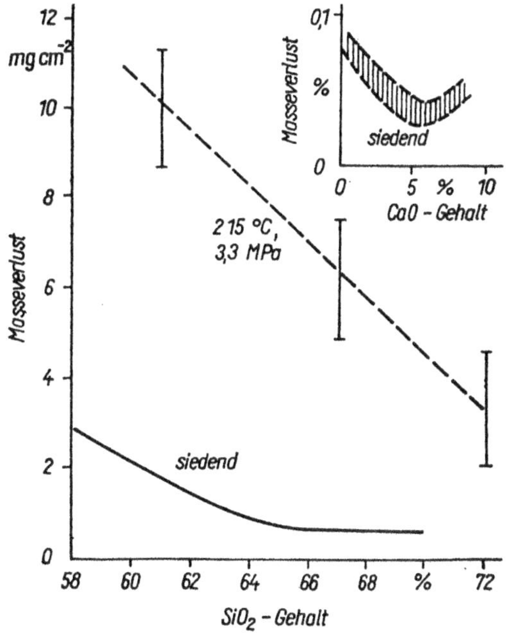

Bild 6.6. Beständigkeit von Apparateemails in 20 %iger HCl in Abhängigkeit vom SiO_2-Gehalt (*Vargin*, *Zasuchina* 1969); *Zusatzdiagramm:* Beständigkeit und Abhängigkeit vom CaO-Gehalt (*Barinov* u. a. 1971; ähnliches Ergebnis mit MgO und CaO + SrO bei *Ivanov* u. a. 1984)

Die Analysen verschiedener hochsäurefester Emails sind in Tabelle 6.5 zusammengefaßt (zur Einordnung s. *Böhmer, Hennicke* 1975). Im übrigen kann eine recht gute Flußsäurebeständigkeit in Anlehnung an entsprechende Gläser nach *Merker* (1962a) durch ein einfach zusammengesetztes Phosphatemail erreicht werden.
Verschärfte Bedingungen, wie z. B. Säurebeanspruchung bei hohen Temperaturen und Drücken, verlangen entsprechend hochresistente Emails. Die Beständigkeit steigt auch hier mit steigendem SiO_2-Gehalt (Bild 6.6).
Abwechselnde Einwirkung von Säure und Lauge (z. B. auf Chemieemails) erfordert gleichzeitig säure- und laugebeständige Emailschichten, deren Resistenz durch TiO_2, ZrO_2 oder SnO_2 im Versatz erreicht wird. Zusammensetzungen solcher Emails sind in Tabelle 6.5 aufgeführt.

Lauge- und waschlaugebeständige Emails
Normale Silicatemails sind nicht resistent gegen aggressive Laugen. Zur Erzielung einer gewissen Widerstandsfähigkeit müssen bestimmte Oxide, wie ZrO_2, CaO und Li_2O eingeführt werden (*Gesche* 1956; *Vargin, golotova* 1962), Die besten Ergebnisse zeigen ZrO_2-haltige Emails (*Herschelmann* 1967); Emailzusammensetzung siehe Tabelle 6.5.

Heißwasser-hochresistente Emails
An den Korrosionsschutz von Boilern und Heißwassertanks werden unter Betriebsbedingungen hohe Anforderungen (ähnlich wie an Apparateemails) gestellt, denen nur aus üblichen Fritten weiterentwickelte Emails genügen. Gefordert wird neben Wasser- und Wassrdampfbeständigkeit auch Resistenz gegen schwache Säuren (*Moehring* 1972; *Joseph* 1979a). Spezielle neuere Zusammensetzungen sind nicht bekannt, doch verweist *Hadwiger* (1970) auf diesbezügliche ältere Versätze (Tabelle 6.5).

Witterungsbeständige Emails
Emaillierungen, die der Witterung ausgesetzt sind, wie Schilder und Architekturemails, haben der atmosphärischen Korrosion über lange Jahre Widerstand zu leisten. Dem entsprechen die üblichen Emails mit ausreichender chemischer Resistenz (Klasse A DIN 51150); spezielle Emails sind i. allg. nicht erforderlich (andere Auffassung bei *Hornik* 1985).

6.3.2.4. Spezialdeckemails

Mattemails
Matte Emailoberflächen lassen sich durch geeignete Emailversätze oder durch Zusätze (Al_2O_3, Quarz, $ZrSiO_4$, Schamotte, Metakaolinit, Phosphate) erzielen. Im ersten Falle handelt es sich z. B. um Al_2O_3-, CaO- und Kryolithemails; so kristallisieren aus Al-Phosphatglas, Korund, Cristobalit und Fluoride, nach *Voß* (1986) auch Ti-, Si- und Zr-Phosphate aus. Bei zinkreichen Versätzen scheidet sich Zn_2SiO_4, bei borfreien alkali- und TiO_2-reichem Emails Alkalititanat aus. Werden zwei unverträgliche Emailtypen (z. B. Bortitan- und Zinktitanemail) in Mischung aufgeschmolzen, dann entsteht durch Mikrophasentrennung und Ausscheidung von ZnF_2, CaF_2 und Apatit eine seidenglänzende Oberfläche (*Joseph* 1983).

Elektrotechnische Emails
Für gewisse elektrotechnische Zwecke ist es erforderlich, Emails mit hohem spezifischen Widerstand und hoher Durchschlagfestigkeit anzuwenden. Solche Emails enthalten kein oder sehr wenig Alkali, dafür BaO, CaO, TiO_2 und PbO, unter bestimmten Bedingungen auch SrO; man erreicht damit spezifische Widerstände von $>10^9\ \Omega$ cm bei 400 °C (Forderung nach VDE: $10^7\ \Omega$ cm; *Messmer* 1956a). Ein Email mit hohem Widerstand ist in Tabelle 6.6 angegeben. Auch glaskristalline Emails des Systems $PbO-B_2O_3-SiO_2$ mit 10% TiO_2 oder 5% MoO_3 sind geeignet ($\varrho = 10^{11}\ \Omega$ cm).
Halbleitende Emails lassen sich z. B. unter Zusatz von Cu_2O (*Gaertner* 1951) oder durch eine Mischung von $Ti-Fe_2O_3$ mit 30% Glas herstellen (vorwiegend für den Direktauftrag; *Johnson, Tseung* 1977).

Abriebfeste Emails
Eine Verbesserung der Abriebfestigkeit kann nicht nur durch die Fritte allein, sondern auch durch ein entsprechendes Kompositemail mit größeren Mengen harter Zuschläge

Tabelle 6.6. Spezielle Deckemails (*1*, *2* elektrisch isolierend, *Glaser* 1951; *Mamedova* u. a. 1981; *3*, *4* Leuchtemails, *Wolfe* 1959; *Kerstan* 1961; *5* Hochtemperaturemail, *Appen* 1976; *6* selbstreinigendes Email[1]), *Kimura*, *Nishino* 1983)

	Chemische Zusammensetzung in %					
	1	*2*	*3*	*4*	*5*	*6*
SiO_2	20	20	29	49	58	45
Al_2O_3				4,5	10	10
B_2O_3	12	10	15	12,5	11	14
CaO				2,2		3
SrO		24,5				
BaO	25	10,5		7	3,5	
PbO	18					
R_2O		1	3	18,5	16	$Na_2O + K_2O$ 24 Li_2O 4
Na_3AlF_6		20				
Na_2SiF_6				4,5		
TiO_2		2	19			
ZrO_2		12				
ZnO_2			29			
CoO + NiO					1,5	
zur Mühle						
Al_2O_3						30
Cr_2O_3					20	
MnO_2						20
Zn-Mn-Ferrit						10

[1]) für aluminierten Stahl

(Quarz, Feldspat, ZrO_2) erreicht werden. Korund ist besonders wirkungsvoll (*Böttcher* 1978; Anon. 1982b). Geeignet sind auch Hartstoffe (*Carbide*, *Nitride*, *Boride* usw.), insbesondere TiC und $MoSi_2$ (*Popivanov* u. a. 1983).

Leuchtemails

Leuchtemails werden durch Zusatz von anregbaren Leuchtstoffen zu normalen, witterungsbeständigen Weißemailfritten erzeugt. Die Lumineszenz wird durch schwermetalldotierte Erdalkalisulfide und ZnS, CdS, $CaWO_4$, SrS-ZnS (→ hellblau), Zn_2SiO_4 (→ grün), Mg_2TiO_4 (→ dunkelrot) hervorgerufen. Beimengungen von Co, Ni, Pb, Fe und As wirken als Gifte (*Bowman* 1956a). Die Zusammensetzung der Emailkomponente ist in Tabelle 6.6 angegeben. Die Flüsse sollten möglichst sauer und fluorarm, aber leichtschmelzbar sein, um Oxydation der Leuchtfarben zu vermeiden (Anon. 1966). Für die Stabilisierung der Farbe wirken ZnO oder ZnF_2 günstig. Leuchtemails sind besonders effektiv, wenn ihre UV-Durchlässigkeit merklich ist (*Cahoon* 1952). Emails mit radioaktiven Zusätzen leuchten auch ohne Anregung durch Licht.

Durch Anlegen eines Wechselfeldes an die aktiviertes ZnS und Cu oder TiO_2 bzw. Bariumtitanat enthaltende Emailschicht (leichtschmelzendes Alkalizinkborosilicat) auf einem weißen Untergrund wird Elektrolumineszenz hervorgerufen (*Schäfer* 1961a; *Weidel* 1961; *Perry* 1961; *Vargin* u. a. 1972).

Reflektierende Emails

Emaillierungen, die bei Anstrahlen reflektieren, werden durch Aufkleben oder Aufbrennen von hochbrechenden Glasperlen auf die Oberfläche eines Deckemails (am besten Titanemail) erzeugt (*Bowman* 1956b).

Thermisch belastbare Emails

Im Vergleich zu den üblichen Emails (Anwendungsgrenze ≈450 °C) sind gewisse Hochtemperaturemails für unlegierten Stahl, wie sie vor allem in der UdSSR und den USA entwickelt wurden, weitaus höher belastbar; man erreicht dies durch Zuschlag von viel Al_2O_3, Cr_2O_3 oder Vermiculit. Eine Auswahl von Ausgangsemails ist in Tabelle 6.6 zusammengefaßt. Die Beschichtung erfolgt z. T. auf Grundemail, häufig jedoch direkt.

Deckemails (z. B. Kochgeschirremails) besitzen i. d. R. eine *TWB* ΔT von etwa 200 K. Eine Steigerung ist möglich durch Erniedrigung des *AK*, dem beim normalen Email jedoch Grenzen gesetzt sind. Durch Flint (20 %) oder Cristobalit zur Mühle läßt sich eine *TWB* von 300 K erreichen. Noch höhere Werte (bis 450 K) ergeben glaskristalline und Kompositemails mit Oxidfasern (*Plastinin* u. a. 1983) oder BN (*Ždanova* u. a. 1985).

Wärmedämmende Emails

Silicatemails haben bereits eine relativ niedrige Wärmeleitfähigkeit, die durch die Blasenstruktur noch verringert wird. Zusätzliche Wärmedämmung erreicht man mit Kompositemails, z. B. nach *Conway* (1956) mit geblähtem Vermiculit. Ein hoher Wärmeübergang – das sei hier ergänzend erwähnt – wird nach *Messmer* 1976 durch Zusätze von Al, Graphit oder SiC zum Email erzielt.

Selbstreinigende Emails

Durch geeignete emailtechnische Maßnahmen gelingt es, emaillierte Einsätze von Backröhren durch thermische Prozesse (pyrolytische und katalytische Reinigung, Oberflächenverbrennung) von Öl, Fett usw. zu reinigen.

Schwermetalle, wie Übergangselemente der IV. bis VI. Periode (*Biller* 1976) und deren Oxide (Cu, V, Nb, Bi, Cr, Mo, W, Mn, Fe, Co, Ni) werden als Katalysatoren auf das Deckemail aufgebracht oder in das Email eingeschmolzen. Zum Teil werden zusätzliche Metallfüller zugegeben (*Wilson, Lefort* 1973); weitere hochschmelzende Zusätze sorgen für die Ausbildung einer rauhen und porösen Emaillierung. Die Versätze enthalten i. d. R. Al-Pulver (*Snow, Faust* 1972; *Joseph* 1976a). Bei der Oberflächenverbrennung verzichtet man auf Katalysatoren.

Für ein selbstreinigendes Email ist die Zusammensetzung in Tabelle 6.6 angegeben. Die Emails sind i. d. R. schwer schmelzend, außer bei Verwendung von aluminiertem Stahl (580 °C; *Nishino, Ikeda* 1983). Sie haben meist einen niedrigen *AK* und zeigen hohe Bruchspannung (*Hoens* 1977). Sie können auch direkt auf Metall aufgebrannt werden.

6.3.3. Fritten für glaskristalline Deckemails

Bekanntlich lassen sich Gläser geeigneter Zusammensetzung gesteuert kristallisieren und dadurch Werkstoffe mit hervorragenden spezifischen Eigenschaften erzeugen (Glas- oder Vitrokeramiken). (Übersichten dazu siehe bei *McMillan* 1979; *Vogel* 1983, *Pavluškin* 1986). Diese Erkenntnisse lassen sich auf Emails übertragen. Glasig aufgeschmolzene Emails bestimmter Zusammensetzung und mit Keimbildnern (TiO_2, ZrO_2, P_2O_5, Fluoride) entglasen beim Einbrennen bzw. Abkühlen (*Partridge* 1981; *Kozlowski, Beier* 1983) oder beim nachträglichen Tempern und scheiden dabei feinste, gleichmäßig verteilte Kristallphasen aus, die in etwa 50 bis 70 % Restglasmatrix eingebettet sind.

Die Eigenschaften der glaskristallinen Emails sind komplex zu betrachten. Die Ausdehnung kann an die der Grundmetalle angepaßt oder (z. B. im System L—A—S, M—A—S) niedrig gehalten werden, was zu hoher *TWB* führt. Das Mikrogefüge gewährleistet hohe Schlag- und Abriebfestigkeit, auch in Verbindung mit hoher Druckvorspannung. Die hohen Schmelzpunkte der Kristallphasen lassen erhöhte Betriebstemperaturen (max. 750 °C) zu. Die neue Phasenzusammensetzung steigert u. U. die chemische Beständigkeit, z. B. bei Einführung von CaO in das System (N, L)—A—S (*Rogožin* u. a. 1967; *Venzel* 1968); das ist jedoch nicht die Regel, denn meist wird die chemische Resistenz etwas herabgesetzt

Tabelle 6.7. Systeme glaskristalliner Deckemails

System	Brenntemperatur in °C	Kristallisationstemperatur in °C	Betriebstemperatur in °C	Quelle
L—A—S (+TiO_2, MgO, B_2O_3)	820...900	550...800		Pfaudler (1960)
L—A—S (+TiO_2, MgO, B_2O_3)	920	670...850	650...850	*Wargin, Mischel* (1969) *Markina* u. a. (1973)
L—M—A—S (+TiO_2)	900	560		*Pavluškin* (1979)
L(N)—C—B—S (+TiO_2, F)	800...840	650		*Pavluškin* (1979)
R_2O—A—S				*Rogožin* u. a. (1967)
L—N—A—S (+TiO_2, MgO)	920	720		*Rogožin* u. a. (1973)
L—N—S—RO	820...920			*Čemerko* u. a. (1975)
P—S—B (+TiO_2, MoO_3)		500...600	400	*Pavluškin* u. a. (1969)
R_2O—ZnO—SiO_2 (+P_2O_5)	850			*Pevzner* u a. (1972)
L—N—C—S			500	*Eskova* u. a. (1977, 1978)
L—N—S—RO—R_2O_3—ZrO_2	860	500...600		*Čemerko* u. a. (1979)
L—N—C—M—A—S				*Venzel* (1968)
MgO—BaO—P_2O_5—ZrO_2—SiO_2	800...900			*Hang* u. a. (1981)
L—C—S, L—A—T—S				*Behrenbeck, Patzke* (1981)
L—S, L—T—S, Ba—T—S, L(N)—A—S				*Little, de Clerck* (1966)
L—S (+ZnO, P_2O_5)	>900			*McMillan* u. a. (1966)
R_2O—A—T—S—ZrO_2				*Zaharescu* u. a. (1985)

Tabelle 6.8. Zusammensetzung glaskristalliner Emails [in %] (*1* Pfaudler 1960; *2 Venzel* 1968; *3 Vargin* u. a. 1972, Grundemail; *4 McMillan* u. a. 1966, *5 Hang* u. a. 1981, Substratemail)

	1	*2*[1])	*3*	*4*	*5*
SiO_2	54...80	60...65	45...60	78	14...18
Al_2O_3	bis 16	1...5			
B_2O_3	bis 6		5...20		
CaO	bis 12	1...5	} +BaO		
MgO	bis 5	1...5	} 4...20		27...41
BaO					18...37
Li_2O	14...22	15...20		12	
Na_2O		8...12	9...23	K_2O 2,5	
P_2O_5	bis 6			ZnO 5,5	bis 1,5
TiO_2	bis 10		5...20		
ZrO_2	bis 10			2	bis 3
F	bis 6				

[1]) in Mol-%

(*Gräfen* 1967, bei Nucerite; *Rogožin* u. a. 1973).

Die verschiedenen bisher genutzten oder vorgeschlagenen Systeme für glaskristalline Emails sind in Tabelle 6.7 unter teilweiser Angabe der Aufbrenn- und Kristallisationstemperaturen aufgelistet; chemische Zusammensetzungen sind in Tabelle 6.8 zusammengestellt. Die wichtigsten technischen Emails entstammen dem System Li_2O—

$Al_2O_3—SiO_2$; es wird vielfach abgewandelt. Bei der Kristallisation bilden sich neue Phasen, vor allem Lithiumsilicate (LS, LS_2), Eukryptit (LAS_2), Spodumen (LAS_4), Lithiumtitaniumsilicat (LTS), Titanit (CTS), dazu Rutil (TiO_2) und Quarz, Cristobalit oder Tridymit (SiO_2). In anderen Systemen scheiden sich ferner Enstatit (MS), Wollastonit (CS) oder Pyroxene ($[C, M, F]_2S_2$), in Bleiborosilicatsystemen mit Zusatz an TiO_2 oder MoO_3 erscheinen Bleititanat ($PbTiO_3$), Bleimolybdat ($PbMoO_4$) oder Bleisilicat ($PbSiO_3$); (nach *Little, de Clerck* 1966; *Pavluškin* u. a. 1969; *Markina* u. a. 1973; *Čemerko* u. a. 1975; *Uschakow* u. a. 1979; *Ejduk* u. a. 1979; *Gladitzsch* u. a. 1985).

Neben diesen glaskristallinen Deckemails, die außer für normale Stähle auch noch für legierte Stähle im Hochtemperatureinsatz geeignet sind, wurden auch Fritten für glaskristalline Grundemails entwickelt (Tab. 6.8). Bei solchen glaskristallinen Kombinationen ist nach *Mišel, Pevzner* (1975) auf möglicherweise negative Kontaktwechselwirkungen und Zwischenschichten mit extremen Eigenschaften zu achten.

6.3.4. Ränder- und Dekoremails

Ränderemails müssen eine Ausdehnung etwa wie die des Eisens aufweisen, da der Rand unter hohen tangentialen Druckspannungen steht; bei zu niedriger Wärmedehnung würde das Email abplatzen. Sie müssen ferner brennbeständig sein, da der Rand thermisch sehr exponiert ist. Im Hinblick auf die erforderliche geringe Schichtdicke muß das Email eine kräftige, gut deckende Färbung aufweisen.

Analysen der Versätze sind in Tabelle 6.4 angegeben. Für sowjetische Emails werden *AK* von 108 bis 112 $\cdot$ 10^{-7} K^{-1} und eine *TWB* von 10 Temperaturwechseln genannt (*Azarow* u. a. 1967).

Dekoremails dienen zum Aufbringen von Mustern, Bildern oder Schrift auf farbig oder weiß emaillierte Gegenstände. Sie bestehen aus niedrig schmelzenden, oft noch bleihaltigen, sowie z. T. Alkali, B_2O_3, CaO, CdO oder Bi_2O_3 enthaltenden Flüssen oder Titanfritten (*Georgi* 1967), denen Farbkörper auf der Mühle zugemischt werden, oder aus kommerziellen Schmelzfarben (Gemische aus leichtschmelzenden Blei- oder Bleiborosilicaten bzw. auch bleifreien Gläsern und Farbkörpern; *Krause* 1977). Die Brenntemperaturen variieren sehr stark; es werden 500 bis 600 °C (*Reinsch* 1969) bzw. 520 bis 800 °C (*Rohm* 1979), aber auch 780 bis 850 °C angegeben (*Kyri* 1974).

6.3.5. Deckemails für Gußeisen

6.3.5.1. Weißemails

Weißemails für Gußeisen im Naßauftrag entsprechen etwa den üblichen Deckemails für Stahlblech; unter bestimmten Bedingungen können Blechemails auch auf Gußeisen aufgeschmolzen werden (*Vielhaber* 1958). Die Wärmedehnung der Deckemails muß aus Spannungsgründen der des im Vergleich zu Blech dickwandigeren Gußeisens stärker angepaßt werden.

Die Emails werden durch eingeschmolzene Trübungsmittel (Sb_2O_3, ZrO_2) getrübt. Die Zirkontrübung beruht auf der weitgehenden Lösung von $ZrSiO_4$ in der Schmelze und der Ausscheidung von ZrO_2 neben anderen Phasen bei niedrigen Temperaturen. Sie wird durch CaO, ZnO, Al_2O_3 und Fluoride ($CaF_2 < NaF < Na_2SiF_6 < Na_3AlF_6 < AlF_3$) (*Gesche* 1955), sowie durch MgO und BeO (*Beljaev, Barinov* 1963) gefördert. Kaliumoxid sollte im Versatz zweckmäßigerweise vermieden werden (Erhöhung der ZrO_2-Löslichkeit). Die Zusammensetzung eines Gußeisenemails enthält Tabelle 6.9.

Puderemails (vornehmlich für Badewannen) müssen relativ leicht schmelzend sein, um am heißen Untergrund kleben zu bleiben, dürfen aber nicht an den Wänden ablaufen. Die Emails haben niedrige SiO_2- und Al_2O_3-Gehalte und größere Anteile an B_2O_3 (evtl. etwas P_2O_5), ZnO, ggf. BaO und Fluoriden, vor allem bei Zirkonpuder. Bezüglich borarmer und borfreier Gußemails siehe *Kucharski* (1984, 1985). Der *AK* von Puderemails darf, um Zugspannungen (Risse) zu vermeiden, nicht über 105 $\cdot$ $10^{-7}K^{-1}$ ansteigen; bei $\alpha <$ 90 $\cdot$ 10^{-7} K^{-1} treten Abplatzungen auf. Hier haben sich Randpuder bewährt. (Auf Schwan-

Tabelle 6.9. Zusammensetzung von Weiß- und Farbemails für Gußeisen [in %] (*1* Naßweiß; *2* Farbemail, naß; *3* Majolika; *4* Sb-Puder, alle konventionell; *5* Zr-Puder, *Kyri* 1974; *6* Zr-Puder, *Gesche* 1955)

	1	*2*	*3*	*4*	*5*	*6*
SiO_2	47	31	30...40	35	20...30	19
Al_2O_3	4...6	5	bis 3	5,5	10...25	6
B_2O_3	10...20	23	12...15	14...18	20...30	16,5
R_2O	13	16	12...20	14...17	15...20	7
CaO	2	2,5	bis 2	bis 6	5...10	11,5
Na_3AlF_6	7			2,5		
CaF_2	1...4	8,5	bis 4	3,5		
Na_2SiF_6	bis 12					16
TiO_2	bis 6		bis 5			
Sb_2O_5	bis 2			7...10		
BaO		1	} 15...25	bis 4		
ZnO		12		10...14	2...12	12
ZrO_2					12...15	12,5
F					5...8	

Majolika und Farbemails: zusätzlich entsprechende Farbkörper; Puderemails sind gleichzeitig chemisch resistent.

kungen des *AK* infolge Verdampfung von Alkali und B_2O_3 weist *Chochol* (1984) hin.) Als Trübungsmittel werden auch hier i. d. R. Sb-Verbindungen und ZrO_2 verwendet. Zusammensetzungen solcher Emails sind in Tabelle 6.9 angegeben. Empfohlen werden auch Mischungen verschiedener Emails.
Es wurden auch Gußpuder auf Basis Titanemail mit hohem Weißgrad entwickelt (*Bünzen* 1965; *Tinis* u. a. 1985). Eine gleichmäßige Trübung wird allerdings nur erzielt, wenn durch Tempern der Fritte Keime vorgebildet werden (*Kyri* 1974; zur Vorkristallisation s. auch *Hammond, Tixier* 1971).
Tauchpuderemails müssen noch leichter schmelzen (600 bis 650 °C) als die üblichen Puder.

Tabelle 6.10. Versätze [in Masseteile] von Gußschwarz und Majolika (*1* Gußschwarz, konventionell; *2 Heller* 1962; *3* Majolika, *Heller* 1963; *4 Uhlir* 1964)

Rohstoff	*1*	*2*	*3*	*4*
Quarz	27,5	28	27,5	15,5
Feldspat	27,5	6		
Borsäure	9			
Borax	50	26	34	36
Soda	8	2,5		6
Salpeter	8	1	6	2,5
Flußspat	5		3,5	3
Natriumfluorid		7	4	
Bariumcarbonat		21	17	30,5
Zinkoxid			4	
Kalkspat				2,5

6.3.5.2. Farbemails

Puder- und Naßemails lassen sich auf der Mühle färben; in Verbindung mit Weißemail können Pastellemails erzeugt werden. Verbreitet sind Schwarzemails, die auch direkt auf Guß aufgeschmolzen werden. Versätze für Schwarz- und Ränderemails enthält Tabelle 6.10.
Bekannte glasige Schichten auf Gußeisen sind die *Majolikaemails*. Das sind farbige, transparente Flüsse, die auf einen weißen Untergrund aufgeschmolzen werden und auf der unebenen Grundschicht den Majolikaeffekt erzeugen (ausführliche Betrachtungen bei *Reiberger* 1959). Die Majolikaemails werden in der Schmelze angefärbt; sie be-

sitzen kräftige Farben und hohen Glanz. Dies wird durch hohe Anteile an Bleioxid, Strontium- und Bariumoxid sowie Borsäure und Alkali (u. a. Li_2O) erreicht; in der DDR werden allerdings nur bleifreie Emails erzeugt. Einige Majolika-Versätze enthält Tabelle 6.10.
Die Zusammensetzungen mit viel Borsäure und Alkalioxid sind nicht immer witterungsresistent (Auftreten von Ausblühungen, Anlaufen usw., z. B. bei Öfen, *Wegner* 1962a). Nach *Dietzel* u. a. (1958) ist es jedoch kaum möglich, ausreichende Verwitterungsbeständigkeit und genügendes Fließvermögen zu kombinieren. Zu hohe Fluorid- oder Zinkoxidgehalte führen zu Kristallisationen (NaF, Zn_2SiO_4). Bei bleifreien Majolikaemails ist noch die Erhöhung der Oberflächenspannung (z. B. auf 300 mN m^{-1}) zu beachten.
Farbpuderemails basieren auf schwach vorgetrübten Antimon- oder Zirkonpudern. Die Sb-Puder sind säurebeständig. Auch Schwarzpuder sind möglich.

6.3.5.3. Chemisch resistente Deckemails

Chemisch resistente *Naßdeckemails* für Apparate oder Badewannen entsprechen ähnlichen Blechdeckemails; nur der *AK* liegt etwas höher. Das erforderliche, vergleichsweise breite Brennintervall kann außer durch Mühlenzusätze auch durch gemischte Emails gewährleistet werden.
Puderemails sollten mehr als 40 bis 45 % SiO_2 und verminderten B_2O_3- und Alkalioxidgehalt, dafür etwas mehr an Erdalkalioxiden und TiO_2 aufweisen; Versätze für chemisch resistente und sanitäre Gußpuderemails siehe Tabellen 6.9. und 6.10. Über neuere Puderemails mit Anatas-Vorausscheidung und guter Säure-, Wasser-, Lauge- und Waschmittelbeständigkeit berichtet *Schmalenbach* (1969). Nicht getemperte Titanpuderemails sind nicht säurebeständig!

6.4. Direktemails

Direktemails (früher als Einschichtemails bezeichnet) vereinigen in sich die Funktion von Grund- und Deckemail. Sie unterliegen hinsichtlich Schmelzverhalten, Benetzungsfähigkeit und Ausdehnung den früher genannten Gesichtspunkten. Bezüglich Eisenoxidlöslichkeit und Blasenstruktur bei Blech- und Gußemails gibt es keine einheitlichen Aussagen.

6.4.1. Direktemails für Stahlblech

6.4.1.1. Direktemails auf Basis Grund

Farbemails
Direktemails dieser Art sind in der Schmelze oder durch Mühlenzusätze angefärbte Emails in mittleren und dunklen Farben, die den Einfluß der Eisenoxide überdecken. Gefordert wird leichte Schmelzbarkeit, chemische Mindest-Widerstandsfähigkeit, kräftige Farbe und geringe Oberflächenspannung. Als Farbkörper dienen CoO, NiO (eingeschmolzen), Thenardsblau, Spinellbraun und Schwarz (*Vytasil* 1957a; *Kyri* 1964); im letzten Falle sollte auf Cr_2O_3 verzichtet werden, weil sich Haftschwierigkeiten ergeben können. Cadiumfarbkörper dürfen nicht angewendet werden.
Eine Waschlaugenresistenz läßt sich bei diesen Emails durch höhere Gehalte an Al_2O_3 (bis 5 %), CaO und ZrO_2 erreichen (*Hahn* 1967). Ein säurebeständiges Direktemail ist in Tabelle 6.11 angegeben. Mögliche Fischschuppenneigung kann durch weitere Oxidzusätze (TiO_2, SnO_2, Fe_2O_3) oder Fluoride verringert werden (*Nikitina* u. a. 1981). Die erforderliche Viskosität läßt sich nach *Komleva* (1970) durch Regulierung des K_2O-, Li_2O- bzw. B_2O_3-Gehaltes einstellen (gefordert z. B. 1 600 Pa s bei 720 °C).

Emails für Sonnenkollektoren
Direkt-Schwarzemails für Sonnenkollektoren (theortische Grundlagen bei *de Jong, Hoens* 1978) müssen witterungs-, temperatur- und temperaturwechselbeständig, lichtecht, heißwasserbeständig sowie mechanisch fest sein und ein hohes Absorptionsvermögen im Bereich von 0,3 bis 2,5 µm haben (*Joseph* 1977). Als Basis dienen übliche Emailzusammensetzungen mit relativ hohem Gehalt an Schwarzkörper. Die Emailschicht wird mit einer dünnen, spektral selektiven SnO_2-Schicht versehen (s. auch *Simonis* 1979).

Tabelle 6.11. Spezielle Direktemails auf Stahl (*1* säurefester Grund, *Nikitina* u. a. 1981; *2* Matrix-Glas für Glas-Metall-Komposite, *Antonova, Appen* 1959; *3* wie *2*, *Appen* u. a. 1960 *4* Hochtemperaturemail, *Harrison* u. a. 1947, *5* wie *4*, *Appen* 1976, *6* Boileremail, *Andrews* 1961;)

Oxid	Chemische Zusammensetzung in %					Rohstoff	Versatz in Masseteilen
	1	*2*	*3*	*4*	*5*		*6*
SiO_2	58,5	58	28	49	59,5	Quarz	44
Al_2O_3	1,5	5	1	7,5	3,5	Tonerde	6,5
B_2O_3	8	20	5	17,5	3,5	Borax	10,7
Na_2O, K_2O	18			19,5	16	Soda	17
Li_2O	3				4	Salpeter	3,5
CaO	6		3	3	10	Lithiumcarbonat	4,6
TiO_2	2	6			1,5	Titaniumdioxid	7
PbO	1,5					Silicofluorid	3
MnO			2			Bariumphosphat	3,4
BaO			34			Cobaltoxid	0,5
ZnO			4				
ZrO_2		3			2		
Cr_2O_3			23				
CoO, NiO	1,5	5	1	1,5	0,5		
BeO		3					
zur Mühle		Cr 30	NiCrSiB 90	Al_2O_3 25	20		

Hochtemperaturemails für Stahl

Direktemails mit Korrosionschutzfunktion bei höheren Temperaturen wurden bereits in Abschnitt 6.3.2.4. erwähnt. Hierher gehören auch Komposite aus Email und Korund (*Pavars* u. a. 1967), aus Glasmatrix und Al (*Joseph* 1979b), aus Email, Al, Si und hochschmelzenden Oxiden (*Wratil* 1980), aus Glas und Cr (*Antonova, Appen* 1959) oder aus Glas und Nichrom bzw. Ferrochrom (*Kajalova* u. a. 1970, 1983). Metallfaserverstärkte Emails erörtern *Grünthaler* u. a. (1970). Die Kompositemails weisen gleichzeitig gute mechanische Eigenschaften auf, ebenso wie Email-Hartstoff-Komposite (*Popivanov* u. a. 1983). Email-Graphit-Komposite schützen vor Angriff von Metallschmelzen (*H. Pöschmann, H. Perfetzki* – pers. Inf.).

6.4.1.2. Direktemails auf Basis Deckemail

Für die Direktemaillierung von Stahlblech sind die superopaken Weißemails vom Bortitantyp ebenso geeignet wie die darauf aufbauenden Pastellemails mit den üblichen Farbkörpern. Die Bedingungen für die Witterungsbeständigkeit bei Architekturemails wurden bereits in Abschnitt 6.3.2.3. erörtert. Sehr hohe Anforderungen werden an Fritten für emaillierte Substrate für Dickschichtschaltungen in der Elektronik gestellt. Sie müssen hohen Widerstand, hohe Durchschlagfestigkeit, niedrige *DK* und geringen Verlustfaktor sowie hohe Korrosionsbeständigkeit besitzen (z. B. *Schabacker* 1982). Sie sollen ferner temperaturwechselbeständig (*Hughes* u. a. 1981) und nicht anfällig gegen »Braunplage« sein (*Ohnyshkevich* 1981). Die Emails müssen möglichst alkalifrei sein; *Bouše* u. a. (1984) geben als Basis z. B. das System $SiO_2-Al_2O_3-B_2O_3-(BaO, PbO)$ an. Geeignete Emails können auch glaskristallin hergestellt werden; sie enthalten dann $BaMS_2$ und M_2S (*Hang* u. a. 1981).

6.4.2. Direktemails für Gußeisen

Direktemails für Gußeisen sind z. B. tiefdunkle Farbemails, die den Majolikaemails nahe stehen und durch Eisenoxidaufnahme dunkelbraun bis schwarz ausfallen (*Vielhaber* 1958). Auch die Randpuderemails gehören hierher.

Spezielle Kompositemails auf Gußeisen mit Einsatztemperaturen bis 900 °C bestehen aus einer Glasmatrix und einer Ni—Cr—B—Si-Legierung, die in der Mühle gemischt werden (*Appen* u. a. 1960).

6.4.3. Emails für legierte und hochlegierte Stähle

Zum Schutze von legierten und hochlegierten Stählen vor Hochtemperaturkorrosion eignen sich spezielle bariumoxidhaltige und alkalioxidfreie Emails, denen größere Mengen hochschmelzender Oxide (Al_2O_3, Cr_2O_3, CeO_2) zugemahlen werden. Die Zusammensetzungen der im wesentlichen auf die Arbeiten des National Bureau of Standards, USA (ab 1947) zurückgehenden glasigen Matrizes sind in Tabelle 6.12 aufgeführt. Die Schutzschichten sind bis etwa 1000 °C einsetzbar. Für Kernreaktoren werden Emails mit geringem Absorptionskoeffizienten für thermische Neutronen verwendet (Tabelle 6.12.). Alle genannten Emails besitzen einen relativ niedrigen Ausdehnungskoeffizienten. Eine Erhöhung soll durch Zusatz von Cristobalit erzielt werden können (*Sullivan, Nelson* 1971).

Glaskristalline Emails erweichen um 200 bis 400 K höher als rein glasige. Entsprechende hitzebeständige Schutzschichten erzeugt man mit Fritten auf der Basis der Systeme $Li_2O—Al_2O_3—SiO_2$ (*Pevzner* u. a. 1969), $Me_2O—MeO—Al_2O_3—SiO_2$ (*Venzel* 1976) und $MgO—Al_2O_3—TiO_2$. Nucerite wird ebenfalls auf Legierungen aufgebacht (*Bruck* 1976). Im übrigen kristallisieren hoch-SiO_2-haltige Emails bereits beim Aufbrennen unter Ausscheidung von Cristobalit und Tridymit (*Ejduk* u. a. 1979).

Außer den typischen Hochtemperaturemails wurden auch Kompositemails aus Glasphase und Metallpulvern (Cr, NiCr, Ti, Zr, Si, Al, NiCrSiB) oder Hartstoffen entwickelt (*Moore, Cuthill* 1955; *Kajalova* u. a. 1970). Eine ausführliche Darstellung der Hochtemperaturemails geben *Appen, Petzold* (1984).

In der Luft- und Raumfahrt werden strahlungsspezifische Emails mit bestimmten Emissions- und Reflexionseigenschaften gebraucht. Dafür geeignet ist das Email A-417 bzw. dessen Basisfritte 332 (Tabelle 6.12) mit Schwarzkörper aus $NiO \cdot Fe_2O_3$ oder mit CeO_2 (*Richmond, Stewart* 1959; *Burgess* u. a. 1961).

Borfreie Grundemails für säurefeste Emaillierungen beschreiben *Romanenko* u. a. (1969).

Oxid	Chemische Zusammensetzung in %			
	1	*2*	*3*	*4*
SiO_2	37,5	47	43	37
Al_2O_3	1	1		
B_2O_3	6,5	7,5		
CaO	3,5	5	4	4
BaO	44	35	42,5	42,5
ZnO	5	5	5	5
BeO			2,5	3
ZrO_2	2,5			
MoO_3			3	
P_2O_5				3,5
zur Mühle	30	30	30	40 Teile CeO_2
	Teile Cr_2O_3 auf 70 bzw. 100 Teile Fritte			$+15$ Teile Cr_2O_3 auf 100 Teile Fritte

Tabelle 6.12. Hochtemperaturemails für legierte Stähle (*1* Fritte für A417, Anon. 1951 a, *2 Petzold*, nach *Appen, Petzold* 1984, *3 Appen* 1976, *4* Fritte für Atomreaktoren, *Richmond* u. a. 1955)

6.4.4. Emails für Aluminium

Die beim Emaillieren von Aluminium zulässige Einbrenntemperatur von 560 °C verlangt eine leichte Schmelzbarkeit des Emails (Erweichungstemperatur um 450 °C), die bei alkalisilicatischen Flüssen durch PbO (nur noch selten verwendet), im wesentlichen aber durch Li_2O, BaO und V_2O_5 oder durch Fluorid-Eutektika (*Rao* 1953) bzw. durch Emails auf Phosphatbasis (z. B. *Carroll* 1951) erzielt werden kann. Eine andere Möglichkeit ist die Mitvermahlung eines Hilfsflußmittels (Basis $R_2O-B_2O_3-SiO_2$, *Kautz* u. a. 1957). Durch Variation der Gehalte an Li_2O und TiO_2, aber auch an Erdalkalioxiden und ZnO läßt sich die Resistenz verbessern (*Migonadžev* 1966). Der Borsäuregehalt wird meist niedrig gehalten oder entfällt ganz, weil – ebenso wie auch bei Fluoriden – die chemische Beständigkeit beeinträchtigt wird. Neuere Industrieemails enthalten neben größeren Mengen u. a. an TiO_2 und Alkalioxiden oft einige Prozent V_2O_5, das zwar die Eigenschaft des Emails sehr günstig beeinflußt, aber beim Kochen die Nahrungsmittel verfärben und bei der Emailherstellung und -verarbeitung toxisch wirken kann. Man versucht daher den V_2O_5-Anteil entscheidend zu senken oder z. B. durch Oxide der 6. Gruppe des PSE zu substituieren.

Trotz der auf bestimmte Grenzen beschränkten Zusammensetzung der Aluminiumemails gibt es Unterschiede im Viskositätsverhalten der einzelnen Typen (Bild 6.7). Mit der erweichungsbedingten Zusammensetzung können nur Ausdehnungswerte zwischen 120 und $160 \cdot 10^{-7}\,K^{-1}$ erreicht werden, die an die des Grundmetalls ($\approx 230 \cdot 10^{-7}\,K^{-1}$) natürlich nicht herankommen; entstehende Spannungen werden aber durch das duktile Aluminium ausgeglichen.

Aluminiumemails werden z. T. auch als Grundemails für einen nachträglichen Deckauftrag angewendet. Sie enthalten in diesem Falle noch Haftaktivatoren, wie CoO, NiO und Fe_2O_3 (*Bakalin* u. a. 1981) oder CuO (bei Phosphatemails; *Asarow* u. a. 1962).

Aus der Vielzahl der bekanntgewordenen Zusammensetzungen und Versätze ist eine Auswahl in Tabelle 6.13 zusammengestellt.

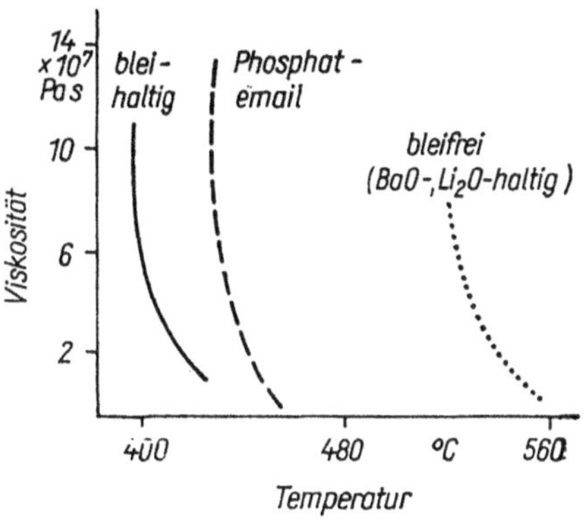

Bild 6.7. Temperaturabhängigkeit der Viskosität von Aluminiumemails (*Asarow* u. a. 1962)

Weitere finden sich bei *Stadley* (1959), *Bezborodov* u. a. (1960) und in anderen, schon genannten Büchern.

6.4.4.1. Aluminium-Weißemails

Als Basisemails dienen alle bekannten Zusammensetzungen. Die Trübung kann durch Mühlenzusätze oder Einschmelzen spezieller trübender Oxide erfolgen. Bei bleihaltigen Emails handelt es sich dabei z. B. um MoO_3 (*Amin, Cook* 1963), Pb-, Ba-, Ca- oder Alkalimolybdate oder um Antimonverbindungen, deren Trübwirkung durch ZrO_2 oder SnO_2 unterstützt wird. Im System $PbO-SiO_2-B_2O_3-V_2O_5$ wird die Trübung durch komplexe Blei-Silicat-Vanadate erzeugt (*Smalley* u. a. 1957; *Oya* u. a. 1967). Mit TiO_2 lassen sich gute Weißemails erzielen; der Weißgehalt wird durch ein Li_2O/TiO_2-Verhältnis von 1:(1,5 bis 2) auf über 70 % gesteigert (*Bulavin* 1966 b) oder durch Vortempern der Fritte verbessert (*Tumanov, Bulavin* 1963).

6.4.4.2. Aluminium-Farbemails

Für die Farbemails, die vorwiegend in der Mühle eingefärbt werden, eignen sich praktisch alle Emailtypen und Farbkörper. Wesentlich ist die gute Verträglichkeit der bleifreien Fritten mit cadmiumhaltigen Gelb-, Orange- und Rotfarbkörpern.

Tabelle 6.13. Aluminiumemails (*1* bleifrei, *Kyri* 1975; *2* bleifrei, *Asarow* u. a. 1962; *3* bleifrei, *Bakalin* u. a. 1981; *4* bleihaltig, *Kyri* 1975, *5* bleihaltig, *Kühn*, *Geu* 1980, *6* Phosphatemail, *Hüttig* 1963, *7* bleifrei, *Vielhaber* 1958a, *8* bleihaltig, V_2O_5-Typ, *Andrews* 1961)

	Chemische Zusammensetzung in %						Rohstoffe	Versätze in Masseteilen	
	1	*2*	*3*	*4*	*5*	*6*		*7*	*8*
SiO_2	20...30	23,5	29...39	20...30	25,5		Quarz	10	30,8
Al_2O_3		4	bis 3	bis 2		24	Feldspat	7,5	
B_2O_3	1...5		4...7	1...5	4,5	11	Borax	45	7,7
Na_2O } K_2O	30...40	17	30...40	20...29	17	21	Soda Salpeter	9 3	9,3
Li_2O		4	4		2,5		Kryolith	9,5	
BaO	10...15	25,5		bis 5			Zinkoxid	4	
CaO		16	bis 8				Lithiumcarbonat	5	
TiO_2	25...35	9,5	17...24	5...10	3	8	Flußspat	0,5	
ZnO	bis 4		bis 3				Mennige		43,8
PbO				30...40	38		Titaniumdioxid		0,5
NaF						3	Zirconiumdioxid		0,5
Sb_2O_3					3		Vanadiumpentoxid		7,5
P_2O_5						32,5			

6.4.5. Emails für Titanium und Titaniumlegierungen

Die Emaillierung von Titanium und seinen Legierungen erfolgt ausschließlich zum Zwecke des Hochtemperatur-Korrosionsschutzes. Der Schmelzpunkt des Titaniums (1668 °C) ist für das Emaillieren nicht problematisch, wohl aber der niedrige *AK* von $82 \cdot 10^{-7}\,K^{-1}$.

Prinzipiell sollen Emails für Eisen und legierten Stahl auch für Titanium geeignet sein

Tabelle 6.14. Emails für spezielle Metalle (*1* Email für Titanium, *Toler* 1955; *2* wie *1*, *Sitnikova* u. a. 1971a; *3* Email für Kupfer, *Andrews* 1961; *4* wie *3*, *Žuralev* 1975; *5* Dentalemail, *Dorsch* 1981; *6* Email für Wolfram, Bulg. Pat., Ref. Ž. 6/83, 39; *7* Email für Magnesium, *Stadley* 1959)

	Chemische Zusammensetzung in Masse-%						in Mol-%
	1	*2*	*3*	*4*	*5*	*6*	*7*
SiO_2	46	55...65	47,8	14...35	58...73	45	17...30 (z. T. TiO_2, ZrO_2)
Al_2O_3	5	3...5	6,8		11...17	20	bis 5
B_2O_3	20,5	3	13,4	10...15		21...24	5...12
Na_2O } K_2O	21	7...12	21,3	bis 30	6,5...19,3	bis 3	18...30 (z. T. Li_2O)
Li_2O		bis 2			bis 5	bis 2	
CaO		5...9	5	bis 20	0,1...2,6	8	
BaO		bis 2	6,7		MgO 0,1 bis 9,5		10...15 (z. T. CaO, ZnO)
CaF_2	7	bis 2					
TiO_2		4...20					
ZrO_2		bis 5					
PbO				20...30			20...40
CuO				5			
Cr_2O_3		1					

(*Bennett* u. a. 1953). Speziell entwickelte Emails enthalten i. d. R. relativ viel SiO_2 und wenig Alkali sowie z. T. größere Anteile an Al_2O_3, TiO_2 oder ZrO_2. Einige Analysen sind in Tabelle 6.14 zusammengestellt. Die Einbrenntemperaturen liegen bei 900 bis 1150 °C. Kompositemails aus Fritte und 5 bis 50 % hochschmelzenden Oxiden verbessern die Eigenschaften der Emaillierung durchweg (*Sitnikova* u. a. 1972, 1974).

6.4.6. Emails für Kupfer

Wegen des niedrigen Schmelzpunktes des Kupfers (1083 °C) sind relativ niedrig brennende Emails erforderlich (<650 °C); zugleich ist der hohe *AK* des Kupfers ($180 \cdot 10^{-7}\,K^{-1}$) zu berücksichtigen. Die Emails enthalten viel Flußmittel (darunter oft PbO). Sie sind etwa in das System $R_2O-PbO-B_2O_3-SiO_2$ einzuordnen, können aber auch bleifrei synthetisiert werden; Zusammensetzungen siehe Tabelle 6.14. Als Weißtrübungsmittel dient meist SnO_2. Emails für elektrische Isolierschichten auf Kupferdraht liegen im System $K_2O-PbO-SiO_2$ (*King, Keller* u. a. 1959), bzw. $R_2O-B_2O_3-TiO_2-SiO_2-F$ (*Bergeron* u. a. 1959). Glaskristalline säurebeständige Emails lassen sich im System $R_2O-ZnO-SiO_2-P_2O_5$ mit *AK* $150 \cdot 10^{-7}\,K^{-1}$ synthetisieren (*Pevzner, Dzavukcjan* u. a. 1972).

6.4.7. Emails für sonstige Metalle

Als Metallbasis für Dentalemails dienen spezielle Legierungen (Co—Cr, Ni—Cr, Fe—Cr). Den entsprechenden Emails liegen Alkalialumo(boro)silicatgläser zugrunde (Tabelle 6.14) (*Dorsch* 1981). Glasartige »Biokeramik«-Emails sind nur biokompatibel, wenn sie V-frei sind (*Das* u. a. 1977).

Wie Aluminium lassen sich auch Magnesium und seine Legierungen emaillieren. Die Schmelzpunkte erfordern sehr leichtflüssige Emails mit einem *AK* von $200 \cdot 10^{-7}\,K^{-1}$ (Tabelle 6.14).

Für Wolfram eignen sich Calcium-Boroalumosilicatemails mit sehr wenig Alkali (Tabelle 6.14). Ein Kompositemail aus Borosilicatglas und Zirkon kann als Oxydationsschutz bis 1600 °C dienen (*Bergeron* u. a. 1961).

Für die Emaillierung von Zirconium werden von *Schultz* u. a. (1956) Bleisilicatgläser vorgeschlagen, die Schutz bis 600 °C bieten. Niobium wird durch eine Kompositschicht (Aluminiumsilicophosphatglas + $MoSi_2$) bis 850 °C dauerhaft geschützt (*Sedmale* u. a. 1983).

7 Emailrohstoffe

Die Emailrohstoffe umfassen sowohl die Rohstoffe zum Erschmelzen der Fritte, als auch die beim Mahlen des Emails zur Mühle zugegebenen Stoffe. Einige von ihnen sind nicht eigentlich Emailrohstoffe, sondern üben eine Hilfsfunktion aus (z. B. Wasser).

Die Rohstoffe werden hier nur soweit behandelt, wie es zum Verständnis der Emailherstellung und -aufbereitung notwendig ist. Eine zusammenfassende Übersicht der geläufigsten Stoffe mit den wichtigsten physikalisch-chemischen Kennwerten findet sich im hinteren Vorsatz. Zur weiteren Information wird auf das Buch »Rohstoffe der Glasindustrie« von *Lange* (1980) verwiesen. Eine Übersicht über die derzeitige Emailrohstoff-Situation und -Perspektive gibt *Francioli* (1985).

7.1. Emailgrundstoffe

Emailgrundstoffe sind solche Ausgangsstoffe, aus denen der glasige Grundkörper der Fritte erschmolzen wird. Eine Untergliederung erfolgte lange Zeit in feuerfeste Stoffe und Flußmittel (z. B. *Vielhaber*). Daneben traten chemische Gesichtspunkte und die Einteilung in saure, basische und amphotere Oxide bzw. Oxidträger (z. B. *Stuckert; Petzold; Vargin*). Von der Glasfunktion her wird neuerdings von *Dietzel* die Unterteilung in Flußmittel, Resistenzmittel *I* (die chemische Widerstandsfähigkeit und Viskosität erhöhende Substanzen, wie SiO_2, Al_2O_3, Ton) und Resistenzmittel *II* (die chemische Widerstandsfähigkeit, aber nicht die Viskosität erhöhende Substanzen, wie Erdalkalioxide, ZnO, TiO_2, ZrO_2) eingeführt. Wir bevorzugen die Einteilung in bestimmte, chemisch zusammengehörige Gruppen, weil sie am übersichtlichsten zu sein scheint.

7.1.1. Quarzrohstoffe

Quarzrohstoffe (*Weiß* 1976; *Blankenburg* 1978) sind reine SiO_2-Träger; natürlicher Rohstoff ist der β-Quarz (Tiefquarz).

Die Polymorphiebeziehungen im System SiO_2 wurden bereits in Bild 2.9 (S. 32) dargestellt. Stabil sind β- und α-Quarz, α-Tridymit (870 bis 1470 °C) und α-Cristobalit (1470 bis 1710 °C), metastabil β- und γ-Tridymit (<160 °C), β-Cristobalit (<230 °C) und Kieselglas (<1710 °C). Der metastabile Übergang α-Cristobalit $\rightleftharpoons$ β-Cristobalit (230 °C) ist mit einer Volumenänderung von 5,6 %, der Übergang α- $\rightleftharpoons$ β-Quarz mit einem Volumensprung von 0,8 % verbunden.

Für den Emailschmelzprozeß ist die Polymorphie des SiO_2 ohne Bedeutung. Beim

Tabelle 7.1. Chemische und Korngrößenanalysen [in %] von Sanden und Quarzmehlen (TGL 18092; GOST 7030-54; 9077-59; *Weiß* 1976; *Lange* 1980)

	Sand				Quarzmehl		
	Hohenbocka, Weferlingen		Frechen, Hirschau	UdSSR	UdSSR		
Bestandteile	Sorte *2*	Sorte *7*					
SiO_2	99,5	97	99...99,6	>95	99,1		
Al_2O_3	0,1	2	0,2...0,5	<1,5	0,03		
Fe_2O_3	0,01	0,3	0,02	<0,5	0,001		
RO	0,05	0,4	0,02	<1,2	0,01		
R_2O	0,05	1,5	0,02...2	<0,3	0,002		
TiO_2	0,03	0,3	0,02...1	<0,2			
Glühverlust	0,2	0,6	0,1...0,2				
H_2O (feucht)		7					
Korngrößenverteilung							
Sandkorn [in mm]	SK *1*	SK *2*					
0,5...1,0	≦5	≦5	0,5	>0,8 mm:0,5			
0,1...0,315	>80	>60		<0,1 mm:5			
<0,063	≦1	≦1	0,5...1		*Quarzmehl Frechen*		
Feinkorn [in mm]	FK *1*	FK *6*			Gesamtrückstand auf Sieb mit Maschenweite [in µm]	W 1	*W* 12
0,5...1,0	0	0			315	1	
>0,2	<12	0			200	26	
>0,1	<50	0			100	74	0,5
<0,063	>30	>98			63	85	2
					40	89	10
					spezifische Oberfläche [in $m^2\,g^{-1}$]	0,15	0,9

Einbrennen von Sintergrund macht sich u. U. der Quarzsprung bei 573 °C oder eine β-α-Cristobalitumwandlung bemerkbar; die letztgenannte beeinflußt aber die Eigenschaften von cristobalithaltigen Kompositemails (s. z. B. Abschnitt 6.3.2.4.).

Die wichtigsten Quarzrohstoffe sind Quarzsande (ungemahlen und gemahlen). Selten werden Quarzite, gelegentlich für Sintergrund auch Flint (kryptokristallines Kieselgestein mit >98 % SiO_2) verwendet.

Sande für Emails sollten möglichst hohen SiO_2-Gehalt (>98 %), wenig Fe_2O_3 (<0,3 % bei hellen Emails; bei dunklen Emails stören höhere Anteile nicht) und nur geringe Verunreinigungen an Glimmer (stets eisenhaltig!) aufweisen. Alle anderen Beimengungen (TiO_2, Al_2O_3, Ton, Feldspat) sind kaum bedenklich. Wie aus der Analyse der heimischen Sande hervorgeht (Tabelle 7.1), liegen die Verunreinigungen z. T. weit unter dem für Emails zulässigen Maß.

Die Glassande der DDR (Weferlingen, Hohenbocka) besitzen ein relativ enges Kornspektrum von 0,1 bis 0,5 mm, was sie zum Schmelzen hervorragend geeignet macht. Der Sand wird trocken (Feuchte <0,2 %) oder feucht (Feuchte bis max. 7 %) geliefert. Dies ist bei der Versatzzusammenstellung zu berücksichtigen.

Als Mühlenzusatz wird gemahlener Sand verwendet (Quarzmehl). Tabelle 7.1 enthält die Körnungsanalysen einiger kommerzieller Produkte. Die feinsten Mehle bestehen aus Körnern <0,04 mm; die spezifische Oberfläche beträgt 0,5 bis 0,9 $m^2\,g^{-1}$, bei speziellen

Tabelle 7.2. Chemische und Korngrößenanalyse [in %] von Feldspäten und anderen Alumosilicaten (TGL 20687; *Lange* 1980 u. a.)

	Feldspäte				Pegmatite	Fledspat-sand DDR	Nephelin-syenit Norwegen
	Kali-feldspat *A* 95¹) (TGL)	Natron-feldspat *D* 95¹) (TGL)	Nore	UdSSR			
SiO_2	67,1	69,6	66,6	68	76...80	86	56
Al_2O_3	>17,7	>18,4	18,6	17	7...14	7,5	24
Na_2O	bis 2,3	>9,5	4,0	11,5	1...14	0,3	17 (Na₂O + K₂O)
K_2O	>12,9	bis 2,5	9,4	12	4...6	4,3	
CaO				0,2...1	0,4		2
Verunreinigungen Klasse S bis IV							
Fe_2O_3	0,08...1,5			0,4	0,2...0,7		0,1
TiO_2	0,02...0,4						
Korngrößenanteile							
Klasse	G *1*	>0,063 mm	5				
		<0,063 mm	95				
	G *3*	>0,09 mm	32				
		<0,09 mm	68				
Feuchte im Lieferzustand							
A bis *D* <1							
E (Feldspatsand) ¹) 14							

¹) Sorte A bzw. *D*: Feldspatgehalt 95 %; Sorte *E*: 25 %

Mehlen bis zu 4 $m^2\,g^{-1}$. Zu beachten sind durch den Mahlprozeß möglicherweise eingebrachte Verunreinigungen.

Für die oben genannten Cristobalit-Kompositemails wird synthetischer Cristobalit (s. z. B. *Schejbal* 1974) eingesetzt.

SiO_2 im Email wirkt erhöhend auf Schmelz- und Erweichungstemperatur, Viskosität, Kristallisationsneigung, chemische Beständigkeit, Festigkeit und Härte. Es vermindert Dichte, Wärmedehnung, elektrische Leitfähigkeit und Brechzahl.

7.1.2. Silicatische Rohstoffe

Verschiedene natürliche und künstliche Silicate bringen in das Email neben SiO_2 noch Al_2O_3, TiO_2 und Alkali- und Erdalkalioxide ein. Die wichtigsten Vertreter sind die *Feldspäte* (Alkali-Alumosilicate), von denen der Kalifeldspat $K_2O \cdot Al_2O_3 \cdot 6SiO_2$ (Orthoklas) die größte Rolle spielt. Alle anderen Feldspäte und ihre Mischungen (Albit, Anorthit, Perthite, Plagioklase) sind von untergeordneter Bedeutung. Von technischem Interesse sind noch Feldspat-Quarz-Gemische (Pegmatite, Feldspatsand).

Kennwerte, von Feldspäten, die der theoretischen Zusammensetzung im übrigen z. T. sehr nahe kommen, sind in Tabelle 7.2 zusammengestellt. Mit Glimmer, Hornblende oder Turmalin, die in der Schmelze teilweise schwer löslich sind, werden Fe_2O_3 und TiO_2 eingebracht. Größere Mengen können zu Fehlern (Flecken) führen. Bei Pegmatiten ist der hohe Quarzgehalt im allgemeinen nicht unerwünscht. Feldspat wird sowohl für den Schmelzversatz, als auch für den Mühlenversatz verwendet.

Anstelle von Feldspat werden vornehmlich im Ausland Nephelinsyenit $Na[AlSiO_4]$, Phonolith (natrium-kalium-feldspathaltig), Pechstein, Traß, Trachyt, Perlit und Andesit eingesetzt.

Zirkonsand (vorwiegend $ZrSiO_4$, Zirkon) wird eingeschmolzen, mitunter bei Grundemails auch zur Mühle gegeben (*Kyri* 1974).

Tisil (BRD: V 26) ist ein synthetisches Na-

Tabelle 7.3. Zusammensetzung technischer Gläser und synthetischer Silicate [in %]

	Flachglas	Geräteglas	Schlacke	Tisil	Wasserglas (TGL 16864)	
					fest	flüssig Sorte I
SiO_2	72	75	30...50	29...33	71...77	25...28
Na_2O	14	6,5		30...33	22...26	7...10
K_2O	0,5				R_2O_3 <2	R_2O_3 <1
CaO	7	1,5	10...50			
MgO	2...4		7...25		H_2O <7	H_2O <68
Al_2O_3	1	4,5	8...16	1		ϱ 1,36 g cm^{-3}
B_2O_3		7...9				η 2...30 · 10^{-2} Pas
BaO		4	FeO 4...30			
TiO_2				30		
F				1...2		

triumtitansilicat ($\approx Na_2O \cdot TiO_2 \cdot SiO_2$), z. T. mit geringen Mengen an Fluoriden. Es dient zur Einführung von leicht einschmelzbarem TiO_2 und als Flußmittel und verbessert Säurebeständigkeit und Glanz.

Wasserglas ist ein Gemisch von Alkalisilicaten etwa der Zusammensetzung $R_2O \cdot (2$ bis $4)SiO_2$. Technisch üblich sind meist Natronwassergläser mit 20 bis 30% Na_2O und 66 bis 80% SiO_2, die als Flußmittel eingesetzt werden.

Im *Glasmehl* liegen die sauren und basischen Oxide bereits in aufgeschlossener Form und als glasige Silicate vor. Einige Durchschnittszusammensetzungen sind in Tabelle 7.3 angegeben. Prinzipiell sind alle Glassorten zu verwenden; ihre Auswahl richtet sich nach der Art des zu schmelzenden Emails. Glasmehl ist preisgünstig, es verkürzt die Schmelzzeit und zeigt keinen Abbrand (s. z. B. *Reiberger* 1956). Wie Glasmehl sind auch *Hüttenabprodukte* (Schlacken usw.) einzuschätzen; sie weisen jedoch meist hohe Al_2O_3- und Erdalkalioxidgehalte auf. Ihre Verwendung ist in der Glasindustrie üblich (definierte Hochofenschlacke; *Myers* 1977; *Simpson* 1984); sie sind auch für Emails vorgeschlagen und erprobt worden (z. B. *Anders* 1952; *Märker* 1953c; *Ošurkov* u. a. 1963; *Vargin* u. a. 1972); sie sind auch heute wieder aktuell (*Schumacher* 1986). Zur Verwendung von Abfallemail für die Schmelze siehe *Vondraček, Friddle* (1982); *Karlovskij* (1982); *Elliot, Dykstra* (1985).

7.1.3. B_2O_3- und P_2O_5-Rohstoffe

B_2O_3 und P_2O_5 sind typisch Netzwerkbildner. Sie können in das Glasgerüst der Silicatemails eingebaut werden.

Tabelle 7.4. Zusammensetzung und Qualitätsforderungen [in %] für Borverbindungen (TGL 37378; 22143; *Beljaev* u. a. 1968)

		Borsäure	Borax	Dehybor	Datolit-Konz.	Danburit-Konz.
H_3BO_3		>98,5				
$Na_2B_4O_7 \cdot 10\,H_2O$			>99,5			
B_2O_3		>55,6	36,3...37,4	68,6	15...17	20...22
Fe_2O_3		0,005	0,005	0,005	3	1,5...2,5
Na_2O				30,6		
CaO					35	22...30
SiO_2				0,1	30...45	39...49
Al_2O_3					0,5...2	1,5...2,5
Körnung	>1 mm		<2			
	>2 mm	0				

Tabelle 7.5. Zusammensetzung und Qualitätsforderungen [in %] für Alkalicarbonate (TGL 8124, 27124)

	Leichtsoda		Schwersoda	Pottasche	Lithiumcarbonat
	Sorte *1*	Sorte *2*		Sorte *98/100*	
Na_2CO_3	99,2	>98,6	>98,6	1,0	
K_2CO_3				98,0	
Li_2CO_3					98,0
Fe_2O_3	0,003	0,003	0,004	0,003	0,003
NaCl	0,5	1	1		
Na_2SO_4	0,05				
KCl				0,35	
K_2SO_4				0,3	
Körnung <0,1 mm			5		
>1,6 mm			3		

Borsäure (H_3BO_3) wird in großer Reinheit und mit Körnung unter 2 mm als grieß- oder pulverförmiges Produkt geliefert (Tabelle 7.4). Sie wird mitunter bei Majolikaemails und Schmelzflüssen mit niedrigem Alkaligehalt verwendet. Borsäure geht beim Erhitzen unter Wasserabgabe und Aufblähen in B_2O_3 über. Sie ist mit Wasserdampf flüchtig.

Borax (Natriumtetraborat $Na_2B_4O_7$) wird wasserfrei und wasserhaltig (Kristallborax mit 10 H_2O) gehandelt (Tabelle 7.4).

Kristallborax neigt zur Verwitterung (→ Lagerung in verschlossenen Behältern). Beim Erhitzen auf 320 °C geht er stufenweise in die wasserfreie Verbindung über. Bezüglich der schmelzbeschleunigenden Wirkung des Wassers gibt es widersprüchliche Meinungen (s. *Lange* 1980). Mit der Erhöhung des Fluorabbrandes muß jedoch gerechnet werden, weswegen bei fluorhaltigen Versätzen wasserfreies Material bevorzugt wird.

Der wasserfreie Borax (Boraxanhydrit; USA: Dehybor) bringt im Vergleich zum Kristallborax (36,5 % B_2O_3) 69 % B_2O_3 in den Versatz ein (Tabelle 7.4). Seine Verwendung ist sehr verbreitet. Perborate wirken gleichzeitig als Oxydationsmittel.

Aus ökonomischen Gründen werden in zunehmendem Maße aufbereitete Borminerale verwendet. Es seien genannt:

Pandermit ($4CaO \cdot 5B_2O_3 \cdot 7H_2O$), Rasorit oder Kernit ($Na_2O \cdot 2B_2O_3 \cdot 4H_2O$), Colemanit ($2CaO \cdot 3B_2O_3$ $5H_2O$), Danburit ($CaO \cdot B_2O_3 \cdot 2SiO_2$), Datolit ($2CaO \cdot B_2O_3 \cdot H_2O$), Ascharit ($2\,MgO \cdot B_2O_3 \cdot H_2O$). Von diesen Mineralien werden Rasorit, Danburit und Datolit am häufigsten eingesetzt (Tabelle 7.4). Ein Nachteil ist mitunter auftretenden Verunreinigungen bei manchmal wechselnder Zusammensetzung zuzuschreiben (ausführliche Beschreibung der Verwendung einiger Minerale bei *Beljaev* u. a. 1968).

B_2O_3 verleiht dem Email viele gute technische Eigenschaften. Es wirkt als Flußmittel, senkt die Schmelzzeit und die Viskosität bei hohen Temperaturen, erniedrigt die Oberflächenspannung, erhöht den Glanz, wirkt bei geringen Gehalten erniedrigend auf die Ausdehnung und verbessernd auf Festigkeit, *E*-Modul, *TWB* und chemische Beständigkeit.

Phosphate, wie $Na_3PO_4 \cdot 12H_2O$, $Na_2HPO_4 \times 2H_2O$ ($12H_2O$), $(NH_4)_2\,HPO_4 \cdot 12H_2O$, bringen P_2O_5 in das Email ein. Die Körnungen sollen <0,5 mm sein.

P_2O_5 beeinflußt das Schmelzverhalten von Emails günstig. Ihm wird eine glättende Wirkung zugeschrieben. In Titan- und Zirkonemails fördert es über Phasentrennung eine Kristallisation von TiO_2 und ZrO_2.

7.1.4. Alkalioxid-Träger

Alkalioxide allein werden durch Carbonate in den Emailversatz eingeführt. Obwohl Li_2O im Email eine vorteilhafte Wirkung ausübt, wird es nur in besonderen Emailtypen angewendet.

Haupt-Na_2O-Träger ist die *Soda* (Na_2CO_3),

Tabelle 7.6. Zusammensetzung und Qualitätsforderungen [in %] für Erdalkalicarbonate (TGL 10784, 21262; *Lange* 1980)

	Magnesium-carbonat basisch	Dolomit Wünschen-dorf	Dolomit[1]	Kalkstein Herbsleben	Kalkstein[1]	Barium-carbonat
$MgCO_3$			44 ± 2		1,5	
$CaCO_3$			53,5 ± 2		>97	
$BaCO_3$						>98
MgO	>40	8...21		0,1...1		
CaO	0,5	26...39		52...54		0,1
Al_2O_3	0,2	0,2...5	0,25	0,1...0,5	0,2...0,5	0,1
Fe_2O_3	0,04	0,3...1,5	0,05	0,05...1	<0,1	0,003
SO_3	0,3					
H_2O	3					0,15

[1]) Forderungen der Glasindustrie

die sich bei hohen Temperaturen in Na_2O und CO_2 zersetzt. Die CO_2-Abspaltung erfolgt in Gegenwart saurer Oxide wesentlich früher als beim reinen Carbonat.

Man verwendet die wasserfreie (calcinierte) Soda; wegen geringerer Verstaubung wird die gröbere, schwere Soda (Kornmittel 0,1 bis 0,5 mm) der Leichtsoda (Kornmittel 0,06 bis 0,15 mm) vorgezogen. Soda zieht Wasser (bis 10%) an und kann auch etwas CO_2 aufnehmen; sie neigt dadurch stark zum Anbacken. Die technische Soda ist sehr rein; Qualitätsforderungen sind in Tabelle 7.5 zusammengestellt.

Pottasche (K_2CO_3) wird als Alkaliträger nur noch selten angewendet. Sie wird in wasserfreier Form mit einer Korngröße <0,1 mm gehandelt. Auch Pottasche neigt zur Wasseraufnahme und Klumpenbildung; Qualität nach TGL siehe Tabelle 7.5.

Ausgangsstoff für Lithium im Email ist normalerweise *Lithiumcarbonat* (Li_2CO_3). Es enthält nur wenig Verunreinigungen und ist sehr feinkörnig (<0,1 mm). Daneben werden z. T. auch Fluoride (z. B. *Gorbunova* u. a. 1976) und komplexe Oxide (Lithiumtitanat, -cobaltit, -manganit, -zirconat und -molybdat) eingesetzt (*Huppert* 1959). Auch natürliche Minerale, wie Lithiumglimmer (Lepidolith mit 4% Li_2O oder Zinnwaldit mit 2,5% Li_2O; *Varka* 1957) wurden mehrfach vorgeschlagen.

Die Alkalioxide wirken als Flußmittel, verbessern das Schmelzen, setzen die Viskosität herab und erhöhen den Glanz. Na_2O und K_2O verschlechtern allerdings die chemische Beständigkeit, verringern den elektrischen Widerstand, setzen die Ausdehnung herauf und die *TWB* sowie Festigkeit und Härte herab. Li_2O dagegen verbessert die chemische Resistenz und die Härte (*Barta* 1955); zur günstigen Wirkung im Grundemailschlicker siehe *Beljaev* (1958). Bezüglich des Einflusses auf die Ausdehnung gehen die Meinungen auseinander.

7.1.5. Erdalkalioxid – Träger

Von den Erdalkalioxiden sind MgO, CaO und BaO häufige Emailbestandteile; SrO wird nur in Ausahmefällen verwendet. Die Einführung der Oxide erfolgt vornehmlich durch die Carbonate, die sich thermisch in $MeO + CO_2$ zersetzen.

Als MgO-Ausgangsmaterial kommen synthetisches $MgCO_3$, schwere Magnesia und basisches Magnesiumcarbonat $4MgCO_3 \times (Mg(OH)_2 \cdot 4\,H_2O$ sowie natürlicher gemahlener Dolomit $MgCO_3 \cdot CaCO_3$ in Betracht. Die chemischen Analysen von basischem Carbonat und von Dolomiten sind in Tabelle 7.6 zusammengestellt. Gewisse Gehalte an Al_2O_3 und SiO_2 sind nicht als schädliche Verunreinigungen anzusehen, wenn sie im Versatz berücksichtigt werden. Die Körnungen des basischen Carbonats liegen bei

99,5 % < 0,08 mm, der Dolomite bei 90 % <0,3 mm (kein Korn > 0,8 mm).

Als CaO-Träger dient ausschließlich natürliches Calciumcarbonat in Form von gemahlenem Kalkstein, Wiesenkalk, Kreide oder Marmor (Tabelle 7.6). Die Körnungen sollen zu mindestens 90 % unter 0,3 mm und nicht über 0,8 mm liegen. Zu beachten ist bei Kalksteinen und Dolomiten der wechselnde Feuchtigkeitsgehalt (bis 17 % bei Wiesenkalk, bis 8 % bei Dolomiten).

Ausgangsstoff für BaO im Email ist synthetisches Bariumcarbonat $BaCO_3$ (Tabelle 7.6), selten das natürliche Mineral Witherit. $BaCO_3$ liegt im allgemeinen sehr sauber und feinkörnig an (<0,2 mm); es neigt aber stark zum Klumpen. Gehalte bis 1 % SrO und <0,2 % BaS wirken nicht störend. Über die Anwendung von Schwerspat ($BaSO_4$) in Verbindung mit Reduktionskohle siehe *Petzold, Betzer* (1957).

Die Wirkung der Erdalkalioxide im Email ist nicht einheitlich. Die Viskosität bei hohen Temperaturen wird durch MgO erhöht, durch CaO und BaO erniedrigt. $BaCO_3$ fördert das Einschmelzverhalten.

Die Ausdehnung wird in der Reihenfolge CaO < BaO < MgO erniedrigt und die *TWB* verbessert. In gleicher Weise nimmt die Härte zu. Die Festigkeit wird im allgemeinen erhöht (am stärksten durch CaO, das überhaupt viele physikalisch-chemische Eigenschaften verbessert, *Barinov* u. a. 1971). MgO und CaO steigern die chemische Beständigkeit, BaO setzt sie herab. Bariumoxid wird häufig anstelle von Bleioxid verwendet, da es sich ähnlich verhält. Es hat den Vorteil, daß es nicht reduziert wird. Es muß allerdings beachtet werden, daß Barium toxisch nicht unbedenklich ist.

7.1.6. Tonerderohstoffe

Mit natürlichen Silicaten (Feldspäten, Pegmatiten, Nephelin, Phonolith usw.) werden bereits merkliche Mengen an Al_2O_3 (zwischen 8 und 25 %, bezogen auf den Rohstoff) in den Versatz eingebracht. Daneben treten synthetische Al_2O_3-Träger, wie Aluminiumoxid Al_2O_3 und Aluminiumhydroxid $Al(OH)_3$ (Hydrargillit) etwas in den Hintergrund. Sie sind sehr rein und feinkörnig (95 % < 0,1 mm). Die Güteforderungen nach TGL sind in Tabelle 7.7 zusammengetellt.

$Al(OH)_3$ geht bei 150 °C in AlOOH und dann in γ-Al_2O_3 über, das sich überhalb 1000 °C in das stabile α-Al_2O_3 (Korund) umwandelt. Die technische calcinierte Tonerde enthält stets reichliche Mengen an α-Al_2O_3. In Abhängigkeit vom γ-Al_2O_3-Gehalt kann sie wechselnde Mengen an Wasser aufnehmen; Übersicht über Tonerden siehe *Petzold, Ulbricht* (1984).

Al_2O_3 ist ein amphoteres Oxid. Es zeigt bei geringen Konzentrationen meist positive Wirkungen im Email: die Ausdehnung wird erniedrigt; die *TWB* ebenso wie die Festigkeit und die chemische Beständigkeit erhöht, die Trübung begünstigt. Allerdings erschwert Al_2O_3 das Einschmelzen und erhöht bemerkenswerterweise die elektrische Leitfähigkeit.

7.1.7. Schwermetalloxid-Emailgrundstoffe

Hier seien nur zwei Oxide genannt: Zinkoxid und Bleimennige. Zinkoxid muß auf jeden Fall frei von metallischem Zink sein; die Körnung soll unter 0,64 mm liegen.

Bleioxidträger ist hauptsächlich Mennige Pb_3O_4, die mindestens 97,5 % Bleioxid enthalten muß. Von der Körnung dürfen nur

Tabelle 7.7. Zusammensetzung von Tonerderohstoffen [in %] (TGL 7750, 8121)

	Calcinierte Tonerde				Aluminiumhydroxid	
	1	*2*	*3*	*4*	feucht	trocken
Al_2O_3	99,2	98,4	98,3	98,0	>52	>64
davon α-Al_2O_3	85	30	30			
Fe_2O_3	0,025	0,05	0,08	0,1	0,04	0,05
Na_2O	0,45	0,6	0,45	0,45	0,17	0,20
H_2O	0,2	0,5	0,5	0,6	20	1

0,5 % größer als 0,063 mm sein; über nichtstaubende Bleioxidrohstoffe siehe *Frauendienst* (1980).
Mennige zersetzt sich oberhalb 500 °C nach $Pb_2O_4 \rightarrow 3\,PbO + {}^1/_2\,O_2$. Trotz des frei werdenden Sauerstoffs sollten bleioxidhaltige Versätze zur Vermeidung der Reduktion des PbO besser unter Verwendung von Oxydationsmitteln geschmolzen werden. Das entstehende PbO ist im übrigen oberhalb 850 °C flüchtig.
Die beiden behandelten Oxide sind Flußmittel und erniedrigen die Viskosität. Durch PbO werden der *E*-Modul herabgesetzt, durch ZnO Härte und Festigkeit erhöht, die Ausdehnung vermindert und die *TWB* gesteigert. Die chemische Resistenz (außer Laugenbeständigkeit) wird durch ZnO verbessert; Bleioxid wirkt dagegen verschlechternd. Der Glanz wird durch PbO verbessert, der elektrische Widerstand im Email heraufgesetzt. Beide Elemente wirken toxisch. In der DDR werden bleihaltige Emails nicht mehr hergestellt.

7.1.8. Fluoride

Fluoride als Versatzbestandteile werden meist unter die Trübungsmittel eingereiht. Allerdings wird häufig Flußspat (CaF_2) auch als Flußmittel im Grundemail verwendet. (Von der guten Flußwirkung hat der Flußspat seinen Namen.) Bis 10 % CaF_2 wirken stark verflüssigend auf Silicatschmelzen. Dabei wird die Oberflächenspannung herabgesetzt, die Benetzung verbessert und die Ausdehnung erhöht. Zu beachten ist der starke Fluorabbrand (s. Abschnitt 8.3.2.).
Die chemischen und technischen Kennwerte des Calciumfluorids werden bei den Trübungsmitteln (Abschnitt 7.5.3.) behandelt und in Tabelle 7.9 (S. 113) wiedergegeben.

7.2. Oxydationsmittel

Oxydationsmittel werden zugeführt, um organische Beimengungen in der Schmelze zu oxydieren und Mißfärbungen zu begegnen (z. B. das farbkräftige Fe^{2+} in das weniger färbende Fe^{3+} zu überführen). Wirksam ist der oberhalb 400 °C z. B. nach $2KNO_3 \rightarrow 2KNO_2 + O_2$ ($\rightarrow K_2O + 2NO$) oder $2MnO_2 \rightarrow Mn_2O_3 + 1/2\,O_2$ freigesetzte Sauerstoff; das Kation spielt bei den angewendeten Salpeter – oder Braunsteinmengen (2 bis 5 %) für den Versatz eine untergeordnete Rolle.
Als Oxydationsmittel werden *Nitrate* (Kalisalpeter KNO_3), Natriumnitrat (Natronsalpeter $NaNO_3$) und Mangandioxid (Braunstein Mn_2O), in Einzelfällen auch Bariumnitrat verwendet. Die Alkalinitrate sind synthetische Produkte von hoher Reinheit. Natronsalpeter ist stark hygroskopisch und daher in geschlossenen Behältern aufzubewahren. Auf Grund ihrer niedrigen Schmelztemperaturen wirken die Nitrate schmelzbeschleunigend.
Braunstein ist ein natürliches Mineral mit Verunreingungen an Eisenoxid und SiO_2. Die Sauerstoffabgabe beginnt bei etwa 550 °C unter Bildung von Mn^{3+}, das in Gläsern stabilisiert wird. Mn^{2+} ist farblos, Mn^{3+} violett, weshalb Braunstein auch zur Farbvertiefung in dunklen, vorzugsweise schwarzen Emails verwendet wird. Der Übergang $Mn^{3+} \rightarrow Mn^{2+}$ vollzieht sich vollends erst beim Aufbrennen und fördert die Haftung von Grundemails.

7.3. Haftmittel

Zu den Haftmitteln in konventionellen Grundemails gehören hauptsächlich Cobalt- und Nickeloxid. Das oft mit eingeschmolzene Manganoxid ist kein Haftoxid, sondern wirkt als Depolarisator. Weitere Stoffe sind von untergeordneter Bedeutung.

7.3.1. Oxidische Haftmittel

Vom klassischen Standard-Haftmittel *Cobaltoxid* gibt es verschiedene Arten (CoO, Co_2O_3, Co_3O_4) und verschiedene Sorten. Von ihnen sind das graue (CoO) und schwarze Cobaltoxid Ia (Co_2O_3) am geläufigsten. Die Verunreinigung an NiO, Fe_2O_3 und sonstigen Bestandteilen beträgt max. 2 %. Als Cobaltoxidträger hat *Märker* (1953c) die Oberschlemaer Cobaltschlacke als brauchbar befunden (CoO 0,2 bis 0,65, NiO 0,05 %).

An *Nickeloxiden* werden NiO (Nickeloxid grün, mindestens 90 % NiO) und Ni_2O_3 (Nickeloxid schwarz) gemeinsam mit Cobaltoxid angewendet.

Kupferoxid CuO, in größeren Mengen (7 %) eingeschmolzen, wirkt wie CoO/NiO (*Ostrowski* 1980, 1984).

Molybdäntrioxid (MoO_3) und Ammonium-, Calcium- und Bariummolybdat finden bei Kombination mit Sb_2O_3 z. T. als Haftmittel Verwendung bei der Direktweißemaillierung (*Dietzel* 1981, 1 bis 2 % MoO_3, 1 bis 4 % Sb_2O_3). MoO_3 ist ein synthetisches, grauweißes Pulver. Es setzt die Oberflächenspannung des Emails herab. Die Molybdate sind wasserlöslich und können bei Zugabe zur Mühle im Naßauftrag zu Strandlinien führen.

Vanadiumpentoxid (V_2O_5) wird als Haftmittel bei Cr-Ni-Stählen vorgeschlagen.

7.3.2. Sulfidische Haftmittel

Arsensulfide (As_2S_3, As_2S_5) wurden von *Schultheis* (1949) als Haftmittel erfolgreich eingesetzt. Da Arsen toxisch ist, muß einer Umwandlung der Sulfide in Oxide in der Schmelze durch Schwefelüberschuß vorgebeugt werden.

Als Haftmittel ist auch Antimonsulfid Sb_2S_5 geeignet, vorzugsweise in Kombination mit anderen haftungsfördernden Verbindungen. Zweckmäßig läßt sich mineralisches Sb_2S_3 (Grauspießglanz) verwenden (*Petzold, Betzer* 1953).

7.4. Farbkörper und Leuchtstoffe

Unter Zugrundelegung früherer Ausführungen über die Emailfärbung wird im folgenden hauptsächlich eine Bestandsaufnahme der geläufigen Färbemittel durchgeführt. Da detaillierte Daten meist fehlen, kann eine ausreichende Beschreibung kaum vorgenommen werden. Auf zusammenfassende Darstellungen bei *Kyri* (1974); *Weisenhaus* (1977) und *Martens* (1983) sowie auf die Klassifikation von *Burgyan, Eppler* (1983) sei verwiesen.

7.4.1. Farbkörper für Ionenfärbung

Wenige Oxide kommen als Farbkörper (nach *Dietzel:* Lösungsfarbstoffe) in Betracht. Als *Blaufarbkörper* dienen Cobaltoxide (Abschnitt 7.3.1.), die eine intensiv tiefblaue Färbung hervorrufen (in manchen Fällen unter Zusatz von MnO_2). Cobaltsilicat wird zur Abtönung von Titanemails verwendet. Bestimmte Blaufarbtöne lassen sich nur durch Dispersionsfarbkörper erzielen.

Grünes Email kann durch Einschmelzen von Chromiumoxid Cr_2O_3 erzeugt werden; bor- und zinkhaltige Flüsse unterstützen die Farbkraft. Farbnuancen erhält man nur bei Mühlenzusatz von Gemischen aus Cr_2O_3 und anderen Oxiden.

Majolikabraun wird durch Kompositionen aus Eisen-, Chrom- und Manganoxiden oder durch Eisensulfid FeS erzeugt.

Schwarze Emails können durch Einschmelzen mehrerer Oxide, die sich in der Absorption ergänzen, erzielt werden (Cobalt-, Mangan-, Chrom-, Kupfer-, Eisen-, Nickeloxid). Das Farbbild weist allerdings noch blaue, braune oder grünliche Nebentöne auf. Mit Eisensulfid lassen sich gleichfalls Schwarzemails herstellen, deren Brennbeständigkeit aber gering ist (Oxydation des Sulfidschwefels). Schwarzemails werden allerdings vorwiegend durch Zugabe von Schwarzfarbkörpern z. M. erzeugt.

7.4.2. Dispersionsfarbkörper

Dispersionsfarbkörper sind hochgeglühte und gesinterte keramische oder Mineralfarben (*Krause* 1977). Sie bestehen teils aus einfachen oder dotierten Oxiden (Mischkristallen), teils aus einfachen oder binären Chalkogeniden, vielfach jedoch aus binären oder polynären oxidischen Verbindungen, oftmals mit Spinellstruktur, aber auch Pyroxenstruktur (für leichtschmelzende Emails; *Pišč* u. a. 1984). Es sind chemisch und thermisch beständige Farbkörper, die trotz der geringen Korngröße (1 bis 5 μm) vom Email auch bei mehrmaligem Brand nicht angegriffen werden dürfen. Dies gelingt z. B. durch Beachtung der Aciditäts/Basizitäts-Verhältnisse, durch Herabsetzung der Be-

Tabelle 7.8 Zusammensetzung von Farbkörpern [in %] (nach *Vargin* u. a. 1972)

	Schwarz	Blaugrün	Blau	Grün	Braun	Cd-Rot
Cr_2O_3	40...48	30	18	48	12	
Fe_2O_3	23...50				14	
CoO	11...20	5	36			
ZnO		15		28	64	
Al_2O_3		50	46		10	
MnO	9					
S						14...16
Se						7...15

netzung und ggf. durch Zusatz von geglühtem Kaolin. Die Farbkörper müssen darüber hinaus eine Brechzahl $>2{,}0$ haben. Dem Buch von *Vargin* u. a. (1972) entnahmen wir eine Aufstellung von Farbkörpern (Tabelle 7.8).

Blaufarbkörper

Wichtigster Farbkörper ist das Cobaltblau ($CoO \cdot Al_2O_3$), ein Spinell bzw. Gemisch von Spinell mit Al_2O_3. Er erzeugt ein rotstichiges Blau; bei Ersatz von CoO durch ZnO wird die Farbe brillanter, Überschuß an CoO ergibt einen Grünstich, Zusatz von Manganoxiden und Zinkoxid eine Violett-Tönung. Mit Cr_2O_3 entsteht der blaugrüne Mischspinell $CoO \cdot (Al_2O_3, Cr_2O_3)$ (Neublau); über Co-Spinell-Pigmente s. *Warachim* u. a. 1985; *Alarcon* u. a. 1985.

Der keramische Farbkörper Zirkon-Vanadinblau ($ZrSiO_4 + V_2O_4$[1])) findet zunehmend auch in der Emailindustrie Eingang. Als Farbkörper für violette Tönungen ist Manganphosphat geeignet.

Grünfarbkörper

Bekanntester Grünfarbkörper ist das Chromiumoxid (*Beachte:* Komplikationen bei Direktemails auf Stahl!). Cr_2O_3 ist auch mit dem ZnO—CoO-Mischkristall (*Rinmans*-Grün) kombiniert zu verwenden. Grüne Farbe wird ferner durch $Fe_2O_3 + CuO$, Mischung von Neapelgelb und Neublau und durch komplexe Oxidkombinationen unterschiedlicher Zusammensetzung, wie $TiO_2 + NiO + ZnO + CoO + Al_2O_3$, $TiO_2 + NiO + Cr_2O_3 + CaO + Al_2O_3$, $CoO + Cr_2O_3 + TiO_2 + Sb_2O_3$ oder $ZrSiO_4 + V_2O_3 + Pr_2O_3$ erzeugt. Leuchtend grüne Farbtöne erhält man mit CoO + CdS.

Gelbkörper

Neapelgelb auf Basis $PbO \cdot Sb_2O_5$ mit wechselndem Oxidverhältnis und Möglichkeit des Ersatzes von PbO durch ZnO und von Sb_2O_5 durch SnO_2 und CeO_2 ist nur noch wenig verbreitet. Die Farbtöne liegen zwischen zitronengelb und braungelb; die Farbkraft ist jedoch nicht sehr hoch.

Der farbstärkste Gelbfarbkörper ist Cadmiumsulfid CdS (Postgelb), das je nach Herstellungsart und Modifikation (α- bzw. β-CdS) etwas verschiedene Farbnuancen erzeugen kann. Die Resistenz gegen saure Lösungen ist nicht sehr hoch (*Beachte:* Toxizität!).

Gelbe Einfärbungen bzw. Tönungen erzielt man auch mit Rutilfarbkörpern (*Kyri* 1974; Struktur des Rutils s. Bild 2.2, S. 25). Es handelt sich um feste Lösungen von TiO_2 (Rutil), Sb_2O_3, Cr_2O_3 oder WO_3 und einem färbenden Oxid. Sie sind chemisch resistent. Gelbfarbkörper stellen auch die Systeme $TiO_2—Sb_2O_3—NiO$, $TiO_2—Sb_2O_3—CuO$, $ZrSiO_4—Pr_2O_3$ und $ZrO_2(TiO_2)—V_2O_5$ dar. Cremefarben erzeugt man mit $SnO_2—V_2O_5$ oder $SnO_2—Pr_2O_3$. Orange Farben erhält man mit dem Rutilfarbkörper $TiO_2—Sb_2O_3—Cr_2O_3$ oder durch Mischen von Gelb- und Rotfarbkörpern.

Braunfarbkörper

Braunfärbungen lassen sich in der Regel nur durch Mischkörper erzielen, wie z. B.

[1]) In diesen Farbkörpern kann das Vanadium in verschiedenen Oxydationsstufen auftreten (V^{3+} grün, V^{4+} blau, V^{5+} gelb), die im Gitter des Grundkörpers stabilisiert werden und auf diese Weise zu verschiedenen Farben führen.

$TiO_2 + Sb_2O_3 + Mn_2O_3$, $Fe_2O_3 + Cr_2O_3 + ZnO$, $Fe_2O_3 + CoO$ (NiO) + ZnO oder Zinkspinell $ZnO \cdot (Mn_2O_3, Al_2O_3, Cr_2O_3, Fe_2O_3)$ (Spinellbraun) mit unterschiedlichen Brauntönungen. Rotbraun erzeugt man mittels Fe_2O_3 (Farbkörper: hellrot bis dunkelrot). Bei Restgehalten an Salzen (Sulfat) wird das Email blind oder zeigt Ausblühungen; es ist sehr empfindlich gegenüber der Ofenatmosphäre (*Hadwiger* 1963a).
Für Ockerfarben werden Rutilfarbkörper mit Cobaltoxid eingesetzt, für Rotocker das System $TiO_2—WO_3—Cr_2O_3$, für Goldocker $TiO_2—Sb_2O_3—Cr_2O_3$.

Rotfarbkörper
Der Standard-Rotfarbkörper ist das Cadmiumsulfoselenid Cd(S, Se), eine feste Lösung zwischen CdS und CdSe (Signalrot, Feuerrot). Durch Variation des Selengehaltes sind Farbabstufungen von Orange über Rot bis Violett möglich; in hoch-B_2O_3-haltigem Emails entwickeln sich zarte violette Farben. Neue Einschlußpigmente (Cd (S, Se) in $ZrSiO_4$) beschreibt *Völker* (1985).
Cadmiumrot ist empfindlich gegen Stellmittel (außer Na_2SiF_6), anfällig gegen Unterbrennen (→ schmutzige Braunfärbungen) sowie gegen Ofengase und Säuredämpfe. Oxydation des Schwefels zu Sulfat führt zu Verfärbungen und Ausblühungen (s. z. B. *Zupnik* u. a. 1985).
Das zur Rosafärbung verwendete Pink, ein Mischkristall aus SnO_2 und Cr_2O_3 mit Kalkzusatz, wird nur noch selten verarbeitet. Weitere Mischkörper mit Rosa- bis Purpurfärbung sind $SnO_2(ZrO_2, WO_3) + CaO$ und $ZrSiO_4 + Fe_2O_3$.

Schwarzkörper
Für Schwarzkörper gilt sinngemäß das in Abschnitt 7.4.1. Gesagte. Die hochgeglühten Oxidgemische (FeO, Fe_2O_3, Cr_2O_3, CoO, NiO MnO, MnO_2, CuO) liegen in verschiedenen Kombinationen als Spinellphasen vor und werden zur Mühle gegeben. Beim Einbrennen borreicher Emails wird u. U. ein Teil des Farbkörpers gelöst. Das entstehende schwarze Glas wirkt sich aber günstig auf die Lichtabsorption aus.
Schwarzemails lassen sich auch unter Verwendung von FeS herstellen.

Grautöne
Grautöne erzeugt man im allgemeinen durch Einführung des Schwarzkörpers in Weißemails oder durch Mischen von Schwarzkörper mit Trübungsmitteln (oder Kaolin) bzw. von Schwarz- und Weißemails. Graufarbkörper existieren allerdings auch in Form von Mischoxiden, wie $MoO_3 + Al_2O_3$ (ggf. $+ZnO + SnO_2$), $TiO_2 + V_2O_5$ oder $TiO_2 + Sb_2O_5 + V_2O_5$.

7.4.3. Ausscheidungsfarbkörper

Eine Ausscheidungs(Kolloid- oder Anlauf-) färbung wird z. B. erzielt, wenn eingeschmolzene Goldsalze nach Zersetzung beim Einbrennen zu einer Kristallisation von kolloidem Gold mit roter Farbe führen (Goldrubin). Die technische Bedeutung ist gering.

7.4.4. Farbkörper für Dekorfarben

Die als Farbkomponenten in Schmelzfarben für Dekors dienenden Farbkörper entsprechen weitgehend den oben besprochenen Verbindungen; ausführliche Darstellung der keramischen Farben bei *Kohl* (1957).

7.4.5. Leuchtstoffe

Als Leuchtstoffe werden Sulfide (i. d. R. ZnS) sowie verschiedene Silicate + Aktivatoren verwendet (Übersicht bei *Šrank* u. a. 1985). Es muß vermieden werden, daß die Sulfidionen teilweise durch Sauerstoffionen ersetzt werden, weil sonst die Phosphoreszenzeigenschaften leiden. Die Korngröße des ZnS soll deshalb über 0,1 mm liegen (*Eichbaum* 1958). Ständiges Leuchten läßt sich über Zusatz von radioaktiven Substanzen erreichen (s. Abschnitt 6.3.2.4.).

7.5. Trübungsmittel

In der Emailtechnik unterscheidet man vielfach die eigentlichen (Haupt-)Trübungsmittel von den nur schwach trübenden Fluoriden, die die Entwicklung der Trübung lediglich fördern (»Vortrübungsmittel«). Der Handhabung nach unterteilt man in Dispersions- und Ausscheidungstrübungsmittel (s. dazu auch Abschnitte 3.5.1. und 6.4.2.1.).

Tabelle 7.9. Zusammensetzung und Qualitätsforderungen [in %] von Trübungsmitteln (TGL 14432, 5652, 4538, 12074; Auszüge)

		SnO_2	TiO_2	CaF_2 (Mehl)	Na_2SiF_6	Na_3AlF_6
CaF_2				95...>98		
SiO_2			<0,1	0,8...2,0		0,25
$CaCO_3$				1,7...2		
R_2O_3		0,03	0,01	1...2,5	0,1	0,06
F						>53
Na						33
Al						13...14,5
SO_4						0,8
SnO_2		99,7				
Sn, metall.		0,1				
TiO_2			99,8			
Cr_2O_3			<0,001			
Körnung	<0,315 mm			>94		
	0,5...0,04 mm				>60	
	<0,04 mm				<40	

7.5.1. Dispersionstrübungsmittel

Die Bedeutung des klassischen Trübungsmittels *Zinndioxid* SnO_2 ($n = 2{,}06$) ist stark zurückgegangen. Es ist ein synthetisches Produkt (>99,7 % SnO_2); Güterichtlinien sind in Tabelle 7.9 zusammengestellt.

SnO_2 löst sich praktisch kaum in der Emailschmelze; geringe Mengen in Lösung scheiden sich z. T. wieder aus, z. T. verbessern sie Festigkeit und chemische Beständigkeit des Emails. Zinndioxid erzeugt ein leicht elfenbeinfarbenes Email und wird vor allem zur Aufhellung mancher Farben benutzt.

Zirconiumdioxid ZrO_2 ($n = 2{,}4$) (meist mit etwa 10 % SiO_2) läßt sich als Mühlentrübungsmittel, besser jedoch als Aufheller verwenden. Es wird von der Emailschmelze relativ stark angegriffen, daher wird es meist mit anderen Oxiden (Al_2O_3, SiO_2, Metakaolinit) bzw. Phosphaten kombiniert oder in Form von $ZrSiO_4$, Zirkon, angewendet.

ZrO_2 erhöht die Schmelztemperatur des Emails und wirkt günstig auf Alkalibeständigkeit, Festigkeit, TWB und Glanz. Zirconiumdioxidhaltige Trübungsmittel sollen bei Überbrennen zur Blasenbildung führen.

Ceriumdioxid CeO_2 ($n = 2{,}2$) wird gelegentlich noch als Mühlentrübungsmittel verwendet, allerdings nur bei speziellen Emails. Es wird aber auch eingeschmolzen (*Johnson, Friedberg* 1959; *Nedeljkovic, Cook* 1971). Im allgemeinen liefert es ein etwas gelbstichiges Weiß. Unter ungünstigen Bedingungen kann es Sauerstoff abspalten und in Ce_2O_3 übergehen; dabei tritt eine gelblich-bräunliche Farbtönung, aber auch ein gewisser Gastrübungseffekt auf. CeO_2 verbessert Säurewiderstandsfähigkeit und Glanz von Email.

Von den trübenden Antimonverbindungen wird das *Natriumantimonat* $NaSbO_3$ zur Mühle gegeben oder auch eingeschmolzen. Das synthetische Pulver ist sehr rein; es erzeugt ein cremefarbenes Weiß. Zahlreiche weitere Antimonate sind als Trübungsmittel vorgeschlagen und gelegentlich wohl auch eingesetzt worden.

Uverite ist ein Dispersionstrübungsmittel der ungefähren Zusammensetzung $7\,CaO \cdot CaF_2 \times 6\,TiO_2 \cdot 2\,Sb_2O_3$, das in der Trübkraft dem SnO_2 entspricht und in den USA verbreitet ist.

7.5.2. Ausscheidungstrübungsmittel

Das wichtigste Ausscheidungstrübungsmittel ist das Titaniumdioxid TiO_2 ($n = 2{,}5$ bis $2{,}7$). Das technische Produkt (Tabelle 7.9) besteht hauptsächlich aus Anatas mit >98 % TiO_2; Rutil führt nach Kristallisation im allgemeinen auch zur Rutiltrübung. Natürliche Materialien, wie Rutilkonzentrat, sind nicht für Weißemail, sondern nur für pastellfarbige Emails geeignet (*Beljaev* 1963). Farbschwankungen vom Trübungsmittel selbst sind im allgemeinen nicht zu erwarten. Unter stark reduzierenden Bedingungen kann Ti_2O_3 auftreten, das dunkel färbt. Die Kombination von TiO_2 mit anderen Verbindungen, wie z. B. in Uverite, als Dispersionstrübungsmittel wurde schon erwähnt.

Titaniumdioxid in Lösung erniedrigt die Viskosität des Emails, erhöht die Säurebeständigkeit und den Glanz. Ausscheidungen von Anatas oder Rutil ergeben superopake Weißemails, insbesondere in Gegenwart von B_2O_3 und P_2O_5 im Email.

Wie schon angedeutet, wirkt *Zirconiumdioxid* ZrO_2 vor allem auch in phosphathaltigen Emails ebenfalls als Ausscheidungstrübungsmittel. Die ZrO_2-Modifikationen spielen in Emails keine Rolle; stabil ist nur das monokline ZrO_2.

Natriumantimonat und Sb_2O_3 ($n = 2{,}1$ bis 2,3) (oder beide zusammen) können eingeschmolzen werden; es scheidet sich Sb_2O_5 aus (*Flörke* 1958). Bei zu hohen Schmelztemperaturen wird die chemische Resistenz negativ beeinflußt.

Molybdäntrioxid MoO_3 trübt Aluminiumemails durch Ausscheidung von Bleimolybdat (*Amin, Cook* 1963). Eine Trübung wird hier auch durch Bleiantimonat hervorgerufen.

Zu weiteren vorgeschlagenen und erprobten, meist aber großtechnisch wenig oder kaum genutzten Trübungsmitteln gehören Arsenverbindungen, Vanadinpentoxid, zahlreiche Mischtrübungsmittel und Zinksulfid (s. dazu *Petzold* 1955a).

7.5.3. Trübungsfördernde Fluoride

Früher war es erforderlich, den Weißfritten gewisse aufhellende Substanzen als »Vortrübungsmittel« zuzuschmelzen, was bei den modernen Trübungsmitteln überflüssig geworden ist. Die Fluoridzusätze sind dennoch geblieben, da sie die Ausscheidung durch Keimbildung und Impfwirkung günstig beeinflussen und so die Trübung fördern.

Calciumfluorid CaF_2 ($n = 1{,}43$) als trübungsförderndes Flußmittel ist ein aufbereiteter, natürlicher, feinkörniger Flußspat mit geringen Beimengungen an Silicaten, Kalkspat, Eisenoxiden und ggf. Schwerspat. Forderungen sind in Tabelle 7.9 zusammengestellt. Die Trübwirkung des Flußspats beruht im wesentlichen auf der Umsetzung mit Natriumoxid und der Ausscheidung von NaF-Kristallen:

$$Na_2O + CaF_2 \rightarrow NaF + CaO.$$

Die Trübung ist aber nur gering ($n_{NaF} = 1{,}33$). Auf den Fluorabbrand sei nochmals hingewiesen.

Kryolith Na_3AlF_6 ($n = 1{,}36$) kommt natürlich vor, wird aber in das Email in Form eines synthetischen Produkts eingeführt (eingeschmolzen oder zur Mühle gegeben). Der Reinheitsgrad ist sehr hoch (Tabelle 7.9). Kryolith wirkt verflüssigend und zeigt Trübeffekte ebenfalls durch Natriumfluorid: $Na_3AlF_6 \rightarrow 3NaF + AlF_3$; $2AlF_3 + 3Na_2O \rightarrow 6NaF + Al_2O_3$. Wegen des Abbrandes soll die Körnung nicht zu fein sein. Kryolith erhöht die Ausdehnung des Emails und senkt *TWB* und Elastizität.

Ein künstliches, ebenfalls trübungsförderndes Doppelfluorid ist der *Chiolith*, dem die Formel $5NaF \cdot 3AlF_3$ bzw. $3NaF \cdot 2AlF_3$ zugeschrieben wird.

Der größte Fluorträger ist das synthetische *Natriumsilicofluorid* Na_2SiF_6. Einige Qualitätsforderungen sind in Tabelle 7.9 angegeben. Auch hier beruht die trübungsfördernde Wirkung auf der Entstehung von NaF-Kristallen: $2Na_2SiF_6 \rightarrow 4NaF + SiF_4\uparrow$. Durch Na_2SiF_6 wird die Ausdehnung des Emails erhöht, der Glanz verbessert und die Säurebeständigkeit etwas gesteigert. Als Rohstoff ist Natriumsilicofluorid giftig (Arbeitsschutz!).

7.6. Naßemail-Hilfsstoffe

Hilfsstoffe bei der Naßemaillierung sind Mühlenzusätze, die aus rheologischen, auftrags- und brenntechnischen Gründen zur Erzeugung einer optimalen Konstistenz und Einbrennkondition zugegeben werden. Trübungsmittel, Farbkörper oder andere Stoffe zur Erzeugung von Kompositemails sind in diesem Sinne keine Hilfsstoffe.

7.6.1. Hochschmelzende Oxide für Grund- und Deckemails

Grundemails für den Naßauftrag werden unter brenntechnischen Gesichtspunkten i. d. R. größere Mengen Quarzmehl, Feldspat, Nephelinsyenit, in Sonderfällen Aluminiumoxid oder -hydroxid oder Zirconiumdioxid zugemahlen. Eine Übersicht geben *Luster, Bryant* (1962); s. dazu auch Abschnitt 7.1.
Die Rolle der hochschmelzenden Oxide im Hinblick auf die Vermeidung gasbedingter Fehler beschreibt *Rion* (1954). In Spezialemails (z. B. Hochtemperaturemails) werden außerdem hochschmelzende Oxide und Verbindungen, wie Cr_2O_3, CeO_2, BeO, $ZrSiO_4$, Mullit oder Chromit verwendet; in diesem Falle trägt die Emaillierung dann bereits Kompositcharakter.

7.6.2. Schwebestoffe

Schwebestoffe gewährleisten eine konstante Konsistenz und erforderliche kolloide Stabilität des Schlickers. Sie sorgen zugleich für eine gute Adhäsion am Blech und für eine hohe Trockenfilmfestigkeit des Biskuits. Bewährt haben sich noch immer Tone, doch werden auch nichttonige Stoffe vorgeschlagen und verwendet.

7.6.2.1. Tone

Tone sind durch Verwitterung entstandene, feinstkörnige, plastische Lockergesteine, die als Hauptbestandteile die Tonminerale neben weiteren anorganischen und organischen Beimengungen enthalten. Die Tonminerale sind wasserhaltige Schichtsilicate des Aluminiums, in denen das Al^{3+} teilweise durch andere Kationen (Mg^{2+}, Fe^{2+}, Fe^{3+} usw.) vertreten sein kann. Charakteristisch sind der blättchenförmige Aufbau, die kolloiden Abmessungen und das aus der Struktur und dem Kolloidzustand resultierende Sorptions- und rheologische Verhalten. Man unterscheidet Tonminerale der Kaolinitgruppe, der Smectit (Montmorillonit-)gruppe und der Illit(Glimmer-)gruppe und daraus abgeleitet kaolinitische, montmorillonitische (bentonitische) und illitische Tone; die letztgenannten werden als solche in der Emailtechnik nicht verwendet.

Kaolinitische Tone

Die schlechthin als Tone bezeichneten kaolinitischen Tone enthalten Kaolinit als bestimmendes Tonmineral. Im Kaolinit ist eine $[SiO_4]$-Tetraederschicht über Sauerstoffe mit einer [AlO, OH]-Oktaederschicht verknüpft (Zweischicht-Mineral; Bild 7.1a); der Kaolinitkristall besitzt pseudohexagonalen Habitus (Bild 7.2). Der Kaolinit hat die theoretische Zusammensetzung $Al_2O_3 \cdot 2SiO_2 \times 2H_2O$ bzw. $Al_4[(OH)_0/Si_4O_{18}]$ mit 46,5 % SiO_2, 39,5 % Al_2O_3 und 14 % H_2O.
Kaolinitische Tone sind sehr feinkörnig ($<2\,\mu m$). Neben Kaolinit kommen meist noch andere Tonminerale mit Kaolonitstruktur (Hydrohalloysit und Fireclay), Glimmertone (Illite) und Dreischicht-Wechsellagerungsstrukturen in unterschiedlichen Mengen vor. Kaolinitische Tone quellen nicht. Einige für Emailliertone interessante Eigenschaften der bestimmenden Tonminerale sind in Tabelle 7.10 zusammengestellt.

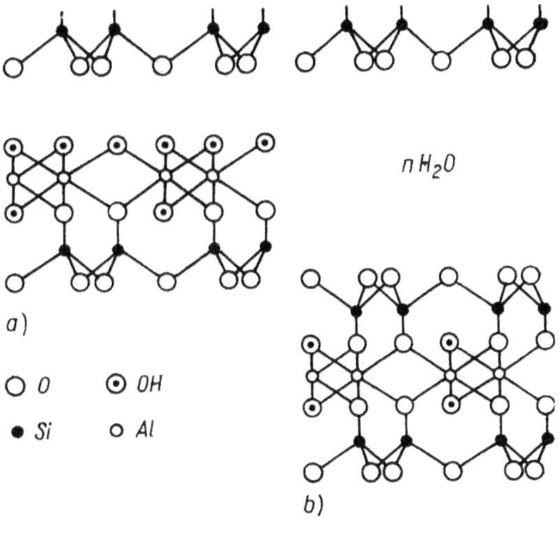

Bild 7.1. Struktur von Tonmineralen (schematisch)
a) Kaolinit
b) Montmorillonit

Montmorillonitische Tone (Bentonite)

Hauptbestandteil der Bentonite ist das Dreischichtmineral Montmorillonit (Struktur-Bild 7.1.b). Die theoretische Formel ist $Al_2O_3 \cdot 4SiO_2 \cdot H_2O \cdot nH_2O$, die Strukturformel des natürlichen Minerals R^{+}_{2x} ($Al_{2-x}Mg_x \times$

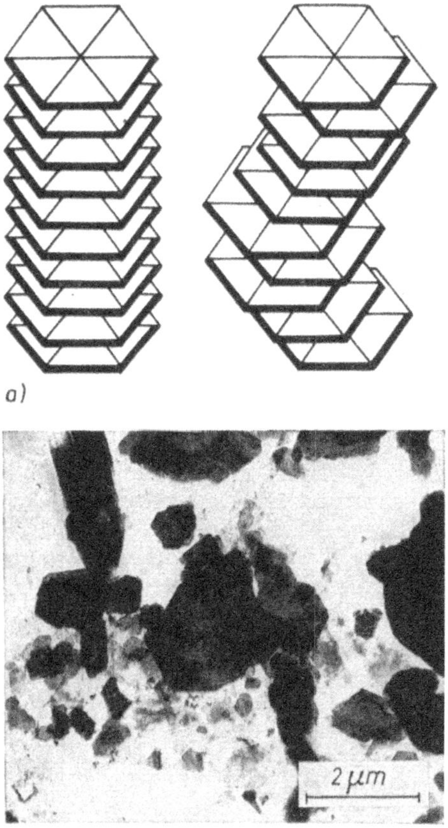

a)

b)

Bild 7.2. Morphologie des Kaolinits
a) geordnete und ungeordnete Stapelung der Schichtpakete
b) elektronenmikroskopische Aufnahme (Bergakademie Freiberg)

$[(OH)_2 | Si_4O_{10}])_2 \cdot (H_2O)_n$ (R^+ = austauschfähige Zwischenschichtkationen). Eine chemische Analyse enthält Tabelle 7.11.
Zwischen die Schichtpakete können Wassermoleküle eingelagert werden; darüber hinaus befinden sich an den Schichtpaketen adsorbierte, austauschfähige Alkali- und Erdalkaliionen. Montmorillonit ist äußerst feinteilig, stark sorptionsfähig und hoch quellfähig (Tabelle 7.10). Bentonite weisen ein hohes Suspendierungsvermögen auf, das etwa fünfmal größer ist als das der besten kaolinitischen Tone.

Technische Emailliertone

Die typischen Emailliertone sind i. d. R. kaolinitischer Natur. Das gilt im wesentlichen für die bekannten Tone von Wildstein (ČSSR) und Löthain (DDR), aber nicht für den Ton von Časov Jar (UdSSR; Kaolinit mit Hydroglimmer; *Ovčarov* u. a. 1978) und von Vallendar (BRD; Illit + gestörter Kaolinit; *Dietzel* 1981). Einige chemische Analysen, Mineralbestände und Korngrößen sind in Tabelle 7.11 angegeben.
Während Beimengungen von Quarz, Feldspat und Muskovit nicht stören – im Gegenteil, sie magern den Ton und vermindern die Gefahr des Reißens –, wirken sich Kalkspat, Calciumsulfat, Eisenoxide, Pyrit FeS_2 sowie schon Spuren von Chromiumoxid vor allem in Titanemails schädlich aus. Humusstoffe können die Schwebeeigenschaften des Tons ändern; der Gehalt sollte deshalb nicht höher als 0,5 % liegen. Suspensionsvermögen, rheologische Eigenschaften und Trockenfilmfestigkeit werden durch eine Wärmebehandlung beeinflußt, die sowohl verbessernd

Tabelle 7.10. Eigenschaften von Tonmineralen

Tonmineral	Kristallgröße in µm	Spezifische Oberfläche in $m^2 g^{-1}$	Kationenaustauschkapazität in mval je 100 g	Dehydroxylationstemperatur in °C
Kaolinit	0,5...10	2...40	3...15	500
Fireclay-Mineral	<0,5	5...60	10...20	450
Hydrohalloysit	<1		5...50	500
Montmorillonit	<0,1	>60	80...150	200; 700 (900)
Illit	<1	5...60	20...50	500 (900)

Tabelle 7.11. Chemische, mineralogische und granulometrische Zusammensetzung von Emailliertonen [in %]

	Löthain	Wildstein	Westerwald	Časov Jar	Bentonit Geisenheim
SiO_2	65,7	50,7	46...59	52	57,3
Al_2O_3	24	34	30...37	32	22,7
Fe_2O_3	1...1,4	0,7	1...1,4	0,8	4,7
$CaO + MgO$	0,2	1,1	0,2...0,7	1,1	7
$Na_2O + K_2O$	0,5	1,1	bis 3	3,1	1,2
TiO_2				1,2	
Cr_2O_3	0,002				
Glühverlust	9...12	12...14	7...14		8,5
Kaolinit	67...76	bis 95 (Fireclay)	40	×	
Illit	3	1...10	30	×	
Quarz	24...30	2...15	20		
Feldspat			10		
Körnung					
>10 µm				2	
<10 µm	96				
<5 µm	92				
<2 µm	85		55		
<1 µm	56...80	52	32		
$<0{,}5$ µm	50...75			45	

Tabelle 7.12. Güterichtlinien für Tonmehl für Emaillierzwecke (TGL 22918)

	Qualität		
	A	→	*D*
Disulfid-Schwefel, %	0,02		0,15
Fe_2O_3, %	2		3
Cr_2O_3, %	0,005		
organischer Kohlenstoff, %	0,5		0,6
Huminsäure, %	0,3		0,5
SO_3, %	0,05		
Trockensiebrückstand, $>0{,}315$ mm, %	0,2		20
Disulfidschwefel im Rückstand, >100 µm, %	0,01		0,03
Absetzverhalten, mm		$<7{,}0$	
Wasserbedarf je 100 Teile Quarz		68	
Auftragsmasse, g dm^{-2}	>5		$>4{,}5$
Auslaufzeit nach 96 h, s		9,5	
Auftragsmasse nach 96 h, g dm^{-2}	$>2{,}5$		$>2{,}5$

(*Ovčarov, Chudjak* 1979), als auch verschlechternd wirken kann (*Petzold, Herdt* 1958). Emailliertone (Tonmehl, »vorwiegend aus Kaolinit«) unterliegen Güterichtlinien, die in Tabelle 7.12 aufgeführt sind. Es wird ein möglichst hoher Gehalt an feinstkörnigen Tonmineralen empfohlen, wobei Dreischichtminerale die Eigenschaften verbessern, sofern sie $<15\,\%$ Wechsellagerungs-Minerale und $<3\,\%$ Montmorillonit aufweisen. Die Korngröße wird unterschiedlich bewertet; es werden sowohl sehr feine (<1 µm; *Webb* 1950), als auch mittelfette Tone <6 µm (*Scholz* 1941; *Petzold* 1959) für günstig erachtet, die zugleich eine geringe Trockenschwindung (4 bis 7 %) haben. Gute Schwebefähigkeit, hohe Trockenfilmfestigkeit und geringer Abrieb des Biskuits müssen ohne Reißen gewährleistet sein. Fischschuppenbildung und Wiederaufkochen dürfen nicht gefördert werden, was durch eine möglichst niedrige Dehydratationstemperatur erreicht wird (Übersicht bei *Petzold* 1960; *Petzold* u. a. 1961b; *Albert* 1973). Nach *Kazanov* u. a. (1984) ist für die Bewertung eines Emaillierions das Quellvermögen am aussagefähigsten. Tone werden vom schmelzenden Email weitgehend gelöst. Sie erhöhen die Viskosität (*Petzold* 1953b), verursachen Blasenbildung und verringern die Säurebeständigkeit der Emaillierung; insgesamt beeinflussen sie je nach Natur den Einbrennvorgang von Grundemails (*Kimpel, Cook* 1950; *Petzold, Jacobs* 1961).

Als Zusatzmenge an Bentonit genügen auf Grund der mineralogisch-kolloidchemischen Voraussetzungen bereits 0,1 bis 0,3 % im Austausch gegen die sechsfache Menge Ton. Bei diesem geringen Anteil stört der relativ hohe Eisengehalt nicht, es können aber mitunter Fehler durch andere Beimengungen auftreten (schwarze Punkte, Krater).

Es sei noch erwähnt, daß sich unter bestimmten Bedingungen auch Kaolin als Schwebestoff verwenden läßt. Die Anwendung des synthetischen tonigen Produkts Laponit (58 % SiO_2, 26 % MgO, 4 % R_2O) als hydrophiles Gel mit montmorillonitähnlichem Mineralbestand beschreiben *Rodionova* u. a. (1978).

7.6.2.2. Nichttonige Schwebemittel

Um gewisse Nachteile des Tons (z. B. Erhöhung der Viskosität des Emails, Senkung der Säurebeständigkeit, Blasenbildung usw.) zu vermeiden, wird gelegentlich kolloides Kieselgel (Suprasil, Aerosil) als Schwebemittel verwendet. Es enthält 99,9 % SiO_2 bei Korngrößen von 5 bis 40 nm und einer spezifischen Oberfläche von 50 bis 400 $m^2 g^{-1}$. Die Zusatzmenge wird mit 1 bzw. 3 bis 6 % angegeben. Die Vorteile bei der Emaillierung, insbesondere bei Titanemails, werden von *Friedberg* (1956); *Waxter* (1963); *Pevzner* (1973); *Kruglickij* u. a. (1977); *Melnik, Chodskij* (1978) und *Strelnikov* u. a. (1983) beschrieben: nachteilig ist die Neigung zur Thixotropie. Auch Alumogel und Gele aus Wasserglas und Natriumaluminat sollen sich eignen. In der Sowjetunion werden neuerdings Nephelinkonzentrat, Asbest und andere feinstteilige Industrieabprodukte als Ersatzstoffe mit günstiger Wirkung vorgeschlagen (*Gončarov* u. a. 1981; *Kazanov* u. a. 1985; *Markina* u. a. 1985).

Organische hochmolekulare Substanzen können als Schwebemittel dienen. Im allgemeinen werden sie aber dem Schlicker zugesetzt (<0,1 %), um die Stabilität der Suspension und die Griffestigkeit des Biskuits zu erhöhen. Solche Substanzen sind im allgemeinen Alginsäurederivate, Tragant Methylcellulose, Polyvinylacetat, Polysaccharide, Polyvinylalkohol und Carboxyl-Emulsionen (*Ronne* 1970; *Rodionova* u. a. 1978; *Kazanov, Nis* 1983; *Hennicke, Kuhlmann* 1986). Die Haltbarkeit solcher Schlicker ist allerdings begrenzt.

7.6.3. Rheologisch wirksame Zusätze

Rheologisch wirksame Zusätze sind anorganische oder organische Säuren oder Salze, die zur Regulierung der Schlickerkonsistenz dienen (Stellmittel = Verdicker, Entstellmittel = Verdünner). In Gebrauch ist eine Vielzahl solcher Verbindungen mit unterschiedlicher Wirkung (Zusammenfassung bei *Ankerst* 1962; *Weimer* 1966). Auf eine ausführliche Beschreibung wird hier verzichtet. Die wichtigsten Substanzen sind in Tabelle 7.13 zusammengestellt. Allgemein sei gesagt, daß Sulfate wegen Dellenbildung nur bedingt brauchbar sind und bei Chloriden ggf. mit lokaler Eisenkorrosion gerechnet werden muß (Direktweißemail!).

Auf die Verwendung von Harnstoff (etwa 0,5 %), der nach dem Mahlen zugegeben wird, sei noch hingewiesen. Seine Wirkung beruht hauptsächlich auf der Verfestigung des trocknenden Emails. Es ist zu beachten, daß sich Harnstoff mit der Zeit in NH_3 und CO_2 zersetzt.

Zur Vermeidung von Blasenbildung im Schlicker und Änderung der Konsistenz durch Mikroben oder Pilze werden ZnO, Formaldehyd, Carbolsäure und andere komplizierte organische Verbindungen, wie Trihydroxymethylnitromethan, Hexachloropren

Tabelle 7.13. Rheologisch wirksame Schlickerzusatzstoffe

Substanz	Anwendung bei	Zusatz in %	Bemerkung
Stellmittel			
$Na_2B_4O_7 \cdot 10\,H_2O$	Grund-, Farbemail, Selenrot	0,05...0,4 (auch bis 1)	auch Rostschutz
H_3BO_3	Grund-, Deckemail		
Na_2CO_3	Grund-, Deckemail	0,03...0,1	auch Rostschutz
K_2CO_3	Grund-, Deckemail	0,3	auch Rostschutz
$MgCO_3$	Grund-, Gußdirektemail	0,1...2	
$BaCO_3$		0,5	
$(NH_4)_2CO_3$	säurebeständiges und Weißemail	bis 1	
$Ca(NO_3)_2$	Titan-, Zirkonemail		
NH_4Cl	Deckemail	0,1	
KCl, KBr	Grund-, Deck-, Titanemail		vor allem Titanemail
$MgCl_2$	Deck-, Apparateemail	0,5	
$CaCl_2$	säurebeständiges Email	0,5	besonders wirksam mit $NaNO_2$
$BaCl_2$		0,5	
HCl	säurebeständiges Email	tropfenweise	
$NaAlO_2$	Grund-, Deck-, Titanemail	0,1...0,5	außer Cd-Rot; zusammen mit KCl Langzeitwirkung
Wasserglaslösung		0,25	
Na_2SiF_6	Transparent-, Farb-, Majolikaemail	0,2...0,4	
Entstellmittel			
$Na_4P_2O_7$, Na_3PO_4		0,1...0,15	auch Rostschutz
$Na_2S_2O_3$	Titan-, Zirkonemail		
Zitronen-, Phosphor-, Oxalsäure		0,03...0,06	

usw. (bis 0,1 %) zugegeben (*Kemp* u. a. 1966).

7.6.4. Korrosionsinhibitoren

Die Bildung von Rost auf Blech und Gußeisen unter dem Emailauftrag wird vermieden durch Zugabe von vorzugsweise $NaNO_2$ zur Mühle (0,1 bis 0,5 %). $NaNO_2$ ist gleichzeitig ein gutes Stellmittel; seine Giftigkeit ist zu beachten. Korrosionsverhindernd wirken ferner Pottasche, Na_3PO_4, $Na_4P_2O_7$, Borax, Blutlaugensalz $K_4[Fe(CN)_6]$ und Natriummolybdat.

7.6.5. Wasser

Die Qualität des Wassers spielt für die Eigenschaften des Schlickers und die Güte der Emaillierung eine wesentliche Rolle. Von negativem Einfluß sind ölige und andere organische Verschmutzungen (*Kerkmann* 1952; *Bozsin* 1967), wie auch zu hohe Salzgehalte (Sulfate, Chloride, *Thürmer* 1951; *Eckhoff* 1952; *Wegner* 1952); Verarbeitungsschwierigkeiten und Fehler (Durchschüsse) sind die Folge (s. auch *Kyri* 1963a).

Ein brauchbares Wasser sollte möglichst geringen Elektrolytgehalt aufweisen (nach *Wegner* <20 mg l^{-1} Chlorid) und etwa dem Trinkwasser mit einer Härte von 7 bis 15°dH entsprechen (1° dH ist äquivalent 10 mg l^{-1} CaO). Für ein betriebssicheres Arbeiten wird bei minderwertigem Wasser eine Vollentsalzung empfohlen. Für Wasser zu Emaillierzwecken sind in den USA die in Tabelle 7.14 angegebenen Spezifikationen festgelegt.

Es sei darauf hingewiesen, daß wasserfreie Schlicker für Dünnschichtemails (25 μm) aus

Tabelle 7.14. Gebrauchswasser für Emaillierzwecke (nach ASTM, Auszug)

Kategorie	Gelöste Ionen in mg l^{-1}					Feststoffe gesamt in mg l^{-1}	pH	°dH	Bemerkung
	Ca	Mg	Fe	SO_4	Cl				
A	31	7,5	0,3	25	13	147	7,6	5,8	verarbeitbar
B	43	10	0,6	102	18	198	7,5	8	kontrollieren
C	53	18	0,4	105	18	284	7,3	11	Vorbehandlung erforderlich

einer Mischung von Isopropanol, Toluol, Nitrocellulose und Butylacetat bereitet werden (*King, Bowers* 1964). Für die Elektrophorese werden Emailsuspensionen in Isopropanol vorgeschlagen (*Sussman, Ward* 1981).

7.7. Rohstoffprüfung

Zur Gewährleistung der ordnungsgemäßen Herstellung der Emailfritten, des Emailauftrags und der Emaillierung ist die ständige oder zeitweilige Prüfung der Rohstoffe unerläßlich. Der Umfang der Prüfung (z. B. Vollanalyse, Teilanalyse) oder die Auswahl und Anwendung geeigneter physikalischer Methoden richtet sich nach der Bedeutung des Rohstoffs und den technischen Erfordernissen. Im folgenden wird auf die wichtigsten derartigen Prüfungen hingewiesen oder eine Kurzbeschreibung gegeben. Der Komplex der Rohstoffprüfung wird von *Lange* (1980) ausführlich behandelt; des weiteren siehe *Reiberger* (1953); Anon. (1957a) und *Wegner* (1960a).

7.7.1. Probenahme

Die Probenahme ist u. a. entscheidend für repräsentative Prüfergebnisse und für die Beurteilung eines Materials. Wichtig ist das Ziehen mehrerer Durchschnittsproben, die Einhaltung des Verhältnisses von Fein- zu Grobkorn und die Homogenität in der Probe.
Die Probenahme ist in den TGL 3336, 16791, 21369 und 4327 standardisiert. Endproben für die chemische Analyse sind nach TGL 13585 herzustellen.

7.7.2. Allgemeine quantitative chemische Analyse

Die quantitative chemische Analyse wird nach den in der anorganischen und Silicatanalyse eingeführten Verfahren durchgeführt. Zweckmäßig ist die Anwendung der für keramische Roh- und Werkstoffe in TGL 32665 und TGL 13716 standardisierten Analysenverfahren zur Bestimmung von SiO_2, Fe_2O_3, FeO, Al_2O_3, TiO_2, CaO, MgO, MnO, R_2O, P_2O_5, Cl, F, CO_2 und Gesamtschwefel.
In der BRD gelten für die entsprechenden chemischen Analysen DIN 51070 T1 bis T9.

7.7.3. Allgemeine physikalische Prüfungen

Die *Feuchtigkeit* der Materialien wird nach TGL 15214 durch Bestimmung des Masseverlusts bei Erhitzen auf 105 bis 110 °C ermittelt.
Der *Glühverlust* wird nach TGL 32665/02 nach Erhitzen der Probe auf 1100 °C gravimetrisch bestimmt.
Das *thermische Verhalten* der Rohstoffe (Zersetzung, Umwandlungen) kann durch Thermogravimetrie, Differentialthermoanalyse oder Derivatographie beurteilt werden (Beispiele bei *Lange* 1980).
Die *Korngrößenverteilung* im Bereich >40 μm kann durch Prüfsiebung nach TGL 12585 in Stufen von etwa 5 bis 10 μm (Siebe nach TGL 39404) ermittelt werden. Die Masse der einzelnen Fraktionen wird durch Wägung bestimmt. Unterhalb 40 μm (z. B. bei Tonen) wird die Verteilung in den feinen und feinsten Fraktionen durch die Sedimentationsanalyse in der *Andreasen*-Pipette (DIN 51055), durch die Hydrometermethode (*Sammarone, Saunders* 1957) oder im Sedimentationsgerät nach *Dallendörfer, Langhammer*

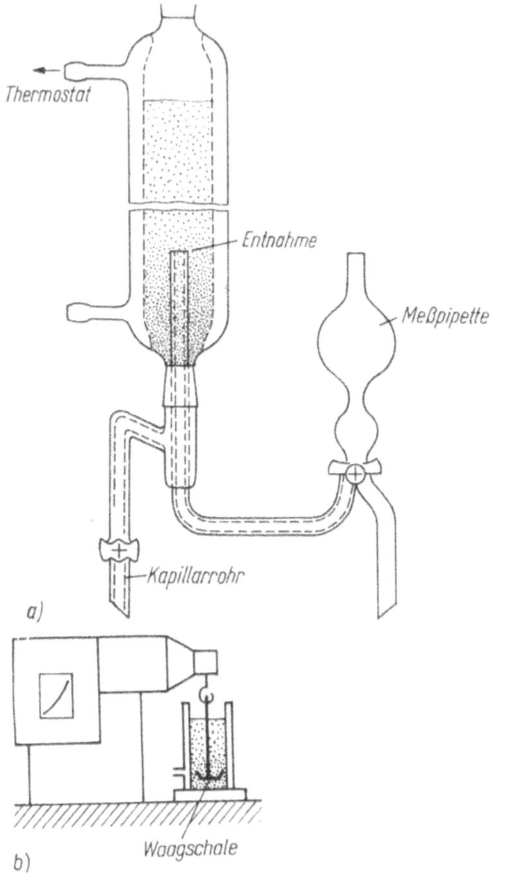

Bild 7.3. Sedimentationsgeräte
(Größen nicht vergleichbar!)
a) nach *Dallendörfer, Langhammer* (TGL 8966)
b) Sedimentationswaage

(TGL 8966) erfaßt (Bild 7.3a). Die diskontinuierliche Probenahme und Bestimmung der darin enthaltenen Feststoffkonzentrationen bestimmter Korngröße wird bei der Sedimentationswaage durch eine kumulative Massebestimmung ersetzt (Bild 7.3b).

Die *Schüttdichtebestimmung* (TGL 14074) erfolgt durch Auswägen der Masse in einem bestimmten Probebecher. Technisch wichtiger erscheint allerdings die Rütteldichte. Deutliche Unterschiede zwischen beiden Dichten beschreibt *Lange* (1980).

Auf die Möglichkeit der vergleichenden Bewertung anhand von *Standardmustern* sei hingewiesen.

7.7.4. Spezielle Rohstoffprüfungen

Für Emailrohstoffe ergeben sich aus den Qualitätsanforderungen und der Güteüberwachung verschiedene notwendige oder zweckmäßige Prüfungen. Bei Naturprodukten und zusammensetzungsmäßig nicht standardisierten Stoffen ist eine gründliche Prüfung erforderlich; bei allen anderen Rohstoffen genügen im allgemeinen Übersichtsprüfungen und Ermittlung einzelner Parameter. Dazu noch folgende Hinweise und Ergänzungen:

Bei Quarzsand und Quarzmehl kann der HF-Rückstand (Wägen nach Abrauchen des SiO_2 mit HF) zur einfachen Berechnung des SiO_2-Gehalts dienen. In besonderen Fällen ist der Schwermineralgehalt zu ermitteln. Zur Analyse von Glassand siehe auch DIN E 52342 T1 bis T6.

Auf Grund der Schwankungen der mineralischen Al_2O_3-Träger ist häufige Kontrolle erforderlich. Das gilt auch wegen der wechselnden Wassergehalte besonders für Borax und allgemein für schwankende Zusammensetzungen bei Bormineralien.

Bei Alkalicarbonaten sollte der Chloridgehalt, bei K_2CO_3 ggf. auch der Cr_2O_3-Gehalt überprüft werden. Kontrolle etwaiger Wasseraufnahme ist wichtig. In Kalkstein und Dolomit ist die Bestimmung der verschiedenen Nebenbestandteile unerläßlich. Von feinem basischem Magnesiumcarbonat ist die Schüttdichte wichtig.

Mennige und Zinkoxid können herstellungsbedingt weitere Schwermetalloxide enthalten, die störend wirken können. Sie sind daraufhin analytisch zu überprüfen. Bestimmung der Schüttdichte ist zweckmäßig.

Flußspat als natürlicher Rohstoff muß auf Gesamt-CaO und weitere oxidische Verunreinigungen geprüft werden.

Pigmente werden durch Farbmessungen kontrolliert (z. B. *Millikin* 1983).

Emaillierton ist nach TGL 22918 besonders aufmerksam zu prüfen und zu kontrollieren. Für die Analytik, die die emailtechnisch schädlichen Verunreinigungen erfassen soll, gelten die o. g. allgemeinen Hinweise. Im Standard ist insbesondere die Bestimmung von Fe_2O_3, Cr_2O_3, Sulfidschwefel, SO_3 bzw. SO_4, organischem Kohlenstoff und Huminsäuren festgelegt (schematischer Gang für eine Vollanalyse bei *Kühn, Geu* 1978). Tonsubstanzgehalt sowie Anteile an Quarz und Feldspat werden durch Berechnung der rationellen Analyse aus der chemischen Analyse nach TGL 14931 ermittelt. Eine Prüfsiebung und Bestimmung des Rückstandes $>315\ \mu m$ hat nach TGL 12585 (Trockensiebung) zu erfolgen.

Die Eignung eines Tons im Schlicker wird an einer Modellmischung (100 Quarzmehl, 5 Tonsubstanz = Kaolinit, 0,5 Borax, 5 Gipswasser, 45 Wasser) geprüft. Der auf eine bestimmte Kondition zu bringende Schlicker (entsprechend 11 s Auslaufzeit aus einem Konsistometer) wird in einem Zylinder 24 h abstehen gelassen; das Absetzverhalten wird durch Messung der klaren überstehenden Flüssigkeit bestimmt. Die Auftragsmasse wird nach dem Tauchzylinderverfahren ermittelt (s. Abschnitt 9.4.2.).

Die Bestimmung des Ionenaustauschvermögens (TGL 24747) und der linearen Schwindung (TGL 8965) kann nützlich sein.

Wasser ist entsprechend seiner Bedeutung sehr sorgfältig zu überwachen. Geprüft werden die Härte, der Sulfat- und Chloridgehalt und die Alkalität nach den Verfahren der Wasserchemie. Ferner ist die Bestimmung von SiO_2, CrO_4-, Fe-, Cu- und NO_3-Ionen möglich.

8
Herstellung der Emailfritte

Die für das Emaillieren erforderlichen Emailfritten werden aus Rohstoffgemischen durch Schmelzen und anschließendes Abschrecken (Trocken- oder Naßgranulierung), in Ausnahmefällen durch Sintern (→ Sintergrund) hergestellt. Die Formulierung der Rohstoffmischung wird als Versatz (Gemenge- oder Schmelzversatz), die Rohmischung selbst als Gemenge oder Gemengesatz (Einzelcharge) bezeichnet.
Im folgenden Kapitel werden die technischen Prozesse des Schmelzens und Granulierens dargestellt. Fragen des Umweltschutzes werden komplex in Kapitel 21 behandelt.

8.1. Grundlagen versatztechnischer Berechnungen

In der Emailschmelztechnik sind zwei rohstoff- und emailbezogene rechnerische Aufgaben von Interesse: die Berechnung der chemischen Zusammensetzung des Emails aus dem Versatz und umgekehrt die Errechnung eines Gemengeversatzes für ein Email vorgegebener Zusammensetzung. Die erste Rechnung wird durchgeführt, um z. B. verschiedene Versätze hinsichtlich der resultierenden Emailzusammensetzung vergleichen oder Schmelzverlust und Abbrand abschätzen zu können. Die zweite Rechnung dient der Ausarbeitung optimaler Versätze für ein Email mit bestimmter Zusammensetzung. Es sei schon hier darauf hingewiesen, daß alle Berechnungen für fluorhaltige Emails wegen des unkontrollierten Fluorabbrandes mit mehr oder weniger großen Unsicherheiten behaftet sind.

8.1.1. Berechnung der Emailzusammensetzung aus vorgegebenem Versatz

Die von den einzelnen Gemengeanteilen eingebrachten Mengen an Oxid werden unter Berücksichtigung etwaiger Verluste beim Schmelzen mit Hilfe von Faktoren berechnet und auf Prozentgehalte im Email gebracht. Die Faktoren sind (nach *Lange* 1980)[1])

- der Reinheitsfaktor f_R; er gibt bei verunreinigten Rohstoffen (Roh_{tech}) den Anteil an wirksamer reiner Verbindung an – $m\,Roh_{rein} = Roh_{techn} f_R$ (Beispiel: 99 %iger Quarzsand, $f_R = 0{,}99$);
- der Chemiefaktor f_{Ch}; er gibt den Oxidanteil im reinen Rohstoff an – $m\,Ox = m\,Roh_{rein} f_{Ch}$ (Beispiel: $Na_2CO_3 = 58{,}5$ % Na_2O, $f_{Ch} = 0{,}585$);

[1]) Für die Emailrohstoffe sind f_R und f_{Ch} in der Rohstofftabelle im hinteren Vorsatz aufgeführt.

• der Technologiefaktor f_T; er berücksichtigt Verluste durch Verstaubung, Verdampfung und Abbrand – $m\ Ox = m\ Ox f_T$ (Beispiel: Verstaubung von 5 % Soda, $f_T = 0{,}95$).

Ein weiteres Beispiel möge die Anwendung der Faktoren noch verdeutlichen. Wenn 12 kg Kristallborax $Na_2B_4O_7 \cdot 10\,H_2O$ ($f_{Ch} = 0{,}365$) von 98 % Reinheit ($f_R = 0{,}98$) eingeschmolzen werden und sich dabei 8 % B_2O_3 verflüchtigen ($f_T = 0{,}92$), dann beträgt die in das Email tatsächlich eingebrachte B_2O_3-Menge:

$$m = 12\ Roh_{tech}\ f_R\ f_{Ch}\ f_T = 3{,}95\ \text{kg}\ B_2O_3.$$

Sehr kompliziert sind die Verhältnisse in fluorhaltigen Versätzen, weil sich die Fluoride einesteils chemisch umsetzen, andererseits aber verflüchtigen, wodurch der Schmelze Fluor und SiO_2 verlorengehen (Fluorabbrand). Die Umsetzungen werden durch zahlreiche Chemiefaktoren, die bei *Lange* angegeben sind, berücksichtigt; die Technologiefaktoren für den Fluorabbrand können zwischen 0,9 und 0,1 liegen, für den damit verknüpften SiO_2-Abbrand sind sie negativ. Bei der Rechnung mit fluoridhaltigen Gemengen muß beachtet werden, daß die Chemiefaktoren in der Regel für Oxid gelten (bezogen auf eine von Fluorid eingebrachte äquivalente Oxidmenge). In der chemischen Analyse der Gläser und Emails wird jedoch chemisch ungebundenes, freies Fluoridion ausgewiesen. Daher ist es notwendig, dieses überschüssige Fluorid in sog. fluoräquivalenten Sauerstoff umzurechnen und diesen von der Summe aller Oxide abzuziehen. Da ein Sauerstoffion zwei Fluorionen entspricht, ist $c_h = 0{,}421$. Zur Problematik der Analyseberechnung siehe *Jochmann* (1957).

Der gesamte Gang zur Bildung der Emailzusammensetzung aus dem Versatz besteht zusammenfassend in folgenden Schritten:

• Aufstellen der Rohstoffe nach Versatz,

• Berechnung des Oxidgehalts des Emails (in kg) nach

$$m\ Oxid_E = m\ Roh_{tech}\ f_R\ f_{Ch}\ f_T, \qquad (8.1)$$

• Umrechnung des Oxidgehalts von kg in Masse-%.

Auf die Anwendung der Matrizenrechnung bei *Nölle* (1983) sei verwiesen.

8.1.2. Berechnung eines Gemengesatzes aus vorgegebener Emailzusammensetzung

Die Synthese eines festgelegten Emails kann durch eine Vielzahl verschiedenartiger Rohstoffe erfolgen. Aus diesem Grunde ist eine Versatzberechnung außerordentlich schwierig. Sie basiert auf einem System linearer Gleichungen, wobei die Anzahl der Gleichungen der Anzahl der im Email enthaltenen Oxide (einschließlich Fluoridionen) gleich ist. Ist dies nicht der Fall (z. B. wenn die Anzahl der Rohstoffe größer ist als die Anzahl der in das Email eingebrachten Komponenten), dann ist das Gleichungssystem nicht lösbar oder liefert negative Werte (Versatzzusammenstellung unter diesen Bedingungen nicht möglich). In diesem Falle muß eine Lösbarkeit durch zusätzliche Bedingungen, Vereinfachungen usw. angestrebt werden.

Nach *Lange* (1980) erfolgt die Berechnung zweckmäßigerweise in folgenden Schritten:

• Zusammenstellen der Rohstoffe, ggf. mit Zusatzbedingungen,

• Auflisten der Glaszusammensetzung und der entsprechenden Oxidträger,

• Aufstellen des Lösungsalgorithmus (Reihenfolge der Berechnung auf Grund des Einbringens von Oxiden und Fremdoxiden nach einem bestimmten Schema),

• Aufstellen des Gleichungssystems für die einzelnen Rohstoffe der allgemeinen Grundgleichung

$$m\ Roh_{tech}\ f_R\ f_{Ch}\ f_T = m\ Ox_E = c\ Ox_E \qquad (8.2)$$

($m\ Roh_{tech}$ = Masse des Rohstoffs als Träger des betreffenden Oxids; $m\ Ox_E = c\ Ox_E$ = kg Oxid in 100 kg Email bzw. % Oxid),

• Lösen des Gleichungssystems.

Nach dem Grundsatz $m\ Roh_{tech} \times \text{Faktor}$ = Oxidmasse ergeben sich für ein zu schmelzendes Modellemail der Zusammensetzung (in Masse-%) 60 SiO_2, 5 Al_2O_3, 15 B_2O_3, 3 CaO, 17 Na_2O aus den Rohstoffen Sand, Tonerde, Borax, Kalkstein und Soda folgende Ausgangsgleichungen:

für SiO_2:	m Sand $f_R\ f_T$	= 60
	(+ SiO_2 aus Kalkstein)	
für Al_2O_3:	m Tonerde f_R	= 5
für B_2O_3:	m Borax $f_R\ f_{Ch}\ f_T$	= 15

für CaO : m Kalkstein $f_R\, f_{Ch}$ = 3

für Na_2O : m Soda $f_R\, f_{Ch}\, f_T$ + m Borax $f_R\, f_{Ch,Na_2O}\, f_T$ = 17

100

Mit diesen 5 Gleichungen und 5 Unbekannten ist der Emailversatz auf der Basis der vorgegebenen Analyse und Rohstoffe zu berechnen. Bei vielen Komponenten und Rohstoffen wird das Problem sehr kompliziert; der Einsatz von Rechnern ist dann unerläßlich. Auch hier kann zur Versatzberechnung die Matrizenrechnung herangezogen werden.

8.2. Herstellung des Gemenges

Die Vorbereitung und Herstellung des Gemenges zum Schmelzen ist ein wichtiger, in seiner Bedeutung manchmal unterschätzter technologischer Schritt. Hängt doch auch hiervon ab, inwieweit die erschmolzene Fritte dem gewünschten Ergebnis entspricht.

8.2.1. Lagern der Rohstoffe

Angelieferte Rohstoffe sollen auf kürzestem Wege zu ihrem Lagerplatz gelangen, um unterwegs Verschmutzungen zu vermeiden (das gilt auch für den Gemengetransport zum Schmelzofen). Zur Prüfung der Qualität ist eine Eingangskontrolle (visuell, manuell, chemisch, physikalisch) sowie die ordnungsgemäße Führung einer Kartei mit allen wichtigen Daten unerläßlich. Die Rohstoffe müssen sachgemäß, getrennt, sauber und übersichtlich gelagert werden; Verwechslungsmöglichkeiten sind auszuschließen. Üblich ist die Lagerung in Boxen und anderen Behältern, die aber den Nachteil haben, daß vom Lagerinhalt stets Reste zurückbleiben. Moderne Einrichtungen verwenden heute Silos und Hochbunker, bei denen aber Entmischungen, Brückenbildung und Kernfluß auftreten können. Durch Vibrationseinrichtungen läßt sich dies weitgehend vermeiden. Zellradschleusen am Bunkerauslauf verhindern ein plötzliches »Schiessen« des Materials. Für zweckmäßige Bunkerprofile liegen Berechnungen von *Jakobson* u. a. (1985) vor.

Es ist zu berücksichtigen, daß manche Rohstoffe hygroskopisch sind (Pottasche, Soda, Salpeter) und manche Wasser abgeben (z. B. Borax). Dem ist durch Lagerung möglichst unter Verschluß oder zumindest in schmalen, hohen Behältern Rechnung zu tragen. Ebenso ist bei offener Lagerung dafür zu sorgen, daß das Material nicht durch Verstaubung, Staubeinwirkung, Verschmutzung oder Witterungseinflüsse beeinträchtigt wird. Gase und Dämpfe vom Schmelzofen oder von einer Beize sind unbedingt fernzuhalten.
Der Transport der Rohstoffe vom Lager zur Waage und zum Mischer erfolgt entweder von Hand, in modernen automatisierten Anlagen jedoch durch Förderbänder, Schwingförderer, Schneckenförderer, Becherwerke oder pneumatisches Fördern.

8.2.2. Wägen und Mischen der Rohstoffe

Das Abwägen der Rohstoffe erfolgt mit den verschiedensten Waagen. In Gebrauch sind einfache Tafel- oder Neigungswagen (für kleine Mengen), stationäre oder fahrbare Gattierungswaagen (teils mit Muldenkippern kombiniert) und hand- und programmgesteuerte automatische Waagen.
Die Wägegenauigkeit der automatischen, diskontinuierlich arbeitenden Waagen ist sehr gut (Wägefehler 1 %); sie sind aber sehr staubempfindlich und erfordern spezielle Aufstellbedingungen.
Kontinuierliche Waagen, wie Bandwaagen oder Dosierteller sind dagegen nicht genau genug. Fehlermöglichkeiten gibt es auch bei der Dosierung geringerer Rohstoffmengen. Die Zuwägungen sehr kleiner Komponentenanteile sollte in Mischung (Verdünnung) mit Quarz- oder Feldspatmehl geschehen. Rohstoffe, die zum Klumpen neigen, sind zweckmäßigerweise vorher zu sieben.
Das Mischen des Rohstoffgemenges dient der Erzielung einer ausreichenden Homogenität, die für den Schmelzprozeß und die Homogenität des erschmolzenen Emails von Bedeutung ist. Üblich ist nur noch das maschinelle Mischen in Mulden-, Kasten- oder Trommelmischern (Freifallmischern), in Trog- oder Gegenstrom-Schnellmischern

(Zwangsmischern) bzw. in modernen Taumel- oder Tetraedermischern.
Die Homogenität ist abhängig vom Rohstoff, der Charge, der Zusammensetzung und Korngröße, der Art des Mischers und der Mischzeit. Die Mischdauer hat einen optimalen Wert; es werden im allgemeinen 5 bis 10 min angegeben. Längeres Mischen führt nicht mehr zur Erhöhung der Homogenität, weil diese eine natürliche Grenze besitzt und auch durch einsetzende Entmischungen wieder rückgängig gemacht werden kann. Die Homogenität ist umso besser, je feiner und einheitlicher die Körner sind; das gilt vor allem für solche Komponenten, die nur in geringer Menge im Versatz enthalten sind. Nach dem Mischen kann es zweckmäßig sein, das Gemenge zu enteisen (*Bubenicek* 1972).

8.3. Schmelzen

Der Schmelzprozeß ist in seinem chemischen Ablauf und in den Grundreaktionen mit dem Glasschmelzprozeß vergleichbar. Verschiedene Abhängigkeiten und Beziehungen sind daher im folgenden der Glaschemie entnommen, wo sie besser als beim Email durchgearbeitet sind.

8.3.1. Physikalisch-chemische Vorgänge beim Erschmelzen von Email

Im Gegensatz zu den Massengläsern (Alkali-Erdalkali-Silicatgläsern), die mit drei oder vier Hauptkomponenten meist eine relativ einfache Zusammensetzung aufweisen und die bezüglich der Schmelzvorgänge noch einigermaßen überschaubar sind, sind Emails Vielkomponentensysteme, deren Erschmelzen sehr unübersichtlich, verwickelt und kompliziert ist; es laufen zahlreiche physikalische und chemische Vorgänge nebeneinander ab, überschneiden sich und bedingen sich z. T. gegenseitig.
Der chemische Grundprozeß der Emailbildung besteht im Prinzip in der Überführung von Quarz durch Schmelzreaktionen mit basischen Komponenten und Borsäure in eine zur Glasbildung befähigte silicatische Schmelze und nach Erstarren in einen glasigen festen Körper (Emailfritte). In der Glastechnologie hat es sich eingebürgert, den Glasschmelzprozeß zu unterteilen in Silicatbildung und Glasbildung. Beim ersten meint man die beim Aufheizen des Gemenges (bis etwa 950 °C) vonstatten gehenden, silicatbildenden Vorgänge, beim zweiten die während der Rauhschmelze stattfindende völlige Restquarzlösung mit anschließender Läuterung. Da bei Email eine vollständige Quarzlösung und Blasenfreiheit nicht in jedem Falle angestrebt wird, ist die Verwendung des Begriffs Glasbildung hier fehl am Platze (zur Glasbildung als kinetischen Begriff s. Abschnitt 2.1.4.). Man könnte die zweite Phase bestenfalls mit dem Übergang in eine weitgehend durchgeschmolzene, im Sinne der Glastechnik aber nicht geläuterte und nur unvollkommen homogene Schmelze beschreiben.
Die Vielfalt der Vorgänge läßt sich etwa folgendermaßen zusammenfassen:

- Schmelzen reiner Verbindungen ($NaNO_3$: 311 °C; KNO_3: 336 °C; Na_2CO_3: 852 °C; $Na_2B_4O_7$: 878 °C; K_2CO_3: 891 °C; Kryolith: 920 °C) und Benetzung der übrigen Komponenten,
- Zersetzungsreaktionen, wie Dehydratation (Kristallsoda: 100 °C; Borax: 350 °C), Entsäuerung ($NaNO_2$: 380 °C; $MgCO_3$: ab 500 °C; $CaCO_3$ ab etwa 700 °C; Na_2CO_3 ab etwa 900 °C; K_2CO_3 ab etwa 1000 °C; Pb_3O_4: 550 °C),
- Reaktion von SiO_2 mit Carbonaten unter CO_2-Abspaltung und Bildung von Silicaten (ab etwa 500 °C),
- Bildung leichtschmelzender Eutektika, wie $NaF-NaNO_3$: 304 °C; $Na_2O-B_2O_3-SiO_2$: ≈600 °C; $NaF-Na_2B_4O_7$: 680 °C; $Na_2CO_3-BaCO_3$: 685 °C; $NaF-Na_2CO_3$: 690 °C; $PbO-SiO_2$: 710 °C; $Na_2CO_3-K_2CO_3$: 712 °C; K_2O-SiO_2: 740 °C; $Na_2O-TiO_2-SiO_2$: 755 °C; Na_2O-SiO_2: 800 °C.

Der größte Teil der zur Emailschmelze führenden Reaktionen zwischen SiO_2, B_2O_3 und den basischen Hauptpartnern geht in Gegenwart von schmelzflüssiger Phase, d. h. hauptsächlich oberhalb 800 °C, vor sich. Die Reaktionsfähigkeit der basischen Komponenten ist im Schmelzzustand am größten. Deutlich wird dies an der starken Beschleunigung der CO_2-Abgabe von Na_2CO_3—SiO_2-Gemischen ab dem Schmelzpunkt der Soda (Bild 8.1; s. auch *Kröger* 1952). Gegenwart von B_2O_3 erleichtert diese Reaktionen und setzt die Reaktionstemperaturen herab; ähnlich wirkt TiO_2. Eine Trennung der Silicatbildungsprozesse in Einzelmechanismen ist nicht möglich.

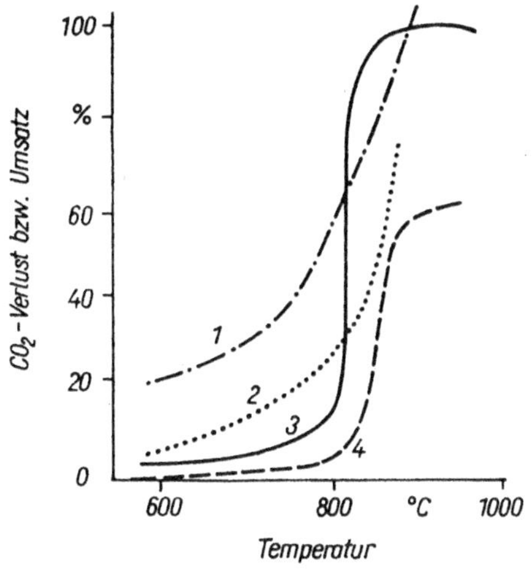

Bild 8.1. Umsatz von Sand-Soda-Mischungen nach 4 h
1 Umsatz Soda
2 Umsatz Sand (*Löffler* 1951) und CO_2-Verlust aus Soda-Sand-Mischung (*Repa, Danilčenko* 1953)
3 Soda:Sand = 1:3
4 Soda:Sand = 2:1

Die Umsetzung mit Quarz verläuft so lange schnell, wie noch freies Alkali vorhanden ist und nimmt dann rasch ab. Die Schmelzreaktionen der ersten Periode führen zunächst zu einer stark basischen Silicatschmelze, in der sich der verbliebene Quarz (etwa 20%) nur noch langsam auflöst. Die Restquarzlösung, die ein Vielfaches an Zeit benötigt und stark von Temperatur, Zeit und Sandkorngröße abhängt, ist – im Gegensatz zur Glaserzeugung – für die Emailschmelze weniger von Bedeutung.

Auf einige Einflußgrößen sei noch eingegangen. Nach den Gesetzen der Reaktionskinetik sind die Umsetzungen temperatur- und zeitabhängig. In unserem Falle (endotherme Reaktion) nimmt die Reaktionsgeschwindig-

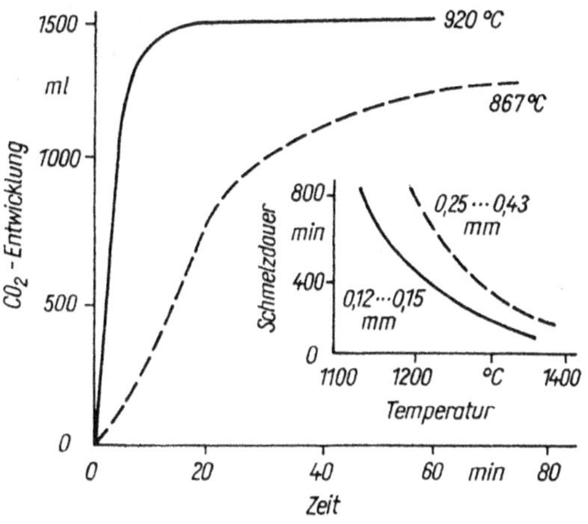

Bild 8.2. Kinetik der CO_2-Abgabe aus Soda-Sand-Gemischen (1:1) bei verschiedenen Temperaturen (*Kröger* 1952); *Zusatzdiagramm:* Temperaturabhängigkeit der Schmelzdauer eines N—C—S-Glases bei verschiedenen Sandkorngrößen (*Charitonov* u. a.; aus *Nölle* 1983)

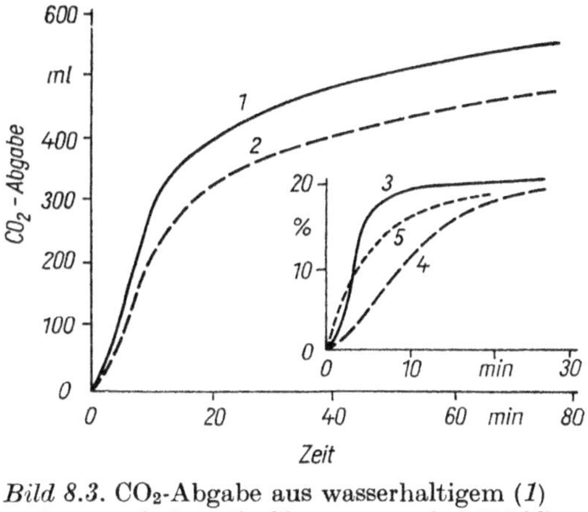

Bild 8.3. CO_2-Abgabe aus wasserhaltigem (*1*) und wasserfreiem (*2*) Glasgemenge bei 820 °C (*Kröger* 1957); *Zusatzdiagramm:* CO_2-Abgabe aus Soda-Kalkstein-Sand-Gemisch (*Jebsen-Marwedel*, aus *Petzold* 1955a)
3, 4 trocken, Sand 0,05 bzw. 0,25 mm
5 feucht, Sand 0,25 mm

keit mit der Temperatur zu, wie am Beispiel der Quarzumsetzung und -lösung in Bild 8.2 gezeigt wird.

Die Reaktion wird auch beschleunigt durch feine Sandkorngrößen (s. Zusatzdiagramm 8.2 und Bild 8.3); grobe Sande (>0,3 mm) lassen sich nicht mehr befriedigend aufschließen. Aus dem Diagramm geht gleichzeitig hervor, daß Feuchtigkeit beim Quarzaufschluß infolge Erniedrigung von Viskosität und Oberflächenspannung der Erstschmelze fördernd wirkt.

Die Lösung des Quarzes in der Silicatschmelze ist ein diffusionskontrollierter Vorgang, für den allgemein die Beziehung gilt:

$$-\frac{dn}{dt} = D\,O\,\frac{(c_f - c_{fl})}{\delta} \qquad (8.3)$$

$c_f - c_{fl}$ Konzentrationsgefälle zwischen fester und flüssiger Phase

O Oberfläche

δ Diffusionsschicht.

Die Reaktionsenthalpie beträgt bei einfachen Gläsern nach *Kröger* u. a. (1953) etwa 500 bis 600 kJ kg^{-1}. Für Emails nimmt *Dietzel* (1981) wegen der erniedrigenden Wirkung von Borax, Flußspat u. a. 380 bis 420 kJ kg^{-1} an. Der theoretische Wärmebedarf bei maximaler Prozeßtemperatur liegt bei Gläsern um 2,8 MJ kg^{-1} (*Nölle* 1983), bei Emails um 2 MJ kg^{-1} (*Galle* 1983). Spezifische Energieverbrauchswerte siehe Tabelle 8.2.

8.3.2. Technischer Schmelzablauf

Emailfritten werden nach verschiedenen Verfahren – entsprechend den verfügbaren Ofentypen – erschmolzen. Dementsprechend spielt sich der Schmelzablauf auch unterschiedlich ab. Die im folgenden beschriebenen technischen Vorgänge und Abhängigkeiten treffen auf die üblichen Schmelzaggregate, in einigen Fällen aber nicht auf die vollelektrische Schmelzwanne (VES) zu.

Die Dauer einer Emailschmelze im diskontinuierlichen Aggregat liegt ja nach Emailtyp, Gemengevorbereitung und Ofengröße zwischen 2 und 4 h; auch Zeiten bis zu 5 h werden angegeben (*Bubenicek* 1972). Die Schmelztemperaturen betragen 1100 bis 1200 °C, z. T. bis zu 1400 °C.

Das eingelegte Gemenge ist gut zu verteilen, um ein gleichmäßiges Einschmelzen zu gewährleisten; ungleichmäßiges und zu schnelles Einschmelzen beeinflußt die Homogenität negativ. Bei zu starkem Ofenzug besteht die Gefahr von Verstaubung (feine Gemengeanteile, insbesondere Quarz, Feldspat, Kalkstein, Dolomit, ZnO). Dem kann evtl. durch Anfeuchten des Gemengs begegnet werden. Der Gemengeteppich hat eine sehr geringe Wärmeleitfähigkeit (0,1 bis 0,2 W m^{-1} K^{-1}), die die Aufheizung durch die Flamme verlangsamt (erst bei Auftreten schmelzflüssiger Phasen steigt die *WLF* auf etwa 1 W m^{-1} K^{-1} an). Diese Eigenschaft des Gemenges ist für die VES jedoch günstig, weil dadurch die Schmelzoberfläche vor Wärmeabstrahlung geschützt wird.

Im ersten Schmelzstadium entsteht eine dickflüssige, aufkochende, Gase abgebende Masse, die später in eine dünnflüssige Schmelze übergeht, die nicht mehr gast. Trotzdem enthalten Emailschmelzen immer noch gelöste Gase aus der Zersetzung der Rohstoffe (CO_2, NO_2, H_2O) und aus der Ofenatmosphäre (SO_2, SO_3, N_2), abhängig von Partialdruck, Temperatur und Acidität/Basizität der Schmelze. (Durch Vakuumentgasen bei 900 °C fanden *Azarow, Zerin* (1958) Gasgehalte in Grundemails zwischen 65 und 103 ml je 100 g Fritte). Der Homogenisierungsprozeß, dessen wichtigste Ausgangsgrundlage die Homogenität des Gemenges selbst ist, muß bei Wannenöfen durch mechanisches Umrühren (Krücken) unterstützt werden. Unvollständig geschmolzene Partien, Inhomogenitäten und Ausseigerungen führen zu unbrauchbaren Fritten.

Der Verbesserung des Einschmelzens durch feine Körnungen ($<$0,5 mm) steht der Nachteil der hohen Verstaubung und der geringen Wärmeübertragung in flammbeheizten Öfen entgegen. Brikettierung des Gemenges kann hier gewisse Abhilfe schaffen. Beschleunigung des Schmelzens durch Temperaturerhöhung hat gleichzeitig eine Erhöhung des Abbrandes und der Korrosion des Feuerfestmaterials zur Folge. Verlängerung der Schmelzdauer führt zu einer weitgehenden Entgasung und Homogenisierung der Schmelze (»Verglasung«) und verstärkt den Abbrand; auf Titanfritten soll es sich jedoch nicht negativ auswirken (*Reiberger* 1957). Durch Steigerung von Temperatur und Zeit kann auch die Viskosität des Emails erhöht werden (*Petzold* 1953a; *Weisenhaus* 1985). Feuchtigkeit als Schmelzbeschleuniger vermindert zwar die Verstaubung, fördert aber andererseits auch den chemischen Abbrand.

Die Atmosphäre in flammbeheizten Öfen soll nur wenig SO_2 und Wasserdampf enthalten und stets oxydierend sein, weil reduzierende Gase zu verstärkter Verdampfung von Alkali, zur Reduktion von Oxiden (z. B. $TiO_2 \rightarrow Ti_2O_3$; $Sb_2O_3 \rightarrow Sb$; $NiO \rightarrow Ni$; $ZnO \rightarrow Zn$) oder zur Bildung neuer Verbindungen (Sulfide, Nitride) führen können. Ähnlich soll Ölkohle wirken. Zur Vermeidung schwankungsbedingter Einflüsse der Ofenatmosphäre sollte der Versatz reichlich oxydierende Anteile (Nitrate) enthalten. Normale Abgase haben wenig Einfluß auf das schmelzende Email. Zu hoher Ofenzug begünstigt den Abbrand ebenso wie zu großer Unterdruck (Normalwert: 6 bis 15 Pa).

Beim Schmelzen des Gemenges treten verschiedene Masseverluste durch Verstaubung, gasförmige Zersetzungsprodukte und durch Verflüchtigung (Abbrand) auf. Die Verflüchtigung betrifft Alkalien (Verlust bei 1200 °C > 7 %), B_2O_3 vor allem in Gegenwart von H_2O (Verlust bis 12 %) sowie praktisch alle eingesetzten Fluoride.

Der Fluorabbrand macht den größten Anteil des Abbrands aus und ist bei den einzelnen Fluoriden unterschiedlich. Nach *Vielhaber* ist er in basischen Schmelzen niedriger als in sauren (Beispiel: 20 % bei borfreien, 50 % bei borhaltigen Emails) und steigt in der Reihe $NaF < Na_3AlF_6 < CaF_2 < Na_2SiF_6 < AlF_3$, während *Beyersdorfer* (1949) $CaF_2 < Na_2SiF_6 < Na_3AlF_6$ angibt. Die Fluoremission ist vom Fluorgehalt der Fritte, von der Schmelzzeit sowie vom SiO_2-Anteil des Gemenges abhängig (Bild 8.4). Durchschnittlich kann man mit einem Fluorabbrand von 15 bis >35 % rechnen. Der Abbrand entsteht entweder durch Verdampfung (NaF, AlF_3), durch Um- oder Zersetzung ($Na_2SiF_6 \rightarrow NaF + SiF_4\uparrow$, z. B. *Parkov, West* 1986) oder durch Umsetzung von Fluoriden mit Wasserdampf unter Bildung von HF (z. B. *Scholze* u. a. 1983) und von Borsäure mit Flußsäure bzw. Fluoriden unter Bildung von BF_3 (*Beyersdorfer* 1949; *Joseph* 1978a). Die Bildung von SiF_4 und BF_3 wird von *Nagai* u. a. (1951) dagegen abgelehnt. Für Fluorgehalte < 1,6 % und > 1,6 % bestehen nach *Hřebiček, Hřebičková* (1986) unterschiedliche Verdampfungsmechanismen. Übrigens soll nach *Vielhaber* (1958) eine positive Wirkung des Fluorabbrandes in der gleichzeitigen Verflüchtigung von Eisen aus der Schmelze bestehen.

Alle Abbrandvorgänge werden durch sehr feine Körnungen, erhöhte Temperaturen, verlängerte Schmelzdauer, Wasserdampf, reduzierende Atmosphäre und hohe Gasströmungen gefördert (s. z. B. *Weisenhbus* 1985).

Durch den Abbrand wird die Zusammensetzung der Fritte im Vergleich zur synthe-

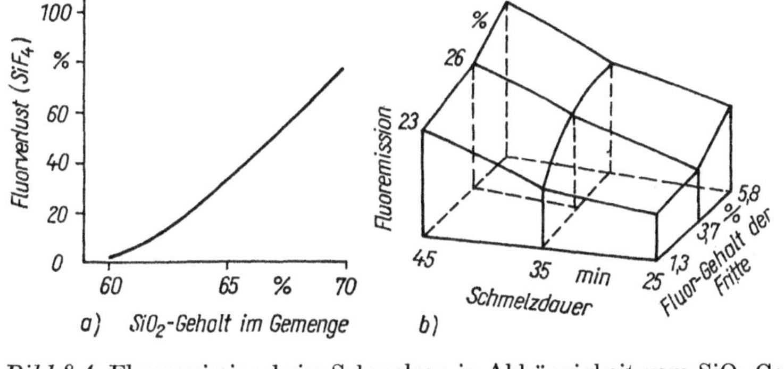

Bild 8.4. Fluoremission beim Schmelzen in Abhängigkeit vom SiO_2-Gehalt des Glasgemenges (*a; Haft, Heide* 1976), vom Fluorgehalt und der Schmelzdauer (*b; Joseph* 1978 a; s. auch *Wieczorek* 1986)

Tabelle 8.1. Theoretische und abbrandbedingte Zusammensetzung von Emails und Analyse des Abbrandstaubes [in %] (*Malinovszky; Tkalcec* u. a.)

	Antimonemail			Titanemail	
	Synthese	tatsächliche Zusammensetzung	Abbrandstaub	Synthese	nach 1 h bei 1450 °C
SiO_2	26,9	28,7	16,2	43,6	45,8
Al_2O_3	8,7	8,8	6,8		
CaO	4,9	3,3	7,8		
BaO	9,2	9,2	1,2		
ZnO	10,6	11,3	2,9		
B_2O_3	12,2	11,3	14,8	16,7	10,4
Na_2O	10,2	8,6	8,6	11,3	11,2
K_2O	5,3	5,6	2,8	6,1	5,3
Sb_2O_3	9,2	8,9	7,7		
F	4,5	2,4	27,7		
P_2O_5				3,0	3,2
MgO				1,0	3,2
TiO_2				18,2	18,5

tischen Zusammensetzung verändert (Tabelle 8.1). Daraus resultieren entsprechende Änderungen von Eigenschaften.

Beim Schmelzen gelangen auch feste Fremdstoffe in die Schmelzmasse, wie Ölkohle, Zunder, Feuerfestmaterial usw. (*Wegner* 1962 b; »Zubrand« nach *Dietzel* 1981). Aufgelöste Schamotte verändert die Schmelze nur unwesentlich (nach *Reiberger* 1957 wurde ein Abtrag von max. 1‰ der Schmelzmasse je Charge festgestellt); gefährlich sind grobe Ausplatzungen und Erosion von Feuerfestmaterial.

8.3.3. Schmelzaggregate

8.3.3.1. Rotierender Trommelschmelzofen

Beim Drehofen handelt es sich um einen feuerfest ausgemauerten Stahlmantel, dessen Stirnseiten geschlossen sind und nur für den Brenner bzw. auf der Gegenseite für die Abgasabführung entsprechende Öffnungen haben. Der Ofen ist auf Rollen gelagert und drehbar. Die Ausmauerung besteht meist aus hochwertiger Schamotte oder aus saurer Schamottestampfmasse (15 bis 25% Al_2O_3; *Achtung:* polymorphe Umwandlung von Quarz bei 575 °C bzw. Cristobalit bei 230 °C sowie irreversibles Wachsen infolge Cristobalitbildung oberhalb 1000 °C!) Besonderwiderstandsfähig ist hier Baddeleyit-Korund-(Cr_2O_3)Feuerfestmaterial (*Butta, Kleinheisterkamp* 1983). Als Brennstoffe dienen Gas oder möglichst schwefelarmes Öl. Die Verbrens nungsluft wird durch das heiße Abgas vorgewärmt, wobei die Effektivität durch spezielle rekuperative Einrichtungen noch erhöht werden kann (*Neumann* 1956, 1957). Das Schema eines Ofens zeigt Bild 8.5a.

Der Ofen wird chargenweise betrieben. Nach Aufgabe des Gemenges durch eine Öffnung im Mantel (die auch zum Ablassen der Schmelze dient) und stufenweisem Anfahren wird unter Drehen (0,3 bis 0,5 U min^{-1}) zu Ende geschmolzen. Die Wärmeübertragung erfolgt nicht nur von oben, sondern auf Grund der ständigen Durchmischung des Guts praktisch von allen Seiten. Das Fassungsvermögen des Ofens beträgt 500 bis 1000, z. T. bis 2000 kg Gemenge. Durchsatz und Energieverbrauch sind in Tabelle 8.2 angegeben. Die Haltbarkeit feuerfester Zustellungen liegt zwischen 250 und 600 Schmelzen (bei niedrig schmelzenden Emails noch höher).

8.3.3.2. Wannenofen

Der diskontinuierlich betriebene Wannenofen ist eine flache, feuerfest ausgekleidete Mulde mit einem Fassungsvermögen bis zu

Tabelle 8.2. Orientierungswerte für Ofenleistung, Energieverbrauch und Abbrand verschiedener Emailschmelzanlagen (*Hoens* 1980; *Galle* 1983)

	Rotierender Trommelofen		Kontinuierlicher Wannenofen		VES-Wanne
	Stadtgas	Öl	Stadtgas	Öl	
Durchsatz, 10^3 kg d^{-1}	1...8		8...15		3...>30
spez. Schmelzleistung, t m^{-2} d^{-1}	Charge 600 kg		5,5		≈3
Produktionsmenge je Reisezeit, t	360		3000		3150...3350
spez. Energieträgerverbrauch, m^3 kg^{-1} bzw. kg kg^{-1} bzw. kW h kg^{-1}	0,65 bis 0,85	0,25 bis 0,33	0,45 bis 0,60	0,18 bis 0,23	1,1
spez. Energieverbrauch, MJ kg^{-1}	10...13		7...10		≈4
Fluorverlust, %	35...50		35...50		<15
Verstaubung, %	5		5		1,5

1000 kg. Zur Beheizung mit überschlagender Flamme dienen alle Brennstoffe. Ein solcher Ofen ist schwierig zu regeln und die Homogenisierung nur schwerlich zu gewährleisten. Dieser Typ ist veraltet.

Der kontinuierliche Wannenofen arbeitet wie eine kleine Glaswanne (Bild 8.5b). Er ist vielfach schräg gelagert, z. T. kippbar. Die Schmelzschicht ist etwa 2 cm dick; die Verweilzeit im Ofen beträgt 15 bis 25 min

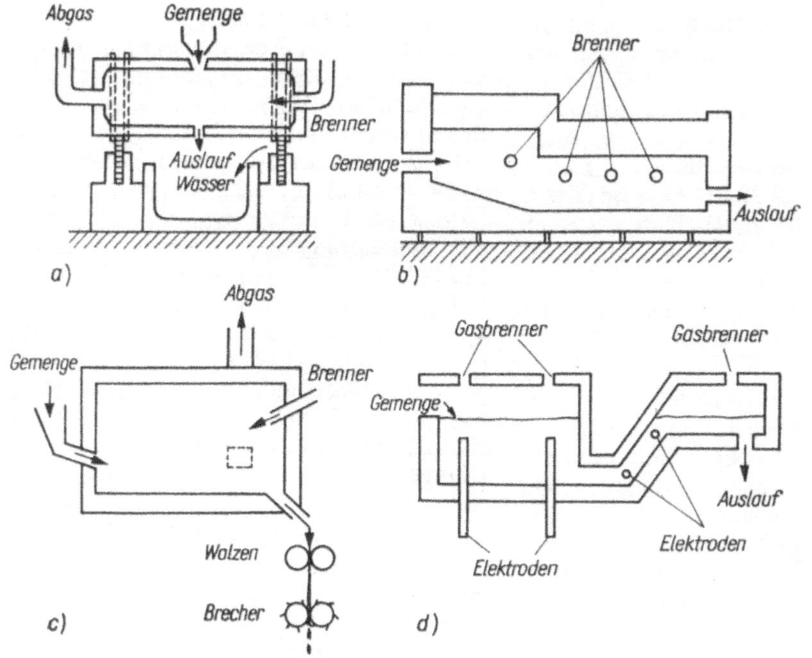

Bild 8.5. Schemadarstellungen von Emailschmelzöfen
a) Trommelschmelzofen *b*) kontinuierlicher Wannenschmelzofen
c) kontinuierlicher Wannenschmelzofen, moderne Ausführung (nach *Kyri* 1974)
d) VES-Wanne (*Galle* 1983); Konstruktion mit nur horizontalen Elektroden, s. *Joseph* (1978a)
(Wannen mit Entstaubungs- und Fluorsorptionsanlage: *Käppeler* 1984)

(*Kyri* 1974); weitere Parameter siehe Tabelle 8.2.

8.3.3.3. VES-Wanne

Die vollelektrische Schmelze wird seit geraumer Zeit in der Glasindustrie angewendet. Das Prinzip besteht darin, daß das Gemenge durch Widerstandserwärmung der Schmelze mittels Wechsel- oder Drehstrom über eingeführte Elektroden aufgeheizt wird (Übersicht bei *Hänlein* 1956; *Joseph* 1978a; *Illig, Linz* 1980). Das Schema einer VES-Wanne ist in Bild 8.5d, dargestellt. Die Ausmauerung besteht aus schmelzgegossenen Corhart-, Korund- oder Baddeleyit-Korund-Steinen. Die gekühlten Elektroden bestehen meist aus Molybdän, doch sind auch SnO_2 und Fe—Cr-Legierungen geeignet.

Emailschmelzen sind elektrische Leiter, deren Widerstand mit der Temperatur abnimmt (Bild 8.6). Bei Stromdurchgang entwickelt sich *Joule*'sche Wärme, die die Schmelzenergie liefert.

Der Gemengeteppich schützt die Schmelze vor Wärmeverlust und vermindert den Abbrand erheblich, nach *Schmöker, Gneist* (1983) um 80%. Der Fluorabbrand selbst beträgt $<5\%$ (*Melik* u. a. 1968). Zu beachten ist die reduzierende Wirkung der Metallelektroden gegenüber PbO, TiO_2, Sb_2O_3, CoO oder NiO (z. B. *Hierl* u. a. 1979; *Galle* 1983), wie auch generell eine Elektrodenkorrosion durch die Schmelze (*Kahl, Petzold* 1978).

Tabelle 8.2. enthält einige Angaben über Durchsatz und Energieverbrauch.

8.3.3.4. Sonstige Schmelzaggregate

Tiegelöfen (kontinuierlich oder diskontinuierlich arbeitend) sind heute nur noch für spezielle Zwecke und geringe Emailmengen im Gebrauch (z. B. Schmuckemails). Ihre Leistung ist naturgemäß gering. Eine weitere Ofenkonstruktion ist der Zyklonschmelzofen, der in der Sowjetunion erprobt worden ist (*Jakobson* u. a. 1978, 1984).

8.3.4. Granulieren

Die Beendigung des Schmelzens durch Ablassen oder Auslaufen der Schmelze ist an einen bestimmten, technisch festgelegten Schmelzzustand gebunden. Glasanaloge Homogenität ist nicht erforderlich, doch sollten Deckemails (insbesondere transparente und säurebeständige Emails) frei von Knoten (Restquarz) und sichtbaren Blasen sein. Grundemails sollen durchaus noch Knoten und Bläschen enthalten, weil sie so brennbeständiger sind, eine höhere Elastizität und Resistenz gegen Fischschuppen aufweisen.

Abgeschreckt und granuliert wird die möglichst dünnflüssige Schmelze meistens durch Ablassen in fließendes Wasser und evtl. Anspritzen der auslaufenden Schmelze mit einem kräftigen Wasserstrahl. Die Granalien im Granulierbehälter müssen ständig gerührt werden, um Klumpenbildung zu vermeiden und gleichzeitig die Wasserdampfhülle, die sich um die Granalien bildet, zu zerstören. Anzustreben sind möglichst gleichmäßige Granalien, um das Mahlen zu verbessern. Die Größe der Granalien wird durch die Wassertemperatur beeinflußt (je kälter, um so gröber das Korn; *Bubenicek* 1972).

Bei Einwirken von Wasser werden Granalien leichter angegriffen als aufgeschmolzene Emailschichten. Der Effekt ist aber bei der kurzen Berührungszeit offenbar nicht erheblich (*Reiberger* 1964); er wird aber merklich, wenn die Granalien feucht lagern. Trocknen ist deshalb unbedingt erforderlich. Dabei ist auf Fernhaltung von Verunreinigungen zu achten. Über die Trocknung der Granalien berichtet ausführlich *Karmaus* (1951).

Bei der kontinuierlichen Schmelze granuliert man vielfach durch Abschrecken zwischen gekühlten Walzen und erzeugt durch Brecher Schuppen von 0,8 bis 2 mm Dicke. Das Material fällt sauber und trocken an. Den trocken granulierten Emails werden bessere Eigenschaften zugeschrieben als den naß granulierten (chemische Beständigkeit, Resistenz gegen Blasen- und Fischschuppenbildung).

8.4. Sintern

Für den zur Naßemaillierung von Gußeisen erforderlichen Sintergrund wird zum Teil ein gesintertes Vorprodukt (Sinterfritte) ver-

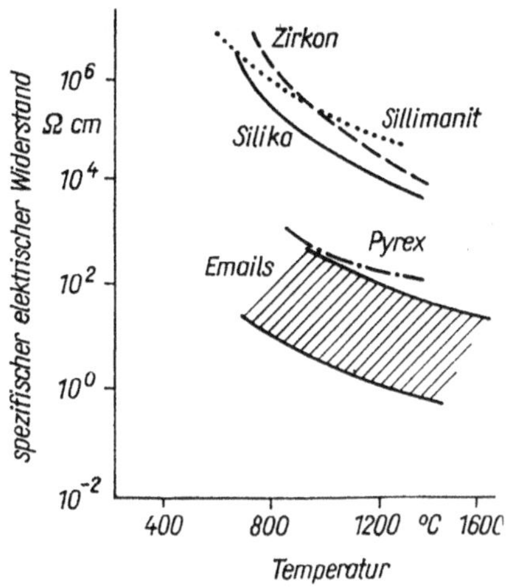

Bild 8.6. Temperaturabhängigkeit des spezifischen elektrischen Widerstands von Emailschmelzen; zum Vergleich Pyrex-Glas und feuerfeste Materialien

wendet. Zu diesem Zweck werden hochquarzhaltige Rohstoffmischungen in Blechkästen, meist im Kammerofen, auf 900 bis 1000 °C 1 bis 2 h gesintert. Nach dem Abkühlen wird der Sinterkuchen grob zerschlagen, im Kollergang zerkleinert und mit Zusätzen naß vermahlen.

8.5. Prüfung und Kontrollmaßnahmen bei der Herstellung des Emails

Lagerungsempfindliche Rohstoffe sind vor der Gemengebereitung nochmals zu überprüfen (länger zurückliegende Eingangskontrolle genügt nicht), um den Versatz richtig einzustellen; Prüfverfahren siehe Abschnitt 7.7.2.
Die Gemengehomogenität läßt sich granulometrisch und am wässerigen Auszug verschiedener Proben durch Bestimmung der Alkalität ermitteln.
Von den Ofen- und Feuerungsparametern sind je nach Schmelzaggregat zu kontrollieren: Brennstoffe, Ofenzug (Unterdruck; Einstellung der Genauigkeit auf 10 Pa), Ofenatmosphäre durch Gasanalyse.
Der Schmelzustand des Emails wird durch die Fadenprobe beurteilt (Ziehen einer Schmelzprobe aus dem Ofen und visuelle Abschätzung der im Emailfaden enthaltenen Knoten, Schlieren und Blasen).
Für die Analyse der Granalien werden die in der Silicatanalyse üblichen und verbindlichen Standard-Analysenmethoden angewendet, auf deren Wiedergabe hier verzichtet wird. Die Homogenität kann nur mikroskopisch beurteilt werden.
Bei Grundemails ist das in den Granalien gebundene Wasser (0,01 bis 0,04 %) von Bedeutung, weil dieses erst beim Einbrennen entweicht und über die Reduktion zu Wasserstoff zur Fischschuppenbildung beiträgt. Die Prüfung auf gebundenes Wasser ist daher zweckmäßig. Die Bestimmung kann durch Heißextraktion in N_2 (*Malissa* u. a. 1974) oder im Vakuum (*Azarow, Zerin* 1958; *Williams* u. a. 1976) erfolgen; *Chu* u. a. (1953) messen die Menge an Wasserstoff, die beim Erhitzen eines Gemisches aus Email- und Eisenpulver entsteht.
Das Verhalten beim Naßmahlen kann durch Auslaugen (15 min, 25 °C) und Messung der elektrischen Leitfähigkeit, bei konstantem *p*H-Wert durch titrimetrische Messung der Alkalität bestimmt werden (*Oel* 1968).
Bei Weißemails kann die Kristallisation durch DTA erfaßt werden (*Tkalcec* 1972; *Tkalcec* u. a. 1978).
Zur Prüfung der Eignung der Fritten zur Stahlblech- und Gußeisenemaillierung sind nach TGL 34692 u. a. Fließverhalten, Brennstabilität, Wassergehalt und mechanische Verunreinigungen zu bestimmen sowie weitere Eigenschaften zu prüfen, die in den Komplex der Emailprüfung (Kapitel 23) gehören.

9
Herstellung auftragfähiger disperser Emailsysteme

Unabhängig von der Art des Auftragens auf das Metall – Trockenauftrag, Naßauftrag, (u. U. Flammspritzen) – muß das Email in einer dem jeweiligen Verarbeitungszweck angepaßten feindispersen Form vorliegen. Man erhält diese durch Zerkleinern der Granalien durch Mahlen (z. T. unter Zugabe weiterer Stoffe). Die Mahlprodukte sind trockene Pulver oder Schlicker.

9.1. Theoretische Grundlagen

9.1.1. Theorie der Zerkleinerung

Die Aufbereitung der Emailfritte zu einem auftragfähigen Pulver oder Schlicker besteht in einer Zerkleinerung mit dem Ziel der Oberflächenvergrößerung und Erreichung bestimmter Korngrößenverteilungen. Die theoretischen Grundlagen der Zerkleinerung sind bei *Schubert* (1975) sowie *Schubert* u. a. (1977/79) ausführlich beschrieben.

Zur Zerkleinerung fester Körper ist die Wirkung einer die Bindekräfte übersteigenden Kraft oder Spannung erforderlich. Der Bruch tritt durch Spaltung oder Scherung ein. Bei den meisten silicatischen Stoffen erfolgt Zerkleinerung durch Sprödbruch. Typisch spröde Materialien können plastische Verformungsanteile aufweisen, wenn die Korngröße sehr klein wird (Glas $<10\,\mu m$; Quarz $\approx 1\,\mu m$).

Die bei der Mahlung wirksamen Zerkleinerungsprozesse lassen sich im wesentlichen auf die Druckbeanspruchung zwischen zwei festen Flächen zurückführen. Hinzu kommt eine gewisse Scher- und Schlagbeanspruchung durch frei fallende Mahlkörper. Bei der Druckbeanspruchung von Glas erfolgt spontaner Bruch, während bei Quarz viele elastische Verformungen und kleine Teilbrüche auftreten, bevor die endgültige Zertrümmerung des Restkorns einsetzt (*Rumpf* 1966). Bei Emails feinster Körnung ($<1\,\mu m$) wird die weitere Zerkleinerung infolge Fehlens von Kerbstellen sehr erschwert.

Energetisch gesehen ist nach dem Ähnlichkeitsgesetz der Bruchmechanik die aufzuwendende Zerkleinerungsarbeit W der neu geschaffenen Oberfläche ΔA proportional. Nach *Bond* gilt folgende empirische Beziehung zwischen Zerkleinerungsarbeit und den 80%-Korngrößen d_{80} bzw. d'_{80} des Aufgabe- und Zerkleinerungsgutes:

$$W = C\left(\frac{1}{\sqrt{d'_{80}}} - \frac{1}{\sqrt{d_{80}}}\right) \tag{9.1}$$

C Konstante.

Daraus läßt sich ein Arbeitsindex W_i ableiten, der den Gesamtarbeitsbedarf für die Zerkleinerung auf 80 % <100 µm darstellt. Für Glas und Quarz ergeben sich 13,6 bzw. 14,9 kW h t^{-1}.

Die praktisch aufgewendeten Energiebeträge für die Mahlung gehen infolgen der Kollektivzerkleinerung in Gutbetten und wegen vielfältiger mechanischer Verluste über die theoretischen Beträge (Oberflächenenergie des Emails: 0,3 J m^{-2}) weit hinaus. Die Wirkungsgrade betragen nur 0,1 bis 1 %. Bild 9.1 zeigt dies am Vergleich der Einzelkornzerkleinerung von Quarz und der Mahlung in der Kugelmühle. Es besteht auch ein Unterschied zwischen Trocken- und Naßmahlung. Der Energieaufwand für das Trokkenmahlen ist im allgemeinen etwa 1/3 höher als der für das Naßmahlen.

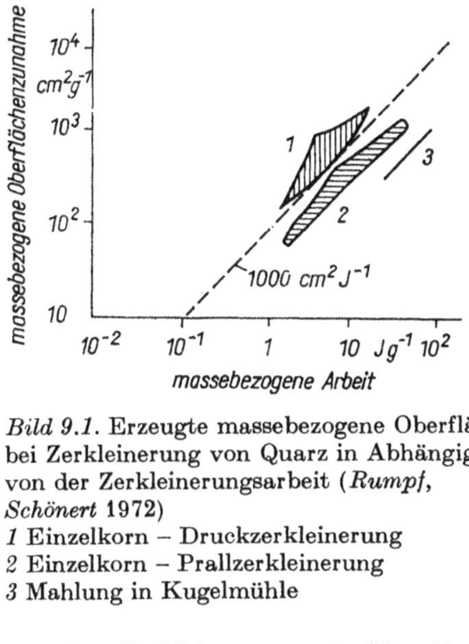

Bild 9.1. Erzeugte massebezogene Oberfläche bei Zerkleinerung von Quarz in Abhängigkeit von der Zerkleinerungsarbeit (*Rumpf, Schönert* 1972)
1 Einzelkorn – Druckzerkleinerung
2 Einzelkorn – Prallzerkleinerung
3 Mahlung in Kugelmühle

Bei der Zerkleinerung mit Einzelkornzerteilung entstehen i. d. R. keine monodispersen, sondern polydisperse Haufwerke mit unterschiedlichen Kornverteilungen, auf die am ehesten die dreiparametrige logarithmische Normalverteilung mit oberer Grenze zutrifft. Im übrigen wird bei Stoffgemischen, wie Glaskugeln und Quarzkörnern, eine von der Zusammensetzung unabhängige Kornverteilung beobachtet.

9.1.2. Theorie der Granulometrie fester disperser Systeme

Die Kennzeichnung von Größe, Form und Verteilung in Körnerkollektiven und der damit zusammenhängenden Oberflächen polydisperser Stoffe faßt man unter dem Begriff *Granulometrie* zusammen. Er gilt sowohl für trockene Körnungen, als auch für festflüssige Dispersionen.

Bei Korngrößen zwischen 1 nm und 1 µm spricht man von kolloiddispersen, bei >1 µm von grobdispersen Systemen.

Die Körnungen unaufbereiteter natürlicher Rohstoffe (z. B. Quarzsand, Tone), bestehen nie aus einer einheitlichen Korngröße, sondern weisen immer eine Kornverteilung (Körnungsband) auf. Auch die durch Zerkleinern hergestellten, künstlich erzeugten Körnungen (Emailfritten, Quarzmehl, Mühlenzusätze) stellen Korngemische dar. Die Körner sind stets unregelmäßig geformt. Das erschwert die Festlegung eindeutiger Korndurchmesser und Korngrößen, was im Einzelfall des Emails auch nicht erforderlich ist.

Kenntnis über die Korngrößenverteilung in einem polydispersen Haufwerk erhält man durch die Feststellung, welcher Anteil kleiner oder größer als eine bestimmte Korngröße x ist oder welche Anteile in bestimmten Korngrößenklassen enthalten sind. Die zwischen Minimal- und Maximalkorngröße existierende Funktion $H_r(x)$ ist die Verteilungsfunktion; sie wird auch als Durchgangskennlinie D bezeichnet und ist schematisch in Bild 9.2a dargestellt ($1 - D = R$ ist die Rückstandskennlinie). Die Differentialkurve der Verteilungsfunktion

$$h_r(x) = \mathrm{d}H_r(x)/\mathrm{d}x \qquad (9.2)$$

wird als Verteilungsdichte bezeichnet (Bild 9.2b). Das Diagramm enthält gleichzeitig die übliche Säulen-Darstellung (Histogramm). Natürliche und durch Mahlung erzeugte Körnungen zeigen einen Kornaufbau mit einem Hauptanteil an mittlerem Korn und geringen Anteilen an Unter- und Überkorn. Es ergibt sich daraus eine meist asymmetrische Glockenkurve der Verteilungsdichte (auch: Häufigkeit N) in Abhängigkeit vom Korndurchmesser x.

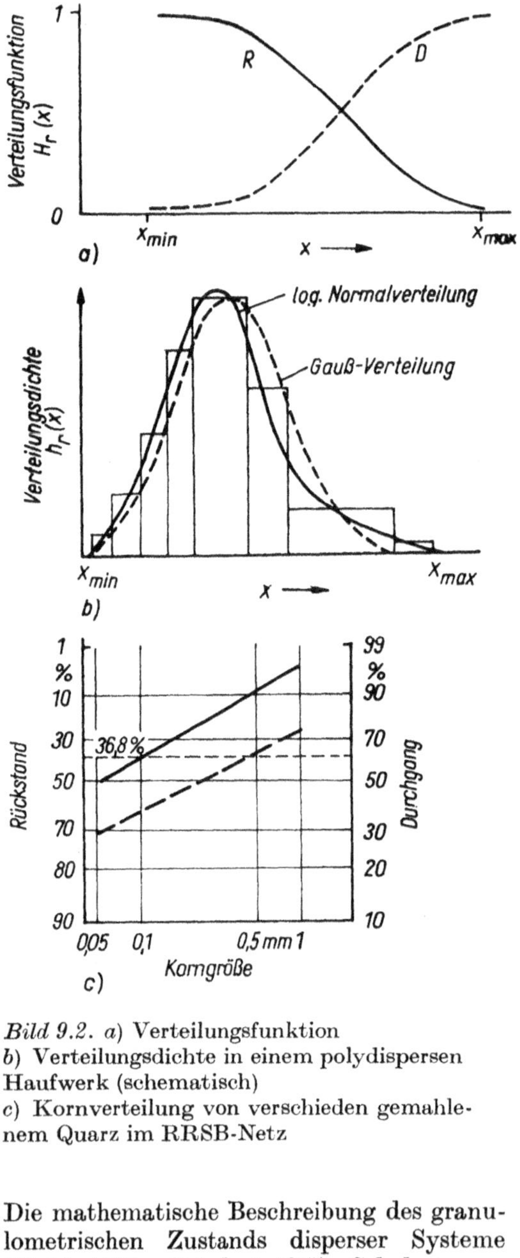

Bild 9.2. *a*) Verteilungsfunktion
b) Verteilungsdichte in einem polydispersen Haufwerk (schematisch)
c) Kornverteilung von verschieden gemahlenem Quarz im RRSB-Netz

Die mathematische Beschreibung des granulometrischen Zustands disperser Systeme (*Batel* 1964; *Schubert* 1975; *Schubert* u. a. 1977) erfolgt am zweckmäßigsten durch die logarithmische Normalverteilung (auf deren Wiedergabe hier verzichtet wird), die im logarithmischen Wahrscheinlichkeitsnetz eine Gerade ergibt, oder durch die *Rosin-Rammler-Sperling-Bennet*-Verteilung (*RRSB*-Funktion) [in %]:

$$100 - D = R = 100 \exp\left(-x/x'\right)^n \qquad (9.3)$$

x' Korngröße, für die $R = 100/\mathrm{e} = 36{,}8\,\%$ ist (Korngrößenkennziffer, statistisches Mittelkorn)
n Parameter (Gleichmäßigkeitskoeffizient, meist 0,7 bis 1,5).

Im *RRSB*-Netz (logarithmisch geteilte Abszisse, doppelt-logarithmisch geteilte Koordinate) ergibt $R = f(x)$ für viele Körnerkollektive eine Gerade (Bild 9.2c). Die Beziehung gilt z. B. für Glas zwischen 0,2 µm und 1 mm.
Für technische disperse Systeme sind die wichtigsten Kennwerte:

- die häufigste Korngröße x_h (Maximum der Verteilungsdichte),
- die Halbwertsteilchengröße x_{50}, für die der Siebdurchgang (bzw. Siebrückstand) 50 % beträgt,
- die mittlere Korngröße x_m als arithmetisches Mittel der Verteilung,
- die spezifische Oberfläche, die aus granulometrischen Kenngrößen berechnet oder experimentell bestimmt werden kann.

9.1.3. Grundzüge der Rheologie disperser fest-flüssiger Systeme

Fließeigenschaften und Fließverhalten der Körper und Systeme werden mit dem Begriff Rheologie erfaßt und beschrieben. In unserem Falle betrifft es das Fließen von Flüssigkeiten und von fest-flüssigen Dispersionen unter dem Einfluß der Schwerkraft und künstlich angelegter Spannungen.
Für eine ideale Flüssigkeit, die dem *Newton*schen Ansatz

$$D = \frac{1}{\eta}\tau \qquad (9.4)$$

gehorcht, ist der Zusammenhang zwischen Schubspannung τ und Geschwindigkeitsgefälle D in der Fließkurve des Bildes 9.3a dargestellt. Die Steigung der Geraden wird durch die Viskosität bestimmt (*Newton*sche Flüssigkeit). Disperse Phasen erhöhen die Viskosität des Systems ($\rightarrow \eta^*$).
Das Fließverhalten technischer fest-flüssiger

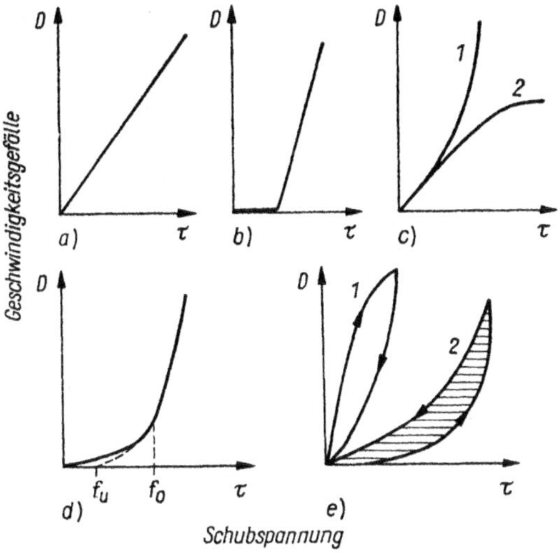

Bild 9.3. Typen von Fließkurven (schematisch)
a) *Newton*scher Körper
b) *Bingham*-Körper
c) *1* Strukturviskosität
2 Dilatanz
d) quasiplastisches Verhalten
e) *1* Rheopexie
2 Thixotropie

Systeme wird durch bestimmte rheologische Grundtypen charakterisiert. Beim *Bingham*-Körper (Bild 9.3b) setzt normales spannungsabhängiges viskoses Fließen erst nach Erreichen des Anlaßwertes τ_f ein (typisch für plastische keramische Massen). Der *Bingham*-Körper ist nicht zu verwechseln mit strukturviskosen Systemen, deren Fließkurve Bild 9.3c zeigt. Hierfür gilt die *Newton*sche Gleichung in der Form

$$D = \frac{1}{\eta^*} \tau^n \tag{9.5}$$

n materialabhängige Konstante.

$n = 1$ entspricht ideal viskosem Verhalten, $n > 1$ dem dargestellten, $n < 1$ einem dazu spiegelbildlichen Kurvenverlauf. Dieser Fall wird als *Dilatanz* bezeichnet (Viskositätserhöhung mit steigender Schubspannung).
Eine Kombination von Strukturviskosität und *Bingham*schen Verhalten stellt das quasiplastische Fließen dar (Bild 9.3d). Die Fließkurve ist gekennzeichnet durch eine untere Fließgrenze $\tau_{f,u}$ einen strukturviskosen und einen bei der oberen Fließgrenze $\tau_{f,o}$ einsetzenden *Bingham*schen Bereich. Steifheit und Beweglichkeit (mobility) ergeben sich aus den eingezeichneten Winkeln.
Thixotropie liegt dann vor, wenn eine zur nächst fließfähige Suspension bei längere-Standzeit ansteift bzw. eine versteifte Dispersion durch Schütteln schlagartig verflüssigt wird. Bei Erreichen der Fließgrenze erfolgt unmittelbar eine sehr starke Erniedrigung der scheinbaren Viskosität. Die entsprechende schematische Fließkurve (Bild 9.3e) zeigt stets eine Hysterese entgegen dem Uhrzeigersinn. Thixotrop verhalten sich disperse kolloide Systeme, die im Ruhezustand eine gewisse Gerüststruktur aufzubauen vermögen, wie z. B. wässerige Suspensionen von Tonen, Kieselgelen oder organischen Kolloiden sowie Emailschlicker. Die umgekehrte Erscheinung ergibt sich bei der Rheopexie; hier ist ein in Ruhe befindliches kolloides System flüssig und erstarrt bei Bewegung. Die Fließkurve zeigt Hysterese im Uhrzeigersinn.
Die Grundlagen der Rheologie werden bei *Umstätter* (1952) und *Reiner* (1968), der Emailschlicker-Rheologie von *Hennicke*, *Kuhlmann* (1986) ausführlich behandelt.

9.2. Mahlen

Die Vermahlung der Emailfritte (ggf. mit Zusätzen) zu einem Emailpulver oder Schlikker wird fast ausnahmslos in Trommelmühlen durchgeführt. Unabhängig von Trokken- oder Naßmahlung sind die funktionellen Beziehungen bei den einzelnen Mühlen und die Prinzipien der Mahlvorgänge im wesentichen immer die gleichen.

9.2.1. Allgemeine Gesichtspunkte der Mahlung in Trommelmühlen

Der Mahlprozeß in Trommelmühlen ist diskontinuierlich. Der Zerkleinerungsverlauf ist in Bild 9.4 schematisch dargestellt. Danach wird die aufgegebene Körnung zunächst schnell, dann langsam zerkleinert, wobei eine Mittelkornfraktion aufgebaut wird, die zugunsten des Fein- und Feinstkorns wieder abnimmt.

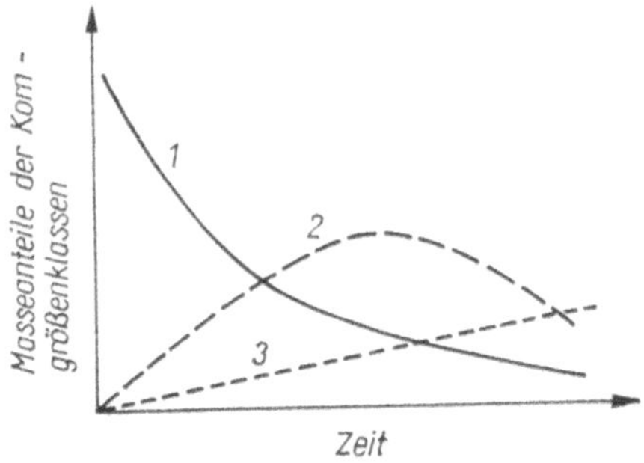

Bild 9.4. Zerkleinerungsverlauf (schematisch)
1 aufgegebene Korngrößenklasse
2 mittlere Korngrößenklasse
3 feine Korngrößenklasse

Entscheidend für die Mahlwirkung ist die Mahlkörperbewegung. Sie ist abhängig von Dimension und Drehzahl der Mühle, von Kugelgröße und -art, Mahlkörperfüllung und Reibungsverhältnissen zwischen Auskleidung und Mahlkörper bzw. innerhalb der Füllung selbst. Man unterscheidet Katarakt- und Kaskadenwirkung (Bild 9.5a, b), für die Schlag- und Scher- bzw. Abriebbeanspruchung charakteristisch sind.

Die Drehzahl (n in $\min^{-1}$) einer Mühle bestimmt sich aus dem inneren Trommeldurchmesser d (in m) und der Umfangsgeschwindigkeit v (in $\mathrm{m\,min^{-1}}$) zu

$$n = \frac{v}{\pi d} \tag{9.6}$$

Daraus ergeben sich effektive Geschwindigkeiten von 80 bis 90 $\mathrm{m\,min^{-1}}$. Die kritische Drehzahl, bei der die Mahlkörperfüllung an der Mühlenwand mitzurotieren beginnt (Bild 9.5c), berechnet sich zu

$$n_{\mathrm{krit}} \approx 42{,}3/\sqrt{d} \tag{9.7}$$

Die technischen Drehzahlen bewegen sich im allgemeinen um 0,75 (n_{krit}); es werden auch 0,55 bis 0,65 vorgeschlagen (*Bennett* 1955). Sie nehmen mit steigendem Mühlendurchmesser ab. Die günstigsten Umdrehungszahlen sollen für Naßmahlung bei $24/\sqrt{d}$ (große Mühlen) bzw. 30 bis $36/\sqrt{d}$ (kleine Mühlen), für Trockenmahlung bei 28 bis $34/\sqrt{d}$ liegen. Bei schweren Mahlkugeln sollte n um 25 bis 30 % verringert werden. Die Drehzahlen sind etwa optimal, wenn die Mahlkugeln ungefähr eine viertel Umdrehung an der Mühlenwand mit nach oben genommen werden; das entspricht etwa 1,3 bis 1,6, bei schweren Mahlkugeln 1,0 bis 1,2 $\mathrm{m\,s^{-1}}$.

Für jede Korngrößenklasse gibt es praktisch eine optimale Mahlkörpergröße. In der Aufbereitungstechnik gilt allgemein die Regel, daß der Mahlkörperdurchmesser 5 bis 15mal größer sein soll als die obere Aufgabekorngröße. Für die Emailaufbereitung wird häufig mit $d = (10 \text{ bis } 20) \times 95\,\%$ Korngröße des Gutes gerechnet. In der Praxis verwendet man Mischungen verschiedener Kugelgrößen (z. B. 3 bis 4 – 5 bis 6 – 7 bis 8 cm; nach *Kyri* (1974) 4 – 4,5–5 cm bei Porzellan–, 2,5 – 3,8 – 5 cm bei schweren Kugeln; nach *Fosse* (1972) am besten 2 bis 5 cm).

Zur Gewährleistung einer guten Mahlung muß die Masse der Kugelfüllung stets größer sein als die des Mahlgutes. Das Verhältnis Mahlgut zu Mahlkörper beträgt im Gegensatz zu früher (1:1,1 bis 1:1,3) heute meist 1:1,5 (*Ankerst* 1962), mitunter sogar 1:2,4 (*Titzmann, Kühnert* 1956). Mit zunehmendem Anteil an Mahlkugeln verringert sich bei steigendem Energiebedarf die Mahldauer von etwa 20 h auf 4 bis 8 h. Das Schüttvolumen der Kugelfüllung soll 50 bis 55 %

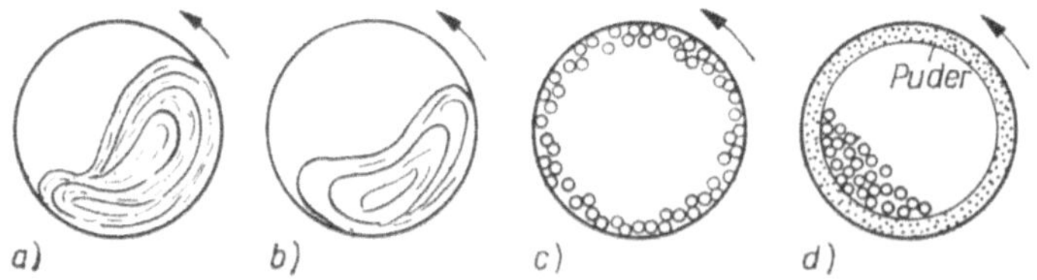

Bild 9.5. Bewegung in der Trommelmühle (schematisch)
a) Kataraktwirkung *b*) Kaskadenwirkung *c*) bei $U > U_{\mathrm{krit}}$
d) Kleben von Puder an der Wand (*Wegner* 1954a)

(mindestens 30%; → DDR-Stand) und die Gesamtfüllung nicht mehr als 70% des Trommelinhalts betragen.
Im übrigen ist eine wirtschaftliche Mahlung nur möglich bei Feuchtigkeitsgehalten <2% und >20%.
Bei der Mahlung in Gutbetten ist zu beachten, daß hier im wesentlichen Körnerkollektive zerkleinert werden. Im Unterschied zur Einzelkornzerkleinerung wird die Beanspruchung auch vom granulometrischen und Packungszustand des Gutes beeinflußt.

9.2.2. Mahlaggregate

Für Produktionszwecke werden meist Trommelmühlen bis max. 5000 l Inhalt verwendet (*Aldinger* 1956; *Vielhaber* 1958a). Unter Berücksichtigung neuer Erkenntnisse lassen sich für die Naßmahlung Richtwerte zusammenfassen, die den jeweiligen Fertigungsbedingungen entsprechend anzupassen sind (Tabelle 9.1).
Die Werte gelten, bei etwas verringerter Drehzahl und größerer Motorleistung, sinngemäß für die Trockenmahlung. Um beim Entleeren Verstaubung zu vermeiden, sind die Trockenmühlen mit einem Staubmantel versehen.
Die Mühlen sind mit Steinen aus Quarzit, Hartporzellan oder Steatit ausgekleidet. Der Verschleiß ist normalerweise gleichmäßig und gering, eine Verunreinigung des Mahlgutes nicht zu befürchten. Die Haltbarkeit beträgt 1 bis 3 Jahre, bei Spezialausmauerungen auch länger. Zur Minderung von Verschleiß und Lärm sollten nach *Bennett* (1955) Gummiauskleidungen zweckmäßig sein; sie sind jedoch wenig verbreitet.
Die Mahlkugeln bestehen aus Hartporzellan ($\varrho_R = 2{,}4$ g cm^{-3}), Flint ($\varrho_R = 2{,}6$ g cm^{-3}), Steatit ($\varrho_R = 2{,}6$ g cm^{-3}) oder Sinterkorund ($\varrho_R = 3{,}5$ g cm^{-3}).
Wegen der hohen Dichte wird mit Korundkugeln eine bis zu 50% kürzere Mahldauer erreicht (s. auch *Titzmann, Kühnert* 1956). Korundkugeln werden vor allem bei hoher Feinmahlung (z. B. für ESTA, Aluminiumemail) eingesetzt. Der Verschleiß der Mahlkugeln ist nicht unbeträchtlich; man rechnet im allgemeinen mit einem Abrieb von 1% je Woche, (Korund etwa 20% von dem des Porzellans, in gummiausgekleideten Mühlen nur 10% der allgemeinen Abnutzung). Aus diesem Grunde sind die Kugeln periodisch zu kontrollieren und zu ergänzen.
Für Laboruntersuchungen werden oft Fliehkraftmühlen (etwa 0,4 l) zur Schnellmahlung (15 bis 45 min) oder kleine Trommelmühlen (1 bis 20 l Inhalt) verwendet.

9.2.3. Trockenmahlung

Die Trockenmahlung des Emails zur Herstellung von Pulver für den Trockenauftrag (Pudern, Pulverelektrostatik) besteht in der staubfeinen Zerkleinerung der Granalien, meist ohne Zusätze. Entgegen der üblichen

Tabelle 9.1. Richtwerte für Trommelmühlen zur Naßmahlung von Email (gültig für Mahlgut/Mahlkörper-Verhältnis ≈1:1,5)

	Typenbezeichnung				
	8	10	14	17	19
Trommelinhalt, l	250	500	1300	3400	4400
Mahlkörper, kg	150	380	980	2600	3300
Mahlgut, kg	100	250	650	1700	2200
Wasser[1]), l	45	115	295	765	990
Drehzahl, min^{-1}	40	35	22	18	16
Anschlußleistung, kW	1	2	6	11	18
Mahldauer, h					
Grundemail		5...8			
Deckemail		12...18			

[1]) für Schlickerdichte 1,70 g cm^{-3}

Praxis der Verwendung völlig trockener Granalien wird von verschiedener Seite ein Wasserzusatz von 0,1 % vorgeschlagen, um ein Festbacken des Gutes zwischen den Kugeln zu vermeiden und die Eigenschaften des Pulvers zu verbessern. Bei Wasserzugabe über 0,2 % wird die Mahlung ungleichmäßig (*Thürmer* 1951).
Für den elektrostatischen Pulverauftrag müssen die Pulver zur Gewährleistung eines genügend hohen Oberflächenwiderstandes mit organischen Adsorbentien (1 bis 4 %) behandelt werden. Dies geschieht durch Zugabe z. B. von Isocyanaten, Alkylysilanolen oder Silazonen zur Mühle (*Joseph* 1975a; *Nealon* 1976; *Hoens, Vuyk* 1983)
Unerwünscht ist bei der Trockenmahlung ein Anbacken des Emailpulvers, wie es gegen Ende des Mahlens auftritt. Dabei ergeben sich dann Verhältnisse, wie sie nach *Wegner* (1954a) in Bild 9.5d) dargestellt sind. Dem kann evtl. durch ein geringes Vibrieren der Mühle entgegengewirkt werden. Anbacken und Agglomerationserscheinungen werden vor allem durch geringe Mengen Mahlhilfsmittel (polar-unpolare Stoffe) verhindert. Sie werden an der Kornoberfläche adsorbiert, setzen dadurch die Wechselwirkungen zwischen den Teilchen herab und bewirken ein günstigeres Fließverhalten (zur Wirkungsweise von Mahlhilfsmitteln s. *Graichen, Müller* 1975). In einfachen Fällen wirkt auch schon ein Zusatz von Braunkohlenstaub (nach *Märker* 1956).

9.2.4. Naßmahlung

Bei der Naßmahlung werden mit der Fritte (≈35 % des Trommelvolumens, in kg) zahlreiche weitere Zusätze mit vermahlen, wie Quarz oder Feldspat (bei Grundemails), Ton oder Betonit (u. U. auch nichttonige Schwebemittel) und Farbkörper (ggf. Trübungsmittel). Hinzu kommen alkalische Substanzen und andere spezielle Zugaben sowie Wasser, in speziellen Fällen auch nichtwässerige Flüssigkeiten (z. B. Isopropylalkohol + Toluol; *King, Bowers* 1964).
Die Einhaltung der Rezeptur erfordert sehr genaues Arbeiten bei der Lagerhaltung der Rohstoffe und bei der Wägung. Peinliche Sauberkeit ist geboten und eine laufende Überprüfung ist zweckmäßig. Auf alle Fälle sollten – auch bei der Naßmahlung – die Ausgangsstoffe im getrockneten Zustand zur Mühle gegeben werden. Der Trocknungszustand des Tons ist unsicher und Granalien können noch 5 bis 15 % Wasser enthalten (*Aldinger* 1952a). Der Ton sollte auf Pyriteinschlüsse geprüft werden und, falls er stückig ist, zerkleinert werden; in manchen Werken schließt sich eine Windsichtung an. Die Granalien sollten eine möglichst einheitliche Korngröße aufweisen (*Hadwiger* 1963b). Der Qualität des Wassers (s. Abschnitt 7.6.5.) ist besondere Aufmerksamkeit zu schenken. Bei der Beschickung mit Emailschuppen wird übrigens zunächst die Vermahlung eines Teiles und dann die Fertigmahlung mit dem Rest empfohlen; näheres über entsprechende Maßnahmen und Einrichtungen siehe bei *Fosse* (1972) und *Kühn, Geu* (1978).
Die Mühlenversätze für die einzelnen Stahlblech- und Gußeisenemails sind zwar verschieden, doch wird man etwa folgende Richtwerte annehmen können (in Teilen auf 100 Teile Granalien):

- Wasser 35 bis 48 für Deckemailschlicker, 40 bis 50 für Grundemailschlicker bzw. Schlicker mit hohem Anteil an Mühlenzusätzen
- Ton 5 bis 10
- Soda und Borax 0,2 bis 1,5
- Farbkörper und Trübungsmittel nach Rezeptur
- organische Farbstoffe (Anilinfarben) oder Eisenoxid für Grundemails zur Vermeidung von Schlickerverwechslungen 3 bis 15 g je 100 kg Fritte (*Märker* 1963; *Kyri* 1974)
- für Grundemailschlicker:
  - Quarz 10 bis 30, z. T. bis 50 (*Gorbunova* u. a. 1976), <0,1 mm (und/oder Feldspat 5 bis 20, z. T. auch mehr); brennbständiger Grund erhält gröberen, Direktemail feineren Quarz zur Mühle
  - ggf. basisches Magnesiumcarbonat bis 1 % (→Blasenstruktur).

Bei der Naßmahlung ist gegenüber der Trokkenmahlung das Transport- und Agglomerationsverhalten sowie die Beanspruchungsenergieverteilung verändert. Der Ablauf der

Naßmahlung entspricht aber etwa dem in Bild 9.4 dargestellten Verlauf, wie *Hadwiger* (1963b) an Mahlversuchen zeigen konnte, bei denen die Körnung 120 bis >150 μm (43 % nach 13 h) auf 0,6 % nach 21 h zurückging und die Fraktion 75 bis 88 μm von 28,5 % nach 13 h auf 83 % nach 21 h anstieg. Die Mahldauer liegt, je nach gefordertem Mahlzustand und anderen Einflußgrößen, zwischen 4 und 20 h.

Obwohl der Wassergehalt offenbar kaum Einfluß auf das granulometrische Ergebnis hat, läßt sich doch dickflüssiges Mahlgut besser und schneller vermahlen. Die Wassermenge soll deshalb nicht die endgültige Höhe des auftragfähigen Schlickers haben, sondern geringer sein, auch deshalb, weil dann die Konsistenz durch Wasserzugabe geregelt werden kann. Die beim Mahlen unvermeidliche Wärmeentwicklung soll im Hinblick auf die Auslaugung und die Schlikkerkonsistenz möglichst gering gehalten werden. Bei bestimmten Titanemails, bei nicht säurebeständigen und bei Direktemails sowie besonders bei Verwendung von Schwermahlkugeln wird sogar eine Kühlung der Mühle empfohlen. Andererseits müssen aber auch zu kühle Mühlenräume vermieden werden; die besten Temperaturen für das Mahlen liegen zwischen 15 und 20 °C.

Beim Mahlen des Emails werden Bindungen aufgebrochen, wodurch sich über Wechselwirkungen mit Wasser und OH-Ionen eine negative Aufladung der Fritteteilchen ergibt; außerdem werden Kationen abdissoziiert[1]).

Während des Mahlens erfolgt auch ein Angriff des Wassers auf die Fritteteilchen. Dabei werden hauptsächlich NaF, Na_2O und B_2O_3 ($Na_2O:B_2O_3 = 1:1$ bis $2:1$), ferner wenig CaO und SiO_2 herausgelöst (*King* u. a. 1947; *Kyri* 1972). Dies ist mit einem Ansteigen des *p*H-Wertes von 7,7 (Ausgangswasser) auf 8,6 bis 9,1 bei Deckemails bzw. 9,9 bis 11,3 bei Grundemails verbunden (*Reiberger* 1964). Die Auslaugung nimmt mit der Mahldauer und steigender Temperatur zu (*Forlano, Andrews* 1963; *Olieman* 1978). Sie beträgt etwa 0,1 bis 1 % und kann vor allem bei leichtschmelzenden Emails hohe Werte erreichen (*Gugeler, Biccum* 1962). Zur Stabilisierung des Schlickers und zur Gewährleistung der Biskuitfestigkeit muß die Auslaugung allerdings eine gewisse Höhe aufweisen (*Dietzel, Meures* 1939).

Die Mahlung von Aluminiumemails erfordert einige spezielle Bedingungen (*Kyri* 1974). So sollen Korundkugeln verwendet werden (∅ 3 cm:25 %; 4 cm:50 %; 5 cm:25 %), wobei das Verhältnis Kugeln zu Granalien 2,4:1 sein soll. Für die Mühlenumdrehung werden 90 m min^{-1} empfohlen. Die Temperatur darf 28 °C nicht überschreiten. Als Mühlenzusätze gibt man Natriumsilicat, Borsäure und NaOH (*Viquesnel, Krist* 1978) sowie etwa 15 % TiO_2, ggf. im Austausch mit Farbkörpern zu; vermahlen wird ohne Ton.

Der Mahlvorgang darf nicht nur nach der Zeit oder der Anzahl der Umdrehungen der Mühle gesteuert, sondern muß auch durch Kontrollbestimmungen der Mahlfeinheit, der Dichte und Konsistenz verfolgt werden.

Die Entleerung der Mühle erfolgt grundsätzlich über Siebe. Zur Aussonderung von metallischen oder eisenoxidhaltigen ferromagnetischen Teilchen wird der Schlicker schließlich über einen Magnetabscheider gegeben.

Als Ergänzungsliteratur zum Mahlen sei auf die Publikationen von *Aldinger* (1952a); *Märker* (1954); *Ankerst* (1962); *Fosse* (1972) und *Kyri* (1974) sowie auf die Techn. Inf. Nr. 11 (1979) verwiesen.

9.3. Mahlprodukte

9.3.1. Emailpulver

Die aus dem Trockenmahlprozeß hervorgegangenen Pulver sind in der Regel chemisch einheitlich, d. h., sie bestehen aus Emailfritte. Für die entsprechenden Auftragsverfahren müssen sie bestimmte granulometrische Forderungen erfüllen. Für das Pudern von Gußeisen sind 60 % des Pulvers

[1]) Daß sich die Eigenladung der Fritte nach der *Coehn*schen Regel ergibt (ein Stoff niedrigerer *DK* – hier Email – lädt sich in Berührung mit einem Stoff höherer *DK* – hier Wasser – negativ auf), ist nach *Dietzel* (1981) beim Emailschlicker ebenso unwahrscheinlich wie durch *Brown*sche Bewegung erzeugte Reibungselektrizität.

kleiner als 60 μm, der Rest enthält Körner bis 200 μm. Material für die Pulverelektrostatik soll im Korndurchmesser zwischen 30 und 60 μm, keinesfalls unter 10 μm liegen (*Joseph* 1975a). Bei Einkapselung kann das Pulver etwas gröber sein (*Nealon* 1976); Übersicht bei *Mohyla* u. a. (1985).

9.3.2. Schlicker

Der aus der Mühle kommende Schlicker stellt eine Dispersion mit sahniger Beschaffenheit von Feststoffen (Fritte, Ton, z. T. Quarz) in Wasser mit gelösten Salzen dar. Sie muß für den Auftrag eine bestimmte rheologisch begründete Konsistenz aufweisen, die vor allem durch kolloidchemische Vorgänge am Ton gesteuert wird.

9.3.2.1. Kolloidchemische Grundlagen der Schlickerrheologie

Verdünnte Tonsuspensionen sind rein *Newton*sche Flüssigkeiten. Im Bereich höherer Konzentrationen wird in Kombination mit den übrigen Festkörperpartikeln des Emailschlickers aber nicht*newton*sches Verhalten, z. T. mit mehr oder weniger ausgeprägter Fließgrenze und pseudoplastischen Anteilen, beobachtet.

Die Strukturviskosität bei Emailschlickern hängt in erster Linie mit dem mikrostrukturellen schicht- und blättchenförmigen Aufbau der Tonminerale zusammen. Beim Anlegen einer Schubspannung werden die Tonteilchen parallel ausgerichtet, was eine Erhöhung der Fließgeschwindigkeit zur Folge hat. Das Verhalten der meisten Schlicker deutet darauf hin, daß sich im Ruhestand eine gewisse Ordnung eingestellt hat, die auf einer schwachen Bindung und Verfestigung zwischen den Tonteilchen beruht. Ganz besonders ausgeprägt ist dies bei thixotropen Systemen. In den ansteifenden Dispersionen werden ähnlich wie beim Bau eines Kartenhauses durch *Brown*sche Bewegung Flächen-Kanten-(Ecken)-Bindungen geknüpft (Bild 9.6), die durch mechanische Beanspruchung (Schlag, Schütteln) zerstört werden, so daß Fließen einsetzt (Thixotropie-Effekt). Kommt das System zur Ruhe, tritt wieder Ansteifen ein. Thixotrope Erscheinungen

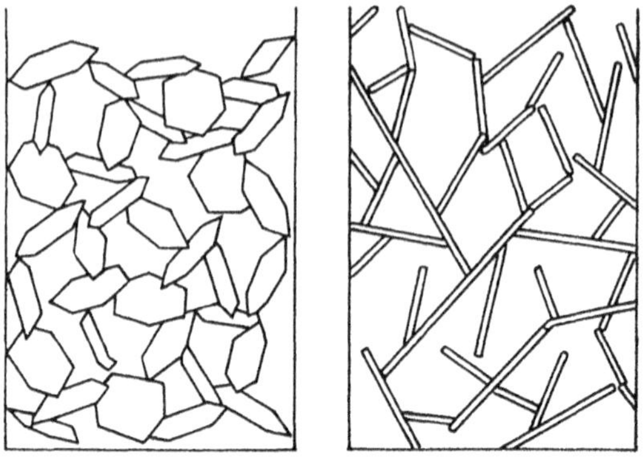

Bild 9.6. Thixotrope Strukturen (schematisch)

sind besonders typisch für Suspensionen von quellfähigen, montmorillonitischen Tonen (Bentoniten), aber auch von kolloider Kieselsäure und Tragant. Sie können in abgeschwächter Form auch bei kaolinitischen Tonen in Abhängigkeit von Stellsalzen im überverflüssigten Bereich auftreten. Dies hängt von

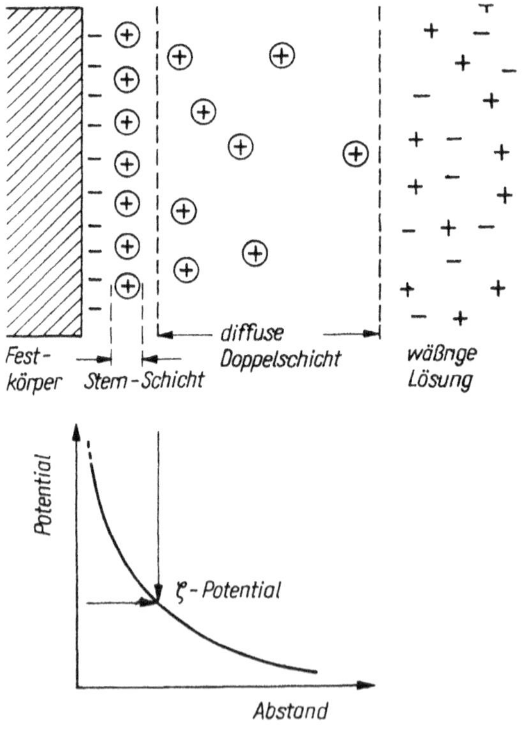

Bild 9.7. Struktur der elektrochemischen Doppelschicht

der Kationenbelegung und dem Elektrolyten (Na^+, Ca^{2+}, Ba^{2+}) ab. Thixotropie kommt mehr oder weniger ausgeprägt auch bei Emailschlickern vor. Die Besonderheiten der Tonminerale können auch zu rheopexem oder dilatantem Verhalten führen.
Dem rheologischen Verhalten der Emailschlicker liegen komplizierte tonmineralogische und kolloidchemische Erscheinungen zugrunde. Tonminerale enthalten stets dissoziierbare und austauschfähige Kationen an ihrer Oberfläche, Emailpartikel geben Kationen ab. In wässeriger Suspension stellt sich ein Zustand ein, der schematisch in Bild 9.7 dargestellt ist. Auf Grund des Dipolcharakters des H_2O-Moleküls umgeben sich die Kationen mit einer Hydrathülle. Die hydratisierten Ionen bleiben aber in der Nähe der negativ geladenen Kristalloberfläche fixiert und bilden eine Doppelschicht, in der ihre Beweglichkeit im Vergleich zur freien Flüssigkeit stark gemindert ist. Die Doppelschicht besteht aus der starren oder *Stern*-Schicht und der diffusen Schicht mit angereicherten Ionen. Die Dicke der Doppelschicht wird durch die Art und Konzentration der Ionen und ihrer Hydrathülle beeinflußt: starke Ionen (H^+, Al^{3+}, Ca^{2+} usw.) und hohe Konzentration komprimieren die Doppelschicht, schwache Ionen lockern sie auf. An der Grenze starre/diffuse Schicht bildet sich ein elektrisches Potential (ζ-Potential) aus, das für elektrokinetische Erscheinungen verantwortlich ist (z. B. bei der Elektrophorese). In diesem Zusammenhang sei auf Untersuchungen von *Horn*, *Onoda* (1978) über den Einfluß der Oberflächenladung, der Elektrolyte und des pH-Wertes auf das ζ-Potential von Gläsern verwiesen, ohne daß darauf näher eingegangen wird.
Das kolloidchemische Verhalten der Schlikkerbestandteile (Dispergieren oder Flocken) wird durch die Wechselwirkung zwischen den Teilchen und dem Dispersionsmedium bestimmt. Anziehung erfolgt durch Dispersions- oder *Van-der-Waals*-Kräfte, Abstoßung durch elektrostatische Kräfte im Ergebnis der Durchdringung der diffusen Schichten gleichsinnig geladener Partikel. Die Hydrathülle unmittelbar an der Teilchenoberfläche verhindert eine Annäherung, und durch die Doppelschicht wird der Abstand, in dem Wechselwirkungen zwischen benachbarten Teilchen auftreten, sehr erweitert. Je größer die elektrische Ladung, um so größer ist die Abstoßung und damit der Flockungswiderstand. Bei adsorbierten Erdalkaliionen vermittelt die Hydrathülle relativ starke Bindungen, so daß ein Anlaßwert auftritt, bei Alkaliionen ist freies Fließen möglich. Die Adsorbierbarkeit folgt der Ionenreihe von *Hofmeister* (links stehende Kationen werden durch rechts stehende ausgetauscht):

$$Li^+ < Na^+ < K^+ < NH_4^+ < Mg^{2+} < Ca^{2+} < Al^{3+} < H^+ \text{ und } SO_4^{2-} < Cl^- < OH^-.$$

Da sich Einflüsse der Ionen überlagern, wird das rheologische Verhalten des Schlickers schwer überschaubar. Zweifellos stellt sich zunächst ein Adsorptions-Desorptions-Gleichgewicht unter Ausbildung einer Doppelschicht ein, die die Abstoßung begünstigt und somit Koagulation und Flockung verhindert, so daß der Schwebezustand der unplastischen Partikel erhalten bleibt. Die Stabilität derartiger disperser Systeme wird von der Überlagerung der Anziehungs- und Abstoßungsenergie bestimmt.
Der Einfluß des ζ-Potentials auf die Viskosität ist noch nicht eindeutig bekannt (*Jakobasch, Kaden* 1983). Es ist aber praktisch möglich, Schlicker anzustreifen (»Stellen«) und zu »verflüssigen« (»Entstellen«). Dabei wirken die in der Regel basischen Stellsalze dahingehend, daß die für die Erhaltung des Schwebezustandes verantwortliche Abstoßung der Teilchen kompensiert und die Dicke der Doppelschicht verringert wird; die Teilchen koagulieren und flocken z. T. aus, wodurch sich eine Erhöhung der Konsistenz ergibt. Andererseits wird durch den umgekehrten Chemismus ein Schlicker bei Zugabe entstellend wirkender Salze (Phosphate, schwache Säure) fließfähiger gemacht.

9.3.2.2. Altern des Schlickers

Der aus der Mühle kommende frische Schlikker ist noch nicht auftragsfähig; er muß vielmehr noch eine bestimmte Zeit abstehen (»altern«). Hierfür werden etwa 12 bis 48 h veranschlagt, in denen sich ein gewisses

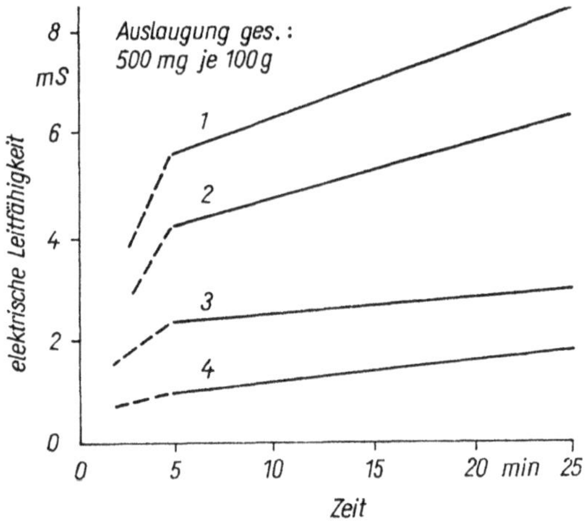

Bild 9.8. Änderung der elektrischen Leitfähigkeit durch Auslaugung von Fritten verschiedener Emails (Alterung bei 90 °C; *Kyri* 1972)

1 Direktschwarz *3* Grund, weich
2 Grund, sehr weich *4* Bortitanweiß

Gleichgewicht zwischen den gelösten Salzen und dem Ton einstellt. Dabei gehen die Auslaugvorgänge weiter, die kinetisch dem Wasserangriff auf Gläser ähneln (s. Abschnitt 22.8.3.). Herausgelöst werden Alkali und Borsäure neben wenig SiO_2.

Verlauf und Höhe der Auslaugung sind vom Emailtyp abhängig (Bild 9.8). *Kyri* (1972) fand 0,5 bis 1,5 % nach 25 h, während nach amerikanischen Informationen bei Titanemails noch höhere Werte beobachtet worden sein sollen. Getemperte Fritten werden leichter angegriffen als ungetemperte (*Farr, Treusch* 1967). Die Auslaugung wird durch Feinmahlung und Temperatur gefördert (*Dunning* u. a. 1963), in Gegenwart von Ton jedoch etwas gebremst (*Forlano, Andrews* 1963).

Bei der Alterung ändern sich mit den elektrokinetischen Erscheinungen und den Wechselwirkungen der ausgelaugten Substanzen mit den Stellmitteln auch die rheologischen Eigenschaften (*Kyri* 1974; *van der Vliet* 1980). Nach *Forlano, Andrews* (1963) nimmt die Fließgeschwindigkeit bei 10tägiger Lagerzeit zu. Nach *Hennicke* u. a. (1977) haben rheologische Kennwerte (Anlaßwert, Viskosität, Thixotropie) beim Altern einen Endwert, der geringfügig unter dem des Ausgangsschlickers liegt. *Vytasil* (1966) beschreibt dagegen eine Viskositätszunahme, das gleiche beobachteten *Petzold, Herdt* (1958) bei bentonithaltigen Schlickern. Nach *Rodionova* u. a. (1982) ändert sich die Viskosität nach 48 h Alterung kaum. Einwirkung von CO_2 führt zur Ablaufstabilisierung (*Dunning* u. a. 1963). Nach *Essenpreis, Banister* (1959) kann eine Zunahme der Stelleigenschaften und Blasenbildung auftreten, die auf Bakterien zurückgeführt wird. Dem kann durch Zugabe bestimmter, meist organischer Chemikalien begegnet werden (*Kemp* u. a. 1966; s. auch Abschnitt 7.6.3.). Allerdings konnte *Hadwiger* (1973) bei normalem Schlicker auch nach Monaten keinen Schimmel feststellen.

Es muß darauf hingewiesen werden, daß die Alterung nicht über längere Zeit ausgedehnt werden darf, weil Emailschlicker nur eine begrenzte Lagerfähigkeit besitzen. Dies zeigt sich in einer Verschlechterung der Verarbeitungseigenschaften, die bis zur Unbrauchbarkeit des Schlickers geht (verstärkte Gasentwicklung beim Einbrennen); über die Verlängerung der Lagerdauer siehe *Izu, Tanabe* (1979).

9.3.2.3. Rheologische Charakteristika und Verarbeitungseigenschaften technischer Schlicker

Die für die Gewährleistung der dem jeweiligen Auftragsverfahren angepaßten Auftragsfähigkeit erforderliche Schlickereigenschaften sind rheologisches Verhalten, Dichte und Mahlfeinheit. Sie lassen sich unter dem Begriff Konsistenz zusammenfassen.

Die rheologischen Charakteristika der technischen Emailschlicker sind sehr unterschiedlich. Die Fließkurven entsprechen teils den in Bild 9.3 dargestellten reinen Typen, teils weichen sie stark davon ab, teils zeigen sie Mischtypen. Eine Auswahl verschiedener Untersuchungsergebnisse (Rotationsviskosimeter) ist in Bild 9.9 wiedergegeben, wobei die Unterschiede noch zusätzlich durch unterschiedliche Geräte und Meßtechniken hervorgerufen werden. Man erkennt Strukturviskosität und pseudoplastisches Fließen,

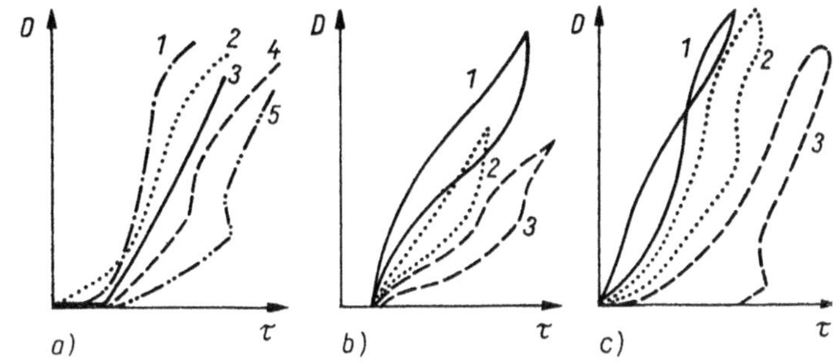

Bild 9.9. Fließkurven von Emailschlickern nach verschiedenen Autoren
a) *1 Clemens* (1962); *2 Andrews* (1961); *3 Schumacher, Petzold* (1967); *4 Bugaiski* u. a. (1982); *5 Rodionova* u. a. (1983)
b) *1 Vytasil* (1966); *2 Clemens* (1962); *3 Kruglickij* u. a. (1977)
c) *1, 2 Hennicke* u. a. (1977); *3 Bouše, Moravčik* (1977); ähnlich auch *Bouše, Tenorova* (1984) und *Trögel* (1985)

Thixotropie, Rheopexie und Ansätze zur Dilatanz (diese vor allem bei nichttonigen Schwebemitteln; *Phelps* u. a. 1971). Der Typ der Fließkurve wird von der Art des Tons, Stellmitteln und Unter- oder Überverflüssigung (→ Zustand normaler Schlicker; *Herbst* 1972) beeinflußt; dabei ändert sich je nach den Bedingungen der Charakter der Fließkurve (*Hennicke* u. a. 1977). Das kann übrigens auch der Fall sein bei Vibration des Schlickers. Bei Zugabe von verschiedenen Salzen konnten *Bugaiski* u. a. (1982) lediglich eine Verschiebung der quasiplastischen Fließkurven und der Fließgrenze, aber keine Änderung des Kurventyps beobachten.

Fließkurven allein reichen zur Charakterisierung des Fließverhaltens nicht aus, und die Viskosität stellt keine Stoffkonstante dar (*Hennicke, Kuhlmann* 1984; *Kazanov u. a.* 1986). Nach *Bouše, Tenorova* (1984) ist für eine bestimmte Suspension derjenige Teil der Hysteresekurve charakteristisch, der kleinen Gradienten der Deformationsgeschwindigkeit entspricht.

Für die Höhe der Viskosität liegen – je nach Eigenart des Schlickers und Meßvorgangs – etwas unterschiedliche Angaben vor. Die Werte schwanken zwischen 0,01 und 0,25 Pa s. Sie werden von der Dichte, der Mahlfeinheit, der Tonmenge im Sinne steigender Viskosität beeinflußt (*Petzold, Herdt* 1958; *Vytasil* 1966; *Ovčarov, Dungerova* 1981; *Rodionova* u. a. 1982). Temperaturerhöhung führt erfahrungsgemäß zu einer Erniedrigung der Zähigkeit und der Fließgrenze (Anlaßwert), *Vytasil* (1966).

Beim Tauchen bestimmt die Fließgrenze die Schichtdicke, der Fließtyp und die Viskosität das Verarbeitungsverhalten; das letzte ist nach *Trögel* (1986) bei niedrigem $\eta = f(D)$ besser als bei hohem. Rheopexie und Strukturviskosität sind offenbar dominierend, wobei wohl hauptsächlich grobdisperse Schlicker rheopex erscheinen (*Ovčarov, Dungerova* 1981). Spritzschlicker sollten eine gewisse Strukturviskosität aufweisen.

Thixotropie ist, obwohl bei schwachem Vorhandensein für den Beginn und das Ende des Auftragens durchaus nicht unerwünscht (*Hadwiger* 1973; *Ovčarov, Chudjak* 1980), bei ausgeprägtem Auftreten gefährlich, weil in diesem Falle der Auftrag wegrutschen kann (zu weiteren Besonderheiten thixotropher Schlicker s. *Kazanov* u. a. 1985, 1986). Es gibt keine physikalische Meßgröße für die Thixotropie; als Maß wird in der Regel die von der τ-D-Kurve eingeschlossene Fläche genommen. *Vytasil* (1966) definiert als Thixotropiemaß die Änderung der Viskosität in der Zeit $\Delta\eta/\Delta t$. *Ovčarov, Chudjak* (1980) bewerten den Thixotropieeffekt durch die Differenzierung zwischen Scherfestigkeit und Schubspannung zum Zerstören der Struktur nach bestimmten Zeiten der Strukturerholung.

Die Charakterisierung von Schlickern erfolgt

in der Sowjetunion häufig auch durch die Strukturmechanik disperser Systeme, wie sie von *Rebinder* (1958) und *Kruglickij* (1975) entwickelt wurde. Aus der Zeitabhängigkeit der elastischen Deformation bei konstanter Belastung lassen sich Rückschlüsse auf Fließverhalten und Strukturbildung ableiten (Bild 9.10).

Obwohl in der letzten Zeit viele interessante Erkenntnisse über die Beziehungen zwischen Konsistenz und Stellmittelzusatz zugewonnen werden konnten, bleibt diese Problematik wegen der unübersehbaren Einflußfaktoren nach wie vor ziemlich vielschichtig und unübersichtlich. Die Salze wirken je nach technischen Bedingungen verschieden; sie sind auf die jeweilige Fritte einzustellen (*Voß* 1985). Die Mineralstoffe des Wassers (*Hadwiger* 1962) und die aus der Fritte ausgelaugten Bestandteile bleiben i. d. R. unkontrolliert.

Die Regulierung der Konsistenz erfolgt nach Erfahrungswerten mit technisch erprobten Stellmitteln (s. Abschnitt 7.6.3.), wobei zu hohe Konzentration zu viel Wasser erfordert, das zu Verarbeitungsschwierigkeiten und zu lockerem Biskuit führt. Eine gewisse Regelmäßigkeit ergibt sich für die Wirksamkeit der Kationen – unterteilt in Alkali- und Erdalkaliionen – unter Berücksichtigung der Hydrathüllen (*Hennicke* u. a. 1977). Auf eine mathematisch-graphische Methode von *Gončarov, Kazanov* (1983) zur Regulierung der Schlickereigenschaften sei lediglich verwiesen.

Für die Dichte technischer Schlicker werden von verschiedenen Autoren die in Tabelle 9.2. zusammengestellten Richtwerte genannt. Der Kornaufbau ist je nach Emailtyp und Auftragsart unterschiedlich. In der Literatur werden dazu verschiedene Angaben gemacht.

Tabelle 9.2. Zusammenfassung von Schlickerparametern (nach Angaben bei *Andrews* 1961; *Ankerst* 1962; *Kyri* 1974; *Dietzel* 1981; Techn. Inf. Nr. 11 1979)

Schlicker	Ton (ggf. + Bentonit) in Teilen auf 100 Teile Fritte	Stellsalze	Quarz	Wasser	Dichte in g cm^{-3}	Mahlfeinheit (Bayer-Sieb 3600)
Blechgrundemail						
Tauchen, Fluten	4...9 (0,2)	0,2...0,6	12...30	40...45	1,58...1,75	1...5
ESTA	4...6 (0,5)	0,4...0,8		65...70	1,52...1,60	2...10[1])
ETE					1,50	
farbiges Grundemail	5...6	0,3	bis 10	50		2...5
Schmelzgrundemail	10...12	0,7	25...35	70	1,52	1...3 (Spritzen) 6...10 (Auftragen)
Deckemail		0,3				
Titanweiß	4...5			42	1,65...1,78	0,5...1 (Spritzen) 3...4 (Auftragen)
Antimonemail	5	0,2		40	1,7...1,8	1...3
Farbemail	bis 4	0,4	Farbkörper 3...10	40	1,65...1,75	0,5...4
Gußnaßemail					1,55...1,8 (bleihaltig: 1,9...2,4)	5...10
Aluminiumemail						
bleihaltig		2		45...60	1,9...2,2	0,2[1])
bleifrei		H_3BO_3 3...4			1,65...1,75	

[1]) Bayer-Prüfsieb 16900 Maschen

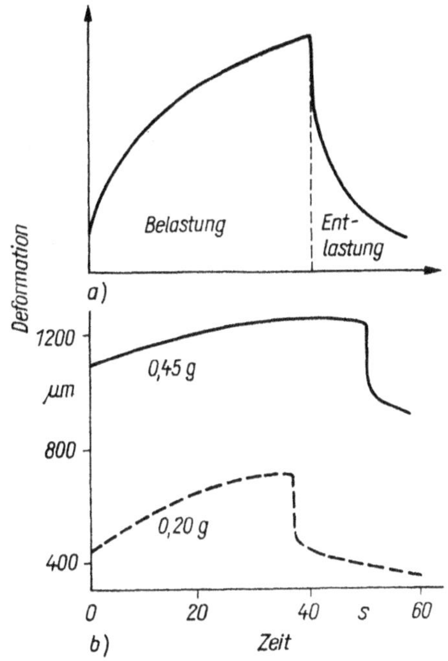

Bild 9.10. Deformations-Zeit-(Fließ)Kurven
a) elastische Deformation und plastisches Fießen (schematisch)
b) Fließkurven von Emailschlickern bei verschiedener Belastung (*Savin* u. a. 1978)

Ohne auf die Kornverteilungen im einzelnen einzugehen, die ja doch im Detail von den jeweiligen Mahlbedingungen abhängen, sei die Größenordnung der Körnungsanteile wie folgt angegeben:

Grundemails:	<30 µm	35 %
	30 bis 90 µm	25 %
	90 bis 160 µm	40 %
Deckemails:	< 7 µm	40 %
	<20 µm	60 %
	(nach *Dietzel* 1981: 70 %)	
	<60 µm	77 %
Gußpuder:	<60 µm	60 %
	60 bis 200 µm	40 %

Nach sowjetischen Angaben beträgt der mittlere Durchmesser bei Deckemails 40, bei Grundemails 52 µm (*Kazanov* 1982). Die Kornverteilung ausgewählter Emails im Feinkornbereich geht nach amerikanischen Angaben aus Bild 9.11 hervor. Mahlfeinheiten sind in Tabelle 9.2 angegeben.

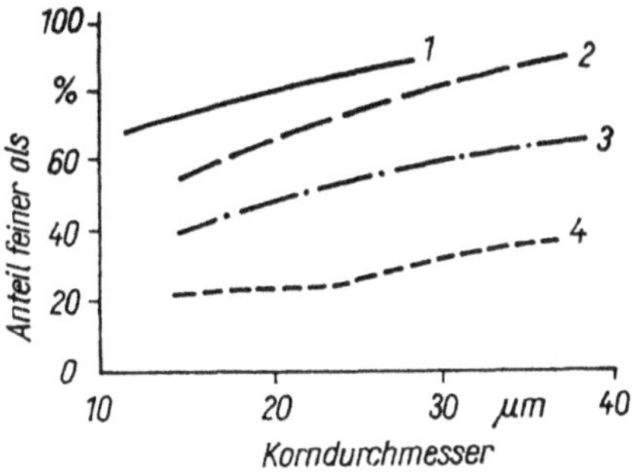

Bild 9.11. Kornverteilung von Emails (*Bryant, Johnson* 1959)
1 Aluminiumemail *3* Titanemail
2 Email für PUESTA *4* Grundemail

Die spezifische Oberfläche der festen Phase beträgt 0,2 (Grund) bis 0,28 $m^2 g^{-1}$ (Deckemail), nach *Ovčarov, Dungerova* (1981) 0,07 bis 0,16 $m^2 g^{-1}$.
Die pH-Werte von Schlickern liegen etwa im Bereich von 9 bis 10 (*Reiberger* 1964). Schlicker für selbstreinigende Emails müssen allerdings auf 5 bis 7 eingestellt werden, um eine Reaktion mit dem Aluminium zu vermeiden. Als obere Grenze der elektrischen Leitfähigkeit für ETE werden von *Hoffmann* (1978) 4000 µS angegeben (übliche Grundemails: 2500 bis 5300 µS).

9.4. Pulver- und Schlickerprüfung

9.4.1. Prüfung des Emailpulvers

Die *Kornfeinheit (Mahlfeinheit)* des Pulvers kann durch eine Prüfsiebung oder Sedimentationsanalyse, wie in Abschnitt 7.7.3. beschrieben, ermittelt werden. Auch die Schlämmanalyse nach *Schulze-Harkort* (s. *Harkort* 1952; *Märker* 1953e) wird gelegentlich angewendet. Für Betriebskontrollen genügt oft die Bestimmung des Siebrückstands nach dem Pemco- oder Bayer-Verfahren, wie es vor allem bei Schlickern üblich ist.
Die *spezifische Oberfläche* läßt sich mit Hilfe der Gasadsorption auf Basis der *BET*-Gleichung nach dem Einpunktverfahren von *Haul, Dümbgen* bestimmen. Die Methode ist unterhalb 1 $m^2 g^{-1}$ (also im Bereich von Emailpulvern) nicht sehr genau, obwohl sie

auch bis 0,01 $m^2 g^{-1}$ anwendbar sein soll (*Schubert* u. a. 1977). Geeignet ist auch die Durchströmmethode nach *Blaine* (Pulverbett definierter Packungsdichte; TGL 28103/01; DIN 66127), wie sie in der Zementindustrie üblich ist, besser aber der nach dem gleichen Prinzip arbeitende *Fisher-Subsiev-*Sizer.

Die *Rieselfähigkeit* des Emailpulvers für den elektrostatischen Pulverauftrag wird im *Sames*-Fluidimeter geprüft (*Heberlein* 1975). Das in einem Zylinder mit Filterboden befindliche Pulver wird durch Luft von unten aufgewirbelt und fließt seitlich ab; dieser Anteil wird nach gewisser Zeit bestimmt (→ Formel zur Berechnung der Rieselfähigkeit); Übersicht bei *Schittenhelm* (1984).

9.4.2. Prüfung des Emailschlickers

Die *Mahlfeinheit* und Kornverteilung des Schlickers kann durch die Prüfsiebung >40 µm oder durch die Rückstands-Siebprobe bestimmt werden. Nach dem Pemco-Verfahren werden 50 ml Schlicker durch ein 3600-Maschen-Sieb gegeben, der Rückstand getrocknet und sein Volumen bestimmt. Beim Bayer-Verfahren (*Titzmann* 1953) gibt man 12,5 ml Schlicker durch das Sieb mit $\approx$60 µm Maschenweite (3600 bzw. für elektrostatischen Spritzauftrag 16900 Maschen) und mißt das Rückstandsvolumen in einem Meßröhrchen (Bild 9.12; Kritisches dazu bei *Rickmann* 1959). Eine genaue Kornverteilung wird durch Sedimentationsanalyse ermittelt. wie sie bereits beim Emailpulver angeführt wurde. Eine Vergleichs-Schnellmethode, die auf der Sedimentationsprüfung nach *Andreasen* und der variierten Aerometer-Methode beruht, wurde von *Bryant*, *Johnson* (1959) vorgeschlagen (Ergebnisse s. Bild 9.11).

Im übrigen besteht bei Grundemails eine Korrelation zwischen den Ergebnissen der Schlämmanalyse, des Pemco-, Bayer- und Ferro-Verfahrens und der Messung mit der Mikrometerschraube (Bild 9.13).

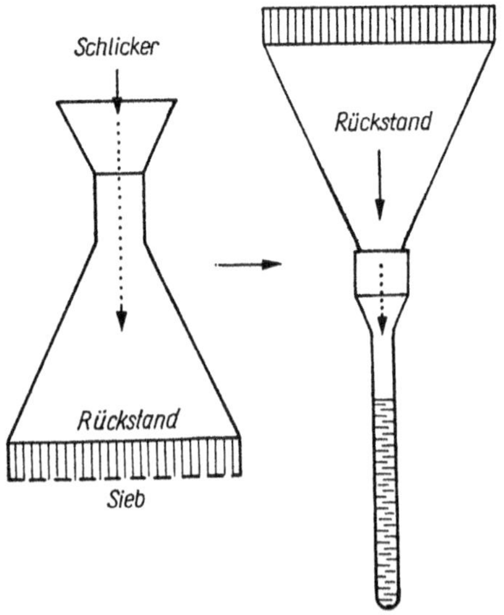

Bild 9.12. Bayer-Prüfsieb

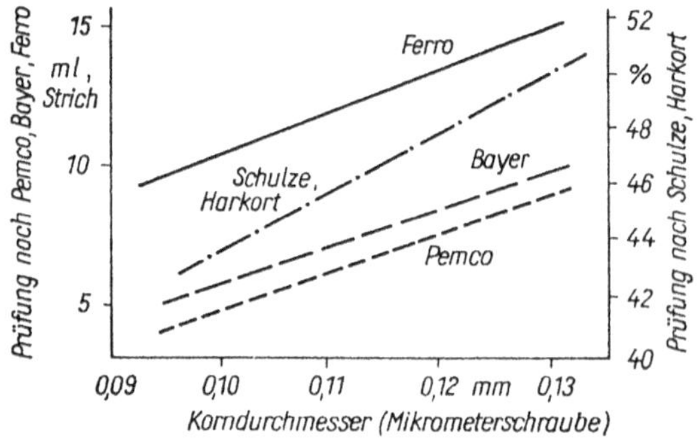

Bild 9.13. Vergleich der Ergebnisse verschiedener Prüfmethoden an Grundemail (*H. Perfetzki*, pers. Inf.)

Die *rheologischen Eigenschaften* (Fließkurve, Viskosität, Thixotropie, Anlaßwert) werden am sichersten mit kommerziellen Rotationsviskosimetern gemessen (Autoren s. Abschnitt 9.3.2.3.; TGL 29202 sowie *Howard* 1985); Arbeiten mit Vibration ergibt nach *Hennicke*, *Claus* (1975) besser reproduzierbare Werte. Zum Teil sind die Verfahren speziellen dispersen Systemen angepaßt bzw. für geringe Schubkräfte unterhalb der Fließgrenze eingerichtet (*Sikra* u. a. 1971) oder für kontinuierliches Arbeiten automatisiert (*Plankenhorn* 1962; Anon. 1963). Fließgrenze, Viskosität und Thixotropie werden auch mit der kalibrierten Pipette (*Vytasil* 1966) bestimmt. Für vergleichende Untersuchungen eignet sich das Ausfließenlassen des Schlickers aus einer Pipette, einem Rohr oder dem Auslauf-

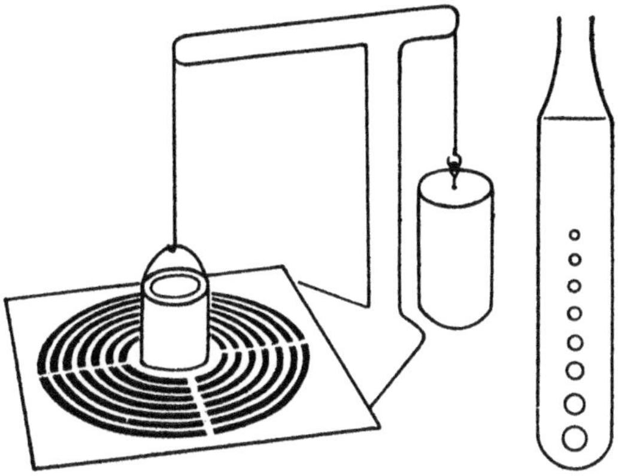

Bild 9.14
a) Slump-Test
b) Schlickerlehre

viskosimeter; auch die Anwendung des Mobilometers, einem Zylinder, in dem eine Lochplatte oder ein anderer Prüfkopf in den Schlicker einsinkt, ist möglich (*de Clerck* u. a. 1959). Die Fließfähigkeit des Schlickers kann ebenso mit Hilfe des Slump-Tests (*Irwin* 1946) geprüft werden. Dabei wird ein mit Schlicker gefüllter, auf einer Platte aufsitzender Zylinder senkrecht weggezogen, so daß der Schlicker breitlaufen kann; diese Fläche wird gemessen (Bild 9.14a). Nach *Schumacher, Petzold* (1967) liefert das *Irwin-Bevis*-Auslaufviskosimeter jedoch bessere Ergebnisse. Die Thixotropiezahl wird mit Hilfe des Auslaufverfahrens nach TGL 14932/03 gemessen.

Die *Verarbeitungseigenschaften* des Schlickers (s. dazu auch *Hadwiger* 1959) lassen sich vergleichsweise durch das Tauchzylinderverfahren (standardisiert in TGL 22918) und die Schlickerlehre bewerten. Im ersten Falle wird ein Blechzylinder (auch Verwendung eines ebenen Bleches möglich) in den Schlicker getaucht und mit definierter Geschwindigkeit herausgezogen; auf diese Weise kann das Verhalten des Schlickers beurteilt werden. Der Zylinder wird – meist ohne Trocknung – gewogen und die Emailmasse bestimmt. Ein mechanisiertes Verfahren beschreibt *Saunders* (1954). Einfacher zu handhaben ist die Bayer-Schlickerlehre (Bild 9.14b). Die Konsistenz ergibt sich nach Tauchen in den Schlicker aus der Anzahl der frei gebliebenen oder mit Emailmasse bespannten Löcher, deren Durchmesser sich von unten nach oben verkleinert. Die Resultate mit der Schlickerlehre, dem Tauchzylinder und dem Slump-Test korrelieren nach *Titzmann* (1953) gut; *Dekker* (1974) fand sogar eine lineare Beziehung zwischen dem Ergebnis mit der Schlickerlehre und dem Tauchzylinder. Von anderer Seite wurde Korrelation zwischen Tauchzylinderbeschichtung, Auslaufgeschwindigkeit und Absetzverhalten festgestellt (Anon. 1969a).

Die Dichte des Schlickers wird durch Wägung eines bestimmten Volumens (i. d. R. 100 ml) bestimmt. Gelegentlich ist auch die Messung mit Hilfe eines Aräometers oder einer Glasurspindel üblich; es spielt hier aber die Viskosität eine gewisse Rolle mit, außerdem sind Peptisatoren erforderlich.

Herstellung der Rohware

10. Metallische Grundwerkstoffe
11. Konstruktion und Gestaltung
12. Formgebung

10
Metallische Grundwerkstoffe

Die als Grundwerkstoffe für die Emaillierung dienenden Metalle sind in der Hauptsache Stahl (unlegiert, legiert), Gußeisen, Leichtmetalle (Aluminium, Titanium) und einige Nichteisen-Schwermetalle (z. B. Kupfer). Übrige Edelmetalle werden lediglich in der kunsthandwerklichen Emailliertechnik angewendet; sie bleiben hier unberücksichtigt.
Die Grundlagen der u. a. auch für das Emaillieren geeigneten Metalle werden bei *Piwowarsky* (1961); *Eckstein* (1971/72); *Beyer* (1971) und *Zimmermann, Günther* (1977), die Metalle für das Emaillieren selbst bei *Litvinova* (1975) ausführlich behandelt.

10.1. Stahlblech

Stahlbleche sind Werkstoffe aus ferritischem Kohlenstoffstahl; sie gehören nach der EURONORM 20—60 zu den unlegierten Stählen (Gehalt an einzelnen Legierungselementen $<0{,}4\,\%$; Mn + Si max. $1{,}5\,\%$). Es erscheint zweckmäßig, folgende Unterscheidung zu treffen:

- normales, konventionelles Stahlblech,
- kohlenstoffarmes Stahlblech,
- stabilisiertes, mikrolegiertes Stahlblech,
- aluminiertes Stahlblech,
- vorpräpariertes Stahlblech.

Von diesen Stählen hat das übliche kaltgewalzte emaillierfähige Blech mit $C < 0{,}08\,\%$ technisch und ökonomisch wohl immer noch die größte Bedeutung.

10.1.1. Grundzüge der Herstellung von Stahlblech

Stahl wird aus Roheisen und Schrott erschmolzen. Durch anschließendes »Frischen« wird der größte Teil der unerwünschten Eisenbegleiter (C, Si, P, S) oxydiert und im gasförmigen oder flüssigen Zustand (Schlakke) abgeschieden. Das Frischen erfolgt im LD-Konverter (Sauerstofffrischen) oder SM-Ofen (Herdfrischen). Das Windfrischen im *Thomas*-Konverter ist nicht mehr üblich. Die Reduzierung des Restkohlenstoffgehaltes ist beim LD-Verfahren bis auf etwa $0{,}02\,\%$ und beim SM-Verfahren bis auf etwa $0{,}05\,\%$ ökonomisch möglich.
Das Vergießen erfolgt im Block- oder Strangguß. Im ersten Falle wird der Stahl aus der Gießpfanne in geschlossene Kokillen abgegossen und danach in mehreren Stufen zu Brammen gwalzt. In der Kokille kommt es bei der Abkühlung durch Umsetzung von C und O zu CO zum Kochen (unberuhigte Erstarrung). Dabei bildet sich eine homogene, sehr saubere und blasenfreie Randschicht

(»Speckschicht«), während im Kern eine starke Anreicherung von C, S, P und N erfolgt (Seigerungen). Unberuhigter Stahl hat gute Emailliereigenschaften, ist jedoch alterungsempfindlich.
Die Ausscheidung von CO beim Erstarrungsprozeß läßt sich durch Zugabe von Desoxydationsmitteln (Si und/oder Al zur Pfanne oder Al zur Kokille) vermeiden. Dabei entstehen SiO_2, Al_2O_3 und AlN. Durch Desoxydation in der Pfanne erzielt man beruhigte, in der Kokille halbberuhigte Stähle. Sie sind gut kaltumformbar und alterungsbeständig, sofern mindestens 0,02 % metallisches Aluminium im Stahl vorliegt.
Der Kokillenguß wird aus ökonomischen Gründen in steigendem Maße durch den Strangguß ersetzt. Hierbei wird die Schmelze aus der Gießpfanne über einen Verteiler zu einer Kupferkokille geleitet, aus dieser als Strang kontinuierlich abgezogen und sofort in Brammen geteilt. Beim Strangguß ist eine Beruhigung der Schmelze in der Pfanne erforderlich. Die Schmelze muß dabei zur Verhinderung einer Rückoxydation und zur genauen Temperatureinstellung von der Pfanne bis zur Kokille der Stranggußanlage unter Inertgas gehalten werden. Die Brammen werden zu Warmband (etwa 1,5 bis 16 mm Dicke) ausgewalzt und zur Rolle (Coil) aufgehaspelt. Die Weiterverarbeitung zu Feinblech erfolgt nach Entzunderung (Dekapierung) durch Kaltwalzen mit nachfolgender Rekristallisationsglühung, um die Kaltverfestigung zu beseitigen. Zur Vermeidung von Fließfiguren und Knicklinien bei der späteren Kaltumformung und zur Verbesserung der Oberflächenbeschaffenheit wird abschließend ein »Dressierstrich« (Kaltwalzgrad <3 %) durchgeführt.
Feinbleche für die DWE müssen in einer zusätzlichen Prozeßstufe entkohlt werden. Dies geschieht durch eine Vakuumbehandlung der Stahlschmelze vor dem Vergießen (C-Gehalt $\leq$0,004 %) oder Glühen von offengewickelten Coils in einer N_2/H_2-Atmosphäre bei 680 bis 700 °C (C-Gehalt $\leq$ 0,002 %)[1].

[1] In der USA sind ≈80 % aller Emaillierstahlbleche niedrig gekohlt oder entkohlt (*Dunning* 1981).

Eine weitere Möglichkeit besteht darin, daß der Kohlenstoff nicht entfernt, sondern insbesondere durch Zulegieren von geringen Mengen an Ti, Nb, Ta oder V gebunden wird (mikrolegierte oder IF-Stähle).

10.1.2. System Fe-C (Eisen-Kohlenstoff-Diagramm)

Allen emaillierfähigen Stählen liegt das Eisen-Kohlenstoff-Diagramm als Basis für die temperaturabhängigen Phasenbeziehungen zugrunde. Es gilt in angenäherter Form auch für Gußeisen und soll deshalb allen weiteren Betrachtungen vorangestellt werden.
Das System Fe–C ist in Bild 10.1 dargestellt. Es umfaßt nur den technisch wichtigen Bereich der Eisenseite bis zur Zusammensetzung des Eisencarbids Fe_3C (Zementit) mit 6,67 % C. Fe_3C ist nur oberhalb 850 °C beständig; bei schneller Abkühlung ist der Zerfall kinetisch gebremst und findet bei Raumtemperatur praktisch nicht mehr statt. Dieses System Fe–Fe_3C ist daher metastabil (ausgezogene Linien). Thermodynamisch stabil ist nur das System Fe–C, das bei manchen Gleichgewichtslinien etwas von denen des Systems Fe–Fe_3C abweicht. Diese Abweichungen sind in Bild 10.1 gestrichelt wiedergegeben.
Für das Emaillieren ist nur der Konzentrationsbereich bis etwa 0,15 % C wichtig (Ausschnitt Bild 10.1). Danach sind unterhalb 911 °C im Gebiet *GPQ* reine α-Mischkristalle (Ferrit), im Bereich *GPS* unterhalb 723 °C α-Mischkristalle + Fe_3C (in Form der eutektischen Legierung Perlit, einer lamellaren, streifigen Wechsellagerung von α-Fe und Fe_3C mit 0,86 % C), über 723 °C innerhalb der Fläche *GPS* α- + γ-Mischkristalle und oberhalb *GOS* γ-Mischkristalle (Austenit) als stabile Phase vorhanden.
Von emailtechnischer Bedeutung ist die reversible Umwandlung des ferritisch-perlitischen Gefüges in α- + γ-Mischkristalle oberhalb 723 °C und in γ-Mischkristalle oberhalb *GOS*. Wichtig ist die Tatsache, daß diese γ-Umwandlung mit sinkendem Kohlenstoffgehalt zu immer höheren Temperaturen ver-

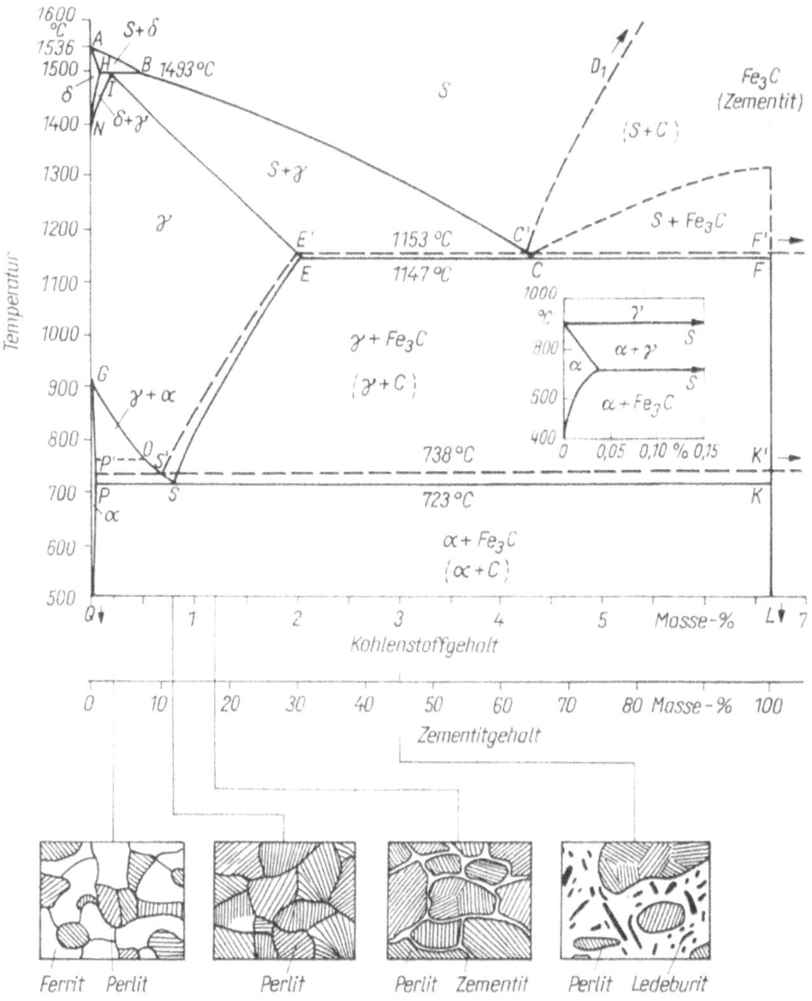

Bild 10.1. Eisen-Kohlenstoff-Diagramm

schoben wird, die in der modernen Emailliertechnik kaum noch üblich sind. Bei der langsamen Abkühlung solcher Stähle kann unterhalb der Linie *PQ* eine Ausscheidung von reinem Fe_3C auftreten, das als Tertiär- oder Korngrenzenzementit bekannt und unerwünscht ist. Die Abscheidung läßt sich bei rascher Abkühlung weitgehend vermeiden, sie kann aber bei Temperatursteigerung erneut einsetzen.
Im stabilen System Fe–C tritt an die Stelle des Fe_3C jetzt Graphit (s. dazu Abschnitt 10.2.2.).

10.1.3. Weitere Systeme

Im konventionellen Stahlblech sind von vornherein verschiedene andere Metalle enthalten oder werden zur Qualitätsverbesserung zugefügt. Ihre sehr geringen Konzentrationen (im einzelnen $<0{,}5\,\%$) wirken sich auf die Gleichgewichtsbeziehungen im entsprechenden System Fe–Me – im Gegensatz zum Kohlenstoff – nicht oder nicht merklich aus. In größeren Konzentrationen wird bei Mn, Ni, Cu eine Erweiterung des γ-Gebietes nach tieferen Temperaturen, bei Al, Si, Ti, Cr

und Nb eine Einengung des γ-Feldes beobachtet.
Im System Fe–Cu bildet sich bis max. 1,4% (850 °C) bzw. 0,2% Cu (20 °C) ein meist übersättigter α-Fe–Cu-Mischkristall. Bei langsamer Abkühlung wird daraus eine kupferreiche ε-Phase ausgeschieden, die emailliertechnisch von Bedeutung werden kann (*Wegner* 1956).
Der Einfluß des Siliciums auf die Verhältnisse im Fe–C-Diagramm ist nur für Gußeisen von Interesse (Abschnitt 10.2.2.).

10.1.4. Konventionelle und C-arme Stahlbleche

10.1.4.1. Arten, Sorten, Standardisierung

Der unberuhigte Stahl, der noch zahlreiche Mikrofehlstellen, -hohlräume und -einschlüsse, aber eine sehr saubere Randschicht aufweist, läßt sich gut emaillieren, weil diese Inhomogenitäten als Wasserstoffallen wirken. Der Stahl ist aber alterungsanfällig und zeigt nach längerem Lagern u. U. beim Ziehen Fließfiguren.
Kokillenberuhigung mit Si führt zu besseren Ergebnissen als Pfannenberuhigung, weil die Erstarrung der Randschicht wie bei unberuhigtem und die des Kernquerschnitts wie bei beruhigtem Stahl erfolgt. Außer der Entfernung des Sauerstoffs wird Stickstoff zu AlN gebunden. Beruhigte Stähle lassen sich sehr gut umformen, haben gute Oberflächenqualitäten und sind bei Al-Beruhigung besonders alterungsresistent (*Listhuber* 1965), aber auch fischschuppenanfällig.
Aus ökonomischen und Qualitätsgründen geht die Tendenz immer mehr in Richtung Stranggußstahl (*Papp* u. a. 1985), obwohl gewisse Schwierigkeiten bei der Oberflächenbehandlung bestehen (*Rouge* 1984) und bei modernen Auftragsverfahren Oberflächenfehler verstärkt aufzutreten scheinen (*Hoffmann* 1982). Außerdem sind sie fischschuppenempfindlicher; allerdings nimmt diese Empfindlichkeit mit höherer Haspeltemperatur und zunehmender Alterung ab, und zwar auf Grund der Ausscheidung von Nitriden und Carbiden (*Dietzel* 1983). In der Zwischenzeit sind aber auch fischschuppensicherere Si–Al-beruhigte, höher gehaspelte Stahlbleche entwickelt worden (*Ecker* u. a. 1981, 1982; *Steele* 1982; *Warnecke* u. a. 1983; *Gastaldo* u. a. 1984; *Papp* u. a. 1985).
Von den Feinblechen kommen für das Emaillieren nur die kaltgewaltzten bzw. kalt nachgewalzten Bleche in Betracht (standardisiert in TGL 43696). Wegen des Wasserstoffverhaltens muß aber eine Kaltreduktion von über 50% gewährleistet sein; geringe Kaltwalzgrade fördern die Fischschuppenbildung. Für schwere Geschirre und Geräte werden warmgewalzte Bleche (1 bis 3 mm) verwendet. Zu deren Emaillierfähigkeit äußert sich *Jacobs* (1967).
Die Bleche werden eingeteilt in Feinblech (unter 4 mm, für Emaillierzwecke meist 0,5 bis 2 mm) und Grobblech (über 4 mm). Die Feinblechsorten umfassen nach TGL 9559 und 23035 die Gütegruppen (*u* unberuhigt; *b* beruhigt)

Grundgüte (G, *u*)
Ziehgüte (Z, *u*, *b*)
Tiefziehgüte (TZ, *u*, *b*)
Sondertiefziehgüte (SZ, *u*, *b*).

Die emaillierfähigen Grobbleche (unbehandelt und normalgeglüht) werden nach TGL 26658 in den Qualitäten BE 1, BE 2 und BE 3 geliefert. In der BRD werden für Apparate beruhigte oder unberuhigte, normalgeglühte Kesselbleche verwendet (*Oltz* 1969).
Blechsorten, die für das Emaillieren geeignet sind, sind u. a. in DIN 1623/3, 1541, 1542 und 1543, 17007, 17155 und in GOST 9045-70, 16523-70 und 5520-69 (für Apparate) genormt.
Hinweise zur Auswahl von Stahlblech für das Emaillieren finden sich bei *Held* (1970) und Anon. (1976a). Es sei noch vermerkt, daß sich Stahlguß offenbar nicht ohne weiteres emaillieren läßt.

10.1.4.2. Chemische Zusammensetzung

Aus der Vielzahl bekannter Analysenwerte konventioneller Emaillierstahlbleche ist eine Auswahl in Tabelle 10.1 zusammengestellt. Die Schwankungsbreite ist nicht sehr groß. Die C-armen Emaillierstähle zeichnen sich neben sehr niedrigem Kohlenstoffgehalt durch sehr geringe Gehalte an Verunreinigungen aus.

Tabelle 10.1. Zusammensetzung [in %] emaillierfähiger konventioneller Stahlbleche (Feinblech nach TGL 9559, 23035; *Stegmaier* 1967; *Gerlach, George* 1974; *Kyri* 1975; *Dietzel* 1981; *Toland* 1981; Grobblech nach TGL 26658; *Oltz* 1969; RGW-Empfehlung 1979)

	Feinbleche					Grobbleche	
	TGL 9559	TGL 43696[1])		Literatur		TGL 26658	Literatur
	StTZu, StZu	EMG 1	EMG 2	unberuhigt	Al- bzw. Si-Al-beruhigt		unberuhigt beruhigt
C	0,09...0,10	0,08	0,06	0,06...0,10	0,06...0,07	0,10...0,12	0,10...0,15
Mn	0,2...0,45	0,40	0,35	0,30...0,50	0,30...0,32	0,30...0,60	0,30...0,65
Si	(b: 0,10...0,12)	0,06	0,06	bis 0,01	0,01...0,06	0,10...0,37	bis 0,35
S	0,04...0,05	0,025	0,020	0,01...0,02	0,03	0,035...0,045	0,04
P	0,035...0,040	0,025	0,020	< 0,01	0,01	0,030...0,045	0,04
Al	(b: 0,02)	0,015 bis 0,04	0,015 bis 0,04	bis 0,01	0,05...0,03	0,015	0,015
Cu	< 0,35			< 0,2	0,16	< 0,3	0,1...0,3
Cr	< 0,3			< 0,1		< 0,3	0,2...0,3
Ni	< 0,3			< 0,1		< 0,3	0,3

[1]) kaltgewalztes Emaillierstahlblech; verbindlich ab 1988

Zur Wirkung der Eisenbegleiter im Stahl ist folgendes zu sagen (dazu auch Zusammenfassungen von *Stegmaier* 1967; *Blickwede* 1973; *Litvinova* 1975; *Sokolov* u. a. 1980; *Dietzel* 1981):

Kohlenstoff erhöht sie Festigkeit; beim Emaillieren jedoch verursacht er unter partieller Entkohlung und Oxydation zu CO und CO_2 Blasenbildung, die bei geringen C-Gehalten während des Grundbrandes abgeschlossen ist, bei höheren Konzentrationen – insbesondere wenn grober Zementit vorliegt – auch noch beim Deckbrand andauert (z. B. *Chu* u. a. 1954). Für die maximal zulässige C-Konzentration beim konventionellen Emaillieren gilt allgemein als Richtwert 0,08 %. Nach *Horstmann* (1961) hängt der Grenzwert allerdings von den Brennbedingungen ab; die besten Ergebnisse erhält man, wenn der C-Gehalt auf der Linie *GOS*, die schlechtesten, wenn er in der Mitte des α-γ-Gebietes, also im Bereich größter Heterogenität liegt.

Für Grobbleche gelten aus Festigkeitsgründen höhere Werte (nach TGL bis 0,12 %, nach *Oltz* 1969 bis 0,16 %; daneben werden allerdings auch C-arme Stähle beschrieben, *Toland, Brickner* 1979). Übliche Grob- und Kesselbleche sind emaillierfähig, weil beim langsamen Aufheizen eine Randentkohlung stattfindet oder wenn – bei höherem C-Gehalt – vorher oberflächig (bis 0,6 mm Tiefe) entkohlt wurde (*Zajcev, Mogilčenko* 1966).

Zunehmender Kohlenstoffgehalt fördert die Blasen- und Fischschuppenbildung, das Auftreten von schwarzen Punkten im Email sowie das Durchsacken und Verziehen als Folge der α-γ-Umwandlung, wenn die Einbrenntemperatur diese Umwandlungstemperatur (Bild 10.1) überschreitet. Bei der *DWE* wirkt sich der Kohlenstoffgehalt besonders schädlich aus. Obwohl sich durchaus auch normale Stahlbleche direkt weiß emaillieren lassen (z. B. *Petzold* 1956/58; *Tiefenböck* 1975; *Lindmayr* 1975; »Flexosmalt«-Verfahren) wird großtechnisch die Sicherheit erst durch stark verminderten C-Gehalt gewährleistet. Im Vakuum entkohlte Stähle enthalten $<$0,01 % C, nach einem speziellen Vergießprozeß entkohlte noch $\leqq$0,004 % (*Grimm, Sickbert* 1969), im offenen Bund geglühte Bleche noch $\leqq$0,002 % C (*Cooke* 1962). Wichtig ist auch ihre sehr geringe Verzugsneigung. Wenn diese Materialien nach konventionellen Methoden emailliert werden, ist jedoch u. U. mit Haftschwierigkeiten zu rechnen (*Gerlach, George* 1974).

Stickstoff (max. 0,02 %) erweitert den γ-Bereich, macht das Eisen alterungsempfindlich und spröde und verschlechtert die

Tiefziehbarkeit, verhindert aber einen Festigkeitsabfall nach dem Emaillieren. Stickstoff kann durch Zusätze zu Nitriden gebunden werden, was sich z. B. günstig auf die Fischschuppenresistenz auswirkt. Besonders stickstoffarm ist LD-Stahl.

Mangan (meist um 0,4 %) erweitert ebenfalls das γ-Gebiet und kann ggf. das Durchsacken fördern. Geringe Mn-Gehalte verbessern die Zieheigenschaften. Mangan bindet Schwefel zu MnS.

Phosphor ($<$0,05 %) erhöht die Festigkeit des Stahls; er wird deshalb in entkohltem Stahl besonders empfohlen (*Oliver*, *Mayer* 1963; *Toland*, *Conaway* 1967). Verformbarkeit und Schweißbarkeit werden herabgesetzt. Der Einfluß auf das Beizverhalten wird unterschiedlich, bei entkohltem Stahl jedoch positiv beurteilt (*Oliver*, *Rahn* 1970).

Schwefel liegt in Form von FeS oder MnS vor. Er macht den Stahl spröde und soll die Wasserstoffaufnahme beim Beizen und Emaillieren fördern. Wenn FeS mit Fe_3C und Sauerstoff unter Bildung von SO_2 und CO_2 reagiert, kann es zu primären Aufkocherscheinungen kommen.

Silicium wird ebenso wie Aluminium, Titanium, Zirconium und Vanadium als Desoxydationsmittel verwendet. Es erhöht die Festigkeit und Sprödigkeit und setzt die Tiefziehbarkeit bei Gehalten über 0,08 % sowie die Zunderfähigkeit herab. Damit verschlechtern sich Beizbarkeit, Emaillierfähigkeit und Emailhaftung (*Eisenkolb* 1951).

Aluminium wirkt sich günstig auf die Verformbarkeit aus, kann aber oxidische Einschlüsse bilden, die u. U. emailtechnisch unerwünscht sind. In bestimmten Konzentrationen kann es die Neigung zu wasserstoffbedingten Fehlern erhöhen.

Kupfer verschlechtert die Tiefziehfähigkeit und ist, da es den Beizprozeß hemmt und damit die Haftung negativ beeinflußt, im Emaillierblech nicht besonders erwünscht. Bei entkohlten Blechen soll nach *Lang* (1964) der Cu-Gehalt unter 0,025 % liegen, während *Dietzel* (1967) eine gewisse Kupfermenge zur Begünstigung der Ni-Abscheidung für zweckmäßig hält. Die kupferreiche ε-Phase hat eine geringere Wasserstofflöslichkeit und -durchlässigkeit als α-Fe, was zu verzögerten Fehlern beitragen kann (*Wegner* 1956).

Chrom verschlechtert bei $>$0,1 % die Tiefziehfähigkit. Die Emaillierbarkeit von Blechen ist nur bis 0,3 % Cr gewährleistet (*Dietzel*, *Schneider* 1951). Dabei kann jedoch u. U. die Verzunderung und Ausbildung der Haftschicht gestört werden. Ein nach einem speziellen Verfahren durch Zusatz von 0,25 % Chrom hergestellter Stahl vereinigt in sich die guten Eigenschaften unberuhigter und das ausgezeichnete Verformungsverhalten beruhigter Stähle (*Listhuber*, *Giegerl* 1974).

Nickel verschlechtert ebenfalls die Tiefziehfähigkeit. Höhere Gehalte (0,3 %) wirken sich günstig auf das Wasserstoffverhalten aus; Anreicherungen an der Oberfläche verhalten sich wie eine Vernickelung.

Molybdän zeigt einen günstigen Einfluß auf die Emaillierung.

10.1.4.3. Gefüge

Der normale Emaillierstahl (C $\approx$ 0,08 %) ist nach dem Eisen-Kohlenstoff-Diagramm eine untereutektoide Legierung mit ferritisch-perlitischem Gefüge (Bild 10.2a). Entkohlter Stahl enthält praktisch nur Ferrit; er entspricht gefügemäßig dem Reineisen (Bild 10.2b).

Die beim Walzen bzw. Ziehen entstandene zeilige Textur des Gefüges wird durch Rekristallisationsglühen bei etwa 650 °C wieder rückgängig gemacht. Dabei kann sich unter Entmischung des Perlits körniger Zementit ausscheiden (Korngrenzenzementit); er kann wegen seiner leichten Oxydierbarkeit und der Förderung der Wasserstoffaufnahme u. U. gefährlich werden, vor allem wenn er an der Oberfläche und in der Umgebung von Schweißnähten vorliegt. (Über die gewollte Zementitausscheidung wird nachfolgend berichtet.)

Vom Walzen rührt im allgemeinen auch eine Störschicht her, in der Kupfer, Nickel, Mangan, Phosphor und Kohlenstoff teils gleichmäßig, teils ungleichmäßig verteilt vorliegen (*Lang* 1964; *Bühler* u. a. 1975).

Perlit zeigt in körniger (globularer) Form besseres Verformungsverhalten als in blättchenförmiger. Großflächige Ausbildung ist

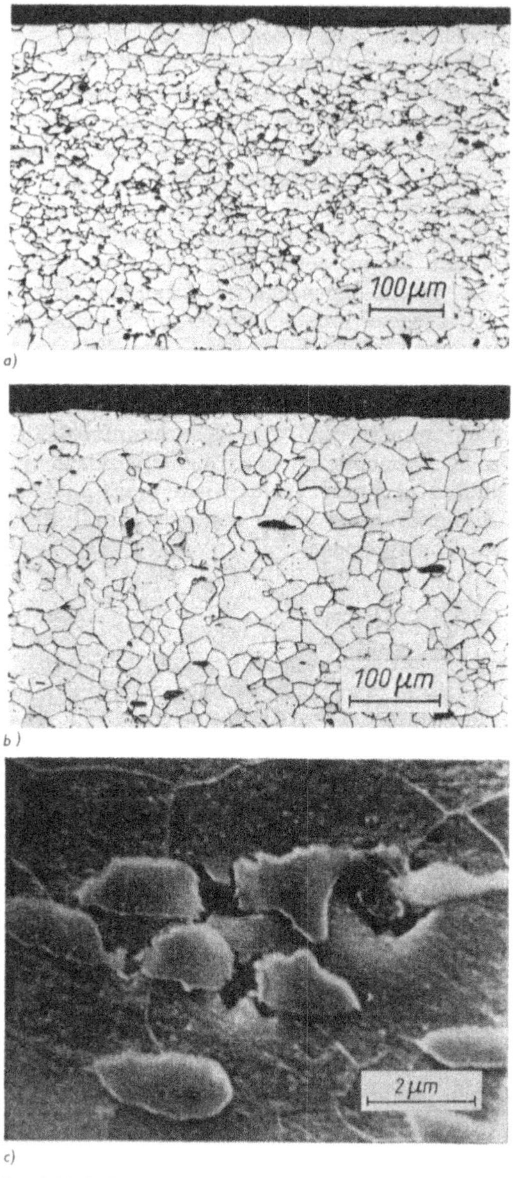

a)

b)

c)

Bild 10.2. Gefüge von Emaillierstahlblech
a) StZu (5 min Umkehrofen; Randentkohlung beachten)
b) entkohltes Blech
c) zertrümmerte Zementitausscheidungen (*Bergmann*, Diplomarbeit, Bergakademie Freiberg)

für das Emaillieren nicht günstig. Der Perlitgehalt beträgt bei 0,1% C etwa 10%.

Das Gefüge eines Emaillierbleches muß gleichmäßig sein. Kritische Verformungsgrade haben Fließlinien, starke Verformungen u. U. grobe Rekristallisationsgefüge (auch bei niedriggekohlten Blechen, *Beattie* 1962) zur Folge, die zu Haarlinien, Poren und Abplatzungen des Emails führen können (*Knickenberg* 1955). Das gleiche gilt für Grobkorn- neben Feinkornzonen (*Klein* 1952; *Heimsoeth, Meyer* 1952). Grobkorn allein muß nach *Ergang, Messmer* (1952) jedoch nicht unbedingt Fehler erzeugen. Im Anlieferungszustand sollen Bleche eine mittlere Korngröße ≤ 6 nach der ASTM-Richtreihe (Einzelferritkornfläche $\leq 2000\ \mu m^2$) haben. Nach *Dietzel* (1981) dürfen die Durchmesser der Ferritkörner bei 2-mm-Blech nicht größer als 50 µm, bei dickerem Blech nicht größer als 70 µm sein. Für Ziehgüten werden von *Sokolov* u. a. (1980) optimale Korngrößen von 24 bis 30 µm, für Tiefziehgüten von 24 bis 28 µm angegeben.

Das technische Stahlblech besitzt ein Makrogefüge als Summe von Metallmatrix und nichtmetallischen, meist gröberen Inhomogenitäten (Seigerungen, Schlacken-, Oxid- und Sulfideinschlüssen) sowie Hohlräumen (Gaslunker, Mikroholräume, Doppelungen, Risse). Die Inhomogenitäten setzen die Qualitäten des Blechs, seine Verformbarkeit und meist auch die Emaillierfähigkeit herab; sie führen nach dem Beizen oft zu Blasen im Email. Bezüglich der Einschlüsse sind folgende Werte nach der *Diergarten*-Richtreihe (s. dazu *Eckstein* 1972) einzuhalten: für Sulfidschlacke 1.01.4, für Oxideinschlüsse 1.02.4 bis 1.07.4. Die negativen Auswirkungen mangelhafter Blechbeschaffenheit sind bei *Heimsoeth, Meyer* (1952) ausführlich beschrieben. Der Spannungseinfluß aus der Verformung auf die Entstehung von Emaillierfehlern wird von *Oehler* (1954) diskutiert.

Ein positiver Einfluß der Inhomogenitäten zeigt sich bei der Wasserstoffokklusion (Bild 4.9, S. 000). Eine ähnliche Abhängigkeit existiert vom Gehalt an Sauerstoff bzw. von Oxideinschlüssen (*Albrecht* u. a. 1971; *Faccenda* u. a. 1974). Eine bewußte Erzeugung solcher Wasserstoffallen erfolgt durch Ausscheidung von großen Fe_3C-Kristallen bei erhöhten Haspeltemperaturen (bis 750 °C) und deren Zertrümmerung beim nachfolgenden Kaltwalzen unter Bildung von Rissen und Hohlräumen (*Grimm* 1963; *Blickwede* 1973; *Listhuber, Giegerl* 1974; *Ecker* u. a. 1981; *Steele* 1982; *Warnecke* u. a. 1893; *Papp* u. a. 1985; Bild 10.2c). Das Prinzip ist jedoch bei Sondertiefziehgüte nicht anwendbar (*Hoffmann* 1982).

Von Bedeutung für das Emaillieren ist auch die Oberflächenbeschaffenheit der Bleche. Von den nach TGL standardisierten Oberflächengüten wird vor allem A2 (metallisch rein, geringe Poren, Narben und Kratzer) bevorzugt. Die Mittenrauhigkeit der Oberfläche beträgt $<5\ \mu m$.

10.1.4.4. Technische Kennwerte und thermomechanisches Verhalten

Für Emaillierbleche gelten folgende wichtige Kennwerte (Literatur und TGL 43696):

*Vickers*härte	1100 bis 1400 MPa
E-Modul	210000 MPa
Zugfestigkeit	350 bis 390 MPa[1])
Streckgrenze	230 bis 270 MPa
Bruchdehnung	27 bis 38 %
(*Stahlgrobbleche*	
Zugfestigkeit	280 bis 480 MPa
Streckgrenze	> 200 MPa
Bruchdehnung	>28 %)
mittlerer linearer *AK*	$135 \cdot 10^{-7}\ K^{-1}$ (0 bis 400 °C)
Wärmeleitfähigkeit	≈65 bis 80 W $(m\ K)^{-1}$
R-Wert	1,0 bis 1,5
Ziehgüte	1,10
Tiefziehgüte	1,20
Sonderziehgüte	1,40, *Ecker* u. a. 1982
C-arm	1,6 (1,15 bis 1,32)
n-Wert	0,19 bis 0,21
C-arm	0,22 (0,18 bis 0,25)

(Werte in Klammern nach *Toland* 1981)

Im Prinzip differieren die Eigenschaftswerte des normalen und des entkohlten Stahlblechs kaum. Die kohlenstoffreicheren Bleche tendieren zu etwas höheren, die kohlenstoffarmen zu niedrigeren Härte- und Festigkeitswerten; die Härte des sowjetischen Standardstahls 08 kp sinkt z. B. von 1500 auf 1000 MPa nach Entkohlung ab (*Litvinova, Odincov* 1967).

Die Ausdehnung des Stahls bis zur Einbrenntemperatur des Emails ist nicht konstant. Für einzelne Temperaturintervalle ergeben sich nach *Dietzel, Stegmaier* (1952) folgende mittlere lineare Ausdehnungskoeffizienten (in $10^{-7}\ K^{-1}$):
0 bis 300 °C: 130; 0 bis 500 °C: 140; 0 bis 700 °C: 145; 0 bis 900 °C: 120. Die α-γ-Umwandlung macht sich in der Dilatometerkurve durch einen deutlichen Abfall zwischen 850 und 900 °C bemerkbar. Über die Kaltumformbarkeit gibt die verbindliche Tiefung nach TGL 15218 (Bild 10.3) Aufschluß. Beim Glühen und Brennen kann Durchsacken (Durchbiegung liegender Flachteile) und Verziehen oder Verwerfen (Deformation hängender Teile) auftreten. Diese Deformationen haben verschiedene Gründe: hohe Ausdehnungsdifferenzen zwischen Email und (sehr dünnem) Blech, Wirkung einseitiger Verzunderung oder α-γ-Umwandlung des Eisens. Durchsacken und Verwerfen treten im

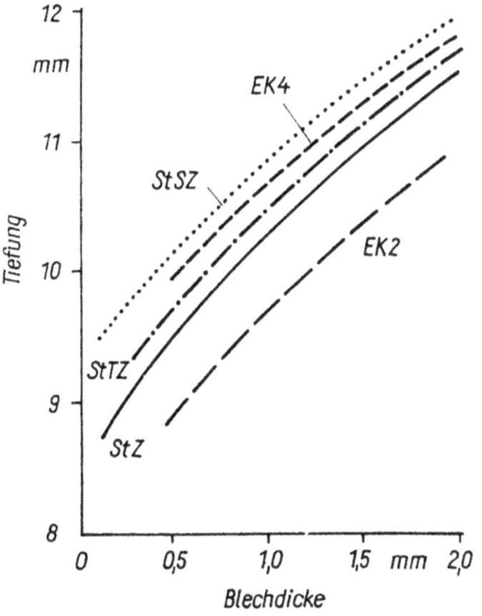

Bild 10.3. Tiefung von Stahlblechen; StZ, StSZ und StTZ nach TGL, EK2 und EK4 nach DIN (StSZ entspicht EMG 2; EMG 1 liegt zwischen StZ und EK 2)

[1]) Die theoretische Zugfestigkeit von Metallen liegt etwa um den Faktor 10^2 höher als die praktische Festigkeit.

allgemeinen erst oberhalb *GOS* auf. Da die α-γ-Umwandlungstemperatur mit dem C-Gehalt abfällt, steigt die Gefahr der Deformation bei üblichen Brenntemperaturen mit dem C-Gehalt des Blechs an. Unterhalb 723 °C ist keine strukturbedingte Deformation zu erwarten; das gilt auch für Stahl mit C $< 0{,}01\,\%$ bis zu etwa 850 °C, jedoch nicht, wenn die Ausdehnungsdifferenz Stahl-Email bei einseitiger Emaillierung zum bestimmenden Faktor wird.
Das Problem ist allerdings etwas komplizierter, weil sich die Stähle doch unterschiedlich verhalten (*Birmes* u. a. 1974). Die Verminderung des Durchsackens mit fallendem Kohlenstoffgehalt gilt nach *Horstmann* (1961) allerdings erst unterhalb von 0,1 % C und 870 °C; der C-Gehalt des Blechs soll nicht in der Mitte des α-γ-Feldes liegen. Feinverteilte Carbide in stabilisierten Stählen behindern die Deformation – ein Vorteil der mikrolegierten Stähle (Bild 10.4). Steigende Glühtemperatur und Glühdauer erhöhen das Durchsacken und Verziehen, zunehmende Blechdicke vermindert diese Erscheinungen (Bild 10.4, Zusatzdiagramm).

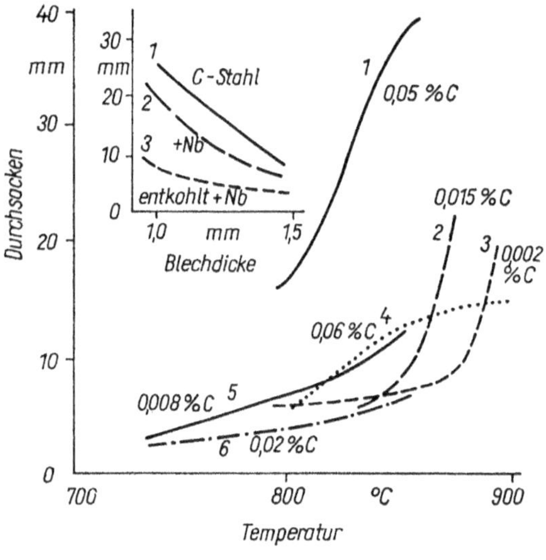

Bild 10.4. Durchsacken von Stählen bei verschiedenen Temperaturen (s. auch Bild 10.9)
1, 2, 3 Blickwede (1973)
4 Birmes u. a. (1974)
5, 6 Toland (1981)
Zusatzdiagramm: Durchsacken in Abhängigkeit von der Blechdicke
1 Hans, Leontaritis (1967)
2, 3 Birmes u. a. (1974)

10.1.4.5. Beiz- und Zunderverhalten

Für die *DWE* ist – im Gegensatz zur konventionellen Emaillierung – ein gewisser Beizabtrag erforderlich, der je nach Stahlqualität 20 bis 70 g m^{-2} Fe betragen soll. Die entkohlten Bleche, bei denen die Störschicht entfernt und eine Mindestmenge an Cu zur zusätzlichen Abscheidung von Nickel freigelegt werden muß (*Dietzel* 1967), müssen aus ökonomischen Gründen i. d. R. schnellbeizend sein; über die Beeinflussung des Beizens siehe Abschnitt 13.2.2.
Für das Oxydationsverhalten von Stahlblech gilt das in Abschnitt 4.4. Gesagte. Stranggußbleche zundern infolge Reinheit der Oberfläche schneller als übliche Stahlbleche (*Dietzel* 1983). Es sei ergänzt, daß Legierungselemente, wie Al, Si, Cr, Ni, Mn, Ti, usw., die Verzunderung herabsetzen, Mo, W und V sie dagegen heraufsetzen.
Für eine im Hinblick auf die Haftung optimale Verzunderung gibt es nach *Dietzel, Stegmaier* (1952) Erfahrungswerte, die bei 40 bis 60 g m^{-2} (800 °C, 15 min) liegen und 25 g m^{-2} nicht unter- bzw. 80 g m^{-2} nicht überschreiten dürfen (in der Sowjetunion rechnet man mit 60 bis 70 g m^{-2} bei 900 °C und 10 min).

10.1.4.6. Verhalten gegenüber Wasserstoff

Die grundlegenden Fragen des Verhaltens von Metallen gegenüber Wasserstoff wurden bereits in Abschnitt 4.3. erörtert. Detaillierte Ausführungen, speziell im Hinblick auf das Fischschuppenproblem, finden sich z. B. bei *Zapffe, Sims* (1940/42); *Dietzel, Wegner* (1957); *Davis* u. a. (1958); *Chu* u. a. (1966); *Held* (1967); *Walker* (1971); *Riecke* (1978) und Riecke u. a. (1985).
Bei echter physikalischer Lösung befindet sich der Wasserstoff auf Tetraederplätzen im Eisengitter oder steht mit Störstellen in Wechselwirkung. Die Löslichkeit wird überdeckt von der Okklusion an Inhomogenitäten, Korngrenzen, Versetzungen und Hohlräumen, die die H-Konzentration bis um den Faktor 10^2 bis 10^3 erhöhen kann (*Riecke* 1978)

Der Wasserstoffgehalt ist in diesem Falle also größer und die Durchlässigkeit geringer als den Löslichkeitsbedingungen entspricht (*Smith* 1948; *Vibrans* 1961; *Berg* 1961). Bei der Rekombination zu H_2 in den Fallen können Überdrücke bis zu 30 MPa auftreten (*Jackson* 1951). Diese Okklusionseffekte sind für die Verhütung der Fischschuppen von ausschlaggebender Bedeutung.

Löslichkeit, Gesamtaufnahme und Diffusion (Durchlässigkeit) bestimmen das Wasserstoffverhalten des Stahls beim Emaillieren. Zwischen Durchlässigkeit und Fischschuppenbildung besteht dabei im allgemeinen eine Beziehung; je langsamer die Durchtrittsgeschwindigkeit (d. h. je höher Löslichkeit und Okklusion und je niedriger Diffusion), um so geringer ist die Gefahr der Fischschuppenbildung. Die Wasserstoffdurchlässigkeit ist bei den verschiedenen Blechen unterschiedlich. Bild 10.5 gibt einige Durchlässigkeitskurven in Abhängigkeit von der Begasungsdauer an.

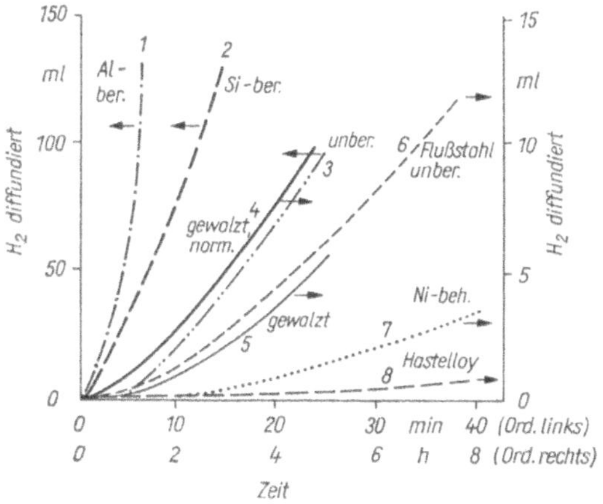

Bild 10.5. Wasserstoffdurchlässigkeit verschiedener Stahlbleche
1, 2, 3 Bijl (1961)
4, 5 Dietzel, Stegmaier (1952)
6, 7, 8 Chu, Davis (1966)

Durchlässigkeits-Zeit-Kurven von Blechen, die in der Zusammensetzung variiert waren, sind von *Erdmann-Jesnitzer, Petzold* u. a. (1958 bis 1961) ermittelt worden (Zusammenfassung bei *Petzold* 1968). Danach steigt die Durchlässigkeit mit dem Mangangehalt kaum, mit dem Phosphor- und Schwefelgehalt stark an (gegenteilige Befunde: *Albrecht* u. a. 1971). Kohlenstoff vermindert die Durchlässigkeit wahrscheinlich durch Okklusion an Perlit und Zementit (*Kljačko, Izmanova* 1957) oder durch Bildung von Fe_2HC (*Berg* 1961). Steigender Si-Gehalt hat eine Abnahme der Durchlässigkeit zur Folge, die bei 3,5 % Si praktisch Null wird. Aluminium scheint nach anfänglicher Erhöhung einen Abfall zu bewirken (nach *Albrecht* u. a. 1971 sowie *Papp* u. a. 1985 ohne Einfluß auf den Diffusionskoeffizienten bis 0,06 % Al).

Beruhigter Stahl hat einen höheren Diffusionskoeffizienten als unberuhigter und entkohlter Stahl (*Hildebrand, Schwenk* 1971). Das gilt auch für große Ferritkörner im Vergleich zu kleinen (*Dahlgren* 1956; *Albrecht* u. a. 1971).

Legierungselemente setzen die Durchlässigkeit herab; bekannt ist die Wirkung von Chrom, Cobalt und Nickel (*Dresler* u. a. 1972; *Blickwede* 1973; *König, Lange* 1975). Cr- und Ni-Schichten wirken ähnlich (Wichtig beim Nickel-Dip, dessen Wirkung von *White* 1981 bzw. *Salamah, White* 1981 allerdings darin gesehen wird, daß Wasserstoff atomar verteilt und dabei die Löslichkeit im Stahl erhöht wird.) In titaniumhaltigen warmgewalzten Stahlblechen wird die Durchlässigkeit auf Grund der Ausscheidung von TiC bzw. TiN als Fallen vermindert (*Yasuda* u. a. 1984). Die H_2-Aufnahme wird durch S, P und Cr gefördert, durch Ni und Cu gebremst (*Riecke* u. a. 1985).

Der Einfluß des Sauerstoffs (bzw. der Oxide) auf Wasserstoffdiffusionskoeffizienten und -durchtrittszeit ist in Bild 10.6 wiedergegeben. Beimengungen und Verunreinigungen bremsen i. d. R. die Migration des Wasserstoffs im Stahl. Für Gehalte bis 0,5 % besteht nach *Dresler* u. a. (1972) die Beziehung

$$D_{eff} = 4{,}3 \cdot 10^{-6}\, e^{-4{,}8\,c} \qquad (10.1)$$

c Konzentration (%).

Weitere Formeln zur Beschreibung der Durchlässigkeit in Abhängigkeit von Wasserstoffallen siehe bei *Riecke* (1976).

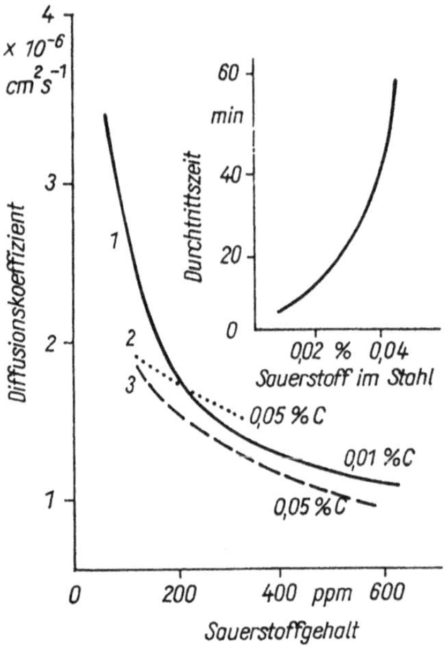

Bild 10.6. Wasserstoffdiffusionskoeffizient verschiedener Stähle in Abhängigkeit vom Sauerstoffgehalt im Kaltband (*Listhuber* u. a. 1971)

1 StTZ vakuumentkohlt, unberuhigt

2 StZ Al-kokillenberuhigt

3 StTZ unberuhigt

Zusatzdiagramm: H_2-Durchlässigkeit in Abhängigkeit vom O_2-Gehalt im Stahl (*Albrecht* u. a. 1971)

Warmgewalztes oder normalisiertes Stahlblech absorbiert rasch Wasserstoff und gibt ihn leicht wieder ab; es hat insgesamt eine geringe Aufnahmefähigkeit und hohe Durchlässigkeit (*Hildebrand, Schwenk* 1971; s. auch Bild 10.5).

Die Wasserstoffdurchlässigkeit wird vom Kaltwalzgrad η in charakteristischer Weise beeinflußt (Bild 10.7a; katodische Begasung). Das Ergebnis wurde inzwischen mehrfach bestätigt. Einen umgekehrten Verlauf nimmt die H_2-Aufnahme (*Binder, Grubitsch* 1975). Der Effekt wird im allgemeinen mit inneren Hohlräumen, aufgestauten Versetzungen, Korngrenzen, Gleitlinien usw. in Verbindung gebracht. Der auf Gitterdehnungen zurückzuführende Anstieg der Durchlässigkeit bis $\eta = 15\,\%$ findet seine Parallele in der Steigerung der Diffusion um 0,25 % je 10 MPa bei unter Zugspannung stehendem Stahl (*de Kazinczy* 1955). Kaltgewalztes Material nimmt beim Beizen mehr Wasserstoff auf als warmgewalztes; das Löslichkeitsniveau bei reinem Eisen ist dabei wesentlich geringer als bei Kohlenstoffstahl (*Hudson* u. a. 1960; *Hudson, Riedy* 1961).

Für die Emaillierfähigkeit des Stranggußstahls ist wichtig, daß die H_2-Durchlässigkeit mit steigender Haspeltemperatur sinkt (Bild 10.7b; *Grimm* 1963; *Ecker* u. a. 1981;

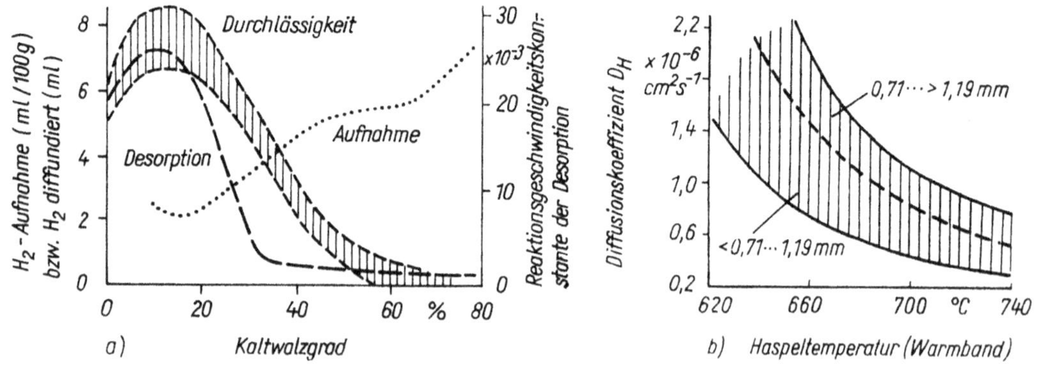

Bild 10.7

a) Wasserstoffdurchlässigkeit (*Schumann, Erdmann-Jesnitzer* 1954), -aufnahme (*Binder, Grubitsch* 1975) und -desorption (*Hudson* u. a. 1960) von Stahl in Abhängigkeit vom Kaltwalzgrad

b) Wasserstoffdiffusion im Stranggußstahl in Abhängigkeit von der Haspeltemperatur (*Papp* u. a. 1985)

Warnecke u. a. 1983; *Papp* u. a. 1985; s. auch S. 158). Als günstige Haspeltemperatur werden 660 bis 700 bzw. 750 °C angegeben. Es ist allerdings zu beachten, daß bei hohen Haspeltemperaturen die Beizzeiten verlängert werden (*Hachtel* u. a. 1984).

Bei gestrahltem Blech fanden *Schenk, Taxhet* (1959) zwischen 500 und 1 000 °C eine höhere Durchlässigkeit als bei poliertem. *Albrecht* u. a. (1971) stellten dagegen einen langsameren Durchgang, *Hudson* u. a. (1958) eine leicht erhöhte Löslichkeit nach Abstrahlen fest.

Beim Lagern diffundiert aus gasbeladenem Blech Wasserstoff heraus; dies kann durch Tauchen in heißes Wasser unterstützt werden (*Healy, Sullivan* 1958). Die Effusion nimmt mit steigender Lagerdauer und Temperatur zu (*Wachtmeister* 1961) und wird durch Poren gefördert (*Lange* 1969).

Das Wasserstoffverhalten, vor allem die Wasserstoffdurchtrittszeit hat sich als Indikator für die Fischschuppenempfindlichkeit erwiesen. Je später der erste beobachtbare H_2-Durchtritt (t_0) erfolgt, um so resistenter ist das Blech gegen Fischschuppenbildung (Bild 10.8). In TGL 29195 sind folgende Mindestdiffusionszeiten für einzelne Blechdicken festgelegt:

0,75 mm: 4 min; 1 mm: 8 min; 1,5 mm: 12 min; 2 mm: 18 min.

Ferrari (1978) gibt für konventionelles Stahlblech als Grenzwert 3 bis 5 min, für entkohltes Blech 1 min 30 s an. Nach *Guiliani*

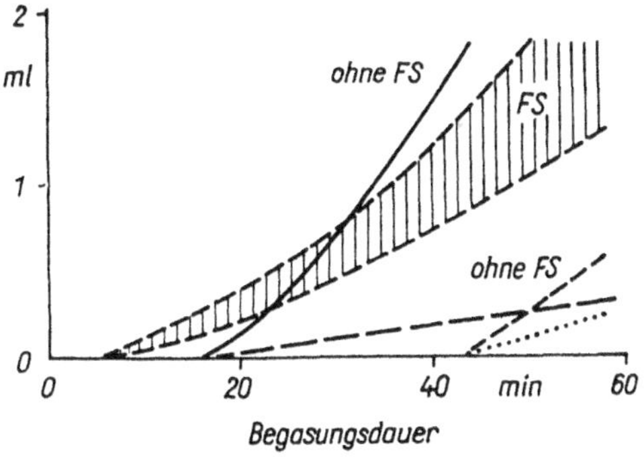

Bild 10.8. Wasserstoffdurchlässigkeit und Fischschuppenneigung (FS) verschiedener Stahlbleche (*Herschelmann, Berg* 1967)

(1980) zeigen 10 min ein geeignetes Blech, <3 min ein ungeeignetes Blech an (bezogen auf 1 mm Dicke). Nach *Walker* (1971) treten keine Fischschuppen auf, wenn der Diffusionskoeffizient (0,03 bis 0,07) · 10^{-6} cm² s⁻¹ beträgt, während bei $D =$ (0,6 bis 1,8) · 10^{-6} Fischschuppenbildung zu erwarten ist. Diese Regeln sollen allerdings bei Stranggußstahl nicht gelten (*F. Faber*, pers. Inf.; vgl. auch Werte bei *Ecker* u. a. 1982). Praktische Erfahrungen der letzten Zeit zeigen, daß bis zu $D = 2{,}0 \cdot 10^{-6}$ cm² s⁻¹ keine Fischschuppengefahr bestehen soll (*Papp* u. a. 1985). Nach *Warnecke* u. a. (1983) steigt die Wasserstoffdurchtrittszeit in der Reihe: vakuumentkohlter Stahl < Stranggußstahl (niedrige Haspeltemperatur) < Ti-mikrolegierter Stahl < Stranggußstahl (hohe Haspeltemperatur) < kokillenberuhigter Stahl < unberuhigter Stahl.

10.1.5. Stabilisierte, mikrolegierte Stahlbleche

Die Qualität und Emaillierfähigkeit von Stahlblech läßt sich steigern durch geringe Zusätze an Legierungselementen, wie Ti, Nb, Ta, Zr oder V, ggf. auch Ni und Cr. Es handelt sich um Spezialbleche (mikrolegierte oder interstitial free – von Einlagerungsatomen freie – IF-Stähle, *Bowley* 1974; *Birmes* u. a. 1974; *Warnecke, Meyer* 1980), die extrem hohen Umformungsansprüchen genügen, für die Stranggußstahl nicht ausreicht. Der stabilisierte Titanstahl (Ti-Nameh ist bereits seit 30 Jahren bekannt, hat sicl) aber wenig eingeführt.

Zusammensetzung und Gefüge

Von den genannten Legierungselementen spielen offenbar Titanium und Niobium eine wichtige Rolle. Ti-Namel ist ein Material mit üblichem Kohlenstoffgehalt, die mikrolegierten Stähle mit Nb, Zr oder V sind entkohlt. Analysenwerte enthält Tabelle 10.2. Um Kohlenstoff (und Stickstoff) voll zu stabilen Carbiden (Nitriden) zu binden, muß die Menge des Titaniums vier- bis neunmal höher sein als die des Kohlenstoffs, stets aber >0,1 % (*Tepohl* 1959). Durch Zirconium wird vor allem Schwefel, durch Vanadium Stickstoff gebunden.

Tabelle 10.2. Zusammensetzung [in %] emaillierfähiger Sonderstahlbleche (nach Angaben bei *Andrews* 1961; *Gerlach, George* 1974; *Bowley* 1974; *Kyri* 1975; *Warnecke, Meyer* 1980; *Toland* 1981; *Rouge* 1984)

	Niedrig gekohlt		Mikrolegiert		
	normal	Strangguß	Ti-Namel (übliche Werte)	IF-Stähle	
C	0,002...0,006	0,005	0,04...0,08	0,005...0,01	0,005
Mn	0,25...0,35	0,03	0,3...0,42	0,2...0,3	0,32
Si	<0,004		0,01...0,1	<0,01	<0,01
S	0,01...0,03	0,015	0,01...0,03	0,01...0,02	0,02
P	0,008...0,035	0,01	0,008...0,01	0,005...0,013	0,005
Al	Sp.	0,003	0,001...0,09	0,02...0,04	0,03
Cu	0,03...0,15	0,025	0,04...0,07	0,03...0,06	0,04
Ti			0,25...0,45	0,1...0,2 oder	0,57
Nb				>0,1	0,43
Cr	<0,03		0,1	0,15...0,025	0,015
Ni	<0,002		0,15	0,02	0,02

Das Gefüge besteht aus fast reinem Ferrit. Neben den Carbiden (z. B. TiC, NbC), Nitriden (TiN, NbN) treten Carbonitride und Carbosulfide (z. B. $Ti_4C_2S_2$) sowie Oxide, wie Ti_3O_5 und Ti_2O_3 auf.

Technisches Verhalten
Die technischen Kennwerte entsprechen in etwa denen des üblichen Stahlblechs. Für Ti-Namel und mikrolegierte Stähle (in Klammern) sind folgende Werte bekannt:

Zugfestigkeit	340 bis 420 MPa (300 bis 380 MPa)
Streckgrenze	nicht ausgeprägt (100 bis 280 MPa)
Bruchdehnung	22 bis 30 % (33 bis 50 %)
linearer *AK* (25 bis 750°C)	$137 \cdot 10^{-7}$ K^{-1}
R-Wert	(1,8 bis 2,2)
n-Wert	(0,24 bis 0,26)

Die Festigkeit wird durch die Legierungselemente im allgemeinen etwas erhöht, die Umformbarkeit verbessert. Die Fließgrenze liegt sehr niedrig, es treten keine Fließfiguren auf. Der mikrolegierte Stahl ist alterungsbeständig und gut schweißbar. Die Resistenz gegen Durchsacken und Verwerfen ist hoch, wie Bild 10.9 zu entnehmen ist.
Die Legierungsbestandteile erhöhen die Wasserstoffaufnahme z. T. durch Hydridbildung (*Morozov* 1950) und setzen die Diffusion herab, wobei Titanium sich als besonders günstig erweist (*Faure* 1966). Ein gewisser Nachteil besteht in der geringeren Verzunderung und dem schwächeren Beizangriff; ggf. treten Haftschwierigkeiten auf

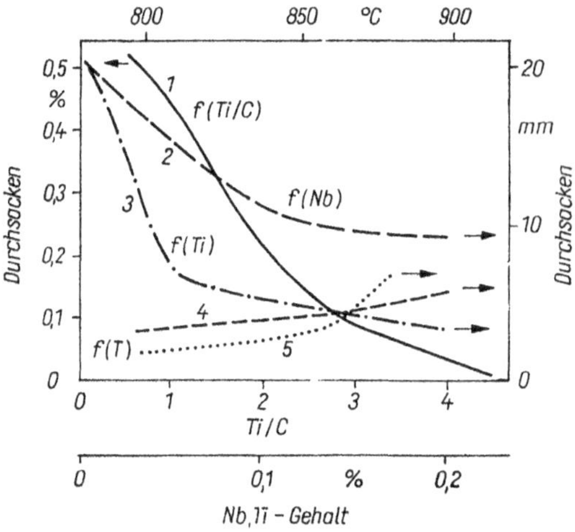

Bild 10.9. Durchsacken mikrolegierter Stähle
1 in Abhängigkeit vom Ti/C-Verhältnis (Ti-Namel, aus *Petzold* 1955a; Ordinate links)
2, 3 in Abhängigkeit vom Gehalt an Nb- bzw. Ti (*Birmes* u. a. 1974)
4, 5 Temperaturabhängigkeit (*Bowley* 1974; Ordinate rechts)

(vor allem bei titaniumhaltigen Stählen; *Teindl* u. a. 1968).

10.1.6. Aluminiertes Stahlblech

Durch Feueraluminieren von Feinblech (z. B. *Warnecke, Birmes* 1976) erhält man einen Grundwerkstoff, der mit Aluminiumemails ein- oder zweischichtig emailliert werden kann. Ebenso lassen sich Al-plattierte Stahlbleche emaillieren (*Close* 1954). Als Überzug eignen sich auch Al-Si-Legierungen, wenn sie nicht >7 % Si enthalten.

10.1.7. Vorpräparierte Stahlbleche

Im Zuge der Erhöhung des Vorfertigungsgrades wurden auch Versuche unternommen, Emaillierbleche für die *DWE* bereits im Stahl- und Walzwerk so zu präparieren, daß sie im Emaillierwerk nur noch emailliert bzw. gebrannt zu werden brauchen. Ein Vorteil bestünde u. a. auf dem Gebiet des Umweltschutzes, da die Vorbehandlung entfällt.
Vernickeln führte zu speziellen Stahlmarken (Anon. 1967; *Hoffmann* 1971; *Jürging* u. a. 1972); es ist allerdings ein besonderer Schutz der Oberfläche (z. B. Verzinken) erforderlich. Weitere Entwicklungen gehen bis zum Beschichten mit einer 0,15 mm dicken kunstharzgebundenen Fritteschicht. Das Blech ist schneidbar, stanzbar und umformbar; das Kunstharz verbrennt ab 300 °C (*Tenhaven, Mauthen* 1972). In den USA wird einseitig fertig emailliertes Band geliefert (Anon. 1973). Die Technologie der Voremaillierung weist allerdings verschiedene Schwierigkeiten auf (*Jürging* 1974); sie hat sich deshalb bisher nicht durchgesetzt (*Hoens* 1982).

10.2. Gußeisen

Bei Gußstücken muß zwischen dünnwandigem (Herd- und Potterieguß) und dickwandigem Gußeisen (Apparateguß) unterschieden werden. In beiden Fällen kommt für Emaillierzwecke vorwiegend Gußeisen mit Lamellengraphit, in neuerer Zeit jedoch auch Gußeisen mit Kugelgraphit (Sphäroguß) zum Einsatz, der auf Grund seiner höheren Festigkeit die Herstellung von Erzeugnissen mit geringerer Wanddicke, insbesondere für Chemieanlagen, gestattet.
Eine zusammenfassende Darstellung über emaillierfähiges Gußeisen geben *Dietzel, Wegner* (1958); *Litvinova* (1975) und *Schmalenbach* (1982). Die Grundlagen des Gußeisens werden von *Piwowarsky* (1961) und *Patterson* (1963) behandelt.

10.2.1. Grundzüge der Herstellung von Gußeisen

Gußeisen wird im Kupolofen (Gießereischachtofen) durch Umschmelzen von siliciumreichem Roheisen, Gußschrott, Kreislaufmaterial und Zuschlägen, wie Koks, Kalkstein und z. T. Flußspat (zur Schlackebildung) hergestellt. Der Kohlenstoffgehalt wird durch die Führung des Schmelzprozesses und Dimensionierung der einzelnen Ofenzonen beeinflußt. Zur Erzielung einer feinen Graphitverteilung und Entgasung ist eine ausreichende Überhitzung erforderlich. Während des Abstehens der Schmelze im Vorherd des Kupolofens (≈1400 °C) wird die aufschwimmende Schlacke über den Schlackeabscheider entfernt. Durch Zugabe von Soda kann eine schwefelbindende basische Schlacke eingestellt werden. Bei Entschwefelung in der Gießpfanne läuft niedrigviskose Schlacke beim Gießen mit in die Form. Daher erfolgt in modernen Anlagen das Gießen über einen Gießautomaten, bei dem das ausfließende Eisen kaum Schlacke und Oxydationsprodukte enthält.
Die kugelige Ausbildung des Graphits im Sphäroguß wird vorzugsweise durch Magnesium in der Schmelze erzielt. Das Verfahren, das in elektrischen Öfen oder Heißwindkupolöfen durchgeführt wird, ist jedoch relativ kompliziert.

10.2.2. System Fe-C-Si

Auf Gußeisen ist das thermodynamisch stabile System Fe–C des Eisen-Kohlenstoff-Diagramms (gestrichelt in Bild 10.1, S. 154) anzuwenden. Voraussetzung für eine vollständige Graphitausscheidung ist die

Anwesenheit von Silicium und eine extrem langsame Abkühlung. In der Praxis läßt sich dieser Zustand kaum verwirklichen und ist auch nicht erwünscht, weil bei sehr langsamer Erstarrung grobe Graphitadern entstehen.

In Bild 10.10 ist das System Fe–C–Si mit 2,4 % Si (Mittelwert für emaillierfähiges Gußeisen) dargestellt. Durch Silicium wird das Eutektikum Fe–C bei wenig veränderter Temperatur nach niedrigeren C-Gehalten verschoben. Der Bereich der stabilen γ-Mischkristalle wird verkleinert, α-Mischkristalle treten bereits ab 790° C auf. Unterhalb 750° C sind nur noch α- Mischkristalle und

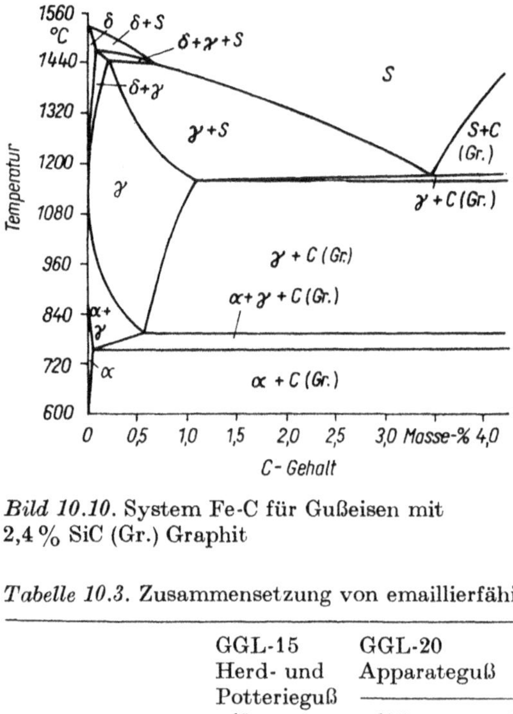

Bild 10.10. System Fe-C für Gußeisen mit 2,4 % SiC (Gr.) Graphit

Graphit beständig. Unter realen Abkühlbedingungen bleibt ein Teil des Kohlenstoffs gebunden. Das Normalgefüge im Gußzustand ist daher ferritisch-perlitisch. Der Perlit zerfällt erst bei Wärmebehandlung in Ferrit und Sekundärgraphit. Bei einem gut emaillierbaren Gußeisen soll dieser Vorgang bereits während des Grundbrandes abgeschlossen sein. Bei sehr hoher Abkühlgeschwindigkeit in der Form wird auch die Kristallisation von α-Eisen zurückgedrängt unter Bildung von Zementit, besonders in der Randzone. Die Neigung zur Zementitbildung nimmt ferner mit fallendem Siliciumgehalt zu (Weißerstarrung, die sich auch bei nachträglichem Glühen nur schwer rückgängig machen läßt).

10.2.3. Chemische Zusammensetzung

Die wichtigsten Eisenbegleiter im Gußeisen sind C, Si, Mn, P und S. Allgemeine Richtwerte für dünn- und dickwandiges Gußeisen enthält Tabelle 10.3. Die Begleitelemente sind von Einfluß auf die Lage des Eutektikums, das durch den Sättigungsgrad S_c charakterisiert wird. Die Höhe des Sättigungsgrades gibt an bei

$S_c = 1$: Legierung mit C gesättigt (eutektisch)

$S_c < 1$: Legierung mit C nicht gesättigt (untereutektisch)

$S_c > 1$: Legierung mit C übersättigt (übereutektisch; Ausscheidung von Garschaumgraphit).

Eine genaue Berechnung mit den Werten

Tabelle 10.3. Zusammensetzung von emaillierfähigem Gußeisen [in %]

	GGL-15 Herd- und Potteriegu ß <6 mm	GGL-20 Apparateguß <15 mm	GGL-20 Apparateguß >15 mm	GGG-40
C_{ges}	3,3...3,6	3,2...3,6	3,2...3,6	3,4...3,8
$C_{gebunden}$ (Gußzustand)	<0,6	<1,3	<1,3	<0,2
Si	2,5...2,8	2,0...2,4	1,7...2,1	2,6...3,5
Mn	0,4...0,6	0,4...0,6	0,4...0,6	<0,4
P	0,4...0,7	0,3...0,5	0,2...0,4	<0,08
S	<0,12	<0,12	<0,12	<0,03
Sättigungsgrad S_c	1,05	0,98	0,96	>1,05

aller Begleitelemente ist möglich nach

$$S_c = \frac{\% \mathrm{C}}{4{,}26 - 0{,}3\,\%\,\mathrm{Si} - 0{,}33\,\%\,\mathrm{P} - 0{,}40\,\%\,\mathrm{S} + 0{,}27\,\%\,\mathrm{Mn}}\,. \qquad (10.2)$$

Da Mn und S die Berechnung kaum beeinflussen, gilt nach TGL 14400/02:

$$S_c = \frac{\% \mathrm{C}}{4{,}23 - 0{,}312\,\%\,\mathrm{Si} - 0{,}275\,\%\,\mathrm{P}}\,. \qquad (10.3)$$

Der Sättigungsgrad muß den Form- und Gießbedingungen von Fall zu Fall angepaßt werden. Als Faustregel gilt, daß S_c mit steigender Abkühlungsgeschwindigkeit des Gußeisens erhöht werden muß.

Zu den einzelnen Elementen ist folgendes zu sagen:

Kohlenstoff liegt als Graphit und gebunden im Fe_3C (vorzugsweise im Perlit) vor. Der Anteil an gebundenem Kohlenstoff soll spätestens beim Glattbrand des Deckemails höchstens noch 0,2 % (möglichst <0,1 %) betragen; aus diesem Grunde muß Apparateguß wegen des langsameren Perlitzerfalls vor dem Emaillieren geglüht werden.

Silicium fördert die Graphitausscheidung und Ferritbildung. Wegen der hohen Abkühlgeschwindigkeit bei dünnwandigem Guß muß hier der Gehalt an Si gesteigert werden. Impfen mit Siliciumverbindungen wirkt keimbildend und begünstigt die Graphitausscheidung.

Phosphor fördert ebenfalls die Graphitbildung. Bei Gehalten über 0,6 % oder örtlichen Anreicherungen bilden sich leichtschmelzende Phosphideutektika (Steadit mit 90,7 % Fe, 2,4 % C und 6,9 % P); die Erstarrungstemperatur liegt bei 953 °C. Die Stabilität des Perlits soll durch Phosphor z. T. erhöht werden (*Piwowarsky* 1961).

Mit steigendem P-Gehalt wird die Schmelze dünnflüssiger, Formfüllungsvermögen und Formgenauigkeit werden verbessert, das Gußeisen durch den eingelagerten Steadit jedoch spröde mit Ausbildung von Nestergraphit. Bei über 3,4 % C besteht die Gefahr des Auftretens von Mikrolunkern. Zu geringe Phosphorgehalte bewirken eine stärkere Verzunderung (*Dietzel, Wegner* 1958), was besonders bei der Verwendung von Sintergrund nachteilig ist.

Mangan ist zur Bindung des Schwefels (als MnS) erforderlich. Als Richtwert bei der Kupolofengattierung gilt %Mn = 3,5 % S + 0,2. Ein Überschuß an Mangan wirkt carbidstabilisierend.

Schwefel ist im Gußeisen grundsätzlich unerwünscht, da er zur Verschlechterung des Formfüllungsvermögens und durch verzögerten Perlitzerfall zu Emailfehlern führt. Ein gewisser Schwefelgehalt wird jedoch immer mit Koks und Gußschrott sowie über den Kohlenstaub der Gießform eingebracht. Dabei ist besonders der im Formstoff enthaltene Schwefel schädlich, weil er in der Randzone das Carbid stabilisiert (*Dawsow* 1961). Von *Holm, Schneider* (1954) konnte gezeigt werden, daß bei Abwesenheit von Fe_3C selbst bei Gehalten von 2 % S keine Blasenbildung im Email auftritt.

Die Randzone des Gußeisens enthält im allgemeinen einen beträchtlichen Anteil an Silicium, mehr Schwefel (aus dem Formstoff) und weniger Graphit. Die Zusammensetzung der Gußhaut wird mit 77 % Fe, 3 % Graphit, 16 % Si, 0,7 % Mn, 0,6 % P und 0,2 % S angegeben (*Knipp* 1961).

Magnesium ist im Kugelgraphit-Gußeisen zu etwa 0,04 bis 0,08 % enthalten. Um die Emaillierfähigkeit zu sichern, muß eine vollständige Abtrennung der entstandenen Magnesiumschlacke erfolgen (*Schmalenbach* 1982).

Chrom, Kupfer, Zinn sind unerwünscht, weil sie carbidstabilisierend wirken. Über entsprechende Erfahrungen mit Chrom berichtet *Gesche* (1955) und über den nachteiligen Einfluß von Zinn *Wegner* (1962c).

Gase aus dem Schmelz- und Gießprozeß werden bei Überschreiten der Sättigungsgrenze freigesetzt. Die Form muß deshalb eine gute Gasdurchlässigkeit besitzen. Nach *Parlee* (1956) enthält im Kupolofen erschmolzenes Gußeisen u. a. folgende Gase: 0,0005 bis 0,003 % O_2, 0,002 bis 0,012 % N_2, 0,00005 bis 0,0003 % H_2, wobei etwa 0,01 % N_2 carbidstabilisierend wirken. Erstarrtes Gußeisen kann auf Grund seiner hohen Konzentration an Inhomogenitäten bis zu 14 ml H_2 je 100 g aufnehmen (10 bis 20mal mehr als Stahl); er wird vor dem Glattbrennen des Emails wieder abgegeben (*Upadhaya* u. a. 1967).

10.2.4. Gefüge

Das Normalgefüge eines emaillierfähigen Gußeisens mit Lamellengraphit (Bild 10.11a) besitzt im Gußzustand eine vorwiegend perlitische Grundmasse (Bild 10.11b, geätzt). Der Perlit liegt streifig vor und wird oberhalb 723 °C körnig. Beim Zerfall lagert sich der gebildete Graphit an bereits vorliegendem Primärgraphit an. Die Zerfallsgeschwindigkeit ist u.a. von der Länge des Diffusionsweges für den freiwerdenden Kohlenstoff bis zum Primärgraphit abhängig. Die Ferritisierung geht daher in der Nähe der Graphitlamellen am schnellsten vonstatten. Der Graphit soll bis möglichst weit in die Randzone feinverteilt vorliegen. Abwesenheit von Graphit verzögert den Perlitzerfall erheblich (*Pöschmann* 1981). Nachteilig sind Nestergraphit und grobe, senkrecht zur Oberfläche orientierte Graphitlamellen. Zwischen den Kristalliten ist netzartig aussehender Steadit sowie mausgraues Mangansulfid eingelagert (Bild 10.11c). Das dunkelgraue Eisensulfid bewirkt besonders in Randnähe Emaillierfehler.

Für die Gefügeausbildung ist nicht nur die chemische Zusammensetzung bzw. der Sättigungsgrad maßgebend. Mit zunehmender Wanddicke und zunehmender Abkühlgeschwindigkeit wird der Graphit feiner ausgebildet, die Neigung zur Entstehung von Perlit, Zementit und Ledeburit (Fe_3C-Perlit-Eutektoid mit 4,3 % C) nimmt zu (s. auch Bild 10.12). Beim Emailbrand zerfallen diese Gefügebestandteile. Entstehender reaktionsfähiger Kohlenstoff führt zu intensiver Gasentwicklung und Blasenbildung im Email. Kokillenguß ist daher prinzipiell nicht emaillierfähig. Bei Gußeisen mit Kugelgraphit (Bild 10.11c) soll bereits im Gußzustand überwiegend Ferrit vorliegen, da der zur Ferritisierung erforderliche Glühprozeß relativ kompliziert und langwierig ist (Anon. 1961).

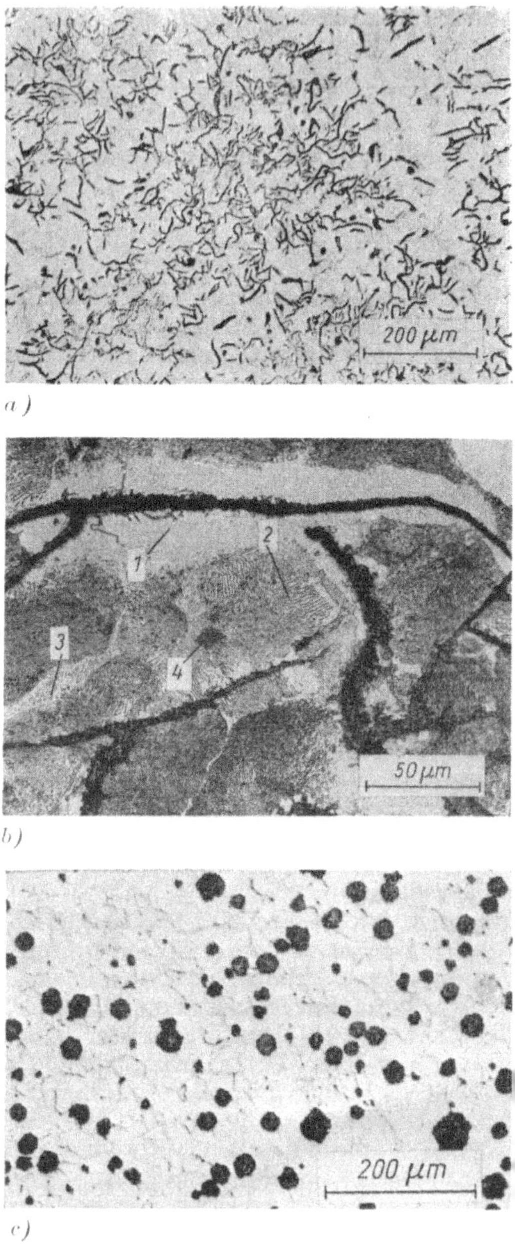

Bild 10.11. Gefüge von Gußeisen
a) GGL-15 dünnwandig, ungeätzt
b) GGL-25 dickwandig, geätzt
1 Ferrit; *2* Perlit; *3* Steadit; *4* Mangansulfid
c) GGG ungeätzt (ZKS Dresden)

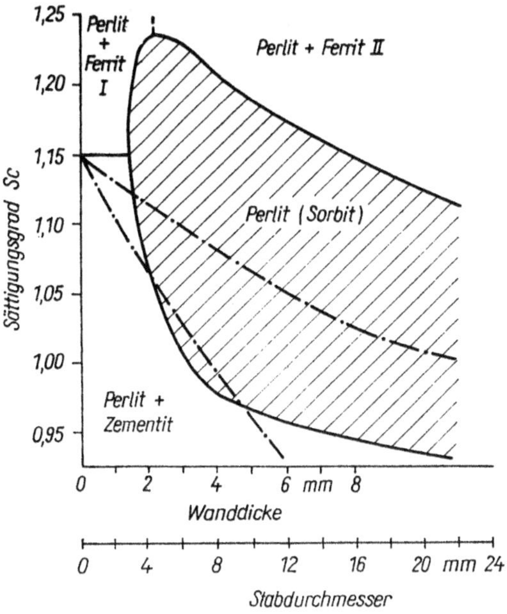

Bild 10.12. Gefügeschaubild für kleine Wanddicken (nach *Czikel, Liesenberg* 1957)

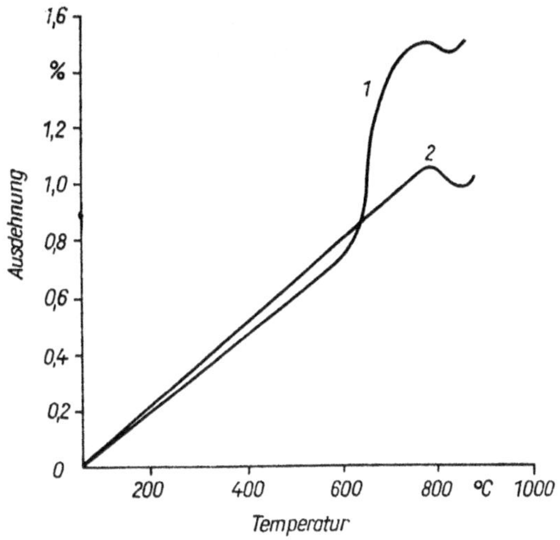

Bild 10.13. Wärmedehnung von Gußeisen
1 Ausgangszustand
2 nach Glühen

10.2.5. Technische Kennwerte

Die technischen Bedingungen sind für Gußeisen mit Lamellengraphit in TGL 14400/01, 02 bzw. DIN 1691, mit Kugelgraphit in TGL 8189 bzw. DIN 1693 festgelegt. Emaillierfähiges Gußeisen weist folgende Richtwerte auf (Tabelle 10.4).

Mit steigender Festigkeit wird die Emaillierfähigkeit schlechter, bedingt durch den höheren Anteil an gebundenem Kohlenstoff. Bei Liefervereinbarungen muß daher unbedingt eine Festlegung zum Sättigungsgrad erfolgen.

Der *E*-Modul wird um so kleiner, je mehr grob ausgebildeter Graphit vorliegt. In geringem Maße wird er auch durch das Emaillieren erniedrigt, wenn eine Umwandlung von Perlit in Ferrit stattfindet. Durch eine Wärmebehandlung steigt der *AK* des Gußeisens an, z. B. nach Grund- und Deckbrand im Mittel um etwa $7 \cdot 10^{-7}\,K^{-1}$ (20 bis 400 °C) wie *Dietzel, Stegmaier* (1952) nachweisen konnten (Bild 10.13). Der *AK* (0 bis 500 °C) läßt sich hinreichend genau aus der Zusammensetzung des Gußeisens berechnen (s. dazu Abschnitt 22.1.). Nach *Dietzel, Lemme* (1950) gelten hierfür folgende Faktoren (linearer *AK*):

Tabelle 10.4. Technische Kennwerte von emaillierfähigem Gußeisen

	GGL-15	GGL-20	GGG-40
Dichte, g cm^{-3}	7,0	7,1	7,1
*Brinell*härte*) (*HB*)	130	140	150
E-Modul*), MPa	100000	110000	170000
Zugfestigkeit, MPa	150	200	400
mittl. linearer *AK**) (0...400 °C), $10^{-7}\,K^{-1}$	130	128	132
Wärmeleitfähigkeit, W (m K)$^{-1}$	59	54	50

*) geglühter Zustand

Tabelle 10.5. Zusammensetzung [in %] emaillierfähiger legierter Stähle und Nichtedelmetall-Legierungen (TGL 7061, Andrews 1961, Eckstein II 1972)

	Austenitischer Stahl (TGL) (Richtwerte)	Sowjetische Stähle		321 (USA)	Legierungen		
		Ch25N20S2	Nr. 5		Hastelloy N-155	Inconel	Dental-Legierung (Wiron)
Co	bis 10				20	bis 28	
Cr	15...25	25	20	17,8	20	11...20	14
Mn	bis 18			1,2			
Ni	8...35	19,5	32,5	10,2	20	45...80	79
Fe	50	Rest	Rest	Rest	34	1...18	
C	bis 0,7	0,2		0,1			
Al	bis 1,5		5				3
Mo	bis 6				3	4	
Nb/Ta	bis 4				1		
Ti	bis 3		0,3	0,4		3	
W/V	bis 6						
Si		2...3	<1		2		1,5
Cu	bis 3						Rest Mo, Mn, Co

Craphit	1,0
Garbid-Kohlenstoff	—5,0
Silicium	—1,3
Mangan	1,3
Phosphor	2,0
Schwefel	1,3
Eisen	1,42.

10.3. Legierte Stähle und Legierungen

Legierte Stähle und Legierungen werden aus verschiedenen, meist materialökonomischen und energetischen Gründen emailliert. In Betracht kommen hochfeste, zunderbeständige oder warmfeste ferritische Cr-Stähle (Cr bis 15%, Ni bis 2%, Mo bis 3%), hochlegierte austentische Stähle sowie Speziallegierungen (Einteilung nach TGL 7061). Edelstähle sind ferner nach EURONORM 20—65 standardisiert.

Die chemische Zusammensetzung ausgewählter Stähle ist in Tabelle 10.5 angegeben. Die standardisierten DDR-Stähle enthalten zwischen 50 und 90% Eisen, die ausländischen gehen bis auf etwa 20% herab.

Die mechanischen Kennwerte der höher legierten Stähle unterscheiden sich von denen der üblichen Kohlenstoffstähle. Folgende mittlere Richtwerte können gelten:

*Brinell*härte	1300 bis 2200
Streckgrenze	250 bis 400 MPa
E-Modul	$210 \cdot 10^3$ MPa
Zugfestigkeit	450 bis 1000 MPa.

Reine Chromstähle lassen sich im allgemeinen schwer emaillieren; dies gelingt nur bei Cr–Ni-Stählen und anderen Legierungen. Von den wesentlichsten Stahltypen der USA können nur die der Reihe 300, nicht dagegen die der Reihe 400 emailliert werden (*Sullivan, Nelson* 1971). Als Basis für dentale Kompositwerkstoffe werden Eisen-, Chrom-, Nickel-Chrom-, Cobalt-Chrom-, Gold-Platin-Legierungen u. a. verwendet.

Die Materialien zundern insgesamt sehr schwach; dies spielt – im Gegensatz zu den konventionellen Stählen – in diesem Falle aber keine Rolle.

10.4. Leichtmetalle

Die Palette der klassischen Emailliermetalle wurde in den letzten 30 Jahren um Leichtmetalle erweitert, deren Emaillierung sich für bestimmte Anwendungsfälle als zweckmäßig und ökonomisch erwiesen hat. Dazu gehört in erster Linie Aluminium, in untergeordnetem Maße Titanium, Magnesium und deren Legierungen.

10.4.1. Aluminium und Aluminiumlegierungen

10.4.1.1. Phasenbeziehungen in den Systemen Al-Me

Aluminium kommt nur in einer Modifikation vor und ist in dieser Hinsicht emailliertechnisch unproblematisch. Neue Phasen treten auf, wenn Metalle, wie Cu, Mg, Mn oder Si bereits in kleinen Mengen enthalten sind. Die Phasenbeziehungen auf der Al-reichen Seite wichtiger Systeme A–Me sind in Bild 10.14 wiedergegeben. Es zeigt sich ein unterschiedlich ausgeprägter Mischkristallbereich mit z. T. erheblichen Löslichkeiten der Zweitphase bei verschieden hohen Temperaturen. Bei Raumtemperatur ist die Löslichkeit der Fremdmetalle in der Regel sehr gering; sie sind demnach fast alle im (α-)Al-Mischkristall enthalten. Bei höheren Legierungsanteilen, wie im Hüttenaluminium ($\approx$99,5 % Al), ergeben sich komplizierte Erscheinungen mit zusätzlicher Kristallisation eines ternären Al–Fe–Si-Eutektikums, das beim Aufheizen Si an den Korngrenzen ausscheiden kann. Diese Phasenänderung hat z. B. auch den Anstieg des Ausdehnungskoeffizienten zur Folge. Dieser Effekt wird jedoch auch mit einem Kornwachstum in Verbindung gebracht (*Litvinova* 1975).

Die Form des Mischbarkeitsgebietes läßt unter geeigneten Bedingungen eine Entmischung zu, die bei Raumtemperatur zu einem Verfestigungseffekt führt (Aushärtung, wie z. B. bei Duraluminium).

10.4.1.2. Aluminiumwerkstoffe

Das am meisten verwendete Material ist Reinaluminium mit >99,5 % Al. Es ist in TGL 14712 (Sorten Al 99,5 bis Al 99,8), in GOST 11069-64 (Marken A 0 bis A 3) und in DIN 1712 standardisiert.

Emaillierbar sind auch verschiedene aushärtbare und nicht aushärtbare Al-Knetlegierungen, sofern der Gehalt an Cu, Zn, Mn und Mg nicht allzu hoch ist (*Litvinova* 1975). Als brauchbar werden angegeben die Systeme Al–Mn (Mn bis 1,2 %), Al–Mn–Si, Al–Mg–Si, Al–Mn–Mg–Si und Al–Si–Cu (Duraluminium; TGL 14727 bzw. DIN 1725). Si-freie Legierungen, wie AlMg1 bis AlMg7, AlMgMn und AlMgZnCu sind nicht emaillierbar (*Kyri* 1957; *Ziesche* 1963).

Emaillierfähig sind Gußlegierungen auf Basis Al–Si mit 5 bis 13 % Si (Silumin). Bei 5 % Zn und Mg ist das Material erst nach spezieller Präparation verwendbar. Spritzguß ist nicht emaillierbar (*Judd* 1968). Gußlegierungen sind in TGL 6556 bzw. DIN 1725 standardisiert. Ausführliche Übersichten über emaillierfähige Al-Werkstoffe finden sich bei *Ziesche* (1963); *Anders* (1963); *Reinsch* (1967); *Lommel* (1976).

Schwierigkeiten mit Legierungen werden umgangen durch Plattierung mit Rein-Aluminium oder Spezialwerkstoffen (z. B. *Wallace, Wagner* 1965). Dadurch lassen sich mit einem Kern vergütbaren Aluminiums Materialien hoher Festigkeit erzielen, die gleichzeitig gut umformbar sind und ihre

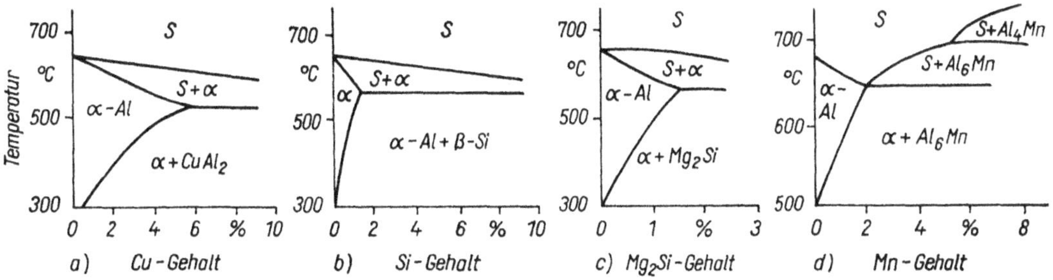

Bild 10.14. Zustandsdiagramme der Systeme
a) Al—Cu b) Al—Si *c*) Al—Mg_2Si *d*) Al—Mn (aluminiumreiche Seite)

Festigkeit auch nach der Emaillierung beibehalten (*Hoens, Kreuter* 1972). Über aluminiertes bzw. Al-plattiertes Stahlblech siehe Abschnitt 10.1.5.

10.4.1.3. Zusammensetzung und Eigenschaften

Aluminium kristallisiert kubisch flächenzentriert. Die Dichte beträgt 2,68 g cm^{-3}. Der Schmelzpunkt liegt bei 660 °C; er wird durch Zusätze etwas erniedrigt. Die chemischen Zusammensetzungen von Reinaluminium und einigen Aluminiumlegierungen sind in Tabelle 10.6 wiedergegeben.

Aluminium und seine Legierungen sind sehr plastisch und gut kaltumformbar (vgl. Bild 4.4, S. 51). Weitere wichtige Kennwerte sind in Tabelle 10.6 enthalten.

Die Festigkeit des Aluminiums wird durch Legierungselemente deutlich gesteigert (z. B. Duraluminium). Trotz der hohen Ausdehnungsdifferenz zwischen Aluminium und Email ($\approx 100 \cdot 10^{-7}$ K^{-1}, linear) treten spannungsbedingte Deformationen nicht auf, weil die Schichtdicken extrem gering sind und Spannungen durch die plastische Verformung des Metalls abgebaut werden (s. Abschnitt 5.5.1.).

Die Löslichkeit von Wasserstoff in festem Aluminium ist gering (Bild 4.6, S. 53); sie steigt mit der Temperatur und $\sqrt{p}$ an. Durch Si und Cu wird sie weiter herabgesetzt, durch Mg und Mn etwas erhöht. Wasserstoffprobleme treten beim Emaillieren nicht auf.

Die Mg-haltigen Legierungen bilden bereits bei schwachem Erhitzen eine Oberflächenschicht, die bis zu 60 % Mg enthält.

Gußlegierungen werden wegen der niedrigen eutektischen Temperaturen und des porösen Gefüges z. T. als schwer emaillierbar angesehen. In Kokillen vergossene, Si-haltige Legierungen nahe der eutektischen Zusammensetzung haben jedoch ein dichtes Gefüge und eine glatte Oberfläche (*Litvinova* 1975).

Tabelle 10.6. Zusammensetzung [in %] und Eigenschaften emaillierfähiger Leichtmetalle (Aluminium: TGL 6556, 14712, 14725; *Andrews* 1961; *Beyer* 1971; *Kyri* 1974; Titanium: nach *Litvinova* 1975)

	Rein-Aluminium (TGL)	Al-Legierungen (USA)			Al-Guß-Legierungen (USA)		Titanium[1] (UdSSR)	Ti-Legierung OT4-1M (UdSSR)
		1100	3003	6061				
Al	99,5...99,8	Rest	Rest	Rest	Rest	Rest		1,35
Fe	0,12		0,5...0,7	0,7	2,0		0,1 (0,2)	0,08
Si	0,03	1,0	0,2...0,6	0,6	5,0		0,03	0,05
Cu	0,03	0,2	0,2	0,3	0,6	2,5...5		
Zn	0,005	0,1	0,1	0,25	0,5			
Ti	0,01						Rest	Rest
Mg				1,0	0,1	0,2...1,5		
Mn	<0,01	0,05	1,0...1,7	0,15	0,3			0,9
Cr						0,2...1,8		
C							0,03 (<0,08)	0,03
E-Modul, MPa	$70 \cdot 10^3$	$80 \cdot 10^3$					$120 \cdot 10^3$	
σ_{zB}, MPa	40...90	bis 250					bis 570	700...1300
AK, 10^{-7} K^{-1}	240	≈230						
λ, W $(m\,K)^{-1}$	180							

[1]) in Klammern: Werte von DDR-Material

10.4.2. Magnesium und Magnesiumlegierungen

Für Magnesiumwerkstoffe mit niedriger Dichte, aber mangelhafter Korrosionsbeständigkeit bietet sich die Emaillierung an. Nach *de Long* (1961) sind Magnesium und Mg-Legierungen mit $<3\,\%$ Al hierfür geeignet.
Magnesium schmilzt bei 657 °C; mit Legierungselementen treten Eutektika bis herab zu 440 °C auf. Die Festigkeit wird durch Al, Zn, Mn gesteigert, während Si, Cu und Fe ungünstig wirken. In Sonderlegierungen sind wenige Prozent Zn, Zr, Th oder seltene Erden enthalten. Die Zugfestigkeit des Magnesiums liegt bei 80 MPa, die der Legierungen bei 200 bis 350 MPa. Magnesiumwerkstoffe sind in TGL 14711 und 14729 standardisiert.

10.4.3. Titanium und Titaniumlegierungen

Titanium und Titaniumlegierungen als Werkstoffe für den Apparatebau und die Energietechnik sind im allgemeinen korrosionsbeständig, gegen Gase aber anfällig (Wasserstoffversprödung). Detaillierte Angaben über Titanium finden sich bei *Litvinova* (1975) und *Peters* (1983).

10.4.3.1. Titaniumwerkstoffe

Titanium (Schmelzpunkt 1 668 °C) liegt unterhalb 882 °C in der hexagonalen α-Modifikation, oberhalb in der kubisch raumzentrierten β-Modifikation vor. Die Phasenumwandlung geht ohne nennenswerte Volumenänderungen vor sich. Die β-α-Umwandlung ist normalerweise nicht unterdrückbar, wohl aber durch gewisse Legierungsbestandteile (Mo, V, Nb, Fe, Co, Ni, Cr, Cu). Entsprechende Legierungen (α-, β-, α- + β-Legierungen) werden neben technischen Titanium (99 % α-Ti) genutzt.

10.4.3.2. Technische Kennwerte und Verhalten

Die physikalischen Grundeigenschaften des Titaniums sind

Dichte	4,5 g cm^{-3}
E-Modul	$112 \cdot 10^3$ MPa
Wärmeleitfähigkeit	45 W $(m\,K)^{-1}$
Ausdehnungskoeffizient	$82 \cdot 10^{-7}\,K^{-1}$;

sie werden durch Legierungselemente mehr oder weniger verändert. Die chemische Zusammensetzung sowie technischen Kennwerte von Titanium und Titaniumlegierungen enthält Tabelle 10.6.
Härte und Festigkeit des Titaniums werden bereits durch sehr geringe Gehalte an Sauerstoff und Stickstoff erheblich gesteigert (z. B. σ_{zB} von 300 auf 750 MPa). Wegen des niedrigen E-Moduls besteht die Gefahr des Verziehens oberhalb 900 °C.
Titaniumwerkstoffe sind gut kaltumformbar, wobei die Plastizität der β- bzw. ($\alpha + \beta$)-Struktur wesentlich besser ist als die der α-Struktur. Die Tiefungsparameter liegen zwischen denen des Aluminiums und Messings.
Charakteristisch ist die Reaktion des Titaniums mit O, N und H unter Bildung fester Lösungen oder chemischer Verbindungen bei gleichzeitiger Versprödung. Neben einer Lösung des Sauerstoffs in α-Ti (max. 35 Atom-%) ab 300 °C setzt Oxydation zu TiO_2 (Rutil) ein (Zunderkurve s. Bild 4.11, S. 56). Die Stickstoffaufnahme (ab etwa 500 °C) ist geringer; oberhalb 800 °C entsteht TiN. Die Wechselwirkung mit Wasserstoff (ab 600 °C) ist besonders stark. Die Sättigungskonzentrationen bei hohen Temperaturen betragen in α-Ti 8 Atom-%, in β-Ti etwa 48 % (Bildung von Hydriden, wie TiH, $TiH_{1,8}$). Die Wasserstoffaufnahme ist z. T. reversibel.

10.5. Nichteisen-Schwermetalle

10.5.1. Kupfer und Kupferlegierungen

Kupfer und seine Legierungen werden für die technische Emaillierung selten genutzt. Eine Übersicht findet sich bei *Stegmaier* (1981).

10.5.1.1. Phasenbeziehungen

Reines Kupfer tritt bis zu seinem Schmelzpunkt (1 083 °C) nur in einer Modifikation auf. Das kubisch-flächenzentrierte Gitter kann verschiedene Metalle unter Mischkristallbildung aufnehmen. Kupferreiches Material des Systems Cu–Zn wird als Messing (Speziell: Tombak), des Systems Cu–Sn als

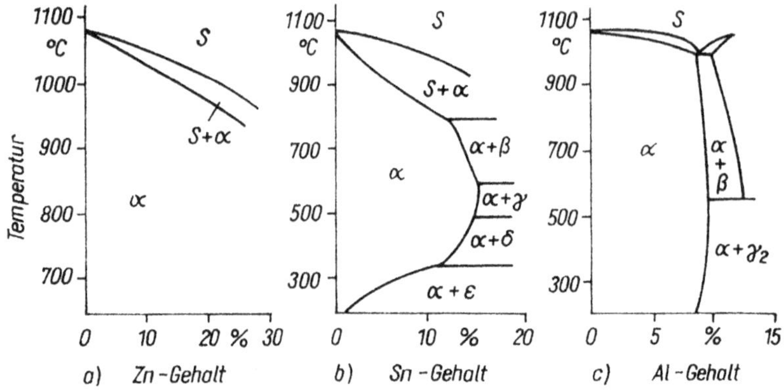

Bild 10.15. Zustandsdiagramme der Systeme
a) Cu—Zn *b*) Cu—Sn *c*) Cu-Al (kupferreiche Seite)

Bronze, des Systems Cu–Al als Aluminiumbronze und des Systems Cu–Zn–Ni als Neusilber (Alpaka) bezeichnet.

Bei den Zustandsdiagrammen interessieren nur die kupferreichen Zusammensetzungen, deren Phasenbeziehungen relativ einfach sind (Bild 10.15). Hier tritt überwiegend nur der α-Mischkristall (bei Bronzen noch die ε-Phase Cu_3Sn) auf.

10.5.1.2. Kupferwerkstoffe

Technisches Kupfer ist das unlegierte bzw. bis zu 1 % Beimengungen enthaltende Metall. Der Gehalt an Cu beträgt bei Elektrolytkupfer und Reinkupfer >99,9 %, bei Raffinadekupfer 99,5 bis 99,9 % (TGL 14708).

Von Kupferlegierungen ist nur Tombak (Cu + 10 bis 22 % Zn, speziell Emailliertombak mit 90 % Cu und 10 % Zn) und Aluminiumbronze mit 5 bis 10 % Al emaillierbar. Messing mit höherem Zinkgehalt läßt sich wegen Verdampfung von Zink bzw. Bildung von Zinkoxid nicht emaillieren, höchstens nach Verkupferung. Ebenso sind normale Bronzen (z. B. 90 bis 95 % Cu) nur schwierig emailtechnisch zu handhaben. Auf Cu- und tombak-plattierte Stahlbleche sei hingewiesen.

10.5.1.3. Technische Kennwerte

Die chemischen Zusammensetzungen, physikalischen und technischen Kennwerte

Tabelle 10.7. Zusammensetzung [in %] und Eigenschaften emaillierfähiger NE-Schwermetalle und Legierungen (TGL 25882; 14708; *Beyer* 1972)

	Reinkupfer	Messing	Bronze	Neusilber	Molybdän	Wolfram
Cu		89...91	Rest	58...66	Spuren	Spuren
Sn	<0,05	0,1	7,0...9,0			
Ni		0,5		11...26		
Fe		0,1	0,05	0,3		
Pb		0,03	0,05	0,05		
Zn		Rest	0,3	Rest		
Al		0,1				
Mn		0,1		0,6		
P			bis 0,4			
Dichte, g cm^{-3}	8,9	8,8	8,8		10,2	19,3
E-Modul, MPa	$125 \cdot 10^3$	$225 \cdot 10^3$			$330 \cdot 10^3$	$350 \cdot 10^3$
σ_{zB}, MPa	220...300		400...500		800...2000	1000...1200
AK, 10^{-7} K^{-1}	180	180	180		60	50
λ, W(m K)$^{-1}$	360	155	50		130	120

einiger Kupferwerkstoffe sind in Tabelle 10.7 zusammengestellt.
Kupfer und seine Legierungen sind gut kaltumformbar. Die Verformungscharakteristik geht aus Bild 4.4, S. 51 hervor. Kupfer nimmt Wasserstoff auf (s. Bild 4.6, S. 53), der zur Versprödung aber auch zu Schäden durch Reduktion von Oxiden zu Wasser an den Korngrenzen führt.

10.5.2. Molybdän und Wolfram

Beide Metalle werden gelegentlich für spezielle Verwendungszwecke und zum Schutz vor Oxydation und Verdampfung der Oxide mit Email versehen bzw. für eine Emaillierung vorgeschlagen. Die wichtigsten Kennwerte sind in Tabelle 10.7 enthalten.

10.6. Prüfung der Metalle

Die Prüfung der Metalle als Kontrolle vor dem Verarbeiten und dem Emaillieren ist eine notwendige oder zweckmäßige Aufgabe. Sie wird u. U. auch zur Aufklärung der Ursachen von Emaillierfehlern erforderlich. Diese Metallprüfung ist in den Büchern von *Freund* (1964); *Blumenauer* u. a. (1984) und *Zimmermann, Günther* (1977) sowie bei *Blöch* (1982) ausführlich dargestellt; die Verfahren sind zudem weitgehend standardisiert. Im folgenden kann nur ein kurzgefaßter Überblick gegeben werden.

10.6.1. Chemische Analyse und Gefügeuntersuchung

Die chemische Analyse erfolgt nach den in der Metallurgie üblichen chemischen oder spektroskopischen Methoden. Bestimmt werden im Stahl die wichtigsten Eisenbegleiter (dazu ggf. Cu, Ni, Al, Ti und Cr), im Gußeisen zumindest C, Si und P. Bei der Probenahme ist auf einen repräsentativen Durchschnitt und bei Gußeisen auf die Vermeidung von Graphitverlust zu achten. Im Aluminium und in Al-Legierungen sind Si, Mg, Mn, Fe und Cu zu bestimmen. Als Grobmethode zur Abschätzung des C-Gehalts von Stahl kann die Funkenprobe dienen (*Dietzel, Wegner* 1951a). Die Oberfläche von Metallen läßt sich mittels Röntgenfluoreszenz (Nachweisgrenze <10 ng cm^{-3}; *Vaeth* u. a. 1981) oder Mikrosonde analysieren.
Weitere spezielle Verfahren der Oberflächenprüfung siehe bei *Zorll* (1984). Die Einheitlichkeit von Stahloberflächen kann leicht durch die Gleichmäßigkeit von Interferenzfarben beim Anlassen überprüft werden (*Dietzel, Dittmer* 1985).
Die Gefügebeschaffenheit wird mit den bekannten metallographischen Methoden (z. B. *Schumann* 1983) am Anschliff untersucht. Gußeisen ist dabei möglichst im Rohzustand und nach dem Emaillieren zu prüfen, wobei der Randzone besondere Aufmerksamkeit zu widmen ist; die Gefügebeurteilung erfolgt nach TGL 15477/03. Die Bestimmung der Korngröße, die auch aus der Ultraschalluntersuchung folgt (*Fay* 1976; *Hougardy* 1976), wird nach TGL 12827, die der Carbide nach TGL 12828 durchgeführt. Nichtmetallische Einschlüsse lassen sich nach elektrolytischer Freilegung chemisch oder optisch diagnostizieren (*Koch* 1950; *Ernst, König* 1959, *Dickens, König* 1968). Einen Verfahrensgang zur chemisch-qualitativen Bestimmung von Einschlüssen beschreiben *Kühn, Geu* (1978). Grobe Inhomogenitäten werden durch Röntgen-Grobstrukturuntersuchungen (*Becker* 1983; TGL 14897), Doppelungen und Schweißnahtfehler durch Ultraschall (TGL 15003) und Radiographie (TGL 13897/2; 10646/1) lokalisiert.

10.6.2. Physikalisch-mechanische Untersuchungen

Die Rauhheit von Oberflächen wird nach dem Lichtschnitt-, Interferenz- oder Tastschnitt-Verfahren ermittelt (*Nitzsche* 1975; DIN 4760, 4761). Die Rauhigkeit von Gußeisen läßt sich am einfachsten mit Vergleichsstükken, deren mittlere Rauhheit zwischen 20 und 300 µm abgestuft ist, beurteilen (TGL 23156).
E-Modul, Festigkeit, Streckgenze, Dehnung und Härte werden nach den üblichen physikalischen und werkstofftechnischen Methoden und Standards geprüft. Für den Zugver-

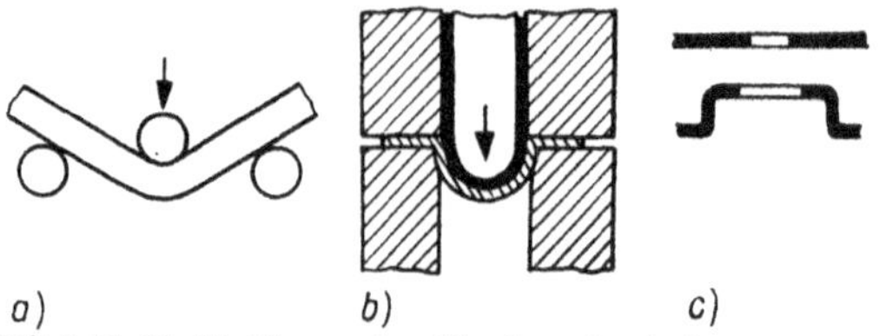

Bild 10.16. Prüfung der Umformbarkeit von Blech

a) Faltversuch
b) *Erichsen*-Tiefung
c) Tiefzieh-Weitungsversuch

such an Feinblechen gelten TGL-RGW 471-77, TGL 0-50114, DIN 50114, DIN 50145, für Grobbleche TGL 42022. Bei Aluminium wird nur die Spannung bei $\sigma_{0,2}$ ermittelt und daraus die Festigkeit berechnet (für dünne Bleche gilt auch DIN 50154). Der Biegeversuch an spröden Materialien wird nach TGL 14401 durchgeführt.

Zur einfachen Einschätzung der Umformbarkeit eines Blechs kann der Biegeversuch oder der standardisierte Faltversuch (TGL-RGW 474-77; 12232; 15686) herangezogen werden (Bild 10.16a). Die Tiefziehbarkeit wird durch die *Erichsen*-Prüfung nach TGL 15218 bzw. DIN 50101 (Ziehen bis zum Anriß der Ronde; Bild 10.17b) oder den Tiefzieh-Weitungsversuch (*Eisenkolb* 1951; Ziehen einer Ronde mit Bohrung bis zu deren Einriß; Bild 10.17c) ermittelt. Bei der praxisnahen Näpfchenprobe (TGL 8715) wird die zum Ziehen eines Napfes sowie zum Abreißen des Napfbodens erforderliche Kraft (F_z bzw. F_{max}) gemessen. Die Tiefziehfähigkeit ist dann $T = (F_{max} - F_z)/F_{max}\,100$. Die Alterungsneigung wird nach Tempern bei 250 °C am Reißen erkannt. Zum neueren Stand der Tiefziehprüfung siehe *Oehler* (1969).

Spannungen im Blech lassen sich röntgenographisch nachweisen. In kaltverformten Blechen können Spannungsauswirkungen durch Erzeugung von Spannungsrißkorrosion beim Kochen in Salzlösungen sichtbar gemacht werden (*Rädeker* 1959).

10.6.3. Thermomechanische Untersuchungen

Die Ausdehnung sollte vor allem bei Gußeisen überprüft werden. Sie wird an Rohguß-

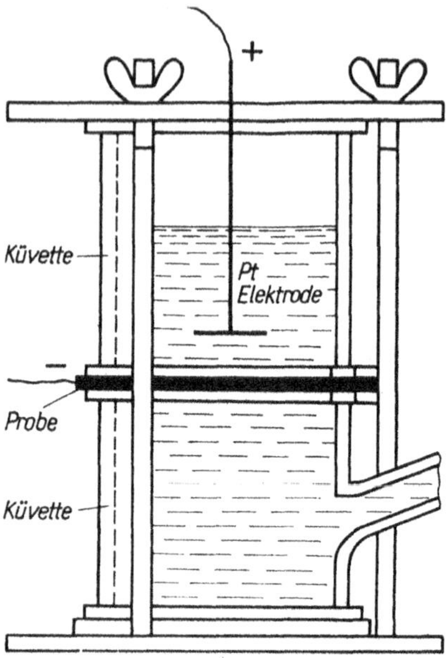

Bild 10.17. Gerät zur Prüfung der Wasserstoffdurchlässigkeit

Probestäben dilatometrisch bestimmt. Dabei ist darauf zu achten, daß das Metall nicht zu stark verzundert.

Die Neigung zum Verziehen von Blech ist sehr einfach an hängenden Proben, die Neigung zum Durchsacken an Streifen, die an zwei Stellen i. d. R. im Abstand von 20 bzw. 25 cm aufliegen, zu erkennen. Die Temperatur soll über 800 °C, die Dauer mindestens 10 min betragen (*Walton* 1954; *Birmes* u. a. 1974).

10.6.4. Chemische Untersuchungen

Eine hinreichende Verzunderung ist Voraussetzung für eine gute Emaillierbarkeit von Stahl und Gußeisen. Sie wird geprüft durch die Massezunahme beim Glühen bei 800 °C, 15 min. Auch bei Aluminium kann diese Bestimmung nützlich sein (500 °C).

Für die *DWE* ist ferner der Beizabtrag wichtig. Er wird z. B. bestimmt durch Beizen von Blech in 10 %iger Schwefelsäure (65 °C, 10 min) und Ermittlung des Masseverlustes. Zur Prüfung unter Berücksichtigung von entstehendem H_2S siehe *Dietzel, Dittmer* (1985).

Die Probe auf Beizblasenanfälligkeit besteht in einer vierstündigen Einwirkung von 20%-iger Salzsäure auf ein Blech und Beobachtung des Auftretens von Beizblasen und Doppelungen.

10.6.5. Untersuchungen zum Wasserstoffverhalten

Der Wasserstoffgehalt im Stahl und Aluminium wird i. d. R. durch Heißextraktion betimmt. Weitere Verfahren sind bei *Fischer* u. a. (1968) beschrieben.

Wichtiger für das Fischschuppenproblem ist jedoch das Wasserstoff-Speichervermögen bzw. die Wasserstoffdurchlässigkeit (s. Abschnitt 10.1.4.6.). Hier ist nicht die Gesamtmenge an durchdiffundiertem Wasserstoff, sondern die Zeit bis zum Erscheinen der ersten Blasen an der Proberückseite von Bedeutung (Durchtrittszeit t_0).

In der in Bild 10.17 dargestellten Anordnung (TGL 29195) wird das Prüfblech in 3,6%-iger $H_2SO_4 + 0{,}05\,\%\ As_2O_3$ (Stromdichte 0,05 A cm^{-2}) katodisch begast und das Auftreten von Wasserstoffbläschen auf der Gegenseite beobachtet (s. auch *Dietzel, Stegmaier* 1952; *Herrschelmann, Berg* 1967; *Albrecht* u. a. 1971). Die einfachen Anordnungen sind inzwischen in der Methodik, Registrier- und Meßtechnik verbessert worden (*Büchel, Leontaritis* 1968; *Hildebrand, Schwenk* 1971; *Ferrari* 1978; *Guiliani* 1980; *Bouše, Stephan* 1981).

Im übrigen scheint nicht klar zu sein, ob die beschriebene Methode uneingeschränkt bei Stranggußstahl anwendbar ist.

Angesichts der offensichtlich noch immer bestehenden Problematik der Vorhersage der Fischschuppenempfindlichkeit von Blech wird die Emaillierung mit der in England entwickelten sog. *Curran*-Fritte empfohlen, die ein großes Wasserstoffangebot aufweist. Nach einem Wiederaufkochtest, ggf. mit Tempern bei 600 °C, wird die Fischschuppenneigung bewertet (z. B. *Richens* (1981). Nach *Listhuber, Giergerl* (1973) und *Papp* u. a. (1985) ist der *Curran*-Test wegen der starken Überzeichnung der Betriebsbedingungen durch die hohe H_2-Beladung jedoch nicht ohne weiteres brauchbar. Übrigens haben *Dietzel, Stegmaier* (1952) und *Petzold* u. a. (1956 bis 1961) mit gutem Erfolg durch Anwendung von stark überschmolzenem Grundemail ohne Quarz zur Mühle gearbeitet.

10.6.6. Probeemaillierung

Obwohl man, ausgehend von den Arbeiten von *Dietzel, Stegmaier* (1952) und *Dietzel, Wegner* (1954b) immer wieder versucht hat, die Emaillierfähigkeit von Stahlblech durch einige wenige Kennwerte zu charakterisieren (z. B. *Stegmaier* 1967), scheint eine eindeutige Festlegung bei Stahlproduzenten und Emaillierern nicht möglich gewesen zu sein (nach einer Diskussion im VDEfa 1977, 1983). Ein Ausweg ist die früher nach DIN 1623 geforderte (jetzt gestrichene) Probeemaillierung, die werkspezifisch gestaltet werden muß.

Die Probeemaillierung von Gußeisen kann direkt am Werkstück oder mit Standardplatten unter konstanten Bedingungen durchgeführt werden (*Pöschmann* 1958).

11 Konstruktion und Gestaltung

Bereits bei der Konstruktion der zu emaillierenden Gegenstände müssen die Belange der Emaillierung berücksichtigt werden. Der Konstrukteur hat dabei folgende Prämissen zu beachten:

- Erzeugnisgestaltung hinsichtlich der Gebrauchseigenschaften und dekorativer Gesichtspunkte,
- Berücksichtigung der erforderlichen Formgebungsverfahren,
- Aspekte der Emailliertechnologie.

Auf keinen Fall dürfen über der dekorativen Gestaltung und Verkaufswirksamkeit des Erzeugnisses die technischen Belange vernachlässigt werden. Der Konstrukteur sollte daher eine rechtzeitige Abstimmung mit den Fachleuten der Rohwarenfertigung und des Emaillierwerkes herbeiführen, um Schwierigkeiten bei der Produktion zu vermeiden. Emaillierversuche an Musterteilen sind zu empfehlen.

Die emailliertechnischen Aspekte der Formgestaltung und Konstruktion umfassen die richtige Wahl der Grundwerkstoffe und Emails sowie die Berücksichtigung der Besonderheiten des Metall-Email-Verbunds und der Emailliertechnologie. Den folgenden Ausführungen liegt an wichtigster Literatur u. a. zugrunde (dort weitere Details): *Oehler* (1959); *Dekker* (1965); Merkblatt 414 (1966); *Fugger* (1966); Anon. (1968b); *Aldinger* (1968); *Dörfler* (1980); Katalogblätter für emailgerechtes Konstruieren (*Dörfler, Lehmann* 1980) sowie TGL 18703.

11.1. Auswahl der Metalle

Die zum Emaillieren geeigneten Metalle – hauptsächlich Stahlblech, Gußeisen und Aluminium – wurden bereits in Kapitel 10 besprochen. Die Emaillierung von Stahlguß ist problematisch. Als Groborientierung werden die wichtigsten Vor- und Nachteile der Grundmetalle hinsichtlich emailgerechter Konstruktion in Tabelle 11.1 zusammengefaßt. Bei *Stahlblech* wird unterschieden zwischen Feinblech (<4 mm) und Grobblech (>4 mm). Feinbleche werden für dünnwandige Erzeugnisse (z. B. Geschirre, Verkleidungsteile, Schilder, Badewannen), Grobbleche für Behälter und Apparate verwendet.

Die auszuwählende Güte der Feinbleche richtet sich nach dem erforderlichen Umformgrad. Es sind zu verwenden für:

Flachteile, gerollte oder abgekantete Teile	→	Grund- oder Ziehgüte
tiefgezogene Teile	→	Zieh- oder Tiefziehgüte

Tabelle 11.1. Wichtigste Vor- und Nachteile der Grundmetalle hinsichtlich emailgerechter Konstruktion

Grundmetall	Vorteile	Nachteile
Stahlblech	relativ geringes Gewicht bei hoher Festigkeit; große Teile möglich	Emaillierung schlagempfindlich
Gußeisen	formkomplizierte Teile möglich; hohe Stabilität; gutes Wärmespeichervermögen	größeres Gewicht; Differenzen in der Wärmedehnung → unkontrollierte Emailspannungen; Festigkeitsabfall und Volumenvergrößerung beim Brennen
Aluminium	besonders geringes Gewicht; geringe Emaildicken; geringe Schlagempfindlichkeit der Emaillierung; nach Emaillieren bedingt verformbar	niedrige Brenntemperatur beeinflußt Eigenschaften der Emaillierung; Festigkeitsabfall beim Brennen

extrem umzuformende Teile → Sonderziehgüte.

Im Interesse eines günstigen Wasserstoffverhaltens ist dabei auf unberuhigte Stahlmarken oder emaillierfähigen Stranggußstahl zu orientieren. Nach TGL 9559 und 23035 wird für St*Zu*, StT*Zu* und StS*Zu* die Emaillierbarkeit gewährleistet (nach TGL 43696 für EMG 1 und EMG 2); sie ist für die übrigen Stahlmarken zu vereinbaren. Sofern eine Sonderziehgüte bei gleichzeitiger guter Emaillierfähigkeit benötigt wird, wie z. B. für Stahlbadewannen, ist spezielles kokillenberuhigtes Material einzusetzen, das über eine unberuhigte Randzone und einen beruhigten Kernquerschnitt verfügt. Sind Einzelteile miteinander zu verschweißen, so ist unabhängig vom Umformgrad möglichst eine einheitliche Blechgüte zu verwenden. Die Wanddicken entkohlter Feinbleche lassen sich im Vergleich zu konventionellen Blechen wegen der geringen Verzugsneigung etwa 20% geringer halten. Entkohlte Bleche sind allerdings weicher und werden bei der Formgebung leicht zerkratzt (*Faure* 1971); außerdem gibt es mitunter Haftschwierigkeiten.

Grobbleche stehen nach TGL 26658 in den Stahlmarken BE 1 (bis 20 mm; unberuhigt, nur für drucklose Behälter), BE 2 (bis 40 mm) und BE 3 (bis 60 mm) in normalgeglühtem Zustand zur Verfügung.

Eventuelle innere Fehler des Bleches dürfen weder die Festigkeit noch die Emaillierbarkeit beeinträchtigen. Die Eignung zum Schmelzschweißen ist für alle drei Stahlmarken gewährleistet.

Bei metallischen Werkstoffen für Druckbehälter gelten die üblichen Festigkeitsberechnungen. Die beim Emailbrand auftretenden Spannungen und Verformungen hat *Doerbecker* (1970) mathematisch zu erfassen versucht.

Da bei *Gußeisen* mit steigender Festigkeit die Emaillierfähigkeit infolge der größeren Perlit- und Zementitanteile verschlechtert wird, sollte die Festigkeit so niedrig wie möglich sein. Für dünnwandige Gegenstände (Herd- und Potterieguß) ist je nach Formverfahren GGL 10 bis 15 am besten geeignet. Dickwandiges Gußeisen für Behälter, Apparate und Armaturen (Apparateguß) erfordert GGL 20 bis 25. Zur Verringerung der Wanddicke kann auch Gußeisen mit Kugelgraphit der Marke GGG 40 eingesetzt werden.

GGG 50 ist zwar noch geeignet, bringt aber durch den höheren Perlitanteil größere Schwierigkeiten beim Emaillieren mit sich. Grauguß wird für emaillierte Behälter und Apparate nur noch dann eingesetzt, wenn die oben genannten Vorteile von vorrangiger Bedeutung sind.

Aluminium wird vorzugsweise als Blech der Dicke 1 bis 5 mm verwendet, z. B. für Geschirre und Wandverkleidungen. Bei Reinaluminium ist die Wanddicke wegen der geringen Festigkeit größer zu wählen als bei Legierungen. Aluminiumfolien (0,05 bis 0,20 mm) lassen sich als Band emaillieren und nachträglich schneiden und umformen.

Gußteile werden nur dann verwendet, wenn komplizierte kompakte Formen herzustellen sind.

11.2. Allgemeine Konstruktionsregeln

Wie bereits erwähnt, muß die Konstruktion dem Metall-Email-Verbund und der Emailliertechnologie Rechnung tragen. Von *Madjer* (1966) wird zu diesem Zweck die Anfertigung getrennter Konstruktionszeichnungen für die Rohfertigung und die Emaillierung vorgeschlagen.
Hinsichtlich des *Kompositwerkstoffs* muß der Konstrukteur den glasigen Charakter des Emails berücksichtigen. Deshalb ist das Erzeugnis so zu gestalten, daß die Druckspannung im Email auch bei Gebrauch des Gegenstandes erhalten bleibt. Neben der richtigen Emailwahl ist hierzu die Ausbildung gleichmäßiger Wanddicken und allmählicher Übergänge zwischen verschiedenen Stärken anzustreben. Das gleiche trifft auch auf Versteifungen zu. Besonders Scherspannungen, wie sie an zu kleinen Radien im Email auftreten, müssen vermieden oder gering gehalten werden. Ferner zieht sich das Email auf Grund der Oberflächenspannung an scharfen Kanten zurück, während in Ecken Emailanhäufungen entstehen (Bild 11.1). Richtwerte für Mindestradien bei gegebener Emaildicke sind in Tabelle 11.2 aufgeführt (s. auch TGL 35143). Dabei ist zu beachten, daß gering verformte Bereiche, also auch Blechpartien mit größeren Radien, stärker zur Rückfederung (spring back) neigen (*Oehler* 1954); in diesem Fall gilt für den Maximal-

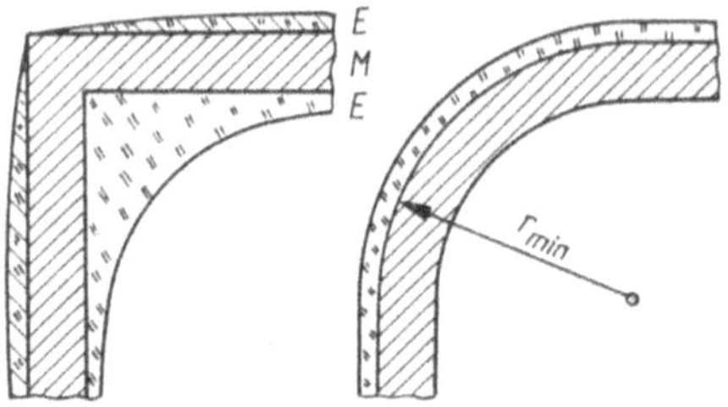

Bild 11.1. Emailverhalten auf Kanten, in Ecken und auf Radien

Radius $r_{max} = dE/2\sigma_F$ (σ_F Fließgrenze). Grundsätzlich sollen möglichst einfache und symmetrische Formen gewählt werden, weil hier Deformationen und Emailspannungen am geringsten sind.
Hinsichtlich der *Emailliertechnologie* sind offene und einfache Konstruktionen ebenfalls wichtig. Der Konstrukteur hat bereits bei der Erzeugnisgestaltung die spätere Vorbehandlung der Rohware und die Art des Emailauftrages zu berücksichtigen (s. auch *Mosle* 1984). Schmale Spalten sind möglichst zu vermeiden, da sich Reste der Reinigungslösungen festsetzen und beim Brennprozeß Blasenbildung bewirken können. Die Mindestbreite unvermeidbarer Spalten sollte daher, je nach Spalttiefe, 2 bis 5 mm betragen. Aus diesem Grund gehören Falzverbindungen der Vergangenheit an oder sind auf Billigware beschränkt. Beim Emailauftrag, Trocknen oder Brennen tritt an zu schmalen Spalten oder Kanten das Email zurück bzw. reißt auf.
Das Zusetzen von Durchbrüchen läßt sich beim Auftragen durch Tauchen oder Fluten nur dann vermeiden, wenn der Durchmesser

Tabelle 11.2. Erforderliche Mindestradien bei zu emaillierenden Teilen (unter Verwendung von Hinweisen bei *Oehler* 1954 und *Kyri* 1974)

Emailart	Emaildicke in mm	Mindestradius in mm
Grundemail	0,10...0,15	2,0...3,0
Direktemail	0,12...0,20	3,0...4,0
Zwei-Schicht-Ein-Brand-Email	0,15...0,25	3,5...4,5
Grund- + Deckemail		
$AK > 100 \cdot 10^{-7}\,K^{-1}$	0,30...0,50	4,0...5,0
$AK < 100 \cdot 10^{-7}\,K^{-1}$	0,20...0,40	4,5...5,5
Gußpuderemail	0,60...1,50	5,0...10,0

Tabelle 11.3. Richtwerte für die Mindestblechdicke von Flachteilen

Länge in mm	Breite in mm	Blechdicke in mm
<600	<300	0,6
600...800	300...500	0,8
800...1 500	500...650	1,0
1 500...2 500	650...900	1,25
>2 500	>900	1,5

>7 mm bzw. die Schlitzbreite >5 mm ist. Andernfalls ist ein manuelles Nachputzen erforderlich. Beim Spritzauftrag können die Durchbrüche kleiner sein. Der Emailauftrag im elektrischen Feld stellt spezielle Anforderungen (z. B. Wirkung als *Faraday*scher Käfig).

Um bei Blechkonstruktionen die notwendige Formsteifigkeit zu erzielen und beim Emailbrand Deformierungen zu vermeiden, darf das Blech nicht zu dünn sein. Für Flachteile enthält Tabelle 11.3 Richtwerte der Mindestblechdicke. Werden emaillierte Gegenstände beim Gebrauch mechanisch belastet, sind die Wanddicken so zu bemessen, daß durch die Verformung keine unzulässig hohen Emailspannungen auftreten. Mitunter werden größere Wanddicken auch zum Wärmeausgleich benötigt, z. B. bei schwerem Geschirr oder Chemieapparaten. Tabelle 11.4 enthält für verschiedene Erzeugnisse aus Stahlblech und Gußeisen übliche Wanddicken, die den genannten Aspekten Rechnung tragen.

Tabelle 11.4. Übliche Wanddicken einiger Erzeugnisse (nach Anon. 1968 und *Kyri* 1974)

Erzeugnis	Wanddicke in mm	
	Stahl	Gußeisen
kleine Schilder	0,6...0,9	
große Schilder, Bautafeln	1,0...2,5	
Kühlschrankverkleidung	0,6...0,9	
Ofen- und Herdteile	0,9...1,5	3,0...4,0
leichtes Geschirr	0,4...0,8	
schweres Geschirr	1,8...2,5	2,5...3,5
Waschmaschinenbehälter	1,1...1,5	
Spülen, Waschbecken	1,0...1,5	3,0...4,0
Badewannen	1,6...2,5	4,0...6,0
Apparateteile	4...30	10...80

Größere Wanddickenunterschiede müssen vor allem bei Massenartikeln vermieden werden. Sie bewirken einen ungleichmäßigen Emailbrand und führen beim Abkühlen infolge unterschiedlicher Schrumpfung zu Zugspannungen (s. auch Abschnitt 5.5.). Im Sonderfall lassen sich Temperaturunterschiede durch mehrfaches „Ziehen“ des Brenngutes aus dem Kammerofen ausgleichen (s. Abschnitt 16.1.1.3.).

Für den Brennprozeß sind Auflagestellen oder Aufhängemöglichkeiten vorzusehen, die Emailbeschädigungen oder Verzug ausschließen. Brennhaken müssen so angeordnet werden, daß das Teil ausbalanciert ist. Mitunter sind deshalb auch zusätzliche Aufhängelaschen erforderlich, die nach dem Brand zurückgebogen werden.

Die Abmessungen des Brennraumes und dessen Temperaturgradient bestimmen Konstruktion und Maximalgröße des zu emaillierenden Teiles; das gilt besonders für den Wendebereich im Umkehrofen. Erforderlichenfalls ist eine der Gebrauchsfunktion entsprechende Teilung mit nachträglicher Montage vorzusehen.

Für die Montage gilt ebenfalls, daß durch die Fügetechnik (Schrauben, Klemmen) keine unzulässigen Spannungen im Email auftreten. Biegungen über einen kleinen Radius sowie Verdrillungen sind hierbei besonders gefährlich und sollten durch entsprechende stabile Konstruktionen ausgeschlossen werden.

Die hauptsächlichsten, durch Konstruktionsmängel bedingten Emaillierfehler sind (nach Angaben bei *Aldinger* 1959):

- Risse, Abplatzungen, ungleichmäßige Haftung, Verzug, Haarlinien Abzehrungen (Ursache: Wanddickenunterschiede),
- Verbeulen, Verziehen, Verwerfen (bei zu dünnem Blech),
- Blasen, schwarze Punkte (an gefalzten Nähten),
- Verwerfen (bei unsymmetrischer Prägung)
- Abzehrungen, Abplatzungen (an scharfen Kanten und bei zu kleinen Radien),
- Abplatzungen (Ursache: Falsche Punktschweißung).

11.3. Konstruktionsbeispiele

11.3.1. Gestaltung von Blechteilen

Im folgenden werden Gestaltungsgrundsätze erläutert und anhand von Beispielen (Bild 11.2) dargestellt.

Unsymmetrische *Ausschnitte* (Bild 11.2a) oder *Auswölbungen* können zu Verwerfungen führen, die meist schon nach der Umformung sichtbar sind und sich mit dem Emailbrand verstärken. Sind derartige Konstruktionen nicht zu vermeiden, hilft nur ein manuelles, aber technologisch ungünstiges Warmrichten.

Bei *einseitiger Emaillierung* beulen besonders dünne Bleche infolge der Druckspannung des Emails emailseitig konvex aus. Diese Durchbiegung nimmt mit der Emaildicke zu. Ist beiderseitige Emaillierung nicht möglich, hilft in Ausnahmefällen ein entgegengesetztes Wölben des Blechs bei der Rohfertigung.

Hochgestellte Ränder oder *Flansche* (Bild 11.2b) für Schraub- oder Klemmverbindungen dienen gleichzeitig der Versteifung von Flachteilen. Zu geringe Randhöhe führt beim Brennen zum Aufbiegen. Sie soll daher mindestens das 10fache der Blechdicke betragen. Eine wesentlich größere Stabilität wird durch nochmaliges Abwinkeln des Randes erzielt. Die Abwinkelung soll etwa das 6fache der Blechdicke betragen. Günstigste Formgebung der Ränder ist die Tiefung. Das Abkanten der Ränder und Verschweißen der Eckstöße ergibt zusätzliche Spannungen und ein erhöhtes Risiko beim Emaillieren.

Sofern ein Abkanten unzweckmäßig ist, kann die *Randversteifung* (Bild 11.2c) bei Flachteilen auch durch eine leichte Randauswölbung erzielt werden. Eine totale Randumkantung führt wie beim Falz zu Emaillierfehlern.

Lange Profile (Bild 11.2d) neigen beim Brennen zum Verwinden. Die induktive Emaillierung gewährleistet in solchen Fällen die größte Maßhaltigkeit. Bei konventionellen Brenneinrichtungen ist eine Profilversteifung erforderlich. In Längsrichtung empfiehlt sich besonders ein Hohlbord, das gleichzeitig zur Aufnahme der Brennspitzen dient. Der Bord-Innenradius soll dabei etwa dem 1,5fachen Durchmesser der Brennspitzen entsprechen. Ein Verzug des Profils läßt sich nur dann vermeiden, wenn die Brennunterlage selbst formtreu bleibt. Neben der Längsversteifung ist ein Profilabschluß (*1*) zweckmäßig, in den mitunter zusätzliche Versteifungsstreben (*2*) eingeschweißt werden.

Randaussparungen (Bild 11.2e) verringern nicht nur die Stabilität, sondern erzeugen oberhalb der Ausklinkung Spannungen, Haarrisse oder Haarlinien. Auf keinen Fall dürfen Randaussparungen im Radiusbereich r_i enden. Die maximale Höhe der Aussparung e beträgt somit $e_{\max} = h - d_M - r_i$.

Für Löcher gelten sinngemäße Regeln. Bei Feinblech sollen mindestens folgende Lochabstände eingehalten werden:

$$g_{\min} = d_M\,; \quad f_{\min} = 5\,d_M\,.$$

Nur bei *Durchbrüchen*, die für verdeckte Schraubverbindungen vorgesehen sind, ist ein einfaches Lochen oder Ausschneiden möglich. Grat ist jedoch zu vermeiden, weil an diesem das Email durchbrennt. Sichtbare Durchbrüche sind bei geringen Blechdicken einzuziehen, was besonders bei Schlitzen notwendig ist. Die Kanten von Durchbrüchen in dickeren Blechen sind weitgehend zu verrunden. Eine vollwertige Emaillierung ist in solchen Fällen jedoch nur bei entsprechend großem Radius und emaillierfähigem Blechquerschnitt möglich.

Bei der Festlegung des Lochdurchmessers für Verschraubungen sind Emaildicke und Paßtoleranz zu berücksichtigen. Als Richtwert gilt, daß der Lochdurchmesser vor der Emaillierung 3 mm größer sein soll als der Schraubendurchmesser. Zwischen zwei Löchern ist ein Mindestabstand von 6 mm erforderlich.

Durch *Flachprägung* (Bild 11.2f) großer ebener Flächen mit hochgestelltem Rand, die leicht zum Ausbeulen neigen, wird eine Versteifung erzielt, die dem Sicken ähnlich ist und dekorativ wirken kann. Der Prägerand kann unterschiedlich ausgeführt werden ((1), (2), (3)).

Quer- und Längsrippen (Bild 11.2g) dienen der Versteifung und Vergrößerung der Oberfläche (z. B. bei Wärmetauschern) Die Rippen sollen dabei möglichst über die ge-

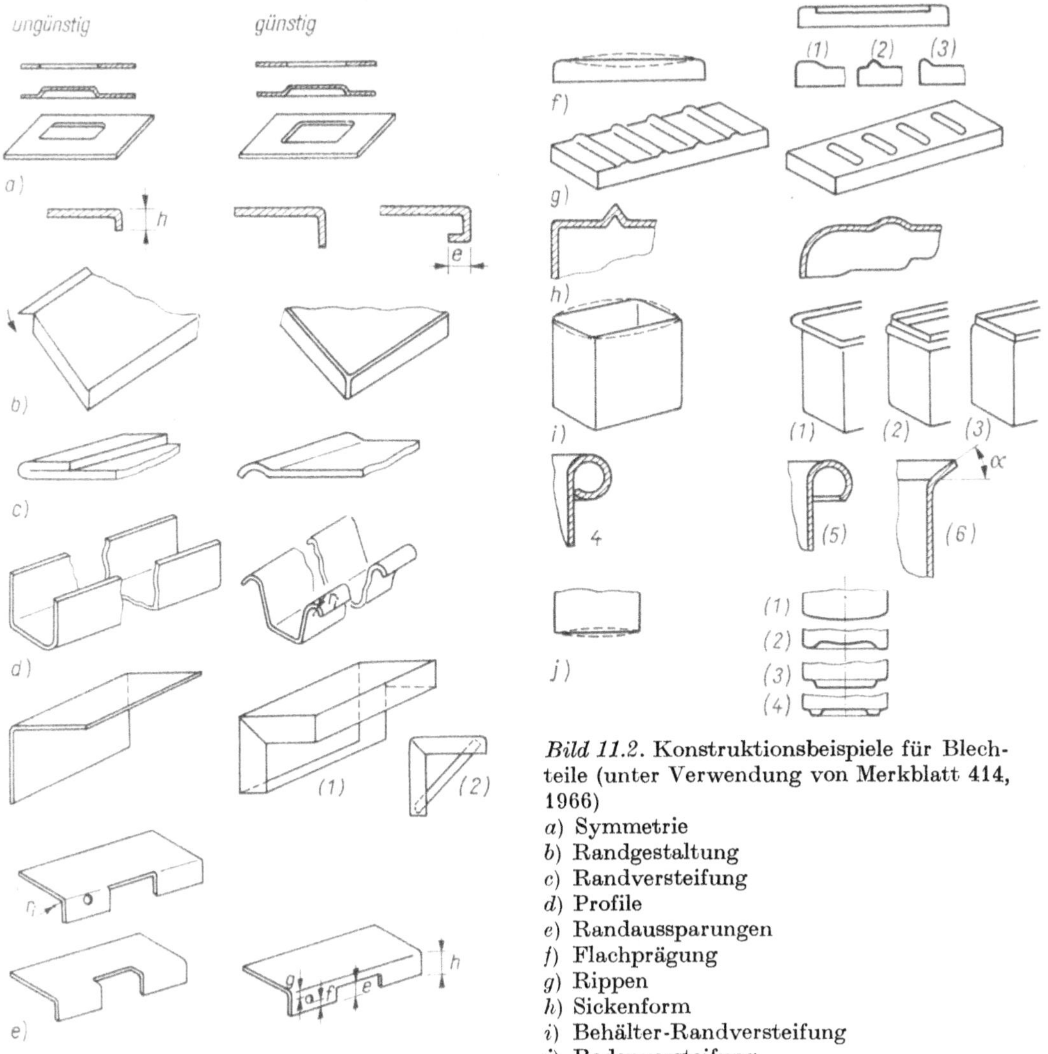

Bild 11.2. Konstruktionsbeispiele für Blechteile (unter Verwendung von Merkblatt 414, 1966)
a) Symmetrie
b) Randgestaltung
c) Randversteifung
d) Profile
e) Randaussparungen
f) Flachprägung
g) Rippen
h) Sickenform
i) Behälter-Randversteifung
j) Bodenversteifung

samte Breite reichen, jedoch unbedingt vor den Rändern oder Durchbrüchen auslaufen. So wird die größte Stabilität bei emailtechnisch günstigen Übergängen erzielt. Der Abstand zwischen zwei Rippen soll etwa der Rippenbreite entsprechen, wobei der Versteifungseffekt bei wenigen aber hohen Rippen größer ist als bei vielen niedrigen (Anon. 1965). *Sicken* (Bild 11.2h) dienen ebenfalls der Versteifung und werden besonders in Randnähe angebracht. Die Sicke muß gut gerundet sein, um einen gleichmäßigen Emailauftrag zu ermöglichen und Emailspannungen zu vermeiden. Nach *Amand* (1971) soll die Sickenhöhe etwa das 1,2fache der Blechdicke und die Sickenbreite das 8fache, mindestens jedoch 8 mm betragen. Auch die Sickenabsätze müssen einen fließenden Übergang aufweisen. In scharfen Ecken und zusätzlichen Einkehlungen kommt es besonders beim Tauchauftrag zu Emailanhäufungen.
Behälter-Randversteifungen (Bild 11.2i) wirken der Deformation des Randes (Ein- und Ausdellungen bei rechteckigen, ovale Ver-

formungen bei runden Behältern) entgegen. Ein Flansch (*1*), eine ausgebauchte Wulst dicht unter dem Rand (*2*) oder das Einziehen des Randes (*3*) verhindern Deformationen. Für Töpfe wird z. B. auch heute noch ein Hohlbord angerollt (*5*), dessen Innenradius mindestens der 5fachen Blechdicke entsprechen muß, damit keine Einknickungen entstehen. Ist der Hohlbord zu weit geschlossen (*4*), so bewirken Rückstände aus der Vorbehandlung beim Emailbrand Blasen und Schaumigkeit. Weit häufiger wird der abgewinkelte Scharfrand (*6*) verwendet, der nach dem Emaillieren mit einem angerollten Edelstahlring abgedeckt wird. Der Winkel α beträgt 10 bis 30° und soll nach *Messmer* (1970) bei 15° das beste Schüttverhalten ergeben.

Eine *Bodenversteifung* (Bild 11.2j) macht sich erforderlich, weil besonders dünne und große ebene Böden zum Ein- oder Ausbauchen neigen. Je nach Verwendungszweck kann der Boden vorgewölbt oder flächig bzw. ringförmig geprägt werden. Der Boden (*1*) ist für liegende Behälter geeignet. Die Bodenformen (*2*) und (*3*) ergeben eine gute Standsicherheit, während der Boden (*4*) für einen optimalen Wärmeübergang zu empfehlen ist.

11.3.2. Schweißverbindungen

Schweißverbindungen sind bei der Fertigung von Blecherzeugnissen meist unerläßlich. Sie stellen jedoch bei ungünstiger konstruktiver Lösung oder nichtqualitätsgerechter Schweißung eine Schwachstelle für die Emaillierung dar. Schweißnähte dürfen grundsätzlich nicht im Radiusbereich liegen und sollen möglichst spannungsfrei und dicht sein (*Klosse, Schäfer*, 1962), mit Ausnahme der Punktschweißung, die jedoch nur für verdeckte Emaillierungen in Betracht kommt. Schweißnähte im Sichtbereich sind zu vermeiden oder ggf. durch Zierleisten bzw. Blenden zu verdecken.

Im Bild 11.3 werden verschiedene Schweißverbindungen gegenübergestellt und verglichen.

Ansatzschweißungen (Bild 11.3a) dienen der Verbindung von zwei oder mehr Einzelteilen. Die Überlappungsschweißung ist ungünstig, weil besonders bei der Punktschweißung analog der Falzverbindung Blasen und schwarze Punkte im Email entstehen. Bei dünnen Blechen ist Rollennahtschweißung (*1*) oder die Stumpfschweißung (*2*), bei dicken Blechen eine durchgängige Schweißung mit V-Naht (*4*) oder X-Naht (*3*) vorzusehen.

Bei *Eckverbindungen* (Bild 11.3b) darf die Schweißnaht keinesfalls in den Radiusbereich gelegt werden, weil sonst Emailabplatzungen auftreten können. Durch Abkanten eines der beiden Teile läßt sich die Naht im ebenen Bereich von beiden Seiten einwandfrei durchschweißen.

Der Anschluß von *Behälterböden* an die Zarge

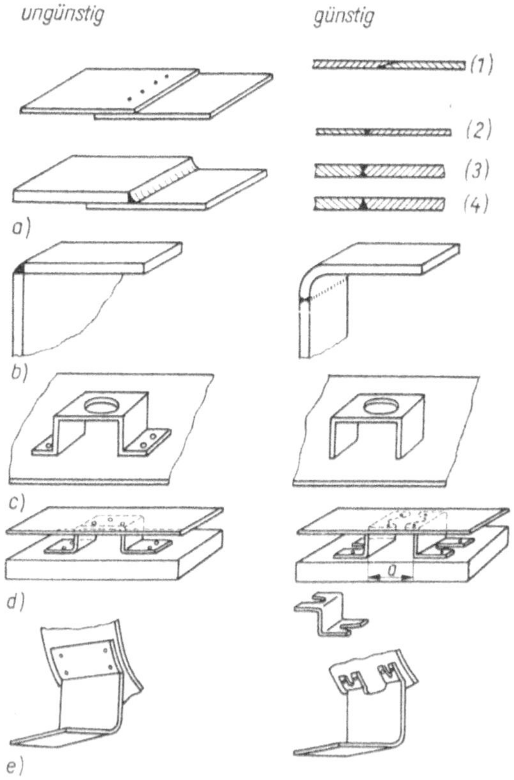

Bild 11.3. Beispiele für Schweißverbindungen (unter Verwendung von Merkblatt 414, 1966)
a) Ansatzschweißung
b) Eckverbindung
c) Befestigungsböckchen
d) Abstandswinkel
e) Konsolebefestigung

muß in gleicher Weise so erfolgen, daß die Schweißnaht im Zylinder liegt. Sinngemäß ist für Stutzenanschlüsse die Wandung auszuhalsen, damit die Schweißnaht in den geraden Stutzenteil verlegt werden kann.

Blechaufsätze sollen im Interesse geringer Spannungen und einer guten Schweißbarkeit nicht schräg, sondern senkrecht zur Fläche befestigt werden. Sofern keine Durchschweißung erforderlich ist, sind die Nähte wechselseitig zu unterbrechen, damit eine Entlüftung möglich ist.

Befestigungsböckchen (Bild 11.3c), z. B. für Plastbeschlagteile an Geschirren, werden am besten stumpf angebracht. Das gleiche Schweißprinzip gilt für Blechhohlbeschläge. Die Blechdicke der Befestigungselemente soll gleich oder geringer als die des Gegenstandes sein (*Vielhaber* 1953).

Abstandswinkel (Bild 11.3d) und Aufhängelaschen werden meist durch Punktschweißung befestigt. Dabei lassen sich in dünnen Blechen die Schweißspannungen minimal halten, wenn zwischen den Schweißpunkten entsprechende Ausklinkungen vorgenommen werden.

Konsolebefestigungen (Bild 11.3e) an leichten Behältern, z. B. für Waschmaschinen, können unter Beachtung der Spannungsverteilung durch Ausklinken der Laschen ebenfalls mittels Punktschweißung angebracht werden.

11.3.3. Gestaltung von Gußteilen

Die meisten Regeln der Blechformgestaltung gelten für Gußteile sinngemäß. Hierzu sind in Bild 11.4 einige ergänzende Details dargestellt.

Versteifungsrippen (Bild 11.4a) auf der Fläche sollen möglichst vermieden werden. Besser sind Randversteifungen oder gleichmäßig gewellte Profile. Rippen müssen ausgeglichene Abmessungen besitzen, andernfalls kommt es zu Haarrissen über Materialanhäufungen.

Profilierungen (Bild 11.4b) für dekorative Zwecke dürfen nicht scharfkantig sein. An Kanten ergibt besonders leichtschmelzendes Einschichtemail durchgezehrte Stellen.

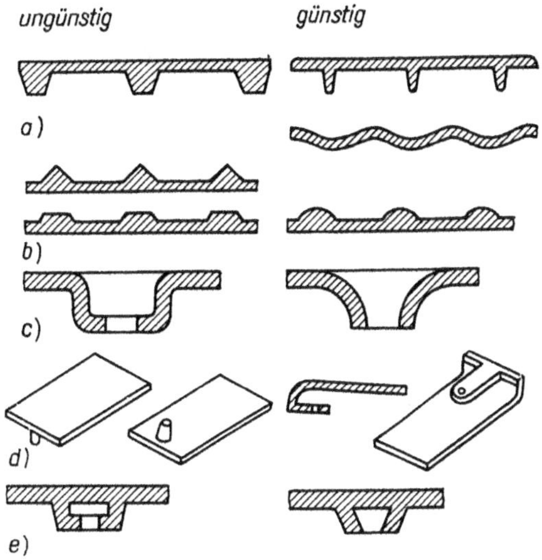

Bild 11.4. Konstruktionsbeispiele für Gußteile (nach *Dekker* 1965)
a) Versteifung
b) Profilierung
c) Auslauföffnung
d) Gewindeansätze
e) Führungsschienen

Auslauföffnungen (Bild 11.4c) in Gefäßen bzw. Badewannen dürfen nicht scharf durchgesetzt sein, weil sonst besonders bei der Puderemaillierung Emailanhäufungen entstehen.

Gewindeansätze (Bild 11.4d) für Verschraubungen dürfen nicht zu örtlichen Wandverdickungen für die Gewindeaufnahme im Sichtbereich führen. Eine angegossene Lasche ist zwar aufwendiger, garantiert aber eine fehlerfreie Emailoberfläche.

Führungsschienen (Bild 11.4e) zur Aufnahme von Schraubenköpfen oder Gleitkeilen sind so zu gestalten, daß neben ausgeglichenen Wanddicken möglichst wenig Kanten auftreten.

11.4. Montagebeispiele

Verspannungen bei der Montage können zu Emailabplatzungen führen. Daher sind neben verzugsfreien Bauteilen ausreichende Montagetoleranzen und geringe Emaildicken im

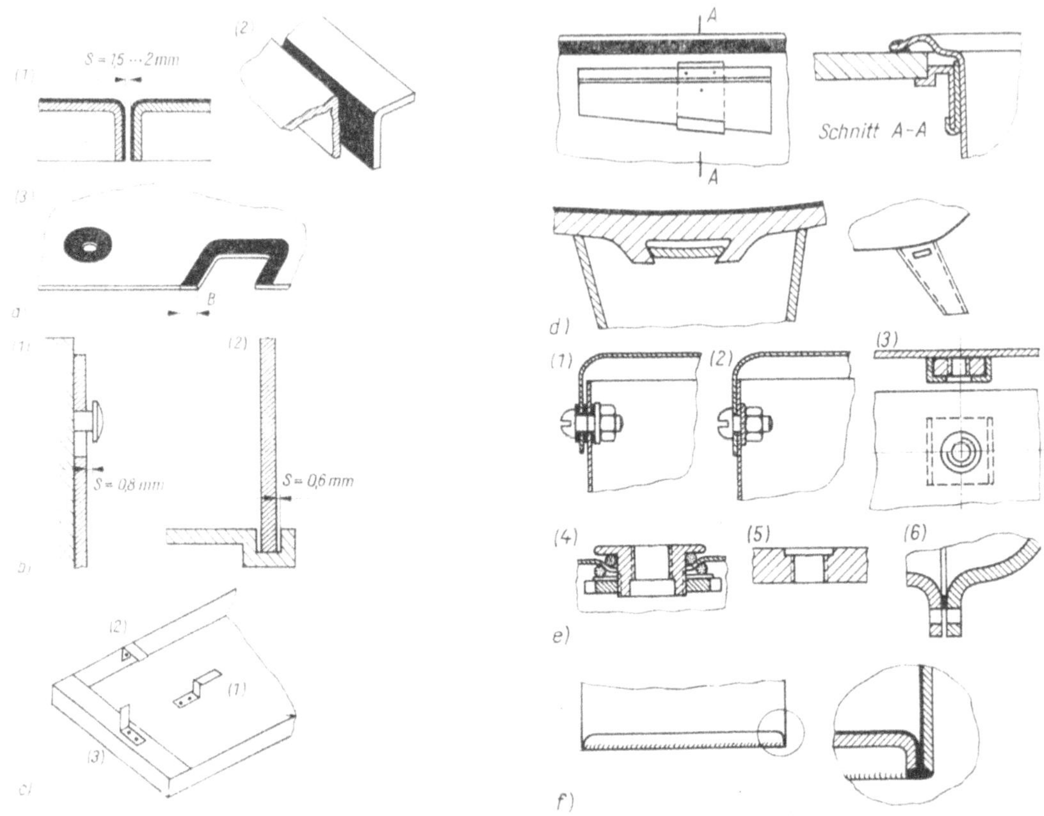

Bild 11.5. Montagebeispiele (unter Verwendung von Merkblatt 414, 1966; Anon. 1968b)

a) Toleranz
b) Steckverbindungen
c) Klemmverbindung
d) Keilverbindungen (*oben:* Detail bei Spülen; *unten:* Badewannenfüße)
e) Verschraubung
f) Verschweißung

Verbindungsbereich erforderlich. Die Verbindung emaillierter Teile kann durch Einhängen, Klemmen, Verschrauben und in Ausnahmefällen auch Verschweißen und Kleben erfolgen. In Bild 11.5 sind hierfür einige Beispiele wiedergegeben.

Ausreichende *Toleranzen* der *Spaltenbreiten S* zwischen zwei emaillierten Bauteilen (Bild 11.5a) sind wegen der z. T. auftretenden Formänderungen beim Brennen erforderlich (*1*). Um Emailabplatzungen an Verbindungsstellen, Schraubenlöchern und Durchbrüchen zu vermeiden, kann es günstig sein, das Email durch Ausbürsten des getrockneten oder Abwischen des nassen Emailauftrages zu entfernen (*2, 3*). An Durchbrüchen soll die Wischbreite *B* etwa 3 mm betragen. Gegebenenfalls können kritische Spannungen im Befestigungsbereich auch durch Verwendung von elastischen Beilagen vermieden werden.

Das *Einstecken* oder *Einhängen* emaillierter Teile (Bild 11.5b) ist besonders bei stärkerem Verschleiß oder zur Erleichterung der Reinigung ratsam. Die Befestigung kann durch Einhängen über Stehbolzen (*1*) oder Einschieben in Nutzleisten (*2*) erfolgen. Dabei ist das je Emailseite erforderliche Spaltmaß *S* zu beachten.

Mit *Klemmverbindungen* (Bild 11.5c) lassen sich emaillierte Bauteile am Rahmen durch Umbiegen rückseitig angebrachter Laschen befestigen. Derartige Laschen bzw. Winkel

dürfen nicht im Sichtbereich emaillierter Flächen befestigt werden (*1*) sondern an geeigneten Rändern (*2*, *3*). Die Blechdicke der Laschen muß geringer sein als die der Bauteile. Federklemmverbindungen werden an analogen Stellen wie die Laschen nach der Emaillierung durch Verschraubung befestigt. Für Plastbeschlagteile werden an Geschirren mitunter ebenfalls Klemmverbindungen verwendet.
Keilverbindungen (Bild 11.5d) sind üblich zur Befestigung von An- oder Einbauteilen, z. B. Spülen. Auch Füße von Badewannen können durch Keile mit dem Wannenboden verbunden werden.
Eine emailgerechte *Verschraubung* (Bild 11.5e) von Flachteilen mit elastischen Unterlegscheiben (Plaste, Gummi, imprägniertes Papier usw.) zeigt (*1*). Nur wenn die Verbindungsstelle vom Deckemail befreit wurde, kann auf elastische Beilagen verzichtet werden (*2*). Bei minimalen Belastungen und geringen Qualitätsansprüchen sind auch kostengünstige selbstschneidende Schrauben verwendbar. Das Gewindeloch ist zu diesem Zweck im Blechteil leicht einzuziehen und emailfrei zu halten. Zur Befestigung von Plastebeschlagteilen an Geschirren ist die Verbindungsart (*3*) üblich, in die eine Klemmmutter eingeschoben wird. In Sonderfällen wird die emailtechnisch vorteilhafte, aber teure Variante (*4*) angewendet. Bei größeren Wanddicken läßt sich das Gewinde direkt einschneiden (*5*), darf jedoch nicht bis zur emaillierten Fläche herausgeführt werden, um Emailabplatzungen zu vermeiden. Das Gewinde ist nach dem Emaillieren zu schneiden oder durch Gewindebolzen beim Emailbrand zu schützen. Nicht durchgehende Gewindelöcher (Sacklöcher) sind unzweckmäßig.
Flanschverbindungen an Behältern erfordern eine über die Dichtleiste reichende Emailschicht. Dazu sind sowohl am Deckel als auch am Behälter entsprechende Übergangsradien notwendig (*6*). Da das Anformen der Flansche bei großen Materialdicken schwierig ist, werden in der Regel Vorschweißflansche verwendet. Die Verbindung selbst erfolgt mittels Maschinen- oder Klemmschrauben (*Wilke* 1976).

Eine *Verschweißung* (Bild 11.5f) emaillierter Teile ist normalerweise nicht möglich. Bei der Boilerfertigung kann das Einschweißen des emaillierten Bodens in den ebenfalls emaillierten Zylinder eine vertretbare Lösung darstellen (*Dörfler* 1977). Durch die Schweißwärme verschmelzen die Emailschichten zu einer relativ dichten Verbindung. Eine derartige Montageschweißung ist jedoch nur dann angängig wenn der Boiler einen kathodischen Schutz (Opferanode) besitzt, der Mängel in der Emailschicht in begrenztem Umfang zuläßt und kompensiert. Emaillierte Rohrleitungen lassen sich ebenfalls verschweißen, wenn die Nahtstelle gut gereinigt und induktiv nachemailliert werden kann.
Der Vollständigkeit halber sei noch verwiesen auf schwingungsdämpfende Verbindungen (*Kemp* 1976), spezielle hochproduktive Befestigungselemente (Anon. 1969) und Verklebungen (Anon. 1979a).

11.5. Material- und Farbkombinationen

Mitunter ist es aus praktischen und dekorativen Erwägungen heraus zweckmäßig, verschiedene Materialien mit dem emaillierten Gegenstand zu kombinieren. Eine solche Materialkombination stellen Plastebeschlagteile (Griffe, Stiele) an Geschirren dar, die eine Handhabung auch im heißen Zustand gestatten und gleichzeitig dekorativ wirken. Entsprechende thermische Forderungen erfüllen z. B. Epoxidharze, Siloxanelastomere und Siliconharze (150 bis 300 °C; Dauerbelastung 100 bis 200 °C) sowie fluorierte Kohlenwasserstoffe (Polyfluorcarbone/PTFE) und Polyimide, die selbst bei Langzeitbelastung bis 240 °C beständig sind. Polyimide vertragen kurzzeitig Temperaturen bis zu 350 °C; sie werden gelegentlich auch zur Dekorierung von Geschirren aus Aluminium oder Edelstahl verwendet. Größere Hitzebeständigkeit besitzen keramische Griffelemente; sie sind jedoch bruchempfindlicher und leiten die Wärme besser. Um ähnliche Kombinationen handelt es sich bei Glas- oder Nirosta-Deckeln für emaillierte Geschirre.

Bekannt sind auch Kombinationen von emaillierten Gefäß-Unterteilen mit einem Plasteoberteil (*Messmer* 1971), oder die Anwendung eines speziellen Komposit-Bodenemails bei Töpfen. Vorteilhaft ist die Beschichtung vorzugsweise in Aluminium-Geschirren mit PTFE zur Verhütung des Anbrennens.

Materialkombinationen am emaillierten Gegenstand bieten sich an, wo Schwachstellen der Emaillierung ausgeglichen werden sollen. So lassen sich schlagempfindliche Kanten durch Plaste- oder Gummileisten schützen, was z. B. bei Haushaltspülen allgemein üblich ist. Auch der Fußrand von Eimern kann auf diese Weise geschützt werden (Anon. 1956). Erhabene Schweißnähte lassen sich durch Edelstahlbänder abdecken, was u. a. an Badeöfen dekorativ wirken kann. Es ist auch üblich, Geschirränder mit einem Edelstahlring zu versehen oder galvanisch zu verchromen oder zu vernickeln (*Messmer* 1970). Über Kombinationen innerhalb eines ganzen Sortiment- oder Ausstattungssystems siehe z. B. *Steinke* (1971); *Hoffmann* (1973a).

Schließlich sei auf die Behandlung des Problems Mode und Trend in der Emailindustrie durch *Florath* (1985) hingewiesen.

12
Formgebung

Die Formgebung der zu emaillierenden Stahlblech- oder Aluminiumteile erfolgt nach den üblichen Technologien der Fertigungstechnik (z. B. *Blume* u. a. 1981; *Teupel* u. a. 1981) vorzugsweise durch Zerteilen, Umformen (Biegen, Runden, Fließdrücken, Tiefziehen) und Fügen, in Ausnahmefällen auch durch Trennen (Spanen, Abtragen). Das Fügen nach dem Emaillieren (Montage) wurde bereits in Abschnitt 11.4. behandelt.
Der Formgebung von Graugußteilen liegen unter Beachtung einiger emailtechnischer Aspekte ebenfalls konventionelle Technologien zugrunde.
Die folgenden Ausführungen beschränken sich auf Stahlblech, Grauguß und Aluminium und konzentrieren sich auf die für die Emailliertechnik wichtigsten bzw. darauf abgestimmten Formgebungsverfahren. Weitere Einzelheiten können der einschlägigen Fachliteratur über Zerteilen und Umformen (*Eisenkolb* 1951; *Feldmann* 1962; *Retzke* u. a. 1973; *Lange* 1975; *Grüning* 1982), über Schweißen (*Beckert* u. a. 1977; *Primke* 1980; *Thieme* 1981) und über Gießen (Urformen; *Stölzel* 1976; *Ambos* 1981; *Spur, Stöferle* 1981; *Kraft* 1982) entnommen werden. Eine Übersicht über Formgebungsverfahren für Emaillierzwecke gibt *Rault* (1973), neue Metallformungsverfahren beschreiben *Sokolov* u. a. (1980).

12.1. Formgebung von Stahlblech

12.1.1. Zerteilen

Das Zerteilen erfolgt im einfachsten Falle auf Tafelscheren, meist jedoch durch Ausschneiden oder Lochen mit Schneidwerkzeugen. Diese können mehrere Arbeitsgänge taktförmig vereinen (Folgeschneidwerkzeuge) oder gleichzeitig vornehmen (Gesamtschneidwerkzeuge). Sie lassen sich bei entsprechend großen Stückzahlen auch mit Umformvorgängen kombinieren (Verbundwerkzeuge).

12.1.2. Kaltumformen

Feinbleche werden vorzugsweise durch Tiefziehen und Formdrücken, aber auch durch Biegen umgeformt. Das Umformen von Grobblechen für Behälter und Apparate erfolgt durch Formdrücken und Biegen einschließlich Runden, ggf. mit nachfolgender Elektroschweißung. Böden werden über einen Stempel warm geformt.
Die in der Emailindustrie üblichen Umformverfahren sind in Bild 12.1 schematisch dargestellt. Die metallphysikalischen Grundlagen der Kaltverformung wurden bereits in Abschnitt 4.2. behandelt.

12.1.2.1. Biegen

Für einfache Teile, wie Winkel oder Profile, ist das *Biegen* mit geradliniger Werkzeugbewegung (Bild 12.1 a) üblich. Neben Schwenk- oder Gesenkbiegen wird mitunter auch das Rollbiegen angewendet. Besondere Materialanforderungen bestehen beim Biegen nicht, jedoch ist auf einen ausreichenden Biegeradius zu achten.

Das *Walzprofilieren* (Bild 12.1 b) gehört zu den Biegeverfahren mit drehender Werkzeugbewegung. Nach diesem Prinzip lassen sich auch bei größeren Blechbreiten (z. B. Seitenteile für Waschmaschinen oder Kühlschränke) Kanten hochstellen oder verschiedene Profilformen ökonomisch herstellen (Anon. 1977a). Die Anzahl der Walzstufen ist von der Profilform abhängig.

Das *Runden* (Bild 12.1 c) bzw. Rollen von Blechen ist ebenfalls ein Biegeverfahren mit drehender Werkzeugbewegung und dient der Vorfertigung zylindrischer Blechteile (z. B. Mäntel für Badeöfen).

12.1.2.2. Drücken

Durch Formdrücken (rotierendes Zugdruckumformen eines ebenen Zuschnitts in einen Hohlkörper; Bild 12.1 d) lassen sich rotationssymmetrische Teile herstellen. Die rotierende Blechronde wird dabei mittels Drückrolle über einem Gegenfutter oder einer Gegenrolle geformt. Das Gegenfutter entspricht beim Außenformdrücken der inneren und beim Innenformdrücken der äußeren Werkstückform. Bei diesem Umformprozeß ist keine Wanddickenänderung beabsichtigt.

Durch das Fließdrücken (Umformen mit etwa punktförmigem Kraftangriff durch Rollen zur Herstellung von rotationssymmetrischen Hohlkörpern; Bild 12.1 d (*5*)) besteht die Möglichkeit, gleichzeitig mit der Umformung ein Abstrecken der Wandung vorzunehmen (*Hofen, Wenke* 1980). Auf diese Weise lassen sich z. B. leichte Geschirre mit dickem Boden herstellen. Durch Verwendung von standardisierten Kugeln anstelle der Drückrolle kann die Vorschubgeschwindigkeit nach *Gorbauch* u. a. (1978) auf das 4- bis 6fache gesteigert werden.

Fließdrückbar sind alle umformbaren Metalle.

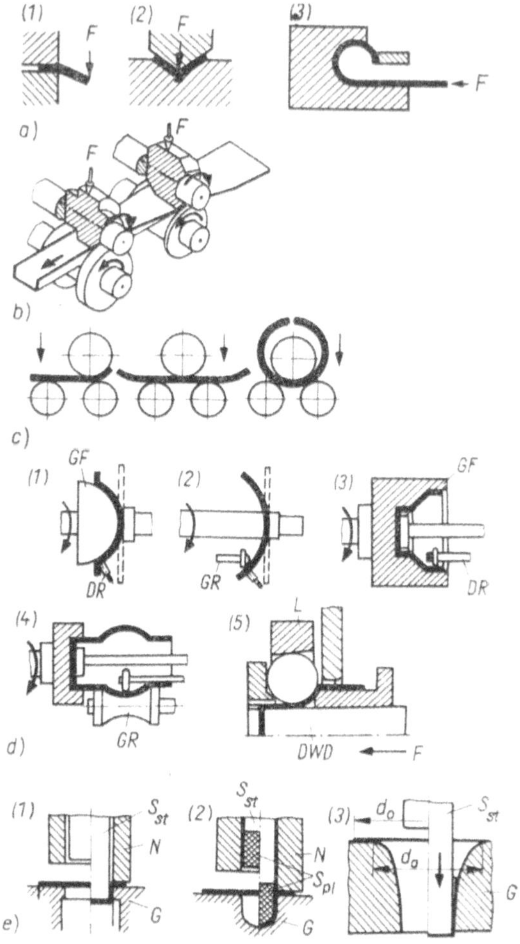

Bild 12.1. Prinzipdarstellung der Umformverfahren (nach *Blume, Grüning, Oehler, Wenke*)

a) Biegen mit geradliniger Werkzeugbewegung
(*1*) Schwenkbiegen; (*2*) Gesenkbiegen;
(*3*) Rollbiegen
b) Walzprofilieren
c) Runden (Biegewalzen)
d) Formdrücken
Außenformdrücken: (*1*) über Gegenfutter (GF); (*2*) über Gegenrolle (GR)
Innenformdrücken: (*3*) über Gegenfutter;
(*4*) über Gegenrolle
(*5*) Fließdrücken; DR Drückrolle;
DWD Drückwalzdorn; L Laufring
e) Tiefziehen
(*1*) Formstempeltiefziehen; (*2*) Gesenktiefziehen; (*3*) Formstempeltiefziehen ohne Niederhalter; S_{st} starrer Stempel; S_{pl} plastischer Stempel; N Niederhalter; G Gesenk

Durch den Vorgang wird der Werkstoff verfestigt.

12.1.2.3. Tiefziehen

Das Tiefziehen ist das am häufigsten angewendete Umformverfahren mit geringstem Zeitaufwand. Es setzt jedoch entsprechend große Stückzahlen und Bleche mit Tiefzieh- oder Sonderziehgüte voraus.

Vorgänge

Tiefziehen ist ein Zug-Druck-Umformen eines ebenen Zuschnitts in einen einseitig offenen Hohlkörper oder eines solchen in einen mit kleinerem Querschnitt durch eine geradlinige Hauptbewegung, ohne gewollte Wanddickenveränderung (*Teupel* u. a. 1981). Der Vorgang ist in Bild 12.1e schematisch dargestellt. Der Stempel erzeugt durch Zug- und Druckkräfte eine napfförmige Vertiefung der Ronde bei gleichzeitiger Kaltverformung des Blechs. Zur Vermeidung von Faltenbildung wird mit Niederhalter (Faltenhalter) gearbeitet.

Beim Ziehvorgang werden prinzipiell zwei Teilvorgänge unterschieden (*Whiteley,* nach *Feldmann* 1962): das reine Strecken, bei dem die Ronde durch den Niederhalter festgehalten wird und die Verformung, die hauptsächlich im inneren Rondenbereich erfolgt, und das reine Ziehen, bei dem das Material zwischen Ziehring und Niederhalter nicht verformt wird, sondern nachfließt; eine Verformung findet nur im äußeren Rondenbereich statt. Die Streckkraft F_s erreicht ihren Höchstwert am Ende der Umformung (→ Bodenreißer), die Ziehkraft F_z während des Ziehens. In der Praxis laufen beiden Verformungsprozesse neben weiteren Vorgängen nebeneinander ab. Das Ergebnis hängt vom Verhältnis $F_{z,max}$ zu $F_{s,max}$ ab; ist es <1, dann ist erfolgreiches Ziehen möglich, bei >1 tritt Reißen auf. Die Tiefziehgrenze ist erreicht, wenn die zur Überwindung des Formänderungs- und Biegewiderstands sowie der Reibung erforderliche Kraft größer ist als das Produkt aus Zugfestigkeit und Querschnitt am unteren Mantelrand des Ziehteils.

Als Formänderungskenngröße für rotationssymmetrische Teile gibt das Ziehverhältnis β die folgenden Beziehungen zwischen Rondendurchmesser d_0 und Ziehdurchmesser d_n an, und zwar gilt für den Anschlagzug $\beta = d_0/d_1 = 1{,}5$ bis 2,0, für den Weiterschlagzug $\beta_n = d_{n-1}/d_n = 1{,}2$ bis 1,9 (d_1 Ziehstempeldurchmesser, d_{n-1} Ausgangsdurchmesser des Zuges, d_n nachfolgende Durchmesser). Für das niederhalterlose Ziehen hat *Oehler* (1964) Beziehungen zwischen Ziehverhältnis und Blechdicke angegeben.

Auf die Bedeutung der senkrechten Anisotropie und des Verfestigungsexponenten für die Formänderung wurde bereits in Abschnitt 4.2. eingegangen. Das Ziehverhältnis steigt mit zunehmendem R-Wert an (*Feldmann* 1962). Ein gutes Tiefziehblech hält mehrere Ziehstufen aus. Die auftretende Dehnung kann bis 120% betragen (*Eisenkolb* 1951). Beim Ziehen wird das Material im Ergebnis der Kaltumformung verfestigt. Dies hat Konsequenzen für die Emaillierung. Im allgemeinen sind unverformte Teile fischschuppenempfindlicher; hier wurde auch eine höhere Wasserstoffdurchlässigkeit festgestellt als an verformten Teilen (*Herschelmann, Berg* 1967). Außerdem können an kritisch verformten Flächen Riefen, Poren oder Abplatzungen des Emails infolge grober Rekristallisation auftreten (*Knickenberg* 1955).

Das Formänderungsverhalten eines Metalls läßt sich durch die Formänderungsanalyse ermitteln (z. B. *Stine* 1974; *Müschenborn, Blümel* 1978). Man bestimmt die Formänderung ε von gerasterten Ronden in zwei Hauptrichtungen anhand des Durchmessers D und der Ellipsenachsen l_1 und l_2 ($\varepsilon_{\text{längs}} = \ln l_1/D$; $\varepsilon_{\text{quer}} = \ln l_2/D$). Die Grenzformänderung ergibt sich nach bestimmten Rechen- und Auswertungsverfahren.

Tiefziehverfahren

Die Umformung wird auf mechanischen oder hydraulischen Pressen durchgeführt. Die Preßkraft beträgt bis zu 5 MN, es sind aber auch Pressen bis 10 MN im Einsatz (Anon. 1968c). Es ist zu unterscheiden zwischen dem Formstempelziehen mit starrem Ziehstempel und dem Gesenktiefziehen mit starrem Gesenk. Je nach Formverfahren bestimmen Ziehstempel oder Gesenk die Innen- oder Außenform des Hohlkörpers. Das Ge-

genwerkzeug kann ebenfalls starr sein oder durch ein Wirkmedium, wie z. B. Wasser, Öl, Gummi, Polyurethan (Anon 1968c; *Sokolov* u. a. 1980) ersetzt werden, was für vorpräparierte Bleche von Bedeutung ist. Besonders bei Flüssigkeiten als Wirkmedium verbessert sich das Ziehverhältnis β und Ziehriefen werden praktisch ausgeschlossen. Um die Falten- und Zipfelbildung zu unterbinden, werden zwischen Niederhalter und Gesenk Rückhaltewulste angebracht, durch die das Blech vor der eigentlichen Umformung mehrfach gebogen wird. Durch das niederhalterlose Tiefziehen mit erweiterter Einzugsöffnung wird eine Verbesserung des Ziehverhältnisses erreicht. Die Einzugsform kann kegelig oder nach einer Tractrix-Kurve ausgebildet sein. Von Bedeutung für das Ziehergebnis ist neben der Werkzeuggeometrie die richtige Wahl der Niederhalterkraft. Eine Verbesserung der Duktilität und Beeinflussung der Zieh- und Stauchspannungen ist generell durch geeignete Ziehwerkzeuge möglich (*Blümel*, *Hartmann* 1983).

Der Stand der Umformtechnik gestattet in den meisten Fällen das Tiefziehen in mehreren Zügen (Anschlagzug und Weiterschlagzug). Das früher notwendige Zwischenglühen ist in der Emailindustrie nicht mehr üblich. Selbst Stahlblechbadewannen lassen sich mit nur einem Zug herstellen, wofür jedoch spezielle kokillenberuhigte Stahlmarken erforderlich sind. Die Anzahl der Züge kann aus dem Gesamtziehverhältnis β_{ges} abgeleitet werden. Als Groborientierung ist für $\beta_{ges,max} = d_0/d = \beta_1\ \beta_2 \ldots \beta_n$ bei StZT (Anschlagzug $\beta_1 = 1{,}5$ bis 2,0) ein Wert von etwa 4 anzunehmen.

Das mögliche Ziehverhältnis wird vor allem von den Werkstückabmessungen, den Werkstoffeigenschaften, der Werkzeugart, den Schmiermitteln sowie der Ziehgeschwindigkeit bestimmt, da der Werkstoff eine bestimmte Zeit zum Fließen benötigt. Als Richtwert hierfür wird von *Grüning* (1982) für Stahlblech 18 m min^{-1} angegeben (zum Vergleich: Nirosta 12, Aluminium 30 mmin^{-1}) Nach *Coupland* (1960) kann die Ziehgeschwindigkeit bei einem Flachkopfstempel größer sein als bei einem Rundkopfstempel.

Besonders beim Tiefziehen mit starren Werkzeugen ist auf saubere, schmutzfreie Bleche zu achten, weil sonst nicht nur die Oberfläche beschädigt, sondern auch der Werkzeugverschleiß erhöht wird. Die Werkzeugstandzeiten lassen sich durch Hartmetallbestückung (allerdings drei- bis fünffache Kosten) bis auf das 50fache steigern (*Böhne* 1962). Durch Einlagern von unterkühltem PTFE in hartverchromte und anschließend geätzte Werkzeugoberflächen sollen nach *Eikmeier* (1971) Kaltschweißungen verhindert und außerordentlich hohe Leistungen erreicht werden. Andererseits können für geringe Stückzahlen auch schnellverschleißende, billige Werkzeuge angebracht sein. So werden z. B. solche aus verdichtetem Holz (*Chauvelin* 1961) oder niedrigschmelzenden Legierungen (*Grainger* 1967) vorgeschlagen.

Beim Tiefziehen treten eine Reihe unerwünschter Erscheinungen und Fehler auf, von denen

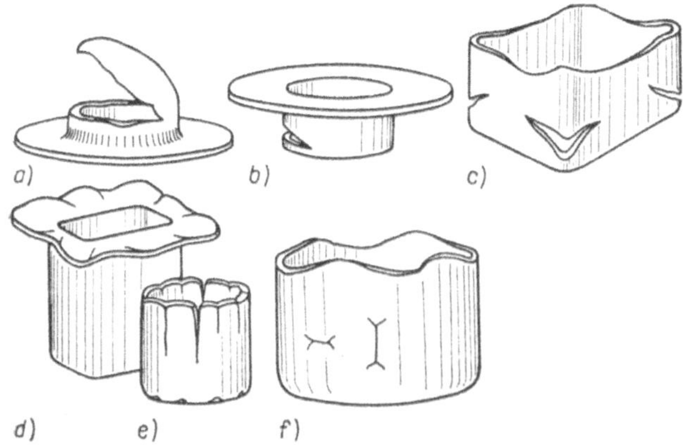

Bild 12.2. Fehler beim Tiefziehen (*Oehler* 1951)

a) Bodenreißer
b), *c)* Risse
d) Faltenbildung
e) verplättete Falten mit senkrechten Rissen
f) betonte Walzstrukturen

einige charakteristische in Bild 12.2 zusammengestellt sind (*Oehler* 1951). Bodenreißer (*a*) entstehen bei zu großem Ziehverhältnis, bei Auftreten von einseitigen Druckspuren durch falsche Lage des Stempels. Risse in der Nähe des Bodens (*b*, *c*) werden durch dicke Stellen oder zu engen Ziehspalt verursacht. Dabei neigen gering plastisch verformte Bereiche mehr zum Reißen als stark verformte (*Oehler* 1954). Zu geringer Niederhalterdruck führt zu Falten- und Zipfelbildung (*d*; nach *Feldmann* 1962 auch in Abhängigkit von der Kaltverformung), zu weiter Ziehspalt zu verplätteten Falten mit senkrechten Rissen (*e*). Betonte Walzstrukturen (*f*) mindern die Qualität des Erzeugnisses. Weniger häufig sind Fließfiguren und Knitterlinien.

12.1.2.4. Schmiermittel

Eine sachgemäße Schmierung ist bei der Kaltumformung von grundsätzlicher Bedeutung, vor allem beim Tiefziehen, Form- und Fließdrücken. Durch die Schmierung wird der Werkzeugverschleiß und die Reibung zwischen Werkzeug und Werkstück erheblich vermindert. Ferner werden Kaltschweißstellen vermieden und die Umformwärme herabgesetzt bzw. abgeführt.

Bei der Wahl der Schmiermittel (auch als Ziehhilfsmittel bezeichnet) ist bereits die später erforderliche Entfettung (s. Abschnitt 13.3.1.) und Emaillierung zu berücksichtigen. Schmier- und Entfettungsmittel müssen daher aufeinander abgestimmt und möglichst vom gleichen Hersteller bezogen werden.

Für das Tiefziehen sind Mischungen aus zähen Ölen und Fetten zweckmäßig, da dünnflüssige Schmierstoffe infolge der großen Flächenpressung meist weggedrückt werden. Tierische oder pflanzliche Öle und Fette sind am besten geeignet, weil sie bei der Blechvorbehandlung leicht und sicher zu entfernen sind. Gleitfördernde Pigmente dürfen das Emaillierergebnis nicht nachteilig beeinflussen. Von diesen Zusätzen (Kreide, Talkum, Glimmer, Graphit, Schwefel, Molybdändisulfid) kann besonders MoS_2 zu Blasen im Email führen (*Kyri* 1963), obwohl es als vorzüglicher Hilfsstoff im Schmiermittel anzusehen ist (*Reinert* 1961). Auch Borsäure kann infolge Mikrolochfraß Emaillierfehler hervorrufen (*Heidenbluth* 1978). Auswahl und Eigenschaften von Ziehmitteln für die Rohwareherstellung in Emaillierbetrieben werden von *Akstinat* (1971) ausführlich behandelt. Für Öle und Fette werden folgende Parameter empfohlen bzw. vom Hersteller (z. B. VEB Härtol) angegeben:

pH-Wert 7,0 bis 9,5
Jodzahl <100
Unverseifbares $<3\,\%$
Säurezahl $<0{,}5\,\%$
Verseifungszahlen[1]) 40 bis 60 bzw. 170 bis 280 mg KOH g^{-1}.

Für komplizierte Teile hat sich die Trokkenfilmschmierung (Seifengemische) bewährt (*Rault* 1973). Die in Wasser gelöste Seife wird durch Tauchen, Zerstäuben oder mittels Rollen in dünner Schicht auf das Blech aufgetragen, wo sie antrocknet. Nach *Clarke* (1961) ergibt ein derartiger Film eine sehr gleichmäßige Schmierung, soll jedoch nur für große Stückzahlen wirtschaftlich sein. Der Seifenfilm schützt vor Korrosion, behindert das Schweißen der tiefgezogenen Teile nicht und läßt sich durch milde alkalische Reinigung entfernen (*Wilson* 1960).

12.1.3. Schweißen

Die Konstruktionsgrundlagen der Schweißverbindungen wurden in Abschnitt 11.3.2. behandelt. Im folgenden werden die Schweißverfahren (TGL 14904) mit ihren Vor- und Nachteilen hinsichtlich des Emaillierergebnisses besprochen (s. auch *Ott* 1974). Eine Prinzipdarstellung der wichtigsten Schweißverfahren zeigt Bild 12.3.

12.1.3.1. Gasschweißen

Das Gasschweißen (Bild 12.3a) hat als ausgesprochene Handschweißung mit artgleichem Schweißgut in Acetylen-Sauerstoff-Flamme heute nur noch untergeordnete

[1])Niedrige Verseifungszahlen bewirken zwar gute Zieheigenschaften, aber schlechtes Reinigungsverhalten, und umgekehrt.

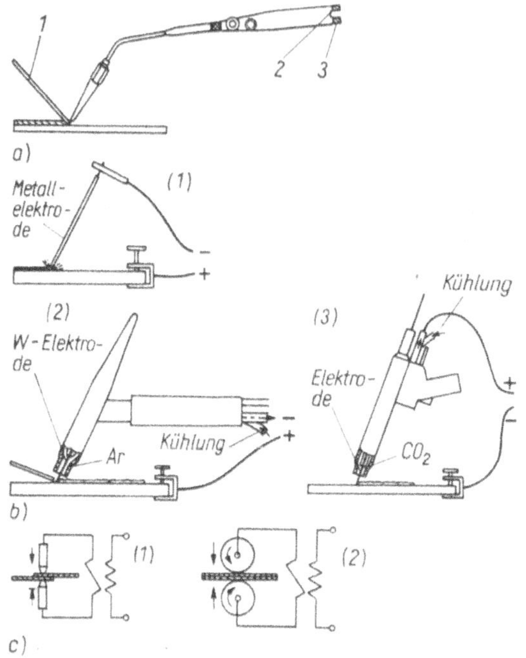

Bild 12.3. Prinzipdarstellung der Schweißverfahren (nach *Thieme*)
a) Gasschweißen
1, Schweißgut; *2* Acetylen; *3* Sauerstoff
b) Lichtbogenschweißen
(*1*) offenes Lichtbogenschweißen (E-Schweißen);
(*2*) WIG-Schweißen; (*3*) MAG-Schweißen
c) Widerstandsschweißen
(*1*) Punktschweißen; (*2*) Rollennahtschweißen

Bedeutung. Es wird bei Feinblechen angewendet. Bei unsachgemäßem Schweißen (reduzierende Flamme) kann es zu einer Aufkohlung der Schweißnaht und zu Emaillierfehlern kommen.

12.1.3.2. Lichtbogenschweißen

Das Lichtbogenschweißen (Bild 12.3b) ist im Apparate- und Behälterbau üblich, wobei dem Unterpulver-(UP)-Schweißen als Hochleistungsverfahren der Vorzug gegeben wird. Für das offene *E*-Schweißen (*1*) sind Elektroden mit basischer Umhüllung am besten geeignet. *Wachtmeister* (1961) verweist darauf, daß die Elektroden unbedingt trocken und das Schweißgut rostfrei sein müssen, weil sonst Wasserstoff in die Schweißnaht diffundiert und nach der Abkühlung zu Rissen neben der Naht oder zu Blasenbildung bei der Emaillierung führen kann. Fehlermöglichkeiten beim UP-Schweißen werden von *Ulmer, Haferkamp* (1961) besprochen. Bei Großbehältern kann es zweckmäßig sein, Schweißspannungen durch Glühen vor dem Emaillieren oder durch partielle thermische Nachbehandlung der Nähte zu beseitigen (*Kunz* 1963).

Von den Lichtbogenschweißverfahren unter Schutzgas werden für Feinbleche mitunter das WIG (Wolfram-Inertgas)- und das MAG (Metall-Aktivgas)-Schweißen unter CO_2 (*2*, *3*) genutzt. Nach *Amand* (1971) sollen jedoch Wolframelektroden sowie Schweißnähte mit höherem Si-Gehalt ungünstig sein. Die Zusammensetzung emaillierfähiger CO_2-Schweißnähte im Vergleich zum Blech zeigt Tabelle 12.1. Die für die Schweißnaht angegebenen Werte dürfen nicht überschritten werden.

Von *Marquart* (1976) wird über gute Emaillierergebnisse an plasmageschweißten Teilen berichtet. Werkstückverzug und Nahtüberhöhung sind gering. Das Umformverhalten der Schweißnähte, z. B. beim Nachrichten, wird als gut bezeichnet.

12.1.3.3. Widerstandsschweißen

Das Widerstandsschweißen (Bild 12.3c) ist das am häufigsten angewendete Verfahren zum Fügen von Feinblechteilen. Von den üblichen Varianten wird die Punktschweißung (*1*) den Emaillierbedingungen am wenigsten, die Rollennahtschweißung zwischen rollenförmigen Kupferelektroden (*2*), besonders bei

Tabelle 12.1. Zusammensetzung [in %] von CO_2-Schweißnähten im Vergleich zum Blech (*Dörfler* 1977)

	Schweißnaht	Blech
C	0,08	0,10
Mn	0,70	0,50
Si	0,50	Sp.
P	0,02	0,05
S	0,02	0,05

gleichzeitiger Verquetschung, am besten gerecht. Die Schweißparameter (Preßkraft, Schweißstrom, Schweißdauer bzw. Vorschubgeschwindigkeit) sind auf den Totalwiderstand im Schweißkreis abzustimmen. Mit dem C- und Si-Gehalt des Stahls nimmt der spezifische elektrische Widerstand zu. Der Kontaktwiderstand ist von der Blechoberfläche und der Sauberkeit der Elektroden abhängig.

Für die Rollennahtschweißung ist nach TGL 23035 die Oberflächenausführung A3 nur bedingt geeignet. Neben anderen Einflußfaktoren müssen Abmessung und Temperatur der Elektroden konstant gehalten werden. Die Elektroden werden daher i. d. R. mit Wasser gekühlt. Eine ständige Verschleißkontrolle ist erforderlich. Die Rollenbreite ist üblicherweise $b \approx 5\,d_M$, wobei die Überlappung der Naht nur max. $3\,d_M$ sein soll, um eine gute Kantenverschweißung der Bleche zu erzielen. Für die *DWE* sind besonders exakte, saubere Nähte wichtig (*Brasher* 1971). Die Nähte sind erforderlichenfalls durch Verdichten oder Schleifen zu glätten.

Bei der Punktschweißung ist der Punktdurchmesser $d \approx 5\sqrt{d_M}$ einzuhalten. Die Lage der Schweißlinse läßt sich innerhalb des Querschnitts durch unterschiedlichen Elektrodenwiderstand beeinflussen (Anon. 1977b).

Das Buckelschweißen ist eine Widerstandsschweißung über vorgefertigte Buckel oder Warzen mit großflächig angepaßter Kupferelektrode. Es wird beim Aufschweißen von Laschen, Beschlägen oder Griffen angewendet.

12.2. Formgebung von Gußeisen

Für die Herstellung von emallierfähigen Gegenständen aus Gußeisen gelten zunächst die allgemeinen Bedingungen der Form- und Gießtechnologie (Urformverfahren). Die spezielle Forderung besteht in der Erzeugung eines optimalen Gefüges (s. Abschnitt 10.2.4.). Diese Forderung liegt den folgenden Ausführungen zugrunde, wobei im wesentlichen die Kenntnisse der Gießereiprozeßtechnik vorausgesetzt werden.

12.2.1. Formverfahren

Zur Vermeidung von Fremdeinschlüssen und Hohlräumen in der Randzone ist es zweckmäßig, die zu emaillierenden Flächen beim Abguß nach unten zu legen, was jedoch nur bei horizontal geteilten Formen möglich ist. Den Formstoffeinfluß auf Hohlräume im Gußeisen behandelt *Göbbels* (1958).

Beim Gießprozeß können besonders in Naßgußformen (Grüngußformen) schalenförmige Abhebungen (Schülpen) entstehen, die im Gußstück eingeschlossen werden. Zur Vermeidung von Schülpen, Penetration oder Anbrennen des Formstoffes am Gußstück und zur allgemeinen Verbesserung der Gußoberfläche werden vor allem Sandformen geschlichtet. Hierzu dienen u. a Koksmehl, Graphit, Talkum oder Zirkonmehl in wässeriger oder alkoholischer Suspension. Derartige Schlichten werden in einer Dicke von 0,3 bis 1 mm auf die Formoberfläche aufgebracht. Nach *Buciewicz*, *Pawlowska* (1981) wirken sich kohlehaltige Formschlichten günstig auf die Emaillierfähigkeit aus.

Für die Gefügeausbildung, besonders in der Randzone, ist die Art des Formverfahrens von großer Bedeutung. Je schneller die Wärmeableitung beim Gießen erfolgt, um so stärker ist die Ausbildung einer Randzone mit hohem Anteil an gebundenem Kohlenstoff. Die Abkühlgeschwindigkeit für einige Formverfahren ist aus Tabelle 12.2 ersichtlich. Die Wärmeableitung hängt im wesentlichen von der Art des Formstoffs, seinem Verdichtungsgrad und dem Feuchtegrad ab. Von besonderem Einfluß ist der Wassergehalt bei Naßgußformen, der eine schnelle Abkühlung des Eisens zur Folge hat.

Die Formverfahren lassen sich nach drei Generationen ordnen (Tabelle 12.3), deren Anwendung auch in Zukunft hauptsächlich vom Verwendungszweck abhängen wird.

12.2.1.1. Verfahren mit tongebundenen Formstoffen (1. Generation)

Tongebundene Formstoffe werden z. Z. noch am häufigsten verwendet. Die Herstellung der Formen für Naß- oder Trockenguß ist gleich. Naßgußformen besitzen nur eine

Tabelle 12.2. Abkühlungsgeschwindigkeit des Gußeisens (in K min^{-1}) bei verschiedenen Formverfahren (Messung an einem 25-mm-Probestab; *Murton, Buhr* 1976)

Temperaturbereich in °C	CO_2-Form	Grünsandform	Vakuumform	
			Quarzsand	Zirkonsand
1190...1170 (oberhalb Eutektikum)	4,0	4,0	3,33	2,86
1170...1140 (Durchgang Eutektikum)	0,29	0,27	0,20	0,18
1190...1090 (Mittelwert)	0,79	0,72	0,51	0,46

Tabelle 12.3. Wichtigste Merkmale der drei Generationen von Formverfahren nach *Wittmoser* (1976; Auszug)

Merkmale	1. Generation	2. Generation	3. Generation
Formverfestigung	mechanisch	chemisch	physikalisch
Formbarkeit	gering	mäßig	sehr gut
Zerfallsneigung	gering	ausreichend	sehr gut
Anlagen	kompliziert	kompliziert	einfacher
Wartung	schwierig	schwierig	leicht
Platzbedarf	groß	mittel	gering
Ausleeren und Putzen	schwierig	mittel/schwierig	sehr leicht
Lärm	stark	mittel/gering	kaum
Geruch	gering	stark	gering
Vibration	stark	gering	gering
Staub	stark	stark	mittel/gering

begrenzte mechanische Festigkeit; Formen für Großguß werden bei 300 bis 400 °C langsam getrocknet, was neben einer Festigkeitssteigerung eine verringerte Wärmeableitung beim Gießen und damit eine emailtechnisch günstige Gefügeausbildung bewirkt.

Als Formgrundstoff werden vorzugsweise aufbereitete (»synthetische«) Quarzsande, seltener tonhaltige Sande, verwendet. Aufbereitete Sande sind zu bevorzugen, weil sie eine höhere Gasdurchlässigkeit des Formstoffs (50 bis 120 Gd-Einheiten nach TGL 14317/03) bei niedrigem Wassergehalt (2,5 bis 4 %) aufweisen. Als Formstoffbindemittel wird meist Betonit, z. T. auch kaolinitscher oder illitischer Ton in entsprechender Kombination, eingesetzt. Die wesentlichen Formstoff-Zusatzstoffe sind Steinkohlenstaub (3 bis 8 %) und Wasser (2,5 bis 8 %). Zu beachten ist, daß der mit dem Kohlenstaub eingeführte Schwefel das Eisencarbid in der Gußeisenrandzone stabilisiert (*Holm, Schneider* 1954) und ferner »Kastenrost« hervorrufen kann (*Steinkamp* 1964). Bei Wassergehalten über 6 % besteht starke Neigung zur Schülpen- oder Zementitbildung (*Knipp* 1961).

Der Altsand wird nach Aufbereitung und Zusatz von Neusand und Bindemittel wiederverwendet. Durch Anreicherung mit thermisch zersetztem Ton kommt es nach *Hofmann* (1966) zu Penetrationserscheinungen an der Gußoberfläche, die zur Nadelstichbildung führen können (*Pidgeon* 1963).

Die Herstellung der Gießformen erfolgt bei Einzel- oder Großstückguß durch Handformerei mit Modellen oder Schablonen, Verwendung von Formkästen und Einzel-Formmaschinen. Für Großserien sind automatische Formaggregate mit oder ohne Formkästen üblich. Hier ist ein Verdichtungsdruck von 1,5 MPa und mehr (konventionell etwa 0,5 MPa) erforderlich. Derartige Hochdruckpreßautomaten (Disamatic) werden besonders für dünnwandige Teile eingesetzt. Ungünstig ist bei diesem Verfahren neben Penetrationserscheinungen die schnelle Abkühlung der Gußstücke in der Form, die zu bevorzugter Perlitbildung führt. Von *Ermisch* (1983) wurden die Probleme der Emaillierung von Disamatic-Gußteilen untersucht und eine gute Emaillierfähigkeit bei Einhaltung eines Sättigungsgrades von 1,06 bis 1,07 gefunden.

12.2.1.2. Verfahren mit chemisch gebundenen Formstoffen (2. Generation)

Diese Verfahren sind hier nur von untergeordneter Bedeutung. Das Zementsandformverfahren (7 bis 10 % Zement, 5 bis 9 % Wasser) wird gelegentlich für Großgußformen verwendet.
Das Wasserglas-CO_2- und die Phenolharz-Härterverfahren sind für die Kernherstellung von Interesse, wobei das erstgenannte eine bessere Emaillierfähigkeit ergibt. Besonders die kalthärtende Phenolharzbindung bewirkt eine Aufkohlung der Gußrandzone, die zu verstärkter Gasentwicklung beim Emaillieren führt (*Schmalenbach* 1982). Nach dem Maskenformverfahren (*Croning*-Verfahren) werden sowohl Kerne als auch Formen (Sand mit 4 bis 6 % Kunstharz, bei 300 °C ausgehärtet) hergestellt. Die Emaillierfähigkeit von Maskenformguß ist gut, was auch *Knipp* (1961) bestätigt.

12.2.1.3. Verfahren mit physikalisch verdichteten Formstoffen (3. Generation)

Zu diesen Verfahren gehört neben dem Vollformgießen (Schaumstoffmodelle) das japanische Vakuumformverfahren (z. B. *Schneider* 1973). Hierbei wird die Verdichtung durch einen Unterdruck von 0,05 MPa zwischen dünnen Kunststoffolien erreicht, analog dem Prinzip einer Vakuumverpackung. Bild 12.4 zeigt die wichtigsten Verfahrensstufen. Wegen des geringen Formsandverlustes ist anstelle von Quarzsand u. a. auch der Einsatz von Zirkonsand möglich.
Die wesentlichsten Vorteile des Vakuumformverfahrens sind einfache Anlagentechnik, geringe Formstoffkosten, minimale Nachbehandlung, große Maßhaltigkeit, hohe Oberflächengüte der Gußteile sowie Umweltfreundlichkeit (Zirkonsand!). Die geringe Abkühlgeschwindigkeit des Eisens in der Form gewährleistet eine gleichmäßige, optimale Gefügeausbildung. Es sind daher

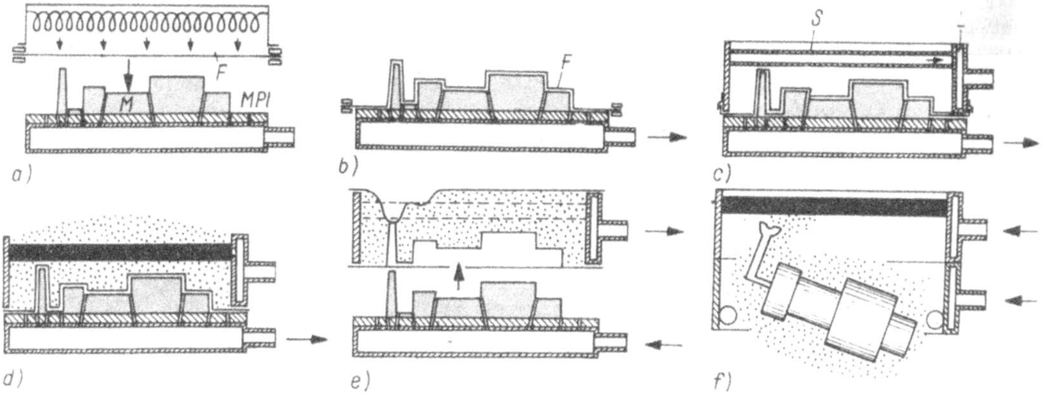

Bild 12.4. Schematische Darstellung der Arbeitsstufen des Vakuumformverfahrens (nach *Schneider* 1973)

a) Auflegen der Folie *b*) Ansaugen der Folie *c*) Aufsetzen des Spezial-Formkastens (Oberkasten) *d*) Formfüllung mit binderfreiem Sand *e*) Abheben des Oberkastens *f*) Entleeren des kompletten Formkastens

M	Modell	S	Saugrohr	F	Folie
MPl	Modellplatte mit Vakuumkasten	L	Luftkanal		

Sättigungsgrade $<1{,}0$ möglich, was sich ohne Beeinträchtigung der Emaillierfähigkeit auf die Festigkeit positiv auswirkt (*Schmalenbach* 1982). An Probekörpern von 25 mm Wanddicke wurden von *Narutaki* u. a. (1975) bis zu 0,5 mm breite ferritische Randzonen festgestellt.

Über den Stand des Vakuumformverfahrens, die erforderliche Anlagentechnik und Betriebserfahrungen berichtet *Engels* (1980). Auf Grund der genannten Vorzüge ist mit einer zunehmenden Verbreitung auch für die Herstellung emaillierfähiger Graugußteile zu rechnen.

12.2.2. Gießprozeß

Für das Gießen von Kleinteilen werden Hand-, Gabel- oder Hängegießpfannen verwendet. Derartige Gießeinrichtungen haben relativ geringe Leistungen (max. 6 bis 15 kg s^{-1}) und den Nachteil, daß die aufschwimmende Schlacke nicht restlos zurückgehalten werden kann. In modernen Gießereien werden beheizte Gießautomaten (Gießöfen) mit Boden- oder Siphonentleerung verwendet (Bild 12.5). Das ausfließende Eisen ist somit schlackenfrei und besitzt auf Grund der meist induktiven Beheizung eine konstante Gießtemperatur. Die Gießleistung beträgt bis 40 kg s^{-1}.

Dünnwandige Teile müssen zur Gewährleistung einer guten Formfüllung heiß vergossen werden, wodurch jedoch eine festhaftende poröse Gußhaut entstehen kann. Eine zu schnelle Abkühlung des Eisens in Formecken kann zur Weißerstarrung (Zementitbildung) führen. Die kritische Gießzeit zur Vermeidung von Sandausdehnungsfehlern bei tongebundenen Formstoffen läßt sich nach *Krützner, Hill* (1966) auf der Grundlage des Schülpendigramms von *Patterson, Boenisch* (1964) ermitteln. Bei Vakuumformen ist eine schnelle Formfüllung erforderlich, die nach *Engels* (1980) gegenüber Naßgußformen mit gleichem Anschnittsystem eine etwa doppelte Gießgeschwindigkeit voraussetzt.

12.3. Formgebung von Aluminium

Die Blechumformung von Aluminium erfolgt sinngemäß wie bei Stahl. Die Umformbedingungen sind besonders bei Reinaluminium sehr gut. Die Ziehgeschwindigkeit kann doppelt so hoch sein wie bei Stahlblech; für das zusammensetzungsbedingte Umformverhalten von Al-Blechen siehe *Falkenstein* u. a. (1983).

Die Formgebung von aluminiertem Stahlblech ist dagegen – mit Ausnahme des Biegens – problematischer. Hinweise zur Umformung und Schweißung gibt hierzu *Armstrong* (1964). Beim Tiefziehen sind Verfahren mit hydraulischen oder plastischen Wirkmedien am besten geeignet, weil dabei die Aluminiumschicht nicht verletzt wird.

Für Gußstücke aus Aluminium und seinen Legierungen werden analog den Formen für Gußeisen tongebundene Formstoffe verwendet, wobei als Formgrundstoff aufbe-

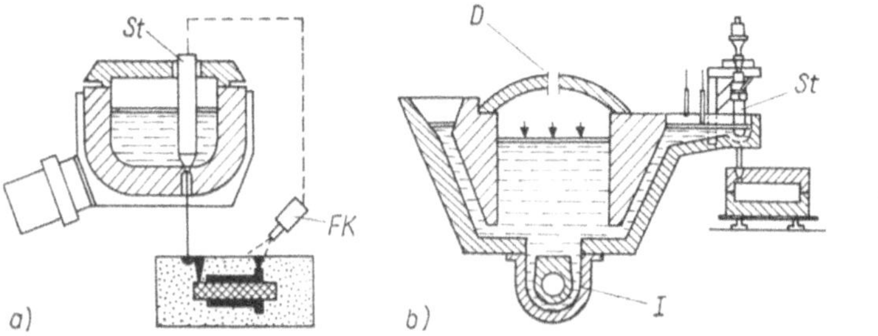

Bild 12.5. Ausführungsbeispiele induktiv beheizter Gießautomaten (nach *Spur, Stöfferle* 1981)

a) Stopfenstangenentleerung *b*) Pneumatische Siphon- und Stopfenstangenentleerung

St Stopfenstange D Druckluft

Fk Formfüllungskontrolle I Induktor

reitete Quarzsande bevorzugt werden. Für größere Stückzahlen und hohe Formgenauigkeit kommt auch der Niederdruck-Kokillenguß in Betracht. Die infolge der hohen Abkühlgeschwindigkeit entstehende schmale feinglobulare Gefüge-Randschicht wirkt sich in diesem Falle auf das Emaillierergebnis nicht nachteilig aus.

Schweißen, sowohl von Knetwerkstoffen als auch von Gußlegierungen aus Aluminium, ist möglich. Üblich sind Schmelzschweiß- und Preßschweißverfahren. Die Schweißverfahren müssen jedoch der Aluminiumsorte angepaßt sein. Bei offenem Schmelzschweißen ist die Anwendung entsprechender Flußmittel erforderlich, um Oxydationserscheinungen zu verhindern. Die handelsüblichen Flußmittel bestehen hauptsächlich aus Chloriden (hygroskopisch) oder Fluoriden (nichthygroskopisch). Die hygroskopischen Flußmittel werden vorzugsweise für Reinaluminium verwendet. Bei AlMg-Legierungen nimmt die Schweißeignung infolge erhöhter Oxydationsneigung und Porosität ab. Von *Reinsch* (1960) wird, besonders für geringe Blechdicken, auch das atomare Lichtbogenschweißen (Arcatom) empfohlen, das bei höheren Mg-Gehalten allerdings ungeeignet ist.

Preßschweißverfahren sind wegen der erforderlichen höheren Festigkeitsanforderung nur bei härtbaren Al-Legierungen ohne Einschränkung anwendbar. Von *Wilkens* (1964) wird ein Verfahren beschrieben, das beim Preßschweißen den Schweißvorgang mittels Ultraschallprüfköpfen überwacht.

Beim Widerstandsschweißen ist eine Vorbehandlung der Schweißstelle notwendig, um einen gleichmäßigen Übergangswiderstand zu sichern.

Prozeßaspekte des Emaillierens

13
Metallvorbehandlung

Die Vorbehandlung der metallischen Grundwerkstoffe ist für das Emaillierergebnis von besonderer Bedeutung. Ihr wichtigstes Ziel ist die Metallreinigung. Die zu entfernenden Verunreinigungen bestehen im allgemeinen aus Korrosionsprodukten (Rost und Zunder), aus Ölen, Fetten und Schmiermitteln (Ziehmitteln) oder aus locker anhaftenden Metall- und Staubteilchen. Darüber hinaus dient die Vorbehandlung der Verbesserung der Haftfestigkeit des Emails durch Aufrauhung der Metalloberfläche oder Erzeugung einer dünnen Nickelauflage. Weitere Prozeßstufen tragen speziellen Emaillierverfahren Rechnung.

An dieser Stelle wird nur die Vorbehandlung der wichtigsten Metalle, Stahl, Gußeisen und Aluminium besprochen. Eine allgemeine Übersicht (Bild 13.1) zeigt, daß die chemischen Verfahren je nach Taktzeit, Wirkungsgrad oder Konzentrationsgefälle mehrfache Vorbehandlungsstufen (Zonen) aufweisen. Das gilt bereits für die Behandlung von Stahlblech im konventionellen Emaillierprozeß, in viel stärkerem Maße aber für spezielle Emaillierverfahren (*DWE*, *ETE*), die weit kompliziertere Vorbehandlung erfordern. Das neue »Liberty Coat«-Verfahren, bei dem die Rohware lediglich entfettet und passiviert wird, macht in ökologischer und ökonomischer Hinsicht eine Ausnahme; daher wird seine Weiterentwicklung empfohlen (*Hoens* 1982).

Die chemischen Verfahren werden vorzugsweise für die Vorbehandlung von Stahlblech und Aluminium eingesetzt, während die thermischen und mechanischen Verfahren bei Gußeisen und Grobblechen angewendet werden.

Eine zusammenfassende Darstellung der Oberflächenvorbehandlung gibt *Machu* (1957), einen neueren Fortschrittsbericht *Benninghoff* (1984), für die *DWE* *Wratil* (1985).

13.1. Wissenschaftliche Grundlagen wichtiger Vorbehandlungsprozesse

Die wissenschaftlichen Grundlagen der Metallvorbehandlung werden in diesem Rahmen für die chemischen Verfahren (Entfetten, Beizen, Vernickeln) zusammengefaßt dargestellt. Bezüglich der Glühvorbehandlung wird auf die in den Abschnitt 4.1. und 4.4. behandelten Grundlagen verwiesen.

13.1.1. Grundlagen der Entfettung

Bei der Entfettung ist zwischen Lösungsmittel-, Emulsions- und alkalischer Reinigung zu unterscheiden. Ihnen liegen unterschiedliche Entfettungsmedien und Vorgänge zugrunde.

Bei der Lösungsmittelentfettung werden physikalisch adsorbierte (nicht aber chemisorptiv gebundene) Öle und Fette durch stark fettlösende chlorierte flüssige oder dampfförmige Kohlenwasserstoffe in Lösung gebracht und molekular verteilt. Für reine Fette und Öle sind z. B. Trichlorethylen, Tetrachlorethylen oder Tetrachlorkohlenstoff geeignet (s. z. B. *Lohmeyer* 1985).

Die Emulsionsentfettung beruht auf der Emulgierung öliger Rückstände in Kohlenwasserstoffgemischen unter Zusatz oberflächenaktiver Substanzen (Emulgatoren). Der Vorgang ist ein kolloidchemischer Prozeß.

Die alkalische Entfettung wirkt nach Angaben bei *Knauschner* u. a. (1983) kaum noch durch eine Verseifung, sondern auf Grund geringerer *p*H-Werte (7 bis 12) hauptsächlich auch durch Emulgieren. Dabei werden als Emulgatoren (Peptisatoren, Netzmittel) oberflächenaktive Stoffe in Form von Tensiden eingesetzt, die nicht nur die Peptisation von Fetten, sondern auch von anderen Schmutzteilchen unterstützen; ihr Schmutzabtragevermögen ist in Alkaliphosphatlösungen besonders groß. Tenside sind meist langkettige organische Verbindungen, wie z. B. Salze von Alkalicarbonsäure, -sulfonsäuren, Stearinsäure, Oleinsäure usw., die einen lipophilen (an Fett anlagernden) und einen hydrophilen (an Wasser anlagernden) Molekülteil besitzen.:

$$\mathrm{R{-}OCONa} \rightarrow \underset{\text{lipophil}}{\mathrm{R}}{-}\underset{\text{hydrophil}}{\mathrm{COO^-}} + \mathrm{Na^+}$$

Durch die Anlagerung werden die Fetttröpfchen gleichsinnig geladen und stoßen sich gegenseitig ab, wodurch die Emulsion stabilisiert wird. Die Tröpfchengröße soll $<5\,\mu m$ betragen, andernfalls scheidet sich das Öl auf dem Bad ab.

Man unterscheidet anionenaktive, kationenaktive und nichtionogene Tenside. Sie setzen die Grenzflächenspannung Öl/Wasser von $20\,mN\,m^{-1}$ auf $0{,}1\,mN\,m^{-1}$ herab (*Löffel* 1963). Für die alkalische Reinigung sind anionenaktive Tenside am effektivsten, wie

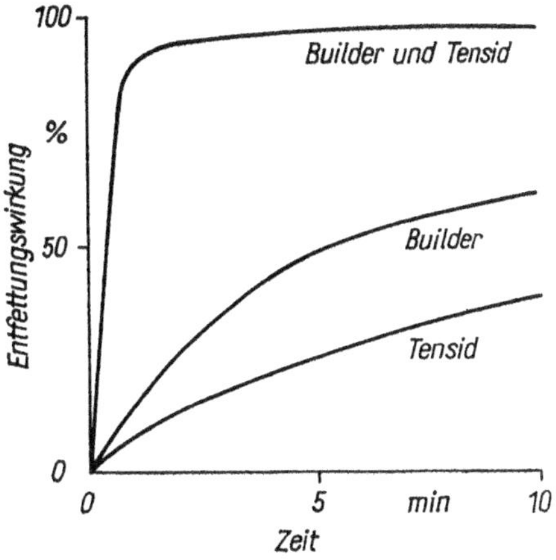

Bild 13.2. Entfettungswirkung von Tensiden, Buildern und ihren Kombinationen (*Heidenbluth* 1978).

Tabelle 13.1. Einfluß der Reinigerbestandteile (nach *Lutter* 1975)

Eigenschaft	Anorganische Salze	Oberflächenaktive	Grenz-Netzmittel	Organische Zusatzmittel
Benetzung	—	×	×	—
Emulgierung	(×)	—	×	—
Dispergierung	×	×	×	×
Verseifung	×	—	—	×
Schmutzabtragevermögen	×	×	×	×
Wasserenthärtung	×	—	—	—
Alkalireserve	×	—	—	—
Puffervermögen	×	—	—	×
Oberflächenaktivierung	×	—	—	×

× wirksam — nicht wirksam

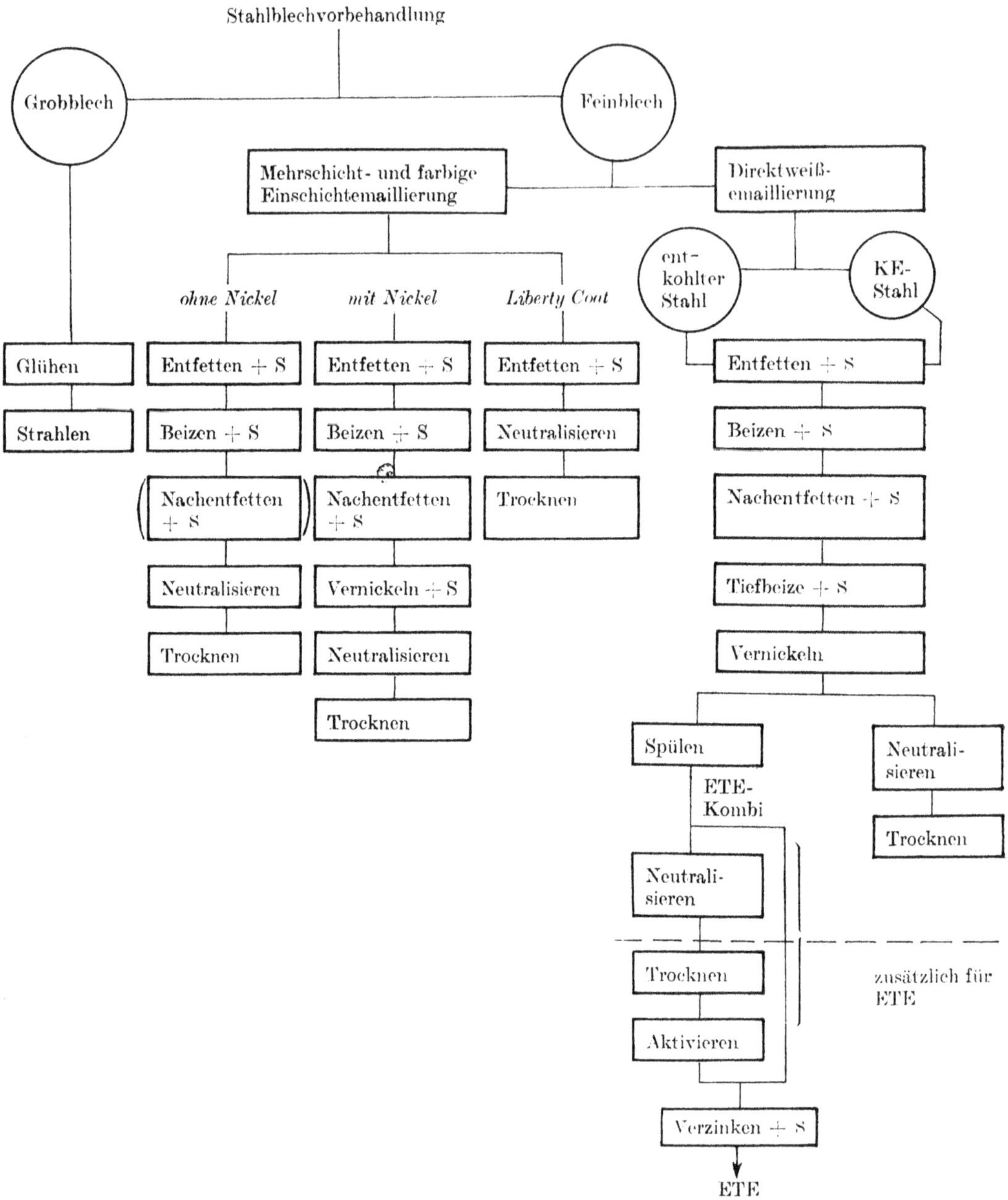

Bild 13.1. Übersicht über die Vorbehandlungsverfahren S Spülen

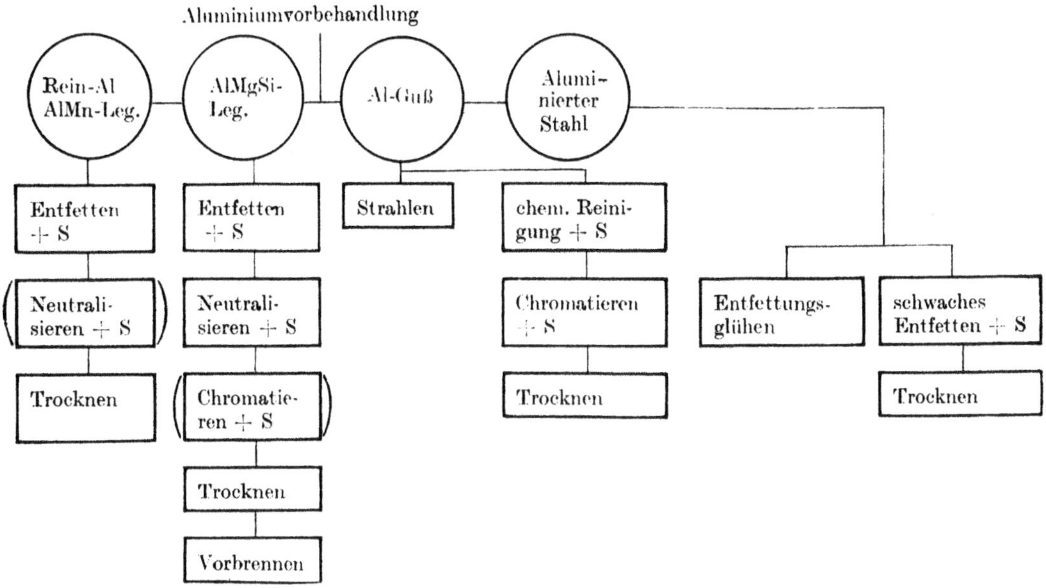
Aluminiumvorbehandlung
Rein-Al AlMn-Leg.
AlMgSi-Leg.
Al-Guß
Aluminierter Stahl
Entfetten + S
Neutralisieren + S
Trocknen
Entfetten + S
Neutralisieren + S
Chromatieren + S
Trocknen
Vorbrennen
Strahlen
chem. Reinigung + S
Chromatieren + S
Trocknen
Entfettungsglühen
schwaches Entfetten + S
Trocknen

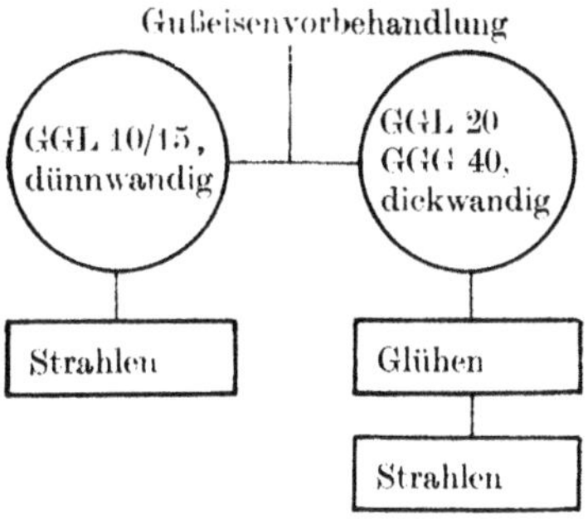
Gußeisenvorbehandlung
GGL 10/15, dünnwandig
GGL 20 GGG 40, dickwandig
Strahlen
Glühen
Strahlen

die Kinetik der Entfettung zeigt (Bild 13.2). Die Wirkung der Entfettungsmittel wird durch Erwärmung und Bewegung gefördert.
Der Einfluß der Reinigerbestandteile auf die Reinigungsvorgänge ist in Tabelle 13.1 zusammengestellt.

13.1.2. Grundlagen des Beizens von Stahlblech

Reaktionen zwischen Metall und wäßerigen (neutralen, sauren oder alkalischen) aggressiven Lösungen sind generell in die Korrosionsvorgänge einzuordnen (allg. Literatur: *Uhlig* 1970; *Rahmel, Schwenk* 1977; *Schatt* 1981). Sie vollziehen sich unter Masse- und Ladungsübergängen und sind daher elektrochemische Prozesse mit anodischer und katodischer Elektrodenreaktion (Redoxreaktion). Entscheidend für ihren Ablauf sind neben dem pH-Wert des Korrosionsmediums das vorliegende Redox-System und die elektrochemischen Potentiale.
Letztere entsprechen in der Praxis nicht den tabellierten thermodynamischen, für reine Metalle geltenden Normalpotentialen. Die Ausbildung eines positiven Potentials wird als Passivität bezeichnet und ist z. B. auf Sauerstoffschichten zurückzuführen. Eine Passivierung kann durch Behandlung mit Oxydationsmitteln oder durch Inhibitoren erzielt werden.
Die Beseitigung von Rost und Zunder beruht hauptsächlich auf der kontinuierlichen chemischen Auflösung der Eisenoxide vorwiegend in Mineralsäuren; dabei wird Fe_2O_3 langsamer gelöst als Fe_3O_4 bzw. »FeO«. Der gleichzeitige Angriff der Säure durch Poren und Risse hindurch auf das Metall führt zur Bildung eines Lokalelements, z. B. Fe|»FeO«| HCl an der Phasengrenze (*Wever, Engell* 1956; *Kunze* 1969, 1970; *Thiele, Frisch* 1977). Nach dem Modell Bild 13.3 diffundieren nach Oxydation des Fe zu Fe^{2+} die freiwerdenden Elektronen in den nichtstöchiometrischen Zunder, wo sie Fe^{3+} zu Fe^{2+} reduzieren, das mit dem übrigen Fe^{2+} in Lösung geht (geschwindigkeitsbestimmender Schritt der Entzunderung). Eine H_2-Entwicklung erfolgt also so lange nicht, wie noch Eisenoxid vorhanden ist. Damit verliert die oft geäußerte Ansicht, daß der Zunder durch entstehenden Wasserstoff abgesprengt wird, ihre Beweiskraft (*Espenhahn* u. a. 1976).
Für die Auflösungsgeschwindigkeit in Säure gilt nach *Balezin* (zit. bei *Ertel* 1966)

$$v = k\, a^n \tag{13.1}$$

a H-Ionen Aktivität
n »Angriffsvermögen« (abhängig von Säurestärke).

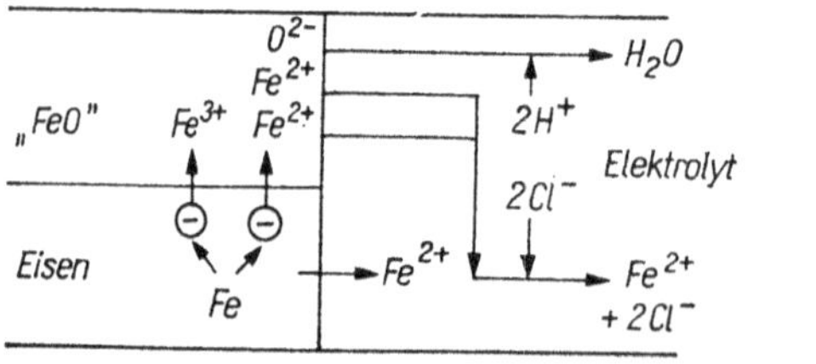

Bild 13.3. Lokalelement Fe|»FeO«|HCl nach *Wever, Engell* (1956)

Inhomogenitäten, wie Zementit, Graphit, Phosphor, Schwefel, Mangan wirken durch Elementbildung stark korrosionsfördernd, andere Beimengungen (Cr, Ni Cu, Mo, Zn) dagegen hemmend (Bild 13.4; *Litvinova* 1969; *Oliver, Rahn* 1970; *Bühler* u. a. 1975; *Riecke* u. a. 1975). In Gegenwart von Eisen(III)-sulfat soll sich der Einfluß der Eisenbegleiter jedoch nicht stark auswirken (*Delott* 1967). Oberflächenrauhigkeit, Temperaturerhöhung

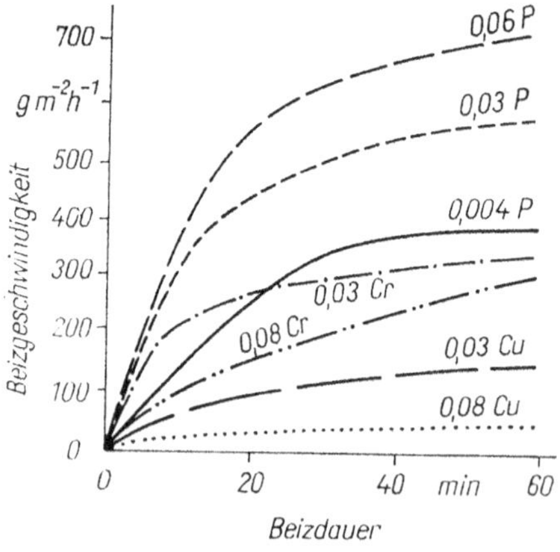

Bild 13.4. Beizgeschwindigkeit verschiedener Stähle in Abhängigkeit vom Gehalt an Phosphor, Chrom und Kupfer (*Bühler* u. a. 1975)

und Erniedrigung des pH-Wertes führen zur Verstärkung des Angriffs; bei spannungsfrei geglühtem Material ist die Korrosion geringer als bei ungeglühtem. Der Beizabtrag nimmt mit der Beizdauer zu, mit dem Gehalt an $FeSO_4$ in der Beizlösung ab (Bild 13.5). Die starke Beizwirkung in H_2SO_4 in Gegenwart von H_2S beschreiben *Dietzel* u. a. (1985). Unterschiede im Beizverhalten der Bleche können auch in der Ausbildung einer vom Walzen herrührenden »Störschicht« begründet sein.

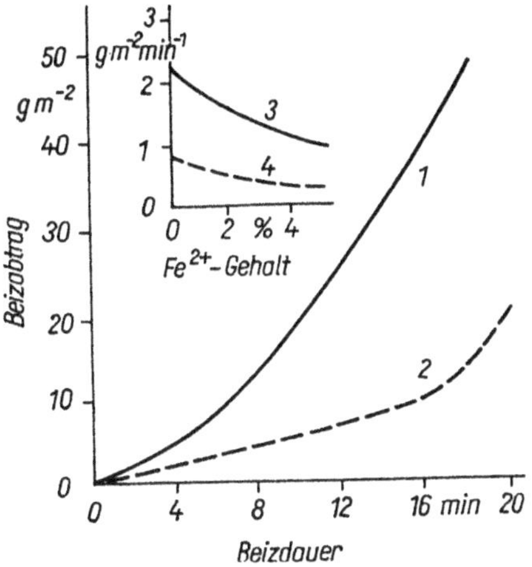

Bild 13.5. Beizverhalten von entkohltem Stahlblech
1 9 % H_2SO_4, 70 °C (nach *Clay, Jamieson* 1967); *2* 7 % H_2SO_4, 70 °C (nach *Rahn* u. a. 1961)
Zusatzdiagramm: Beizgeschwindigkeit in Abhängigkeit von der Konzentration an H_2SO_4 und Fe^{2+}
3 9 % H_2SO_4; *4* 5 % H_2SO_4

Eine selektive Beizwirkung zur optimalen Oberflächenaufrauhung wird durch die vorgenannte Korrosionselementbildung und die Anwendung spezieller Säurezusammensetzung erreicht. So ist der besondere Effekt der Salpetersäurebeize schon seit langem bekannt (z. B. *Pollak* 1953; *Petzold, Lange* u. a. 1957). Eine chemische Aktivierung durch Zusatz von stark oxydierenden Verbindungen ($NaNO_3$, $K_2Cr_2O_7$, $KMnO_4$, H_2O_2, Ozon) zur Beizsäure führt zu spezifisch aufgerauhten Blechoberflächen (*Stalter, McKulla* 1962; *Savin* u. a. 1967 a; *Pevzner, Litvinova* u. a. 1972; *Sawin, Barinow* 1973).

13.1.3. Theorie der Beizinhibition

Eine Reaktion der Säure mit dem Metall kann i. d. R. durch Zusatz von Inhibitoren zum Beizbad möglichst gering gehalten werden. Allerdings wird dadurch die Auflösung des Zunders etwas gehemmt (*Espenhahn* u. a. 1976), ohne daß der Beizmechanismus grundlegend geändert wird (*Kunze* 1970). Die Palette der Inhibitoren umfaßt z. B. mehrwertige Alkohole, organische Stickstoff- und Schwefelverbindungen, insgesamt Moleküle mit besonders elektronenreichen oder -armen Gruppen sowie Doppel- und Dreifachbindungen; zur Definition und Klassifizierung von Inhibitoren siehe *Fischer* (1972).
Bei guten Inhibitoren wird eine Schutzwirkung schon bei geringen Konzentrationen erreicht (Bild 13.6). Die Wirksamkeit nimmt mit der Molekülgröße und steigender Temperatur zu (*Titakova* u. a. 1980). Inhibitorgemische sind oft besser als ein Inhibitor allein. Der Schutzwert eines Inhibitors ist am blanken Metall anders als am oxydierten, weil hier elektrochemische Wechselwirkungen zwischen Oxid und Metall hinzukommen (*Kunze* 1970).

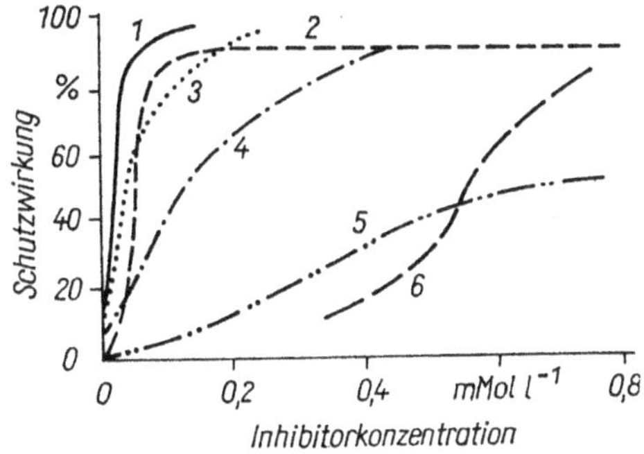

Bild 13.6. Schutzwirkung verschiedener Inhibitoren
1, 2 Trithione
3 Diphenylthioharnstoff
4 Diethylthioharnstoff
5 Thioharnstoff
6 Dibenzylsulfoxid

Zur Inhibitorwirkung gibt es verschiedene Theorien. Als gesichert dürfte gelten, daß eine Adsorptionsschicht auf dem Metall unter der Voraussetzung entsteht, daß der Inhibitor eine entsprechende Ladung aufweist und gewisse sterische und bindungsmäßige Bedingungen erfüllt sind. Für eine solche Adsorption gilt für Trithione dann nach *Lüttringhaus, Goetze* (1952) z. B. folgendes Schema:

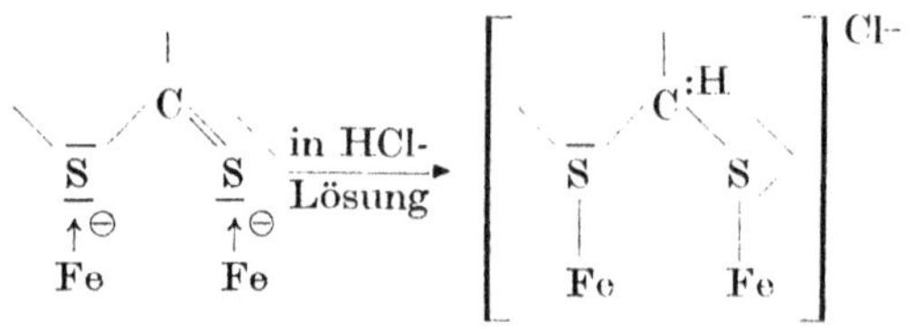

Durch Elektronenaustausch und Übergang in ein mesomeres System wird eine direkte Bindung zwischen Inhibitor und Eisen geschaffen. Die Adsorptionsschicht blockiert den Zugang der Säure zur Metalloberfläche und hemmt die Auflösung. Eine Beziehung zwischen Bedeckung und Schutzeigenschaften haben *Rešetnikov* u. a. (1980) abgeleitet.

Die Inhibitorwirkung wird auf eine Reihe unterschiedlicher Mechanismen zurückgeführt, die im einzelnen von *Fischer* (1955, 1974); *Ertel* (1966); *Kunze* 1970) und *Antropov* (1977) erörtert werden.

13.1.4. Grundlagen der elektrochemischen Vernickelung

Die Vernickelung speziell für die Direkt-Weißemaillierung erfolgt entweder durch stromlose Nickelabscheidung (Tauch- oder Austauschvernickelung, Ni-Dip) oder durch galvanische Abscheidung. In der Praxis spielt das erstgenannte Verfahren die dominierende Rolle.

Grundlage der Tauchvernickelung ist einmal die Tatsache, daß Nickel mit einem Normalpotential von —0,22 V edler ist als Eisen (—0,44 V), aus einer Ni^{2+}-Lösung also auf einer Eisenoberfläche im Austausch gegen Fe^{2+} elementar niedergeschlagen wird. Zum anderen ist die Oberfläche des Eisens elektrochemisch nicht homogen, sondern weist anodische und katodische Bereiche auf. Auf letzteren scheidet sich Nickel ab und ergibt eine unregelmäßig belegte Oberfläche (z. B. *Crepaz* u. a. 1968), wie sie für den Ablauf der Haftvorgänge unter Mitwirkung von Lokalelementen nach der Theorie der galvanischen Korrosion erforderlich ist.

Die Nickelabscheidung ist ein zeitabhängiger Vorgang, der durch erhöhte Temperatur gefördert und steigenden pH-Wert gebremst bzw. nach anderen Angaben beschleunigt wird (Bild 13.7). Wesentlich für die *DWE* ist die Tatsache, daß mit steigendem Beizabtrag die Nickelauflage ansteigt (*Bernick* 1962; *Warnecke* u. a. 1977; *Kösters* u. a. 1985), mit zunehmender $FeSO_4$-Konzentration im Bad aber absinkt.

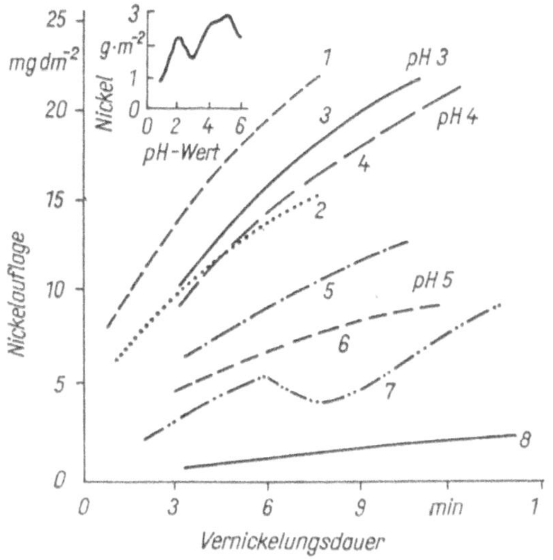

Bild 13.7. Nickelabscheidung in Abhängigkeit von verschiedenen Parametern
1 Beizabtrag 20 bis 25 g m⁻²
2 10 bis 15 g m⁻² (*Bernick* 1962)
3, 4, 6 pH-Abhängigkeit (*Petzold* 1958)
5 pH 3, 78 °C
7 pH 3,8, 60 °C
8 pH 6, 62 °C (*Canfield* 1954)
Zusatzdiagramm: pH-Abhängigkeit der Nickelabscheidung (*Warnecke* u. a. 1977)

Für die Elektrophorese-Beschichtung wird galvanisch vernickelt. Dem Vorgang liegt der übliche, mit Außenstrom arbeitende galvanische Prozeß zugrunde. Wichtig ist, daß die Abscheidung so gesteuert wird, daß eine dünne und poröse Schicht entsteht, die die Ausbildung von Lokalelementen beim Brand erlaubt (*Rickmann* 1967). Dichte Schichten sind wirkungslos. Über Einflüsse auf die Vernickelung siehe *Embabi, Moustafa* (1971).

13.2. Chemische Verfahren

Die Verfahrensstufen der chemischen Vorbehandlung sind stets miteinander in entsprechenden Anlagen nach dem Fließ- oder Taktverfahren vereinigt. Die chemische Metallreinigung wird in der Techn. Inf. Nr. 6 (1974) und bei *Knauschner* u. a. (1983) übersichtlich beschrieben. Entsprechende Monographien liegen für die Metallreinigung vor von *Streeb* u. a. (1969), für die Entfettung von *Lutter* (1975) und für das Beizen von *Vogel* (1951) und *Straschill* (1972).

13.2.1. Entfetten

13.2.1.1. Probleme der Schmiermittel

Eine Entfettung macht sich erforderlich, weil die in den Emaillierwerken verwendeten Stahlbleche meist mit einem temporären Korrosionsschutz (TGL 18740) versehen sind und bei der Formgebung öl- oder fetthaltige Schmiermittel eingesetzt werden. Die Ziehmittel enthalten zur Verbesserung der Ziehwirkung z. T. für die Emaillierung unerwünschte Zusätze (z. B. Calciumcarbonat, Glimmer, Graphit, Molybdändisulfid, Borsäure oder Emulgatoren). Auf der Blechoberfläche befinden sich somit nach der Umformung verschiedenartige Verunreinigungen und 1 bis 5 g je m^2 Oberfläche an Öl- oder Fettresten, die beseitigt werden müssen, weil sonst Störungen bei der weiteren Vorbehandlung und Benetzung sowie Blasen- oder Fleckenbildung beim Emailbrand und Haftungsmängel auftreten. Mit der Entfettung werden gleichzeitig lose anhaftende Verunreinigungen bzw. Rückstände abgespült.

Die Art der Entfettung und Wahl der Entfettungsmittel ist von den verwendeten Ölen und Fetten abhängig. Zu unterscheiden sind verseifbare tierische bzw. pflanzliche und unverseifbare mineralische Fette und Öle, wie sie heute meist verwendet werden. Die unverseifbaren Produkte lassen sich nur durch Emulgieren, also kolloidchemisch, entfernen. Im Zweifelsfalle ist die Eignung der Entfettungsmittel im Versuch zu bestimmen. Hinweise hierfür werden u. a. von *Schoenemann, Germscheid* (1971); *Puderbach, Schoenemann* (1976) und *Lohmeyer* (1985) gegeben.

Bei der Lagerung der Bleche bzw. Rohware nach der Formgebung können meist fettsaure Metallsalze entstehen, die sich nur sehr schwer entfernen lassen. Borsäurehaltige Schmiermittel führen nach *Schoenemann, Germscheid* (1971) zu örtlicher Korrosion der Blechoberfläche (Lochfraß) und infolge von Vernickelungsfehlern besonders bei der *DWE* zu Qualitätsmängeln (Silberblech). Lange Lagerzeiten sind daher zu vermeiden. Andernfalls ist eine Entfettung nach der Formgebung ratsam. Es kann auch vorteilhaft sein, Bleche ohne temporären Korrosionsschutz zu beziehen, was jedoch einen geeigneten, trockenen Lagerraum und kurzfristige Weiterverarbeitung voraussetzt.

13.2.1.2. Technische Reiniger und Entfettungsmittel

Eine Übersicht zur Entwicklung der Reinigungs- und Entfettungsmittel gibt *Germscheid* (1975). Die modernen handelsüblichen, in der Emailindustrie verwendeten alkalischen Reiniger bestehen aus einer abgestimmten Kombination von Buildern und Tensiden (Tabelle 13.2). Bei gleichzeitigem Vorhandensein niedrigviskoser und verharzter Verunreinigungen kann nach *Kaßner* (1976) auch eine Kombination der Reiniger (z. B. Siliron LM und *KZ* 1:1) von Vorteil sein. Bei Verwendung pigmentierter, fettsäurehaltiger Ziehmittel sind Entfetter auf Phosphatbasis am wirksamsten. Nach einer Säurebehandlung sollten sie jedoch möglichst nicht verwendet werden, da Reaktionsprodukte von Eisen und Polyphosphat besonders bei der *DWE* zu Emailfehlern Anlaß geben können.

Reiniger, die in Spritzanlagen eingesetzt werden, müssen Schaumregulierer (z. B. Anthapone) enthalten.

13.2.1.3. Entfettungsstufen und -verfahren

Eine erforderliche alkalische Entfettung wird durch mehrere Arbeitsgänge erreicht (Tauch-

Tabelle 13.2. Einsatzbedingungen der handelsüblichen Reiniger

Reiniger	Hauptbestandteile				Reinigungsverfahren				Einsatz für
	Silicate	Phosphate	NaOH	Tenside	Tauchen		Spritzen		
					Konz. in %	T in °C	Konz. in %	T in °C	
Gr-forte super[1]	×			×	—	—	1...3	70	Stahl, (Al)
Gr-forte	×			×	3...5	80 bis 95	2...4	bis 90	Stahl
Gr-uvaukal	organ. Kaltreiniger				50 bis 100	RT	—	—	Stahl
Siliron U 64[2]	×	×		×	2...5	80	1...2	70	Stahl, Al
Siliron KZ	×		×	×	2...5	bis	2...4	bis	Stahl
Siliron LM	×	×		×	2...4	95	1...2	90	Stahl, Al

[1]) VEB Waschmittelwerk Genthin
[2]) VEB Chemiekombinat Bitterfeld

anlagen: Tabelle 13.3). In Spritzanlagen können die Zeiten bis auf 30 % und die Temperaturen auf 70 bis 80 °C reduziert werden (aus energetischen Gründen geht der Trend auch zu noch niedrigeren Temperaturen, *Roberts* 1975). Die Gesamtbehandlungszeit soll 20 bis 30 min in Tauchanlagen und 6 bis 8 min in Spritzanlagen nicht unterschreiten.

Das erste Entfettungsbad hat die Hauptschmutzmenge aufzunehmen, wofür besonders Silicatreiniger geeignet sind. Bei stark verschmutzten Teilen können auch Kaltreiniger auf der Basis organischer Lösungsmittel mit Emulgatoren (Emulsionsreiniger) eingesetzt werden (*Schoenemann* 1963); kräftige Zwischenspülung ist notwendig. Sind die Verunreinigungen nicht bekannt, wie z. B. bei Lohnemaillierungen, können zwei aufeinander abgestimmte verschiedenartige Reiniger vorteilhaft sein. Bei stark pigmentierten Ziehmitteln sind im dritten Entfettungsbad Phosphatreiniger erforderlich.

Bei ungenügender Emulgierung (Tröpfchen $>5\ \mu m$) bildet sich auf dem Bad eine Ölschicht, die laufend entfernt werden muß, um eine Rückbefettung zu vermeiden. Größere Mengen an Calcium- und Eisenionen führen zu unlöslichen Ca- und Fe-Seifen. Die Wasserhärte sollte daher gering und die Reinigerkonzentration hoch sein; ein Einschleppen von Eisenionen in die Bäder muß vermieden werden.

Bei vorgesehener Vernickelung oder Tiefbeize ist nach dem Reinigungsbeizen und Spülen aus Gründen einer guten Renetzbarkeit eine *Nachentfettung* notwendig. Für einen beschleunigten Beizbeginn können dem

Tabelle 13.3. Optimalvariante der Entfettung von Stahlblech in Tauchanlagen

Arbeitsgang	Konzentration in %	Temperatur in °C	Dauer in min
Entfetten 1	3...4	80...90	6...8
Entfetten 2	2...3	80...90	6...8
Warmspülen		50...60	3...6
Entfetten 3	2...3	80...90	6...8
Warmspülen		50...60	3...6
Kaltspülen		RT	2...4

Nachentfettungsbad aktivierende Substanzen zugesetzt werden (*Heidenbluth* u. a. 1978). Auch für die konventionelle Emaillierung kann eine Nachentfettung vorteilhaft sein. Die *Beizentfettung* (z. B. nach vorheriger Kaltentfettung, *Schäfer* 1961 b) wird von *Mlody* (1970) zur Verminderung des Anlagenaufwandes für die konventionelle Emaillierung empfohlen. Zu diesem Zweck wird vorzugsweise die H_2SO_4-Beize mit säurestabilen Netzmitteln versetzt, so daß mindestens die Nachentfettung entfallen kann. Nach *Schott* (1964) und *Schoenemann* (1964) beträgt der Netzmittelanteil 0,5 bis 2% und gestattet auch die Beseitigung von Fettsäureresten. Die Netzmittel vermindern die Menge der anhaftenden Beizlösung beim Herausheben des gebeizten Gutes.

Die *Ultraschallreinigung* stellt eine Kombination der Entfettung, meist Lösungsmittelreinigung, mit der mechanischen Wirkung des Ultraschalls (20 bis 100 kHz) dar; sie verbessert Entfettung und Spülung (*Rüb* 1965; *Basso, Piane* 1970). Die Zweckmäßigkeit der Ultraschallreinigung wird von *Enke* (1973) für verschiedene Anwendungsgebiete besprochen. Trotz Vereinfachung (*Streeb* u. a. 1969) ist das Verfahren für die Emailindustrie wohl nur von theoretischem Interesse.

13.2.2. Beizen

13.2.2.1. Säuren und ihre Wirkung

Zum Beizen werden verschiedene Säuren verwendet. Für die wichtigsten sind die üblichen Einsatzparameter in Tabelle 13.4 zusammengestellt. Ein Nachteil der Salzsäure besteht darin, daß sich mit abnehmender Säure- und zunehmender Eisenkonzentration die Beizzeit erheblich verlängert und Chloridrückstände auf der Blechoberfläche u. a. Kupferköpfe verursachen können. Durch HCl-Dämpfe werden die Stahlkonstruktionen der Beizerei leicht angegriffen. Vorteilhaft ist jedoch die Möglichkeit der Kaltbeize und das sehr gute Abtragvermögen für Rost und Zunder. Die wesentlichen Vorzüge der Schwefelsäure bestehen in kurzen Beizzeiten und relativ einfacher Abwasseraufbereitung; die Korrosionsgefährdung der metallischen Bauteile ist gering. Die Neigung zur Beizsprödigkeit und Bildung von Beizblasen ist hier jedoch größer als bei Salzsäure. *McVey* (1958) empfiehlt den Einsatz der Phosphorsäure in Spritzanlagen. Der entstehende phosphathaltige Beizrückstand wird beim Brennen vom Email gut aufgenommen (*Hadwiger* 1967a). Die gelegentlich erwähnte Zitronensäure (10%ig, *Pfizer* 1960) und Salpetersäure sind von untergeordneter Bedeutung.

Beim Beizen entsteht ein Beizbast, der die Bestandteile enthält, die in der jeweiligen Säure unlöslich oder schwer löslich sind. Der Rückstand ist bei Phosphor- und Schwefelsäure ausgeprägter als bei Salzsäure, bei Salpetersäure ist er am geringsten. Der Beizbast enthält etwa 5% C, 40 bis 60% Fe, 2 bis 7% Ni und 5 bis 20% Cu, die übrigen Eisenbegleiter in geringerer Menge (s. z. B. *Petzold* 1955c). Der Cu-Gehalt spielt bei der Vernickelung C-armer Bleche eine positive Rolle (*Dietzel* 1968). Die Dicke der Bastschicht wird von *Rickmann* (1967) mit 0,2 µm angegeben.

Durch Temperaturerhöhung wird die Beizgeschwindigkeit vergrößert. Mit steigender Säurekonzentration nimmt die Beizge-

Tabelle 13.4. Einsatzparameter der Beizsäuren

Säure	Konzentration in %	Temperatur in °C	Beizdauer in min	Bruttoverbrauch[1]) in g m^{-2}
H_2SO_4	6...10	65...75	5...8	30
HCl	10...20	15...30	10...30	70
H_3PO_4	10...20	60...80	3...10	25
HNO_3	4...5	20...25	3...7	n. b.

[1]) Groborientierung für Reinigungsbeize

schwindigkeit zu, erreicht jedoch für Schwefelsäure bei etwa 30 % das Maximum, zum H_2S-Einfluß s. S. 207.
Die Wasserstoffentwicklung wird durch verschiedene sich bildende oder dem Beizbad zugesetzte Stoffe beeinflußt. Von den beim Beizen entstehenden Verbindungen beschleunigt $FeCl_2$ die Wasserstoffentbindung, während $FeSO_4$ sie hemmt. Bei der Reinigungsbeize wird der Angriff auf das Eisen durch Beizinhibitoren gebremst und damit der Wasserstoffentwicklung und Bildung von Beizblasen entgegengewirkt. Andererseits läßt sich die Beizgeschwindigkeit durch Beizbeschleuniger, z. B. geringe Mengen von Nitraten erhöhen. Entkohltes und abgestrahltes Kaltband zeigt unterschiedliches Beizverhalten in H_2SO_4, abhängig vom Strahlmittel und begründet durch den Abtrag einer gewissen Oberflächenschicht (*Albrecht, Birmes* 1974).

13.2.2.2. Reinigungsbeize

Die Reinigungsbeize wird hauptsächlich mit Schwefelsäure, aber auch mit Salzsäure, z. T. auch mit Gemischen, durchgeführt. Auf Grund der unterschiedlichen Reaktionsfähigkeit der Eisenoxide ist der Säureangriff je nach Zusammensetzung der Zunderschicht verschieden (Bild 13.8). Salzsäure greift den Zunder am stärksten an; bei den anderen Säuren wird ein Absprengeffekt durch Wasserstoff mit in Betracht gezogen. Der Metallabtrag soll bei 2 bis 5 g m^{-2} liegen. Organische Verbindungen, wie Zitronen- und Glukonsäure, EDTA usw. sollen Blech ätzungs- und rückstandsfrei entrosten und entzundern (*Larson* 1981).

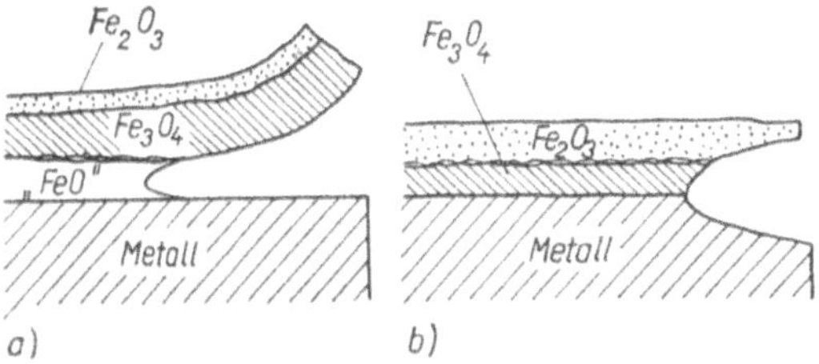

Bild 13.8. Schematische Darstellung der Zunderablösung in Säuren
a) bei hoher Temperatur entstandener Zunder
b) bei niedriger Temperatur entstandener Zunder (*Vogel* 1951)

Zur Verminderung des Metallangriffs, der H_2-Entwicklung und des Säureverbrauchs dienende Beizinhibitoren sind unter der Bezeichnung ADACID, Lithsolvent und Recidin[1]) im Handel; der Zustand beträgt 1 bis 3 g l^{-1}. Die Beizgeschwindigkeit wird dabei jedoch etwas herabgesetzt. In wenig oder nicht inhibierten Beizbädern entsteht beim Beizen konventioneller Emaillierbleche ein kohlenstoffhaltiger Beizsud, der sich auf der Blechoberfläche abglagert und zu Emaillierfehlern führen kann (*Schott* 1964).

13.2.2.3. Tiefbeize

Die Tiefbeize (Abtrag- oder Intensivbeize) ist eine wesentliche Vorbehandlungsstufe für die *DWE*. Ihre Wirkungsweise ist jedoch noch umstritten. Sie beruht weniger auf einer Aufrauhung des Blechs (*Beall* u. a. 1960; *Canfieled* 1961, 1962), als vermutlich vielmehr auf der Beseitigung einer Störschicht, die die Vernickelung behindert (*Rahn* u. a. 1962; *Lang* 1964) und einer Aktivierung der Metalloberfläche. *Dietzel, Dittmer* (1984) führen die Vorgänge bei der Tiefbeize auf Lokalelemente zurück, die sich aus Cu-Sulfiden und Phosphiden mit Eisen bilden, unter Mitwirkung von H_2S in der Schwefelsäure.
Am besten geeignet ist 8 bis 10 %ige Schwefelsäure von mindestens 65 °C. Auch die Salpetersäure-Blankbeize bringt ähnliche Ergebnisse (*Petzold, Lange* 1957; *Crystal, Bullock* 1959). In den USA ist nach *Delott* (1962) und *Farrow* (1970) die Ferrisulfatbeize verbreitet, die auch der Fischschuppenbildung entgegen wirken soll (*Smith* 1963). Der optimale Beizabtrag für entkohltes Blech aus Blockguß beträgt allgemein 20 bis 40 g m^{-2}. Für das Flexosmalt-Verfahren sollen zur Erzielung eines dickeren Beizbastes etwa 70 g m^{-2} abgetragen werden (*Büttner* 1966). Ein zu geringer Beizabtrag beeinflußt die Nickelabscheidung negativ (Bild 13.7, S. 208) und vermindert damit die Haftfestigkeit des Emails. Zu große Beizabträge können zu Mikrolochfraß (*Lang* 1964) und darin festgesetzte Beizreste zu schwarzen Punkten im Email führen. Bei OC-entkohltem Strang-

[1]) VEB Kombinat Härtol Magdeburg

gußstahl wird dagegen eine gute Emailhaftung bereits bei bis 50 % geringeren Beizabträgen erreicht (*Hoffmann* 1982; *Rouge* 1984).
Nach *Clay, Jamieson* (1967) sowie *Bernick, McFarland* (1969) führt schon ein Kupfergehalt über 0,03 % zur Verringerung der Beizgeschwindigkeit. Der Beizabtrag wird durch 0,001 % Cu um 1 g m^{-2} vermindert, durch 0,001 P um 1 g m^{-2} erhöht (*Dietzel* 1981). Befriedigendes Beizen soll bei 0,025 % Cu und 0,035 % P noch gewährleistet sein (*Lang* 1964). Mit ozonhaltigen Beizlösungen können nach *Litvinova* (1969) auch bei höheren Kupfergehalten gute Emaillierergebnisse erzielt werden, vermutlich weil der Kupferanteil im Beizbast vermindert wird. Die Freilegung des im Blech vorhandenen Kupfers begünstigt die Nickelabscheidung durch das Lokalelement Cu/Fe.
Im Vergleich zur Tiefbeize ist die Aufrauhung der Blechoberfläche beim Emailbrand allerdings wesentlich intensiver (*Rickmann* 1967); sie beträgt nach *Warnecke, Meyer* (1980) bis zu 9 µm gegenüber etwa 4 µm bei einem Beizabtrag von 30 g m^{-2}.
Sparbeizzusätze sind bei der Tiefbeize natürlich nicht anzuwenden. Es muß im Gegenteil darauf geachtet werden, daß keine Tenside aus der Nachentfettung ins Beizbad verschleppt werden, die inhibierend wirken (*Carroll* 1968). Gelöstes Blei aus den Beizbehältern kann nach *Kyri, Großkopf* (1965) den Beizabtrag auf etwa den halben Wert verringern, allerdings ohne Beeinträchtigung der Haftung.
Durch Hartblei kann auf dem Blech zusätzlich ein Antimonniederschlag entstehen, der zu schwarzen Punkten oder Mängeln in der Haftfestigkeit führt.

13.2.3. Vernickeln

Die Vernickelung des Stahlblechs ist für die *DWE* zur Erzielung einer guten Haftfestigkeit und zur Unterdrückung von Gasreaktionen unerläßlich. Sie besitzt aber auch für die konventionelle Emaillierung Vorteile (Herabsetzung der Brenntemperatur des Grundemails um etwa 20 K oder Verkürzung der Brennzeit, Verhinderung von Fischschuppen, Durchschüssen und Aufkocherscheinungen; *Märker* 1966a; *Wratil* 1968). Von *Ferrari* (1975) wird die Tauchvernickelung auch für kleine Gußeisenteile empfohlen. Zweckmäßig ist sie vor allem auch bei Tieftemperaturemails.
Die Nickelschichten sind 0,1 bis 0,3 µm dick und besitzen im Gegensatz zu den >5 µm dicken Korrosionsschutz-Vernickelungen kein metallisches, sondern ein schwarzgraues Aussehen. Die abgeschiedene Nickelmenge beträgt für die

konventionelle Emaillierung	0,3 bis 0,8 g m^{-2}
DWE	etwa 1 g m^{-2} [1])
Flexosmalt-Emaillierung	1,5 bis 2,0 g m^{-2}.

Das wichtigste Vernickelungsverfahren ist die außenstromlose *Austausch- oder Tauchvernickelung* (Ni-Dip), die vorzugsweise in boratgepufferten schwefelsauren Lösungen durchgeführt wird. Die Verfahrensparameter sind in Tabelle 13.5 enthalten. (Für das Flexosmalt-Verfahren wird in einem auf pH 2 ge-

[1]) Für Strangstahl sind nach *Rouge* (1984) größere Mengen erforderlich (1,3 bis 2,3 g m^{-2}).

Tabelle 13.5. Richtwerte für die außenstromlose Vernickelung

	Austauschvernickelung	Reduktionsvernickelung
Badzusammensetzung, %		
Nickelsulfat $NiSO_4 \cdot 7\,H_2O$	1,2...2,0	2,5...3,5
Natriumhypophosphit $NaH_2PO_2 \cdot H_2O$		0,6...0,8
Borsäure H_3BO_3	0,2...1,0	
Natriumacetat CH_3COONa		1,2...1,5
Schwefelsäure H_2SO_4	pH 3...4	pH 5...5,5
Temperatur, °C	60...80	30...35
Dauer, min	5...8	3...5

pufferten phosphorsauren Bad bei 80 °C vernickelt; *Büttner* 1966.) Die Tauchvernickelung ist abhängig von der $NiSO_4$-Konzentration, der Temperatur und dem pH-Wert (s. Abschnitt 13.1.4.); sie ist empfindlich gegen Fremdionen aus dem Behältermaterial oder aus anderen Bädern. Bei der *DWE* führt eine oxydierende Vorbeize zu einer wesentlichen Haftungsverbesserung (*Kösters* u. a. 1985).

Die *galvanische* Vernickelung wird dort eingesetzt, wo verfahrenstechnische Voraussetzungen vorhanden sind, wie z. B. beim elektrophoretischen Emailauftrag.

Bei der *Reduktionsvernickelung* (Grundlagen bei *Jungslager* 1968, Übersicht bei Mahlkow 1984, 1985) wird die Nickelabscheidung durch Zugabe von Natriumhypophosphit als Reduktionsmittelb eschleunigt:

$$NiSO_4 + NaH_2PO_2 + H_2O \rightarrow NaH_2PO_3 + H_2SO_4 + Ni.$$

Um zu vermeiden, daß sich durch die entstandene Schwefelsäure der *p*H-Wert verringert, wird Natriumacetat als Puffer zugesetzt. Die abgeschiedene Nickelmenge ist bei Behandlungszeiten über 10 min deutlich größer als beim Ni-Dip (*Leontaritis, Birmes* 1968). Die Schicht wird mit der Reaktionsdauer kontinuierlich homogener und dichter, während sie bei der Tauchvernickelung heterogen bleibt (*Warnecke* u. a. 1977). Die Verfahrensparameter sind in Tabelle 13.5 enthalten.

13.2.4. Spülen

Technik und Intensität des Spülens sind von großer Bedeutung für den Erfolg der Vorbehandlung. Durch die Verschleppung von Badlösung kann sich der Wirkungsgrad verunreinigter Bäder beträchtlich verschlechtern, besonders bei der Tiefbeize und dem Nickeltauchbad. Aus jedem Bad werden schätzungsweise 20 bis 80 ml Flüssigkeit je m² Blech ausgetragen, da die Abtropfzeit sowohl durch die Taktzeit als auch mögliche Anrostung der Teile begrenzt ist. Aus Beizbädern wird mehr Flüssigkeit verschleppt als aus Entfettungsbädern.

Der Gesamtspülwasserbedarf beträgt nach *Gerlach, George* (1974) je m² Blechoberfläche bei der konventionellen Vorbehandlung 30 bis 50 l, bei der *DWE*-Vorbehandlung 50 bis 70 l. Bei mehreren Spülbädern ist der Wasserbedarf am geringsten. Vorteilhaft ist die Kombination saurer bzw. alkalischer Spülbäder nach dem Kaskadenprinzip (*Heidenbluth* u. a. 1978).

Das zum Spülen (wie übrigens auch zum Ansetzen der Bäder) verwendete Wasser soll folgende Werte nicht überschreiten (Techn. Inf. Nr. 6):

Eisen	1 mg l^{-1}	pH-Wert	6,5 bis 7,3
Sulfate	80 mg l^{-1}	Gesamthärte	15 ° dH.
Chloride	50 mg l^{-1}		

Erforderlichenfalls ist eine Wasserenthärtung oder Vollentsalzung vorzunehmen.

Nach einer Kaltentfettung ist kräftiges Spülen oder Abspritzen der Teile notwendig, um die Öl- und Fettschicht zu emulgieren. Heißentfettungsbädern sind zwei Spülbäder nachzuordnen, von denen das erste beheizt sein soll. Die günstigste Spültemperatur beträgt 65 °C. Bei niedriger Temperatur kann es zur Bildung schwer entfernbarer Natriumtalgseifen kommen. Von *Heidenbluth* (1980) werden zwei Kaltspülbäder mit fließendem Wasser empfohlen, um im Spülbad eine Anreicherung mit Reinigungslösung zu vermeiden. Diese auch energetisch günstige Technologie setzt jedoch voraus, daß sich auf der Blechoberfläche keine Seifen oder verseifbaren Bestandteile befinden.

Im Anschluß an die Nachentfettung genügt ein Warmspülbad. Nach der Beize sind zwei Kaltspülbäder zweckmäßig, von denen das erste schwach sauer sein soll (*p*H 2 bis 3), um Eisensalze in Lösung zu halten. *Titzmann* (1955) empfiehlt für Beizen und Spülen die gleiche Zeit. Nach Tiefbeize und Vernickelung genügen ein bis zwei Kaltspülungen in fließendem Wasser.

13.2.5. Neutralisieren

Als Abschluß der Naßvorbehandlung ist eine Neutralisation letzter Säurespuren und eine Passivierung der Eisenoberfläche erforderlich, um ein Anrosten zu vermeiden, was eine vollständige Entfernung der Eisensalze beim Spülen voraussetzt. Geeignet hierfür sind

Lösungen aus Soda und Borax, meist im Verhältnis 1:3 mit einer Gesamtkonzentration von 0,3 bis 0,5 % und max. 0,5 % Natriumnitrit als Rostschutzmittel. Häufig werden auch handelsübliche nitrithaltige Produkte, wie z. B. Gr-nonox[1]) in 0,5 bis 1,0 %iger Lösung verwendet. Möglichst niedrige Konzentration ist erforderlich, um Salzrückstände zu vermeiden. Aus gleichem Grunde soll die Wasserhärte 12° dH (mittelhart) auf keinen Fall überschreiten. Das Neutralisationsbad muß so heiß wie möglich sein, um schnelle Trocknung zu erreichen. In Ausnahmefällen werden dem Neutralisationsbad auch bis zu 0,15 % Natriumcyanid anstelle von Borax zugesetzt, wodurch Eisensalze gelöst bleiben. Zur Passivierung und Fixierung der Flexosmaltschicht wird vor der Neutraliation eine kurzzeitige Zwischenbehandlung in gepufferter heißer Phosphorsäure (pH 5) vorgenommen.

13.2.6. Anlagen zur chemischen Vorbehandlung

Für die Vorbehandlung stehen Tauch- oder Spritzanlagen zur Verfügung. Eine Übersicht hierzu geben *Moehring* (1959) und *Müller* (1966, 1969). Die Anlagen sind für alle vorzubehandelnden Teile geeignet, Spritzanlagen jedoch besonders für Flachteile. Beide Anlagentypen lassen eine Mechanisierung bzw. Automatisierung der Taktfolge zu. Welcher Aufwand dabei zu betreiben ist, hängt von der Durchsatzmenge ab. Von *Dürr* (1965) werden folgende Richtwerte für den monatlichen Durchsatz genannt:

einfache Tauchanlage	bis 50 Tm²
automatische Tauchanlage	50 bis 100 Tm²
Spritzanlagen	über 120 Tm².

Der besondere Vorteil der Spritzanlagen besteht in den wesentlich kürzeren Behandlungszeiten (30 bis 40 %). Der Invest- und Betriebskostenaufwand ist jedoch beträchtlich größer (*Hoffmann* 1983). Von *Pope, Pease* (1979) wird auf den bis neunmal höheren Energieverbrauch hingewiesen.

[1]) VEB Waschmittelwek Genthin

13.2.6.1. Tauchanlagen

Bei einfachen Tauchanlagen sind die Behälter in einer Reihe oder U-förmig angeordnet, wobei die Einsatzkörbe (Beizkörbe) mit Elektrozug von Hand verfahren werden. In automatischen Anlagen erfolgt der Transport entweder nach einer Programmsteuerung oder vollautomatisch. Die Programmsteuerung ist bei Taktzeiten über 3 min zu empfehlen; sie erlaubt eine flexible Anpassung. Der Transport erfolgt mittels Portalumsetzer. Durch ein spezielles Fahrdiagramm ist die Vorbehandlung für *KE* und DWE in einer Anlage möglich (*Gerlach, George* 1974).

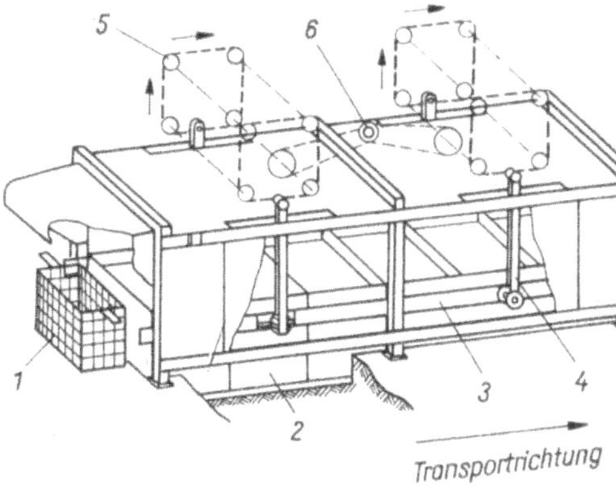

Bild 13.9. Schema einer Hubbalkenbeizanlage (*Müller* 1966)

1 Beizkorb
2 Badbehälter
3 Hubbalken
4 Gestänge
5 Bewegungsverlauf des Gestänges
6 Antrieb

Die vollautomatischen Anlagen mit Taktzeiten von 1 bis 2 min sind robust und bebetriebssicher. Zu diesem Anlagentyp gehört die häufig verwendete Hubbalkenanlage (Bild 13.9), bei der alle Einsatzkörbe mittels beidseitig angeordneter Balken gleichzeitig angehoben, um einen Takt weitergeführt und wieder abgesetzt werden.

Als Behältermaterial für Entfettungs- und Spülbäder wird Baustahl verwendet. Beizbehälter, saure Spül- und Nickelbäder werden entweder mit einer säurefesten Ausmauerung (z. B. HAVEG), Hartgummi oder Kunststoffbeschichtung versehen. Eine weitere, aber teure Variante ist die Verwendung von Monelmetall.

13.2.6.2. Spritzanlagen

In Spritzanlagen wird das Gut auf Transportbändern liegend oder an Deckenförderern hängend durch die Vorbehandlungszone geführt. Das Förderprinzip ist völlig starr und eine Beeinflussung der einzelnen Behandlungszonen in engen Grenzen ist lediglich über die Konzentration und Temperatur des Mediums möglich.

Eine einfache Spritzanlage zur Entfettung stellt die Mehrkammer-Waschmaschine[1]) dar. Gut geeignet ist die Fünfkammer-Ausführung mit je einer Zone für die Vorentfettung, Entfettung, Spülung, Passivierung/Neutralisierung und Trocknung. Ihre Leistung beträgt etwa 100 $m^2 h^{-1}$. Bei Einsatz für das Liberty-Coat-Verfahren darf die Temperatur der flüssigen Medien nicht unter 90 °C und die der Trockenzone nicht unter 120 °C liegen.

Für die Beize wird fast ausschließlich Schwefelsäure verwendet. Der Spritztunnel und die Säurebehälter bestehen aus gummiertem Stahlblech. Die Spritzdüsen arbeiten mit einem Druck von 0,12 bis 0,15 MPa (*Löffel* 1964). Die einzelnen Zonen müssen gegeneinander so gesichert sein, daß ein Verschleppen von Flüssigkeit vermieden wird.

13.2.7. Spezielle Vorbehandlung von Aluminium

13.2.7.1. Allgemeine Gesichtspunkte

Eine Aufrauhung der Oberfläche ist bei Aluminium weder erforderlich noch zweckmäßig, weil mitunter Fehlstellen freigelegt werden, die zu Emaillierfehlern führen. Eine Aufrauhung wird durch die alkalireichen Aluminiumemails selbst erzielt. Eine die Benetzung und Haftung angeblich störende, 0,03 µm dicke Böhmitschicht (AlOOH; *Hauck, Lommel* 1974) soll durch die Vorbehandlung beseitigt werden (gegenteilige Meinung: *Hüttig* 1961). Von *Hüttig* (1963) wird für Reinaluminium nur eine Entfettung, bei $<0{,}5\,\%$ Legierungsbestandteilen ein alkalisches Beizen und bei $>1{,}0\,\%$ eine Behandlung mit $HNO_3 + HF$ empfohlen. Legierungen mit Mg_2Si werden ferner dünn chromatiert und phosphatiert. Nach *Schoenemann* u. a. (1971) wird Reinaluminium durch eine schwache alkalische Entfettung bereits ausreichend aktiviert; eine zusätzliche alkalische Beize führt zu Fehlern. Zur Verbesserung der Eigenschaften von Architekturemail wird das Aufbringen einer Cu- oder Ni-Zwischenschicht auf Al vorgeschlagen (*Bakalin* u. a. 1981).

Aluminium-Gußteile werden entweder mit Zirkonsand gestrahlt oder alkalisch gereinigt bzw. bei 550 °C vorgebrannt. *Reinsch* (1967b) empfiehlt auch hier eine Chromatierung. Aluminiertes Stahlblech ist nur schwach zu entfetten oder bei 550 °C etwa 5 min zu glühen, um die ungefähr 50 µm dicke Aluminiumschicht nicht zu zerstören.

13.2.7.2. Verfahren und Anlagen

Die Vorbehandlungsverfahren sind von der Art der Aluminiumwerkstoffe abhängig. Die Grundlagen der Oberflächenbehandlung finden sich bei *Wernick* u. a. (1977).

Die Vorbehandlung ist in Tauch- und Spritzanlagen üblich. Für die Entfettung kann 10 %ige NaOH-Lösung oder ein handelsüblicher Industriereiniger bei 60 bis 80 °C verwendet werden. Da Silicate zu schwer entfernbaren Rückständen führen (*Hoens, Kreuter* 1972), sind Phosphatreiniger zweckmäßiger; aber auch mit gepufferten Natriumsilicatlösungen wurden gute Ergebnisse erzielt (*Ziesche* 1963). Ferner ist die Tri- oder Perchlorethylen-Dampfentfettung üblich.

Neutralisiert wird meist mit kalter 6- bis 10 %iger HNO_3 in 3 bis 5 min (nicht erforderlich für Al99,5 und AlMn).

Zur Chromatierung werden die Teile zunächst 2 bis 5 min in 20 %iger Chromschwefelsäure (70 bis 80 °C) und anschließend in einer $K_2Cr_2O_7$/NaOH-Lösung (15/8 %; 50 °C) behandelt (Richtwerte; *Anders* 1963; Techn. Inf. Nr. 4). Nach einer intensiven Spülung wird die Chromatschicht bei etwa 550 °C bis 10 min fixiert. Das Spülen ist bei 60 bis 65 °C vorzunehmen. Besonders das letzte Spülbad muß mit entionisiertem Wasser angesetzt werden.

[1]) VEB Gothaer Metallwarenfabrik Gotha

Die Aluminiumoberfläche soll einen seidenartigen Glanz besitzen und frei von Ablaufspuren und Rückständen sein. Sie darf nicht mehr mit ungeschützten Händen berührt werden, eine Weiterverarbeitung sollte sich umgehend anschließen.

13.3. Elektrochemische Verfahren

Bei den elektrochemischen Verfahren werden Elektrolysevorgänge zur Erhöhung des Reinigungseffektes bzw. Beschleunigung des Prozeßablaufes genutzt. Sie werden bei der Feinentfettung, Beize, Vernickelung und Verzinkung vozugsweise bei der *ETE* angewendet. In speziellen Fällen wird die elektrolytische Reinigung von Gußeisenteilen in einer Salzschmelze durchgeführt.
Die Behandlungszeiten verringern sich durch die Elektrolyse bis auf 15%. Nach *Immel* (1971) und *Stevenson* (1973) reduziert sich die Gesamtheit für die *DWE*-Vorbehandlung auf 50 bis 35% bei gleichzeitiger Verbesserung des Ausnutzungsgrades der Bäder.
In Verbindung mit dem elektrophoretischen Emailauftrag läßt sich bei gleichzeitiger Anpassung der Badzahl die Taktzeit gegenüber der chemischen Vorbehandlung von 6 min auf 70 bis 42 s verkürzen. In diesem Falle können Vorbehandlung und Elektrophorese mit erheblichen ökonomischen Vorteilen in einer Kombianlage vereint werden (s. Bild 14.11, S. 238).

13.3.1. Vorbehandlung in wässerigen Lösungen

Die einzelnen Stufen der elektrochemischen Vorbehandlung sollen am Komplex der *ETE*-Vorbehandlung erläutert werden. In Tabelle 13.6 sind die speziellen Verfahrensschritte und technologischen Parameter aufgeführt. Die Spannung wird mit 10 bis 60 V angegeben, die Stromdichte ist von der Zusammensetzung der Elektrolyte und der Spannung abhängig. Beizabtrag, Nickel- und Zinkabscheidung sind der Elektrizitätsmenge direkt proportional und lassen sich daher gut steuern.
Bei der elektrolytischen *Feinentfettung* können als Elektrolyt die üblichen alkalischen Reiniger unter Zusatz von NaOH bzw. KOH verwendet werden. Sie enthalten zweckmäßigerweise nichtionogene Tenside, die sich im Stromfluß nicht zersetzen. Die Entfettung erfolgt bei katodischer Polung des Gutes mit kurzer abschließender anodischer Behandlung. Durch den an der Katode gebildeten Wasserstoff wird die Reinigung gefördert.
Für die *Tiefbeize* ist 9%ige H_2SO_4 bei 75 °C üblich. Höhere Stromdichten können sich auf die Haftfestigkeit ungünstig auswirken (Techn. Inf. Nr. 5). Wird eine Eisensulfatbeize verwendet, so scheidet sich das in der Tiefbeize gelöste Eisen bei pH 2 bis 2,3 katodisch ab, wodurch eine unerwünschte Eisenanreicherung vermieden wird (*Hoffmann* 1981a). Von *Friedel* (1982) wird für die Tief-

Tabelle 13.6. Verfahrensstufen und technologische Parameter der *ETE*-Vorbehand (u. a. Tech. Inf. Nr. 5, 1974)[1])

Verfahrensstufe	Werkstück als	T in °C	Dauer in s	Stromdichte in A dm^{-2}
Spritzreinigung		70...80	180	
Feinentfettung	Katode/Anode (Wechsel)	50...60	30...120	5...10
Spülen		20...60	30...60	
Tiefbeize	Anode	70...75	60	8...10
Spülen		RT	30...60	
Vernickeln	Katode	RT	60	0,5...1
Spülen		RT	30...60	
Verzinken	Katode	RT	10...25	2...5
Spülen		RT	10...20	

[1]) ein Kurzverfahren s. bei *Hoffmann* (1981 a)

beize eine elektrolytische Beizentfettung vorgeschlagen (Beizabträge von 60 bis 100 g m^{-2}).
Die galvanische *Vernickelung* ist besonders vorteilhaft, weil von den Nickelelektroden nur soviel Nickel verbraucht wird, wie zur Beschichtung erforderlich ist. Die Materialkosten reduzieren sich dadurch auf etwa 50 %, die Abwasseraufbereitung wird vereinfacht; zum Einfluß verschiedener Parameter auf Nickelabscheidung und Haftfestigkeit von Deckemails siehe *Embai, Moustafa* (1971).
Das *Verzinken* (0,3 bis 5 g Zn m^{-2}) in Verbindung mit dem elektrophoretischen Emailauftrag dient zur Unterdrückung der elektrolytisch bedingten Gasreaktion und Verfärbung des Weißemails durch Eisenionen (*Warnke, Kaup* 1974a). Nach *Fleischmann* u. a. (1979) ist die gleichzeitige Abscheidung von Zink und Nickel aus einem Bad möglich. Durch weiterentwickelte Emails und Schlickerformulierungen kann allerdings die Verzinkung zum Teil wieder entfallen (*Hoffmann* 1981a).
Die Zwischenspülungen erfolgen wie in Abschnitt 13.2.4. beschrieben, jedoch ist zur Anpassung an die kurzen Taktzeiten der Einsatz von Spritzanlagen erforderlich.

13.3.2. Vorbehandlung in Schmelzen

Bei innen zu emaillierenden Teilen (z. B. Armaturen aus Gußeisen) kann die Reinigung sehr problematisch sein, da sich Formstoffrückstände und anderweitige Verunreinigungen durch Strahlen nicht restlos entfernen lassen. In derartigen Fällen ist eine Reinigung in Schmelzen bei gleichzeitiger Elektrolyse (Kolene-Verfahren), u. U. mit innerer Hilfselektrode, möglich (*Vielhaber* 1959b; *Streeb* u. a. 1969).
Die Schmelze besteht hauptsächlich aus Natriumhydroxid, die Te m eratur beträgt etwa 450 °C, das Potential 4 bis 6 V; die Polung kann unterschiedlich sein. Bei katodischer Polung entsteht Wasserstoff, der z. T. in das Gußeisen eindiffundiert und zu Blasenbildung im Email führt (*Pöschmann, Schneider* 1968); er läßt sich durch Schutzgasglühung vor der Emaillierung wieder entfernen. Bei anodischer Polung entsteht infolge Sauerstoffentwicklung am Werkstück eine sehr dünne, leicht zu entfernende oder sich leicht im Email auflösende Eisenoxidschicht. Durch die anodische Polung wird gleichzeitig der freiliegende Graphit durch Oxydation entfernt.

13.4. Thermische und mechanische Verfahren

Die Entfettung und Metallreinigung kann auch durch Glühen und Strahlen der Rohware erfolgen. Das Glühen dient gleichzeitig der Beseitigung innerer Spannungen sowie der Erzeugung eines emaillierfähigen Metallgefüges. Die Reinigung der Rohware durch Scheuern und Bürsten von Hand dürfte auf seltene Ausnahmefälle beschränkt bleiben. Kleinere Teile können auch durch Trommeln gereinigt werden (*Streeb* u. a. 1969).

13.4.1. Glühen

Die zur thermischen Behandlung von Eisen-Kohlenstoff-Legierungen üblichen Verfahren sind in Tabelle 13.7 zusammengefaßt. Als Glühbehandlung vor dem Emaillieren wird bei Stahlblech im Bedarfsfall das Entfettungs- und Spannungsfreiglühen angewendet, während für Gußeisen zusätzlich das Weichglühen erforderlich sein kann. Sofern eine Glühbehandlung notwendig wird, sind die Temperaturrichtwerte für Stahlblech 700 bis 800 °C, für Gußeisen 750 bis 850 °C zu empfehlen.
Für sämtliche Glühbehandlungen, außer der Schutzgasglühung, werden die üblichen Emaillieröfen verwendet.

13.4.1.1. Entfettungsglühen

Das Entfetten der Rohware durch Glühen erfordert stets eine nachträgliche Entfernung der gebildeten Zunderschicht. Glühen ist somit nur dann sinnvoll, wenn keine Voraussetzungen für eine naßchemische Entfettung besteht oder die Glühung mit Spannungsabbau und Gefügeumwandlung verbunden werden soll. Das Entfettungsglühen

Tabelle 13.7. Arten der Glühbehandlung

Glühart	Zweck	Temperatur in °C	Bemerkung
Entfettungsglühen	Fettverbrennung	>500	
Spannungsfreiglühen	Beseitigung von Umform- oder Gießspannungen	550...650	
Weichglühen	Gefügeumwandlung	700...750	Pendeln um 723 °C
Normalglühen	Feinkornbildung zur Verbesserung der mechanischen Eigenschaften	750...950	oberhalb GOS
Hochglühen	Grobkornbildung zur besseren Zerspanbarkeit	900...1 000	100...200 K oberhalb GSE
Diffusionsglühen	Gefügeausgleich	1 050...1 150	

wird in stark oxydierender Atmosphäre durchgeführt, um eine vollständige Verbrennung der Fett- und Ölreste zu erreichen. Ist der Sauerstoffgehalt der Atmosphäre oder die Temperatur zu gering, können durch Schwelung oder Zersetzung der organischen Bestandteile schwer zu entfernende Kohlenstoffverbindungen entstehen.
Zur leichteren Beseitigung des Zunders wurde früher auch eine Säureglühung in einer mit HCl-Dämpfen angereicherten Atmosphäre durchgeführt.

13.4.1.2. Spannungsfrei- und Weichglühen

Das Spannungsfrei- und Weichglühen ist nicht an eine bestimmte Ofenatmosphäre gebunden. Wichtig sind nur Temperatur und Haltezeit.
Bei Erzeugnissen aus Feinblech reicht die mit dem Grundbrand verbundene Wärmebehandlung aus, um innere Spannungen auszugleichen. Erzeugnisse aus Grobblech stehen dagegen nach der Formgebung und dem Verschweißen unter Spannungen, die einen Glühprozeß notwendig machen, wobei gleichzeitig erforderliche Gefügeumwandlungen erzielt werden.
Graugußteile werden nur dann geglüht, wenn konstruktiv bedingte Spannungen unvermeidbar sind oder die Randzone viel Perlit bzw. Zementit enthält. Letztere ist i. d. R. bei Gußeisen höherer Festigkeit der Fall oder dann, wenn das Formverfahren bzw. geringe Wanddicken eine schnelle Erstarrung des Eisens in der Form bedingen. Die Glühdauer soll 10 bis 60 min betragen. Besonders für Gußeisen höherer Festigkeit ist eine mehrmalige Kurzzeitglühung für die Gefügeumwandlung günstiger als eine Langzeitglühung. Oberhalb 900 °C kann es zur Rückbildung von Perlit kommen (*Holm, Schneider* 1954).

13.4.1.3. Kombiniertes Glühen unter Schutzgas

Spannungsausgleich und Gefügeumwandlung lassen sich mit der Metallreinigung durch das Schutzgasglühen (Blankglühen) kombinieren. Vorschläge zur Schutzgasglühung von Emaillierblech stammen von *Linde* (1950); *Kerstan* (1952) und *Aldinger* (1952b). Die Verbesserung der Emaillierfähigkeit ist auf eine Randentkohlung zurückzuführen (nach *Schejndlin, Čekanskij* 1968 bis auf 0,02 %).
Auch bei Gußeisen konnte eine breitere ferritische Randzone und eine entsprechend bessere Emaillierfähigkeit erzielt werden (*Pöschmann, Petzold* 1960). Von *Mogilčenko* u. a. (1970) wurde eine Entkohlungstiefe von 0,8 mm gefunden.
Geeignete Schutzgasgemische und deren Einsatzmöglichkeiten werden von *Kluge* (1961) besprochen. Im allgemeinen kommen neutrale (Stickstoff) oder reduzierende Gase (Wasserstoff, NH_3, Leuchtgas, Ferngas) zum Einsatz. Die Glühtemperatur wird mit 750 °C bis über 1000 °C angegeben. Nach *Petzold* (1955d) sind Temperaturen unter 800 °C zu niedrig, jedoch soll nach *Schejndlin, Čekanskij* (1968) die Glühung unterhalb der α-γ-Umwandlung des Eisens erfolgen, um eine Wasserstoffaufnahme zu unterdrücken. Bei entsprechender Optimierung der Gas-

zusammensetzung dürften 800 bis 900 °C real sein. Die Glühzeit beträgt etwa 15 min, läßt sich jedoch bei Anwesenheit von Wasserstoff minimieren. Stark angerostete Oberflächen sind für das Blankglühen ungeeignet.

Die Schutzgasglühung ist auch bei der Direktweißemaillierung anwendbar (*Petzold*, *Betzer* 1956a; *Kerstan* 1965); eine ausreichende Aktivierung der Blechoberfläche muß aber gesichert sein. Zu beachten ist, daß titanstabilisierte Emaillierbleche gegenüber kohlenstoffhaltigen Gasen empfindlich sind. Das Blankglühen könnte auch bei Strangußstahl für Emaillierzwecke an Bedeutung gewinnen, wenn es damit möglich wäre, die bei Blechen aus beruhigten Stahlmarken fehlende rein ferritische Randzone (Speckschicht) nachträglich zu erzeugen.

Das Schutzgasglühen hat sich in der Emailliertechnik bisher kaum eingeführt, obwohl es eine Reihe von Vorteilen besitzt. Diese bestehen außer in der Kombination von Reinigungs- und Glühfunktion im Wegfall von Abwasserproblemen, was ökologisch von Bedeutung ist, und in dem geringeren Kostenaufwand im Vergleich zur Beize.

13.4.2. Strahlen

Das Strahlen (Übersicht bei *Rüb* 1969; *Horovitz* 1982) wird in der Emailindustrie zur Reinigung, Veredlung oder zum Abtragen der Metalloberfläche benutzt. Es ist besonders für Gußeisen von Bedeutung, und zwar als Putz-, Zunder-, Entrostungs-, Abtrags-, Rauh- und Glattstrahlen. Für Grobbleche kommen nur Entzunderungs-, Entrostungs- und Rauhstrahlen, für Blech lediglich das Rauhstrahlen in Betracht. Das Putzstrahlen erfolgt meist als separater Arbeitsgang zur Entsandung und Reinigung der Gußteile nach dem Auspacken aus der Gießform. Das Abtragstrahlen ist erforderlich, wenn eine nicht emaillierfähige Gußhaut (Mikrochill) entfernt werden muß; es läßt sich mit dem Entrosten bzw. Entzundern verbinden. Das Glattstrahlen erfolgt zur Beseitigung von Gußspitzen, während das Rauhstrahlen der Verbesserung der Haftfestigkeit des Emails oder bei Aluminium der PTFE-Beschichtung dient. Strahlmittel, Körnung und Anlagenparameter richten sich nach Zweck und Art des Strahlens.

Für die Metallreinigung sind nach TGL 18730/2 drei Säuberungsgrade festgelegt. Für die Emaillierung ist grundsätzlich der Säuberungsgrad 3 (metallisch rein) erforderlich.

13.4.2.1. Grundlagen des Strahlens

Beim Strahlen wird ein körniges Strahlmittel gegen die Werkstückoberfläche geschleudert. Für das Ergebnis sind außer der Form die Körnung des Strahlmittels und dessen kinetische Energie beim Aufprall bestimmend. Je kleiner die Korngröße, um so größer wird der »Bedeckungsgrad«, d. h. die auf die Flächeneinheit auftreffende Teilchenzahl. Da mit abnehmender Partikelgröße die kinetische Energie geringer wird, ergibt sich für das Minimum der Strahldauer eine optimale Korngröße, die von *Gesell* (1956) für Stahldrahtkorn mit etwa 0,7 mm angegeben wird. Neuerdings wurde von *Neumann* (1981a) besonders beim Entzundern ein sehr guter Effekt des Feinkorns nachgewiesen (Bild 13.10). Für das Entrosten (kantiges Korn),

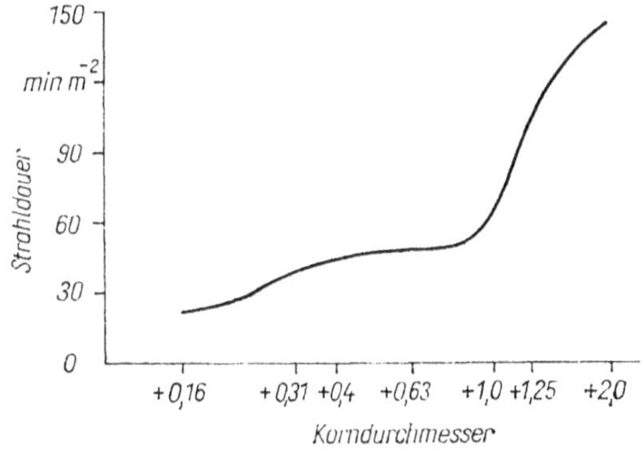

Bild 13.10. Strahldauer in Abhängigkeit vom Korndurchmesser für Stahldrahtkorn (*Neumann* 1981a)

Entzundern (rundes Korn) und Abtragen der Metalloberfläche sind somit Strahlmittel-Betriebsgemische zweckmäßig, die nicht gröber als 1 mm sind und über einen entsprechenden Feinkornanteil verfügen. Als Richtwerte gelten 0,4 bis 0,8 mm ≈ 50 %, 0,2 bis 0,4 mm ≈ 45%.

Beim Putzstrahlen soll das Grobkorn etwa 2 mm betragen. Hier gilt 1,6 bis 2,0 mm ≈ 70 %, 1,25 bis 1,6 mm ≈ 25 %. Das optimale Gemisch sollte durch häufige Frischkornzugabe konstant gehalten werden. Eine Anleitung zur Ermittlung der optimalen Zusammensetzung von Stahldrahtkorn gibt die ZKS-Richtlinie R 05—74 (1974).

13.4.2.2. Strahlmittel

Die Anwendung von Quarzkies und Quarzsand als Strahlmittel ist in der DDR nach TGL 30058/01 verboten. Für Emaillierzwecke sind die in Tabelle 13.8 aufgeführten Strahlmittel, vor allem Korund und das ökonomisch günstige Stahldrahtkorn, geeignet; auch Stahlgußkies wird sehr positiv beurteilt (*Horovitz* 1982). Von *Gesell* (1963) wird auf Basaltgranulat als Strahlmittel aufmerksam gemacht.

In die Metalloberfläche festgeschlagene kantige Teilchen führen zur Blasenbildung im Email (*Thier* 1959). Durch weiche organische Strahlmittel sollen sich Fett- und Ölschichten von der Metalloberfläche leichter entfernen lassen als mit Lösungsmitteln (*Oeteren* 1963). Für den Metallabtrag ist kantiges Korn besser geeignet als runde oder arrondierte Fraktionen.

13.4.2.3. Strahlanlagen

Beim Strahlen in Kabinen werden Druckluft (0,4 bis 0,8 MPa) oder Schleuderräder (Abwurfgeschwindigkeit 60 bis 80 m s^{-1}) verwendet. Die komplette Strahlkabine enthält Fördereinrichtungen, eine Strahlmittelreinigung, Strahlmittelzuführung sowie Entstaubungsanlage mit Absaugung.

Beim Druckluftstrahlen wird das Strahlmittel über eine bewegliche Düse von Hand auf das Werkstück gelenkt. Die durchschnittliche Leistung beträgt 2 bis 8 m^2 h^{-1}.

Schleuderanlagen sind mit 1 bis 16 unterschiedlich angeordneten Schleuderrädern ausgestattet und ermöglichen eine kontinuierliche Arbeitsweise mit Leistungen von 15 bis 300 m^2 h^{-1}. Nach *Reinsch* (1963) sollen Schleuderradanlagen mit metallischen Strahlmitteln erheblich ökonomischer sein als Druckluftanlagen. Die Energieeinspa-

Tabelle 13.8. Strahlmittel (weitere Ausführungen zu Qualitätsparametern: *Feist*, *Herrmann* 1985)

	Stahldrahtkorn	Hartgußgranulat		Stahlgußgranulat		Normalkorund	
		Hartgußschrott	Hartgußkies	Stahlgußschrott	Stahlgußkies		
Kurzbezeichnung (TGL 103-1170)	St-D	GH-S	GH-K	GS-S	GS-K	NKE	NK
Werkstoff	C = 0,5 bis 0,8 %	abgeschrecktes Gußeisen C = 2,0...3,6 %		gehärteter Stahlguß C = 0,2...1,3 %		Al_2O_3 eisenreich	eisenarm
Kornform	Durchmesser = Länge	rund	kantig	rund	kantig	kantig	
Verschleißform	arrondiertes Korn	kantig zerschlagen		je nach Härte kantig, zerschlagen, Kantenrundung		kantig zerschlagen	
Preisrelation (Richtwert in %)	360	100		130		100	150
Verbrauch (Richtwert in g m^{-2})	15...30	120...240		80...140		150...300	
Schaufel- bzw. Düsenverschleiß (Richtwert in %)	100	1000		200		1500	

rung betägt nach Untersuchungen von *Neumann* (1981 b) über 90 %.
Abschließend sei auf das staublose Strahlen verwiesen (*Kuszczack* 1971). Das Strahlmittel wird über einen speziell ausgebildeten Strahlkopf wieder abgesaugt und im Kreislauf geführt.

13.5. Prüfung und Kontrolle der Vorbehandlungsmittel und Vorbehandlung

13.5.1. Kontrolle der Entfettungsbäder

Neben der laufenden Temperaturkontrolle ist die Wirksamkeit der Entfettungsbäder täglich zu prüfen. Die Alkalikonzentration kann durch Titration mit Säure, Messung des pH-Werts oder der elektrischen Leitfähigkeit überwacht werden. Eine automatische Konzentrations- und Dosierungsregelung ist möglich (*Ferrari, Rieke* 1980; *Heidenbluth* 1983). Die Kontrolle der Alkali-Konzentration läßt nur dann eine sichere Beurteilung zu, wenn Alkali- und Netzmittelanteile gleichmäßig verbraucht werden. Lösungsmittelreiniger sind auf Cl-Gehalt und pH-Wert zu prüfen. Weitere Hinweise bei *Vetten* (1964) und *Streeb* u. a. (1969).
Eine einfache Prüfung der Entfettungswirkung ist durch den »Benetzungstest« (*Kyri* 1974) oder die Wasserablaufprobe nach *Warnke* möglich. Auf der entfetteten und gespülten Oberfläche darf der Wasserfilm nicht aufreißen bzw. muß darüber laufendes Wasser gleichmäßig abfließen. Durch vergleichende Benetzungsversuche mit Flüssigkeitstropfen unterschiedlicher Oberflächenspannung kann die Reinheit bestimmt werden (*Jones* 1985). Die Ermittlung der Restbefettung ist durch Oxydationsverfahren möglich (*Kresse* u. a. 1983).

13.5.2. Kontrolle der Beizbäder

Die Säurekonzentration läßt sich durch Titration mit Natronlauge bestimmen. Mitunter ist die Verwendung von Kontrollkapseln, bekannt als Beizpillen, noch üblich. Die Zahl der erforderlichen Kapseln bis zum Farbumschlag der Beizlösung entspricht der Säurekonzentration. Der Einsatz ionensensitiver Elektroden und pH-abhängiger Meßmethoden beschreibt *Heidenbluth* (1983).
Der Eisen(II)gehalt kann durch Titration mit Kaliumpermanganatlösung maßanalytisch festgestellt werden. Bei bekannter Säurekonzentration genügt jedoch die Dichtebestimmung (Spindeln) der Beizlösung. Aus beiden Werten läßt sich nach *Vogel* mittels Nomogramm (s. vorderes Vorsatz) der Eisengehalt ermitteln. Er soll bei Salzsäure 40 g l^{-1} und bei Schwefelsäure 60 g l^{-1} nicht übersteigen.
Eine kontinuierliche Regenerierung der HCl-Beize beschreibt *Borgolte* (1965). Von *Giegerl* (1975) wird ein Gerät zur laufenden Bestimmung des Eisen- und Säuregehaltes für nichtoxydierende Säuren vorgestellt.

13.5.3. Kontrolle der Vernickelungsbäder

Die Überwachung der Nickeltauchbäder erfolgt über Temperatur-, pH-Wert- und Leitfähigkeitsmessung. Der maximale Eisengehalt soll 8 g l^{-1} nicht überschreiten. Das bei pH 3,2 bis 3,8 gebildete Eisenhydroxid wird abfiltriert. Die Wirksamkeit des Vernickelungsbades läßt sich durch Ermittlung der abgeschiedenen Nickelmenge auf Testblechen bestimmen (Ablösung in HCl/HNO_3, Fällung durch NH_3 und Wägung des Niederschlags).

13.5.4. Kontrolle der Spülbäder

Der Zustand der Spülbäder wird durch pH-Wert- und Leitfähigkeitsmessung kontrolliert (*Heidenbluth* 1983).
Die Problematik der automatischen Überwachung und Steuerung der Vorbehandlungsbäder wird von *Ferrari, Rieke* (1980) und *Heidenbluth* (1983, 1984, 1985) im Komplex erörtert.

13.5.5. Strahlmittelprüfung

Die Eignung der Strahlmittel wird durch Härtebestimmung, metallographische und granulometrische Untersuchungen sowie chemische Analysen ermittelt (z. B. *Bickel*

1956; *Thier* 1959). Die Effektivität verschiedener Strahlmittel bzw. Strahlmittelgemische kann im Versuch durch spezielle Druckluft- oder Schleuderrad-Strahlanlagen geprüft werden (*Neumann* 1981 b). Zur Überwachung der Betriebsgemische ist mindestens einmal im Monat eine Korngrößenanalyse (ZKS-Richtlinie R 03-74, 1974) durchzuführen; eine Prüfmaschine beschreibt *Kistler* (1960).

13.6. Nachbesserung

Das Ausbeulen von Blechrohware ist nur dann sinnvoll, wenn die zu emaillierenden Teile einen entsprechenden Wert verkörpern. Das Verkitten von Löchern in der Oberfläche der Gußrohware mit Emailkitt ist jedoch üblich, wodurch eine einwandfreie Emaillierung möglich wird. Ohne Verkitten bleiben selbst Löcher von 1 mm ∅ nach dem Brennen als Pore sichtbar. Bei dickwandigen Teilen ist ein Aufbohren der Fehlstelle zweckmäßig. Derartige Sacklöcher mit einem Durchmesser bis zu 5 mm werden verkittet und zusätzlich mit Weicheisen vernietet. Der Emailkitt (*Märker* 1960 b) soll so beschaffen sein, daß er ohne nennenswerte Brennschwindung sintert und dabei eine ausreichende Bindung zum Gußeisen eingeht. Am häufigsten wird mit Quarzmehl angereicherter Sintergrund in Form einer knetbaren Masse angewendet.
Das Verschleifen ist besonders bei Gußteilen notwendig (Gußspitzen, Kernnähte, Vertiefungen, Gußbuckel, Schaumstellen). Bei sehr dicker Mikrochill ($>50\ \mu m$) kann ein völliges Überschleifen der Gußeisenoberfläche erforderlich werden. Dabei kommen sowohl elektrische als auch Druckluft-Schleifmaschinen mit Korundscheiben (Korn 50 bis 80) in Betracht. Vor dem Emailauftrag müssen die geschliffenen Stellen nachgestrahlt werden, um Mängel in der Haftfestigkeit des Emails zu ve meiden.

14 Auftragen des Emails

Auftragen ist die Beschichtung des zu emaillierenden Gegenstandes mit Emailschlicker (Naßauftrag) oder Emailpuder bzw. Emailpulver (Trockenauftrag).
Der Emailauftrag bestimmt Gleichmäßigkeit und Dicke der Emailschicht und damit die Qualität der Emaillierung. Zu dünnes Deckemail besitzt u. U. unzureichende Qualitätsparameter, zu dickes neigt zu Abplatzungen. Je nach Erzeugnisart und zu verarbeitendem Emailtyp muß eine sorgfältige Wahl des Auftragsverfahrens getroffen werden.
Die üblichen manuellen Auftragsverfahren für Grund- und Deckemails sowie die davon

Tabelle 14.1. Übersicht über die Auftragsverfahren

	Naßauftrag				Trockenauftrag		
Manuelle Verfahren	Spritzen	Tauchen	Fluten	Aufstreichen	Kaltpudern	Heißpudern	Tauchen
Teilmechanisierte Verfahren	Kombination mit Transporteinrichtung	Vibrationsauftrag	Vakuumauftrag	mechanisierte Pinselstreifen		Dreh- und Schwenkeinrichtung	
Mechanisierte Verfahren	Roboter Spritzautomaten	Auftragsautomaten	Auftragsautomaten			Spezialautomaten	
Auftrag im elektrischen Feld	Naßelektrostatik *ESTA*	Elektrophorese *ETE*			Pulverelektrostatik *PUESTA*		
Arbeitstemperatur		Raumtemperatur					>500 °C
Emailart	Deckemail (Grundemail)	Grundemail Deckemail		Grundemail (Dekoremail)	Deckemail Grundemail		Deckemail

abgeleiteten mechanisierten Verfahren sind in Tabelle 14.1 zusammengestellt.
Das dominierende Verfahren ist auch heute noch der Naßauftrag. Der Trockenauftrag, besonders in Form der Pulverelektrostatik, führt sich jedoch immer mehr ein.
In den letzten Jahren hat auf dem Gebiet der Auftragstechnik eine stürmische Weiterentwicklung in Richtung mechanischer Auftragseinrichtungen stattgefunden, bei der auch ökologische Gesichtspunkte eine Rolle spielten. Bis 1970 war diese Mechanisierung vorrangig erzeugnisgebunden. Eine Übersicht der wichtigsten Auftragseinrichtungen dieser Zeit geben *Hadwiger* (1969) und *Fiedler, Sarres* (1974). Nach 1970 wurden auch universell einsetzbare Anlagen, von denen besonders der Spritzroboter zu nennen ist, und die Verfahren des Emailauftrags im elektrischen Feld produktionsreif entwickelt.
Die mechanisierten Verfahren stellen wesentlich höhere Anforderungen an die Konstanz der Email-Auftragsparameter, weil der beim Handauftrag mögliche individuelle Ausgleich entfällt.
Bei allen Auftragsverfahren ist anzustreben, die beschichtete Rohware sofort auf geeignete Transporteinrichtungen zu geben. Ablageschienen oder Nagelbretter, die von Hand in Trockenregale oder Hordenwagen eingeschoben werden, sind kaum noch üblich. Wesentlich effektiver ist für Flachteile die Verkettung des Auftragens und Trocknens mittels Hänge- oder Flachbandförderern. Die Auftragsstände für Geschirr werden ebenfalls in unmittelbarer Nähe der Fördereinrichtungen zum Trockner aufgestellt. Beim elektrophoretischen Emailauftrag ist eine zusätzliche Verkettung mit der Vorbehandlungsanlage möglich, was sich besonders günstig auf die Produktivität der Gesamtanlage auswirkt.

14.1. Naßauftrag

Der Naßauftrag kann durch Spritzen, Tauchen, Fluten oder Aufstreichen erfolgen. Jedes dieser Auftragsverfahren besitzt spezifische Vorzüge und wird daher auch in Zukunft angewendet werden. Beim Spritzen ist eine Nachbesserung leicht möglich und die Rückseiten lassen sich dünner beschichten, was auch der Fischschuppenbildung entgegenwirkt. Spritzen ist jedoch mit größeren Emailverlusten verbunden und stellt durch die Staubentwicklung eine nicht unerhebliche Umweltbelastung dar. Das betrifft sowohl die Arbeitskräfte, als auch die Umgebung des Emaillierwerkes. Wo es möglich ist, wird daher versucht, den konventionellen Spritzauftrag durch Tauchen oder Fluten abzulösen.
Das Aufstreichen der Emails bleibt Sondergebieten vorbehalten.
Richtwerte für typische Auftragsmengen und Schichtdicken sind in Tabelle 14.2 zusammengefaßt. Je nach Auftragsverfahren und Emailtyp muß der Emailschlicker spezielle Parameter besitzen, die in Abschnitt 9.3.2. erläutert sind. Spritzschlicker sollen feiner gemahlen sein und eine geringere Dichte haben als Schlicker für Tauchen oder Fluten. Schlicker zum Aufstreichen ist zwar fein gemahlen, besitzt aber eine größere Konsistenz. Eine spezielle Anpassung an die entsprechen-

Tabelle 14.2. Übliche Auftragsmengen und Emaildicken beim konventionellen Emailauftrag auf Feinblech

	Spezifische Auftragsmenge in g dm^{-2}	Emailschichtdicke getrocknet in mm	Emailschichtdicke gebrannt in mm
Grundemail	2,6...3,8	0,11...0,17	0,08...0,12
1. Deckemailauftrag	3,2...4,5	0,14...0,20	0,10...0,14
2. Deckemailauftrag (Nachbesserung)	$<3,2$	$<0,14$	$<0,10$
Gesamtdicke			0,20...0,35

den Betriebsverhältnisse ist in jedem Falle notwendig.
Luftfeuchtigkeit und Temperatur im Auftragsraum spielen eine große Rolle. Am günstigsten ist eine relative Feuchte von 60 bis 75 % bei einer Temperatur von etwa 20 °C, die auch die zu beschichtenden Teile angenommen haben müssen. Vor dem Auftragen des Emailschlickers muß die Ware völlig sauber und staubfrei sein, weil besonders beim Tauchen oder Fluten Verunreinigungen unmittelbar in den Schlicker gelangen oder zu Benetzungsfehlern führen können.
Soll der Schlicker auf eine saugfähige Erstbeschichtung (z. B. Sintergrund, selbstreinigendes Email) aufgetragen werden, ist ein Anfeuchten der Ware zu empfehlen.

14.1.1. Spritzen

14.1.1.1. Spritzvorgang

Beim Spritzen, das vorzugsweise bei großflächigen ebenen Teilen, aber z. B. auch bei Spülen, Geschirren oder Stahlbadewannen Anwendung findet, wird der Schlicker mittels Druckluft fein zerstäubt und gegen das Werkstück geblasen. Die Abscheidung der Schlickertröpfchen auf dem Werkstück ist jedoch unvollständig; etwa 50 % des Schlickers werden vorbeigeblasen. Die auf die Oberfläche gelangenden Tröpfchen werden durch Adhäsion festgehalten und bilden mit fortschreitendem Spritzvorgang eine geschlossene Schicht. In dieser Schicht sind die Tröpfchen durch Wasserverlust beim Spritzen (Verdunstung) am Anfang starr eingelagert und nehmen erst dann eine zwanglose Lage ein, wenn sich an der Oberfläche ein zusammenhängender Wasserfilm bildet. Die Schicht ist am gleichmäßigsten, wenn alle Stellen der gespritzten Oberfläche diesen Zustand erreicht haben. Der Luftdruck und die durchgesetzte Luftmenge sollen nur so groß sein, wie das für den Transport und die Ablagerung der Schlickertröpfchen erforderlich ist. Beim Spritzen von Hand sind die Schlickerparameter so zu bemessen, daß der Wasserfilm mit Erreichen der erforderlichen Schichtdicke eintritt. Neben der Mahlfeinheit muß daher besonders die Schlickerdichte konstant gehalten werden.
Die Zerstäubung des Schlickers durch Druckluft erfolgt in üblichen Spritzpistolen (wichtigste Typen z. B. bei *Kühn, Geu* 1980).
Je nach der Art des Düsensystems läßt sich ein Rund- oder Drehstrahl einstellen. Der Verschleiß der Düse ist – besonders bei anlagenintegrierten Spritzpistolen – turnusmäßig zu prüfen. Die Schlickerzufuhr kann über einen aufgesetzten Behälter (Inhalt 0,5 l), Hochbehälter mit Schlauchzuführung (Inhalt 10 bis 30 l) oder Druckbehälter mit Rührwerk (Inhalt 50 bis 200 l) erfolgen. Für eine Fertigung mit großen Stückzahlen sind Druckbehälter unerläßlich.

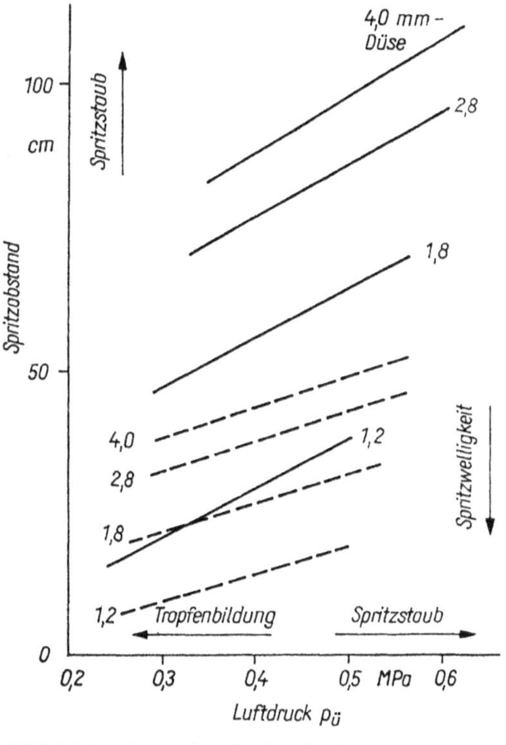

Bild 14.1. Abhängigkeit des Spritzabstandes von Luftdruck und Düsendurchmesser
——— weitester Abstand
– – – kürzester Abstand

Für neuzeitliche Spritzpistolen werden folgende Kennwerte angegeben (*Kyri* 1974):

Düsenöffnung	1,8 bis 2,4 mm
Spritzdruck	0,28 bis 0,35 MPa
Schlickerdurchlauf	36 bis 50 l h^{-1}
Luft	30 bis 35 N m^3 h^{-1}.

Der vom Düsendurchmesser und Luftdruck abhängige Spritzabstand ist Bild 14.1 zu entnehmen. Der Luftdruck ist grundsätzlich so niedrig wie möglich zu halten, weil mit steigendem Druck die Spritzverluste und die Staubentwicklung größer werden. Der optimale Spritzdruck und die Gleichmäßigkeit des Spritzstrahls lassen sich überprüfen, indem der Schlicker auf eine Glasplatte gespritzt und die Schicht im Durchlicht beurteilt wird.

Die zum Spritzen verwendete Preßluft muß öl- und wasserfrei sein (z. B. Anon. 1965). Durch Wasser wird das Schlickerverhalten unkontrollierbar beeinflußt, während Öl zur Fleckenbildung im Email führt. Weitere durch das Spritzen bedingte oder beeinflußte Emaillierfehler sind Orangeschalenstruktur, Spritzwelligkeit (zu geringer Spritzabstand, zu hoher Druck oder zu spitzer Spritzwinkel) und Schwundrisse (zu große Schichtdicke).

14.1.1.2. Mechanisierung des Spritzens

Eine Mechanisierung des Spritzauftrags läßt sich bei Flachteilen bereits durch den Einsatz eines Hängeförderers erreichen, der den Spritzstand und den Trockner miteinander verbindet. Damit entfällt die Übergabe der Ware auf die Trockenkette. Bei größeren und formkomplizierteren Werkstücken kann der Hängeförderer durch mehrere Spritzstände geführt werden. Die Arbeitsplätze lassen sich den unterschiedlichen Spritzhöhen anpassen. Flachteile können in Spritzkabinen auch in horizontaler Lage mit gutem Ergebnis gespritzt werden. Einige Angaben zur Spritzleistung und zum Anteil der möglichen Spritzzeit sind in Tabelle 14.3 als Orientierungswerte zusammengestellt. Die tatsächliche Leistung ist von Form und Größe der Ware abhängig.

Tabelle 14.3. Richtwerte für Spritzleistungen (nach *Kyri* 1974)

Spritzeinrichtung	Leistung je Spritzstand in m^2 h^{-1}	Spritzzeit Anteil in %
Einzelspritzstand	≈16	≈23
Durchlaufkabine	25...35	36...51
Flachband-Spritzautomat	40...50	58...78

Gering umgeformte und kleinere Flachteile lassen sich in Vertikal-Spritzanlagen an starren oder bewegten Pistolen vorbeiführen. Das gleiche Prinzip ist zum Aufspritzen einer dünnen Schicht als Korrosionsschutz der Werkstückrückseite geeignet.

Von *Evelbauer* (1962) wird eine aus mehreren Spritzpistolen bestehende Spritzeinrichtung mit horizontalem Seilförderer als Transportmittel beschrieben (Bild 14.2). In einem nachgeordneten Spritzstand werden die längs zur Transportrichtung liegenden Kanten gespritzt. Bei einer Vorschubgeschwindigkeit von max. 4,5 m min^{-1} kann eine Spritzleistung von etwa 150 m^2 h^{-1} erreicht werden.

Spritzroboter lassen sich für Flachteile ebenso

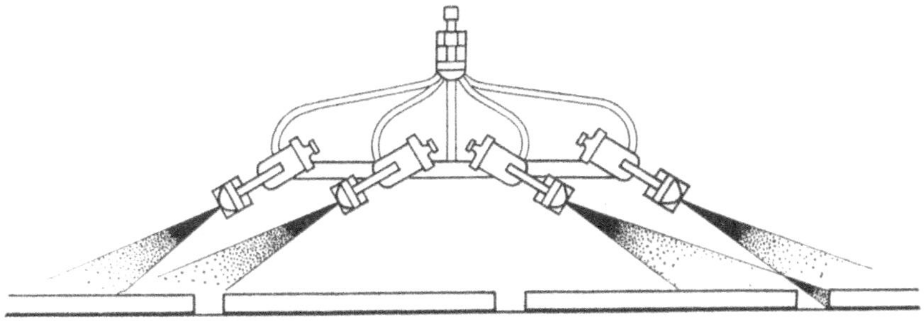

Bild 14.2. Anordnung der beweglichen, Fläche und Seitenkante gleichzeitig beschichtenden Spritzpistolen in einer Flachspritzanlage (*Evelbauer* 1962)

einsetzen wie für Stahlbadewannen, Haushaltspülen u. ä. Der größte Nutzen entsteht bei formkomplizierten Werkstücken, weil der Emailauftrag für derartige Teile mit anderen Anlagen nur schwer zu mechanisieren ist. Über Anwendungsverfahren beim Spritzen von Stahlbadewannen mit dem *Trallfa*-Roboter berichtet *Marin* (1976).

Der Roboter (Bild 14.3) ist mit dem Manipulator in der Lage, nach Programmierung die Arm- und Handgelenkbewegungen eines Menschen in einem bestimmten Aktionsradius auszuführen. Der maximale Zyklus eines Arbeitsganges ist z. Z. mit 30 min begrenzt. Durch einen Programmspeicher können mehrere Arbeitsgänge und Manipulatoren gesteuert werden. Die Leistung eines Roboters beträgt 160 bis 200 % von der eines Handspritzers (*Haugan* 1971; *Granicki* 1980).

Der Roboter ist gegen Staub und Wärme empfindlich, so daß entsprechende Schutzvorkehrungen (z. B. staubdichte Umhüllung der Manipulatorgelenke) zu treffen sind. Über die vielfältigen Einsatzmöglichkeiten von Industrierobotern berichten *Otto* (1979) und *Rösner* (1979).

Für Geschirre bis zu 35 cm∅ werden Spritzautomaten eingesetzt, die besonders dann von Vorteil sind, wenn gleichzeitig ein Dekoreffekt erzielt werden soll, z. B. Fondspritzen; sie können eine Auftragsleistung von 1200 Teilen je h erreichen (Anon. 1972). Sehr rationell arbeitet auch der bei *Kühn, Geu* (1980) beschriebene Zweifarben-Spritzautomat. Trotz der genannten Vorteile werden derartige Automaten weitgehend durch den mechanisierten Tauch- oder Flutauftrag abgelöst, da die Emailverluste beim Geschirrspritzen beträchtlich sind.

Spritzverfahren setzen wegen der Staubentwicklung grundsätzlich eine gute Absaugung des Arbeitsplatzes voraus. Zu diesem Zweck werden offene Einzel- oder geschlossen Durchlaufspritzkabinen verwendet. Die Spritzkabinen werden als Trocken- oder Naßspritzkabinen hergestellt. Bei den Trockenspritzkabinen erfolgt eine Vorabscheidung der nicht genutzten Spritznebel an Prallwänden, während der Rest in Filteranlagen abgeschieden wird. Diese Filteranlagen sind bei großen Reinheitsforderungen an die

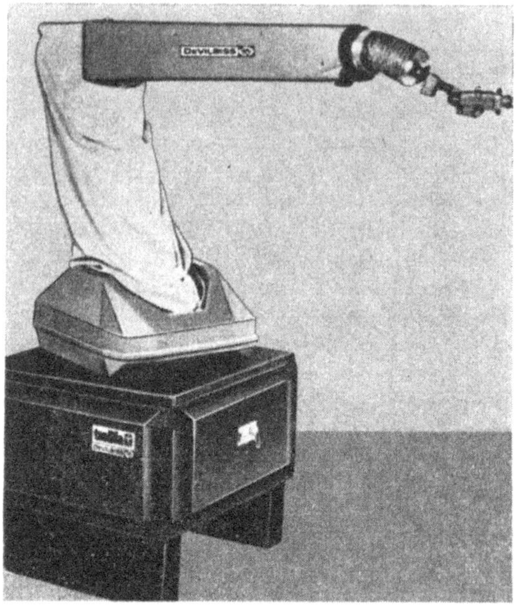

a)

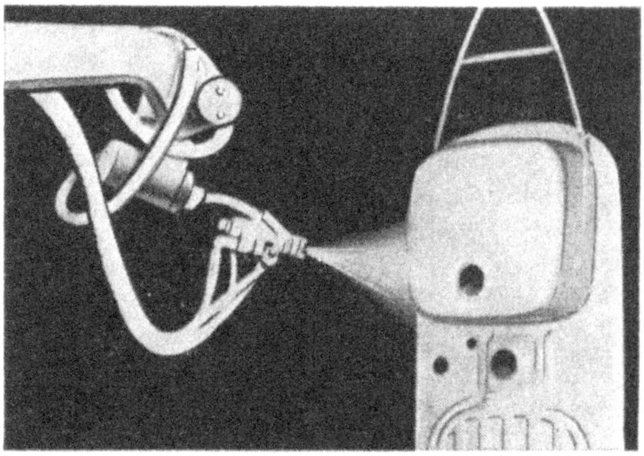

b)

Bild 14.3. *Trallfa*-Spritzroboter
a) Gesamtansicht
b) Naßemail-Beschichtung einer Spüle (De Vilbiss-DEFAG GmbH, Dietzenbach)

Abluft sehr aufwendig. Günstiger sind in dieser Hinsicht Naßspritzkabinen, die den Spritznebel durch wasserberieselte Flächen binden. Das Schema einer solchen Spritzkabine zeigt Bild 14.4.

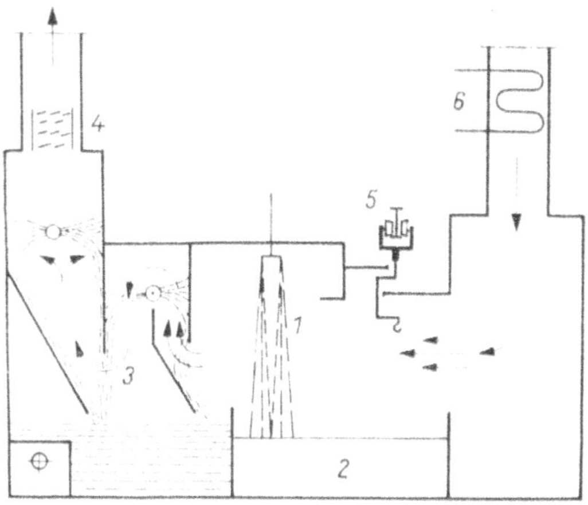

Bild 14.4. Schema einer Durchlaufspritzkabine (*Kyri* 1974)
1 Prallwände; *2* Spritzabfall; *3* Wasserschleier für Luftreinigung; *4* Trockenfilter; *5* Transportkette; *6* Luftvorwärmer

14.1.2. Tauchen

Das Tauchverfahren wird vorzugsweise für den Grundemailauftrag, z. T. aber auch für den einfarbigen Deckemailauftrag eingesetzt. Einschichtemails auf Waschmaschinentrommeln und Schalldämpfern werden ebenfalls durch Tauchen aufgetragen.

14.1.2.1. Vorgänge

Beim Tauchverfahren wird die Rohware völlig (bei Deckemails auf Stahlware bis dicht unter den Rand) in den Emailschlicker getaucht. Beim Herausziehen bleibt infolge Adhäsion eine bestimmte, zunächst noch ablaufende Schlickermenge auf der Oberfläche haften. Schlickerablaufzeit, Gleichmäßigkeit und Dicke der verbleibenden Schicht werden durch die Schlickerrheologie (Fließkurve, Anlaßwert) bestimmt (s. Abschnitt 9.3.2.3.). Die Fließfähigkeit ergibt sich aus der Steigung der Fließkurve, die Auftragsmenge aus dem Anlaßwert. Ein gut gestellter Schlicker soll sich auf dem Gegenstand ohne langes Nachtropfen schnell verteilen lassen und mit einer bestimmten Schichtdicke haften bleiben.

Dei auf dem Gegenstand verbleibende Schlickermenge ist auch von der Ziehgeschwindigkeit abhängig. Da sich auf der Schlickeroberfläche im Tauchbecken stets ein geringer Wasserfilm abscheidet, ist die mit dem Gegenstand ausgetragene Schlickermenge um so kleiner, je langsamer dieser herausgezogen wird. Die größte Gleichmäßigkeit des Auftrages wird erzielt, wenn der zu beschichtende Gegenstand etwa mit gleicher Geschwindigkeit aus dem Schlicker gezogen wird, wie dieser abläuft.
Von Einfluß ist auch die Form des Gegenstandes. An konvexen Radien erhöhen die in der Schlickerschicht wirkenden Kohäsionskräfte die Oberflächenspannung, wodurch sich das Email zurückzieht und eine Verringerung der Schichtdicke eintritt. Bei Innenradien findet man dagegen eine Schlickeranreicherung.
Zur Bestimmung der Auftragsmenge mittels Tauchzylinder siehe Abschnitt 9.4.2.

14.1.2.2. Technik und Mechanisierung des Tauchauftrages

Beim Tauchen ist je nach Art des Entfernens des überschüssigen Schlickers zu unterscheiden zwischen dem Tauch-Abschlagverfahren und dem Tauch-Ablaufverfahren. Das Abschlagverfahren wird vorzugsweise bei Hohlware angewendet. Die Verteilung des Schlickers auf der Ware geschieht durch drehende und schlagende Bewegungen. Bei größeren Teilen kann dieser Arbeitsgang durch Einsatz einer Rüttelmaschine erleichtert werden. Nach dem Ablaufverfahren werden sowohl Hohlware als auch Flachteile beschichtet. Geschirre werden auf den Schüttrand gestürzt und Flachteile in einem Winkel von etwa 70° schräggestellt oder gehängt. Der abgeschlagene bzw. ablaufende Schlicker tropft ohne Verluste in das Becken zurück.
Die Tauchverfahren erfordern vom Aufträger Erfahrung und Routine. Der Handauftrag nach dem Tauch-Abschlagverfahren stellt eine hohe körperliche Belastung dar. Die erforderlichen Arbeitsmittel sind dagegen einfach und betriebssicher. Die Auftragsleistung beträgt je nach Erzeugnisart und Geschick etwa 50 bis 300 Teile/h.
Eine ausführliche Beschreibung der Tauch-

a)

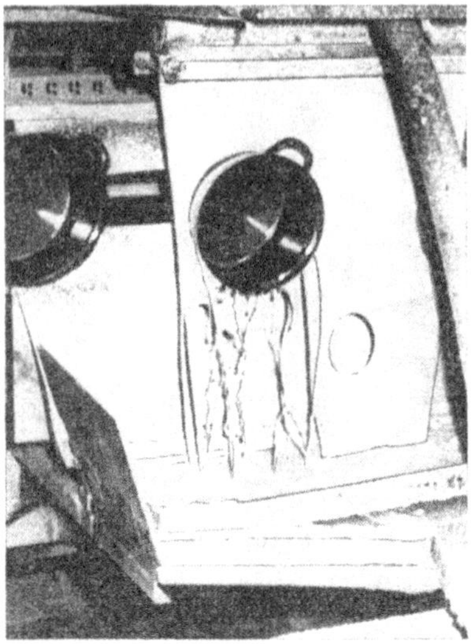

b)

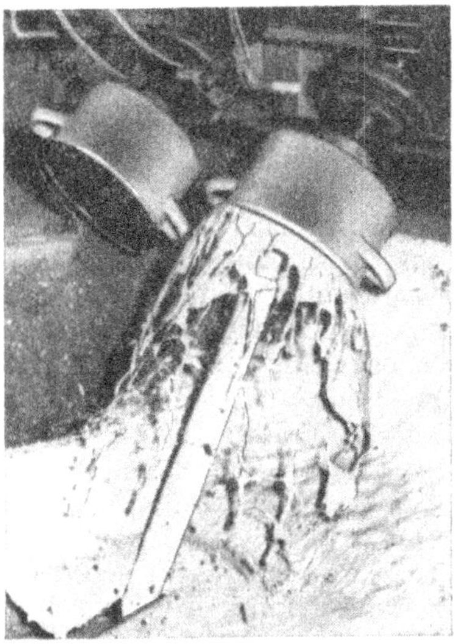

c)

Bild 14.5. Auftragsautomaten für Geschirr
a) Tauchen (*Fiedler, Sarres* 1974)
b) Außenfluten
c) Innenfluten (VEB Schwerter Emaillierwerke Lauter/Sa.)

Auftragsverfahren wird von *Hadwiger* (1963c, 1969) gegeben.
Für Rohware mit Hohlbeschlägen ist es zweckmäßig, die Tauchzeit und Tauchtiefe im Becken gering zu halten, weil sonst Schlicker in die Beschlagteile dringen kann. Beim Brennen wird das Email auf der Beschlagteilen durch den entweichenden Wasserdampf bzw. Wasserstoff schaumig.

Schlickeranhäufungen an Innenkanten und Bördelungen lassen sich mit Hilfe eines gerichteten Preßluftstrahls ausblasen. Ablaufstreifen an Löchern und sonstigen Durchbrüchen können unterdrückt werden, wenn der untere Rand der Durchbrüche mit Schlikker nachgegossen wird.
Eine Verbesserung der Güte des Emailauftrages wird in Verbindung mit einer Teilmechanisierung erreicht, wenn der Schlicker während des Tauchvorganges in Vibration (10 bis 50 Hz) versetzt wird (*Titze* 1970), wodurch der Schlicker in feinste Hohlräume und Spalten eindringt; über die rheologischen Aspekte des Vibrationsverfahrens siehe *Hennicke, Claus* (1975). Das Verfahren ist besonders geeignet für Schalldämpfer, Waschmaschinentrommeln und punktgeschweißte Teile.
Für die Mechanisierung ist das Tauchablaufverfahren geeignet. Hierbei werden zwei grundsätzliche Wege beschritten.
Im einfachsten Falle erfolgt das Tauchen von Hand, und der Vorgang des Schlickerab-

laufes wird mit einem Transportsystem verbunden (geeignet für Flachteile und Hohlware). Als Transportmittel dient ein Hängeförderer mit speziellen Abtropfgehängen oder das sog. Ablaufkarussell, das zur besseren Schlickerverteilung bei Hohlware mit zusätzlichen Rotationselementen (Dreharmen) ausgestattet ist (*Hadwiger* 1967b). Während beim Hängeförderer die Einbeziehung des Trockenvorganges möglich ist, muß beim Ablaufkarussell die beschichtete Ware von Hand auf die Trockenkette übergeben werden. Beim maschinellen Tauchen werden Flachteile mittels Kettenförderer durch die Schlickerwanne geführt, während für Hohlware Auftragsautomaten mit speziellen Spannzangen verwendet werden (*Fiedler*, *Sarres* 1974). Die Auftragsautomaten sind mit endlosen Transportketten ausgestattet und besitzen nebeneinander eine Aufgabe- und Abnahmestation. Nach der Aufgabe wird die rotierende Hohlware durch eine Schlickerwanne geleitet und das anschließende Ablaufen und Verteilen des Schlickers durch Dreh- und Schwenkbewegungen sowie u. U. durch eingebaute Rüttelstrecken unterstützt (Bild 14.5). Die Auftragsleistung beträgt hier max. 800 Teile/h. Selbst größere Teile, wie z. B. Eimer, lassen sich nach diesem Verfahren mit Grundemail oder einfarbigem Deckemail beschichten.

Bei allen Arten von Tauchverfahren soll eine relative Luftfeuchte von 80 % nicht überschritten werden, weil sich sonst durch Kondensat leicht Wasserstreifen bilden.

Der Schlicker ist von Zeit zu Zeit aufzurühren und von Eisenteilchen, die mit der Rohware eingeschleppt werden, zu befreien. Am günstigsten ist das ständige Umpumpen des Schlickers bei gleichzeitiger Eisenentfernung durch Magnetabscheider.

14.1.3. Fluten

Durch fallendes oder steigendes Fluten werden mehrfarbige Geschirre und besonders auch größere unhandliche Teile, wie Waschmaschineneinsätze u. ä., beschichtet. Fluten wird ferner zum Innenauftragen von Hohlkörpern, wie z. B. Behältern, Boilern oder Rohren, relativ selten jedoch bei Flachteilen angewendet.

Das Prinzip des Flutens ist dem des Tauch-Ablaufverfahrens ähnlich. Dementsprechend werden an den Schlicker dieselben Anforderungen gestellt wie beim Tauchen.

14.1.3.1. Fallendes Fluten

Beim fallenden Fluten wird die Ware mit Schlicker übergossen, am besten durch einen Schlickerstrahl oder -schleier (Weiterentwicklung durch einstellbare Flutdüsen; (*Viquesnel* 1974). Das Überfluten großer Teile erfolgt meist an einem Hängeförderer über einer Auffangwanne für den abfließenden Emailschlicker. Kleine Flachteile können nach dem Flutverfahren bei horizontaler Lage auf einem Flachbandförderer einseitig beschichtet werden (ähnlich der Glasierung von Wandfliesen). Ein analoges Verfahren mit zusätzlicher Vibrationsstrecke wird von *Ioffe*, *Ušakov* u. a. (1978) empfohlen. Fluteinrichtungen, Vibrationsstrecke, Trocknung und Bandreinigung sind durch den Flachbandförderer verbunden.

Das Prinzip des fallenden Flutens wird auch zum Beschichten zweifarbiger Geschirre verwendet. Der hierfür erforderliche Innen- und Außenauftrag kann auf getrennten Anlagen mit einer Leistung von 300 bis 500 Teilen/h oder einem Vollautomaten mit 800 bis 1000 Teilen/h ausgeführt werden. Mit der Innenauftragmaschine (*Massalsky* 1976) wird der Schlicker in der Hohlware durch Dreh- und Schwenkbewegungen gleichmäßig verteilt. Für den Außenauftrag müssen die Geschirre auf bewegte Spannzangen oder Magnetarme übergeben werden. Das Auftragen erfolgt beim Durchfahren eines kontinuierlichen Schlickerschleiers. Die nachfolgenden Dreh- und Schwenkbewegungen sind für die Schlickerverteilung entscheidend. Weiterentwicklungen vereinen Innen- und Außenauftrag für Geschirre in einem Automaten, der bei Bedarf gleichzeitig weitere Arbeitsgänge ausführt, wie z. B. Fondspritzen, Randwischen und Bodenputzen (*Klimmt*, *Klug* 1983). Zum Teil sind derartige Automaten zusätzlich mit einer Trocknungseinrichtung ausgestattet (*Sarres*,

Bild 14.6. Auftragsautomat für mehrfarbige Geschirre (Dr. Schmitz + Apelt, Wuppertal)

Ongsiek 1977). Bild 14.6 zeigt einen derartigen Auftragsautomaten zur mehrfarbigen Deckemailbeschichtung von Geschirren.

Das Flutverfahren läßt sich auch für das Schlickerauftragen auf größere Flachteile einsetzen, wie z. B. für Kühlschränke (*Shigley, McKinney* 1976). Wichtigste Voraussetzung ist ein temperierter Emailschlicker mit konstanter Dichte, der mittels Isotopen-Dichtemeßgerät ständig überwacht und automatisch korrigiert wird. Eine weitere Voraussetzung ist eine dem Fluten nachgeordnete Rüttelstrecke zur gleichmäßigen Verteilung des Schlickers.

14.1.3.2. Steigendes Fluten

Beim steigenden Fluten wird der Emailschlicker in das zu beschichtende Teil gedrückt oder gesaugt (Vakuumverfahren). Das Eindrücken ist besonders für lange Rohre in vertikaler Stellung geeignet (Prinzip: Bild 14.7a). Die Absinkgeschwindigkeit nach dem Hochdrücken ist neben den Schlickerparametern für die verbleibende Schichtdicke maßgebend. Eine höhere Gleichmäßigkeit des Emailauftrages in Rohren mit kleinem Durchmeser wird nach *Novotny* (1969) erreicht, wenn das Email mit den Mühlenzusätzen zunächst trocken gemahlen und erst kurz vor der Verwendung verschlickert wird.

Beim Vakuumauftragsverfahren (Bild 14.7b) wird der Schlicker in den Hohlkörper gesaugt. Ein besonderer Vorteil besteht darin, daß der Emailschlicker die Metalloberfläche sehr gut benetzt, auch in kleinere Hohlräume eindringt und kompliziertere Einbauten in Behältern gleichmäßig beschichtet. Das Ver-

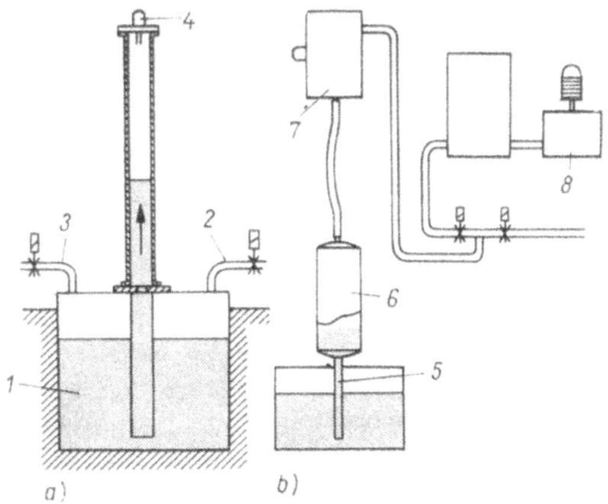

Bild 14.7. Prinzipdarstellung des Innenauftrags von Rohren durch steigendes Fluten
a) Druckverfahren
1 Schlickerbehälter; *2* Druckluft; *3* Entlüftung
4 Endschalter
b) Vakuumverfahren
5 Ansaugrohr für Schlicker; *6* Werkstück
7 Ausgleichsbehälter; *8* Vakuumpumpe

fahren hat sich besonders für Warmwasserspeicher bewährt und wird von *Wenda* (1975) näher beschrieben. Eine gleichmäßige Schlickerverteilung wird durch Schwenken des Boilers auf einem Manipulator erreicht. Die Auftragszeit für einen Boiler beträgt etwa 30 s (Anon. 1973b). Das Vakuumauftragsverfahren ist grundsätzlich für Hohlkörper geeignet, die zwei gegenüberliegende Öffnungen haben. Es kann als Arbeitsstufe im Taktverfahren eingesetzt werden.
Wie beim Tauchen ist auch beim Fluten für eine ständige Entfernung der Eisenteilchen aus dem Emailschlicker zu sorgen.

14.1.4. Aufstreichen

Das Aufstreichen des Emailschlickers mit einem weichen Pinsel wird bei der Dekorierung (z. B. Streifendekor) genutzt. Für den Grundemailauftrag ist es nur noch bei der hochsäurefesten Graugußemaillierung üblich, sofern der Deckemailauftrag nach dem Heißpuderverfahren erfolgt. Es können beliebig große Werkstücke beschichtet werden; besondere Arbeitsmittel und Umweltschutzmaßnahmen sind nicht erforderlich.

Die Emailschicht wird nach diesem Verfahren über große Flächen sehr gleichmäßig, jedoch lassen sich im Mikrobereich streifenförmige dünne Grundemailschichten nicht vermeiden. Um an diesen Stellen eine übermäßige Oxydation beim Brennprozeß zu verhindern, ist bei der Grundemailherstellung ein Zusatz von 5 bis 19 % Borax zur Mühle zu empfehlen, der gleichzeitig die Neigung zur Blasenbildung unterdrückt (*Pöschmann* 1971).

14.2. Trockenpuderauftrag

Bis vor wenigen Jahren war der Auftrag von Emailpuder fast ausschließlich der Emaillierung von Graugußteilen vorbehalten. In abgewandelter Form (Pulverelektrostatik) hat sich der Trockenauftrag auch für die Feinblech-Emaillierung durchgesetzt.
Die Emailfritte wird ohne nennenswerte Mengen an Mühlenzusätzen zu Emailpulver vermahlen. Daraus resultiert nach dem Brennen eine sehr glatte, hochglänzende Emailschicht.
Alle Puderverfahren setzen eine Grundemaillierung voraus. Beim Heiß- und Tauchpuderverfahren wird mit der Erwärmung des Werkstücks auf Sintertemperatur gleichzeitig des Grundemail eingebrannt.

14.2.1. Kaltpuderverfahren

Das konventionelle Kaltpuderverfahren wird heute nur noch in Ausnahmefällen bei Sanitärgegenständen und Schildern zur Verbesserung der Emailoberfläche angewendet. Auf das nach einem Naßverfahren aufgetragene Deckemail wird vor dessen völliger Trocknung Puderemail aufgestäubt, das aus der gleichen Fritte hergestellt wird.
Bei der Fertigung von emaillierten Schildern wird das Kaltpuderverfahren zum Teil als Finish angewendet. Der Puderauftrag kann dabei auf den Deckemail-Naßauftrag oder auch direkt auf das grundemaillierte Blech aufgebracht werden.

14.2.2. Heißpuderverfahren

Das Heißpuderverfahren wird bei der Fertigung gußeiserner Badewannen, Chemie-

a)

b)

Bild 14.8. Heißpuderemaillierung
a) Auftrag mit Handsieb (Apparatekessel)
b) Vollautomatischer Puderstand für Gußeisen-Badewannen
1 Schwenkvorrichtung; *2* Flächensieb;
3 Randpudersieb (VEB Schwermaschinenbau Lauchhammerwerk)

apparate und Apparateteile angewendet. Dabei wird das Emailpuder mittels Druckluft- oder Handsieben auf das rotglühende Werkstück aufgestreut. Die Siebgewebe (Maschenweite 0,2 bis 0,4 mm) sind aus Stahl oder Bronze. Messing oder verzinkter Draht führt bei Abrieb zur Blasenbildung im Email! Besonders vorteilhaft sind Lochbleche, weil durch deren Stabilität der Puderdurchlaß gleichmäßiger wird.

Das aufgepuderte Email sintert auf dem heißen Werkstück fest an. Wenn die Temperaturhöhe nicht mehr gewährleistet ist, wird der Pudergang unterbrochen und das aufgesinterte Email im Brennofen verschmolzen. Dabei wird das Werkstück zugleich für den nächsten Pudergang aufgeheizt. Um eine ausreichende Schichtdicke zu erzielen, sind zwei bis drei derartige Aufträge und Brände erforderlich, wobei erst mit dem Schlußbrand ein völliges Glattschmelzen der Puderemailschicht erfolgt. Die Sintervorgänge beim Heißpuderverfahren wurden von *Afonin, Aduškin* (1980) näher untersucht und entsprechende mathematische Beziehungen abgeleitet. Während des Puderganges muß das Werkstück ständig gedreht werden; dazu sind Rollvorrichtungen (*Pöschmann* 1955) oder Schwenktische (Anon. 1968d) geeignet, die zur Vermeidung der Wärmeabstrahlung z. T. mit einem Isoliermantel versehen sind.

Der von Hand auszuführende Puderauftrag (Bild 14.8a) erfordert Erfahrung, Geschick und Schnelligkeit. Beträchtliche körperliche Belastungen treten bei Anwendung von Druckluftsieben, durch Wärmeabstrahlung größerer Werkstücke und Staubentwicklung auf. Eine gute Absaugung und Klimatisierung des Puderstandes ist daher erforderlich. Für Erzeugnisse, die in großen Stückzahlen gefertigt werden, läßt sich auch das Heißpuderverfahren automatisieren (*Gesche* 1971). Zur Emaillierung gußeiserner Badewannen können z. B. Auftragen und Brennen verkettet werden. Das Auftragen erfolgt an computergesteuerten Puderständen über pneumatisch betriebene Siebe. In diesem Prozeß ist auch eine Randpudereinrichtung einbezogen (Bild 14.8b). Die Auftragsleistung beträgt 50 bis 70 Pudergänge/h.

Der Ausnutzungsgrad des Puderemails liegt bei etwa 70 %. Vom Abfallpuder lassen sich 2/3 wieder verwenden; es wird beim Mahlen als Rücklaufpuder zugesetzt. Der nicht verwendbare Anteil beträgt somit etwa 10 % des eingesetzten Puderemails.

Ein Vorzug des Heißpuderverfahrens besteht in der kurzen Gesamtemaillierzeit, da zwischen den Emailaufträgen keine völlige Abkühlung des Werkstückes erfolgt.

14.2.3. Tauchpuderverfahren

Das Tauchpuderverfahren eignet sich nur für kleine Werkstücke (Sanitärartikel, Zubehörteile für Chemieapparate usw.). Das rotglühende Werkstück wird bei diesem Verfahren in das Puderemail gesteckt und in diesem gewälzt, bis eine der Temperatur entsprechende Sinterschicht entstanden ist. Die Gleichmäßigkeit des Auftrages ist abhängig von der gleichmäßigen Werkstücktemperatur. Bei sehr leichtschmelzendem Email genügt meist die Werkstückwärme, um die Sinterschicht glattzuschmelzen.
Eine vom Tauchpuderverfahren abgeleitete Methode besteht im Einlegen des Puderemails zum Innenemaillieren von Gegenständen (z. B. Formstücke und kurze Rohre für Chemieausrüstungen). Diese Teile werden dazu auf Rotglut erhitzt und nach dem Einlegen des Puders gewälzt oder gerollt, wobei sich das Puder verteilt. Nicht gesintertes Puder wird ausgeschlagen oder abgestrichen. Bei diesem Verfahren ist die Sinterschicht anschließend nachzubrennen.
Der Emailverlust ist beim Tauchpuderverfahren relativ hoch, weil eine ständige Verunreinigung mit Zunder erfolgt, der sich nachträglich nicht restlos entfernen läßt. Das Puder muß daher öfters erneuert werden.

14.3. Auftrag im elektrischen Feld

Der Emailauftrag im elektrischen Feld kann erfolgen durch Elektrophorese (»Elektrotauchemaillierung«, *ETE*), Naßelektrostatik (*ESTA*) oder Pulverelektrostatik *(PUESTA)*[1]). Sie haben sich in den 70iger Jahren durchgesetzt, wobei die Pulverelektrostatik heute bereits eine gewisse Vorzugsstellung einnimmt. Der Vorteil dieser Verfahren besteht in einer genaueren Steuerung des Auftragens, einer besseren Materialökonomie, höherer Qualität der Emaillierung und in der Rationalisierung.
Welchem Verfahren der Vorzug zu geben ist, läßt sich nicht pauschal beantworten. Die Form der zu beschichtenden Werkstücke, die späteren Einsatzbedingungen und vor allem die Serienstückzahlen sind hierbei maßgebend. Obwohl die Meinungen noch auseinandergehen, dürfte die *ETE* aufgrund ihres Investaufwandes nur für sehr große Stückzahlen geeignet sein, während *PUESTA* durch die Anpassungsfähigkeit auch in kleineren Emaillierwerken zum Einsatz kommen kann.
Die physikalischen Grundlagen des Emailauftrages im elektrischen Feld werden von *Salge* (1977) in übersichtlicher Form dargestellt.
Über Entscheidungshilfen für die Elektrostatik siehe *Heberlein* (1985).

1) Diese Abkürzungen haben sich eingeführt. Andere und z. T. bessere Kurzbezeichnungen wären *ETA* für elektrophoretischen Tauchauftrag, *ESA* für elektrostatischen Naßspritzauftrag und *EPA* für elektrostatischen Pulverauftrag.

14.3.1. Elektrophorese

Der elektrophoretische Emailauftrag wird u. a. bei Flach- und Spezialteilen angewendet. Er ist geeignet für farbige und weiße Direktemaillierungen. Ein besonderer Vorteil ist die glatte, gleichmäßige Oberfläche des Emails und die Möglichkeit der exakten Beschichtung sehr kleiner Durchbrüche (Minimaldurchmeser 1 mm). Die Grundlagen der elektrophoretischen Emailabscheidung werden u. a. von *Krannich* (1967); *Immel, Hoffmann* (1967); *Hoffmann, Immel* (1968) und *Hoffmann* (1969; 1981a), ausführlich behandelt. Von *Sawin* u. a. (1977) wird auf die Möglichkeit der mathematischen Prozeßoptimierung hingewiesen. Über Anwendung und Erfahrungen mit der elektrophoretischen Beschichtung berichten auch *Maskall* (1969); *Tuleff* (1974); *Warnke, Kaup* (1974b) und *Hoffmann* (1976a).

14.3.1.1. Grundlagen und Vorgänge

Der elektrophoretische Auftrag entspricht dem Prinzip eines Tauchverfahrens. Die Elektrophorese beruht auf der Wanderung dispergierter Feststoffteilchen in einem elektrischen Feld, dessen Stromdichte 3 bis

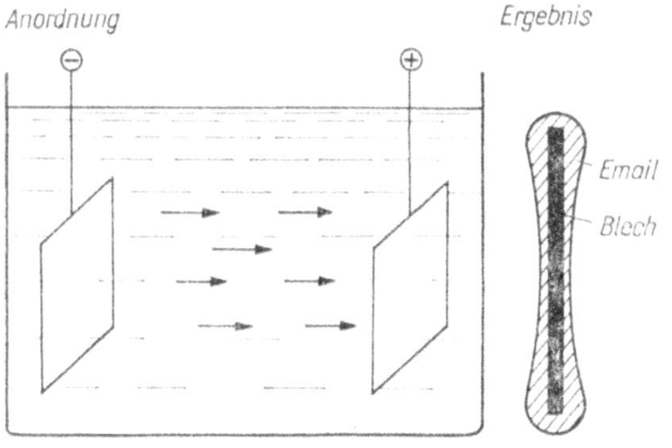

Bild 14.9. Wirkprinzip des elektrophoretischen Emailauftrags (*Salge* 1977)

6 A dm^{-2} bei einer Spannung von 50 bis 200 V (etwa 10 V je cm Elektrodenabstand) beträgt. Dispersionsmittel ist das Schlickerwasser. Die elektrisch aufgeladenen Feststoffteilchen (s. dazu Abschnitt 9.2.4.) wandern mit ihrer Hydrathülle im elektrischen Feld zum anodisch gepolten Werkstück und scheiden sich auf diesem ab (Elektrokoagulation, Bild 14.9). Da die Feldliniendichte an den Werkstückkanten am größten ist, wird hier eine größere Emailmenge abgeschieden, die durch das Anbringen geeigneter Hilfsanoden minimiert werden kann (z. B. *Hughes* 1969). Im Gegensatz zum konventionellen Tauchauftrag ergibt die Elektrophorese daher eine gute Kantenbedeckung.

Die Emailschicht wirkt als Diaphragma und wird durch Elektroosmose gleichzeitig weitgehend entwässert. Von den im Schlicker ursprünglich vorhandenen 50% Wasser verbleiben in der Schicht nur etwa 22%. Sie besitzt daher eine beträchtliche Festigkeit und Dichte. Um die Dichte des Schlickers (etwa 1,50 g cm^{-3}) bzw. die Viskosität (<0,2 Pa s) konstant zu halten, muß das sich im Katodenbereich abscheidende Wasser entfernt werden (*Warnke, Kaup* 1974a). Der Schlicker ist durch Kühlung auf konstanter Temperatur zu halten, da z. T. *Joule*sche Wärme entsteht.

Nachteilig wirken sich bei der Elektrophorese die durch Elektrolyse bedingten Gasreaktionen aus. An der Anode (Werkstück) wird u. a. Sauerstoff, an der Katode Wasserstoff abgeschieden. Sauerstoff macht nicht nur die abgeschiedene Emailschicht porös, sondern oxydiert auch den Grundwerkstoff, wobei Eisen- und evtl. auch Nickelionen in Lösung gehen (Gefahr der Verfärbung heller Emails!). Um diese Elektrolyse zu unterbinden, soll die Emailsuspension eine möglichst niedrige Leitfähigkeit besitzen ($\approx$2000 bis 4000 µS; *Hoffmann* 1978). Die üblichen Elektrolyte sind somit nur bedingt einsetzbar.

Außerdem dürfen die Fritten nicht zu stark ausgelaugt werden, weil dadurch das von vornherein eingestellte Elektrolytgleichgewicht gestört und die Streufähigkeit vermindert wird (*Nelson, Beer* 1972; *van der Vliet* 1980b, 1983).

Um eine Sedimentation der Emailteilchen bei der Elektrophorese zu vermeiden und die Viskosität des Schlickers konstant zu halten, werden organische Zusätze, z. B. emulgierte saure Harze (*Brewer* 1972) verwendet. Diese wandern mit den Emailteilchen zur Anode und bilden zusätzlich eine Isolierschicht, die zur Selbstbegrenzung des Emailauftrages führt.

Durch Elektrolyseerscheinungen und Auslaugung von Emailteilchen steigt der pH-Wert, der bei etwa 11,2 bis 11,6 liegen soll (*Serayet, Viquesnel* 1980), an und muß durch laufende Entionisierung konstant gehalten werden (*Warnke, Kaup* 1974a).

Eine entscheidende Maßnahme zur Unterbindung der Sauerstoffentwicklung und Eisenoxydation besteht darin, daß auf die Werkstücke eine dünne Zinkschicht aufgebracht wird (*Kaup, Warnke* 1970). Die Oxydationsprodukte des Zinks sind weiß und verfärben praktisch nicht, so daß die Elektrophorese auch für die Direktweißemaillierung geeignet ist (*Warnke, Kaup* 1974a). Die Stromdichte läßt sich ohne schädliche Sauerstoffentwicklung erhöhen, wodurch die Beschichtungsgeschwindigkeit und auch der Umgriff größer werden.

Das Verhalten farbiger Emails bei der elektrophoretischen Beschichtung wurde von *van der Vliet* (1977) untersucht. Die Abscheidung von in der Mühle eingefärbten Emails bereitet z. Z. noch erhebliche Schwierigkeiten, da die Wanderungsgeschwindigkeit der Farb-

körperteilchen bis zu 50 % von der der Frittenteilchen abweichen kann. Durch ständige Konzentrationsänderung der Farbkörperanteile ergeben sich Farbänderungen der Emailbeschichtung. Die Abscheidung von Email mit eingeschmolzenen Farboxiden bereitet dagegen keine Schwierigkeiten.
Nach dem Einbrennen der ersten Emailschicht ist ein weiterer elektrophoretischer Auftrag natürlich nicht mehr möglich. Allerdings kann sofort nach Spülung der Erstbeschichtung ein zweites Email von anderer Farbe elektrophoretisch abgeschieden werden. Die Elektrophorese ist somit für das Zwei-Schicht-Ein-Brand-Verfahren gut geeignet. Auf diese Weise lassen sich auch Randschattierungen erzeugen.

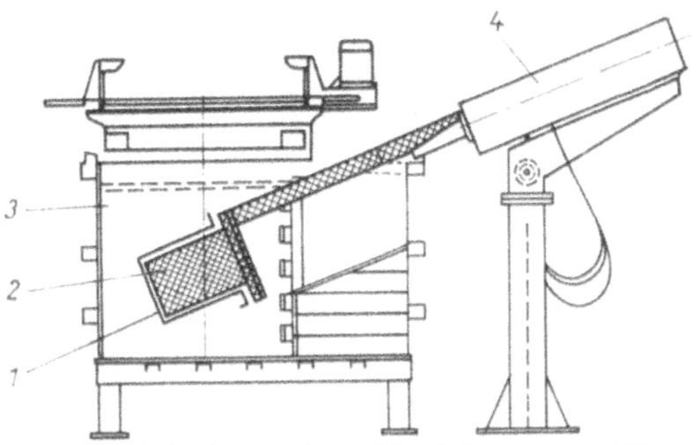

Bild 14.10. Prinzip einer Einrichtung zur Einführung von Hilfselektroden bei der Beschichtung von Hohlkörpern
1 Werkstück; *2* Hilfselektrode; *3* Elektrophoreseschlickerbehälter; *4* Manipulator für Hilfselektrode (*Hoffmann* 1978)

14.3.1.2. Anlagen

Bei Anlagen zur elektrophoretischen Beschichtung gibt es zwei Ausführungen (*Hoffmann* 1976a, 1978): die getrennte Vorbehandlungs- und Elektrophorese-Anlage und die »Kombianlage«. Das Hauptproblem einer Kombianlage besteht darin, die längeren Taktzeiten der Vorbehandlung (etwa 6 min) mit den relativ kürzeren Taktzeiten der Elektrophorese (15 s) in Einklang zu bringen. Durch Umstellung auf elektrolytische Vorbehandlung konnten die Taktzeiten auf etwa 70 s vereinheitlicht werden. Die elektrolytische Vorbehandlung erlaubt gleichzeitig eine einwandfreie Kontaktierung der zu beschichtenden Teile. Da wegen der niedrigen Spannungen ein guter Kontakt gewährleistet sein muß, ist eine elektrolytische Gehängereinigung zweckmäßig.
Die Kombianlage zeigt beträchtliche Rationalisierungseffekte, erfordert jedoch einen relativ hohen Investaufwand, größeren Platzbedarf und eine kompliziertere Organisation (*Hoffmann* 1978). Die Verfahrensschritte sind in Bild 13.1, S. 204 enthalten. Die Beschichtungsleistung einer Kombianlage beträgt für Flachteile etwa 300 $m^2 h^{-1}$. Mit speziellen Einrichtungen lassen sich auch doppelseitige Beschichtungen durchführen. Bei der Umstellung von Handspritzen auf *ETE* von Waschmaschinenteilen konnten die Kosten für die Emaillierung um 40 % gesenkt und der Ausschuß von 2 % auf 0,5 % reduziert werden. Als Amortisationszeit für die Anlage werden zwei Jahre angegeben (*Serayet, Viquesnel* 1980).
Auch für größere Hohlware, ist die *ETE* geeignet. In diesen Fällen muß in den Hohlkörper eine Hilfselektrode eingeführt werden, um den Effekt des *Faraday*schen Käfigs aufzuheben (Bild 14.10).
Weiterentwickelte, rationalisierte *ETE*-Kompaktanlagen (*ETE*-Karussell mit integrierter Vorbehandlung ohne Verzinkung, Emailrückgewinnung) werden neuerdings von *Warnke* (1985) und *Warnke, Hoens* (1985) beschrieben

14.3.2. Naßelektrostatik

Der elektrostatische Auftrag des Emailschlickers wird vorzugsweise für die *DWE* von Flachteilen eingesetzt; das Verfahren ist auch für den konventionellen Grund-/Deckemailauftrag geeignet. Einige Anlagen arbeiten in Badewannenemaillierwerken (Anon. 1974a; *Robinson* 1973); es wird auch über Versuche zur elektrostatischen Beschichtung von Geschirrteilen berichtet (*Heberlein* 1971). Gegenüber dem konventionellen Spritzauftrag werden Arbeitskräfte eingespart und Emailverluste verringert. Die Qualität des Emailauftrages ist besser, jedoch nicht völlig frei von den typischen Spritzerscheinungen.
Über Grundlagen und Betriebserfahrungen berichten u. a. *de Backer* (1969); *Renfordt*

(1969); *Ratnovsky* (1970); *Reichmann, Hoffmann* (1970) sowie *Grim, Peters* (1972). Eine kurzgefaßte Übersicht gibt die Techn. Inf. Nr. 3 (1974).

14.3.2.1. Grundlagen und Vorgänge

Beim elektrostatischen Naßauftrag bewegen sich an einem Zerstäuber negativ aufgeladene Emailschlickerteilchen in einem Hochspannungsfeld zum anodisch gepolten Werkstück und lagern sich dort an. Dabei gelangen mehr Emailschlickerteilchen auf die Rohware als beim konventionellen Spritzen, und es ergeben sich geringere Emailverluste. Für die zwischen den Schlickerteilchen und dem Werkstück bestehende Anziehungskraft sowie die zwischen gleichartig geladenen Teilchen wirkende Abstoßkraft gilt die *Coulomb*sche Gleichung. Die Ladungsgröße Q ist gemäß $Q = k\,E\,r^2$ proportional der Feldstärke E und dem Quadrat des Teilchenradius r. Durch die Abstoßung der gleichgeladenen Emailpartikeln erfolgt eine Aufweitung des Spritzstrahles (Bild 14.11a). Für das elektrische Feld werden Spannungen von 80 bis 120 kV benötigt (Stromstärke 0,5 mA/Zerstäuber).

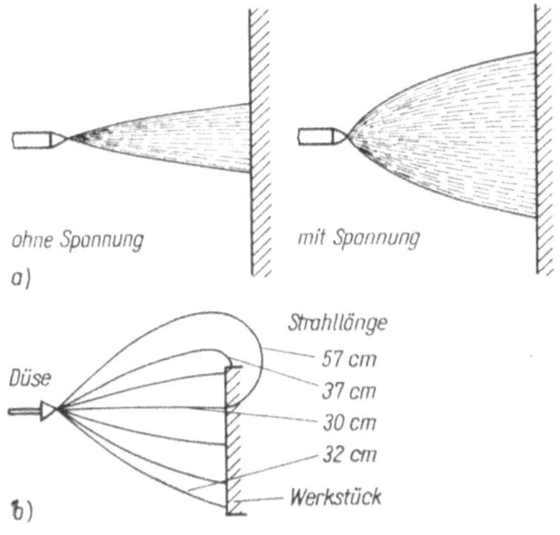

Bild 14.11.
a) Aufweitung des Spritzstrahls durch eine angelegte elektrische Spannung (*de Backer* 1969)
b) Flugverlauf der elektrostatisch geladenen Emailteilchen (Techn. Inf. Nr. 3, 1974)

Die Ladung der Teilchen wird bei den bestehenden Anlagen hauptsächlich durch Koronaeffekt erzeugt. Da besonders die kleinen Teilchen den Feldlinien im Hochspannungsfeld folgen, soll der Emailschlicker für den elektrostatischen Auftrag entsprechend fein gemahlen sein. Beim Sprühen verdunstet ein Teil des Wassers in Abhängigkeit von den Zerstäubungsbedingungen, der Länge des Flugweges und den klimatischen Verhältnissen. Die Dichte des Schlickers muß daher niedriger liegen als für den konventionellen Schlicker (etwa 1,50 bis 1,65 g cm^{-3}). Da die Länge des Flugweges infolge des Umgriffs im elektrischen Feld unterschiedlich sein kann (Bild 14.11b), kommt es zu unterschiedlichen Wasserverlusten. Die Dichteänderung in Abhängigkeit vom Flugweg und den klimatischen Verhältnissen zeigt Bild 14.12.

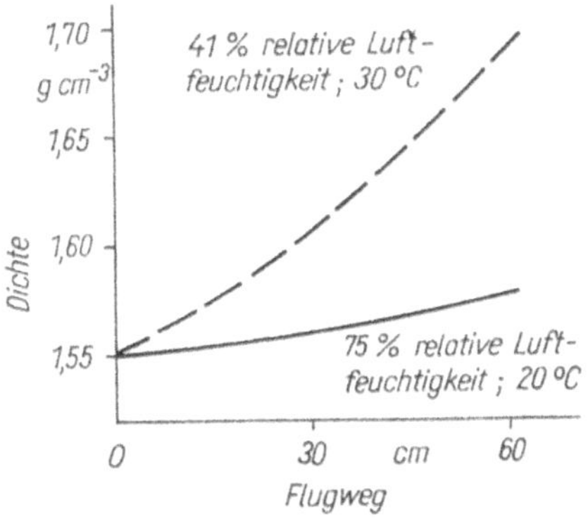

Bild 14.12. Dichteänderung der Schlickertröpfchen in Abhängigkeit vom Flugweg und der relativen Luftfeuchte (Techn. Inf. Nr. 3, 1974)

Der Umgriff ist beim elektrostatischen Naßauftrag geringer als beim elektrophoretischen; es besteht nur ein sehr geringer bzw. kein Selbstbegrenzungseffekt der Emailschicht. Wölbungen und Abwinkelungen werden weniger bedeckt als die senkrecht besprühte Fläche; bei Innenradien kommt es dagegen zu Emailanhäufungen. Der Umgriff kann durch ein elektrisch isoliertes Drahtgitter hinter der Transportkette verbessert werden.

14.3.2.2. Anlagen

Als Zerstäuber werden vorwiegend Spritzpistolen verwendet (*Farrow* 1966); auch rotierende Scheiben wurden erprobt. Bei den Spritzpistolen wird der Schlicker mittels Druckluft zerstäubt; die Aufladung erfolgt durch eine oder mehrere spitze Elektroden. Zur maximalen Ausnutzung des elektrostatischen Effekts ist der Zerstäuberluftdruck möglichst niedrig zu halten (etwa 0,17 bis 0,25 MPa bei axialer, 0,09 bis 0,1 MPa bei tangentialer Luftzufuhr; „Vortexeffekt"; Anon. 1970). Bei diesem Zerstäubungssystem wird das Problem der starken Verschmutzung infolge des geringen Drucks durch einen Düsenkranz gelöst, mit dem der Spritznebel durch angefeuchtete Luft eingehüllt wird (*Heberlein* 1973). Der Wartungsabstand kann dadurch auf 7 h verringert und die Emailverteilung auf dem Werkstück verbessert werden (s. auch *Lambert* 1974).

Die Spritzanlagen sind je nach Form und Größe der Werkstücke mit festen oder beweglichen Zerstäubern ausgestattet. Am häufigsten wird das Hubgerüst mit 4 bis 6 im Abstand von 25 bis 30 cm horizontal angeordneten Pistolen angewendet. Die durchschnittliche Spritzleistung je Pistole liegt bei etwa 20 l h^{-1} und ist bei einigen Systemen von 3 bis 27 l h^{-1} regelbar (Anon 1969c). Die Werkstücke werden mit 3 bis 5 m min^{-1} an der Spritzeinheit vorbeigeführt, deren Hubarm sich mit einer Geschwindigkeit von etwa 60 m min^{-1} ständig auf und ab bewegt. Hub- und Fördergeschwindigkeit müssen aufeinander abgestimmt sein. Für eine Behängung mit unterschiedlichen Werkstücken kann eine elektronisch gesteuerte Anpassung des Hubs und der Spritzleistung erfolgen (*Marin* 1969).

Je nachdem, ob die Teile ein- oder beidseitig zu beschichten sind, werden sie am Förderer offen oder mit den Rückseiten gegeneinander aufgehängt und an zwei nebeneinander oder im Abstand versetzt angeordneten Spritzeinheiten vorbeigeführt. Der Auftragsvorgang läßt sich mit der versetzten Variante universell gestalten und auch besser überwachen. Für eine beidseitige Beschichtung sind in diesem Fall allerdings Drehgehänge erforderlich. Werden die Teile mit den Rückseiten gegeneinander gehängt, erfolgt die Beschichtung infolge des *Faraday*schen Effektes lediglich auf den Außenseiten. Auf den Abkantungen ist meist ein Vor- oder Nachspritzen mit einem Schlicker höherer Dichte erforderlich, wobei Vorspritzen zu besseren Ergebnissen führt. Vor der Elektrostatik-Kabine ist daher zweckmäßigerweise ein Spritzstand für manuellen Auftrag vorzusehen.

Die Elektrostatik-Kabine muß klimatisiert sein; günstige Werte sind 20 bis 25 °C bei 45 bis 55 % relativer Luftfeuchte. Um die Abscheidung nicht zu behindern, darf die Absauggeschwindigkeit der Luft nur 0,3 bis 0,5 m s^{-1} betragen; die Entfernung vagabundierender Schlickertröpfchen aus der Kabine muß jedoch gewährleistet sein.

Über den Einsatz elektrostatischer Handspritzpistolen für den individuellen Auftrag berichtet *Lambert* (1973); deren Schlickerdurchsatz liegt bei 5 bis 40 l h^{-1}. Von *Robinson* (1973) wird dieses Verfahren zur Beschichtung von Badewannen empfohlen.

Durch das elektrostatische Spritzen bedingte Fehlererscheinungen sind der Brennspitzen- und der Graueffekt (*Piva* 1973). Durch die größere Mahlfeinheit und die teilweise höheren Zusätze an Ton und Stellmitteln kann es ferner zu Brüchen im Biskuit und damit zu Haarlinien kommen (*Deriemont* 1969). Zu trockener Emailauftrag ergibt keine glatte Oberfläche, zu feuchter Auftrag neigt zum Laufen.

14.3.3. Pulverelektrostatik

Der elektrostatische Auftrag von Emailpulver, auf den *Steiger* bereits 1963 aufmerksam machte, kommt vorzugsweise für die Direktweißemaillierung von Flachteilen und für das Zwei-Schicht-Ein-Brand-Verfahren in Betracht, bei dem der größte Rationalisierungseffekt erzielt wird. Von *Cillero* (1981) werden die Emaillierkosten für Herde mit 83 % gegenüber dem konventionellen Verfahren und Amortisationszeiten mit ein bis zwei Jahren angegeben (s. auch *Raffray* 1977; *Bormann* 1980). Nach *Mohyla* (1985) und *Bouše* u. a. (1984, 1986) beträgt die Einsparung an Material 40 %, an Energie 50 % und an Arbeitszeit 30 % bis 55%. Die Vorteile der Pulverelektrostatik bestehen u. a. auch in der Umweltfreundlichkeit, im Wegfall der Trocknung und in relativ kleinen Produktionsflächen (z. B. 3 bis 4 m^2/Kabine). Nachteilig sind die begrenzte Einfärbbarkeit und die leicht zu beschädigende Biskuitschicht (*Wratil* 1982).

Die Pulverelektrostatik ist ferner geeignet für die Beschichtung von Heißwasserbereitern mit Spezialemails sowie Backräumen mit selbstreinigenden Emails (*Teigeler* 1979), außerdem zu empfehlen für formkomplizierte Teile (*Teigeler, Hoens* 1975), für Badewannen usw. (*Castelli* 1980). Über eine Produktionsanlage für Waschmaschinenbehälter berichten *Serayet, Raffray* (1972), über neue Installationen *Zuchetti, Savio* (1985); zum Einsatz von *PUESTA* in Europa siehe *Wright* (1984).

Übersichten und Erfahrungen moderner Emaillierwerke mit der Pulveremaillierung sind in Ceram. Eng. und Sci. Proc. 6 (1985) 3/4 zusammengefaßt.

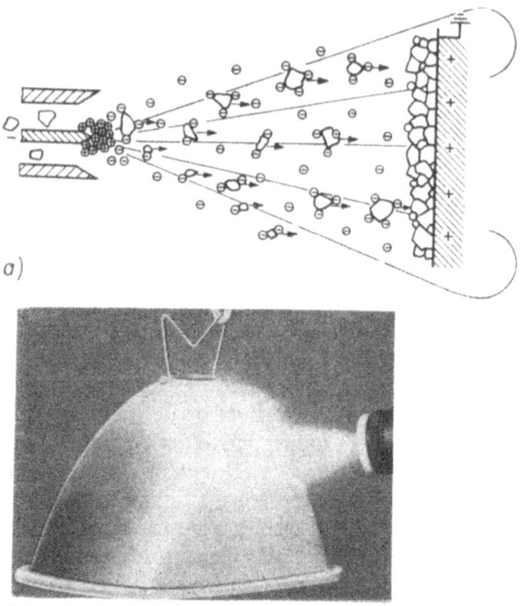

a)

b)

Bild 14.13. Pulverelektrostatische Beschichtung
a) Prinzipdarstellung (Tech. Inf. Nr. 10, 1977)
b) Beschichtung eines Reflektors (Sames Elektrostatik, Darmstadt)

14.3.3.1. Grundlagen und Vorgänge

Die Grundlagen der Pulverelektrostatik werden von *Heberlein* (1975); *Dunning, Faust* (1976); *Tuleff* (1977); *Raffray* (1977); *Faust* (1977); *Hoens, Vuyk* (1983); *Mohyla* (1984, 1985) und zusammenfassend in der Techn. Inf. Nr. 10 (1977) behandelt.

Das zwischen Zerstäuber und Werkstück angelegte elektrische Hochspannungsfeld ist mit 60 bis 90 kV etwas schwächer als bei der Naßelektrostatik. Die im Zerstäuber durch Koronaeffekt negativ aufgeladenen und in Luft dispergierten Emailteilchen fliegen unter Wirkung mechanischer (Druckluft von 0,1 bis 0,15 MPa) und elektrischer Kräfte auf den Feldlinien als Wolke gegen das anodisch gepolte Werkstück (Bild 14.13). Übrigens soll die relativ geringe Ladungsmenge der Emailteilchen auch durch triboelektrische Aufladung zu erzielen sein (*Eaton* 1973). Daraus ergibt sich infolge der geringen Intensität des Feldes besonders bei Hohlkörpern eine gleichmäßigere Beschichtung (*Moravčik, Mohyla* 1984; dort auch Theorie der elektrokinetischen Aufladung). Für das Grundemail wird eine optimale Schichtdicke von 30 bis 50 μm, für das Deckemail von 100 bis 250 μm angegeben (*Mohyla* 1984, 1985). Die Dicke ist proportional der Spannung und umgekehrt proportional dem Abstand der Pistole (*Biller* 1985).

Der Erfolg des Verfahrens ist vorrangig von den Eigenschaften des Emailpulvers abhängig (*Corbett* 1973). Es muß nicht nur gut rieselfähig sein, sondern auch einen hohen spezifischen elektrischen Widerstand besitzen ($\varrho > 10^{13}\ \Omega$ cm; *Siwulski* u. a. 1982). Er wird durch Umhüllung der Emailteilchen mit organischen hydrophoben Substanzen gewährleistet, wobei gleichzeitig eine hohe Fließfähigkeit des Pulvers gesichert wird (*Joseph* 1975a,; *Nealon* 1976).

Heterogene Emails lassen sicht gut abscheiden, wenn die Pulverteilchen miteinander verklebt bzw. verschmolzen oder die elektrischen Eigenschaften nicht zu verschieden sind (*Hoens, Vuyk* 1983).

Die Haftung des Pulvers beruht nach *Rieke* (1976) nur für die Dauer des Beschichtungsvorgangs auf elektrischen Kräften; danach wirken Adhäsionskräfte zwischen Metall und Email und Kohäsionskräfte zwischen den Emailteilchen untereinander. Eine Pulverhaftung soll nur bei $\varrho > 10^{14}\ \Omega$ cm erfolgen (*Heberlein* 1985). Adhäsions- und Kohäsionskräfte sind den Kontaktstellen proportional, die bei der Pulverpackung mit Körnungslücke (fehlendes Mittelkorn) am besten ausgebildet sind. Als günstigste Korngrößen werden von *Point* (1975) 5 bis 25 μm und von *Joseph* (1975a) 30 bis 70 μm genannt. Teilchen < 10 μm können am Werkstück umgeladen werden, wodurch es zu Rücksprüheffekten kommt. Das Gesamtkornspektrum wird von *Hennicke* (1978) mit 1 bis 80 μm mit einem Anteil von max. 25 % <10 μm angegeben.
Die auf dem Werkstück haftenden Emailteilchen behalten ihre Ladung selbst noch nach Tagen bei. Dadurch wird mit zunehmender Beschichtungsdicke einer weiteren Teilchenablagerung entgegengewirkt. Dieser Selbstbegrenzungseffekt kann zusätzlich durch die Feldspannung, den Abstand zwischen Zerstäuber und Werkstück sowie die Ladungsmenge der Teilchen gesteuert werden. Er fördert zugleich den Umgriff, wodurch ein Vor- und Nachspritzen der Werkstückabkantung entfällt.
Bedingt durch hohe Abstoßkräfte zwischen den Emailteilchen ist der Anteil der am Werkstück vorbeifliegenden Partikel (overspray) sehr groß und beträgt teilweise über 50 %. Dies wird durch einen kontinuierlichen Emailpulver-Kreislauf kompensiert. Dadurch wird das Verfahren leicht anpassungsfähig, und auch unterschiedlich große Werkstücke können gleichzeitig beschichtet werden.

14.3.3.2. Anlagen

Die pulverelektrostatischen Beschichtungsanlagen sind als komplette Einheit (Kompaktanlage) ausgebildet. Für die Beschichtung werden fast ausschließlich Sprühpistolen verwendet. Von *Heberlein* (1982) wird eine Anlage mit sechs Sprühpistolen und einer Leistung von 300 m² h⁻¹ beschrieben. Das Schema einer Kompaktanlage zeigt Bild 14.14.

Die Werkstücke werden mittels Hängeförderer mit einer Geschwindigkeit von 4 bis 8 m min^{-1} durch die Beschichtungskabine mit den auf einem Hubgerüst montierten Sprühpistolen transportiert. Durch Aneinanderreihen von zwei oder mehr Anlagen besteht die Möglichkeit, mehrere Emailschichten nacheinander aufzutragen und Farbeffekte, wie z. B. Schattierungen, zu erzeugen. Die Beschichtung ist dann optimal, wenn die Emailpulverwolke senkrecht zur Werkstückfläche gerichtet ist. Für kritische bzw. schwer zugängliche Stellen sind zusätzlich starre Pistolen zweckmäßig. In besonderen Fällen

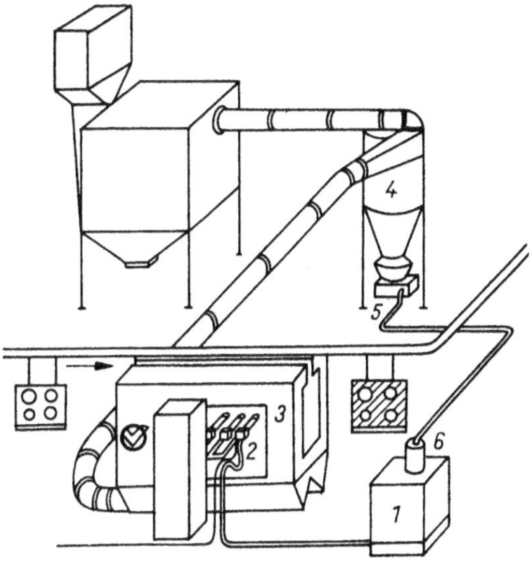

Bild 14.14. Anlage zum pulverelektrostatischen Emailauftrag nach *Dunning, Faust* (1976)

1 Pulveraufgabe
2 Sprühpistolen
3 Sprühkabine
4 Zyklon
5 Pulverpumpe
6 Pulversieb

können auch Handsprühpistolen mit programmierbaren Robotern kombiniert werden. Moderne Sprühpistolen erreichen einen Emailpulverdurchsatz von 30 kg h^{-1} und mehr; ein Zusetzen der Düsen erfolgt dabei nicht.
Der Kreislauf des Emails (Frisch- und gereinigtes Rücklaufpulver) beginnt mit der Fluidisierung (Bild 14.15). In der Wirbelkammer fluidisiertes Pulver wird über den Ejektor den Sprühpistolen zugeführt.

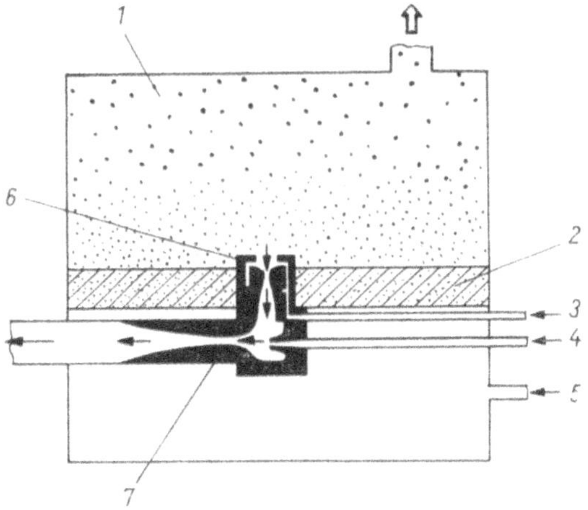

Bild 14.15. Schema der Emailpulver-Fluidisierung (nach *Teigeler, Hoens* 1975)

1 Wirbelkammer
2 poröser Boden
3 Verteilerluft
4 Ejektorluft
5 Fluidisierungsluft
6 Verteilerdüse
7 Ejektordüse

Nicht auf dem Werkstück abgeschiedenes Emailpulver wird abgesaugt, in einem Abscheider abgetrennt und nach Magnetscheidung und Feinsiebung wieder verwendet. Dabei kann die organische Hüllsubstanz teilweise von den Pulverteilchen abgerieben werden, oder das Pulver kann Feuchtigkeit aufnehmen, wodurch das Beschichtungsergebnis verschlechtert wird. Die Kabinen sind daher klimatisiert. Die relative Luftfeuchte soll 20 bis 45 %, die Temperatur 22 bis 26 °C betragen (*Cuendet* 1980); *Crider, Sauder* 1984). Zum Teil werden auch 40 °C empfohlen (*Nealon* 1976). Die Frischluft soll aus gleichen Gründen nur maximal 2 g Wasser/m^3 enthalten. Die für den Pulverkreislauf erforderliche Umluftmenge liegt mit etwa 5000 $m^3\ h^{-1}$ erheblich niedriger als bei der Naßelektrostatik (*Lambert* 1978). Über Planungskriterien für den Pulveremail-Kreislauf unterrichtet eine Studie von *Höfler* (1981); s. auch *Ward* 1985).

Die Gesamtanlage enthält eine Gehängereinigung, die im wesentlichen aus einer Abblasvorrichtung besteht (*Heberlein* 1977). Das abgeblasene Emailpulver wird ebenfalls in den Kreislauf zurückgeführt. Die unkomplizierte Reinigung erlaubt einen Wechsel von Farbemails in vertretbarer Zeit.

Obwohl die ungebrannte Pulverschicht relativ gut haftet, müssen während und nach der Beschichtung heftige mechanische Stöße vermieden werden (z. B. beim Umhängen auf die Ofenkette). Zur Prüfung der Haft- und Stoßfestigkeit der Pulveremailschicht gibt es z. Z. kein standardisiertes Verfahren. Diese Eigenschaft läßt sich jedoch in etwa durch den Gewichtsverlust an Emailpulver nach einem definierten Stoß oder freien Fall eines Prüfblechs ermitteln.

Der Vorteil der Pulverbeschichtung für den Brennprozeß besteht darin, daß die Brenntemperatur durch Wegfall der üblichen Mühlenzusätze (z. B. Ton) 20 bis 30 K niedriger liegt als bei Naßemails (*Ebert* 1980). Die Emaillierungen zeichnen sich durch große Gleichmäßigkeit und hohen Glanz aus. Durch die Eigenheit der Pulverelektrostatik können in der Emailschicht schwarze Punkte durch Abrieb aus Leitungen und Sprühpistolen, zu geringe Schichtdicken durch Selbstbegrenzungseffekte und kleine sichtbare Krater durch örtliche Entladung von Emailteilchen auftreten. Dagegen dürfte das tonfreie Email der Fischschuppenbildung entgegenwirken.

14.4. Verfahren zum Dekorauftrag

Die Dekorierung wird vorzugsweise bei emaillierten Erzeugnissen für den Haushalts- und Architekturbereich, insbesondere die Geschirremaillierung, eingesetzt. In letzter Zeit werden auch zunehmend Ofen- und Herdteile sowie vereinzelt Erzeugnisse des Sanitärbereiches dekoriert.

Der Dekor kann in einem bildhaft gestalteten, zusätzlichen Emailauftrag oder in mehrfarbigen Emaileffekten bestehen. Die Dekorarten sind vielfältig und zeitbedingten Einflüssen unterworfen. Sie lassen sich entsprechend der Spezifik einteilen in Farbkombination, Anwendung von Effektemails (»Strukturemails«) und Bilddekoration (z. T. miteinander kombiniert). Der Dekorauftrag setzt prinzipiell eine gut gereinigte und fehlerfreie Emailoberfläche voraus.

Die beste Ökonomie wird bei Anwendung von Effektemails (besonders Reaktivemails) erzielt, weil ein hoher Mechanisierungsgrad

möglich und kein zusätzlicher Dekorbrand erforderlich ist.
Zusammenfassende Darstellungen zu den Dekorverfahren werden u. a. von *Moehring* (1972), *Rohm* (1979) und *Stiedl* (1979) gegeben. Die Dekorierung von Gußeisengeschirr behandelt *Potechina* (1978).

14.4.1. Auftrag von Farbkombinationen

Die *Farbschattierung* (z. B. Fondspritzen) erfolgt mittels Dekorspritzpistolen (Düsendurchmesser etwa 1 mm) auf den getrockneten oder gebrannten Deckemailauftrag. Unter Verwendung von Schablonen läßt sich eine vignettenartige Begrenzung der Schattierung erzielen (*Lannan* 1968).
Durch *Rändern* wird der Rand von Hohlbordgeschirren mit meist dunkelfarbigem Email versehen. Es erfolgt nach der Trocknung des Emailauftrages und Putzen des Randes entweder von Hand oder maschinell. Wasserränder lassen sich durch Zugabe hydrophober Stoffe zum Randemailschlicker unterdrücken.
Der *Streifendekor* wird meist am rotierenden Geschirrteil mittels Pinsel aufgebracht. Die Schlickerzufuhr erfolgt beim mechanischen Auftragen kontinuierlich.

14.4.2. Auftrag von Effektemails

Emailnoppen werden auf die getrocknete Deckemailschicht durch Spritzen mit geringem Druck aufgesprudelt. Sie können anders- oder gleichfarbig sein und zusätzlich durch seitliches Schattierspritzen mit einer weiteren Farbe hervorgehoben werden.
Bei der *Marmorierung* erfolgt ein Aufsprudeln von Emailschlicker auf den ungetrockneten Deckemailauftrag. Durch anschließendes Rütteln bildet sich eine marmorartige Musterung.
Eine *Wolkierung* (Wolkengranit) entsteht, wenn ein helles, ungenügend gestelltes oder ohne Ton vermahlenes Deckemail auf ein dunkles, bereits gebranntes Email aufgetragen wird. Dieser Effekt wird durch leichtes Rütteln noch verstärkt.

Melierungen lassen sich durch Mischen oder Vermahlen von zwei verschiedenartigen Emails erzielen. Durch Zumischen gröberer andersfarbiger Emailteilchen entsteht ein Sprenkeleffekt (*Faber* 1978).
Bei *Reaktivemails*[1]), die beim Brennen entmischen, wird der »Dynaktivitäts«-Effekt (s. Abschnitt 22.4.4.) zur Dekorbildung benutzt. Emails mit unterschiedlicher Oberflächenspannung und Dichte werden entweder übereinander gespritzt (meist ohne Zwischentrocknung) oder als Gemisch aufgetragen. Der Auftrag von Email *1* kann auch durch Tauchen oder Fluten erfolgen. Bei $\gamma_{E1} < \gamma_{E2}$ entstehen beim Brennen verschiedenartige Durchschüsse, bei $\gamma_{E1} > \gamma_{E2}$ Einsinkeffekte. In Verbindung mit dem Siebdruck- oder Schiebebildauftrag kann dieser Effekt ungewollt oder gezielt erzeugt werden, z. B. beim Einsinkdekor.
Emailgemische sind ökonomisch günstiger, weil nur ein Auftrag erfolgt. Entmischungseffekte lassen sich auch durch Emails mit zugemahlenen konturbildenden Farb- oder Trübkörpern erzielen (*Schumacher, Blomberg* 1980).
Mit *Craquelé* wird eine Reißstruktur bezeichnet, die durch Verwendung schwerschmelzender Emails mit hoher Oberflächenspannung entsteht. Durch feines Mahlen und Zusatz organischer Stoffe, wie z. B. Tragant, Dextrin oder Carbomethylcellulose (*Rohm* 1979), wird der Effekt verstärkt. Die Risse entstehen bereits bei der Trocknung des Emailauftrages und werden beim Brennen durch Brennschwindung verbreitert. Durch eine dünne Finish-Schicht aus Transparentemail kann der Dekoreffekt erhöht werden.
Der Metallglanzeffekt (*Lüsterfinish*) wird durch Aufsprühen von Metallsalzlösungen auf das noch rotglühende Erzeugnis bewirkt. In den meisten Fällen wird eine alkoholische salzsaure Eisen(III)chloridlösung verwendet, die, ebenso wie eine Zinnchloridlösung, die besten Effekte ergibt (*Gaiger* 1965).

14.4.3. Auftragen von Bilddekors

Die bildhafte Darstellung der Dekore erfolgt i. d. R. durch Schablonieren, Direktdruck (Siebdruck) oder Umdruckverfahren (z. B.

[1]) Der Begriff ist nicht glücklich gewählt, weil hier keine chemischen Reaktionen, sondern rein physikalische Vorgänge eine Rolle spielen (Oberflächenspannung, Entmischung).

Tabelle 14.4. Leistungsübersicht über die wichtigsten Bilddekor-Verfahren

Dekorart	Anzahl der Farben	Auftragsleistung in Stk. h^{-1}	
		manuell	maschinell
Schablonieren			
Spritzen	1...3	40...80¹)	80...150¹)
Bürsten	1	4...10	
Siebdruck			
Kaltdruckfarbe	1	50...100	200...250
thermoplastische Farbe	2...3		110...150
Abziehbilder			
Schiebebilder	1...7	60...110	
thermoplastische Bilder	1...4		300...500

¹) je nach Anzahl der Farben

Abziehbilder). Eine Leistungsübersicht über die wichtigsten Bilddekorverfahren gibt Tabelle 14.4.

Beim *Schablonieren* kann ein ornamentaler Dekor über eine Schablone aufgespritzt oder ausgebürstet werden (z. B. *Ankerst* 1968). Dieses Verfahren wird bei Hohl- oder Flachware angewendet. Es ist möglich, nacheinander mehrere Farben zu spritzen, wobei jeweils eine Zwischentrocknung erforderlich ist. Allmähliche Dekorübergänge werden u. a. durch Verlauffarben (leichtschmelzende Emails mit geringer Oberflächenspannung, in mehrwertigen Alkoholen oder Polyalkylenglykolen angesetzt; *Rohm* 1979) erzielt. Für die Schablonen werden Bleche bzw. Folien aus Stahl, Messing, Aluminium oder Zinn verwendet.

Das Schablonen-Bürstverfahren, das vorzugsweise bei Schildern angewendet wird, läßt nur eine Dekorfarbe zu, die mit der ersten Deckemaillierung festgelegt ist. Nach der Trocknung des zweiten Auftrages wird das Emailbiskuit unter den freien Flächen der aufgelegten Schablone ausgebürstet.

Der *Stempeldruck* ist für einfache Dekore geeignet. In diesen Fällen wird mit einem Gummistempel Cobaltsulfatlösung, mit Öl angepastetes Zinndioxid oder beliebige keramische Druckfarbe meist direkt auf den Biskuit aufgebracht.

Durch *Siebdruck* lassen sich Ein- und Mehrfarbendekore sowohl auf Hohl- als auch Flachware herstellen. Eine Übersicht zur Siebdrucktechnik findet sich bei *Ehlers* (1962) und *Cermak* (1964).

Bild 14.16. Siebdruckdekorierung (VEB Schwerter Emaillierwerke Lauter/Sa.)

Beim Siebdruckverfahren wird eine Email- bzw. Schmelzfarbenpaste mittels Gummi- oder Plastrakel durch die Siebdruckschablone auf das zu dekorierende Werkstück gepreßt; der Vorgang ist für Serienartikel üblicherweise mechanisiert (Bild 14.16). Die Paste kann als Kaltdruck- oder thermoplastische Farbe hergestellt werden. Kaltdruckfarben sind mit Öl angepastete, sehr fein gemahlene Emails (<20 μm). Thermoplastische Farben enthalten ein wachsartiges Bindemittel, das eine Verarbeitungstemperatur von 65 bis 75 °C erfordert (*Reinsch* 1969). Sie sind für den mechanisierten Mehrfarbendruck besonders geeignet, da die abgekühlte Farbe wischfest ist und einen sofortigen andersfarbigen Folgedruck zuläßt; über Probleme und Erfahrungen mit dem Siebdruckverfahren siehe *Messmer* (1956); *Dale* (1965) und *Georgi* (1967).

Abziehbilder ermöglichen einen indirekten Dekordruck. Es ist zu unterscheiden zwischen Schiebe- und Auflegebildern. Schiebebilder besitzen zwischen dem Papier und der Farbemailauflage eine wasserlösliche Trennschicht. Moderne Auflegebilder werden mit thermoplastischen Farben bedruckt und gestatten einen automatischen Dekorauftrag (Anon. 1976f). In Bild 14.17 ist das Prinzip dieses Dekorverfahrens für emaillierte Töpfe dargestellt. Die Töpfe werden auf 120 bis 150 °C vorgewärmt, zum justierten Auflegebild transportiert und mit diesem zusammen abgerollt. Umgekehrt ist auch ein Anpressen vorgewärmter Dekorstreifen möglich. Leistungen der Automaten, aber auch die Kosten sind hoch.

Zum Auftragen von *Sonderdekoren* gehört die *Handmalerei*, die für emaillierte Erzeugnisse jedoch nur bei Exquisit-Modellen in Betracht kommt.

Das Auftragen von *Golddekor* erfolgt durch Handmalerei oder im Siebdruckverfahren. Das dazu erforderliche Goldresinat (Ganzgold) läßt sich für den Siebdruck auch mit Öl anpasten (*Ankerst* 1968). Die Goldauflage darf nicht zu dick sein, weil sie sonst reißt.

Bei der *Millefiori*-Technik (Anon. 1974b) werden dünne, aus Glasstangen mit ornamental gemustertem Querschnitt herausgetrennte Plättchen zusammen mit dem Email auf den Gegenstand aufgeschmolzen.

14.5. Behandlung von Abfallemails

Bei allen Auftragsverfahren entstehen Emailabfälle in unterschiedlicher Menge. Die meisten treten beim Spritzen und beim Heißpudern auf. Bei *ETE* und *PUESTA* ist die Emailrückgewinnung in die Anlagen integriert. Für den Emailabfall gelten etwa folgende Orientierungswerte (in %):

konventionelles Spritzen	30 bis 60
ESTA	10 bis 30
PUESTA	<3
Tauchen, Fluten	<5
ETE	<1
Heißpudern	10 bis 50.

Eine geringe Menge Abfall entsteht ferner bei der Emailherstellung.

Die Verwertung dieser Abfälle ist materialökonomisch notwendig und international üblich; zusammenfassende Darstellungen hierzu bei *Joseph* (1975b, 1978) und *Rion*

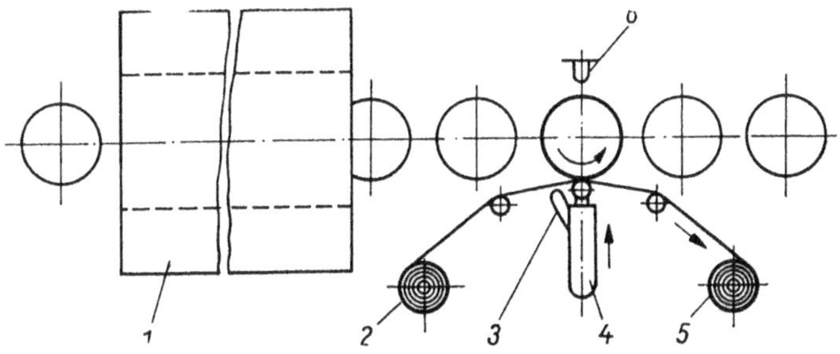

Bild 14.17. Prinzipdarstellung eines automatischen Dekorauftrages mit thermoplastischen Farben auf Töpfen

1 Durchlauf-Wärmeofen
2 Papierband mit thermoplastischem Farbdekor
3 Fotozelle für Dekorband
4 Andruckeinheit
5 Papierband
6 Fotozelle für Topf

(1980). Neben der Bevorzugung verlustarmer Auftragsverfahren ist besonders auf optimale Auftragsparameter zu achten. Durch organisatorische und technologische Maßnahmen ist dafür zu sorgen, daß die Abfallemails vollständig erfaßt und sauber gehalten werden. Dazu können folgende Regeln genannt werden:

Spritzauftrag: bevorzugter Einsatz von Trockenspritzkabinen, Verwendung von Prallwänden zur Vorabscheidung in Naßspritzkabinen und Vermeidung von Emailmischungen beim Farbwechsel;

Tauch- und Flutauftrag: vollständige Rückführung des abtropfenden Schlickers und gründliche Reinigung vor dem Farbwechsel;

Puderauftrag: Verwendung von ausreichenden Puderauffangblechen und Vermeidung von Zunderverunreinigungen durch das Werkstück.

Die Wiederverwendung der Abfälle sollte ohne Zwischenlagerung umgehend erfolgen.

Aus Trockenspritzkabinen lassen sich beim Entfernen in kurzen Zeitabständen und bei geeigneter Technologie bis zu 90% des Spritzabfalls zurückgewinnen (*Landis* 1968). Der Abfall enthält noch alle Mühlenzusätze und kann bei Dichtekorrektur dem frischen Material ohne besondere Aufbereitung bis zu 30% direkt zugesetzt werden.

Bei Naß- und Durchlaufspritzkabinen ist die Verschmutzungsgefahr des Abfallemails wesentlich größer. Derartige Abfälle enthalten meist weder Stellsalze noch Ton. Sie können nach Siebung und Magnetabscheidung bis zu 20% eine Stunde vor Beendigung des Mahlens dem Frischschlicker zugesetzt werden. Bei hohem Feinkornanteil soll der Zusatz nach *Joseph* (1978c) nicht über 5% betragen, weil sonst Mattierungen entstehen können. Andererseits läßt sich nach *Schumacher, Pöschmann* (1981) durch eine Feinstmahlung auch verunreinigtes Abfallemail verwenden, wenn in Verbindung mit der Frischemailaufbereitung das Kornspektrum ausgeglichen wird.

Puderemailabfall wird ebenfalls nach Sieb- und Magnetabscheideraufbereitung mit Anteilen bis zu 20% dem Frischemail zugemahlen.

Stärker verunreinigte nasse Emailabfälle können nach entsprechender Aufbereitung als Rückseitenemail oder Mühlenzusatz zu dunkelfarbigen Grund- oder Deckemails verwendet werden. In Grundemails dürfen die Abfälle jedoch keine die Haftung behindernden Bestandteile enthalten (z. B. Titanemail oder chromhaltige Farbkörper).

In Emaillierwerken nichteinsetzbare Emailfälle können unter bestimmten Bedingungen beim Frittehersteller (dazu z. B. *Vondraček, Friddle* 1982; *Karlovskij* 1982); *Elliot, Dykstra* 1985) oder in der Baustoffindustrie genutzt werden. Sind alle diese Maßnahmen nicht realisierbar, bleibt nur die ökonomisch ungünstigste Variante der Deponie-Ablagerung.

15
Trocknen

Nach dem Naßemailauftrag ist eine Trocknung erforderlich und üblich. Dabei entscheiden die Schlickerkondition, das Auftragsverfahren und der Zeitpunkt nach dem Auftragen über die auszutreibende Wassermenge. Im Falle eines Emailschlickers mit geringer Dichte beträgt sie bis zu 32 % der Auftragsmasse. Für die getrocknete, ungebrannte Emailschicht hat sich der Begriff »Biskuit« eingeführt.

Eine sorgfältige und vollständige Trocknung des Naßemailauftrages ist erforderlich, um eine Anreicherung der Ofenatmosphäre mit Wasserdampf (→ Fischschuppenbildung, Schaumigkeit, verminderte Haftfestigkeit) zu verhindern und eine hohe Griffigkeit des Biskuits im Hinblick auf manuelle Arbeiten, wie Putzen oder Übergabe vom Trockner zur Ofenkette, zu gewährleisten. Bei der Aluminiumemaillierung wird der Emailauftrag nur bis zum Verschwinden des Wasserspiegels getrocknet. Völlig trockene Biskuitschichten sind sehr hart und dicht. Sie neigen beim Brennen zum Reißen und Abplatzen sowie zur Bildung von Stichen und Kratern bei vermindertem Glanz (*Reinsch* 1967a).

Die wissenschaftlichen Grundlagen und die Technik des Trocknens werden von *Krischer* (1978) und *Kröll* (1978) behandelt.

15.1. Vorgänge beim Trocknen

Der Trocknungsverlauf hängt im wesentlichen von der Auftragsschicht und vom Trockenverfahren ab. Der Grundwerkstoff wirkt sich lediglich auf die Trocknungsdauer aus; sie nimmt mit der Wanddicke zu.

15.1.1. Physikalisch-chemische Grundlagen

Der Trocknungsprozeß setzt sich aus mehreren Teilvorgängen zusammen, die durch die unterschiedliche Form des im Schlicker vorliegenden Wassers bedingt sind. Es ist zu unterscheiden zwischen

- freibeweglichem, Salze enthaltendem Schlickerwasser,
- an Tonkolloide absorbiertem Wasser (Hüllenwasser),
- koordinativ gebundenem Wasser (Hydratwasser) bei Salzen und Tonmineralen und
- in der Struktur der Tonminerale und an der Oberfläche der Fritteteilchen gebundenen OH-Gruppen.

Das freibewegliche Wasser stellt den Hauptteil der zu entfernenden Feuchtigkeit dar, während der adsorbierte und gebundene Anteil nur etwa 0,5 % beträgt.

Beim Trochnungsprozeß verdampft das freie,

lose zwischen den Festkörperteilchen eingelagerte Wasser zuerst und gehorcht den üblichen Temperatur-Dampfdruck-Beziehungen für Lösungen, wobei die gelösten Salze den Dampfdruck erniedrigen, so daß gegenüber reinem Wasser höhere Wärmezufuhr nötig ist. Da mit der Wasserabgabe die Salzkonzentration in der Restlösung ständig ansteigt, nimmt die Trocknungsgeschwindigkeit dementsprechend ab.

Bei Trocknung von der Oberfläche her diffundiert das Wasser aus der Tiefe der Emailschicht nach außen und transportiert gelöste Salze, die sich an der Oberfläche anreichern. Dieser Effekt tritt beim Trocknen von innen heraus (z. B. Infrarot-Trocknung) nicht auf. Wegen des hohen Absorptionsvermögens für Wärmestrahlen verdampft Wasser bereits im Querschnitt, ohne daß Lösung an die Oberfläche gelangt.

Der vor allem an den Tonteilchen verbleibende, als Hüllenwasser zur Ausbildung der Doppelschicht adsorbierte Anteil des Wassers entweicht etwa gleichzeitig mit dem zwischen den Festkörperteilchen und in den Kapillaren befindlichen Wasser. Mit dem Entfernen des Wassers nähern sich die unplastischen und Tonteilchen unter Schwindung. Zugleich beginnt in die freien Hohlräume Luft einzutreten.

Das Kristallwasser der ausgelaugten oder als Stellmittel zugegebenen Salze wird z. T. stufenweise abgegeben, wie z. B. bei Soda (32 und 110 °C). Die Entwässerung des Borax (350 °C), des Montmorillonits (250 °C) sowie die Dehydroxylierung der Tonminerale (>500 °C) und der hydratisierten Oberflächenschichten der Frittekörner fällt nicht mehr in den Trocknungsbereich, sondern findet erst beim Brennen statt.

15.1.2. Trocknungsverlauf und Einflüsse

Die Migration des Wassers aus der Schlickerauftragsschicht ist ein Diffusionsprozeß, der nach den *Fick*schen Gesetzen von der Dicke der zu durchströmenden Schicht und vom Konzentrationsgefälle bestimmt wird; ferner spielt die Porenverteilung eine wesentliche Rolle.

Der technische Trocknungsvorgang wird beeinflußt durch Temperatur, Luftfeuchtigkeit, Packungsdichte und Porosität, ist aber auch von der Zusammensetzung und Feinheit der Auftragsmasse abhängig (*Nelson* 1962). Die Festlegung der optimalen Temperatur ist nur in Verbindung mit dem Trocknungsverfahren möglich.

Allgemein gilt, daß mit steigender Temperatur die Trocknungsgeschwindigkeit größer wird. Sie muß mindestens gewährleisten, daß bei Grundemails keine Flecken- und Rostbildung eintritt, darf bei Konvektionstrocknung jedoch nur so groß sein, daß die Oberfläche nicht verkrustet. Verkrustete Oberflächen stehen unter Zugspannung und neigen zu Trocken- oder Schwundrissen. Befindet sich nach zu schneller Trocknung Restwasser unter der verkrusteten Schicht, kommt es beim Brennen durch spontane Verdampfung zu örtlichen Aufplatzungen des Biskuits. Verkrustungen und Verstopfungen der Poren treten aber auch bei zu viel Salzen im Schlicker auf. Weitere Fehler bei der Trocknung von Hohlkörpern beschreibt *Whitehead* (1962).

Entscheidend für die Effektivität des Trocknungsprozesses ist die relative Luftfeuchtigkeit. Je geringer diese ist, um so größer ist das Aufnahmevermögen der Luft für das verdampfende Wasser. Dieses Aufnahmevermögen steigt mit der Temperatur stark an. Ist die Luft mit Wasserdampf gesättigt, kann keine Trocknung mehr stattfinden. Andererseits soll die relative Feuchte der Frischluft mindestens 4 % betragen, um Verkrustungen zu vermeiden (*Dietzel* 1981). Die Beziehung zwischen Trocknungsrate, relativer Luftfeuchte und Temperatur zeigt Bild 15.1 schematisch am Beispiel keramischer Massen.

Wasserdampf in gesättigter Luft kondensiert leicht an kühleren Stellen. Derartige Erscheinungen bewirken im Emailauftrag Flekken- und Streifenbildung. Eine ständige Abfuhr feuchter und Zufuhr trockener Luft ist daher erforderlich, um den Trocknungsprozeß aufrecht zu halten. Aus diesem Grunde wird eine natürliche oder Zwangsluftumwälzung angestrebt.

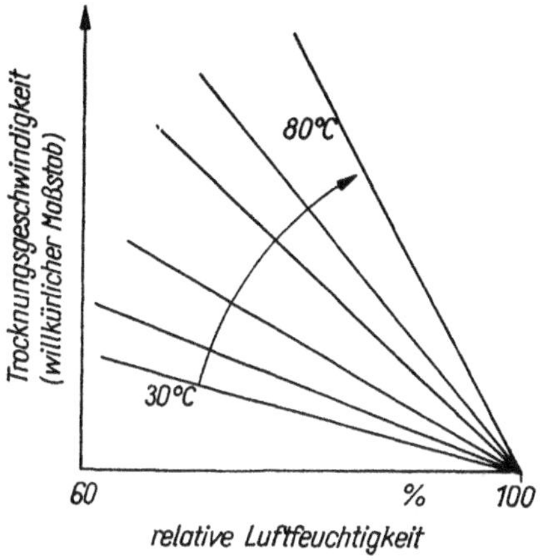

Bild 15.1. Prinzipielle Beziehung zwischen relativer Luftfeuchtigkeit, Temperatur und Trocknungsgeschwindigkeit (schematisch; abgeleitet aus dem Verhalten keramischer Massen; nach *Salmang*)

15.2. Verfahren und Einrichtungen zum Trocknen

Bei den Trocknungsverfahren sind folgende Grundformen der Wärmeübertragung zu unterscheiden: Wärmeleitung, -konvektion und -strahlung. Sie werden beim Trocknungsprozeß mit unterschiedlichem Anteil meist gleichzeitig wirksam.

Bei Leitung und Konvektion beruht die Wärmeübertragung auf der Bewegung der Atome und Moleküle; sie ist somit an ein Übertragungsmedium gebunden. Im ersten Falle ist dieses Medium z. B. das zu trocknende Gut selbst, bei der Konvektion ein Gas (Luft). Die Wärmestrahlung beruht auf elektromagnetischen Wellen (IR-Bereich), die beim Auftreffen auf einen kälteren Körper in Wärme umgesetzt werden; ein Übertragungsmedium ist hier nicht erforderlich. Die elektromagnetischen Wellen dringen in den zu erwärmenden Körper ein, besitzen also Tiefenwirkung. Die Eindringtiefe ist um so größer, je langwelliger die Strahlung ist. Rauhe, dunkle Flächen absorbieren die Strahlung besser als glatte, helle Flächen.

Die wichtigsten Daten der Wärmeübertragungsformen und Strahlertypen enthalten die Tabellen 15.1 und 15.2.

Ferner ist zu unterscheiden zwischen periodischer (Raumluft-, Kammertrocknung) und kontinuierlicher Trocknung (Durchlauf-, Kanaltrocknung). Im Interesse eines mechanisierten Fertigungsablaufs ist der kontinuierlichen Trocknung der Vorzug zu geben. Möglichkeiten der Regelungstechnik beschreibt *Rüb* (1963). Über Erfahrungen mit verschiedenen Trocknungseinrichtungen berichten *Caldwell* (1962) und *Adams, Finley* (1962).

15.2.1. Trocknung durch Wärmeleitung

Die Trocknung durch Wärmeleitung wird wirksam, wenn der Erwärmungs- und Trocknungsprozeß vom erhitzten Grundwerkstoff ausgeht.

Dabei kann es sich um einen Teilvorgang bei der Trocknung durch Konvektion oder Strahlung (z. B. über die Werkstückrückseite) oder aber auch um direkte induktive Erwärmung des Grundmetalls handeln. Die

Tabelle 15.1. Formen der Wärmeübertragung und trockentechnische Richtwerte

Wärmeübertragung	Art der Trocknung	Optimale Werkstücktemperatur in °C	Trockenzeit
Leitung	induktive Erwärmung	200...300	3...10 sec
Konvektion			
frei	Raumlufttrocknung	20...40	6...10 h
erzwungen	Überofentrocknung	50...80	bis 60 min
	Konvektionstrockner	100...150	15...30 min
Strahlung	Glühstrahler	150...200	1...4 min
	Dunkelstrahler	100...150	2...5 min

Art des Strahlers	Wellenlänge in µm	Strahlertemperatur in °C
Hellstrahler	1...2	1200...2500
Glühstrahler	2...4	600...1200
Dunkelstrahler	3...6	200...600

Tabelle 15.2. Typen von Infrarot-Strahlern

Trocknung beginnt dabei an der Grenzfläche zum Metall, wodurch ein ungehindertes Austreiben des Wassers aus dem Emailauftrag möglich ist und die Biskuitoberfläche nicht verkrustet. Besonders bei der Induktionserwärmung sind auf diese Weise extrem kurze Trocknungszeiten zu erreichen. Das Verfahren ist jedoch auf Grund des Investaufwandes nur für Werkstücke geeignet, die sich auch induktiv emaillieren lassen (Rohre, Profile, dickwandige Behälter). Die Trocknung erfolgt dabei auf der für die Emaillierung eingesetzten Anlage im Taktverfahren (s. dazu Abschnitt 16.2.4.).
Erwähnt sei die Möglichkeit der dielektrischen Erwärmung, bei der das zu trocknende Gut als Dielektrikum in einem Kondensator durch ein Hochfrequenzfeld (GHz-Bereich) erwärmt wird. Bei der Emailtrocknung ließe sich der Metallkörper als Kondensatorplatte nutzen.

15.2.2. Trocknung durch Wärmekonvektion

Konvektion liegt z. Z. noch den meisten Trocknungsverfahren zugrunde. Bei der freien Konvektion findet die erforderliche Luftbewegung durch Temperatur- und Dichteunterschiede der Luft statt, während bei erzwungener Konvektion die Luftbewegung i. d. R. durch Ventilatoren erfolgt.
Die freie Konvektion wird im einfachsten Falle bei der Raumlufttrocknung genutzt. Es werden freistehende Regale oder Horden verwendet, die sich über oder in der Nähe von Abgaskanälen der Brennöfen befinden. Wegen der relativ niedrigen Temperatur und geringen Luftbewegung sind die Trocknungszeiten entsprechend lang, was jedoch für die Dekortrocknung (Abziehbilder) durchaus erwünscht sein kann. Mit der Trocknungsdauer nimmt allerdings die Gefahr der Verschmutzung zu.

Wesentlich günstiger ist die Überofentrocknung, bei der das Gut mittels Kettenförderern über den Brennofen geführt und zur Trocknung die Wärmeabstrahlung des Ofens genutzt wird. Diese Art des Trocknens hat sich in Verbindung mit Umkehr- bzw. Durchlauföfen besonders bei Grundemails bewährt. Etwa 50% der zu brennenden Teile lassen sich auf diese Weise trocknen. Bei hellen Deckemails besteht allerdings auch hier eine nicht zu unterschätzende Verschmutzungsgefahr, die sich durch Verkleidung des Kettenförderers nur bedingt vermeiden läßt. Mit der Verbesserung der Isolation der Brennöfen wird diese Art der Tocknung an Bedeutung verlieren.
Die Trocknungszeiten lassen sich in Kammer- oder Durchlauf-Konvektionstrocknern mit erzwungener Luftbewegung weiter verkürzen. Die Luftgeschwindigkeit beträgt dabei etwa 2 bis 8 m s^{-1}. Die Aufheizung der Luft erfolgt in Wärmetauschern, die mit Gas, Öl, Dampf oder Elektroenergie betrieben werden; Abgaswärme von Brennöfen läßt sich ebenfalls nutzen. Zur Erzielung einer optimalen Trocknung werden etwa 15% der Umluft abgeführt und durch trockene Frischluft ersetzt. Beim kontinuierlichen Verfahren wird das Trockengut mit Hänge- oder Flachbandförderern entgegen dem Heißluftstrom durch den Trockner transportiert. Zur Verbesserung des Trocknungseffektes bei Hohlware werden auch Luftverteilersysteme mit veränderlicher Blasrichtung verwendet. Ein- und Auslauföffnungen der Trockner sind zur Vermeidung von Wärmeverlusten mit Luftschleusen versehen.

15.2.3. Strahlungstrocknung

Die Strahlungstrocknung wird besonders bei Flachteilen in zunehmendem Maße angewendet. Über den Einsatz von Infrarot-

trocknern in Emaillierwerken berichten *Thompson* (1958); *Dougherty* (1960); *Hahne* (1960) und *Caldwell* (1962).
Für die Erzeugung der Wärmestrahlen gibt es drei Strahlertypen (Tabelle 15.2), von denen für die Emailtrocknung Glüh- und Dunkelstrahler zum Einsatz kommen, die mit Gas, Öl oder Elektroenergie betrieben werden. Am besten geeignet sind Dunkelstrahler, die zur Erhöhung des Wirkungsgrades meist mit einer Luftumwälzung, mindestens jedoch mit einer Absaugung kombiniert sind. Im Gegensatz zu den Hellstrahlern senden die Dunkelstrahler die Wellen diffus aus, so daß diese das Trockengut von allen Seiten treffen. Dieser Effekt wird durch Auskleidung des Strahlerbereichs mit hochglänzenden Aluminiumblechen noch verstärkt. Dennoch können bei Hohlware Abschirmeffekte auftreten, die die Trocknung erschweren. Die Bedingungen für die Trocknung von Hohlware wurden von *Naendorf* (1958) ausführlich behandelt.
Da die Trockenzeiten bei Infrarotstrahlung mit 1 bis 6 min relativ niedrig liegen, bietet sich als Bauart der Durchlauftrockner an, durch den das Trockengut mittels Hänge- oder Flachbandförderer bewegt wird. Hängeförderer sind für eine Verkettung von Emailaufträgen und Trocknen besonders geeignet.
Die Infrarottrockner bestehen meist aus standardisierten Baugruppen (Ofensegmenten), die je nach Verwendungszweck beliebig kombiniert werden können. Bild 15.2 zeigt das Prinzip eines Infrarot-Durchlauftrockners. Die kurzen Trockenzeiten, der geringe Platzbedarf und die kontinuierliche Arbeitsweise sind für einen rationellen Arbeitsablauf entscheidend. Die Trockner benötigen nur kurze Anheizzeiten und sind daher schnell betriebsbereit. Die Verschmutzungsgefahr ist auf Grund der kurzen Trokkenzeiten und der geschlossenen Bauweise der Trockner gering. Die Bedeutung der Infrarottrocknung dürfte für moderne Emaillierwerke zunehmen.

15.4. Biskuitschicht

Die getrocknete Emailbiskuitschicht ist eine Ansammlung von Frittekörnern, die durch einen Film von Tonteilchen und ausgeschiedenen Salzen (Borax, Soda usw.) verkittet sind und die eine bestimmte mechanische und Abriebfestigkeit aufweist (s. dazu z. B. *Schultes, Trögel* 1983). Die Schicht muß optimal und gleichmäßig getrocknet sein. Bei ungleichmäßiger Trocknung treten örtliche Salzanreicherungen auf, wodurch Griffestigkeit und Schmelzverhalten beeinflußt werden. Bei Grundemails kommt es an den salzfreien Stellen zu verstärkter Eisenoxydation mit Blasenbildung und Haftschwierigkeiten; fein gemahlene Emails werden leicht schaumig und fleckig.
Eine wesentliche Rolle für die Handhabung der beschichteten Gegenstände spielt die Griffestigkeit (Trockenfilmfestigkeit). Sie wird gefördert durch Ton (insbesondere Hydroglimmer ; *Beljaev* u. a. 1962; *Ovčarov* u. a. 1978), Bentonit, Alginsäureester, Methylcellulose u. a. sowie eine Mindestmenge an gelösten Stoffen, von denen als Mittel

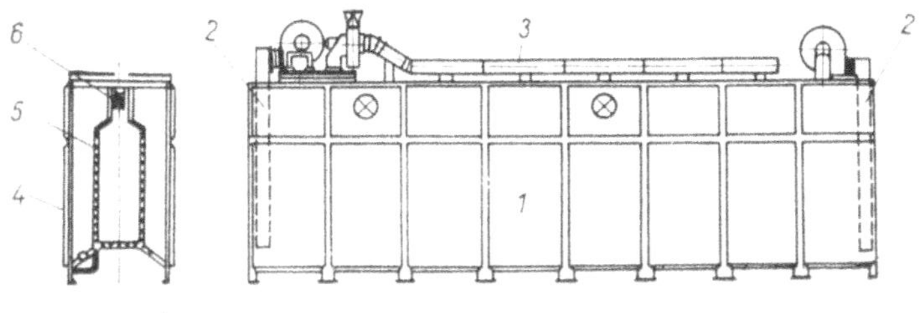

Bild 15.2. Prinzip eines Infrarot-Durchlauftrockners (VEB Infrarot-Anlagenbau, Oranienburg)

1 Ofensegment
2 Luftschleuse
3 Absaugung
4 Verkleidungsklappen
5 Infrarot-Strahlerfeld
6 Förderer

gegen Reißen der Schicht (auch bei fehlerhafter Trocknung) vor allem Harnstoff und Natriumnitrit in Verbindung mit Betonit erprobt sind (*Laithwaite* 1951; *Thompson, Molinaro* 1969). Die Ursachen des Reißens hat *Scharbach* (1961) untersucht und die Bruchdehnung bestimmt. Deckemails zeigen höhere Dehnwerte als Grundemails, beide nehmen mit der Schichtdicke ab. Im Hinblick auf gute Putzfähigkeit des Biskuits soll der Schlicker weder zu hohen, noch zu niedrigen pH-Wert aufweisen.

Die Prüfung der Biskuitschicht kann mit einfachen Methoden erfolgen. Die Schichtdicke wird mit der Mikrometerschraube vor und nach dem Abbürsten des Emails bestimmt. Auch die Anwendung der in Abschnitt 23.2.1. beschriebenen zerstörungsfreien Methoden ist möglich. Die Restfeuchte wird am abgekratzten Biskuit nach TGL 15214 (Masseverlust nach Erhitzen auf 110 °C) ermittelt.

Die Beurteilung der Griffestigkeit erfolgt am einfachsten mit der Pinsel-Abriebmethode nach *Dietzel, Meures* (1939), bei der ein an einem Schwenkarm befindlicher Pinsel unter konstantem Druck über den Biskuit geführt und der Abriebverlust bestimmt wird. *Kovner* u. a. (1977) ermittelten den Masseverlust beschichteter Proben nach Vibration und Schlag. Über die Messung der Haftfestigkeit des Biskuits durch Abreißen zwischen zwei Platten berichtet *Laithwaite* (1951). Die Bruchdehnung kann nach *Scharbach* (1961) durch Strecken eines mit Biskuit versehenen Gummibandes gemessen werden. Der Biskuit neigt zum Reißen, wenn sich damit beschichtetes Zelluloid nach Trocknen krümmt (*Dietzel* 1981).

16
Brennen

Die auf den Gegenstand aufgetragene und erforderlichenfalls getrocknete Emailschicht wird beim Brennprozeß glattgeschmolzen. Dabei entsteht eine in sich geschlossene glasartige Schicht, die mit dem Metall fest verbunden ist. Die Brennbedingungen hängen vom Grundmetall, der Erhitzungsart und vom Emailtyp ab

Die folgenden Ausführungen beziehen sich auf die am meisten verwendeten Grundmetall, Stahl, Gußeisen und Aluminium; zum Emaillieren von legierten Stählen und Sondermetallen siehe Kapitel 19.

16.1. Technische Brennvorgänge

Der Brennverlauf wird von Ofenart und Wanddicke des Brenngutes maßgeblich beeinflußt. Die kürzesten Brennzeiten werden bei der induktiven Emaillierung erzielt, während beim Brennen im Durchlaufofen Erwärmung und Abkühlung mit geringerer Geschwindigkeit erfolgen. Dickwandiges Gut erfordert längere Brennzeiten als dünnwandiges.

Für das Brennergebnis ist die Einhaltung einer bestimmten, vom Emailaufbau und Grundmetall abhängigen Brenntemperatur und Brenndauer wichtig (z. B. *Bryant* 1963); ihre Steuerung soll durch Messung der Farbtöne der Erzeugnisse möglich sein (*Janaček* u. a. 1983). Eine Übersicht über die gebräuchlichsten Brennbedingungen enthält Tabelle 16.1. Im allgemeinen liegt die Brenntemperatur des Grundemails etwas über der des Deckemails. Das heute noch vielfach übliche Durcheinanderbrennen bei gleicher Temperatur und Zeit vereinfacht zwar die Organisation im Emaillierwerk erheblich, stellt an die Einhaltung der technologischen Parameter aber höhere Anforderungen.

16.1.1. Einbrennen von Grundemails auf Eisenwerkstoffen

Allgemeine wissenschaftliche Grundlagen, die beim Einbrennen eine Rolle spielen, wurden in den Kapiteln 3, 4 und 5 behandelt. Sie werden hier vorausgesetzt.

16.1.1.1. Brennverlauf bei Stahl

Im ersten Brennstadium wird das Metall ab etwa 500 °C unter dem Emailbiskuit oxydiert. Die Verzunderung wird durch die poröse Schicht, deren Luftdurchlässigkeit durch die Tonentwässerung noch gefördert wird, in keiner Weise behindert (*Engler* 1969a). Ton und hydratisierte Fritteteilchen werden dehydroxyliert, das freigesetzte Wasser oxydiert z. T. das Eisen und bildet dabei Wasser-

Tabelle 16.1. Übersicht über die gebräuchlichsten Brennbedingungen

Brenngut	Brenntemperatur		Brenndauer
	Grundemail in °C	Deckemail in °C	in min
leichtes Geschirr, Stahl	800...850	800...820	2,5...4
schweres Geschirr, Stahl	830...880	830...850	
Flachteile, konventionell, Stahl	780...830	780...820	
Flachteile, *DWE*, Stahl		800...850	
Badewannen, Stahl	820...840	820...840	6...8[1])
Badewannen, Gußeisen	900...940	750...850	
Behälter und Apparate, Stahl	850...880	830...860	bis 60[1])
Behälter und Apparate, Gußeisen	850...900	830...870	
Teile mit säurebeständigem Grundemail	830...880		3...5
farbige Einschichtemails, Stahl		750...820	2,5...4
farbige Einschichtemails, Gußeisen		740...790	6...8
Majolikaemaillierung, Stahl	780...830	750...820	3...4
Majolikaemaillierung, Gußeisen	780...830	710...750	6...8
Aluminiumemaillierung		520...560	
Hochtemperaturemaillierung, legierter Stahl, Titanium		900...1 300	4...10

[1]) Gilt bei Gußeisen nur für den Grundbrand; die Deckemailbrände sind beim Puderverfahren erheblich kürzer

stoff. Der Zunder besteht, wie beim normalen Glühen, vor allem aus FeO (an der Eisenoberfläche) und Fe_3O_4 neben sehr wenig Fe_2O_3 (äußere Schicht). Im allgemeinen entsteht bis zum Erweichen des Grundemails eine bis zu 5 µm dicke Oxidschicht, die sich bei Anwesenheit von Wasserdampf ggf. verdoppeln kann. Die Zundermenge wird durch Eisenbegleiter, Vorbehandlung und Stellsalze beeinflußt. Höhere Gehalte an C, Si, Cr und Ni sowie Nachverdichtung, Vernickeln und Abstrahlen der Oberfläche setzen die Verzunderung herab (Bild 16.1). Die Wirkung der Tone ist unterschiedlich (*Beljaev* u. a. 1962). Die Oxydationsgeschwindigkeit ist oberhalb 400 °C vom Sauerstoffpartialdruck unabhängig. Die Zundermenge soll daher bei direkt und indirekt beheizten Brennöfen gleich groß sein (*Engler* 1969a).

Mit beginnender Erweichung des Emails geht die Zunderbildung zurück und wird schließlich mit dem Glattschmelzen ($\eta \approx 10^3$ Pa s) gestoppt. Feinere Emails erweichen bei nieniedrigeren Temperaturen als gröbere, wodurch Sauerstoffzufuhr und Zunderbildung früher unterbrochen werden. Ein Vordringen des Sauerstoffs durch die geschlossene Schmelzschicht erfolgt nur über die wesentlich langsameren Diffusions- und Konvektionsvorgänge.

Das erweichende Email beginnt den Zunder aufzulösen, wobei die Viskosität zusätzlich erniedrigt wird; die Löslichkeit ist dabei in borhaltigen Emails besser als in borfreien (*Azarov, Balandina* 1958). Gleichzeitig werden die Stellsalze zersetzt bzw. beginnen zu schmelzen, umhüllen die Fritteteilchen und bewirken (im allgemeinen) eine örtliche Verringerung der Viskosität und Oberflächenspannung. Im fortgeschrittenen Stadium gehen Ton, Quarz und Feldspat in die Emailschmelze über und erhöhen deren Viskosität. Am langsamsten löst sich der schwer benetzbare Metakaolinit. Quarz wird in weicheren Grundemails schneller gelöst als in schwerschmelzenden, wobei sich immer nur ein bestimmter Anteil des Quarzes löst und unabhängig vom SiO_2-Gehalt der Fritte eine Maximalkonzentration an gelöstem SiO_2 von etwa 50 % einstellt (*Salge* 1974). Der Restquarz verbleibt ungelöst im Schmelzfluß. Diese Mühlenzusätze weiten das Erweichungsintervall auf und erhöhen die Brennbeständigkeit des Grundemails.

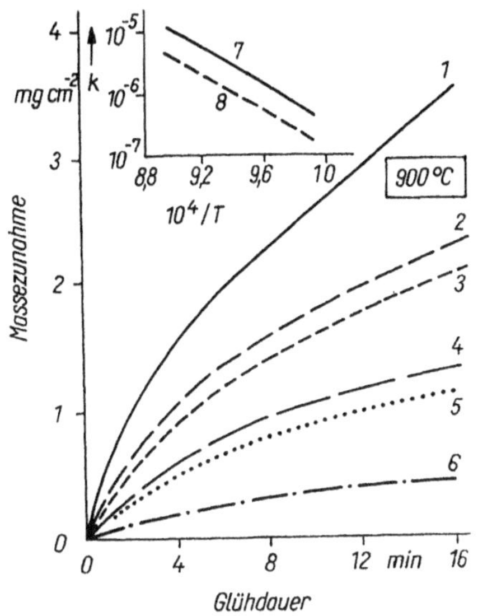

Bild 16.1. Verzunderung von Stahlblech in Abhängigkeit von der Vorbehandlung (*Petzold, Heinitz* 1958ff.)
1 unbehandelt
2 mit Quarz gestrahlt
3 Nickel-Dip 6 min
4 mit Stahlkies gestrahlt
5 mit Korund gestrahlt (ähnliche Ergebnisse bei *Eubanks, Moore* 1962)
6 galvanisch vernickelt 15 min
Zusatzdiagramm: Geschwindigkeitskonstante der *Arrhenius*-Gleichung ; *T* in K
7 H_2SO_4-Beize *8* Ni-Dip (*Fussel, Hadley* 1958)

Mit der Zunderlösung wird eine freie Metalloberfläche geschaffen, auf der sich nunmehr die Haftmetalle abscheiden (Stufe *I*). Damit setzt eine elektrochemische Korrosion und verstärkte Eisenoxydation ein, die schließlich zur Eisenoxidsättigung des Emails (Nach *Warnecke* u. a. 1981 beträgt der Fe-Gehalt an der Grenzfläche 40 bis 50 % = 50 bis 70 % FeO!) und in Verbindung mit der Aufrauhung der Oberfläche zur Haftung führt (Stufe *II*). Beim Überbrennen (Stufe *III*) scheiden sich aus der übersättigten Schmelze Fe_3O_4 und Fe_2O_3 aus; das Email ist »verbrannt«, es zeigen sich Durchzehrungen und Kupferköpfe. Die Vorgänge sind in Bild 16.2 schematisch zusammengefaßt dargestellt.

Bei erhöhten Temperaturen laufen die Prozesse mit exponentieller Geschwindigkeit ab. Es ist daher stets kritisch, zur Beschleunigung des Brennens mit höherer Temperatur bei verkürzter Brennzeit zu arbeiten. Mit dem Einbrenndiagramm (Bild 16.3) wird deutlich gemacht, wie sich mit steigender Brenntemperatur die zulässige Differenz der Einbrennzeit verringert.

Die Brennstabilität des Grundemails wird durch sein Brennintervall und seine Schichtdicke beeinflußt. Grundemails mit breitem Brennintervall erreichen die optimale Brennstufe erst bei höherer Temperatur oder längerer Brennzeit, neigen jedoch weniger zum »Verbrennen«. Dünnliegende Grund-

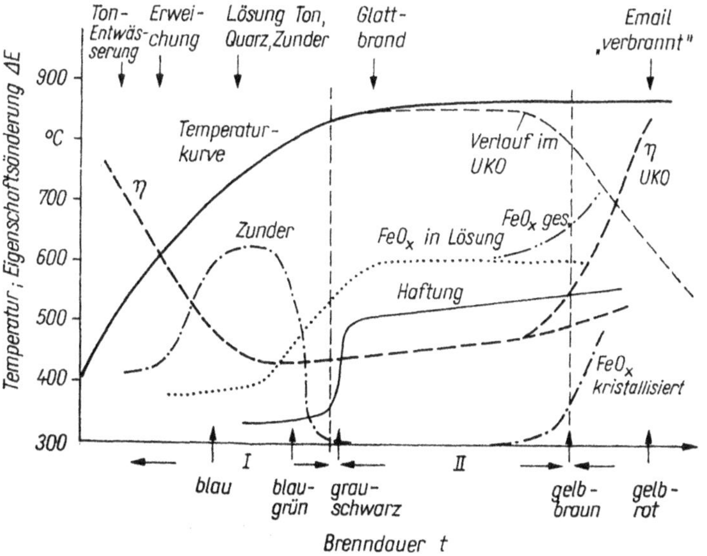

Bild 16.2. Vorgänge beim Einbrennen von Blechgrundemail (stark schematisiert; willkürlicher Maßstab)

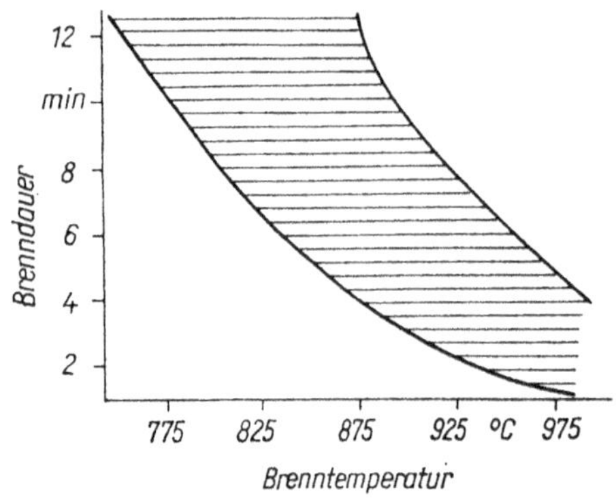

Bild 16.3. Einbrenndiagramm nach *Vielhaber* (1954a)

emails sind weniger brennstabil und begünstigen ein örtliches Überbrennen. Die mögliche Schichtdicke ist jedoch durch Schaumigkeit, verminderte Festigkeit des Grundemails und auch aus ökonomischen Gründen nach oben begrenzt.

Beim Brennvorgang entstehen einige gasförmige Reaktionsprodukte, die sich teils günstig (→ Blasenstruktur des Grundes), teils ungünstig (→ Fehler) auswirken. Dazu gehört der aus dem Wasser des Tons und der Fritte stammende Wasserstoff, der sich gemäß $Fe + H_2O \rightarrow FeO + H_2\uparrow$ an der Blechoberfläche bildet. Er wird z. T. vom Grundemail gebunden, z. T. vom Eisen aufgenommen (→ Quelle der Fischschuppenbildung), z. T. entweicht er. Ferner bilden sich neben der Verbrennung der organischen Substanzen des Tons CO und CO_2 durch Oxydation des im Eisen enthaltenen Kohlenstoffs. Dabei erfolgt eine partielle Entkohlung, deren Geschwindigkeit proportional dem Diffusionskoeffizienten ist (im α-Gebiet größer als im γ-Gebiet; *Hoffmann* 1967). Die Gasbildung führt u. U. zum Aufkochen der Schmelzschicht und zum Blähen (dabei schäumen borfreie Emails stärker als borhaltige; *Azarov* 1958; *Beljaev, Barinov* 1962). Bei konzentriertem Auftreten verbleiben übermäßig viele Poren und Blasen im festen Email (neuere Untersuchungen: *Mallener* 1969). Ein gewisser Einfluß auf die Blasenstruktur des Grundemails kann auch durch sich zersetzende Stellmittel ausgeübt werden (*Deriemont* 1965). Die Blasenstruktur des Grundemails läßt sich durch spezielle Zusätze beeinflussen (*Demčenko Ivachin* 1973).

16.1.1.2. Brennverlauf bei Gußeisen

Die Zunderbildung bei ungeschütztem Gußeisen ist geringer als bei Stahl (vgl. Bild 4.12a, S. 56). Mit Sintergrund beschichtetes Gußeisen zundert jedoch stärker als unbeschichtetes, was auf den entweichenden Wasserdampf zurückzuführen ist (*Kamran* 1958). Sintergrund bleibt auch nach dem Garbrand gasdurchlässig, so daß die Verzunderung erheblich länger anhält als bei Schmelzgrund.

Wasserstoff ist ohne Einfluß auf das Emaillierergebnis, da Gußeisen infolge seiner Mikroporigkeit (Wasserstoffallen) ein großes Wasserstoffaufnahmevermögen besitzt. Blasenbildung im Email in Eisennähe tritt bei Gußeisen mit sehr viel gebundenem Kohlenstoff auf:

$$Fe_3C + 4H_2O \rightarrow 3\,FeO + CO + 4H_2\uparrow.$$

Auf die ausführlichen Untersuchungen von *Upadhyaya* u. a. (1967) über Gase beim Emaillieren sei hingewiesen.

Um bei unterschiedlichen Wanddicken einen gleichmäßigen Brenngrad des Emails zu erreichen, wird der Aufheizvorgang durch »Ziehen«/»Abschrecken« der Teile (Ausfahren aus dem Kammerofen) kurzzeitig, evtl. mehrfach, unterbrochen. Dabei kühlen die dünnen Wände schneller ab und erwärmen sich beim Weiterheizen entsprechend langsamer, wodurch sich bis zum Glattbrand ein Temperaturausgleich erzielen läßt.

Schmelzgrund

Je nach Grundemaildicke ist auch der Brennvorgang unterschiedlich. Bei einer Schichtdicke über 0,10 mm ist er etwa vergleichbar mit dem Grundbrand auf Stahl. Die Haftreaktionen verlaufen ähnlich; die Haftfestigkeit wird durch die größere Oberflächenrauhigkeit des Gußeisens gefördert und erreicht Werte wie bei Stahl. Schmelzgrundemails dürfen nicht bei hoher Temperatur zu schnell gebrannt werden, weil es sonst im Mikrobereich zu örtlichem Überbrennen kommt. Diese mit Eisenoxid übersättigten, leichtschmelzenden Grundemailinseln dringen auch beim Schlußbrand noch ins Deckemail

vor und erzeugen Bläschen und schwarze Punkte (*Gerstmann*, *Petzold* 1964).
Anders liegen die Verhältnisse bei dünnem Schmelzgrundemail. Dessen Eisenaufnahmefähigkeit ist durch die geringe Schichtdicke ($<$0,10 mm) begrenzt, so daß es sehr schnell zu einer Übersättigung mit Eisenoxiden kommt. Technologisch vorteilhaft ist hier ein kurzes Brennen bei hoher Temperatur (900 bis 940 °C). Die Haftung wird in diesem Falle vorzugsweise durch eine Fe_3O_4-Zwischenschicht vermittelt. Die Haftfestigkeit ist geringer als bei dickerem Schmelzgrund, genügt jedoch den Ansprüchen, die z. B. an Badewannen gestellt werden.

Sintergrund
Infolge der hohen Erweichungstemperatur kommt nur eine unbedeutende Benetzung und auch keine merkliche Aufnahme von Eisenoxid durch den Sintergrund zustande. Die Haftung wird durch die Fe_3O_4- Schicht bewirkt, zu deren optimaler Ausbildung eine sehr genaue Führung des Brennprozesses erforderlich ist. Bei ungenügendem Brenngrad bleibt der Sintergrund mürbe und die Oxidschicht mangelhaft. Nach der Deckemaillierung entstehen dann flächige Abplatzungen besonders an konvexen Stellen. Dasselbe ist der Fall bei zu dick aufgetragenem Sintergrund (Bild 17.2, S. 279).
Beim Überbrennen wird die Fe_3O_4-Schicht zu dick und brüchig. Der Sintergrund verglast und löst die Eisenoxidschicht teilweise auf. Das geschmolzene Email reagiert örtlich mit dem Kohlenstoff des Gußeisens unter Bildung von CO bzw. CO_2, so daß es beim Deckemailbrand zu Blasenbildung und Schaumigkeit kommt.
Ein gut gebrannter Sintergrund hat grauweißes, mattes Aussehen und läßt sich mit einer Aluminiumnadel nicht ritzen; er hält mehrere Brände aus.

16.1.2. Einbrennen von Deckemail

Mit dem Glattbrand des Deckemails wird gleichzeitig ein Verschmelzen mit dem Grundemail oder einem ersten Deckemail unter Vermischung an der Grenzfläche herbeigeführt. Um ein unerwünscht starkes Durchdringen von Grund- und Deckemail zu vermeiden, müssen Viskosität und Oberflächenspannung des Deckemails niedriger gehalten werden.
Beim Zwei-Schicht-Ein-Brand-Verfahren wird das Deckemail (Pulver- oder Naßemail) gleichzeitig mit einem haftoxidreichen, dünnliegenden Grundemail eingebrannt. In diesem Falle spielen sich die Vorgänge des Grund- und Deckemailbrandes gleichzeitig ab.
Der *Dekorbrand* ist dem des Deckemails vergleichbar. Allgemein wird die Brenntemperatur dabei 20 K niedriger als beim Deckbrand gehalten (*Moehring* 1972).
Beim Brennen von *Naßdeckemail* entweichen mit zunehmender Temperatur bis zum Glattbrand die gasförmigen Zersetzungsprodukte der Stellmittel und des Tones unter leichtem »Kochen« des Emails. Dicht unter der Emailoberfläche befindliche Restbläschen fallen beim Abkühlen ein und ergeben eine glanzgeminderte Oberfläche. Der Brennvorgang unterscheidet sich bei Gußeisen von dem bei Stahl hauptsächlich durch die längere Brennzeit infolge der größeren Wanddicken.
Bei *Pulveremails* für den elektrostatischen Auftrag werden die organischen Hilfsstoffe bereits vor der Emailerweichung zersetzt. Derartige Emails brennen sehr dicht bzw. feinblasig aus und besitzen daher eine hochglänzende Oberfläche.
Bei *Puderemail* ist das Auftragen mit dem Brennen eng verbunden. Das auf den rotglühenden, grundemaillierten Gegenstand aufgestreute Email sintert zunächst relativ fest, mit abnehmender Werkstücktemperatur aber nur noch locker an. Zu diesem Zeitpunkt wird der Puderauftrag unterbrochen und das Werkstück wieder auf Rotglut gebracht. Dabei schmilzt gleichzeitig die erste Puderschicht, und es entsteht eine feste Verbindung zum Grundemail. Pudern und Glattbrand werden noch ein- bis zweimal wiederholt.
Der Grundemailbrand erfolgt bei höherer Temperatur als der Deckemailbrand (Bild 16.4). Wegen der abgeschlossenen Gefügeumwandlungen und Reaktionen zwischen Gußeisen und Grund werden hier durch Gasentwicklung bedingte Emaillierfehler weitgehend vermieden. Die gestrichelte Linie in Bild 16.4 zeigt die sich verringernde

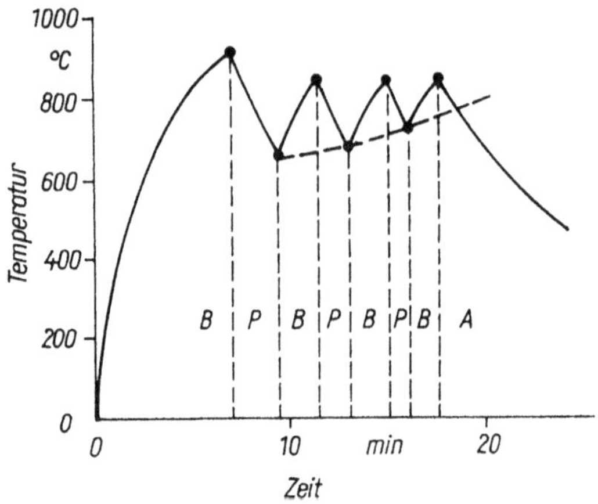

Bild 16.4. Brennzyklus bei der Puderemaillierung von Badewannen aus Gußeisen (*Giussani* 1974)
B Brennen P Pudern A Abkühlen

Puderzeit und die Temperaturdifferenz mit jedem Auftrag an. Als Gesamtzeit werden bei der Puderemaillierung von Grundbrand bis zum letzten Glattbrand für Badewannen etwa 20 min und für Chemieapparate je nach Werkstückgröße 15 bis 150 min benötigt. Die Taktzeit in automatischen Anlagen für Badewannen beträgt dagegen lediglich etwa 2 min (*Gesche* 1971).

16.1.3. Einbrennen von Direktemail

Beim Einbrennen von Direktemails vollzieht sich der Aufschmelz- und Erweichungsprozeß wie bei Deckemails, jedoch gleichzeitig unter Ablauf der Haftreaktionen. Weiße Direktemails erfordern eine Vorvernickelung des Grundmetalls, da z. B. CoO oder NiO den Weißgehalt beeinträchtigen würden. Auf Gußeisen sind weiße Direktemails nicht üblich.

Emails für Aluminium wurden den Direktemails zugeordnet, weil sie überwiegend nur in einer Schicht ohne Grundemail verarbeitet werden. Da der Haftmechanismus hierbei nicht von speziellen Haftoxiden abhängig ist, sind neben Weiß prinzipiell alle Farben herstellbar.

16.1.3.1. Direktemail auf Stahl

Bei *farbigen Direktemails* auf Stahl ist der Brennvorgang mit dem vom Grundemail vergleichbar. Die Farbpalette ist eingeschränkt, da die Farben mit den Haftoxiden harmonieren müssen. Üblich sind blaue, schwarze und braune Direktemails, wobei die blauen und schwarzen durch ihren Gehalt an Cobaltoxid die besten Voraussetzungen für eine gute Haftfestigkeit besitzen. Viskosität und Oberflächenspannung der Direktemails müssen geringer sein als bei konventionellen Deckemails, um eine leichte Entgasung zu ermöglichen; gebrannt wird bei etwas niedrigeren Temperaturen. Bei besonders leicht schmelzenden Emails (z. B. Schwarzemails) erfolgte früher z. T. eine geringe Voroxydation des Bleches zur Bildung einer erforderlichen Zundermenge. Zu schnelles Brennen bei hoher Temperatur ist besonders kritisch, weil leichtschmelzende Direktemails zum »Laufen« neigen. Für Direktemails, die haftungsstörende Oxide (z. B. Chromiumoxid) enthalten, kann eine Vorvernickelung günstig sein.

Beim *Direktweißemail* auf vorvernickeltem Blech erfolgt keine Verfärbung der äußeren Weißemailschicht. Diese Nickelauflage behindert gleichzeitig die Diffusion des Wasserstoffs ins Metall und wirkt der Fischschuppenbildung entgegen.

Zu Beginn des Brennprozesses werden Eisen und Nickel oxydiert. Nach Auflösung der Oxide im grenzschichtnahen Email finden die gleichen Haftreaktionen wie bei haftoxidhaltigem Grundemail statt. Dabei dringt das Email bis zu 8 µm Tiefe in das zerklüftete Metall ein (*Rickmann* 1967). Es bildet sich eine kompliziert aufgebaute Zone zwischen dem opaken Email und der Metalloberfläche (*Hoffmann*, *Leontaritis* 1970; *Richard*, *Demard* 1974, 1975). Nach Bild 16.5 besteht sie aus vier Schichten, von denen die oberste, etwa 10 bis 20 µm dicke Schicht *I*, plättchenförmige (im Anschliff stengelig erscheinende) $FeTiO_3$-Kristalle mit Streifung enthält. Kommt es infolge Diffusion zu einer Verarmung an FeO, so geht $FeTiO_3$ wieder in Lösung (*Bühler* u. a. 1966). Schicht *II* ist nur etwa 1 µm dick und besteht vermutlich auch aus gering entwickelten Eisentitanatkristallen. Die ebenfalls etwa 1 µm dicke Schicht *III* ist bei guter Haftfestigkeit des Emails in der Metalloberfläche verankert und

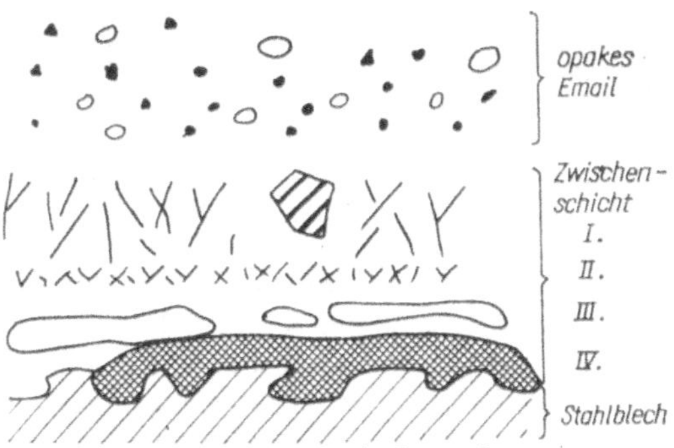

Bild 16.5. Schematischer Aufbau einer *DWE*-Schicht (*Richard, Demard* 1977)

enthält u. a. das abgeschiedene Nickel (vorzugsweise als FeNi-Mischkristall). Die wenig definierte Schicht *IV* soll aus einem für die Haftung nicht günstigen Eisenoxid bestehen. Über weitere Analysen der Grenzschicht siehe *Stoch*, u. a. (1984).

Brenntemperatur und Brennzeit sind für eine optimale Ausbildung der Zwischenzone und eine gute Haftfestigkeit des Emails von Bedeutung, wie *Hoffmann, Leontaritis* (1970) und *Rumas* 1985) gezeigt haben. Allgemein soll Direktweißemail bei einer um 20 bis 30 K höheren Temperatur gegenüber der konventionellen Zweischichtemaillierung eingebrannt werden (*Petzold, Betzer* u. a. 1958). Das Ergebnis ist am besten, wenn einer schnellen Aufheizung eine annähernd konstante Temperatur in der Brennzone folgt (Bild 16.6). Dickere Bleche bilden infolge langsamerer Erwärmung größere Zundermengen, was sich auf die Haftfestigkeit negativ auswirken kann (*Tarriant* 1975). Unterschiedlich dickes Brenngut ist daher besonders bei der Direktweißemaillierung jeweils separat zu brennen.

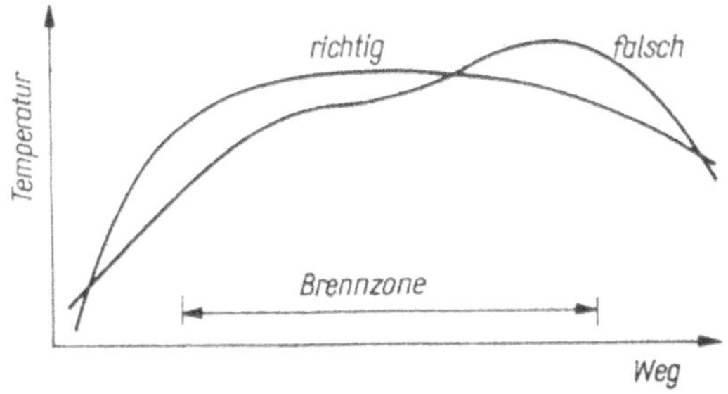

Bild 16.6. Aufheizkurven für *DWE* im Umkehrofen (*Hoffmann, Leontaritis* 1970)

16.1.3.2. Direktemail auf Gußeisen

Direktemails auf Gußeisen (schwarz, braun, blau) müssen beim Brennen eine besonders niedrige Viskosität und Oberflächenspannung besitzen, damit die Gasbildungsreaktionen ablaufen können, ohne im Email Blasen oder eine stichige Oberfläche zu hinterlassen. Der Brennvorgang ist dem eines dicken Schmelzgrundemails auf Gußeisen ähnlich. Da Direktemails im Interesse eines guten Glanzes nur geringe Mengen an Mühlenzusätzen enthalten, ist ihr Brennintervall gegenüber Schmelzgrund wesentlich enger.

16.1.3.3. Direktemail auf Aluminium

Im Gegensatz zu Emails auf Stahl oder Gußeisen erweichen Aluminiumemails beim Brennen, ohne völlig glattzufließen. Mängel beim Auftragen des Emailswerden somit nicht ausgeglichen. Die auf dem Metall vorhandene Oxidschicht wird im Endstadium zum Teil im Email gelöst und vermittelt die Haftung. Nach *Heidenbluth* u. a. (1978) wird durch den hohen Alkaligehalt der Aluminiumemails das Blech beim Brennen zusätzlich angeätzt und damit die Haftung verbessert.

Die durch Reaktion von Aluminium mit Email zustandekommende Gasentwicklung kann zu Fehlern führen (bei Phosphatemail stärker als bei Bleiemail). Metallische Niederschläge oder Chromatierung verhindern dies. Auflösung von Al_2O_3 im Email erhöht die Viskosität und fördert das Blähen (*Budnikov* u. a. 1961, 1970).

Die Brenntemperatur beträgt 520 bis 560 °C für bleifreie Emails; sie ist sehr genau (± 10 K) einzuhalten, da bleifreie Emails gegenüber Abweichungen besonders empfindlich sind (*Reinsch* 1967b). Innerhalb der Brennzone soll der Temperaturgradient nicht größer sein als ± 5 K. Durch Auflösung der Weißpigmente nimmt mit steigender Brenntemperatur der Weißgehalt ab (*Viquesnel, Krist* 1978).

Von *Anders* (1963) wird eine Fördergeschwindigkeit von 2 m min^{-1} für dünne Bleche und 1 m min^{-1} für Preßprofile empfohlen. Die Brennzeit beträgt je nach Materialdicke 6 bis 15 min. Als Näherungswert für die optimale Brennzeit wird von *Ziesche* (1963) die Beziehung $t = 2{,}7 + 3d$ (in min) angegeben (d Materialdicke in mm). Die Haltezeit bei maximaler Brenntemperatur soll 3 min nicht überschreiten. Eine optimale Brennzeit führt auch zu optimalen Eigenschaften der Emaillierung (Witterungsbeständigkeit, Schlagfestigkeit, Glanz, Farbe).

Reinaluminium und z. T. auch AlMn ergeben bei einem zweiten Brand (z. B. Dekorbrand) Spannungslinien, die auch durch reduzierte Brenntemperatur und -zeit beim Wiederholungsbrand kaum verschwinden.

AlMgSi und GAlSi12 sowie aluminierter Stahl lassen sich mehrfach brennen. Im letzten Falle kann es jedoch mit zunehmender Brennzeit infolge Fe-Diffusion in das Aluminium zu Oberflächenlegierungen und damit zur Verschlechterung der Haftfestigkeit des Emails kommen (*Ziesche* 1963). Zu beachten ist ggf., daß Aluminium beim Brennen etwa 1‰ wächst. Einseitig emaillierte Flachteile wölben sich bei der Abkühlung infolge der großen *AK*-Differenz zwischen Email und Aluminium in Emailrichtung aus, was durch geeignete Maßnahmen zu vermeiden ist.

Beim Brennen von Aluminiumemails muß auf besondere Sauberkeit geachtet werden, da Schmutzteilchen bei 520 bis 560 °C nicht spurlos verbrennen (*Kyri* 1957).

16.1.4. Einfluß auf Ofenatmosphäre

Auf die Notwendigkeit der oxydierenden Atmosphäre beim Grundbrand wurde bereits hingewiesen. Die Brennatmosphäre enthält jedoch z. T. Bestandteile, die die Qualität der Emaillierung beeinflussen (H_2O, SO_3, Cl_2, F_2, H_2S, NH_3, CO_2).

Verbrennungsprodukte wirken sich nur bei muffellosen Öfen oder bei Defekten der Muffel oder Strahlrohre aus. Allerdings wird aus energetischen und ökonomischen Gründen in einigen Fällen das Brennen in offener Flamme angestrebt. Dieses Verfahren hat sich besonders bei der Großteilemaillierung bewährt. Die sicherste Lösung bleibt jedoch eine separate, vom Brennraum getrennte Flammenführung (Muffel- oder Strahlrohrofen).

Im allgemeinen führt die Ofenatmosphäre erst in Verbindung mit weiteren Einflüssen zu Emaillierfehlern. Daraus erklären sich die teilweise widersprüchlichen Beobachtungen und Auffassungen verschiedener Autoren. So kann beispielsweise ein zu hoher Wasserdampfgehalt nur dann zur Bildung von Fischschuppen führen, wenn die verwendeten Bleche und Emails auch entsprechend fischschuppenempfindlich sind.

Beim *Grundemailbrand* hat Wasserdampf eine verstärkte Verzunderung des Grundmetalls mit Einfluß auf die Haftfestigkeit zur Folge. Der dabei entstehende Wasserstoff wirkt sich auf Blasen- und Fischschuppenbildung (*Sullivan* u. a. 1962) sowie Aufkochen und auf die Schaumigkeit des Emails aus, nicht aber auf die Blasenstruktur selbst (*Sweo* 1959; *Benzel* u. a. 1961). Es empfiehlt sich somit, den Wasserdampfgehalt zu begrenzen. Von *Dietzel*, *Mulfinger* u. a. (1965) wird eine maximal zulässige Wasserdampfkonzentration von 15 % bei normalen Abkühlungsgeschwindigkeiten angegeben.

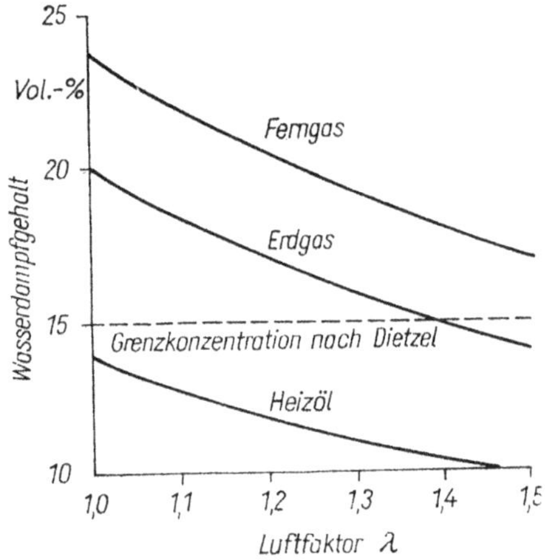

Bild 16.7. Wasserdampfgehalt im Abgas verschiedener Brennstoffe (*Engler* 1969 c)

Der Wasserdampfgehalt ist vom Luftfaktor abhängig und wird beim Brennen in offener Flamme besonders bei Ferngas überschritten (Bild 16.7). Erdöl und Erdgas sind dagegen gut geeignet. Beim Erdgas darf der Luftfaktor jedoch nicht kleiner als 1,5 sein; von *Andreeva* u. a. (1969) wurde für hochborhaltige Blechgrundemails $\lambda \geq 2{,}2$ ermittelt. Von *Carlier*, *Hill* (1973) wird Erdgas

mit niedrigem Schwefelgehalt für die direkte Beheizung ebenfalls empfohlen.
Beim Grundbrand auf Gußeisen fördern Wasserdampf und Sauerstoff die Entwicklung von CO bzw. CO_2. Von *le Gouestre, Tyvaert* (1966) wird daher für muffellose Öfen eine Verbrennung bei leichtem Luftmangel vorgeschlagen.
Beim *Deckemailbrand* kommen nachteilige Auswirkungen durch die Brennatmosphäre weniger häufig vor. Wasserdampf beeinflußt nicht negativ; selbst bei Gehalten von 85% wurde von *Andreeva* u. a. (1970) keine Qualitätsminderung festgestellt. *Wright, Layne* (1983) geben als günstigen Wasserdampfgehalt (in direkt gasbeheizten Öfen) 2 bis 6% an, nach *Chaille, King* (1969) ist ein Wasserdampfgehalt von mindestens 3% (aber nicht über 20%) erforderlich, um bei der *DWE* Bläschen und schwarze Punkte zu vermeiden. Der Glanz des Emails wird infolge Verringerung von Oberflächenspannung und Zähigkeit durch H_2O erhöht. *Sullivan, King* (1969, 1971) berichten über das Brennen von Weiß- und Al-Emails in Erdgas. Mit $\lambda = 0{,}9$ konnte bei Titanemails – vermutlich auf Grund der Reduktion des Chromium- und Eisenoxids und der Zurückdrängung der Gelbfärbung – ein Ansteigen des Weißgehaltes festgestellt werden (*Andreeva* u. a. 1970). Andererseits wird von *King* u. a. (1970) gerade hier ein leichter Luftüberschuß empfohlen, um zu vermeiden, daß das Titanemail grau ausbrennt.
Ungünstig wirken sich in jedem Fall Schwefeldi- und -trioxid (>3 ppm), Chlor (>1 ppm), Schwefelwasserstoff, Ammoniak und fluorhaltige Gase (>3 ppm) aus (*Vetten* 1964). SO_2 ist dabei besonders schädlich, weil es sich auf der Emailoberfläche zu Alkalisulfiten oder -sulfaten bzw. Sulfiden umsetzt und matte, blinde oder schaumige Stellen sowie Ausblühungen bei Braun- oder Schwarzemails ergibt. Titanemails sind gegenüber schwefelhaltigen Gasen beim Brennen sehr empfindlich. (Im übrigen entsteht hier eine z. T. beträchtliche Fluoremission, die zur Belastung des Ofens und der Umwelt führt.)
Auch Farbemails werden durch eine verunreinigte Brennatmosphäre angegriffen, wodurch Gleichmäßigkeit und Stabilität der Farbe leiden; über die Auswirkungen der Ofenatmosphäre auf die Haltbarkeit der Brennvorrichtungen siehe Abschnitt 16.3.1.

16.2. Verfahren und Einrichtungen zum Brennen

Die Verfahren zum Einbrennen von Email unterscheiden sich in der Art der Wärmeübertragung auf das Brenngut und im Transport in oder durch die Brennzone.
Die verschiedenen Erwärmungsarten weisen folgende erreichbaren Leistungskonzentrationen (in W cm^{-2}; *Mainka* 1961) auf:

Konvektion	0,5	Flamme	1000
Strahlung	8	Induktion	10000.
Berührung	20		

Diese Erwärmungsarten treten in der Praxis meist kombiniert auf (z. B. Konvektion und Strahlung beim Brennen von Aluminiumemail; Konvektion, Strahlung und Berührung beim Brennen in offener Flamme). Die meisten Verfahren nutzen jedoch vorrangig die Strahlungswärme, deren Anteil mit steigender Temperatur zunimmt. Die Induktionserwärmung bleibt z. Z. noch auf Sonderanwendungen beschränkt.
Die wichtigsten Ofentypen sind in Tabelle 16.2 zusammengestellt (zum spezifischen Energieverbrauch s. Abschnitt 16.4.).
Es sei noch erwähnt, daß auch das Flammspritzen von Emails versucht wurde (*Pell* 1947; *Vasilos, Harris* 1962; Anon. 1978; *Gadalla, Enayetallah* 1980). Das Werkstück muß auf 500 °C vorgewärmt werden, weil es sonst zu Rissen oder Absplitterungen des Emails kommt.

16.2.1. Aufheizen durch Strahlungswärme

Wärmestrahlung beruht auf elektromagnetischen Wellen des Infrarotbereiches (1 bis 400 μm). Die abgestrahlte (und damit zugeführte) Wärmemenge ist proportional der vierten Potenz der absoluten Temperatur. Das dokumentiert die energetische Bedeutung des Brennens bei niedriger Temperatur.

Tabelle 16.2. Kenndaten und Einsatz verschiedener Ofentypen

Ofenart	Einsatz für	Brenngerät zu Brenngut (Masseverhältnis	Bruttoleistung[1]) in kg h⁻¹	Spezifischer Energieverbrauch[2]) Gas, Öl: Normalbrenner in MJ kg⁻¹	Gas, Öl: Strahlrohr in MJ kg⁻¹	Elektroenergie in MJ kg⁻¹	Elektroenergie in kW h kg⁻¹
Kammerofen	kleine Stückzahlen						
mit Muffel	Geschirre, Flachteile, Gußbadewannen, Apparate	1,0 bis 3,0	50...2500 (400)	2,5			
ohne Muffel	Gußbadewannen, Apparate	bis 1,0	300...3000 (1000)	2,1	1,8	1,05	0,29
Durchlaufofen	große Stückzahlen						
Tunnelofen	Badewannen Geschirre	0,4...2	300...2000... (1000)	1,65	1,2	0,68	0,19
Gegenstromofen	desgl.	0,4...2	300...5000 (2500)	1,25	0,92	0,58	0,16
Umkehrofen-	Geschirre, Flachteile	0,4...2	3000...7000 (2500)	1,15	0,84	0,54	0,15
Rollenherdofen	(für kleine Stückzahlen geeignet)	0,6...2	50...1000 (600)	2,1		0,83	0,23
Drehherdofen	Badewannen	bis 0,5	300...1000 (500)	1,8	1,6	0,72	0,20
Induktionsanlage[3])	rotationssymmetrische Teile	0	100...3000 (1000)			0,43	0,12

[1]) in Klammern: durchschnittliche Leistung
[2]) Richtwert für mittlere Bruttoleistung; gilt nicht für Leichtbauöfen
[3]) Gilt für Nettoleistung, da keine Brenngeräte zu erwärmen sind.

Energieträger

Als Energieträger kommen Gas, Öl oder Elektroenergie in Betracht (Kohle hat für moderne Brennöfen ihre Bedeutung verloren). Die Heizwerte sind in Tabelle 16.3 zusammengestellt. Die genannten Energiequellen sind bei direkter und indirekter Beheizung gleichermaßen verwendbar (*Moehring* 1961), so daß die Einsatzentscheidung von der Verfügbarkeit und vor allem vom Energiepreis abhängt. Zum Teil wird durch spezielle Brennerkonstruktionen auf wahlweisen Einsatz von Öl oder Gas orientiert (*Schenke* 1970). Eine Umstellung von Stadt- oder Ferngas auf Erdgas wird ohne größere Probleme für möglich gehalten und als künftiger Trend angesehen (*Schwiedeßen* 1966; *Millward, Smith* 1969; *Wilke* 1970). Gegenwärtig dürften die mit Gas oder elektrisch beheizten Öfen vorherrschen, wobei den letztgenannten über sehr lange Sicht die Zukunft gehört; weitere Einzelheiten siehe auch bei *Pfeiffer* (1963a) und *Märker* (1966c).

Tabelle 16.3. Wichtigste Daten verschiedener Energieträger

Energieträger	Heizwert[1])	Gesamt-Schwefel	Liefer-bedingungen
Holz	10...15 MJ kg^{-1}		
Braunkohlenbrikett	17...21 MJ kg^{-1}	≈1 %	TGL 13134
Koks	22...30 MJ kg^{-1}	1...3 %	TGL 7710
Steinkohle	25...33 MJ kg^{-1}	1...3 %	TGL 5179
Heizöl	40...44 kJ kg^{-1}	1...4 %	TGL 3667
Generatorgas	5...6 MJ m^{-3}		(TGL 39036)
Stadt- und Ferngas	15...17 MJ m^{-3}	<0,4 g m^{-3}	TGL 28049
Erdgas	25...38 MJ m^{-3}	<0,1 g m^{-3}	TGL 28050
Propangas	45...50 MJ m^{-3}	<0,05 g m^{-3}	TGL 15646
Elektroenergie	3,6 MJ (kW h)$^{-1}$		

[1]) für Brennstoffe: unterer Heizwert bzw. Brennwert

Direkte Beheizung
Die direkte Beheizung bietet den Vorteil einer relativ einfachen Ofenbauart, kurzer Aufheizzeiten bzw. schneller Temperaturanpassung und einer besseren Wärmeausnutzung. Solche Öfen werden besonders für größere gußeiserne Erzeugnisse (z. B. Badewannen) eingesetzt.
Zur Ofenatmosphäre wurden wesentliche Gesichtspunkte bereits in Abschnitt 16.1.4. genannt. Es ist ratsam, mit einem Luftfaktor von 1,2 bis 1,5 zu fahren. Nach *Hermans* (1960) kann der durch den erhöhten Wasserdampfgehalt bedingten Oxydation des Eisens durch eine Luftumwälzung (Impulsbrenner mit hoher Austrittsgeschwindigkeit) im Brennraum entgegengewirkt werden.
Beim Brennen mit fallender Temperatur (z. B. von Apparaten) wird der Brennraum eines Kammerofens zunächst durch direkte Beheizung auf eine überhöhte Temperatur gebracht und dann das Werkstück unter Ausnutzung der Stauwärme gebrannt.
Während *Dekker* (1965c) die wirtschaftlichen Effekte der direkten Beheizung zunächst vorsichtig beurteilt, sollen nach *Nutscher* (1969) gegenüber Muffelöfen 30 % der Baukosten und 20 % an Energie eingespart sowie eine Verkürzung der Ofenaufheizzeit auf 25 % erzielt werden. Von *Engler* (1969c) werden Einsparungen in Höhe von 10 % an Baukosten und 15 % an Energie genannt.

Indirekte Beheizung
Bei der indirekten Beheizung (Muffel- oder Strahlrohrofen) besteht die Muffel aus Schamotte, Korund oder SiC-Materialien. SiC besitzt gegenüber Schamotte eine etwa 5 bis 10fache Wärmeleitfähigkeit, aber niedrigere Standfestigkeit. Von *Pfeiffer* (1963b) wird für die Brennzone auch Korund empfohlen. Eine übersichtliche Darstellung der feuerfesten Werkstoffe gibt *Routschka* (1970).
Gas- oder ölbeheizte Strahlrohre sind sowohl vertikal als auch horizontal angeordnet. Sie

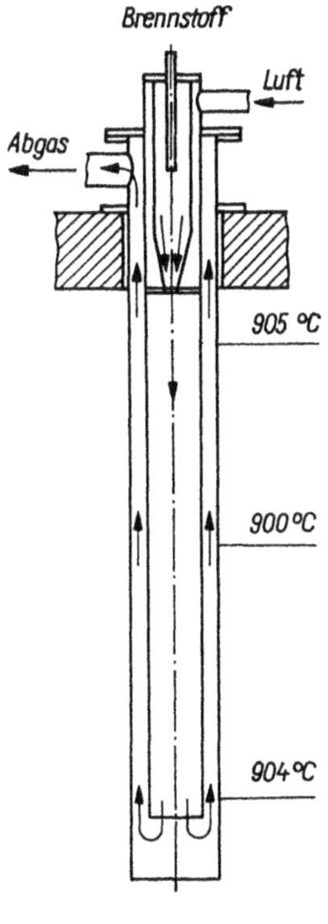

Bild 16.8. Prinzip eines Doppelmantelstrahlrohrs (*Ongsiek* 1979)

bestehen aus hitzebeständigem Material und besitzen eine Lebensdauer von 4 bis 8 Jahren. Bei Verbrennung mit $\lambda < 1$ muß infolge von Ruß- und CO-Bildung mit einer Herabsetzung der Zunderbeständigkeit gerechnet werden. Besonders das Doppelmantelstrahlrohr (Bild 16.8) garantiert infolge der gegenläufigen Flamm- und Rauchgasführung eine sehr gute Temperaturverteilung (*Fiedler* 1980). Durch einen Rekuperator können Wirkungsgrade bis zu 80 % erreicht werden (*Ongsiek* 1979, 1985; *Briem*, *Ongsiek* 1985; *Roberts* 1985). Die Abgaswärme wird für Heizzwecke, meist für Trocknungsanlagen, genutzt.

Ofenisolierung

Wesentliche energetische und technologische Vorteile bringt der Einsatz von Wärmedämmstoffen. Eine Übersicht hierzu geben *Routschka, Majdic* (1981); *Döring* u. a. (1981) und *Schlegel* (1984). Isoliermaterial aus feuerfesten Faserplatten oder -matten besteht i. d. R. aus Alumosilicaten, z. T. in Verbindung mit Calciumsilicat, und besitzt bei Emailliertemperatur eine sehr geringe Wärmeleitfähigkeit (0,20 W (m K)$^{-1}$). Es ist vor allem in Form von Matten ($\varrho_R = 0{,}2$ kg dm^{-3}) für

Bild 16.9. Fasermatten-Auskleidung eines Durchlaufofens (Dr. Schmitz + Apelt, Wuppertal)

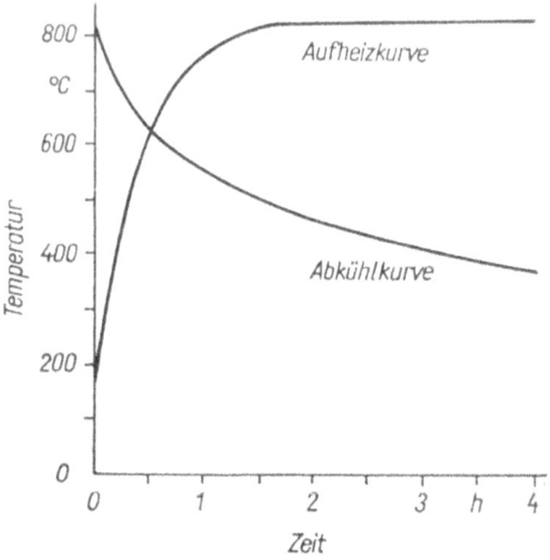

Bild 16.10. Aufheiz- und Abkühlkurve eines abschaltbaren Leichtbauofens (*Ongsiek* 1979)

alle Ofenarten geeignet (Bild 16.9; Anon 1979b). Die geringe Speicherwärme dieses Materials gestattet eine Aufheizung des Ofens in nur 1,5 h (*Ongsiek* 1979). Bild 16.10 zeigt die Aufheiz- und Abkühlkurve eines Ofens mit Fasermattenauskleidung. Solche Öfen lassen sich zeitweilig abschalten, wodurch in Verbindung mit der besseren Wärmedämmung eine Energieeinsparung von 30 bis 70 % (*Boerrigter* 1979) und ein Wirkungsgrad von 55% gegenüber sonst 30 bis 45% (*Whitehouse* 1984) erreicht werden. Das Ofengewicht wird auf 20 bis 30 % reduziert.

16.2.2. Strahlungsbeheizte Öfen

Strahlungsbeheizte Öfen lassen sich einteilen in

- periodisch betriebene Kammeröfen,
- kontinuierlich arbeitende Durchlauföfen und
- periodische Spezialöfen.

Am häufigsten werden Kammeröfen mit Muffel und Durchlauf-Umkehröfen verwendet. Entscheidungskriterien für die Wahl des Ofens sind im wesentlichen von *Ludwig* (1963) und *Engler* (1967a, b) dargestellt. Neben der Stückzahl des Brenngutes, der Losgröße und der Werkstückform sind auch emailltechnische Gesichtspunkte bestimmend, wie z. B. das Brennverhalten des Emails, Forderungen an die Temperaturgleichmäßigkeit sowie die Verzugsneigung des Brenngutes.

16.2.2.1. Kammeröfen

Kammeröfen sind sehr anpassungsfähig und daher besonders geeignet bei geringen Stückzahlen mit unterschiedlichen Abmessungen. Bild 16.11 zeigt als Beispiel einen Kammerofen für Apparateteile. Seitenwände, Boden, z. T. Decke und (bei Elektroöfen) auch die Ofentür sind beheizt. Die Brenntemperatur kann von 700 bis 950 °C variiert werden. Der Ofentür ist besondere Aufmerksamkeit zu widmen, da hier beim Chargieren die größten Wärmeverluste entstehen. Aufheiz- und Abkühlgeschwindigkeit des Brenngutes sind bei Kammeröfen relativ groß (Bild 16.12). Rechnergesteuerte Öfen haben sich bewährt (*Schweifer* 1979).

Bild 16.11. Kammerofen für Apparateteile mit Chargiergabel

16.2.2.2. Durchlauföfen

Durchlauföfen können als Tunnel- oder Umkehröfen mit Hänge- bzw. Unterflurförderern (*Ongsiek, Andreoli* 1983) sowie als Rollenherd oder Drehherdöfen mit Flurbeschickung ausgebildet sein (Bild 16.13).

Umkehröfen

Eine Übersicht über die Entwicklung des Umkehrofens geben *Wiegand* (1963); *Pfeiffer* (1963b) und *Schminke* (1968). Für einen mittelgroßen Ofen gelten folgende Richtwerte:

Hauptabmessungen (in m)	
Länge	18
Breite	4
Höhe (mit Trockner)	5
max. Brenngutmaße (in m)	
Breite	0,6
Höhe	1,0
Kettenweg in der Brennzone	8 m
Kettengeschwindigkeit	1 bis 5 m min^{-1}
max. Brenntemperatur	850 °C
Bruttoleistung	2000 bis 3000 kg h^{-1}
Anschlußwert	550 kW
Spezifischer Bruttoenergieverbrauch	etwa 0,15 $kWhkg^{-1}$.

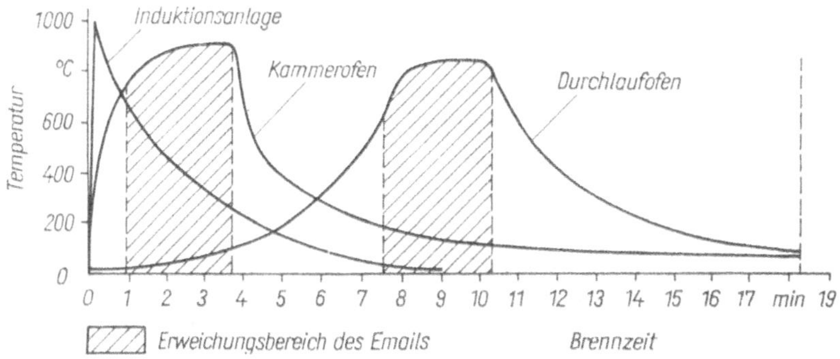

Bild 16.12. Temperaturverlauf des Brenngutes im Kammerofen, Durchlaufofen und in einer Induktionsanlage

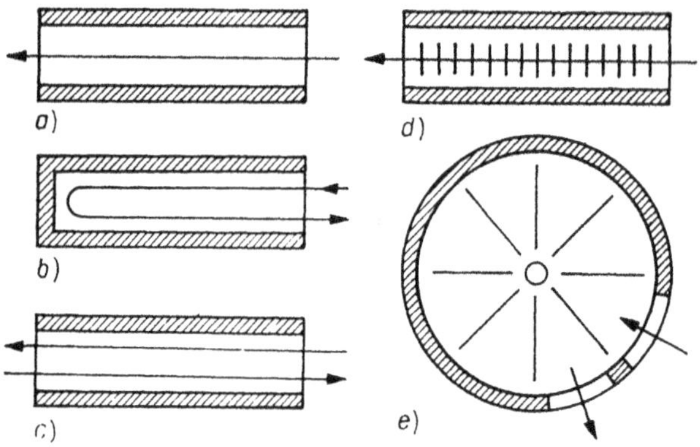

Bild 16.13. Prinzipdarstellungen üblicher Durchlauföfen
a) Tunnelofen
b) Umkehrofen (UKO)
c) Gegenstromofen
d) Rollenherdofen
e) Drehherdofen

Bild 16.14a zeigt das Schema eines strahlrohrbeheizten Durchlaufofens, Bild 16.14b das eines Umkehrofens in Kompaktbauweise. Der Umkehrofen ist besonders geeignet für die Serienfertigung von Geschirren, Flachwaren, Waschmaschinenteilen, Backräumen, kleineren Gußteilen sowie Stahlbadewannen. Seine Hauptvorteile gegenüber dem Tunnelofen sind geringer Platz- und Energiebedarf. Die übliche Arbeitstemperatur beträgt 800 bis 830 °C und wird in mehreren Zonen automatisch geregelt. Die Länge der Gesamtbrennzone erlaubt bei einer Fördergeschwindigkeit von 1,5 bis 4,0 m min^{-1} je nach Dicke des Brenngutes eine Brennzeit von 4 bis 10 min. Zu hohe Fördergeschwindigkeiten wirken sich negativ auf die Emailqualität und den Energieverbrauch aus.
Nach Bild 16.12 weist der Umkehrofenbetrieb im Vergleich zum Kammerofen weniger schroffe Temperaturänderungen auf. Wegen der längeren Verweilzeit im oberen Temperaturbereich kann die Brenntemperatur etwa 20 K niedriger liegen als im Kammerofen.
Die Wärmeaustauschzone ist auf die Art des Brenngutes und die Ofentemperatur abgestimmt. Bei richtiger Dimensionierung soll die Temperatur des ausfahrenden Gutes 60 bis 80 °C betragen. Der Ein- und Ausfahrbereich wird durch einen Windschleier abgeschlossen, der bei pulverbeschichteten Teilen eine verminderte Strömungsgeschwindigkeit bei größerem Volumenstrom besitzen soll (*Briem* 1982). Die Abwärme des Ofens (Strahlungsverluste sowie Abgaswärme mit 500 bis 600 °C) wird meist in Trockenanlagen geleitet.

Bei Leichtbauöfen werden die Abgase oberhalb der Ofendecke abgeführt und dort über separate Infrarotstrahler zur Trocknung genutzt.
Zur optimalen Energieausnutzung werden Umkehröfen auch in Kompaktbauweise (*Nähler* 1983; *Jespers* 1984), z. T. mit hochgesetzter Brennzone, konstruiert (Bild 16.14b). Unterflurförderer vermindern die umlaufende Brenngerätemasse und ermöglichen eine automatische Beschickung (*Ongsiek* 1983). Die Öfen können auch mit Mehrfachförderern ausgerüstet sein. Bild 16.15 zeigt zwei Ausführungen von Umkehröfen. Neue Charakteristiken besprechen *Bacci, Basso* u. a. (1984) und *Penisien* (1985).

Tunnelöfen

Der Tunnelofen ist Vorläufer des Umkehrofens. Er wird meist zum Brennen von sperrigem Gut oder großen Flachteilen, selten für Geschirr verwendet.
Der Tunnelofen wird mit einfachem oder doppeltem Durchlauf (Gegenstromofen) ausgeführt. Beim Gegenstromofen erfolgt die Beschickung von beiden Ofenseiten, so daß vom auslaufenden Gut das einlaufende vorgewärmt wird, wodurch die Wärmeausnutzung verbessert wird.

Rollenherdofen

Der Rollenherdofen (*Ludwig* 1955) ist ein Tunnelofen mit Rollenförderer. Die Rollen befinden sich im unteren Drittel der Tunnelhöhe auf einer Ebene, sind außerhalb des Ofens gelagert und werden einzeln angetrieben. Die Beschickung des Ofens erfolgt über

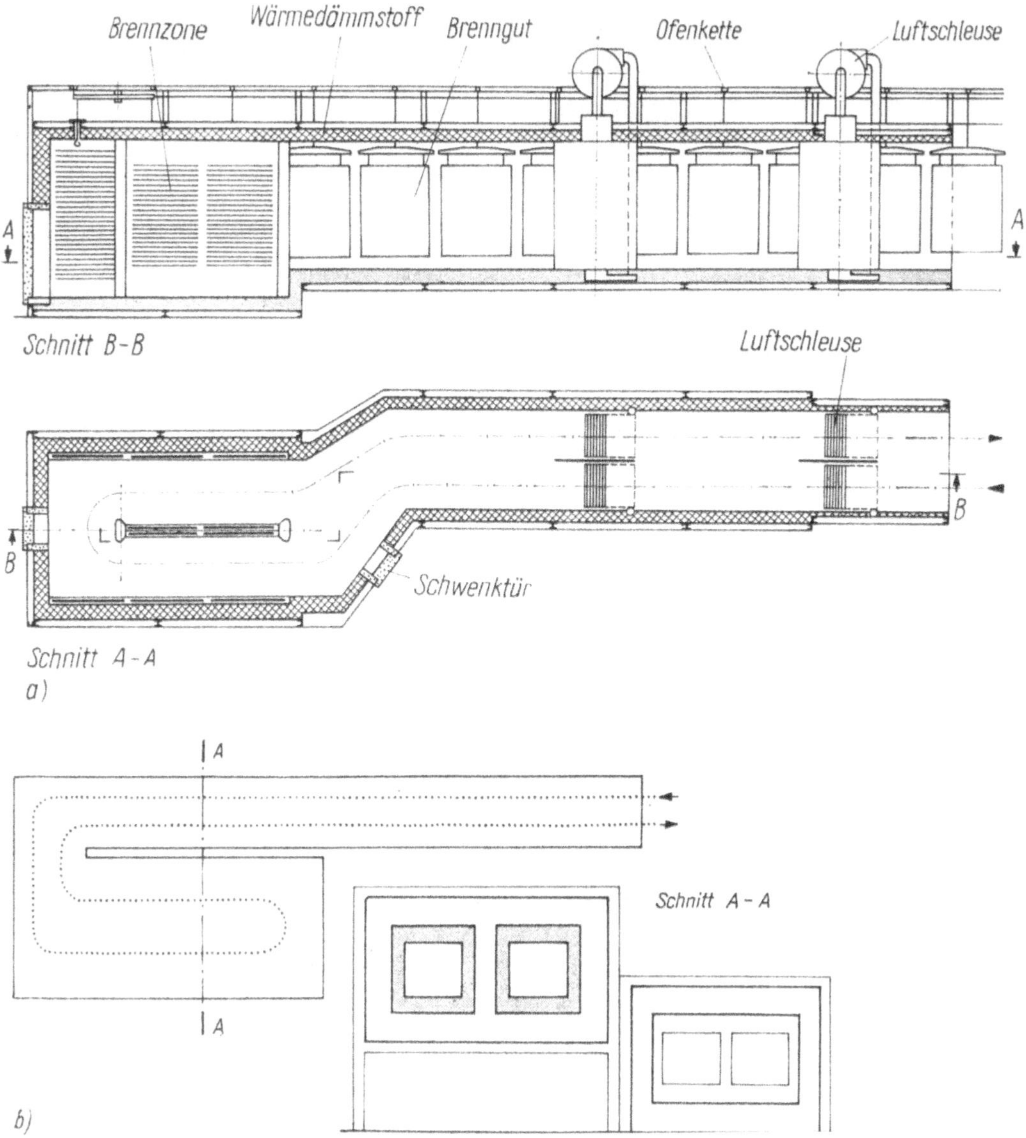

Bild 16.14

a) Umkehrofen, strahlrohrbeheizt (in Anlehnung an Bauart Dr. Schmitz + Apelt, Wuppertal

b) Umkehrofen in Kompaktbauform mit hochgesetzter Brennzone (*Nähler* 1983)

Roste, die durch den Ofen transportiert werden; die Beschickung kann somit ohne Wärmeverluste unterbrochen werden. Der Rollenherdofen stellt damit eine Kompromißlösung zwischen Kammer- und Durchlaufofen dar.

Drehherdofen

Der Drehherdofen besitzt eine runde Brennzone, in welcher der Drehherd langsam fortbewegt wird. Aufgabe und Abnahme des Brenngutes liegen nebeneinander, so daß eine Einmannbedienung möglich ist. Ur-

a)

b)

Bild 16.15. Umkehrofen
a) Ofenein- und -auslauf; Überofentrocknung (VEB Wärmegerätewerk Dresden-Cossebaude)
b) Leichtbauofen mit Unterflurförderer und Überofentrocknung (Dr. Schmitz + Apelt, Wuppertal)

sprünglich stellte der Drehherdofen eine Weiterentwicklung kleiner Kammeröfen dar (*Aldinger* 1957b). Er wird mit gutem Ergebnis auch zum Brennen gußeiserner Badewannen verwendet.

16.2.2.3. Spezialöfen

Für die Apparateemaillierung werden u. a. Öfen mit einem haubenförmigen Brennraum *(Haubenöfen)* benutzt. Die Beschickung erfolgt von unten entweder nach Anheben der Haube oder Absenken des Bodens. Die Wärmeverluste sind bei dieser Ausführung gering.

Der von *Dams* (1963) beschriebene *Turmofen* für Flachteile entspricht dem gleichen Prinzip. Neben einer großen Beschickungsdichte wird eine Verringerung des Energieverbrauchs auf 70 bis 80% gegenüber Kammeröfen angegeben.

Für größere Teile, die hängend gebrannt werden müssen, ist der *Schlitzkammerofen* geeignet. Die Tür läßt sich seitlich öffnen, und die Beschickung erfolgt hängend über einen mit Wärmeschutz versehenen Schlitz in der Ofendecke.

16.2.3. Konvektionserwärmung

Beim Brennen von Email auf Eisenwerkstoffen ist der Anteil der Erwärmung durch natürliche Konvektion äußerst gering. Die erzwungene Konvektion wird gezielt bei der Aluminiumemaillierung angewendet, da der Wirkungsgrad von Strahlungswärme bei 520 bis 560 °C niedrig ist. Durch Konvektion wird ein guter Wärmeausgleich erzielt, was für die Brennempfindlichkeit der Aluminiumemails von Vorteil ist. Das Gut kann liegend oder hängend gebrannt werden.
Kammeröfen sind nur in Ausnahmefällen in Betrieb. Der am meisten verwendete Ofentyp ist der Tunnelofen mit einem Transportband (Gliederband) aus zunderbeständigem Material (*Viquesnel, Krist* 1978). Der Bandvorschub beträgt je nach Dicke des Brenngutes 1 bis 2 m min^{-1} (*Anders* 1963). Die Öfen werden elektrisch oder mittels Strahlrohr beheizt. Zum Wärmeausgleich befindet sich zwischen der Heizquelle und dem Brenngut eine Trennwand aus hitzebeständigem Stahl (*Kyri* 1957). Die Regelgenauigkeit der Brenntemperatur soll ± 5 °C betragen. Luftumwälzer sorgen für eine intensive Konvektion. Neben der im Kreislauf betriebenen Konvektionsluft ist eine Belüftung des Brennraumes erforderlich, da die unvollständige Trocknung des Emailauftrages sehr viel Feuchtigkeit einbringt.

16.2.4. Induktionserwärmung

Physikalisch-technische Bedingungen
Das Prinzip der induktiven Erwärmung (Grundlagen und allgemeine Anwendung bei *Kegel* 1961; *Benkowsky* 1973) beruht auf der Erzeugung von Wirbelströmen in elektrisch gut leitenden, am besten ferromagnetischen Werkstoffen. Das kräftige elektromagnetische Wechselfeld einer Induktionsspule induziert in dem im Spuleninneren befindlichen Werkstück eine Wechselspannung. Die Eindringtiefe der hierbei erzeugten Wirbelströme bzw. Wärme ist frequenzabhängig. Mit steigender Frequenz konzentriert sich die Wärmeentwicklung auf die Randzone des Werkstücks.
Für das Einbrennen von Email kommen Niederfrequenzen (≈ 40 bis 200 Hz), vor allem aber Mittelfrequenzen (≈ 1 bis 10 kHz) in Betracht (*Podkletnov* 1961), mit denen eine Eindringtiefe der Wärme von einigen Millimetern erreicht werden kann (*Pöschmann* 1972). Größere Werkstücke brauchen somit beim Emailbrand nicht völlig durchwärmt werden. Die Erwärmungsgeschwindigkeit beträgt bis zu 500 K s^{-1}.
Das entsprechende Temperatur-Zeit-Diagramm ist in Bild 16.12, S. 265 dargestellt. Um unter diesen Bedingungen eine ausreichende Haftfestigkeit des Emails zu erzielen, sind Spezialfritten erforderlich.
Im Unterschied zum Brennverlauf im Kammerofen existiert bei der induktiven Erwärmung ein von der Brennzeit abhängiger, spontan erreichter optimaler Schwellenwert verschiedener Eigenschaften (z. B. Säurebeständigkeit, Schlagfestigkeit, *TWB* usw.), die im wesentlichen denen der konventionellen Emaillierung entsprechen (*Koleva* u. a. 1973, 1974). Die Phasengrenze Email/Metall zeigt neben Zerklüftungen eine gering ausgeprägte Mikrorauhigkeit, was auf starke Verzunderung und verringerte galvanische Korrosion zurückzuführen ist.

Induktionsanlagen
Das Prinzip einer Induktionsanlage zeigt Bild 16.16. Die Induktionsspule muß infolge der großen Stromstärken mit Wasser gekühlt

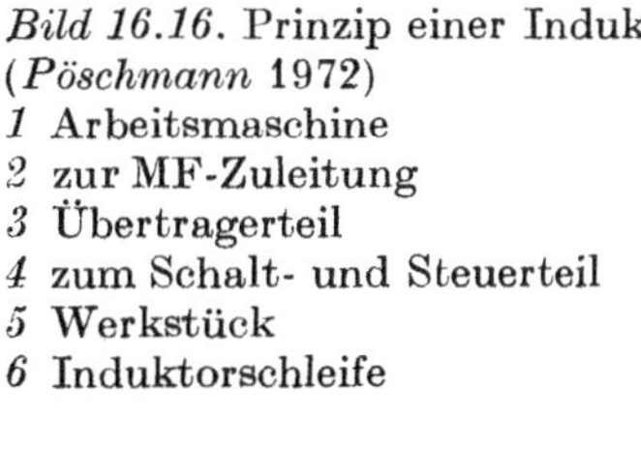

Bild 16.16. Prinzip einer Induktionsanlage (*Pöschmann* 1972)
1 Arbeitsmaschine
2 zur MF-Zuleitung
3 Übertragerteil
4 zum Schalt- und Steuerteil
5 Werkstück
6 Induktorschleife

a)

b)

Bild 16.17
Produktionsanlage zur induktiven Rohremaillierung mit zwei Emailliereinheiten (*Sirotinsky, Pöschmann* 1977)
b) partielle induktive Erwärmung zur Ausbesserung von Rohren

werden. Der Vorschub beim Brennen erfolgt entweder über die Spule oder das horizontal oder vertikal angeordnete Werkstück. Bild 16.17a zeigt eine Anlage zur induktiven Rohremaillierung. Auftragen, Trocknen und Brennen des Emails werden im Taktverfahren ausgeführt (*Sirotinskij, Pöschmann* 1977). Die induktive Emaillierung von Rohren NW 50 mit Flansch wird von *Tju Chaj, Kravčenko* (1973) beschrieben; auf weitere Besonderheiten der Rohremaillierung weisen *Kovalevskij, Sirotinskij* (1985) hin.

Die wesentlichen Vorteile des induktiven Emaillierens sind:

- die Induktionsanlage ist sofort betriebsbereit und kann beliebig abgeschaltet werden;
- eine direkte Beobachtung des Brennvorgangs ist möglich;
- der Brennprozeß läßt sich leicht mechanisieren;
- die Emaillierung erfolgt über beliebige Längen verzugsfrei;
- eine hochwertige Emailausbesserung an rotationssymmetrischen Teilen ist möglich.

16.3. Brennhilfseinrichtungen

Zum Brennen müssen die mit Email beschichteten Teile auf Brennvorrichtungen gesetzt oder gehängt werden. Das Beschicken erfolgt entweder direkt von Hand oder mittels Zangen, Haken, Gabeln usw., die von *Aldinger* (1956) ausführlich beschrieben werden. Zum Ein- und Ausfahren des Brenngutes dienen spezielle Beschickungseinrichtungen. Beim Brennen möglicherweise auftretende Deformierungen der Ware sind nachträglich mit entsprechenden Werkzeugen zu richten.

16.3.1. Brennvorrichtungen

Brennvorrichtungen (Brenngeräte, Brennwerkzeuge) werden sowohl für den periodischen als auch den kontinuierlichen Brennprozeß benötigt. Als Basis dienen vereinheitlichte Plan- oder Etagenroste sowie Gehänge, auf die dem Brenngut angepaßte Auflagen, z. B. Schienen, Spitzenringe, Brennflügel usw., gesetzt werden. Typische Ausführungsarten werden von *Klefisch* (1963) und *Strauch* (1963) beschrieben. Bei diesen Vorrichtungen werden hohe Zunderbeständigkeit und optimale Stabilität bei geringer Masse gefordert. Dies wird durch hitzebeständige Werkstoffe und widerstandsgünstige, temperaturwechselbeständige Konstruktionen erfüllt. Die Brenngeräte müssen so gestaltet sein, daß eine ungehinderte thermische Dehnung des Brenngutes mög-

lich ist. Zum Schweißen der Brenngeräte ist fluoridfreies Elektrodenmaterial zu verwenden (*Hesse* 1968).
In der Emailindustrie haben sich für Brennvorrichtungen austenitische siliciumhaltige Chrom-Nickel-Stähle und Chrom-Nickel-Legierungen eingeführt. Bewährt hat sich der Stahl X15CrNiSi25.20 (TGL 7061).
Wenn keine besondere Zunderbeständigkeit gefordert wird (z. B. bei nur innen zu emaillierenden Behältern), ist das billigere Material X15CrNiSi20.13 ausreichend. Für Unterlagen zum Brennen fluorhaltiger Emails ist die Chrom-Nickel-Legierung NC80.20 (Heizleiterwerkstoff TGL 33366) geeignet. Weiter werden warmfeste CrNi-Gußlegierungen mit bis zu 50 % Ni eingesetzt. Von *Campbell* (1966) wird eine Legierung mit 15 % Cr, 35 % Ni und 0,3 % bis 0,5 % C (sog. Fahralloy-Guß) empfohlen, die etwa der Werkstoffmarke GS-X35NiCrSi37.17 (TGL 10414) entspricht.
Bei der Materialwahl ist ein Kompromiß zwischen Warmfestigkeit und Zunderbeständigkeit notwendig (zur praxisgerechten Bewertung siehe *Zwickl* 1975). Hohe Nickelgehalte sind grundsätzlich günstig, führen jedoch bei Anwesenheit von Schwefel in der Ofenatmosphäre zu leichtschmelzenden NiS-Eutektika ($\approx 640\,°C$) und damit zur Materialzerstörung. Ähnlich nachteiligen Einfluß üben Verunreinigungen durch Cadmium in Gegenwart von Schwefel und Natrium aus. Cr, Si und Al wirken versprödend, fördern jedoch die Zunderbeständigkeit. Wird die diffusionshemmende Oxidschicht (Schutzzunder) zerstört, so bildet sich Sprühzunder, der in hellen Emails schwarze Punkte erzeugt. Besonders nachteilig für den Schutzzunder sind Emailreste, Cl-Ionen, Stellsalze und Wasserdampf. An der Brennkette sollte daher nicht nachgespritzt und das Brenngut nur trocken in den Ofen gefahren werden. Von Fluoriden, die vorzugsweise aus Geschirremails stammen, werden Chrom-Nickel-Stähle bereits ab 600 °C stark angegriffen. Öl- und kohlenstoffhaltige Substanzen führen zur Aufkohlung und unter Bildung von Chromcarbid zur Verarmung an Chrom. Zur Erhaltung des Schutzzunders muß daher die Ofenatmosphäre oxydierend sein.
Unverzundertes Material gibt leicht Cr ab, das besonders in Titanemail zu Gelbfärbung führt. Dieser Umstand ist auch beim Nacharbeiten der Brennauflagen zu beachten.
Um das Ankleben des Emails an den Spitzen oder Kanten der Brennauflagen zu vermeiden, werden diese mit einer Aufschlämmung aus Ton oder MgO + Ton wiederholt dünn bestrichen. Auf diese Weise sowie durch Aufbringen von Hochtemperaturemails (*Moeller* 1954) wird die Nutzungsdauer der Brennauflagen verlängert.
Zum Brennen von Aluminiumemails (Sehr empfindlich gegen Sprühzunder!) wird als Material für Brennvorrichtungen meist X8CrNiTi verwendet.

16.3.2. Beschickungseinrichtungen

Für die periodische Beschickung der Kammeröfen werden Chargiergabeln oder -wagen benutzt, die manuell, elektrisch oder pneumatisch betätigt werden. Chargiergabeln werden trotz ihrer großen Beweglichkeit nur noch in Ausnahmefällen, z. B. bei der Apparateemaillierung, verwendet (*Pöschmann* 1955). Dünnwandige Teile werden mit dem Brennrost eingefahren, Großteile direkt auf die im Ofen befindlichen Brennunterlagen abgesetzt (s. Bild 16.11, S. 265)
Die kontinuierliche Beschickung der Durchlauföfen erfolgt mit einem geschlossenen Kettenförderer ober- oder unterhalb des Ofens, dessen Brenngeräte in den Ofenraum ragen (Bilder 16.14 u. 16.15). Der Kettenförderer muß besonders als Hängeförderer vibrationsfrei laufen, damit das Brenngut nicht verschmutzt wird oder herunterfällt. Hauptverschmutzungsquelle ist der Verschleiß an den Auskleidungsfugen und Gleitspalten (*Buckley* 1972).
Die Beschichtungseinrichtungen für Durchlauföfen sind mit den übrigen Transporteinrichtungen verbunden, so daß Auftragen, Trocknen und Brennen (bei der *ETE* auch die Vorbehandlung) in einem Fertigungsablauf integriert werden können. Derartig verkettete Einrichtungen beschreibt *Boerrigter* (1979).

16.3.3. Richtwerkzeuge

Das Richten deformierter Teile ist nur noch bei der Einzel- und Sonderfertigung üblich. Bei Serienfertigung werden Brenngut und Brenngerät so aufeinander abgestimmt, daß der Verzug minimal bleibt. Das bei einseitiger Deckemaillierung auftretende spannungsbedingte Durchbiegen läßt sich durch entsprechende Konstruktion und Formgebung oder gezieltes Durchsacken beim Brennen kompensieren. Günstig ist auch der rückseitige Auftrag eines minderwertigen, dünnliegenden Emails geringerer Wärmedehnung.
Das nachträgliche Richten ist grundsätzlich nur möglich, wenn die Transformationstemperatur des Emails (etwa 450 °C) noch nicht unterschritten ist. Flachteile werden auf plangehobelten Platten, Hohlware mit der Form entsprechenden Stempeln nachgerichtet. Dabei sind schroffe Temperaturdifferenzen zu vermeiden. Es ist zweckmäßig, den Richtstempel anzuwärmen und die Richtplatte mit einem wärmedämmenden Material zu belegen.

16.3.4. Temperaturmeß- und Regeleinrichtungen

Zur Sicherung der Qualität des Emailbrandes ist eine ständige Überwachung und Regelung der Brenntemperatur erforderlich. Am gebräuchlichsten sind Thermoelemente aus NiCr-Ni oder PtRh-Pt (TGL 0-43732). Die Temperaturanzeige erfolgt über Drehspulinstrumente oder digital. Zur Überprüfung der Temperaturanzeige sollte in jedem Emaillierwerk ein Eich-Thermoelement mit Anzeigegerät vorhanden sein, da die Alterung von Thermoelementen Unter- bzw. Überbrennen zur Folge haben kann (*Gasper* 1970).
Zur Messung der Temperaturverteilung im Durchlaufofen können Schleppelemente oder Schreiber mit Wärmeschutzgehäuse durch den Ofen transportiert werden (*Titzmann* 1957). Nach *Clemens* (1962) wird zur Übertragung der Meßwerte aus dem Ofen ein thermisch isolierter Sender benutzt.

16.3.5. Kontrolle der Ofenatmosphäre

Die Kontrolle der Ofenatmosphäre erfolgt mit den üblichen Methoden der Gasanalyse oder mit speziellen Verfahren. CO_2, CO und O_2 werden im Orsat-Gerät bestimmt; für CO_2 ist auch ein elektrischer CO_2-Rauchgasprüfer geeignet. Der Wasserdampfgehalt kann durch Taupunktbestimmung oder durch Absorption mittels P_2O_5 ermittelt werden. Schwefel wird durch Einleiten der Luft in eine KJ-Lösung bestimmt.

16.4. Wärmewirtschaftliche Betrachtungen

Der Energieverbrauch und die Wirtschaftlichkeit der Brennöfen werden von deren Ausführungsart, dem Energieträger und der Effektivität der Wärmeumwandlung, der Wärmerückgewinnung, vom Brenngut und den Brennbedingungen bestimmt. Dickwandiges Brenngut benötigt mehr Energie zur Erreichung der Brenntemperatur, jedoch ist der auf die Masseeinheit bezogene Energieanteil niedriger als bei dünnwandigem.
Der Einfluß der technologischen Brennbedingungen auf den Energieverbrauch ergibt sich aus dem Masseverhältnis Brenngerät: Brenngut, der Ofenauslastung, der Erweichungstemperatur des Emails usw. Ein häufiges Öffnen der Tür des Kammerofens ist ebenso nachteilig wie ein ungenügender Luftschleier vor der Wärmeaustauschzone des Umkehrofens (*Briem* 1984). Hinsichtlich der Wärmebilanz sei auf die von *Schminke* (1968); *Dams* (1960) und *Kühn, Geu* (1980) angeführten bzw. zitierten *Sankey*-Diagramme verwiesen. Allgemeingültige Angaben zum Energieverbrauch sind auf Grund der vielfältigen Einflüsse allerdings nicht zu machen. Aus Erfahrungswerten und Ermittlungen von *Engler* (1967a, b); *Whitehouse* (1969) und *Revert* (1974) läßt sich jedoch eine Groborientierung für die verschiedenen Ofenarten aufstellen.
Der spezifische Wärmeverbrauch gibt die Wärmemenge an, die bei einem Brennvorgang für die Aufheizung des Brenngutes einschließlich der Brenngeräte erforderlich ist. Das Masseverhältnis Brenngeräte: Brenngut ist vom Erzeugnis (*Schminke* 1968) und der Ofenart abhängig (Orientierungswerte s. Tabelle 16.2). Die beim Brennprozeß verbrauchte Energiemenge für das komplett

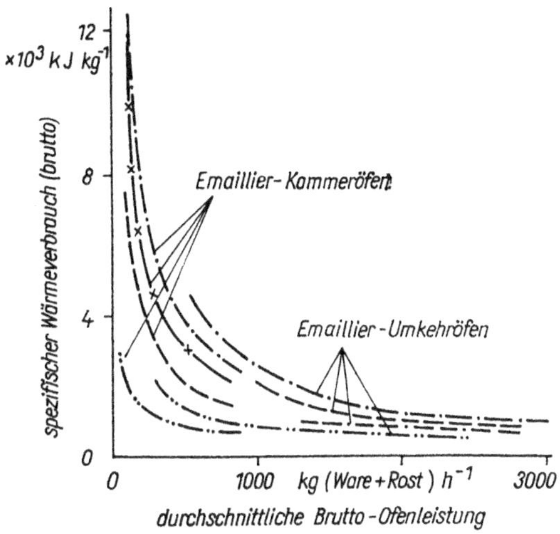

Bild 16.18. Spezifischer Wärmeverbrauch von Emaillieröfen (*Engler* 1967b)

—·—	ölbeheizte Öfen
—··—	elektrisch beheizte Öfen
– –·– –	gasbeheizte Öfen
– —·— –	Strahlrohr (gasbeheizt)
—+—	kohlebeheizte Öfen

emaillierte Erzeugnis ergibt sich durch Multiplikation des spezifischen Wärmeverbrauchs mit der Anzahl der Brände und der Masse des Erzeugnisses einschließlich Brenngeräteanteil.

Der spezifische Wärmeverbrauch wird auch von der Brutto-Ofenleistung entscheidend bestimmt (Bild 16.18). Ferner verfügt jeder Ofen über einen optimalen Betriebspunkt, für dessen Ermittlung von *Engler* (1969b) entsprechende Hinweise gegeben werden. Wird der spezifische Wärmeverbrauch auf die am meisten verwendeten Ofengrößen bezogen, so ergeben sich die in Tabelle 16.2 zusammengefaßten Richtwerte. Er ist bei Öl etwas höher als bei Gas. Der spezifische Wärmeverbrauch eines Umkehrofens liegt etwa 50 % niedriger als der eines Kammerofens. Besondere Beachtung verdienen auch die günstigeren Werte bei Strahlrohrheizung. Die Vorteile der Leichtbauöfen blieben bei der Übersicht unberücksichtigt, da die Energieeinsparung dieser Öfen entscheidend von den jeweiligen betrieblichen Abschaltzeiten beeinflußt wird. Für Umkehr-Leichtbauöfen im Kompaktbauweise läßt sich nach *Nähler* (1983) der spezifische Energieverbrauch jedoch bis auf etwa 0,11 kW h kg^{-1} (Elektroenergie) bzw. 690 kJ kg^{-1} (Brennstoffe) reduzieren.

Zur Verbesserung der Wärmewirtschaft von Emaillieröfen tragen ferner energiegünstige Einbauten, Luftvorwärmer-Systeme und Nutzung der Abwärme in verschiedenen Formen bei (*Kolar* 1985, *Bell* u. a. 1985).

Um die Wirtschaftlichkeit der verschiedenen Energieträger zu beurteilen, müssen die Energiekosten beachtet werden, die sich erfahrungsgemäß absolut und auch relativ zueinander sehr stark ändern können.

Bezüglich der Emaillierung der einzelnen Grundmetalle gilt, daß der spezifische Energieverbrauch für Grauguß etwa 15 bis 20 % niedriger und für Aluminium über 100 % höher liegt als bei Stahl.

17
Emaillierfehler - Diagnose und Vermeidung

Für technische Emaillierungen gelten strenge Gütemaßstäbe. Fehler wirken sich daher besonders nachteilig aus, weil sie entweder die Qualität der Erzeugnisse herabsetzen oder die Fertigungskosten durch Ausschuß und Nacharbeit belasten.
Infolge stark verflochtener Zusammenhänge bei der Emaillierung sind die Fehlerursachen oft schwer überschaubar. Meist sind mehrere Ursachen für einen Fehler verantwortlich, dessen Entstehung durch technologische Bedingungen zusätzlich beeinflußt wird. Daher wird oftmals nicht die eigentliche Fehlerursache erkannt und beseitigt, sondern lediglich durch Veränderung von sekundären Einflußgrößen ein vorübergehender Erfolg erzielt. Daraus resultiert, daß sich bestimmte Emaillierfehler sehr hartnäckig halten. Zur Erkennung und Beseitigung der Fehlerhauptursache ist nicht nur eine gute Kenntnis der wissenschaftlichen Grundlagen und der Emailliertechnologie erforderlich, sondern es sind auch Erfahrungen und Fingerspitzengefühl notwendig.

17.1. Fehlerdiagnose als Voraussetzung der Qualitätssicherung

17.1.1. Allgemeine Gesichtspunkte

Emaillierfehler sind aus technisch-ökonomischen Gründen nicht völlig vermeidbar. Der zur Erreichung dieses Zieles erforderliche Aufwand würde ein Mehrfaches vom Nutzen betragen. In jedem Emaillierwerk wird daher eine bestimmte Fehlerquote als normal angesehen (s. dazu *Evelbauer* 1979). Die Kosten für Ausschuß und Nacharbeit sind von der Erzeugnisart und von den Sortierungsanforderungen abhängig; sie betragen etwa 2 bis 20 %. Wenn auch ständig versucht werden sollte, diesen konstanten Fehleranteil zu verringern, so stellt er für die Produktion dennoch kein ernstes Problem dar.
Kompliziert ist die Situation, wenn Fehler in größerem Umfang spontan und unerwartet auftreten, weil sie den Fertigungsablauf erheblich stören. *Mill* (1959) verweist in diesem Zusammenhang auf vier Abhilfemöglichkeiten:

- Änderung der Fritten, ohne den Fehler zu suchen;
- nichts zu tun in der Annahme, daß der Fehler ebenso spontan wieder verschwindet, was jedoch sehr teuer werden kann;

• alles gleichzeitig tun, was getan werden kann (In diesem Fall verschwindet der Fehler meist unerkannt.);

• systematische Änderung der Emaillierbedingungen, um die Fehlerursache einzukreisen.

Obwohl die letztgenannte Möglichkeit die vernünftigste sein dürfte, wird meist von der Hoffnung ausgegangen, mit einer sporadischen Änderung ins Schwarze zu treffen.
Der optimale Weg zur Beseitigung von Emaillierfehlern ist vom Niveau der Fertigungstechnologie abhängig. Bei langjähriger erfolgreicher Fertigungstechnologie sollte grundsätzlich davon ausgegangen werden, daß ein plötzlich auftretender Fehler die Folge von ebenso plötzlichen Änderungen im Material oder in der Technologie ist. Bei neuen Technologien oder Erzeugnissen vergrößern sich die Fehlermöglichkeiten besonders dann, wenn die Erprobung unzureichend war. Auch subjektive Vorbehalte gegen das Neue können eine Rolle spielen.
Die Rationalisierung der Fertigung und Erhöhung der Qualität der Erzeugnisse führt zu ausgereiften, spezialisierten Technologien mit erheblich geringerem Toleranzfeld. Das trifft besonders für die neuen Emaillier- und Auftragsverfahren zu. Beispielsweise stellt die Direktweißemaillierung im Vergleich zur konventionellen Emaillierung höhere Anforderungen an die Vorbehandlung der Rohware, und der mechanisierte Emailauftrag setzt eine besonders genaue Einhaltung der Schlickerparameter voraus. Mit Vervollkommnung der Technologie muß daher der Kontrollaufwand erhöht werden, um Emaillierfehler zu vermeiden.
Qualifizierte und gewissenhafte Arbeitskräfte sind eine wichtige Voraussetzung zur Vermeidung subjektiv bedingter Emaillierfehler. *Aldinger* (1967) stellt hierzu fest, daß die häufigsten Fehler durch Staub, Schmutz, Nachlässigkeit oder unzulängliche Instandhaltung der Betriebseinrichtungen verursacht werden. Eine statistische Analyse von Fehlerursachen findet sich bei *Hahn* (1964). Die Anwendung statistischer Methoden in der Produktion behandelt *McClish* (1985).

17.1.2. Vorgehen bei der Ursachenforschung

Zur Ermittlung von Fehlerursachen ist folgendes Vorgehen zu empfehlen:

• exakte Definition der Fehlerart,
• Ableitung der möglichen Fehlerquellen,
• Kontrolle der in Betracht kommenden Materialeigenschaften und technologischen Parameter,
• erforderlichenfalls Versuche zur Beseitigung der mutmaßlichen Fehlerquellen.

Ohne eine klare Definition der Fehlerart ist eine wirksame Bekämpfung der Fehlerursache nicht möglich. Für Schlußfolgerungen über mögliche Fehlerquellen gibt Tabelle 17.1 Hinweise. Die Lokalisierung der wichtigsten Fehlerquellen durch Eliminieren von zwei der Hauptgruppen »Rohware«, »Email« bzw. »Emaillieren« erleichtert die Fehlerbeseitigung erheblich.
Für die Einengung der Fehlerquelle ist ein Vergleich der Soll- und Istwerte anhand von Rückstellmustern aus guter Produktion erforderlich (s. *Hahn* 1964). Diese Muster sollen von den Grundmetallen, den Emailfritten, den Roh- und Hilfsstoffen sowie auch von den Halb- und Fertigerzeugnissen vorliegen.
Eine gute Hilfe bei der Ermittlung der Fehlerursache ist eine gewissenhaft geführte Statistik über Ausschuß und Nacharbeit. Bestimmte Fehler treten nicht plötzlich auf, sondern steigern sich über einen längeren Zeitraum. Die Statistik macht den zeitlichen Ablauf der Fehlerentstehung deutlich, was zum Erkennen von lieferbedingten Materialveränderungen bzw. technologischen Abweichungen beiträgt.
Es muß grundsätzlich unterschieden werden zwischen den eigentlichen Fehlerursachen und den Einflußfaktoren, die den Fehler begünstigen oder hemmen. Beispielsweise ist die Ursache einer Blasenbildung stets eine Gasentwicklung. Ob jedoch eine Blase im Email sichtbar wird, hängt von der Viskosität und Oberflächenspannung des Emails sowie den Brennbedingungen ab. Am Beispiel der Fischschuppen weist *Weimer* (1962) darauf hin, daß die Erfahrungen eines Emaillierwerkes nicht bedenkenlos auf ein anderes übertragen werden können. Die unterschied-

Tabelle 17.1. Übersicht über Ursachen und Einflußfaktoren für die wichtigsten Fehler bei der Stahlblech- und Gußeisenemaillierung

Fehler		Rohware				Email						Emaillieren										Montage/ Versand		
		Werkstoff	Konstruktion	Formgebung	Schweißen	Grundemail	Deckemail	Mühlenzusätze	Schmelzen	Mahlen	Verschmutzung	Glühen	Entfetten	Beizen	Strahlen	Auftragen	Trocknen	Brennen	Abkühlen	Richten	Transport	Montage	Verpackung	Transport
Abplatzungen	Stahl	○	×	—	×	○	×	○	○	○	—	—	×	○	—	**×**	—	○	—	—	×	×	—	×
	GGL	**×**	×	—	—	○	**×**	—	○	—	—	—	—	—	○	**×**	—	○	—	—	—	○	—	×
Risse	Stahl	—	×	—	○	—	○	—	○	—	—	—	—	—	—	—	—	—	**×**	**×**	—	**×**		
	GGL	**×**	×	—	—	—	**×**	—	○	—	—	○	—	—	—	●	—	○	**×**	—	—	○	—	—
Haarlinien	Stahl	—	**×**	○	○	×	—	—	—	○	—	—	—	—	—	●	○	—	—	—	—	—	—	—
Schwundrisse	Stahl	—	×	—	—	—	—	—	—	○	—	—	—	—	—	**×**	○	●	—	—	×	—	—	—
Fischschuppen	Stahl	**×**	—	—	○	●	—	●	○	○	—	—	—	○	—	—	—	●	○	—	—	—	—	—
Ausspringer	Stahl	**×**	—	—	—	●	—	●	○	—	—	—	—	○	—	○	—	●	○	—	—	—	—	—
Blasen, Poren	Stahl	**×**	—	—	×	○	●	×	—	—	**×**	—	×	—	—	○	—	●	—	—	—	—	—	—
	GGL	**×**	○	×	—	—	●	×	—	—	**×**	○	—	—	×	—	—	●	—	—	—	—	—	—
Sa gstellen	GGL	**×**	—	×	—	—	—	—	—	—	—	—	—	—	○	—	—	—	—	—	—	—	—	—
Blasenlinien	Stahl	—	○	×	**×**	—	●	—	—	—	—	—	—	●	—	○	—	●	—	—	—	—	—	—
Blasenanhäufungen	Stahl	**×**	—	○	—	○	●	○	—	○	×	—	—	○	—	○	—	●	—	—	—	—	—	—
	GGL	**×**	—	×	—	—	●	○	—	—	×	●	—	—	●	—	—	●	—	—	—	—	—	—
Durchzehrungen	Stahl	—	—	—	×	**×**	—	●	○	○	—	—	—	○	—	**×**	—	**×**	—	—	—	—	—	—
Kupferköpfe	Stahl	×	—	—	—	●	—	●	○	○	—	—	○	**×**	—	○	—	●	—	—	—	—	—	—
Schwarze Punkte	Stahl	×	—	—	×	—	—	—	—	○	**×**	—	—	○	—	—	—	●	—	—	—	—	—	—
	GGL	×	—	—	—	○	—	—	—	○	**×**	○	—	—	○	—	—	**×**	—	—	—	—	—	—
Durchschüsse	Stahl	×	—	—	—	**×**	●	×	○	○	—	—	—	○	—	—	○	●	—	—	—	—	—	—
	GGL	×	—	—	—	—	●	×	○	○	—	○	—	—	—	—	—	**×**	—	—	—	—	—	—
Einschlüsse		—	—	—	—	—	—	—	○	**×**	**×**	—	—	—	—	—	—	—	—	—	—	—	—	—
Verfärbungen		—	—	—	—	—	×	○	○	—	**×**	—	—	—	—	×	—	**×**	—	—	—	—	—	—
Ausblühungen		—	—	—	—	—	×	**×**	—	○	×	—	—	—	—	—	○	●	○	—	—	—	●	—
Dickenabweichungen		—	—	—	—	—	—	×	○	**×**	—	—	—	—	—	**×**	—	—	—	—	—	—	—	—
Orangeschalenstruktur		×	—	—	—	○	○	—	○	—	—	—	—	—	—	**×**	—	×	—	—	—	—	—	—
Dellen		×	—	—	—	—	○	**×**	×	—	**×**	—	—	—	—	○	○	●	—	—	—	—	—	—
Mattes Email		—	—	—	—	—	**×**	×	○	—	—	—	—	—	—	—	○	**×**	—	—	—	—	—	—
Deformierungen	Stahl	**×**	**×**	○	×	—	●	—	—	—	—	○	—	—	—	○	—	**×**	○	○	—	—	—	—

× Hauptursache × mögliche Ursache
● wesentlicher Einfluß ○ geringer Einfluß
— kein bzw. unbedeutender Einfluß

lichen Produktionsbedingungen lassen sich jedoch über Ringversuche zur Aufklärung der Fehlerursache nutzen.
Die Kompliziertheit der Ursachenermittlung von Fehlern macht deutlich, wie leicht durch einen übersehenen Fakt die Aufklärungsbemühungen in eine falsche Richtung gelenkt werden. Die Suche nach den Fehlerursachen muß also systematisch unter Beachtung des Prinzips von Ursache und Wirkung (s. auch *Smalley* 1965) erfolgen. Durch vorbeugende Material- und Betriebskontrollen wird die systematische Fehlersuche erleichtert und vor allem beschleunigt.

17.1.3. Hilfsmittel der Fehlerdiagnose

Grundvoraussetzung bei der Fehlerdiagnose sind ausreichende Lichtverhältnisse und entsprechende optische Einrichtungen (mindestens Lupe oder Stereomikroskop $V = 10$ bis 40fach). Ob »schwarze Punkte« etwa die Folge von Grundemail-Durchschüssen, Verunreinigungen oder Gasentwicklungen sind, läßt sich z. B. nur bei mindestens 20facher Vergrößerung erkennen.
Um den Grundwerkstoff oder die Reaktionszone Metall/Email näher betrachten zu können, sind stärkere optische Mittel, wie das Auflichtmikroskop (Neophot 2; $V = 50$- bis 1000fach) erforderlich. An Querschliffen können Fehler im Grundwerkstoff, die Herkunft von Blasen oder Strukturabweichungen in der Emailschicht erkannt werden. Die Anwendung und Bedeutung der Metallmikroskopie bei der Aufklärung der Ursachen für Blasen und Aufkochungen im Email beschreiben *Martinek* (1964) und *Grum-Gržimajlo* (1972).
Die Zusammensetzung kleinster Teilchen, Fremdkörper, Strukturabweichungen und Phasengrenzschichten kann bei einer Mindestgröße von 1 bis 5 μm mit Hilfe der Elektronenstrahlmikroanalyse (*ESMA*, Mikrosonde) am Querschliff oder auf der Oberfläche qualitativ bzw. halbquantitativ ermittelt werden (s. dazu *Hoffmann* 1967a).
Die Röntgenfeinstrukturanalyse ist geeignet zur Mineralbestimmung und somit z. B. von Interesse bei Kristallisationsvorgängen. Sie ist allerdings zur Bestimmung einzelner kleiner Fremdeinschlüsse im Email ungeeignet.
Die starke Vergrößerung (150000- bis 300000fach) und das hohe Auflösungsvermögen (1 bis 3 nm) des Elektronenmikroskops ermöglichen es, sehr kleine Gefügeunterschiede, Kristallausscheidungen oder fehlererzeugende Einschlüsse im Email sichtbar zu machen und zu identifizieren.
Die beschriebenen modernen Untersuchungshilfsmittel werden in den Emaillierwerken selbst nur selten zur Verfügung stehen; sie sollten in komplizierten Fällen aber unbedingt zur Klärung von Fehlerursachen in Kooperation mit Großbetrieben und wissenschaftlichen Einrichtungen herangezogen werden.

17.2. Fehlerbeschreibung

In Tabelle 17.1 sind die wichtigsten Fehler den möglichen Fehlerquellen unter Verwendung einer Übersicht von *Aldinger* (1957a) zugeordnet. Daraus wird ersichtlich, daß sich die meisten Fehlerursachen und Einflußfaktoren auf das Grundmetall, den Brennprozeß und Verunreinigungen konzentrieren. Eine derartige, verallgemeinerte Darstellung kann jedoch nur als Groborientierung dienen.
Weitere zusammenfassende Darstellungen über Emaillierfehler und ihre Ursachen werden von *Weimer* (1959b, 1967); *Gaiger* (1966), *Hadwiger* (1971, 1972) und *Kyri* (1974) gegeben. Speziell mit Fehlern bei der Graugußemaillierung befassen sich *Evans* (1954); *Märker* (1956b); *Thürmer* (1958) und *Wegner* (1963). Ferner sei auf den vom VDEfa herausgegebenen Emailfehler-Katalog (1972ff.) hingewiesen.

17.2.1. Brüche und Trennstellen in der Emaillierung

Brüche und Trennstellen im Email (oder Biskuit) entstehen grundsätzlich dann, wenn die wirksamen Spannungen die Emailfestigkeit übersteigen. Durch thermische und mechanische Einflüsse kann die normale Druckvorspannung erhöht oder bis in den Bereich der Zugspannungen abgebaut werden. Überhöhte Druckspannungen führen zu Emailabplatzungen, überhöhte Zugspannungen zu Rissen im Email. Ferner können sich die Festigkeitseigenschaften des Emails ändern und die Emailzerstörung beeinflussen.

17.2.1.1. Abplatzungen

Abplatzungen sind schalenförmige Abhebungen des Emails unter Freilegung der Grundemaillierung oder auch des Grundwerkstoffs in unterschiedlicher Größe an einzelnen Stellen oder größeren Flächen.

Abplatzungen infolge zu hoher Spannung entstehen vorzugsweise durch zu niedrigen *AK* des Emails oder örtliche Emailverdickungen. Abweichungen vom *AK*-Sollwert sind bei der Fritteherstellung und Emailaufbereitung deshalb so gering wie möglich zu halten. Je nach Fertigungsbedingungen kann eine Verringerung des *AK* um 10 bis $20 \cdot 10^{-7}\,K^{-1}$ bereits zu Abplatzungen führen.

Da bei Gußeisen die Wärmeausdehnung oft erheblich differiert (*Dekker* 1960), ist eine genauere Anpassung des *AK* des Emails erforderlich. In den meisten Fällen wird das durch zusätzliche Verwendung eines Randemails erreicht. An konstruktiv bedingten Krümmungen treten Scherspannungen im Email auf, die mit zunehmender Emaildicke größer werden und daher zu Abplatzungen führen. Titanemails sind aufgrund ihres niedrigen *AK* in dieser Hinsicht besonders anfällig.

Druckspannungen im Email steigen mit zunehmender Blechdicke an. Der Normalwert des *AK* muß deshalb in diesem Falle etwas größer sein als bei geringeren Blechdicken.

Überhöhte Spannungen aus Stoß- und Druckbelastungen der Emaillierung können besonders an Radien – sofort oder verzögert – zu Abplatzungen führen. Abplatzungen durch einen Schlag mit hoher Energiedichte haben infolge des punktförmigen Restemails im Zentrum ein typisches Aussehen. Sie werden als Schlagstellen bezeichnet (Bild 17.1). Abplatzungen durch gedämpfte Schläge oder Druckbelastungen (z. B. bei Montagen oder Transport) sind von den üblichen Abplatzungen nur schwer zu unterscheiden (*Afflerbach* 1966).

Überhöhte Spannungen können durch Gasdruck (Wasserstoff) aus dem Grundwerkstoff oder der Grenzschicht Metall/Email erzeugt werden (→ Fischschuppen). Das gleiche gilt für Blechdoppelungen, lose Punktschweißverbindungen oder Schülpen im Gußeisen.

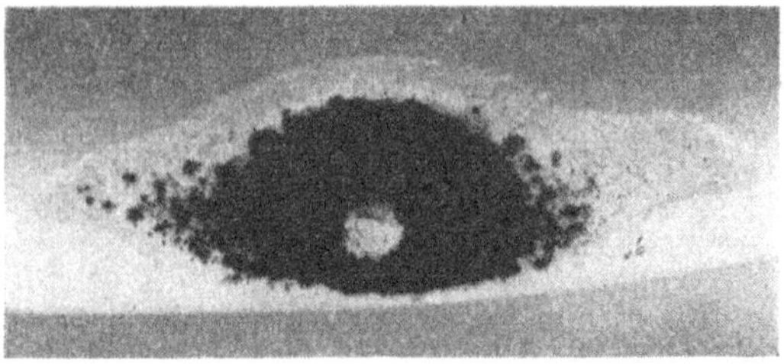

Bild 17.1. Typisches Aussehen einer Schlagstelle (ZKS Dresden)

Abplatzungen können auch durch porösen Grauguß bei der Majolikaemaillierung von Öfen entstehen (*Wegner* 1954b). Durch das Gußeisen diffundierende Feuchtigkeit sammelt sich an der Grenzschicht Metall/Email und sprengt beim Erwärmen der Öfen das Email ab (Aussehen ähnlich Bild 17.2).

Die Formgestaltung beeinflußt die Spannungen maßgeblich. Zu kleine Radien fördern die Neigung zum Abplatzen. Die Konstruktion der Erzeugnisse muß Deformierungen beim Gebrauch oder bei der Montage möglichst ausschließen.

Ungenügende Emailfestigkeit infolge eines blasigen oder schaumigen Emailgefüges wird durch den Schmelzprozeß, die Emailaufbereitung und den Brennprozeß beeinflußt. Die Emailaufbereitung ist ebenfalls von Bedeutung, da die Bläschenstruktur nicht nur von der Korngrößenverteilung, sondern auch von den Stellmitteln und der Alterung des Schlickers abhängt.

Örtlich verdicktes und daher schaumiges Grundemail ist eine häufige Ursache für Abplatzungen. Nachteilig sind auch scharfe Kanten, wenn sie nach dem Grundauftrag nicht ausreichend abgestrichen werden.

Schaumigkeit und Festigkeitsminderung beim Grundemail kann ferner durch Gefügezerfall des Grundwerkstoffs bewirkt werden. Der Trennbruch von Abplatzungen verläuft in diesem Falle in der Grundemailschicht.

Abplatzungen infolge verminderter Haftfestigkeit sind dadurch gekennzeichnet, daß keine Grundemailreste auf dem Blech oder Gußeisen zurückbleiben bzw. der Grundwerkstoff silberhelles Aussehen hat (Silberblech). Auf Haftungsstörungen durch Zinnausscheidungen auf dem Blech macht *Wegner* (1962c) aufmerksam.

Haftungsmindernde Gußhautreste und weißerstarrte Randzonen bei Grauguß sind ggf. durch Nachschleifen (und Strahlen) zu entfernen. »Kastenrost«, der zu großflächigen Absplitterungen führt, läßt sich nur durch Maßnahmen in der Gießerei (z. B. schnelles Entleeren der Form) vermeiden.

Verminderte Haftfestigkeit besitzt überbrannter, aber auch zu kurz gebrannter Schmelzgrund. Im Gegensatz dazu treten Abplatzungen bei Sintergrund nur durch ungenügenden Brennzustand auf (Bild 17.2). Überbrannt ergeben sich jedoch Aufkocherscheinungen im Deckemail. Zu feuchte oder stark SO_2-haltige Ofenatmosphäre kann die Haftfestigkeit auf Blech- und Grauguß herabsetzen, der Einfluß ist aber nicht eindeutig (*Gerstmann, Petzold* 1964).

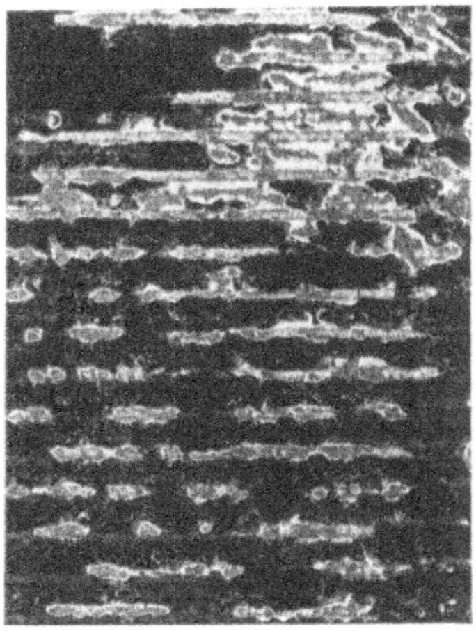

Bild 17.2. Abplatzung über dickem, ungenügend gebranntem Sintergrund (ZKS Dresden)

Als Ursache für das Abplatzen von Aluminiumemails wird eine Mg-reiche Schicht zwischen Blech und Email angegeben, die bei großen Mg-Gehalten der Aluminiumlegierung und ungenügender Vorbehandlung der Bleche auftritt (*Gugeler* 1968). Ungenügende Haftfestigkeit ergibt sich durch Überbrennen.

Zusammenfassungen über Abplatzungen des Emails geben *Dunning* (1960); *Plankenhorn* (1967) und *Groll* (1971).

17.2.1.2. Risse

Risse im Email sind spaltenförmige Emailfrakturen. Sie können sehr unterschiedlich aussehen und kommen bevorzugt bei der Gußemaillierung vor.

Risse sind deutlich sichtbare bzw. mit dem Fingernagel ertastbare Spalten im Email. »Balkenrisse« treten in Majolikaemaillierungen auf und haben entlang des Rißverlaufes zusätzlich ausgesplitterte Ränder, wodurch sie besonders breit erscheinen. Als Sternrisse werden sternförmig oder spinnennetzartig angeordnete Risse im Email bezeichnet. Haarrisse sind feinste Risse, die mit bloßem Auge kaum zu erkennen sind. Sie lassen sich durch Einreiben der Emailoberfläche mit Anilinfarbe oder Tinte, elektrolytisch oder mit dem »Statiflux-Verfahren« (*Dietzel, Wegner* 1955a; s. auch Abschnitt 23.2.1.) nachweisen.

Eine spannungsbedingte Rißbildung erfolgt meist schon während der Abkühlung der Erzeugnisse bei oder knapp unterhalb der Transformationstemperatur des Emails. Bei kompakten Werkstücken ist dieser Vorgang akustisch wahrnehmbar. Die Rißbildung ist nicht nur vom *AK* des Emails, sondern auch von der Größe der Zugspannungen im Temperaturbereich zwischen Transformations- und Neutraltemperatur abhängig (*Chmela* 1966).

Je höher die Druckspannung im Email ist, um so stärker werden entstandene Risse wieder zusammengepreßt. Überschreitet die Druckspannung die Emailfestigkeit, so entstehen zusätzlich Aussplitterungen entlang der Rißkante. Während der thermischen Belastung eines emaillierten Erzeugnisses wird die Druckspannung wieder abgebaut, Haarrisse öffnen sich und werden mit der Zeit durch Schmutzeinlagerung oder Unterrostung deutlich sichtbar. Derartige Erscheinungen können auch durch Relaxationseffekte im Email gefördert werden (*Dekker* 1973b), wodurch die Risse erst nach länge-

rem Gebrauch der Gegenstände sichtbar werden. Die Neigung der Rißbildung nimmt mit steigender Emaildicke zu, weil die Druckvorspannung in Richtung Emailoberfläche abnimmt.
Zur Vermeidung von Rissen wird üblicherweise ein Email mit niedriger Wärmeausdehnung verwendet. Eine Korrektur der Emailausdehnung durch Mühlenzusätze ist wenig sinnvoll, da oft unerwünschte Nebenwirkungen, wie z. B. Glanzminderung oder Schaumigkeit, auftreten (*Märker* 1958a).
Bei der Gußeisenemaillierung können überhöhte Zugspannungen auch durch die bereits erwähnten Ausdehnungsdifferenzen des Grundwerkstoffes hervorgerufen werden. Lassen sich diese gießereiseitig nicht auf ein vertretbares Maß einschränken, so hilft nur eine örtliche Emailanpassung durch Verwendung von zwei Emails mit unterschiedlichem Ausdehnungsverhalten.
Ungünstige konstruktive Gestaltung, wie z. B. schroffe Wanddickenübergänge an Versteifungsrippen, Flanschen und Beschlagteilen, führt ebenfalls zu Rissen im Email (Konstruktive Lösung s. Kapitel 11).
Risse entstehen auch durch unterschiedliche Abkühlungsgeschwindigkeit der emaillierten Ware (z. B. in Zugluft), besonders dann, wenn infolge ungeeigneter Konstruktion oder schlechter Anpassung des Emails bereits Rißneigung vorliegt. Balkenrisse an majolikaemaillierten Öfen haben ihre Ursache ebenfalls in zu schneller Abkühlung (*Dietzel, Wegner* 1955b). Die Aussplitterung der Rißkante entsteht nach Inbetriebnahme des Ofens, wenn die eingefrorene Emailstruktur wieder ins thermische Gleichgewicht kommt. Bei Chemieapparaten oder anderen formkomplizierten Teilen kann eine gleichmäßige Abkühlung durch Feinkühlung im Transformationsbereich des Emails zweckmäßig sein. Sternrisse entstehen im Email, wenn über den Grundwerkstoff eine größere Schlag- oder Druckbelastung ausgeübt wird. Risse können sich auch als Folge einer Verspannung bei der Montage bilden.
Wie bei Abplatzungen entstehen Risse durch verminderte Festigkeit oder Elastizität des Emails, besonder sbei Transparent- und Majolikaemails. In ähnlicher Weise wirkt ein Überschmelzen der Fritte oder Überbrennen des Emails. Zusammenfassungen über Risse in Emaillierungen siehe bei *Dietzel, Wegner* (1955b); *Aldinger* (1959a) sowie *Bucיewicz, Kulyba* (1977).

17.2.1.3. Haarlinien

Haarlinien sind dunkle, meist parallel und konzentrisch verlaufende Linien im hellen Deckemail (Bild 17.3). Sie entstehen, wenn das Grundemail zusammen mit dem darüberliegenden Deckemailbiskuit während der Aufheizperiode des Deckbrandes reißt. Beim weiteren Brennen dringt das Grundemail im gerissenen Deckemail bis zu dessen Oberfläche. Da Grund- und Deckemail verschmelzen, liegt nach der Abkühlung keine Emailfraktur mehr vor.

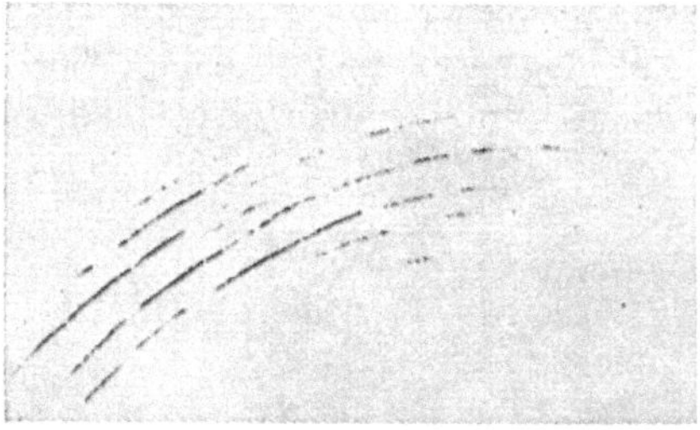

Bild 17.3. Haarlinien über einer rückseitigen Materialverdickung

Haarlinien werden auch als Spannungslinien bezeichnet, da als Ursache für die primäre Rißbildung des Emails überkritische Verformungsgrade oder konstruktionsbedingte Deformationen und Spannungen in Betracht kommen. Die Spannungen lassen sich technologisch beeinflussen, jedoch kaum vermeiden (*Beachte;* Konstruktionsprinzipien; Kapitel 11).
Die Mahlfeinheit des Emails wirkt sich auf die Haarlinienbildung aus. Gröber gemahlene Emails bzw. solche mit größtmöglicher Kornpackungsdichte weisen die geringste Schrumpfung auf und sind daher weniger anfällig (*Novotny* 1958). Durch zu dicken Emailauftrag und zu schnelles Trocknen wird die Haarlinienbildung gefördert.
Zu weiche Grundemails mit hohem *AK* be-

günstigen diese Fehlerart (*Sweo, Snow* 1970). Sie reißen beim Deckbrand besonders leicht und dringen infolge dynaktiver Vorgänge (s. Abschnitt 22.4.4.) in das gerissene Deckemail ein.
Haarlinien entstehen ausschließlich bei der Stahlblechemaillierung. Die Graugußemaillierung ist infolge des hellfarbigen rißunempfindlichen Sintergrundes sowie des sehr dünn liegenden Schmelzgrundes in dieser Hinsicht nicht gefährdet.

17.2.1.4. Schwundrisse

Schwundrisse sind im Aussehen den Haarrissen ähnlich, jedoch unregelmäßiger angeordnet (Bild 17.4a). Auch hier dringt das Grundemail durch das gerissene Deckemail oder wird durch das zurückgetretene Deckemail freigelegt. Die Trennstellen entstehen durch zu große Trockenschwindung im Deckemail. Sie schließen sich beim Brennen nicht mehr, werden im Gegenteil durch Brennschwindung noch erweitert und durch das vordringende dunkle Grundemail markiert. Je nach Aussehen und Entstehungsart bezeichnet man Schwundrisse auch als Trocknungsrisse, Würmchen, Reißen, Abrollen, Spinnennetze oder Sternchen. In nahezu allen Fällen ist eine zu große Schichtdicke des Deckemalis die Hauptursache für diese Fehler; ferner sind Mahlfeinheit und Stellmittel zu nennen. Feingemahlene Emails besitzen eine größere Trockenschwindung; Stellmittel, ausgelaugte Salze und Ton beeinflussen die Biskuitfestigkeit. Durch Zugabe von Harnstoff und Natriumnitrit sowie Bentonit anstelle von Ton lassen sich Schwundrisse unterdrücken (*Thompsen, Molinaro* 1968).
Die Trockenschwindung ist spannungsbedingt an konkaven Erzeugnisformen am größten. Hier sind allmähliche Formübergänge und möglichst geringe Emaildicken anzustreben. Zu schnelles Trocknen von stellsalzreichen Emailaufträgen kann durch spontane Wasserdampfabgabe zum Aufreißen der Biskuitschicht führen.
Spinnennetze oder Sternchen haben ihre Ursache in einem zu derben Absetzen der beschichteten und getrockneten Ware auf die

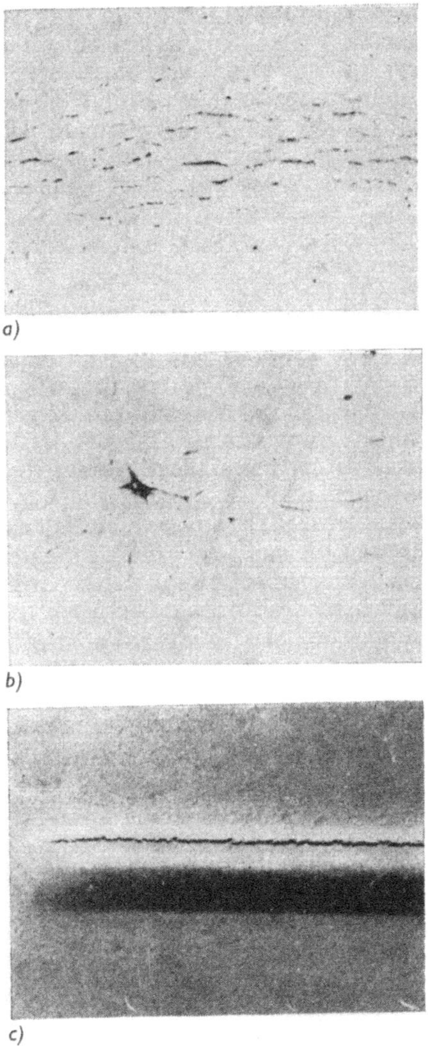

Bild 17.4. Schwundrisse (ZKS Dresden)
a) Trocknungsrisse durch zu fein gemahlenes Email; *b*) Sternchen; *c*) offener Schwundriß in selbstreinigendem Email

Brennunterlagen, wodurch im Biskuit ein Gewaltbruch entsteht (Bild 17.4b).
Bei schwerschmelzenden oder Kompositemails kann es vorkommen, daß die Schwundrisse nicht wieder verschmelzen (Bild 17.4c).

17.2.1.5. Fischschuppen

Über keinen Emailfehler ist soviel diskutiert und geschrieben worden wie über Fischschuppen. Lange Zeit waren Fischschuppen der gefürchtetste Fehler bei der Blechemaillierung. Inzwischen ist es gelungen, den Entstehungsmechanismus aufzudecken, so daß Fischschuppen bei Beachtung einiger Grundregeln weitgehend vermieden werden können. Es sind jedoch noch längst nicht alle Zusammenhänge ausreichend bekannt, um das Auftreten von Fischschuppen mit Sicherheit zu verhindern.

Erscheinung
Fischschuppen sind wasserstoffbedingte halbmondförmige Ausplatzungen in der eingebrannten Emailschicht, die vereinzelt oder in Anhäufungen vorkommen (Bild 17.5). Je nach Emailtyp und Emaildicke beträgt ihre Größe 1 bis 5 mm. In Ausnahmefällen traten über 10 mm große Exemplare auf. Kleine Fischschuppen, die meist bei Einschicht- oder Grundemaillierungen entstehen, werden auch als Kriställchen oder Flimmer bezeichnet.
Fischschuppen können sofort nach Abkühlung nach dem Emaillieren, aber auch mit erheblicher Zeitverzögerung auftreten. Nicht selten entstehen sie erst mit Gebrauch der Erzeugnisse und geben Anlaß zu Reklamationen.
Zum Entstehen von Fischschuppen und zur Rolle des Wasserstoffs, seiner Herkunft, der Absorption im und Desorption vom Blech unter Absprengung des Emails gibt es, von Ausnahmen abgesehen (*Schaarschuh* 1956), eine relativ einheitliche Auffassung. Die metallphysikalischen und physikalisch-chemischen Grundlagen dazu werden weitgehend in den Abschnitten 4.3. und 10.1.4.6. behandelt. Der Vorgang der Fischschuppenbildung wird von *Dietzel, Wegner* (1957) anschaulich beschrieben (Bild 17.5a). Der Rißwinkel α ist abhängig von der Druckvorspannung des Emails bzw. dessen *AK*. Ein kleiner *AK* führt zu einem flachen Riß und relativ großen Fischschuppen. Bei großem *AK* ist der Rißverlauf steil (kleine Fischschuppen). Bei geringen Emaildicken tritt die Erscheinungsform »Kriställchen« auf. Die Fischschuppen gehen in jedem Fall bis zur Blechoberfläche und setzen so den Korrosionsschutz der Emaillierung herab. Nach *Romanenko* u. a. (1984) ist dabei nicht die Anzahl, sondern die Größe der Schuppen maßgebend: eine Emaillierung mit Fischschuppen von 6 mm ∅ bietet keinerlei Schutz mehr.

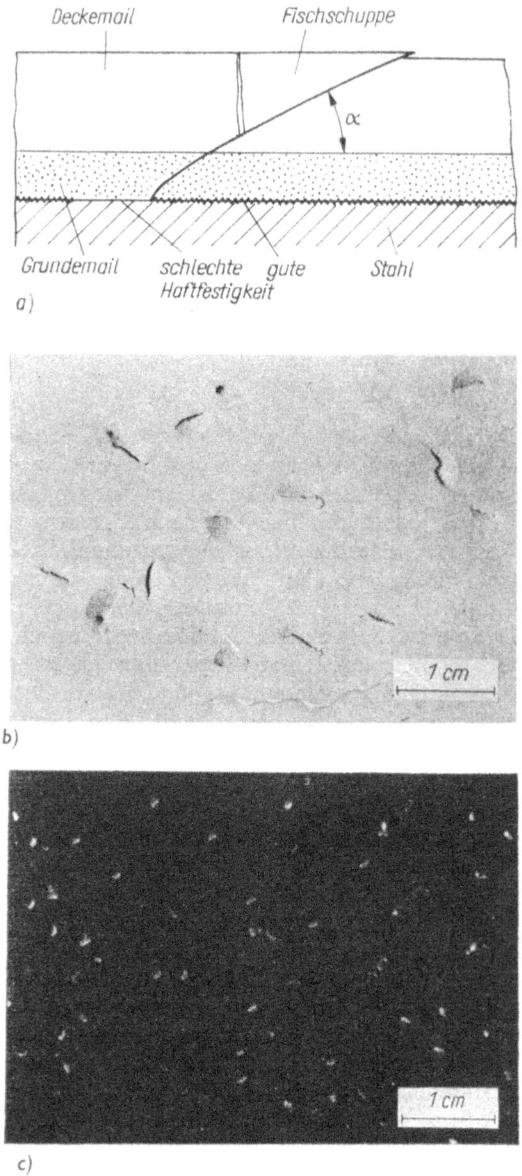

Bild 17.5. Fischschuppen
a) schematische Darstellung des Bruchverlaufes einer Fisch- schuppe (*Dietzel, Wegner* 1957); *b*) Fischschuppen im Deckemail; *c*) Kriställchen im Direkt-Schwarzemail (ZKS Dresden)

Der beim Auftreten eines Wasserstoffdrucks an der Grenzfläche Metall/Email entstehende Spannungszustand und die Grenzbedingungen für das Absprengen des Emails wurden von *Litvinova* (1978) berechnet.

Beeinflussung der Fischschuppenbildung
Zur Bekämpfung der Fischschuppen ergeben sich auf Grund des Entstehungsmechanismus grundsätzlich folgende Möglichkeiten:

- Vermeidung der Wasserstoffentwicklung,
- Unterdrückung der Wasserstoffabsorption des Blechs,
- Beeinflussung des Wasserstoffverhaltens im Blech,
- Unterdrückung der Wasserstoffdesorption durch Erhöhung der Okklusion.

Im einzelnen ist dazu folgendes zu sagen. Bezüglich des Wasserstoffangebots zählt zweifelsohne der Ton zu den Wasserstofflieferanten, aber auch zu den blasenbildenden Stoffen im Email (zur Gesamtproblematik s. *Petzold* 1960 a; *Petzold, Wandlowski* u. a. 1961). Die Erfahrung lehrt, daß »opak brennende« (eine gute Blasenstruktur hervorrufende) Tone die Fischschuppenneigung herabsetzen, »klar brennende« Tone (ohne Erzeugung einer ausgeprägten Blasenstruktur) jedoch nicht (*Bowman* 1951; *Bryant* u. a. 1953). Hohe Tongehalte werden z. T. als gefährlich (*Dietzel, Wegner* 1957; *Miller, Sweo* 1950), andererseits wegen der guten Blasenstruktur als günstig angesehen (*Kerstan* 1938; *Petzold, Wandlowski* u. a. 1961); der Effekt ist besonders groß in Gegenwart von Quarz (Bild 17.6). Die Fischschuppenneigung soll zurückgehen, wenn der Ton wenig gebundenes Wasser enthält oder wenn die Dehydratation bei niedrigeren Temperaturen erfolgt (*Chu* u. a. 1953); doch das ist ungeklärt.

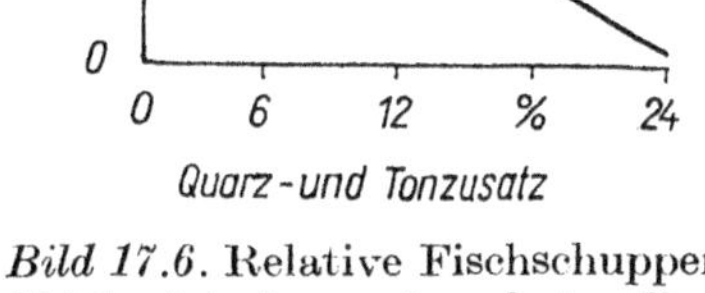

Bild 17.6. Relative Fischschuppenbildung in Abhängigkeit von feuerfesten Zuschlägen (Quarz + Ton; *Petzold, Wandlowski* u. a. 1961)

Die Emailfritte selbst kommt nach *Moore* u. a. (1952) hauptsächlich als Wasserstofflieferant in Betracht, da sie z. T. über 0,1 % H_2O enthalten bzw. beim Mahlen (in Form von Gelen) anlagern kann; es wird beim Brennen ausgetrieben. Ein Zusatz von Flußspat zur Mühle (*Dietzel, Wegner* 1957) kann der Wasserstoffbildung durch Umsetzung zu H_2F_2 entgegenwirken, ähnlich wie auch Antimontrioxid (*Wegner* 1960b). Durch die Schlickeraufbereitung (Mahlfeinheit, Zusätze) sollen sich Fischschuppen vermeiden lassen (z. B. *Bobkov, Kormyševa* 1966).
Ferner ist nach *Dietzel, Wegner* (1957) Feuchtigkeit in der Ofenatmosphäre nicht zu unterschätzen; *Davis* u. a. (1958) messen dem weniger Bedeutung bei. Eine ständige Zufuhr trockener Luft in den Ofenraum ist auf jedem Fall anzuraten.
Der im Blech ursprünglich enthaltene und beim Beizen aufgenommene Wasserstoff ist bei günstigem Wasserstoffverhalten des Bleches ungefährlich. Durch den Wasserstoff wird einerseits der Wasserstoffspiegel des Stahls angehoben, andererseits werden Okklusionsmöglichkeiten geschaffen, wodurch es zunächst zu einem Anstieg, dann zu einem Rückgang der Fischschuppenbildung kommen kann (*Petzold, Wandlowski* 1975). Ein Maximum der Anzahl an Fischschuppen ergibt sich auch in Abhängigkeit von Beizzusätzen, wie NaCl, ein stetiger Abfall dagegen bei $FeSO_4$ (*Savin* u. a. 1967b). Der Effekt der verstärkten Okklusion infolge Bildung von Mikrohohlräumen durch katodische Wasserstoffbegasung führt übrigens auch zur Reduzierung der Fischschuppenneigung (*Erdmann-Jessnitzer* u. a. 1958/1959; *Healy, Sullivan* 1958).
Als wichtiges Mittel zur Verringerung des Wasserstoffangebots wird im allgemeinen das lange Offenhalten des Grundemails beim Brennen, z. B. durch Zusätze von Quarz oder ungeschmolzenem Grund (*Fiebig* 1953), an-

gesehen, um den Gasen die Möglichkeit zum weitgehenden Entweichen zu geben. Dieser Gesichtspunkt hat nach den Untersuchungen von *Rickmann* (1958) aber offensichtlich etwas an Bedeutung verloren.

Wasserstoffabsorption und Fischschuppenbildung werden durch eine Vernickelung unterdrückt (z. B. *Herschelmann, Berg* 1967). Abstrahlen soll die Fischschuppenneigung verringern (*Nelson* 1963); aber insgesamt scheinen die Meinungen auseinander zu gehen.

Das Stahlblech nimmt beim Grundbrand etwa 3 ml Wasserstoff je 100 g Fe auf (*Litvonova* 1978). Mit dem allgemeinen Verhalten des Wasserstoffs im Blech (Diffusion, Okklusion) hängt das Fischschuppenverhalten eng zusammen. Eine zunehmende Wasserstoffdurchtrittszeit (t_0) beim H_2-Test zeigt bei konventionellen Stahlblechen nach Bild 10.8 (S. 163) eine geringere Fischschuppenanfälligkeit an (*Beachte:* unterschiedliche t_0-Zeiten über die Blechbreite; *Grimm* 1963). Nach den Erkenntnissen über die Beziehungen zwischen Kaltverformungsgrad und H_2-Durchlässigkeit sind – ausgehend von ersten

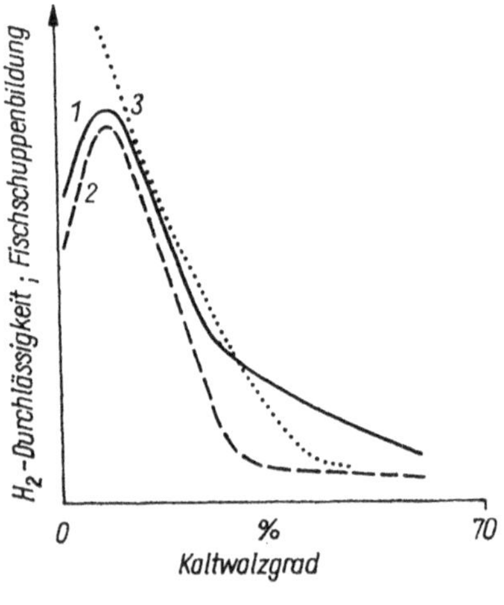

Bild 17.7. Vergleich von Wasserstoffdurchlässigkeit, Fischschuppenbildung (willkürlicher Maßstab) und Kaltwalzgrad

1 H_2-Durchlässigkeit (*Schumann, Erdmann-Jesnitzer* 1954)

2 *Fischschuppen* (*Erdmann-Jesnitzer, Petzold* u. a. 1958)

3 Fischschuppen nach *Klärding* (1941)

Arbeiten von *Klärding* (1941) – kaltgewalzte unberuhigte Bleche am fischschuppensichersten (z. B. *Petzold* 1955b; *Erdmann-Jessnitzer, Petzold* 1959; Bild 17.7). Der aus der Praxis bekannte unterschiedliche Fischschuppenbefall von Topfboden und Wand korreliert mit der entsprechend kurzen bzw. langen Wasserstoffdurchtrittszeit (*Herrschelmann, Berg* 1967). Ähnliche Zusammenhänge ergeben sich zwischen der Durchlässigkeit systematisch variierter Stahlbleche und der Fischschuppenbildung (*Petzold* 1968).

Die Wirkung des desorbierten, an der Grenzfläche Metall/Email rekombinierenden Wasserstoffs läßt sich emailliertechnisch in gewissen Grenzen beeinflussen. Wichtigste Einflußgröße ist die grenzflächennahe Blasenstruktur des Grundemails, die u. a. vom Brennzustand des Emails abhängt. Überbranntes, nahezu blasenfreies Grundemail neigt daher prinzipiell zur spontanen Bildung von Fischschuppen bzw. Kriställchen. Zu kurz gebranntes Grundemail fördert jedoch wegen ungenügender Haftfestigkeit ebenfalls die Entstehung von Fischschuppen. Von Vorteil ist eine genügend langsame Abkühlung der emaillierten Ware, weil das nach $FeO + H_2 \rightarrow Fe + H_2O$ gebildete Wasser in Form von OH-Gruppen in die Emailstruktur eingebaut werden kann (*Davis* u. a.

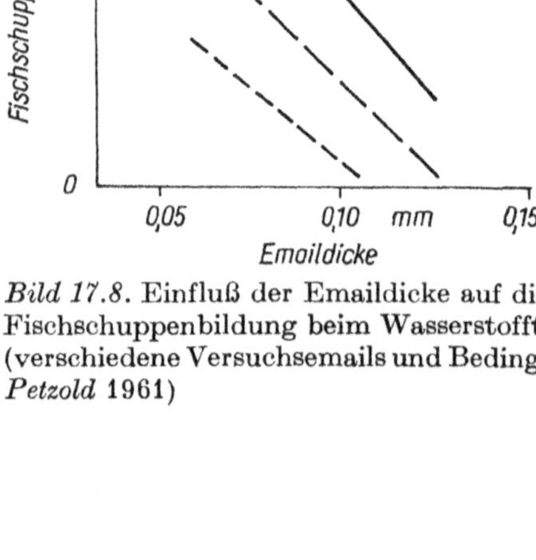

Bild 17.8. Einfluß der Emaildicke auf die Fischschuppenbildung beim Wasserstofftest (verschiedene Versuchsemails und Bedingungen; *Petzold* 1961)

1958; *Chu, Davis* 1966). In der Praxis hat sich dies mit Einführung der Umkehr- und Durchlauföfen bestätigt.
Entsprechend dem Mechanismus der Fischschuppenbildung besteht eine Beziehung zwischen Emaildicke und Auftreten von Fischschuppen; je dicker die Schicht, um so geringer die Möglichkeit der Absprengung des Emails (*Higgins, Deringer* 1941; *Bowman* 1951; *Bryant* u. a. 1953). Die Abhängigkeit zeigt Bild 17.8. Der Effekt läßt sich auf die erhöhte mechanische Festigkeit oder auf unterschiedliche Spannungszustände zurückführen. (Ein hoher *AK* fördert die Bildung von Fischschuppen mehr als ein niedriger; *Dietzel, Wegner* 1957.)
Wenn die Rückseite eines emaillierten Blechs nicht oder nur sehr dünn emailliert wird, kann der Austritt des Wasserstoffs nach dieser Seite verlagert und Fischschuppenbildung meist vermieden werden (besonders bei Flachteilen). Als Maßnahme gegen Fischschuppenbildung (und auch andere Fehler) bei Einschichtemails werden Phosphatschichten aus Ba-Metaphosphat, NiO und Suspendierungsmitteln empfohlen (*Oliver* 1961; *Sullivan* 1962). Für die Vermeidung von Fischschuppen besitzt die Güte des Emaillierblechs zweifellos den größten Stellenwert. Durch die Emailliertechnologie lassen sich Fischschuppen zwar unterdrücken, jedoch bei ungeeigneter Blechqualität nicht restlos verhindern.
Eine zusammenfassende Darstellung des Fischschuppenproblems geben *Dietzel, Wegner* (1957); *Märker* (1962); *Walker* (1971); *Fugger* (1971) und *Hennicke* (1974); Übersicht im Emailfehler-Katalog Bl. 13 (1985).

17.2.1.6. Ausspringer

Als Ausspringer (oder Ausspritzer) werden Fischschuppen im Grundemail bezeichnet, die mit Beginn des Deckbrandes entstehen. Da sie das ungebrannte Deckemail örtlich mit wegreißen, verbleiben im eingebrannten Deckemail unregelmäßige bzw. punktförmige dunkle Fehlstellen. Einzelne Ausspringer haben ihre Ursache meist in örtlichen Blechfehlern. Massiert auftretende Ausspringer können die Folge einer verzögerten Bildung von Kriställchen sein.

17.2.2. Blasen und Poren

Blasen und ihre vielfältigen Erscheinungsformen werden grundsätzlich durch eine Gasentwicklung als durchaus normale Erscheinung beim Brennprozeß hervorgerufen. Sind diese Blasen sehr klein und fein verteilt, üben sie im Grund- und Deckemail nützliche Funktionen hinsichtlich Elastizität, Trübung und Vermeidung von Fischschuppenbildung aus. Störend wirken Blasen erst dann, wenn sie eine bestimmte kritische Größe (0,2 mm bei Einzelblasen, 0,1 mm bei Blasenanhäufungen) überschreiten.

17.2.2.1. Erscheinung und Quelle der Gasentwicklung

Ob im Email eine größere Blase entsteht, hängt von der Intensität, örtlichen Konzentrierung, dem Entstehungszeitpunkt und der Dauer der Gasentwicklung ebenso ab wie von der Viskosität und Oberflächenspannung des Emails. Die theoretischen Grundlagen der Blasenbildung und des Auftriebs in Schmelzen wurden in Abschnitt 5.2. behandelt.
Kleine Blasen werden im geschmolzenen Email festgehalten, große platzen i. d. R. und hinterlassen eine Pore, die bei geeigneter Emailviskosität und Oberflächenspannung völlig oder bis auf eine Delle wieder verschmilzt. Wenn nach dem Aufplatzen das Metall freiliegt, kommt es zur Bildung von Eisenoxiden, die u. U. als dunkle Punkte sichtbar bleiben. Je nachdem, in welchem Stadium die Gasentwicklung oder Blasenbildung beendet bzw. die Blase im erstarrten Email eingefroren wird, entstehen verdeckte Blasen, Blasen mit einem dünnen Emailhäutchen, Poren, Dellen oder Emailverfärbungen. Bild 17.9 zeigt die möglichen Erscheinungsformen. Verdeckte Blasen (*a*) sehen oftmals wie dunkle Punkte aus. Mit einem Emailhäutchen verschlossene Blasen können ausgewölbt oder eingefallen sein (*b*, *c*). In zähen und inhomogenen Emails mit geringer Schichtdicke, z. B. Grundemails, kommt es auch zu starken Wölbungen nach außen (Pickel; *d*). Poren (*e*) haben meist eine Verbindung zum Grundmetall; andernfalls lag die Ursache der Gasentwicklung im Email, oder die Blase ist zur Oberfläche aufgestiegen

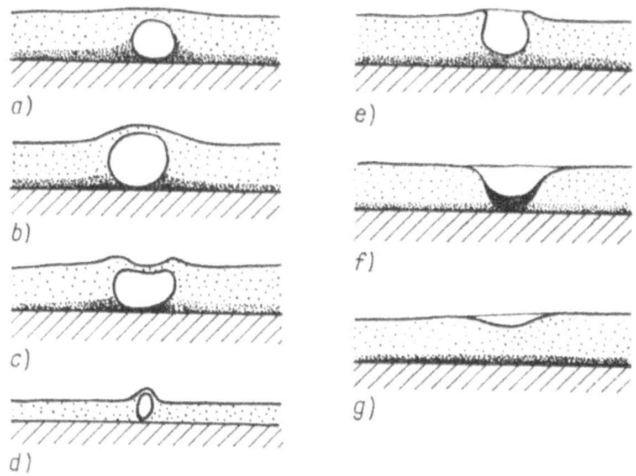

Bild 17.9. Entstehung von Blasen, Poren und Dellen (schematisch)

a) Anfangsstadium einer an der Phasengrenze Metall/Grundemail entstehenden Blase
b) Blase kurz vor dem Aufplatzen
c) Blase mit eingesaugtem Emailhäutchen
d) pickelförmige kleine Blase
e) aufgeplatzte Blase (Pore)
f) aufgeplatzte Blase mit Eisenoxidanreicherung am Blasengrund
g) Delle als Folge einer geplatzten, nicht völlig verschmolzenen Blase

und geplatzt. Feinste Poren werden als Nadelstiche bezeichnet. Verschmolzene Poren, die eine Emailverfärbung hinterlassen (*f*), entstehen meist durch Gasentwicklung aus dem Grundmetall oder der Grenzschicht Metall/Email. Dagegen ist die Ursache für Poren, die zu einfachen Dellen verschmolzen sind (*g*), meist in einer Gasentwicklung aus dem Email zu suchen.

Als wesentlichste Quellen der Gasentwicklung kommen in Betracht:

- reaktionsfähiger Kohlenstoff aus dem Grundmetall,
- im Grundmetall gespeicherter Wasserstoff,
- gasende oder verdampfende Fremdkörper im Email oder Metall.

Über 721 °C entsteht durch Zerfall des Eisencarbids reaktionsfähiger Kohlenstoff, der mit Sauerstoff aus der Ofenatmosphäre, dem Email oder den Metalloxiden zu Kohlenstoffoxiden umgesetzt wird. Blasen durch Wasserstoff bilden sich vorzugsweise bei der Blechemaillierung und treten meist als Anhäufung in Form von Schaumigkeit auf, seltener als Einzelblasen.

Als weitere Ursachen sind schädliche Gase der Brennofenatmosphäre, wie SO_2, CO_2 oder H_2O, zu nennen (z. B. *Engler* 1969d). Ihre unmittelbare Wirksamkeit als Blasenbildner scheint jedoch umstritten zu sein, da der Emailbrand auch in offener Flamme möglich ist (*Hermans* 1960). Von *Holloway* (1953) wird sogar die Zufuhr von Wasserdampf (!) in den Brennraum empfohlen, um Poren und Blasen im Email zu vermeiden. Unabhängig davon dürfte es aber ratsam sein, die genannten Gase vom Brenngut fernzuhalten, da sie auch andere Emailfehler erzeugen können (z. B. matte Oberflächen). Im übrigen gilt die Grundregel, bewährte Emaillierbedingungen konstant zu halten, was auch auf die Brennofenatmosphäre zutrifft.

Gläser, Glasuren und Emails weisen eine bestimmte Löslichkeit für Gase auf. Sie scheiden sich bei Änderung der physikalisch-chemischen Bedingungen (SiO_2-Aufnahme beim Grundbrand, Änderung der chemischen Zusammensetzung, Bildung von Inhomogenitäten) infolge Übersättigung aus und führen zu Blasenbildung (*Scholze* 1967); Übersicht über Gase im Glas bei *Dietzel* (1981).

Eine geringe Viskosität und Oberflächenspannung des Emails ist für die Entgasung besonders von Einschichtemails wichtig. Bei Grund- und Direktemails ist die Eisenoxidaufnahme zu beachten, die vor allem bei *niedrigen* Temperaturen in Abhängigkeit vom Emailtyp zu einer Erhöhung der Viskosität führen kann (*Asarov* 1961). Inhomogene Grundemails mit breitem Brennintervall und Sintergrund ermöglichen beim Emailbrand über längere Zeit eine gute Gasdurchlässigkeit und verhindern eine örtliche Gaskonzentration.

17.2.2.2. Blasen

Unter Blasen sind hier alle Einzelblasen und deren Folgeerscheinungen zu verstehen (s. Bild 17.9).

Bei der Blechemaillierung kommen Einzelblasen relativ selten vor. Sie entstehen oft durch Zerfall von Fe_3C-Anreicherungen und über kleinen Blechdoppelungen. Örtliche Grundemailverdickungen fördern ebenfalls die Blasenbildung. Nicht selten sind Verunreinigungen des Emailschlickers die Ursache für Einzelblasen; u. a. wurden auch feinste Grauguß- oder Hartgußteilchen (Späne, Strahlmittelreste) gefunden (Bild 17.10).

Bei der Graugußemaillierung ist an erster Stelle poröses Gußeisen als Ursache von Einzelblasen zu nennen (*Montoro* u. a. 1954; *Evans, Morgan* 1969). Bild 17.11 zeigt im Querschliff aus einer emaillierten Badewanne mit grobem Gußfehler. Aber schon wesentlich kleinere Hohlräume dicht unter der Oberfläche sowie Graphitnester (*Reininger* 1961), senkrecht zur Oberfläche gerichtete grobe Graphitadern, Anreicherungen von Fe_3C oder Ledeburit in der Randzone des Gußeisens verursachen Blasenbildung. Festgeschlagene Strahlmittelteilchen aus Hartguß führen stets zu Blasen (*Thier* 1959). Weiter können organische Verunreinigungen auf der Gußeisenoberfläche und im Email sowie auch Metalle mit niedrigem Schmelz- und Siedepunkt (Blei, Zink, Magnesium, Aluminium) Ursache der Blasenbildung sein. Besonders kritisch ist metallisches Zink (*Arnold* 1961; *Dietzel* 1961), weil es bei den üblichen Emailliertemperaturen bereits einen beträchtlichen Dampfdruck entwickelt.

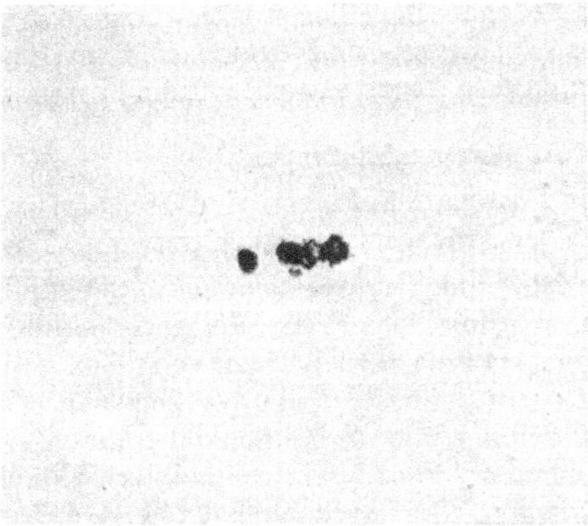

a)

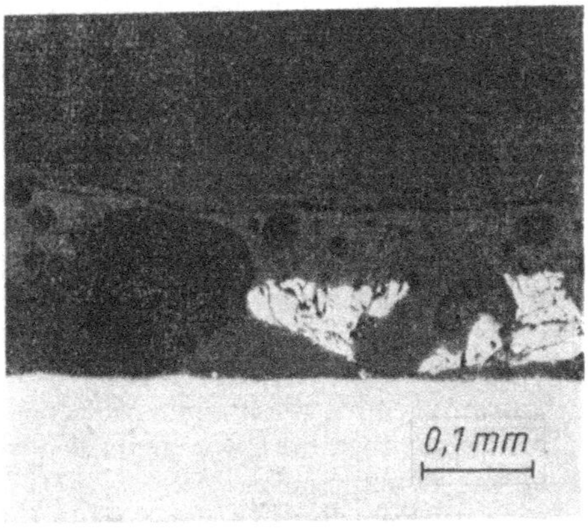

b)

Bild 17.10. Blasen ud Poren durch Verunreinigungen

a) Blasen über Verschmutzungen

b) Querschliff durch einen schwarzen Punkt mit Blase, hervorgerufen durch Gußeisenspänchen im Grundemail (ZKS Dresden)

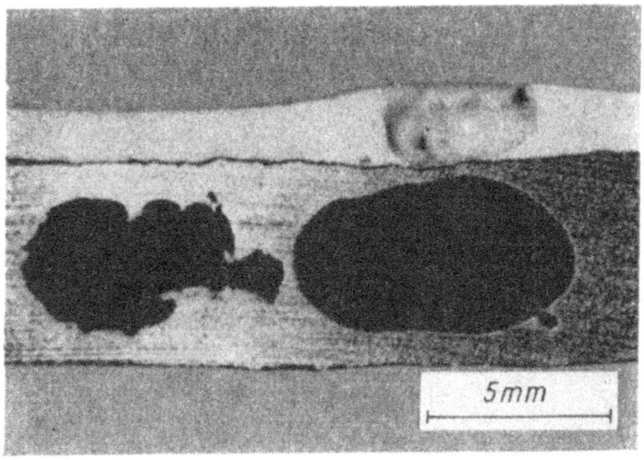

Bild 17.11. Blase über großem Hohlraum im Gußeisen (ZKS Dresden)

17.2.2.3. Saugstellen

Saugstellen im Email entstehen, wenn im Grundmetall ein Hohlraum mit kapillarähnlicher Verbindung zur Oberfläche vorhanden ist. Meist genügt beim Brennprozeß schon die Ausdehnung der im Hohlraum eingeschlossenen Luft, um eine Emailblase zu erzeugen, die bei anschließender Abkühlung wieder in den Hohlraum eingesaugt wird. Der Fehler kommt fast nur bei der Graugußemaillierung vor.

17.2.2.4. Blasenlinien

Unter Blasenlinien sind bevorzugt bei Blech auftretende, richtungsorientierte, aneinandergereihte Blasen und deren Folgeerscheinungsformen zu verstehen.

Bereits ein Kratzer auf dem Blech kann durch Anreicherung von Fremdstoffen zu einer Blasenlinie im Email führen. Ähnliche, meist parallel verlaufende Blasenlinien entstehen, wenn grundemaillierte Teile mit Schleifkörpern aus SiC nachgearbeitet werden (CO-Entwicklung beim Brennen). An Blechkanten treten meist Blasenlinien auf (*Wegner* 1957), die sich durch eine entsprechende konstruktive Gestaltung der Erzeugnisse vermeiden lassen. Auch ein Signieren der Rohware mit Kreide kann Blasenlinien ergeben (*Wegner* 1959).

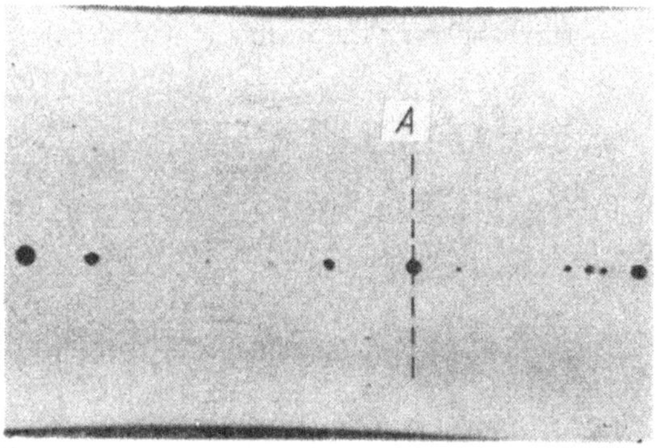

a)

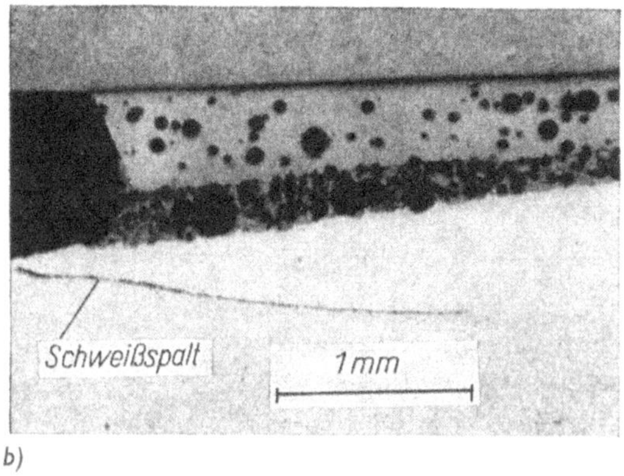

b)

Bild 17.12. Blasenlinie über einer Rollennahtschweißung

a) Aufsicht

b) Querschliff a-b senkrecht zur Schweißnaht (ZKS Dresden)

Die typischste und häufigste Ursache von Blasenlinien sind jedoch undichte Schweißnähte, z. B. bei Punkt- und Rollennahtschweißungen (Bild 17.12). In die Schweißspalte werden mit dem Schlickerwasser auch Tonteilchen und Feinkornanteile des Emails mit chemisch gebundenem Wasser eingesaugt, das sich bei der Trocknung des Emailauftrages nicht entfernen läßt und erst beim Brennen dampfförmig aus den Schweißnähten entweicht. Bei Rollennahtschweißungen muß vor allem beachtet werden, daß die Elektrode über die volle Nahtbreite reicht. Auch beim Schweißen mit Zusatzstoff und beim Autogenschweißen werden durch Nahtfehler (Schlacken- und Gaseinschlüsse) Blasenlinien und Einzelblasen im Email erzeugt.

17.2.2.5. Blasenanhäufungen

Unter Blasenanhäufungen sind hier alle auf beliebiger Fläche massiert auftretenden Blasen, Blasennester, Aufkochungen, Schaumigkeit einschließlich deren Folgeerscheinungsformen (Poren, Stiche) zu verstehen (Bild 17.13). Blasennester sind örtlich begrenzt. Aufkochung bzw. Schaumigkeit können sich dagegen auf die gesamte emaillierte Fläche erstrecken. Bei Aufkochungen sind Durchmesser und Abstand der Blasen größer als bei Schaumigkeit. Diese Fehlerart entsteht primär oder sekundär bei Wiederaufkochen.

Blasennester treten bei Verunreinigungen auf der Blechoberfläche auf, wie z. B. Reste von Korrosionsschutzölen oder Ziehmitteln (*Märker* 1951a), die bei der Vorbehandlung nicht entfernt wurden. Örtliche Grundemailverdickungen bei gleichzeitiger Stellmittelanreicherung erzeugen im Deckemail ebenfalls Blasennester.

Schaumiges Email entsteht, wenn das Grundemail ungenügend ausgebrannt wurde oder das Deckemail überaltert war bzw. zu große Mengen von Stellmitteln enthielt. *Kyri* (1974) verweist in diesem Zusammenhang auf Fehler, die durch Tragant in Mengen über 0,05 % entstehen. Auch das Email auf stumpf angeschweißten Blechhohlbeschlägen kann schaumig werden. Ursache ist Wasserstoff, der sich aus eingedrungenen Resten der Beizsäure oder des Grundemailschlickers beim Brennen bildet und durch das Blech dif-

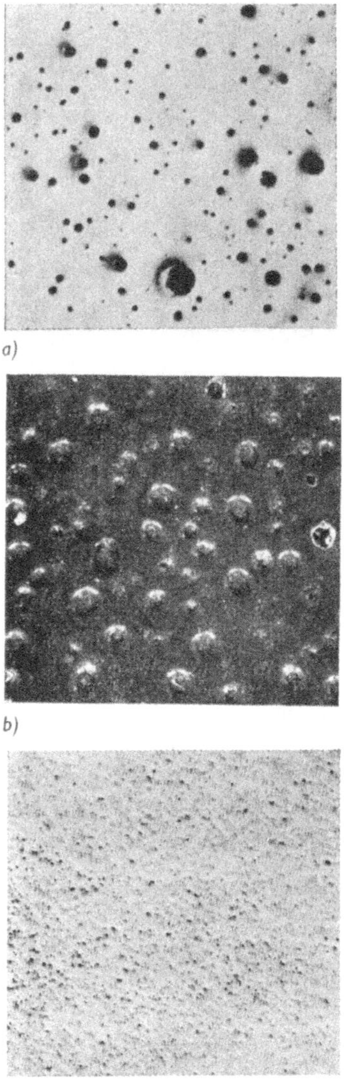

a)

b)

c)

Bild 17.13. Blasenanhäufungen
a) Blasennest (Ausschnitt); *b*) Aufkochung;
c) Schaumigkeit (ZKS Dresden)

fundiert. Besonders bei Grundemails mit Borax als Mühlenzusatz tritt dieser Fehler auf. Als wesentliche Ursache für Aufkocherscheinungen kommen CO und H_2 in Betracht. Im allgemeinen gilt, daß mit steigendem C-Gehalt der Emaillierbleche die Neigung zum Aufkochen zunimmt. Als obere zulässige Grenze werden daher 0,10 % C angegeben. Der Mechanismus des Wiederaufkochens (reboiling) durch Wasserstoff wird – in Analogie zur Fischschuppenbildung – von *Dietzel, Wegner* (1957) und *Petzold* (1960b) ausführlich beschrieben. Bei hoher Haftfestigkeit des Emails kommt es nicht zu Fischschuppenbildung, sondern zu einer Wasserstoffspeicherung in der Grenzschicht und beim Erweichen des Emails beim Deckbrand je nach Emailviskosität zu Aufkochungen oder Schaumigkeit. Das ist auch die Ursache für Dekorblasen, die besonders bei längerer Zwischenlagerung der zu dekorierenden Teile auftreten. Das Wiederaufkochen läßt sich durch Verwendung geeigneter Emaillierbleche und Grundemails sowie Beachtung der in Abschnitt 17.2.1.5. gegebenen technologischen Hinweise vermeiden. Ein Nickel-Dip verhindert Aufkochen dagegen nicht (*Keeler* u. a. 1954; *Magor* 1958).
Bei der Direkt-Weißemaillierung können Aufkocherscheinungen entstehen, wenn das entkohlte Blech bei der Vorbehandlung zu lange gebeizt wurde. Als Ursache hierfür werden in der Blechoberfläche eingelagerte Beizrückstände angesehen.
Bei der Graugußemaillierung treten Blasenanhäufungen meist als Blasennester über Eisencarbidanreicherungen der Gußrandzone auf. Diese Anreicherungen können sowohl als örtliche Ausscheidungen von freiem Zementit oder Ledeburit als auch über größer Flächen in Form einer entarteten Randzone mit viel gebundenem Kohlenstoff vorliegen (*Pöschmann, Schneider* 1959; *Reininger* 1961; *Pöschmann* 1981). Dünnwandiges Gußeisen ist daher stärker betroffen (*Sakurai* u. a. 1955). Dem Fehler kann durch Glühen oder Abtragen der Randzone vorgebeugt werden; bezüglich weiterer Zusammenhänge sei auf die Abschnitte 10.2.2. bis 10.2.4. verwiesen.
Weitere Ursachen für Blasenanhäufungen sind größere Hohlräume im Gußeisen sowie Ausscheidungen von übereutektischem Graphit dicht unter der Gußoberfläche.
Die genannten Fehlerursachen wirken sich bei der Puderemaillierung am intensivsten aus und können besonders bei zähviskosen, chemisch hochresistenten Emails erhebliche Schwierigkeiten bereiten. Das gleiche trifft für Direktemails auf Gußeisen zu. Weniger

anfällig sind die Naßemaillierungen auf Sintergrund, da dieser reaktionsträge ist. Überbrannter, teilweise verglaster Sintergrund ist jedoch sehr empfindlich, weil der Deckbrand im Gegensatz zur Heißpuderemaillierung bereits bei Raumtemperatur beginnt.
Bei der Aluminiumemaillierung entstehen Blasen und Nadelstiche besonders durch überalterten Schlicker oder zu fortgeschrittene Trocknung des Auftrags vor dem Brennen.
Zur Ergänzung der vorliegenden Ausführungen sind die Publikationen von *Horstmann* (1961); *Asarow* (1961); *Weimer* (1960) und *Hadwiger* (1965) zu empfehlen.

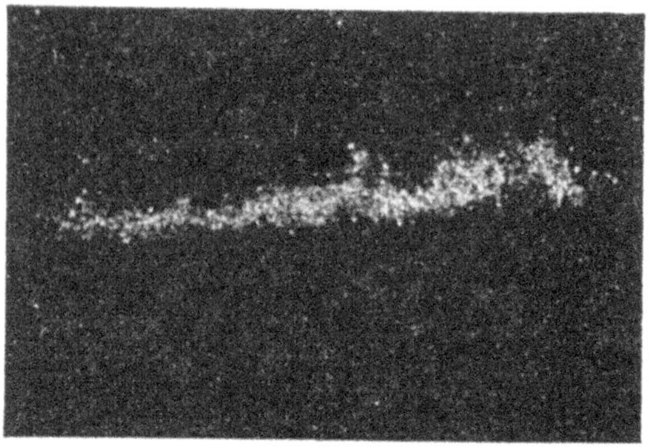

Bild 17.14. Durchzehrung infolge örtlich beschädigten Grundemailauftrags (ZKS Dresden)

17.2.3. Flecken und Fremdkörper

Unter Flecken werden hier punktförmige bis flächige Farbabweichungen des Emails mit unterschiedlicher Intensität verstanden.
Flecken entstehen durch im Email eingelagerte oder auf der Blechoberfläche befindliche Fremdkörper als Folge von Reaktionen in der Grenzschicht Metall/Email oder im Email selbst sowie durch bzw. als Relikte von Blasen. Nach *Murdoch* (1960) können Flecken bis zu 60% der Emailfehler ausmachen.
Da die meisten Flecken durch Verunreinigungen erzeugt werden, ist grundsätzlich auf größtmögliche Sauberkeit im Emaillierwerk und Einhaltung der technologischen Bedingungen zu achten. Das trifft auch auf die Emailaufbereitung zu (Anon. 1957b). Nicht selten sind es Eisenverunreinigungen, die Flecken direkt oder indirekt hervorrufen. Eine Magnetabscheidung ist daher grundsätzlich zu empfehlen; sie erfaßt aber nicht alle Eisenverbindungen. Lose auf dem Biskuit aufliegende Verunreinigungen lassen sich ggf. abblasen (Anon. 1956). Hg-Niederdrucklampen ziehen bevorzugt Insekten an, die ebenfalls zu einer Quelle von Verunreinigungen werden können (*Wegner* 1962b).

17.2.3.1. Durchzehrungen

Durchzehrungen (Abzehrungen) sind mit Eisenoxiden übersättigte Bereiche der Grundemaillierung und erstrecken sich auf mehr oder minder große Flächen, besonders an Kanten oder nicht beseitigtem Grat der Rohware. Wird das Emaillieren trotz dieses Fehlers fortgesetzt, so ergeben sich Mängel bei der Haftfestigkeit oder dunkle Verfärbungen im hellen Deckemail. Flächige Durchzehrungen (Bild 17.14) haben ihre Ursache in beschädigtem oder zu dünn aufgetragenem Grundemail sowie im Überbrennen.

17.2.3.2. Kupferköpfe

Kupferköpfe sind bis zu 3 mm große punktförmige, rötliche Anreicherungen von Eisenoxiden, vor allem Hämatit, in Blechgrundemails (Bild 17.15). Bei geringer Menge oder Fehlen von Hämatit ist die Fehlstelle schwarz und wird als Fliegenstippe bezeichnet (*Hadwiger* 1956b). Kupferköpfe und Fliegenstippen erzeugen bei der nachfolgenden Deckemaillierung schwarze Punkte oder Ringe.

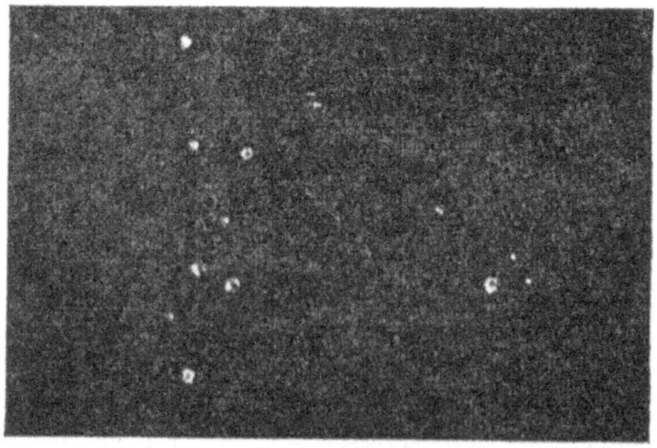

Bild 17.15. Kupferköpfe in gebranntem Grundemail

Kupferköpfe entstehen durch eine lokale intensive Oxydation des Eisens vor oder bei dem Grundbrand. Wird das Lösungsvermögen für das Eisenoxid überschritten, so »verschlackt« das Email, und das Eisenoxid wird in Fe_2O_3 (Hämatit) übergeführt. Für die Bildung von Kupferköpfen spielt das Brennverhalten des Grundemails eine wichtige Rolle.

Eine Eisenoxidanreicherung liegt bereits vor bei Zundereinwalzungen oder mit Rost gefüllten Blechporen sowie Eisenabrieb im Emailschlicker. Eine beträchtliche Eisenoxidanreicherung entsteht während des Grundbrandes an Eisenspitzen oder wenn durch Gasentwicklung die Grundemailschicht punktförmig verletzt wird (Anon. 1955). Letzteres kann geschehen durch organische Rückstände (z. B. Ziehmittel) oder Beizrückstände (Eisensalze). Rückstände der Schwefelsäurebeize ergeben rotgefärbte Kupferköpfe, die der Salzsäurebeize dagegen schwarze Fehlstellen (*Vielhaber* 1959a). Rückstände der HCl-Beize sind jedoch gefährlicher, weil die entstehenden Dämpfe eine besonders starke Eisenkorrosion bewirken (vgl. auch die negative Wirkung von Chloriden des Mühlenwassers). Chlorid- oder schwefelhaltige Gase sowie Wasserdampf in der Ofenatmosphäre verstärken die Eisenoxydation und fördern die Bildung von Kupferköpfen ebenso wie zu lange Brennzeiten und zu hohe Brenntemperaturen.

Grundemails mit einem breiten Brennintervall sowie Mehrkomponenten-Grundemails wirken der Kupferkopfbildung entgegen. Überstellte und überalterte Grundemailschlicker, die bei Temperaturerniedrigung kristalline Substanzen ausscheiden, sind stark gefährdet, weil die Kristalle beim Grundbrand zuerst schmelzen und infolge ihrer geringeren Oberflächenspannung kleine Vertiefungen bilden, in denen das Grundmetall stark oxydiert wird (*Wegner* 1961).

Ganz allgemein lassen sich Kupferköpfe durch einen Nickel-Dip unterdrücken.

17.2.3.3. Schwarze Punkte

Schwarze Punkte in hellen Emails können viele Ursachen haben. Als schwarze Punkte erscheinen ungenügend verdeckte Blasen und Überbleibsel einer Gasentwicklung im Email (*Blanchard* 1966). Sie entstehen durch vielfältige Verunreinigungen und sind ferner das Ergebnis von Grundemaildurchschüssen. Die Klärung der Ursachen kann nur mikroskopisch erfolgen.

Die meisten durch Fremdkörper verursachten schwarzen Punkte besitzen einen metallischen Einschluß. In erster Linie kommt hierfür Eisen in Betracht (*Vielhaber* 1954b), das vom Email nur unvollständig gelöst wird und als schwarzes Fe_3O_4 punktförmig sichtbar bleibt. Abrieb oder feinste Späne von Grauguß bewirken neben dem schwarzen Punkt gleichzeitig eine Gasblase. Ähnlich verhält sich Zink- oder Hartzinkabrieb, wobei durch Hartzink neben feinsten Zn-Dampfblasen dunkle Eisenoxidpunkte entstehen. Analog wirkt eine Verunreinigung des Emails mit metallischem Al (von Aluminiumgegenständen oder Al-Bronze; *Wegner* 1962b). Auch metallisches Nickel im Grundemail führt zu schwarzen Punkten bei der Deckemaillierung. Schwarze Punkte können durch eine SO_2-haltige Ofenatmosphäre erzeugt werden, allerdings nur dann, wenn das Email bereits mit Schwefelionen gesättigt ist (*Gaiger* 1966). Vermutlich handelt es sich hierbei um Metallsulfide. Ein extremes Beispiel für die Entstehung schwarzer Punkte ist die Reduktion von Cu_2S durch Eisen (*Pöschmann* u. a. 1979). Das beim Schmelzen der Fritte unter reduzierenden Bedingungen aus dem Farbkörper gebildete Cu_2S wird beim Brennen zu Cu und SO_2 umgesetzt. SO_2 entweicht und gibt zu einer starken Eisenoxydation Anlaß.

Bei der Heißpuderemaillierung von Grauguß entstehen sogenannte Grundpunkte im Deckemail, wenn sich durch Überbrennen des Schmelzgrundes lokale Anreicherungen von Eisenoxiden bilden. Das Eisenoxid löst sich im Deckemail nur sehr langsam und dringt als kompakte Masse zur Emailoberfläche vor.

17.2.3.4. Durchschüsse

Unter Durchschüssen wird das örtliche Durchdringen der unteren Emailschicht in die darüberliegende verstanden. Meist handelt es sich um Grundemaildurchschüsse im Deckemail (Bild 17.16). Durchschüsse im Majolika-

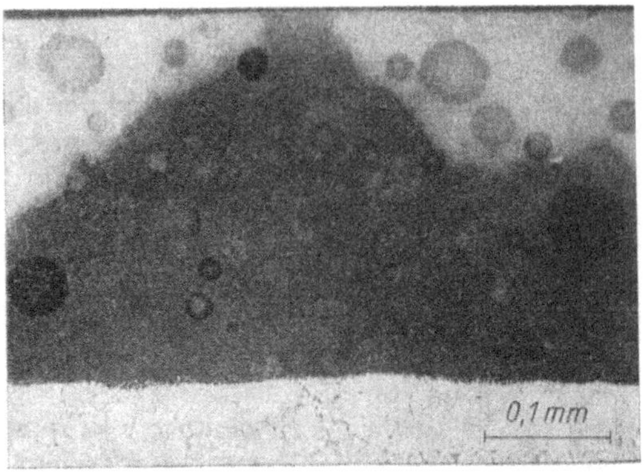

Bild 17.16. Querschliff durch einen Grundemail-durchschuß (ZKS Dresden)

email bezeichnet man wegen ihres typischen Aussehens als Fischaugen.

Durchschüsse werden ausgelöst von einer Gasentwicklung in der Grenzschicht Metall/Email, durch eine örtliche Viskositätsverringerung des Grundemails oder eine ungeeignete Anpassung der übereinanderliegenden Emails (Dichte, Oberflächenspannung); im letzten Falle sind sie das Ergebnis dynaktiver Prozesse (s. Abschnitt 22.4.4.).

Bei der Gasentwicklung aus der Grenzschicht entsteht im Deckemail zunächst ein Krater, der nach Oxydation des Grundmetalls wieder zuschmilzt. Das schwarzgefärbte Gemisch aus Grund- und Deckemail kennzeichnet den Durchschuß. Durchschüsse im Majolikaemail haben ihre Ursache in einem zu schnellen Brennen bei hohen Temperaturen bzw. einem Überbrennen des Emails.

Eine örtliche Viskositätsverringerung entsteht beim Grundbrand infolge Anreicherung von Salzen oder verletzter Grundemailschicht (starke Eisenoxidbildung). Im Prinzip handelt es sich hierbei um die Bildung eines Kupferkopfes im Grundemail, der dem Durchschuß im Deckemail vorausgeht.

Grundsätzlich lassen sich Durchschüsse unterdrücken, wenn der Brennprozeß nicht zu lange ausgedehnt wird und die Brenntemperaturen nicht zu hoch sind.

17.2.3.5. Einschlüsse

Einschlüsse im Email werden durch Fremdkörper hervorgerufen, die ohne nennenswerte Nebenreaktionen örtlich begrenzte Farbabweichungen oder Oberflächenunebenheiten im Email bewirken.

Solche Fremdkörper können bereits bei der Aufbereitung in das Email gelangen. Helle Einschlüsse deuten auf Splitter der Mahlkugeln oder des Mühlenfutters hin und werden auch durch grobe Quarzkörner hervorgerufen (*Hadwiger* 1971). Sie ragen zum Teil über die geschlossene Emaildecke hinaus und werden auch als Pickel oder Steinpickel bezeichnet. Dunkle Einschlüsse bestehen meist aus Ölkohle oder Hammerschlag (Fe_3O_4). Vielfach sind Einschlüsse auf Verunreinigungen mit andersfarbigen Emails zurückzuführen.

17.2.3.6. Verfärbungen

Unter Verfärbungen des Emails sind mehr oder weniger große Farbabweichungen mit auslaufenden oder scharfen Konturbegrenzungen zu verstehen.

Manche Emails sind nicht farbstabil, so daß bereits Temperaturunterschiede im Brennofen zu großflächigen Farbabweichungen führen. Überalterte Schlicker neigen durch ihre Auslaugprodukte zur Bildung von Trockenrändern, die infolge Schaumigkeit einen abweichenden Farbton ergeben.

Titanemails sind gegenüber chromiumhaltigen Verunreinigungen aus den Rohstoffen oder der Brennatmosphäre sehr empfindlich (*Dietzel, Flörke* 1957), besonders bei gleichzeitiger Anwesenheit von Sulfaten (s. Abschnitt 22.6.2.). Bei örtlichen Chromiuman-

Bild 17.17. Flecke durch Limonadenspritzer auf dem Emailbiskuit nach dem Brennen (ZKS Dresden)

reicherungen (z. B. Zunder von hitzebeständigen Brennvorrichtungen) werden auch anatasgetrübte Emails verfärbt. Als Gegenmaßnahme ist neben der Vermeidung örtlicher Überhitzungen der chromiumhaltigen Ofeneinbauten eine turnusmäßige Entzunderung der Brennvorrichtungen zu empfehlen.
Ölhaltige Preßluft zum Spritzen ist eine weitere Ursache für Verfärbungen (Anon. 1965a). Durch Spritzer von Limonade o. ä. auf dem Biskuit können schwachschaumige Zuckerflecke entstehen (Bild 17.17).

17.2.3.7. Ausblühungen

Ausblühungen sind weiße Beläge auf dem Email (Bild 17.18), die sich zwar abwischen oder abwaschen lassen, nach einer gewissen Zeit aber meist neu bilden. Ausblühungen entstehen durch Verwitterung chemisch wenig beständiger, alkalireicher Emails oder durch Ausscheidung von Sulfaten auf der Emailoberfläche. Der Fehler tritt vorzugsweise in der kalten Jahreszeit (hohe Luftfeuchte) auf.

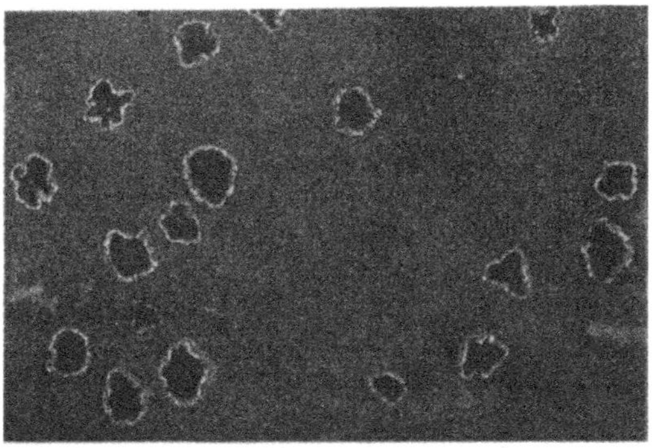

Bild 17.18. Sulfatausblühungen auf einem Braunemail (ZKS Dresden)

Der Vorgang der Verwitterung, z. B. von Majolikaemaillierungen, wurde von *Wegner* (1962a) untersucht; er ist in Abschnitt 22.8.4. beschrieben. Unabhängig von der Emailart sind bei der Verpackung und Lagerung der Fertigerzeugnisse Bedingungen zu schaffen, die eine Schwitzwasserbildung weitgehend verhindern.
Sulfatausblühungen treten besonders bei Rot- und Braunemaillierungen auf, deren Farbkörper Sulfide oder Sulfate enthalten. Die Ausblühung entsteht analog der Verwitterung an der Oberfläche durch Herauslösen von Sulfaten, die nach Verdunsten des Wassers als weißer Belag zurückbleiben.
Primäre Ursachen für diesen Fehler sind die Farbkörper, die ausreichend hoch geglüht und gründlich ausgewaschen sein müssen. Bei Braunfarbkörpern genügt dies meist, um den Fehler zu vermeiden. Bei Rotfarbkörpern wird das Cadmiumsulfid bei höherer Temperatur zu Sulfat oxydiert, das sich infolge der geringen Löslichkeit im Email oberflächig ausscheidet (s. auch *Zupnik* u. a. 1985, 1986).
Zur Vermeidung des Fehlers soll die Brennatmosphäre möglichst gering oxydierend sein (Anon. 1968a), was sich u. a. auch durch einen minimalen Wasserdampfgehalt beeinflussen läßt. Als Stellmittel sollte bevorzugt Natriumsilicofluorid verwendet werden, was sich auch auf die Brillanz von Rotemails positiv auswirkt. Durch Zugabe von Bariumsalzen werden Sulfate gebunden; allerdings können sich wasserlösliche Alkalisulfate beim Brennprozeß neu bilden. Etwas umstritten ist die Frage der Emailaufbereitung, jedoch dürfte eine möglichst feine Mahlung mit optimaler Verteilung des Farbkörpers einen positiven Einfluß ausüben. Schließlich wird eine langsame Abkühlung nach dem Emailbrand empfohlen, wie sie beim Umkehrofen gewährleistet ist.

17.2.4. Sonstige Fehler

17.2.4.1. Schichtdickenabweichungen

Schichtdickenabweichungen als Unterschiede in der Emaildicke sind bedingt durch Ablaufstreifen, Abrutschen, Spritzwelligkeit usw. Sie werden als störend empfunden, wenn sie mit bloßem Auge wahrnehmbar sind.
Derartige Fehler entstehen im wesentlichen durch falsche Auftragsparameter, insbesondere ungeeignete rheologische Eigenschaften des Schlickers. Ablaufstreifen bilden sich bevorzugt an Löchern und Sicken, wenn der Schlicker zu lange in einer bestimmten Richtung läuft. Zum Abrutschen neigen thixotrope, überstellte Schlicker. Abrieseln entsteht dagegen durch zu großen Wassergehalt

oder zu geringen Tonanteil im Schlicker und wird durch zunehmende Wasserhärte gefördert. Spritzwelligkeit ist auf einen zu hohen Luftdruck bei spitzem Spritzwinkel zurückzuführen (s. auch Kapitel 9 und 14).

17.2.4.2. Orangenschalenstruktur

Mit Orangenschalenstruktur wird eine leicht narbige Oberfläche des Emails bezeichnet. Der Fehler entsteht beim Spritzen mit zu hohem Druck oder zu geringem Spritzabstand, besonders dann, wenn das Email zu grob gemahlen wurde.

Hochviskose, zu kurz gebrannte Deckemails sowie zu dünn aufgetragenes Email zeigen ein ähnliches Fehlerbild. Verschiedene Emailtypen neigen beim Überbrennen ebenfalls zu orangenschaligen oder ledernarbigen Emailoberflächen. Schließlich kann auch ein Schäumen von überaltertem Grundemail oder Wiederaufkochen diese Fehlerart bewirken.

17.2.4.3. Dellen

Dellen sind flache kalottenförmige Vertiefungen in der Emailoberfläche bis zu 5 mm Durchmesser. Sie werden mitunter auch als Grübchen oder Näpfchen bezeichnet, besonders wenn ihre Ränder scharf begrenzt sind.

Dellen entstehen aus unvollständig verschmolzenen Poren oder durch örtlich herabgesetzte Oberflächenspannung des Emails. Meist liegt eine Gasentwicklung zugrunde, die im Deckemail selbst auf Grund verschiedener, oft mit dem Ton eingeschleppter Verunreinigungen (Carnallit, Kalkspat) oder Fe_3C- bzw. SiC-haltigen Abriebs zu suchen ist. Emails mit hoher Viskosität und Oberflächenspannung sind anfälliger als leichtschmelzende, bei denen die Dellen zufließen, ohne sichtbare Spuren zu hinterlassen.

Dellen durch lokal herabgesetzte Oberflächenspannung können entstehen durch ungenügend ausgeschmolzene Emails, auskristallisierte Stellmittel (Boraxdellen), Befall mit chromiumhaltigem Zunder oder Sulfatausscheidungen. Zunderbefall ist bei dunklen Emails nur schwer nachweisbar, da zwar eine Delle, nicht aber das in Auflösung befindliche winzige Eisenoxidteilchen zu sehen ist. An der Emailoberfläche sich ausscheidende Sulfate

Bild 17.19. Sulfatdellen (ZKS Dresden)

verringern lokal die Oberflächenspannung und bewirken die Ausbildung typischer Dellen (Sulfatdellen; Bild 17.19). SO_2-haltige Ofenatmosphäre sowie Sulfit-Anreicherungen im Emailbiskuit, erkennbar durch Gelbbraunfärbung heller Emails nach der Trocknung, fördern diese Fehlererscheinung.

17.2.4.4. Mattes Email

Mattes bzw. blindes Email ist gekennzeichnet durch eine mehr oder minder glanzlose Oberfläche, die sich durch Abwischen nicht verändern läßt. Dieser Fehler kann durch mangelhaftes Brennen, Emailentglasung, ungeeignete Mühlenversätze oder Tonabscheidungen aus dem Schlicker entstehen.

Hohe Gehalte an SO_2 und CO_2 in der Ofenatmosphäre (gasbeheizte Öfen) führen besonders bei Anwesenheit von Wasserdampf zu Anätzungen des Emails. Auch Chloriddämpfe aus der Zersetzung von Stellmitteln erzeugen matte Oberflächen.

Matte Emails können durch zu hohe Gehalte an schwer schmelzenden Mühlenzusätzen entstehen. Auch bei der Kombination mehrerer unterschiedlicher Fritten ist Glanzminderung möglich. Derartige Effekte können zur Herstellung von Mattemails genutzt werden (*Plankenhorn* 1965). Schwefelhaltige Farbkörper führen bei chemisch weniger beständigen Emails durch SO_2-Bildung beim Brennen ebenfalls zu matten Oberflächen. Durch Konzentrierung von Ton an der Oberfläche des Emailauftrages entsteht nach dem Brennen eine der Entglasung ähnliche Erscheinung. Der Tonschleier bildet sich bei dünnen, unterstellten Emailschlickern während des Auftragens; er ist von der Tonqualität abhängig. Zu unkontrollierter Entglasung neigen besonders alkalireiche Emails.

17.2.4.5. Deformierungen

Deformierungen als Formabweichungen gegenüber den konstruktiven Festlegungen entstehen während des Brennvorgangs vorzugsweise bei Flachteilen. Sie zeigen sich in Form von Verwerfungen, Durchsacken, Auswölben oder Beulenbildung. Verwerfungen erstrecken sich über das gesamte Teil, das Durchsacken erfolgt zwischen steifen Kanten infolge des Eigengewichts. Auswölbungen und Beulenbildung sind spannungsbedingte Deformationen, die sich im letzten Fall auf eine begrenzte Fläche beziehen. Beulen entstehen besonders zwischen Blechdurchbrüchen.

Die wesentlichsten Entstehungsursachen und Einflußgrößen der Deformierung sind werkstoffseitig die Blechqualität, der C-Gehalt und das Gefüge; darauf wurde bereits in Abschnitt 10.1.4.4. ausführlich eingegangen.

Ferner wirken sich innere Spannungen aus, die bei der Blechherstellung durch Planieren und Dressierstich bedingt sind; weitere Ausführungen bei *Blanchard* (1969).

Von Bedeutung ist die konstruktive Ausbildung des Erzeugnisses. Die Blechdicke geht in das mechanische Trägheitsmoment mit der dritten Potenz ein, ist also besonders bei großen ebenen Flächen wichtig, sofern diese nicht versteift werden können. Schweißnähte bewirken erhebliche Verspannungen und sollten daher auf ein Mindestmaß begrenzt werden (s. auch Kapitel 11).

Einfluß wird auch durch das Email ausgeübt. Niedrigbrennende Emails wirken Deformationserscheinungen entgegen. Ein niedriger *AK* des Emails führt bei einseitiger Emaillierung durch hohe Druckspannungen zu Formänderungen. Eine rückseitige dünne Emailschicht mit extrem niedrigem *AK* kann als Spannungsausgleich dienen. Bei sehr starker Anreicherung von Eisenoxiden, z. B. im »Wassergrund« (10 % Email, 90 % Zunder), kann es wegen der unterschiedlichen Wärmedehnung von Metall und Zunder (Bild 17.20) zum Verwerfen kommen (*Dietzel*,

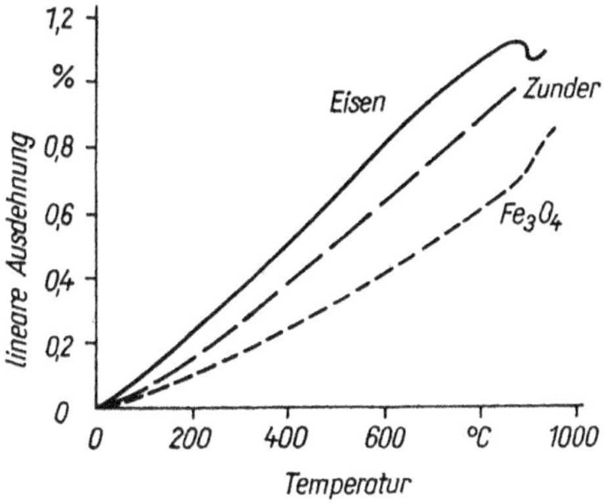

Bild 17.20. Ausdehnungskurven von Eisen, Fe_3O_4 und Zunder (nach *Dietzel*, *Wegner* 1951 c)

Wegner 1951 c), auch wenn das Email noch zäh ist.

Beim Brennen führen große Aufheiz- und Abkühlgeschwindigkeiten zu Verspannungen, die mit der Anzahl der Brennzyklen zunehmen. Formkomplizierte Teile (z. B. Backräume) sollen daher möglichst gleichmäßig aufgeheizt werden. Flachteile sind hängend zu brennen. Für dünnwandige Behälter können spezielle Brenngestelle mit abstützender Wirkung erforderlich sein.

18
Emailausbesserung

Email- und Emaillierfehler führen zu wertgeminderter Ware oder Ausschuß. Besonders bei hohem Anteil an fehlerhafter Ware besteht im Interesse vertretbarer Fertigungskosten die Notwendigkeit, möglichst viele Erzeugnisse durch Nachbesserung wieder aufzuwerten. Die Kosten müssen allerdings in vertretbarer Relation zur Werterhaltung und Werterhöhung stehen.
Für die Art der Emailausbesserung ist ausschlaggebend, ob die Nachbesserungsstelle sichtbar sein darf oder nicht. Bei Chemieapparaten hat z. B. die Erhaltung oder Wiederherstellung der Funktionstüchtigkeit Vorrang vor dem Aussehen. Die Reparaturstelle läßt sich im Gegenteil sogar besser überwachen, wenn sie sichtbar ist. Bei Erzeugnissen, die dekorative Anforderungen zu erfüllen haben, muß die Ausbesserungsstelle unsichtbar bleiben. Liegt der Wert der Rohware über den Emaillierkosten, kann auch eine Reemaillierung, d. h. Entemaillierung mit nachfolgendem Wiederemaillieren, zweckmäßig sein.
Vor der Ausbesserung bzw. Reemaillierung sind die Fehlerursachen (z. B. Doppelungen, Gußhohlräume, Schweißnahtfehler, zu kleine Radien usw.) zu beseitigen. Auf keinen Fall darf durch die Emailausbesserung ein Fehler lediglich überdeckt werden. Die damit verbundene Minderqualität des Erzeugnisses und das Risiko einer Reklamation stehen dem entgegen.
Für die Emailausbesserung kommen im wesentlichen folgende Verfahren in Betracht:

- Nachemaillieren,
- örtliche Ausbesserung mit Email oder anderem Material,
- Reemaillieren.

Das jeweilige Verfahren richtet sich nach Art und Wert des fehlerhaften Gegenstands.

18.1. Nachemaillieren

Nachemaillieren ist eine Emailausbesserung mit nochmaligem komplettem Brennprozeß. Die Ausbesserung kann dabei örtlich begrenzt sein oder einen zusätzlichen Emailauftrag des gesamten Werkstücks betreffen. Zum Einbrennen des Emails wird der ganze Gegenstand auf die erforderliche Brenntemperatur gebracht. Dabei kommt es mitunter zu Blasenbildung und Schaumigkeit des Emails durch H_2, CO oder CO_2. Besonders Graugußerzeugnisse, die nach dem Heißpuderverfahren emailliert wurden, neigen infolge Gefügeumwandlung zu großflächigem Aufkochen. In solchen Fällen ist nur ein Reemaillieren sinnvoll.

Vor dem Nachemaillieren müssen Fehlstellen, wie Poren, Aufkochungen, Durchzehrungen oder Durchschüsse, die den gesamten Emailquerschnitt betreffen, bis zum Grundemail nachgearbeitet werden. Am besten eignen sich hierfür Handschleifsteine oder rotierende Schleifkörper. Sie müssen jedoch SiC-frei sein und eine anorganische Bindung haben, weil sonst beim Emailbrand eine erneute Blasenbildung auftritt.

Vor der Nachbesserung von Abplatzungen (nur erfolgversprechend bei verdickten Emails als Ursache) ist die Fehlstelle einschließlich noch vorhandener Emailverdickungen zu verschleifen. Bei Unversehrtheit des Grundemails erübrigt sich ein Nachschleifen bis zum Metall.

Wird eine Nacharbeit bis zum Metall erforderlich, so muß an diesen Stellen zunächst Grundemail aufgetragen und separat eingebrannt werden. Beim Ausbessern mit Deckemail ist zur Vermeidung von Farbunterschieden und Glanzverlusten meist ein dünnes Nachspritzen (Übernebeln) des gesamten Gegenstandes zweckmäßig.

Ein Nachemaillieren ist bei Erzeugnissen aus Fein- und Grobblechen üblich, sofern die Schichtdicke des Emails nicht zu groß wird (Neigung zum Abplatzen).

18.2. Örtliche Ausbesserung

Der beim Nachemaillieren erforderliche zusätzliche Brennprozeß ist besonders bei großen Werkstücken energie- und kostenaufwendig und birgt das Risiko neuer Fehler in sich. Wo die Möglichkeit besteht, wird daher auf eine örtliche Ausbesserung orientiert.

Dickwandige Gegenstände aus Stahl oder Grauguß lassen sich nach dem Emailbrand während der Abkühlung bis auf 500 °C mittels *Knallgasflamme* ausbessern, sofern die Fehlstelle trotz der höheren Werkstücktemperatur zugänglich ist. Diese Heißausbesserung ist bei der hochsäurefesten Emaillierung üblich und ergibt vollwertige Ausbesserungsstellen.

Nach dem völligen Abkühlen ist eine örtliche Ausbesserung durch Aufschmelzen von Email nur dann möglich, wenn sich keine emailzerstörenden Spannungen entwickeln (*Pöschmann* 1970). Diese Bedingung wird mit hinreichender Sicherheit weder beim Schweißen mit einer Flamme oder einem Lichtbogen, noch durch dielektrische Erwärmung erfüllt. Beim Flammspritzen kommt ohne Vorwärmung des Werkstücks auf mindestens 700 °C keine Emailhaftung zustande. Das z. Z. einzig mögliche Verfahren beruht auf einer partiellen induktiven Erwärmung des auszubessernden Gegenstands (*Pöschmann* 1972b; s. auch Bild 16.17, S. 270). Aber selbst dann bleibt die Ausbesserung auf Werkstücke beschränkt, die eine freie Ausdehnung axial zur Induktorschleife zulassen. Die örtliche *induktive Emailausbesserung* ist somit nur möglich an rotationssymmetrischen Teilen sowie Profilen, die sich mit einer Induktionsschleife umschließen lassen. Bei entsprechend ausgebildeten Schleifen können auch größere emaillierte Apparate ausgebessert werden.

Weitere Möglichkeiten der örtlichen Ausbesserung stellen das *Plombieren* und *Ver-*

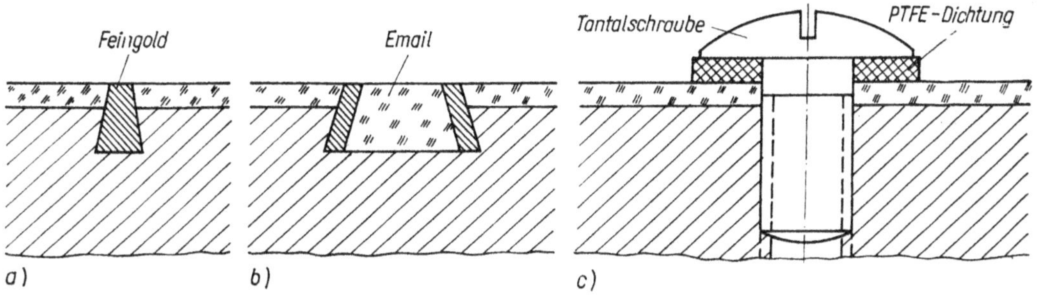

Bild 18.1. Ausbesserungsarten von Emailschäden
a) Plombe aus Feingold; *b*) Kegelplombe mit Emailkern und Feingold; *c*) Tantalschraube mit PTFE Dichtung

kitten dar. Das Plombieren bzw. Setzen von Stopfen ist eine zwar sichtbare, aber dennoch hochwertige Reparatur der Emaillierung (*Taran* u. a. 1985). Kittausbesserungen jeglicher Art sind dagegen dem Email nicht gleichwertig. Sie dienen lediglich einer begrenzten Verlängerung der Nutzungsdauer des emaillierten Gegenstandes.

Das Plombieren wird vorzugsweise im Chemieapparatebau (Stahl und Grauguß) ausgeführt. Bild 18.1 zeigt die wichtigsten Arten in schematischer Darstellung. Kleine Poren werden konisch hinterschliffen und mit Feingold ausgestopft (*a*). Größere Fehlstellen lassen sich durch Kegelplomben (*b*) oder Tantal-Schrauben mit PTFE-Dichtung (*c*) verschließen. Während der Betriebszeit auftretende größere Schäden können mit Tantalplatten überdeckt werden (*Gräfen* 1967). Moderne Mehrkomponentenkleber gestatten bei weniger belasteten Erzeugnissen (z. B. Badewannen) auch das Einkleben von Emailstopfen. Ein nachträgliches Verschleifen und Polieren der Ausbesserungsstelle läßt diese nahezu unsichtbar werden.

Das Verkitten von Fehlstellen im Email wird nur dann angewendet, wenn im Gebrauch durch chemische, thermische oder mechanische Überlastungen Emaildefekte entstanden sind. Geeignet hierfür sind grundsätzlich alle auf Metall gut haftenden Plaste oder Elaste, die allein oder im Gemisch mit Emailpulver verwendet werden. Derartige Ausbesserungen müssen die Forderungen nach chemischer und thermischer Belastbarkeit über eine bestimmte Zeit erfüllen und werden dann erneuert. Je nach Art der Belastung können z. B. Hartgummimasse oder Epoxydharz verwendet werden. Für saure Beanspruchungen ist auch ein Gemisch aus Wasserglas und Emailpulver geeignet, das in mehreren Schichten aufgetragen, getrocknet und anschließend mit 15 %iger Salzsäure ausgehärtet wird.

Zum Ausbessern von Emailschäden in Haushalt- und Sanitärgegenständen sind Reparaturkittmassen auf Epoxydharzbasis im Handel, die relativ einfach zu handhaben sind. Derartige Ausbesserungsstellen sind jedoch nur begrenzt haltbar und werden im allgemeinen den dekorativen Anforderungen nicht gerecht.

18.3. Reemaillieren

Unter Reemaillieren im weiteren Sinne ist jedes Wiederemaillieren eines Gegenstandes zu verstehen, gleich ob die Ursache dafür eine fehlerhafte Emaillierung oder eine Emailzerstörung beim Gebrauch des Erzeugnisses ist. Das Reemaillierverfahren schließt ein Entemaillieren und die Vorbereitung der Rohware für das erneute Emaillieren ein. Reemaillieren ist nur dann angebracht, wenn der Wert der Rohware den Emaillieraufwand rechtfertigt. Ein Reemaillieren ist vor allem bei Apparateteilen, Rohren, Formstücken und Badewannen üblich.

18.3.1. Entemaillieren

Beim Entemaillieren ist zu unterscheiden zwischen mechanischen und chemischen Verfahren, die im Bedarfsfall auch kombiniert werden können. Eine Zusammenfassung von Veröffentlichungen hierzu gibt *Märker* (1965b).

18.3.1.1. Mechanisches Entemaillieren

Wichtigstes mechanisches Entemaillierverfahren ist das Strahlen (s. Abschnitt 13.5.2.). Es ist geeignet für Erzeugnisse aus Grauguß oder dicken Blechen und findet daher vorzugsweise beim Reemaillieren von Badewannen und Erzeugnissen des Chemieapparatebaus Anwendung, zumal die entsprechenden Emaillierwerke meist über geeignete Strahlanlagen verfügen.

Zur Beschleunigung des Strahlvorgangs kann die Emailschicht durch Abschrecken von 500 bis 700 °C mit kaltem Wasser zerstört oder aufgelockert werden. Das Verfahren ist nur dann anwendbar, wenn die Rohware einen derartig schroffen Temperaturwechsel ohne Schaden überstehen kann.

Ein Entemaillieren mit Ultraschall führte in der Praxis offensichtlich nicht zum vollen Erfolg.

18.3.1.2. Chemisches Entemaillieren

Das chemische Entemaillieren ist möglich in Medien, die im wesentlichen das Kieselsäuregerüst des Emails auflösen, d. h. Säuren (vorzugsweise Flußsäure), Alkalilaugen und

Ätzalkalischmelzen. Da die chemischen Verfahren das Grundmetall weniger beanspruchen als die mechanischen, können auch dünnwandige Erzeugnisse entemailliert werden. Dennoch muß bei diesen Verfahren das Blech aus ökonomischen Gründen eine Mindestdicke besitzen, die im allgemeinen mit 1,25 mm angegeben wird. Sie ergibt sich aus dem damit verbundenen Materialwert der Rohware, der dem Aufwand für das Entemaillieren äquivalent sein muß. Weiterhin wird beim Entfernen des Emails der Spannungszustand zwischen Metall und Email aufgehoben, wodurch bei geringen Blechdicken Verwerfungen entstehen, die mitunter erst beim erneuten Brennprozeß in Erscheinung treten.

Entemaillieren mit Säure
Die Wirkung der Flußsäure beruht auf der Reaktion mit SiO_2 und Silicaten unter Bildung von $SiF_4\uparrow$ und Silicofluoriden. Gute Ergebnisse werden bei Raumtemperatur mit einer 5- bis 20%igen Säure erreicht. Die Ablösezeiten betragen je nach Emailart 10 bis 20 h. Nach Kenntnis der Autoren wurde Flußsäure jedoch aus gesundheitsschädigenden Gründen großtechnisch kaum verwendet.
Konzentrierte Schwefelsäure, Salzsäure oder Chromsäure greifen die konventionellen Emails zwar stark an, sind jedoch wegen der langen Ablösezeiten und der unkontrollierten Anätzung des Metalls zum Entemaillieren wenig geeignet.
Aluminiumemaillierungen lassen sich in 20%iger HNO_3 bei Raumtemperatur ablösen. Chromatierte Teile können durch kurzzeitiges Behandeln in kalter 10%iger NaOH entemailliert werden (*Dietzel* 1981).

Entemaillieren mit Alkalilauge
Alkalilauge reagiert mit Kieselsäure unter Bildung löslicher Alkalisilicate. Durch Na_2SiF_6 und Benetzungsmittel kann der Prozeßablauf beschleunigt werden. Eine befriedigende Reaktionsgeschwindigkeit wird jedoch erst bei einem Druck von 1,2 bis 1,4 MPa erreicht. Die Konzentration an Alkalihydroxid soll etwa 50% betragen. Bei einer Temperatur von 150 °C erfordert die Entemaillierung je nach Emailart eine mehrmalige Behandlungszeit von 4 bis 5 h. Eine nachträgliche individuelle Beseitigung von Emailresten an ursprünglich verdickten Stellen läßt sich meist nicht vermeiden.
Über die Probleme des Autoklavverfahrens wird von *Sagel* (1954) ausführlich berichtet. Auf Grund des hohen Aufwandes durch den Autoklavenbetrieb wurde dieses Entemaillierverfahren inzwischen von der Ätzalkalischmelze verdrängt.

Entemaillieren durch Ätzalkalischmelze
Der Emailauflösung durch Ätzalkali liegt ebenfalls die Bildung löslicher Alkalisilicate, jedoch mit wesentlich erhöhter Reaktionsgeschwindigkeit, zugrunde. Die Arbeitstemperatur beträgt 480 bis 600 °C, wodurch sich die Entemaillierzeiten auf 5 bis 15 min verringern (s. z. B. *Toffanetti* 1985). Zur Beschleunigung des Entemaillierens und Verbesserung des Ausnutzungsgrades der Schmelze wird die Zugabe von Natriumsilicofluorid, Soda, Kochsalz u. a. empfohlen (z. B. *Gallin* 1963). Der Verbrauch an Ätzalkali bzw. Entemailliersalz wird mit 1 bis 2,5 kg je kg Email angegeben. Der Gefährdungsgrad ist beim Ätzalkaliverfahren wesentlich geringer als beim Autoklavverfahren mit Lauge, sofern die ätzenden Dämpfe durch eine gute Absaugung und Abscheidung unschädlich gemacht werden. Feuchtigkeit darf keinesfalls mit der Schmelze in Berührung kommen, weil spontan verdampfendes Wasser Ätzalkali explosionsartig verspritzt. Die Anlage ist daher aus Sicherheitsgründen entsprechend zu verkleiden. Eine Beheizung der Schmelzwanne über den Boden ist wegen der sich bildenden Schlammschicht nicht möglich und über die Seitenwände infolge des geringen Wirkungsgrades uneffektiv. Von *Sagel* (1954) werden daher auswechselbare Strahlrohrbrenner an den inneren Seitenwänden der Wanne vorgeschlagen.
Ein besonders Problem stellt die Entschlammung dar. Der voluminöse Schlamm hält sich hartnäckig im Schwebezustand und setzt sich erst bei ausreichender Sedimentationszeit (mindestens 8 h) am Boden ab. Im einfachsten Fall wird er mittels Schlammpfanne gehoben. Eine bessere Lösung stellt das Aufschmelzen und Ablassen des Schlamms durch

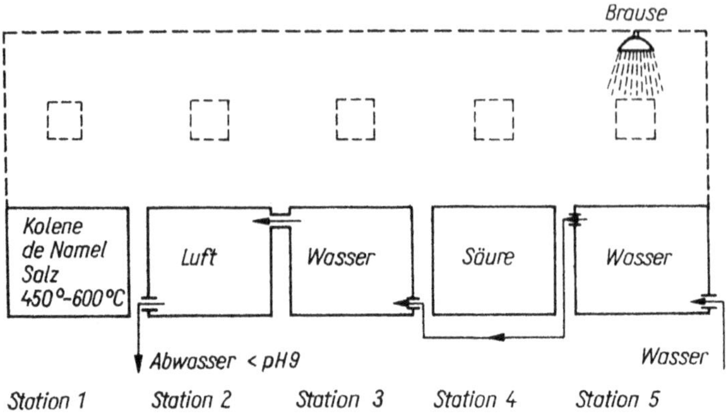

Bild 18.2. Schematische Darstellung einer Kolene-de-Namel-Anlage (*Kuhn* 1961)

ein heizbares Abflußrohr am Boden dar. Das vervollkommnete Kolene-de-Namel-Verfahren (*Kuhn* 1961) gestattet eine kontinuierliche Schlammentfernung. Durch ein bestimmtes Verhältnis von KOH zu NaOH werden monomere und trimere Silicate gebildet, die ohne Viskositätsänderung der Schmelze auskristallisieren. Sie werden durch Umwälzung in der Schwebe gehalten und dicht unterhalb des Badspiegels in ein Absetzbecken mit Schlammpfanne überführt, die ohne Unterbrechung des Betriebs ständig entleert werden kann.

Die zum Entemaillieren mit Ätzalkalischmelze erforderlichen Arbeitsstationen sind in Bild 18.2 schematisch dargestellt. Nach Emailablösung und Luftkühlung folgen eine Spülung mit Wasser, eine Beize in Salz- oder Schwefelsäure und schließlich eine gründliche Nachspülung. Die zum Entemaillieren vorgesehenen Teile werden entweder direkt oder in Stahlkörben stehend durch die Stationen geführt.

Wird Grauguß in einer Ätzalkalischmelze entemailliert, so nimmt das Werkstück Wasserstoff auf, der beim Wiederemaillieren zu Blasenbildung im Email führt. Die Wasserstoffaufnahme läßt sich durch Anlegen einer geringen positiven elektrischen Spannung am Werkstück vermeiden (*Pöschmann, Schneider* 1968).

Trotz dieser Weiterentwicklung wird in Europa immer weniger entemailliert. Das ist begründet durch verbesserte Emaillierverfahren mit verringertem Ausschuß bzw. Ausschußkosten, aber auch durch Probleme des Umweltschutzes. Nicht immer ist es möglich, den Entemaillierschlamm zur Neutralisation von Beizabwässern einzusetzen. Für eine Deponie werden jedoch Forderungen gestellt, die das Verfahren mit zusätzlichen Kosten belasten und unökonomisch werden lassen.

18.3.2. Wiederemaillieren

Das Wiederemaillieren erfolgt prinzipiell analog der Erstemaillierung. Voraussetzung für ein gutes Ergebnis ist eine metallisch reine Oberfläche der Rohware und spätestens jetzt die Beseitigung von fehlerhaften Stellen im Grundmetall. Auf keinen Fall dürfen Emailreste auf der Rohware verbleiben. Auch Reste einer Haft- oder Nickelschicht sind vollständig zu entfernen. Sofern sich beim Entemaillieren die Rohware verzogen hat, muß sie nachgerichtet werden. Das Ergebnis der Wiederemaillierung kann mitunter besser sein als das der Erstemail lierung. Durch die mit dem Erstemaillieren verbundene zusätzliche Wärmebehandlung des Blechs oder Graugusses findet eine Entkohlung der Randzone statt, die sich auf das Ergebnis der Wiederemaillierung günstig auswirkt.

Systemaspekte der Emailliertechnik

19
Emaillierverfahren

Das Emaillieren besteht im Aufbrennen eines dispersen Emails auf ein Metallsubstrat. Die Grundoperationen umfassen das Vorbehandeln des Grundwerkstoffes (der Rohware), das Auftragen eines Emailpulvers oder -schlickers, ggf. eine Trocknung und das Einbrennen der aufgetragenen Schicht. Sie wurden in den Kapiteln 13 bis 16 ausführlich behandelt.

Die Kombination der Grundoperationen innerhalb der Emaillierverfahren wird vom Metall und der von den spezifischen Emaillierverfahren abhängigen Anzahl der Emailaufträge und -brände bestimmt (Mehrschicht-, Zwei-Schicht-Ein-Brand-, Einschicht-Emaillierung). Diese Systematik wird im folgenden der Behandlung der Verfahren zugrunde gelegt. In Tabelle 19.1 sind die wesentlichen Zusammenhänge dargestellt. Bild 19.1 zeigt schematisch die Verfahrensabläufe.

Die Emaillierverfahren werden z. T. auch nach der Art des Emailauftrages (Naß-, Puder-, Elektrotauchemaillierung), des Zwischen- oder Finalerzeugnisses (Flachteil-, Geschirr-, Badewannen-, Apparateemaillierung) oder nach dem Anwendungszweck (z. B. Architekturemaillierung) bezeichnet.

19.1. Stahlblechemaillierung

Bei der Stahlblechemaillierung sind je nach Verwendungszweck und Ökonomie vielfältige Kombinationen der Grundoperationen üblich. Die daraus resultierenden unterschiedlichen Emaildicken und -gefüge beeinflussen maßgeblich die Eigenschaften des Kompositwerkstoffes.

19.1.1. Konventionelles Emaillieren

Die konventionelle Emaillierung (*KE*) ist eine Mehrschichtemaillierung, bei der auf das Metall zunächst ein Grundemail und darauf ein Deckemail (ein- oder mehrschichtig) in getrennten Arbeitsgängen aufgebrannt wird. Dieses Verfahren ist seit mehr als 150 Jahren üblich und wird im einfachsten Fall mit je einer Grund- und Deckemailschicht als Zwei-Schicht-Zwei-Brand-Verfahren (2S/2B; Bild 19.1a) ausgeführt. Nur zum Zweck der Nachbesserung erfolgt in geringem Umfang ein weiterer Deckemailauftrag und -brand. Beim Emaillieren von Chemieapparaten, die eine sehr dichte und porenfreie Emailschicht besitzen müssen, werden mindestens zwei, nicht selten drei bis fünf Deckschichten benötigt. Feinblech für die *KE* ($C < 0{,}10\,\%$) ist kostengünstig, die

Tabelle 19.1. Charakteristik der Emaillierverfahren

Metall	Verfahren	Grundoperationen			Materialdicken in mm			Anwendungsbeispiele
		Vorbehandlung	Auftragen	Brennen	Metall	Grundemail	Deckemail	
Stahlblech								
Feinblech	*KE*	E, B	H, A	K, D	0,4 bis 2,5	0,1 bis 0,15	0,2 bis 0,5	Haushaltgeräte, Badewannen
	2S/1B	E, B	(H), A, E, P	K, D	0,6 bis 1,5	0,02 bis 0,06	0,15 bis 0,25	Verkleidungsteile Schilder
	1S/1B,f	E, B	H, A, E, P	K, D	0,4 bis 1,5		0,12 bis 0,20	Herdteile, Boiler, Backräume
	DWE	T	A, E, P	D	0,6 bis 1,5		0,12 bis 0,20	Haushaltsgeräte, Flachteile
Grobblech	*KE*	G, S	H, A	K, (I)	4 bis 30	0,12 bis 0,20	0,50 bis 0,80	Apparate, Behälter, Rohre
Gußeisen								
dünnwandig	*KE*	G, S	H, A, (E)	K, D	3...6	0,1 bis 0,15	0,30 bis 0,50	Sanitärteile, Badewannen
			H, A, P	K, D	3...6	0,07 bis 0,1	0,60 bis 1,50	
	1S/1B, f	S	H, A, (E)	K, D	3...4		0,15 bis 0,25	Öfen, Herdteile
dickwandig	*KE*	G, S	H, A	K, (I)	10 bis 80	0,1 bis 0,15	0,30 bis 0,60	Apparate, Behälter, Rohre
			H, A, P	K, (I)	10 bis 80	0,08 0,12	0,8 bis 1,50	
Aluminium								
Blech	1S/1B (2S/2B)	E, G, C	(H), A	D	0,1 bis 3		0,06 bis 0,12	Geschirr, Verkleidungsteile
						0,05 bis 0,08	0,10 bis 0,15	
fal	1S/1B	E, G	(H), A	D	0,1 bis 1		0,06 bis 0,12	Ofenrohre, Abgasanlagen
Guß	1S/1B	S, E, C	H, A	D	2...8		0,06 bis 0,12	Brenner, Rahmen
	(2S/2B)	S, E, C	H, A	D	2...8	0,05 bis 0,08	0,10 bis 0,15	

E Entfetten, C Chromatieren, B Beizen, T Tiefbeizen mit Ni-Dip, G Glühen, S Strahlen, H Hand, A Automat/Roboter, E elektrisches Feld, P Puder/Pulverauftrag, f farbig, K Kammerofen, D Durchlaufofen, I Induktionsanlage

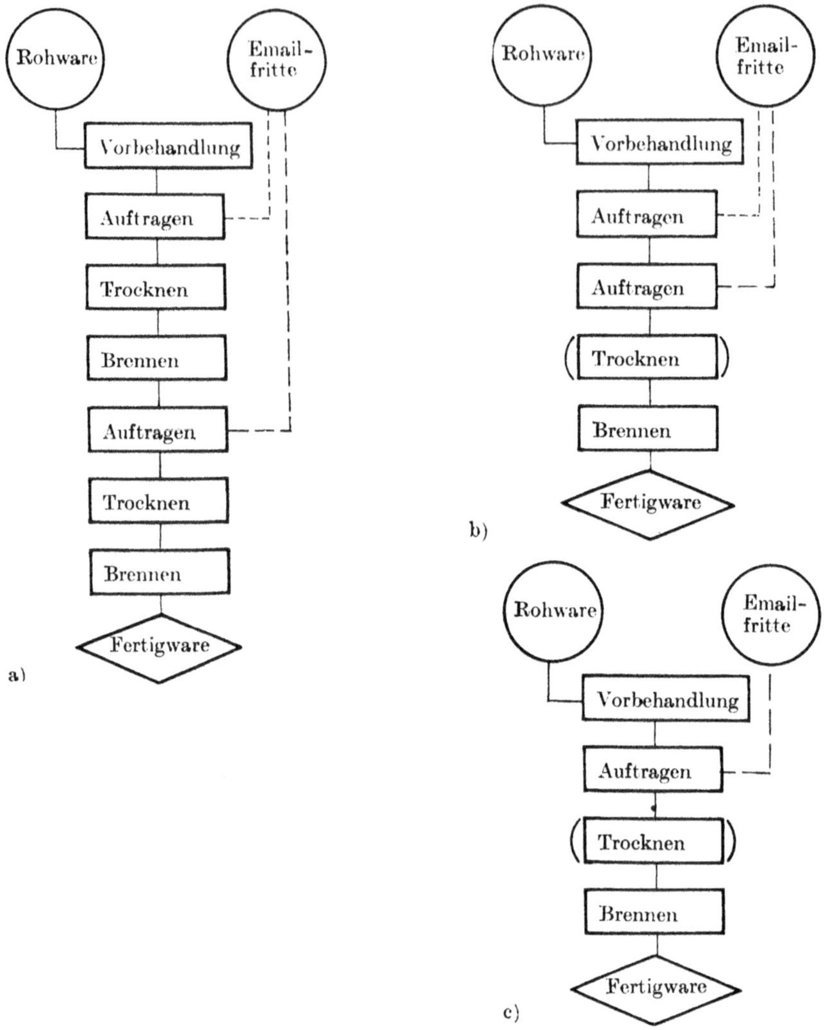

Bild 19.1. Schematische Darstellung der prinzipiellen Emaillierverfahren
a) Zwei-Schicht-Zwei-Brand-Emaillierung
b) Zwei-Schicht-Ein-Brand-Emaillierung
c) Einschichtemaillierung
in Klammern: entfällt bei PUESTA
------ Grundemail — — – Deckemail

Metallvorbehandlung relativ einfach (ggf. nur Entfetten; Liberty Coat-Verfahren). Das Auftragen erfolgt fast ausnahmslos nach dem Naßverfahren. Grund- und Deckemail werden heute vielfach bei einheitlicher Temperatur durcheinandergebrannt.

Die konventionelle Mehrschichtemaillierung ergibt die größten Schichtdicken (Gefüge, Bild 19.2a), was sowohl Vorteile (sehr dicht; feucht-chemisch belastbar) als auch Nachteile (Neigung zu Rissen und Abplatzungen) mit sich bringt.

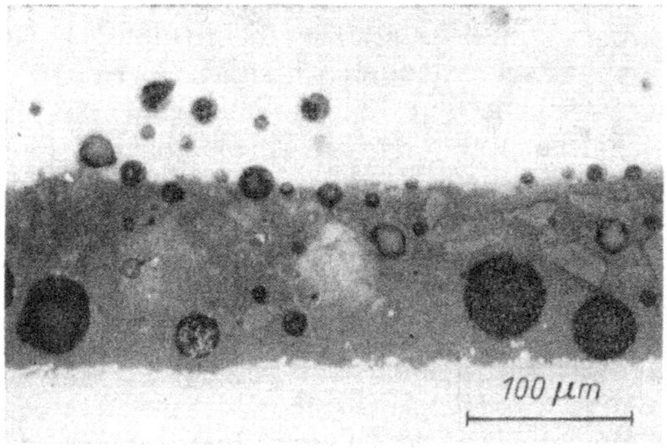

a)

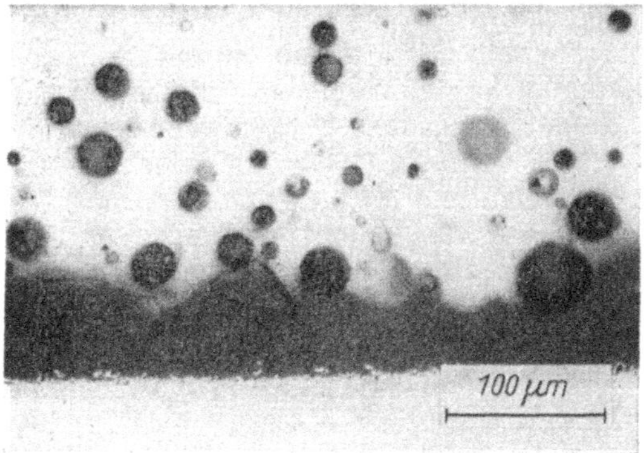

b)

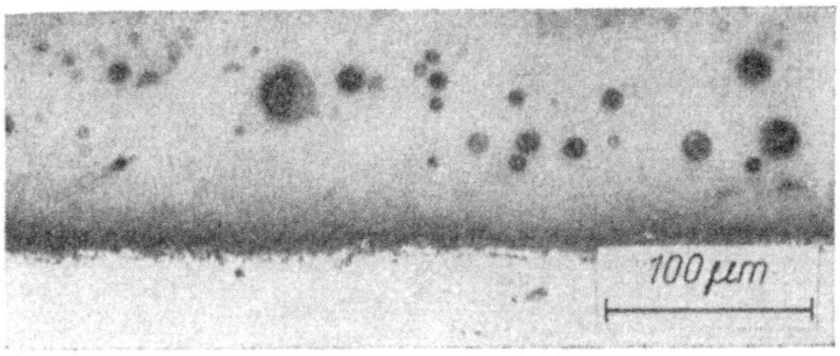

c)

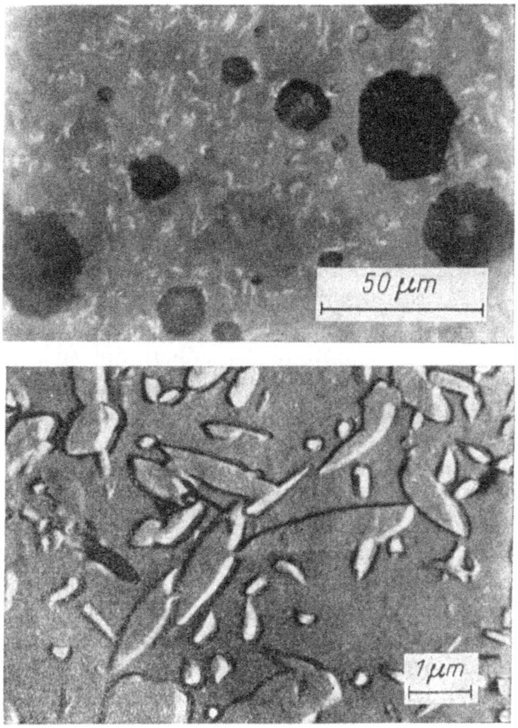

d)

Bild 19.2. Querschliff durch Stahlblechemaillierungen (ZKS Dresden)
a) konventionelle Emaillierung
b) 2S/1B-Emaillierung
c) Direktweißemaillierung
d) glaskristallines Email; *oben*: Industrieemail (VEB EHW, Thale), *unten*: Laboremail (*Carlson* u. a. 1963)

19.1.2. Zwei-Schicht-Ein-Brand-Emaillierung

Die Entwicklung von Verfahren der Zwei-Schicht-Ein-Brand-Emaillierung (2S/1B), auch als »two coat-one fire« oder »Dünnschichtemaillierung« bezeichnet, wurde Ende der 60iger Jahre eingeleitet. Die Notwendigkeit zur Steigerung der Produktivität, die Erhöhung der Energie- und Materialpreise sowie besonders die Senkung der Umweltbelastung wirkten hierfür stimulierend. Auch die erheblichen Aufwendungen bei der Vorbehandlung der *DWE* (s. Abschnitt 19.1.3.2.) forderten eine Alternativlösung. Eine zusammenfassende Darstellung des ökonomisch und ökologisch vorteilhaften 2S/1B-Verfahrens gibt *Joseph* (1981a).

Bei 2S/1B-Verfahren wird auf ein dünnes, ungebranntes haftoxidreiches Spezialgrundemail (bzw. eine grundemailähnliche Haftsuspension) das Deckemail als zweite Schicht aufgebracht und gemeinsam mit diesem eingebrannt (Bild 19.2b)[1]. Ein besonderer Vorteil besteht darin, daß konventionelles emaillierfähiges Feinblech verwendet werden kann;

[1]) Das schließt nicht aus, daß für spezielle Zwecke eine zweite Deckemailschicht aufgebracht wird.

das Verfahren ist umweltfreundlicher. Es lassen sich nahezu alle Farbvariationen realisieren, da ein Grundemail vorhanden ist. Das Gefüge einer 2S/1B-Schicht zeigt Bild 19.2b.

Eine technisch-ökonomisch günstige Lösung stellt die in größerem Umfang angewendete »Naß-Dünnschicht-Emaillierung« nach *Schumacher* (1971) dar. Hier werden ohne Zwischentrocknung ein Spezialgrundemail (Haftsuspension) und ein Deckemail übereinander gespritzt und gemeinsam eingebrannt. In bestimmten Fällen läßt sich das Grundemail auch durch Tauchen auftragen. Ein Zwischentrocknen des Grundes ist nachteilig, da getrocknetes Grundemail eine Penetrierung der beiden Emailschichten stark begünstigt. Als Metallvorbehandlung ist eine einfache Reinigungsbeize oder gründliche Entfettung ausreichend. Grund- und Deckemail müssen hinsichtlich Oberflächenspannung und Temperatur-Viskositäts-Verhalten aufeinander abgestimmt werden. Zur Verbesserung der Oberflächenqualität ist es zweckmäßig, tonarme oder tonfreie Mühlenversätze mit synthetischen Schwebemitteln (z. B. Suprasil) und speziellen Stellmitteln (Polyethylalkohole; rückstandslose Verbrennung) zu verwenden (*Blomberg*, Abschlußarbeit AdW 1975). Zur Dicke der Schichten s. Tabelle 19.1.

Über ein ähnliches Verfahren (»Combismalt«) berichten *Krist, Schuster* (1983) und *Ottoni* u. a. (1983). Als Bindemittel im Grundemail werden Saccharide und deren Verbindungen sowie Polyethylenglykole vorgeschlagen (*Krist* u. a. 1981). Außerdem wird wegen der erforderlichen hohen Mahlfeinheit auf besonders alterungsbeständige Grundemails orientiert.

Eine weitere aussichtsreiche Möglichkeit für die 2S/1B-Emaillierung besteht im Auftragen von Grund- und Deckemail mittels Pulverelektrostatik (*Wagner, Joseph* 1977; *Joseph* 1979c). Bei diesem Verfahren lassen sich sehr glatte und gleichmäßige Emailoberflächen erzielen. Das Grundemail wird auf einen spezifischen elektrischen Widerstand von 10^{12} bis 10^{14} Ω cm und das Deckemail auf 10^{14} bis 10^{16} Ω cm eingestellt. Das Grundemail soll ferner gegenüber dem Deckemail eine um mindestens 50 mN m^{-1} höhere Oberflächenspannung besitzen. Für das Verfahren besteht jedoch eine eingeschränkte Farbauswahl, da bei eingemahlenen Farbkörpern Entmischungserscheinungen auftreten können.

Die praktische Anwendbarkeit früherer Versuche, das Deckemail auf die getrocknete Grundemailschicht aufzutragen, ist vorerst nicht abzusehen. Von *Eckhoff* (1967) wird u. a. ein Mühlenzusatz von etwa 3 % Aluminaten oder Phosphaten vorgeschlagen, um ein »selbsthärtendes« Grundemail zu erhalten. Ferner ist versucht worden (*Reiss* u. a. 1975), das Grundemail mittels Siliconprodukten zu imprägnieren, um eine Wasseraufnahme aus dem Deckemail zu vermeiden. Nach *Sullivan* (1962) soll eine Ba-Metaphosphat und NiO enthaltende, nach *Perminov, Rodionova* (1971) eine aus Nickel- und Lithiumsalzen, Bentonit und Alumophosphat bestehende Haftsuspension besonders für die 2S/1B-Emaillierung geeignet sein.

Der Emailauftrag läßt sich sehr gut mechanisieren. Es wurde u. a. auch der elektrophoretische Auftrag von Haftsuspension und Deckemail vorgeschlagen (*Schumacher* 1971), der nach *Hoffmann* (1981a) auch für selbstreinigende Emails möglich ist.

19.1.3. Liberty Coat-Verfahren

Ist die Rohware rost- und zunderfrei, kann die Vorbehandlung beim *KE*- und 2S/1B-Verfahren auf die Entfettung beschränkt bleiben. Es sind dann jedoch Spezialgrundemails erforderlich. In der DDR ist dieses Verfahren seit über 20 Jahren besonders bei der Geschirremaillierung üblich. Das Verfahren ist durch den Wegfall des Beizprozesses (ggf. auch der Vernickelung) sehr umweltfreundlich; es wird heute als Liberty Coat-Verfahren, mitunter auch als »Uni Process« (*Nedeljkovic* 1977) oder »No pickle no nickel« bezeichnet. Bereits *Vielhaber* (1956, 1958) verwies auf die Möglichkeit einer ausschließlichen aber gründlichen (evtl. elektrolytischen) Entfettungsvorbehandlung. Das Metall sollte beim Grundbrand stärker zundern, das Grundemail einen höheren Anteil an Haftoxiden besitzen.

In den letzten Jahren hat das Verfahren im Hinblick auf eine Reduzierung der Vorbehandlungskosten und Umweltbelastung stark an Bedeutung gewonnen. Spezielle »beizfreie« Grundemails gewährleisten die erforderliche Haftfestigkeit und sind in der Lage, geringe Rostmengen ohne Qualitätsminderung der Emaillierung aufzunehmen. Ein derartiges, das Metall stark anätzendes Grundemail mit hohem Aufnahmevermögen für Schmutz- und Fettreste wird von *Wratil* (1971) beschrieben. Im allgemeinen enthalten solche Grundemails neben größeren Mengen an Haftoxiden Li_2O, BaO u. ä., sind also besonders leichtschmelzend (*Dietzel* 1983).

Nach *Nedeljkovic* (1981) soll auf ungebeizten Blechen die Fischschuppenanfälligkeit geringer sein, der Einfluß der Stahlqualität auf die Haftfestigkeit jedoch größer als bei gebeizten Blechen. Auf entkohlten, nur entfetteten Blechen wurde eine etwas geringere Haftfestigkeit gefunden. Im Bereich von Schweißnähten können schwer entfernbare Oxidschichten entstehen.

Die entfetteten Teile können sowohl nach den üblichen Naßverfahren als auch mittels Pulverelektrostatik beschichtet werden, wobei das Trockenverfahren produktionssicherer ist. Über positive Erfahrungen berichten *Serayet, Raffray* (1981); *Carter, Sincovec* (1981) und *Hawkins* (1984). Von *Nedeljkovic* (1981) werden folgende Kostenreduzierungen bei der Metallvorbehandlung gegenüber einer Beize mit Nickel-Dip angegeben:

Chemikalien	80 %	Luft-/Wasser-	
Wasser	75 %	aufbereitung	90 %
Dampf	60 %	Arbeitszeit	70 %
Elektroenergie	70 %		

Es darf aber nicht übersehen werden, daß beizfreie Grundemails durch ihre spezielle Zusammensetzung erheblich teurer sind als übliche Grundemails.

19.1.4. Einschichtemaillierungen

Bei der Einschicht- oder Direktemaillierung wird ein farbiges oder weißes Finish-Email unmittelbar auf das vorbehandelte Metall aufgetragen und eingebrannt (Ablauf, Bild 19.1c, S. 304). Das Verfahren stellt besonders bei der *DWE* spezielle Forderungen an das Metall und dessen Vorbehandlung. Direktemaillierte Teile besitzen auf Grund der geringen Emaildicke eine gute mechanische Festigkeit, können aber keiner besonderen chemischen Belastung ausgesetzt werden.

9.1.4.1. Farbige Einschichtemaillierung

In den Fällen, wo die Farbe des Emails (z. B. blau, schwarz, braun) die Verwendung von Haftoxiden gestattet, sind konventionelle Emaillierbleche und eine einfache Metallvorbehandlung ausreichend. Farbige Emails mit haftungsmindernden Oxiden (z. B. Cr_2O_3) sind für die Direktemaillierung ungeeignet. Am besten sind Grundemails, die erforderlichenfalls leicht nachgefärbt und z. T. unmittelbar nach dem Auftragen mit einem Weißsprenkel o. ä. (Naß in Naß) versehen werden können. Direktemails sollen möglichst leichtschmelzend sein und eine geringe Oberflächenspannung besitzen, damit beim Brennprozeß entstehende Gase schnell entweichen. Der Emailauftrag kann sowohl im Naßverfahren (einschließlich *ETE* und *ESTA*) als auch mittels Pulverelektrostatik vorgenommen werden.

19.1.4.2. Direktweißemaillierung

Bei der Direktweißemaillierung müssen die Voraussetzungen bereits mit der Metallvorbehandlung geschaffen werden. Erreicht wird das durch einen hohen Beizabtrag (Tiefbeize) und anschließende dünne Vernickelung (s. Abschnitt 13.2.). Die Ni-Auflage ist in Verbindung mit der Zunderschicht auch für die nicht emaillierten Erzeugnisrückseiten ein gewisser Korrosionsschutz. Kohlenstoffarme oder mikrolegierte Stähle sind erforderlich (s. Abschnitte 10.1.4. u. 10.1.5.). Beim »Flexosmalt«-Verfahren können konventionelle emaillierfähige Feinbleche eingesetzt werden, deren intensivere Vorbehandlung einen größeren Aufwand bei der Abwasseraufbereitung zur Folge hat. Das Verfahren wird bisher nur in geringem Umfang angewendet.

Für Klein- und Mittelbetriebe werden z. T. auch vorpräparierte (komplett vorbehandelte

Bleche angeboten, durch die sich die kosten- und anlagenaufwendige Vorbehandlung im Emaillierwerk erübrigt. Seit längerer Zeit sind auch vorbehandelte und mit kunstharzgebundener Emailschicht versehene Bleche im Gespräch (*Spiers* 1968), die sich aber wohl kaum durchgesetzt haben

Die bei der *DWE* üblichen geringen Schichtdicken erfordern eine intensive Weißtrübung, wie sie nur von guten Titanemails erreicht wird. Um gleichmäßige Emaildicken zu sichern, ist eine Mechanisierung des Emailauftrages ratsam. Neben dem Einsatz von Robotern wird vor allem bei großen Stückzahlen der elektrostatische oder elektrophoretische Emailauftrag angewendet; Gefüge s. Bild 19.2c, S. 305.

19.1.5. Glaskristalline Emaillierungen

Unter Hinweis auf das in Abschnitt 6.3.3. Gesagte sei vermerkt, daß ein Tempern geeigneter Deckemailkompositionen, die nach den üblichen Verfahren (i. d. R. 2S/2B) aufgebrannt wurden, zu einem weitgehend oder partiell kristallisierten Gefüge führt. Für ein optimales Brennregime sind die günstigsten Bedingungen hinsichtlich Keimbildung und Kristallwachstum zu ermitteln. Das Gefüge eines glaskristallinen Emails auf Basis L—A—S ist in Bild 19.2d, S. 305 wiedergegeben.

19.1.6. Vergleich der Emaillierverfahren

Ein absoluter ökonomischer Vergleich der Emaillierverfahren ist nicht möglich. Die Aufwendungen sind weitgehend abhängig von der Emaillierwerksgröße, der Erzeugnisart, dem Sortiment und vor allem von den jeweiligen Kosten für Lohn, Material und Energie. Letztere sind besonders zu beachten bei den folgenden Beispielen, die Betriebe verschiedener Länder betreffen und die dem Versuch einer verallgemeinerten Trendeinschätzung zugrunde gelegt werden.

Von *Dunning* (1974) werden die Kosten für die *DWE* gegenüber der *KE* mit nur 50 % angegeben, was sehr niedrig erscheint. Die von *Lindmayr* u. a. (1976) genannte Einsparung von 20 % dürfte realer sein. Während nach Techn. Inf. Nr. 7 (1975) der Vergleich zwischen *ETE* und *PUESTA* mit *DWE*-Vorbehandlung noch zu ungunsten der Pulverelektrostatik ausfiel, gibt *Hoffmann* (1983) für Flachteile folgenden Vergleich der Betriebskosten:

2S/1B-Verfahren	*PUESTA*	100 %
1S/1B-Verfahren	*PUESTA*	124 %
(*DWE*)	*ETE*-Kombi	135 %
	ESTA	154 %.

Auch *Cillero* (1981) vertritt die Pulverlektrostatik im 2S/1B-Verfahren. Ein entsprechender Kostenvergleich für eine Produktion von etwa 300000 Herden im Jahr ist in Tabelle 19.2 dargestellt. Nach *Serayet*, *Raffray* (1982) ergab eine Umstellung der Emaillierung von Waschmaschinenbehältern von *KE* auf 2S/1B-Verfahren mit Liberty Coat und *PUESTA* eine Kosteneinsparung von 31 %. Gleichzeitig konnten die Nacharbeitungskosten auf 2 % reduziert werden.

Diese Beispiele sprechen für eine Ablösung der *KE* durch das 2S/1B-Verfahren, wobei neben der *PUESTA* auch die Naß-Dünnschichtemaillierung (z. B. »Combismalt«) in Betracht kommt, die auch in kleinen Emaillierwerken vorteilhaft und ohne größeren Aufwand einsetzbar ist. Der größte Vorteil ergibt sich bei gleichzeitiger Anwendung der vereinfachten Liberty Coat-Vorbehandlung. Dieser Trend zeichnet sich aus Gründen der Material- und Energieeinsparung und des Umweltschutzes international ab (*Dunning* 1981). Nach *Hoens* (1980) läßt sich die höchste Energieeinsparung durch den Brennprozeß (z. B. Leichtbauöfen) und die vereinfachte Vorbehandlung der Rohware erzielen. Für die Vorbehandlung sind bei der *DWE* bzw. *ETE* inzwischen mehr als 50 % der Emaillierkosten und mehr als 40 % der Investmittel für die Emaillierwerkseinrichtung erforderlich (*Hoffmann* 1981 b). Aus der Übersicht der Tabelle 19.3 ist gleichzeitig die Senkung des Energieaufwandes beim Brennprozeß durch Umstellung von *KE* auf *DWE* bzw. 2S/1B-Verfahren sowie Leichtbauöfen ersichtlich.

Nach bisherigen Erfahrungen wird ferner bei Einsatz von Stranggußstahl mit dem 2S/1B-Verfahren gegenüber *DWE* eine bessere

Tabelle 19.2. Kostenvergleich [in %] für Emaillierverfahren (Herde; *Cillero* 1981)

Kostenart	2S/2B *KE*	1S/1B *DWE*	1S/1B *ETE*	2S/1B *PUESTA*
Betriebskosten (ohne Abschreibung)	100	90	85	83
Investaufwand		100	210	93

Grundoperation	Energieverbrauch in MJ m^{-2} 1960	1980
Vorbehandlung	25	30
Auftragen	1,5	2,5
Einbrennen	50	18
Emailaufbereitung	0,5	0,3
Gesamt	77	51

Tabelle 19.3. Entwicklung des mittleren Energieverbrauchs je m^2 emaillierter Fläche bei Flachteilen (*Hoens* 1980)

Qualität der Emaillierung erzielt (*Hoffmann* 1982; *Krist, Schuster* 1983).
Trotz des für das 2S/1B-Verfahren sprechenden Trends wird die *DWE* ebenso wie die *KE* ihre Anwendungsgebiete behalten. Besonders das *KE*-Verfahren sollte in seiner Bedeutung hinsichtlich der sehr dichten Emailschicht und großen Anpassungsfähigkeit für die Produktion geringer Stückzahlen nicht unterschätzt werden. (Die Frage nach der Rückkehr zur *KE* wird neuerdings von *Wratil* (1985) wieder gestellt.
Unter Berücksichtigung der von *Wright* (1981) und *Quigley* (1982) formulierten Ziele der Emailliertechnik für die Folgejahre, ergeben sich folgende Entwicklungstends:

- Verringerung der Blechdicke bzw. Erzeugnismasse,
- Vereinfachung der Vorbehandlung (Liberty Coat),
- Reduzierung der Temperatur bei der Vorbehandlung (Kaltbeize),
- Automatisierung des Emailauftrages,
- Senkung der Brenntemperatur durch Einsatz von leichtschmelzenden Emails,
- Vervollkommnung der Emaillieröfen (Leichtbauöfen)[1]),
- Prozeßsteuerung durch Mikroelektronik.

[1]) In den USA sollen nach *Oliver* (1984) bereits etwa 40 % aller Emaillieröfen mit Fasermaterial ausgekleidet sein.

Diese Tendenzen, denen auch die Belange des Umweltschutzes zuzuordnen sind (z. B. *Joseph* 1981 b), gelten sinngemäß auch für die anderen Grundwerkstoffe.

19.2. Gußeisenemaillierung

Wie bei Stahlblech entscheidet auch bei Gußeisen das Emaillierverfahren maßgeblich über die Güte des Kompositwerkstoffes. Die beste Qualität wird bei der Einschicht- sowie Puderemaillierung erzielt; zur Vorbehandlung (Strahlen, ggf. zusätzliches Glühen) siehe Abschnitte 13.4.1. und 13.4.2. Eine naßchemische Vorbehandlung ist nicht üblich.
Die Gußeisenemaillierungen wurden trotz gewisser Vorzüge (s. Tabelle 111, S. 179) in den letzten Jahrzehnten zunehmend durch die weniger aufwendigen und leichteren Stahlblechemaillierungen verdrängt (*Barrans* 1966). Ein come-back, besonders für rustikale Haushaltsgegenstände, ist jedoch nicht ausszuschließen. Zusammenfassende Darstellungen der Gußeisenemaillierung geben *Uhlir* (1958); *Vaughan* (1962) und *Blondel* (1974).

19.2.1. Konventionelles Emaillieren

Bei der konventionellen Gußeisenemaillierung muß zwischen dem Naß- und dem

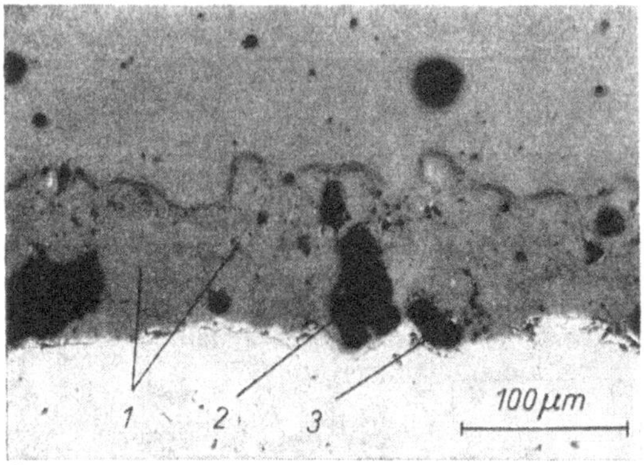

a)

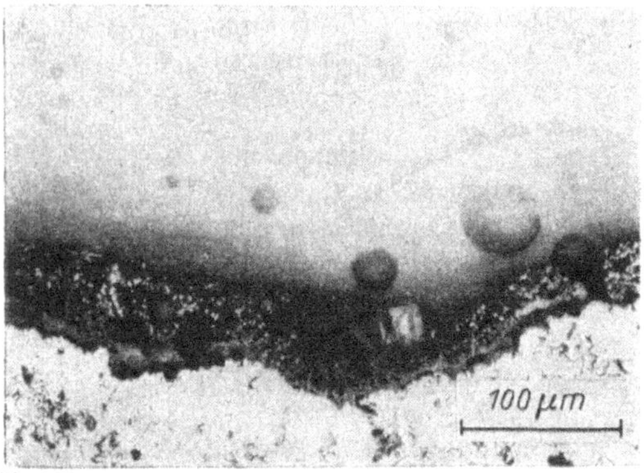

b)

Bild 19.3. Querschliff durch Gußeisenemaillierungen (ZKS Dresden)

a) Naßemaillierung auf Sintergrund

1 Quarzkörner; *2* Hohlräume; *3* Eisenoxidschicht

b) Puderemaillierung auf dünnem Schmelzgrund

Puderverfahren unterschieden werden. Das *Naßverfahren* setzt i. d. R. die Verwendung eines speziellen Sintergrundes als reaktionsträge Zwischenschicht zum Deckemail voraus. Auf Grund des mürben Gefüges (s. Bild 19.3a) und der (eisen)oxidreichen Grenzschicht ist jedoch die Haftfestigkeit gering. Schmelzgrund kann nur in Ausnahmefällen, z. B. bei sehr leicht schmelzenden Deckemails und weitgehend ferritischem Gußeisen, verwendet werden. Schwerschmelzende Deckemails auf Schmelzgrund ergeben Blasen, Blasennester und Schaumigkeit. Zur Verbesserung der Oberflächenbeschaffenheit kann das aufgetragene Deckemail vor der Trocknung mit einer dünnen Puderemailschicht überzogen werden.

Majolikaemails werden meist ebenfalls nach dem Naßverfahren verarbeitet.

Das Naßverfahren kommt besonders für kleine Teile und große Stückzahlen in Betracht (Sanitärartikel, Ofen- und Herdteile).

Für das *Puderverfahren* (s. Abschnitt 14.2.2.) wird Schmelzgrund verwendet (Gefüge, s. Bild 19.3b). Bei Grundemaildicken von 0,10 bis 0,15 mm werden Haftfestigkeitswerte erreicht, die denen der Stahlblechemaillierung nahekommen. Da zwischen den Pudergängen das Werkstück nicht ganz abkühlt, bleiben Gasreaktionen und dadurch bedingte Emaillierfehler relativ gering. Besondere Merkmale der Puderemaillierung sind neben der hochglänzenden Oberfläche die beträchtlichen Emailschichtdicken (bis zu 1,5 mm).

19.2.2. Einschichtemaillierung

Bei Gußeisen sind nur farbige Einschichtemaillierungen (vorzugsweise schwarz) möglich und üblich. Da die Gasentwicklung beim Brennen beträchtlich sein kann, müssen solche Einschichtemails sehr leichtschmelzend sein. Von *Viquesnel, Krist* (1978) wurde deshalb mit gutem Ergebnis versucht, Aluminiumemails für gußeiserne Gasbrenner einzusetzen.

19.3. Aluminiumemaillierung

Aluminiumemails werden vorzugsweise als Direktemails verarbeitet (Gefüge, Bild 19.4). In bestimmten Fällen (u. U. bei AlMgSi-Legierungen) kann zur Verbesserung der Haftfestigkeit und Verringerung der Spannungsempfindlichkeit beim Zweitbrand (Dekorbrand) ein Grundemail vorteilhaft sein; zu den emaillierfähigen Al-Werkstoffen siehe Abschnitt 10.4.1., zu aluminiertem Stahl siehe Abschnitt 10.1.6.

Anwendungsbeispiele für Aluminiumemsila enthält Tabelle 19.1, S. 303.

Die Metallvorbehandlung (Entfetten, z. T. Chromatieren, ggf. Strahlen) ist in Ab-

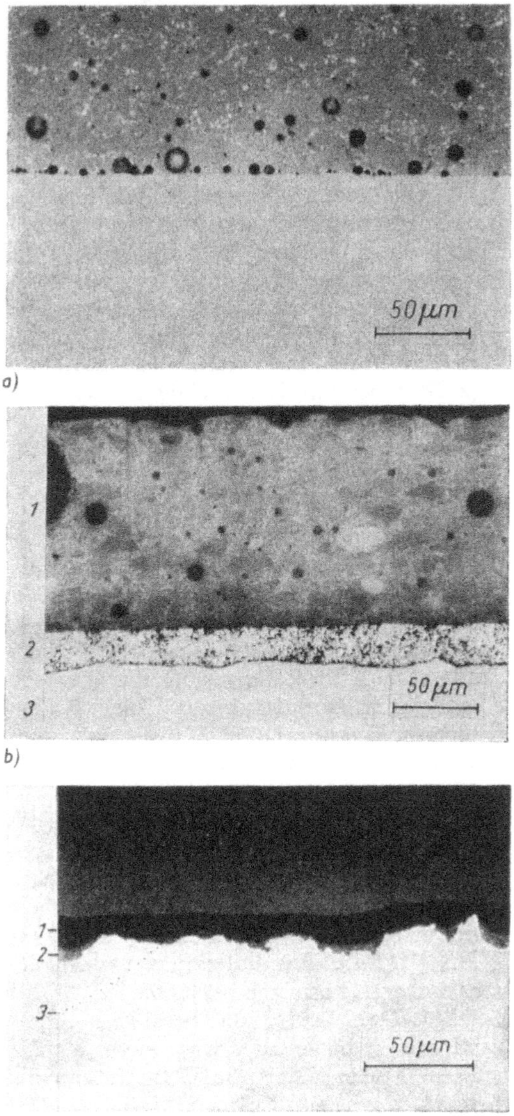

Bild 19.4. Querschliff durch Aluminiumemaillierungen (ZKS Dresden)

a) Farbemail auf Reinaluminium
b) Weißemail auf fal
1 Email; *2* Aluminiumschicht; *3* Stahlblech
c) PTFE-Beschichtung
1 PTFE-Schicht; *2* Haftvermittler; *3* rauhgestrahlte Aluminiumoberfläche

schnitt 13.2.7. ausführlich behandelt. Der Emailauftrag erfolgt i. d. R. durch Spritzen und wird ohne Vortrocknen in Konvektions-Durchlauföfen bei 520 bis 560 °C eingebrannt. Die häufigste Art der Dekorierung besteht im Fondspritzen. Da Aluminium gegen Wasser und Feuchtigkeit selbst gut beständig ist, genügen Emailschichtdicken von 60 bis 80 µm. An Kanten und kleinen Radien können Dicken von 120 µm bereits zu Abplatzungen führen.

Koch- und Bratgeschirre aus Aluminium werden innen üblicherweise rauhgestrahlt und mit einer PTFE-Beschichtung auf einem Haftvermittler (Hartgrund, Primer) versehen (z. B. Anon. 1967; Gefüge, Bild 19.4c).

Übersichtliche Darstellungen zur Emaillierung von Aluminium geben *Reinsch* (1967b); *Hoens, Kreuter* (1972); Techn. Inf. Nr. 4 (1974); *Viquesnel, Krist* (1978), von feueraluminiertem Stahl *Warnecke, Birmes* (1976).

19.4. Emaillierung von Sondermetallen

In geringem Umfang werden neben Stahlblech, Gußeisen und Aluminium einige weitere Metalle zum Schutz vor Korrosion emailliert. Dadurch soll die Lebensdauer von Erzeugnissen oder Aggregatteilen erhöht bzw. die Verwendung kostengünstiger Grundwerkstoffe ermöglicht werden. Zum Teil dienen Emailschichten einer thermisch belastbaren elektrischen Isolierung. Ferner wird die Emaillierung für dekorative Zwecke bei Gebrauchsgegenständen eingesetzt (zur Kunstemaillierung s. z. B. *Brepohl* 1983).

Die Sondermetalle wurden bereits in den Abschnitten 10.3. bis 10.5. besprochen, die dazu üblichen Emails in 6.4.3. bis 6.4.7. und die Grundlagen der Kontaktmechanismen in 5.4.3. bis 5.4.7. Im folgenden werden einige technologische Aspekte der Emaillierung dargestellt.

19.4.1. Legierte Stähle

Neben der Dekorierung von Geschirren dient die Emaillierung legierter Stähle vorzugsweise dem Hochtemperaturkorrosionsschutz; entsprechende Gesichtspunkte werden in Abschnitt 24.3.7. behandelt, zur Emaillierung chromiumhaltiger Stähle s. Abschnitt 10.1.4.2.

Die Vorbehandlung der Stähle erfolgt durch gründliche Entfettung (Reinigung) und Beizen (meist Gemische aus HCl, H_2SO_4, HNO_3 und H_2F_2 bei 50 bis 100 °C). Zur Aufrauhung der Metalloberfläche wird i. d. R. (ggf. nach Säureglühen) anschließend gestrahlt. Aufrauhung durch Strahlen ist in jedem Fall vorteilhaft, während ein Nickel-Dip keine Vorteile bringt (*Stegmaier* 1981). Eine geringe Voroxydation soll im allgemeinen die Haftung verbessern, z. T. aber auch negativ beeinflussen.

Hochtemperaturemails werden im Einschichtverfahren verarbeitet. Eine zuvor aufgetragene dünne Schicht aus einer Mischung von Nickeloxid und Bariumphosphat, die zusammen mit dem Email eingebrannt wird, soll die Haftfestigkeit verbessern.

Der Auftrag von Hochtemperaturemails, die eine Mahlfeinheit von 8 bis 10 μm aufweisen sollen, erfolgt vorzugsweise durch Spritzen, z. T. auch Tauchen. Die Dicke der Emaillierung darf aus Festigkeits- und Qualitätsgründen nur 20 bis 50 μm betragen und muß sehr gleichmäßig sein (*Petzold* 1960c). Gebrannt wird meist in Kammeröfen in schwach oxydierender Atmosphäre bei 950 bis 1100 °C, die Brennzeit beträgt je nach Materialdicke 4 bis 10 min. Nach *Sullivan, Nelson* (1971) verschlechtert ein mehrfaches Brennen die Haftfestigkeit des Emails.

Eine kurzgefaßte Darstellung der Hochtemperaturemaillierung geben *Betzer* (1957); Anon. (1960); *Petzold* (1960c); *Stegmaier* (1981) und *Appen, Petzold* (1984).

19.4.2. Nichteisen-Schwermetalle

Von den Nichteisen-Schwermetallen werden mitunter Kupfer, Molybdän oder Wolfram emailliert, meist zum Schutz vor Oxydation oder zur elektrischen Isolierung. Besonders Molybdän ist bei hohen Temperaturen leicht oxydierbar.

Die Vorbehandlung von Kupfer erfolgt i. d. R. in Form einer Glühbehandlung mit anschließendem Beizen (z. B. Salzsäure) und gründlicher Schlußspülung. *Wanie* (1969) empfiehlt (für die Kunstemaillierung) eine Glanzbeize aus HNO_3 und H_2SO_4 mit geringen Zusätzen an NaCl und Ruß.

Für Kupfer können trotz seines hohen *AK* auf Grund der Duktilität die üblichen Stahlemails verwendet werden, ohne daß extreme Emailspannungen entstehen. Einschlüsse von Cu_2O können das Kupfer verspröden, wodurch im Email, besonders bei einem Zweitbrand, nicht verschmelzende und daher sichtbare Spannungsrisse auftreten können. Durch Zinn im Kupfer kann die Haftfestigkeit des Emails herabgesetzt werden (*Stegmaier* 1981). Während Kupfer analog Stahlblech gebrannt wird, ist für den Brennprozeß von Molybdän und Wolfram eine reduzierende Atmosphäre (z. B. Wasserstoff) bei 1300 °C erforderlich. Nickel läßt sich nicht emaillieren.

19.4.3. Sonstige Leichtmetalle

Für Magnesium werden die gleichen Emails wie für Aluminium verwendet. Die Emaillierung entspricht ebenfalls der von Mg-haltigen Aluminium-Legierungen. Zur Vorbehandlung wird von *de Long* (1961) nach alkalischer Entfettung und Essigsäurebeize eine Chromatierung in 5 bis 10 %iger Natriumbichromatlösung mit 3 % Kaliumchromiumalaun sowie ein Vorbrennen bei 520 bis 530 °C empfohlen.

Titanium kann mit silicatischen oder glasigkeramischen bzw. glasig-metallischen Kompositemails unterschiedlicher Schmelzbarkeit emailliert werden. Die Vorbehandlung erfolgt durch Entfetten, Beizen in HCl + H_2F_2 oder HNO_3 (*RT*), Behandlung in verschiedenen alkalischen Lösungen bei 60 bis 80 °C, Glühen bei 880 bis 940 °C und Strahlen. Gebrannt wird in reduzierender, aber auch in oxydierender Atmosphäre; die Brenntemperatur beträgt je nach Emailtyp 850 bis 1300 °C (nach Angaben bei *Litvinova* 1975).

20
Der komplette Emaillierbetrieb

Mit den einzelnen Prozeßstufen wurden bereits die jeweiligen Emaillierwerkeinrichtungen besprochen; auf die entsprechenden Kapitel (13 bis 16) sei deshalb verwiesen. Die Verkettung dieser Einrichtungen im Gesamt-Emaillierprozeß einschließlich der wichtigsten Hilfsabteilungen wird im folgenden prinzipiell und anhand von Fließlinien einiger ausgewählter Erzeugnisse dargestellt.

20.1. Prinzipieller Aufbau

Nach 1945 hat sich in den Emaillierwerken ein grundlegender Wandel vollzogen. Der hohe Bedarf an emaillierten Erzeugnissen führte zu durchgängigen Rationalisierungen, die Handarbeit wurde zunehmend durch Teil- oder Vollmechanisierung (Automatisierung) der Arbeitsgänge abgelöst. Für die Serienfertigung wurden kontinuierlich arbeitende Brennöfen eingeführt und der manuelle Transport weitgehend durch Kreisförderer ersetzt. Die Umstellung eines mittleren Emaillierwerkes von Kammer- auf Umkehröfen wird z. B. von *Aldinger* (1964) ausführlich beschrieben.
Die in Abschnitt 19.1.6. genannten künftigen Ziele (Automatisierung, Materialökonomie, Umweltschutz) bestimmen heute den Aufbau neuer Emaillierwerke. Trotzdem sei vorausgeschickt: das (vollautomatische) Emaillierwerk der Zukunft, wie es zeitweilige diskutiert wurde, läßt sich nur bei sehr großen Stückzahlen realisieren. Über erste Schritte hierzu berichten *Hoffmann, Görnhardt* (1977). Die Anpassung an die jeweiligen Marktsituationen und Kundenwünsche erfordern von den meisten Emaillierbetrieben ein bestimmtes Maß an Flexibilität, das auch den Emaillierwerksaufbau beeinflußt. Möglichkeiten der Verkettung von Prozeßstufen bei gleichartigen Erzeugnisformen erörtert *Boerrigter* (1978). Eine interessante Lösung stellen auch Kompaktanlagen dar, bei denen der Auftrags- und Brennprozeß integriert sind (*Jespers* 1984). Anzustreben sind in jedem Fall möglichst hohe Stückzahlen gleichen Sortiments, um die Mechanisierung zu erleichtern. Der Zusammenschluß gleichartiger Emaillierwerke und die internationale Integration der Erzeugnisfertigung sind hierbei eine wichtige Bedingungen.
Welches der Emaillierverfahren angewandet wird, hängt von der Erzeugnisart sowie den territorialen und kommerziellen Voraussetzungen ab. In Westeuropa und den USA wurde z. B. für Flachteile bis 1975 die *DWE* mit einem Anteil von über 80 % eingeführt (z. B. *Gray* 1975; *Joseph* 1981 b). In den so-

zialistischen Ländern wurde neben der konventionellen Emaillierung stärker auf das ökologisch günstigere 2S/1B-Verfahren orientiert. Trotz dieser Unterschiede lassen sich folgende allgemeingültige Prämissen für moderne Emaillierbetriebe mit Serienfertigung aufstellen:

- kontinuierlicher Fertigungsfluß,
- kürzeste Transportwege (auch zur Vermeidung von Beschädigung),
- flexible Fertigung durch Speichermöglichkeit (z. B. Transportsystem Power + Free),
- vereinfachte Vorbehandlung,
- hoher Mechanisierungsgrad in allen Prozeßstufen,
- energiesparende Leichtbauöfen,
- ausreichende Produktionsreserven.

Die Anzahl der manuellen Übergabestationen (Umhängen der Teile) soll gering gehalten werden, jedoch ist eine völlige Verkettung nur schwer möglich, weil die Fördereinrichtungen in der Vorbehandlungsanlage z. B. eine hohe chemische Beständigkeit und die des Brennofens eine hohe Zunderfestigkeit besitzen müssen, was sich ökonomisch kaum vereinbaren läßt. Um entsprechende platzsparende Zwischenspeicher zu schaffen, werden die Förderanlagen über den Produktionsanlagen installiert und mit Speichern versehen. Daraus resultieren Hallenhöhen bis zu 11 m (*Jespers* 1974).
Mit der Rationalisierung wird auch die Fritteherstellung zentralisiert, so daß die Emaillierbetriebe nur in Ausnahmefällen noch über eine eigene Schmelze verfügen. Mit Einführung der Pulverelektrostatik reduziert sich auch die Kapazität für die Emailaufbereitung, weil das Emailpulver fertig bezogen werden kann. Dennoch ist es im Interesse der allgemeinen Anpassungsfähigkeit sinnvoll, die Möglichkeit einer Naßaufbereitung zu belassen. Aus gleichem Grunde sollte für Sonderfälle, Versuche oder spezielle Nacharbeiten stets ein kleiner Kammerofen (möglichst abschaltbarer Leichtbauofen) zur Verfügung stehen.
Die Arbeitsräume müssen leicht zu reinigen sein. In den Vorbehandlungs- und Auftragsräumen ist zu diesem Zweck eine entsprechende Beschleusung vorteilhaft. Wichtig ist ferner eine gute Belüftung oder Klimatisierung der Emaillierwerksbereiche, wobei nach *de Vries* (1971) bei etwa gleichen Betriebskosten Klimaanlagen nur 2 bis 3 % teurer sind als Belüftungsanlagen.
Bild 20.1 zeigt den prinzipiellen Aufbau eines Emaillierbetriebes einschließlich Nebenabteilungen.

20.2. Spezieller Aufbau

Bei der Vielfalt der zu emaillierenden Erzeugnisse müssen die Ausführungen zum speziellen Aufbau von Emaillierwerken auf einige wenige Beispiele beschränkt bleiben. Dabei wird versucht, auch den prinzipiellen Email-

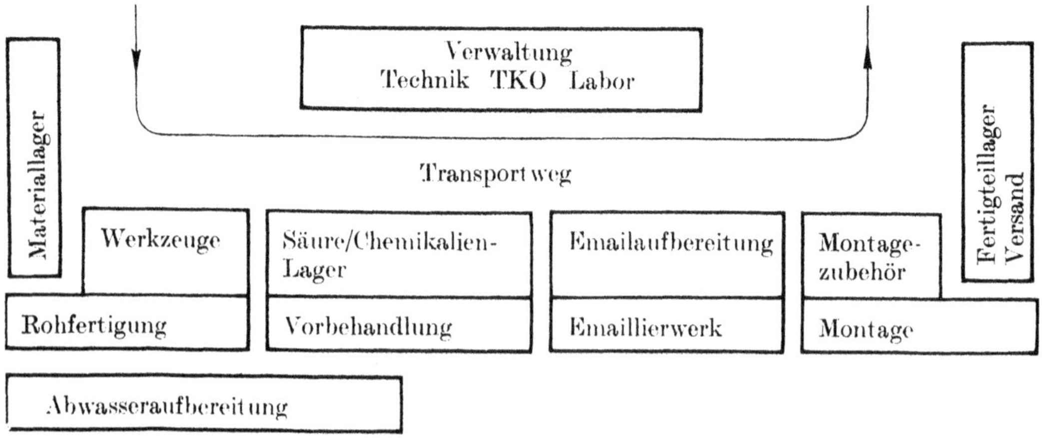

Bild 20.1. Prinzipieller Aufbau eines Emaillierbetriebes

lierverfahren (*KE*, 2S/1B, 1S/1B) und unterschiedlichen Metallen durch Behandlung ausgewählter Fließlinien für Geschirr-, Flachteil- und Badewannen-Emaillierung Rechnung zu tragen. Auf die technologischen Zusammenhänge für die Fertigung anderer Erzeugnisse sei lediglich verwiesen: Hochtemperatur-Emaillierung (Anon. 1960), Boiler (*Joseph* 1979a), Waschmaschinen (*Jespers* 1972; *Jordan* 1974).

20.2.1. Geschirremaillierwerke

Für *Geschirre aus Stahlblech* (Bild 20.2a) erfolgt die Vorbehandlung über Beizanlagen, vorteilhafterweise aber auch durch Spritzentfettung. Grund- und Deckemail werden mittels Automaten aufgetragen und bei entsprechend großen Stückzahlen in getrennten Umkehröfen gebrannt. Für kleinere Serien ist auch das Durcheinanderbrennen von

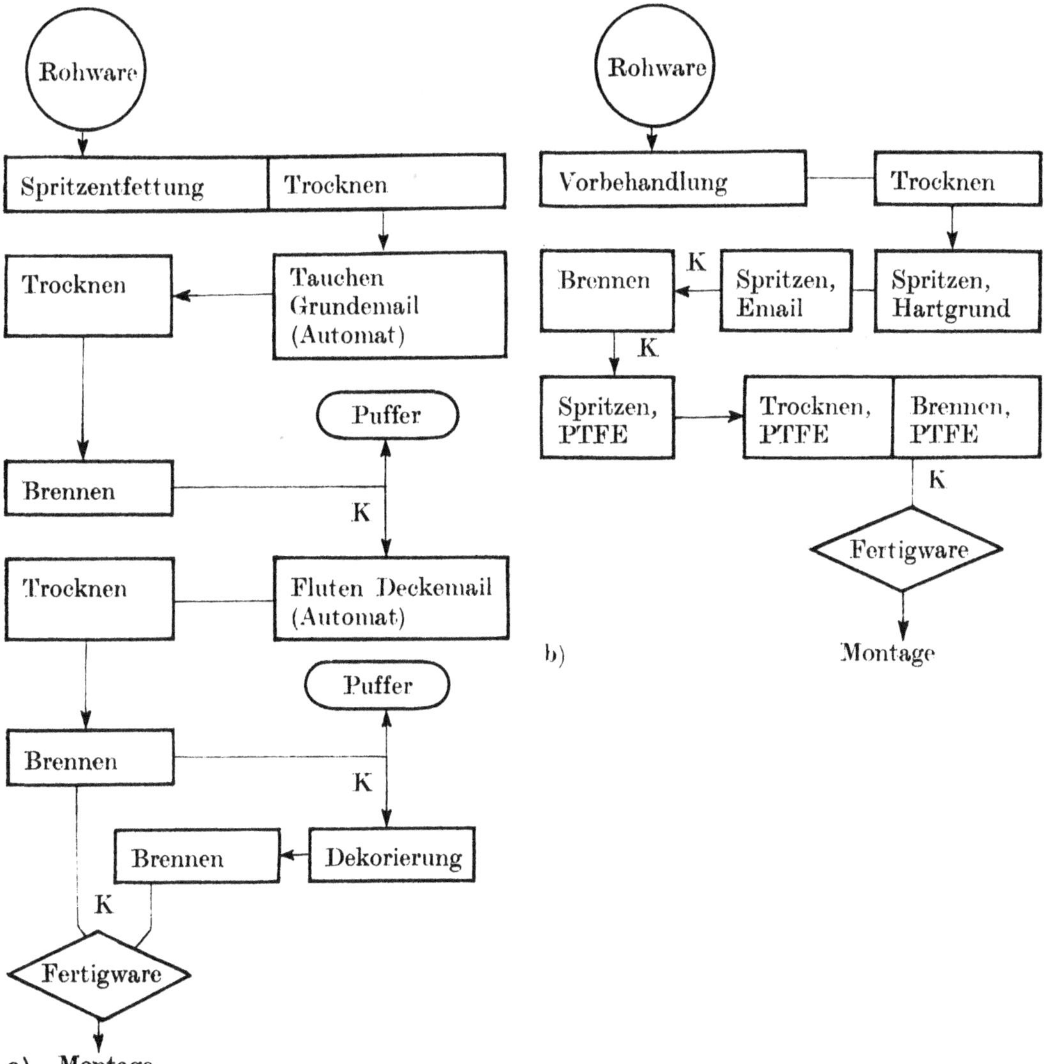

Bild 20.2. Geschirremaillierwerke
a) Emaillierwerk für Geschirr aus Stahlblech
b) Emaillierwerk für PTFE-beschichtete Geschirre aus Aluminium → Übergabe K Kontrolle

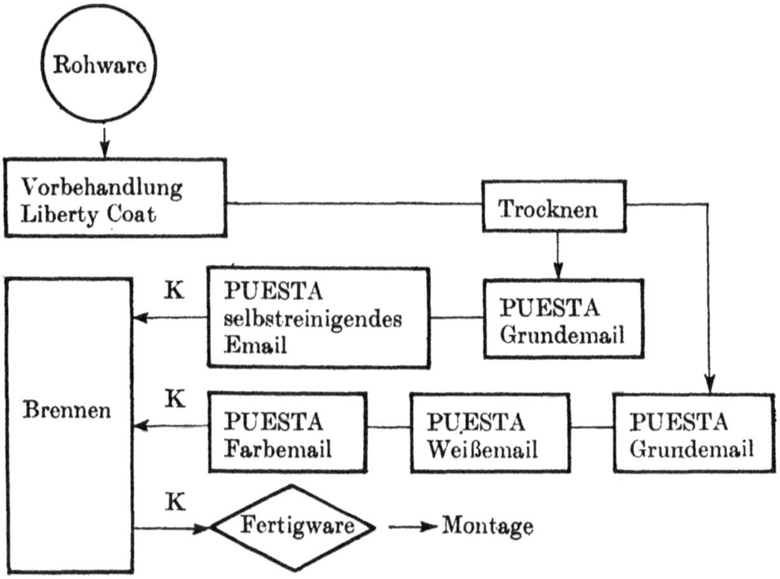

a)

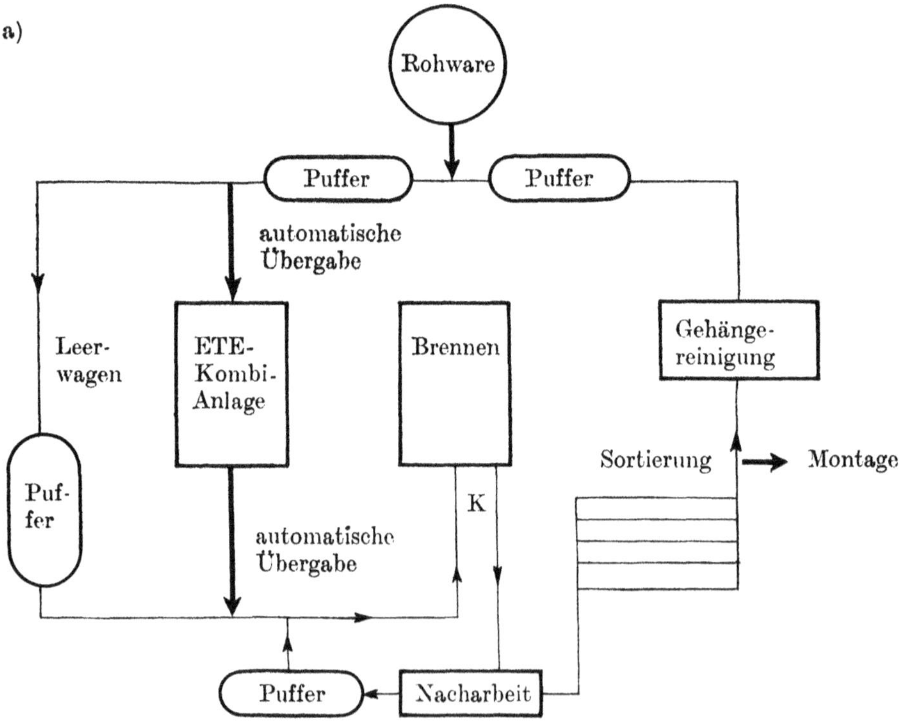

b)

Bild 20.3. Flachteilemaillierwerke

a) Emaillierwerk für Flachteile (einschl. selbstreinigenden Emaillierungen) mit 2S/1B-*PUFSTA*

b) Emaillierwerk mit *ETE* und Transportsystem Power and Free (Tech. Inf. Nr. 5, 1974)

Grund- und Deckemail in einem Ofen üblich. Das Dekor wird meist bei geringerer Temperatur in einem separaten Ofen gebrannt. Die Verkettung der Prozeßstufen erfolgt durch getrennte Kreisförderer für Auftragen, Trocknen sowie Brennen und die Übergabe von Hand. Die Geschirre werden mit oder ohne Dekor der Montage zwecks Komplettierung (Ringanrollen, Anbringen von Beschlägen) zugeführt. Über die Automatisierung von Geschirremaillierwerken berichten u. a. *Sarres, Klotz* (1977) und *Moneta* (1983).

Geschirre aus Aluminium (Bild 20.2b) werden außen im Direktverfahren emailliert und erhalten innen eine PTFE-Beschichtung, z. B. auf Hartgrund. Direktemail und Hartgrund werden gleichzeitig in einem Konvektions-Durchlaufofen gebrannt. Die Verkettung erfolgt mittels Kreis- oder Bandförderer, die Übergabe meist manuell. Vor der Montage der Beschläge werden die Geschirrböden überdreht, um einen optimalen Wärmeübergang und Sitz auf Elektrokochplatten zu gewährleisten.

20.2.2. Flachteilemaillierwerke

Flachteile werden in kleinen Emaillierwerken konventionell emailliert (*KE*). Der Trend geht jedoch zum 2S/1B-Verfahren, wobei der Emailauftrag naß/naß oder pulverelektrostatisch durchgeführt werden kann. In Bild 20.3a ist eine Fließlinie für Herd-Flachteile einschließlich Teilen mit selbstreinigendem Email dargestellt. Auch hier erfolgt die Verkettung üblicherweise durch Kreisförderer. Die Übergabe der Teile wird manuell bzw. bei größeren Abmessungen auch mittels Handhabungsautomaten vorgenommen.

Eine automatische Fertigung von Flachteilen mit kombinierter Vorbehandlung und elektrophoretischer Beschichtung sowie Verkettung durch eine Power- and- Free-Förderanlage (s. Abschnitt 20.3.) zeigt Bild 20.3b. Weitere Fließlinien und Details siehe bei *Kühn, Geu* (1980); Anon. (1981d); *Hoffler* (1981); *Bormann* (1982); *Heim* (1984); *Benninghoff* (1985).

20.2.3. Emaillierwerke für Badewannen

Badewannen aus Gußeisen werden nach der Vorbehandlung durch Strahlen gründlich geprüft und Fehlstellen ausgebessert. Der dünne Grundemailauftrag trocknet bei längerem Transportweg bis zum Brennofen bereits bei Raumtemperatur, andernfalls ist ein Trockner zwischenzuschalten. In älteren Emaillierwerken und solchen für kleine Stückzahlen erfolgt der Grund- und Deckemailbrand in einem Kammerofen und der Puderauftrag mittels Handsieb und Schwenktisch. In modernen Emaillierwerken (Bild 20.4) wird das Grundemail bei kurzen Taktzeiten in einem Durchlaufofen eingebrannt. Die Puderstände arbeiten vollautomatisch. Die jeweiligen Deckemailbrände werden in Durchlauf- oder Drehherdöfen vorgenommen. Der Transport erfolgt über Rollenbahnen. Zwischen Puderstand und Deckbrandofen werden spezielle Char-

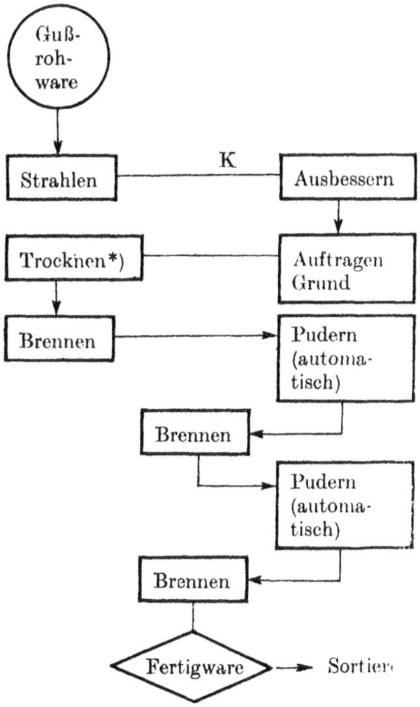

Bild 20.4. Emaillierwerk für Badewannen aus Gußeisen
*) je nach Transportweglänge auch Raumtrocknung

giergeräte eingesetzt; weitere Einzelheiten bei *Gesche* (1971) und *Sedgers* (1975).
Badewannen aus Stahlblech werden konventionell emailliert, wobei in modernen Betrieben der Emailauftrag elektrostatisch (*PUESTA*, *ESTA*) erfolgt und Power and Free-Transportsysteme zum Einsatz kommen; Details und Fließlinien bei *Gerlach*, *George* (1974) und *van der Zee* (1975).

20.3. Transport- und Lagereinrichtungen

Für den diskontinuierlichen Transport werden heute noch Paletten bzw. Palettenwagen verwendet, die gleichzeitig als Zwischenspeicher genutzt werden. Der Transport erfolgt innerhalb des Werkes mittels Gabelstapler. Über kurze Transportstrecken lassen sich auch Band- oder Rollenförderer einsetzen, die jedoch platzaufwendig sind und durch ihre niedrige Anordnung zum Teil die Bewegungsfreiheit einschränken. Die genannten Transporteinrichtungen erfordern relativ geringe Investmittel, aber auch einen hohen Aufwand an manueller Arbeit. Zum Teil werden daher programmgesteuerte Hubwagen eingesetzt (*Hoffmann* 1970).
Über die Vereinfachung des Fertigungsablaufes unter Verwendung von Kreisförderern berichten *Moehring* (1966) und *Zybell* (1970). Der Kreis(ketten)förderer mit manueller Übergabe der Teile zwischen den Prozeßstufen ist als Stand der Technik in neuzeitlichen Emaillierbetrieben anzusehen. Diese Transporteinrichtung erfüllt eine Mehrfachfunktion: Transport, Verkettung der Prozeßstufen, Zwischenspeicher. Die Kreisförderer sind entweder mit starren oder ankoppelbaren Gehängen (Schleppketten) ausgerüstet. Die Werkstücke werden je nach Gehängeart aufgelegt, angehängt oder – bei einseitigem Emailauftrag – mittels Permanentmagneten befestigt. Die zweckmäßigste und sicherste Übergabe ist somit bereits bei der Konstruktion zu berücksichtigen. Bei größeren Werkstücken (z. B. Backräumen, Badewannen) kommen an den Übergabestationen z. T. auch Handhabungsautomaten zum Einsatz (*Heim* 1984). Eine automatische Übergabe ist nach *Ongsiek* (1983) bei Emaillieröfen mit Unterflurförderern auch bei kleinen Teilen (z. B. Geschirr) möglich.
Kreisförderer mit Schleppkette, auch als Power- and- Free-Systeme (P+F) bezeichnet, haben den Vorteil einer größeren Flexibilität (z. B. Anon. 1983). P+F-Systeme bestehen aus der umlaufenden Förderkette (Power) und den auf einer weiteren Bahn darunter angeordneten Freiwagen (Free). Die Freiwagen werden durch Mitnehmer wahlweise an die Förderkette gekoppelt bzw. von ihr gelöst. Derartige An-

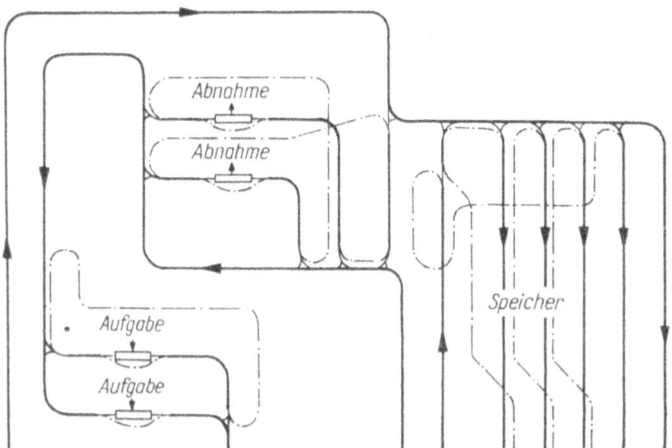

Bild 20.5. Transportsystem Power and Free (Tech. Inf. Nr. 5, 1974; *Schierholz* 1974)

lagen lassen sich bis zu 45° Steigung ausführen, was eine volle Nutzung der Raumhöhe ermöglicht. Durch Weichen sind beliebige Nebenförderstrecken mit unterschiedlichen Geschwindigkeiten befahrbar. Das P+F-System gestattet Zwischenspeicher am Streckenverlauf und auch separate Zentralspeicher (Bild 20.5), wodurch trotz unterschiedlicher Fördergeschwindigkeit in den einzelnen Prozeßstufen ein kontinuierlicher, programmierbarer Gesamtablauf möglich ist. Das P+F-System ist prinzipiell für alle üblichen Werkstückgrößen und -formen geeignet. Der höchste Nutzen entsteht jedoch nur dann, wenn die bestückten Freiwagen unverändert mehrere Prozeßstufen durchlaufen können, weil sich nur so die Übergabestellen entsprechend verringern lassen. Von *Jespers* (1974) wird über den Einsatz einer P+F-Anlage mit 200 Weichen, 15 km Länge und einer Fördergeschwindigkeit von etwa 4,6 m min^{-1} in einem modernen Emaillierwerk berichtet. Trotz der vielfältigen Vorteile dieser Fördersysteme dürfen die hohen Investkosten nicht übersehen werden (*Hoffmann, Görnhardt* 1977).

Soweit nicht durch die Förderanlagen bereits Speicherkapazitäten entstehen und genutzt werden können, sind zusätzliche Lager einzurichten. Das gilt auch für Rohstoffe, Grundmaterial, Zubehörteile sowie die Fertigware. Derartige Lager werden vorzugsweise durch Hubwagen oder Stapelkrane bedient (z. B. *Müller* 1964). Bei der Lagerung von unberuhigtem Stahlblech und Emailschlicker sind die kritischen Lagerzeiten (Alterung) zu beachten.

Die montierten und bruchsicher verpackten

Tabelle 20.1. Emailtechnische Untersuchungen im Emaillierwerk (Laborausrüstungen erforderlich)

Untersuchung Eigenschaft/Prüfung	Behandlung in Kapitel	Betriebsgröße klein	mittel	groß
Technologie				
Materialgüte	7, 8, 10		×	×
Vorbehandlungsstufen	13	×	×	×
Emailschlicker/-pulver	9	×	×	×
Emailauftrag	14	×	×	×
Brennbedingungen	16	×	×	×
Umweltschutz	21	×	×	×
Erzeugnis/Entwicklung	22, 23			
Versuchsemaillierung		×	×	×
Emaildicke		×	×	×
Dichtheit			(×)	(×)
chemische Beständigkeit			(×)	(×)
Weißgehalt			(×)	(×)
Farbe			(×)	(×)
Glanz				(×)
Schlagfestigkeit			(×)	(×)
Temperaturwechselbeständigkeit			(×)	(×)
Haftfestigkeit			(×)	×
Fließlänge			×	×
Ausdehnungskoeffizient			×	×
Komplexprüfung (z. B. Schnellprüfmethode)			(×)	×
Fehlersuche	17			
Rückstellmuster		×	×	×
Stereomikroskopie		×	×	×
Metallmikroskopie			(×)	×

× erforderlich
(×) je nach Erzeugnis erforderlich

Fertigerzeugnisse werden dem Versandlager zugeführt. Hier ist auf Grund der umfangreichen zu lagernden Mengen eine platzsparende Stapelweise anzustreben. Für kleine bis mittlere Verpackungsgrößen sind Hochregallager, die mit Erzeugnispaletten beschickt werden, am besten geeignet (Anon. 1975). Hochregallager lassen sich mit Realzeitrechnern ausstatten (*Dedner* 1977), so daß eine programmgesteuerte Beschickung und Entnahme möglich ist; zur außerbetrieblichen Transportgefährdung siehe *Tanner* (1970).

20.4. Laborausrüstung

Jedes Emaillierwerk sollte über ein Labor verfügen, in dem je nach Betriebsgröße in unterschiedlichem Umfang technologische und Qualitätskontrollen, Entwicklungsarbeiten sowie Fehleruntersuchungen durchgeführt werden können. Die Mindestausrüstung des Labors ergibt sich aus Tabelle 20.1.

Technologische Kontrollen sind zur Aufrechterhaltung eines stabilen Fertigungsablaufs und zur Senkung der Ausschuß- und Nacharbeitungskosten unerläßlich; ausführliche Hinweise zur technologischen Kontrolle siehe bei *Trögel* (1976).

Erzeugnis- und Materialkontrollen sind die wesentliche Aufgabe der TKO zur Qualitätssicherung (TGL 29512, 29513) und Vermeidung von Reklamationen. Die Gewährleistung einer hohen Erzeugnisqualität ist nicht zuletzt wichtig für das Ansehen des Betriebes.

Entwicklungsarbeiten sind mindestens zur Anpassung von Emails sowie zur Farb- und Erzeugnisgestaltung erforderlich. Zu diesem Zweck sollten einige Fliehkraft- und Labormühlen, ein kleiner Spritzstand und ein elektrischer Kammerofen (minimal 4 kW) vorhanden sein.

21
Gesundheits- und Umweltschutz in der Emailindustrie

Die Emailindustrie wird in zunehmendem Maße mit den Problemen des Gesundheits- und Umweltschutzes konfrontiert. In allen betrieblichen Bereichen können Bedingungen auftreten, bei denen Arbeitshygiene- und Umweltfragen eine Rolle spielen. Zur Erfüllung der Forderungen des Landeskulturgesetzes und seiner Verordnungen ist daher auch in der Emailindustrie dafür zu sorgen, daß entweder von vornherein die Entstehung von Schadstoffen unterbunden, oder, wenn dies nicht möglich ist, durch geeignete technologische Maßnahmen die Schadstoffemission in dem gesetzlich zulässigen Rahmen gehalten wird.
Fragen der Luftreinhaltung werden von *Stief* (1974, 1978); *Ducke* u. a. (1980); *Mohry* u. a. (1981) und *Jugel* u. a. (1983), der Abwasserbehandlung von *Meinck* u. a. (1968); *Klee* (1970); *Hartinger* u. a. (1977); *Mangold* u. a. (1977); *Hartinger* (1985) und der Lärmbekämpfung von *Junghans, Wiehe* (1968) ausführlich behandelt. Zur Frage Umwelt und Email informieren Übersichten von *van der Rhee* (1981, 1984) und DEZ (1985).

21.1. Schadstoff-, Hitze- und Lärmquellen in der Emailindustrie

In fast jeder Abteilung eines Emaillierwerkes gibt es Quellen für die Entstehung und Emission von Schadstoffen oder werden umweltbelastende Arbeitsmittel verwendet. Ihre Wirkung und damit ihre Bedeutung für den Gesundheits- und Umweltschutz ist unterschiedlich, z. T. relativ unerheblich, z. T. sehr erheblich.

Herstellung und Bearbeitung von Rohware
In Gießereien treten bei allen Arbeitsstufen Gase und Stäube auf. Silikosegefahr ist nicht ausgeschlossen (*Winkel* 1957). Im Schmelzbetrieb liegt erhebliche Hitzebelästigung vor. Bei der Blechformung werden organische und anorganische Ziehemulsionen verwendet, die nach dem Entfetten der Rohware in das Abwasser gelangen. Die Entfettungs- und Beizlösungen selbst sind stark abwasserbelastend; das gilt auch für saure Vernickelungsbäder mit Resten an gelöstem Nickel. Lärmbelastung tritt bei der Formgebung der Rohware auf.

Fritteherstellung
Verstaubungen gibt es vor allem bei der Rohstoff- und Gemengetechnologie, worauf schon in Abschnitt 8.2. hingewiesen wurde. Staubentwicklung kann bereits bei der Rohstoffentladung, in stärkerem Maße allerdings beim Wägen, Mischen, Bandtransport und

Aufgeben des Gemenges auftreten. Die Stäube enthalten z. T. Anteile mit über 50 % freiem Quarz, daneben ggf. andere – toxische – Substanzen, wie Blei- und Cadmiumverbindungen[1]), Barium-, Arsen- und Antimonsalze sowie Fluoride, die Fluorose herbeiführen können (*Karsten* 1965). Die Gefahren der Arbeit mit toxischen Rohstoffen behandeln im einzelnen *Ankerst*, *Weimer* (1963).
Beim Schmelzen der Fritte in gas- oder ölbeheizten Öfen gibt es merkliche Verluste durch feinste Gemengepartikel (Quarz, Feldspat, Kalkstein usw.) und Verflüchtigungen von Alkalien, B_2O_3 (in Gegenwart von Wasser), PbO und V_2O_5 sowie vor allem von Fluoriden (in VES-Wannen wesentlich geringer). Außerdem treten CO_2 und Stickoxide als natürliche Zesetzungsprodukte von Gemengebestandteilen sowie in Verbindung mit SO_2 als Verbrennungsprodukte im Abgas auf. Die Wärmeabstrahlung der Öfen kann zu Hitzbelästigung führen.

Mahlprozeß
Bei der Vorbereitung der Mühlencharge kann es zur Verstaubung von Quarz- und Tonmehl sowie ggf. von weiteren Mühlenzusätzen kommen. Beim Mahlen selbst ist eine Luftverschmutzung kaum zu erwarten; sie kann aber beim Entleeren von Trockenmühlen auftreten. Beim Naßmahlen führen Abfallschlicker und Frittereste aus der Mühlenreinigung zu Abwasserbelastungen.
In Mühlenräumen ist die Lärmbelastung erheblich.

Auftragen und Brennen
Beim Auftragen – insbesondere beim Spritzen – entstehen luftverschmutzende Sprühnebel und Stäube, die relativ ungefährlich sind (*Joseph* 1975b). Ferner gibt es Spritzabfall und Abfall aus der Reinigung von Behältern und Auftragsanlagen, der auf Grund bestimmter Bestandteile ($NaNO_2$, Cd- und Cr-Verbindungen) das Abwasser belastet. Aus der Entstaubung fällt getrockneter Schlicker bzw. Fritte an.
Wenn gebürstet und geputzt werden muß, läßt sich eine gewisse Staubentwicklung kaum vermeiden.
Beim Einbrennen können geringe Staubmengen entstehen, vor allem aber wird, wie schon beim Schmelzen, ein Teil des Fluors aus dem Email (insbesondere Titanemail) emittiert; mit anderen toxischen Substanzen aus dem Email ist nicht zu rechnen. Gas- und Ölheizung des Ofens führen zur Entstehung von SO_2 und Stickoxiden im Abgas.

21.2. Gesundheitsschutz im Emaillierwerk

Gesundheitsschutz und Arbeitshygiene im Betrieb beziehen sich auf den Schutz vor Hitze, Lärm, Stäuben, Gasen und Dämpfen am Arbeitsplatz. Für die Arbeitsbedingungen gelten entsprechende *MAK*-Werte (maximale Arbeitsplatzkonzentration in mg m^{-3} oder in Teilchen je cm^3), unterteilt nach Kurzzeiteinwirkung MAK_K (<30 min) oder Dauereinwirkung MAK_D (>24 h).
Nicht berücksichtigt werden hier Probleme des allgemeinen Arbeitsschutzes (wie z. B. selbstverständliche Schutzmaßnahmen im Transportwesen oder das Tragen von Handschuhen oder Helmen usw.).

21.2.1. Hitzebelästigung

Wärmestrahlung ist gefährlich bei Wellenlängen <1 050 nm, Schmerzempfindung tritt ab 45 °C auf. Die ertragbare Höchstgrenze der Strahlungsintensität ohne Schutzvorrichtung liegt bei 4 J cm^{-2} min^{-1} (die Wärmestrahlung einer Schmelze beträgt 13 bis 17 J cm^{-2} min^{-1}, nach Angaben bei *Vargin* u. a. 1972). Optimale klimatische Bedingungen sind – je nach Jahreszeit – 21 bis 25 °C, relative Luftfeuchte 40 bis 60 % und 0,3 m s^{-1} Luftbewegung. Grenzwerte und zulässige Bedingungen für das Klima am Arbeitsplatz sind in TGL 22313 festgelegt.
Belüftung und vor allem Klimatisierung gewährleisten einen ausreichenden Schutz vor Hitzebelästigung (s. auch Abschnitt 20.1.).

[1]) In der DDR werden bleihaltige Emails nicht hergestellt. In Schweden ist Cd verboten, die Emailindustrie der BRD fertigt Kochgeschirre blei- und cadmiumfrei.

21.2.2. Lärmbelastung

Der im Emaillierwerk in der Mühle und der Rohwarenfertigung auftretende Lärm verursacht, wenn er bestimmte Grenzwerte überschreitet, Störungen des Gehörs. Die Grenzen sind in TGL 10687 mit der Lärmbewertungszahl *N* (entspricht etwa dB bei 1000 Hz) festgelegt:

bis 10 min Belastung: 100 bis 115 N
bis 100 min Belastung: 90 bis 100 N
bis 1000 min Belastung: 85 N
(vergleichbare Werte in den USA: 15 min 115 dB, 1 h 105 dB, 2 h 100 dB, 8 h 90 dB; Anon. 1976e).

Die Geräusche im Betrieb können folgende Pegel (in dB) erreichen:

hydraulische oder pneumatische Pressen	110 bis 130 (maximal 150; in 25 m Entfernung noch 65 dB)
Strahlanlagen	110 bis 120
mechanische Stanzpressen	95 bis 110
Trommelmühlen	100
Formgießmaschinen	90.

Lärmminderung ist – neben der Vermeidung unnötiger Geräusche beim Transport, Abladen usw. (→ Kanten umhüllen!) – möglich durch eine Schallschutzkapselung bei Pressen und Stanzen, durch Schwingungsdämpfung bei rotierenden Maschinen (*Grotheer* 1971; *Koch* u. a. 1971; *Schene* 1971), durch Unterbindung der Schallausbreitung mittels Kapselung und Teilkapselung, Verkleidung usw. bei Mühlen und Mühlenräumen; der Lärmpegel kann dadurch um 15 dB gesenkt werden (*Junghans, Wiehe* 1968). Vorgeschlagen wird auch eine Gummiauskleidung der Mühlen.

21.2.3. Staubbelästigung

Bei Stäuben wird unterschieden zwischen nichttoxischen (die Atmungsorgane angreifenden, aber nicht giftigen) und toxischen Stäuben. Zu den ersten gehören Stäube mit freiem Quarz, deren *MAK*-Werte sich nach dem SiO_2-Gehalt richten, zu den zweiten Stäube aus anderen physiologisch schädli-

Tabelle 21.1. MAK-Werte nichttoxischer und toxischer Stäube und Stoffe in der Luft (Auswahl; TGL 32610/2; 32620/01 bis 05; *Vargin* u. a. 1972; *Kowner* 1986)

	Freies SiO_2 in %	MAK_D	MAK_K in T cm^{-3}	UdSSR
Nichttoxische Stäube[1])				
Gruppe I	50	100	100	
II	20...50	250	500	
III	5...20	500	1000	
IV	<5	800	1500	
V	0	800	2500	
Toxische Stäube aus			in mg m^{-3}	
Na_2CO_3		5	5	5
CoO		0,1	0,1	0,5
NiO		0,25	0,5	0,5
CdO		0,03	0,1	0,1
ZnO		5	10	5
TiO_2		5	10	
Pb-Verbindungen		0,05	0,01	0,01
Mn-Verbindungen		5	5	0,3
Sb-Verbindungen				0,5
Cr-Verbindungen		0,5	1	0,1
V-Verbindungen				0,1
Fluoriden				1

[1]) Festlegungen in der UdSSR: Staub mit > 70 % freiem SiO_2 1,0, mit 10 bis 70 % 2,0, mit <10 % 4,0 mg m^{-3}; in der BRD: Inertstaub <8, quarzhaltiger Staub 4,0, Quarzstaub 0,15 mg m^{-3}

chen Oxiden. Die *MAK*-Werte sind in Tabelle 21.1 zusammengestellt.
Die Staubemission ist bei der Rohstoff-, Gemenge- und Spritztechnologie besonders groß. Messungen von *Kamp* (1982) an automatischen Spritzanlagen ergaben 8,6 mg m^{-3} Staub, am Gemengefülltrichter der Mühle 0,78 mg m^{-3} Staub, der durch technologische Maßnahmen auf 0,04 mg m^{-3} gesenkt werden konnte. In Glashütten wurden bei staubentwickelnden Vorgängen bis zu 1000 mg m^{-3} Staub gemessen, der durch Entstaubungsanlagen bis auf $< 0{,}15$ g m^{-3} verringert wird (*Zaunick, Kilian* 1986). In Gießereien werden Staubkonzentrationen beim Kupolofen von 3 bis 100 mg m^{-3}, bei offenen Prozessen von 1 bis 3 mg m^{-3} angegeben (*Stief* 1978).
Stäube werden mit Konimetern, Handpumpen, Kopffiltersonden oder Thermalpräzipitatoren erfaßt und mittels Sedimentationswaage, Gonell-Sichter, Tyndallometer oder Elektronenmikroskop charakterisiert (z. B. *Nietzold* 1979).
Eine Vermeidung bzw. Reduzierung der Staubbelästigung ist technologisch durch entsprechendes sorgfältiges Arbeiten, durch Absaugung (zur Problematik s. *Brust* 1971) und Staubabscheidung möglich (dazu TGL 30058/01). Für die Abscheidung und Abgasreinigung gibt es verschiedene erprobte Systeme: Zyklone (aber wegen der geringen Korngröße der Stäube oft nicht effektiv genug), Absetzkammern, Wäscher, Gewebeabscheider (Entstaubungsgrad bis 99 %), Schlauchfilter, Elektroabscheider, Naßabscheider mit Venturidüsen (Wirkungsgrad 98 %) und kombinierte Trocken- und Naßentstauber (Anon. 1971a; *Clark, McDermott* 1972; *Teller* 1972; *Radtke* 1974; *Stief* 1974, 1978; *Mohry* u. a. 1981).

21.2.4. Gase und Dämpfe

Im Emaillierwerk ist mit einem unmittelbaren Auftreten gas- und dampfförmiger toxischer Schadstoffe nur in den Vorbehandlungsanlagen, speziell bei einer Salz- oder Salpetersäurebeize (HCl-Dämpfe oder nitrose Gase) oder im Brennofen (fluorhaltige Gase) zu rechnen. Für diese Substanzen sind *MAK*-Werte in Tabelle 21.2 enthalten.
Für die analytische Bestimmung anorganischer toxischer Stoffe sind TGL 22310/07 bis /20 verbindlich.

21.3. Umweltschutz

Die Emailindustrie gibt eine Reihe von Abprodukten an die Umwelt ab, die die Umgebung belästigen, verschmutzen oder gefährden können. Mit der Verschärfung der Gesetzgebung steigt auch der Aufwand für den Umweltschutz außerhalb des Werkes an.

Tabelle 21.2. MAK_D- und MIK_D-Werte toxischer Stoffe, Gase und Dämpfe (in mg m^{-3}; TGL 32600, 32610/02; *Joseph* 1975b; *van der Rhee* 1978a; *Mohry* u. a. 1981; *Vargin* u. a. 1972)

Substanz	MAK_D		MIK_D		*MAK* UdSSR
	DDR	BRD	DDR	BRD	
H_2F_2	1	2,5	0,01	0,002	1
HNO_3	5		0,06		5
HCl	5	7	0,015	0,1	10
H_2SO_4	1	1	0,02		1
NaOH	2				0,5
CO	55		1	10	30
$NO_2 + NO$	30		0,04	0,3	5
SO_2			0,15	0,14	
SO_3	1				1
Trichlorethylen	250	260	1		10
Tetrachlorethylen	300	1080			10
Perchlorethylen					10

21.3.1. Luftreinhaltung von Stäuben und Rauchen

Die wichtigsten Quellen für Staubemissionen und die Möglichkeiten der Staubbekämpfung und Entstaubung im Emaillierwerk wurden in den Abschnitten 21.1. und 21.2.3. dargestellt. Im Hinblick auf die Umweltverschmutzung muß ergänzt werden, daß beim Fritteschmelzen, vor allem mit sehr feinem Gemenge, Abgasstäube entstehen, die z. T. über Dach gehen. Bei gasbeheizten Glaswannen wurden z. B. 150 bis 250 mg m^{-3} Staub, bei ölbeheizten Wannen Verstaubungen bis zu 1 % des Gemenges festgestellt. Eine Reinigung der Abgase hat nach den üblichen Verfahren zu erfolgen.

Bezüglich der Staubemission beim Spritzen liegen Angaben aus den USA vor, wonach bei 450 kg Spritzgut für Badewannen je h maximal 1,35 kg Feststoff bzw. in anderen Fällen bei 1000 kg Schlicker maximal 2,6 kg Feststoff ins Freie gehen dürfen (*Bozsin* 1971, 1974). Der Staubniederschlag in der BRD darf kurzzeitig 0,65 mg m^{-3} d^{-1} und langzeitig 0,35 mg m^{-3} d^{-1} betragen (nach *Joseph* 1975b).

21.3.2. Reinhaltung von toxischen und schädlichen Gasen

Die maximalen Immissionswerte MIK_D[1]) toxischer und schädlicher Gase sind in Tabelle 21.2 enthalten. Diese Stoffe stammen i. d. R. aus Abgasen der Schmelze, des Kupolofens und des Brennofens sowie aus heißen Vorbehandlungsbädern. Aus ölbeheizten Glaswannen werden bis zu 15 mg m^{-3} Fluor emittiert; der SO_2-Gehalt des Abgases kann 0,2 %, die emittierte NO_x-Menge 0,5 bis 1,3 g m^{-3}, bei VES-Wannen 0,15 g m^{-3} (*Lotze* u. a. 1986) betragen. Aus Emailschmelzen können 15 % des PbO-Gehalts und bis zu 40 % des Fluorgehalts entweichen. In Ungarn ist eine Fluorabgabe von maximal 0,1 mg m^{-3} aus Schmelzöfen zulässig (*Török* 1975). Die Fluoremission beim Emailbrand wird je nach Fluorgehalt des Emails und Temperatur mit 3 bis 22 % angegeben (*van der Rhee* 1978b), z. T. aber auch wesentlich höher. Emissionen am Kamin wurden zu etwa 5 mg m^{-3} bestimmt. Die F-Kontentration soll nach *Verjutin, Radik* (1983) 2,1 bis 2,7 mg m^{-3}, nach DEZ (1985) bis 25 mg m^{-3} betragen.

SO_2 kommt meist aus der Verbrennung des Energieträgers. Die Entstehung von nitrosen Gasen bei der Verbrennung kann kaum beeinflußt werden.

Eine Gasreinigung kann durch Adsorption oder Absorption in Wäschern, Waschtürmen verschiedener Bauart oder in üblichen Absorptionsanlagen der chemishen Industrie erfolgen (*Clark, McDermott* 1972). Für nitrose Gase wird thermische oder katalytische Zersetzung bzw. Reduktion vorgeschlagen (*Michelfelder* 1978). Für fluorhaltige Abgase liegen spezielle Erfahrungen mit Gaswäschern und Flüssigkeits-Zirkulations-Gasreinigern (Wirkungsgrad 98 %) vor (*Bruins* 1952; *Török*, 1975). *Käppeler* (1984) beschreibt eine wirksame Entfluoridierungsanlage auf Basis Kalkhydrat, Wettermann (1984) eine solche mit Kalksplitt.

[1]) Unter Immission versteht man die 1,5 m über dem Erdboden, an der Oberfläche der Bebauung oder an der oberen Vegetationsgrenze auftretenden Stoffe, bezogen auf das Luftvolumen in mg m^{-3}.

21.3.3. Abwasserbelastung

In der Emailindustrie fallen größere Mengen Abwässer mit Ziehemulsionen, aus Entfettungs-, Beiz-, Vernickelungs-, Spül- und Neutralisationsbädern und aus verdünnten Schlämmen der Mühle und Aufträgerei an. Wegen der starken Belastung des natürlichen Wasserhaushalts ist Vorsorge zu ihrer weitgehenden Reinigung und Aufarbeitung zu treffen (TGL 11072/01).

Das in die Kanalisation bzw. in freie Gewässer gelangende Industrieabwasser darf einen bestimmten Grad an verschmutzenden und schädigenden Verunreinigungen nicht überschreiten. Entsprechende gesetzliche Regelungen legen Grenzwerte fest, die in Tabelle 21.3 zusammengestellt sind.

Öl- und fetthaltige Abwässer aus den Entfettungsbädern der Metallvorbehandlung enthalten Ziehmittel in einer Konzentration von 10 bis 50 g l^{-1}. In freier Form sind sie

Tabelle 21.3. Zulässige Grenzwerte für Abwasserinhaltsstoffe (in mg l^{-1}) (TGL 11072; GBl. I, Nr. 4, 1978; *Joseph* 1981 b; *Wilhelm* 1978; *Farrell* 1975; DEZ 1985)

Inhaltsstoff	DDR	BRD	USA	Vorschlag VDEfa (1985)
Abfiltrierbares	<30			
absetzbare Stoffe	2	1	25	
Barium		10	100	
Blei	$<0,1$		5	1
Cadmium	$<0,2$	1	1	0,2
Chrom(III)	$<0,5$	2	} 5	} 0,5
Chrom(VI)	$<0,3$	0,5		
Mangan	$<0,8$			
Eisen (gesamt)	$<1,5$	10	1	3
Cobalt	<5			1
Nickel	$<0,2$	3	0,5	2
Zink	<3	3		
Nitrit (als N)		10		NH_3 (als N) 2
Cyanid		0,2		Selen 1
Sulfat	<300	400		Kupfer 2
Chlor	<400			
Phosphate			10	
Fluor	<1			50
Öle, Fette	$<0,1$			
Mineralöl, nicht verseifbar		20		
Fett, verseifbar		100		
Temperatur, °C	35	35		
pH-Wert	5,5...9	6...9,5		6,5...9,5

durch Ölabscheider (TGL 11079/01) oder Zentrifugieren abzutrennen. In emulgierter Form kann die Ultrafiltration oder eine Spaltung mit Säure (z. B. Abfallsäure) und Flockung (Brechen der Emulsion) unter Zusatz von $Al_2(SO_4)_3$ bzw. elektrochemisch (Anon. 1976c) angewendet werden. Das Öl oder Fett wird von der Oberfläche abgezogen und nach dem Aufarbeiten z. T. wiederverwendet. Der Restgehalt im Abwasser beträgt im allgemeinen <5 mg l^{-1}; zum Recycling von Entfettungsmitteln siehe *George* (1982).

Entfettungsbäder aus organischen Lösungsmitteln dürfen nicht in das Abwasser gegeben werden; sie sind durch Destillation zu reinigen. Verbrauchte alkalische Entfettungsbäder enthalten in der alkalischen Grundlösung neben Ölen und Fetten noch Silicate, Carbonate, Phosphate, Netzmittel und Emulgatoren; pH-Wert 12 bis 13. Die Lösung muß vor der Beseitigung neutralisiert werden (am besten mit Altsäure, H_2SO_4). Dabei werden $Fe(OH)_3$, Silicate und andere schwerlösliche Verbindungen ausgefällt; die Abscheidung des Schlamms wird durch Flockungsmittel unterstützt. Die Entfernung von Phosphat aus den Bädern ist problematisch; nach Fällung mit $Ca(OH)_2$ verbleiben immer noch 20 bis 50 mg in einem Liter. Wegen der Gefährlichkeit für die Vegetation der natürlichen Gewässer sollten Entfettungsbäder zweckmäßigerweise phosphatarm oder -frei betrieben werden (*Bryant* 1970).

Mit alkalischen Neutralisationsbädern ist wie mit Entfettungsbädern zu verfahren. Reste von Nitrit belasten die Umwelt wie Phosphate. Sollten Cyanidlösungen angewendet werden, so ist ein Mischen mit Säure zu unterlassen (HCN-Bildung!). Cyanid muß alkalisch durch Chlor, Hypochlorit, H_2O_2 oder Ozon zu Cyanat oxydiert bzw. zu CO_2 und N_2 zersetzt werden (TGL 11072/02; Anon. 1971a). Ebenso ist NO_2^- durch Harnstoff oder Hypochlorit abzubauen.

Verbrauchte Salzsäurebeizbäder (5% freie

HCl) enthalten 80 bis 100 g l^{-1} Eisen, Schwefelsäurebäder 40 bis 60 g l^{-1} (bzw. 18 bis 20% Eisensalze). Sie werden mit NaOH (Abfallauge) oder $Ca(OH)_2$ bzw. Kalkstein neutralisiert (auch $BaCO_3$ und $Mg(OH)_2$ werden angegeben; *Meinck* u. a. 1968); zugleich muß Fe^{2+} durch Luftsauerstoff zu Fe^{3+} oxydiert werden. Eine Reduzierung der Eisenkonzentration kann durch Abkühlen der Lösung und Auskristallisation von $FeSO_4 \times 7H_2O$ erfolgen. Die Ausfällung der festen Produkte, vor allem von $Fe(OH)_3$ und Gips, wird durch Flockungsmittel beschleunigt. Reste von Sulfat sind immer noch betonkorrosiv (*Steffes* 1966). Über eine automatisierte Aufbereitung von Beizabwässern siehe *Gesche* (1962). Die Anwendung von Ionenaustauschern beschreiben *Schlegel, Weidner* (1965) und *Kühne* (1968); über die Salzsäureregenerierung siehe Anon. (1976b).

Phosphorsäurebeizen sind durch Ionenaustausch zu regenerieren (TGL 13369).

Nickelbäder (mit 8 g l^{-1} Fe) müssen entweder sehr stark verdünnt oder das Nickel durch NaOH als $Ni(OH)_2$ ausgefällt werden. Der Restgehalt an Nickel beträgt <1 mg l^{-1}. In chromathaltigen Lösungen (aus der Al-Vorbehandlung) muß CrO_4^{2-} durch $NaHSO_3^-$, Dithionit oder alkalisch mit Fe^{2+} zu Cr^{3+} reduziert und ausgefällt werden (TGL 11072/02).

Die bei der Aufarbeitung der Entfettungs-, Beiz- und sonstigen Lösungen anfallenden Schlämme werden in Absetzbecken, Klärern oder Schlammabscheidern geklärt, abgeschieden und in Filterpressen abgetrennt. Entwässerung in Kammerfilterpressen führt zu einer Restfeuchte von 30 bis 40% und zu einer krümeligen Masse. Der $Fe(OH)_3$-Schlamm ist als Rostschutzmittel, Malerfarbe, Gasreinigungsmasse oder Polierrot verwendbar; i. d. R. geht er aber auf Deponie.

Spülwässer sind bei geringer Verunreinigung in Ionenaustauschern aufzubereiten.

Abwässer aus der Mühle und den Spritzkabinen enthalten suspendierte Email- und Tonteilchen, ggf. feinen Quarz oder Farbkörper, sowie gelöste Stellmittel, möglicherweise auch ausgelöste schädliche Bestandteile, wie Fluoride, Blei, Cadmium usw. Die Feststoffe läßt man in Absetztanks sedimentieren oder fällt sie durch Polymere aus und trennt sie dann durch Zentrifugieren oder Filtern von der Flüssigkeit ab. Der gewonnene Schlamm kann ggf. für die Produktion wiedergewonnen oder für Baustoffe, Engoben usw., verwendet bzw. auf Deponie gebracht werden. Im letzten Falle sind z. B. in den USA die Gehalte an As, Ba, Cd, Cr und Pb begrenzt (*Joseph* 1981b). Über Untersuchungen an Emailschlämmen in Holland berichtet *van der Rhee* (1982, 1983). Danach ist die Auslösbarkeit von Schadstoffen nur auf die Oberfläche der Frittepartikeln beschränkt und kann vernachlässigt werden.

Es sei noch auf die Ausführungen von *Wilhelm* (1978) über Rückstände aus Wasseraufbereitungs-, -enthärtungs- und -entsalzungsanlagen sowie auf die Publikationen von *Basso* (1974); *Kronenberg* (1983) und Anon. (1984b) über Abwasserklärung verwiesen, auf die hier nicht eingegangenen wurde.

Die harten Forderungen der Umweltschutzvorschriften sind nur zu erfüllen, wenn auch umweltfreundliche Verfahrenstechniken in der gesamten Emailindustrie angewendet werden. Dazu gehören z. B. entsprechende Vorbehandlungs- und Entsorgungsverfahren (*Roberts* 1972; *George* 1978) und zielgerichtete Aktivitäten im Emaillierbereich, die, wie *Joseph* (1981b) aus den USA berichtet, solche Maßnahmen umfassen, wie Einsatz umweltfreundlicher Fritten, Farbkörper und Mühlenzusätze, Aufbereitung und Wiederverwendung von Abfall im Werk bzw. Verwendung als Fritterohstoff oder Abgabe an andere Industriezweige.

System Metall / Email

22
Eigenschaften des Emails und des Systems Metall/Email

Für die Einsatzfähigkeit, das Verhalten und den Gebrauchswert eines emaillierten Erzeugnisses ist in hohem Maße, teilweise sogar in erster Linie, das Email als Werkstoffkomponente des Systems Metall/Email verantwortlich. Die Eigenschaften von Email, Emaillierung und Komposit, ihre Rolle und Einordnung sind jedoch unter verschiedenen technischen und praktischen Aspekten zu betrachten. Manche Eigenschaften haben nicht für das Email als solches, sondern nur für das gesamte System einen Sinn (z. B. Haftfestigkeit, Wärmeausdehnung, Spannungsverhalten, *TWB*). Andere Eigenschaften wieder sind für die Emailschicht gültig; dazu gehören Wärmeleitfähigkeit, elastische Konstanten, Festigkeit und Härte, Weißgehalt und Farbe, chemische Beständigkeit. Schließlich sind einige Eigenschaften nur von Bedeutung beim Einbrennen des Emails (hauptsächlich Viskosität und Oberflächenspannung).

Die Darstellung der wesentlichen Eigenschaften erfolgt global und im Komplex für das Email als solches, für die Emaillierung und für das System Metall/Email, wobei eine scharfe Trennung naturgemäß nicht möglich ist.

22.1. Zur Berechnung von Eigenschaften aus der Zusammensetzung

Die Problematik der Berechnung von Glas- und Emaileigenschaften mit Hilfe von Partialeigenschaftsfaktoren wurde seit 80 bis 100 Jahren vielfach bearbeitet, und es wurden viele Berechnungsverfahren und -faktoren vorgeschlagen. Ausführliches über die Theorie ihrer Anwendung findet sich z. B. bei *Appen* (1974); *Scholze* (1977a) und *Nölle* (1983); dort sind auch die wichtigsten Faktoren (ermittelt an Gläsern) zusammengestellt.

Das Prinzip der Eigenschaftsberechnung ist folgendes: In einem Glas steuert jede Komponente einen bestimmten, quantifizierbaren (positiven oder negativen) Beitrag zu einer bestimmten Eigenschaft bei. In idealen Mischungen kann eine intensive Eigenschaft E als Summe der Produkte der masseprozentualen Anteile c_i oder des Molenbruchs x_i und der entsprechenden partiellen Eigenschaft (des Wirkungsfaktors) a_i einer Komponente i nach folgendem linearen Ansatz berechnet werden.

$$E = a_1c_1 + a_2c_2 + a_3c_3 + \dots + a_ic_i \text{ bzw.}$$
$$E = \sum a_ic_i. \qquad (22.1)$$

Die Wirkungsfaktoren müssen aus experimentellen Messungen ermittelt werden.

Die Berechnung von Eigenschaften nach diesem Ansatz gelingt nur mit hinreichend genau bekannten, in der Nähe der Eigenschaftszusammensetzung liegenden Faktoren; das trifft jedoch nicht immer zu. Daraus resultiert generell eine begrenzte Genauigkeit von Eigenschaftsberechnungen. Dabei erhält man z. B. bei Gläsern, deren Eigenschaften in einem engen Zusammensetzungsbereich liegen und gut meßbar sind, bessere Werte als bei Eigenschaften, die sehr veränderliche Daten aufweisen können (z. B. Viskosität), die stark streuen (z. B. Festigkeit) oder von Nebenbestandteilen abhängen (z. B. Oberflächenspannung).
Bei Berücksichtigung der Abhängigkeit der Faktoren a_i von der Konzentration c_i erfolgt die Berechnung der Eigenschaften nach

$$E = \sum a_i' c_i + \sum a_i'' c_i^2. \qquad (22.2)$$

Komplizierte Abhängigkeiten können durch Potenzreihenansätze beschrieben werden (für Borosilicatgläser s. z. B. *Schnapp* u. a. 1980). Für manche Eigenschaft (z. B. Dichte) ist folgende reziproke Formel geeigneter:

$$E = \frac{100}{c_1/a_1 + c_2/a_2 + \ldots + c_i/a_i} \text{ bzw.}$$

$$\frac{1}{E} = \frac{1}{100} \sum c_i/a_i. \qquad (22.3)$$

Mit den angegebenen Verfahren und Formeln lassen sich für bestimmte Glas- und Emailzusammensetzungen Eigenschaftskennwerte, aber auch Auswirkungen von Zusammensetzungsänderungen auf die Eigenschaften ermitteln.
Die Eigenschaftsberechnung aus der chemischen Zusammensetzung entbehrt nicht einer gewissen Problematik. Weist bereits die Notwendigkeit komplizierter Ansätze auf schwer zu erfassende Einflüsse hin, so bringt aber ganz besonders die Tatsache, daß die partiellen Faktoren an einem bestimmten Glassystem ermittelt wurden, Schwierigkeiten in der Verallgemeinerung mit sich. Das Verhalten einer Komponente kann in verschieden zusammengesetzten Gläsern auf Grund unterschiedlicher Acidität und Basizität, Polarisation, Koordination, oberflächenaktiver Verteilungserscheinungen usw. ganz unterschiedlich sein. Die Berechnung ist nicht in jedem Falle geeignet, bei *beliebigen* Glas- und Emailzusammensetzungen irgendwelche Eigenschaften mit technischer Genauigkeit zu ermitteln. Es ist notwendig zu wissen, an welchen Glastypen die tabellierten Wirkungsfaktoren bestimmt wurden; nur bei Übereinstimmung der Glastypen ist die Anwendung der Faktoren sinnvoll. Deshalb erscheint es z. B. fraglich, wenn Faktoren für technische Gläser (70 bis 80 % SiO_2) auf leichtschmelzende Vielkomponentenemails ($<$50 % SiO_2) angewendet werden.

22.2. Gefüge von Emaillierungen

Das Gefüge ist die Gesamtheit der in der Emaillierung physikalisch oder chemisch erkennbaren Einzelelemente und deren räumlicher Anordnung (*Schultes, Trögel* 1983). Technisches Email ist kein homogenes Glas; die glasige Matrix einer Emailschicht enthält immer gasförmige und/oder feste Inhomogenitäten in Form von Poren, Blasen, Schmelzrelikten (z. B. Quarz), Farb- und Trübkörpern oder ausgeschiedenen Kristallen. Mikrophasentrennung im Email wurde von *Hellmold, Zopf* (1983) beobachtet. Das Gefüge – unterschiedlich bei Grund- und Deckemail – hängt insgesamt vom Versatz, der Mahlung, den Schmelz- und Brennbedingungen, aber auch vom Beizzustand des Blechs ab (*Hoens* 1982).
Das Auftreten von Blasen, die H_2, CO, CO_2 und N_2 enthalten, ist eine allgemeine Erscheinung. Die Emailgranalien besitzen bereits eine gewisse Porosität (etwa 1 bis 20 % geschlossene Poren; *Jakobson* u. a. 1974) und gelöste Gase (*Bersticker* u. a. 1966). Der Hauptanteil der Blasenstruktur resultiert wohl aus den tonigen Mühlenzusätzen (*Petzold* u. a. 1961 b); diese Auffassung wird jedoch von *Böhmer, Hennicke* (1975) und *Joseph* (1984) nicht geteilt. *Deriemont* (1965) und *Gee-Pemberton, Walker* (1967) sehen die Ursache u. a. in der organischen Substanz. Im Grundemail sind die Blasen im allgemeinen groß; bei Unterbrennen sind sie fein, bei Überbrennen (wie auch bei grobgemahlener Fritte, *Joseph*

1984) wird das Email zahlenmäßig fast blasenfrei, weil große Blasen auf Kosten der kleineren wachsen. Deckemails und weiche Grundemails weisen i. d. R. eine geringe, aber feine Blasenstruktur auf (*Vuyk*, *Kreuter* 1965).

Blasen sind erwünscht wegen der Verbesserung der Elastizität und der Herabsetzung der Fischschuppenbildung. In Deckemails erhöhen sie dagegen den chemischen Angriff und Abrieb. Zusatz von Korund erniedrigt den Porenanteil.

Feste Inhomogenitäten treten (abgesehen von absichtlich eingebrachtem Quarz oder Farb- und Trübkörpern) in Form von Schmelzrelikten und bei Verwendung grober Fritten auf (*Böhmer*, *Hennicke* 1975); sie verschwinden bei Erhöhung der Brenntemperatur. Inhomogenes Email ist resistenter gegen Fischschuppen als homogenes.

In Grundemails und Direktemails bildet sich beim Brennen eine Haftschicht. Das Gefüge solcher Emaillierungen besteht aus Glasphase, Restquarz, Blasen und in der Grenzschicht aus Eisenoxiden und Metallpartikeln; in der Reaktionszone von legiertem Stahl tritt Cr_2O_3 (*Clark* u. a. 1975), je nach Zusammensetzung des Stahls auch $CoO \cdot Cr_2O_3$, $FeO \cdot Cr_2O_3$ oder α-Al_2O_3 auf (*Vasiljuk* u. a. 1984). Bei Direktweißemails kommt Eisentitanat hinzu; hier wurden auch mehrere Zonen beobachtet (*Hoffmann, Leontaritis* 1970; *Richard, Demard* 1974, 1975), für deren Kristallbestand Richtreihen aufgestellt wurden.

Deckemails enthalten feinste Bläschen und bei Farb- und Weißemails dispergierte Pigmente. Detaillierte Angaben über das Gefüge von Titanemails ($\approx 12\%$ kristalline Phase) finden sich bei *Eppler* (1971 a). Bei einer Mehrschichtemaillierung stellt bereits die Grenzzone Grund/Decke eine gewisse Inhomogenität dar. Schädliche Inhomogenität kommt zustande, wenn infolge unerwünschter dynaktiver Effekte eine Vermischung von Grund- und Deckemails erfolgt (s. Abschnitt 22.4.4.).

Verfahrensbezogene Gefügebilder von Emaillierungen sind in Bild 19.2 bis 19.4 (S. 305, 310, 311) wiedergegeben.

Bei glaskristallinen Deckemails (z. T. auch Grundemails) kommen als weitere Gefügekomponenten Kristallphasen aus verschiedenen oxidischen Verbindungen hinzu. An kristallinen Phasen treten auf: Lithiumsilicat und -disilicat, Lithium-Titanium-Silicat, β-Eukryptit-SiO_2-Mischkristalle, Quarz, Rutil, Sphen und Albit (z. B. *Carlson* u. a. 1963; *Ušakov* u. a. 1971; *Čemerko, Smirnov* 1977; *Gladitzsch* u. a. 1985; *Patzke* 1985). Das Gefüge eines Emails des Systems L—A—S zeigt Bild 19.2d (S. 305).

In Emaillierungen auf Titanium haben *Sitnikova* u. a. (1974) SiO_2-Modifikationen, $MgSiO_3$, $CaSiO_3$, $PbTiO_3$, $BaTiSi_3O_9$ und Si gefunden.

Das Oberflächengefüge von Emaillierungen drückt sich in der Unebenheit und Abweichung von der planen Fläche aus. Derartige Erscheinungen sind versatzabhängig und technologisch bedingt. So ist die sog. Inselbildung als Oberflächeninhomogenität nach *Blanchard, Deringer* (1952) auf grobe Fritte zurückzuführen. Die Entwicklung der Oberflächenstruktur beim Brennen wird von *Schultes, Trögel* (1976) verfolgt und beschrieben.

22.3. Physikalisch-mechanische Eigenschaften

22.3.1. Dichte

Die Dichte spielt anwendungstechnisch für die Emaillierung kaum eine Rolle. Sie geht aber in verschiedene Berechnungen ein und muß vor allem bei der Bewertung der Dichte von Emailschlickern berücksichtigt werden.

Die Reindichte bleifreier Emails beträgt etwa 2,5 bis 2,6 g cm^{-3}; bleihaltige Emails zeigen Werte >3 g cm^{-3}. Die Rohdichte aufgebrannter Emails kann auf Grund der Blasenstruktur bis auf 2,3 g cm^{-3} heruntergehen. Auch Emailgranalien besitzen eine gewisse Porosität, die die Rohdichte bis auf 2,35 g cm^{-3} herabsetzt (*Jakobson* u. a. 1974).

Die Dichte kann aus der Zusammensetzung nach Gl. (22.3) berechnet werden. Faktoren sind in Tabelle 22.1 zusammengestellt. Sie schwanken je nach Glastyp. Von *Appen* (1974) angegebene Faktoren sind stark von der Zusammensetzung abhängig und mit vielen Randbedingungen versehen.

Tabelle 22.1. Ausgewählte Faktoren zur Berechnung der Dichte, des *E*-Moduls und der Festigkeiten; Faktoren z. T. stark zusammensetzungsabhängig; weitere Faktoren bei *Hall* (1930) und *Huggins, Sun* (1943)

	Dichte (*Stuckert* 1941) in g cm^{-3}	*E*-Modul (*Winkelmann, Schott* 1894) in 10^2 MPa	*E*-Modul (*Appen* u. a. 1961)[1]) in 10^2 MPa	Zugfestigkeit (*Winkelmann, Schott* 1894) in MPa	Druckfestigkeit (*Winkelmann, Schott* 1894) in MPa
Li_2O	3,7		8		
Na_2O	3,25	10	5,9	0,2	0,2
K_2O	3,20	7	4	0,1	0,5
MgO	3,5	4	9,2	0,1	11,0
CaO	4,3	7	11	2,0	2,0
BaO	7,2	7	6,2	0,5	0,5
B_2O_3	2,9	6	1...18	0,65	9,0
Al_2O_3	2,75	15	11,4	0,5	10,0
SiO_2	2,25	7	6,5...7,1	0,9	12,3
TiO_2			17		
PbO	10,0		4,3	0,25	4,8
P_2O_5	2,55			0,75	7,6

[1]) Angaben gelten für Mol-%

22.3.2. Elastisches Verhalten

Für Emails als linear-elastische Körper ergibt sich im Spannungs-Dehnungs-Diagramm eine Gerade (Bild 2.8, S. 30). Allerdings treten bei sehr lang anhaltenden Belastungen Abweichungen durch zeitabhängige Verformungen (Anelastizität, elastische Nachwirkungen) auf, die auf mikrostrukturelle Änderungen zurückzuführen sind.

Die *E*-Moduln liegen je nach Zusammensetzung meist zwischen 50 und 80 · 10^3 MPa (vgl. Stahl ≈ 210 · 10^3, Aluminium ≈ 70 · 10^3 MPa); der *E*-Modul von glaskristallinen Emails wird mit 80 · 10^3 MPa angegeben (*Ušakov* u. a. 1971). Auf die elastische Dehnbarkeit wirken Phosphate, Na_2SiF_6, Na_3AlF_6, Quarz, Glasmehl und vor allem SnO_2 im Versatz günstig, Feldspat und CaF_2 ungünstig (*Effenberg, Pöschmann* 1967). Mühlenzusätze von Trübkörpern erhöhen den *E*-Modul um 10 bis 25 MPa (*Decker* 1958); nach *Märker* (1958) soll sich jedoch eine Erniedrigung ergeben; zur Temperaturabhängigkeit siehe Bild 3.3 (S. 38).

Der *E*-Modul eines Werkstoffs hängt nach folgender Beziehung von der Porosität ab (*Hashin* 1962):

$$E = E_0\,(1 - A V_P) \text{ bzw.}$$
$$E = E_0 \exp - (B V_P) \qquad (22.4)$$

E_0 *E*-Modul des porenfreien Materials
A, B Konstanten.

Systematische Untersuchungen an Gläsern liegen vor von *Hasselman, Fulrath* (1964). In Grundemails erniedrigt die Blasenstruktur den *E*-Modul auf etwa die Hälfte des blasenfreien Materials und verbessert damit die Elastizität.

Die beim Zugversuch auftretende Bruchdehnung gibt Auskunft über die Elastizität des Emails. Von *Meyer* (1954) gemessene Dehnwerte liegen zwischen 0,12 (bei fluorhaltigen), 0,21 (bei borfreien) und 0,3 % (bei borhaltigen Emails). Die niedrigen Werte sind auf den nichtbrückenbildenden Charakter des Fluors zurckzuführen. Bei Emaillierungen fanden *Brentrop, Dalichau* (1982) einen Rückgang der Bruchdehnung von 0,17 (20 °C) auf 0,11 % (200 °C).

Die Berechnung des *E*-Moduls kann nach Gl. (22.1) erfolgen. Vorliegende Faktoren (Tabelle 22.1) differieren je nach Autor stark und ergeben nach *Andrews* (1961) und *Scholze* (1977) keine hohen Genauigkeiten.

Weitere Konstanten sind der Schub- und Kompressionsmodul sowie die *Poisson*-Zahl μ. Der Schubmodul liegt bei einfachen Gläsern in der Größenordnung von $35 \cdot 10^3$ MPa. Die *Poisson*-Konstante (Querkontraktionszahl) beträgt im allgemeinen 0,22 bis 0,25.

22.3.3. Mechanische Festigkeiten

Die mechanische Festigkeit ist der Widerstand eines Werkstoffs gegenüber irreversibler Formänderung und Rißausbreitung bei äußerer mechanischer Beanspruchung. Das Auseinanderreißen von Bindungen zwischen den Bausteinen eines Körpers erfolgt durch Zugkräfte. Da Gläser und Emails gegenüber Zugbeanspruchung sehr empfindlich sind, ist die Zugfestigkeit eine entscheidende Größe.

22.3.3.1. Allgemeine theoretische Gesichtspunkte

Nach dem allgemeingültigen *Orowan*-Ansatz

$$\sigma_{zB,th} = \sqrt{\frac{(1 \ldots 2)\, E\gamma}{a}} \qquad (22.5)$$

a Ionenabstand

entspricht die theoretische Festigkeit etwa $1/10\,E$, bei Silicatglas etwa $(5 \text{ bis } 10) \cdot 10^3$ MPa. Die praktischen Festigkeiten liegen demgegenüber wesentlich niedriger; sie betragen etwa 1 % der theoretischen Festigkeit (bei Druckfestigkeit: 10 %). Die große Diskrepanz ist auf das Vorhandensein von Volumen- und Oberflächenrissen (Kerbstellen) zurückzuführen, die bei allen Werkstoffen auftreten, bei Glas und Email aber besonders gefährlich sind, weil sie unter Zug leicht Spaltbrüche (Sprödbruch) zur Folge haben. Die Risse entstehen durch Ausbildung, Einfrieren und Auslösen von Mikrospannungen, durch Schrumpfungsvorgänge, Phasentrennung und Alterung sowie durch das Unvermögen, den Beanspruchungen durch plastische Verformung auszuweichen. Experimentell wurden auf Glasoberflächen bis zu 50000 Fehlstellen je cm² ermittelt. Hinzu kommen noch weitere makroskopische Beschädigungen und Störungen an der Oberfläche.

In einem homogenen Glas setzt sich die gefährliche Rißausbreitung ($1\,500$ m s^{-1}) ungehindert bis zur völligen Zerstörung fort.

Bei Emails können eingelagerte Fremdsubstanzen, Blasen oder entstandene Grenzschichten (Haftschicht) als Rißbremsen dienen und den Bruch eingrenzen.

Nach dem *Griffith-Orowan*-Mechanismus entsteht an der Spitze eines inneren (elliptischen) Risses („*Griffith* flaw") oder an einer Kerbstelle in Abhängigkeit von der angelegten Zugspannung eine maximale Spannung

$$\sigma_{max} = 2\sigma \sqrt{l/r} \qquad (22.6)$$

l Rißtiefe

r Krümmungsradius an der Rißspitze.

Die Konzentration dieser Spannungen am Rißboden und der Spannungsverlauf im Material sind in Bild 22.1 schematisch dargestellt.

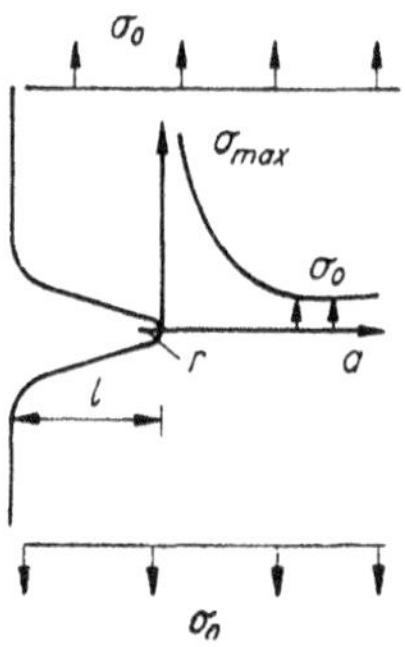

Bild 22.1. Spannungsverlauf an einem Riß (schematisch)

Übersteigt die maximale Spannung die Festigkeit, dann breitet sich der Riß aus, wobei eine kritische Rißlänge existieren muß, um Rißfortschritt und Bruch herbeizuführen. Die Festigkeit ist dabei umgekehrt proportional der Rißtiefe. Die praktischen Rißtiefen bei Glas liegen in der Größenordnung von 10 nm bis 10 µm. Bei Email nimmt *Dietzel* (1981) hohe Rißlängen an, weil die abkühlende Schicht einen Zugspannungsbereich durchlaufen hat.

In der Bruchmechanik hat sich der die Bruchzähigkeit, das Bruchverhalten und den Bruchwiderstand beschreibende kritische Spannungsintensitätsfaktor K_{Ic} eingeführt, der Rißtiefe, Belastung und einen Formfaktor f berücksichtigt:

$$K_{Ic} = \sigma_{krit} \sqrt{\pi\, l}\; f \qquad (22.7)$$

Die K_{Ic}-Werte für Gläser liegen bei etwa 0,8 MPa m$^{1/2}$.

Die Festigkeit anorganisch-nichtmetallischer Werkstoffe wird durch Poren (Blasen) herabgesetzt. Eine entsprechende Beziehung lautet (*Duckworth* 1953):

$$\sigma = \sigma_0 \exp - (A V_P). \qquad (22.8)$$

Von Einfluß sind ferner Belastungsgeschwindigkeit, Probenform und umgebendes Milieu. Kurze Belastung ergibt höhere, lange Belastungsdauer niedrigere Werte infolge Ermüdung. Mit abnehmendem Prüfkörperquerschnitt steigt die Festigkeit an (Beispiel: Fasern; sehr dünne Emailschichten). Man muß annehmen, daß in größeren Materialmassen thermische Spannungen und ungleichmäßige Belastungen wirken, die die Rißausbreitung begünstigen.
In trockener Umgebung sind die Festigkeiten höher, in feuchter dagegen geringer, vermutlich wegen der Bruchbeschleunigung durch Spannungsrißkorrosion. Wird jedoch, wie bei längerer Einwirkung aggressiver Medien, der Radius der Rißspitze aufgeweitet oder der Riß durch abgelagerte Reaktionsprodukte verkleinert, dann kann es andererseits zu einer Erhöhung der Festigkeit kommen. Der Einfluß normal feuchter Umgebung wirkt sich bei chemisch resistenten Gläsern und Emails weniger aus als bei geringer resistenten.
Weitere Ausführungen über Bruchverhalten von Emails finden sich bei *Hoens* u. a. (1966); *Barinov, Moskvin* (1984); *Brown* (1985).

22.3.3.2. Festigkeit des Emails

Zugfestigkeit
Zugbelastungen in der Emaillierung treten auf beim Abkühlen des eingebrannten Emails, bei Temperaturwechsel und in bestimmten Konstruktions- und Anwendungsfällen. Die Zugfestigkeit der Gläser und Emails beträgt theoretisch 6000 bis 9000 MPa, praktisch werden 50 bis 120 MPa gemessen (bei spezieller Ätzung der Oberfläche und bei Fasern: bis 3000 MPa). Glaskristalline Werkstoffe erreichen 150 MPa (vgl. Stahl: bis 1000 MPa).
Die Zugfestigkeitswerte streuen auf Grund der Oberflächeneffekte sehr. Abhängigkeiten von der chemischen Zusammensetzung sind nicht einheitlich. Als festigkeitssteigernd wird man Oxide von Kationen, die die Struktur verfestigen (hauptsächlich Li^+, Si^{4+}, Ti^{4+}, Zr^{4+}, Al^{3+}, mit Vorbehalten auch Ca^{2+}) ansehen können. Große Alkalien sowie leicht deformierbare Nebengruppenelemente (Pb^{2+}, Fe^{2+}, Fe^{3+}) setzen die Festigkeit im allgemeinen herab (*Johnson, Canfield* 1942). Mit steigender Temperatur nimmt die Festigkeit erwartungsmäß ab (Bild 22.2). Der zwischenzeitliche Anstieg ab 200 °C beruht auf der Ausheilung von Kerbstellen.

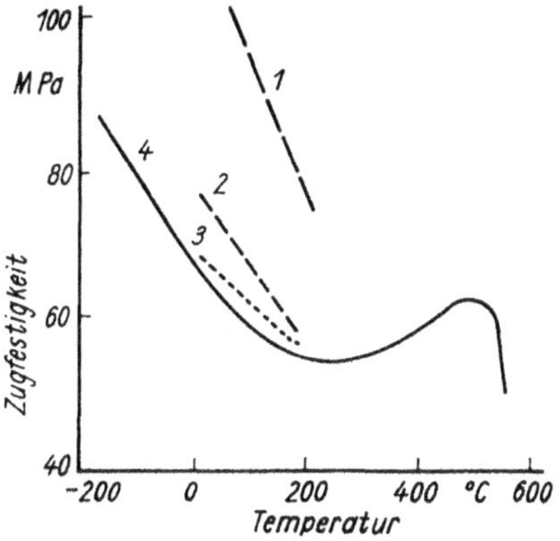

Bild 22.2. Temperaturabhängigkeit der Zugfestigkeit von Glas und Email
1, 2, 3 Deckemails (*Brentrop* u. a. 1982)
4 N—C—S-Glas (*Demischev, Bartenew* 1966)

Druckfestigkeit
Die Druckfestigkeit von Gläsern und Emails beträgt unter Normalbedingungen 800 bis 1200 MPa. Der Einfluß der chemischen Zusammensetzung weicht etwas von dem bei der Zugfestigkeit ab (Angaben nach *Gehlkoff, Thomas*). Die Wirkung anderer Einflußgrößen ist ähnlich wie bei der Zugfestigkeit.

Biegefestigkeit
Die Biegefestigkeit spielt eine Rolle bei allen Biegebeanspruchungen (einsetzende Verformungen, Verbeulungen, Montage, Kaltrichten). Sie beträgt 80 bis 200 bzw. 175 bis 215 MPa bei glaskristallinen Emails.
Die Abhängigkeit von der Zusammensetzung ist wiederum nicht eindeutig. Dispersionstrübungsmittel (SnO_2, CeO_2, $ZrSiO_4$, Sb-Verbindungen) üben eine günstige Wirkung

aus (*Stuckert* 1941; *Dekker* 1959). Mit zunehmender Probendicke nimmt die Biegefestigkeit ab, z. B. nach *Dekker* von 220 MPa bei 1,5 mm auf 100 MPa bei 3,5 mm Dicke.

Berechnung der Festigkeiten

Für die Berechnung der Zug- und Druckfestigkeit nach Gl. (22.1) haben *Winkelmann, Schott* Faktoren vorgeschlagen (Auswahl, Tabelle 22.1). Die Berechnung berücksichtigt natürlich nicht die Oberflächenbedingungen, die TiO_2-Ausscheidung, die Entmischung oder Kristillisation des Emails sowie die Eisenoxidaufnahme. Die Faktoren können dennoch zur Abschätzung des Einflusses ausgewählter Oxide und zur überschlägigen Ermittlung von Festigkeitswerten dienen.

22.3.3.3. Festigkeit im System Metall/Email

Von großer technischer Bedeutung sind das elastische und das Festigkeitsverhalten des Emails in Kombination mit Metall. Elastizität und die Temperaturabhängigkeit des *E*-Moduls wurden von *Cowan* u. a. (1956) untersucht. Im Spannungs-Dehnungs-Versuch ändert sich die Spannung im Email bis zur Proportionalitätsgrenze des Stahls linear und proportional mit der Spannung im Stahl. Das System kann demnach bis zur Streckgrenze des Stahls beansprucht werden, wobei die Druckvorspannung des Emails erst überwunden werden muß (*Dalichau, Lewin* 1979). Beim Bruch in der Grenzschicht tritt infolge von Ladungstrennungen Elektronen- und Photoemission auf, worauf *U' Singam* u. a. (1985) bei emaillierten NE-Schwermetallen hingewiesen haben.

Biegefähigkeit und Bruchradius einer Emaillierung hängen entscheidend von der Emaildicke ab (Bild 22.3; s. auch *Clemens* 1970). Bekanntlich lassen sich sehr dünne Emailfilme auf Metallfolie ohne Abplatzung (jedoch nicht immer ohne Reißen) leicht biegen (z. B. *Eubanks* u. a. 1957; Anon. 1973a).

Durch Emaillieren wird ein Verfestigungseffekt des ganzen Systems erzielt. So liegen die Spannungs-Dehnungs-Kurven emaillierter Stähle über denen nicht emaillierter, und die Bruchlasten sind entsprechend höher (*Rodman, Schollenberger* 1954). Eine Versteifung des Blechs durch gut haftendes

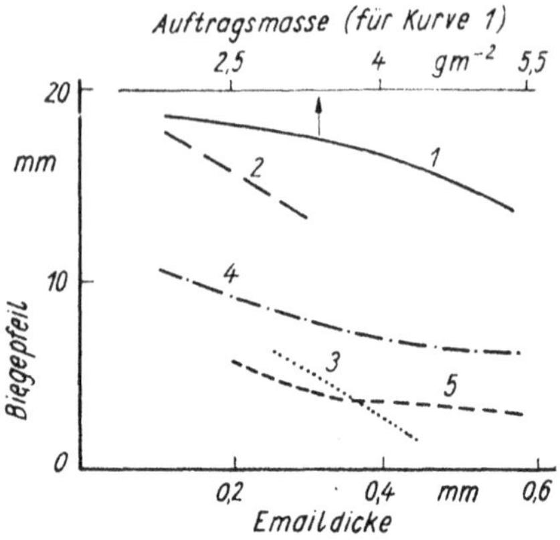

Bild 22.3. Biegung von emaillierten Proben in Abhängigkeit von der Auftragsmasse (*1 Lochridge, Miller* 1952; bis zum völligen Abplatzen) und von der Emaildicke (*2* Titanemail; *3* Kryolithemail, *Vargin* u. a. 1958; *4* induktiv gebrannt, *5* normal gebrannt, *Kovalevskij* u. a. 1977)

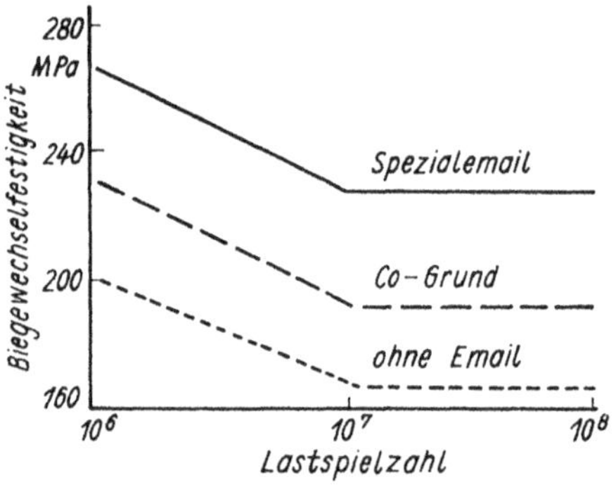

Bild 22.4. Biegewechselfestigkeit von Hochtemperaturemaillierungen im Vergleich zu nichtemailliertem Stahl (*Plankenhorn* 1954)

Email wird von *Andrews, Dietterle* (1940); *Walford, Selby* (1946); *Friedberg* (1959) und neuerdings von *Leontaritis, Wagner* (1973) beschrieben. Ferner konnte *Plankenhorn* (1954) nachweisen, daß die Biegewechselfestigkeit von Stahl durch Emaillieren erhöht wird (Bild 22.4). Der Effekt ist besonders groß in Salzlösungen (*Lee, Jones* 1971). Bei mechanischer Überbeanspruchung kommt es jedoch zur Verschlechterung des Schwingungsrißkorrosionsverhaltens (*Schmitt-Thomas* u. a. 1986).

Das Bruchverhalten im System Metall/Email wird von *Briggs, White* (1975) vom

Standpunkt der Rißbildung und Bruchmechanik diskutiert. Bei Zug steht für den Rißfortschritt nicht die gesamte elastische Energie (wie im *Griffith*-Fall), sondern wegen der Bindung am Metall nur ein geringerer Teil zur Verfügung. Ob Blasen oder Kristalle die Bruchzähigkeit verbessern, ist unklar; entscheidend könnte die Einlagerung von Fasern o. ä. sein (s. *Grünthaler* u. a. 1970). Ein ähnlicher Effekt wird eingelagerten Al- oder Aluminid-Teilchen in selbstreinigenden Emaillierungen zugeschrieben (*Snow, Faust* 1973). Über die Festigkeit von emailliertem Aluminium und deren technologisch beeinflußbare Steigerung siehe *Sopp* (1959). Die Möglichkeiten der Festigkeitssteigerung, wie sie beim Glas genutzt werden (Oberflächenverbesserung durch CVD, thermische Härtung, Ionenaustausch usw.), werden für das Email aber offenbar noch nicht ausgeschöpft (s. dazu *Briggs, White* 1975).

22.3.4. Torsionsverhalten

Torsionsverhalten ist der Widerstand einer Emaillierung gegen Verdrillung. Der Torsionswinkel bis zur einsetzenden Zerstörung wird von der Emaildicke entscheidend beeinflußt (Bild 22.5a). Negativ wirkt sich auch hier feuchte Atmosphäre aus (*Warren* 1952; *Hoover* 1954). Temperaturerhöhung soll den Torsionswiderstand vermindern.

Da das Torsionsverhalten u. a. auch von der Haftfestigkeit abhängt, muß der Torsionswinkel mit Erhöhung des Haftoxidgehalts ansteigen (Bild 22.5b); ähnliches ergibt sich auch bei Direktweißemails in Abhängigkeit von der Nickelauflage (*Petzold, Betzer* 1958 a, b). Bei CoO-haltigen Grundemails wird der Torsionswinkel mit der Brenndauer leicht erhöht (Zusatzdiagramm), bei *DWE* auf vernickelten Blechen fällt er dagegen etwas ab. Eine zunehmende Anzahl der Brände hat eine Verminderung des Torsionswinkels zur Folge (*Hoover* 1954).

22.3.5. Schlagfestigkeit

Die Schlagfestigkeit als Widerstand gegen Schlag- und Stoßbeanspruchung umfaßt einen ganzen Eigenschaftskomplex, wozu Elastizität und Härte, Zug-, Druck- und

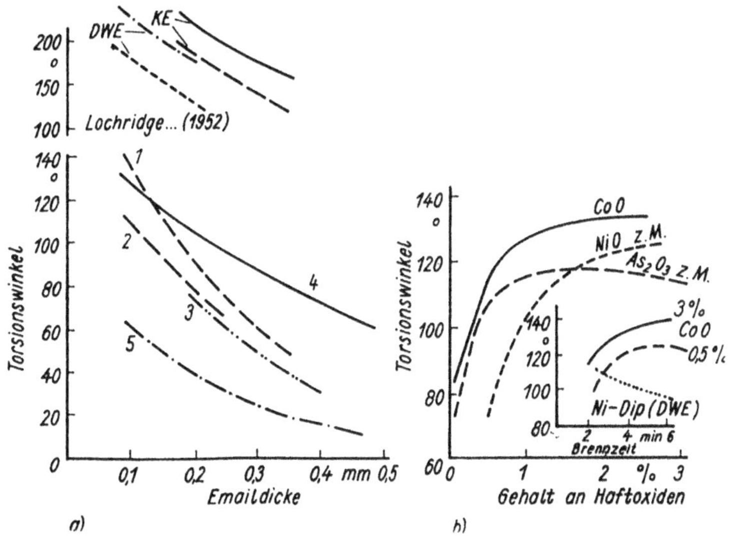

Bild 22.5. Torsionsverhalten verschiedener Emaillierungen in Abhängigkeit
a) von der Emaildicke
1, 2, 3 Meyers, Beall (1956); *4 Petzold, Betzer* (1958a); *5 Meyer* (1951)
b) vom Haftoxidgehalt (*Petzold, Krüger* 1960b)
Zusatzdiagramm: Abhängigkeit von der Brenndauer (*Petzold, Betzer* 1958b; *Petzold, Krüger* 1960a)

Biegefestigkeit, Verformung des Metalls usw. gehören. Die Schlagfestigkeit wird zwar als die zur Beschädigung oder zum Abplatzen des Emails erforderliche Schlagarbeit in N m = J ausgewiesen, die Beurteilung des Schlagergebnisses beruht aber auf keiner exakten Grundlage. Die Prüfwerte können daher erheblich streuen, und eine eindeutige physikalisch-mechanische Bewertung der Emailgüte auf Grund des Schlagversuchs ist nicht möglich. Dessen ungeachtet hat die Schlagfestigkeit eine große praktische Bedeutung für den Gebrauchswert einer Emaillierung.
Nach *Brückner, Haas* (1972) muß man bei der Schlagprüfung folgende Bereiche unterscheiden:

- elastischer Bereich (keine bleibende Deformation),
- Bereich, bei dem die Haftfestigkeit infolge ungenügender Haftung oder die Zugfestigkeit auf Grund zu großer Druckspannungen im Email (Querdehnung!) durch eine geringere als »normale« Schlagenergie überschritten wird,
- Bereich, bei dem die Zug- und/oder Druckfestigkeit des Emails durch den Schlag direkt (»normale« Schlagenergie) überschritten wird.

Das Ergebnis des Schlagvorgangs hängt zunächst wohl davon ab, ob die metallische Unterlage eine Verformung erlaubt oder nicht. Im ersten Fall wird der gesamte Kompositwerkstoff deformiert (ein- oder ausgebeult); aus dem Unvermögen, einer solchen Formänderung elastisch oder plastisch zu folgen, resultiert die Beschädigung der Emailschicht bis zur Freilegung des Metalls. Im zweiten Fall wird lediglich die Emaillierung beansprucht (ggf. bis zur völligen Zertrümmerung).
Bei konstanter Emaildicke nimmt die Schlagfestigkeit im allgemeinen mit der Blechdicke zu (z. B. *Märker* 1953c; *Redčenko* u. a. 1967). Nach TGL 7797/06 muß mit der Blechdicke auch die aufzuwendende Schlagkraft, bei der die Emailschicht noch nicht zerstört wird, ansteigen, z. B. in folgender Weise:

bis 0,6 mm	0,3 Nm
1,0 bis 1,25 mm	0,6 Nm
1,5 bis 1,75 mm	0,8 Nm
2,0 bis 2,25 mm	1,0 Nm
2,5 bis 2,75 mm	1,2 Nm
3,0 bis 3,50 mm	1,3 Nm.

In verschiedenen Arbeiten (*Tarriant* 1975; *Prieur* 1977) wird auf den umgekehrten Effekt aufmerksam gemacht, der u. a. auf zu starker Oxydation beim Brennen mit steigender Blechdicke beruhen soll. Bei größeren Blechdicken und bei Gußeisen hängt die Schlagfestigkeit im wesentlichen nur noch von der Emaildicke und der Haftung (z. B. *Gorbatenko* u. a. 1967), aber auch vom Kugeldurchmesser ab (kleiner ∅: geringere gemessene Haftfestigkeit, großer ∅: höhere Haftfestigkeit; *Scharbach* 1962). Die beschriebenen Tendenzen gelten nicht mehr bei sehr dünnen Emails. Besondere Verhältnisse ergeben sich bei Aluminiumemaillierungen. Deren Schlagfestigkeit ist wegen der hohen Elastizität generell hoch, wobei das Email zwar splittert, aber nicht abplatzt.
Eine Verbesserung der Schlagfestigkeit durch die chemische Zusammensetzung der Fritte ist kaum möglich. Nur über Kompositemails (z. B. Email/Ni; *Kajalova, Bajkova* 1972) und Kristallisation (*Ušakov* u. a. 1971) gelingt eine Steigerung. Erhöhte Schlagfestigkeiten werden aber auch schon bei Zusatz von Mühlentrübungsmitteln, Quarz oder Glimmer erreicht. Hohe Druckvor-

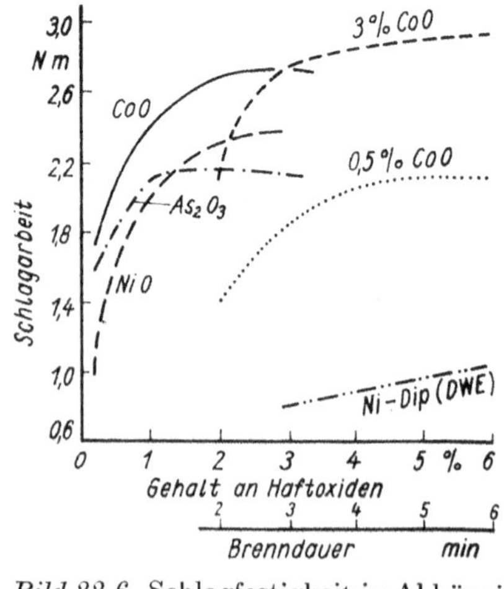

Bild 22.6. Schlagfestigkeit in Abhängigkeit vom Haftoxidgehalt bzw. von der Brenndauer (*Petzold, Krüger* 1959, 1960a)

spannung in der Emaillierung wirkt steigernd (*Dietzel, Wegner* 1949 und andere Autoren), ebenso wie pyrolytische SnO_2- oder ZrO_2-Beschichtung (*Stevens* u. a. 1976, 1977). Die Blasenstruktur der Emaillierung beeinflußt die Schlagfestigkeit negativ. Steigende Haftmittelzugabe und damit gute Haftung fördern die Schlagfestigkeit ebenso wie zunehmende Brenndauer (Bild 22.6) und Blechaufrauhung (*Petzold, Krüger* 1960a). Bei Direktweißemaillierungen ergeben sich ähnliche Abhängigkeiten von der Vernikkelungsdauer und Brennzeit (*Petzold, Betzer* 1958; *Petzold, Krüger* 1959).
Eine erhebliche Bedeutung für das Ergebnis der Schlagprüfung hat die Gestalt des Prüforts. Auf gekrümmten und gewölbten Flächen ist die Schlagfestigkeit wesentlich geringer als auf flachen und ebenen Teilen (Tabelle 22.2).
Die Größenordnung der Schlagfestigkeiten ist TGL 7797/06, Bild 22.6 und Tabelle 22.2 zu entnehmen. Andere Autoren sprechen von 4 bis 5 N m (*Gräfen* 1967, 1978) oder je nach Prüfverfahren von mehr als 8 N (*Ušakov* u. a. 1971; *Brückner, Haas* 1972).

22.3.6. Haftfestigkeit

Die Haftfestigkeit ist eine der grundlegenden Größen des Systems Metall/Email; sie entscheidet über die Stabilität des Systems, noch bevor das Erzeugnis in Gebrauch genommen wird. Den Grundlagen dieses Problems wurde bereits ein ausführlicher Abschnitt (5.4.) gewidmet, auf den die folgenden Ausführungen aufbauen.
Theoretisch ist unter Haftfestigkeit der Widerstand gegen die absolute flächenhafte Trennung der Bindung zwischen Metall und Email durch Zug bei vollständiger Freilegung der Metalloberfläche zu verstehen. Praktisch ist aber, weil die Haftfestigkeit oft größer ist als die Zerreißfestigkeit der Haftschicht (Ausnahme: Sintergrund), ein solches Abreißen der Emailschicht in einwandfreier Form kaum zu erreichen, wenngleich *Märker* (1953d) dies an Blechgrundemaillierungen und *Hauttmann* (1958, 1959) an Gußemaillierungen versucht haben. Die Schwierigkeiten einer direkten und Absolutmessung werden im allgemeinen durch Berechnungsmethoden oder indirekte Prüfverfahren umgangen. Neben einigen Absolutwerten liegen daher i. d. R. andere Kennwerte vor, die Rückschlüsse auf die Haftfestigkeit zulassen. Dazu gehören die Schlag-, Biege- oder Torsionsfestigkeit, die Messung des Weißgehalts des Silberblechs nach Ablösen des Emails und die elektrische Abtastung der freigelegten Eisenoberfläche nach Absprengen des Emails bei Deformation.
Die Haftfestigkeit ist von vielen Faktoren abhängig und zeigt daher stark schwankende Werte. Absolutangaben bewegen sich in den Größenordnungen um 25 MPa bei Edelmetallemails (*O'Brien, Ryge* 1964), um 75 MPa bei Blechemails (*Märker* 1953d), bis 100 MPa bei Apparateemails (*Hohenhinnebusch* 1982), zwischen 30 und 50 MPa bei

Tabelle 22.2. Schlagfestigkeit verschiedener Emaillierungen auf unterschiedlichen Prüfflächen (*Dietzel* 1949 a)

Emaillierung		Schlagfestigkeit in Nm
Blechemaillierung		
Blechdicke	<1 mm	2
	1...1,5 mm; Flächen glatt, konvex oder konkav	2...2,5
	>1,5 mm; Flächen glatt oder konkav	5
	>1,5 mm; Flächen konvex	2,5
Gußeisenemaillierung		
Gußdicke	<3 mm; Flächen glatt oder konkav	5...10
	<3 mm; Flächen konvex	2...5
	>3 mm; Flächen glatt oder konkav	10...20
	>3 mm; Flächen konvex	5...10

Dentalemails (*Drummond* u. a. 1984), um 10 MPa bei Gußeisenemails (*Hauttmann* 1958) und zwischen 13 und 23 MPa bei Aluminiumemails (*Hüttig* 1961; *Schulze, Hennicke* 1974). Experimentell ermittelte Werte sind aufgrund von strukturellen Defekten, Mikrorissen, Restspannungen sowie unvollständigen Kontakten (möglicherweise durch Wasserstoff; *Deringer* 1943; *White* 1982) immer 10 bis 20mal niedriger als berechnete. Andererseits kommen bei einer gut ausgebildeten Haftschicht hohe Bruchzähigkeit und hoher Rißwiderstand der Haftfestigkeit zugute.

Die Haftfestigkeit wird durch manche Eisenbegleiter beeinflußt. Bei Blech wirkt Kupfer verschlechternd, Phosphor verbessernd, Nickel verhält sich neutral (*Matsudo* u. a. 1982). Bei entkohltem Stahl ergibt dagegen eine an Ni und Cu angereicherte Haftschicht eine gute Haftung (*Lang* 1964). Geringe Gehalte an V, Cr und Ti sind förderlich. Nach *Still* (1958) wird durch steigenden C-Gehalt (0,07 bis 0,4 %) die Haftung vermindert, nach *Smirnov* (1972) dagegen erhöht. Bei Gußeisen wird die Haftfestigkeit mit zunehmendem Gehalt an Si und P sowie mit steigendem Sättigungsgrad S_C unter bestimmten Bedingungen verbessert. Sie geht nach längerer Lagerung um etwa 20 % zurück (*Hauttmann* 1959).

Bild 22.7. Haftfestigkeit von Co-haltigem und Co-freiem Email in Abhängigkeit von der Nickelauflage (*Moore* u. a. 1954b); 820 °C, 5 min (ähnliche Ergebnisse bei *Kösters* u. a. 1985)

Bei Direktweißemails beeinflußt ein optimaler Beizabtrag die nachfolgenden Prozesse und die Haftung ebenso günstig (*Rahn* u. a. 1961; *Bernick* 1961, 1962; *Savin* u. a. 1967) wie ein gewisser Voroxydationsgrad (*Clay, Jamieson* 1967; *Kösters* u. a. 1985). Zu starke Oxydation tritt bei dicken Blechen infolge längerer Brenndauer auf, so daß die Haftung auf dünnem Blech besser sein kann als auf dickem (*Tarriant* 1975). Während bei Gußeisen eine Aufrauhung der Oberfläche in jedem Falle positiv wirkt, bestehen bei Blech dazu z. T. unterschiedliche Meinungen. Nach *Petzold, Krüger* (1960b, c) wird die Haftung mit zunehmender Rauhtiefe deutlich verbessert.

Von besonderem Interesse ist die Metallvorbehandlung durch elektrochemische oder chemische Abscheidung von Metallen, die edler sind als Eisen. Am geläufigsten ist die außenstromlose Vernickelung (Ni-Dip). Für die jeweiligen technischen Bedingungen gibt es dabei optimale Nickelauflagen. Als Beispiel zeigt Bild 22.7 die Haftfestigkeit von Blechemails in Abhängigkeit von der Nickelabscheidung. Eine normale galvanische Vernickelung ist jedoch wirkungslos; das gleiche gilt für Cobaltabscheidung (*Raccanelli, Favuzzi* 1974). Wird aber elektrochemisch eine sehr dünne und poröse Nickelschicht erzeugt, dann wirkt diese wie ein Ni-Dip. Gute Ergebnisse bringt eine Tauchantimonierung bei Stahlblech (*Heimsoeth, Lang* 1962). Gußstücke zeigen nach der Tauchvernickelung oder der elektrolytischen Vercobaltung erhöhte Emailfestigkeiten; das Verkupfern wirkt sich dagegen negativ (*Ferrari* 1975) aus.

Für eine zuverlässige Grundemaillierung ist die Anwendung von Haftoxiden im Versatz noch immer eine unerläßliche Maßnahme. Dabei wirkt NiO schwächer als CoO (s. Abschnitt 5.4.). Die CoO-Gehalte liegen zwischen 0,2 und 1 %, die NiO-Gehalte höher. Die Haftung steigt mit zunehmendem Haftoxidgehalt an (von *Dietzel* 1934 z. B. bis 20 % CoO untersucht). Die Abhängigkeit (s. auch Bild 5.8a, S. 70) ist in Bild 22.8 wiedergegeben. Niedrige Haftoxidgehalte erfordern höhere Brenntemperaturen, hohe Gehalte erlauben niedrigere Temperaturen (*Ritchie* 1976). CoO und NiO sollen übrigens auch bei

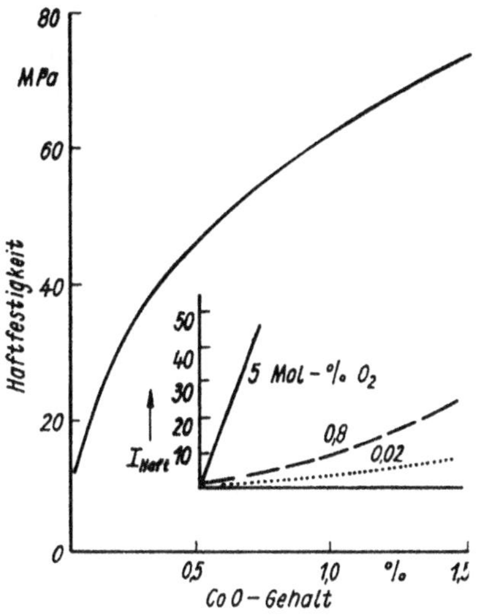

Bild 22.8. Haftfestigkeit in Abhängigkeit vom CoO-Gehalt (*Märker* 1953d);
Zusatzdiagramm: Haftindex in Abhängigkeit vom CoO-Gehalt und dem Sauerstoffanteil in der Brennatmosphäre (*Eubanks, Moore* 1955)

Emails auf legierten Stählen günstig wirken (*Oslopovskij, Tumanova* 1968).

Neben CoO und NiO wurden zahlreiche andere Verbindungen als Haftmittel vorgeschlagen, allerdings ohne wesentliche neue Gesichtspunkte. Lediglich Oxide und Sulfide der V. und VI. Gruppe des PSE zeigen gewisse positive Wirkungen (As_2O_3, As_2S_3, Sb_2O_3, MoO_3) (*Dietzel* 1941; *Krüger* 1944; *Petzold, Betzer* 1953). Kupferoxid erweist sich bei legierten Stählen als günstig (*Pitts, Moore* 1954; *Moore, Eubanks* 1956), soll aber ebenso bei Blech – allerdings in Mengen von 7 % – wirken (*Ostrowski* 1980). Höherwertige Oxide (CrO_3, MoO_3, Mn_2O_7) sowie auch CoO und CuO sind bei Al-Emaillierungen haftungsfördernd (*Bulavin* 1965; *Žuravlev* u. a. 1983).

Gewisse Emailbestandteile können mitunter einen negativen Einfluß auf die Haftung ausüben, wie z.B. TiO_2, ZrO_2 und Cr_2O_3 in CoO- und NiO-haltigen Emails; das soll aber nicht bei antimoniertem Grundmetall zutreffen (*Heimsoeth, Lang* 1962). Von *Witt, King* (1950) wird die negative Wirkung des TiO_2 bestritten. Eine Verbesserung der Haftung soll durch Verwendung eisenoxidangereicherten Grundemails erzielt werden (*Hadwiger*

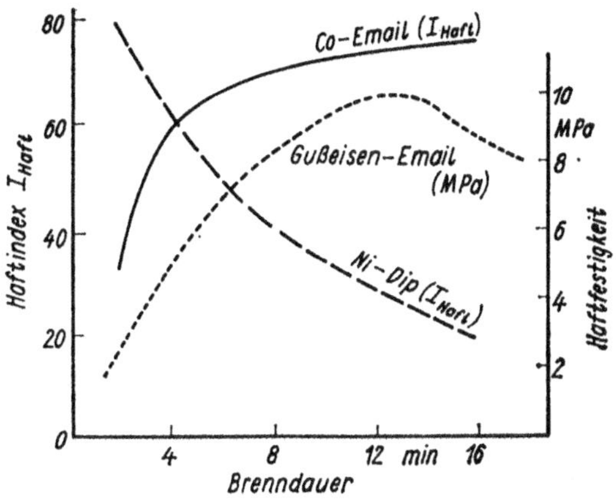

Bild 22.9. Haftfestigkeit von Co-haltigem und Co-freiem Email (Ni-Dip; *Moore* u. a. 1954b) und von Gußeisenemail (*Hauttmann* 1957) in Abhängigkeit von der Brenndauer

1960; *Märker* 1961; *Dietzel* 1964; *Smirnov* 1972); dies wird jedoch von *Crystal, Bullock* (1959) nicht bestätigt.

Die verbesserte Haftung mit zunehmender Brenndauer bei Cobaltemail geht aus Bild 22.9 hervor. Der gleichzeitige Rückgang bei vernickeltem Blech ist auf Eindiffusion des Nickels in das Eisen zurückzuführen. Bei Gußemails ergeben sich Maxima für Grund und Decke.

Mit sinkendem Sauerstoffgehalt in der Brennatmosphäre nimmt die Haftung ab (Bild 22.8), mit steigendem Wasserdampfgehalt zu (*Merker* 1961).

Die Haftfestigkeit von Aluminiumemails ist nur bei Vermeidung einer Mg-Anreicherung an der Oberfläche gut; sonst bildet sich unter Reaktion mit dem Email eine schichtartige Übergangszone, die zu Abplatzungen führt (*Gugeler* 1969; *Gugeler, Ballard* 1969; *Schulze, Hennicke* 1974). Der negative Einfluß des Mg wird von *Hauck, Lommel* (1974) jedoch nur auf Benetzungsschwierigkeiten zurückgeführt. Haftverbesserung wird im allgemeinen u. a. durch Chromatierung erzielt.

22.3.7. Härte und mechanischer Verschleißwiderstand

Für den Widerstand einer Festkörperoberfläche gegen mechanische (statische und dynamische) Beanspruchung ist die Härte und Sprödigkeit des Werkstoffs maßgebend. Zwischen Härte H_m und Abrieb A_G besteht die Beziehung

$$A_G \approx k/H_m^2. \tag{22.9}$$

Härte
Für die Härte von Emaillierungen sind verschiedene Kennzeichnungen üblich: Härte nach *Mohs*, Mikroeindruckhärte nach *Vickers*, *Knoop*-Härte. Mathematische Beziehungen zwischen diesen Härten finden sich bei *Dekker* (1980). Die Härte ist proportional dem E-Modul ($H \approx 0{,}07\,E$; *Sanditov, Bartenev* 1973).
Die *Mohs*-Härte als Vergleichsgröße liegt bei Emails zwischen 5 und 7. Eingeführt haben sich vor allem die Mikroeindruckhärten nach *Vickers* und *Knoop*.
Die Mikrohärte (s. Abschnitt 3.2.3.) steigt von Titanemail (4750 MPa) über Zirkon- und Boileremail bis Antimonemail (7300 MPa) an (*Dekker* 1980). Nach *Petzold, Uschakow* (1962) und *Schulz, Koleva* (1973) erniedrigen Eisenoxide in bestimmten Grenzen die Härte von Grundemails; die Rückfederung als elastischer Vorgang wird dabei erhöht. Härtefaktoren von *Heimsoeth, Weinig* (1939) fallen in der Reihe SiO_2 – TiO_2 – Al_2O_3 – ZrO_2 – Li_2O – B_2O_3 – PbO – Na_2O – K_2O. Mühlenzusätze steigern die Härte, ebenso wie aufgedampfte, pyrolytisch erzeugte Oxidschichten. Besonders wirksam sollen Filme aus Al_2O_3, ZrO_2, SnO_2 und CeO_2 sein (*Stevens* 1976; *Böttcher* 1978).
Sehr hohe Härten weisen glaskristalline Emails sowie Kompositschichten auf, die aus Glas und eingelagerten Hartstoffen bestehen. So besitzt z. B. Glas – 30% TiC eine Mikrohärte >9000 MPa (*Jordanov* u. a. 1980).
Durch Einwirkung von Feuchtigkeit auf Glas wird die Mikrohärte herabgesetzt (*Petzold, Wagner* 1966). Mit steigender Temperatur nimmt sie erwartungsgemäß ab (bei Gläsern z. B. von 5500 auf 3800 MPa bei 400 °C; *Petzold* 1975), was für einen Einsatz des Emails bei höheren Temperaturen nicht ohne Bedeutung sein dürfte.

Mechanischer Verschleißwiderstand
Der mechanische Verschleiß spröder Körper wird durch Herausbrechen und Absplittern von Teilchen bei dem durch dynamische mechanische Beanspruchung erzeugten Sprödbruch des Materials hervorgerufen. Dem Verschleißwiderstand synonym sind Verschleißfestigkeit, Schleifhärte und Abriebfestigkeit. Aus den verschiedenen Verschleißmessungen (Masseverlust oder Glanzminderung) resultieren sehr unterschiedliche, schwer vergleichbare Ergebnisse (*Kyri* 1959; *Dekker* 1973a, 1980).
Beim Verschleiß muß man zwischen Oberflächenverschleiß (1. Stadium) und Tiefenverschleiß (2. Stadium) sowie vier Elementarvorgängen (abrasiver, adhäsiver, zerrüttender, korrosiver Verschleiß) unterscheiden. Für den Anfangsverschleiß sind Oberflächenaufrauhung und Lichtstreuung, für den fortgeschrittenen Verschleiß Masseverlust typisch (*Nowak* u. a. 1970). Nach *Hennicke, Sarlak* (1973) ergibt sich für den zeitabhängigen Verschleißvorgang:

$$\Delta m = a\,b\,t - a^2\,b\,c\,(1 - \exp - 1/a\,c) \tag{22.10}$$

a Abtrag je Angriffspunkt
b, c Konstanten.

Eine einfache Formel für den Reibverschleiß von Emails geben *Barinov, Livšic* (1971a) an:

$$\Delta m = a\,t + b\,t^2 \tag{22.11}$$

a, b Koeffizienten, abhängig vom Email.

Der mechanische Abrieb wird nicht nur vom E-Modul ($A_G \approx 1/E$) und der Härte kontrolliert, sondern auch von der Bruchzähigkeit und der Sprödigkeit ($\approx H/K_{Ic}$). Die Neigung zu mikroplastischen Verschmierungserscheinungen kann bei weichen Gläsern zu einem geringeren Abrieb führen, als nach obigen Beziehungen zu erwarten wäre (*Whismann, Petzold* 1961). Dem entspricht auch, daß Emails mit kleiner Bruchdehnung einen hohen Verschleiß haben (*Meyer* 1954). Eine Abriebempfindlichkeit kann sich bei zu hohen Druckspannungen ergeben (*Dietzel, Wegner* 1953).
Für die Struktur-Verschleiß-Beziehungen gilt ähnliches wie bei der Härte (s. Abschnitt 3.2.3.). Aus der Fülle der Verschleißunter-

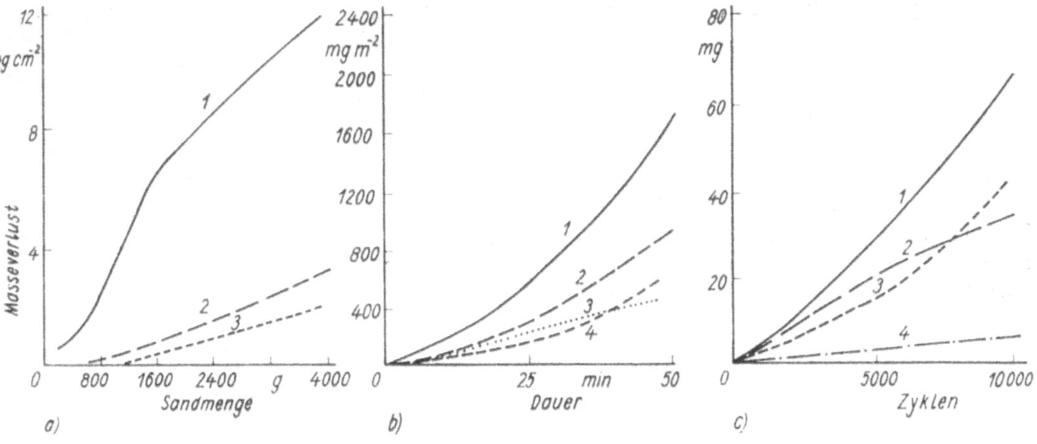

Bild 22.10. Abriebverhalten von Emaillierungen nach verschiedenen Methoden
a) Sandschleuder (*Dietzel, Buck* 1965)
1 Schwarzemail; *2* Titanemail; *3* Badewannenemail
b) Apparat nach *Azarov* (*Barinov, Livšic* 1971)
1 fluorhaltiges Email *3* Titanemail
2 Antimonemail *4* Zirkonemail
c) Taber Abraser (*Dekker* 1973a)
1 Antimonweiß *3* Zirkonweiß
2 Grundemail *4* Titanemail

suchungen sind einige ausgewählte Ergebnisse in Bild 22.10 zusammengefaßt. TiO_2- und ZrO_2-Emails sind im allgemeinen mehr, fluorhaltige weniger verschleißfest. Mühlenzusätze, wie Trübungsmittel oder Pigmente, können den Abriebwiderstand erhöhen (*Barinov, Livšic* 1971b). Glaskristalline Emails sind sehr verschleißfest. Ungenügendes Brennen und starke Blasenstruktur setzen den Verschleißwiderstand herab (*Petersen* 1947), ebenso ungenügendes Durchschmelzen der Fritte (*Spangenberg* 1955).

Gezielt abriebfeste Schichten lassen sich mit Kompositemails herstellen. Zusatz von Korund erhöht die Verschleißfestigkeit auf das Doppelte bis Dreifache (*Averčenko* u. a. 1970; *Böttcher* 1978; *Wilke* 1981). Das Abriebverhalten derartiger Kompositemails ist in Bild 22.11 wiedergegeben. Als weitere Komponenten werden Quarz, Feldspat, ZrO_2 und Wollastonit genannt.

Es sei noch vermerkt, daß Emails gegen Kavitation nicht resistent sind (*Petzold, Betzer* 1956b).

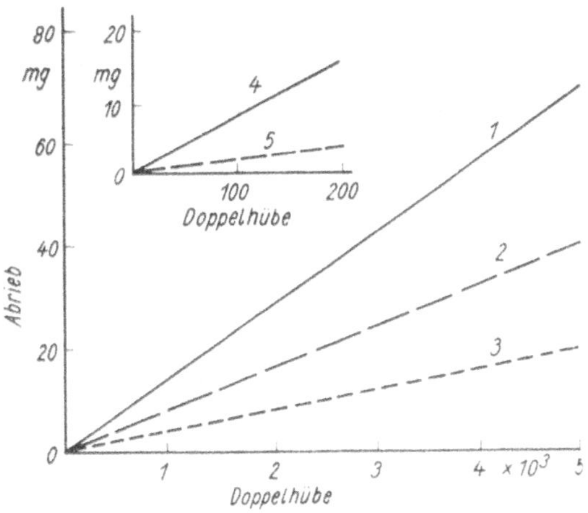

Bild 22.11. Abriebverhalten verschieden abriebfester Emaillierungen (*Böttcher* 1978)
1 Transparentemail
2 abriebfestes Email für Blech
3 hochabriebfestes Blechemail
Zusatzdiagramm: Aluminiumemails (*4* übliches Email; *5* abriebfestes Email)

22.3.8. Spannungen in Emaillierungen

Ursache und Auftreten von Spannungen (Grundlagen s. Abschnitt 5.5.) sind sehr komplexer Natur. Unter den allgemeinen Bedingungen der technischen Emaillierung ($\alpha_E < \alpha_M$; Lage von T_N; ΔT) entstehen in der Emailschicht Druckspannungen, die bei glasigen Blechemails mit 100 bis 160 MPa (in speziellen Fällen mit 300 bis 600 MPa), bei glaskristallinen Emails mit 100 MPa, bei Dentalemails mit 25 MPa und bei Gußeisenemails mit 15 bis 90 MPa angegeben werden. Für die bereits in Abschnitt 5.5.2. erläuterte Abhängigkeit der Spannungen von den wichtigsten Faktoren (d_M, d_E, E_E, $\Delta\alpha$) hat *Dekker* (1959, 1960) ein Diagramm veröffentlicht, auf das hier lediglich verwiesen werden kann. Mit zunehmender Emaildicke verringern sich zwar die Spannungen (*Walton* 1945; *Žuravlev* 1975), die Kräfte sind aber immer noch so groß, daß die Haltbarkeit der Schicht ungünstig beeinflußt werden kann (s. *Hyde* 1982). Wie in Abschnitt 5.5.2. und Bild 5.10, (S. 76) gezeigt wurde, sind die Spannungen über den Querschnitt nicht einheitlich; sie ändern sich allerdings – entgegen bisherigen Annahmen – ab einem bestimmten Abstand von der Grenzfläche nur noch wenig (*Reehal* u. a. 1983). Die Autoren geben auch eine Zusammenstellung und Wertung der Spannungen in Emaillierungen, die nach verschiedenen Verfahren ermittelt wurden.

Mit steigender Schichtdicke können an der Oberfläche Druck- in Zugspannungen übergehen (*Dorsch* 1982). Mit dem Brennregime können sich die resultierenden Spannungen verändern; beispielsweise fallen sie mit der Anzahl von Bränden ab. (Nach *Hyde* 1982 steigen sie aber im Deckemail an.) Durch Herabsetzung der Erstarrungstemperatur entstehen geringere, durch schnelle Abkühlung und damit Erhöhung von ΔT höhere Spannungen, durch Tempern werden sie abgebaut. Der Neutralpunkt kann durch Email- und Versatzkomposition in gewissen Grenzen variiert werden (*Bowman* 1958). So bewirkt Zuführung von Cristobalit eine Erhöhung von T_N und in Verbindung mit der α-β-Umwandlung bei $\approx 230\,°C$ eine Herabsetzung der Druckvorspannung unter Verbesserung der mechanischen Eigenschaften (*Laird* 1967, 1971). Ebenso wirken Zusätze ZrO_2 und feinstem Sand (*Žuravlev* u. a. 1984). In der Emailschicht herrscht ein komplexes Spannungsfeld, das von primären und sekundären Faktoren bestimmt wird (s. *Kreuter, Hoens* 1964). Hierher gehören Mühlenzusätze (*Walton, Sweo* 1953; *Waldhauer* 1956) und auskristallisierende Verbindungen, die die Spannungen erhöhen (*Little, de Clerck* 1966; *Kirsch* u. a. 1971). Blasen und Poren erniedrigen E-Modul und Spannungen, sollen aber andererseits auf Grund des Unterdrucks zusätzlich ein Spannungsfeld aufbauen (*Mallener* 1969). Kompositemails, vor allem mit metallischen Komponenten und solche, die bewegliche kristalline Strukturen mit energiedissipativen Zentren aufwiesen, setzen Spannungen herab. Auch konstruktiv bedingte Spannungszustände treten in Emaillierungen auf, wie z. B. an Schweißnähten (*Tolstopjatov* u. a. 1983).

Auf die interessante Tatsache der Verwendung von Emailüberzügen zur Ermittlung von Spannungen in Werkstücken (z. B. Turbinenschaufeln) sei noch aufmerksam gemacht (*Staats, Baranowski* 1956).

22.4. Thermomechanische Eigenschaften

22.4.1. Wärmeausdehnung

Die Wärmeausdehnung wird durch Längenausdehnungskoeffizienten $\alpha_{\Delta T} = l/l_0 \; \Delta l/\Delta T$ oder kubischen Ausdehnungskoeffizienten $\beta_{\Delta T} \approx 3\alpha_{\Delta T}$ gekennzeichnet. Da der *AK* im allgemeinen auch bis T_g nicht konstant ist, sondern mit der Temperatur leicht ansteigt, wird nicht der wahre, sondern ein mittlerer Ausdehnungskoeffizient angegeben (zur Gesamtproblematik s. *Dekker* 1969a). Im folgenden wird stets der lineare *AK* zugrunde gelegt, wie bei anderen Werkstoffen üblich.

Die Abstimmung der Wärmedehnung des Emails auf die des Metalls ist wegen der Erzeugung von Zug- oder Druckspannungen in der Emaillierung von großer technischer Bedeutung. Die Ausdehnungskoeffizienten der Emails variieren je nach Grundmetall in weiten Grenzen, aber auch innerhalb eines

Metall	*AK* in 10^{-7} K^{-1}	Email	*AK* in 10^{-7} K^{-1}
Stahlblech	110...120	Grundemail	80...103
		Deckemail	93...120
		Bortitanemail	82...86
		Transparentemail	97...105
		glaskristallines Email	90...108
Gußeisen	108...110	Schmelzgrund	97...107
		Gußpuder innen	90...97
		Gußpuder Rand	90...103
Aluminium	200...240	Grundemail	123
		Direktemail	120...140

Tabelle 22.3. Mittlere lineare Ausdehnungskoeffizienten von Metallen und Emails (0 bis 100 °C)

Emailtyps gibt es Schwankungen (nach *Dekker* 1969a z. B. bei Gußemails etwa 5 bis $23 \cdot 10^{-7}$ K^{-1}; nach *Danielson, Gordon* 1956 etwa $5 \cdot 10^{-7}$ K^{-1}). Richtwerte für die *AK* von Metallen und Emails sind in Tabelle 22.3 zusammengestellt.

Zusätzlich zu den grundlegenden Zusammensetzungsbeziehungen (s. Abschnitt 3.3.1.) wird der *AK* des aufgebrannten Emails durch Mühlenzusätze, insbesondere Quarz und Ton, beeinflußt. Die Aufnahme von Eisenoxiden in das Grundemail führt nicht – wie früher immer angenommen wurde – zu einer Erhöhung, sondern sogar zu einer geringen Erniedrigung der Wärmedehnung (*Appen* u. a. 1956; *Dietzel* 1962; *Petzold, Hübscher* 1968). Obwohl im Glas-System N—T—S die Ausdehnung mit fallendem TiO_2-Gehalt ansteigt (*Komleva, Dmitrieva* 1969), ändert sich bei titangetrübten Emails der *AK* kaum (*Fellows, Novy* 1948); die *AK* von Anatas und Rutil sind deutlich niedriger als die des Glases (*Rao* u. a. 1970).

Die Ausdehnungskurven einiger Emails sind in Bild 22.12 wiedergegeben. Die Abweichung des Sintergrundes ergibt sich aus der β-α-Umwandlung von Cristobalit. Ausdehnungsanomalien treten auch bei der Umwandlung von Lencit in Dentalemails auf (*Mackert* u. a. 1986).

Für die Berechnung des *AK* von Gläsern nach dem linearen Ansatz (22.1) gibt es zahlreiche Vorschläge, darunter auch solche mit zusammensetzungsabhängigen Faktoren. In Tabelle 22.4 sind einige dieser Faktoren zusammengestellt. Die Schwankungen und viele

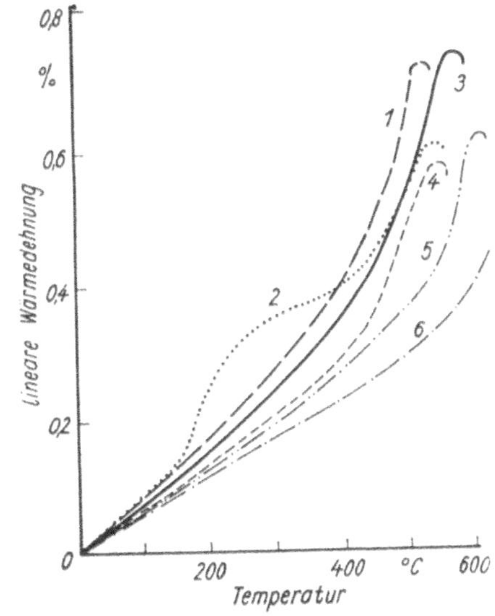

Bild 22.12. Verlauf der linearen Wärmedehnung von Emails nach Literaturwerten

1 Gußpuder
2 Sintergrund
3, 4 Deckemails (Stahlblech)
5 Hochtemperaturemail
6 glaskristallines Email

Randbedingungen zeigen die Kompliziertheit und fragliche Genauigkeit der Berechnung.

22.4.2. Erweichungsverhalten

Die beginnende Erweichung eines Emails leitet den Einbrennprozeß ein, sie ist aber

Tabelle 22.4. Ausgewählte Faktoren zur Berechnung der linearen Ausdehnungskoeffizienten und der Oberflächenspannung von Gläsern und Emails; weitere Faktoren bei *Lyon* (1944); *Takahashi* (1955)

	Ausdehnungskoeffizient			Oberflächenspannung	
	(*Winkelmann, Schott* 1894) in 10^{-7} K^{-1}	(*Dietzel* 1948, 1981)	(*Appen* 1974)[1]	(*Dietzel* 1942; 900 °C) in mN m^{-1}	(*Appen* 1954[1]); 1 300°C)
Li_2O	0,66	0,7	2,7	4,6	4,5
Na_2O	3,33	4,32	3,95	1,5	2,9
K_2O	2,83	3,42	4,65	0,1	( )[2])
MgO	0,03	0,45	0,60	6,6	5,2
CaO	1,66	1,63	1,30	4,8	5,1
BaO	1,00	1,17	2,0	3,7	4,7
B_2O_3	0,03	0,54...—0,7	0,1...—0,5	0,8	( )
Al_2O_3	1,66	0,38	—0,3	6,2	5,8
SiO_2	0,26	0,05	0,05...0,38	3,4	2,9
TiO_2	1,36	4,0	0,3...—0,15	3,0	2,5
ZrO_2		0,2	—0,6	4,1	3,5
P_2O_5	0,66		1,4		
PbO	1,30		1,3...1,9	1,2	( )
ZnO	0,60	0,98	0,5	4,7	4,5
Fe_2O_3				4,5	4,9
CoO, NiO				4,5	4,2
V_2O_5				—6,1	
CrO_3				—5,9	
NaF		2,3		1,3	
CaF_2		1,0			

[1]) Angaben gelten für Mol-%
[2]) ( ) Werte stark konzentrationsabhängig, klein und z. T. negativ

auch wesentlich für die thermische Beanspruchbarkeit, z. B. von Hochtemperaturemails. Beim Abkühlen spricht man von Erstarrung; hier beginnt das Einsetzen von Spannungen.
In der Glasindustrie ist als Erweichungstemperatur die einer Viskosität von $10^{6,6}$ Pa s entsprechende Temperatur festgelegt (*Littleton*-Temperatur). Die aus der Dilatometerkurve abzuleitende dilatometrische Erweichung entspricht einer Viskosität von etwa $10^{10,5}$ Pa s; sie liegt bei Emails zwischen 480 und 550 °C.
Eine eindeutige Festlegung, was unter der Erweichung bei Emails zu verstehen ist, gibt es nicht, zumal die Höhe der Temperatur außer von der Zusammensetzung auch von den Abkühlbedingungen abhängt. Aus verschiedenen Untersuchungen mit der *Steger*-Methode ergeben sich Erweichungstemperaturen von 500 bis 730 °C mit Viskositäten zwischen 10^8 und $10^{9,3}$ Pa s (*Dekker* 1960, 1969a; *Kreuter, Hoens* 1964; *Pöschmann* 1969b; 1977, 1979).
Der Erweichungsverlauf, der über das temperaturabhängige Zusammensinken von Emailzylindern verfolgt werden kann, vermag ebenfalls Auskunft über das Schmelzverhalten zu geben. Deutliche Unterschiede zeigen z. B. borfreie und borhaltige Emails (s. Bild 6.3, S. 82).

22.4.3. Viskosität

Die Viskosität der Emailfritte muß ein genügendes Ausfließen, die völlige Bedeckung des Metalls (oder Grundemails), die Lösung des Zunders und eine technisch optimale Entgasung gewährleisten. Über entprechende Probleme unterrichtet eine Studie von *Petzold* (1955e).
Das Fließverhalten des Emails kann durch

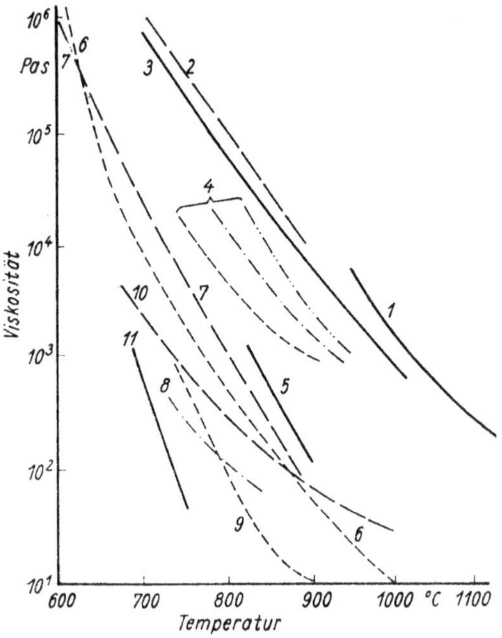

Bild 22.13. Temperaturabhängigkeit der Viskosität von Emails (weitgehend nach Literaturangaben)

1 Jenaer Normalglas
2 säurefestes Gußemail
3 Gußdeckemail
4 Blechdeckemails
5 Titanemail
6 Grundemail
7 säurefestes Grundemail
8 Grundemail
9 Zirkonemail
10, 11 Majolikaemails

die Fließlänge (Relativmessung) oder durch die Viskosität (Zähigkeit; Absolutmessung im Viskosimeter) bewertet werden; über Grundlagen der Rheologie siehe Abschnitt 9.1.3., bezüglich neuer, für Email interessanter Konstanten *Dekker* (1972).

Bei Emails interessiert im wesentlichen derjenige Bereich der allgemeinen und vollständigen Viskositätskurve (Bild 3.8, S. 41), der zwischen T_g und Aufbrenntemperatur (im Hinblick auf das Schmelzen der Fritte ggf. auch bis etwa 1300 °C) liegt. Für einige Emailtypen sind Viskositätskurven in Bild 22.13 zusammengestellt. Im technisch wichtigen Temperaturbereich haben Emails Viskositäten zwischen 10 und 10^4 Pa s; die optimale Aufbrennzähigkeit soll im Mittel um etwa $5 \cdot 10^2$ Pa s (bei Tieftemperaturemails um $2 \cdot 10^3$ Pa s) liegen (*Bremond* 1951; *Cox* u. a. 1960), während *Pöschmann* (1979) etwa $10^{3,5}$ Pa s angibt.

Zur grundsätzlichen Beeinflussung der Viskosität durch die Glasbestandteile wurde bereits in Abschnitt 3.3.2. Stellung genommen. In technischen Emails wirken vor allem Alkalien, TiO_2, B_2O_3 und Fluoride erniedrigend (*Heimsoeth, Meyer* 1951; *Yee* u. a. 1955; *Beljaev* 1959; *Beljaev, Belyj* 1965; *Evstropev* u. a. 1968), Al_2O_3 und ZrO_2 erhöhend; der Einfluß von Li_2O ist (ebenso wie der von TiO_2 nach *Millar, Buck* 1955) nicht eindeutig. Nicht-edelgasähnliche Kationen setzen die Viskosität herab (*Dietzel* u. a. 1962).

Durch Eisenoxidaufnahme wird die Viskosität von Grundemails erniedrigt, und zwar

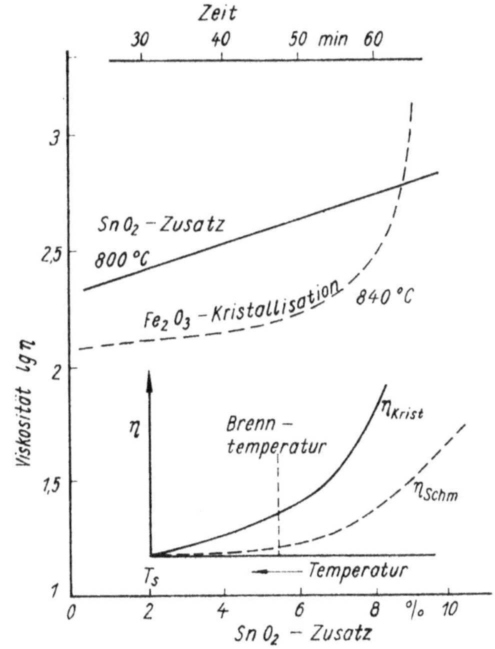

Bild 22.14. Scheinbare Viskosität von Emailschmelzen in Abhängigkeit von einem SnO_2-Zusatz und von der Dauer der Auskristallisation von Fe_2O_3 (*Petzold* 1953b, c); η in Pa s
Zusatzdiagramm: Änderung der Viskosität des Emails bei Kristallisation von TiO_2, ZrO_2 oder CaF_2; schematisch (*Andrews* 1961)

durch FeO stärker als durch Fe_3O_4 und Fe_2O_3 (*Kerstan* 1944; *Niklewski* 1946; *Tashiro* 1950; *Petzold* 1953c; s. Bild 5.6, S. 63). In diesem Zusammenhang wird auch die Erstarrungstemperatur durch FeO erniedrigt (*Dietzel* 1962).

Einlagerung fester Partikeln führt zu »scheinbarer« Viskosität. Die Zähigkeitserhöhung durch disperse Phasen (eingeführt oder auskristallisiert) ist an einigen Beispielen in Bild 22.14 dargestellt. Nicht vollständig gelöste Mühlenzusätze (Quarz, Ton) setzen die Viskosität herauf (*Petzold* 1953b).

Auch für die Berechnung der Viskosität (bzw. der Temperatur für bestimmte Viskositäten) von Glas wurden Verfahren vorgeschlagen. Diese sind aber für ein Multikomponentensystem wie Email kaum brauchbar. Auf diese Wiedergabe wird daher verzichtet und auf die entsprechenden Ausführungen bei *Scholze* (1977) verwiesen.

Die Ablauflänge von Emailschmelzen wird von Temperatur und Zeit beeinflußt. Ein entsprechendes Fließdiagramm ist in Bild 22.15 wiedergegeben. Es korreliert mit der Viskosität (*Dekker* 1962, 1963; *Eppler, Smiser* 1968). Durch Umrechnung erhält man aus zwei verschiedenen Ablaufzeiten und den dazugehörigen Ablauflängen nach

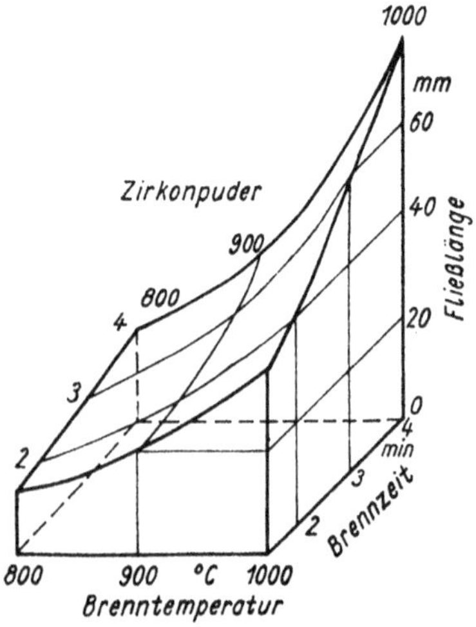

Bild 22.15. Fließdiagramm nach *Dekker* (1962, 1963)

$$\lg \eta = 4{,}47 + 2{,}57 \lg (t_1 - t_2/l_1 - l_2) \qquad (22.12)$$

die zugehörige Viskosität (*Dekker*).

22.4.4. Oberflächenspannung

Die Oberflächenspannung kontrolliert beim Einbrennen des Emails Benetzung, Blasenbildung usw. Vergleicht man die Oberflächenspannung (in mN m^{-1}) solcher Flüssigkeiten wie Wasser (72 mN m^{-1}) oder geschmolzener Borsäure (87 mN m^{-1}) mit der üblicher Emails, so stellt man hier relativ hohe Werte fest:

bleihaltige Majolika	180 bis 220	(900 °C)
Aluminiumemail	170 bis 250	(550 °C)
Titan-, Antimon- und Zirkonemail	220 bis 240	(900 °C)
Grundemail	245 bis 275	(900 °C)
borfreier Grund	300 bis 340	(1000 °C).

Von erniedrigendem Einfluß ist die Atmosphäre, insbesondere SO_2 und Wasserdampf. Dieser Einfluß geht allerdings bei hohen Temperaturen zurück, dafür wird eine Erhöhung durch CO_2 wirksam.

Ein interessantes und technisch wichtiges, mit der Oberflächenspannung zusammenhängendes Phänomen stellt die Dynaktivität dar. Werden zwei Emails aufeinander aufgeschmolzen, dann kann es bei unterschiedlichen Oberflächenspannungen zu Materialbewegungen kommen, die Kontraktions-, Zirkulations- und Umschichtungsvorgänge zur Folge haben (Dynaktivität nach *Jebsen-Marwedel* 1959, 1972). Ist die Oberflächenspannung der oberen Schicht (Bild 22.16) größer als die der unteren, so wird sich die obere Schmelze u. U. zusammenziehen und

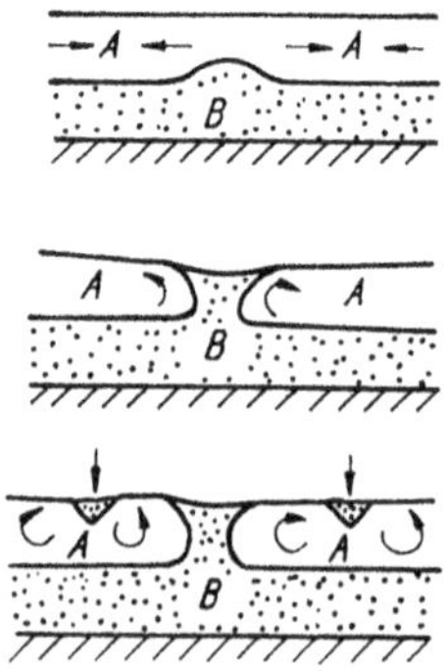

Bild 22.16. Dynaktive Vorgänge (multiple Penetration nach *Jebsen-Marwedel*)

die untere an die Oberfläche durchstoßen. Bei mehrfacher Wiederholung kommt es zur Wabenausbildung (*Jebsen-Marwedel* 1958; *Wagner* 1977). Der Effekt kann bereits bei sehr geringen Unterschieden in der Oberflächenspannung ($\Delta\gamma \approx 3\,\mathrm{mN\,m^{-1}}$) und in der Dichte (wenige Einheiten in der dritten Dezimale) auftreten, selbst wenn die Viskosität hoch ist. Diese Prozesse sind bei der üblichen Emaillierung unerwünscht. Deshalb muß die Oberflächenspannung des Grundemails möglichst groß sein. Der oben dargestellte Effekt läßt sich aber bei Verwendung unterschiedlicher Deckemails für Dekorzwecke nutzen (Granit-, Marmor- und Reaktivemail, *Rohm* 1979).

Zur Berechnung der Oberflächenspannung von Emailschmelzen sind mehrfach Faktoren ermittelt worden, von denen einige in Tabelle 22.4 aufgeführt sind, wobei die von *Dietzel* ausdrücklich auch auf Emails zugeschnitten sind. Mit ihrer Hilfe lassen sich erfahrungsgemäß recht gute Werte berechnen.

22.4.5. Temperaturwechselverhalten

Das Temperaturwechselverhalten ist eine wichtige Gebrauchseigenschaft bei allen emaillierten Erzeugnissen, die im Einsatz raschen Temperaturschwankungen unterworfen sind. Unter Temperaturwechselbeständigkeit (*TWB*) versteht man i. d. R. den gerade noch ertragenen Temperaturschock ΔT bei schneller Abkühlung, ohne daß Zerstörungserscheinungen auftreten.

Wird ein spröder Körper abgeschreckt, dann entsteht ein Temperaturgradient von der Randzone zum Innern. Die Randschicht kann sich, da sie mit dem Kern fest verbunden ist, nicht entsprechend den Temperaturbedingungen zusammenziehen und gerät unter Zugspannungen der Größe

$$\sigma = \frac{\alpha E}{(1-\mu)}\,\beta \Delta T \qquad (22.13)$$

β *Biot*-Zahl ($= d\,\varkappa/2\lambda$; $\varkappa$ Wärmeübergangszahl).

Bei Überschreiten der Maximalspannung kommt es zu Rissen, Festigkeitsminderung und Bruch.

Für die Temperaturwechselbeständigkeit spröder Körper sind verschiedene, im Prinzip aber ähnliche Beziehungen abgeleitet worden. Nach *Haase* (1950) kann man vereinfacht schreiben:

$$\Delta T_{\max} = \frac{\sigma_{zB}}{\alpha E} = \frac{\varepsilon_{\max}}{\alpha} \qquad (22.14)$$

(Weitere Einflußgrößen sind Wärmeübergang, Wärmeleitung, Mikrogefüge und Prüfkörperdimensionen.)

Die angeführten Beziehungen gelten für praktisch spannungsfreie Ausgangsmaterialien. Emailschichten stehen aber im allgemeinen unter Druckvorspannung, die mit steigender Temperatur entsprechend Bild 5.9 (S. 73) bis zum Neutralpunkt abnehmen. Unterhalb T_N liegen immer Druckspannungen vor, die erst abgebaut werden müssen, ehe Zugspannungen auftreten; Druckvorspannung erhöht also die *TWB* (*Lauchner, Bennett* 1959). Wenn bei Abschrecktemperatur noch Druckspannungen vorhanden sein sollen, muß der Neutralpunkt des Systems möglichst hoch liegen. Nach *Pöschmann* (1979) besteht für viele Emails auf 1-mm-Blech ein linearer Zusammenhang zwischen ΔT und T_N, das bedeutet eine maximal mögliche *TWB* von etwa 290 K. Durch Erhöhung von T_N bei relativ geringer Vorspannung lassen sich ΔT-Werte bis etwa 300 K erreichen. Zur Verminderung der Druckspannungen wird ein Zusatz von Cristobalit vorgeschlagen (*Laird* 1967). Die Spannungsverhältnisse sind in Bild 22.17 dargestellt. Für die Erfüllung der Forderungen nach TGL 7797 (Geschirre) muß die Neutraltemperatur über 300 °C liegen.

Neutralpunkt und Druckvorspannung werden bei konstantem *AK* des Metalls durch die Ausdehnung des Emails bestimmt. Ein niedriger *AK* wirkt sich i. d. R. vorteilhaft auf die *TWB* aus, wie Erfahrungen zeigen (Bild 22.18) und auch durch die hohe *TWB* glaskristalliner Emaillierungen (ΔT bis $>$400 K) bestätigt wird (*Carlson* u. a. 1963; *Ušakov* u. a. 1971; *Kirsch* u. a. 1971). Die Meinungen zu dieser Frage sind jedoch nicht ganz einheitlich.

Eine Optimierung des *AK* hängt auch von der Art und Konstruktion der Rohware ab.

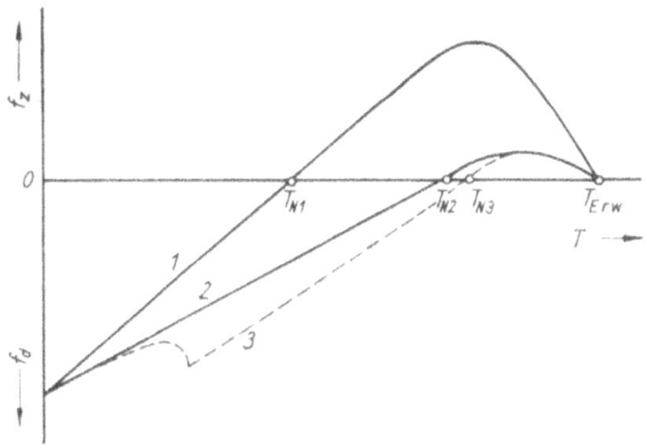

Bild 22.17. Spannungsverlauf von Emaillierungen mit unterschiedlicher Neutraltemperatur (und damit *TWB*) bei gleicher Erweichungstemperatur und Druckvorspannung

1 normales Email
2 Email mit erhöhtem T_N
3 Email mit Cristobalitzusatz

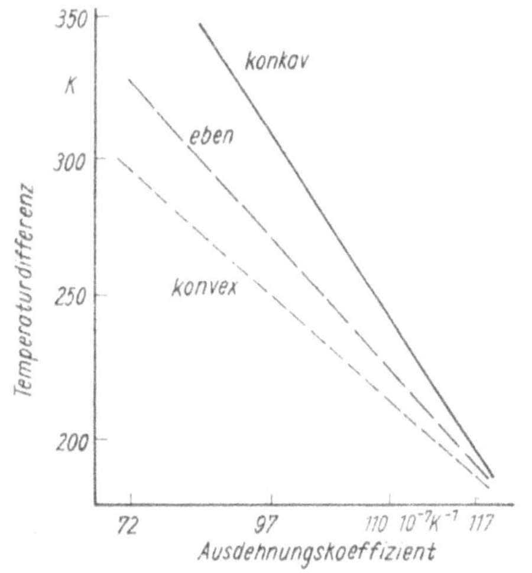

Bild 22.18. Temperaturwechselbeständigkeit in Abhängigkeit vom *AK* des Emails (*Vargin* u. a. 1958)

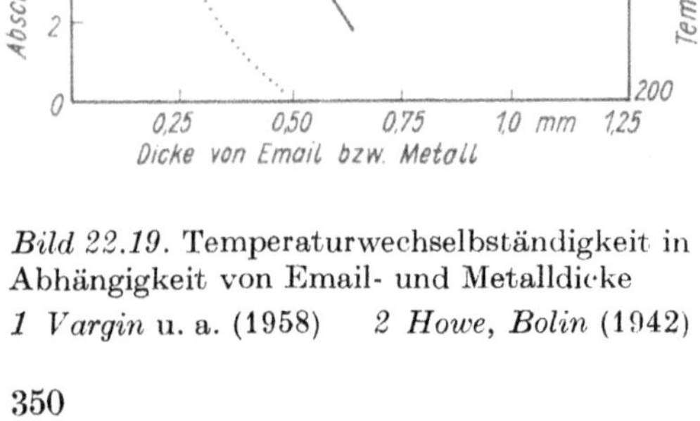

Bild 22.19. Temperaturwechselbständigkeit in Abhängigkeit von Email- und Metalldicke
1 Vargin u. a. (1958) *2 Howe, Bolin* (1942)

So kann z. B. bei Apparateemails nur eine geringe Druckvorspannung zugelassen werden, die aber beim Kälteschock nicht ganz aufgehoben werden darf (*Wegner* 1967).

Die Temperaturwechselbeständigkeit nimmt mit der Emaildicke stark ab, mit der Metalldicke geringfügig zu (Bild 22.19). Emaillierungen an konkaven Oberflächen zeigen die besten, an konvexen die schlechtesten Werte. Kompositschichten mit optimierter Zweitkomponente erweisen sich als günstig (*Vargin, Rudenko* 1975; *Žuravlev* u. a. 1984); Einlagen von 2,5 Vol.-% Whiskern aus ZrO_2, β-Al_2O_3 oder Cr_2O_3 erhöhen die *TWB* um das Dreifache (*Plastinin* u. a. 1983). Guthaftende Emails sind wärmeschockbeständiger als weniger gut haftende, die sogar großflächig abplatzen können. Beste *TWB*-Werte sollen sich ergeben, wenn der *AK* des Grundemails zwischen dem des Eisens und des Deckemails liegt (*Petersen, Andrews* 1946). Nach Wärmebehandlung verringert sich das Abschreckintervall (*Healy, Breeze* 1958).

Das Temperaturwechselverhalten hängt hauptsächlich davon ab, ob emailseitig abgeschreckt oder aufgeheizt wird. Beim Aufheizen gerät das Email zunächst unter Druck, beim Abkühlen unter Zug. Im ersten Falle werden wegen $\sigma_{dB} \approx 10\,\sigma_{zE}$ Temperaturwechsel besser ertragen. Wird metallseitig abgeschreckt, so kommt umgekehrt das Email unter Druck, beim Aufheizen unter Zug.

Eine Bemerkung sei noch zum Wechselverhalten im Tieftemperaturbereich (Frieren und Auftauen) angefügt. Die Blasenstruktur (insbesondere $\varnothing \geqq 70\ \mu m$) ist der wichtigste Faktor, weil durch Eindringen von Feuchtigkeit das Abplatzen gefördert wird (*Hughes* u. a. 1952; *Patrick* 1952). Titanemails verhielten sich nach 10^4 Frost-Tau-Wechseln günstiger als Zirkon- und Antimonemails (*McEvoy*, *Andrews* 1951).

22.5. Thermische Eigenschaften

22.5.1. Spezifische Wärmekapazität

Eine gewisse Bedeutung hat die spezifische Wärmekapazität c_p beim Erschmelzen der Emailfritte und für dickschichtige Emaillierungen bei Aufheiz- und Abkühlvorgängen. Die spezifische Wärmekapazität ist zusammensetzungsabhängig. Im Vergleich zum Kieselglas (0,76 J g^{-1} K^{-1}) weisen übliche Mehrkomponentengläser meist etwas höhere Werte auf (0,8 bis 1,1 J g^{-1} K^{-1}); schwere Elemente im Glas führen aber zu einer Erniedrigung. Mit steigender Temperatur steigt auch die spezifische Wärme bis zu einem Grenzwert von 1,3 bis 1,5 J g^{-1} K^{-1} an.
Die spezifische Wärmekapazität kann aus der Zusammensetzung berechnet werden (s. z. B. *Scholze* 1977); auf die Wiedergabe von Faktoren wird aber verzichtet. Die Übereinstimmung zwischen gemessenen und berechneten Werten ist gut.

22.5.2. Wärmeleitfähigkeit

Der Wärmetransport durch ein emailliertes Erzeugnis wird durch die Wärmeleitfähigkeit von Email und Metall bestimmt. Die Wärmeleitfähigkeit des Emails (in W $(mK)^{-1}$) ist von der Zusammensetzung des Glases abhängig, aber Beziehungen sind bei den ohnehin geringfügig differierenden Werten nur sehr schwach ausgeprägt. Technische Daten von Gläsern und Emails liegen zwischen 0,8 und 1,0 W $(mK)^{-1}$ (zum Vergleich: Eisen 65, Kupfer 360).
Stärker als von der Zusammensetzung wird der Wärmetransport von der Porosität beeinflußt. In erster Näherung gilt

$$\lambda_{ges} = \lambda_f (1 - V_P) \tag{22.15}$$

λ_f Wärmeleitung der festen Phase.

Nach Untersuchungen von *Dawihl* (1935) geht die Wärmeleitfähigkeit eines Emails von 1,18 auf 0,46 W $(mK)^{-1}$ zurück, wenn die Rohdichte von 2,48 auf 2,20 g cm^{-3} absinkt.
Zur Berechnung der Wärmeleitung aus der Zusammensetzung sind – z. T. komplizierte – Methoden und Faktoren aufgestellt worden. Wegen des geringen Spielraums bei Emails wird hierauf nicht näher eingegangen.
Die Wärmeleitfähigkeit des Emails nimmt mit der Temperatur um einige Zehntel Watt zu (die der Metalle ab), bleibt aber ab etwa 500 °C konstant. Dafür kommt die der Strahlungsleitfähigkeit hinzu, die durch große Poren und Blasen im allgemeinen erhöht, durch kleine u. U. etwas zurückgedrängt wird.

22.6. Optische Eigenschaften

22.6.1. Brechzahl

Die Brechzahl des Emails ist keine Gebrauchswertkenngröße. Sie beeinflußt, wie in Abschnitt 3.5.1. gezeigt wurde, Trübung und Reflexion (Glanz). Für übliche bleifreie Emails kann man eine mittlere Brechzahl von 1,50 bis 1,53 zugrunde legen, bei bleihaltigen Gläsern liegt sie über 1,6. Die Brechzahl ist nicht streng additiv, trotzdem gibt es Berechnungsverfahren mit speziellen Faktoren, die bezüglich einer Voraus- oder Kontrollberechnung bei Emails nicht relevant sind.

22.6.2. Trübung

Physikalische Grundlagen
Trübung wird bekanntlich durch Lichtstreuung (aus Brechung, Spiegelung und Beugung) hervorgerufen. Ihre Intensität hängt von der Brechzahldifferenz, der Größe und Anzahl der trübenden Teilchen (Streuzentren), dem Streuwinkel und der Wellenlänge λ des auftreffenden Lichtes ab.
Für die Trübung durch Brechung gilt das *Fresnel*sche Gesetz (bezogen auf ein Trübteilchen):

$$I_{Rm} = I_0 (n_2 - n_1)^2/(n_2 + n_1)^2 \tag{22.16}$$

I_0, I_{Rm} Intensität des einfallenden bzw. remittierten Lichtes
n_1, n_2 Brechzahl von Glas bzw. Trübkörper.

Trübung durch Brechung und Spiegelung tritt hauptsächlich bei Teilchengrößen $>\lambda$ (d. h. $>0{,}3\ \mu m$) auf (*Mie*-Streuung). Die diffuse Rückstreuung ist bei kleinen Partikeln besser als bei großen. Sehr kleine Teilchen ($<\lambda$) führen zu teilchen- und wellenlängenabhängiger Trübung durch Beugung. Nach *Rayleigh* gilt

$$I = \frac{\pi^2 V^2}{\lambda^4 r^2} \varepsilon^2 (\Delta\varepsilon - 1) \sin^2 \alpha \qquad (22.17)$$

I Streuintensität
V Teilchenvolumen
α Streuwinkel
ε relative *DK* der Teilchen
r Abstand des Teilchens vom Meßpunkt.

Da bei Beugungseffekten der kurzwellige Anteil des Spektrums stärker gestreut wird als der langwellige, kann es bei Emails zu blaustichigen oder opalartigen Trübungen kommen.
Für die Trübung superopaker Weißemails hat *Eppler* (1971b) folgende Formel entwikkelt:

$$I/I_0 = 1 - \exp\,(-N\,\pi\, d_{eff}/4\, \textstyle\sum_i f_i\, d_i^2\, A_i) \qquad (22.18)$$

N Anzahl der Streuzentren in Volumen
d deren Querschnittsfläche
d_{eff} effektive Schichtdicke
A effektiver Streuquerschnitt
f Funktion der log-Normalverteilung.

Die Beziehung zwischen optimaler Teilchengröße d, Wellenlänge des Lichts und Δn lautet nach *Weber* (1961):

$$d = \lambda/2{,}1\,\Delta n. \qquad (22.19)$$

Die optimalen Größen liegen zwischen 0,2 und 1 μm; als Faustregel gilt etwa die halbe Lichtwellenlänge (*Kyri* 1962). Zahlreiche Untersuchungen an verschiedenen technischen Weißemails ergaben Kristallgrößen, die in Tabelle 22.5 mit aufgeführt sind (weitere zusammenfassende Angaben z. B. bei *Appen* u. a. 1978).
Die Trübung nimmt mit steigendem Gehalt an streuenden Teilchen optimaler Größe zu. Praktisch gemessene Trübteilchenkonzentrationen liegen in der Größenordnung von 10^{10} bis 10^{14} cm^{-3} (z. B. *Geismar* 1976). Die Remission pegelt sich dabei auf eine für jedes Weißemail spezifische Endhelligkeit ein. Für die Abhängigkeit des Weißgehalts von der Trübungsmittelkonzentration c gilt die von *McIntyre* angegebene Formel:

$$W = a\, c^n + C. \qquad (22.20)$$

a, n, C Konstanten.

Die Remission R weißer Schichten auf schwarzem Grund läßt sich durch eine von *Kubelka, Munk* aufgestellte Gleichung in der bei *Kyri* (1955a) angegebenen Form beschreiben:

$$\ln \frac{R\,R_\infty - 1}{(R/R_\infty - 1)} = r\, d\,(1/R_\infty - R_\infty) \qquad (22.21)$$

R_∞ Remission der unendlich dicken Schicht (Endhelligkeit)
r Remissionskonstante.

(Die Anwendbarkeit der Originalgleichung wird auch von *Thomas, Doremus* 1976 bestätigt.)
Zur Trübungsterminologie (Weißgehalt, Weißgrad, Helligkeit, Weißlichkeit) äußern sich kritisch *Meyer, Weber* (1960).

Allgemeine Gesichtspunkte der technischen Weißtrübung
Als trübende Medien in der glasigen Emailmatrix können in Erscheinung treten:

- kristalline, durch Vermahlen in der Fritte dispergierte Trübkörper (Dispersionstrübung, z. B. SnO_2) oder in der Fritte gelöste und beim Einbrennen wieder auskristallisierte Festkörperteilchen (Ausscheidungstrübung, z. B. Fluoride, TiO_2, ZrO_2);
- feinverteilte, durch Mikrophasentrennung entstandene glasige Phasen im Glas (Entmischungs- oder Emulsionstrübung; spezielle Borosilicat- und Phosphatemails; s. z. B. *Kirilenko* u. a. 1981); diese Trübungsart ist selten, Phasentrennung unterstützt jedoch die Trübwirkung bei Ausscheidungstrübung;
- feine Gasblasen; diese Gastrübung spielt heute keine Rolle.

Die Streuung des Lichts ist um so stärker, je größer die Brechzahldifferenz zwischen Ma-

Tabelle 22.5. Trübungsmittel, Brechzahl, optimale Teilchengrößen und technisch-optische Kennwerte von Weißemaillierungen (allgemeine Literaturangaben)

Trübungsmittel	Brechzahl	Optimale Teilchengröße in µm	Maximale Weißgehalte Stahlblechemail in %	Maximale Weißgehalte Gußpuder	Mindestdicke Stahlblechemail in mm	Mindestdicke Gußpuder	Relative Deckfähigkeit (Email-Rep. 1961)
CaF_2	1,43	0,05...0,1	60...70				
Na_3AlF_6	1,36	0,05...0,1	60...70				
NaF	1,33	0,05...0,1	60...70				
SnO_2	2,04	0,8...2	75	75		0,7	0,13
Sb_2O_5	2,1	0,1...0,5	80	82	0,4	0,5	
CeO_2	2,3	0,2	80				
ZrO_2	2,4	0,1...0,5	80	82	0,3	0,35	0,2...0,25
TiO_2 (Anatas)	2,55	0,1...0,4 (auch 1...2)	85...90	88	0,1...0,2	0,15	0,45...0,6
TiO_2 (Rutil)	2,7	0,1...0,4 (auch 1...2)	85...90	88			0,45...0,6
$ZrSiO_4$	2,0						
Pb-Arsenate	>2,15		80...85				

trix und Trübphase ist. Dabei ist es gleichgültig, welche der beiden Phasen den höheren Brechwert besitzt. Da das Glas im allgemeinen eine Brechzahl von etwa 1,52 hat, muß ein Trübkörper eine solche >1,8 oder <1,4 aufweisen. In Tabelle 22.5 sind die wichtigsten Trübungsmittel zusammengestellt. Es sind drei Gruppen und damit drei Weißgehaltsbereiche zu unterscheiden; dabei erreichen die Fluoride die niedrigsten, die Ausscheidungstrüber die höchsten Werte. Außer mit der Brechzahldifferenz nimmt die Lichtstreuung mit dem absoluten Wert der Brechzahl, d. h. mit der optischen Dichte, zu.

Zum Vergleich der Trübkraft von Trübungsmitteln in Emails kann man nach *Meyer* (1951) die relative Deckfähigkeit heranziehen. Darunter wird der reziproke Wert der Auftragsmasse (in g dm^{-2}) verstanden, die für eine Endhelligkeit von 95 % des betreffenden Emails erforderlich ist. Für Titanemails ergeben sich >0,45, für Zirkonemails etwa 0,2, für Antimonemails etwa 0,1. Die erreichbaren Remissionswerte und Mindestschichtdicken für einige Emaillierungen sind in Bild 22.20 dargestellt. Eine gewisse »Aufstokkung« der Remission läßt sich durch Kombination zweier Trübungsmittel erreichen, ebenso durch Oberflächenfilme aus pyro-

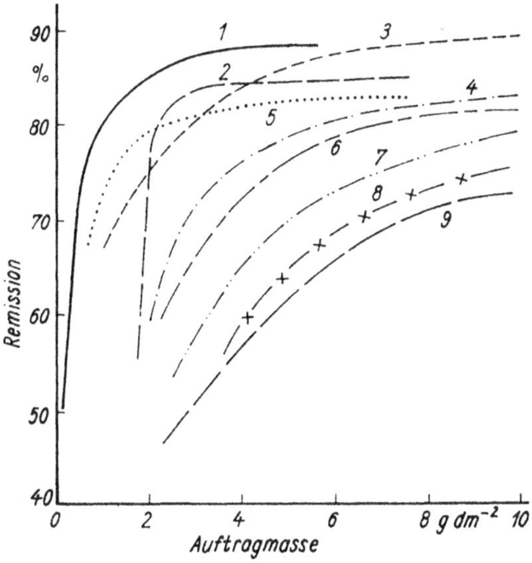

Bild 22.20. Remission verschiedener Emailtypen in Abhängigkeit von der Auftragsmasse (nach Angaben bei Emailreporter 1961; *Kyri* 1955 a, 1962, 1974; *Johnson, Friedberg* 1959; *Bünzen* 1965; *Zybell* u. a. 1982)
1, 2, 3 Titanemail für Stahlblech
4 Titanemail für Guß
5 CeO_2-Email
6 Antimon- bzw. Zirkonemail
7, 8 Zirkonemail
9 SnO_2-Email

lytisch erzeugtem Al_2O_3 oder ZrO_2 (*Stevens* u. a. 1976, 1977).

Die superopaken (Titan-)Emails sind nicht nur wegen des hohen Weißgehalts (> 85 %), sondern wegen der mit der hohen Deckkraft verbundenen Möglichkeit der Herstellung dünner, einschichtiger Emaillierungen mit ausgezeichneten mechanischen und chemischen Eigenschaften technisch interessant.

In Titanemails ergibt Anatas trotz der etwas niedrigeren Brechzahl bessere Trübungen als Rutil. Der Grund liegt in der isometrischen Gestalt und gleichmäßigen, geringen Kristallgröße, deren Lichtstreuung zu bläulichen Tönen führt; der Effekt wird durch Nb_2O_5 oder Sb_2O_5 noch verstärkt (*Patrick* 1951). Anatas kristallisiert in kubisch rechtwinkligen (z. T. auch nadeligen) Aggregaten, Rutil tritt nadelförmig mit cremefarbenem Weiß auf. Das Optimum der Kristallgröße geht aus Bild 22.21 hervor. Weitere Angaben schwanken zwischen 0,1 und 0,5 µm; die spezifische Oberfläche der Teilchen beträgt 2,5 bis 7,5 $m^2 g^{-1}$ (*Engel* u. a. 1970). Die Trübung wird ferner durch Entmischungströpfchen (≈ 1 µm; *Kirilenko* u. a. 1981) oder Ausscheidung von Sphen (*Cmel* 1967) verstärkt.

Ein kritischer Punkt bei Rutil enthaltenden Titanemails ist die Farbstabilität. Farbschwankungen werden entweder auf die Kondition des Rutils selbst zurückgeführt (*Millar* 1949; *Herschelmann* 1961) oder auf Einbau und Mischkristallbildung von Verunreinigungen. Als wesentlich gilt hier

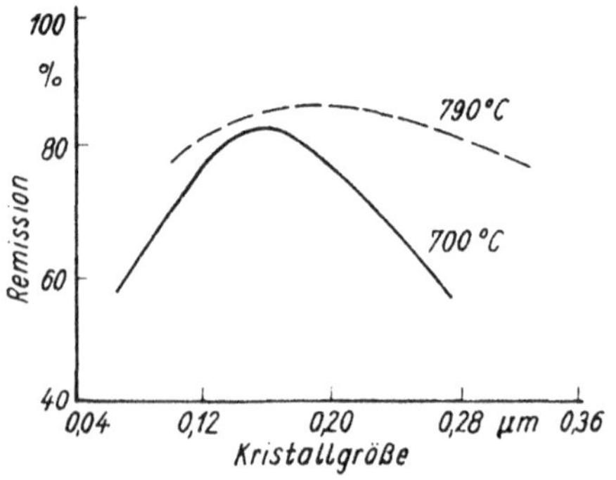

Bild 22.21. Remission von Titanemail in Abhängigkeit von Kristallisationstemperatur und Kristallgröße (*Beals* u. a. 1951)

Cr_2O_3 (*Friedberg* u. a. 1947; *Dietzel, Flörke* 1957; *Kyri* 1962; *Vargin* u. a. 1963); Verfärbung tritt nach *Rickmann* (1957) schon durch 0,001 % Cr auf. Danach wird Chrom als CrO_2 (mit Rutilstruktur) in das Gitter aufgenommen und dort stabilisiert. Anatas ist gegen Cr_2O_3 normalerweise nicht empfindlich; eine Aufnahme erfolgt aber im Stadium der durch Cr_2O_3 und Fe_2O_3 beschleunigten Umwandlung in Rutil (*Flörke* 1959).

Verfärbungen durch Eisenoxid treten erst oberhalb 0,2 % Fe_2O_3 auf (*Azarov, Gorbatenko* 1961; *Vargin, Senderovič* 1963). Durch optimale Schmelz- und Brennbedingungen wird Farbstabilität erzielt (*Zasuchina* u. a. 1970). Günstig wirkt auch KBr als Stellsalz im Vergleich zu anderen Salzen (*Varka* 1960).

In zirconiumdioxidgetrübten Emails soll die beste Remission bei tetragonalem ZrO_2 in prismatischer Ausbildung von 0,2 bis 0,3 µm vorliegen (*King, Andrews* 1941); das Verhältnis $ZrO_{2monokl}$ zu ZrO_{2tetr} hängt dabei auch von der Größe der Frittekörner ab (*Szabo* 1983). An Kristallphasen treten ferner monoklines ZrO_2, β-Quarz, β-Cristobalit und Zirconate (System N—S—Zr) auf (*Azarov, Leskov* 1964; *Vargin, Chejfec* 1965). In solchen Emails wurde Phasentrennung (∅3 µm) festgestellt, wobei sich ZrO_2 sowohl in der Matrix (0,1 bis 0,5 µm), als auch in den Tröpfchen (1 bis 2 µm) vorfindet (*Appen* u. a. 1978). Die Weißgehalte liegen um 80 %. Durch Eisenoxide treten bläuliche Töne auf (*Azarov, Gorbatenko* 1961). Weitere Trübungsbedingungen werden von *Valo, Czeglady* (1967) diskutiert.

22.6.3. Farbe

Für farbige Emaillierungen gelten, unabhängig vom Zustandekommen der Farbe, die Gesichtspunkte und Gesetzmäßigkeiten der spektralen Absorption. Zwischen Ionen-, Dispersions- und Anlauffärbung bestehen farbphysikalisch keine Unterschiede. Farbentwicklung und -stabilität selbst hängen von äußeren technischen Bedingungen ab.

Farboptische Grundlagen

Die Farbe eines Körpers kann durch Absorptions- bzw. Remissionspektren in Ab-

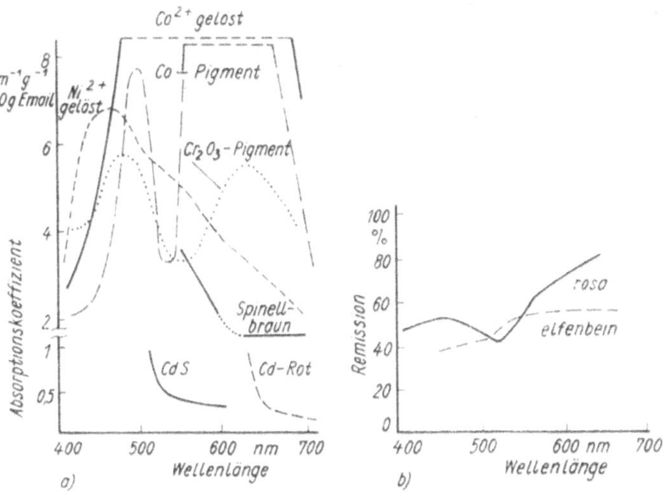

Bild 22.22. a) Absorptionskoeffizient von Ionenfärbungen und Pigmenten (*Weber* 1971, 1972)
b) spektrale Remission von Emaillierungen (*Märker* 1952 d; *Dekker* 1971)

hängigkeit von der Wellenlänge charakterisiert werden. Für einige Farbgläser und -emails sind derartige Kurven in Bild 22.22 dargestellt; zur Extinktion siehe Gl. (3.6). Für die Remission voll und nicht voll abdeckender Emailschichten hat *Weber* (1971, 1972) Formeln abgeleitet, auf deren Wiedergabe hier jedoch verzichtet wird.

Die rein physikalische Beschreibung der Emailfärbung durch das Absorptionsspektrum reicht für die Praxis nicht aus, sondern muß durch weitere (physiologisch-optische) Beziehungen ergänzt werden. Zu diesem Zweck wurden verschiedene Systeme mit Farbkarten o. ä. ausgearbeitet (z. B. DIN 6164; *Munsell*-System, z. B. bei *Montville* 1982), die jedoch nicht scharf genug differenzieren und keine Unterschiede zwischen spektralgleichen und metameren Farben[1]) erkennen lassen (*Joseph* 1976a).

Nach dem System der CIE (Int. Beleuchtungskommission) bedient man sich der sog. *Helmholtz*-Koordinaten Farbton, Helligkeit und Sättigung und beschreibt eine Farbe

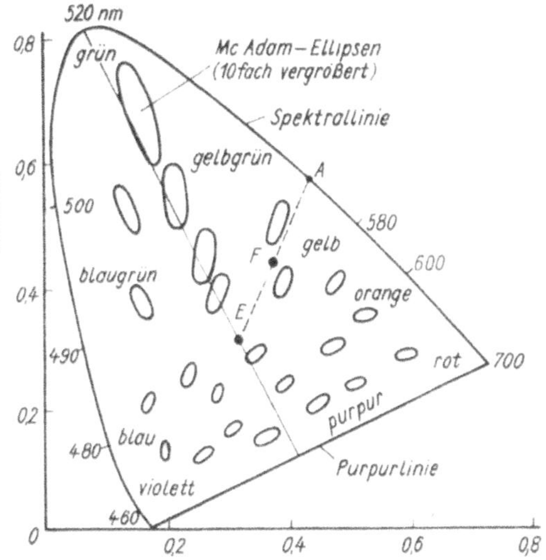

Bild 22.23 Normfarbtafel mit Farbunterscheidbarkeitsellipsen nach *McAdam* (nach *Dekker* 1971)

durch die drei Normfärbwertanteile x, y und z sowie die Helligkeit Y. Da $x + y + z = 1$, genügt die Angabe von x, y und Y. Auftragen in das x-y-Diagramm ergibt das in Bild 22.23 dargestellte Farbdreieck (Normfarbtafel DIN 5033). Auf der Kurve (»Spektrallinie«) liegen die Wellenlängen der farbtongleichen Spektralfarben für eine reale

[1]) Als metamer werden Farben bezeichnet, die bedingt gleich sind, d. h., wenn ihr Farbton von der Art der Beleuchtung abhängt (s. z. B. »Abendfarbabweichung«). Der Effekt macht sich besonders bei aus mehreren Farbkomponenten zusammengesetzten Farben bemerkbar (*Joseph* 1976a; *Hackler, Kuehni* 1985).

Farbe, beginnend links unten von 400 nm = Violett bis 700 nm = Rot. Auf der Geraden zwischen 400 und 700 nm liegen die nicht im Spektrum enthaltenen Purpur-Mischfarben. Der Punkt E repräsentiert Weiß, Grau und Schwarz; infolge Fehlens von Buntheit ist die Sättigung gleich Null. Farben gleichen Farbtons liegen auf der Verbindungslinie zwischen E und Spektrallinie (z. B. E—A). Die Sättigung nimmt von der Spektralkurve zum Weißpunkt E hin ab. Aus den Werten für x, y und Y ergibt sich der Farbort eines Emails; dabei ist der spektrale Farbanteil (Sättigung) das Verhältnis EF/EA. Mit diesen Kenngrößen ist es möglich, die realen Emailfarben eindeutig zu charakterisieren. Darüber hinaus lassen sich Schwankungen erfassen, die vom menschlichen Auge nicht mehr unterschieden werden. Derartige Farbunterschiede sind im Farbdreieck als Ellipsen gekennzeichnet (*McAdam*-Ellipsen). Auf Arbeiten, die sich mit Problemen der Farbmetrik befassen, sei hier lediglich verwiesen (*Johnson* 1955; *Dekker* 1971; *Kyri* 1974; *Joseph* 1976a; *Vytřas* u. a. 1979; *Brücker* 1980, 1981, 1982).

Technische Einflüsse auf den Farbeindruck
Zur Ionenfärbung siehe die Ausführungen in Abschnitt 3.5.3.; bei der Dispersionsfärbung können die Brennbedingungen einen Einfluß ausüben. Bei Überbrennen bestimmter Farbemails ergibt sich eine Verschiebung der Farborte (*Dekker* 1971). Wenn sich geringe Mengen des Farbkörpers im Email lösen, entsteht eine Untergrundfärbung, die die Farbwirkung uneinheitlich macht. Die Auflösung kann durch Quarzzugabe $<5\%$ verzögert werden, zu viel Quarz führt jedoch zu Farbaufhellungen (*Goodwin, Whitelock* 1979).
Farbton, Farbtiefe und Brillanz lassen sich durch die Teilchengröße des Pigments regulieren; je feiner, um so heller ist die Farbe (*Rickmann* 1957). Optimale Partikelgrößen werden mit 5 µm (*Andrews, Cook* 1941) bzw. 1 µm (*Kyri* 1974), bei gelben und roten Anlauffärbungen dagegen mit 0,05 bis 0,1 µm angegeben. Dabei soll auch die Größe der Frittekörner eine Rolle spielen, die zwischen 45 und 75 µm liegen soll.
Zahlreiche Beeinflussungen der Färbung durch gewisse Versatzbestandteile und Fremdstoffe beschreiben *Cook, Pelz* (1948) und *Geismar* (1980). Eine Stabilisierung von Farbtönen kann durch bestimmte geringfügige Zusätze, wie z. B. von $AlPO_4$ in Titan- und Farbemails oder $CdCO_3$ bzw. CdO in Rotemails, erreicht werden. Korrosionseffekte führen in Schwarz- und Rotemails zum Verblassen (*Kerstan* 1953; *Bersticker, Sweo* 1964), schwefelhaltige Ofenatmosphäre zu Schaumbildung (*Goodwin, Whitelock* 1979). Die Farbechtheit bei Korrosion nimmt mit fallender Säurebeständigkeit des Emails ab (*Kreuter, Kraaijveld* 1967).
Zur optischen Charakterisierung von CdSe-gefärbten Emails siehe *Zupnik* u. a. (1985).

22.6.4. Glanz

Glanz beruht auf der gerichteten (spiegelnden) Reflexion von Licht an einer glatten Oberfläche. Der Erscheinung des Glanzes liegen komplizierte Vorgänge zugrunde; sie sind durch eine einzige Kenngröße schwer zu erfassen, da auch hier sehr stark physiologische Momente hineinspielen. Über die Definition des Glanzes sowie über die subjektiven und objektiven Faktoren besteht keine einheitliche Meinung (*Doerbecker, Oel* 1968).
Glanz ist der Anteil des regelmäßig reflektierten Lichtes und nach *Doerbecker, Oel* (1970) das Verhältnis von regulärer Reflexion zur Streuung an der glänzenden Oberfläche. Das Glanzvermögen einer Emailoberfläche läßt sich durch eine vollständige Streukurve beschreiben (Bild 22.24), die ihrerseits eine Überlagerung von Spiegelung, Trübung, Mattigkeit und Welligkeit ist.
Da nach Gl. (3.5) die Reflexion von der Brechzahl des Emails abhängt, werden alle brechzahlerhöhenden Bestandteile auch den Glanz verstärken (PbO, BaO, auch TiO_2, Silicofluoride, z. T. Chloride).
Der Glanz hängt entscheidend von der Oberflächenbeschaffenheit einer Emaillierung ab. Unebene oder rauhe Oberflächen verstärken die diffuse Rückstrahlung und mindern die Reflexion; über Glanzminderung beim chemischen Angriff siehe Abschnitt 22.8.1.

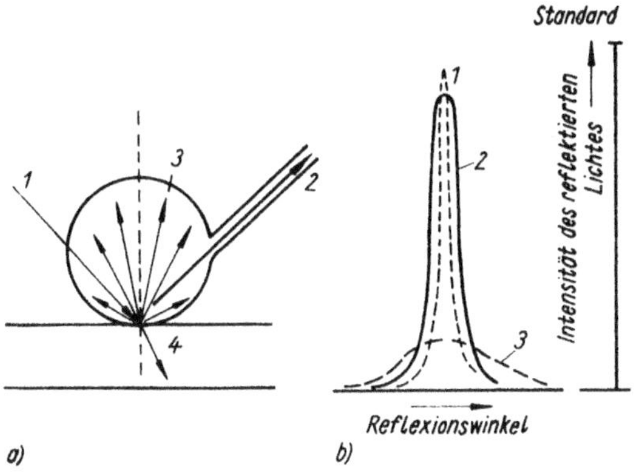

Bild 22.24
a) Schema der Rückstreuung bei der Glanzmessung
1 eingestrahltes Licht
2 reflektierter Anteil
3 diffus gestreuter Anteil
4 nach innen gebrochen, gestreut und absorbiert (nach *Doerbecker*, *Oel* 1970)
b) Streuindikatrix (Goniophotometer)
1 Spiegel
2 hochglänzendes Email
3 wenig glänzendes Email (nach *Meyer* 1963b)

22.6.5. Strahlungsoptische Eigenschaften

Das Strahlungsverhalten von Emails im IR-Bereich (insbesondere zwischen $\lambda = 2$ und 15 μm) ist unterschiedlich. Weiße (SnO_2, ZrO_2 oder CeO_2 enthaltende) Emails besitzen eine niedrige, dunkle (vor allem Ni-Fe-Spinell enthaltende) Emails eine hohe Emission und umgekehrte Reflexion (*Douglas* 1959; *Richmond*, *Harrison* 1960; *Burgess* u. a. 1961). Weiße Emails stellen somit eine Wärmebarriere dar.
Die Emission nimmt mit der Temperatur bei allen Wellenlängen zu (*Richmond*, *Stewart* 1959). Die Wärmestrahlung wird sowohl von der Grenzschicht, als auch von der Oberfläche des Emails ausgesandt; sie tritt anderseits bis zur Grenzfläche hindurch und wird an Trübkörpern und Poren gestreut (*Klein* 1961, dort auch ausführliche mathematische Behandlung des Problems). Die strahlungsoptischen Eigenschaften spielen für die Wärmeübertragung, die Kontrolle und Regulierung des Strahlungsvermögens eine Rolle.
Wellen mit $\lambda = 10$ m bis 0,7 mm werden von flammgespritzen Emailschichten stärker absorbiert als von traditionellen Emaillierungen (*Gadalla*, *Enayetallah* 1980). Der Reflexionskoeffizient nimmt in beiden Fällen mit der Schichtdicke ab.

22.7. Elektrische Eigenschaften

22.7.1. Elektrische Leitfähigkeit und Durchschlagfestigkeit

Der spezifische elektrische Widerstand von Emails liegt im allgemeinen in der Größenordnung $>10^{12}$ Ω cm bei Raumtemperatur; er sinkt bis 400 °C auf etwa 10^5 Ω cm ab. Reines Elektrostatik-Pulver hat nach *Joseph* (1975) einen spezifischen Widerstand von 10^8 bis 10^9 Ω cm, bei Umhüllung von 10^{14} Ω cm; er geht durch Altern auf 10^{13} Ω cm zurück (s. auch die Übersicht bei *van der Vliet* 1983).
Die Temperaturabhängigkeit des spezifischen elektrischen Widerstandes verschieden zusammengesetzter Emails ist in Bild 22.25 wiedergegeben; technische Kennwerte sind in Tabelle 22.6 zusammengestellt. Deutliche Unterschiede zwischen hochsäurefesten und Küchenemails wurden schon 1933 von *Salmang*, *Holler* festgestellt. Das Isolationsvermögen nimmt nicht nur mit der Temperatur, sondern auch mit der geringeren Schichtdicke ab (*Mamedova* u. a. 1981). Besonders isolierend wirken hoch-BaO- und -SrO-haltige Emails. Für die Leitfähigkeit von Kompositemails, wie z. B. weißgetrübten Emails, ist im allgemeinen die Glasphase bestimmend.
Auf den Unterschied zwischen Volumen- und Oberflächenleitfähigkeit sei nochmals ausdrücklich hingewiesen (s. Abschnitt 3.4.3.).
Der spezifische elektrische Widerstand kann mit Hilfe von Faktoren berechnet werden (*Mazurin* 1965; *Šašek*, *Meissnerova* 1974). Die Berechnung ist relativ kompliziert, ergibt aber in bestimmten Zusammensetzungsbereichen brauchbare Werte.
Bei der elektrischen Durchschlagfestigkeit gilt die allgemeine Erfahrung, daß ein hoher Widerstand auch eine hohe Durchschlag-

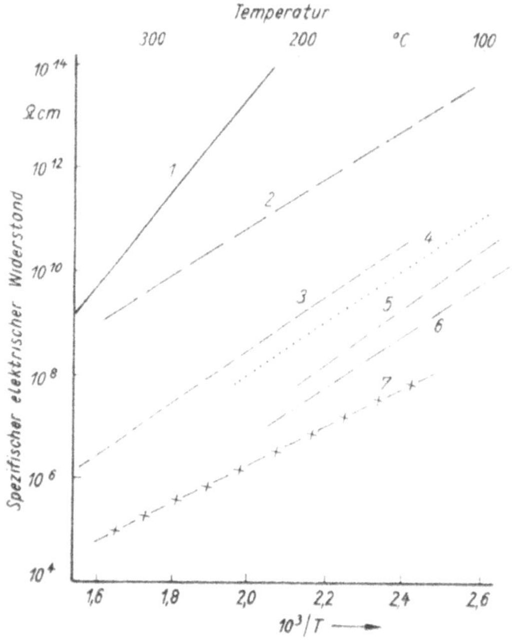

Bild 22.25. Temperaturabhängigkeit des spezifischen elektrischen Widerstands (nach Angaben bei *Glaser* 1961; *Vargin* u. a. 1958; *Hughes* u. a. 1981); *T* in K

1 bleihaltiges, alkalifreies Email
2 ELPOR (Ferro)
3 Titanemail
4 konventionelles Grundemail
5 Aluminiumemail
6 alkalihaltiges Email
7 Antimonemail

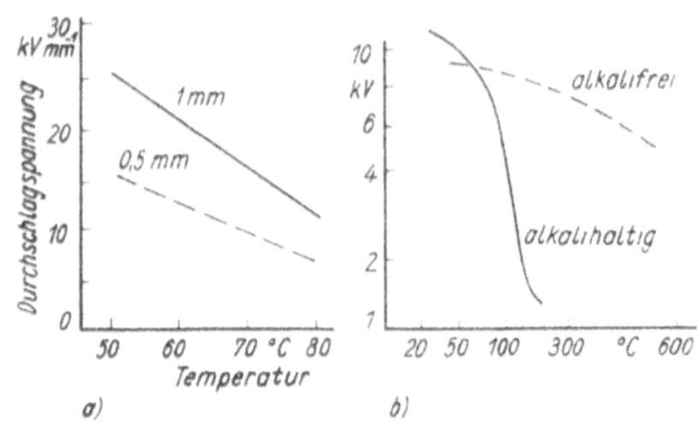

Bild 22.26. Temperaturabhängigkeit der Durchschlagspannung
a) Einfluß der Emaildicke (*Scharbach* 1967)
b) Einfluß der Zusammensetzung (*Glaser* 1951)

festigkeit bedingt. Günstig wirken z. B. SiO_2, PbO, CaO usw., negativ in jedem Falle Alkalien (Bild 22.26) und vor allem auch Poren. Werte von technischen Emails sind in Tabelle 22.6 enthalten.

22.7.2. Dielektrische Kennwerte

Dielektrika sind Materialien mit hohem spezifischem Widerstand ($>10^{10}$ Ω cm). Die Dielektrizitätskonstante ε ist proportional der Verschiebung und Polarisation der Ionen. Demzufolge steigern O^{2-}, Ba^{2+}, Pb^{2+} oder K^{+} die *DK*; sie nimmt ebenso mit der Temperatur zu. Poren erniedrigen die DK, was bei Emails beachtet werden muß. Im Hinblick auf die zunehmende Anwendung von

Tabelle 22.6. Elektrische und dielektrische Kennwerte von Emails und Emaillierungen (im wesentlichen nach *Bergeron* 1958)

Werkstoff	*DK*	tan δ ($\cdot 10^{-4}$)	ϱ (20 °C) in Ω cm	U_D in kV mm^{-1}
Borosilicatglas	5...7	25...50	10^{16}	10...20
Grundemail	6,2	80	$10^{14}...10^{16}$	15...20
Deckemail	12	350	$10^{13}...10^{15}$	20
Deckemail auf Grund	8	100	$10^{14}...10^{16}$	
Spezialdeckemail (Ferro)				60
Aluminiumemail[1])				10 porenfrei 20

[1]) Nach *Farrell* (1957); für porenfreie bleihaltige Al-Emaillierungen wird vom Emailreporter (1958)1 eine Durchschlagfestigkeit von etwa 1000 V angegeben.

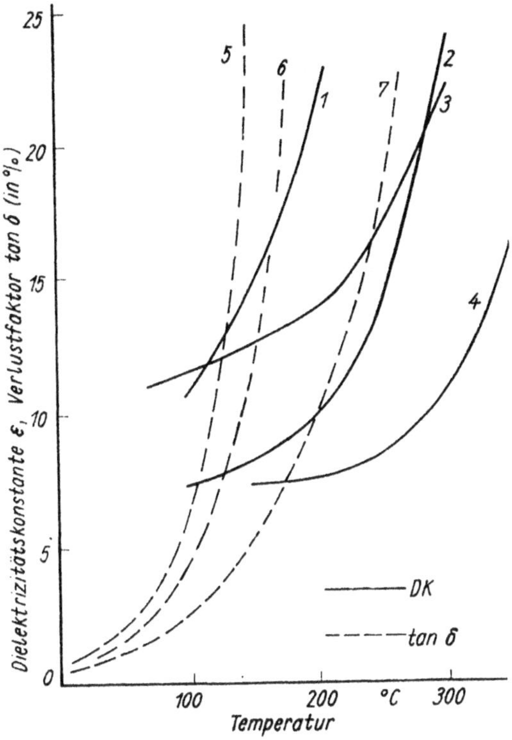

Bild 22.27. Temperaturabhängigkeit von *DK* und tan δ verschiedener Emails (nach Angaben bei *Bergeron* 1958 und Ferro-Inf.)

1, 5 Aluminiumemail
2, 6 Grundemail
3 Deckemail
4, 7 ELPOR (Ferro)

Email in der E-Technik und Elektronik ist die Temperaturabhängigkit der *DK* verschiedener Emails in Bild 22.27 dargestellt; Kennwerte enthält Tabelle 22.6.

Die dielektrischen Verluste (Verlustfaktor, tan δ) haben ihre Ursache im Energieverbrauch bei der Bewegung der Bausteine im elektrischen Wechselfeld. Daraus folgt, daß leichtbewegliche Ionen den tan δ ebenso erhöhen wie Temperatursteigerung. Die Verlustfaktoren von Emails liegen in der Größenordnung von $100 \cdot 10^{-4}$ (Tabelle 22.6).

22.8. Chemische Beständigkeit

Die chemische Beständigkeit ist eine der wesentlichen Eigenschaften der meisten Emails. Sie ist vielfach für den praktischen Gebrauch von ausschlaggebender Bedeutung. Die atomistischen Grundlagen wurden in Abschnitt 3.6. behandelt Die verschiedenen Formen der korrosiven Auswirkung werden von *Ankerst* (1967) erörtert.

Im voraus sei bemerkt, daß die im folgenden beschriebenen Ergebnisse aus den Kurzzeitprüfungen i. d. R. nur eine bedingte Aussagefähigkeit bezüglich des Langzeitverhaltens besitzen. Zu deren Beurteilung bedarf es besonderer Verfahren.

22.8.1. Säurebeständigkeit

Emaillierte Erzeugnisse sind z. T. dem Angriff von organischen oder sog. Küchensäuren (Essigsäure, Weinsäure, Zitronensäure) oder von Mineralsäuren (Salzsäure, Salpetersäure, Schwefelsäure usw.) ausgesetzt. Dabei entstehen mehr oder weniger hohe Auslaugverluste und Glanzminderungen.

Nach der prinzipiellen Darstellung des Korrosionsverhaltens in Bild 3.12 (S. 45) läßt sich die Auslaugkinetik in flüssiger Phase im wesentlichen durch eine allgemeine Wurzel-Zeit-Beziehung beschreiben:

$$\Delta m = K \sqrt{t} \qquad (22.22)$$

K Konstante.

Eine präzisierte Formel, die auch die Voraussage der Säurebeständigkeit erlaubt, wird von *Eppler* (1977) angegeben.

Die bei der Auslaugung an Alkali verarmte Schicht von mehreren µm Dicke (nach 10-jähriger Einwirkung <30 µm; *Schmidt* 1940) enthält neben SiO_2 bzw. Kieselgel noch Restalkali, Tonerde und Wasser. Dicke und Zusammensetzung sind abhängig von der Art des Emails und der Säure sowie von Temperatur und Zeit. Die Schicht führt i. d. R. zu einer Verbesserung der chemischen Beständigkeit. In Kombination mit mechanischen Beanspruchungen (z. B. schon durch starkes Rühren) geht dieser Effekt zurück (*Dietzel* 1970).

Die Korrosion durch Säure wird sehr stark von den Beanspruchungsbedingungen bestimmt. So steigt die Auslaugung z. T. mit zunehmender Säurestärke, d. h. mit fallen-

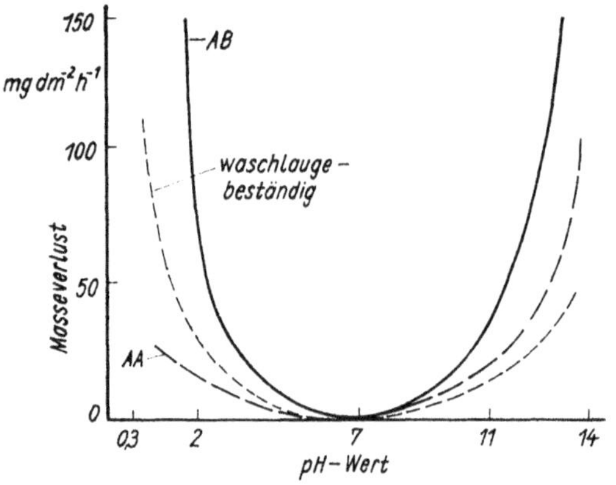

Bild 22.28. Chemische Beständigkeit verschiedener Bortitanemails vom pH-Wert der Lösung (*Kyri, Meyer* 1956)
AA, AB Säurebeständigkeitsklassen

dem pH-Wert, im allgemeinen an. Bild 22.28 zeigt diese Tendenz bei verschiedenen Emails. Nach *Eppler* (1981) und *Volkov* u. a. (1984, 1985) wird bei Boileremails der geringste Angriff bei pH 2 bis 4 festgestellt. Die organischen Säuren korrodieren Email entsprechend ihrer Dissoziationskonstante (Essigsäure < Milchsäure < Zitronensäure < Weinsäure; s. auch *Alikina, Sirotinskij* 1985) und ihrem Komplexbildungsvermögen mit den Auslaugprodukten (*Kyri, Meyer* 1961). Der Angriff heißer Mineralsäuren nimmt nicht unbedingt mit steigender Konzentration zu, vielfach existiert eine besonders wirksame Konzentration (HCl: 15 bis 20 %; H_2SO_4: 55 bis 65 %; HNO_3: 40 %; *Lorentz* 1983). Phosphorsäure wirkt ab 75 % zerstörend, bei niedrigen Konzentrationen gibt es Grenztemperaturen (95 bis 160 °C; *Petrenko* u. a. 1974; 1976; *Walters* 1983). Nach *Svetlov* u. a. (1980, 1983b) und *Volkov* u. a. (1984) steigt die Korrosion nichtlinear mit der Säurekonzentration an.

Mit steigender F^--Konzentration der Lösung nimmt die Korrosion zu, bei konstanter F^--Konzentration bis pH 8 ab (*Tso, Pask* 1982). Die Korrosion kann durch Zusatz kolloider Kieselsäure oder von Al-Ionen zur Lösung zurückgedrängt werden (*Lorentz* 1982b, 1983).

Temperaturanstieg verstärkt den Säureangriff. Im $\lg \Delta m - 1/T$-Diagramm ergibt sich meist eine Gerade (*Svetlov* u. a. 1975; *Volkov* u. a. 1984). Bild 22.29 zeigt neben dem Einfluß der Temperatur auch den der Zeit. Die Auslaugung nimmt bei Temperaturerhöhung um 15 bis 20 K etwa um den Faktor 2 (z. T. bis 10) zu. Besonders stark ist der Angriff bei ständiger Erneuerung der Flüssigkeit, großem Volumen/Oberflächen-Verhältnis, hoher Siedebewegung, oberhalb des Siedepunktes, unter Druck und in der Dampfphase (fehlende Inhibition; vgl. Bild 3.12, S. 45). Dabei ergibt sich ein etwa linearer Verlauf (*Herschelmann* 1965; *Pöschmann* 1969a, 1972a, 1973, 1975; *Vargin, Zasuchina* 1972b; *Joseph* 1978b; *Lorentz, de Clerck* 1979; *Ethridge* 1981; *Mizonov* u. a. 1982; *Lorentz* 1983). Die beschriebene Kinetik ergibt sich auch bei Wechselbeanspruchung sauer ⇔ basisch (*Mazo* u. a. 1974).

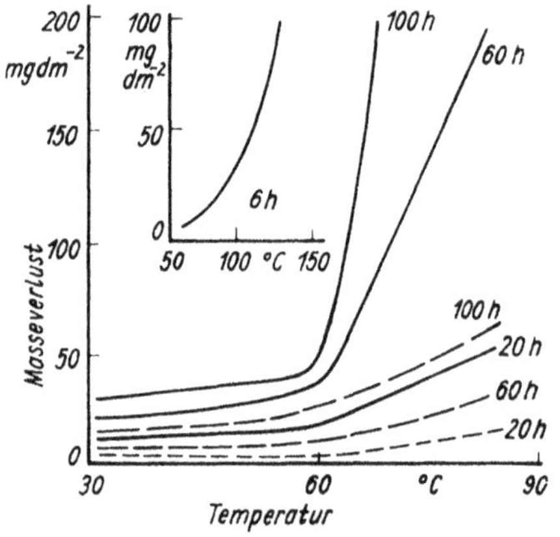

Bild 22.29. Temperatur- und Zeitabhängigkeit des chemischen Angriffs auf Bortitan (—) und Puder AA (– – –); 1 %ige Essigsäure (*Bünzen* 1964; die z. T. scharfen Knicke bei 60 °C erscheinen unreal
Zusatzdiagramm: nach *Pöschmann* (1975)

Die Säurebeständigkeit wird in starkem Maße von der Zusammensetzung des Emails (einschließlich Zusätzen beim Emaillieren) beeinflußt (s. Abschnitt 3.6. und Bild 6.6, S. 89). Die positive Wirkung von SiO_2, TiO_2, ZrO_2, Al_2O_3, B_2O_3 oder CaO ist allerdings relativ und nur im Zusammenhang mit der Gesamtzusammensetzung zu sehen. So wird in ZrO_2-TiO_2-Silicatemails die HCl-Beständigkeit bei Ersatz von SiO_2 durch

TiO_2 sowie mit steigendem ZrO_2-Zusatz herabgesetzt (*Brazgovskaja* u. a. 1982), in bleifreien Aluminiumemails dagegen verbessert (*Bulavin* 1966a). In kommerziellen Emails vermindert Eisenoxid (*Uschakow, Sorina* 1970), in Apparateemails ZnO (*Lantc* 1970), in Titanemails B_2O_3 oberhalb 6 % (*Pyzik* 1982) die Säurebeständigkeit. Bei Verwendung von BaO als Flußmittel tritt keine Verminderung der chemischen Resistenz ein (*Krajina, Bouše* 1982). Die Korrosionsbeständigkeit von Apparateemails läßt sich durch Beseitigung der Phasentrennung durch Zusatz von 3d-Elementen verbessern (*Hellmold, Zopf* 1983).
Zum chemischen Verhalten glaskristalliner Emails gibt es unterschiedliche Meinungen; teils wird von einer Verschlechterung (z. B. *Scharbach* 1965), teils von einer Verbesserung der Beständigkeit im Vergleich zum glasigen Ausgangsemail gesprochen. Nach *Patzke* (1985) unterscheiden sich glasige und glaskristalline Emails nicht. *Wargin, Mischel* (1969) konnten zeigen, daß Lithiumsilicate, Lithiumaluminiumsilicate sowie Diopsid und Cordierit kristallin etwas resistenter sind als im glasigen Zustand; die entsprechenden glaskristallinen Emails sind ebenfalls chemisch beständiger, wenn der Al_2O_3-Gehalt nicht zu hoch ist (s. auch *Rogožin* u. a. 1967; *Venzel* 1968). *Čemerko, Kovalenko* (1979) beschreiben säure- und laugenfeste glaskristalline Emaillierungen. Verbesserte Resistenz zeigen auch andere Sitall-Systeme, deutliche Effekte ergeben sich bei sitallisierten Titanemails (*Mazo* u. a. 1976). Der Säureangriff auf glaskristalline Emails soll linear mit der Zeit verlaufen (*Čemerko* u. a. 1979).
Außer Zusätzen wie SnO_2 oder ZrO_2 verbessert feindisperser Quarz <50 μm die Säurebeständigkeit (*Vargin, Rudenko* 1971; *Svetlov, Bovkun* 1981; *Svetlov* u. a. 1982, 1983a). Besondere Resistenz zeigen Kompositemails mit Al- und Si-Pulver sowie Cr_2O_3-und $ZrSiO_4$-Zusatz (*Wratil* 1980). Ton verschlechtert die chemische Beständigkeit; für hochsäurefeste Emaillierungen sind deshalb Trockenpuder zweckmäßig (*Vargin* u. a. 1971). Es ist leicht einzusehen, daß ungenügende Schmelz- und Brennbedingungen die Resistenz von Emaillierungen negativ beeinflussen.
Der Angriff der Säure erfolgt nach *Priest* (1957) bevorzugt an den Grenzflächen der aneinandergeschmolzenen Frittekörner (ähnliches Modell für Wasser- und Laugeangriff: *Hennicke, Huismann* 1982, 1985). Gasblasen und Poren beeinflussen ebenfalls das Gesamtergebnis (*Kreuter, Kraasijveld* 1967; *Zasuchina* u. a. 1970; *Hoffmann* 1976), vor allem bei Dampfeinwirkung (*Hennicke, Huismann* 1982).
Über die Kinetik der Auslaugung einzelner Emailbestandteile unterrichtete bereits Bild 3.13 (S. 46). Die prozentuale Zusammensetzung der Auslaugrückstände zweier Emails nach 4 h HCl-Einwirkung beträgt nach *Schmidt* (1940): SiO_2 2 %, Al_2O_3 8 bis 15 %, CaO 12 bis 22 %, B_2O_3 20 bis 32 %, Na_2O 25 bis 50 %.
Die Berechnung der chemischen Beständigkeit ist nach *Scholze* (1977) nur unter großen Vorbehalten möglich (Vorschläge von *Šašek, Meissnerova* 1974). Für einen groben Vergleich zwischen Emails soll sich nach *Vielhaber* (1955) das Verhältnis ΣRO_2, R_2O_3 (ohne B_2O_3) zu ΣR_2O_3, RO, B_2O_3 eignen.
Beim Angriff aggressiver Medien auf Emaillierungen tritt stets eine Glanzminderung auf (z. B. *Dekker* 1971; *Eppler* 1981). Eine eindeutige Korrelation zwischen Auslaugung und Glanzverlust scheint nicht zu bestehen (*Stuckert* 1940; *Weisenhaus* 1978). Nach *Hennicke, Huismann* (1985) ist die Glanzminderung allerdings ein empfindlicher Indikator.

22.8.2. Verhalten gegen alkalische Lösungen

Die Korrosion von Emaillierungen durch alkalische Medien erfolgt, detailliert betrachtet, im ersten Stadium linear mit der Zeit, dann nach einer parabolischen Gleichung und schließlich im Hauptteil wieder nach einer linearen Zeitbeziehung (*Currie* 1967). Im Gesamtergebnis läuft dies aber auf eine praktisch lineare Abhängigkeit hinaus, die durch die Beziehung

$$\Delta m = b\, t \qquad (22.23)$$

b Konstante

beschrieben wird. Sie ist bei Gläsern und Emails mehrfach bestätigt worden. Bild

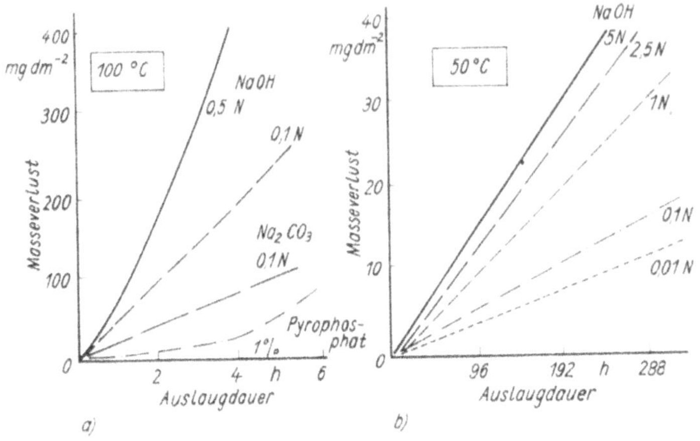

Bild 22.30. Kinetik der alkalischen Auslaugung
a) nach *Kyri, Meyer* (1956)
b) nach *Böhmer, Hennicke* (1975)

Nach *Lorentz* (1980 a) nimmt die Abtragsrate (mm a^{-1}) mit der Zeit etwas ab.

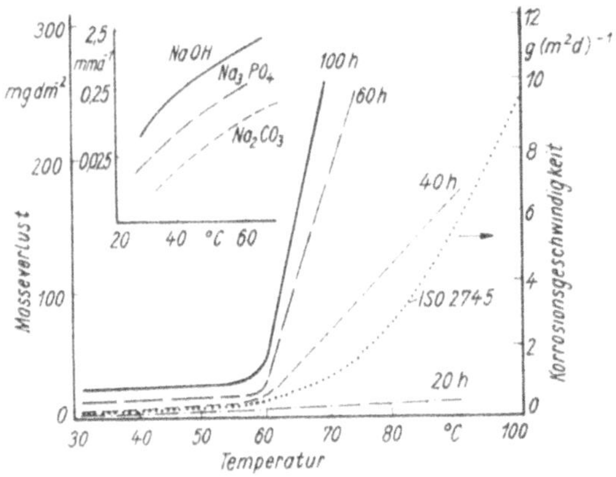

Bild 22.31. Temperaturabhängigkeit des alkalischen Angriffs (1 % NaOH) auf Titanemails (*Bünzen* 1964; s. Bemerkung zu Bild 22.29); zum Vergleich: Auslaugungskurve nach ISO 2745 (1N NaOH; 48 h); ähnliche Kurven bei *Kirkpatrick* u. a. (1957)
Zusatzdiagramm: Temperaturabhängigkeit des Abtrags in verschiedenen 1 %igen alkalischen Lösungen (*Priest* 1960)

22.30 zeigt Beispiele und zugleich den Einfluß der Laugenkonzentration. (Nach *Toler, Roberts* 1953 besteht jedoch bei den verschiedenen Medien keine eindeutige Korrelation zum pH-Wert.)

Temperatursteigerung erhöht den Laugenangriff exponentiell (Bild 22.31). Durch heiße konzentrierte Lauge wird Email völlig zerstört.

Von technischen Gläsern sind Einflüsse von Fremdionen in der Lösung auf die alkalische Heißauslaugung bekannt. So wird die Korrosion durch geringe Mengen an Ba-, Ca-, Al-, Pb- und Zn-Ionen zurückgedrängt (*Schröder* 1963). Das trifft auch auf Emails zu. Nach *Svetlov* u. a. (1981) wirken auch Na_2SiO_3 und $NaAlO_2$ ähnlich; NaCl und Na_3PO_4 erhöhen dagegen die Korrosion.

Die Laugenbeständigkeit von Emails wird durch SiO_2, TiO_2, ZrO_2, SnO_2, MgO, CaO und Al_2O_3 verbessert (*Gesche* 1958; *Cox* 1958; *Brazgovskaja* u. a. 1982), wobei vor allem $SiO_2 + ZrO_2$ in schwach alkalischer Lösung besonders wirksam sind (*Roodenburg* 1977). Negativen Einfluß sollen Fluoride und teilweise BaO haben (nach *Vargin* u. a. 1958 bemerkenswerterweise auch TiO_2). Günstig wirken ferner alle Oxidbestandteile, die beim Laugeangriff zur Bildung und Ablagerung von Hydroxiden und schwerlöslichen Silicaten führen und den weiteren Vorgang hemmen (s. z. B. *Makishima* u. a. 1983). Glaskristalline Emails verhalten sich etwas schlechter als glasige (*Patzke* 1985).

22.8.3. Wasserbeständigkeit

Nach dem in Abschnitt 3.6. dargelegten Chemismus muß die Kinetik des Wasserangriffs unter normalen Bedingungen durch die Beziehung

$$\Delta m = k_1 \sqrt{t} + k_2 t \tag{22.24}$$

k_1, k_2 Konstanten

beschrieben werden. Bei nicht erneuertem Wasser <100 °C und geringem Volumen/Oberflächen-Verhältnis (Möglichkeit der Inhibition durch SiO_2 (überwiegt das erste, bei großem Wasserüberschuß, erneuertem Wasser, Siedebewegung oder Dampfphase das zweite Glied mit kontinuierlicher, stärkerer Korrosion (z. B. *Moehring* 1972; *Pöschmann* 1975). Aqua dest. greift stärker an als Leitungswasser (*Alikina, Sirotinskij* 1984); bei Chemieemails fand *Lorentz* (1986b) allerdings gerade den umgekehrten Effekt. Bei Boileremails stellte *Eppler* (1981) die Auflösung des Emails als Haupt-Korrosionsmechanismus fest, die bis herab zu pH 4 zu beobachten war (unterhalb pH 4 dann Ionenaustausch). Messungen an verschiedenen Emails sind in Bild 22.32 dargestellt. Umfangreiche Untersuchungen an Boileremails siehe bei *Hennicke, Huismann* (1984, 1985).

Die Auslaugprodukte sind, wie schon beim Säureangriff, stark alkalihaltig. Eine Analyse im Vergleich zum Ausgangsemail enthält Tabelle 22.7.

Im Hinblick auf eine Korrelation zwischen Säure-, Lauge- und Wasserbeständigkeit gehen die Meinungen offenbar auseinander, nachdem z. B. beobachtet worden war, daß säurebeständige Emails u. U. eine geringere Wasserbeständigkeit besitzen können als nichtsäurebeständige (*Goetchius* 1942, 1946). Vor allem für die Wasserbeständigkeit von Heißwassertanks ist eine Säure- oder Laugebeständigkeit kein Kriterium (*Andrews* 1961; *Bünzen* 1968). Andererseits konnten *Moore, Harrison* (1947) beim Autoklavtest eine eindeutige Beziehung feststellen. Eine Korrelation zwischen Masse- und Glanzverlust besteht nach *Dekker* (1968) nicht bei Geschirr- und anderen Gebrauchsemails, wohl aber bei

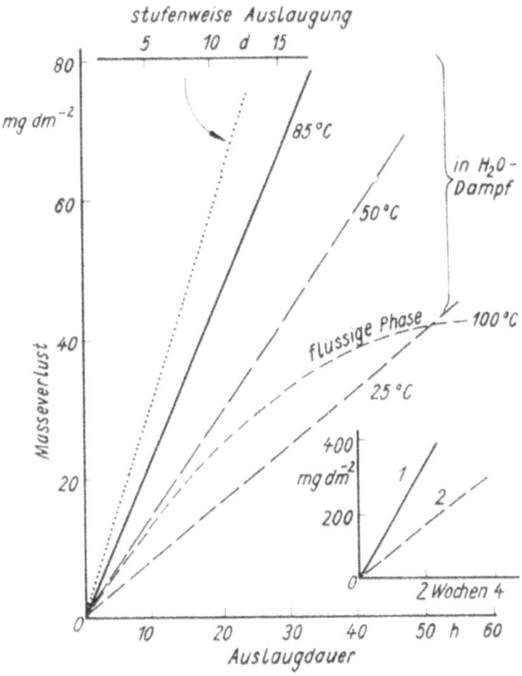

Bild 22.32. Kinetik der Wasserauslaugung von Emails in flüssiger und Dampfphase (verschiedene Probetemperaturen; *Kyri, Meyer* 1961; *Jospeh* 1978b)
Zusatzdiagramm: Kinetik der Auslaugung bei strömendem Wasser; *1* 7 l h^{-1}; *2* 2 l h^{-1} (*Bünzen* 1968)

Badewannenemails bei Einwirkung von Bädern mit verschiedenen Zusätzen.

Die Wasserbeständigkeit von Emails wird durch saure Oxide sowie MgO, CaO und ZnO, bei Phosphatemails aber auch durch SrO und BaO (*Migonadžiev* 1966) verbessert, durch viel Alkali verschlechtert. Die Wirkung von Fluorid ist i. d. R. negativ, kann unter

Tabelle 22.7. Chemische Zusammensetzung des Emails und des Rückstandes bei 4 h Wasserlaugung (*Vargin* u. a. 1958)

Komponenten	Zusammensetzung in %	
	Email	Rückstand
SiO_2	58	26,3
B_2O_3	12	4,7
Al_2O_3	5	0,4
CaO	4	0,5
$Na_2O + K_2O$	21	68,1

bestimmten Bedingungen jedoch auch positiv ausfallen (*Vargin* u. a. 1958; *Beljaev* 1968a).
Bei Boileremails war die Korrosion immer dann stärker, wenn die Oberfläche feinnarbig und blasig war; das läßt sich durch Mühlenzusätze regulieren (*Hennicke, Huismann* 1982, 1985). Quarzzusatz wirkt besonders günstig, weil er keine »weichen« Flächen zuläßt.
Eine bemerkenswerte Resistenz der invertglasähnlichen Emails beruht auf der Unlöslichkeit der beim Angriff gebildeten Schutzschicht aus Hydroxiden bzw. Oxidhydroxiden der Erdalkalien, des Aluminiums oder Zirconiums (*Dietzel* 1981). Ähnlich wirken nach *Dietzel* u. a. (1962) und *Dietzel, Oel* (1968) nichtedelgasähnliche Kationen im Email.
Von einem günstigen Einfluß einer kürzeren Schmelz- und längeren Brenndauer auf die Wasserbeständigkeit von Kochgeschirremails berichtet *Messmer* (1963).
Gegenüber wässerigen Salzlösungen verhalten sich glasige Materialien z. T. abweichend, weil hier zum Protoneneintausch noch ein Metallionenaustausch gemäß $(Me)^+_{Gl} + (Me')^+_{Lös} \rightleftharpoons (Me)^+_{Lös} + (Me')_{Gl}$ hinzutritt (*Franek, Frischat* 1983). Von technischen Gläsern ist bekannt, daß ihre Heißauslaugung durch Spuren von Cu, Zn, Sn oder Al vermindert, durch Ni erhöht werden kann und daß Alkalisalze fördernd oder hemmend wirken können (*Wiegel* 1961ff). *Eppler* (1982) hat an Boileremails festgestellt, daß gelöste Ionen Komplexe bilden, die die Aktivität des Wassers herabsetzen oder mit der Kieselgelschicht reagieren und festhaftende Filme bilden können, die den Angriff bremsen. Besonders wirksam sind Acetationen. Eine korrosionsverstärkende Wirkung von Komplexbildnern, wie Pyrophosphat oder Salzen organischer Säuren, haben jedoch *Kyri, Meyer* (1962) vermutet. Ebenso fanden *Alikina, Sirotinskij* (1984, 1985) und *Lorentz* (1986b) erhöhte Korrosion in NaCl-bzw. Na_2SO_4-Lösungen im Vergleich zu organischen Säuren bzw. entsalztem Wasser.
In der Praxis wurde eine sehr gute chemische Beständigkeit gegen salzhaltige Flüssigkeiten bei Rohrleitungen für Abwässer (*McWilliams* 1976; *Žuravlev* u. a. 1984) und Meliorationsbau (*Bidermanis* u. a. 1984; *Alikina, Sirotinskij* 1985) nachgewiesen.

22.8.4. Witterungsbeständigkeit

Emaillierte Schilder und Architekturemails müssen beständig sein gegen Witterungseinflüsse, wie Atmosphärilien (Luftfeuchtigkeit, Regen- und Kondenswasser, Lösungen, Gase, Rauche, Stäube), Sonneneinstrahlung und Temperaturwechsel (darunter Frost-Tau-Wechsel). Die größte Rolle spielen zweifellos die Atmosphärilien.
Die Einwirkung von Luftfeuchtigkeit erfolgt wie beim Wasserangriff, jedoch mit kleineren Flüssigkeitsmengen, bei niedrigerer Temperatur und langsamer. Die geringe Feuchtigkeit kann allerdings relativ rasch alkalisch und dadurch aggressiv werden. Die Reaktionsprodukte bleiben auf der Oberfläche und bilden nach dem Trocknen Beläge und Ausblühungen (*Wegner* 1962a). Der atmosphärische Einfluß ist jedoch geringer, wenn sich eine Schutzschicht bildet (*Oel, Dietzel* 1964) oder wenn das Email ständig abgespült wird. In diesem Falle findet bestenfalls Ionenaustausch unter Bildung einer (nach *Märker* 1958bff., v. a. 1961) ≈30 μm dicken Kieselgelschicht statt, die sogar zu einer gewissen Verbesserung der Beständigkeit des Emails führen kann.
Die Wetterbeständigkeit der Emails geht im allgemeinen konform mit der Säurebeständigkeit (Kurztest mit kalter Zitronensäure). Allerdings zeigen auch Al-Emails trotz z. T. Säureklasse B eine hohe Witterungsbestän-

Bild 22.33. Witterungsbeständigkeit (Restglanz in % des ursprünglichen Glanzes = 100 %) von Architekturemaillierungen verschiedener Säurebeständigkeitsklassen (*Harrison, Moore* 1949)

digkeit. Zwei- bis achtjährige Auslagerung von Schildern (*Harrison, Moore* 1949) und Architekturemails auf Stahl und Aluminium (Anon. 1953; *Farrell* 1957) bestätigen dies. In Industrieatmosphäre ist verstärkter Angriff unverkennbar. Verfärbungen treten jedoch nicht auf; nur bei nicht säurefesten Emails waren Farbausbleichungen zu beobachten. Resultate von Langzeitversuchen sind in Bild 22.33 dargestellt. Korrelationen der Witterungsbeständigkeit bestehen auch zum Verhalten in CO_2-durchströmtem Wasser (*Harrison, Moore* 1942; *Spencer-Strong, Cooper* 1947) und in sauren Gasatmosphären (*Simpson, Smith* 1961), nicht aber zum Angriff durch heißes destilliertes Wasser oder 5 %ige $Na_2P_4O_7$-Lösung (*Sweo* 1949).
Trockene Gase (SO_2, H_2S, CO_2, NH_3) greifen Email nicht an; lediglich durch Cl_2 tritt Verfärbung und Glanzminderung auf (*Märker* 1953b). Eine Bestrahlung mit UV-Licht ist praktisch ohne Einfluß (*Kerstan* 1953).
Die Verwitterung von Majolikaemails entspricht dem Verhalten invertglasähnlicher Emails bei Wasserangriff. Das Einsetzen der Verwitterung erkennt man am Auftreten eines weißen Belages. Als Grenzwert für die

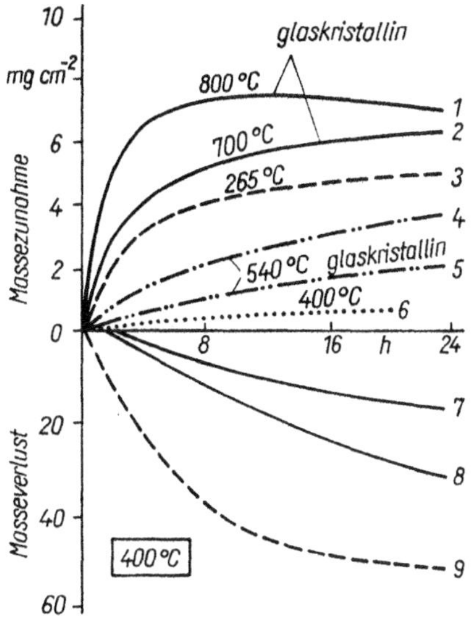

Bild 22.34. Verhalten von glasigen und glaskristallinen Emaillierungen in Salzschmelzen
1, 2 NaCl—KCl (*Mišel, Venzel* 1977)
3 NaCl—$ZnCl_2$ (*Uschakow* u. a. 1979)
4, 5 $ZnCl_2$ (*Venzel* u. a. 1975)
6 KCl—$ZnCl_2$ (*Uschakow* u. a. 1979)
7, 8 NaCl—$AlCl_3$
9 LiCl—$AlCl_3$ (*Uschakow* u. a. 1979)

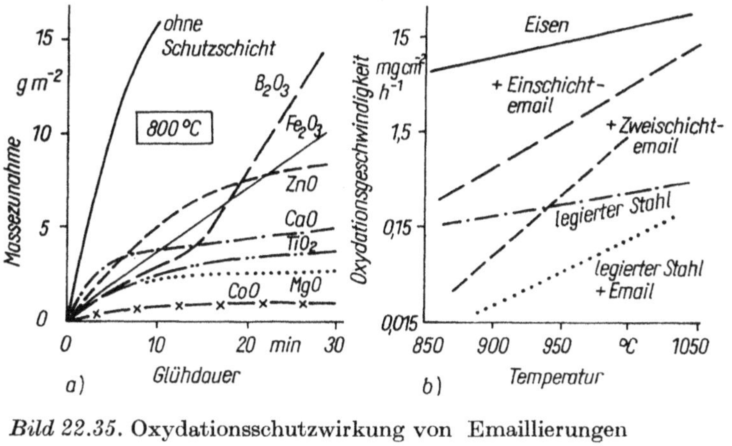

Bild 22.35. Oxydationsschutzwirkung von Emaillierungen
a) Einfluß verschiedener glasiger Schichten der Zusammensetzung $16\,Na_2O \cdot 20\,Me_mO_n \cdot 64\,SiO_2$ (*Popov*, nach *Appen* 1976); Kurvenparameter: Me_mO_n
b) Temperaturabhängigkeit der Oxydationsgeschwindigkeit von emailliertem und nichtemailliertem Stahl (*Lefort, Friedberg* 1958)

Vermeidung dieses Belages wird eine Abgabe von ≤ 100 mg dm^{-2} Na_2O angesehen (*Dietzel* u. a. 1957).

22.8.5. Verhalten gegenüber sonstigen aggressiven Einwirkungen

Bei der Einwirkung von geschmolzenen Salzen und Salzgemischen (z. B. NaCl—$ZnCl_2$, KCl—$ZnCl_2$, NaCl—$AlCl_3$) auf Emails finden z. T. Ionenaustauschvorgänge statt, die zur Massezunahme führen; in bestimmten Systemen sind jedoch auch Masseverluste festzustellen (Bild 22.34). Die Prozesse werden durch die Temperatur und die Emailzusammensetzung kontrolliert. Zweiwertige Ionen (außer Zn^{2+}) blockieren die Vorgänge. Ähnliches Verhalten findet man bei glaskristallinen Emails, die z. T. günstiger sind als glasige.

Emails bieten bekanntermaßen einen hervorragenden Oxydationsschutz bei hohen Temperaturen. Bild 22.35 zeigt die Oxydationsgeschwindigkeit reiner und emaillierter Metalle (s. z. B auch King 1971). Spezielle Anwendungseigenschaften von Hochtemperaturemaillierungen werden in Kapitel 24 behandelt.

23

Untersuchung und Prüfung von Emails, Emaillierungen und Metall/Email-Systemen

Die Untersuchung und Prüfung der Emails und Emaillierungen dient der Messung von Eigenschaften, der Ermittlung von Kennwerten und der Charakterisierung des Kompositwerkstoffs; vor allem aber dient sie der Kontrolle und Qualitätssicherung. Die Untersuchungsmethoden umfassen einen sehr breiten Kreis von Eigenschaften und Erscheinungen; sie werden je nach ihrer technisch-wissenschaftlichen Bedeutung mehr oder weniger häufig eingesetzt. Die Prüfverfahren betreffen die technisch-ökonomisch wichtigsten Eigenschaften und Kenndaten; sie sind i. d. R. standardisiert. Kriterien zur Aufstellung von Prüfvorschriften diskutiert *Weisenhaus* (1983).

Die zahlreichen Methoden und Verfahren können hier nicht im einzelnen anwendungsreif beschrieben werden. Sie werden nur übersichtsmäßig und in ihren Grundzügen dargestellt. Für die konkrete Anwendung und Details müssen im einzelnen Fachliteratur und Standards (DDR: TGL; UdSSR: GOST; BRD: DIN; USA: ASTM; darüber hinaus ISO-Standards) herangezogen werden. Eine Zusammenstellung der DIN und DIN ISO findet sich in den Mitt. VDEfa 33 (1985), S. 122, der ASTM-Standards bei *Moss* (1985). Eine Zusammenfassung von Prüfmethoden bietet der »Emailreporter« (1961) sowie das Handbuch der Mikroskopie in der Technik (*Freund* u. a. 1964).

23.1. Untersuchung und Prüfung des Emails

Die zu prüfenden Eigenschaften beziehen sich auf den isolierten Emailkörper, wie er als Probe, z. B. aus Granalien oder anderweitigen Emailschmelzprodukten, hergestellt wird.

23.1.1. Chemische Analyse

Die Bestimmung der chemischen Zusammensetzung erfolgt im wesentlichen nach allgemein üblichen Analysemethoden (s. Abschnitt 7.7.2.). Weitere naßchemische Verfahren werden für die Schnellbestimmung von SiO_2 im Email nach der Gelatinemethode (*Wenzel*, *Winkler* 1977), für die Mikroanalyse von SiO_2 und anderen Oxiden (*Geilmann*, *Tölg* 1960/62), für SiO_2 in Gegenwart von F und B_2O_3 (*Gebhardt*, *Kimmel* 1963), für Fluor durch potentiometrische Titration (*Kolmakova* u. a. 1981), für B_2O_3 durch Atomabsorption (*Andrew* 1976) mitgeteilt. Daneben wird die Anwendung von Spektroskopie mittels Gitterspektrographen beschrieben (*Spindler* 1960; *Otmachov*, *Romanov* 1985).

23.1.2. Messung physikalisch-mechanischer Eigenschaften

Dichtebestimmung
Die Dichte des Emails wird schnell und genau mit der Pyknometer- oder Auftriebmethode bestimmt; in der Glasindustrie hat sich die Schwebemethode eingeführt. Die Dichtemessung von Glas ist in TGL RGW 2054 (DIN 51057) standardisiert.

Messung elastischer Kennwerte
Die Messung der elastischen Kennwerte erfolgt nach den bekannten Verfahren der physikalischen Meßtechnik, wie z. B. die statische Methode der Stabverlängerung, -verkürzung oder -durchbiegung (TGL 20427) und die dynamische Methode mit Hilfe von Ultraschall; spezielle Messungen an Emails siehe bei *Pöschmann* (1966); *Effenberg, Pöschmann* (1967), an Glas bei höheren Temperaturen bei *Spinner* (1956). Die Bruchdehnung kann nach *Meyer* (1954) an Emailfäden in einer einfachen Vorrichtung mit Zug durch Mikrometerschraube gemessen werden.

Festigkeitsmessung
Von den Festigkeiten sind hauptsächlich die Zug- und Biegefestigkeit von Bedeutung. Ihrer Ermittlung liegen die aus der Materialprüfung hinreichend bekannten Methoden zugrunde, die z. B. von *Dekker* (1959) und *Pöschmann* (1966) auf Emails übertragen wurden (s. auch TGL 20469, 20470).

Härtebestimmung
Für die Bestimmung der Härte kommt nur die Mikroeindruckhärteprüfung in Betracht. Sie wird mit der *Vickers*-Diamantpyramide oder dem *Knoop*-Eindruckkörper durchgeführt und aus der Last und der Größe der Eindrücke ermittelt (Methodisches bei *Bückle* 1964; neuere Übersicht bei *Wagner* 1981).

23.1.3. Messung thermomechanischer Eigenschaften

Ausdehnungsmessung
Die Bestimmung der Wärmeausdehnung eines Emails erfolgt im allgemeinen an Probestäben bis 400 °C mit handelsüblichen Dilatometern nach TGL RGW 1570. Als schnelle Vergleichsmethode eignet sich die Doppelfadenmethode (TGL 22919), bei der das zu prüfende Email mit einem Standardemail parallel, d. h. aufeinander, verschmolzen wird. Bei Ausdehnungsunterschieden zeigen sich Durchbiegungen, aus denen $\Delta\alpha$ berechnet werden kann (*Meyer* 1959; *Strobel* 1961; *Pöschmann* 1971 a). Bei Verschmelzung von Plättchen ergibt sich Spannungsdoppelbrechung, die ebenfalls die Berechnung von $\Delta\alpha$ erlaubt (*van Buren* 1955).

Viskositätsmessung
Absolute Zähigkeitswerte sind nur mit Hilfe von Viskosimetern zu erhalten. Rotationsviskosimeter (Bild 23.1 a) erfassen bereits einen relativ breiten Bereich von 10 bis 10^5 Pa s (*Clemens* 1961; *Eppler, Smiser* 1968; DIN 52312 T1, T2). Ähnlich einsetzbar ist das einfache Kugelziehviskosimeter nach *Endell* u. a. (*Heimsoeth, Meyer* 1951) (Bild 23.1 b). Für Zähigkeiten von 10^4 bis 10^{12} Pa s sind Eindruckviskosimeter (*Slavjanskij* u. a. 1962; *Gott, Hillmann* 1966), Kompressionsviskosimeter (*Krause* 1960; *Fontana* 1970) oder Fadenziehviskosimeter (*Bünzen* 1963; *Rapp, Babcock* 1967; DIN E 52312 T3) geeignet. Die Einsinkmethode nach *Dietzel, Brückner* kann zur Zähigkeitsbestimmung im Einbrennbereich (10^2 bis $10^{3,5}$ Pa s) herangezogen werden (*Merker* 1962 b).
Zur Berechnung der vollständigen Viskositätskurve (s. Abschnitt 3.3.2.) werden die drei Fixpunkte T_g (dilatometrisch nach TGL RGW 1571 und DIN 52324), T_{Erw} (aus der Fadenverlängerung nach TGL 28460) und $T_{Einsink}$ (Einsinken eines Pt-Stabes in die Schmelze) herangezogen.

Prüfung des Erweichungs- und Fließverhaltens
Abgesehen von der Ablesung der Erweichung aus der Dilatometerkurve bzw. aus der *Steger*-Kurve läßt sich der Erweichungsbeginn am einfachsten im Erhitzungsmikroskop verfolgen (TGL 18882). Ähnliche Aussagen liefert das Erhitzen von Prüfkörpern im Gradientofen.
Anstelle von Viskositätsmessungen können vereinfachte Fließ- und Ablaufmessungen geschmolzener Emailproben durchgeführt werden. Gemesssen werden Fließlängen von Tabletten, die zunächst auf waagerechten Unterlagen aufgeschmolzen und dann durch Kippen dieser Unterlagen um 45 oder 90° zum Flie-

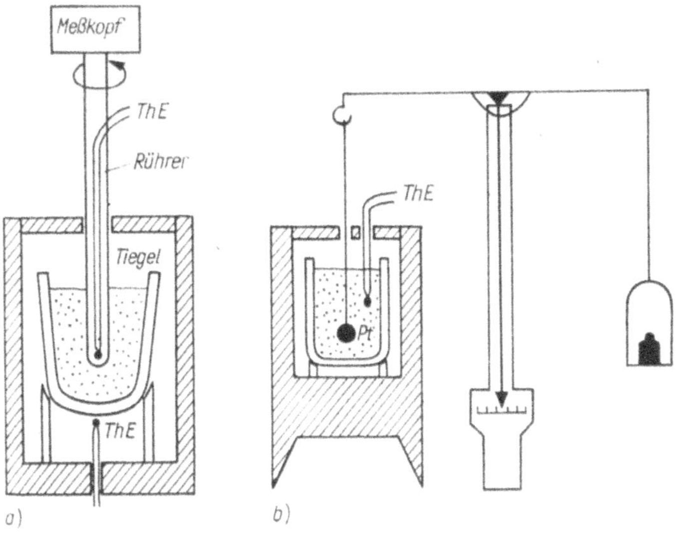

Bild 23.1. Viskosimeter (schematisch)
a) Rotationsviskosimeter
b) Kugelziehviskosimeter

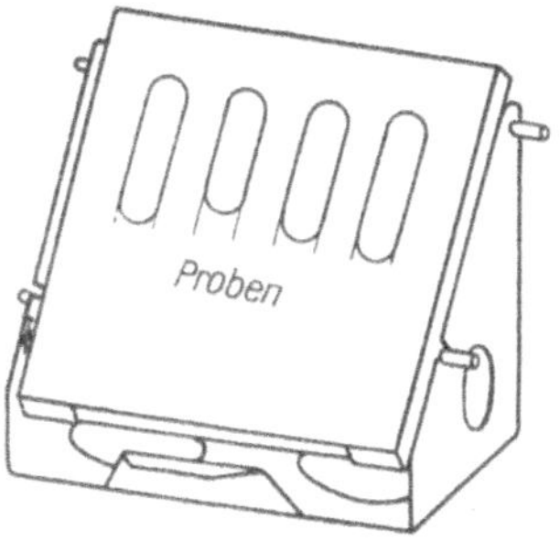

Bild 23.2. Gerät zur Bestimmung der Fließlänge nach ISO 4534

ßen gebracht werden (*Button*-Zylinder-Test; *Dekker* 1962; vergleichsweise TGL 18880; DIN 51161; ISO 4534; Bild 23.2). Die Prüfung ist auch im Gradientofen durchführbar (*Hoens* 1963). Aus den Fließwerten können Temperatur-Viskositäts-Kurven berechnet werden (*Dekker* 1965a).

Messung von Oberflächenspannung und Benetzungsfähigkeit
Die direkte Messung der Oberflächenspannung (Kapillarsteighöhen-, Blasendruck- und Zylindereintauchmethode) ist experimentell nicht einfach. Nach *Dietzel* (1949), *Bünzen* (1963) und *Cox, Farr* (1965) läßt sich die Oberflächenspannung mit der Fadenmethode (Abreißen von Tropfen und deren Wägung) ermitteln (s. Emailreporter 1961).

Die Benetzungsfähigkeit des Emails wird durch den Randwinkel Θ eines schmelzenden Tropfens auf einer Unterlage (vgl. Bild 5.1, S. 59), entsprechend dem zu emaillierenden Metall, charakterisiert. Meßmöglichkeit besteht im Erhitzungsmikroskop (TGL 18882; zu wichtigen Einflußfaktoren s. *Oel* 1961). Das Benetzungsverhalten ergibt sich auch aus der benetzten Fläche beim Aufschmelzen eines Zylinders im Gradientofen (*Hoens* 1963).

23.1.4. Messung thermischer Eigenschaften

Messung der spezifischen Wärme
Die spezifische Wärmekapazität wird mittels Mischungskalorimetrie, wie in der Physik üblich, bestimmt (s. auch TGL 20475).

Messung der Wärmeleitfähigkeit
Das übliche Ein- oder Zweiplattenverfahren erfordert Probeplatten entsprechender Größe, die einseitig beheizt werden und bei denen aus der Temperaturdifferenz zwischen beiden Oberflächen die Wärmeleitfähigkeit berechnet werden kann (TGL 20476). Einfacher erscheint die Schnellbestimmung über die Messung der Temperaturleitfähigkeit nach dem bei *Haase* (1958) beschriebenen Verfahren von *Pyk, Ståhlhane*. *Dawihl* (1935) ermittelte die Wärmeleitfähigkeit an einem einseitig emaillierten, mit Öl gefüllten Becher.

23.1.5. Messung elektrischer Kennwerte

Messung des elektrischen Widerstands und der Durchschlagspannung

Der elektrische Widerstand von Gläsern wird nach den allgemeinen physikalischen Methoden an stab- oder scheibenförmigen Proben mit Gleich- oder Wechselstrom bestimmt. Dabei ist zu beachten, daß der (Durchgangs-) Widerstand mit steigender Frequenz sinkt. Eine Anordnung zur Prüfung von Email (allerdings in Kombination mit Metall) beschreibt *Glaser* (1951).

Die Durchschlagspannung U_D wird allgemein an Prüfkörpern mit einer kalottenartigen Vertiefung, die wie die Rückseite der Probe mit einem leitenden Belag versehen ist, gemessen. *Glaser* (1951) bestimmte U_D mit der vorgenannten Anordnung durch Steigerung der Spannung bis zum Durchschlag.

Bestimmung der Dielektrizitätskonstanten

Die Bestimmung der *DK* erfolgt nach den in der Physik üblichen Methoden über Kapazitätsmessungen an einem Kondensator mit dem Prüfmaterial als Dielektrikum; emailspezifische Meßmethodik siehe bei *Bergeron* (1958).

23.2. Prüfung der Emaillierung und des Metall/Email-Systems

Je nach Gebrauchseigenschaft und Verhalten eines emaillierten Gegenstands muß sich die Prüfung auf die Emaillierung oder auf das Gesamtsystem Metall/Email erstrecken. Sofern dazu nicht Fertigerzeugnisse herangezogen werden, sind Prüfmuster nach TGL 34692/02, ISO 2723 und 2724, für Al-Emaillierungen nach DIN 51572 herzustellen.

23.2.1. Allgemeine Prüfung der Emailschicht

Messung der Schichtdicke

Die Schichtdicke des Emails kann mikroskopisch am Querschliff (TGL 18780/04), am besten aber zerstörungsfrei nach kapazitiven, magnetischen oder magnetisch-induktiven Methoden kommerzieller Meßgeräte (Elecometer, Leptoskop, Ultrameter, Monimeter, Permascope, Smaltometer) gemessen werden (TGL 18780/06; DIN 51168); auch β-Strahlen-Rückstreuung ist möglich. Die Verfahren werden bei *Nitzsche* (1975) und *Knauschner* u. a. (1983) ausführlich behandelt (z. T. auch DIN 50985; 50981). Die Anwendung derartiger Geräte auf Emailschichten wird u. a. von *Märker* (1951); *Vielhaber* (1958) und *Kyri* (1974) im einzelnen beschrieben. Die Fehlergrenze der Messung beträgt $\pm 5\,\%$. Zur Bestimmung der Schichtdicke von Email auf Aluminium ist das Wirbelstromverfahren (TGL 18780/06) anzuwenden.

Gefügeuntersuchungen

Für die Untersuchung des Gefüges von Schichten steht eine Viehlzahl von Methoden zur Verfügung. Ohne erheblichen apparativen Aufwand läßt sich der grobe Gefügeaufbau im Schliff auflichtmikroskopisch erfassen. Die vollständige keramographische Analyse zur Beschreibung des Gefüges von Emailschichten behandelt *Schwarz* (1983); *Schwarz, Münster* (1986).

Diffizilere Methoden, besonders auch für wissenschaftliche Untersuchungen, sind die Röntgenspektrometrie zur qualitativen und quantitativen mineralogischen Phasendiagnostik (Anwendung auf Emails z. B. be- *Cowan* 1956; *Tkalcec, Bezjak* 1978), die Elektronen- und Rasterelektronenmikroskopie (REM) und die Elektronenmikrosonde (ESMA) (Anwendung auf Emails z. B. bei *Hoffmann* 1967a; *Hoffmann, Leontaritis* 1975; *Richard, Demard* 1975).

Für die Analyse der Elemente und der Elementverteilung in der Schicht sind auch die modernsten spektroskopischen Methoden, wie *Auger*-Spektroskopie (AES, SAM; *Clark* u. a. 1975), Elektronenspektroskopie (ESCA) und Sekundärionen-Massenspektroskopie (SIMS) geeignet (Zusammenstellung bei *Nitzsche* 1975; *Frommeyer, Sölter* 1979, 1980). Die massenspektroskopische Analyse von feinen Blasen im Glas beschreibt *Goldmann* (1984).

Prüfung der Oberfläche

Für die Prüfung der Rauhigkeit von Emailoberflächen sind die in Abschnitt 10.6.2. (Metallprüfung) genannten Verfahren anwendbar. Zur Beschreibung des Oberflächenzustandes sind ferner mit Hilfe des Lasers arbeitende Methoden (optische Profilometer, holographische Interferometrie, Lichtstreuung usw.; *Abou-Ali* 1977) einsatzbar. Über Methoden zur Prüfung von Mattemails berichtet *Joseph* (1983).

Die Welligkeit der Emaillierung und entsprechende Profilogramme lassen sich nach *Dietzel* (1963b) mit einer einfachen Abtastvorrichtung, nach *Meyer* (1963a) durch Abtasten mit einer Meßuhr ermitteln; Welligkeiten im µm-Bereich werden dabei allerdings nicht erfaßt. Die Prüfung ist aussagefähiger als die in den USA entwickelten Abdruckverfahren. Bei Badewannen prüft *Märker* (1957) die Welligkeit durch Messung der Abweichung des Spiegelbildes eines Drahtes über dem Email von der Geraden.

Riß- und Porenprüfung

Poren, die bis zum Grundmetall hindurchgehen, werden entweder mit chemischen Methoden (Imprägnierung mit Substanzen, die sich bei Reaktion mit dem Metall verfärben) oder mit elektrischen Verfahren erkannt, die auf Erhöhung der Leitfähigkeit oder Farbumschlag von Phenolphthalein bei Bestreichen des negativ gepolten Substrats mit einer elektrolythaltigen Sonde beruhen. Diese Kleinspannungsprüfung ist z. B. in DIN 51169 standardisiert. Nach *Ladeburg* (1980) läßt sich die Lage einer Pore auch auditiv durch Signal beim Überfahren der Emaillierung feststellen. Bei Apparateemaillierungen ist die Hochspannungsprüfung (>12 kV nach TGL 38953 bzw. 2 kV Gleichspannung nach DIN ISO 2746) vorgeschrieben (s. auch *Baker* 1970). Von *Halen* (1956) wird eine Durchschlagprüfung angegeben, bei der die mit Papier bedeckte Oberfläche an der porigen Stelle durch einen Funken durchgeschlagen wird; dabei erhält man gleichzeitig ein Verteilungsbild.

Poren und besonders Risse werden sichtbar durch elektrisch aufgeladenes Pulver (z. B. $CaCO_3$), das entweder im geladenen Zustand auf die Emaillierung aufgeblasen (Statiflux-Methode; *Petersen, Jones* 1948; *Staats* 1952) oder aufgestreut und anschließend aufgeladen wird (Bild 23.3). Es können allerdings auch Defekte angezeigt werden, die nicht bis zum Metall durchgehen.

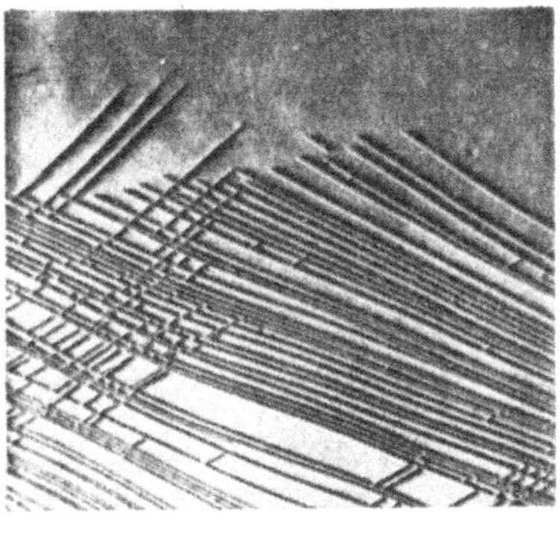

Bild 23.3. Durch Statiflux-Prüfung sichtbar gemachte Risse (*Staats* 1952)

23.2.2. Prüfung mechanischer Eigenschaften

Prüfung des Biege- und Torsionsverhaltens

Für die Biegeprüfung lassen sich einfache Biegevorrichtungen heranziehen (z. B. Faltversuch, Bild 10.17; *Rodman, Schollenberger* 1954). Der Biegebruchradius wird durch Biegung der emaillierten Probe über Kreisbögen mit unterschiedlichem Durchmesser, nach *Clemens* (1970) besser noch über einen Kurvenbogen mit kontinuierlich ineinander übergehenden Radien bestimmt.

Das Torsionsverhalten wird in einem Torsionsgerät an emaillierten Winkeleisenproben ermittelt (s. z. B. Emailreporter 1961). Bild 23.4 zeigt das Prinzip des Geräts. Das Verfahren ist in den USA standardisiert.

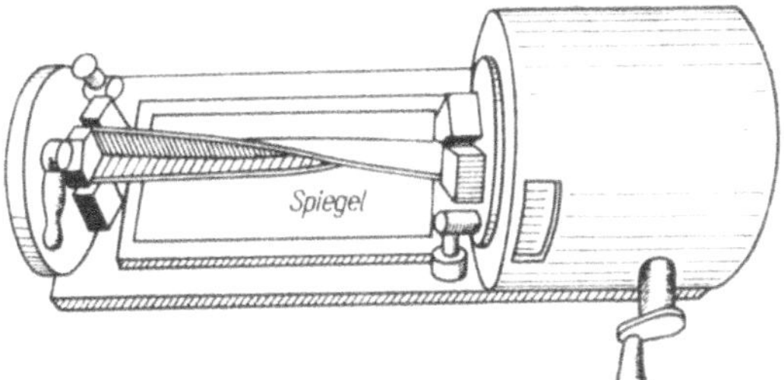

Bild 23.4. Torsionsprüfgerät (System Westinghouse)

Schlagfestigkeitsprüfung

Zur Prüfung der Schlagfestigkeit stehen Verfahren, wie Pendelschlag- und Fallhammer-

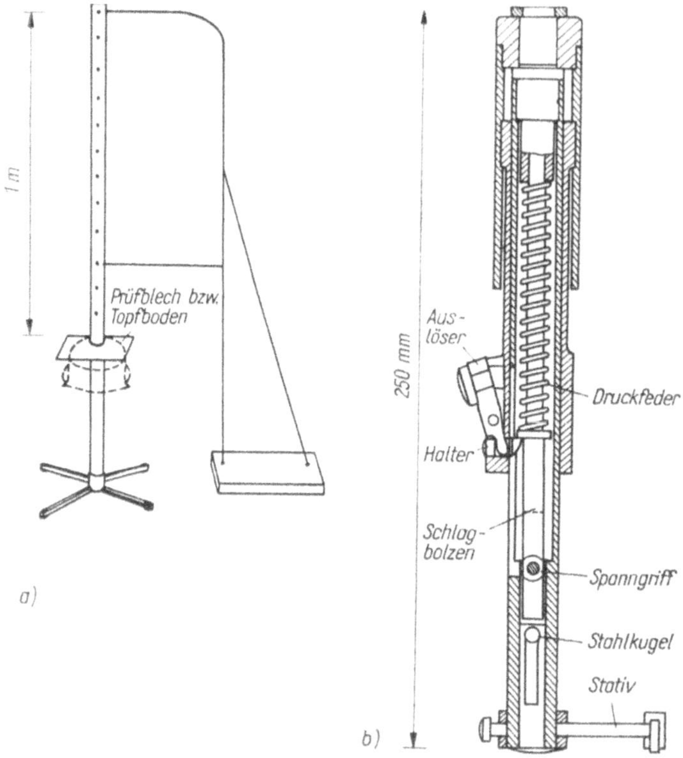

Bild 23.5. Schlagprüfgerät
a) nach *Engelhardt, Märker* (1952)
b) Schlagpistole nach *Wegner* (DIN 51155)

probe, Kugelfallversuch und Schlagbolzenprüfung zur Verfügung. Eingeführt haben sich vor allem das Fallprüfgerät nach *Engelhardt, Märker* mit verstellbarer Fallhöhe und hohler Auflage (Bild 23.5a; TGL 7797/06) und die handliche Schlagpistole mit Schlagbolzen nach *Wegner* (Bild 23.5b), bei der die Schlagarbeit durch eine gespannte Feder geleistet wird (DIN 51155). Die Prüfung ist mehrmals zu wiederholen, die Abstände der Aufschlagstellen müssen mindestens 20 bis 40 mm voneinander entfernt sein.

Bestimmt wird die maximale Schlagarbeit, bei der das Email noch nicht abplatzt bzw. die ersten sichtbaren Beschädigungen zeigt bzw. gerade abzuplatzen beginnt. Die Festlegung der Schlagwirkung ist etwas subjektiv. *Koleva* u. a. (1975) messen daher nach Aufsetzen eines Hohlzylinders mit NaCl-Lösung den Stromfluß über die freigelegte Fläche als Maß für die beschädigte Stelle.

Systematische Untersuchungen über den Schlagprüfvorgang und Vergleich mit Prüfgerätdimensionen stammen von *Brückner, Haas* (1972). Eine mathematische Beschreibung der Schlagwirkung durch eine komplizierte Formel versuchen *Gorbatenko, Kričevskij* (1976); neueste Angaben zur Schlagprüfung siehe bei *Kösters* u. a. (1985).

Prüfung der Haftfestigkeit

Die Haftfestigkeit wird oft aus der Adhäsionsarbeit nach der Gleichung von *Young, Dupré* (Abschnitt 5.2.) abgeleitet (s. z. B. *Weiss* 1956; *O'Brien, Ryge* 1964). Gl. (5.2) gibt aber nicht in jedem Fall die Emailhaftung richtig wieder (*Still* 1958). Zwar ist die Haftfestigkeit im allgemeinen groß, wenn der Randwinkel klein und die Grenzflächenenergie der Partner möglichst niedrig ist, aber die Adhäsionsarbeit allein ist als Maß für die Haftfestigkeit ungeeignet (*Brockmann* 1972). Nach *Wahl* (1976) ist die Haftfestigkeit u. a. lediglich proportional $\sqrt{W_{Ad}}$.

In der Emailpraxis wird die Haftfestigkeit häufig durch die Biege-, Schlag- oder Tor-

sionsfestigkeit qualitativ und relativ beurteilt (ein neues Fallprüfgerät s. bei *Kösters* u. a. 1985). Allerdings kommt man zu falschen Schlüssen, wenn das Email unter hohen Druckspannungen steht (*Dietzel, Wegner* 1949).
Ein relatives Verfahren stellt das Standardverfahren dar (s. auch TGL 34692/12), bei dem das Email durch eine von der Blechdicke abhängige Tiefung zum Abplatzen gebracht wird. Die Eindrucktiefe (in mm) muß betragen:

bei 0,4 bis 0,8 mm Dicke	4,5
bei 0,8 bis 1,1 mm Dicke	4,0
bei 1,1 bis 1,4 mm Dicke	3,5
bei 1,7 bis 2,1 mm Dicke	2,3.

Die freigelegte metallische Fläche wird mit einem Nadelgerät (System elastisch gelagerter Nadeln, Bild 23.6) abgetastet und elektrisch ausgemessen. Einer Meßzahl Null entspricht ein Haftindex von 100 %. Das Verfahren ist auch auf Hochtemperatur-

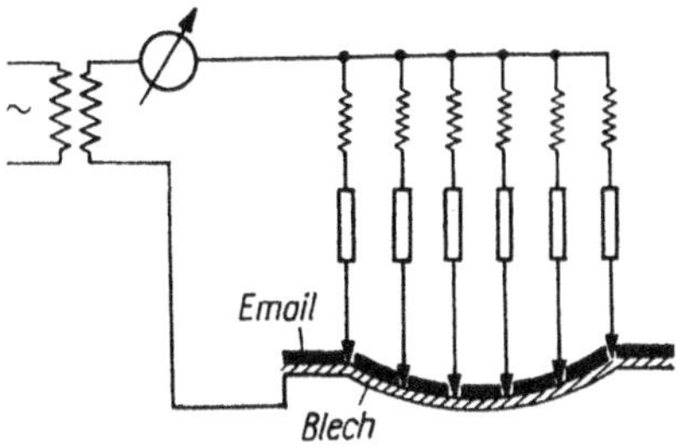

Bild 23.6. Prinzip des elektrischen Nadelgeräts (PEI Adherence Meter)

emaillierungen auf legiertem Stahl anwendbar (*Warren* 1954). Eine ähnliche Methode, bei der Tiefung und elektrische Messung (Stromdurchgang durch eine berührende NaCl-Lösung) kombiniert sind, beschreiben *Žukova* u. a. (1961).
Die photometrische Auswertung des Weißgrades der vom Email durch Schlag oder Biegen (*Stuckert* 1944) bzw. alkalisches Entemaillieren (*Dietzel, Wegner* u. a. 1949, 1954b) befreiten Blechoberfläche wird zur Bewertung der Haftfestigkeit herangezogen. Die Haftzahl H wird ausgedrückt durch $H = 60 - W$. Eine direkte Messung der Haftkraft durch Auseinanderreißen von an der Stirnfläche aneinanderemaillierten Rundstäben gibt *Märker* (1953d). an. Das Verfahren wurde von *Hauttmann* (1957, 1963) an Doppel-T-Proben aus Gußeisen erprobt und von *Schulze, Hennicke* (1974) auf emaillierte Aluminiumlegierungen angewendet. Die Methode ist nur erfolgreich, wenn $\sigma_{Haft} < \sigma_{zB}$ des Emails ist.
Als Maß für die Haftfestigkeit soll nach *Becher* u. a. (1978) der K_{Ic}-Wert (s. Abschnitt 22.3.3.1.), nach *Groll* u. a. (1983) auch der mittlere Rißwiderstand $\bar{R}$ ($=2\gamma_F$; γ_F = spezifische Brucharbeit) gelten.
Die Haftfestigkeit von Aluminiumemails läßt sich indirekt durch 20-, 24- oder 96stündige Lagerung in 5 %iger NH_4Cl- oder 1 bzw. 2 %iger $SbCl_3$-Lösung (pH 1) und durch die dabei an den durch Feilen freigelegten Blechkanten auftretende Grenzflächenkorrosion abschätzen (*Rion, Miller* 1965; *Hauck, Lommel* 1974; *Schulze, Hennicke* 1974; DIN 51172, 51173). Geeignet ist auch der Test mit NaCl-haltigem Sprühnebel (pH 6,5 bis 7,2; 35 °C; Dauer zwischen 4 und 720 h) nach TGL 18754/03 (*Kesternich*-Test) oder eine mindestens zweijährige Freibewitterung (*Großkopf* 1979).

Prüfung von Härte und Abrieb

Zur Härteprüfung an Emaillierungen muß – in Ergänzung zu den Ausführungen in Abschnitt 23.1.2. – betont werden, daß bei der aufgeschmolzenen Emailschicht andere Bedingungen vorliegen als am Emailprüfling. Die Emaillierung steht i. d. R. unter Druckspannungen; das macht sich in höheren Mikrohärtewerten bemerkbar (*Petzold, Wagner* 1972; *Kranich, Scholze* 1976). Andererseits können Entmischungen auftreten, die die Härte herabsetzen (*Götz* 1961); darüber hinaus beeinflussen auch Mühlenzusätze und Kristallisationen die Härte. Eine Härteprüfung ist damit eigentlich nur an Emaillierungen sinnvoll.
Das Abriebverhalten kann durch trockenes Berieseln, Schleudern oder Abstrahlen mit Sand oder anderen harten Körnungen ermittelt werden; dazu gibt es Hinweise von *Diezel, Buck* (1965); s. auch TGL 18881. Trockene Reibung mit Hilfe von Korundpulver bzw. Schmirgelrollen wird beim Taber Abraser zur

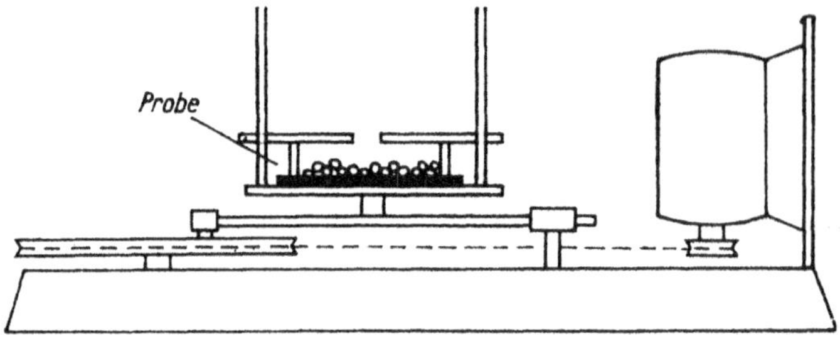

Bild 23.7. PEI-Abrieb-Tester

Bestimmung der Abriebfestigkeit genutzt. Wegen der zu kräftigen Wirkung wird seine Anwendung kritisch beurteilt (*Kyri* 1974). In der DDR wird jedoch bei Apparateemails ähnlich verfahren (Handbuch emaillierter Behälter und Apparate, VEB EHW Thale 1981): Schmirgeln mit Korundpulver (150 bis 200 μm) zwischen einer emaillierten Probe und einem Kieselglasplättchen und Bewertung der Verschleißfestigkeit durch das Abriebverhältnis Glas:Email. Ein trockenes Scheuerverfahren ist in der ČSSR standardisiert.

Nasse Verfahren beruhen auf Reibung und Schütteln eines Gemisches von Schleifmitteln (i. d. R. Korund), Stahlkugeln und Wasser auf der emaillierten Probe (z. B. PEI-Abrasion-Tester nach ASTM C 448-59 T und DIN 51152; Bild 23.7). Außer exzentrischen Kreisbewegungen wie beim PEI-Gerät sind auch Hin- und Herbewegungen (*Niklewski* u. a. 1961) oder Bewegungen in einer Trommel (*Beljaev, Ponomarčuk* 1964) möglich. Der Oberflächenabrieb wird durch Sand, der Tiefenverschleiß durch Korund herbeigeführt.

Die quantitative Ermittlung des Abriebs erfolgt bei Oberflächenverschleiß interferenzmikroskopisch (*Hoffmann* 1964), über den Glanzverlust (*Giles, Richmond* 1957; *Dekker* 1973a) oder durch Aufnahme der Streuindikatrix in normalem und polarisiertem Licht (*Doerbecker, Oel* 1968). Der Tiefenverschleiß wird durch den Masseverlust oder die Rauhigkeit nach den üblichen Verfahren bestimmt.

Eine Übersicht und Wertung der Verschleißprüfmethoden findet sich bei *Hennicke* u. a. (1966); *Hennicke, Sarlak* (1973) und *Dekker* (1973a, 1980).

Spannungsmessung

Spannungen lassen sich nur auf indirektem Wege ermitteln, wie z. B. aus der Biegung oder Auslenkung einer einseitig emaillierten Probe. Beim *Warp*-Test (Prinzip, Bild 23.8a; *Bryant, Ammon* 1948) wird die Wölbung (oder Durchbiegung) gemessen und daraus die Spannung berechnet (*Walton* 1954). Es ist auch möglich, die Wölbung durch Lastauflage bis zur Horizontalen auszugleichen und diese Last zur Grundlage

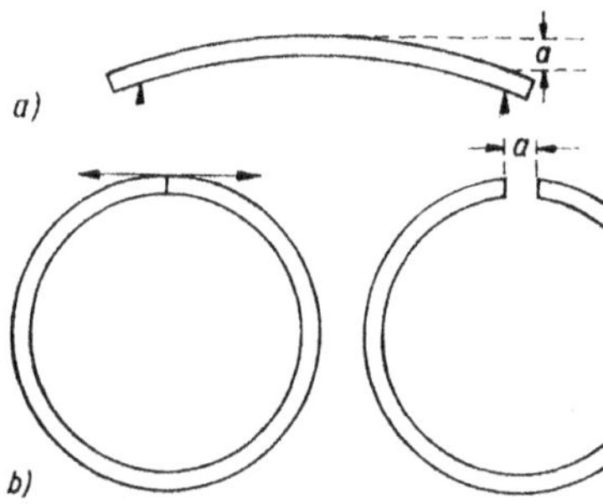

Bild 23.8. Spannungsprüfung
a) *Warp* Test *b*) Split-Ring-Test

der Spannungsberechnung zu machen (*Bowman* 1959). Beim Split-Ring-Test (Prinzip, Bild 23.8b; *Rosenberg, Langerman* 1936, 1937; *Walton, Sweo* 1953; *Walton* 1955) wird ein geschlitzter Ring einseitig emailliert und aus der Änderung der Schlitzbreite die Spannung ermittelt. Nach einem ähnlichen Verfahren mit geschlossenem Schlitz (*Fellows, Novy* 1948) wird die nach dem Emaillieren erforderliche Kraft zum Öffnen des Schlitzes bestimmt und daraus die Spannung berechnet.

Verbreitet ist die Spannungsmessung nach *Steger*. Das Prinzip ist in Bild 23.9 dargestellt.

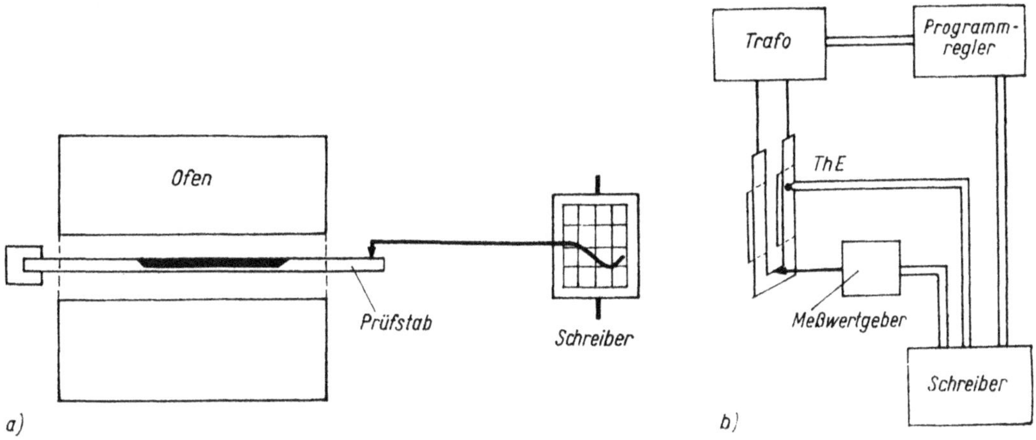

Bild 23.9. Spannungsprüfer.
a) Prinzip nach *Steger*
b) Anordnung im Schnellprüfgerät nach *Pöschmann*

Die Auslenkung während der Abkühlung spiegelt die Spannungsentwicklung wieder, die der bereits in Bild 5.9b, S. 73, wiedergegebenen Kurve entspricht. Die Endauslenkung ist der Restspannung im Email proportional. Diese kann nach einer bei *Lauchner* u. a. (1955, 1956) angegebenen Formel berechnet werden.

Methodisches zur Spannungsprüfung an Emaillierungen nach *Steger* behandeln *Dietzel* (1939); *Wuellner, Sweo* (1955); *Kreuter, Hoens* (1964); *Pöschmann* (1969b) und *Dekker* (1973b). Von *Pöschmann* wurde später (1977, 1979) ein automatisches Schnellprüfgerät entwickelt, bei dem ein emaillierter Prüfstab durch Widerstandserwärmung aufgeheizt und dessen temperaturabhängige Auslenkung registriert wird. Das Gerät ist auch zur Messung komplexer Emaileigenschaften geeignet (*Pöschmann* u. a. 1986).

Die Anwendung von Dehnungsmeßstreifen wird von *Matz, Gayer* (1959) und *Heeley* (1967), die von Drahtwiderstand-Spannungsmessern zur Bestimmung oberflächiger Zugspannungen auf Emaillierungen von *Selby* (1961) beschrieben. Die Bestimmung der Spannungen im Email gelingt auch spannungsoptisch (*Deichelmann* 1968); zur grundsätzlichen Messung von Eigenspannungen in spröden Körpern siehe *Tietz* (1983).

23.2.3. Prüfung thermomechanischer Eigenschaften

Prüfung der Wärmebeständigkeit

Das Verhalten von Erzeugnissen, die bei erhöhter Temperatur eingesetzt werden, kann nach ISO 4530 folgendermaßen geprüft werden: Aufheizen bis 50 K über Anwendungstemperatur, Halten und Abkühlen (zweimal), Prüfen auf Risse, Schuppen und Blasen; falls keine Defekte, dann wiederholen, bis Schäden auftreten.

Prüfung der Temperaturwechselbeständigkeit

Die *TWB* wird im allgemeinen durch Abschreckversuche geprüft. Aus der Literatur (z. B. *Meyer* 1951; *Märker* 1952a; *Pöschmann* 1957) sind zahlreiche Vorschläge mit verschiedenen Prüfbedingungen zur emailseitigen Abschreckung emaillierter Prüfkörper bekannt, wie z. B. zyklische Aufheizung und Abschreckung in Wasser (Abschrecktemperatur konstant) bzw. steigende Temperatur mit Abschreckung bis zur Beschädigung, Eingießen des Wassers in das Prüfgefäß oder völliges Eintauchen in Wasser, tropfenweise Beaufschlagung des heißen Gegenstandes mit Wasser usw., Prüfung durch visuelle Begutachtung oder durch elektrische Messung (zu letzteren s. *Beduošefa* u. a. 1983).

Nach TGL 7797/05 werden Haushaltgeschirre geprüft, indem die Bodenseite auf die Schmelztemperatur des Zinns (232 °C) erhitzt und durch Eingießen von kaltem Wasser abgeschreckt wird. Aus einer Entfernung von 20 bis 30 cm dürfen keine Risse oder Abplatzungen sichtbar sein. Nach DIN ISO 2747 wird das zu prüfende Gefäß auf die Prüftemperatur (beginnend mit 200 °C) aufgeheizt und durch Eingießen von Wasser abgeschreckt. Die Prüfung wird bei jeweils um 20 K gesteigerter Temperatur bis zur Beschädigung fortgesetzt. *Dietzel*, *Wegner* (1954 c) machen darauf aufmerksam, daß Emaillierungen von Kochgeschirren auch auf Druck, der beim Abschrecken der Außenseite erzeugt wird, geprüft werden müßten.

Eine gemilderte *TWB*-Prüfung stellt die oben beschriebene Ermittlung der Hitzebeständigkeit nach DIN ISO 4530 dar.

Die *TWB*-Prüfung an Apparateemails wird nach TGL 38953 durch Erwärmen des Prüfkörpers auf 200 °C und Abschrecken auf der emaillierten Seite mit kaltem Wasser (insgesamt 20mal) durchgeführt. Die Prüfapparatur ist in Bild 23.10 dargestellt. Kontrolliert wird durch die Hochspannungsprüfung. Für größere Teile eignet sich die lokale Temperierung mit einer auf 250 °C aufheizbaren Flüssigkeit und nachfolgendem Kälteschock auf der anderen Seite (*Galcso* u. a. 1973). Die Rißbildungsgrenze wird nach DIN 51167 bestimmt.

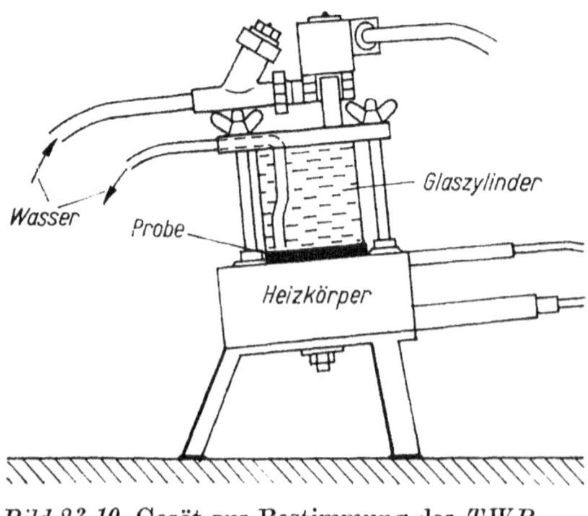

Bild 23.10. Gerät zur Bestimmung der *TWB* von Apparateemails nach TGL 38953

Die Prüfung der Kältebeständigkeit kann nach *McEvoy* (1949) an tiefgekühlten Proben, die innerhalb von 2 min aufgetaut werden, zyklisch durchgeführt werden. Eine Woche Kurzprüfung soll einer Normalbeanspruchung von einem Jahr gleichkommen. Apparatemaillierungen sind nach TGL 38953 insgesamt 5mal auf −40 °C abzukühlen und nach 2 h in siedendem Wasser 5 min aufzuheizen; geprüft wird mit Hochspannung.

Komplexprüfung thermischer und thermomechanischer Eigenschaften

Die oben beschriebene Prüfung nach dem *Steger*-Prinzip gestattet die Ermittlung verschiedener thermomechanischer Parameter. Auf Grund der Arbeiten von *Dekker* (1973 b); *Pöschmann* (1977, 1978, 1979) und *Pöschmann* u. a. (1986) ergeben sich aus den Biegekurven (Bild 5.9 b, S. 73) die Erweichungs-, Transformations- und Neutraltemperatur sowie die temperaturabhängige Zug- und Druckspannung (bzw. entsprechende Auslenkungen). Daraus lassen sich das Erweichungsintervall, die Temperaturwechselbeständigkeit, der Ausdehnungskoeffizient und auch die Brenntemperatur des Emails abschätzen bzw. berechnen (s. z. T. auch *Stirling*, *Hardy* 1969). Die Werte, die hier am aufgebrannten Email gemessen werden, können von den nach Abschnitt 23.1.3. ermittelten durchaus abweichen.

23.2.4. Prüfung optischer Eigenschaften

Messung von Weißgehalt und Farbe

Die Prüfung des Weißgehalts von Emaillierungen (nach TGL 34692/05: Leuchtdichtefaktor, Remissionsgrad) erfolgt durch Messung der Rückstreuung (diffuse Reflexion oder Remission) von eingestrahltem weißem Licht, bezogen auf MgO oder $BaSO_4$ als Standard (Prinzip Bild 23.11). Für die Messung stehen verschiedene kommerzielle Geräte (z. B. Leukometer, Spekol mit Remissionsmeßansatz) zur Verfügung.

Farbmessungen werden mit Spektralphotometern (Reflexionsphotometern) durchgeführt, von denen zahlreiche Typen existieren, auf die verwiesen wird. Die neuesten Ent-

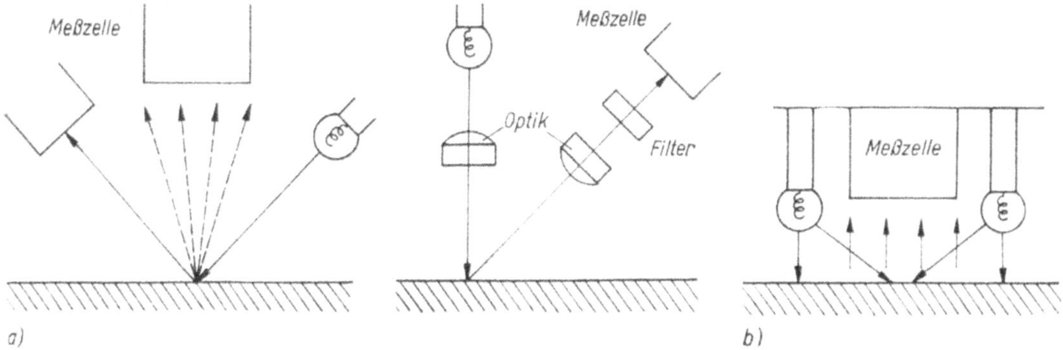

Bild 23.11. Prinzip der Remissions- und Glanzmessung (*a*) und des *Lange*-Weißgehaltsmessers (*b*)

wicklungen beschreibt *Higgins* (1985). Grundsätzliches zur Farbmessung bei *Brücker* (1980, 1981, 1982) sowie TGL 34692 und DIN 5033. Farbdifferenzmessungen werden bei *Patrick* (1954) und *Hunter* (1957) erläutert; Farbtoleranzen können mit Farbdifferenzformeln nach DIN E 6174 erfaßt werden.

Glanzmessung

Da Glanz sehr stark von physiologischen und subjektiven Faktoren beeinflußt wird, ist eine einfache, exakte, definierte Glanzmessung kaum möglich. Verschiedene Geräte (z. B. Glanzmesser nach *Lange*; *Pulfrich*-Photometer mit Glanzwippe, *Märker* 1952b) messen die gerichtete Reflexion des unter 45° eingestrahlten Lichtes (vgl. Bild 23.11a). Diese Verfahren sollen nach *Meyer* (1963b) und *Kyri* (1974) jedoch keine besonders brauchbaren Werte liefern. Eine bessere, aber aufwendigere Möglichkeit besteht in der Aufnahme der Streuindikatrix im Goniophotometer (*Nimeroff* u. a. 1956; *Doerbecker*, *Oel* 1968, 1970). Als besonders geeignet wird von *Joseph* (1983) das Reflektometer (z. B. *Lange*) nach ASTM und DIN 67530 empfohlen. Eine Verbesserung der Glanzmessung wird nach *Schraven* u. a. (1985) durch Verschieben des Glanzmeßkopfes auf der zu prüfenden Fläche und Auswertung durch Computer erreicht. Eine allgemeine Übersicht über Glanzmeßgeräte und Glanzmessung geben *Lohmeyer* (1977) und *Zorll* (1985).

Auf Grund der Unzulänglichkeiten der quantitativen Glanzmessung sind einfache, praktische, im Prinzip wohl auf *Dietzel* zurückgehende Verfahren entwickelt worden (*Meyer* 1959; Email-Reporter 1961; *Kyri* 1965), die auf der Spiegelung einer Meßlehre auf der glänzenden Oberfläche und auf der Bewertung der Abbildungsschärfe von Marken auf der Lehre beruhen (Bild 23.12). Die Glanzbewertung ist natürlich relativ. Entsprechende Geräte bestehen z. B. aus einer Matt-

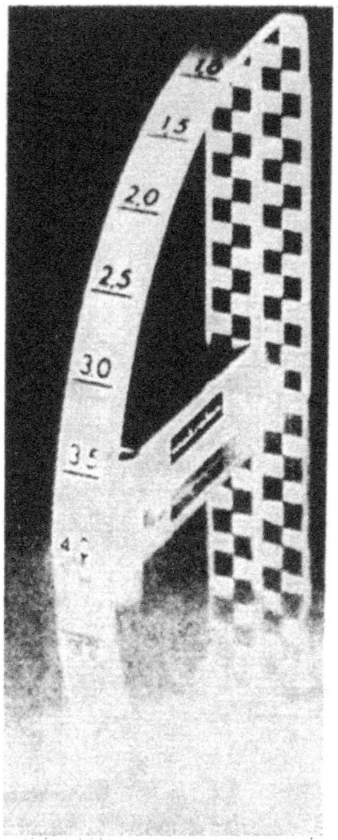

Bild 23.12. Gerät zur Relativbestimmung des Glanzes (*Kyri* 1965)

scheibe mit schwarzen Marken, die z. T. verschoben werden können; Glanzwert ist die Entfernung von der Fläche, bei der Unschärfe eintritt (*Bayer*-Glanzmesser). Beim PEI-Abbildungs-Glanzmeßgerät ist der Abstand konstant; gespiegelt werden verschieden große Ringe in der Lehre. Das Verfahren wird von *Meyer* (1963b) als sehr brauchbar eingestuft. Nach *Joseph* (1983) haben sich die genannten Methoden bis jetzt jedoch nicht durchsetzen können.

23.2.5. Prüfung der chemischen Beständigkeit

Prüfung der Säurebeständigkeit

Die Prüfung wird am Prüfgefäß selbst oder an daraus herausgeschnittenen Proben, meist aber an speziellen emaillierten Prüfplättchen, mit verschiedenen kalten oder heißen Säuren vorgenommen. Der Angriff wird im allgemeinen durch den Masseverlust oder die Glanzminderung bewertet. Auch eine Rauhigkeitsmessung ist geeignet (*Buciewicz* 1983, dort auch Ableitung mathematischer Beziehungen); allgemeine Richtlinien zur Bestimmung der chemischen Beständigkeit siehe bei *Scharbach* (1964).

Der Test mit 9%iger kalter Zitronensäure erfolgt durch 15minütige Einwirkung einiger Tropfen Säure und Beurteilung der entstandenen Mattigkeit durch Abreiben von aufgebrachten Bleistiftstrichen (Flecktest nach ASTM C 282-53, DIN ISO 2722) oder durch Glanzmessung. Ähnlich (nur mit Essigsäure) wird das Außenemail von Kochgeschirren nach TGL 7797/04 geprüft. Die Anwendung der Glanzmessung zur Bewertung wird von *Teigeler* (1975) diskutiert.

Für die Prüfung mit heißer Säure wird nach TGL 7797/03 das in Bild 23.13a dargestellte Gerät benutzt, bei dem die Probe nur mit der Flüssigkeit in Berührung kommt. Eine erweiterte Ausführung nach DIN ISO 2733 (Bild 23.13b) gestattet auch die Beanspruchung von Proben im Dampfraum (s.

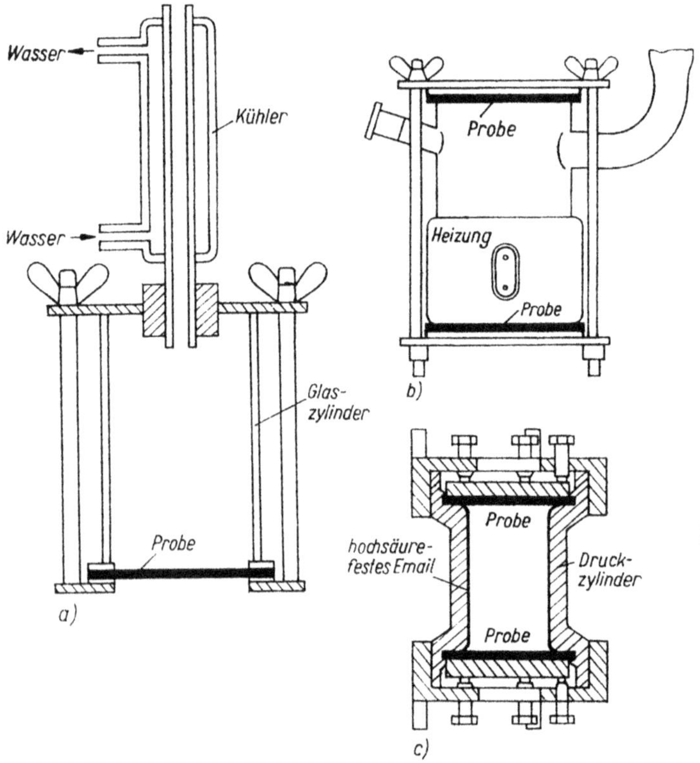

Bild 23.13. Prüfgeräte zur Bestimmung der Säurebeständigkeit
a) nach TGL 7797
b) nach ISO 2733
c) nach *Pöschmann* (1975) zur Prüfung unter Druck (ähnl. Gerät: DIN 51157)

TGL 38953 und DIN ISO 2743). In der DDR wird bei Kochgeschirren mit 4 %iger Essigsäure (100 °C, 1 h), nach DIN ISO 2742 mit 6 %iger kochender Zitronensäure (mindestens 2,5 h) bzw. nach DIN ISO 2743 und TGL 38953 (Apparateemails) mit 20 %iger kochender Salzsäure (48 h) gearbeitet. Zur Ausschaltung von Verfälschungen der Korrosionswerte durch Poren ist vorher eine Hochspannungsprüfung durchzuführen.
Flecktest und Kochprüfung mit Zitronensäure sind auch für Aluminiumemails geeignet (Anon. 1971 b).
Zur Prüfung der Emaillierungen unter starker Temperatur- und Druckbelastung wurde von *Pöschmann* (1975) ein Druckgefäß entwickelt (Bild 23.13c). Eine Autoklavenprüfung mit Phosphorsäure beschreiben *Petrenko* u. a. (1974, 1976).

Prüfung des Verhaltens gegenüber alkalischen Lösungen

Die Prüfung des Verhaltens gegen einmolare (= 4 %ige) Natronlauge (80 °C) wird mit dem in Bild 23.14 wiedergegebenen Gerät (DIN ISO 2734) durchgeführt. Geprüft werden gleichzeitig zwei Proben, Dauer 48 h (DIN ISO 2745; TGL 38953)[1]). Ähnlich wird der Angriff heißer Waschmittellösungen nach DIN 51154 in einem Gerät mit 6 Proben

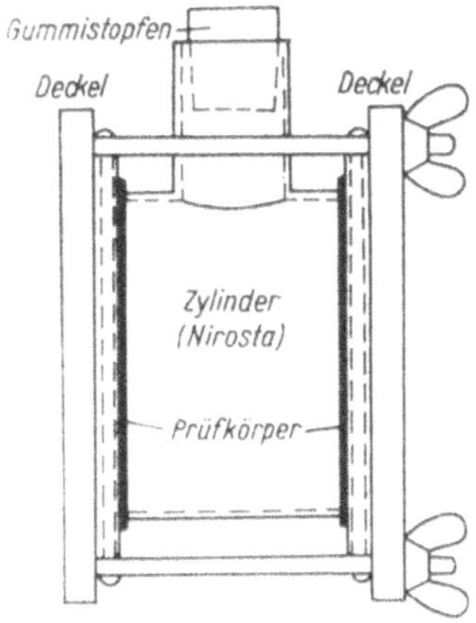

Bild 23.14. Prüfgerät zur Bestimmung der Laugebeständigkeit (DIN ISO 2734)

[1]) Die Prüfung nach DIN ISO ergibt nur näherungsweise praxisbezogene Werte! (*Lorentz* 1986)

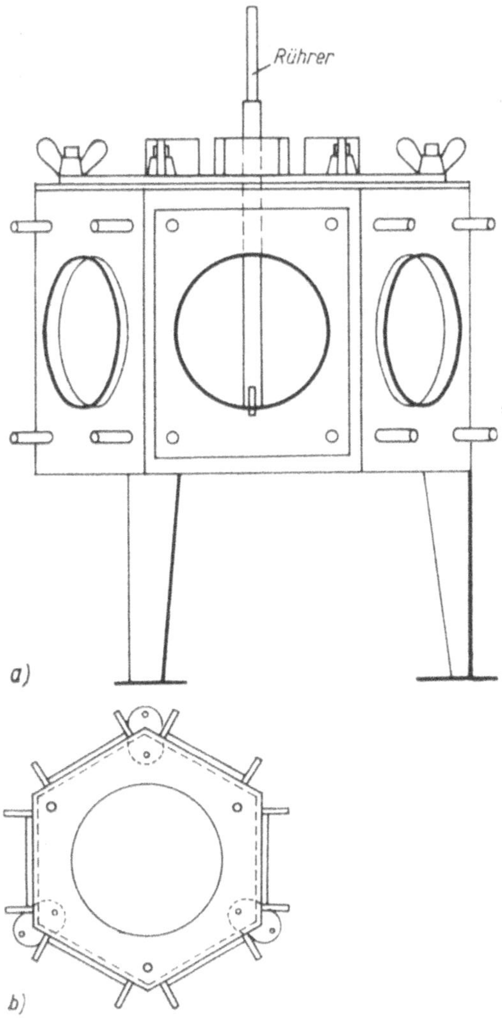

Bild 23.15. Prüfgerät zur Bestimmung der Waschmittelbeständigkeit (DIN 51154; »Laterne«)
a) Ansicht *b*) Draufsicht

(»Laterne«, Bild 23.15) bei 95 °C, 24 oder 168 h geprüft (s. *Bünzen* 1964). Eine Kurzprüfung auf Waschmittelbeständigkeit erfolgt nach TGL 14955 in einer der Säureprüfung entsprechenden Apparatur mit einer heißen 1 %igen Natriumpyrophosphatlösung über 2,5 h. Daneben beschreibt *Dunning* (1972) eine Prüfung von Waschmaschinenemaillierungen, die im Tauchen (216 h) in 60 °C heiße 0,1 %ige Waschmittellösung oder im Kochversuch in 5%iger Pyrophosphatlösung (6 h) bzw. Sodalösung (18 h) besteht; über die Prüfung auf Verhalten gegen alkalische Geschirrspülmittel siehe *Joseph* (1978b) und *Weisenhaus* (1978).

Prüfung der Wasserbeständigkeit
Das Verhalten gegen kochendes Wasser und/oder Wasserdampf kann nach DIN ISO 2744 in der oben für Säure angegebenen Apparatur durchgeführt werden. Verwendet wird destilliertes oder entsalztes Wasser, die Prüfung dauert 14 Tage. Ein Vorschlag von *Bulavin* (1968) zur Bestimmung der Wasserdampfbeständigkeit sieht ein Anblasen der Probe mit heißem Dampf vor; spezielle Prüfverfahren für Boileremails siehe Abschnitt 24.3.1.

Prüfung der Witterungsbeständigkeit
Das Witterungsverhalten kann durch Prüfung nach DIN ISO 2722 (Flecktest) simuliert werden. Architekturemails auf Aluminium werden nach DIN ISO 2742 (kochende Zitronensäure) geprüft. Die Prüfung mit kondensierendem Wasserdampf wird von *Moss, Miller* (1959), in CO_2-Atmosphäre von *Dietzel, Schmidt* u. a. (1957) und in feuchtem Luftstrom + CO_2 von *Oel, Dietzel* (1964) beschrieben. Im letzten Fall wird die Zeit bis zum Auftreten eines optisch definierbaren Belages ermittelt.
Für die Prüfung der Korrosionsbeständigkeit von Schutzschichten in feuchten Atmosphären ist TGL 18754/03, 04 (Sprühnebel- und Schwitzwassertest) verbindlich.

23.2.6. Sonstige Prüfungen

Prüfung auf Fischschuppenanfälligkeit
Die Tendenz einer Emaillierung zur Fischschuppenbildung wird erkannt durch zweistündiges Tempern bei 200 bis 400 °C. Wenn 24 h danach keine Fischschuppen aufgetreten sind, sind solche auch später nicht zu erwarten. *Hildebrand, Schwenk* (1971) schlagen 6 thermische Zyklen (15 h bei −20 °C und 9 h bei 250 °C) vor.
Der auf *Deringer* (1946) zurückgehende Wasserstoff-Test wurde von *Hildebrand, Schwenk* (1971) und *Ferrari* (1978) präzisiert: An der blanken Rückseite des Blechs wird in einer Apparatur gemäß Bild 10.17 (S. 176) elektrolytisch Wasserstoff erzeugt, und das Auftreten der ersten Fischschuppen registriert.

Kochprüfung
Das Verhalten von bei höheren Temperaturen eingesetzten säurefesten Emaillierungen, bei denen nach dem Schweißen mit zusätzlichen Spannungen zu rechnen ist, kann durch 15minütiges Erhitzen in kochendem Wasser beurteilt werden.

24
Spezielles Anwendungsverhalten emaillierter Erzeugnisse

In Kapitel 22 wurden die allgemeinen Eigenschaften des Emails, der Emaillierung und des Systems Metall/Email behandelt, die im Hinblick auf die wichtigsten Beanspruchungen insgesamt von Bedeutung sind. Bei der spezifischen Anwendung emaillierter Erzeugnisse treten in vielen Fällen weitere spezielle Gesichtspunkte bezüglich Funktion, Arbeitsweise und Verhalten hinzu, worauf zur Abrundung des Verständnisses des Kompositwerkstoffs Metall/Email und seiner technischen Verwendung im folgenden – anwendungsbezogen – eingegangen wird.

24.1. Zum technisch-ökonomischen Werkstoffvergleich

Die bisherigen Ausführungen lassen erkennen, daß Emaillierungen und Metall-Email-Komposite in hohem Maße außerordentlich gute und vergleichsweise einmalige Gebrauchswerteigenschaften gegenüber anderen Beschichtungen oder Werkstoffen, wie Plasten und Metallen, besitzen, die oft wesentlich besser sind als die der genannten Materialien. Oberflächenschutz und Oberflächenveredlung schließen solche Eigenschaften wie Porenfreiheit, Glätte, Härte, Kratz- und Abriebfestigkeit, spezifische Oberflächenbeschaffenheit, dekoratives Aussehen, Beständigkeit gegen aggressive Medien, gegen Licht und Strahlen ein. Dazu kommen Hygiene, physiologische Unbedenklichkeit und antibakterielles Verhalten. Schließlich sind Emaillierungen absolut kälte- und in bestimmten Fällen bis zu hohen Temperaturen hitzebeständig.
Stellt man zunächst die Gebrauchseigenschaften einer Emaillierung der von Metallen und Hochpolymeren gegenüber, so ist (nach Untersuchungen von *Lachenmayer* 1964; *Hoffmann* 1973b, *Moehring* 1973; *Davis* 1973; *Kyri* 1974 und *Baumann* 1979) das Email z. T. überlegen im Hinblick auf Härte, Abriebfestigkeit, Dichtheit, Hitzebeständigkeit, Witterungs- und Feuchtebeständigkeit, Säurebeständigkeit, Beständigkeit gegen Reinigungsmittel, Licht und Farbechtheit, Glanz elektrisches Isolationsvermögen, Alterungsbeständigkeit, Hygiene, Reinigungsfähigkeit; unterlegen ist es bezüglich Schlag-, Stoß- und Torsionsfestigkeit. In bestimmten Fällen haben Kunststoffe Vorteile, wie z. B. bei Badewannen mit geringerer Masse und besserer Beständigkeit gegenüber phosphathaltigen Reinigern (aber auch schlechterer gegenüber anderen Lösungsmitteln; *Dekker* 1969b; *Zybell* u. a. 1982).
Vergleiche der Produktionskosten sind schwie-

rig. Die Investitionskosten eines Emaillierwerks sind wesentlich höher als die für ein Plasteverarbeitungswerk. Die Jahresproduktionskosten bei vergleichbaren bzw. gleichen Erzeugnissen sind bei Email (PUESTA) jedoch etwas geringer als z. B. bei Lack (Anon. 1981b). Rationalisierung und neue Verfahren (z. B. Liberty coat, 2 S/1 B) haben dazu geführt, daß der Energieverbrauch bei Emaillierungen 20 % niedriger liegt als der vergleichbarer Lackierungen (nach Ferro-Informationen).

Wirtschaftliche Emailliertechnologien wirken auch auf Kosten und Preise der Erzeugnisse zurück. Die Kunststoff-Badewanne ist z. B. 1½ bis 2½mal teurer als die emaillierte (Anon. 1982c). Vor einigen Jahren betrugen bei Innenauskleidungen von Spülmaschinen die Kostenrelationen Email : Kunststoff : Edelstahl etwa 1 : 1,7 : (2 bis 3,3). Emaillierte Kochgeschirre sind Nirosta-Geschirren gleichwertig, z. T. überlegen, hinsichtlich Schlagfestigkeit aber unterlegen (*Messmer* 1979). Die Perspektive der Emailindustrie ist positiv zu bewerten. Wurde noch vor 10 Jahren darüber diskutiert, ob das Email gegenüber anderen Werkstoffen überhaupt noch konkurrenzfähig sei, so ist dieser Industriezweig mit energiesparenden, rationalisierten und automatisierten Verfahren technologisch und anwendungstechnisch eindeutig in der Offensive. Diese Entwicklung wird sich auch noch nach 1990 fortsetzen (*Wright* 1981; *Oliver, Quigley* 1984).

24.2. Anwendungsübersicht über emaillierte Erzeugnisse

Das Einsatzspektrum emaillierter Erzeugnisse ist groß. Als Auswahl von Anwendungen – unabhängig von den Grundmetallen – ist zu nennen:

Haushalt: Koch-, Brat-, Back- und Grillgeräte, Geschirre, Eimer, Kannen, Boiler, Geschirrspülmaschinen, Kühlschränke, Spülbecken und -maschinen, sonstige Küchengeräte, Waschmaschinen, Beleuchtungskörper, Möbel, Schilder, Anti-Rutschbeläge;

Sanitärbereich: Badeöfen und -wannen, Waschbecken, Brausetassen, Santiärzellen;

Energietechnik: Öfen, Herde, Herdplatten, Raumheizer, Heiz- und Ofenrohre, Heiz- und Kühlanlagen; Wärmetauscher, Radiatoren, Heizerverkleidungen, Gasgeräte, Sonnenkollektoren, Gasturbinenschaufeln, Brennkammern, Kerntechnik;

Industrie: Chemieapparate, Maschinenteile, Lagertanks, Rohre, Rohrleitungen, Abzüge Economiser, Abgassysteme, Schornsteine, Förderanlagen, Becherwerke, Wannen für Salz- und Metallschmelzen, Brenngehänge, Gießereianlagen;

Landwirtschaft: Lagersysteme für aggressive Flüssigkeiten, Geräte, Meliorations-Rohrleitungen;

Elektrotechnik, Elektronik: Transformatoren, Elektromotoren, Substrate für Dickschichtschaltungen, Elektrolumineszenz-Leuchtplatten;

Fahrzeugbau: Motoren, Auspuffanlagen, Abgassysteme, Gasturbinenschaufeln, Strahltriebwerke, Fahrzeuge, Kfz-Teile, Schiffseinbauten, Kühlwaggons;

Bauwesen: Innen- und Außenarchitekturemaillierungen, Dachplatten, Folien, Fliesen, Decken, Schilder, Verkehrszeichen, Rohrleitungen, Wände, Treppenhäuser, Buchstaben, Ziffern, Tankstellen, Schwimhallen, Leuchtfeuerinseln.

Die Anwendung von Emails nimmt weiter zu; ständig werden neue Einsatzgebiete erschlossen. In Verbindung mit der gesicherten Rohstofflage und energiewirtschaftlichen Vorteilen werden deshalb Metall-Email-Komposite als zukunftssichere Werkstoffe angesehen (*Wratil* 1974a).

24.3. Spezielles Anwendungsverhalten ausgewählter Erzeugnisse

24.3.1. Haushaltgeräte

Kochgeschirremaillierungen müssen mindestens gegen schwache (=organische) Säuren ber ständig sein. Beim Angriff tritt neben de- Auslaugung stets eine gewisse Glanzminderung auf (s. Abschnitt 22.8.1.). Nach Beobachtungen von *Dietzel* (1949c) kann der

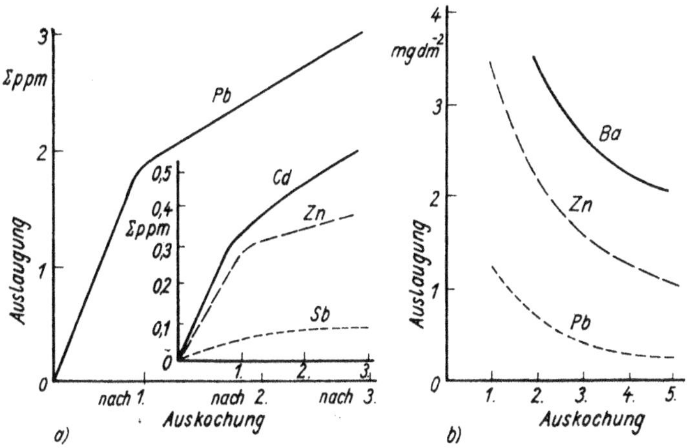

Bild 24.1. Abgabe physiologisch bedenklicher Bestandteile aus Emaillierungen (Heißauslaugung mit Essigsäure)
a) nach *Wratil, Joseph* (1980)
b) nach *Petzold* (1954)

Tabelle 24.1. Zulässige Schadstoffabgabe in der DDR

	Blei	Cadmium	Antimon
Tafelgeschirr			
Flachgeschirr	1,0 mg dm^{-2}	0,1 mg dm^{-2}	
Hohlgeschirr	5,0 mg l^{-1}	0,5 mg l^{-1}	
Kochgeschirr			
Flachgeschirr	1,0 mg dm^{-2}	0,1 mg dm^{-2}	0,6 mg dm^{-2}
Hohlgeschirr	5,0 mg l^{-1}	0,5 mg l^{-1}	3,0 mg l^{-1}
Mundrand	2,0 mg je Gefäß	0,2 mg je Gefäß	

Glanz beim Gebrauch im Haushalt stufenweise abnehmen; er erreicht einen Endwert, der noch Jahre gleich bleibt. Die Ergebnisse von Säurebeständigkeitsprüfungen korrelieren aber weder miteinander (*Weisenhaus* 1979), noch mit dem praktischen Verhalten in Kochlösungen. Deshalb wird eine praxisnahe Prüfung mit Kartoffelwasser empfohlen (*Messmer* 1964). Das Anbrennen wird nach *Dietzel* (1949) durch leichtangreifbares Email gefördert, weil die entstehende Kieselgelschicht mit Speise vollgesaugt und überhitzt wird.

Bei Haushaltgeschirremails ist die Frage einer etwaigen Auslaugung von gesundheitsschädlichen Metallionen von Bedeutung. Potentielle Schadstoffe in Emails sind Barium, Blei, Cadmium, Zink und Antimon (in der UdSSR neuerdings auch Bor); zum Problem der physiologischen Bedenklichkeit siehe *Petzold* (1955a), *Wratil* (1974b), *Hoffmann* (1975), *Weisenhaus* (1981).

In Emails, die mit Nahrungsmitteln unmittelbar in Kontakt kommen, sind die Oxide und Sulfide der genannten Metalle nicht mehr oder nur noch selten enthalten. Gesetzliche Regelungen nach TGL 14934/01, DIN 51031 T 1, 51032 T 3, ISO 4531 T 1, T 2 beschränken sich nur auf Blei und Cadmium, Zusatzregelungen beziehen Gesamt-Antimon ein (*Herrmann* 1982).

Die Schadstoffabgabe wird nach TGL 14934/02 durch Auslaugen in kalter (24 h) oder kochender 4%iger Essigsäure (30 min) unter Lichtausschluß ermittelt (für Antimon: 3%ige wässerige Weinsäure bei 100 °C). Die analytische Bestimmung erfolgt mittels Atomabsorptionsspektroskopie (s. DIN 51031). Bei mehrfacher Extraktion nimmt die Abgabe exponentiell ab (Bild 24.1). Sie wird von der

Temperatur, vom Einbau der Ionen in die Glasstruktur, von der Säurebeständigkeit des Emails, vom pH-Wert (untersucht bei Pb und Cd von *Frey, Scholze* 1979) und von der Anwesenheit von Farboxiden beeinflußt. Beispielsweise kann durch CuO und Cr_2O_3 (zur Mühle) die Blei- und Zinkabgabe erhöht werden (*Buldini* 1977). Säurebeständige Emails zeigen i. d. R. eine verringerte Schadstoffabgabe (*Hoffmann* 1975).
In der DDR sind die in Tabelle 24.1 zusammengestellten Schadstoffabgaben aus Emaillierungen zugelassen (nach *Herrmann* 1982). In anderen Ländern gelten ähnliche Bestimmungen. Bei den vielleicht z. T. überraschend hohen Werten muß wohl berücksichtigt werden, daß bei wiederholter Beanspruchung ein Rückgang der Abgabe erfolgt.
Nach früheren Kochversuchen scheint beim Aufheizen kein wesentlicher Unterschied im Wärmeübergang zwischen nicht emaillierten und emaillierten Gefäßen zu bestehen. Der gute Wärmeübergang kann durch ein Komposit-Bodenemail (Email, Graphit, SiC) noch verbessert werden (*Messmer* 1965, 1976). Vergleichende Untersuchungen über die Kocheigenschaften von PTFE- und Emailbeschichtungen haben übrigens die Überlegenheit des Emails nachgewiesen (*Messmer* 1967). Besonders günstig schneiden gußeiserne Geschirre ab, die auf Grund der guten Wärmeverteilung keine Anbrennerscheinungen zeigen.
Boileremaillierungen (s. z. B. *Moehring* 1969, 1972, 1974) sind der Korrosion durch ständig erneuertes Wasser bei 90 bis 95 °C über lange Zeit ausgesetzt. Auf Grund dieser Bedingungen (s. Abschnitt 22.8.3.) ist der Angriff stark; ihm widerstehen nur Emails, die den Apparateemails nahekommen (Ergebnisse von Langzeituntersuchungen s. Bild 24.2).
Zur Prüfung wird eine 2 × 3 Wochen dauernde Behandlung in kochendem, täglich erneuertem Wasser nach DIN 4753/3 und 51157 (*Hennicke, Huismann* 1982) bzw. eine 90tägige Exposition bei 93 °C vorgesehen (*Smalley* 1962). Der Autoklav- und Patch Tank-Test wird von *Dunning* (1971) vorgeschlagen. In der BRD wird der Masseverlust bei Einwirkung von 95 °C heißem Wasser im Verlauf von 21 Zyklen zu je 24 h in einem Gerät nach

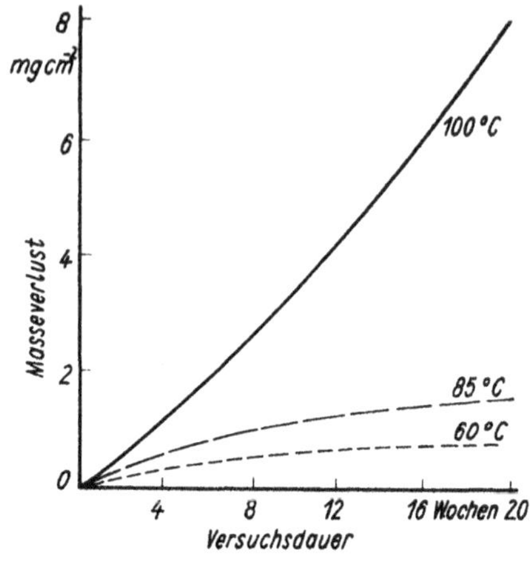

Bild 24.2. Langzeitbeanspruchung von Boileremaillierungen (*Frawley* 1971)

DIN 51154 ermittelt; er darf 3,5 g m^{-1} nicht übersteigen, physiologisch bedenkliche Elemente dürfen nicht ausgelaugt werden. Bei einem solchen Abtrag wäre ein Email von 0,12 mm Dicke bei Dauerbetrieb in etwa 5 Jahren zerstört; da aber kaum Dauerbetrieb herrscht, beträgt die Lebensdauer 10 Jahre und mehr (*Kyri* 1974). Die Emaillierung muß darüber hinaus schlagfest und temperaturwechselbeständig sein.
Kontinuierlich selbstreinigende Backofenemaillierungen wirken entweder auf Grund der Porosität der Emailschicht oder durch zugesetzte Katalysatoren (Metalle, insbesondere Al oder Oxide) zum Email (*Hoens* 1973, 1977; *Joseph* 1976b). Die Porosität der etwa 0,15 mm dicken, rauhen und aktiven Emailschicht und damit die Reinigungswirkung können durch das Kornspektrum des Schlickers bzw. die Brennbedingungen gesteuert werden (*Scherpereel* 1972; *Joseph* 1976b; *Viquesnel* 1976).
Während des Betriebes werden Öl- und Fettreste bei 180 bis 280 °C verbrannt, andere Reste werden mürbe und dadurch leicht entfernbar.
Der Verlauf der Reinigung bei konventionellem und kontinuierlich reinigendem Email zeigt Bild 24.3a. Zwischen der Porosität und dem Reinigungseffekt besteht eine Korrelation (*Gibbon* 1973). Die Wirkung ist offenbar

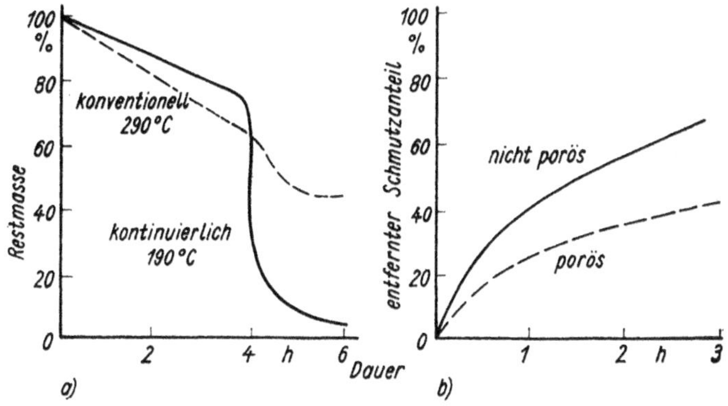

Bild 24.3. Reinigungswirkung selbstreinigender Emails
a) Vergleich mit konventionellem Backofenemail (*Hoens* 1977)
b) Vergleich poröse – nichtporöse Emaillierung (*Herron, Bergeron* 1976)

auch an Kristallisationserscheinungen des Emails und der Schwermetalloxide in Verbindung mit der rauhen Oberfläche gebunden (*Gibbon, Hughes* 1972). Mit der Temperatur steigt die Reinigungswirkung an (*Wilson, Lefort* 1973). Nichtporige Schichten sind allerdings nach *Herron, Bergeron* (1976) auf Grund der kürzeren Diffusionswege bei der diffusionskontrollierten Oxydation effektiver (Bild 24.3b).

Die Prüfung des Selbstreinigungsvermögens wird nach DIN 51171 so durchgeführt, daß die emaillierte Probe mit aufgetropftem Soyaöl 1 h auf 250 °C erhitzt und der Vorgang so lange wiederholt wird, bis infolge der Ansammlung unverbrannter Rückstände ein sichtbarer Glanz auftritt. Zur Bewertung der Korrosionsanfällligkeit der Emaillierung wird von *Joseph* (1976b) der Sprühnebel-Test vorgeschlagen (s. Abschnitt 23.3.5.).

Emaillierungen in Wasch- und Spülmaschinen sind einem schwach alkalischen Angriff ausgesetzt; das gilt auch für Außenemails von Kochgeschirren. Die Korrosion entspricht im Prinzip dem Verlauf, wie er in den Abschnitten 3.6.2. und 22.8.2. dargestellt wurde. Umfangreiche Untersuchungen über das Verhalten von Emails in Spülmaschinen belegen, daß Grundemaillierungen am stärksten, Titan- und andere Weißemails am geringsten korrodiert werden (*Weisenhaus* 1978; *Joseph* 1978b). Mühlenzusätze (insbesondere Quarz und oxidische Trübungsmittel) setzen den

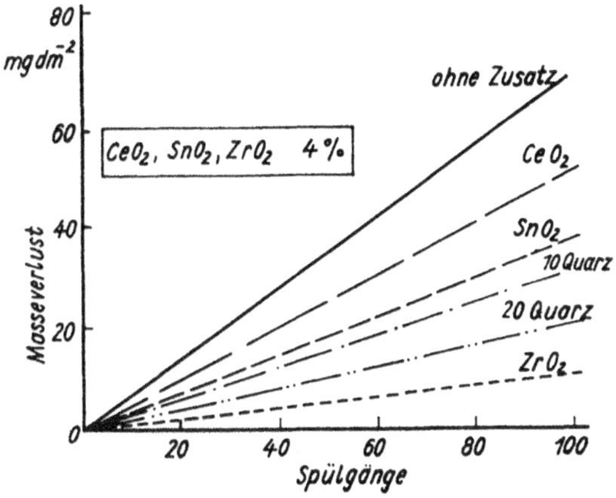

Bild 24.4. Einfluß verschiedener Zusätze zum Email auf das Korrosionsverhalten in Spülmaschinen (*Weisenhaus* 1978)

Angriff z. T. stark herab (Bild 24.4). Einen teilweise negativen Einfluß (auch von Farbkörpern und Ton) beobachteten dagegen *Hahn* (1967) und *Mišel, Romina* (1967); Ton wirkt ggf. erst in größeren Mengen verbessernd. Der Angriff von Waschlaugen auf Waschmaschinenemaillierungen ist wesentlich geringer als der anderer alkalischer Lösungen (*Kyri, Meyer* 1956; *Hahn* 1967; s. Bild 22.30, S. 362). Bei einem Masseverlust von 15 $mg\,dm^{-2}$ tritt Glanzverlust, bei 150 $mg\,dm^{-2}$ Aufrauhung auf (*Currie* 1967).

24.3.2. Sanitärgegenstände

Von den Sanitäreinrichtungen werden vor allem Badewannen korrosiv beansprucht. Bäder weisen je nach Badezusatz pH-Werte zwischen 3 und 12 auf, wobei neutrale und schwach alkalische Lösungen überwiegen; die sauren Lösungen gelten für medizinische Bäder (*Dekker* 1969b).

Das Verhalten von Badewannenemaillierungen gegenüber Badezusätzen ist in Bild 24.5 dargestellt. Zwischen Masse- und Glanzverlust besteht eine Korrelation (*Dekker* 1968), jedoch nicht zwischen Langzeitgebrauch und Kurzzeittest (*Märker* 1965a). Kritisch ist die Einwirkung von Einweichmitteln oder bisulfathaltigen Reinigern auf Badewannen. Bei Reibverschleiß verlieren alle Badewannenemaillierungen mehr oder weniger stark an Glanz, wie Bild 24.6 zeigt.

Eine spezielle Prüfung von Badewannenemails besteht im Tropftest (*Märker* 1966b; *Zybell* u. a. 1982). Dabei läßt man eine eisenhaltige Lösung auf eine um 25° geneigte emaillierte Fläche tropfen und mißt den Glanzverlust.

24.3.3. Chemieausrüstungen

Rohrleitungen sind ein Anwendungsgebiet für Emails in der chemischen, vor allem auch

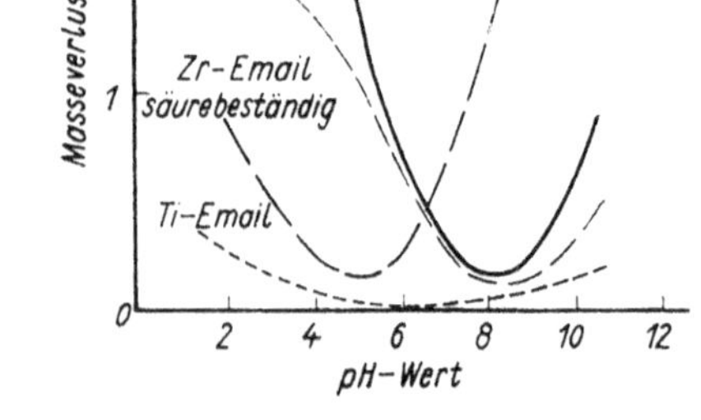

Bild 24.5. Verhalten von Badewannenemaillierungen gegenüber Badezusätzen mit verschiedenem pH-Wert (*Dekker* 1968)

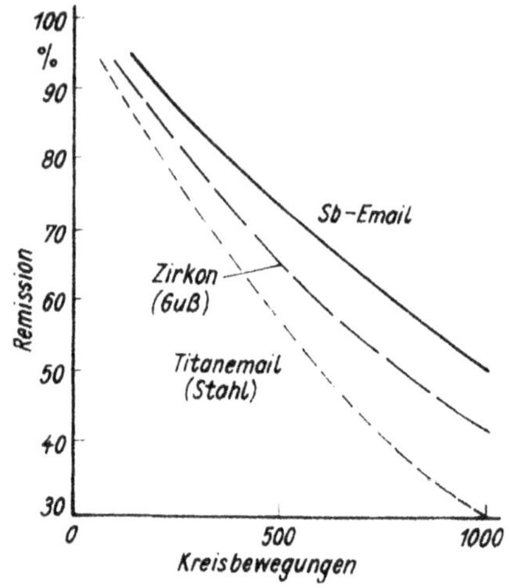

Bild 24.6. Verhalten von Sanitäremaillierungen bei Verschleißbeanspruchung (PEI-Tester; *Dekker* 1980)

in der Erdölindustrie. Neben der bekannten Korrosionsbeständigkeit, die eine lange Lebensdauer garantiert, ist die verringerte Ablagerung von Substanzen, wie Paraffin, auf dem Email von erheblichem Vorteil gegenüber anderen Beschichtungen (*Stefanjuk* u. a. 1983).

Zu den wichtigsten Ausrüstungen der chemischen Industrie gehören emaillierte Apparate und Apparateteile. Zusammenfassende Übersichten dazu geben *Gräfen* 1967, 1978; *Pöschmann* 1969; *Eisner* 1979; *Wilke* 1981; *Hohenhinnebusch* 1982.

Die Vor- und Nachteile von Stahl und Gußeisen sind bereits in Tabelle 11.1 (S. 179) gegenübergestellt. Aus anwendungstechnischer Sicht ist noch zu ergänzen, daß Stahl gewisse Vorteile besitzen kann, wie bessere Emailhaftung, etwas höhere *TWB*, geringere Wanddicke und damit schnellere Aufheizung und Abkühlung sowie gute Eignung für Reparaturen (*Gräfen* 1967; *Pöschmann* 1972).

Apparateemaillierungen sind hohen chemischen, thermischen *(TWB)* und mechanischen (spannungsgemäßigen) Belastungen ausgesetzt. Der chemische Angriff erfolgt meist durch starke oder konzentrierte heiße Säuren oder Laugen. Die Belastbarkeit ergibt sich aus Konzentrations-Temperatur-Grenzkurven oder aus Isokorrosionskurven für einen Abtrag von 0,1 mm a^{-1} (Bilder 24.7,

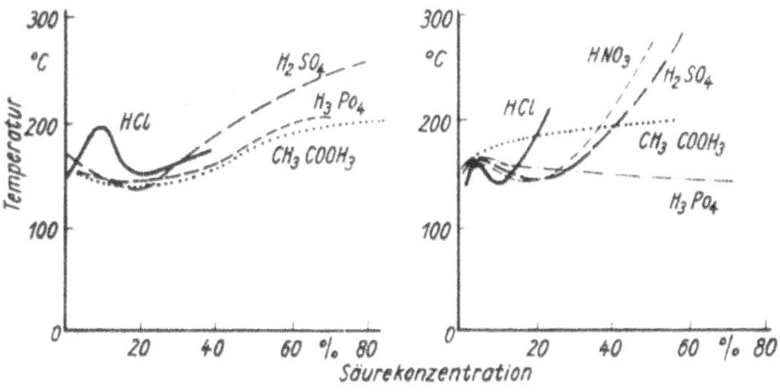

a) b)

Bild 24.7. Korrosion von Apparateemaillierungen in Abhängigkeit von der Säurekonzentration und der Temperatur

a) Haltbarkeits-Grenzkurven (*Pöschmann* 1972)

b) Isokorrosionskurven für einen Abtrag von 0,1 mm a^{-1} (*Gräfen* 1978)

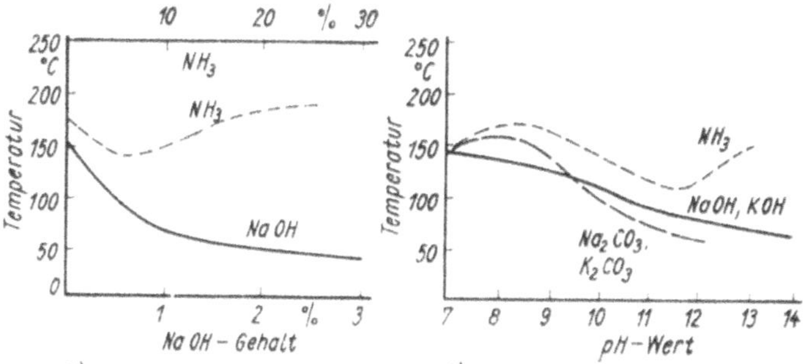

a) b)

Bild 24.8. Korrosion von Apparateemaillierungen in Abhängigkeit von der Laugekonzentration bzw. vom pH-Wert und der Temperatur

a) Haltbarkeits-Grenzkurven (*Pöschmann* 1972)

b) Isokorrosionskurven für einen Abtrag von 0,1 mm a^{-1} (*Gräfen* 1978)

24.8). Isokorrosionskurven von Emails im Vergleich zu anderen Apparatewerkstoffen sind in Bild 24.9 wiedergegeben; sie zeigen die Überlegenheit der Emaillierung. Während eine Belastung in Säuren oberhalb 160 bis zu 300 °C möglich ist, sind in Laugen nur 100 °C zulässig; Wasserangriff wird bis 140 °C ertragen. Zulässige Auslaugwerte von glasigen Chemieemails liegen bei 20 %iger HCl < 1 g $(m^2\,d)^{-1}$, bei 4 %iger NaOH <2,5 g $(m^2\,d)^{-1}$ (TGL 38953).

Die zu erwartende Lebensdauer einer Apparateemaillierung ergibt sich aus der Abtragung bzw. der Auslauggeschwindigkeit v, der Zeit, und der Emaildicke, z. B. nach *Romanenko* u. a. (1980) zu $d = \int_0^t v\,dt$. Weitere Angaben über Korrosionsberechnungen bis 150 h finden sich bei *Chodskij, Mazo* (1976). Für Industrieemails wurden nach *Kyri* (1955 b) beispielsweise folgende Lebensdauerwerte (in Jahren) ermittelt:

in 20 %iger HCl (siedend)	>36
in 20 %iger H_2SO_4 (siedend)	18
in 20 %iger HNO_3 (siedend)	18
in 5 %iger NaOH (65 °C)	3
in 10 %iger NaOH (100 °C)	< 1
in 20 %iger NaOH (65 °C)	2.

Von Bedeutung ist die maximale thermische

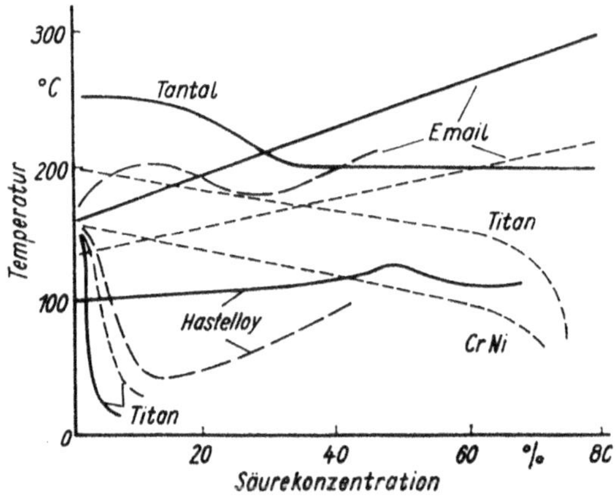

Bild 24.9. Isokorrosionskurven (Abtrag 0,1 mm a^{-1}) für Metalle und Emaillierungen bei verschiedenen Säurekonzentrationen und Temperaturen (*Gräfen* 1967)
——— H_2SO_4 – – – HCl - - - - HNO_3

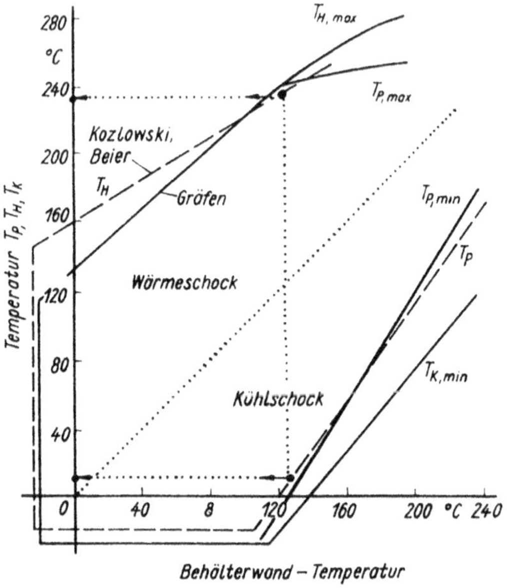

Bild 24.10. *TWB*-Diagramme für Apparateemaillierungen nach *Gräfen* (1967) und *Kozlowski, Beier* (1983)
Nach diesem – gestrichelten – Diagramm darf z. B. bei einer Behälterwandtemperatur von 125 °C beim Säubern oder Füllen das Produkt 10 °C nicht unterschreiten bzw. beim mantelseitigen Aufheizen das Heizmaterial 230 °C nicht überschreiten.

Belastbarkeit des Kompositwerkstoffs durch Temperaturwechsel beim Aufheizen und Abkühlen, beim Säubern und Füllen des Apparates. Hierüber informieren *TWB*-Diagramme, aus denen bei bestimmten Wandtemperaturen die maximalen und minimalen Heizmittel-, Kühlmittel- und Produktionstemperaturen hervorgehen. Einige

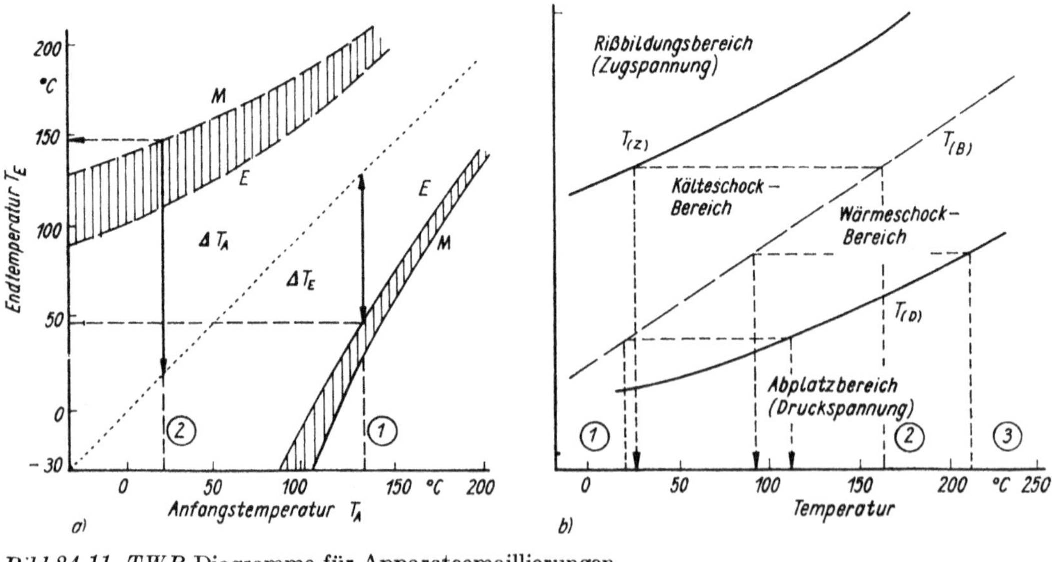

Bild 24.11. *TWB*-Diagramme für Apparateemaillierungen
a) nach *Pöschmann* (1972)   *b*) nach *Wegner* (1967)

solcher Diagramme sind in den Bildern 24.10 und 24.11 dargestellt.

Beispiele zu Bild 24.11a

Fall ① (emailseitiger Kälteschock): Die Temperatur T_A eines abgelassenen Kessels (Arbeitstemperatur 150 °C) betrage 130 °C. Die Temperatur der Neufüllung darf dann 45 °C nicht unterschreiten; der zulässige Temperaturschock beträgt demzufolge 85 K.

Fall ② (metallseitiger Wärmeschock): Um einen Kessel von 20 °C auf 155 °C aufzuheizen, darf die Temperatur T_E im Dampfmantel 149 °C nicht überschreiten; die zulässige Temperaturdifferenz beträgt dann 129 K.

Beispiele zu Bild 24.11b

Die stark ausgezogenen Linien geben die Wandtemperatur T_B und die Temperatur des Emails an, bei der bei Temperaturwechsel Zugspannung und Rißbildung (T_Z) bzw. Druckspannung und Abplatzen (T_D) auftreten können; Vorgehen siehe Fall ① bis ③.

Fall ①: Der kalte Behälter (20 °C) darf mit höchstens 120 °C heißem Gut beschickt werden.

Fall ②: Bei Ablassen eines 169 °C heißen Produkts soll die Neufüllung nicht kälter als 24 °C sein bzw. der Dampfmantel des 24 °C warmen Apparates darf nicht über 168 °C aufgeheizt werden.

Fall ③: Ein 220 °C heißer Apparat darf nur dann schnell abgekühlt werden, wenn die Temperatur des Kühlmittels nicht unter 94 °C liegt.

Für die Apparateemaillierung haben sich auch glaskristalline Emails eingeführt. Ihre physikalisch-thermischen Anwendungseigenschaften sind vielfach besser als die der üblichen Glasemails (z. B. *Scharbach* 1965, 1967; *Čemerko* u. a. 1975; *Hohenhinnebusch* 1982; *Partridge* 1981, 1983; *Kozlowski, Beier* 1983). Tabelle 24.2 gibt einen vergleichenden Überblick über entsprechende Kennwerte beider Emailtypen.

24.3.4. Ausrüstungen der Wärmetechnik und Energetik

Emaillierungen in der Wärmetechnik sind nur mäßigen Temperaturen ausgesetzt. Anwendungsgebiete sind z. B. Stahlschornsteine, die u. a. aggressiven Gasen, Kondensaten und Erosionen widerstehen müssen. Von *Bouše* u. a. (1976, 1979, 1981) wird eine Haltbarkeit von 15 bis 20 Jahren angegeben.

In Kraftwerksanlagen wird die Lebensdauer emaillierter Teile von der Art der Emaillierung und ihrer chemischen und mechani-

Tabelle 24.2. Gebrauchskennwerte von glasigen und glaskristallinen Apparateemails (*Scharbach* 1965, 1967; *Hohenhinnebusch* 1982)

Eigenschaft	Glasiges Email	Glaskristallines Email
Biegefestigkeit, MPa	130...160	200...270
E-Modul, 10^3 MPa	70	130...200
Härte, HV	615	635
Druckvorspannung, MPa	80...130	100
Schlagfestigkeit, N m	4...6	>10
Verschleiß (DIN 51152), Δ m	0,8	0,4
Erweichungstemperatur, °C	530	720
dilatometrische Erweichung, °C	500...600	800...1000
TWB (Δ T), K	200	>200
Säurebeständigkeit (DIN 51157) HCl, g dm^{-2} d^{-1}	0,05...0,15	0,1...0,3
Laugebeständigkeit, 1N NaOH, 80 °C	2,0	3,0
Wasserbeständigkeit, 100 °C	0,1	0,45
spezifischer elektrischer Widerstand, Ω cm	$10^{12}...10^{14}$	$10^{12}...10^{14}$

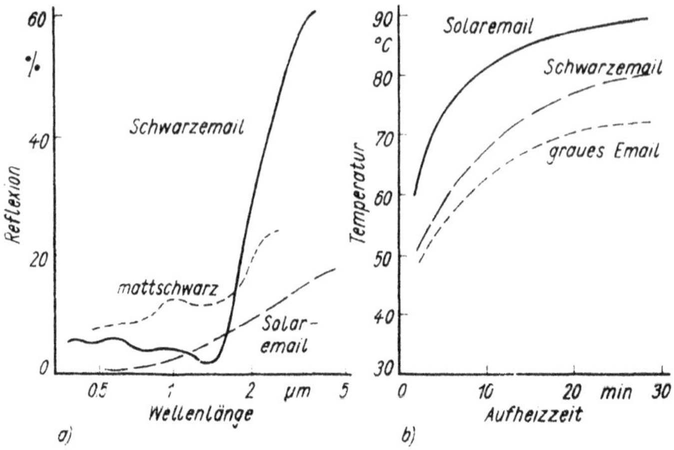

Bild 24.12. Eigenschaften von Sonnenkollektor-Emails (*Joseph* 1977; *Hoens* 1979, *de Jong, Simonis* 1983)

a) Spektrale Reflexion

b) Wirkung verschiedener Emails auf die Aufheizung der Zirkulationsflüssigkeit

schen Beanspruchung bestimmt; sie wird nach Untersuchungen von *Bazajanc* u. a. (1981) durch geringe chemische Beständigkeit und erhöhte Porosität herabgesetzt. Vergleiche zwischen verschiedenen Schutzschichten ergaben eine hohe Überlegenheit von Emaillierungen (*Huffeut* 1964, 1967). Das gleiche gilt für Lufterhitzer in starken, feststoffhaltigen Gasströmen, für die *Bazajanc* u. a. (1982) Lebensdauerberechnungen durchgeführt haben. In Wärmetauschern (s. z. B. *Heyemann* 1986) ist die Verhütung von Ablagerungen durch Email besonders vorteilhaft (*Huffeut* 1964).

Zur Nutzung der Sonnenenergie haben sich emaillierte Kollektoren bewährt; die an das Email zu stellenden Forderungen wurden bereits in Abschnitt 6.4.1.1. genannt. Eine solarselektive Emaillierung wird auf den Absorber, eine heißwasserbeständige auf den Speicherbehälter der 70 °C warmen Zirkulationsflüssigkeit aufgebracht. Als Grundmetalle werden Stahl, Aluminium oder Kupfer verwendet.

Schwarzemails (mit SnO_2-Beschichtung; Solaremail) haben einen Absorptionsgrad von maximal 0,935 im technisch wichtigen Wellenlängenbereich von 0,3 bis zu 2,5 µm. Die spektrale Reflexion solcher Emails ist in Bild 24.12a wiedergegeben. Die Wirkung der solarselektiven Emails zeigt sich deutlich in den Aufheiz-Kurven (Bild 24.12b). In sog. Hochtemperatur-Kollektoren (300 °C) wird die Strahlung durch ein reflektierendes Email zunächst auf den Absorber fokussiert und dort auf die Heizflüssigkeit übertragen (*Joseph* 1977, 1979; *Ruderer* 1980). Kombinierte Systeme können auf diese Weise 40 bis 60 % des Energiebedarfs durch Sonnenenergie decken. Die Lebensdauer von Sonnenkollektoren wird mit mindestens 15 Jahren angegeben (*Eppler* 1978).

24.3.5. Emaillierungen in der Elektrotechnik/Elektronik

Wegen des hohen spezifischen elektrischen Widerstands bietet sich Email für die Verwendung in elektrotechnischen Geräten und Anlagen an. Das Isolationsvermögen hängt jedoch beim Gebrauch in starkem Maße vom Oberflächenwiderstand (s. Abschnitt 3.4.3.) ab, der sich je nach den Bedingungen der Umgebung ändern kann. Bei höheren Temperaturen, wie sie bei Emaillierungen in Elektroheizern auftreten (z. B. *Voronin* u. a. 1963), nehmen Leitfähigkeit und spezifischer Stromverlust zu (*Chodskij, Mamedova* 1981; *Mamedova* u. a. 1981). Reduktionen von Email-

bestandteilen können hier zu einem halbleitenden Charakter führen.
Eine neue Entwicklung zeichnet sich in der Anwendung emaillierter Substrate (»PEMS« = porzellanemaillierte Metallsubstrate; Basis Stahl, Edelstahl, Aluminium Kupfer, Kovar usw.) ab. An die Emails werden sehr hohe Anforderungen gestellt, wie hoher spezifischer Widerstand, hohe Durchschlagfestigkeit, niedrige *DK*, geringer Verlustfaktor und hohe Korrosionsbeständigkeit (*van der Vliet* 1981, 1982; *Szwagierczak, Pyda* 1985, 1986; *Schabacker* 1981, 1982; *Thaler* u. a. 1981; *Spector, Johnson* 1981; *Hughes* u. a. 1981, dort auch Grenzflächenaufnahmen; *Szwagierczak, Pyda* 1982; *Bouše* u. a. 1984, 1985). Die Substrate besitzen eine gute *TWB* und hohe Wärmeleitung (Analyse bei *McCusker* 1981); eine Diffusion von Pastenkomponenten in das Email findet nicht statt. Vorteilhaft ist die Stabilität bei hohen Feldstärken. Grenzen sind gesetzt durch die Absorption von Signalenergie durch das Metall im Mikrowellenbereich und die maximale Betriebsfrequenz von 0,4 GHz.

24.3.6. Architekturemaillierungen

Architekturemaillierungen haben in den letzten Jahrzehnten eine starke Verbreitung im Bauwesen gefunden. Gründe hierfür sind Einsatz verschiedenartiger Metalle, geringes Gewicht, vielseitige dekorative Möglichkeiten, hohe Korrosionsbeständigkeit, Formbeständigkeit, thermische Beständigkeit bis 450 °C, Unbrennbarkeit, Licht- und Farbbeständigkeit, antibakterielles Verhalten, kostengünstige Montage, Anwendung von Typenreihen und standardisierten Fertigteilen, geringer Wartungsaufwand. Ausführliche Informationen finden sich bei *Heimsoeth* (1958); *Odenhausen* (1958); *Märker* (1959 bis 1961); *Ingram* (1960; *Bunk* (1963); DEZ (1974).
Das Verhalten von emaillierten Fertigteilen entspricht vollinhaltlich den Ausführungen über die Witterungsbeständigkeit (s. Abschnitt 22.8.4.). Der Korrosionsverlauf kann aus Bild 22.33 (S. 364) entnommen werden. Emailliertes Aluminium zeigt z. B. nach Bild 24.13 im Vergleich mit anderen Werkstoffen das beste Anwendungsverhalten.

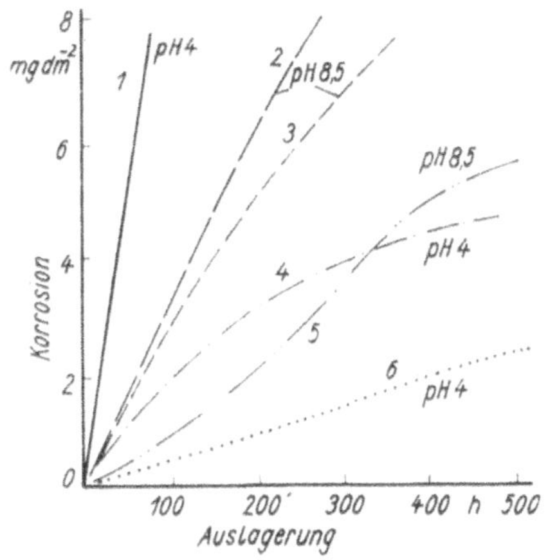

Bild 24.13. Korrosionsverhalten verschiedener Werkstoffe in Industrieatmosphäre nach *Pollack* (1962); pH-Wert gilt für die einwirkende Feuchtigkeit
1, 2 rostfreier Stahl
3 Aluminium
4 Aluminium, anodisch oxydiert
5, 6 Aluminium, emailliert

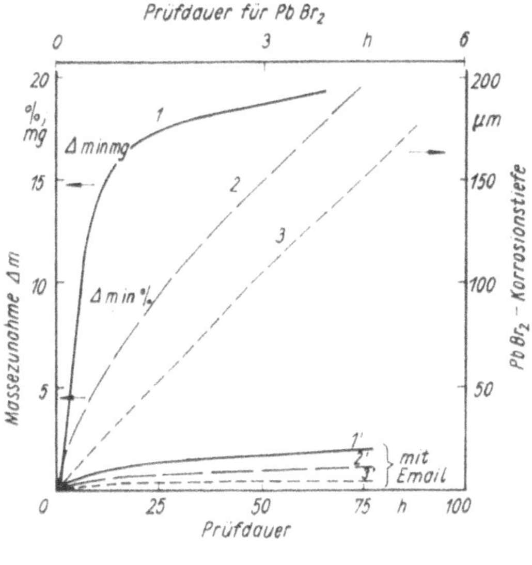

Bild 24.14. Oxydation (Δm) und $PbBr_2$-Korrosion (μm) von Stählen, ungeschützt und emailliert
1 CrNi-Stahl, 900 °C (*Petzold*, z. T. *Betzer* 1960c)
2 Stahl 1020, 800 °C (*Bennett* 1954)
3 Stahl 347, 820 °C (Anon. 1951b)
1', 2', 3' dieselben Materialien, emailliert

Architekturemaillierungen weisen auch nach 30 Jahren noch gleichgute Eigenschaften auf (Anon. 1976b).

24.3.7. Hochtemperaturemaillierungen

Hochtemperaturemails schützen Metalle, wie Stahl Gußeisen, legierten Stahl, warmfeste Legierungen, Kupfer oder Titanium vor Oxydation zwischen 600 und 1200 °C bzw. vor interkristalliner Korrosion. Die allgemeine Zunderschutzwirkung ist bereits in Bild 22.35 (S. 365) dargestellt. Über die Anwendung solcher Emaillierungen gibt es zahlreiche Informationen in der Literatur; Übersichten vermitteln *Plankenhorn* (1960); *Petzold* (1960c); *Appen, Petzold* (1984); *Solncev* (1984).

Einige Beispiele des Oxydationsschutzes verschiedener Metalle sind in den Bildern 24.14 bis 24.16 wiedergegeben. Emaillierungen schützen auch gegen aggressive Heißgase, die $PbBr_2$, V_2O_5, Na_2SO_4, SO_2 (Anon. 1951b; *Huffeut* 1967; *Tamarin, Dodonova* 1977; *Macanga* 1978; *Malik, Ahmad* 1985) oder H_2S enthalten (*Volkov, Dorofeev* 1983). Sie bieten ferner Schutz gegen Aufkohlung (Anon. 1958) oder Wasserstoffaufnahme in Nickel (Anon. 1957c) und Titanium bei

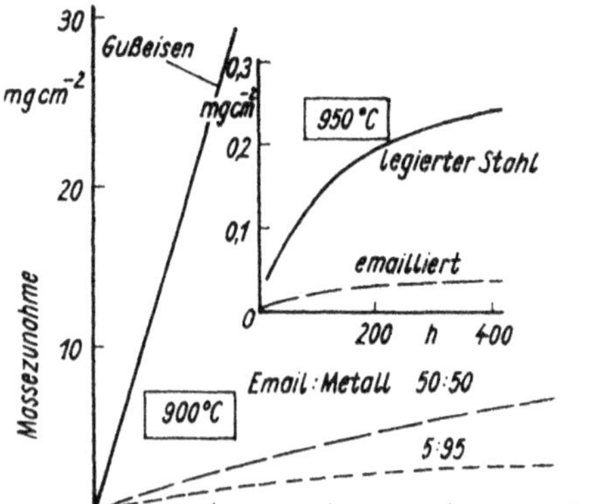

Bild 24.15. Oxydation von Gußeisen, ungeschützt und mit metallisch-glasiger Schutzschicht (*Appen* u. a. 1960)
Zusatzdiagramm: Schutz von Gasturbinenschaufel-Legierung in V_2O_5-Atmosphäre durch Emaillieren (*Tamarin, Dodonova* 1977)

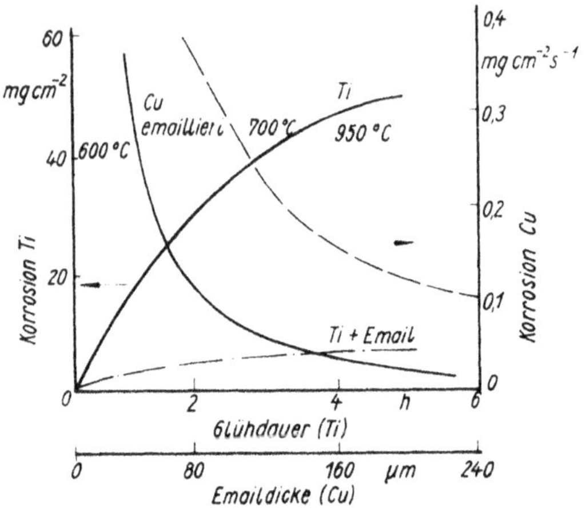

Bild 24.16. Hochtemperaturkorrosion von Titanium, ungeschützt und emailliert (*Gubanova* u. a. 1974) und von emailliertem Kupfer bei verschiedenen Temperaturen (50 h) in Abhängigkeit von der Emaildicke (*Žuravlev* 1975)

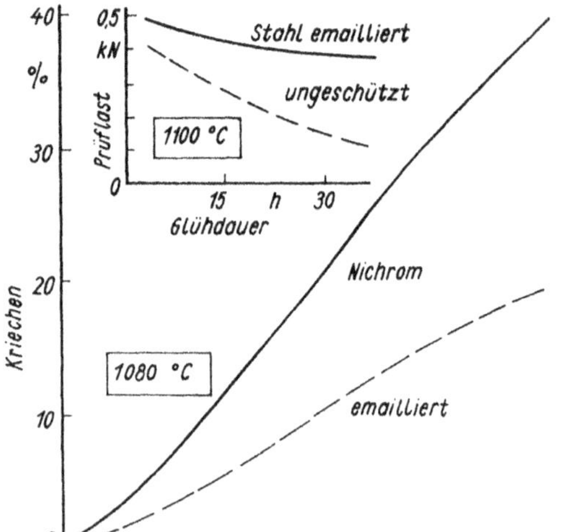

Bild 24.17. Hochtemperatur-Kriechverhalten von Nichrom ohne und mit Emailschicht (*Cuthill* u. a. 1959)
Zusatzdiagramm: Heißfestigkeit (Nur Angabe der Prüfkraft!) von ungeschütztem und geschütztem Stahl in Abhängigkeit von der Glühdauer (*Bennett* 1951)

hohen Temperaturen; daneben wird gleichzeitig die Versprödung herabgesetzt (*Toler* 1955; *Gubanova* u. a. 1974).

Neben dem Korrosionsschutz wirken Hochtemperaturemaillierungen auch noch positiv auf thermomechanische Eigenschaften des Systems Metall/Email. Bild 24.17 zeigt den Einfluß auf Heißzugfestigkeit und Kriechen (*Bennett* 1951; *Cuthill* u. a. 1959).

Als effektiv haben sich auch Kompositemails mit einer metallischen Zweitkomponente (Chrom, Nickel, NiAl, NiCrBSi) erwiesen (*Moore, Cuthill* 1955; *Antonova, Appen* 1959; *Appen* u. a. 1960; *Tamarin, Dodonova* 1977; *Joseph* 1979b).

Email ist geeignet für die Dämpfung von Schwingungen und zur Reduzierung der zyklischen Ermüdung bei hohen Temperaturen (*Nashif* 1974). Der Dämpfungsbereich liegt zwischen 400 und 800 °C, am besten 200 K über T_g, also etwa bei 10^5 bis 10^6 Pa s. Günstig wirkt Al_2O_3 im Email, das die Dämpfungstemperatur erhöht (*Kumar* u. a. 1981; *Kumar, Graves* 1982).

Während des Betriebes können Hochtemperaturemails kristallisieren. So fanden *Demčenko* u. a. (1967) in hochbariumhaltigen Emails z. B. $BaSiO_3$, $BaCrO_4$, $BaZrO_3$, CA_2S_2 und Quarz. Die thermische Ermüdung der Emaillierung wird von den Bedingungen des Temperaturwechsels bestimmt; je höher die Erhitzungstemperatur, um so geringer ist die Anzahl der überstandenen Zyklen (*Bazajanc, Gorbatenko* 1981). Die *TWB* selbst läßt sich von Mühlenzusätzen beeinflussen, wobei Cr_2O_3 am besten wirken soll (*Demčenko* u. a. 1967).

Hitzebeständige Emails zeigen bei hohen Temperaturen gewisse Verflüchtigungserscheinungen (*Demčenko* u. a. 1972). Die Verdampfungsrate bei 1000 °C nimmt von (0,5 bis 1,5) auf (0,6 bis 0,3) g m^{-2} h^{-1} nach 100 h ab; Zusätze von Cr_2O_3 vermindern die Verdampfungsgeschwindigkeit sehr stark. Verflüchtigung und Viskosität des Emails sind umgekehrt proportional.

24.4. Behandlung emaillierter Erzeugnisse

Die richtige Behandlung emaillierter Gegenstände ergibt sich als Schlußfolgerung aus den allgemeinen Emaileigenschaften. Die Behandlung entspricht im wesentlichen der von Erzeugnissen aus Glas, Keramik oder Porzellan, wobei die chemische Beständigkeit und Abriebfestigkeit der Emaillierung etwas geringer, die Schlagfestigkeit dagegen größer ist.

Emaillierte Gegenstände sind pflegeleicht und einfach zu reinigen. Dennoch kann falsche Behandlung zu einer Minderung des Gebrauchswertes und der Nutzungsdauer führen. Prinzipiell gilt (s. z. B. *Ankerst* 1973):

- Die Reinigung der Emailschicht soll lediglich mit warmem Wasser, evtl. unter Zusatz handelsüblicher Waschmittel (ggf. etwas Soda) erfolgen.
- Keinesfalls dürfen für Haushalts- und Sanitärgegenstände starke Laugen (NaOH) oder Säuren aller Art verwendet werden.
- Besonders schädlich ist Scheuern (z. B. mit Sand) und Kratzen.

In angeätztem Email oder Kratzspuren setzt sich stets wieder Schmutz an, der das Erzeugnis unansehnlich macht und zur Verwendung noch intensiver wirkender Mittel verleitet.

Für die wichtigsten Erzeugnisgruppen gelten die folgenden Hinweise:

Verkleidungsteile an Herden, Öfen, Möbeln usw. sind mit warmen Seifenwasser zu reinigen, kalt nachzuwaschen und trocken zu reiben. Einschichtemails auf Gußeisen sind besonders empfindlich gegen chemische und Verschleißbelastungen. Sie sind ebenso zu behandeln und evtl. leicht nachzufetten. Der Fettfilm soll besonders bei Herden das Email gegen überlaufende saure Flüssigkeiten schützen (*Aldinger* 1956).

Koch- und Bratgeräte dürfen nie leer aufgeheizt werden. Sie sind unmittelbar nach dem Gebrauch mit heißem Wasser und Geschirrspülmittel (bestenfalls in 0,5 %iger warmer Sodalösung) zu reinigen. Festgebrannte Speisereste müssen vor dem Entfernen in warmem Wasser aufgeweicht werden. In heißem Wasser unlösliche Fett- oder Rußansätze lassen sich mit Spiritus oder Waschbenzin entfernen. Wurde das Geschirr versehentlich überhitzt, so führt eine Abschrekkung in kaltem Wasser i. d. R. zur Emailzerstörung. Bei langsamer Abkühlung an der Luft ist kaum eine Beschädigung zu erwarten.

In *Badewannen* sollte zuerst kaltes bzw. warmes, dann heißes Wasser eingelassen werden und der Badezusatz erst bei gefüllter Wanne erfolgen. Die Wanne ist sofort nach Gebrauch mit lauwarmem Wasser, ggf. mit Zusatz von NH_4OH, auszuspülen. Besonders Badewannen aus emailliertem Gußeisen besitzen keine sehr hohe chemische Widerstandsfähigkeit. Der Einsatz medizinischer Bäder ist daher nur in begrenztem Umfang oder in entsprechend säurebeständig emaillierten Wannen möglich. Stark alkalische Einweich- und Vollwaschmittel für Textilien greifen das Email auch bei Raumtemperatur merklich an. Leicht anhaftende Schmutzrückstände lassen sich mit den üblichen nicht scheuernden Reinigungsmitteln (z. B. Pulax) entfernen. Diese sind bei eisenhaltigem Wasser auch zur Beseitigung von hydrolytisch entstandenen Rostanlagerungen geeignet, die am Email sehr fest haften. Reiniger-Spray ist nur zu verwenden, wenn die Eignung für Badewannen vermerkt ist, da derartige Agenzien z. T. verdünnte Säure (z. B. Zitronensäure) enthalten. Nach jeder Sonderbehandlung ist die Wanne gründlich mit Wasser nachzuspülen.

Für die Montage und Wartung sind die Hinweise des Herstellers sowie TGL 31779 zu beachten.

Architekturemaillierungen und Schilder werden durch Regen im allgemeinen auf natürliche Weise gesäubert. Sollte sich jedoch eine leicht anhaftende Schmutzschicht gebildet haben, gilt das gleiche Reinigungsprinzip wie für Verkleidungen. Die Nachtrocknung kann entfallen.

Chemieapparate sind meist hochsäurefest emailliert, so daß zur Reinigung auch konzentrierte Säuren (außer HF) eingesetzt werden können. Scheuernde Reinigungsmittel dürfen nur dann verwendet werden, wenn sie weicher sind als das Email. Da Apparate eine große Masse besitzen, sind sie besonders beim Transport sehr schlag- und stoßgefährdet. Bei der Montage sind größere Spannungen zu vermeiden. Schrauben sind aufeinanderfolgend allmählich anzuziehen; Anziehen über Kreuz kann zu Emailschäden führen. Die Lager- und Montagebedingungen des Herstellers sind unbedingt zu beachten.

Literaturverzeichnis

Erläuterung zum Literaturverzeichnis

Das Literaturverzeichnis ist alphabetisch in Verbindung mit steigenden Jahreszahlen aufgebaut: zunächst Autor *A*, dann *A* mit Zweitautor *B* und schließlich *A*, *B* u. a. Gleichlautende Autoren *A* sind nicht nach dem Vornamen, sondern nur nach der Jahreszahl geordnet. Im Text sind die Arbeiten von einem bzw. zwei Autoren durch die entsprechenden Namen ausgewiesen; sie sind so auch im Literaturverzeichnis enthalten. Bei mehr als zwei Autoren wird im Text nur der erste Autor mit Zusatz »u. a.« genannt. Im Literaturverzeichnis wird dazu (von einigen unvermeidbaren Ausnahmen abgesehen) noch der zweite Autor mit Zusatz »u. a.« angegeben. Beim Aufsuchen der Quelle ist also – vor allem bei gleichen Jahreszahlen – zu unterscheiden zwischen Autor *A* + Autor *B* und Autor *A* + Autor B u. a. (während der Drucklegung noch zusätzlich berücksichtigte Literatur von 1984, 1985 und z. T. 1986 s. S. 423ff.).

Abou-Ali, M.: Metalloberfl. 31 (1977), S. 560

Adam, G.: Mitt. VDEfa 29 (1981), S. 29.

Adams, J. R.; Finley, J. P.: Proc. Porc. Enamel. Inst. 24 (1962), S. 114

Adams, J. R.; Finley, J. P.: Int. Enamel. 13 (1963) 3, S. 21

Adams, R. B.; Pask, J. A.: J. Amer. Ceram. Soc. 44 (1961), S. 430

Afflerbach, H. W.: Proc. Porc. Enamel. Inst. 28 (1966), S. 197

Afonin, V. D.; Aduškin, L. E.: 3. Int. Konf. zu RGW-Probl., Warschau 1980, S. 113

Akstinat, M. H.: Werkst. Korr. 21 (1970), S. 273

Akstinat, M. H.: Glas-Email-Keramo-Techn. 22 (1971), S. 203

Albert, P.: Sprechsaal 102 (1969), S. 97, 145

Albert, P.: Sprechsaal 104 (1971), S. 267

Albert, P.: Sprechsaal 106 (1973), S. 860

Albert, P., Rendetzky, J.: Epitöyanyag 31 (1971) S. 228

Albert, P.; Rendetzky, J.: email-metal (1978) 37, S. 58

Albrecht, J.; Birmes, W.: Mitt. VDEfa 22 (1974) S. 1

Albrecht, J.; Birmes, W. u. a.: Mitt. VDEfa 19 (1971) S. 21

a *Aldinger, R.*: Sprechsaal 85 (1952), S. 249

b *Aldinger, R.*: Glas-Email-Keramo-Techn. 3 (1952), S. 208

Aldinger, R.: Der praktische Emailfachmann, 3. Aufl. Essen 1956

a *Aldinger, R.*: Glas-Email-Keramo-Techn. 8 (1957), S. 111

b *Aldinger, R.*: Sprechsaal 90 (1957), S. 28, 67

a *Aldinger, R.*: Sprechsaal 92 (1959), S. 549

b *Aldinger, R.*: Glas-Email-Keramo-Techn. 10 (1959), S. 125

Aldinger, R.: Glas-Email-Keramo-Techn. 15 (1964), S. 119
Aldinger, R.: Glas-Email-Keramo-Techn. 18 (1967), S. 353
Aldinger, R.: Glas-Email-Keramo-Techn. 19 (1968), S. 347
Alejnikov, F. K. u. a.: Trudy AN LitovSSR, Ser. B, 97 (1976) 6, S. 29; 98 (1977) 1, S. 39
Amand, R.: email-metal (1971) 9/10, S. 87
Ambos, E.: Urformtechnik metallischer Werkstoffe. Leipzig 1981
Amin, R. B.; Cook, R. L.: Amer. Ceram. Soc. Bull. 42 (1963), S. 703
Anders, H.: Tonindustrie-Ztg. 76 (1952), S. 165
Anders, H.: Glas-Email-Keramo-Techn. 14 (1963), S. 258
Andreeva, N. G.; Požidaev, A. A.: u. a.: Steklo i Keram. (1963) 3, S. 22
Andreeva, N. G.; Požidaev, A. A. u. a.: Steklo i Keram. (1970) 5, S. 22
Andrew, B.: Amer. Ceram. Soc. Bull. 55 (1976) S. 583
Andrews, A. I.: Porcelain Enamels. Champaign, Ill. 1961
Andrews, A. I.; Cook, R. L.: J. Amer. Ceram. Soc. 24 (1941), S. 298
Andrews, A. I.; Dietterle, E. W.: J. Amer. Ceram. Soc. 23 (1940), S. 29
Andrews, A. I.; Swift, H. R.: J. Amer. Ceram. Soc. 27 (1944), S. 46
Ankerst, H.: Glas-Email-Keramo-Techn. 13 (1962), S. 229
Ankerst, H.: Sprechsaal 99 (1966), S. 67
Ankerst, H.: Glas-Email-Keramo-Techn. 18 (1967), S. 119
Ankerst, H.: Glas-Email-Keramo-Techn. 19 (1968), S. 351
Ankerst, H.: Glas-Email-Keramo-Techn. 24 (1973), S. 256
Ankerst, H.; Weimer, G.: Glas-Email-Keramo-Techn. 14 (1963), S. 124
a Anon.: Better Enamel. 22 (1951) 12, S. 6
b Anon.: NBS Tech. News Bull. 35 (1951), S. 88
Anon.: Ceram. Ind. (1953) 6, S. 72
Anon.: Ceram. Ind. (1955) 2, S. 95
Anon.: Ceram. Ind. (1956) 3, S. 103
a Anon.: Glas-Email-Keramo-Techn. 8 (1957), S. 473
b Anon.: Ceram. Ind. (1957) 5, S. 63
c Anon.: Int. Enamel. 7 (1957) 1, S. 25
Anon.: Int. Enamel. 8 (1958) 4, S. 2
Anon.: Int. Enamel. 10 (1960) 1, S. 20
Anon.: Inf.-Blatt 7. Gußeisen mit Kugelgraphit. ZIG Leipzig 1961
Anon.: Int. Enamel. 3 (1963) 3, S. 8
a Anon.: Sprechsaal 98 (1965), S. 49
b Anon.: Mitt. Forsch.-Ges. Blechverarb. 16 (1965) 18. Beilage
Anon.: Sprechsaal 99 (1966), S. 725
a Anon.: Met. Finish. J. 13 (1967) 153, S. 298
b Anon.: Glas-Email-Keramo-Techn. 18 (1967), S. 360
a Anon.: Mitt. VDEfa 16 (1968), S. 57
b Anon.: Int. Enamel. 18 (1968) 4, S. 29
c Anon.: Int. Enamel. 18 (1968) 2, S. 22
d Anon.: Glas-Email-Keramo-Techn. 19 (1968), S. 365
a Anon.: Glas-Email-Keramo-Techn. 20 (1969), S. 265
b Anon.: Int. Enamel. 19 (1969) 2, S. 21
c Anon.: Sprechsaal 102 (1969), S. 933
Anon.: Sprechsaal 103 (1970), S. 749
a Anon.: Int. Enamel. 21 (1971) 3, S. 2
b Anon.: Int. Enamel. 21 (1971) 4, S. 2
Anon.: Ceram. Ind. (1972) 2, S. 16
a Anon.: Int. Enamel. 23 (1973) 3, S. 15
b Anon.: Sprechsaal 106 (1973), S. 353
a Anon.: Glas-Email-Keramo-Techn. 25 (1974), S. 219
b Anon.: Glas-Email-Keramo-Techn. 25 (1974), S. 51
Anon.: Int. Enamel. 25 (1975) 3, S. 26
a Anon.: Mitt. VDEfa 24 (1976), S. 118
b Anon.: email-metal (1976) 28, S. 61
c Anon.: Metalloberfl. 30 (1976), S. 236
d Anon.: Metalloberfl. 30 (1976), S. 230
e Anon.: Int. Enamel. 26 (1976) 1, S. 10
f Anon.: Ceram. Ind. (1976) 3, S. 44
a Anon.: Int. Enamel. 27 (1977) 3, S. 24
b Anon.: Int. Enamel. 27 (1977) 4, S. 24
Anon.: email-metal (1978) 35, S. 76
a Anon.: Int. Enamel. 29 (1979) 1, S. 13
b Anon.: Int. Enamel. 29 (1979) 4, S. 2
a Anon.: Sprechsaal 114 (1981), S. 882
b Anon.: Mitt. VDEfa 29 (1981), S. 136
c Anon.: Int. Enamel. 31 (1981) 2, S. 9
d Anon.: Int. Enamel. 31 (1981) 2, S. 20
a Anon.: Mitt. VDEfa 30 (1982), S. 119
b Anon.: Masch.-Markt 88 (1982), S. 1236
c Anon.: Mitt. VDEfa 30 (1982), S. 97
Anon.: email-metal (1983) 55, S. 26
Anon.: Mitt. VDEfa 32 (1984), S. 78
Antonova, E. A.; Appen, A. A.: Ž. Prikl. Chim. 32 (1959), S. 2468
Antropov, L. I.: Zašč. Met. 13 (1977), S. 387
Appen, A. A.: Silikattechn. 5 (1954), S. 11
Appen, A. A.: Mitt. VDEfa 20 (1972), S. 116; 21 (1973), S. 29ff.
Appen, A. A.: Chimija Stekla. Leningrad 1974
Appen, A. A.: Temperaturoustojčivye neorganičeskie pokrytija. Leningrad 1976

Appen, A. A.; Antonova, E. A. u. a.: Steklo i Keram (1960) 9, S. 22
Appen, A. A.; Bresker, R. I. u. a.: Ž. Prikl. Chim. 29 (1956), S. 1753
Appen, A. A.; Kozlovskaja, E. I.: Ž. Prikl. Chim. 34 (1961), S. 975
Appen, A. A.: Petzold, A.: Hitzebeständige Korrosions-, Wärme- und Verschleißschutzschichten, 2. Aufl. Leipzig 1984
Appen, A. A.; Schischow, K. A. u. a.: Silikattechn. 4 (1953), S. 103
Appen, A. A.; Vagarovskij, E. E. u. a.: Neorg. Mat. 14 (1978), S. 351
Armstrong, W. W.: Metal Prod. Manuf. 21 (1964) 12, S. 39
Arnold, K. H.: Mitt. VDEfa 9 (1961), S. 40
Asarow, K. P.: Mitt. VDEfa 9 (1961), S. 59, 89
Asarow, K. P.; Gretschanowa, S. B. u. a.: Mitt. VDEfa 10 (1962), S. 13
Averčenko, P. A.; Pleskač, V. M. u. a.: Steklo i Keram. (1970) 6, S. 20
Azarov, K. P.: Ž. Prikl. Chim. 27 (1954), S. 33; Silikattechn. 5 (1954), S. 347
Azarov, K. P.: Koll.-Ž. 20 (1958), S. 118
Azarov, K. P.; Balandina, V. V.: Ž. Prikl. Chim. 31 (1958), S. 308
Azarov, K. P.; Gorbatenko, V. E.: Trudy NPI 47/61 (1958), S. 201
Azarov, K. P.; Gorbatenko, V. E.: Steklo i Keram. (1961) 11, S. 32
Azarov, K. P.; Grečanova, S. B.: Steklo i Keram. (1959) 12, S. 10
Azarov, K. P.; Grečanova, S. B. u. a.: Steklo i Keram. (1967) 6, S. 21
Azarov, K. P.; Leskov, A. L.: Steklo i Keram. (1964) 7, S. 35
Azarov, K. P.; Zerin, V. G.: Trudy NPI 47/61 (1958), S. 229

Bacci, D.; Basso, S. u. a.: Mitt. VDEfa 32 (1984), S. 141
Bakalin, Ju. I.; Sacharov, B. F. u. a.: Steklo i Keram. (1981) 1, S. 16
Baker, M. A.: Int. Enamel. 20 (1970) 2, S. 4
Bamford, C. R.: Phys. Chem. Glasses 3 (1962), S. 189
Barinov, Ju. D.; Belozub, N. G. u. a.: Steklo i Keram. (1979) 11, S. 12
a *Barino, Ju. D.; Livšic, B. Ch.:* Steklo i Keram. (1971) 2, S. 29
b *Barinov, Ju. D.; Livšic, B. Ch.:* Steklo i Keram. (1971) 5, S. 25
Barinov, Ju. D.; Moskvin, A. M.: Steklo i Keram. (1984) 3, S. 14
Barinov, Ju. D.; Ponomarčuk, S. M. u. a.: Steklo i Keram. (1971) 12, S. 18
Barinov, Ju. D.; Smakota, N. F. u. a.: Steklo i Keram. (1972) 11, S. 22
Barrans, H.: Inst. Vitr. Enamel. Bull. 17 (1966) 11, S. 124
Barta, B.: Sklař a Keramik 5 (1955), S. 212
Basso, S.: Mitt. VDEfa 22 (1974) S. 72
Basso, S.; Hoens, M. F. A.: Mitt. VDEfa 24 (1976), S. 5
Basso, S.; Piane, E. D.: Sprechsaal 103 (1970), S. 185
Batel, W.: Einführung in die Korngrößenmeßtechnik, 2. Aufl. Berlin/Göttingen/Heidelberg 1964
Baumann, K.: Schriftenreihe ZKS Dresden 29/30 (1979)
Bazajanc, G. V.; Gorbatenko, V. E.: Steklo i Keram. (1981) 10, S. 14
Bazajanc, G. V.; Svetličnyj, V. A. u. a.: Steklo i Keram. (1982) 1, S. 16
Bazajanc, G. V. u. a.: Teplotechnika (1981) 12, S. 47
Beall, F. W.; Myers, R. C. u. a.: Amer. Ceram. Soc. Bull. 39 (1960), S. 727
Beals, M. D.; Blair, L. C. u. a.: J. Amer. Ceram. Soc. 34 (1951), S. 291
Beattie, C. W.: Int. Enamel. 12 (1962) 3, S. 30
Becher, P. F.; Newell, W. C. u. a.; in *Bradt, R. C.* u. a.: Fracture Mechanics of Ceramics Vol. 3. New York/London 1978, S. 463
Becker, E.: Grobstrukturprüfung mittels Röntgen- und Gammastrahlen. Leipzig 1983
Beckert, M. (Hrsg.) u. a.: Grundl. der Schweißtechnik/Schweißverfahren, 7. Aufl. Berlin 1977
Bednošeja, K. Ja.; Koval, A. A. u. a.: Steklo i Keram. (1983) 10, S. 17
Behrenbeck, H. H.; Patzke, K.: Mitt. VDEfa 30 (1982), S. 112
Beljaev, G. I.: Ž. Prikl. Chim. 30 (1957), S. 1077
Beljaev, G. I.: Steklo i Keram. (1958) 3, 33
Beljaev, G. I.: Steklo i Keram. (1959) 3, S. 30
a *Beljaev, G. I.:* Ž. Prikl. Chim. 33 (1960), S. 94
b *Beljaev, G. I.:* Steklo i Keram. (1960) 4, S. 33
Beljaev, G. I.; Barinov, Ju. D.: Steklo i Keram. (1962) 1, S. 26
Beljaev, G. I.; Barinov, Ju. D.: Steklo i Keram. (1963) 3, S. 20
Beljaev, G. I.; Belyj, Ja. I. u. a.: Steklo Keram. (1962) 6, S. 29
Beljaev, G. I.; Belyj, Ja. I.: Steklo i Keram. (1965) 4, S. 34
Beljaev, G. I.; Blech, S. I.: Steklo i Keram. (1963) 4, S. 26
Beljaev, G. I.; Ponomarčuk, S. M.: Chim. Mašinostroenie (1964) 2, S. 30
Beljaev, G. I.; Smakota, N. F.: Steklo i Keram. (1964) 3, S. 26

Beljaer, G. I. u. a.: in Malobornye Emali. Kišinev 1968
Benkowsky, G.: Induktionserwärmung, 3. Aufl. Berlin 1973
Bennett, D. G.: Finish 3 (1951) 1, S. 31
Bennett, R. W. H.: Sprechsaal 88 (1955), S. 413
Bennett, D. G.; Plankenhorn, W. J.: WADC-Rep. 54—87 (1953); Ceram. Abstr. 37 (1954), S. 139
Benninghoff, H.: Metalloberfl. 38 (1984), S. 77
Benzel, J. F.; Uher, J. F. u. a.: J. Amer. Ceram. Soc. 44 (1961), S. 1
Berg, T. G. O.: Amer. Ceram. Soc. Bull 40 (1961), S. 78
Berg, M.; Humenik, M.: Amer. Ceram. Soc. Bull. 31 (1952), S. 329
Bergeron, C. G.: Proc. Porc. Enamel. Inst. Forum 20 (1958), S. 105
Bergeron, C.G.; Schwarzlose, P. F. u. a.: J. Amer. Ceram. Soc. 42 (1959), S. 451
Bergeron, C. G.; Tennery, V. J. u. a.: J. Amer. Ceram. Soc. 44 (1961), S. 156
Berk, J.; de Jong, J.: J. Amer. Ceram. Soc. 41 (1958), S. 287
Bernick, L. M.: Proc. Porc. Enamel. Inst. Forum 23 (1961), S. 74; Int. Enamel. 12 (1962) 4, S. 31
Bernick, L. M.; McFarland, W. H.: Porc. Porc. Enamel. Inst. 31 (1969), S. 130
Bersticker, A. C.: Sweo, B. J.: Amer. Ceram. Soc. Bull. 43 (1964), S. 171
Bersticker, A. C.; Sweo, B. J. u. a.: Amer. Ceram. Soc. Bull. 45 (1966), S. 1009
Betzer, H.: Silikattechn. 8 (1957), S. 20
Beyer, B.: Werkstoffkunde NE-Metalle. Leipzig 1971
Beyersdorfer, P.: Glashütte 76 (1949), S. 1, 19
Bezborodov, M. A.; Mazo, E. E. u. a.: Steklo i Keram. (1960) 1, S. 35
Bhat, V. K.; Manning, C. R.: J. Amer. Ceram. Soc. 56 (1973), S. 455
Bickel, E.: Stahl und Eisen 76 (1956), S. 1116
Bidermanis, L. K.; Kovalevskij, V. B. u. a.: Steklo i Keram. (1984) 9, S. 17
Bijl, C. L.: Chem. Weekbl. 48 (1952), S. 5
Biller, L. N.: Ceram. Ind. (1976) 3, S. 34; (1976) 5, S. 26
Binder, L.; Grubitsch, H.: Arch. Eisenhüttenwes. 46 (1975), S. 393
Birmes, H. E.; Meyer, L. u. a.: Mitt. VDEfa 22 (1974), S. 41
Blair, L. R.; Beals, M. D.: J. Amer. Ceram. Soc. 34 (1951), S. 110
Blanchard, M.; Inst. Vitr. Enamel. Bull. 15 (1966) 37, S. 26
Blanchard, M.: email-metal (1969) 2, S. 69
Blanchard, M.; Deringer, W. A.: J. Amer. Ceram. Soc. 35 (1952), S. 12
Blankenburg, H.-J. u. a.: Quarzrohstoffe. Leipzig 1978
Blickwede, D. J.: Amer. Ceram. Soc. Bull. 52 (1973), S. 185
Blöch, R.: Metall 36 (1982), S. 164, 977
Blondel, A.: email-metal (1974) 19, S. 72
Blume, F. (Hrsg.) u. a.: Einführung in die Fertigungstechnik, 5. Aufl. Berlin 1981
Blümel, K.; Hartmann, G.: VDI-Z. 125 (1983), S. 625
Blumenauer, H. (Hrsg.) u. a.: Werkstoffprüfung 3. Aufl. Leipzig 1984
Bobkov, L. S.; Kormyševa, V. P.: Steklo i Keram. (1966) 8, S. 20
Boerrigter, J. A.: email-metal (1978) 34, S. 69
Boerrigter, J. A.: Mitt. VDEfa 27 (1979), S. 113
Böhmer, H. H.; Hennicke, H. W.: Mitt. VDEfa 23 (1975), S. 42
Böhne, C.: Masch.-Markt 68 (1962), S. 20
Bohnenkamp, K.; Engell, H.-J.: Arch. Eisenhüttenwes. 33 (1962), S. 359
Borgolte, T.: Mitt. VDEfa 13 (1965), S. 21
Bormann, M.: Oberfl. + JOT 20 (1980), S. 66
Bormann, M.: Metalloberfl. 36 (1982), S. 169
Borom, M. P.; Longwell, J. A. u. a.: J. Amer. Ceram. Soc. 50 (1967), S. 61
Borom, M. P.; Pask, J. A.: J. Amer. Ceram. Soc. 49 (1966), S. 1
Borom, M. P.; Pask, J. A.: Phys. Chem. Glasses 8 (1967), S. 194
Böttcher, D. G.: Mitt. VDEfa 26 (1978), S. 85
Bouše, V.: Kužel, R. u. a.: Mitt. VDEfa 32 (1984), S. 27; Masch.-Markt 90 (1984), S. 1674
Bouše, V.; Moravčik, A.: Mitt. VDEfa 25 (1977), S. 128
Bouše, V.; Moravčik, A. u. a.: Mitt. VDEfa 30 (1982), S. 49
Bouše, V.; Stepan, P.: Koroze a Ochrana Mat. (Praha) 25 (1981), S. 60
Bouše, V.; Tenorova, J.: Silikattechn. 35 (1984), S. 81
Bouše, V. u. a.: Energetika (Praha) 26 (1976), S. 468; Mitt. VDEfa 27 (1979), S. 126; email-metal (1981) 48, S. 65
Bowley, D. L.: Int. Enamel. 24 (1974) 2, S. 24
Bowman, D. C.: Ceram. Ind. (1951) 6, S. 70
a *Bowman, D. C.:* Int. Enamel. 6 (1956) 2, S. 8
b *Bowman, D. V.:* Int. Enamel. 6 (1956) 2, S. 2
Bowman, D. C.: J. Amer. Ceram. Soc. 31 (1958), S. 254
Bowman, D. C.: Int. Enamel. 9 (1959) 2, S. 12
Bozsin, M.: Int. Enamel. 17 (1967) 2, S. 10
Bozsin, M.: Int. Enamel. 21 (1971) 2, S. 9; 24 (1974) 1, S. 14

Brasher, W. N.: Int. Enamel. 21 (1971) 4, S. 8
Brauns, E.; Rahmel, A. u. a.: Arch. Eisenhüttenwes. 30 (1959), S. 553
Brazkovskaja, A. I.; Chodskij, L. G. u. a.: Vesci AN BSSR, Ser. Chim. Nav. (1982) 2, S. 92
Bremond, P.: Bull. Soc. Franc. Ceram. (1951) 4/6, S. 4
Brennan, J. J.; Pask, J. A.: J. Amer. Ceram. Soc. 56 (1973), S. 58
Brentrop, H.; Dalichau, J.: Wiss. Z. TH Magdeburg 26 (1982), S. 35
Brepohl, E.: Kunsthandwerkliches Emaillieren, 3. Aufl. Leipzig 1983
Brewer, G. E. F.: Amer. Ceram. Soc. Bull. 51 (1972), S. 216
Briem, K.: Mitt. VDEfa 30 (1982), S. 104
Briem, K.: Mitt. VDEfa 32 (1984), S. 62
Briggs, J.; White, J.: Mitt. VDEfa 23 (1975), S. 1
Brockmann, W.: Techn. Mitt. (Essen) 65 (1972), S. 569
Brück, W.: Chem.-Ing.-Techn. 48 (1976), S. 1118
Brücker, F.: Mitt. VDEfa 28 (1980), S. 92; 30 (1982), S. 76; Ber. DKG 58 (1981), S. 180
Brückner, R.; Haas, B.: Mitt. VDEfa 20 (1972), S. 1
Bruins, W. A.: Ber. DKG 29 (1952), S. 52
Brust, O.: Mitt. VDEfa 19 (1971), S. 27
Bryant, E. E.: Proc. Porc. Enamel. Inst. 25 (1963), S. 141
Bryant, E. E.: Int. Enamel. 20 (1970) 4, S. 2
Bryant, E. E.; Ammon, M. G.: J. Amer. Ceram. Soc. 31 (1948), S. 28
Bryant, E. E.; Johnson, G. H.: Int. Enamel. 9 (1959) 1, S. 2; Amer. Ceram. Soc. Bull. 38 (1959), S. 649
Bryant, E. E.; Sweo, B. J. u. a.: Amer. Ceram. Soc. Bull. 32 (1953), S. 248
Bubenicek, J.: email-metal (1972) 11, S. 81
Buciewicz, J.: Silikattechn. 34 (1983), S. 340
Buciewicz, J.; Kulyba, W.: Szklo i Ceram. 28 (1977), S. 119
Buciewicz, J.; Pawlowska, H.: Gießereitechnik 27 (1981), S. 142
Bückle, H.: Mikrohärteprüfung und ihre technische Anwendung. Stuttgart 1965
Buckley, N. S.: Int. Enamel. 22 (1972) 1, S. 24
Budnikov, P. P. u. a.: Steklo i Keram. (1961) 12, S. 23; Sprechsaal 103 (1970), S. 397
Bugaiski, W.; Procyk, B. u. a.: Szklo i Ceram. 33 (1982), S. 71
Bühler, H. E.; Baumgartl, S. u. a.: Arch. Eisenhüttenwes. 46 (1975), S. 811
Bühler, H. E.; Büchel, E. H. u. a.: Mitt. VDEfa 14 (1966), S. 37
Bühler, H. E.; Hoffmann, H. u. a.: Arch. Eisenhüttenwes. 38 (1967), S. 555
Bulavin, Ju. I.: Steklo i Keram. (1965) 5, S. 32
a *Bulavin, Ju. I.:* Steklo i Keram. (1966) 3, S. 30
b *Bulavin, Ju. I.:* Steklo i Keram. (1966) 10, S. 23
Bulavin, Ju. I.: Steklo i Keram. (1968), 7 S.28
Buldini, P. L.: Amer. Ceram. Soc. Bull. 56 (1977), S. 1012
Buler, P. I.; Ivanova, O. P. u. a.: Zašč. Met. 19 (1983), S. 654; 20 (1984), S. 439
Bunk, W.: Glas-Email-Keramo-Techn. 14 (1963), S. 11
Bünzen, K.: Mitt. VDEfa 11 (1963), S. 72
Bünzen, K.: Mitt. VDEfa 12 (1964), S. 51
Bünzen, K.: Mitt. VDEfa 13 (1965), S. 85
Bünzen, K.: Mitt. VDEfa 16)1968), S. 19
Burgess, D. G.; Jasperse, J. R. u. a.: J. Amer. Ceram. Soc. 44 (1961), S. 446
Burgyan, A.; Eppler, R. A.: Amer. Ceram. Soc. Bull. 62 (1983), S. 1001
Butta, R.: Kleinheisterkamp, L.: Sprechsaal 116 (1983), S. 869
Büttner, H.: Glas-Email-Keramo-Techn. 17 (1966), S. 121

Cahoon, H. P.: Finish 9 (1952) 6, S. 29
Caldwell, W P.: Proc. Porc. Enamel. Inst. 24 (1962), S. 109; Int. Enamel. 13 (1963) 3, S. 24
Campbell, C. G.: J. Canad. Ceram. Soc. 35 (1966), S. 104
Canfield, J. J.: Int. Enamel. 4 (1954) 4, S. 7
Canfield, J. J.: Proc. Porc. Enamel. Inst. 23 (1961), S. 1; Int. Enamel. 12 (1962) 2, S. 5
Carlier, R.; Hill, K.: Vitr. Enameller 24 (1973) S. 87
Carlson, W. A.; Sanford, E. A. u. a.: J. Amer. Ceram. Soc. 46 (1963), S. 249
Carroll, W. F.: Amer. Ceram. Soc. Bull. 30 (1951), S. 232
Carroll, J. W.: J. Canad. Ceram. Soc. 37 (1968), S. 2
Carter, A. C.; Sinovec, M. C.: Ceram. Eng. and Sci. Proc. (1981) 3/4, S. 304
Castelli, P.: Mitt. VDEfa 28 (1980), S. 25
Čemerko, L. G.; Akulov, G. I. u. a.: Steklo i Keram. (1975) 10, S. 13
Čemerko, L. G.; Kovalenko, N. I.: Steklo i Keram. (1979) 2, S. 13
Čemerko, L. G.; Olejnik, M. I. u. a.: Chim. Neft. Mašinostr. (1975) 12, S. 20
Čemerko, L. G.; Smirnov, N. S.: Ž. Prikl. Chim. 50 (1977), S. 1574
Čemerko, L. G.; Suchotinskij, V. L. u. a.: Zašč. Met. 15 (1979), S. 608

Cermak, W.: Lehrbuch für den Siebdrucker, 4. Aufl. Leipzig 1964
Chaille, C. E.; King, B. W.: Amer. Ceram. Soc. Bull. 48 (1969), S. 627
Chauvelin, G.: Masch.-Markt 67 (1961) 14, S. 30
Chmela, J.: Mitt. VDEfa 14 (1966), S. 117
Chodskij, L. G.; Mamedova, G. G.: Izv. AN BSSR, Ser. Chim. Nauk (1981) 6, S. 116
Chodskij, L. G.; Mazo, E. C.: Steklo i Keram. (1976) 6, S. 20
Chu, G. P. K.: Ceram. Ind. (1961), S. 98; (1962), S. 39, 72
Chu, G. P. K.; Davis, H. M. u. a.: Mitt. VDEfa 14 (1966), S. 83
Chu, G. P. K.; Keeler, J. H. u. a.: J. Amer. Ceram. Soc. 36 (1953), S. 48
Chu, G. P. K.; Magor, J. K. u. a.: J. Amer. Ceram. Soc. 37 (1954), S. 391
Cillero, F.: Mitt. VDEfa 29 (1981), S. 67
Clark, D. E.; Ethridge, E. C.: Amer. Ceram. Soc. Bull. 60 (1981), S. 646
Clark, J. H.; McDermott, B. A.: Int. Enamel. 22 (1972) 3, S. 9
Clark, D. E.; Pantano, C. G. u. a.: Amer. Ceram. Soc. 58 (1975), S. 336
Clarke, J.: Sheet Met. Ind. 38 (1961), S. 865
Clay, D. B.; Jamieson, R. M.: Int. Enamel. 17 (1967) 3, S. 2
Clemens, K. H.: Mitt. VDEfa 9 (1961), S. 97
Clemens, K. H.: Mitt. VDEfa 10 (1962), S. 119
Clemens, K. G.: Mitt. VDEfa 18 (1970), S. 1
Cline, R. W.; Fulrath, R. M. u. a.: J. Amer. Ceram. Soc. 44 (1961), S. 423
Close, G. C.: Int. Enamel. 4 (1954) 4, S. 2
Cmel, V. M. (Red.): Inf.-Mat. Staatl. Plankomm. d. UkrSSR. Kiev 1967
Conway, M. J.: Amer. Ceram. Soc. Bull. 35 (1956), S. 6
Cook, R. L.: Proc. Porc. Enamel. Inst. 36 (1974), S. 1
Cook, R. L.; Essenpreis, J. F.: J. Amer. Ceram. Soc. 32 (1949), S. 114
Cook, R. L.; Pelz, R. W.: J. Amer. Ceram. Soc. 31 (1948), S. 50
Cooke, F.: Inst. Vitr. Enamel. Bull. 13 (1962) 8, S. 57
Cooke, D.; Paul, A.: Trans. Brit. Ceram. Soc. 77 (1978), S. 104ff.
Corbett, R. P.: Vitr. Enameller 24 (1973), S. 71
Coupland, H. T.: Sheet Met. Ind. 37 (1960), S. 831
Cowan, R. E.: Int. Enamel. 5 (1955) 2, S. 2
Cowan, R. E.: Amer. Ceram. Soc. Bull. 35 (1956) S. 53
Cowan, R. E.; Allen, A. W. u. a.: J. Amer. Ceram. Soc. 39 (1956), S. 293
Cox, J. E.: J. Amer. Ceram. Soc. 41 (1958), S. 336
Cox, J. E.; Farr, A. E.: Amer. Ceram. Soc. Bull. 44 (1965), S. 875
Cox, J. E.; Gerstner, D. M. u. a.: Amer. Ceram. Soc. Bull. 39 (1960), S. 78
Crepaz, E.; Raccanelli, A. u. a.: Sprechsaal 101 (1968), S. 833
Crystal, H.; Bullock, G.: J. Amer. Ceram. Soc. 42 (1959), S. 30
Cuendet, F.: email-metal (1980) 45, S. 65
Currie, T. E.: Int. Enamel. 17 (1967) 1, S. 25
Cuthill, J. R.; Richmond, J. C. u. a.: Amer. Ceram. Soc. Bull. 38 (1959), S. 4
Czikel, J.; Liesenberg, O.: Freiberger Forsch.-Hefte B 24 I (1957)

Dahlgren, S. E.: Mitt. VDEfa 4 (1956), S. 20 (Vortragsref.)
Dale, R. S.: Proc. Porc. Enamel. Inst. 27 (1965), S. 233
Dalichau, J.; Lewin, G.: Wiss. Z. TH Magdeburg 23 (1979), S. 175
Dams, H. C. M.: Mitt. VDEfa 8 (1960), S. 11
Dams, H. C. M.: Glas-Email-Keramo-Techn. 14 (1963), S. 378
Danielson, R. R.; van Gordon, C. V.: Amer. Ceram. Soc. Bull. 35 (1956), S. 347
Das, C. R.; Douglas, R. W.: Phys. Chem. Glasses 8 (1967), S. 178
Das, S. K.; Ghose, M. C. u. a.: Bull. Centr. Glass Ceram. Res. Inst. (Calcutta) 24 (1977) 4, S. 99; Ceram. Abstr. 58 (1979), S. 11
Das, S. K.; Ghose, M. C. u. a.: Bull. Centr. Glass Ceram. Res. Inst. (Calcutta) 25 (1978) 1; Ceram. Abstr. 58 (1979), S. 11
Davis, J. G.: Int. Enamel. 23 (1973) 1, S. 13
Davis, H. M.; Keeler, J. H. u. a.: Mitt. VDEfa 6 (1958), S. 29
Davis, H. T.; Valencourt, L. R. u. a.: J. Amer. Ceram. Soc. 58 (1975), S. 446
Dawihl, W.: Chem. Fabrik 8 (1935), S. 327
Dawson, J. V.: Brit. Cast Iron Res. Assoc. J. 9 (1961), S. 820
de Backer, A.: Mitt. VDEfa 17 (1969), S. 23
de Clerck, D. H.; Heeks, R. E. u. a.: Amer. Ceram. Soc. Bull. 38 (1959), S. 459
Dedner, W.: Masch.-Markt 77 (1971), S. 212
Deichelmann, E.: Mitt. VDEfa 16 (1968), S. 68
de Jong, J.: Hoens, M. F. A.: Mitt. VDEfa 26 (1978), S. 1
de Jong, J.; Simonis, F.: Int. Enamel. 33 (1983) 4, S. 2
de Kazinczy, F.: Jerkont. Ann. 139 (1955), S. 885
Dekker, P.: Mitt. VDEfa 7 (1959), S. 49
Dekker, P.: Mitt. VDEfa 8 (1960), S. 71

Dekker, P.: Mitt. VDEfa 10 (1962), S. 1, 79; 11 (1963), S. 25
a *Dekker, P.:* J. Amer. Ceram. Soc. 48 (1965), S. 319
b *Dekker, P.:* Gießerei 25 (1965), S. 247
c *Dekker, P.:* Mitt. VDEfa 13 (1965), S. 51
Dekker, P.: Mitt. VDEfa 16 (1968), S. 35, 43
a *Dekker, P.:* Mitt. VDEfa 17 (1969), S. 67
b *Dekker, P.:* Metalloberfl. 23 (1969), S. 71
Dekker, P.: Mitt. VDEfa 19 (1971), S. 1
Dekker, P.: Glas-Email-Keramo-Techn.• 23 (1972), S. 127, 161
a *Dekker, P.:* Mitt. VDEfa 21 (1973), S. 13
b *Dekker, P.:* Glas-Email-Keramo-Techn. 24 (1973), S. 37
Dekker, P.: Mitt. VDEfa 22 (1974), S. 82
Dekker, P.: Mitt. VDEfa 28 (1980), S. 116
de Long, H. K.: Int. Enamel. 11 (1961) 3, S. 12
Delott, R. B.: Proc. Porc. Enamel. Inst. 24 (1962), S. 126
Delott, R. B.: J. Canad. Ceram. Soc. 36 (1967), S. 53
Demčenko, N. S.; Ivachin, S. I.: Steklo i Keram. (1973) 3, S. 25
Demčenko, N. S.; Podrojkina, E. I. u. a.: Steklo i Keram. (1967) 2, S. 22
Demčenko, N. S.; Smirnov, N. S. u. .a: Neorg. Mat. 8 (1972), S. 1812
Demischew, K. G.; Bartenev, G. M.: Silikattechn. 17 (1966), S. 344
Deriemont, Y.: Sprechsaal 98 (1965), S. 511
Deriemont, Y.: email-metal (1969) 1, S. 73
Deringer, W.A: J. Amer. Ceram. Soc. 26 (1943), S. 151
Deringer, W. A.: J. Amer. Ceram. Soc. 29 (1946), S. 332
de Vries, H.: Masch.-Markt 77 (1971), S. 319
DEZ (Deutsches Emailzentrum): Architektur-email. Hagen 1974
Dietzel, A.: Emailw.-Ind. 11 (1934), S. 161
Dietzel, A.: Sprechsaal 67 (1934), S. 265; 68 (1935), S. 3ff.
Dietzel, A.; in D'Ans (Hrsg.): Chemisch-technische Untersuchungsmethoden. Ergänzungswerk zur 8. Aufl. Berlin 1939
Dietzel, A.: Sprechsaal 73 (1940), S. 63
Dietzel, A.: Emailw.-Ind. 18 (1941), S. 30
Dietzel, A.: Koll.-Z. 100 (1942), S. 368; Sprechsaal 75 (1942), S. 82
Dietzel, A.: Sprechsaal 78 (1945), S. 19, 34
a *Dietzel, A.:* in D'Ans/Lax, Taschenbuch für Chemiker und Physiker, 2. Aufl. Berlin/Göttingen/Heidelberg 1949, S. 1367
b *Dietzel, A.:* Ber. DKG 26 (1949), S. 12
c *Dietzel, A.:* Sprechsaal 82 (1949), S. 8, 28
Dietzel, A.: Glastechn. Ber. 24 (1951), S. 263
Dietzel, A.: Mitt. VDEfa 9 (1961), S. 42
Dietzel, A.: Mitt. VDEfa 10 (1962), S. 35
a *Dietzel, A.:* Mitt. VDEfa 11 (1963), S. 71
b *Dietzel, A.:* Mitt. VDEfa 11 (1963), S. 14
Dietzel, A.: Dechema-Monogr. 51 (1964), S. 163
Dietzel, A.: Metalloberfl. 21 (1967), S. 372
Dietzel, A.: Mitt. VDEfa 16 (1968), S. 27
Dietzel, A.: Mitt. VDEfa 18 (1970), S. 15
Dietzel, A.: Mitt. VDEfa 27 (1979), S. 6
Dietzel, A.: Emaillierung. Berlin/Heidelberg/New York 1981
Dietzel, A.: Mitt. VDEfa 31 (1983), S. 143
Dietzel, A.; Arnold, L.: Sprechsaal 75 (1942), S. 168
Dietzel, A.; Buck, M.: Mitt. VDEfa 13 (1965), S. 9
Dietzel, A.; Coenen, M.: Glastechn. Ber. 32 (1959), S. 357
Dietzel, A.; Coenen, M.: Glastechn. Ber. 34 (1961), S. 49
Dietzel, A.; Flörke, O. W.: Mitt. VDEfa 5 (1957), S. 99
Dietzel, A.; Lemme, H.: Sprechsaal 83 (1950), S. 1, 23
Dietzel, A.; Merker, L. u. a.: Mitt. VDEfa 6 (1958), S. 40
Dietzel, A.; Merker, L. u. a.: Sprechsaal 95 (1962), S. 414, 431
Dietzel, A.; Meures, K.: Sprechsaal 66 (1933), S. 647
Dietzel, A.; Meures, K.: Emailw. Ind. 16 (1939), S. 57
Dietzel, A.; Mulfinger, H. O. u. a.: Mitt. VDEfa 13 (1965), S. 1
Dietzel, A.; Oel, H.: Mitt. VDEfa 16 (1968) S. 81
Dietzel, A.; Schmitt, O. u. a.: Mitt. VDEfa 16 (1968), S. 68
Dietzel, A.; Schneider, F.: Ber. DKG 28 (1951), S. 81
Dietzel, A.; Stegmaier, W.: Ber. DKG 29 (1952), S. 56, 88, 178, 352, 399
Dietzel, A.; Wegner, E.: Ber. DKG 26 (1949), S. 132
a *Dietzel, A.; Wegner, E.:* Ber. DKG 28 (1951), S. 250
b *Dietzel, A.; Wegner, E.:* Ber. DKG 28 (1951), S. 81
c *Dietzel, A.; Wegner, E.:* Ber. DKG 28 (1951), S. 642
Dietzel, A.; Wegner, E.: Mitt. VDEfa 1 (1953), S. 43
a *Dietzel, A.; Wegner, E.:* Mitt. VDEfa 2 (1954), S. 13
b *Dietzel, A.; Wegner, E.:* Mitt. VDEfa 2 (1954), S. 25

c *Dietzel, A.; Wegner, E.:* Mitt. VDEfa 2 (1954), S. 9
Dietzel, A.; Wegner, E. u. a.: Mitt. VDEfa 2 (1954), S. 33
a *Dietzel, A.; Wegner, E.:* Mitt. VDEfa 3 (1955), S. 43
b *Dietzel, A.; Wegner, E.:* Mitt. VDEfa 3 (1955), S. 23
Dietzel, A.; Wegner, E.: Mitt. VDEfa 5 (1957), S. 5, 11
Dietzel, A.; Wegner, E.: Mitt. VDEfa 6 (1958), S. 11
Dingwall, A. F. G.; Moore, H.: J. Soc. Glass Techn. 37 (1953), S. 337
Dlaska, H.; Trenkler, H.: Berg- u. Hüttenmänn. Mh. 113 (1968), S. 323
Doerbecker, K.: Mitt. VDEfa 18 (1970), S. 67
Doerbecker, K.; Oel, H.: Ber. DKG 45 (1968), S. 116, 478
Doerbecker, K.; Oel, H.: Mitt. VDEfa 18 (1970), S. 81
Dörfler, J.: ZIS-Mitt. 19 (1977), S. 1133
Dörfler, J.: Diss. TU Dresden 1980
Dörfler, J.; Lehmann, W.: Maschinenbau-Techn. 29 (1980), S. 154
Döring, R.; Koch, M. u. a.: Wärmetechnische Isolierung, 2. Aufl. Leipzig 1981
Dorsch, P.: cfi/Ber. DKG 58 (1981), S. 157
Dorsch, P.: cfi/Ber. DKG 59 (1982), S. 159
Dougherty, F. M.: Proc. Porc. Enamel. Inst. 22 (1960), S. 75
Douglas, E. A.: Amer. Ceram. Soc. Bull. 38 (1959), S. 20
Douglas, S. G.; Zander, J. M.: J. Amer. Ceram. Soc. 34 (1951), S. 52
Douglas, S. G.; Zander, J. M.: J. Amer. Ceram. Soc. 35 (1952), S. 5
Dresler, W.; Frohberg, M. G. u. a.: Z. Metallkde. 63 (1972), S. 94
Ducke, G. u. a.: Staub in der Arbeitsumwelt. Berlin 1980
Duckworth, W.: J. Amer. Ceram. Soc. 36 (1953), S. 68
Dunning, E. W. B.: Inst. Vitr. Enamel. Bull. 10 (1960), S. 317
Dunning, L. M.: Int. Enamel. 21 (1971) 3, S.30
Dunning, L. M.: Int. Enamel. 22 (1972) 4, S. 22
Dunning, L. M.: Mitt. VDEfa 22 (1974), S. 128
Dunning, L. M.: email-metal (1981) 46, S. 47
Dunning, L. M.: Vitr. Enameller 33 (1982) 3, S. 49
Dunning, L. M.; Faust, W. D.: Mitt. VDEfa 24 (1976), S. 30
Dunning, L. M.; Perry, W. D. u. a.: Int. Enamel. 13 (1963) 2, S. 2
Dürr, H.: Mitt. Forsch.-Ges. Blechverarb. 16 (1965), S. 378

Eaton, M. G.: Met. Finish J. 19 (1973), S. 195
Eberlein, R.: Mitt. VDEfa 7 (1959), S. 32
Ebert, F.: Mitt. VDEfa 28 (1980), S. 88
Ecker, K.; Papp, G. u. a.: Mitt. VDEfa 29 (1981), S. 143; email-metal (1982) 51, S. 45
Eckhoff, W.: Ber. DKG 29 (1952), S. 422
Eckhoff, W.: BRD-Pat. 1621405 (1967)
Eckstein, H. J.: Werkstoffkunde Stahl und Eisen. Leipzig 1971/72
Eckstein, H.-J. (Hrsg.): Mikrolegieren von Stahl Leipzig 1984
Effenberg, A.; Pöschmann, H.: Glas-Email-Keramo-Techn. 18 (1967), S. 11
Ehlers, K. F.: Siebdruck. München 1962
Eichbaum, B. R.: Amer. Ceram. Soc. Bull. 37 (1958), S. 148
Eichenauer, W.; Pebler, H.: Z. Metallkde. 48 (1957), S. 373
Eikmeier, M.: Masch.-Markt 77 (1971), S. 237
Eisenkolb, F.: Das Tiefziehblech. Leipzig 1951
Eisner, J. H.: Sprechsaal 103 (1970), S. 657
Ejduk, Ju. Ja.; Bidermanis, L. K. u. a.: Steklo i Keramika (1979) 12, S. 10
Emailfehler-Katalog: FA Stahlblechemaillierung des VDEfa, 1972 bis 1985
Emailreporter: Bayer-AG Leverkusen 1958
Emailreporter: Bayer-AG Leverkusen 1961
Embabi, H. K.; Moustafa, M. Z.: Sprechsaal 104 (1971), S. 831
Engel, W. H.; Eppler, R. A. u. a.: Amer. Ceram. Soc. Bull. 49 (1970), S. 175
Engell, H. J.: Arch. Eisenhüttenwes. 28 (1957), S. 109
Engels, G.: Gießerei 67 (1980), S. 757
a *Engler, P. H.:* Mitt. VDEfa 15 (1967), S. 15, 25
b *Engler, P. H.:* Mitt. VDEfa 15 (1967), S. 81
a *Engler, P. H.:* Sprechsaal 102 (1969), S. 601, 695
b *Engler, P. H.:* Glas-Email-Keramo-Techn. 20 (1969), S. 1
c *Engler, P. H.:* Mitt. VDEfa 17 (1969), S. 7, 15
d *Engler, P. H.:* Glas-Email-Keramo-Techn. 20 (1969), S. 113
Enke, C.: Glas-Email-Keramo-Techn. 24 (1973), S. 265
a *Eppler, R. A.:* J. Amer. Ceram. Soc. 52 (1969), S. 89, 94
b *Eppler, R. A.:* Amer. Ceram. Soc. Bull. 48 (1969), S. 549
a *Eppler, R. A.:* J. Amer. Ceram. Soc. 54 (1971), S. 595
b *Eppler, R. A.:* J. Amer. Ceram. Soc. 54 (1971), S. 116

Eppler, R. A.: Amer. Ceram. Soc. Bull. 52 (1973), S. 879
Eppler, R. A.: Amer. Ceram. Soc. Bull. 56 (1977), S. 1068
Eppler, R. A.: email-metal (1978) 34, S. 66
Eppler, R. A.: Amer. Ceram. Soc. Bull. 60 (1981), S. 618
Eppler, R. A.: Amer. Ceram. Soc. Bull. 61 (1982), S. 989
Eppler, R. A.; Hyde, R. L.: Amer. Ceram. Soc. Bull. 56 (1977), S. 1064
Eppler, R. A.; McLeran, W. A.: J. Amer. Ceram. Soc. 50 (1967), S. 152
Eppler, R. A.; Smiser, L. W.: Amer. Ceram. Soc. Bull. 47 (1968), S. 699
Erdmann-Jesnitzer, F.; Petzold, A. u. a.: Bergakademie 10 (1958), S. 576
Erdmann-Jesnitzer, F.; Petzold, A.: Mitt. VDEfa 7 (1959), S. 9
Erdmann-Jesnitzer, F.; Petzold, A.: Arch. Eisenhüttenwes. 31 (1960), S. 479
Erdmann-Jesnitzer, F.: Petzold, A.: Bergakademie 13 (1961), S. 303
Ergang, R.; Messmer, E.: Ber. DKG 29 (1952), S. 288
Ermisch, M.: Silikattechn. 34 (1983), S. 331
Ernsberger, F. M.: J. Noncryst. Solids 33/39 (1980), S. 557
Ernst, T.; König, G.: Mitt. VDEfa 7 (1959), S. 93
Ertel, H.: Chemie-Ing.-Techn. 38 (1966), S. 51
Eskova, N. F.; Mizonov, V. M. u. a.: Steklo i Keram. (1978) 1, S. 14
Eskova, N. F.; Simchovič, Z. T. u. a.: Steklo i Keram. (1977) 1, S. 17
Espenhahn, M.; Neier, W. u. a.: Arch. Eisenhüttenwes. 47 (1976), S. 679
Essenpreis, J. F.; Banister, W. M.: Proc. Porc. Enamel. Inst. 21 (1959), S. 116
Eubanks, A. G.; Crandall, J. R. u. a.: Amer. Ceram. Soc. Bull. 36 (1957), S. 59
Eubanks, A. G.; Moore, D. G.: J. Amer. Ceram. Soc. 38 (1955), S. 226
Eubanks, A. G.; Moore, D. G.: J. Elektrochem. Soc. 109 (1962), S. 382
Evans, E. R.: Metallurgia 50 (1954), S. 68
Evans, E. R.; Morgan, A. D.: Inst. Vitr. Enamel. Bull. 12 (1959), S. 19
Evelbauer, K.: Mitt. VDEfa 10 (1962), S. 49
Evelbauer, K.: Mitt. VDEfa 17 (1979), S. 42, 104, 128
Evstropev, K. S.; Gutorova, L. L. u. a.: Steklo i Keram. (1968) 8, S. 16

Faber, F.: DDR-Pat. 145029 (1978)
Faccenda, V.; Memmi, M. u. a.: Mitt. VDEfa 22 (1974), S. 64
Fackert, W.: Stahl und Eisen 72 (1952), S. 838
Fackert, W.: Stahl und Eisen 75 (1955), S. 1705
Falkenstein, H. P.; Gruhl, W. u. a.: Metall 37 (1983), S. 1197
Farr, A. E.: Ceram. Eng. and Sci. Proc. 2 (1981) 3/4, S. 310
Farr, A. E.; Treusch, A. C.: Proc. Porc. Enamel. Inst. 29 (1967), S. 157
Farrell, E. A.: Aluminium 33 (1957), S. 107
Farrell, J. P.: Int. Enamel. 25 (1975) 3, S. 2
Farrow, L. C.: Proc. Porc. Enamel. Inst. 28 (1966), S. 126
Farrow, L. C.: Int. Enamel. 20 (1970) 4, S. 19
Faure, M.: Inst. Vitr. Enamel. Bull. 15 (1966) 37 S. 31
Faure, M.: email-metal (1971) 9/10, S. 72
Faust, W. D.: email-metal (1977) 33, S. 65
Faust, W. D.; Evele, H. F. u. a.: Ceram. Eng. and Sci. Proc. 2 (1981) 3/4, S. 256
Fay, B. W.: Arch. Eisenhüttenwes. 47 (1976), S. 119
Feldmann, U.: Stahl und Eisen 82 (1962), S. 431
Fellows, R. L.; Novy, O. R.: Better Enamel. 19 (1948) 6, S. 6
Feltz, A. : Amorphe und glasartige anorganische Festkörper. Berlin 1983
Ferrari, R.: Mitt. VDEfa 23 (1975), S. 25
Ferrari, R.: Mitt. VDEfa 26 (1978), S. 57
Ferrari, R.; Rieke, K.: Mitt. VDEfa 28 (1980), S. 6; email-metal (1980) 43, S. 11
Fiebig, F. W.: Glas-Email-Keramo-Techn. 4 (1953), S. 408
Fiebig, F. W.: Glas-Email-Keramo-Techn. 6 (1955), S. 192
Fiedler, E.: Mitt. VDEfa 28 (1980), S. 31
Fiedler, E., Sarres, H. W.: Glas-Email-Keramo-Techn. 25 (1974), S. 74
Fischer, H.: Werkst. u. Korr. 6 (1955), S. 26
Fischer, H.: Werkst. u. Korr. 23 (1972), S. 445, 453
Fischer, H., Werkst. u. Korr. 25 (1974), S. 706
Fischer, H,; Förster, W. u. a.: Gasbestimmung in Eisen und Stahl. Leipzig 1968
Fischer, W. A.; Hoffmann, A.: Arch. Eisenhüttenwes. 30 (1959), S. 15
Fleischmann, R.; Schaper, W.: BRD-Pat. 2847188 (1979)
Flörke, O. W.: Mitt. VDEfa 6 (1958), S. 49
Flörke, O. W.: Mitt. VDEfa 7 (1959), S. 96
Fontana, E. H.: Amer. Ceram. Soc. Bull. 49 (1970), S. 594
Forlano, R. J.; Andrews, A. I.: Amer. Ceram. Soc. Bull. 42 (1963), S. 304
Fosse, J.: email-metal (1973) 17, S. 74
Franek, H. J.; Frischat, G. H.: Glastechn. Ber. 56 (1983), S. 165

Fratzscher, K. R.: Silikattechn. 30 (1979), S. 144
Frauendienst, H.: Sprechsaal 113 (1980), S. 912
Frawley, B. A.: Int. Enamel. 21 (1971) 2, S. 20
Freund, H. (Hrsg.) u. a.: Handbuch der Mikroskopie in der Technik, Bd. IV, Teil 4. Frankfurt/Main 1964
Frey, E.; Scholze, H.: Ber. DKG 56 (1979), S. 293
Friedberg, A. L.: Int. Enamel. 4 (1954) 3, S. 23
Friedberg, A. L.: Int. Enamel. 6 (1956) 1, S. 12
Friedberg, A. L.: Ceram. Age 49 (1959) 12
Friedberg, A. L.; Petersen, F. A.: J. Amer. Ceram. Soc. 33 (1950), S. 17
Friedberg, A. L.; Petersen, F. A. u. a.: J. Amer. Ceram. Soc. 30 (1947), S. 261
Friedel, C.: Silikattechn. 33 (1982), S. 377
Frisch, B.; Thiele, W. R.: Arch. Eisenhüttenwes. 46 (1975), S. 575
Frischat, G. H.: Glastechn. Ber. 44 (1971), S. 93
Fromm, E.; Gebhardt, E.: Gase und Kohlenstoff in Metallen. Berlin/Heidelberg/New York 1976
Frommeyer, G.; Sölter, H. J.: Metalloberfl. 33 (1979), S. 546; 34 (1980), S. 19
Fugger, V.: Sprechsaal 99 (1966), S. 726
Fugger, V.: emajl-keram-staklo (1971) 2, S. 1
Fussell, L. E.; Hadley, R. L.: J. Amer. Ceram. Soc. 41 (1958), S. 81

Gadalla, A. M.; Enayetallah, M. E.: Br. Ceram. Trans. J. 79 (1980), S. 115
Gaertner, D. K.: Amer. Ceram. Soc. Bull. 30 (1951), S. 265
Gaiger, J.: Inst. Vitr. Enamel. Bull. 16 (1965), S. 111
Gaiger, J.: Mitt. VDEfa 14 (1966), S. 9
Galcso, I.; Thüroczy, G. u. a.: Mitt. VDEfa 21 (1973), S. 100
Galle, W.: Silikattechn. 34 (1983), S. 344
Gallien, M.: DDR-Pat. 34980 (1963)
Gasper, W. L.: Proc. Porc. Enamel. Inst. 32 (1970), S. 57
Gastaldo, F.; Gazzo, C. u. a.: Mitt. VDEfa 32 (1984), S. 126
Gebhardt, F.; Kimmel, S.: Glastechn. Ber. 36 (1963), S. 212
Gee-Pemberton; Walker, B.: Inst. Vitr. Enamel. *Bull.* 18 (1967) 6, S. 41
Geilmann, W.; Tölg, G.: Glastechn. Ber. 33 (1960), S. 245, 332, 376; 34 (1961), S. 253; 35 (1962), S. 85, 138
Geismar, G.: Mitt. VDEfa 24 (1976), S. 120
Geismar, G.: Mitt. VDEfa 28 (1980), S. 43
George, H.: Mitt. VDEfa 26 (1978), S. 142
George, H.: Mitt. VDEfa 30 (1982), S. 128
Georgi, G.: Sprechsaal 100 (1967), S. 253
Gerlach, W.; George, H.: Mitt. VDEfa 22 (1974), S. 92
Gerlach, J.; Holland, J. u. a.: Gas Wärme Int. 18 (1969) 9, S. 123
Germscheid, H. G.: Metalloberfl. 29 (1975), S. 101, 183
a *Gerstmann, O.; Petzold, A.:* Mitt. VDEfa 12 (1964), S. 75
b *Gerstmann, O.; Petzold, A.:* Silikattechn. 15 (1964), S. 123
Gesche, G.: Mitt. VDEfa 3 (1955), S. 65
Gesche, G.: Mitt. VDEfa 4 (1956), S. 39
Gesche, G.: Mitt. VDEfa 6 (1958), S. 101
Gesche, G.: Mitt. VDEfa 10 (1962), S. 127
Gesche, G.: Mitt. VDEfa 19 (1971), S. 93
Gesell, W.: Mitt. VDEfa 4 (1956), S. 56
Gesell, W.: Mitt. VDEfa 11 (1963), S. 47
Ghodsi, M.; Baek, P. u. a.: email-metal (1982) 54, S. 40
Ghodsi, M.; Derie, R. u. a.: Mitt. VDEfa 26 (1978), S. 167
Ghodsi, M.; Gerard, J. L. u. a.: email-metal (1981) 47, S. 55
Gibbon, D. L.; Int. Enamel. 23 (1973) 4, S. 2
Gibbon, D. L.; Hughes, E. W.: Int. Enamel. 22 (1972) 2, S. 2
Gibbs, M. B.: Int. Enamel. 32 (1982) 3, S. 17
Giddings, R. A.; Gordon, R. S.: J. Amer. Ceram. Soc. 56 (1973), S. 111
Giegerl, E.: Mitt. VDEfa 23 (1975), S. 87
Giles, J. H.; Richmond, J. C.: Amer. Ceram. Soc. Bull. 36 (1957), S. 205
Giussani, E.: Mitt. VDEfa 22 (1974), S. 37
Glaser, G.: Ber. DKG 28 (1951), S. 404
Göbbels, P.: Mitt. VDEfa 6 (1958), S. 37
Goetchius, D. R.: J. Amer. Ceram. Soc. 25 (1942), S. 164
Goldman, D. S.: Amer. Ceram. Soc. Bull. 63 (1984), S. 601
Gončarov, S. I.; Barinov, Ju. D. u. a.: Steklo i Keram. (1981) 12, S. 4
Gončarov, S. I.; Kazanov, Ju. K.: Steklo i Keram. (1983) 4, S. 12
Goodwin, J. W.; Whitelock, K. E.: Mitt. VDEfa 27 (1979), S. 1
Gorbatenko, V. E.; Kričevskij, Ju. I.: Steklo i Keram. (1976) 10, S. 18
Gorbatenko, V. E.; Kričevskij, Ju. I. u. a.: Steklo i Keram. (1967) 7, S. 16
Gorbatenko, V. E.; Tkačev, A. G. u. a.: Steklo i Keram. (1980) 4, S. 14
Gorbauch, S.; Heidel, K. u. a.: Fertig.-Tech. u. Betr. 28 (1978), S. 174
Gorbunova, G. I.; Zajcev, A. A. u. a.: Steklo i Keram. (1976) 9, S. 18
Gott, O.; Hillmann, E.: Glastechn. Ber. 39 (1966), S. 89

Gottardi, V.; Chioatto, G.: Vetro e Silic. 2 (1957) 4, S. 10
Gottardi, V.; Locardi, B.: Vetro e Silic. 8 (1964) 6, S. 5
Götz, J.: Proc. Symp. mechan. strength of glass ... Florence 1961, III-4
Gräfen, H.: Mitt. VDEfa 15 (1967), S. 1; Metalloberfl. **21** (1967), S. 376
Gräfen, H.: in *Ullmanns* Encykl. d. Techn. Chemie, 4. Aufl., Bd. 15, Weinheim/New York 1978
Graichen, K.; Müller, H.: Freiberger Forsch.-Hefte A 550 (1975)
Grainger, J. A.: Mitt. Forsch.-Ges. Blechverarb. 18 (1967) 9/10, S. 82
Granicki, J.: Powloki Ochronne (Warszawa) 8 (1980) 1, S. 32
Gray, J. H.: Mitt. VDEfa 23 (1975), S. 63
Greenberg, C. B.; Cook, R. L.: J. Amer. Ceram. Soc. 50 (1967), S. 84
Grim, G.; Peters, H.: Mitt. VDEfa 20 (1972), S. 25
Grimm, R.: Mitt. VDEfa 11 (1963), S. 93
Grimm, R.; Sickbert, A.: Mitt. VDEfa 17 (1969), S. 51
Groll, P.: Mitt. VDEfa 19 (1971), S. 59
Groll, W.; Kleinlein, F. W. u. a.: Z. Werkstofftechn. 14 (1983), S. 98
Großkopf, W.: Bleche-Rohre-Profile 26 (1979), S. 392
Grotheer, W.: DFBO-Mitt. 22 (1971), S. 222
Grum-Gržimajlo, O. S.: Steklo i Keram. (1972) 12, S. 30
Grüning, K.: Umformtechnik, 3. Aufl. Braunschweig 1982
Grünthaler, K. H.; Harkort, D. u. a.: Glas-Email-Keramo-Techn. 21 (1970), S. 313
Gubanova, L. V.; Komisarčik, A. V. u. a.: in Stekloemal i emalirovanie metallov, Bd. 1. Novočerkassk 1974
Gugeler, A. L.: NBS Techn. News. Bull. 52 (1968), S. 1966
Gugeler, A. L.: Proc. Porc. Enamel. Inst. 29 (1967), S. 202; 31 (1969), S. 37; Int. Enamel. 19 (1969) 2, S. 3
Gugeler, A. L.; Ballard, D. B.: Amer. Ceram. Soc. Bull. 48 (1969), S. 842
Gugeler, A. L.; Biccum, R. T.: Proc. Porc. Enamel. Inst. 24 (1962), S. 20
Guiliani, L.: email-metal (1980) 44, S. 73

Haase, T.: Silikattechn. 1 (1950), S. 5
Haase, T.: Feuerfeste Baustoffe, 3. Aufl. Freiberg 1958
Hadwiger, H.: Mitt. VDEfa 1 (1953), S. 25, 31
a *Hadwiger, H.:* Silikattechn. 7 (1956), S. 305
b *Hadwiger, H.:* Glas-Email-Keramo-Techn. 7 (1956), S. 126
Hadwiger, H.: Glas-Email-Keramo-Techn. 10 (1959), S. 6
Hadwiger, H.: Glas-Email-Keramo-Techn. 11 (1960), S. 271
Hadwiger, H.: Sprechsaal 95 (1962), S. 310
a *Hadwiger, H.:* Glas-Email-Keramo-Techn. 14 (1963), S. 121
b *Hadwiger, H.:* Sprechsaal 96 (1963), S. 198
c *Hadwiger, H.:* Glas-Email-Keramo-Techn. 14 (1963), S. 457
Hadwiger, H.: Glas-Email-Keramo-Techn. 16 (1965), S. 379
a *Hadwiger, H.:* Sprechsaal 100 (1967), S. 351
b *Hadwiger, H.:* Sprechsaal 100 (1967), S. 179
Hadwiger, H.: Sprechsaal 102 (1969), S. 881
Hadwiger, H.: Sprechsaal 103 (1970), S. 749
Hadwiger, H.: Sprechsaal 106 (1973), S. 1009
Haft, R.; Heide, K.: Silikattechn. 27 (1976), S. 123
Hagan, L. G.; Ravitz, S. F.: J. Amer. Ceram. Soc. 44 (1961), S. 428
Hahn, M.: Sprechsaal 100 (1967), S. 94
Hahne, H.: Sprechsaal 93 (1960), S. 261
Halen, V.: Silikattechn. 7 (1956), S. 150
Hall, F. P.: J. Amer. Ceram. Soc. 13 (1930), S. 182
Hammond, H.; Tixier, H.: L'Ind. Ceram. (1971) 640, S. 409
Handbuch emaillierter Behälter und Apparate Thale 1981 (VEB EHW)
Hänlein, W.: Mitt. VDEfa 4 (1956), S. 1
Hans, G.; Leontaritis, L.: Mitt. VDEfa 15 (1967), S. 87
Hans, K. W.; Andrus, J. u. a.: RCA-Rev. 42 (1981), S. 159
Harkort, H.: Glas-Email-Keramo-Techn. 3 (1952), S. 165ff.
Harrison, W. N.; Moore, D. G.: J. Amer. Ceram. Soc. 32 (1949), S. 15
Harrison, W. N.; Moore, D. G. u. a.: J. Res. NBS 38 (1947), S. 293
Harrison, W. N.; Richmond, J. C. u. a.: J. Amer. Ceram. Soc. 35 (1952), S. 113
Harrison, W. N.; Richmond, J. C. u. a.: Inst. Vitr. Enamel Bull. 5 (1955) S. 121
Hartinger, L. (Hrsg.) u. a.: Taschenbuch der Abwasserbehandlung, Bd. 2. München/Wien 1977
Hartmann, H.; Schäfer, H. L.: Angew. Chem. 66 (1954), S. 768
Hasenohr, C.: Silikattechn. 2 (1951), S. 281
Hasenohr, C.: Email. Dresden 1969
Hashin, Z.: J. Appl. Mech. 29 (1962), S. 143
Hasselman, D. P. H., Fulrath, R. M.: J. Amer. Ceram. Soc. 47 (1964), S. 52

Hauck, H.; Lommel, H.: Mitt. VDEfa 22 (1974), S. 114
Hauffe, K.: Oxydation von Metallen und Metalllegierungen. Berlin/Göttingen/Heidelberg 1956
Haugan, K. M.: Vitr. Enameller 22 (1971) 2, S. 34
Hauttmann, A.: Mitt. VDEfa 5 (1957), S. 63, 73
Hauttmann, A.: Gießerei 45 (1958), S. 301
Hauttmann, A.: Gießerei 46 (1959), S. 105
Hauttmann, A.: Mitt. VDEfa 11 (1963), S. 55
Hawkins, L. T.: Int. Enamel. 34 (1984) 3, S. 2
Healy, J. H.; Andrews, A. I.: J. Amer. Ceram. Soc. 34 (1951), S. 207
Healy, J. H.; Andrews, A. I.: Amer. Ceram. Soc. Bull. 32 (1953), S. 119
Healy, J. H.; Breeze, L. K.: J. Amer. Ceram. Soc. 41 (1958), S. 381
Healy, J. H.; Sullivan, J. D.: J. Amer. Ceram. Soc. 41 (1958), S. 141
Heberlein, K.: Mitt. VDEfa 19 (1971), S. 67
Heberlein, K.: Mitt. VDEfa 21 (1973), S. 89
Heberlein, K.: Mitt. VDEfa 23 (1975), S. 127
Heberlein, K.: Mitt. VDEfa 25 (1977), S. 41
Heberlein, K.: email-metal (1982) 50, S. 91
Heeley, E. J.: Inst. Vitr. Enamel. Bull. 18 (1967), S. 37
Heidenbluth, H. D.: Mitt. VDEfa 28 (1980), S. 37
Heidenbluth, H. D.: Mitt. VDEfa 31 (1983), S. 109
Heidenbluth, H. D.; Germscheid, H. G. u. a.: Mitt. VDEfa 26 (1978), S. 159
Heimsoeth, W.: Mitt. VDEfa 6 (1958), S. 1
Heimsoeth, W.: III. Int. Emailkongr. Venedig 1961, S. 309
Heimsoeth, W.; Lang, K.: Mitt. VDEfa 10 (1962), S. 69
Heimsoeth, W.; Meyer, F. R.: J. Amer. Ceram. Soc. 34 (1951), S. 366
Heimsoeth, W.; Meyer, F. R.: Ber. DKG 29 (1952), S. 234
Heimsoeth, W.; Weinig, R.: Emailw.-Ind. 16 (1939), S. 163
Held, U.: Diss. HAB Weimar 1967
Held, U.: Silikattechn. 21 (1970), S. 276
a *Heller, W.:* Sprechsaal 94 (1961), S. 226
b *Heller, W.:* Sprechsaal 94 (1961), S. 627
Heller, W.: Sprechsaal 95 (1962), S. 330
Heller, W.: Sprechsaal 96 (1963), S. 209
Hellmold, P.; Zopf, N.: Silikattechn. 34 (1983), S. 337
Hennicke, H. W.: Jahrb. Oberfl.-Techn. 34 (1978), S. 271
Hennicke, H. W.; Claus, H.: Mitt. VDEfa 23 (1975), S. 119
Hennicke, H. W.: Herbst, U. u. a.: Mitt. VDEfa 25 (1977), S. 13
Hennicke, H. W.; Huismann, I.: Werkst. u. Korr. 33 (1982), S. 223
Hennicke, H. W.; Huismann, I.: Mitt. VDEfa 32 (1984), S. 149, 165; 33 (1985), S. 1
Hennicke, H. W.; Kuhlmann, B.: Mitt. VDEfa 32 (1984), S. 53
Hennicke, H. W.; Meyer, L. u. a.: Mitt. VDEfa 22 (1974), S. 19
Hennicke, H. W.; Sarlak, A. R.: Mitt. VDEfa 21 (1973), S. 105
Hennicke, H. W.; Schwiete, H. E. u. a.: Tonind.-Ztg. 90 (1966), S. 106
Herbst, U.: Tonind.-Ztg. 96 (1972), S. 253
Herrmann, H. J.: Silikattechn. 33 (1982), S. 182
Herron, L. W.; Bergeron, C. G.: Amer. Ceram. Soc. Bull. 55 (1976), S. 576
Herschelmann, W.: Glas-Email-Keramo-Techn. 12 (1961), S. 117
Herschelmann, W.: Silikattechn. 16 (1965), S. 439
Herschelmann, W.: Glas-Email-Keramo-Techn. 18 (1967), S. 7
Herschelmann, W.; Berg, A.: Sprechsaal 100 (1967), S. 439
Hierl, G.; Hanke, A. P. u. a.: Glastechn. Ber. 52 (1979), S. 55
Higgins, W. W.; Deringer, W. A.: J. Amer. Ceram. Soc. 24 (1941), S. 383
Hildebrand, H.; Schwenk, W.: Mitt. VDEfa 19 (1971), S. 13
Hinz, W.: Silikate. Berlin 1970/71
Hoens, M. F. A.: Mitt. VDEfa 11 (1963), S. 17
Hoens, M. F. A.: Mitt. VDEfa 21 (1973), S. 11
Hoens, M. F. A.: Metalloberfl. 31 (1977), S. 86
Hoens, M. F. A.: email-metal (1979) 39, S. 69
Hoens, M. F. A.: Mitt. VDEfa 28 (1980), S. 49
Hoens, M. F. A.: Mitt. VDEfa 30 (1982), S. 37
Hoens, M. F. A.; Kreuter, J. C.: Sprechsaal 15 (1972), S. 101
Hoens, M. F. A.; Murdoch, A. W. u. a.: Mitt. VDEfa 14 (1966), S. 73
Hoens, M. F. A.; Vuyk, K. J.: Mitt. VDEfa 31 (1983), S. 169
Hofen, W.; Wenke, R.: Fert.-Techn. u. Betr. 30 (1980), S. 584
Hoffmann, A.: Z. Elektrochem. 63 (1959), S. 207
Hoffmann, U.: Ber. DKG 41 (1964), S. 240
a *Hoffmann, H.:* Mitt. VDEfa 15 (1967), S. 61
b *Hoffmann, H.:* Metalloberfl. 21 (1967), S. 374
Hoffmann, H.: Sprechsaal 102 (1969), S. 221
Hoffmann, H.: Mitt. VDEfa 19 (1971), S. 51
a *Hoffmann, H.:* Mitt. VDEfa 21 (1973), S. 67
b *Hoffmann, H.:* Glas-Email-Keramo-Techn. 24 (1973), S. 253
Hoffmann, H.: Mitt. VDEfa 23 (1975), S. 145

a *Hoffmann, H.*: Mitt. VDEfa 24 (1976), S. 13
b *Hoffmann, H.*: Silikat-J. 35 (1976), S. 144
Hoffmann, H.: Mitt. VDEfa 26 (1978), S. 91
a *Hoffmann, H.*: Mitt. VDEfa 29 (1981), S. 107
b *Hoffmann, H.*: Mitt. VDEfa 29 (1981), S. 25
Hoffmann, H.: Mitt. VDEfa 30 (1982), S. 148; Bleche-Rohre-Profile 29 (1982), S. 539
Hoffmann, H.: Mitt. VDEfa 31 (1983), S. 93
Hoffmann, H.; Immel, W.: Mitt. VDEfa 16 (1968), S. 61
Hoffmann, H.; Leontaritis, L.: Mitt. VDEfa 18 (1970), S. 53
Höfler, H.: Metalloberfl. 35 (1981), S. 429
Hofmann, F.: Gießerei 53 (1966), S. 818
Hoge, C. E.; Brennan, J. J. u. a.: J. Amer. Ceram. Soc. 56 (1973), S. 51
Hohenhinnebusch, W.: Chemie-Techn. 11 (1982), S. 645ff.
Holloway, H. J.: Ceram. Ind. (1953) 4, S. 115
Holm, J.; Schneider, H.: Silikattechn. 5 (1954), S. 13
Holmquist, G. A.; Pask, J. A.: J. Amer. Ceram. Soc. 59 (1976), S. 384
Hoover, E. L.: ASTM Spec. Tech. Publ. 153 (1954), S. 78
Horn, J. M.; Onoda, G. Y.: J. Amer. Ceram. Soc. 61 (1978), S. 523
Horowitz, I.: Oberflächenvorbehandlung mittels Strahlmitteln, Bd. I, 2. Aufl. Essen 1982
Horsfall, J. C.: Amer. Ceram. Soc. Bull. 29 (1950), S. 314
Horstmann, D.: Mitt. VDEfa 9 (1961), S. 77
Houtgardy, H. P.: Arch. Eisenhüttenwes. 47 (1976), S. 127
Houston, M. D.: Amer. Ceram. Soc. Bull. 36 (1957), S. 139
Howe, E. E.: Better Enamel. 9 (1938) 9, S. 13
Howe, E. E.; Bolin, E. P.: J. Amer. Ceram. Soc. 25 (1942), S. 463
Howorth, G. F.; Berr, R. S.: Ceram. Eng. and Sci. Proc. 2 (1981), S. 270
Hudson, R. M.; Kotky, M. u. a.: J. Amer. Ceram. Soc. 43 (1960), S. 564
Hudson, R. M.; Magor, J. M. u. a.: J. Amer. Ceram. Soc. 41 (1958), S. 23
Hudson, R. M.; Riedy, K. J.: J. Amer. Ceram. Soc. 44 (1961), S. 467
Huffeut, H. W.: Amer. Ceram. Soc. Bull. 43 (1964), S. 128; Proc. Porc. Enamel. Inst. 29 (1967), S. 97
Huggins, M. L.; Sun, K. H.: J. Amer. Ceram. Soc. 26 (1943), S. 4
Hughes, E. W.: Int. Enamel. 18 (1968) 4, S. 3
Hughes, G. B.; Bowsher, H. D. u. a.: Amer. Ceram. Soc. Bull 31 (1952), S. 199
Hughes, E. W.; Lim, C. u. a.: Int. Enamel. 31 (1981) 2, S. 26
Hunter, R. S.: Amer. Ceram. Soc. Bull. 36 (1957), S. 251
Huppert, P. A.: Amer. Ceram. Soc. Bull. 38 (1959), S. 157
Hüttig, W.: Mitt. Forsch.-Ges. Blechverarb. (1961) 17, S. 218
Hüttig, W.: Glas-Email-Keramo-Techn. 14 (1963), S. 9
Hyde, R. L.: Ceram. Eng. and Sci. Proc. 3 (1982) 5/6, S. 257

Illig, H. J.; Linz, H. J.: Silikattechn. 31 (1980), S. 292
Illig, H. J. (Hrsg.) u. a.: ABC Glas. Leipzig 1983
Immel, W.: Vitr. Enameller 22 (1971) 4, S. 73
Immel, W.; Hoffmann, H.: Mitt. VDEfa 15 (1967), S. 95
Imoto, F.; Hirao, K.: J. Ceram. Assoc. Jap. 63 (1955), S. 198
Imoto, F.; Yamaguchi, G. u. a.: J. Ceram. Assoc. Jap. 61 (1953), S. 97
Ingram, J. F.: Amer. Ceram. Soc. Bull. 39 (1960), S. 688
Ioffe, V. Ja; Ušakov, D. F. u. a.: Steklo i Keram. (1978) 12, S. 30
Irwin, J. T.: Finish 3 (1946) 9, S. 28
Ivanov, N. V.; Barinov, Ju. D. u. a.: Steklo i Keram. (1984) 10, S. 16
Ivanov, N. V.; Barinov, Ju. D. u. a.: Steklo i Keram. (1985) 1, S. 16
Ivanova, O. P.; Buler, P. I.: Zašc. Met. 18 (1982), S. 765
Izu, Y. D.; Tanabe, T. M.: NASA Tech. Briefs 4 (1979), S. 509; Ceram. Abstr. 60 (1981), S. 84

Jackson, J. S.: J. Elektrodepos. Tech. Soc. 28 (1951/52), S. 89
Jacobs, H.: Sprechsaal 100 (1967), S. 799
Jakobasch, H. J.; Kaden, H.: Z. Chem. 23 (1983), S. 81
Jakobson, B. I.; Nazarenko, T. V. u. a.: Steklo i Keram. (1974) 3, S. 25
Jakobson, B. I. u. a.: Steklo i Keram. (1978) 5, S. 24; Met. i Koksochim. (Kiev) (1984) 3, S. 34
Janaček, J.; Smetana, J. u. a.: Mitt. VDEfa 31 (1983), S. 124
Jebsen-Marwedel, H.: Glastechn. Ber. 31 (1958), S. 431
Jebsen-Marwedel, H.: Mitt. VDEfa 7 (1959), S. 1
Jebsen-Marwedel, H.: Z. Werkstofftechn. 3 (1972), S. 1
Jespers, G. P.: Int. Enamel. 22 (1972) 3, S. 13
Jespers, G. P.: email-metal (1974) 21, S. 55
Jespers, G. P.: Mitt. VDEfa 32 (1984), S. 37

Jochmann, F.: Sprechsaal 90 (1957), S. 416
Johnsen, H. M.; *Canfield, J. J.*: J. Amer. Ceram. Soc. 25 (1942), S. 29
Johnsen, G. H.: Amer. Ceram. Soc. Bull. 34 (1955), S. 362
Johnson, E. L.; *Friedberg, A. L.*: J. Amer. Ceram. Soc. 42 (1959), S. 60
Johnson, A. S. W.; *Tseung, A. C. C.*: J. Appl. Electrochem. 7 (1977), S. 445
Johnston, W. D.; *Chelko, R. J.*: J. Amer. Ceram. Soc. 53 (1970), S. 195
Jones, R. A.; *Andrews, A. I.*: J. Amer. Ceram. Soc 31 (1948), S. 274
Jordan, R. E.: Ceram. Age 90 (1974) 4, S. 6
Jordanov, M.; *Petkov, P.* u. a.: Stroit. Mat. (Sofia) 21 (1980), 9, S. 22
Joseph, W.: Mitt. VDEfa 19 (1971), S. 72
Joseph, W.: Mitt. VDEfa 22 (1974), Beilage
a *Joseph, W.*: Mitt. VDEfa 23 (1975), S. 111
b *Joseph, W.*: Mitt. VDEfa 23 (1975), S. 140; 26 (1978), S. 145
a *Joseph, W.*: Mitt. VDEfa 24 (1976), S. 59
b *Joseph, W.*: Mitt. VDEfa 24 (1976), S. 80
Joseph, W.: Mitt. VDEfa 25 (1977), S. 53; email-metal (1979) 40, S. 64
a *Joseph, W.*: Mitt. VDEfa 26 (1978), S. 7
b *Joseph, W.*: Mitt. VDEfa 26 (1978), S. 105
c *Joseph, W.*: Mitt. VDEfa 26 (1978), S. 145
a *Joseph, W.*: Mitt. VDEfa 17 (1979), S. 37
b *Joseph, W.*: Mitt. VDEfa 27 (1979), S 49
c *Joseph, W.*: Mitt. VDEfa 27 (1979), S. 121
a *Joseph, W.*: email-metal (1981) 48, S. 59
b *Joseph, W.*: Mitt. VDEfa 29 (1981), S. 159
Joseph, W.: Mitt. VDEfa 31 (1983), S. 181
Joseph, W.: Mitt. VDEfa 32 (1984), S. 109
Judd, D. M.: Int. Enamel. 18 (1968) 1, S. 2
Jugel, W. u. a.: Umweltschutztechnik. Leipzig 1983
Junghans, R.; *Wiehe, J.*: Lärmbekämpfung im Bergbau. Leipzig 1968
Jungslager, E. F.: Metalloberfl. 22 (1968), S. 170
Jürging, K.; *Zwach, J.* u. a.: Mitt. VDEfa 20 (1972), S. 77; 22 (1974), S. 104

Kahl, W.; *Petzold, A.*: Silikattechn. 27 (1978), S. 76
Kajalova, S. S.; *Appen, A. A.* u. a.: Zašč. Met. 6 (1970), S. 31
Kajalova, S. S.; *Bajkova, G. V.*: in Hochtemperatur-Schutzschichten. Leningrad 1972, S. 210
Kajalova, S. S.; *Bajkova, G. V.* u. a.: in Antikorr.-Überzüge. Leningrad 1983, S. 182
Kamp, W.: Mitt. VDEfa 30 (1982), S. 130
Kamran, D.: Mitt. VDEfa 6 (1958), S. 85
Käppeler, G.: Sprechsaal 117 (1984), S. 128
Karlovskij, E. P.: J. Canad. Ceram. Soc. 51 (1982), S. 58
Karmaus, H. J.: Ber. DKG 28 (1951), S. 139
Karsten, H.: Glas-Email-Keramo-Techn. 16 (1965), S. 296
Kaßner, W.: Korrosion (Dresden) 7 (1976) 4, S. 38
Kaup, F.; *Warnke, H.*: BRD-Pat. 2045265 (1970)
Kautz, K.: J. Amer. Ceram. Soc. 19 (1936), S. 93; 21 (1938), S. 303
Kautz, K.: J. Amer. Ceram. Soc. 28 (1945), S. 82
Kautz, K.; *Michelotti, J. E.* u. a.: J. Amer. Ceram. Soc. 40 (1957), S. 24
Kazanov, Ju. K.: Steklo i Keram. (1982) 10, S. 11
Kazanov, Ju. K.; *Čudnovskij, S. M.* u. a.: Steklo i Keram. (1984) 4, S. 16
Kazanov, Ju. K.; *Nis, Ja. Z.*: Steklo i Keram. (1983) 3, S. 20
Keeler, J. H.; *Chu, G. P. K.* u. a.: Sheet Met. Ind. 31 (1954) 323, S. 233
Kegel, K.: Die Praxis der induktiven Erwärmung. Göttingen/Heidelberg 1961
Kemp, B. C.: Int. Enamel 26 (1976) 1, S. 26
Kemp, H. T.; *Stalter, T. L.*: Mitt. VDEfa 14 (1966), S. 45
Kerkmann, W.: Ber. DKG 29 (1952), S. 212
Kerstan, W.: Sprechsaal 71 (1938), S. 335ff.
Kerstan, W.: Sprechsaal 77 (1944), S. 55
Kerstan, W.: Ber. DKG 29 (1952), S. 81
Kerstan, W.: Glas-Email-Keramo-Techn. 4 (1953), S. 362
Kerstan, W.: Mitt. VDEfa 5 (1957), S. 31, 56
Kerstan, W.: Sprechsaal 94 (1961), S. 211
Kerstan, W.: Sprechsaal 98 (1965), S. 267
Kim, Y.W.: Ceram. Eng. and Sci. Proc. 2 (1981), S. 214
Kimpel, R. F.; *Cook, R. L.*: J. Amer. Ceram. Soc. 33 (1950), S. 57
Kimura, K.; *Nishino, A.*: Amer. Ceram. Soc. Bull. 62 (1983), S. 686
King, R. M.: J. Amer. Ceram. Soc. 26 (1943), S. 358
King, R. M.: Finish (1947) 9, S. 37
King, R. M.: J. Amer. Ceram. Soc. 54 (1971), S. 21
King, B. W.; *Andrews, A. I.*: J. Amer. Ceram. Soc. 23 (1940), S. 228
King, B. W.; *Andrews, A. I.*: J. Amer. Ceram. Soc. 24 (1941), S. 360
King, B. W.; *Bowers, D. J.*: Amer. Ceram. Soc. Bull. 43 (1964), S. 390
King, B. W.; *Carter, H. D.* u. a.: J. Amer. Ceram. Soc. 30 (1947), S. 22

King, B. W.; Cook, R. L.: Amer. Ceram. Soc. Bull. 36 (1957), S. 293
King, B. W.; Kelly, G. D. u. a.: Amer. Ceram. Soc. Bull. 38 (1959), S. 251
King, B. W.; Koenig, C. J. u. a.: appliance 28 (1970) 10, S. 52
King, B. W.; Tripp, H. P. u. a.: J. Amer. Ceram. Soc. 42 (1959), S. 504
Kirilenko, G. V.; Kovešnikova, I. D. u. a.: Fiz. Chim. Stekla 7 (1981), S. 492
Kirkpatrick, H. B.; McGandy, E. L. u. a.: J. Amer. Ceram. Soc. 40 (1957), S. 389
Kirsch, M.; Kudrjavceva, G. u. a.: Silikattechn. 22 (1971), S. 292
Kistler, J.: Gießerei 47 (1960), S. 265
Klärding, J.: Chem. App. 28 (1941), S. 321
Klee, O.: Reinigung industrieller Abwässer. Stuttgart 1970
Klefisch, R.: Sprechsaal 96 (1963), S. 458
Klein, O.: Ber. DKG 29 (1952), S. 286
Klein, J. D.: Amer. Ceram. Soc. Bull. 40 (1961), S. 366
Klimmt, H.; Klug, J.: Silikattechn. 34 (1983), S. 346
Kljačko, Ju. M.; Izmanova, T. A.: Stal 17 (1957), S. 507
Klosse, E.; Schäfer, H.: Masch.-Markt 68 (1962) 78, S. 53
Kluge, G.: Metalloberfl. 15 (1961), S. 325
Knauschner, A. (Hrsg.) u. a.: Oberflächenveredeln und Plattieren von Metallen, 2. Aufl. Leipzig 1983
Knickenberg, A.: Mitt. VDEfa 3 (1955), S. 32
Knipp, E.: Fehlererscheinungen an Gußstücken, 2. Aufl. Düsseldorf 1961
Knoll, H.; Kühnhold, U.: Naturwiss. 44 (1957), S. 394
Koch, W.: Ber. DKG 27 (1950), S. 293
Koch, H. W.; Maire, W. u. a.: DFBO-Mitt. 22 (1971), S. 225
Kohl, H.: in *Ullmanns* Encykl. d. Techn. Chemie, 3. Aufl., Bd. 9. München/Berlin 1957, S. 452
Koleva, D.; Schulz, W. D.: Silikattechn. 24 (1973), S. 92
Koleva, D.; Schulz, W. D. u. a.: Silikattechn. 24 (1973), S. 416; 25 (1974), S. 62
Koleva, D.; Schulz, W. D. u. a.: Mitt. VDEfa 23 (1975), S. 37
Kolmakova, L. A.; Gogleva, N. K. u. a.: Steklo i Keram. (1981), 9, S. 30
Kolman, B.; Štorek, F. u. a.: Silikaty 26 (1982), S. 305
Komleva, G. F.: Steklo i Keram. (1970) 8, S. 24
Komleva, G. P.; Dmitrieva, V. I.: Steklo i Keram. (1969) 11, S. 20
König, H. J.; Lange, K. W.: Arch. Eisenhüttenwes. 46 (1975), S. 237, 269, 669
Königsmann, W.; v. Oeteren, F.: Werkst. u. Korr. 31 (1980), S. 272
Kösters, K.; Giedenbacher, G. u. a.: Mitt. VDEfa 33 (1985), S. 37
Kovalevskij, V. B.; Rezvjakova, T. A. u. a.: Steklo i Keram. (1977) 10, S. 24
Kovalevskij, V. B.; Sirotinskij, A. A.: Steklo i Keram. (1985) 2, S. 16
Kovner, M. I.; Paukš, P. G. u. a.: Steklo i Keram. (1977) 2, S. 18
Kozlowski, G.; Beier, N.: Silikattechn. 34 (1983), S. 324
Kraft, K.: Urformen, 4. Aufl. Berlin 1982
Krajina, A.; Bouše, V.: Mitt. VDEfa 30 (1982), S. 88
Kranich, J. F.; Scholze, H.: Glastechn. Ber. 49 (1976), S. 135
Krannich, R.: Silikattechn. 16 (1965), S. 229, 290, 354
Krause, R.: Silikattechn. 11 (1960), S. 263
Krause, H. J.: in *Ullmanns* Encykl. d. Techn. Chemie, 4. Aufl., Bd. 14. Weinheim/New York 1977
Kresse, J.; Cornely, R. u. a.: Metalloberfl. 37 (1983), S. 500
Kreutter, J. C.; Hoens, M. F. A.: Mitt. VDEfa 12 (1964), S. 81
Kreutter, J. C.; Kraasijveld, T. B.: Sprechsaal 100 (1967), S. 795
Kričevskij, Ju. I.: Diss. NPI Novočerkassk 1973 (zit. bei *Appen* 1976, S. 228)
Krischer, O.: Die wissenschaftlichen Grundlagen der Trocknungstechnik. 3. Aufl. Berlin/Heidelberg/New York 1978
Krist, O.; Drave, H. u. a.: BRD-Pat. 3117706 (1981)
Krist, O.; Schuster, A.: Masch.-Markt 89 (1983), S. 1373; Mitt. VDEfa 31 (1983), S. 133
Krjukova, E. P.; Stefanjuk, I. V.: Steklo, Sitally, Silikaty (Minsk) 12 (1983), S. 35
Kröger, C.: Glastechn. Ber. 25 (1952), S. 307
Kröger, C.: Glastechn. Ber. 30 (1957), S. 42
Kröger, C. u. a.: Glastechn. Ber. 26 (1953), S. 202; 29 (1956), S. 393; 31 (1958), S. 221
Kröll, K.: Trockner und Trockenverfahren, 2. Aufl. Berlin/Heidelberg/New York 1978
Kronenberg, G.: Mitt. VDEfa 31 (1983), S. 64
Krüger, O.: Emailw.-Ind. 21 (1944), S. 59, 69
Kruglickij, N. N.: Grundlagen der physikochemischen Mechanik, Bd. 1. Kiev 1975
Kruglickij, N. N.; Makarov, A. S. u. a.: Steklo i Keram. (1977) 9, S. 15
Krützner, F.; Hill, F.: Gießerei 53 (1966), S. 547
Kuhn, R.: Mitt. VDEfa 9 (1961), S. 112

Kühn, M.; Deters, F.: Arch. Eisenhüttenwes. 46 (1975), S. 515
Kühn, W.; Geu, D.: Emailtechnik, 3. Aufl. Berlin 1980
Kühne, G.: Sprechsaal 101 (1968), S. 861
Kumar, B.; Cannon, C. A. u. a.: Glass Techn. 22 (1981), S. 99
Kumar, B.: Graves, G. A.: Amer. Ceram. Soc. Bull. 61 (1982), S. 480
Kunz, H. G.: Mitt. Forsch.-Ges. Blechverarb. 14 (1963) S. 38
Kunze, E.: Neue Hütte 14 (1969), S. 744; 15 (1970), S. 114
Kuszczak, A.: Korrosion (Dresden) 2 (1971) 2/3, S. 17
a *Kyri, H.:* Mitt. VDEfa 3 (1955), S. 77
b *Kyri, H.:* in *Ullmanns* Encykl. d. Techn. Chemie, 3. Aufl., Bd. 6 München/Berlin 1955
Kyri, H.: Mitt. VDEfa 5 (1957), S. 91
Kyri, H.: Aluminium 34 (1958), S. 213
Kyri, H.: Mitt. VDEfa 7 (1959), S. 69
Kyri, H.: Mitt. VDEfa 10 (1962), S. 22
a *Kyri, H.:* Mitt. VDEfa 11 (1963), S. 1
b *Kyri, H.:* Mitt. VDEfa 11 (1963), S. 9
Kyri, H.: Sprechsaal 97 (1964), S. 419
Kyri, H.: Mitt. VDEfa 13 (1965), S. 27
a *Kyri, H.:* Mitt. VDEfa 18 (1971), S. 79
b *Kyri, H.:* Mitt. VDEfa 19 (1971), S. 47
Kyri, H.: Mitt. VDEfa 20 (1972), S. 65
Kyri, H.: Handbuch für Bayer Email, Bd. 1. Köln 1974
Kyri, H.: in *Ullmanns* Encykl. d. Techn. Chemie, 4. Aufl., Bd. 10 Weinheim 1975
Kyri, H.; Großkopf, W.: Mitt. VDEfa 13 (1965), S. 25
Kyri, H.: Meyer, F. R.: Mitt. VDEfa 4 (1956), S. 65
Kyri, H.; Meyer, F. R.: Mitt. VDEfa 9 (1961), S. 9

Lachenmayer, H.: Mitt. VDEfa 12 (1964), S. 32
Ladeburg, H.: Mitt. VDEfa 28 (1980), S. 128
Lambert, M.: email-metal (1973) 16, S. 17
Lambert, M.: email-meral (1974) 20, S. 67
Lambert, M.: email-metal (1978) 34, S. 61
Landis, G. W.: Proc. Porc. Enamel. Inst. 30 (1968), S. 186
Lang, K.: Mitt. VDEfa 12 (1964), S. 15
Lange, G.: Arch. Eisenhüttenwes. 40 (1969), S. 623
Lange, J.: Analyse einfacher Gläser und ihrer Rohstoffe. Coburg 1971
Lange, J.: Rohstoffe der Glasindustrie. Leipzig 1980
Lange, K.: Lehrbuch der Umformtechnik, Bd. 3. Berlin/Heidelberg/New York 1975
Langer, K.: Trenkler, H.: Berg- u. Hüttenmänn. Mh. 110 (1965), S. 291
Lannan, J. L.: Proc. Porc. Enamel. Inst. 30 (1968), S. 28
Lante, N. I.: Steklo i Keram. (1970) 1, S. 28
Laird, J. A.: BRD-OS 1621409 (1967/71)
Laithwaite, H.: Sheet Met. Ind. 28 (1951), S. 186
Larson, D. R.: Int. Enamel. 31 (1981) 4, S. 2
Lauchner, J. H.; Bennett, D. G.: J. Amer. Ceram. Soc. 42 (1959), S. 146
Lauchner, J. H.; Cook, R. L. u. a.: Amer. Ceram. Soc. Bull. 34 (1955), S. 105; J. Amer. Ceram. Soc. 39 (1956), S. 208; 40 (1957), S. 410
Lee, G. M. C.; Jones, W. J. D.: Vitr. Enameller 22 (1971) 3, S. 46
Lefort, H. G.; Friedberg, A. L.: J. Amer. Ceram. Soc. 41 (1958), S. 216
le Gouestre, J.; Tyvaert, P.: Mitt. VDEfa 14 (1966), S. 15
Leontaritis, L.; Birmes, H. W.: Mitt. VDEfa 16 (1968), S. 65
Leonaritis, L.; Wagner, G.: Mitt. VDEfa 21 (1973), S. 25
Lindmayr, F.: Mitt. VDEfa 23 (1975), S. 78
Lindmayer, F.; Pokorny, M. u. a.: email-meta (1976) 26, S. 59; (1976) 27, S. 72
Listhuber, F. E.: Sprechsaal 98 (1965), S. 561
Listhuber, F. E.; Ecker, K. u. a.: Berg- u. Hüttenmänn. Mh. 116 (1971), S. 452
Listhuber, F. E.; Giergerl, E.: Sprechsaal 106 (1973), S. 249
Listhuber, F E.; Giergerl, E.: Mitt. VDEfa 22 (1974), S. 13
Little, J. R.; de Clerck, D. H.: Mitt. VDEfa 14 (1966), S. 93
Litvinova, E. I.: Steklo i Keram. (1969) 5, S. 21
Litvinova, E. I.: Metall dlja emalirovanija Moskau 1975
Litvinova, E. I.: Steklo i Keram. (1978) 9, S. 16
Litvinova, E. I.; Odincov, V. M.: Steklo i Keram. (1967) 9, S. 12
Lochridge, J. F.; Miller, G.: J. Amer. Ceram. Soc. 35 (1952), S. 103
Loewenstein, K. L.: Phys. Chem. Glasses 2 (1961), S. 69
Löffel, H.: Metall-Reinigung + Vorbeh. 12 (1963), S. 142
Löffel, H.: Metall-Reinigung + Vorbeh. 13 (1964), S. 33
Löffler, J.: Glastechn. Ber. 24 (1951), S. 287
Lohmeyer, S.: Metalloberfl. 31 (1977), S. 28, 74
Lommel, H.: Mitt. VDEfa 24 (1976), S. 83
a *Lorentz, R.:* Werkst. u. Korr. 33 (1982), S. 247
b *Lorentz, R.:* Werkst. u. Korr. 33 (1982), S. 194
Lorentz, R.: Werkst. u. Korr. 34 (1983), S. 219, 437; Mitt. VDEfa 31 (1983), S. 161

Lorentz, R.; de Clerck, D. H.: Chem.-Ing.-Techn. 51 (1979), S. 671
Ludwig, M.: Mitt. VDEfa 3 (1955), S. 7
Ludwig, M.: Mitt. VDEfa 11 (1963), S. 109
Luster, V. R.; Bryant, E. E.: Int. Enamel. 12 (1962) 3, S. 24
Lutter, E.: Die Entfettung. Saulgau 1975
Lüttringhaus, A.; Goetze, H.: Angew. Chem. 64 (1952), S. 661
Lynch, E. D.; Friedberg, A. L.: J. Amer. Ceram. Soc. 38 (1955), S. 257
Lyon, K. C.: J. Amer. Ceram. Soc. 27 (1944), S. 186

Macanga, E.: Proc. Porc. Enamel. Inst. 40 (1978), S. 21
Machu, W.: Oberflächenvorbehandlung von Eisen- und Nichteisenmetallen, 2. Aufl. Leipzig 1957
Madjer, S.: Sprechsaal 99 (1966), S. 728
Magor, J. K.: Proc. Porc. Enamel. Inst. 19 (1957), S. 37
Mainka, J.: Die induktive Wärmebehandlung; Zentralinst. f. Technol. u. Organ. d. Maschinenbaus. Karl-Marx-Stadt 1961
Makishima, A.; Tsutsumi, M. u. a.: J. Amer. Ceram. Soc. 66 (1983), . C-139
Malissa, H.; Pell, E. u. a.: Z. analyt. Chem. 272 (1974), S. 275
Mallener, H.: Mitt. VDEfa 17 (1969), S. 39
Mamedova, G. G.; Gerasimova, L. S. u. a.: Steklo, Sitally, Silikaty (Minsk) 10 (1981), S. 51
Mangold, K. H.; Kaeding, J. u. a.: Abwasserreinigung, 3. Aufl. Leipzig 1977
Marin, M.: email-metal (1969) 1, S. 83
Marin, M.: email-metal (1974) 18, S. 70
a *Märker, R.:* Silikattechn. 2 (1951), S. 302
b *Märker, R.:* Silikattechn. 2 (1951), S. 367
a *Märker, R.:* Silikattechn. 3 (1952), S. 73
b *Märker, R.:* Silikattechn. 3 (1952), S. 411
c *Märker, R.:* Silikattechn. 3 (1952), S. 313
d *Märker, R.:* Silikattechn. 3 (1952), S. 487
a *Märker, R.:* Silikattechn. 4 (1953), S. 107
b *Märker, R.:* Silikattechn. 4 (1953), S. 343
c *Märker, R.:* Silikattechn. 4 (1953), S. 446
d *Märker, R.:* Silikattechn. 4 (1953), S. 489
e *Märker, R.:* Silikattechn. 4 (1953), S. 63
Märker, R.: Silikattechn. 5 (1954), S. 91
a *Märker, R.:* Emailliertechnik. Leipzig 1956
b *Märker, R.:* Glas-Email-Keramo-Techn. 7 (1956), S. 370, 416
Märker, R.: Glas-Email-Techn. 8 (1957), S. 41
a *Märker, R.:* Glas-Email-Keramo-Techn. 9 (1958), S. 292
b *Märker, R.:* Glas-Email-Keramo-Techn. 9 (1958), S. 119; 10 (1959), S. 304; 12 (1961), S. 233
Märker, R.: Sprechsaal 92 (1959), S. 349
a *Märker, R.:* Sprechsaal 93 (1960), S. 65, 89, 255
b *Märker, R.:* Glas-Email-Keramo-Techn. 11 (1960), S. 120
Märker, R.: Sprechsaal 94 (1961), S. 43, 65, 107, 128, 208, 462
Märker, R.: Sprechsaal 95 (1962), S. 316
Märker, R.: Sprechsaal 96 (1963), S. 206
a *Märker, R.:* Mitt. VDEfa 13 (1965), S. 61
b *Märker, R.:* Sprechsaal 98 (1965), S. 270
a *Märker, R.:* Sprechsaal 99 (1966), S. 947
b *Märker, R.:* Mitt. VDEfa 14 (1966), S. 63
c *Märker, R.:* Glas-Email-Keramo-Techn. 17 (1966), S. 385
Markina, L. V.; Eremenko, N. G. u. a.: Steklo i. Keram. (1973) 8, S. 18
Marquardt, E.: Silikattechn. 27 (1976), S. 417
Martens, A. W.: Mitt. VDEfa 31 (1983), S. 37
Martin, W. G.; Lauck, F. W.: J. Amer. Ceram. Soc. 27 (1944), S. 352
Martinek, C. A.: Proc. Porc. Enamel. Inst. 26 (1964), S. 189
Maskall, K. A.: Vitr. Enameller 20 (1969) 3, S. 85
Massalsky, S.: Silikattechn. 27 (1976), S. 134
Matsudo, K.; Shimohira, T. u. a.: Nippon Kokai Tech. Rep. 34 (1982), S. 55; nach Ref.-Z. (1983) 3, S. 41
Matz, G.; Gayer, P.: Berechnung von gußeisernen emaillierten Druckbehältern. Berlin/Göttingen/Heidelberg 1959
Mayer, P.: Sprechsaal 114 (1981) S. 40
Mazo, E. E.; Chodskij, L. G. u. a.: Steklo i Keram. (1974) 12, S. 13
Mazo, E. E.; Chodskij, L. G. u. a.: Steklo i Keram. (1976) 1, S. 18
Mazurin, O.V. (Hrsg.) Structure of Glass, Vol. 4. New York 1965
McCusker, J. H.: RCA-Rev. 42 (1981), S. 281
McEvoy, R. J.: Better. Enamel. 20 (1949) 4, S. 22
McEvoy, R. J.; Andrews, A. I.: J. Amer. Ceram. Soc. 34 (1951), S. 135
McGraw, D. A.: J. Amer. Ceram. Soc. 35 (1952), S. 22
McMillan, P. W.: Glass Ceramics, 2. Aufl. London/New York/San Francisco 1979
McMillan, P.; Hodson, B. u. a.: Glass Technol. 7 (1966), S. 121
McVey, H. J.: Proc. Porc. Enamel. Inst. 20 (1958), S. 26
McWilliams, R. J.: Int. Enamel. 26 (1976) 1, S. 24
Meinck, F.; Stooff, H. u. a.: Industrieabwässer. Stuttgart 1968

Melik-Achnazarjan, A. F.; Tatevosjan, K. M. u. a.: Steklo i Keram (1968) 1, S. 27
Melnik, M. I.; Chodskij, G. L.: Steklo, Sitally, Silikaty (Minsk) 7 (1978), S. 123
Merkblatt 414: Emailgerechtes Konstruieren, 2. Aufl. Düsseldorf 1985
Merker, L.: Mitt. VDEfa 9 (1961), S. 1
a *Merker, L.*: Mitt. VDEfa 10 (1962), S. 29
b *Merker, L.*: Mitt. VDEfa 10 (1962), S. 57
a *Messmer, E.*: Mitt. VDEfa 4 (1956), S. 47
b *Messmer, E.*: Glas-Email-Keramo-Techn. 7 (1956), S. 328, 377
Messmer, E.: Mitt. VDEfa 11 (1963), S. 51
Messmer, E.: Glas-Email-Keramo-Techn. 15 (1964), S. 113
Messmer, G.: Glas-Email-Keramo-Techn. 16 (1965), S. 389
Messmer, E.: Glas-Email-Keramo-Techn. 18 (1967), S. 345
Messmer, E.: Glas-Email-Keramo-Techn. 21 (1970), S. 113, 193
Messmer, E.: Glas-Email-Keramo-Techn. 22 (1971), S. 379; 23 (1972), S. 1
Messmer, E.: Silikat-J. 15 (1976), S. 140
Meyer, F. R.: Ber. DKG 28 (1951), S. 205
Meyer, F. R.: Mitt. VDEfa 2 (1954), S. 59
Meyer, F. R.: Mitt. VDEfa 7 (1959), S. 87
a *Meyer, F. R.*: Mitt. VDEfa 11 (1963), S. 12
b *Meyer, F. R.*: Mitt. VDEfa 11 (1963), S. 77
Meyer, F. R.; Weber, H.: Mitt. VDEfa 8 (1960), S. 32
Michelfelder, S.: Glastechn. Ber. 51 (1978), S. 167
Migonadžiev, A. S.: Steklo i Keram. (1966) 12, S. 15
Mill, D. L.: Inst. Vitr. Enamel. Bull 10 (1959), S. 195
Millar, N. S. C.: Sheet Met. Ind. 26 (1949), S. 2407, 2618
Millar, N. S. C.; Buck, C. H.: Metal Finish. J. 2 (1956), S. 151, 160
Miller, G. E.; Sweo, B. J.: J. Amer. Ceram. Soc. 33 (1950), S. 107
Millikan, B. L.: Amer. Ceram. Soc. Bull. 62 (1983), S. 1338
Millward, R.; Smith, H. R.: Vitr. Enameller 20 (1969) 4, S. 135
Mišel, V. E.; Pevzner, B. Z.: Steklo i Keram. (1975) 6, S. 10
Mišel, V. E.; Romina, N. P.: Steklo i Keram. (1967) 3, S. 18
Mišel, V. E.; Venzel, L. I.: Zašč. Met. 13 (1977), S. 110
Mizonov, V. M.; Volkov, S. I. u. a.: Steklo i Keram. (1982) 2, S. 13
Mlody, R.: Sprechsaal 103 (1970), S. 392
Moehring, H.: Mitt. VDEfa 7 (1959), S. 77
Moehring, H.: Mitt. VDEfa 9 (1961), S. 43
Moehring, H.: Mitt. VDEfa 12 (1964), S. 67
Moehring, H.: Mitt. VDEfa 14 (1966), S. 51
Moehring, H.: Mitt. VDEfa 17 (1969), S. 61; Glas-Email-Keramo-Techn. 23 (1972, S. 134; 25 (1974), S. 80
Moehring, H.: Glas-Email-Keramo-Techn. 22 (1971), S. 363
Moehring, H.: Mitt. VDEfa 20 (1972), S. 73
Moehring, H.: Glas-Email-Keramo-Techn. 24 (1973), S. 105
Moeller, T. F.: Proc. Porc. Enamel. Inst. 16 (1954), S. 32
Mogilčenko, V. S.; Andreeva, N. G. u. a.: Steklo i Keram. (1970) 7, S. 17
Mohry, H.; Riedel, H G.: Reinhaltung der Luft. Leipzig 1981
Mohyla, M.: Silikattechn. 35 (1984), S. 345; Silikaty 29 (1985), S. 41
Moneta, F.: Mitt. VDEfa 31 (1983), S. 17
Montoro, V.; Lossa, E. u. a.: Gießerei 41 (1954), S. 200
Montville, V. L.; Int. Enamel. 32 (1982) 4, S. 9
Moore, D. G.; Cuthill, J. R.: Amer. Ceram. Soc. Bull. 34 (1955), S. 375
Moore, D. G.; Eubanks, A. G.: J. Amer. Ceram. Soc. 39 (1956), S. 357
Moore, D. G.; Harrison, W. N.: J. Amer. Ceram. Soc. 30 (1947), S. 220
Moore, D. G.; Harrison, W. N.: Int. Enamel. 7 (1957) 3, S. 2
Moore, D. G.; Mason, M. A. u. a.: J. Amer. Ceram. Soc. 35 (1952), S. 33
a *Moore, D. G.; Pitts, J. W.* u. a.: J. Amer. Ceram. Soc. 37 (1954), S. 1
b *Moore, D. G.*; Pitts, J. W. u. a.: J. Amer. Ceram. Soc. 37 (1954), S. 363
Moravčik, A.; Bouše, V.: email-metal (1980) 42, S. 57
Moravčik, A.; Mohyla, M.: Mitt. VDEfa 32 (1984), S. 85
Morozov, A. N.: Wasserstoff und Stickstoff im Stahl. Moskau 1950
Moss, L. L.; Miller, G. E.: J. Canad. Ceram. Soc. 28 (1959), S. 31
Müller, H. R.: Sprechsaal 97 (1964), S.171
Müller, W.: Sprechsaal 99 (1966), S. 322, 417
Müller, W.: Mitt. VDEfa 17 (1969), S. 33
Murdoch, A. W.: Inst. Vitr. Enamel. Bull. 10 (1960), S. 351
Murton, A. E.; Buhr, R. K.: Trans. Amer. Foundrym. Soc. 84 (1976), S. 43
Müschenborn, W.; Blümel, K.: Mitt. VDEfa 26 (1978), S. 73
Mustafa, M. Z.: Diss. HAB Weimar 1975

Mustafa, M. Z.; Embabi, H. K. u. a.: Silikattechn. 26 (1975), S. 352
Mustafa, M. Z.; Petzold, A.: Silikattechn. 26 (1975), S. 378
Myers, R. L.; Beall, F. W.: Amer. Ceram. Soc. Bull. 35 (1956), S. 184
Myers, D. D.; Simpson, W. u. a.: Glastechn. Ber. 50 (1977), S. 81

Naendorf, B.: Glas-Email-Keramo-Techn. 9 (1958), S. 401
Nagai, S.; Imoto, F. u. a.: J. Ceram. Assoc. Jap. 59 (1951), S. 485
Nähler, H.: Mitt. VDEfa 31 (1983), S. 137
Narutaki, N. u. a.: nach Gießerei 68 (1980), S. 763
Nashif, A. D.: Amer. Ceram. Soc. Bull. 53 (1974), S. 846
Nealon, T. P.: Mitt. VDEfa 24 (1976), S. 25
Nedeljkovic, A. I.: Vitr. Enameller 27 (1976), S. 45; emajl-keram.-staklo 17 (1977), S. 1
Nedeljkovic, A. I.: email-metal (1977) 31, S. 53
Nedeljkovic, A. I.: email-metal (1981) 46, S. 53
Nedeljkovic, A. I.; Cook, R. L.: Amer. Ceram. Soc. Bull. 50 (1971), S. 929; Mitt. VDEfa 20 (1972), S. 121
Nelson, J. A.: Proc. Porc. Enamel. Inst. 24 (1962), S. 101
Nelson, F. W.: Proc. Porc. Enamel. Inst. 25 (1963), S. 98
Nelson, F. W.; Bacher, J. F.: Amer. Ceram. Soc. Bull. 47 (1968), S. 167
Nelson, F. W.; Beer, L. N.: Int. Enamel. 22 (1972) 2, S. 22
Nemilov, S. V.; Sazingjuljan, R. S.: Neorg. Mat. 8 (1972), S. 2005
Neumann, J.: Sprechsaal 89 (1956), S. 202; 90 (1957), S. 115
a *Neumann, G.*: Fertigungstechn. u. Betr. 31 (1981), S. 559
b *Neumann, G.*: Neue Hütte 26 (1981), S. 234
Nietzold, J.: Luftfiltration. Berlin 1979
Nikitin, Ju. P.; Smirnov, N. S.: Porošk. Met. 1 (1961) 4, S. 26
Nikitina, R. I.; Ščekin, A. I. u. a.: Steklo i Keram. (1981) 6, S. 28
Niklewski, B. K.: J. Amer. Ceram. Soc. 29 (1946), S. 316
Niklewski, B. K.; Ashby, R. H.: Foundry Trade J. 94 (1953) 1896, S. 21
Niklewski, B. K.; Benton, W. E. u. a.: Inst. Vitr. Enamel. Bull. 11 (1961) 6, S. 45
Nimeroff, I.; Hammond, H. K. u. a.: J. Amer. Ceram. Soc. 39 (1956), S. 103
Nishino, A.; Ikeda, M.: Amer. Ceram. Soc. Bull. 62 (1983), S. 683
Nitzsche, K.: Schichtmeßtechnik. Leipzig 1975
Nölle, G.: Technik der Glasherstellung, 2. Aufl. Leipzig 1983
Noth, H.: Mitt. VDEfa 29 (1981), S. 13
Novotny, A.: Mitt. VDEfa 6 (1958), S. 67, 107
Novotny, A.: Sprechsaal 102 (1969), S. 427
Nowak, A. E.; Brückner, R. u. a.: Mitt. VDEfa 18 (1970), S. 19, 30
Nutscher, P. B.: Vitr. Enameller 20 (1969) 4, S. 130
Nützenadel, P.: Technik der Emailherstellung, Lehrbriefe für das Hochschulfernstudium. Zentralstelle f. d. Hochschulfernstudium des MHF Dresden 1983

O'Brien, W. J.; Ryge, G.: J. Amer. Ceram. Soc. 47 (1964), S. 5
Odenhausen, H.: Mitt. VDEfa 6 (1958), S. 17
Oehler, G.: Ber. DKG 28 (1951), S. 576
Oehler, G.: Mitt. VDEfa 2 (1954), S. 41
Oehler, G.: Mitt. Forsch.-Ges. Blechverarb. 10 (1959), S. 331
Oehler, G.: Mitt. VDEfa 12 (1964), S. 35
Oehler, G.: Mitt. VDEfa 17 (1969), S. 1
Oel, H. J.: Ber. DKG 38 (1961), S. 258
Oel, H. J.: VDI-Z. 108 (1966), S. 1727
Oel, H. J.: Ber. DKG 45 (1968), S. 305
Oel, H. J.; Dietzel, A.: Mitt. VDEfa 12 (1964), S. 27
Oel, H. J.; Dietzel, A.: Mitt. VDEfa 13 (1965), S. 31
Oel, H. J.; Schaeffer, A.: Glas; Leitfaden f. d. Studium. Erlangen 1981
v. Oeteren, K. A.: Metall–Reinigung + Vorbeh. 12 (1963), S. 81
Olieman, M. H.: Mitt. VDEfa 26 (1978), S. 118
Oliver, E. M.: Amer. Ceram. Soc. Bull. 40 (1961), S. 316
Oliver, J. C.: Mitt. VDEfa 32 (1984), S. 29
Oliver, E. M.; Mayer, E. K.: Proc. Porc. Enamel. Inst. 25 (1963), S. 55
Oliver, J. C.; Quigley, J. F.: Int. Enamel. 34 (1984) 2, S. 2
Oliver, E. M.; Rahn, H. N.: Proc. Porc. Enamel. Inst. 32 (1970), S. 140
Oltz, E. A.: Verfahrenstechn. 3 (1969), S. 453, 475
Olympia, F. D.: Amer. Ceram. Soc. Bull. 32 (1953), S. 412
Ongsiek, K.: Mitt. VDEfa 27 (1979), S. 13
Ongsiek, K.: Mitt. VDEfa 31 (1983), S. 33
Ongsiek, K.; Andreoli, F.: email-metal (1983) 58, S. 19
Onyshkevich, L. S.: Int. Enamel. 31 (1981) 3, S. 2
Oppen, D.: Metalloberfl. 36 (1982), S. 566

Oslopovskij, B. A.; Tumanova, D. S.: Steklo i Keram. (1968) 5, S. 28
Ostrowski, A.: Zesz. Nauk AE Krakowie (1980) 128, S. 151
Ošurkov, E. M.; Smirnov, N. S.: Steklo i Keram. (1963) 7, S. 19
Ott, C. W.: Int. Enamel 24 (1974) 3, S. 15
Otto, D.: Fertig.-Techn. u. Betr. 29 (1979), S. 202
Ottoni, F.; Tomassini, G. u. a.: email-metal (1983) 57, S. 13
Ovčarov, V. A.; Chudjak, A. K.: Steklo i Keram. (1979) 4, S. 13
Ovčarov, A. V.; Chudjak, A. K.: Steklo i Keram. (1980), 12, S. 9
Ovčarov, V. A.; Dungerova. M. P.: Steklo i Keram. (1981) 12, S. 12
Ovčarov, V. A.; Sjan, S. I. u. a.: Steklo i Keram. (1978) 10, S. 14
Oya, A.; Shimohira, T.: J. Ceram. Assoc. Jap. 75 (1967), S. 18

Pach, L.; Vanis, M. u. a.: Silikaty 18 (1974), S. 344
Papp, G.; Giedenbacher, G. u. a.: Mitt. VDEfa 33 (1985), S. 25
Parker, E. R.; Smoluchowski, R.: Trans. Amer. Soc. Metals 5 (1945), S. 362
Parlee, N. N.: Foundry 84 (1956) 8, S. 80
Partridge, G.: J. Sci. and Techn. 47 (1981), S. 87; Vitr. Enameller 34 (1983) 2, S. 29
Pask, J. A.: Proc. Porc. Enamel Inst. 33 (1971), S. 1
Pask, J. A.; Fulrath, R. M.: J. Amer. Ceram. Soc. 45 (1962), S. 592
Patrick, R. F.: J. Amer. Ceram. Soc. 34 (1951), S. 96
Patrick, R. F.: Amer. Ceram. Soc. Bull. 31 (1952), S. 334
Patrick, R. F.: Amer. Ceram. Soc. Bull. 33 (1954), S. 361
Patrick, R. F.; Porst, E. G. u. a.: J. Amer. Ceram. Soc. 36 (1953), S. 305
Patterson, W.: Gußeisen-Handbuch. Düsseldorf 1963
Patterson, W.; Boenisch, D.: Gießerei 51 (1964), S. 634
Pavars, I. A.; Perminov, A. A. u. a.: Zašč. Met. 1 (1967), S. 126
Pavluškin, N. M.: Vitrokeramik. Leipzig 1986
Pavluškin, N. M.; Žuravlev, A. K. u. a.: Steklo i Keram. (1969) 1, S. 11
Pell, D. C.: Ceram. Ind. (1947) 3
Penkov, I.; Gutzov, I.: J. Mater. Sci. 19 (1984), S. 233
Perminov, A. A.; Rodionova, G. P.: Steklo i Keram. (1971) 6, S. 24
Perry, B. A.: Int. Enamel. 11 (1961) 2, S. 10
Peters, M.: Metall 37 (1983), S. 584
Peters, F. K.; Engell, H.: Arch. Eisenhüttenwes. 30 (1959), S. 275
Petersen, F. A.: J. Amer. Ceram. Soc. 30 (1947), S. 94
Petersen, F.; Andrews, A. I.: J. Amer. Ceram. Soc. 29 (1946), S. 288
Petersen, F. A.; Jones, R. A.: J. Amer. Ceram. Soc. 31 (1948), S. 186
Petrenko, J.u. M.; Savina, L. A. u. a.: Steklo i Keram. (1974) 5, S. 21; (1976) 5, S. 20
Petrov, V. V.; Sotnikov, A. I. u. a.: Zašč. Met. 18 (1982), S. 771
a *Petzold, A.:* Silikattechn. 4 (1953), S. 391
b *Petzold, A.:* Silikattechn. 4 (1953), S. 443
c *Petzold, A.:* Silikattechn. 4 (1953), S. 485
Petzold, A.: Silikattechn. 5 (1954), S. 207
a *Petzold, A.:* Email. Berlin 1955
b *Petzold, A.:* Mitt. VDEfa 3 (1955), S. 71
c *Petzold, A.:* Metalloberfl. A9 (1955), S. 205
d *Petzold, A.:* Fert.-Techn. 5 (1955), S. 271
e *Petzold, A.:* Mitt. VDEfa 3 (1955), S. 1
Petzold, A. (z. T. mit *H. Betzer*): Sprechsaal 89 (1956), S. 541; 90 (1957), S. 87, 152, 207, 499; 91 (1958), S. 26, 71, 109, 205
Petzold, A.: Glas-Email-Keramo-Techn. 8 (1957), S. 109
Petzold, A.: Glas-Email-Keramo-Techn. 10 (1959), S. 121
a *Petzold, A.:* Mitt. VDEfa 8 (1960), S. 17
b *Petzold, A.:* Glas-Email-Keramo-Techn. 11 (1960), S. 109
c *Petzold, A.* (z. T. mit *H. Betzer*): Sprechsaal 93 (1960), S. 2, 252
Petzold, A.: Sprechsaal 94 (1961), S. 445
Petzold, A.: Wiss. Z. HAB Weimar 15 (1968), S. 647
Petzold, A.: Silikattechn. 26 (1975), S. 278
Petzold, A.: Mitt. VDEfa 31 (1983), S. 19
Petzold, A.: Anorganisch-nichtmetallische Werkstoffe, 2. Aufl. Leipzig 1986
Petzold, A.; Betzer, H.: Silikattechn. 4 (1953), S. 297
a *Petzold, A.; Betzer, H.:* Glas-Email-Keramo-Techn. 7 (1956), S. 284
b *Petzold, A.; Betzer, H.:* Silikattechn. 7 (1956), S. 466
Petzold, A.; Betzer, H.: Silikattechn. 8 (1957), S. 434
a *Petzold, A.; Betzer, H.:* Glas-Email-Keramo-Techn. 9 (1958), S. 116
b *Petzold, A.; Betzer, H.:* Sprechsaal 91 (1958), S. 109
Petzold, A.; Haase, T.: Silikattechn. 5 (1954), S. 426

Petzold, A.; Heinitz, H.: Metall-Reinigung + Vorbeh. 7 (1958), S. 5, 27, 39, 161; 9 (1960), S. 53
Petzold, A.; Herdt, K.: Sprechsaal 91 (1958), S. 200
Petzold, A.; Hinz, W.: Silikatchemie. Leipzig 1978
Petzold, A.; Hübscher, M.: Glas-Email-Keramo-Techn. 19 (1968), S. 153
Petzold, A.; Jacobs, H.: Glas-Email-Keramo-Techn. 12 (1961), S. 109
Petzold, A.; Krüger, M.: Sprechsaal 92 (1959), S. 240
a *Petzold, A.; Krüger, M.:* Silikattechn. 11 (1960), S. 267
b *Petzold, A.; Krüger, M.:* Glas-Email-Keramo-Techn. 11 (1960), S. 3
c *Petzold, A.; Krüger, M.:* Mitt. VDEfa 8 (1960), S. 1
Petzold, A.; Lange, I. u. a.: Mitt. VDEfa 3 (1955), S. 87
Petzold, A.; Lange, I. u. a.: Sprechsaal 90 (1957), S. 207
Petzold, A.; Ulbricht, J.: Silikattechn. 33 (1982), S. 118
Petzold, A.; Uschakow, D.: Mitt. VDEfa 10 (1962), S. 17
Petzold, A.; Wagner, B.: Wiss. Z. HAB Weimar 13 (1966), S. 635
Petzold, A.; Wagner, B.: 4. Wiss. Konf. Glas u. Keramik Varna 1972, S. 171
Petzold, A.; Wandlowski, H.: Silikattechn. 26 (1975), S. 261
Petzold, A.; Wandlowski, H. u. a.: Mitt. VDEfa 9 (1961), S. 17, 53
Petzold, A.; Wihsmann, F. G. u. a.: Glastechn. Ber. 34 (1961), S. 56
Pevzner, B. Z.: Steklo i Keram. (1973) 9, S. 16
Pevzner, B. Z.; Appen, A. A. u. a.: in Hitze- und wärmebeständige Überzüge. Leningrad 1969
Pevzner, B. Z.; Džavukcjan, S. G. u. a.: Steklo i Keram. (1972) 4, S. 17
Pevzner, B. Z.; Litvinova, E. I.: Steklo i Keram (1972) 2, S. 20
Pfaudler Org.: Chem. Engg. 67 (1960) 20, S. 130
a *Pfeiffer, H.:* Mitt. VDEfa 11 (1963), S. 101
b *Pfeiffer, H.:* Glas-Email-Keramo-Techn. 14 (1963), S. 369
Pfizer Inc.: Mitt. VDEfa 8 (1960), S. 47
Phelps, G. W.; Silwanowicz, A. u. a.: Amer. Ceram. Soc. Bull. 50 (1971), S. 720
Pidgoen, C. L.: Brit. Cast Iron Res. Ass. J. 11 (1963), S. 319
Piper, E.; Hagedorn, H. u. a.: Arch. Eisenhüttenwes. 73 (1953), S. 817
Pišč, V.; Rotman, T. I.: Steklo i Keram. (1984) 8, S. 24
Pitts, J. W.; Moore, D. G.: Int. Enamel. 4 (1954) 2, S. 15
Piva, R.: email-metal (1973) 15, S. 58
Piwowarsky, E.: Hochwertiges Gußeisen, 2. Aufl. Berlin/Göttingen/ Heidelberg 1961
Plankenhorn, W. J.: J. Amer. Ceram. Soc. 37 (1954), S. 281
Plankenhorn, W. J.: Int. Enamel. 10 (1960) 1, S. 2
Plankenhorn, W. J.: Proc. Porc. Enamel Inst. 24 (1962), S. 39
Plankenhorn, W. J.: Met. Prod. Manuf. 22 (1965) 5, S. 110
Plastinin, V. M.; Tresvjatskij, S. G. u. a.: Neorg. Mat. 19 (1983), S. 1569
Podkletnov, E.: Emalirovanie Metallov. Kiev 1961
Point, M.: email-metal (1975) 22, S. 61
Pollack, A.: Glas-Email-Keramo-Techn. 4 (1953), S. 44
Pollack, A.: Metall 16 (1962), S. 564
Pope, A. H.; Pease, C.: email-metal (1979) 39, S. 65
Popivanov, L.; Zerdev, A. u. a.: Sprechsaal 116 (1983), S. 168
Popoff, E.; Jontschew, C.: XII. Int. Emailkongr. Köln 1981, PD 20
Pöschmann, H.: Silikattechn. 6 (1955), S. 262
Pöschmann, H.: Mitt. VDEfa 5 (1957) S. 81
Pöschmann, H.: Mitt. VDEfa 6 (1958), S. 79
Pöschmann, H.: Sprechsaal 99 (1966), S. 839
a *Pöschmann, H.:* Chem. Techn. 21 (1969), S. 704
b *Pöschmann, H.:* Sprechsaal 102 (1969), S. 521
Pöschmann, H.: Sprechsaal 103 (1970), S. 385
a *Pöschmann, H.:* Silikattechn. 22 (1971), S. 274
b *Pöschmann, H.:* Glas-Email-Keramo-Techn. 22 (1971), S. 450
a *Pöschmann, H.:* Sprechsaal 105 (1972), S. 181
b *Pöschmann, H.:* Glas-Email-Keramo-Techn. 23 (1972), S. 121
Pöschmann, H.: Mitt. VDEfa 21 (1973), S. 95; Silikat. J. 14 (1975), S. 424
Pöschmann, H.: Diss. BA Freiberg 1977; Silikattechn. 28 (1977), S. 211; Mitt. VDEfa 26 (1978), S. 13; Sprechsaal 112 (1979), S. 385, 455; Steklo i Keram. (1980) 3, S. 27
Pöschmann, H.: Gießereitechn. 27 (1981), S. 145
Pöschmann, H.: Arnold, H. u. a.: Silikattechn. 30 (1979), S. 303
Pöschmann, H.; Petzold, A.: Mitt. VDEfa 8 (1960), S. 39

Pöschmann, H.; Schneider, H.: Sprechsaal 92 (1959), S. 232
Pöschmann, H.; Schneider, H.: Glas-Email-Keramo-Techn. 19 (1968), S. 357
Potechina, T. S.: Steklo i Keram. (1978) 3, S. 33
Priest, D. K.: Amer. Ceram. Soc. Bull. 36 (1957), S. 416
Priest, D. K.: Amer. Ceram. Soc. Bull. 39 (1960), S. 507
Prieur, C.: email-metal (1977) 32, S. 50
Primke, K.: Fachkunde für den Schweißer, 3. Aufl. Berlin 1980
Prossnitz, J. P.; Ghodsi, M. u. a.: Sci. of Ceram. 8 (1976), S. 381
Puderbach, H.; Schoenemann, R.: Metalloberfl. 30 (1976), S. 553
Pyzik, A.: Szklo i Ceram. 33 (1982), S. 18

Quigley, F. J.: email-metal (1982) 50, S. 85

Raccanelli, A.; Favuzzi, G.: Sprechsaal 103 (1970), S. 1129; Vetro e Silic. 14 (1971), S. 7
Rädeker, W.: Masch.-Markt 65 (1959) 23, S. 7
Radtke, D.: Techn. Mitt. (Essen) 67 (1974), S. 484
Raffray, J. P.: email-metal (1977) 33, S. 60
Rahmel, A.; Engell, H. J.: Arch. Eisenhüttenwes. 30 (1959), S. 743
Rahmel, A.; Schwenk, W.: Korrosion und Korrosionsschutz. Weinheim/New York 1977
Rahn, H. N.; Mayer, E. H. u. a.: Int. Enamel. 11 (1961) 4, S. 9
Rahn, H. N.; Mayer, E. H. u. a.: J. Amer. Ceram. Soc. 45 (1962), S. 581
Rao, E. C. S.: Int. Enamel. 3 (1953) 3, S. 25
Rao, K. W. V.; Naidun, S. V. N. u. a.: Amer. Ceram. Soc. Bull. 53 (1970), S. 124
Rapp, J. E.; Babcock, C. L.: Amer. Ceram. Soc. Bull. 46 (1967), S. 741
Ratnovsky, A.: Sprechsaal 103 (1970), S. 101
Rault, D.: email-metal (1973) 15, S. 63
Rausch, W.: in *Ullmanns* Encykl. d. Techn. Chemie, 3. Aufl., Bd. 10. München/Berlin 1958
Rebinder, P. A.: Physiko-chemische Mechanik. Moskau 1958
Redčenko, K. M.; Kudrjaceva, G. A. u. a.: Steklo i Keram. (1967) 5, S. 17
Reehal, J. S.; White, D. u. a.: Glass Technol. 24 (1983), S. 274
Reiberger, R.: Glas-Email-Keramo-Techn. 4 (1953), S. 206
Reiberger, R.: Glas-Email-Keramo-Techn. 7 (1956), S. 210
Reiberger, R.: Glas-Email-Keramo-Techn. 8 (1957), S. 114
Reiberger, R.: Glas-Email-Keramo-Techn. 10 (1959), S. 131
Reiberger, R.: Glas-Email-Keramo-Techn. 15 (1964), S. 115
Reichmann, W.; Hoffmann, H.: Glas-Email-Keramo-Techn. 21 (1970), S. 120
Reiner, M.: Rheologie. Leipzig 1968
Reinert, H.: Masch.-Markt 67 (1961) 77, S. 30
Reininger, H.: Masch.-Markt 67 (1961) 6, S. 25
Reinsch, H. H.: Industriemeister 9 (1960), S. 172
Reinsch, H. H.: Metall-Reinigung + Vorbeh. 12 (1963), S. 7
a *Reinsch, H. H.* : Sprechsaal 100 (1967), S. 521
b *Reinsch, H. H.:* Glas-Email-Keramo-Techn. 18 (1967), S. 199
Reinsch, H. H.: Glas-Email-Keramo-Techn. 20 (1969), S. 385
Reiss, A.; Joseph, W. u. a.: BRD-Pat. 2538601 (1975)
Renfordt, U.: Mitt. VDEfa 17 (1969), S. 75
Repa, A. G.; Danilčenko, E. P.: Ž. Prikl. Chim. 25 (1952), S. 74; Steklo i Keram. (1953) 1, S. 23
Rešetnikov, S. M.; Krutkina, T. G. u. a.: Zašč. Met. 16 (1980), S. 173
Retzke, R. u. a.: Umformen und Schneiden, 2. Aufl. Berlin 1973
Revert, J.: email-metal (1974) 21, S. 58
Richard, G. M.; Demard, S.: email-metal (1974) 20, S. 61; Mitt. VDEfa 23 (1975), S. 39
Richens, M. J.: Vitr. Enameller 32 (1981) 3, S. 63
Richmond, J. C.; Harrison, W. N.: Amer. Ceram. Soc. Bull. 39 (1960), S. 668
Richmond, J. C.; Lefort, H. G. u. a.: J. Amer. Ceram. Soc. 38 (1955), S. 72
Richmond, J. C.; Moore, D. G. u. a.: J. Amer. Ceram. Soc. 36 (1953), S. 410
Richmond, J. C.; Stewart, J. E.: J. Amer. Ceram. Soc. 42 (1959), S. 633
Rickmann, F.: Mitt. VDEfa 5 (1957), S. 51
Rickmann, F.: Mitt. VDEfa 6 (1958), S. 55
Rickmann, F.: Glas-Email-Keramo-Techn. 10 (1959), S. 129
Rickmann, F.: Mitt. VDEfa 15 (1967), S. 35
Riecke, E.: Arch. Eisenhüttenwes. 47 (1976), S. 247
Riecke, E.: Arch. Eisenhüttenwes. 49 (1978), S. 509
Rieke, K.: Mitt. VDEfa 24 (1976), S. 93
Rion, R. G.: Amer. Ceram. Soc. Bull. 33 (1954), S. 16

Rion, R. G.: Int. Enamel. 30 (1980) 2, S. 25
Rion, R. G.; Miller, G. E.: Proc. Porc. Enamel Inst. 27 (1965), S. 13
Ritchie, D.: Mitt. VDEfa 24 (1976), S. 35
Ritsche, D.; Schäffer, H. A. u. a.: J. Mat. Sci. 18 (1983), S. 599
Roberts, W. J.: Int. Enamel. 22 (1972) 3, S. 26
Roberts, W. J.: Int. Enamel. 25 (1975) 4, S. 23
Robinson, G. T.: Prod. Finish 37 (1973) 10, S. 56
Rodionova, G. P. u. a.: Steklo i Keram. (1978) 12, S. 28
Rodionova, G. P.; Smirnov N. S. u. a.: Steklo i Keram. (1982) 12, S. 14
Rodman, C. J.; Schollenberger, F. J.: Amer. Ceram. Soc. Bull. 33 (1954), S. 105
Rogožin, Ju. V.; Markina, L. V. u. a.: Steklo i Keram. (1973) 2, S. 27
Rogožin, Ju. V.; Raškovan, A. V. u. a.: Steklo i Keram. (1967) 12, S. 22
Rohm, A.: Mitt. VDEfa 27 (1979), S. 25
Romanenko, G. F.; Burakov, M. R. u. a.: Steklo i Keram. (1969) 4, S. 18
Romanenko, A. A.; Gladuš, V. V. u. a.: Steklo i Keram. (1980) 8, S. 6
Romanenko, A. A.; Markina, L. V. u. a.: Steklo i Keram. (1984) 12, S. 14
Ronne, H. J.: Can. Clay Ceram. 43 (1970) 6, S. 6 (ref. Mitt. VDEfa 20 (1972), R 97)
Roodenburg, R. F.: Mitt. VDEfa 26 (1977), S.106
Rosenberg, J. E.; Langerman, G. E.: J. Amer. Ceram. Soc. 19 (1936), S. 85; 20 (1937), S. 236
Rösner, W.: Fert.-Techn. u. Betr. 29 (1979), S. 464
Rouge, J.: Mitt. VDEfa 32 (1984), S. 13
Routschka, G.: Glas-Email-Keramo-Techn. 21 (1970), S. 325
Routschka, G.; Majdic, A.: Keram. Z. 33 (1981), S. 511
Rüb, F.: Masch.-Markt 69 (1963) 20, S. 13
Rüb, F.: Metalloberfl. 19 (1965), S. 386
Rüb, F.: Metalloberfl. 23 (1969), S. 262
Rudakova, S. V.; Ejduk, J.: J. Neorg. Stekla, Pokryt. Mater. (1979) 4, S. 92
Ruderer, C. G.: email-metal (1980) 44, S. 63
Rumpf, H.: Zement-Kalk-Gips 19 (1966), S. 343

Sagel, H.: Mitt. VDEfa 2 (1954), S. 63
Sakurai, T.; Tsukuda, K. u. a.: Bull. Osaka Ind. Res. Inst. 4 (1953), S. 27
Salamah, M. H.; White, D.: J. Amer. Ceram. Soc. 64 (1981), S. 224
Salge, H.: Mitt. VDEfa 25 (1972), S. 29
Salge, H.: Mitt. VDEfa 22 (1974), S. 76
Sammarone, D. G.; Saunders, H. S.: Amer. Ceram. Soc. Bull. 36 (1957), S. 340
Sanditov, D. S.; Bartenev, G. M.: Ž. Fiz. Chim. 47 (1973), S. 2231
Sarres, H.; Klotz, H.: Mitt. VDEfa 25 (1977), S. 147
Sarres, H.; Ongsiek, K.: Mitt. VDEfa 25 (1977), S. 45
Sauer, K. H.: Mitt. VDEfa 16 (1968), S. 13
Saunders, H. S.: Ceram. Age 64 (1954) 4, S. 54
a *Savin, L. S.; Barinov, Ju. D.*: Zašč. Met. 3 (1967), S. 343
b *Savin, L. S.; Barinov, Ju. D.* u. a.: Zašč. Met. 3 (1967), S. 116
Savin, L. S.; Winkler, K. G. u. a.: Silikattechn. 29 (1978), S. 170
Sawin, L. S.; Barinow, Ju. D.: Silikattechn. 24 (1973), S. 137
Sawin, L. S.; Winkler, K. G. u. a.: Silikattechn. 28 (1977), S. 312
Schaarschuh, H.: Handelsblatt 9 (1956) 17, S. 10
Schabacker, R. B.: Int. Enamel. 32 (1982) 3, S. 2
a *Schäfer, G.*: VDI-Nachr. 15 (1961) 6, S. 2
b *Schäfer, W.*: Mitt. VDEfa 9 (1961), S. 25
Scharbach, H.: Mitt. VDEfa 9 (1961), S. 37
Scharbach, H.: Mitt. VDEfa 12 (1964), S. 41
Scharbach, H.: Werkst. u. Korr. 16 (1965), S. 20
Scharbach, H.: Werkst. u. Korr. 18 (1967), S. 222
Schatt, W. (Hrsg.) u. a.: Einführung in die Werkstoffwissenschaft, 5. Aufl. Leipzig 1984
Schejbal, F.: Sprechsaal 107 (1974), S. 425
Schene, H.: DFBO-Mitt. 22 (1971), S. 229
Schenk, H.; Taxhet, H.: Arch. Eisenhüttenwes. 30 (1959), S. 661
Schenke, D.: Glas-Email-Keramo-Techn. 21 (1970), S. 372
Scherpereel, D. E.: Ceram. Ind. (1972) 5, S. 20
Schittenhelm, H. J.: Mitt. VDEfa 32 (1984), S. 137
Schlegel, E.: Silikattechn. 35 (1984), S. 17
Schlegel, H.: Weidner, W.: Mitt. Forsch.-Ges. Blechverarb. (1965), S. 111
Schmahl, N. G.; Baumann, H. u. a.: Arch. Eisenhüttenwes. 29 (1958), S. 83
Schmalenbach, R.: Sprechsaal 102 (1969), S. 1033
Schmalenbach, R.: Mitt. VDEfa 30 (1982), S. 2
Schmidt, G.: Chem. Fabrik 13 (1940), S. 49
Schminke, W.: Glas-Email-Keramo-Techn. 19 (1968), S. 117
Schmöker, F.; Gneist, H.: Glastechn. Ber. 56K/1 (1983), S. 173
Schnapp, J. D.; Petzold, A. u. a.: Glastechn Ber. 53 (1980), S. 16
Schneider, P.: Gießerei 60 (1973), S. 661
Schoenemann, R.: Mitt. VDEfa 11 (1963), S. 9
Schoenemann, R.: Mitt. VDEfa 12 (1964), S. 23
Schoenemann, R.; Germscheid, H. G.: Sprechsaal 104 (1971), S. 1023

Schoenemann, H.; Groschopp, H. u. a.: Mitt. VDEfa 19 (1971), S. 41
Scholz, D. M.: Glashütte 71 (1941), S. 558
Scholze, H.: Ber. DKG 44 (1967), S. 59
a *Scholze, H.*: Glas, 2. Aufl. Berlin/Heidelberg/New York 1977
b *Scholze, H.*: J. Amer. Ceram. Soc. 60 (1977), S. 186
Scholze, H.; Helmreich, D. u. a.: Glastechn. Ber. 48 (1975), S. 237
Schott, M.: Mitt. VDEfa 12 (1964), S. 61
Schraven, T.; Hennicke, H. W. u. a.: Mitt. VDEfa 33 (1985), S. 6
Schröder, H.: Glas-Email-Keramo-Techn. 14 (1963), S. 161
Schubert, H.: Aufbereitung fester mineralischer Rohstoffe, 3. Aufl. Leipzig 1975
Schubert, H. (Federf.) u. a.: Mechanische Verfahrenstechnik I, II. Leipzig 1977, 1979
Schultes, B.; Trögel, G.: Mitt. VDEfa 31 (1983), S. 53
Schultheis, P.: Ber. DKG 26 (1949), S. 193
Schultz, J.; Tripp, H. P. u. a.: Chem. Engg. Progr. Symp. Ser. 52 (1956) 19, S. 99 (ref. Mitt. VDEfa 6 (1958), R. 118)
Schulz, W. D.; Koleva, D.: Silikattechn. 24 (1973), S. 194
Schulze, R.; Hennicke, H. W.: Mitt. VDEfa 22 (1974), S. 25
Schumacher, B.: Diss. HAB Weimar 1971
Schumacher, B.; Blomberg, R.: DDR-Pat. 149384 (1980)
Schumacher, B.; Petzold, A.: Wiss. Z. HAB Weimar 14 (1967), S. 41
Schumacher, B.; Pöschmann, H.: DDR-Pat.-Anm. 229718/6 (1981)
Schumann, H.: Metallographie, 11. Aufl. Leipzig 1983
Schumann, H.; Erdmann-Jesnitzer, F.: Bergakademie 5 (1953), S. 218
Schumann, H.; Erdmann-Jesnitzer, F.: Bergakademie 6 (1954), S. 49
Schwarz, M.: Prakt. Metallogr. 20 (1983), S. 283
Schweifer, E.: Mitt. VDEfa 27 (1979), S. 88
Schwiedeßen, H.: Mitt. VDEfa 14 (1966), S. 101
Sedgers, N. T.: Int. Enamel. 25 (1975) 4, S. 2
Sedmale, G. P.; Sviedre, I. V. u. a.: in Antikorr.-Überzüge. Leningrad 1983, S. 198
Šejnddlin, B. E.; Čekanskij, V. V.: Steklo i Keram. (1968) 3, S. 22
Serayet, M.; Raffray, M.: Int. Enamel 31 (1981) 2, S. 16
Serayet, M.; Raffray, M.: Mitt. VDEfa 30 (1982), S. 92
Serayet, M.; Viquesnel, A.: Mitt. VDEfa 28 (1980), S. 81
Shannon, R. D.; Friedberg, A. L.: Ill. Univ. Eng. Exp. Sta. Bull. 456 (1960)
Shigley, D.; McKinney, D.: Int. Enamel. 26 (1976) 2, S. 23
Shimohira, T.: J. Ceram. Assoc. Jap. 67 (1959), S. 95
Sidorov, A. B.; Kuljamina, L. L. u. a.: Steklo i Keram. (1966) 2, S. 35
Simonis, F.: Klei Keram. 29 (1979), S. 130
Simpson, W.: Glastechn. Ber. 57 (1984), S. 45
Sirotinsky, A. A.; Pöschmann, H.: Silikattechn. 28 (1977), S. 310
Sitnikova, A. Ja.; Anitov, I. S. u. a.: Ž. Prikl. Chim. 44 (1971), S. 1473
Sitnikova, A. Ja.; Appen, A. A. u. a.: Ž. Prikl. Chim. 47 (1974), S. 1922
Sitnikova, A. Ja.; Bankovskaja, I. B. u. a.: Ž. Prikl. Chim. 44 (1971), S. 1929
Sitnikova, A. Ja.; Borisenko, V. A. u. a.: in Hochtemperatur-Schutzschichten. Leningrad 1972
Sitnikova, A. Ja.; Borisenko, V. A.: Steklo i Keram. (1978) 7, S. 15
Siwulski, S.; Puzik, A. u. a.: Szklo i Ceram. 33 (1982), S. 15
Smalley, H. F.: Proc. Porc. Enamel Inst. 27 (1965), S. 158
Smialovski, M.: Hydrogen in Steel. New York 1962
Smirnov, N. S.: Mitt. VDEfa 20 (1972), S. 97
Smith, D. P.: Hydrogen in Metals. Chicago 1948
Smith, L. N.: Proc. Porc. Enamel Inst. 25 (1963), S. 106
Snow, J. E.; Faust, W. D.: Proc. Porc. Enamel Inst. 34 (1972), S. 106
Sokolov, I. A.; Svetljakov, A. A. u. a.: Novye metody izgotovlenija stalnoj emalirovannoj posudy. Moskva 1980
Solncev, S. S.: Zašičtnye technologičeskie pokrytija i tugoplavkie emali. Moskva 1984
Sotnikov, A. I.; Petrov, V. V.: Zašč. Met. 19 (1983) S. 150
Spangenberg, W. C.: Amer. Ceram. Soc. Bull. 34 (1955), S. 245
Spector, M.; Johnson, C. F.: Amer. Ceram. Soc. Bull. 60 (1981), S. 610
Spencer-Strong, G. H.; Cooper, W. G.: Amer. Ceram. Soc. Bull. 26 (1947), S. 249
Sperner, F.: Z. Metallkde. 57 (1976), S. 289
Spiers, H. R.: Proc. Porc. Enamel Inst. 30 (1968), S. 47
Spriggs, R. M.: Amer. Ceram. Soc. Bull. 35 (1956), S. 280
Spriggs, R. M.; Friedberg, A. L.: J. Amer. Ceram. Soc. 43 (1960), S. 252
Spur, G.; Stöferle, T.: Handbuch der Fertigungstechnik, Bd. 1. München/Wien 1981

Staats, H. N.: Amer. Ceram. Soc. Bull. 31 (1952), S. 33
Staats, H. N.; Baranowski, S. J.: Amer. Ceram. Soc. Bull. 35 (1956), S. 143
Stadley, N. R.: Amer. Ceram. Soc. Bull 38 (1959), S. 401
Stalter, T. L.; McKulla, G. W.: Proc. Porc. Enamel. Inst. 24 (1962), S. 131
Steele, L. L.: Int. Enamel. 32 (1982) 1, S. 21
Stefanjuk, I. V.; Kulibzanov, Ju. Ja. u. a.: Korr. i Zašč. Neft. Prom. (1983) 7, S. 11
Steffes, K.: Mitt. VDEfa 14 (1966), S. 125
Stegmaier, W.: Metalloberfl. 31 (1967), S. 362
Stegmaier, W.: Mitt. VDEfa 29 (1981), S. 37, 41
Steiger, J.: Met. Finish. J. 9 (1963) 97, S. 25
Steinkamp, T.: Mitt. VDEfa 12 (1964), S. 1
Steinke, G.: Glas-Email-Keramo-Techn. 22 (1971), S. 286
Stevens, R. L.; Ross, N. C. u. a.: Mitt. VDEfa 24 (1976), S. 56; email-metal (1977) 31, S. 56
Stevenson, J. S.: Vitr. Enameller 24 (1973) 1, S. 66,
Stiedl, H.: Mitt. VDEfa 27 (1979), S. 29
Stief, E.: Lufttechnische Schadstoffbekämpfung im Betrieb, I, II. Berlin 1970, 1974
Stief, E.: Luftreinhaltung, 2. Aufl. Berlin 1978
Still, H. P.: Amer. Ceram. Soc. Bull. 37 (1958), S. 22
Stine, P. A.: Int. Enamel. 24 (1974) 3, S. 27
Stirling, J. F.; Hardy, L. E.: Trans. Brit. Ceram. Soc. 68 (1969), S. 119
Stölzel, K.: Gießereiprozeßtechnik, 3. Aufl. Leipzig 1976
Straschill, M.: Neuzeitliches Beizen von Metallen, 2. Aufl. Saulgau 1972
Strauch, A.: Glas-Email-Keramo-Techn. 14 (1963), S. 389
Streeb, R.; Hoffmann, R. u. a.: Metall-Entfettung u. -Reinigung, 2. Aufl. Saulgau 1969
Strelnikov, V. I.; Barinov, Ju. D. u. a.: Steklo i Keram. (1983) 12, S. 11
Strobel, G.: Sprechsaal 94 (1961), S. 452
Stuckert, L.: Sprechsaal 73 (1940), S. 117
Stuckert, L.: Die Emailfabrikation, 2. Aufl. Berlin 1941
Stuckert, L.: Emailw.-Ind. 21 (1944), S. 43
Sullivan, J. D.: Amer. Ceram. Soc. Bull. 41 (1962), S. 369
Sullivan, J. D.; Nelson, J. W.: Int. Enamel. 21 (1971), 4, S. 10
Sussman, A.; Ward, T. J.: RCA-Rev. 42 (1981), S. 178
Svetlov, V. A.; Bovkun, N. P.: Neorg. Mat. 16 (1980), S. 1272; Steklo i Keram. (1981) 8, S. 29
Svetlov, V. A.; Efremova, I. S. u. a.: Ž. Prikl. Chim. 54 (1981), S. 1526
Svetlov, V. A.; Ilčenko, V. I. u. a.: Neorg. Mat. 11 (1975), S. 1489
Svetlov, V. A.; Perminov, A. A. u. a.: Steklo i Keram. (1982) 7, S. 27
a *Svetlov, V. A.; Perminov, A. A.* u. a.: Steklo i Keram. (1983) 11, S. 27
b *Svetlov, V. A.; Perminov, A. A.* u. a.: Ž. Prikl. Chim. 56 (1983), S. 1654
Svirskij, L. D.: Industr.-techn. Konf. Email. Moskau 1956, S. 68
Sweo, B. J.: J. Amer. Ceram. Soc. 32 (1949), S. 356
Sweo, B. J.; Snow, J. D.: Proc. Porc. Enamel Inst. 32 (1970), S. 39
Szabo, I.: Epitöyanyag 35 (1983), S. 333
Szwagierczak, D.; Pyda, A.: Szklo i Ceram. 33 (1982), S. 79

Takahashi, K.: J. Soc. Glass Technol. 37 (1953), S. 5 N
Takahashi, K.: J. Ceram. Assoc. Jap. 63 (1955), S. 142
Tamarin, Ju. A.; Dodonova, R. N.: Zašč. Met. 13 (1977), S. 114
Tanner, M.: Sprechsaal 103 (1970), S. 187
Tarriant, R.: email-metal (1975) 23, S. 65
Tashiro, M.: J. Ceram. Assoc. Jap. 57 (1969), S. 70, 86, 124
Tashiro, M.: J. Ceram. Assoc. Jap. 58 (1950), S. 51, 204, 389
Techn. Inf. Nr. 3 (Elektrostatischer Emailauftrag). Bayer Rickmann 1974
Techn. Inf. Nr. 4 (Al-Emaillierung). Bayer Rickmann 1974
Techn. Inf. Nr. 5 (Emaillierwerk der Zukunft), Bayer Rickmann 1974
Techn. Inf. Nr. 6 (Vorbehandlung von Stahlblech). Bayer Rickmann 1974
Techn. Inf. Nr. 7 (Kostenvergleich). Bayer Rickmann 1975
Techn. Inf. Nr. 10 (Elektrostatischer Auftrag von Emailpulver). Bayer Rickmann 1977
Techn. Inf. Nr. 11 (Naßmahlung von Email). Bayer Rickmann 1979
Teigeler, A.: Mitt. VDEfa 23 (1975), S. 8
Teigeler, A.: Mitt. VDEfa 27 (1979), S. 1
Teigeler, A.; Hoens, M. F. A.: Mitt. VDEfa 23 (1975), S. 11
Teindl, J.; Jacob, M. u. a.: Hutnicke Listy 23 (1968), S. 232
Teller, A. J.: Amer. Ceram. Soc. Bull. 51 (1972), S. 637
Tenhaven, U.; Mauthen, B.: Werkst. u. Korr. 23 (1972), S. 669
Tepohl, W.: Stahl u. Eisen 79 (1959), S. 356

Teupel, F. K. (Hrsg.) u. a.: Formgebung der Metalle, 2. Aufl. Leipzig 1981
Thaler, B. J., 2 ; McCusker, J. H. u. a.: RCA-Rev. 42 (1981), S. 198
Thiele, W. R.; Frisch, B.: Mitt. VDEfa 25 (1977), S. 65
Thieme, G.: Fachkunde für Schweißer, 16. Aufl. Berlin 1981
Thier, H.: Mitt. VDEfa 7 (1959), S. 61
Thomas, M. B.; Doremus, R. H.: J. Amer. Ceram. Soc. 59 (1976), S. 226
Thompsen, R. S.; Molinaro, L. P.: Met. Prod. Manuf. 25 (1968) 2, S. 74
Thompsen, R. S.; Molinaro, L. P.: Int. Enamel. 19 (1969) 2, S. 14
Thompson, P. G.: Proc. Porc. Enamel Inst. 20 (1958), S. 116
Thürmer, A.: Glas-Email-Keramo-Techn. (1951), S. 165, 267
Thürmer, A.: Sprechsaal 85 (1952), S. 252
Thürmer, A.: Sprechsaal 91 (1958), S. 203
Tiefenböck, J.: Mitt. VDEfa 23 (1975), S. 75
Tietz, H. D.: Grundlagen der Eigenspannungen. Leipzig 1983
Titakova, I. K.; Miskidžan, S. P. u. a.: Zašč. Met. 16 (1980), S. 182
Titze, K.: Öst. Pat. 301295 (1970)
Titzmann, K.: Mitt. VDEfa 1 (1953), S. 41
Titzmann, K.: Mitt. VDEfa 3 (1955), S. 49
Titzmann, K.: Mitt. VDEfa 5 (1957), S. 1
Titzmann, K.; Kühnert, H.: Mitt. VDEfa 4 (1956), S. 76
Tju Chaj, G. G.; Kravčenko, E. V.: Steklo i Keram. (1973) 6, S. 16
Tkalcec, E.: Mitt. VDEfa 20 (1972), S. 85
Tkalcec, E.: Mitt. VDEfa 24 (1976), S. 47
Tkalcec, E.; Bezjak, A.: Amer. Ceram. Soc. Bull. 57 (1978), S. 596
Tkalcec, E.; Laslo, R. u. a.: Mitt. VDEfa 26 (1978), S. 30
Toland, D. A.: Int. Enamel. 31 (1981) 3, S. 16
Toland, D. A.; Brickner, K. G.: Int. Enamel. 29 (1979) 4, S. 7
Toland, D. A.; Conaway, H. L.: Proc. Porc. Enamel. Inst. 29 (1967), S. 176
Toler, H. R.: Amer. Ceram. Soc. Bull. 34 (1955), S.4
Toler, H. R.; Roberts, J. T.: Amer. Ceram. Soc. Bull. 32 (1953), S. 92
Tolstopjatov, R. V.; Gončarenko, G. A. u. a.: Chim. i Neft. Mašinostr. (1983) 2, S. 16
Tomsia, A.; Kozubek, C. u. a.: Mitt. VDEfa 24 (1976), S. 71
Tomsia, A.; Siwulski, S. u. a.: Mitt. VDEfa 26 (1978), S. 25
Tomsia, A.; Wieczorek, I. W.: email-metal (1975) 23, S. 67
Török, D.: Mitt. VDEfa 23 (1975), S. 13
Trap, H. J. L.; Stevels, J. M.: Glastechn. Ber. 32K (1959), VI, S. 31
Trögel, G.: Mitt. VDEfa 24 (1976), S. 76
Tso, S. T.; Pask, J. A.: J. Amer. Ceram. Soc. 62 (1979), S. 543
Tso, S. T.; Pask, J. A.: J. Amer. Ceram. Soc. 65 (1982), S. 360
Tsong, I. S. T.; Housner, C. A. u. a.: Appl. Phys. Lett. 39 (1981), S. 669
Tuleff, J.: email-metal (1974) 19, S. 61
Tuleff, J.: email-metal (1977) 33, S. 58
Tumanov, S. G.; Bulavin, Ju. I.: Steklo i Keram. (1963) 9, S. 29
Tung, R. C.; Cook, R. L.: J. Amer. Ceram. Soc. 37 (1954), S. 496

Uhlig, H. H.: Korrosion und Korrosionsschutz. Berlin 1970
Uhlir, L.: Glas-Email-Keramo-Techn. 9 (1958), S. 42
Uhlir, L.: Sprechsaal 97 (1964), S. 468, 555
Ulmer, K.; Haferkamp, H.: Masch.-Markt 67 (1961) 69, S. 20
Umstätter, H.: Einführung in die Viskosimetrie und Rheometrie. Berlin/Göttingen/Heidelberg 1952
Upadhyaya, N. G.; Mulfinger, H. O. u. a.: Mitt. VDEfa 15 (1967) S. 49
Ušakov, D. F.; Ioffe, V. A. u. a.: Steklo i Keram. (1983) 9, S. 16
Ušakov, D. F.; Kirilenko, G. V. u. a.: Steklo i Keram. (1982) 6, S. 13
Ušakov, D. F.; Venzel. L. I. u. a.: Steklo i Keram. (1971) 8, S. 25
Uschakov, D. F.; Sorina, M.: Sprechsaal 103 (1970), S. 855
Uschakow, D. F.; Hellmold, P. u. a.: Silikattechn. 30 (1979), S. 180

Vaeth, E.; Ohls, K. u. a.: Metalloberfl. 35 (1981), S. 164
van Buren, H. J.: Amer. Ceram. Soc. Bull. 34 (1955), S. 261
a *van der Rhee, A.:* Mitt. VDEfa 26 (1978), S. 149
b *van der Rhee, A.:* Mitt. VDEfa 26 (1978), S. 46
van der Rhee, A.: Mitt. VDEfa 29 (1981), S. 95
van der Rhee, A.: Mitt. VDEfa 30 (1982), S. 136
van der Rhee, A.: email-metal (1983) 57, S. 16
van der Rhee, A.: Mitt. VDEfa 32 (1984), S. 25
van der Vliet, W. E.: Mitt. VDEfa 25 (1977), S. 49
a *van der Vliet, W. E.:* Mitt. VDEfa 28 (1980), S. 61

b *van der Vliet, W. E.:* Mitt. VDEfa 28 (1980), S. 1; email-metal (1983) 55, S. 28
van der Vliet, W. E.: Mitt. VDEfa 29 (1981), S. 118; 30 (1982), S. 127
van der Vliet, W. E.: Vitr. Enameller 34 (1983) 2, S. 52
van der Zee, F.: Int. Enamel. 25 (1975) 2, S. 18
Vargin, V. V. (Hrsg.) u. a.: Technologija emali i emalirovanija metallov, 1. Aufl. Moskva 1958; 2. Aufl. 1965
Vargin, V. V. (Hrsg.) u. a.: Emalirovanie metalličeskich izdelij, 2. Aufl. Leningrad 1972
Vargin, V. V.; Chejfec, V. S.: Steklo i Keram. (1965) 2, S. 26
Vargin, V. V.; Gračev, V. V. u. a.: Steklo i Keram. (1970) 10, S. 25
Vargin, V. V.; Gutorova, L L.: Steklo i Keram. (1960) 10, S. 22
Vargin, V. V.; Rudenko, L. V.: Steklo i Keram. (1971) 11, S. 26
Vargin, V. V.; Rudenko, L. V.: Steklo i Keram. (1974) 11, S. 11; (1975) 7, S. 13
Vargin, V. V.; Rylova, R. T.: Ž. Prikl. Chim. 29 (1956), S. 293
Vargin, V. V.; Senderovič, V. Ja.: Steklo i Keram. (1963) 4, S. 23
Vargin, V. V.; Smirnova, G. P.: Steklo i Keram. (1962) 8, S. 35
Vargin, V. V.; Zasuchina, L. Z.: Steklo i Keram. (1969) 9, S. 17
Vargin, V. V.; Zasuchina, L. Z.: Steklo i Keram. (1972) 6, S. 22
Vargin, V. V.; Zolotova, I. N.: Steklo i Keram. (1962) 2, S. 23
Varka, J.: Silikattechn. 8 (1957), S. 54
Varka, J.: Mitt. VDEfa 7 (1959), S. 15
Varka, J.: Silikaty 4 (1960), S. 320
Vasilos, T.; Harris, G.: Amer. Ceram. Soc. Bull 41 (1962), S. 14
Vaughan, T. B.: Sprechsaal 95 (1962), S. 626
Venzel, L. I.: Steklo i Keram. (1968) 6, S. 19
Venzel, L. I.: nach *Appen* (1976)
Venzel, L. I.; Mišel, V. E. u. a.: Steklo i Keram. (1975) 11, S. 16
Verjutin, A. M.; Radik, L. E.: Steklo i Keram. (1983) 5, S. 14
Vetten, W. C.: Glas-Email-Keramo-Techn. 10 (1959), S. 49
Vetten, W. C.: Glas-Email-Keramo-Techn. 15 (1964), S. 36
Vibrans, G.: Arch. Eisenhüttenwes. 72 (1961), S. 667
Vielhaber, L.: Mitt. VDEfa 1 (1953), S. 23
a *Vielhaber, L.:* Mitt. VDEfa 2 (1954), S. 23
b *Vielhaber, L.:* Mitt. VDEfa 2 (1954), S. 15
Vielhaber, L.: Mitt. VDEfa 3 (1955), S. 52
Vielhaber, L.: Mitt. VDEfa 4 (1956), S. 59
a *Vielhaber, L.:* Emailtechnik, 3. Aufl. Düsseldorf 1958
b *Vielhaber, L.:* Glas-Email-Keramo-Techn 9 (1958), S. 123
a *Vielhaber, L.:* Mitt. VDEfa 7 (1959), S. 60
b *Vielhaber, L.:* Metall–Reinigung + Vorbeh. 8 (1959), S. 4
Viquesnel, A.: email-metal (1974) 18, S. 67
Viquesnel, A.: email-metal (1976) 27, S. 70
Viquesnel, A.; Krist, G.: Mitt. VDEfa 26 (1978), S. 41
Vogel, O.: Handbuch der Metallbeizerei, 2. Aufl. Weinheim 1951
Vogel, W.: Struktur und Kristallisation der Gläser. Leipzig 1971
Vogel, W.: Glaschemie, 2. Aufl. Leipzig 1983
Vogels, A. M.; Derie, R. u. a.: email-metal (1979) 38, S. 57
Volkov, N. Ju.; Dorofeev, A. G.: Korroz. Zašč. (1983) 3, S. 13
Vondraček, F.; Friddle, E. W.: Ceram. Ind. (1982) 5, S. 40
Voronin, N. I.; Krasotkina, N. I. u. a.: Steklo i Keram. (1963) 2, S. 32
Vuyk, J.; Kreurte, J. C.: Sprechsaal 98 (1965) S. 555
a *Vytasil, V.:* Techn. Silikatu (1957), S. 437
b *Vytasil, V.:* Techn. Silikatu (1957), S. 308
Vytasil, V.: Mitt. VDEfa 14 (1966), S. 31
Vytasil, V.: Sprechsaal 103 (1970), S. 853
Vytasil, V.; Janeček, J. u. a.: Silikaty 6 (1962), S. 245
Vytřas, K.; Smetana, J. u. a.: Silikaty 23 (1979), S. 355

Wachtmeister, J.: Glas-Email-Keramo-Techn. 12 (1961), S. 189
Wagner, G.: Mitt. VDEfa 24 (1976), S. 18
Wagner, G.: Mitt. VDEfa 25 (1977), S. 100
Wagner, B.: Diss. HAB Weimar 1981
Wagner, G.; Joseph, W.: BRD-Pat. 2741971 (1977)
Wahl, G.: Z. Werkstofftechn. 7 (1976), S. 34
Waldhauer, W. O.: Amer. Ceram. Soc. Bull. 35 (1956), S. 476
Walford, D. S.; Selby, G. E.: J. Amer. Ceram. Soc. 29 (1946), S. 162
Walker, B.: Sprechsaal 104 (1971), S. 565, 701, 839
Walker, B.; Campbell, J.: Inst. Vitr. Enamel Bull. 18 (1967) 12, S. 89
Wallace, P. F.; Wagner, K. H.: Met. Prod. Manuf. 22 (1965) 70
Walters, H. V.: J. Amer. Ceram. Soc. 66 (1983), S. 572

Walton, J. D.: J. Amer. Ceram. Soc. 37 (1954), S. 153
Walton, J. D.: J. Amer. Ceram. Soc. 38 (1955), S. 114
Walton, J. D.; Sweo, B. J.: J. Amer. Ceram. Soc. 36 (1953), S. 335
Wanie, W.: Glas-Email-Keramo-Techn. 20 (1969), S. 131
Wargin, W. W.; Mischel, W. E.: Sprechsaal 102 (1969), S. 1125
Warnecke, W.; Baumgartel, S. u. a.: Mitt. VDEfa 25 (1977), S. 112
Warnecke, W.; Birmes, H. W.: Mitt. VDEfa 24 (1976), S. 99
Warnecke, W.; Giesel, P. u. a.: Mitt. VDEfa 31 (1983), S. 145
Warnecke, W.; Meyer, L.: Mitt. VDEfa 28 (1980), S. 131
Warnecke, W.; Straßburger, C. u. a.: Mitt. VDEfa 29 (1981), S. 123
a *Warnke, H.; Kaup, F.*: Mitt. VDEfa 22 (1974), S. 49
b *Warnke, H.; Kaup, F.*: Glas-Email-Keramo-Techn. 25 (1974), S. 69
Warren, G.: Better Enamel. 23 (1952) 4, S. 6
Warren, G.: Int. Enamel. 4 (1954) 2, S. 12
Waxter, W. E.: Proc. Porc. Enamel Inst. 25 (1963), S. 19
Webb, H. W.: Inst. Vitr. Enamel. Bull. (1950) 2, S. 6
Weber, H. H.: Koll.-Z. 174 (1961), S. 66
Weber, H.: Sprechsaal 104 (1971), S. 391; Mitt. VDEfa 20 (1972), S. 31, 41
Wegner, E.: Ber. DKG 29 (1952), S. 423
a *Wegner, E.*: Mitt. VDEfa 2 (1954), S. 34
b *Wegner, E.*: Mitt. VDEfa 2 (1954), S. 19
Wegner, E.: Mitt. VDEfa 4 (1956), S. 81
Wegner, E.: Mitt. VDEfa 5 (1957), S. 79
Wegner, E.: Mitt. VDEfa 7 (1959), S. 83
a *Wegner, E.*: Mitt. VDEfa 8 (1960), S. 14
b *Wegner, E.*: Mitt. VDEfa 8 (1960), S. 61
Wegner, E.: Mitt. VDEfa 9 (1961), S. 49
a *Wegner, E.*: Mitt. VDEfa 10 (1962), S. 73
b *Wegner, E.*: Mitt. VDEfa 10 (1962), S. 62
c *Wegner, E.*: Mitt. VDEfa 10 (1962), S. 27
Wegner, E.: Mitt. VDEfa 11 (1963), S. 37
Wegner, E.: Mitt. VDEfa 15 (1967), S. 73
Weidel, J.: VDI-Nachr. 15 (1961) 38, S. 6
a *Weimer, G.*: Glas-Email-Keramo-Techn. 10 (1959), S. 256
b *Weimer, G.*: Glas-Email-Keramo-Techn. 10 (1959), S. 397
Weimer, G.: Glas-Email-Keramo-Techn. 11 (1960), S. 445
Weimer, G.: Glas-Email-Keramo-Techn. 13 (1962), S. 225
Weimer, G.: Glas-Email-Keramo-Techn. 17 (1966), S. 390
Weimer, G.: Glas-Email-Keramo-Techn. 18 (1967), S. 356
Weirauch, D. F.: Amer. Ceram. Soc. Bull. 57 (1978), S. 420
Weisenhaus, W.: Mitt. VDEfa 25 (1977), S. 36
Weisenhaus, W.: Mitt. VDEfa 26 (1978), S. 101
Weisenhaus, W.: Mitt. VDEfa 27 (1979), S. 133
Weisenhaus, W.: XII. Int. Emailkongr. Köln 1981, PD 27
Weisenhaus, W.: Mitt. VDEfa 31 (1983), S. 77
Weisenhaus, W.: Mitt. VDEfa 33 (1985), S. 19
Weiss, W.: Glastechn. Ber. 29 (1956), S. 380
Weiss, L.: Mitt. VDEfa 10 (1962), S. 42
Weiß, R.: Glastechn. Ber. 49 (1976), S. 12
Wenda, A.: Mitt. VDEfa 23 (1975), S. 114
Wenzel, E.; Winkler, M.: Silikattechn. 28 (1977), S. 53
Wermbter, H.; Scholze, H.: Glastechn. Ber. 43 (1970), S. 315
Wernick, S.; Pinner, R. u. a.: Die Oberflächenvorbehandlung von Aluminium. Saulgau 1972
Wever, F.; Engell, H. J.: Arch. Eisenhüttenwes. 27 (1956), S. 475
Weyl, W. A.: Coloured Glasses, 2. Aufl. London 1967
White, D.: Mitt. VDEfa 30 (1982), S. 25
Whitehead, M. H.: Proc. Porc. Enamel Inst 24 (1962), S. 115; Int. Enamel. 13 (1963) 3, S. 22
Whitehouse, R. G.: Vitr. Enameller 20 (1969), S. 96
Wiegand, H.: Glas-Email-Keramo-Techn. 14 (1963), S. 381
Wiegel, R.: Glastechn. Ber. 34 (1961), S. 259; 37 (1964), S. 141; 42 (1969), S. 277
Wihsmann, F. G.; Petzold, A.: Silikattechn. 11 (1960), S. 151
Wilhelm, F.: Mitt. VDEfa 26 (1978), S. 133
Wilke, H.: Glas-Email-Keramo-Techn. 21 (1970), S. 365
Wilke, H. P.: Verfahrenstechn. 10 (1976), S. 272
Wilke, H. P.: Masch.-Markt 87 (1981), S. 519
Wilkens, G.: Mitt. Forsch.-Ges. Blechverarb. 15 (1964), S. 134
Williams, J. P.; Su, Y. S. u. a.: Amer. Ceram. Soc. Bull. 55 (1976), S. 524
Wilson, W. D.: Proc. Porc. Enamel Inst. 22 (1960), S. 24
Wilson, H. H.; Lefort, H. G.: Amer. Ceram. Soc. Bull. 52 (1973), S. 610
Winkel, A.: Mitt. VDEfa 5 (1957), S. 21
Winkelmann, A.; Schott, O.: Ann. Phys. 51 (1894), S. 697, 730

Wirtz, F. E.; Mitt. VDEfa 21 (1973), S. 47; 29 (1981), S. 80
Witt, L.; King, R. M.: Finish (1950) 1, S. 28
Wittmoser, A.: Gießerei 63 (1976), S. 185
Wratil, J.: Mitt. VDEfa 16 (1968), S. 7
Wratil, J.: Sprechsaal 104 (1971), S. 189
a *Wratil, J.:* Mitt. VDEfa 22 (1974), S. 108
b *Wratil, J.:* Mitt. VDEfa 22 (1974), S. 124
Wratil, J.: Mitt. VDEfa 28 (1980), S. 13
Wratil, J.: Mitt. VDEfa 30 (1982), S. 142
Wratil, J.; Joseph, W.: Mitt. VDEfa 28 (1980), S. 76
Wright, J. F.: Int. Enamel. 31 (1981) 2, S. 3
Wright, J. F.: Int. Enamel. 34 (1984) 1, S. 2
Wright, J. F.; Layne, C. H.: Int. Enamel. 33 (1983) 2, 2
Wuellner, J. F.; Sweo, B. K.: J. Amer. Ceram. Soc. 38 (1955), S. 404

Yasuda, A.: Ito, K. u. a.: Vitr. Enameller 34 (1983), S. 79
Yearick, D. R.; Smith, L. W. u. a.: Chem. Eng. and Sci. Proc. 2 (1981) 3/4, S. 313
Yee, T. B.; Andrews, A. I.: J. Amer. Ceram. Soc. 39 (1956), S. 188
Yee, T. B.; Machin, J. S. u. a.: J. Amer. Ceram. Soc. 38 (1955), S. 378

Žagar, L.; Schillmöller, A.: Glastechn. Ber. 33 (1960), S. 115
Zajcev, A. A.; Mogilčenko, V. S.: Steklo i Keram. (1966) 9, S. 16
Zapffe, C. A.; Sims, C. F.: J. Amer. Ceram. Soc. 23 (1940), S. 187; 25 (1942), S. 205
Zasuchina, L. Z.; Pevzner, B. Z. u. a.: Steklo i Keram. (1970) 9, S. 21
Zasuchina, L. Z.; Smirnova, G. P.: u. a.: Steklo i Keramika (1970) 2, S. 27
Ziesche, D.: Glas-Email-Keramo-Techn. 14 (1963), S. 1
Zimmermann, R.; Günther, K.: Metallurgie und Werkstofftechnik, Leipzig 1977
Zucchetti, D.; Savio, G.: Mitt. VDEfa 32 (1984), S. 121
*Žukova, V. P.; Ovčinnikova, V. I.:*Zav. Lab. 27 (1961) S, 43
Žuravlev, G. I.: Chimija i Technologija termostojkich neorganičeskich pokrytij. Leningrad 1975
Žuravlev, G. I.; Borisenko, A. A. u. a.: Ž. Prikl. Chim. 56 (1983), S. 2232
Žuralev, G. I.; Matusov, I. A.: in Hochtemperatur-Schutzschichten. Leningrad 1972, S. 321
Žuravlev, G. I.; Rudenko, L. V. u. a.: Steklo i Keram. (1984) 7, S. 13
Zwickl, F.: Mitt. VDEfa 23 (1975), S. 103
Zybell, P.: Mitt. VDEfa 18 (1970), S. 61
Zybell, P.; Rocchetti, G. u. a.: Mitt. VDEfa 20 (1982), S. 61

Während der Drucklegung noch zusätzlich berücksichtigte Literatur (1984, 1985, z. T. 1986)

Alarcon, J.: Escribano, P. u. a.: Br. Ceram. Trans. J. 84 (1985), S. 170
Alikina, I. B.; Sirotinskij, A. A.: Steklo i Keram. (1984) 8, S. 12; (1985) 12, S. 14
Antonova, L. D.; Ušakov, D. F. u. a.: Steklo i Keram. (1985) 6, S. 15

Barinov, Ju. D.; Smakota, N. F. u. a.: Steklo i Keram. (1985) 12, S. 15
Bell, A.; Dickson, G. u. a.: Vitr. Enameller 36 (1985) 1, S. 16
Benninghoff, H.: Metalloberfl. 39 (1985), S. 429
Biller, L. N.: Ceram. Eng. and Sci. Proc. 6 (1985), S. 367
Bouše, V.; Kužel, R. u. a.: Vitr. Enameller 36 (1985) 3, S. 64
Bouše, V.: Moravčik, A. u. a.: Silikattechn. 35 (1984), S. 91; 37 (1986), S. 117
Briem, K.: Ongsiek, K.: Mitt. VDEfa 33 (1985), S. 69
Brown, S. D.: Int. Enamel. 35 (1985) 1, S. 2; Ceram. Eng. and Sci. Proc. 6 (1985), S. 301
Chochol, A.: Szklo i Ceram. 35 (1984), S. 177
Crider, A.; Sauder, D. R.: Ceram. Eng. and Sci. Proc. 5 (1984), S. 188

DEZ: Jahrb. Oberflächentechn. 40 (1984), S. 372
DEZ: Jahrb. Oberflächentechn. 41 (1985), S. 352
Dietzel, A.: Dittmer, H.: Arch. Eisenhüttenwes. 55 (1984), S. 483
Dietzel, A.; Dittmer, H.: Mitt. VEDfa 33 (1985), S. 89
Dietzel, A.; Dittmer, H. u. a.: Mitt. VDEfa 33 (1985), S. 153
Drummond, J. L.; Randolph, R. G. u. a.: J. Dent. Res. 63 (1984), S. 1400 (Ceram. Abstr. 1986, S. 6)

Elliot, G. F.; Dysktra, W.: Ceram. Eng. and Sci. Proc. 6 (1985), S. 454

Feist, K.; Hermann, T.: Korrosion (Dresden) 16 (1985), S. 302

Florath, I.: Mitt. VDEfa 33 (1985), S. 147
Francioli, F. M.: Ceram. Eng. and Sci. Proc. 6 (1985), S. 448

Gladitzsch, S.; Hellmold, P. u. a.: 9. ibausil, Sekt. 4 (1985), S. 183

Hachtel, A.; Bode, R. u. a.: Stahl und Eisen 104 (1984), S. 645
Hackler, C. L.; Kuehni, R. G.: Ceram. Eng. and Sci. Proc. 6 (1985), S. 480
Hartinger, L.: Jahrb. Oberflächentechn. 41 (1985), S. 170
Heberlein, K.: Mitt. VDEfa 33 (1985), S. 91
Hegemann, K.-R.: Tonind.-Ztg. 110 (1986), S. 21
Heidenbluth, H.-D.: Masch.-Markt 90 (1984) 74, S. 1676; Vitr. Enameller 36 (1985), S. 5
Heim, K. O.: Mitt. VDEfa 32 (1984), S. 70
Hennicke, H. W.; Huismann, I.: Sprechsaal 118 (1985), S. 612
Hennicke, H. W.; Kuhlmann, B.: Mitt. VDEfa 34 (1986), S. 25, 53ff.
Higgins, C. L.: Ceram. Eng. and Sci. Proc. 6 (1985), S. 495
Hornik, S.: Szklo i Ceram. 36 (1985), S. 15
Howard, D. W.: Ceram. Eng. and Sci. Proc. 6 (1985), S. 1395
Hřebiček, M.; Hřebičkova, J.: Silikaty 29 (1985), S. 1

Ivanov, N. V.: Chim. Technol. (Kiev) (1985) 6, S. 9
Ivanov, N. V.; Barinov, Ju. D. u. a.: Vopr. Chim. i Chim. Tech. (Charkov) (1985) 79, S. 109 (Ref. Ž. 8/86, S. 32)
Ivanov, N. V.; Paukš, P. G. u. a.: Neorg. Stekla, Pokr. i Mat. (1985) 7, S. 121 (Ref. Ž. 20/85, S. 28)

Jakobson, B. I.; Grinina, E. I. u. a.: Steklo i Keram. (1985) 9, S. 20
Jones, W. C.: Ceram. Eng. and Sci. Proc. 6 (1985), S. 387

Käppeler, G.: Sprechsaal 117 (1984), S. 128
Kazanov, Ju. K.; Markina, L. V. u. a.: Steklo i Keram. (1985) 4, S. 16
Kazanov, Ju. K.; Nikitenko, A. V. u. a.: Steklo i Keram. (1986) 4, S. 17
Kolar, L. C.: Ceram. Eng. and Sci. Prov. 6 (1985), S. 438
Kowner, M. I.: Silikattechn. 37 (1986), S. 123
Krannich, R.: Silikattechn. 37 (1986), S. 114
Krjukova, E. P.; Rževuskaja, T. L.: Vesci AN BSSR, Ser. Chim. Nav. (1985) 5, S. 93
Kurcharski, W.: Szklo i Ceram. 35 (1984), S. 136; 36 (1985), S. 17
Kurokawa, T.; Matudo, K. u. a.: Bull. Jap. Inst. Met. 24 (1985), 1, S. 121 (Ref. Ž. 17/85, S. 28)

Lohmeyer, S.: Metalloberfl. 39 (1985), S. 293, 325
a *Lorentz, R.:* Mitt. VDEfa 34 (1986), S. 13
b *Lorentz, R.:* Mitt. VDEfa 34 (1986), S. 65
Lotze, J.; Krauße, M. u. a.: Silikattechn. 37 (1986), S. 200

Mackert, J. R.; Butts, M. B. u. a.: J. Amer. Ceram. Soc. 69 (1986), S. C-69
Mackert, J. R.; Parry, E. E. u. a.: J. Dent. Res. 63 (1984), S. 1335 (Ceram. Abstr. 1986, S. 5)
Mahlkow, H.: Jahrb. Oberflächentechn. 40 (1984), S. 113; 41 (1985), S. 122
Malik, A. U.: Ahmad, S.: Br. Corros. J. 20 (1985), S. 71
Markina, L. V.; Gladuš, V. M. u. a.: Steklo i Keram. (1985) 10, S. 24
McClish, W. P.: Ceram. Eng. and Sci. Proc. 6 (1985), S. 458
Melnik, M. T.; Ušakova, L. K. u. a.: Steklo, Sitally, Silikaty (1985) 13, S. 55 (Ref. Ž. 2/85, S. 32)
Mohyla, M.; Bouše, V.: u. a.: Sklař a Keramik 35 (1985), S. 144
Moslé, H.-G.: Jahrb. Oberflächentechn. (1984), S. 299
Moss, R. O.: Ceram. Eng. and Sci. Proc. 6 (1985), S. 427

Nebelung, A.: Sprechsaal 119 (1986), S. 36

Ongsiek, K.: Ceram. Eng. and Sci. Proc. 6 (1985), S. 474
Ostrowski, A.: Steklo i Keram. 35 (1984), S. 141
Otmachov, V. I.; Romanov, B. P.: Steklo i Keram. (1985) 7, S. 20

Parker, J. M.; West, G. F.: Mat. Sci. Forum 7 (1986), S. 267
Patzke, K.: Mitt. VDEfa 33 (1985), S. 125
Paukš, P. G.; Ivanov, N. V. u. a.: Neorg. Stekla, Pokr. i Mat. (1985) 7, S. 106 (Ref. Ž. 20/85, S. 28)
Penisten, T. E.: Ceram. Eng. and Sci. Proc. 6 (1985), S. 465
Pöschmann, H.; Bouše, V. u. a.: Mitt. VDEfa 34 (1986), S. 58

Riecke, E. u. a.: Werkst. Korr. 36 (1985), S. 435, 447, 455
Roberts, J. B.: Ceram. Eng. and Sci. Proc. 6 (1985), S. 467

Rumas, W.: Szklo i Ceram. 36 (1985), S. 51

Schmitt-Thomas, Kh. G.; Meisel, H. u. a.: Werkst. Korr. 37 (1986), S. 36
Schumacher, B.: Vortrag Int. Emailkongr. 1986
Schwarz, M.; Münster, R.: Werkst. Korr. 37 (1986), S. 1
Šrank, Z.; Sysala, O. u. a.: Silikaty 29 (1985), S. 79
Stoch, A.; Stoch, J. u. a.: Brit. Ceram. Proc. 34 (1984), S. 45

Tang, Y.; Zhu, J. u. a.: Vitr. Enameller 35 (1984), S. 86
Taran, N. G.; Chomrač, F. P. u. a.: Steklo i Keram. (1985) 8, S. 29
Tenzler, H.; Wenzel, E.: Silikattechn. 36 (1985), S. 347
Tinis, V.; Marian, A. u. a.: Mater. Constr. 15 (1985), S. 80
Toffanetti, G.: Ceram. Eng. and Sci. Proc. 6 (1985), S. 456
Trögel, G.: Mitt. VDEfa 33 (1985), S. 101

U'Singam, L. A.; Dickinson, J. T. u. a.: J. Amer. Ceram. Soc. 68 (1985), S. 510
van der Vliet, W. E.: Mitt. VDEfa 33 (1985), S. 143; Metalloberfl. 40 (1986), S. 64

Vasiljuk, P. M.; Gavriluk, V. P. u. a.: Zašč. Met. 20 (1984), S. 307
Volenik, K.; Bouše, V. u. a.: Silikattechn. 37 (1986), S. 46
Völker, W.: Sprechsaal 118 (1985), S. 962
Volkov, S. I.; Mizonov, V. M. u. a.: Ž. Prikl. Chim. 57 (1984), S. 152, 689; 58 (1985), S. 2152
Voß, E.: Mitt. VDEfa 33 (1985), S. 65
Voß, E.: Mitt. VDEfa 34 (1986), S. 44

Warachim, H.; Rzechula, J. u. a.: Ceram. Int. 11 (1985), S. 103
Ward, R. L.: Ceram. Eng. and Sci. Proc. 6 (1985), S. 352
Warnke, H.: Mitt. VDEfa 33 (1985), S. 113; Int. Enamel. 35 (1985) 3, S. 2
Warnke, H.; Hoens, M. F. A.: Ceram. Eng. and Sci. Proc. 6 (1985), S. 335
Weisenhaus, W.: Mitt. VDEfa 33 (1985), S. 19
Wettermann, H.: Spechsaal 117 (1984), S. 1028
Whitehouse, R. G.: Vitr. Enameller 35 (1984), S. 1
Wieczorek, I.: Silikattechn. 37 (1986), S. 119
Wratil, J.: Mitt. VDEfa 33 (1985), S. 155

Yasuda, A.; Ito, K. u. a.: Mitt. VDEfa 32 (1984), S. 41

Zaharescu, M.; Jitianu, G. u. a.: Rev. Chim. (RSR) 36 (1985), S. 656
Zaunick, U. H.; Kilian, A. W.: Silikattechn. 37 (1986), S. 202
Ždanova, T. D.; Smiščenko, O. P. u. a.: Steklo i Keram. (1985) 10, S. 13
Zorll, U.: Jahrb. Oberflächentechn. 40 (1984), S. 190
Zorll, U.: Metall 39 (1985), S. 917
Zucchetti, D.; Savio, G.: Vitr. Enameller 36 (1985), S. 51
Zupnik, Z. M.; Buler, P. I. u. a.: Steklo i Keram. (1985) 11, S. 19
Zupnik, Z. M.; Buler, P. I. u. a.: Ž. Prikl Chim. 58 (1985), S. 2344; Steklo i Keram. (1986) 5, S. 18
Žuravlev, G. I.; Rudenko, L. V. u. a.: Steklo i Keram. (1984) 7, S. 13

Sachwörterverzeichnis

Wichtige Rohstoffe der Emailliertechnik, Eigenschaften, Reinheitsfaktoren f_R und Chemiefaktoren $f_{Ch(R_mO_n)}$

Rohstoff	Formel	Relative Molmasse	ϱ_0 in g cm^{-3}	Schmelzpunkt in °C	f_R	f_{Ch}	Für Oxid
Aluminiumhydroxid	$Al(OH)_3$	78	2,42	Zers.	1,0	0,65	Al_2O_3
Antimonoxid	Sb_2O_3	291,5	5,67	655	1,0	1,0	Sb_2O_3
Bariumcarbonat	$BaCO_3$	197,4	4,4	Zers.	0,99	0,77	BaO
Bleioxid	PbO	223,2	9,53	890		1,0	PbO
Borax, krist.	$Na_2B_4O_7 \cdot$	381,4	1,7	60	1,03	0,16	Na_2O
	$10H_2O$					0,36	B_2O_3
Borax, wasserfrei	$Na_2B_4O_7$	201,3	2,4	740		0,31	Na_2O
						0,69	B_2O_3
Borsäure	H_3BO_3	61,8	1,4	Zers.	1,0	0,56	B_2O_3
Braunstein						0,82	MnO
(Mangandioxid)	MnO_2	86,9	5,0		0,9	0,91	Mn_2O_3
Cadmiumsulfid	CdS	144,5	4,82		1,0	0,89	CdO
Calciumcarbonat	$CaCO_3$	100,1	2,8	Zers.		0,56	CaO
Cobaltoxid	Co_2O_3	165,8	5,18			1,0	Co_2O_3
Dinatriumhydrogen-						0,50	P_2O_5
phosphat	Na_2HPO_4	142		Zers.		0,43	Na_2O
Dolomit	$CaCO_3 \cdot$	184	2,8	Zers.		0,30	CaO
	$MgCO_3$					0,22	MgO
Flußspat, Calcium-						0,72	CaO
fluorid	CaF_2	78,1	3,1	1390	0,98	0,49	F
Kalifeldspat	$K_2O \cdot Al_2O_3 \cdot$	540	2,57	1150		0,17	K_2O
	$6SiO_2$					0,18	Al_2O_3
						0,65	SiO_2
Kaliumcarbonat	K_2CO_3	138,2	2,4	890	0,98	0,68	K_2O
Kaliumnitrat	KNO_3	101,1	2,1	336		0,46	K_2O
Kryolith	Na_3AlF_6	210	2,9	1100	0,98	0,44	Na_2O
						0,24	Al_2O_3
						0,54	F
Lithiumcarbonat	Li_2CO_3	73,9	2,1	732	1,0	0,40	Li_2O
Magnesiumcarbonat,	$4MgCO_3 \cdot$						
bas.	$Mg(OH)_2 \cdot$						
	$4H_2O$	503,7	3,0	Zers.	0,98	0,43	MgO
Mennige	Pb_3O_4	685,6	9,1	Zers.		0,98	PbO
Na-Metaantimonat	$NaSbO_3$	192,7	3,4			0,84	Sb_2O_5
						0,16	Na_2O
Natriumnitrat	$NaNO_3$	85	2,26	310	1,0	0,36	Na_2O
Natriumsilico-						0,33	Na_2O
fluorid	Na_2SiF_6	188,1	2,7		0,98	0,33	SiO_2
						0,60	F
Nickeloxid	NiO	74,7	6,6			1,0	NiO
Quarzsand	SiO_2	60,1	2,65	1710	0,97	1,0	SiO_2
Soda, calc.	Na_2CO_3	106,0	2,5	852	0,98	0,58	Na_2O
Titaniumdioxid	TiO_2	80,1	3,8	1560	1,0	1,0	TiO_2
Zinndioxid	SnO_2	150,2	6,95	1800 subl.	1,0	1,0	SnO_2
Zirconiumdioxid	ZrO_2	123,2	5,5	2700	1,0	1,0	ZrO_2
Zirconiumsilicat	$ZrSiO_4$	183	4,6	2550		0,68	ZrO_2
						0,32	SiO_2

Wichtigste Symbole

(wenn nicht anders vermerkt)

Symbol	Bezeichnung	Symbol	Bezeichnung
c	spezifische Wärme,	α	Ausdehnungskoeffizient,
	Konzentration		linear
d	Dicke	γ	Grenzflächenenergie,
D	Diffusionskoeffizient		spezifische Oberflächen-
e	elektrische Elementarladung		energie, Oberflächenspannung
E	Elastizitätsmodul	ε	Dehnung, Dielektrizitäts-
F	Kraft		konstante
H_m	Mikrohärte	$\varkappa$	spezifische elektrische
k	*Boltzmann*-Konstante		Leitfähigkeit,
m	Masse		Wärmeübergangszahl
n	Anzahl, Brechzahl	λ	Wärmeleitfähigkeit,
p	Druck		Wellenlänge
P	Porosität	μ	*Poisson*-Zahl
Q	Aktivierungsenergie	ϱ	Dichte, spezifischer
r	Radius		elektrischer Widerstand
R	Gaskonstante	ϱ_0	Reindichte
t	Zeit	ϱ_R	Rohdichte
T	Temperatur	σ	Spannung
$T_{Erst,\,(Erw)}$	Erstarrungs- bzw.	σ_{dB}	Druckfestigkeit
	Erweichungstemperatur	σ_{bB}	Biegefestigkeit
T_g	Transformationstemperatur	σ_{zB}	Zugfestigkeit
T_N	Neutraltemperatur	τ	Schubspannung
V	Volumen	η	Viskosität (dynamisch)
V_P	Poren- bzw. Hohlraum-		
	volumenanteil		

International übliche Abkürzungen für Oxide

(gültig für eine Formeleinheit)

Symbol	Bezeichnung	Symbol	Bezeichnung
A	Al_2O_3	M	MgO
B	BaO, B_2O_3	N	Na_2O
C	CaO	P	PbO
K	K_2O	S	SiO_2
L	Li_2O	T	TiO_2

GPSR Compliance

The European Union's (EU) General Product Safety Regulation (GPSR) is a set of rules that requires consumer products to be safe and our obligations to ensure this.

If you have any concerns about our products, you can contact us on ProductSafety@springernature.com

In case Publisher is established outside the EU, the EU authorized representative is:

Springer Nature Customer Service Center GmbH
Europaplatz 3
69115 Heidelberg, Germany

Batch number: 10723355

Printed by Printforce, the Netherlands